输变电技术常用国家标准汇编

电力变压器卷

中国标准出版社 编

中国标准出版社

北京

图书在版编目(CIP)数据

输变电技术常用国家标准汇编. 电力变压器卷/中国标准出版社编. —北京:中国标准出版社,2019.11
ISBN 978-7-5066-9446-9

Ⅰ. ①输…　Ⅱ. ①中…　Ⅲ. ①输电技术—国家标准—汇编—中国②变电所—国家标准—汇编—中国③电力变压器—国家标准—汇编—中国　Ⅳ. ①TM72-65 ②TM63-65

中国版本图书馆 CIP 数据核字(2019)第 155738 号

中国标准出版社出版发行
北京市朝阳区和平里西街甲 2 号(100029)
北京市西城区三里河北街 16 号(100045)
网址 www.spc.net.cn
总编室:(010)68533533　发行中心:(010)51780238
读者服务部:(010)68523946
中国标准出版社秦皇岛印刷厂印刷
各地新华书店经销
*
开本 880×1230　1/16　印张 55.5　字数 1 673 千字
2019 年 11 月第一版　2019 年 11 月第一次印刷
*
定价 280.00 元

出 版 说 明

电力工业是国民经济和社会发展的重要基础产业。电力工业的快速发展，有力地支持了国民经济和社会的发展。随着电力需求的日益增长，输变电技术不断发展变化，电网安全愈发得到重视，节能减排日益受到关注，电源结构不断进行调整，电力设施陆续新建，老设备也不断得到更新改造，各种新技术的应用日益广泛。

近年来，我国有关部门也在不断制定和修订有关方面的国家标准，为电网建设和运行的各有关部门的科研技术人员提供系统的、完整的具有实用价值的技术资料。

为满足电力系统工程技术人员和科技管理人员对标准的需求，我们对输变电技术常用的国家标准进行了收集整理。《输变电技术常用国家标准汇编》汇集了 2019 年 5 月底我国有关部门发布的现行有效的电网运行和建设方面的国家标准。本套汇编所收的标准按专业分类编排，分 13 卷出版，包括有：基础与安全卷、电力线路卷、电力变压器卷、继电保护与自动控制卷、低压装置卷、高压输变电卷、特高压技术卷、断路器卷、电力金具与绝缘子卷、带电作业卷、设备用油卷、节能管理卷、互感器与电抗器卷。

本卷为电力变压器卷，共收入该领域的国家标准共 27 项。

本汇编在使用时请读者注意以下几点：

1. 由于标准的时效性，汇编所收录的标准可能会被修订或重新制定，请读者使用时注意采用最新的有效版本。

2. 鉴于标准出版年代不尽相同，对于其中的量和单位不统一之处及各标准格式不一致之处未做改动。

本套汇编为电力行业工程技术人员和管理人员提供准确、系统、实用的技术资料，也是标准化工作者常用的重要资料。

本套汇编在选编过程中得到电力行业有关人员的大力支持，在此特表感谢。本书编纂仓促，不妥之处请读者批评指正。

编　者

2019 年 5 月

目　　录

注:本汇编收集的标准的属性已在目录上标明,其中一些标准根据中华人民共和国国家标准公告(2017年第7号)已由强制性转为推荐性,但正文部分仍保留了原样。

ICS 29.180
K 41

中华人民共和国国家标准

GB 1094.1—2013
代替 GB 1094.1—1996

电力变压器　第1部分:总则

Power transformers—Part 1: General

(IEC 60076-1:2011,MOD)

自2017年3月23日起,本标准转为推荐性标准,编号改为GB/T 1094.1—2013。

2013-12-17 发布　　　　2014-12-14 实施

中华人民共和国国家质量监督检验检疫总局
中国国家标准化管理委员会　发布

前　　言

本部分的第 2 章、第 3 章、11.2～11.12、第 12 章、第 13 章、附录 A～附录 F、附录 H 和附录 I 为推荐性的，其余为强制性的。

GB 1094《电力变压器》目前包含了下列几部分：

——第 1 部分：总则；

——第 2 部分：液浸式变压器的温升；

——第 3 部分：绝缘水平、绝缘试验和外绝缘空气间隙；

——第 4 部分：电力变压器和电抗器的雷电冲击和操作冲击试验导则；

——第 5 部分：承受短路的能力；

——第 6 部分：电抗器；

——第 7 部分：油浸式电力变压器负载导则；

——第 10 部分：声级测定；

——第 10.1 部分：声级测定 应用导则；

——第 11 部分：干式变压器；

——第 12 部分：干式电力变压器负载导则；

——第 14 部分：采用高温绝缘材料的液浸式变压器的设计和应用；

——第 16 部分：风力发电用变压器。

本部分为 GB 1094 的第 1 部分。

本部分按照 GB/T 1.1—2009 给出的规则起草。

本部分代替 GB 1094.1—1996《电力变压器　第 1 部分：总则》，与 GB 1094.1—1996 相比，主要技术变化如下：

——增加了谐波含量的定义；

——增加了运输的条款；

——增加了功能性规范；

——增加了单相变压器的联结组标号；

——增加了安全和环境要求；

——增加了液体保护系统的要求；

——增加了有关中性线路中的直流电流的条款；

——对试验项目进行了调整；

——增加了液浸式变压器压力密封试验、液浸式变压器真空变形试验、液浸式变压器压力变形试验和液浸式变压器现场真空密封试验等内容；

——增加了关于变压器状态监测设备及环境和安全因素的资料性附录。

本部分使用重新起草法修改采用 IEC 60076-1:2011《电力变压器 第 1 部分：总则》。

本部分与 IEC 60076-1:2011 相比存在技术性差异，这些差异所涉及的条款已通过在其外侧页边空白处位置的垂直单线（|）进行了标识，附录 A 中给出了相应技术性差异及其原因一览表。

本部分还做了下列编辑性修改：

——将 IEC 60076-1:2011 中 3.13.3 的公示解释中的“E_i”和“I_i”分别改为“E_{2i}”和“I_{2i}”；

——将 IEC 60076-1:2011 中图 1a)、图 1b)和图 1c)合并在一个图中；

——删除了 IEC 60076-1:2011 中 7.1.2 的“注”的内容；

——将 IEC 60076-1:2011 中 7.2.4 下面的示例作为 7.2.5 的内容;
——对 IEC 60076-1:2011 中表 1 的结构形式进行了调整;
——对 IEC 60076-1:2011 的表 B.2 和表 B.3 中的分接位置进行了修改;
——增加了资料性附录 A,将本部分与 IEC 60076-1:2011 的技术差异及原因列于该附录中;
——增加了资料性附录 B,将 IEC 60076-1:2011 中未被采用的液浸式变压器真空变形试验和液浸式变压器压力变形试验的内容列于该附录中;
——将 IEC 60076-1:2011 中的附录 A、附录 B、附录 C、附录 D、附录 E、附录 F 和附录 G 改为附录 D、附录 E、附录 F、附录 C、附录 G、附录 H 和附录 I。

请注意本文件的某些内容可能涉及专利。本文件的发布机构不承担识别这些专利的责任。

本部分由中国电器工业协会提出。

本部分由全国变压器标准化技术委员会(SAC/TC 44)归口。

本部分起草单位:沈阳变压器研究院股份有限公司、国网电力科学研究院、保定天威保变电气股份有限公司、顺特电气设备有限公司、特变电工沈阳变压器集团有限公司、西安西电变压器有限责任公司、吉林省电力科学研究院、特变电工衡阳变压器有限公司、明珠电气有限公司、吴江变压器厂有限公司、广东钜龙电力设备有限公司、华东电网有限公司、中电电气(江苏)股份有限公司、正泰电气股份有限公司、广州骏发电气有限公司、卧龙电气银川变压器有限公司。

本部分主要起草人:张显忠、章忠国、伍志荣、胡振忠、刘燕、安振、祁颖矢、宓传龙、张栋、敖明、孙树波、蔡定国、林灿华、王文光、姜益民、徐子宏、李锦彪、樊建平、鲁玮。

本部分所代替标准的历次版本发布情况为:

——GB 1094.1—1985、GB 1094.1—1996。

根据中华人民共和国国家标准公告(2017 年第 7 号)和强制性标准整合精简结论,本标准自 2017 年 3 月 23 日起,转为推荐性标准,不再强制执行。

电力变压器　第 1 部分：总则

1　范围

GB 1094 的本部分适用于三相及单相变压器（包括自耦变压器），但不包括某些小型和特殊变压器，如：

——额定容量小于 1 kVA 的单相变压器和 5 kVA 的三相变压器；
——所有绕组额定电压均不高于 1 000 V 的变压器；
——互感器；
——电机车牵引变压器；
——起动变压器；
——试验变压器；
——电焊变压器；
——防爆矿用变压器；
——深水（浸水）用变压器。

当某些类型的变压器（尤其是所有绕组电压均不高于 1 000 V 的工业用特种变压器）没有相应的标准时，本部分可以整体或部分适用。

本部分不涉及变压器安装在公共场所的要求。

对于具有相关标准的变压器和电抗器，本部分只适用于被其产品标准明确提及可相互参考的内容范围。这些产品（标准）包括：

——电抗器（GB/T 1094.6）；
——干式变压器（GB 1094.11）；
——自保护变压器（IEC 60076-13）；
——充气式电力变压器（IEC 60076-15）；
——风力发电用变压器（GB 1094.16）；
——牵引变压器和牵引电抗器（GB/T 25120）；
——工业用变流变压器（GB/T 18494.1）；
——HVDC 用换流变压器（GB/T 18494.2）。

本部分中有几处规定或建议涉及的是某些替换方案、附加技术方案或程序需要达成的协议。这类协议需要由制造方与用户达成。问题应在早期提出，协议应包含在技术规范中。

2　规范性引用文件

下列文件对于本文件的应用是必不可少的。凡是注日期的引用文件，仅注日期的版本适用于本文件。凡是不注日期的引用文件，其最新版本（包括所有的修改单）适用于本文件。

GB 1094.2　电力变压器　第 2 部分：液浸式变压器的温升（GB 1094.2—2013，IEC 60076-2：2011，MOD）

GB 1094.3　电力变压器　第 3 部分：绝缘水平、绝缘试验和外绝缘空气间隙（GB 1094.3—2003，IEC 60076-3：2000，MOD）

GB 1094.5　电力变压器　第 5 部分：承受短路的能力（GB 1094.5—2008，IEC 60076-5：2006，

MOD)

GB/T 1094.10 电力变压器 第10部分：声级测定(GB/T 1094.10—2003,IEC 60076-10:2001,MOD)

GB 1094.11 电力变压器 第11部分：干式变压器(GB 1094.11—2007,IEC 60076-11:2004,MOD)

GB/T 2521 冷轧取向和无取向电工钢带(片)(GB/T 2521—2008,IEC 60404-8-7:1998、IEC 60404-8-4:1998,MOD)

GB 2536 电工流体 变压器和开关用的未使用过的矿物绝缘油(GB 2536—2011,IEC 60296:2003,MOD)

GB/T 2900.15 电工术语 变压器、互感器、调压器和电抗器(GB/T 2900.15—1997,neq IEC 60050-421:1990、IEC 60050-321:1986)

GB/T 4109 交流电压高于1 000 V的绝缘套管(GB/T 4109—2008,IEC 60137:2008,MOD)

GB/T 4798.4 电工电子产品应用环境条件 第4部分：无气候防护场所固定使用(GB/T 4798.4—2007,IEC 60721-3-4:1995,MOD)

GB 10230.1 分接开关 第1部分：性能要求和试验方法(GB 10230.1—2007,IEC 60214-1:2003,MOD)

GB/T 19001 质量管理体系 要求(GB/T 19001—2008,ISO 9001:2008,IDT)

3 术语和定义

GB/T 2900.15界定的以及下列术语和定义适用于本文件。为了便于使用，以下重复列出了GB/T 2900.15中的某些术语和定义，且个别术语和定义进行了修改。

3.1 一般术语

3.1.1

电力变压器 power transformer

具有两个或两个以上绕组的静止设备，为了传输电能，在同一频率下，通过电磁感应将一个系统的交流电压和电流转换为另一个系统的交流电压和电流，通常这些电流和电压的值是不同的。

注：改写GB/T 2900.15—1997,定义3.1.1。

3.1.2

自耦变压器 auto-transformer

至少有两个绕组具有公共部分的变压器。

[GB/T 2900.15—1997,定义3.1.15]

注：如果需要表示变压器不是自耦联结时，可用术语如：独立绕组变压器或双绕组变压器表示。

3.1.3

串联变压器 series transformer

具有一个与线路串联以改变线路电压值和(或)相位的串联绕组及一个励磁绕组的变压器，它不同于自耦变压器。

注1：改写GB/T 2900.15—1997,定义3.1.8。

注2：在本部分的以前版本中，串联变压器被称作增压变压器。

3.1.4

液浸式变压器 liquid-immersed type transformer

铁心和绕组都浸入液体中的变压器。

[GB/T 2900.15—1997,定义 3.1.4]

3.1.5

干式变压器　dry-type transformer

铁心和绕组都不浸入绝缘液体中的变压器。

[GB/T 2900.15—1997,定义 3.1.5]

3.1.6

液体保护系统　liquid preservation system

在液浸式变压器中,为适应液体的热膨胀而设置的保护系统。

注:有的可以减少或防止液体与外部空气接触。

3.1.7

规定值　specified value

采购方订货时规定的值。

3.1.8

设计值　design value

根据匝数比设计得到的绕组匝数或计算得到的阻抗、空载电流或其他参数的期望值。

3.1.9

适用于变压器绕组的设备最高电压　highest voltage for equipment applicable to a transformer winding

U_m

三相系统中相间最高电压的方均根值。

[GB 1094.3—2003,定义 3.1]

3.2　端子和中性点

3.2.1

端子　terminal

用于将绕组与外部导线相连接的导电部件。

3.2.2

线路端子　line terminal

接到电网线路导体用的接线端子。

[GB/T 2900.15—1997,定义 5.5.1]

3.2.3

中性点端子　neutral terminal

中性点端子包括:

a) 对于三相变压器或由单相变压器组成的三相组,指连接星形联结或曲折形联结公共点(中性点)的端子;

b) 对于单相变压器,指连接网络中性点的端子。

注:改写 GB/T 2900.15—1997,定义 5.5.2。

3.2.4

中性点　neutral point

对称电压系统中,通常处于零电位的一点。

3.2.5

对应端子　corresponding terminal

变压器不同绕组标注相同字母或符号的各端子。

[GB/T 2900.15—1997,定义 2.1.28]

3.3 绕组

3.3.1

绕组 winding

构成与变压器标注的某一电压值相对应的电气线路的一组线匝。

注 1:改写 GB/T 2900.15—1997,定义 4.3.1。

注 2:对于三相变压器,指三个相绕组的组合(见 3.3.3)。

3.3.2

分接绕组 tapped winding

有效匝数可以逐级改变的绕组。

3.3.3

相绕组 phase winding

构成三相绕组的一个相的线匝组合。

注 1:改写 GB/T 2900.15—1997,定义 4.3.16。

注 2:"相绕组"一词不应与某一心柱上所有线圈的组装体混同。

3.3.4

高压绕组[1) high-voltage winding;HV winding

具有最高额定电压值的绕组。

[GB/T 2900.15—1997,定义 4.3.2]

3.3.5

低压绕组[1) low-voltage winding;LV winding

具有最低额定电压值的绕组。

[GB/T 2900.15—1997,定义 4.3.3]

注:对于串联变压器,较低额定电压的绕组可能具有较高的绝缘水平。

3.3.6

中压绕组[1) intermediate-voltage winding

多绕组变压器中的一个绕组,其额定电压介于高压绕组额定电压和低压绕组额定电压之间。

[GB/T 2900.15—1997,定义 4.3.4]

3.3.7

辅助绕组 auxiliary winding

只承担比变压器额定容量小得多的负载的绕组。

[GB/T 2900.15—1997,定义 4.3.11]

3.3.8

稳定绕组 stabilizing winding

在星形-星形联结或星形-曲折形联结的变压器中,用来减小零序阻抗的三角形联结的辅助绕组,见 3.7.3。

注 1:改写 GB/T 2900.15—1997,定义 4.3.12。

注 2:此绕组只有在不与外部做三相连接时,才称为稳定绕组。

---

1) 运行中从电源接收有功功率的绕组被称为"一次绕组",将有功功率传递给负载的绕组被称为"二次绕组"。这些术语不说明哪个绕组的额定电压高,并且除了需要指明有功功率流动方向外不宜使用这些术语。额定容量通常小于二次绕组的变压器的其他绕组,通常被称为"第三"绕组,见 3.3.8。

3.3.9

公共绕组　common winding

自耦变压器绕组的公共部分。

[GB/T 2900.15—1997,定义 4.3.13]

3.3.10

串联绕组　series winding

自耦变压器或串联变压器中,拟串接到电路中的那部分绕组。

注：改写 GB/T 2900.15—1997,定义 4.3.14。

3.3.11

励磁绕组　energizing winding

向串联绕组(串联变压器)或相关绕组提供电能的绕组。

注：改写 GB/T 2900.15—1997,定义 4.3.15。

3.3.12

自耦联结绕组　auto-connected windings

自耦变压器中的串联绕组和公共绕组。

3.4　额定值

3.4.1

额定值　rating

对某些参数指定的值,用于限定变压器在本部分规定条件下的运行,并作为试验的基准和制造方的保证值。

3.4.2

额定参数　rated quantities

其数值用于确定额定值的某些参数(电流、电压等)。

注 1：对于有分接的变压器,如无另行规定,则额定参数均指主分接(见 3.5.2)。与其他具体分接有类似意义的相应参数叫分接参数(见 3.5.9)。

注 2：如无另行规定,电压和电流用其方均根值表示。

3.4.3

绕组的额定电压　rated voltage of a winding

U_r

在处于主分接(见 3.5.2)的带分接绕组的端子间或不带分接的绕组端子间,指定施加的电压或空载时感应出的电压。对于三相绕组,是指线路端子间的电压。

注 1：改写 GB/T 2900.15—1997,定义 2.1.4。

注 2：当施加在一个绕组上的电压为额定值时,在空载情况下,所有绕组同时出现各自的额定电压值。

注 3：对于拟联结成星形三相组的单相变压器或接到线路与中性点之间的单相变压器,用相-相电压除以$\sqrt{3}$来表示额定电压。如：

$$500/\sqrt{3}\ \text{kV}$$

注 4：对于要接到网络相间的单相变压器,用相-相电压表示额定电压。

注 5：对于三相串联变压器的串联绕组,如果绕组设计为开路绕组(见 3.10.5),则按照绕组结成星结来给出额定电压。

3.4.4

额定电压比　rated voltage ratio

一个绕组的额定电压与另一个具有较低或相等额定电压绕组的额定电压之比。

注：改写 GB/T 2900.15—1997,定义 2.1.5。

3.4.5

额定频率　rated frequency

f_r

变压器设计所依据的运行频率。

注：改写 GB/T 2900.15—1997，定义 2.1.6。

3.4.6

额定容量　rated power

S_r

某一个绕组的视在功率的指定值，与该绕组的额定电压一起决定其额定电流。

注：双绕组变压器的两个绕组具有相同的额定容量，即这台变压器的额定容量。

3.4.7

额定电流　rated current

I_r

由变压器额定容量(S_r)和额定电压(U_r)推导出的流经绕组线路端子的电流。

注 1：改写 GB/T 2900.15—1997，定义 2.1.7。

注 2：对于三相变压器绕组，其额定电流表示为：

$$I_r = \frac{S_r}{\sqrt{3} \times U_r}$$

注 3：对于联结成三角形结法以形成三相组的单相变压器绕组，其额定电流表示为线电流除以$\sqrt{3}$：

$$I_r = \frac{I_{line}}{\sqrt{3}}$$

注 4：对于不联结成三相组的单相变压器，额定电流为：

$$I_r = \frac{S_r}{U_r}$$

注 5：变压器开口绕组的额定电流为额定容量除以相数与开口绕组额定电压的积：

$$I_r = \frac{S_r}{n \times U_r}$$

式中：

n——相数。

3.5 分接

3.5.1

分接　tapping

在带分接绕组的变压器中，该绕组的每一个分接连接均表示该分接的绕组有一确定的有效匝数，也表示该分接绕组与任何其他匝数不变的绕组间有一确定的匝数比。

注：在所有分接中，有一个是主分接，其他分接用各自相对主分接的分接因数来表示其与主分接的关系。见以下定义。

3.5.2

主分接　principal tapping

与额定参数相对应的分接。

[GB/T 2900.15—1997，定义 2.1.12]

3.5.3

分接因数(与指定的分接相对应的)　tapping factor(corresponding to a given tapping)

比值：

U_d/U_r(分接因数)或 $100U_d/U_r$(用百分数表示分接因数)。

式中：

U_r——该绕组的额定电压(见 3.4.3)；

U_d——在不带分接绕组施加额定电压时，处于指定分接位置的绕组端子间在空载下所感应出的电压。

注 1：对于串联变压器，分接因数是指对应于指定分接的串联绕组的电压与 U_r 的比值。

注 2：改写 GB/T 2900.15—1997，定义 2.1.13。

3.5.4

正分接　plus tapping

分接因数大于 1 的分接。

[GB/T 2900.15—1997，定义 2.1.14]

3.5.5

负分接　minus tapping

分接因数小于 1 的分接。

[GB/T 2900.15—1997，定义 2.1.15]

3.5.6

分接级　tapping step

两相邻分接间以百分数表示的分接因数之差。

[GB/T 2900.15—1997，定义 2.1.16]

3.5.7

分接范围　tapping range

用百分数表示的分接因数与 100 相比的变化范围。

注：如果分接因数百分值变化范围是从 $100+a$ 变到 $100-b$，则此分接范围为：$+a\%$、$-b\%$；当 $a=b$ 时，为 $\pm a\%$。

[GB/T 2900.15—1997，定义 2.1.17]

3.5.8

分接电压比(一对绕组的)　tapping voltage ratio (of a pair of windings)

当带分接绕组是高压绕组时，其分接电压比等于额定电压比乘以该绕组的分接因数。

当带分接绕组是低压绕组时，其分接电压比等于额定电压比除以该绕组的分接因数。

[GB/T 2900.15—1997，定义 2.1.18]

注：按定义，虽然额定电压比不小于 1，但当额定电压比接近于 1 时，某些分接的分接电压比有可能小于 1。

3.5.9

分接参数　tapping quantities

表示某一分接(除主分接以外)的分接工作能力的参数。

注 1：变压器内任何一个绕组(不只是带分接的绕组)都有分接参数(见 6.2 和 6.3)。

其分接参数是：

——分接电压(与额定电压类似，见 3.4.3)；

——分接容量(与额定容量类似，见 3.4.6)；

——分接电流(与额定电流类似，见 3.4.7)。

注 2：改写 GB/T 2900.15—1997，定义 2.1.20。

3.5.10

满容量分接　full-power tapping

分接容量等于额定容量的分接。

[GB/T 2900.15—1997，定义 2.1.24]

3.5.11

降低容量分接　reduced-power tapping

分接容量低于额定容量的分接。

[GB/T 2900.15—1997，定义 2.1.25]

3.5.12

有载分接开关　on-load tap-changer;OLTC

适合于在变压器励磁或负载下进行操作的用来改变变压器绕组分接连接位置的一种装置。

[GB/T 2900.15—1997,定义 5.6.1]

3.5.13

无励磁分接开关　de-energized tap-changer;DETC

适合于只在变压器无励磁(与系统隔离)时进行操作的用来改变变压器绕组分接连接位置的一种装置。

注:改写 GB/T 2900.15—1997,定义 5.6.2。

3.5.14

最大许可分接运行电压　maximum allowable tapping service voltage

在额定频率和相应的分接容量下,在任何特定分接位置变压器能够连续耐受而无损害的电压设计值。

注 1:该电压受 U_m 的限制。

注 2:正常情况下,该电压被限定到额定分接电压的 105%,但若用户在关于分接(见 6.4)的技术要求中有明确要求或根据 6.4.2 的结果,则更高的电压是允许的。

3.6　损耗和空载电流

损耗及空载电流值均是指主分接上的(但另指定其他分接时除外)。

3.6.1

空载损耗　no-load loss

当额定频率下的额定电压(分接电压)施加到一个绕组的端子上,其他绕组开路时所吸取的有功功率。

注:改写 GB/T 2900.15—1997,定义 2.1.33。

3.6.2

空载电流　no-load current

当额定频率下的额定电压(分接电压)施加到一个绕组的端子上,其他绕组开路时流经该绕组线路端子的电流方均根值。

注 1:对于三相变压器,是流经三相端子电流的算术平均值。

注 2:通常用占该绕组额定电流的百分数来表示。对于多绕组变压器,是以具有最大额定容量的那个绕组为基准的。

注 3:改写 GB/T 2900.15—1997,定义 2.1.34。

3.6.3

负载损耗　load loss

在一对绕组中,当额定电流(分接电流)流经一个绕组的线路端子,且另一绕组短路时在额定频率及参考温度下(见 11.1)所吸取的有功功率。此时,其他绕组(如果有)应开路。

注 1:对于双绕组变压器,只有一对绕组组合和一个负载损耗值。

对于多绕组变压器,具有与多对绕组组合相应的多个负载损耗值(见 GB/T 13499—2002 的第 7 章)。整台变压器的总负载损耗值与某一指定的绕组负载组合相对应。通常它不能在试验中直接测出。

注 2:当绕组组合对中两个绕组的额定容量不同时,其负载损耗以额定容量小的那个绕组中的额定电流为基准,而且应指出参考容量。

注 3:改写 GB/T 2900.15—1997,定义 2.1.31。

3.6.4

总损耗　total losses

空载损耗与负载损耗之和。

注1：辅助装置的损耗不包括在总损耗中，并应单独说明。

注2：改写 GB/T 2900.15—1997，定义 2.1.30。

3.7 短路阻抗和电压降

3.7.1

一对绕组的短路阻抗 short-circuit impedance of a pair of windings

在额定频率及参考温度下，一对绕组中某一绕组端子之间的等效串联阻抗 $Z=R+jX(\Omega)$。确定此值时，另一绕组的端子短路，而其他绕组(如果有)开路。对于三相变压器，表示为每相的阻抗(等值星形联结)。

注1：对于带分接绕组的变压器，短路阻抗是指指定分接的。如无另行规定，则是指主分接的。

注2：此参数可用无量纲的相对值来表示，即表示为该对绕组中同一绕组的参考阻抗 Z_{ref} 的分数值 z。用百分数表示：

$$z=100\times\frac{Z}{Z_{ref}}$$

式中：

$$Z_{ref}=\frac{U^2}{S_r}$$

公式对三相和单相变压器都适用。

U——Z 和 Z_{ref} 所属绕组的电压(额定电压或分接电压)；

S_r——额定容量基准值。

此相对值也等于短路试验中为产生相应额定电流(或分接电流)时所施加的电压与额定电压(或分接电压)之比。此电压称为该对绕组的短路电压(见 GB/T 2900.15—1997 中的 2.1.37)。通常用百分数表示。

注3：改写 GB/T 2900.15—1997，定义 2.1.37。

3.7.2

规定负载条件下的电压降或电压升 voltage drop or rise for a specified load condition

绕组的空载电压与同一绕组在规定负载及规定功率因数时，在其端子上产生的电压之间的算术差，此时，另一绕组施加的电压等于：

——额定电压，此时变压器接到主分接(绕组的空载电压等于额定电压)；

——分接电压，此时变压器接到其他分接。

此差值通常表示为该绕组空载电压的百分数。

注：对于多绕组变压器，此电压降或电压升不仅与该绕组的负载和功率因数有关，也与其他绕组的负载和功率因数有关(见 GB/T 13499)。

[GB/T 2900.15—1997，定义 2.1.40]

3.7.3

零序阻抗(三相绕组的) zero-sequence impedance (of a three-phase winding)

额定频率下，三相星形或曲折形联结绕组中，连接在一起的线路端子与其中性点端子间的以每相欧姆数表示的阻抗。

注1：由于零序阻抗还取决于其他绕组的连接方法和负载，因而零序阻抗可以有几个值。

注2：零序阻抗可随电流和温度变化，特别是在没有任何三角形联结绕组的变压器中。

注3：零序阻抗也可用与(正序)短路阻抗同样的方法表示为相对值(见 3.7.1)。

注4：改写 GB/T 2900.15—1997，定义 2.1.41。

3.8 温升

温升 temperature rise

所考虑部位的温度与外部冷却介质的温度之差(见 GB 1094.2)。

注：改写 GB/T 2900.15—1997，定义 2.1.46。

3.9 绝缘

变压器绝缘的有关术语和定义，按 GB 1094.3 规定。

3.10 联结

3.10.1

星形联结 star connection

三相变压器的每个相绕组的一端或组成三相组的单相变压器的三个具有相同额定电压绕组的一端连接到一个公共点（中性点），而另一端连接到相应的线路端子。

注 1：改写 GB/T 2900.15—1997，定义 4.4.1。

注 2：星形联结有时叫做 Y 联结或星结。

3.10.2

三角形联结 delta connection

三相变压器的三个相绕组或组成三相组的单相变压器的三个具有相同额定电压的绕组相互串联连接成一个闭合回路。

注 1：改写 GB/T 2900.15—1997，定义 4.4.2。

注 2：三角形联结有时叫做 D 联结或角结。

3.10.3

开口三角形联结 open-delta connection

三相变压器的三个相绕组或组成三相组的二台单相变压器的二个具有相同额定电压的绕组相互串联连接，但三角形的一个角不闭合。

[GB/T 2900.15—1997，定义 4.4.4]

3.10.4

曲折形联结 zigzag connection

三相变压器的每个相绕组包括两部分，第一部分联结成星结，第二部分串联在第一部分与线路端子间。两部分如下布置，每相的第二部分绕在与第一部分不同的心柱上，并接到第一部分上。

注 1：见附录 C，附录 C 中两部分绕组的电压相同。

注 2：曲折形联结有时叫做 Z 联结。

3.10.5

开路绕组 open windings

不在三相变压器内部相互联结的相绕组。

注：改写 GB/T 2900.15—1997，定义 4.4.5。

3.10.6

相位移（三相绕组的） phase displacement (of a three-phase winding)

当正序电压施加于按字母顺序或数字顺序标志的高压端子时，低压（中压）绕组和高压绕组中性点（真实的或假设的）与相应线路端子间电压相量的角度差。这些相量均假定按逆时针旋转。

注 1：改写 GB/T 2900.15—1997，定义 2.1.27。

注 2：见第 7 章和附录 C。

注 3：以高压绕组相量为基准，任何其他绕组的相位移均用钟时序数表示。即当高压绕组向量位于“12”时，其他绕组向量用钟时序数表示（钟时序数越大，表示相位越滞后）。

3.10.7

联结组标号 connection symbol

用一组字母和钟时序数指示高压、中压（如果有）及低压绕组的联结方式，是表示中压、低压绕组对高压绕组相位移关系的通用标识。

注：改写 GB/T 2900.15—1997，定义 2.1.26。

3.11 试验分类

3.11.1

例行试验 routine test

每台变压器都要承受的试验。

3.11.2

型式试验 type test

在一台有代表性的变压器上所进行的试验，以证明被代表的变压器也符合规定要求(但例行试验除外)。如果变压器生产所用图样相同、工艺相同、原材料相同，在同一制造厂生产，则认为其中一台可以代表。

注 1：与特定型式试验明确不相关的设计差异，不应要求重新进行该型式试验。

注 2：如果设计差异引起特定型式试验的数值和应力降低，且制造方和用户双方同意，则这个差异不要求重新进行型式试验。

注 3：对于 20 MVA 以下，且 $U_m \leqslant 72.5$ kV 的变压器，若能证明符合型式试验要求，则可以允许有较大的设计差异。

3.11.3

特殊试验 special test

除型式试验和例行试验外，按制造方与用户协议所进行的试验。

注：所有特殊试验可以按照用户在询价和订货时的规定，在一台或特定设计的所有变压器上进行。

3.12 与冷却有关的气象数据

3.12.1

冷却介质最高温度(任何时刻的) temperature of cooling medium (at any time)

通过多年测量得到的冷却介质的最高温度。

3.12.2

月平均温度 monthly average temperature

某一月份中，日最高温度的平均数与日最低温度的平均数之和的一半的多年统计值。

3.12.3

年平均温度 yearly average temperature

全年中，各月平均温度之和的 1/12。

3.13 其他术语

3.13.1

负载电流 load current

运行条件下，任意绕组中电流的方均根值。

3.13.2

总谐波含量 total harmonic content

所有谐波的方均根值与基波方均根值(E_1、I_1)之比。

电压总谐波含量：

$$\frac{\sqrt{\sum_{i=2}^{i=n} E_i^{\ 2}}}{E_1}$$

电流总谐波含量：

$$\frac{\sqrt{\sum_{i=2}^{i=n} I_i^{\ 2}}}{I_1}$$

式中：

E_i ——第 i 次谐波的电压方均根值；

I_i ——第 i 次谐波的电流方均根值。

3.13.3

偶次谐波含量　even harmonic content

所有偶次谐波方均根值与基波方均根值(E_1、I_1)之比。

电压偶次谐波含量：

$$\frac{\sqrt{\sum_{i=1}^{i=n} E_{2i}^{\ 2}}}{E_1}$$

电流偶次谐波含量：

$$\frac{\sqrt{\sum_{i=1}^{i=n} I_{2i}^{\ 2}}}{I_1}$$

式中：

E_{2i}——第 $2i$ 次谐波的电压方均根值；

I_{2i}——第 $2i$ 次谐波的电流方均根值。

4　使用条件

4.1　概述

变压器的正常使用条件见 4.2 中的规定。变压器设计中需要考虑的任何特殊使用条件见 5.5 的规定。特殊使用条件包括高海拔、极高或极低的冷却介质温度、湿热带气候、地震活动、严重污染、非正常的负载电压或电流波形、强太阳辐射和间歇性负载。还可能涉及运输、储存和安装，如：质量和空间限制(见附录 D)。

额定值和试验的补充规定见下列标准：

——外部冷却介质温度高或高海拔时的温升和冷却：对于液浸式变压器见 GB 1094.2，对于干式变压器见 GB 1094.11；

——高海拔时的外绝缘：对于液浸式变压器见 GB 1094.3，对于干式变压器见 GB 1094.11。

4.2　正常使用条件

本部分给出的变压器的详细要求，是用于下列使用条件的：

a)　海拔

海拔不超过 1 000 m。

b)　冷却介质温度

冷却设备入口处的冷却空气温度不超过：

任何时刻：40 ℃；

最热月平均：30 ℃；

年平均:20 ℃;

并且不低于:

户外变压器:−25 ℃;

变压器和冷却器都拟用于户内的变压器:−5 ℃。

月平均温度和年平均温度的规定见3.12。

用户可以规定较高的最低冷却介质温度,在此情况下,最低的冷却介质温度应在铭牌上示出。

注1:上述规定是允许采用替代绝缘液体,即:当最低环境温度不能满足−25 ℃时,允许使用替代绝缘液体。

对于水冷变压器,入口处冷却水温度不应超过:

任何时刻:25 ℃。

年平均:20 ℃。

任何时刻和年平均温度的规定见3.12。

对于冷却方面的进一步的规定:

——液浸式变压器见GB 1094.2;

——干式变压器见GB 1094.11。

注2:对于既有空气/水又有水/液体热交换器的变压器,冷却介质温度是指外部空气温度,而不是指内部回路中的水温,该水温可能超过正常值。

注3:冷却介质温度是冷却设备入口处的温度,而不是外部空气温度,这意味着用户在安装时应关注空气是否具有从冷却设备外部产生再循环的条件,在评估冷却空气温度时需要将其考虑进去。

c) 电源电压波形

电源电压波形应为正弦波,总谐波含量不超过5%,偶次谐波含量不超过1%。

d) 负载电流谐波含量

负载电流总谐波含量不超过额定电流的5%。

注4:总谐波含量超过负载额定电流5%的变压器,或按照GB/T 18494系列标准,拟向电力电子或整流器负载供电的变压器,均应进行说明。

注5:变压器可以在电流谐波含量不超过额定电流5%的情况下运行而不会有过多寿命损失,然而需要注意的是任何谐波负载下的温升可能会增加并超过额定温升。

e) 三相电源电压的对称

对于三相变压器,一组三相电源电压应近似对称。近似对称意味着连续的最高相间电压比最低相间电压不应高1%,或在异常的短期(近似30 min)情况下,不应高2%。

f) 安装环境

变压器套管或变压器外部绝缘不需要特殊考虑环境的污秽等级(见GB/T 4109和GB/T 26218.1)。安装环境不应有需要特殊考虑的地震干扰(这里认为地表加速度水平方向低于3 ms^{-2};垂直方向低于1.5 ms^{-2}),见GB/T 2424.25。

若变压器安装于距离冷却设备较远的由用户提供的封闭环境中,如:隔音室,则变压器周围空气温度在任何时候均不应超过40 ℃。

下列定义中的环境条件见GB/T 4798.4:

——气候条件4K2,但最低外部冷却介质温度为−25 ℃;

——特殊气候条件4Z2、4Z4、4Z7;

——生物学条件4B1;

——化学活性物质4C2;

——机械活性物质4S3;

——机械条件4M4。

对于户内安装的变压器,上述环境条件中可能某些不适用。

5 额定值和一般要求

5.1 额定容量

5.1.1 概述

每个绕组的额定容量应由用户规定，或在询价阶段由用户提供充足的信息给制造方，以便确定额定容量。

变压器每一绕组应规定其额定容量，并标志在铭牌上。额定容量指的是连续负载下的值。既是负载损耗与温升保证值和试验的依据，也是制造方的保证值。

如果对不同的条件(如：对不同的冷却方式)规定了不同的视在功率，则取其最高值为额定容量。

双绕组变压器只有一个额定容量，两个绕组的额定容量值相同。

对于多绕组变压器，用户应规定需要的容量-负载组合，如有必要，应单独说明有功和无功功率。

将额定电压施加到变压器的一次绕组上，且只在一个二次绕组的端子上流过额定电流时，此变压器承受了与该对绕组相应的额定容量。

变压器在正常条件(见第4章)下，应能连续地输送额定容量(对于多绕组变压器，则是指定绕组额定容量的组合)，且其温升不超过GB 1094.2所规定的液浸式变压器的温升限值。

注1：按本条所阐述的额定容量，是指输入到变压器的视在功率值(包括变压器本身所吸取的有功功率和无功功率)。在额定负载下，变压器输出给与二次绕组端子相连的电路的视在功率与额定容量不等。因为变压器内部的电压降(或升)，二次端子之间的电压与额定电压不等。电压降的许可值(与负载功率因数有关)在额定电压和分接范围的技术规范中给出(见GB/T 13499—2002的第7章)。

注2：对于多绕组变压器，根据所有绕组(独立绕组，非自耦联结)额定容量值算术和的一半值，可以估算出多绕组变压器的物理尺寸(与双绕组变压器相比)。

5.1.2 额定容量优先数

额定容量值应优先从R10系列(……100、125、160、200、250、315、400、500、630、800、1 000……)中选取。

5.1.3 可变冷却方式下的最小容量

如果用户对特定冷却方式而非额定容量的冷却方式的最小容量有特殊要求，则应在询价时提出。

变压器应能够在第4章规定的条件及在指定的冷却方式下，连续输出规定的最小容量(对于多绕组变压器，为规定的绕组额定容量组合)而不超过GB 1094.2规定的温升限值。

注：例如变压器被要求在与额定容量相比容量特别小的情况下运行，强迫冷却装置不工作，(ONAN)没有辅助电力损耗。

5.1.4 超额定容量负载

符合本部分要求的变压器及其元件在某些条件下能够超过额定容量运行。GB/T 1094.7和GB/T 1094.12给出了计算液浸式变压器和干式变压器许用负载的方法。

对任何超过额定容量负载，在较高的外部冷却介质温度或降低的温升限值下运行的特殊要求均应由用户在询价及订货时规定。并规定出任何附加的试验和计算方法，以验证产品符合这些特殊要求。

注1：这种情况适用于给电力变压器临时紧急负载时的设计值和保证值提供基础。

套管、分接开关、电流互感器及其他辅助设备的选用不应使变压器的负载能力受限。

注2：这些元件的负载能力宜参考相关的元件标准，如：对于套管为GB/T 4109，对于分接开关为GB 10230.1。

注3：这些要求不适用于特殊用途的变压器，某些特殊用途的变压器不需要超过额定容量的负载能力。对于这类变

压器，应规定特殊要求。

5.2 冷却方式

用户应指明冷却介质(空气或水)。

如果用户对冷却方法或冷却设备有特殊要求，则应在询价时提出。

其他信息见 GB 1094.2。

5.3 发电机变压器的甩负载

直接接到发电机的变压器，在发电机甩负载时，变压器与发电机相连的端子上，应能承受 1.4 倍的额定电压，历时 5 s。

5.4 额定电压和额定频率

5.4.1 额定电压

额定电压既可以由用户规定，或特殊使用情况下，也可以由用户在询价阶段向制造方提供充分的资料以确定额定电压。

变压器的每个绕组均应规定额定电压，并标志在铭牌上。

5.4.2 额定频率

额定频率由用户规定，作为系统正常非干扰频率。

额定频率是诸如损耗、阻抗及声级等保证值的基础。

5.4.3 在高于额定电压和(或)频率不稳的情况下运行

在负载状况(负载容量、功率因数以及相应的线间运行电压)下，确定额定电压和分接范围的方法按 GB/T 13499 进行。

在设备最高电压(U_m)规定值内，当电压与频率之比超过额定电压与额定频率之比，但不超过 5% 的“过励磁”时，变压器应能在额定容量下连续运行而不损坏，用户另行规定除外。

空载时，变压器应能在电压与频率之比为 110% 的额定电压与额定频率之比下连续运行。

在电流为额定电流的 K 倍($0 \leqslant K \leqslant 1$)时，过励磁应按下列公式加以限制：

$$\frac{U}{U_r} \times \frac{f_r}{f} \times 100 \leqslant 110 - 5K(\%)$$

如果变压器将要运行在电压与频率之比值超过上述范围时，则用户应在询价时说明。

5.5 特殊使用条件

用户应在询价时指明任何在正常运行条件之外的运行条件，如：

——外部冷却介质温度超出 4.2 的规定；

——通风受限；

——海拔超出 4.2 规定；

——有害性烟雾和烟气；

——水蒸气；

——湿度超过 4.2 的规定；

——滴水；

——盐雾；

——过量的和有腐蚀性的灰尘；

——负载电流谐波含量超过4.2的规定；

——电源电压波形畸变超过4.2的规定；

——非正常高频暂态操作过程，见第13章；

——叠加的直流电流；

——设计中需特殊考虑的地震条件，见4.2；

——巨大的机械冲击和振动；

——太阳辐射；

——频繁励磁超过24次/年；

——频繁短路；

——电压与频率之比(V/Hz)值高于5.4.3规定值；

——不与发电机连接且低压侧无保护的馈电式发电机升压变压器；

——防腐，根据安装类别和环境(见4.2)不同，用户应按ISO 12944选择防护等级或与制造方协商确定；

——发电机变压器甩负载条件比5.3的规定严酷；

——极低温度下的投运；

——特殊出线方式；

——特殊的安装位置及布置方式；

——安装于公共场所；

——中性点的特殊接地方式。

变压器在这些非正常条件下运行时的技术规范应由供需双方达成共识。

对于第4章列出的正常运行条件之外的运行条件，如：冷却空气温度较高或海拔高于1 000 m，有关变压器的额定值和试验方面在规定限值内的附加要求见GB 1094.2。

5.6 设备最高电压 U_m 和绝缘试验水平

如果用户无另行规定，则线路端子的 U_m 值应取等于或略大于每个绕组的额定电压。

对于设备最高电压高于72.5 kV的变压器绕组，用户应规定这个绕组的中性点端子在运行中是否直接接地或不接地，如果不接地，则中性点端子的 U_m 应由用户规定。

如果用户无另行规定，则绝缘试验水平应取GB 1094.3中 U_m 对应的最低值。

5.7 询价时需提出的附加信息

5.7.1 变压器种类

变压器种类，如：独立绕组变压器、自耦变压器或串联变压器应由用户规定。

5.7.2 绕组联结和相数

绕组联结方式应由用户规定，应符合第7章的要求。

用户应指定是否需要稳定绕组。对于星-星联结变压器或自耦变压器，若设计中零序磁通具有闭合的磁路，且未规定三角形联结绕组，则应通过制造方与用户讨论后确定是否需要稳定绕组(见GB/T 13499)。

注：零序磁通用闭合磁路存在于壳式变压器及具有无绕组心柱的心式变压器中。

如果对零序阻抗的上限和下限值有要求，则用户应予以说明，因为这会影响铁心结构和是否需要三角形联结绕组。如果零序需要三角形联结绕组，但用户未直接规定，则制造方应在投标书中说明。

如果用户没有规定三角形联结绕组，则变压器制造方不应使用三角形联结试验绕组，但用户同意除外。

用户应规定是单相变压器组还是三相变压器，否则，制造方应在投标书中说明提供什么类型的变压器。

5.7.3 声级

如果用户对变压器的最大保证声级有特殊要求，则需要在询价时提出并优先选择用声功率级表示。

如果无另行规定，则应认为声级是空载声级水平，此时，所有在额定功率下运行时需要的冷却设备应投入运行。如果有多种冷却方式(见 5.1.3)，则每种冷却方式下的声级可由用户规定，并由制造方保证且通过试验测定。

运行中的声级水平受负载电流的影响(见 GB/T 1094.10)。若用户要求做负载电流声级水平测定试验，或需要变压器总声级水平(包括负载声级)，则应在询价阶段说明。

声级测定按照 GB/T 1094.10 进行，结果不应超过保证的最大声级水平。保证的最大声级水平是一个限值，没有偏差。

5.7.4 运输

5.7.4.1 运输限制

如果对运输外限尺寸或质量有限制，则应在询价时提出。

如果在运输中还有其他特殊要求，则均应在询价时提出。可能包括对所带绝缘液体运输的限制或运输中碰到的与运行时不同的环境条件的限制。

5.7.4.2 运输中的加速度

变压器应设计、制造成能在各个方向承受至少 3 g 连续加速度而无损坏，可采用基于连续加速度的静态力计算来证明。

如果制造方不负责运输，且运输中的加速度可能超过 3 g，则询价时应对加速度和发生的频度进行规定。如果用户规定了更高的加速度，则制造方应用计算来证明符合要求。

如果变压器拟用作移动变压器，则应在询价时说明。

注：大型变压器运输时通常采用冲击记录仪。

5.8 部件和材料

除用户同意或另行规定外，用于变压器结构中的所有零部件和材料，都要符合已有的相关标准要求。特别是套管应符合 GB/T 4109、分接开关应符合 GB 10230.1、绝缘液体应符合 GB 2536 (对矿物油的要求)或按协议(对其他液体的要求)、电工钢带应符合 GB/T 2521 的规定。

6 对有一个带分接绕组的变压器的要求

6.1 概述——分接范围标识

本章适用于只有一个绕组是带有分接的变压器。

对于多绕组变压器，只适用于一对绕组间只有一个绕组是带有分接的组合。

对于符合 6.4.2 规定的变压器，标识应由用户按照 6.4.2c)给出。

对于自耦变压器，分接位于接地中性点附近处时，两个绕组的有效匝数同时在变。对此类变压器，有关分接细节方面的要求，应按协议(除非符合 6.4.2 的规定)，但尽可能按本章的有关规定。

如无另行规定，则主分接应位于分接范围的中点。其他分接由分接因数标志。分接位置数和电压比的变化范围用分接因数百分数与100之间的偏差的简化标志来表示(相关术语见3.5)。

例如:一台变压器,带分接绕组的额定电压为220 kV,分接范围为±10%,有17个分接,对称布置,其标识为:

$$(220 \pm 8 \times 1.25\%)/35\ \text{kV}$$

若规定的分接范围不与额定电压对称布置时,其标识为:

$$(220^{+10 \times 1.25\%}_{-6 \times 1.25\%})/35\ \text{kV}$$

每个分接参数的数据均应标志在铭牌上(见第8章)。

受分接电压或分接电流的限制,某些分接可为“降低容量分接”。出现这些限值的边界分接,被称为“最大电压分接”或“最大电流分接”[见图1a)、图1b)和图1c)]。

6.2 分接电压-分接电流(分接电压变化的标准类型、最大电压分接)

分接范围和分接位置数的简化标识,表示变压器的变压比的变化范围。但不能充分表示分接参数的指定值。还必须补充一些数据,如:可以用表格列出每个分接的分接容量、分接电压和分接电流,或用文字说明其“调压的种类”和“满容量分接”的限制范围。

调压种类和定义规定如下:

a) 恒磁通调压(CFVV)

从一个分接变到另一个分接时,不带分接绕组的分接电压恒定。带分接绕组的分接电压与分接因数成正比,见图1a)。

b) 变磁通调压(VFVV)

从一个分接变到另一个分接时,带分接绕组的分接电压恒定,不带分接绕组的分接电压与分接因数成反比,见图1b)。

c) 混合调压(CbVV)

在实际应用中,特别是变压器分接范围较大时,在整个分接范围的不同部分中,分别采用了恒磁通调压和变磁通调压,形成一种组合式调压(即混合调压)。转折点分接称为“最大电压分接”。在混合调压系统中:

恒磁通调压(CFVV)适用于分接因数低于最大分接电压分接因数的各分接;

变磁通调压(VFVV)适用于分接因数高于最大分接电压分接因数的各分接。

见图1c)。

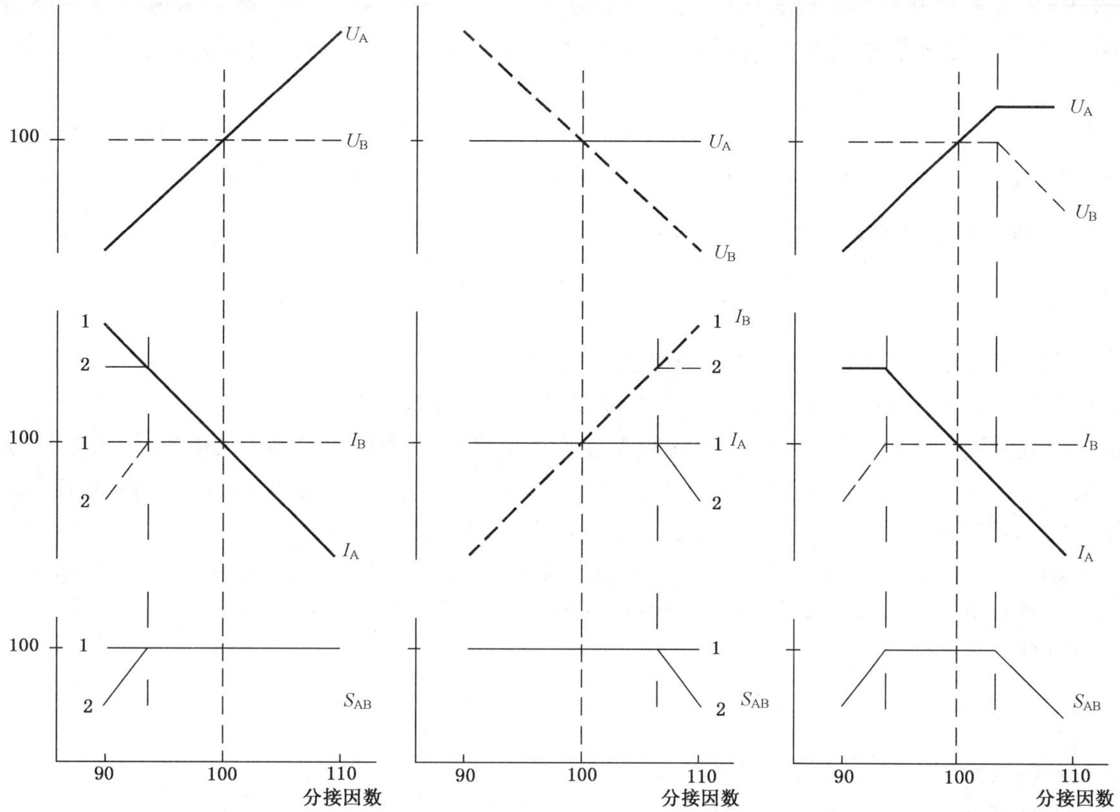

a) 恒磁通调压（CFVV） b) 变磁通调压（VFVV） c) 混合调压（CbVV）

图 1c)显示转折点在正分接范围。它既形成了最大电压分接(U_A)，也形成了最大电流分接(I_B 恒定，在转折点后不再上升)。还显示了附加的、可选的最大电流分接(在 CFVV 范围)。

说明：

U_A、I_A ——带分接绕组的分接电压和分接电流；

U_B、I_B ——不带分接绕组的分接电压和分接电流；

S_{AB} ——分接容量；

横坐标——分接因数百分数(显示分接绕组有效匝数相对的)；

1 ——表示在分接范围内的“满容量分接”；

2 ——表示“最大电压分接”“最大电流分接”和“降低容量分接范围”。

图 1 不同的调压方式

6.3 分接容量(满容量分接-降低容量分接)

除了另行规定每个分接的电压和电流的情况之外，应遵循以下规定。

所有的分接都应是满容量分接，即每个分接的额定分接电流应为额定容量除以分接的额定分接电压，但以下规定除外。

额定容量在 2 500 kVA 及以下，且分接范围不超过±5%的独立绕组变压器，所有负分接中的分接电流应等于主分接的额定分接电流。即主分接是“最大电流分接”。

在分接范围超过±5%的变压器中，可能要对其分接电压或分接电流规定限值，否则会明显超过额定值。当规定这些限值时，某些分接即为“降低容量分接”。本条描述了该布置。

当分接因数不等于 1 时，对于满容量分接，某个绕组的分接电流有可能会超过额定电流。在恒磁通调压下的负分接[见图 1a)]，带分接绕组会出现这种情况；在变磁通调压下的正分接[见图 1b)]，不带分接的绕组会出现这种情况。为限制相应的绕组参数增大问题，有可能要规定最大电流分接。由最大电流分接起，该绕组的分接电流应该为常数。这也表示直到极限分接的其余分接是降容量分接[见图1a)、图1b)和图1c)]。

在混合调压(CbVV)下，“最大电压分接”即CFVV和VFVV间的转折点，应该同时是最大电流分接(另行规定除外)。这意味着不带分接绕组的电流，直到极限正分接处，保持为一常数[见图1c)]。

6.4 询价和订货时对分接的规范

6.4.1 概述

用户应按照6.4.2或6.4.3的规范对分接进行规定。

用户应对分接开关是在有载还是无励磁状态下使用进行说明。

当采用变磁通调压(VFVV)时，通常只能在分接范围中的两个位置使设计的变比与规定的变比相对应。用户应指定设计变比与规定变比相对应的位置，如：极限分接、主分接和最大分接或主分接和最小分接。如无另行规定，则认为两个极限分接的变比需要相对应。

注：6.4.2要求用户规定哪个绕组是带分接的，并规定其分接容量。6.4.3规定了总的电压和电流的要求，并对用户选择哪个(些)绕组带分接提出要求。这些要求可能导致变压器设计的不同。GB/T 13499对分接布置和电压降计算给出了详细的要求。

6.4.2 结构性规范

下列各项要求对变压器设计是必要的：

a) 哪个绕组是带分接的；

b) 分接位置数和分接级(或分接范围和分接位置数)，除非另行规定，分接范围应按主分接对称地分布，且分接级都相等。如果因某种原因，设计上采用不等的分接级，则应在合同或投标书中明确指出；

c) 调压种类，如果指定用混合调压，则应指出其转折点(最大电压分接，见6.2)；

d) 是否需要规定最大电流限值(降低容量分接)，如果需要，则应指出分接位置。

可以优先在铭牌上以表格形式代替c)和d)的文字说明(参见附录E的示例)。

6.4.3 功能性规范

功能性规范的目的是让用户规定运行要求，而不是规定调压种类或哪个绕组带分接。

本条内容不适用于2 500 kVA及以下、分接范围不超过±5%的独立绕组变压器。

除第5章规定的额定电压和额定容量外，下列信息应由用户在询价时给出：

a) 功率流动方向(可以双向)；

b) 分接位置数及用主分接上额定电压百分数表示的分接级大小；若分接范围不是以主分接对称分布，则应指出；若在分接范围内分接级不相等，则也应指出；

注1：调压范围和分接位置数可能会比主分接上电压的准确性重要。在此情况下，需指出调压范围和分接位置数，如：+5%～−10%，分接位置数11。

c) 哪个电压需调节用于确定额定分接电压；

注2：确定每个分接的阻抗需要额定分接电压。采用功能性要求时，额定分接电压不能用于确定额定分接容量。

d) 对多于两个绕组的变压器，任何对两个特定绕组间固定匝数比的要求；

e) 最小的满容量功率因数(这影响变压器的电压降)；

f) 是否某个分接或分接范围是降低容量分接。

制造方将选择绕组布置方法，哪个或哪些绕组带分接。变压器在上述运行条件下应能在所有分接位置向二次绕组提供额定电流，且不超出GB 1094.2规定的温升要求。

变压器应设计成能承受上述规定的负载条件(包括任何规定的过载条件)下产生的电压和磁通作用而不损坏。签合同时应向用户提供证明满足这个条件的计算说明。

示例参见附录 E(例 4)。

此外,用户还应提交一组有功及无功功率以及相应的负载电压的负载条件说明(清楚说明功率流动方向)。应指明在这些情况下满容量及降低容量下电压比的极限值(见 GB/T 13499 中的“6 参数法”)。根据这些信息,制造方在投标书中选定分接绕组并规定额定参数和分接参数。制造方与用户还应就设计的分接参数值达成协议。

6.5 短路阻抗

对于分接范围不超过主分接电压±5%的变压器,一对绕组的短路阻抗是按主分接规定的。可以用每相阻抗 Z 的欧姆数或 Z 相对于变压器额定容量及额定电压下的阻抗的百分数 z 表示(见 3.7.1)。阻抗可以用下述两种方法之一来表示:

对于分接范围超过主分接电压±5%的变压器,应规定用 Z 或 z 表示的主分接及超过±5%的极限分接的值。对于此类变压器,这些阻抗值应在短路阻抗和负载损耗试验时(见 11.4)测量,并符合第 10 章的偏差要求。如果阻抗表示为百分数 z 的形式,则应是相对于变压器的额定分接电压(所在分接的)及额定容量(在主分接)下的值。

注 1:用户选择阻抗值时,会遇到彼此相矛盾的要求:电压降的限制与系统故障时的过电流限制。损耗的最佳经济设计又要求短路阻抗在一定的范围内。若与现有变压器并联运行,则还需考虑匹配阻抗参数(见 GB/T 13499)。

注 2:若询价中不仅对主分接的短路阻抗值进行规定,还包括在分接范围内的短路阻抗变化,则这对变压器设计会有重大限制(各绕组之间的相互位置及其几何尺寸)。变压器规范及设计需要考虑分接间大的阻抗变化会降低或增加分接的影响。

也可规定整个分接范围内每个分接的 z 或 Z 的最大或最小阻抗值,可用图或表的形式规定(参见附录 F)。两个限值之间,应有足够的差值,至少允许它们的中间值加上第 10 章规定的正、负偏差。测量值不应落在边界之外,边界是限值,没有偏差。

注 3:规定的最大、最小阻抗应允许有偏差,偏差见第 10 章。但如果有必要,经制造方与用户协商同意,也可给出更小的偏差。

注 4:以变压器额定分接电压和主分接额定容量为阻抗的基础,意味着每个分接的每相阻抗欧姆数 Z 和百分数阻抗 z 是不同的,并且还取决于以哪个绕组的电压变化为基准。因而需要特别注意,以保证规定的阻抗是正确的。这对规定分接容量与主分接容量不同的变压器尤为重要。

6.6 负载损耗和温升

负载损耗和温升应符合以下规定:

a) 对于分接范围不超过±5%,且额定容量不超过 2 500 kVA 的变压器,负载损耗和温升的保证值仅是指主分接的,温升试验在主分接上进行。

b) 对于分接范围超过±5%或额定容量大于 2 500 kVA 的变压器,除非用户在询价阶段另行规定,负载损耗的保证值应是主分接的。如果用户有规定,则要指明除主分接外的哪个分接上的负载损耗应由制造方保证。负载损耗是以对应的分接电流为基准的。在适当的分接容量、分接电压和分接电流下,温升限值对所有分接都应适用。

温升试验作为型式试验时,如无另行规定,则应仅在一个分接上进行。如无另行规定,则应选“最大电流分接”(通常是具有最大的负载损耗分接)。确定绝缘液体温升试验的容量应是选定分接的总损耗,该分接的分接电流是确定绕组对绝缘液体温升的参考。有关液浸式变压器温升试验的规定见 GB 1094.2。

温升试验的目的,是验证变压器冷却系统能否将任意分接的最大总损耗所产生的热量散发出去，且在所有分接下，任何绕组对外部冷却介质的温升均应不超过温升限值的规定。

注 1：对于自耦变压器，串联绕组和公共绕组上的最大电流通常在两个不同的分接位置。因而，可以选用中间分接位置来试验，以便在同一试验中，检查两个绕组是否均能满足 GB 1094.2 的要求。

注 2：某些分接布置中，在最大电流分接位置时分接绕组不载流。因而如果需要确定分接绕组的温升，则需选择另一个分接位置或协商额外的试验。

7 联结和联结组标号

7.1 三相变压器和由单相变压器组成的三相变压器组的联结和联结组标号

7.1.1 联结组标号

三相变压器的三个相绕组或组成三相组的三台单相变压器同一电压的绕组联结成星形、三角形或曲折形时，对于高压绕组应用大写字母 Y、D 或 Z 表示；对于中压或低压绕组应用同一字母的小写字母 y、d 或 z 表示。

对于有中性点引出的星形或曲折形联结应用 YN(yn)或 ZN(zn)表示。这同样适用于每相绕组中性点端子分别引出，再联结在一起形成实际运行中的中性点的变压器。

对于自耦联结的一对绕组，电压较低绕组的符号用字母 a 代替。

不在三相变压器内部联结的开口绕组，且每个相绕组的两端均引出时（如：串联变压器及移相变压器的串联绕组），其高压绕组用 III 表示，中压绕组或低压绕组用 iii 表示。

变压器高压绕组、中压绕组、低压绕组的字母标识应按额定电压递减的顺序标注，不考虑功率流向。在中压绕组及低压绕组的联结组字母后，紧接着标出其相位移钟时序数（见 3.10.6）。

常用联结组及联结图示例参见附录 C。

7.1.2 用钟时序数标志相位移

下列通用标识适用。

高压绕组联结图在上，低压绕组联结图在下（感应电压方向在绕组上部，见图 2）。

高压绕组相量图以 A 相指向 12 点钟为基准。低压绕组 a 相的相量按联结图中的感应电压关系确定。钟时序数就是低压向量指向的小时数。

相量的旋转方向是逆时针方向，相序为 A—B—C 。

开口绕组没有钟时序数，因为这些绕组的相量关系取决于外部联结。

7.1.3 不带负载的绕组

如果存在稳定或试验绕组（不与外部三相负载相连的三角形或星形联结的绕组），按照下面的联结示例，在带负载绕组后用“＋d”或“＋y”表示。

其标号为：YNa0＋d 或 YNa0＋y

7.1.4 联结可变的绕组

绕组联结可变时，另一个电压和联结在交货状态的电压后面的括号中标出，如下面示例所示：

高压为 220 kV 或 110 kV（双电压），但两种电压都是星结，变压器交货时为 220 kV 结构，低压为 10.5 kV 角结：

其标号为：YNd11　　　　220(110)/10.5 kV

低压为 11 kV 星结和 6.35 kV 角结，变压器交货时为 11 kV 星结结构，高压为 110 kV 星结：

其标号为：YNy0(d11)　　　　110/11(6.35)kV

低压向量组为可变联结，而额定电压（本例中 11 kV）不改变，变压器交货时为 d11，高压为 110 kV 星结：

其标号为：YNd11(d1)　　　　110/11 kV

7.1.5　举例

举例如下，其代表图见图 2 和图 3。

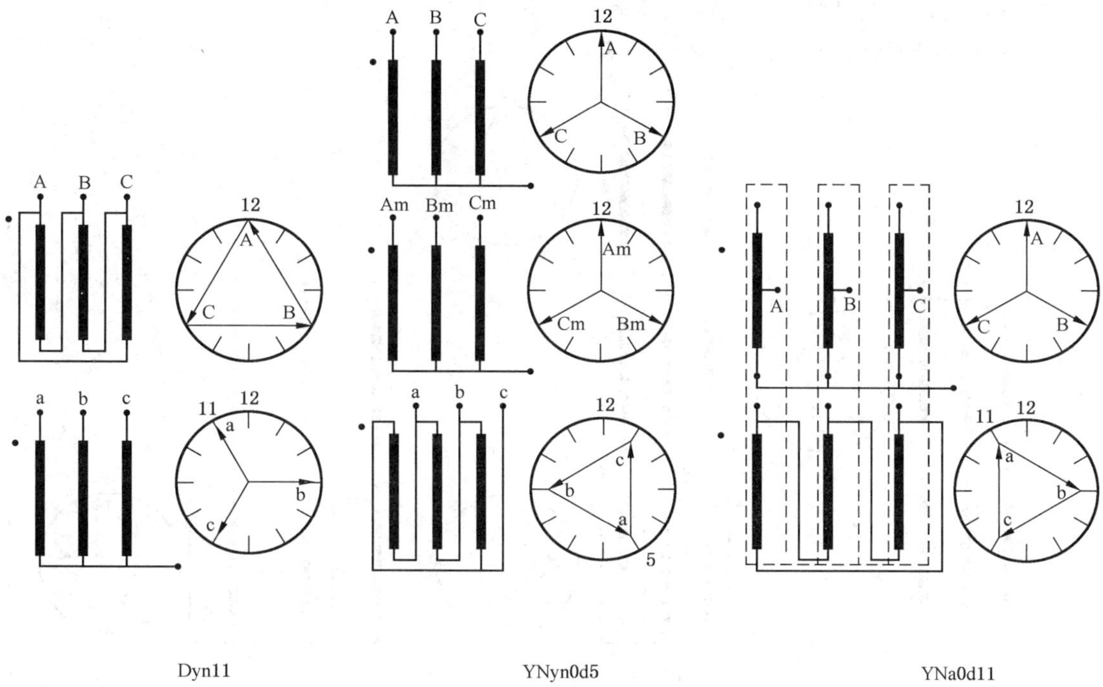

图 2　钟时序数标号表示法

——双绕组变压器：高压绕组为 20 kV 角结；低压绕组为 400 V 星结，中性点引出。低压绕组滞后 330°。

其标号为：Dyn11　　　　20 000/400 V

——三绕组变压器：高压绕组为 121 kV 星结，中性点引出；中压绕组为 35 kV 星结，中性点引出，与高压相位相同，但不自耦联结；低压绕组为 6.3 kV 角结，滞后高压绕组 150°。

其标号为：YNyn0d5　　　　121/35/6.3 kV

——三台单相自耦变压器组成三相组：高压绕组为 500 kV；中压绕组为 242 kV；低压绕组为 35 kV，自耦联结绕组结成星结，低压绕组为角结，角结绕组滞后高压绕组 330°。

其标号为：YNa0d11　　　　$\frac{500}{\sqrt{3}}/\frac{242}{\sqrt{3}}/35$ kV

如果角结绕组不是引出到线路端子上，只是提供作为稳定绕组，则符号中采用“+d”标识。稳定绕组没有相位移标识。

其标号为：YNa0+d　　　　$\frac{500}{\sqrt{3}}/\frac{242}{\sqrt{3}}/35$ kV

联结相同的三相自耦变压器的标识除电压外应相同，见下例：

——三相自耦变压器：高压绕组为 500 kV，中压绕组为 242 kV，低压绕组为 35 kV；自耦联结绕组结成星结，低压绕组为角结，角结绕组滞后高压绕组 330°。

其标号为：YNa0d11　　　　500/242/35 kV

如果角结绕组不是引出到线路端子上，只是提供作为稳定绕组，符号中采用“+d”标识。稳定绕组没有相位移标识。

其标号为：YNa0+d　　　　500/242/35 kV

——三相发电机升压变压器，用于 20 kV 网络，发电机侧为 6.3 kV。接到发电机的绕组结成角结，网络侧绕组结成星结。角结绕组滞后高压绕组 330°。

其标号为：YNd11　　　　20/6.3 kV

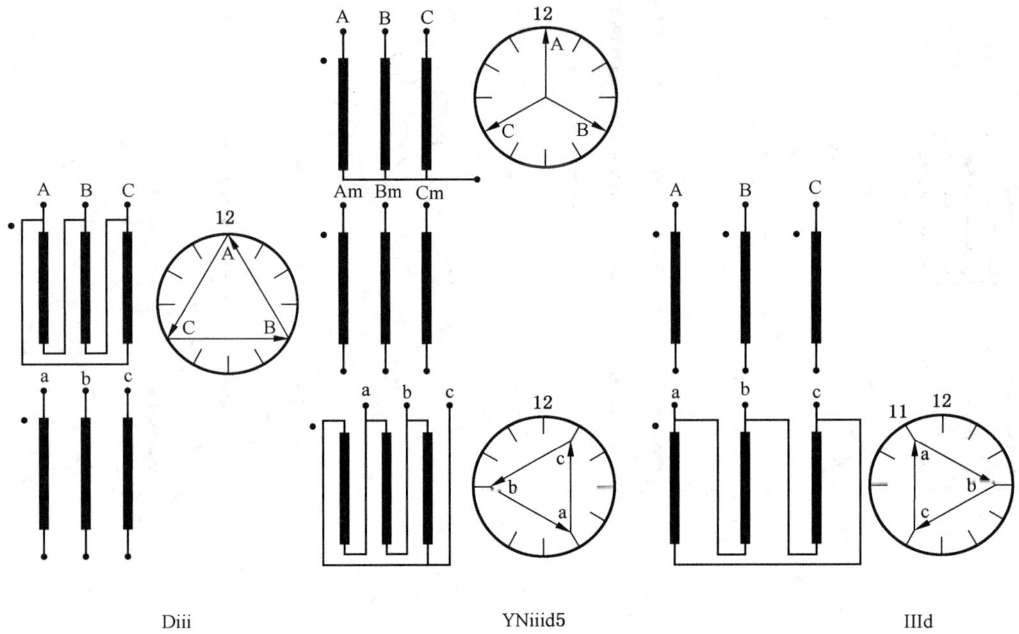

图 3　带有开口绕组的变压器的钟时序数标号表示法

——三相双绕组变压器：高压绕组为 20 kV 角结；带有 6.3 kV 开口绕组。

其标号为：Diii　　　　20/6.3 kV

——三相三绕组变压器：高压绕组为 220 kV 星结；带有 38.5 kV 开口绕组以及一个 10.5 kV 角结的低压绕组。

其标号为：YNiiid5　　　　220/38.5/10.5 kV

——三相串联变压器：用于 500 kV 网络，带有 38.5 kV 角结的励磁绕组。

其标号为：IIId　　　　500/38.5 kV

7.2　非三相组联结的单相变压器的联结和联结组标号

7.2.1　联结组标号

单相变压器的一组相绕组中，用大写字母 I 表示高压绕组，用小写字母 i 表示中压绕组和低压绕组。

变压器不同绕组的联结字母标识应按额定电压递减的次序标注，不考虑功率流向。在中压绕组和低压绕组的联结字母后，紧接着标出其相位移钟时序数(见 3.10.6)。

对于自耦联结的一对绕组，电压较低绕组的符号用字母 a 代替。

7.2.2 用钟时序数标识相位移

单相变压器的钟时序数确定方法与三相变压器相同，如果两个绕组同向则为0，如果两个绕组反向则为6。

7.2.3 不带负载的绕组

不在外部接负载的试验绕组或附加绕组，在带负载绕组符号后用"+i"表示，见下例：
其标号为：Ii0+i

7.2.4 联结可变的绕组

绕组联结可变时，另一个电压和联结在交货状态时的电压后面的括号中标出，如下面示例所示：

——高压绕组为220 kV或110 kV(双电压)，但两种电压联结相同。
  其标号为：Ii0　　220(110)/35 kV
——低压绕组为11 kV、钟时序数为0及低压5.5 kV、钟时序数为6，变压器交货时低压为11 kV、钟时序数为0，高压为110 kV。
  其标号为：Ii0 (i6)　　110/11(5.5) kV
——在不改变额定电压下低压向量方向可变(本例中为11 kV)，变压器交货时钟时序数为0，高压绕组为110 kV。
  其标号为：Ii0 (i6)　　110/11kV

7.2.5 举例

举例如下：其代表图见图4。
与图2规定相同。

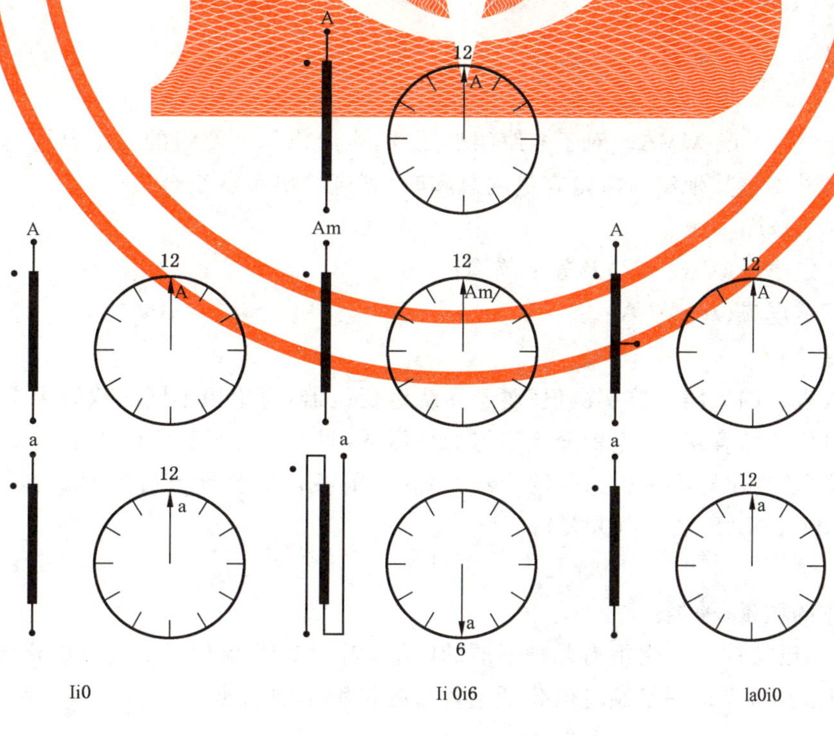

图4 钟时序数标号表示法

——双绕组变压器高压绕组为 20 kV，低压绕组为 400 V。低压与高压绕组同向。

其标号为：Ii0　　　　20 000/400 V

——三绕组变压器：高压绕组为 121 kV；中压绕组为 35 kV，与高压同向但非自耦联结；低压绕组为 6.6 kV，滞后 180°。

其标号为：Ii0i6　　　　121/35/6.6 kV

——单相自耦变压器：高压为 500 kV，中压为 242 kV，低压为 35 kV，同相。

其标号为：Ia0i0　　　　500/242/35 kV

如果低压绕组不带负载，则符号中采用"+i"来表示。第三绕组不必加相位移标号。

其标号为：Ia0+i　　　　500/242/35 kV

8　铭牌

8.1　概述

变压器应设有铭牌，铭牌材料应不受气候影响，并且固定在明显可见位置。铭牌上的标志应是去不掉的，其项目如下。

8.2　必须标志的项目(任何情况下)

必须标志的项目如下：

a)　变压器种类(如：变压器、自耦变压器、串联变压器)；
b)　本部分代号；
c)　制造单位名称、变压器装配所在地(国家、城镇)；
d)　出厂序号；
e)　制造年月；
f)　产品型号；
g)　相数；
h)　额定容量(kVA 或 MVA。对于多绕组变压器，应给出每个绕组的额定容量。如果一个绕组的额定容量并不是其他绕组额定容量的总和时，则应给出负载组合)；
i)　额定频率(Hz)；
j)　各绕组额定电压(V 或 kV)及分接范围；
k)　各绕组额定电流(A 或 kA)；
l)　联结组标号；
m)　以百分数表示的短路阻抗实测值；对于多绕组变压器，应给出不同的双绕组组合下的短路阻抗以及各自的参考容量；对于带分接绕组的变压器，见 6.5 及 8.3 的 b)项；
n)　冷却方式(若变压器有多种组合的冷却方式时，则各自的容量值可用额定容量的百分数表示。如：ONAN/ONAF 70%/100%)；
o)　总质量；
p)　绝缘液体的质量、种类。

如果在设计中，已特别指明绕组有几种不同的联结，因而变压器有不止一组额定值时，则其补充的额定值应在铭牌上给出，或每一组额定值分别用各自的铭牌单独给出。

8.3　附加项目(在适用的情况下)

对特定变压器，如果下列信息适用，则应标志在铭牌上：

a) 对于具有一个或多个绕组的变压器，绕组的设备最高电压 U_m 不低于 3.6 kV，绝缘水平(耐压)的简要标识按 GB 1094.3 的规定；

b) 分接标志：

——对于最高额定电压不大于 72.5 kV，且额定容量不大于 20 MVA(三相)或 6.7 MVA(单相)、分接范围不超过±5%的变压器，所有分接位置上的分接电压值；

——其他变压器：

- 以表格列出所有分接电压以及最大许用分接运行电压、分接电流、分接容量和所有分接的内部连接；
- 以表格列出主分接以及至少是极限分接上的短路阻抗值，用参考容量下的百分数表示；

c) 顶层液体和绕组保证的最高温升(如果不是标准值时)；

对于安装在高海拔地区的变压器，海拔以及在该海拔下的额定容量和温升应与以下参数中的一个同时标志在铭牌上：

——如果变压器按用于高海拔地区设计，则应给出与正常外部冷却介质温度条件相比时的额定容量下的降低的温升值；

——如果变压器按用于正常外部冷却介质温度条件设计，则应给出在正常外部冷却介质温度条件时的保证温升限值下的额定容量；

d) 联结图(当联结组标号不能完全表示内部连接时)，若连接可在变压器内部改变时，则应在同一铭牌上，或另一单独的铭牌上表示，并应明确变压器出厂时的联结状况；如果变压器采用了非线性电阻器或保险丝，则其使用位置应标志在联结图上；如果使用了装入式电流互感器，则应标志在联结图上；

e) 运输质量(如果与总质量不同)；

f) 器身质量(对总质量超过 5 t 的变压器)；

g) 油箱、储油柜、分接开关及冷却设备的真空耐受能力；

h) 对于多绕组变压器，对任何容量-负载组合的限制；

i) 对于安装了绕组温度计(WTI)的变压器，每个绕组温度计的设定，通常为额定容量下通过温升试验结果计算得到的绕组热点温度与顶层液体温度之差；如果规定一种以上的冷却方式，每种冷却方式可能需要不同的设定值；

j) 对于变压器内部的电流互感器，其位置、电流比、准确级及额定输出值(VA)；

k) 冷却介质的最低温度，户内变压器不是−5 ℃或户外变压器不是−25 ℃时；

l) 用于确定变压器承受短路能力(如果不是无限大)的最大系统短路视在容量或电流。

根据附件(套管、分接开关、电流互感器、特殊冷却装置)标准，应装设附件性能铭牌。附件铭牌可安装在附件本身上，也可安装在变压器上。

9 安全、环境及其他要求

9.1 安全及环境要求

9.1.1 冷却介质泄漏

变压器制造方应考虑变压器冷却介质污染的影响，并采取有效措施防止泄漏。下列项目的长期性能应考虑：

——接头的设计；

——密封件材料；

——焊接；

——防腐蚀。

变压器冷却介质应无泄漏。

9.1.2 安全考虑

制造方在设计变压器时，应考虑操作者和维修人员的安全。以下方面尤其重要：

——高温零部件的可接近性；

——带电部件的可接近性；

——可移动部件的可接近性；

——起吊和搬运的措施；

——需维修处的维修通道；

——高处作业。

如果安装会对上述方面有影响，则应提供适当的安装说明。

注：当变压器需要梯子、工作台及类似的设施时，可参考 ISO 14122 系列文件："机械安全　进入机械的固定设施"。

9.2 中性点连接的尺寸

当变压器的相与中性点间拟承担负载时(如：配电变压器)，中性点引出线和中性点端子应按相应的负载电流和接地故障电流选择尺寸(见 GB/T 13499)。

当变压器的相与中性点间不承担负载时，中性点引出线和中性点端子应按接地故障电流选择尺寸。

9.3 液体保护系统

对于液浸式变压器，液体保护系统的类型应在询价和订货时规定。如果没有规定，制造方应在合同中注明液体保护系统的类型。需区分下列几种类型：

——自由呼吸系统或储油柜系统，它允许油箱内或单独膨胀容器内液体表面上的充气空间与周围大气自由交换；通大气的管路上装有吸湿器；

——隔膜式或胶囊式液体保护系统，在液面上方形成一个在大气压力下的空气膨胀空间，需用一个软膜或胶囊将空气与液体隔开，以避免液体与空气直接接触；通大气的管路上装有吸湿器；

——惰性气体压力系统，液面上方的膨胀空间里充满干燥的惰性气体(微正压)，惰性气体应连通到一个压力控制源或连通到一个有弹性的胶囊上；

——有气腔的密封油箱系统，在刚性油箱内，液面上方的气体容积通过压力变化与液体膨胀相适应；

——全密封系统，永久密封的油箱(通常做成波纹油箱)壳体以自身弹性适应液体的膨胀。

对于矿物油或其他冷却液体，储油柜或膨胀系统的尺寸应足以适应这些液体从变压器断电下的最低环境温度到 GB/T 1094.7 规定的负载条件所允许的最高平均温度的体积变化。

注：应能适应相同类型的不同液体热膨胀系数变化。

9.4 中性线路中的直流电流

中性点接地的变压器，可能会受到流过中性点的直流的影响。产生直流电流的情况举例如下：

——直流(DC)牵引系统；

——阴极保护系统；

——整流器系统；

——地磁感应电流(GIC)。

当变压器受到中性点直流的影响时，会导致磁路直流偏磁。励磁电流变得严重不对称，并含有高次谐波分量。可能产生如下结果：

——振动加剧；

——声级水平上升;
——保护继电器故障和误动作;
——杂散磁通导致过热;
——励磁电流明显增大;
——空载损耗增加。

此现象取决于直流对铁心的励磁能力及铁心设计。其影响的结果与直流电流的幅值、持续时间、铁心结构及变压器设计有关。

如果变压器可能受到直流电流的作用,则需要由用户在询价时说明,并说明这些电流的限值。见GB/T 13499—2002 的 4.11。

9.5 重心标志

运输质量超过 5 t 的变压器,应在至少两个相邻面做出运输中的重心点的永久性标志。

10 偏差

变压器,特别是大型、多绕组且额定电压相对低的变压器,很难做到匝数比正好就是规定的电压比。也有其他因素,如某些参数在投标时不能很准确地确定,或者受制造和测量上的不确定性的影响。

因而有必要对某些规定值及设计值给出偏差。

当测量值符合表 1 中的偏差规定时,认为变压器符合本部分的要求。当省略了一个方向的偏差时,对那个方向的偏差就没有限制。

本章只用于接收或拒收,并不能代替用户为经济评估目的(如:单位损耗价格)规定的保证值。它不能优先于订货时规定的任何限值。

表 1 偏差

<table>
<tr><th>序号</th><th colspan="3">项目</th><th>偏差</th></tr>
<tr><td>1</td><td colspan="3">a) 总损耗(见注 1);
b) 空载损耗或负载损耗(见注 1)</td><td>+10%;
+15%,且总损耗不超过 10%</td></tr>
<tr><td rowspan="3">2</td><td rowspan="3">空载电压比</td><td rowspan="2">规定的第一对绕组</td><td>主分接或极限分接</td><td>下列值中较低者:
a) 规定电压比的±0.5%;
b) 主分接上实际阻抗百分数的±1/10</td></tr>
<tr><td>其他分接</td><td rowspan="2">匝数比设计值的±0.5%</td></tr>
<tr><td colspan="2">其他绕组对</td></tr>
<tr><td rowspan="5">3</td><td rowspan="5">短路阻抗</td><td rowspan="2">a) 有两个独立绕组的变压器;或
b) 多绕组变压器中规定的第一对独立绕组</td><td>主分接</td><td>当阻抗值≥10%时,±7.5%;
当阻抗值<10%时,±10%</td></tr>
<tr><td>其他分接</td><td>当阻抗值≥10%时,±10%;
当阻抗值<10%时,±15%</td></tr>
<tr><td rowspan="2">a) 自耦联结的一对绕组;或
b) 多绕组变压器中规定的第二对绕组</td><td>主分接</td><td>规定值的±10%</td></tr>
<tr><td>其他分接</td><td>设计值的±10%</td></tr>
<tr><td colspan="2">其他绕组对</td><td>按协议,但绝对值不小于 15%</td></tr>
</table>

表 1（续）

序号	项　目	偏差
4	空载电流	设计值的＋30%

注 1：多绕组变压器的损耗偏差适用于任何一对绕组，但保证书中说明适用于某一给定负载条件时除外。

注 2：某些自耦变压器和串联变压器，因其阻抗很小，则应有更大的偏差。对分接范围大的变压器，特别是分接范围不对称时，也会要求作特别考虑。另一方面，如：当变压器要和已有的变压器并联时，按协议，可规定更小的阻抗偏差，但应在投标阶段提出，由制造方与用户协商规定。

注 3：高压绕组和与其相近的绕组称为第一对绕组。

11 试验

11.1 一般要求

11.1.1 概述

变压器应按如下规定进行试验。

除温升试验外，试验应在 5 ℃～40 ℃的环境温度下进行。温升试验的环境温度见 GB 1094.2。

除非制造方与用户另有协议，试验应在制造方工厂进行。

试验时，有可能影响变压器性能的外部组件和装置，均应安装在规定的位置上。

如果变压器的安装条件与试验运行条件不一致（如：在工厂试验期间，变压器安装了试验用升高座和套管，或者冷却设备的布置与现场安装不同），则制造方与用户之间应在试验开始前制定相关协议。如果对试验有任何限制因素，则制造方应在投标阶段说明。

如果变压器交货时用的是液体/SF_6 套管，经供需双方达成协议，试验时也可以用等效的液体/气体套管代替，但试验套管的液浸端部应与运行时套管相同，运行套管至少要承受与变压器试验水平相同的试验。

试验应在主分接上进行，试验条款另有规定或供需双方另有协议时除外。

除绝缘试验外，所有性能试验，均应以额定条件为基准（试验条款另有规定时除外）。

试验测量系统应按 GB/T 19001 的规定进行检定、定期校准，其准确度具有可追溯性。

对测量系统的精度及校准的特殊要求见 GB/T 16927（全部）及 GB/T 13499。

如果有要求，则试验结果要校正到参考温度，参考温度是：

a) 对于干式变压器，按照 GB 1094.11 中对试验的一般要求；

b) 对于绕组额定平均温升不大于 65 K（OF 或 ON 冷却方式）或 70 K（OD 冷却方式）的液浸式变压器：

   1) 参考温度为 75 ℃；

   2) 按用户要求，参考温度等于额定绕组平均温升加 20 ℃或额定绕组平均温升加外部冷却介质年平均温度两者之中的较高者；

c) 对有其他额定绕组平均温升的液浸式变压器，参考温度等于额定绕组平均温升加 20 ℃或额定绕组平均温升加外部冷却介质年平均温度两者之中的较高者。

如果用户需要对 b)类变压器与 a)类和 c)类变压器（具有不同的绝缘系统和不同的绕组平均温升的）的损耗进行比较时，则必须按 b)中 2)确定参考温度。如果用户想要做此比较，则需在询价时说明。

注 1：在现有设计中，不同参考温度下的损耗转换可通过计算进行。这并不意味着所有的型式试验（包括温升试验）仅因为参考温度的变化都需要重新进行。

注2：对年平均温度与20 ℃差别大的，实际损耗可能与参考温度下的损耗不同。运行中的实际损耗取决于负载和温度情况。

液浸式变压器试验时应充有与运行时相同种类及参数的液体。

注3：目的是使受试变压器使用可以完全代表运行时变压器性能的液体。

测量及试验时的工频电源频率与变压器额定频率的偏差应在1%内。试验电源电压波形中的谐波含量不应超过5%。如果不能满足要求，则波形对参数的影响应由制造方进行评估，并应经用户同意。除11.5的规定外，不应因考虑电压波形中的谐波含量高而将测量损耗向下校正。当采用三相电源时，电源电压应对称。试验时，施加到每个相绕组上的最高电压与最低电压之差不应超过3%。

制造方在额定频率下试验或测量能力方面的任何不足，均应在投标书中说明，并协商适当的转换系数。

下列试验并没有顺序要求。如果用户要求试验按特定的顺序进行，则应在订货时说明。

11.1.2 例行试验

11.1.2.1 所有变压器的例行试验

例行试验项目包括：

a) 绕组电阻测量(见11.2)；

b) 电压比测量和联结组标号检定(见11.3)；

c) 短路阻抗和负载损耗测量(见11.4)；

d) 空载损耗和空载电流测量(见11.5)；

e) 绕组对地及绕组间直流绝缘电阻测量；

f) 绝缘例行试验(见GB 1094.3)；

g) 有载分接开关试验(如果适用，见11.7)；

h) 液浸式变压器压力密封试验(见11.8)；

i) 充气式变压器油箱压力密封试验(见IEC 60076-15)；

j) 内装电流互感器变比和极性试验；

k) 液浸式变压器铁心和夹件绝缘检查(见11.12)；

l) 绝缘液试验。

11.1.2.2 设备最高电压 U_m>72.5 kV 的变压器的附加例行试验

附加的例行试验项目包括：

a) 绕组对地和绕组间电容测量；

b) 绝缘系统电容的介质损耗因数(tanδ)测量；

c) 除分接开关油室外的每个独立油室的绝缘液中溶解气体测量；

d) 在90%和110%额定电压下的空载损耗和空载电流测量(见11.5)。

11.1.3 型式试验

型式试验项目包括：

a) 温升试验(见GB 1094.2)；

b) 绝缘型式试验(见GB 1094.3)；

c) 对每种冷却方式的声级测定(如果每种冷却方式都规定了保证的声级，见GB/T 1094.10)；

d) 风扇和油泵电机功率测量；

e) 在90%和110%额定电压下的空载损耗和空载电流测量。

11.1.4 特殊试验

特殊试验项目包括：

a) 绝缘特殊试验(见 GB 1094.3)；

b) 绕组热点温升测量；

c) 绕组对地和绕组间电容测量；

d) 绝缘系统电容的介质损耗因数(tanδ)测量；

e) 暂态电压传输特性测定(见 GB 1094.3)；

f) 三相变压器零序阻抗测量(见 11.6)；

g) 短路承受能力试验(见 GB 1094.5)；

h) 液浸式变压器真空变形试验(见 11.9)；

i) 液浸式变压器压力变形试验(见 11.10)；

j) 液浸式变压器现场真空密封试验(见 11.11)；

k) 频率响应测量(频率响应分析 FRA,试验规程由供需双方协商)；

l) 外部涂层检查(见 GB/T 4956 和 ISO 2409 或按规定)；

m) 绝缘液中溶解气体测量；

n) 油箱运输适应性机械试验或评估(按用户的规定)；

o) 运输质量的测定(容量不大于 1.6MVA 的变压器采用整体测量;大型变压器采用测量或计算，具体由制造方和用户协商)。

对特殊的变压器(如:干式变压器、自保护变压器及其他类变压器)的其他试验可以用专门的文件规定。

对于本部分没有规定的试验方法,或合同中有规定但上述列项中没有的试验项目,试验方法按协议。

11.2 绕组电阻测量

11.2.1 概述

绕组电阻、测量的端子温度以及绕组温度都应予以记录。测量应采用直流。

在测量中,应注意将自感效应的影响降到最小程度。

11.2.2 干式变压器

测量前,环境温度变化小于 3 ℃的时间至少不应低于 3 h。用内部温度传感器测得的绕组温度与环境温度之差不应大于 2 ℃。

绕组温度应与绕组电阻同时测量,绕组温度由置于有代表性位置(最好置于绕组内部,如:高、低压绕组间的通道内)的传感器测量。

11.2.3 液浸式变压器

变压器注入液体后,至少 3 h 不励磁,才可测量液体平均温度(绕组温度被认为与液体平均温度相同)。顶层液体温度与底部液体温度的平均值,作为液体平均温度。

在为温升试验测量冷电阻时,应尽量准确地测定绕组的平均温度。为此,顶层液体与底部液体温度之差不应超过 5 K,为快速达到目的,可以用泵强迫液体循环。

11.3 电压比测量和联结组标号检定

每个分接都应进行电压比测量。应检定单相变压器的极性和三相变压器的联结组标号。如果采用电压测量，则两个绕组的电压应同时测量。

11.4 短路阻抗和负载损耗测量

一对绕组的短路阻抗和负载损耗测量时，应在额定频率下，将电压施加到一个绕组上，另一个绕组短路，其他绕组(如果有)开路(试验分接的选择，见 6.5 和 6.6)。宜施加等于相应额定电流(分接电流)的分接电流，但不应低于该电流的 50%。试验应尽快进行，以减少温升引起的明显误差。顶层液体与底部液体的温差应足够小，以便准确得到液体平均温度。顶层液体与底部液体的温差不应大于 5 K。为了更快速得到结果，可以用泵搅拌液体。

负载损耗测量值应乘以额定电流(或分接电流)对试验电流之比的平方。得到的结果应校证到参考温度(见 11.1)。I^2R 损耗(R 为绕组直流电阻)随绕组温度呈正向变化，而所有其他损耗与温度呈反向变化。绕组电阻测量按 11.2 的规定。温度校正程序详见附录 G。

短路阻抗用电抗和交流电阻串联表示。短路阻抗应校正到参考温度，此时，假定电抗是常数，而由负载损耗导出的交流电阻变化如上所述。

对于带分接绕组的变压器，如果分接范围不超过±5%，则短路阻抗在主分接上测量。

在分接范围超过±5%时，短路阻抗应分别在主分接及超过±5%的极限分接上测量。在其他分接位置上的测量应在合同中规定。

如果分接范围是不对称的，则按用户要求，测量也可在中间分接上进行。

在三绕组变压器中，应在三对不同的绕组对中进行测量。并计算出各绕组对的短路阻抗和负载损耗(见 GB/T 13499)。所有绕组在规定负载下的总损耗按此法来确定。

注 1：对于具有相同额定容量及额定电压，且各自对一次绕组的阻抗也相同的两个二次绕组的变压器(也称为“双二次绕组变压器”)，根据协商，可通过将两个二次绕组同时短路的附加试验来研究对称负载情况。

注 2：对于大型变压器，由于其功率因数低而试验电流又往往很大，因而要求特别细心，并且要有良好的测量系统。任何误差及外部线路损耗应尽量最小化。对所用互感器的误差和试验连线的电阻应进行校正，除非是小到可以忽略(见 GB/T 13499)。

11.5 空载损耗和空载电流测量

将额定频率下的额定电压(主分接)或相应分接电压(其他分接)施加于选定的绕组上，其余绕组开路，但开口三角形联结的绕组(如果有)应闭合。按照 11.1.2 和 11.1.3，测量还应在 90%和 110%额定(或相应的分接)电压下进行。

测量时，变压器的温度应接近于制造厂环境温度。

对于三相变压器，选择接到试验电源的绕组和联结方式时，应尽可能使三个心柱上出现对称的正弦波电压。

试验电压应以平均值电压表读数为准(但该表的刻度为具有同一平均值的正弦波形的方均根值)，令平均值电压表的读数记为 U'。

同时，方均根值电压表与平均值电压表并联。其读数记为 U。

三相变压器试验时，如果是 D 联结或 Y 联结绕组励磁，电压应在线路端子间测量；如果是 YN 或 ZN 联结绕组励磁，则电压应在相和中性点端子间测量。

相对相电压可以从相对地电压测量中导出，但相对中性点电压不应从相对相测量中导出。

如果读数 U' 和 U 之差在不超过 3%，则此试验电压波形满足要求。若超过 3%，则试验的有效性按协议确认。在高于额定电压时，可以接受超过 3%的读数差，但测量值属于保证值的情况除外。

注 1：现已经认识到，对试验电源电压准确度要求最严格的通常是大型单相变压器。

实测空载损耗为 P_m，校正后的空载损耗为：

$$P_0 = P_m(1 + d)$$

$$d=\frac{U'-U}{U'}\text{（通常为负值）}$$

空载电流的方均根值与空载损耗在同一绕组同时测量。对于三相变压器，取三相的平均值。

空载损耗不应做温度校正。

注 2：在决定空载损耗试验在所有试验中的顺序时，假定铁心没有被预励磁，则在冲击试验和/或电阻测量前的空载损耗测量通常代表了长期运行的平均损耗水平。这意味着，如果空载试验在电阻测量和/或冲击试验后进行，则变压器铁心在空载试验前宜通过过励磁来去磁。

11.6 三相变压器零序阻抗测量

零序阻抗应在额定频率下，在短接的三个线路端子（星形或曲折形联结绕组的线路端子）与中性点端子间进行测量。以每相欧姆数表示，其值等于 $3U/I$（其中 U 为试验电压，I 为试验电流）。

每相的试验电流是 $I/3$，并应在试验报告中说明。

中性点引线中的电流应与引线的载流能力相符合。

当变压器带有辅助的三角形联结绕组时，试验电流应不使三角形绕组内的电流过大，应注意施加电流的时间。

在零序系统中，若出现安匝不平衡（如：在无三角形联结绕组的星形-星形联结的变压器中），则施加的电压不应超过正常运行时相对中性点的电压。施加电流的时间及流经中性点的电流应予以限制，以避免金属结构件的温度过高。

在变压器中，当带中性点端子的星形联结的绕组不止一个时，零序阻抗与联结方式有关（见 3.7.3），试验应按供需双方协议进行。

对于自耦变压器和 YY 联结的变压器，有多种组合进行试验：

——测高压，低压开路；

——测高压，低压短路；

——测低压，高压开路；

——测低压，高压短路。

对于 YD 联结的变压器，零序阻抗从 Y 侧测量。

带有一个直接接地的中性点端子的自耦变压器，应看成是具有两个星形联结绕组的常规变压器。因而，串联绕组与公共绕组一起构成一个测量电路，并且，公共绕组又单独构成另一个测量电路，试验电流应不超过低压侧与高压侧额定电流之差。

注 1：在安匝不平衡情况下，电压与电流的关系通常不是线性的。在此情况下，在不同电流值下做多次测量可给出有用的数据。

注 2：零序阻抗取决于绕组和导磁结构件的相对位置，在不同绕组上的测量值可能有差异。特别是，对曲折形联结的变压器，在接在一起的线端与中性点间测得的零序阻抗可能与施加三相对称电压同时一个线端接到中性点时测得的值不同。

注 3：带有三角形联结绕组的变压器，如果一个角的两个引线引出，则可能要求附加的零序阻抗测量，因为这个角可能开口或闭合。

注 4：更进一步的导则见 GB/T 13499。

11.7 有载分接开关试验——操作试验

在变压器完成装配后，有载分接开关应承受如下顺序的操作试验，且不应发生故障：

a） 变压器不励磁，完成 8 个操作循环（一个操作循环是从分接范围的一端到另一端，并返回到原始位置）；

b） 变压器不励磁，且操作电压降到其额定值 85％时，完成一个操作循环；

c） 变压器在额定频率和额定电压下，空载励磁时，完成一个操作循环；

d) 将一个绕组短路,并尽可能使分接绕组中的电流达到额定值,在粗调选择器或极性选择器操作位置处或在中间分接每一侧的两个分接范围内,完成10次分接变换操作(分接开关经过转换位置20次)。

11.8 液浸式变压器压力密封试验

变压器制造方应按协议进行试验,以证明变压器油箱在运行时不会泄漏。如果没有协议,则用比常规液体压力高30 kPa的压力试验,对20 MVA或72.5 kV以上变压器,维持24 h;对额定值和电压较低的变压器,维持8 h。典型加压方法是在储油柜上用液柱或气压。其后,对整个变压器目视检查泄漏。对专门为满足液体膨胀而特殊设计为柔性的油箱(波纹式),需要就泄漏和全寿命试验达成协议。

11.9 液浸式变压器真空变形试验

本试验适用于设计为在现场真空注入液体的变压器。

一般这些变压器运输时不带液体。

当规定了真空下的变形量和解除真空时的永久变形时,则需要测量。

试验应在完整的变压器上进行,包括现场用的所有要求真空的组、部件。

施加真空前,建立合适的测量参考点,参考点要固定在场所的某结构件或地板上,独立于变压器,尽可能靠近变压器真空下预计的最大变形点。应测量出参考点到箱壁的距离并予以记录。

施加到现场要求的真空后,重新测量参考点到箱壁的距离。本次测量与前次测量的距离之差就是真空下的变形量。

解除真空,再次测量参考点到箱壁的距离。永久变形量就是本次测量与第一次测量的距离之差。

也可以采用等效的测量方法及在变压器相对侧再增加测量,以补偿试验时油箱的位移。

通常,压力下预期的变形量及永久变形量应由制造方计算并在试验前公布。

如果超出预期值,则应重新试验,以确定油箱尺寸是否稳定。如果不稳定,应采取补救措施,如:额外加强油箱。

注:IEC 60076-1:2011中有关液浸式变压器真空变形试验的相关规定参见附录B。

11.10 液浸式变压器压力变形试验

当规定了施加压力时的变形量和压力消除后的永久变形量时,则需要测量。对专门为满足液体膨胀而特殊设计为柔性的油箱(波纹式),本试验不适用。

试验应在完整的充满液体的变压器上进行,包括所有充液体的独立部件。

如无另行规定,油箱的试验压力应比正常运行时的压力高35 kPa。如果变压器装有压力释放装置,则试验时的压力应高于压力释放装置动作压力至少10 kPa。试验时压力释放装置应被挡住。

注1:要求的过压力可以方便地通过调节液柱的高度来获得(如:通过用吊车将独立的储油柜升高)。

施加压力前,油箱的液位在正常高度,建立合适的参考点,参考点要独立于变压器,固定在场所的某结构件或地板上。参考点要尽可能靠近压力下预计产生最大变形点,还要考虑到变形量的影响。参考点到油箱壁的距离应测量并记录。

施加额外压力后,重新测量参考点到油箱壁的距离。两次测量的距离之差就是压力变形量。

也可以采用等效的测量方法及在变压器相对侧再增加测量,以补偿试验时油箱的位移。

然后将压力降到初始值,进行第三次距离测量。本次测量与第一次测量的距离之差即为永久变形量。

通常,压力下预期的变形量及永久变形量应由制造方计算并在试验前公布。

如果超出限值,则应重新试验,以确定油箱尺寸是否稳定。如果不稳定,应采取补救措施,如:额外加强油箱。

注 2：IEC 60076-1：2011 中有关液浸式变压器压力变形试验的相关规定参见附录 B。

11.11 液浸式变压器现场真空密封试验

本试验适用于设计为在现场真空注入液体的变压器，一般这些变压器运输时不带液体。现场安装后及注入液体前，要求在现场真空注入液体或进行其他真空操作的变压器，其保持真空、避免空气进入的能力应按以下方法证明：

施加现场运行要求的最高真空水平，当真空计的指示达到规定值后，应继续抽真空 2 h 或者一直到获得稳定的真空压力值为止。而后停止抽真空。保持 10 min，记录第一个真空压力值，其后 30 min 再测量一次，其压力增加值应小于 200 Pa/h。

11.12 铁心和夹件绝缘检查

试验应在铁心、夹件、油箱用绝缘分开的所有液浸式变压器上进行。

对于注入液体后无法测量(铁心和夹件接地不能引出)的变压器，在器身装入油箱前，其绝缘应能承受直流 500 V，持续 1 min，无击穿。

对于注入液体后可以测量(铁心和夹件接地可以引出)的变压器，注入液体后其绝缘应能承受直流 2 500 V，持续 1 min，无击穿。

12 电磁兼容(EMC)

就产生电磁干扰和抗电磁干扰而言，变压器应看成是无源元件。

注 1：有些组件可能易受电磁干扰的影响。

注 2：无源元件不易产生电磁干扰，其性能也不易受干扰影响。

13 高频操作暂态

用真空开关或 SF6 开关通、断轻负载或低功率因数(电感负载)的变压器，可能会受到潜在的破坏性暂态电压的作用，其频率可达 MHz 级，电压超过变压器冲击耐受能力。缓解措施包括在变压器外用阻容缓冲器增加阻尼、在开关上预装电阻或在负载下通、断。如果用户要求，则制造方应提供其变压器的详细的固有频率和/或高频模型参数。

附 录 A
（资料性附录）
本部分与 IEC 60076-1:2011 的技术性差异及其原因

表 A.1 给出了本部分与 IEC 60076-1:2011 的技术性差异及其原因。

表 A.1 本部分与 IEC 60076-1:2011 的技术性差异及其原因

本部分章条编号	技术性差异	原因
2	关于规范性引用文件，本部分做了具有技术性差异的调整，调整的情况集中反映在第 2 章“规范性引用文件”中，具体调整如下： a) 用修改采用国际标准的 GB 1094.2 代替了 IEC 60076-2； b) 用修改采用国际标准的 GB 1094.3 代替了 IEC 60076-3:2000； c) 用修改采用国际标准的 GB 1094.5 代替了 IEC 60076-5:2006； d) 用修改采用国际标准的 GB/T 1094.10 代替了 IEC 60076-10:2001； e) 用修改采用国际标准的 GB 1094.11 代替了 IEC 60076-11:2004； f) 用修改采用国际标准的 GB/T 2536 代替了 IEC 60296:2003； g) 用修改采用国际标准的 GB/T 4109 代替了 IEC 60137:2008； h) 用修改采用国际标准的 GB/T 4798.4 代替了 IEC 60721-3-4:1995； i) 用修改采用国际标准的 GB 10230.1 代替了 IEC 60214-1:2003； j) 增加引用了 GB/T 2521； k) 增加引用了 GB/T 2900.15	适应我国国情
4.2 的 f)项	考虑到我国处于地震多发地带，因而对地面加速度的要求与 IEC 不一致，IEC 规定为地面加速度低于 2 ms^{-2}；本部分按照 GB/T 2424.25，规定地表加速度为水平方向低于 3 ms^{-2}；垂直方向低于 1.5 ms^{-2}	适应我国国情
5.5	增加下列四项特殊使用条件： ——极低温度下的投运； ——特殊的安装位置及布置方式； ——安装于公共场所； ——中性点的特殊接地方式	适应我国国情
5.6	将 IEC 原文中的第一段“如果用户无另行规定，则线路端子的 U_m 值应取超过 IEC 60076-3 给出的绕组额定电压中的最低值”改为“如果用户无另行规定，则线路端子的 U_m 值应取等于或略大于每个绕组的额定电压”	符合实际情况
5.7.4.2	考虑我国的实际情况，将运输中变压器应承受的加速度值由 IEC 规定的 1 g 改为 3 g	适应我国国情
5.8	增加了“电工钢带应符合 GB/T 2521”的规定	有利于控制产品质量
6.1	将分接标志示例中的电压等级按我国的实际情况进行修改	符合我国的实际情况

表 A.1（续）

本部分章条编号	技术性差异	原因
7	将相序的符号按我国的习惯进行了修改。 联结组标号示例中的部分产品的电压等级改为我国的电压等级，以方便使用。 对图 2、图 3、图 4 中的端子标志字母按我国的习惯进行了修改	符合我国的实际情况
8.2	增加“产品型号”。 将“用于确定变压器承受短路能力（如果不是无限大）的最大系统短路视在容量或电流”的内容移到 8.3 中	完善标准
9.4	在“当变压器受到中性点直流的影响时，会导致磁路直流偏磁。励磁电流变得严重不对称，并含有高次谐波分量。可能产生如下结果：”下增加一个列项： ——振动加剧	符合实际情况
第 10 章中表 1	增加“注 3：高压绕组和与其相近的绕组称为第一对绕组”	明确要求，便于使用
11.1.1	将试验时的环境温度由“10 ℃～＋40 ℃”改为“5 ℃～＋40 ℃”	适应我国国情
11.1.2.1 11.1.2.2 11.1.4	将 IEC 标准列入附加的例行试验和特殊试验项目中的“绕组对地及绕组间直流绝缘电阻测量”调整到所有变压器的例行试验项目中，并在所有变压器例行试验项目中增加“绝缘液试验”	有利于控制产品质量
11.5	第 6 段增加“…或 Y 联结…”	符合我国的实际情况
11.9 11.10	对 IEC 标准的试验内容进行了修改，将 IEC 标准的试验内容列入附录 B 中	符合我国的实际情况
附录 C	对 IEC 原文中图 D.1、图 D.3 和图 D.4 中的端子标志字母按我国的习惯进行修改	符合我国的实际情况

附 录 B
（资料性附录）
IEC 60076-1:2011 的液浸式变压器真空变形试验和液浸式变压器压力变形试验

B.1 液浸式变压器真空变形试验

本试验适用于设计为在现场真空注入液体的变压器。

一般这些变压器运输时不带液体。

当规定了真空下的变形量和解除真空时的永久变形时，则需要测量。

试验应在完整的变压器上进行，包括现场用的所有要求真空的组、部件。

施加真空前，建立合适的测量参考点，参考点要固定在场所的某结构件或地板上，独立于变压器，尽可能靠近变压器真空下预计的最大变形点。应测量出参考点到箱壁的距离并予以记录。

施加到现场要求的真空后，重新测量参考点到箱壁的距离。本次测量与前次测量的距离之差就是真空下的变形量。

解除真空，再次测量参考点到箱壁的距离。永久变形量就是本次测量与第一次测量的距离之差。

也可以采用等效的测量方法及在变压器相对侧再增加测量，以补偿试验时油箱的位移。

通常，压力下预期的变形量及永久变形量应由制造方计算并在试验前公布。或采用下列典型值：

a) 20 MVA～100 MVA 的中型变压器：

解除真空后的永久变形量为 1 mm；

b) 100 MVA 以上的大型变压器(箱壁是平的)：

解除真空后的永久变形量为 5 mm。

如果超出预期值，则应重新试验，以确定油箱尺寸是否稳定。如果不稳定，应采取补救措施，如：额外加强油箱。

B.2 液浸式变压器压力变形试验

当规定了施加压力时的变形量和压力消除后的永久变形量时，则需要测量。对专门为满足液体膨胀而特殊设计为柔性的油箱(波纹式)，本试验不适用。

试验应在完整的充满液体的变压器上进行，包括所有充液体的独立部件。

如无另行规定，油箱的试验压力应比正常运行时的压力高 35 kPa。如果变压器装有压力释放装置，则试验时的压力应高于压力释放装置动作压力至少 10 kPa。试验时压力释放装置应被挡住。

注：要求的过压力可以方便地通过调节液柱的高度来获得(如：通过用吊车将独立的储油柜升高)。

施加压力前，油箱的液位在正常高度，建立合适的参考点，参考点要独立于变压器，固定在场所的某结构件或地板上。参考点要尽可能靠近压力下预计产生最大变形点，还要考虑到变形量的影响。参考点到油箱壁的距离应测量并记录。

施加额外压力后，重新测量参考点到油箱壁的距离。两次测量的距离之差就是压力变形量。

也可以采用等效的测量方法及在变压器相对侧再增加测量，以补偿试验时油箱的位移。

然后将压力降到初始值，进行第三次距离测量。本次测量与第一次测量的距离之差即为永久变形量。

通常，压力下预期的变形量及永久变形量应由制造方计算并在试验前公布。或采用下列典型值：

a) 20 MVA～100 MVA 的中型变压器：

过压后的永久变形量为 1 mm；

b) 100 MVA 以上的大型变压器(箱壁是平的)：

过压后的永久变形量为 5 mm。

如果超出限值，则应重新试验，以确定油箱尺寸是否稳定。如果不稳定，应采取补救措施，如：额外加强油箱。

附　录　C

（资料性附录）

三相变压器常用的联结组示例

常用的联结组见图 C.1。

其常规接线图与图 2(第 7 章)相同。

图 C.1　常用的联结组

补充的联结组见图 C.2。

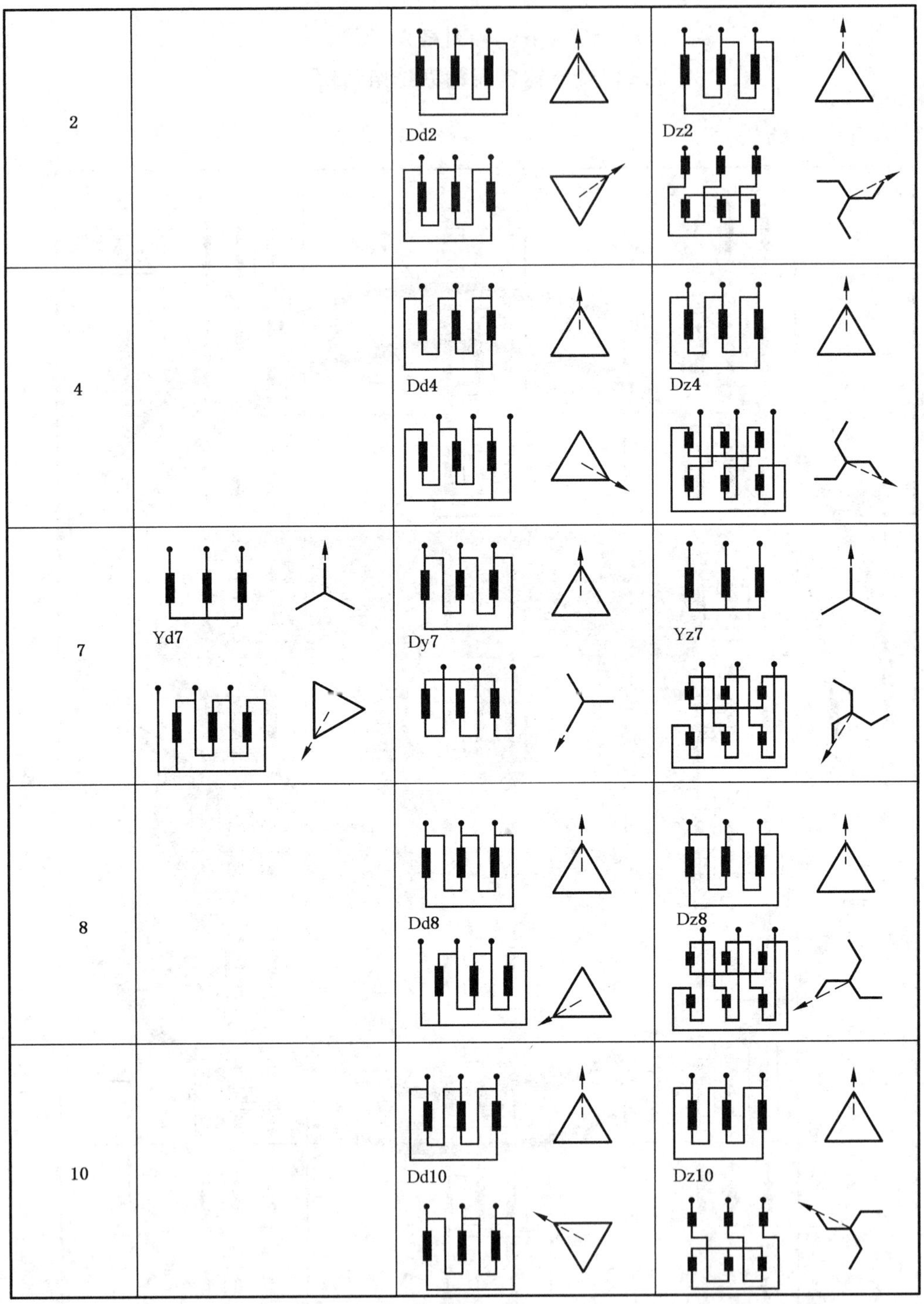

其常规接线图与图 2(第 7 章)相同。

图 C.2 补充的联结组

三相自耦变压器和由三台单相变压器组成的三相变压器组的联结组示例分别见图 C.3 和图 C.4。

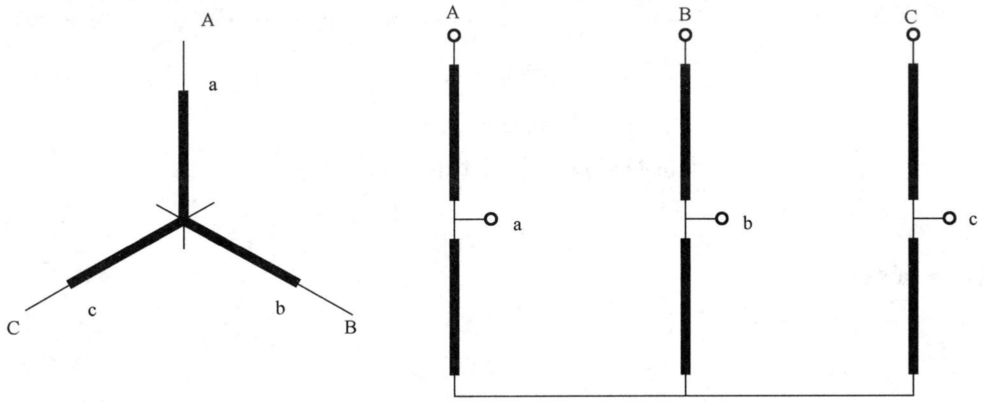

图 C.3 三相自耦变压器的联结组示例(联结组标号为 Ya0)

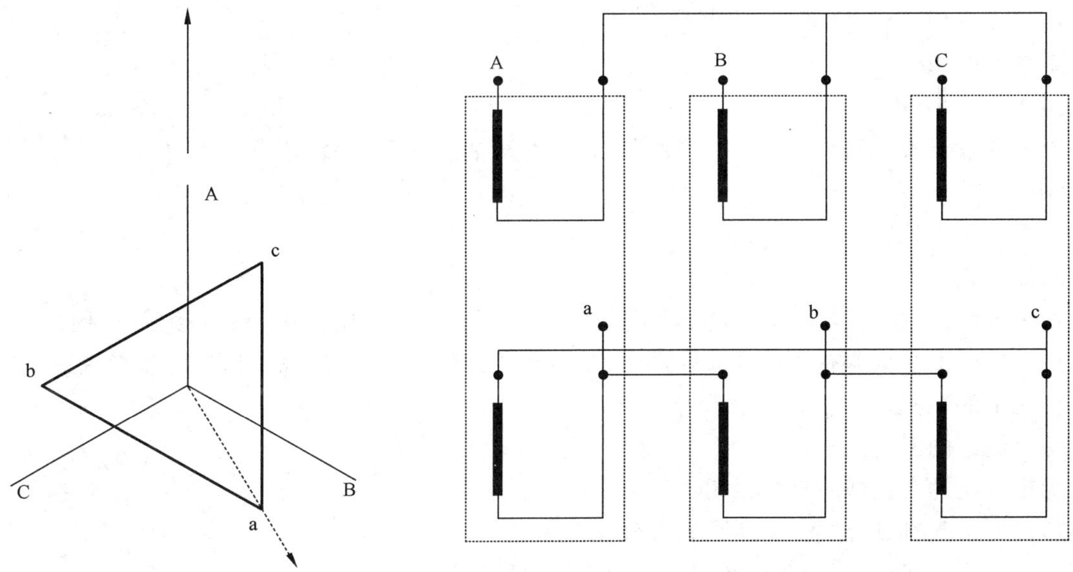

图 C.4 由三台单相变压器组成的三相变压器组的联结组示例(联结组标号为 Yd5)

附　录　D
（资料性附录）
询价和订货时需提出的技术要求

D.1　额定值和一般数据

D.1.1　正常项目

在所有情况下都应给出的项目：

a)　变压器应符合的技术规范；

b)　变压器的类型，如：独立绕组变压器、自耦变压器或串联变压器；

c)　单相或三相变压器；

d)　系统中的相数；

e)　频率；

f)　干式或液浸式，若为液浸式，是矿物油、自然绝缘油还是合成油；若为干式，其外壳防护等级（见 GB 4208）；

g)　户内式或户外式；

h)　冷却方式；

i)　每一绕组的额定容量，当分接范围超过± 5%时，还应规定出最大电流分接（如适用）；
如果规定了变压器有几种冷却方式时，则各自的降低容量值应与额定容量值（指在最佳的冷却方式下的）一起给出；

j)　每个绕组的额定电压；

k)　对带分接的变压器的有关说明：
   1)　要求无励磁分接开关还是有载分接开关；
   2)　对多绕组变压器，两个特定绕组间对固定匝数比的要求；
   3)　任何分接或分接范围是否为降低容量分接；
   4)　分接级数和分接级的大小或分接范围；即：
      (1)　哪个绕组带分接；
      (2)　如果分接范围大于± 5%，其调压种类和最大电流分接位置（如适用）；
      或
      (3)　功率流向（可以双向）；
      (4)　从限定额定分接电压方面看，哪个电压应调整；
      (5)　满负载最小功率因数；

l)　每个绕组的线端和中性点端子的设备最高电压（U_m）（关于绝缘方面，见 GB 1094.3）；

m)　系统接地方式（对每一绕组）；

n)　每个绕组的线端和中性点端子的绝缘水平和绝缘试验电压（见 GB 1094.3）；

o)　每个绕组的联结组标号和中性点端子要求；

p)　有关安装、装配、运输和交货等特殊要求的说明，以及对尺寸和质量的限制；

q)　有关辅助电源电压细节（用于风扇和泵、分接开关以及报警系统等）；

r)　附件、仪表、铭牌、油位指示计的安装位置；

s)　液体保护系统的类型；

t) 对多绕组变压器，要求的容量—负载组合，如有必要，分别说明各自的有功和无功输出(特别是在多绕组自耦变压器的情况下)；
u) 温升保证值信息；
v) 非正常运行条件(见第 4 章及 5.5)；
w) 端子的种类和布置，如：空气套管或电缆箱或空气绝缘母线；
x) 铁心和夹件的引线是否需要引出外部接地。

D.1.2 特殊项目

如果用户提出特殊的要求，则应给出下列附加的项目：
a) 如果要求雷电冲击电压试验，是否包括截波(见 GB 1094.3)；
b) 是否需要稳定绕组，如果需要，接地方式；
c) 短路阻抗或阻抗范围(参见附录 F)；对多绕组变压器，要给出规定的各对绕组的短路阻抗(若给出百分数，还应将相关的参考容量值一并给出)；
d) 电压比和短路阻抗允许偏差，当按表 1 需双方协商时，或与表 1 中给出值有偏差时，需列出；
e) 如果变压器有多种绕组的联结方式，如何进行变换，出厂时联结方式；
f) 所接系统的短路特性(用系统的短路容量或短路电流或短路阻抗表示)及可能对变压器设计有影响的限制；
g) 对声级的详细要求，保证值及特殊要求(见 GB/T 1094.10)；
h) 变压器油箱、储油柜及冷却设备耐真空的能力，是否有规定值要求；
i) 上面未涉及的，需要的其他特殊试验项目；
j) 损耗评价资料或最大损耗；
k) 任何几何尺寸限制，如：安装在已有基础上或在建筑物内；特定安装空间限制会影响变压器的绝缘间隙和端子位置；
l) 运输尺寸及质量限制；如果加速度大于 5.7.4.2 规定，可耐受最小加速度值；
m) 5.7.4 和 4.2 中没有描述的正常条件之外的运输及储存条件；
n) 任何特殊的维修要求或对维修的限制；
o) 对于电缆直连结构是否需要断线箱；
p) 是否需要状态监测设施(参见附录 H)；
q) 任何特定的有关变压器对环境影响的因素，设计时应加以考虑(参见附录 I)；
r) 任何有关制造、安装、操作、维护和废弃处理方面的健康和安全方面的因素，设计时需要加以考虑(参见附录 I)；
s) 非正常电气运行条件如下：
   1) 变压器是否直接或通过开关接到发电机上，是否会受到甩负载及任何特殊甩负载作用；
   2) 负载电流波形是否会严重失真；是否三相负载不平衡；如果有这两种情况，需详细列出；
   3) 变压器是否直接或通过短的架空线接到气体绝缘金属封闭开关设备(GIS)上；
   4) 变压器是否频繁过电流，如：电炉变压器和牵引变压器；
   5) 除 5.1.4 外的规律性循环负载的详情(以便设定变压器辅助设备的额定值)；
   6) 交流电压不平衡，或交流系统与正弦波形不同；
   7) 负载中包含非正常谐波电流，如：用电子装置或类似装置对电流进行控制；此类谐波电流会导致过量的损耗和非正常发热；
   8) 多绕组变压器和自耦变压器的特殊负载条件(输出 kVA、绕组负载功率因数和绕组电压)；
   9) 励磁超过 110%额定电压或 110%额定电压/频率；

10） 正常操作或继电操作时的预期短路；

11） 与 GB 1094.5 不同的非正常短路情况；

12） 非正常电压条件，包括暂态过电压、共振、操作冲击等；可能要求绝缘设计做特殊考虑；

13） 非正常强磁场；应注意太阳磁场扰动会导致变压器中性点上流过地电流；

14） 具有大电流母线的大型变压器，需要指出，大电流离相母线附带的强磁场会引起变压器油箱、箱盖及母线槽产生预期以外的电流；如果设计时没有采取措施，则这些预期外的电流会导致温升过高；

15） 并联运行；如果经常并联运行时，则建议用户告诉制造方并联运行的时间以及并联运行变压器的情况；

16） 频繁励磁，每年超过 24 次；

17） 频繁短路。

t） 非正常物理环境条件：

1） 海拔，是否超过 1 000 m；

2） 特殊外部冷却介质温度条件，超出正常范围[见 4.2 的 b)项]，或冷却空气循环受限；

3） 安装现场预计的地震活动情况，需要特殊考虑；

4） 损伤性烟雾蒸气，腐蚀性灰尘，粉尘或气体、蒸气的爆炸性混合物，烟雾，水蒸气饱和或滴水等；

5） 非正常振动、摆动、冲击或冲撞条件。

D.2 并联运行

若要求与已有变压器并联运行，则应予以说明，并应给出已有变压器的下列数据：

a） 额定容量；

b） 额定电压比；

c） 除主分接外的其他分接电压比；

d） 在额定电流下主分接上的负载损耗，校正到相应的参考温度(见 11.1)；

e） 如果极限分接上的电压与主分接电压差大于 5%，主分接和极限分接上的短路阻抗；如果可能，其他分接上的阻抗；

f） 联结图或联结组标号，或两者都给出。

注：对多绕组变压器，一般要求有辅助信息。

附　录　A
（资料性附录）
本部分与 IEC 60076-1:2011 的技术性差异及其原因

表 A.1 给出了本部分与 IEC 60076-1:2011 的技术性差异及其原因。

表 A.1　本部分与 IEC 60076-1:2011 的技术性差异及其原因

本部分章条编号	技术性差异	原因
2	关于规范性引用文件，本部分做了具有技术性差异的调整，调整的情况集中反映在第 2 章“规范性引用文件”中，具体调整如下： a) 用修改采用国际标准的 GB 1094.2 代替了 IEC 60076-2； b) 用修改采用国际标准的 GB 1094.3 代替了 IEC 60076-3:2000； c) 用修改采用国际标准的 GB 1094.5 代替了 IEC 60076-5:2006； d) 用修改采用国际标准的 GB/T 1094.10 代替了 IEC 60076-10:2001； e) 用修改采用国际标准的 GB 1094.11 代替了 IEC 60076-11:2004； f) 用修改采用国际标准的 GB/T 2536 代替了 IEC 60296:2003； g) 用修改采用国际标准的 GB/T 4109 代替了 IEC 60137:2008； h) 用修改采用国际标准的 GB/T 4798.4 代替了 IEC 60721-3-4:1995； i) 用修改采用国际标准的 GB 10230.1 代替了 IEC 60214-1:2003； j) 增加引用了 GB/T 2521； k) 增加引用了 GB/T 2900.15	适应我国国情
4.2 的 f)项	考虑到我国处于地震多发地带，因而对地面加速度的要求与 IEC 不一致，IEC 规定为地面加速度低于 2 ms^{-2}；本部分按照 GB/T 2424.25，规定地表加速度为水平方向低于 3 ms^{-2}；垂直方向低于 1.5 ms^{-2}	适应我国国情
5.5	增加下列四项特殊使用条件： ——极低温度下的投运； ——特殊的安装位置及布置方式； ——安装于公共场所； ——中性点的特殊接地方式	适应我国国情
5.6	将 IEC 原文中的第一段“如果用户无另行规定，则线路端子的 U_m 值应取超过 IEC 60076-3 给出的绕组额定电压中的最低值”改为“如果用户无另行规定，则线路端子的 U_m 值应取等于或略大于每个绕组的额定电压”	符合实际情况
5.7.4.2	考虑我国的实际情况，将运输中变压器应承受的加速度值由 IEC 规定的 1 g 改为 3 g	适应我国国情
5.8	增加了“电工钢带应符合 GB/T 2521”的规定	有利于控制产品质量
6.1	将分接标志示例中的电压等级按我国的实际情况进行修改	符合我国的实际情况

表 E.1 混合调压示例

分接	电压比	分接电压		分接电流		分接容量 S MVA
		U_{HV} kV	U_{LV} kV	I_{HV} A	I_{LV} A	
1(+15%)	9.20	169.6	18.43	125.6	1 155	36.86
7(+6%)	8.48	169.6	20	136.2	1 155	40
11(0%)	8	160	20	144.4	1 155	40
17(−9%)	7.28	145.6	20	158.7	1 155	40
21(−15%)	6.80	136	20	158.7	1 080	37.4

注 1：中间分接参数数值填完后，上表可写在铭牌上。

注 2：将本技术参数与恒磁通调压下的技术参数(160±15%)/20 kV—40 MVA 进行比较，两者的差别在于：本例中的高压分接电压，不超过"系统最高电压"170 kV(IEC 标准值)。而表示绕组绝缘特性的设备最高电压也是 170 kV(见 GB 1094.3)。

E.4 分接的功能性技术规范示例

6.4.3 提出的带分接绕组变压器的功能性技术规范是有关运行要求的框架说明，而不是面向制造方的绕组和分接布置的详细设计要求。

应正确限定的三个特殊要求是：

——运行电压；

——负载电流能力；

——阻抗。

如无另行规定，则最高运行电压应该是所有分接电压的上限，同时也是所有绕组电压的上限。如：一台低压为+15%分接的降压变压器，因为规定最高运行电压为额定电压的+110%，所以在空载下当高压电压高于额定电压的95%时此分接不能使用；但在负载时(在高压电压高于额定电压的95%时的情况下)可以使用，以补偿变压器压降。甩负载情况下可能要求短期内运行在低压较高的情况下。

负载侧的电流由额定容量除以额定电压(主分接)得到。按 6.4.3 规定的变压器应能在所有分接位置提供这个负载电流。也可以规定每个分接的负载电流能力。

对以百分比给出的阻抗应给予特别注意，以电压和容量为基准应清楚，或者按照惯例，即特定分接的阻抗是以主分接的额定容量和特定分接的电压为基准的。因此，应指明电压变化是在高压侧或低压侧。

下面是这些规范的举例及对变压器的要求：

E.4.1 规定高压调压的变压器示例

变压器适用于降压运行。

额定容量 S_r：	70MVA(主分接)
额定电压：	220 kV/90 kV
最高运行电压：	+10%
分接位置数：	26
分接级：	1%

高压调压范围：　　+10%～-15%

阻抗：　　10%（所有分接，以70 MVA为基准）

最小满负载功率因数：　　0.8

分接参数见表E.2。

表E.2　高压调压功能性技术规范示例

分接	空载电压比	额定分接电压		最大连续电压（负载）		额定分接电流		分接容量	短路阻抗		220kV下低压侧短路电流
		U_{HV} kV	U_{LV} kV	HV kV	LV kV	I_{HV} A	I_{LV} A	S_{TAP} MVA	Z[a] %	Z_{HV} Ω/相	kA
1(+10%)	2.69	242	90	242	99	167	449	70	10	84	4.08
6(+5%)	2.57	231	90	242	99	175	449	70	10	76	4.28
11(+0%)	2.44	220	90	242	99	184	449	70	10	69	4.49
16(-5%)	2.32	209	90	242	99	193	449	70	10	62	4.73
21(-10%)	2.20	198	90	242	99	204	449	70	10	56	4.99
26(-15%)	2.08	187	90	242	99	216	449	70	10	50	5.28

[a] 对应70 MVA。

注1：高压端子施加220 kV时低压端子可能的短路电流计算(假定没有系统阻抗)如下：

$$I_{SC}=\frac{220}{U_{HV}}\times I_{LV}\times\frac{100}{z}\times\frac{S_r}{S_{tap}}$$

注2：本例中阻抗z在简化的分接位置中为一常数，实际情况不一定如此。

注3：以欧姆为单位的变压器每相阻抗计算如下：

$$Z_{HV}=\frac{z}{100}\times\frac{U_{HV}^2}{S_r}$$

E.4.2　规定低压调压的变压器示例

变压器适用于降压运行。

额定容量：　　70 MVA(主分接)

额定电压：　　220 kV/90 kV

最高运行电压：　　+10%

分接位置数：　　26

分接级：　　1%

低压调压范围：　　+10%～-15%

阻抗：　　10%（所有分接，以70 MVA为基准）

最小满负载功率因数：　　0.8

注：技术参数与E.4.1的示例相同，只是将高压调压改为低压调压。与E.4.1的示例相比，除主分接外，本例中变压器具有不同的欧姆阻抗，这就导致即便在高压绕组电压和分接位置相同时，低压绕组的短路电流也不同。

分接参数见表E.3。

表 E.3 低压调压的功能型参数举例

<table>
<tr><th rowspan="2">分接</th><th rowspan="2">空载电压比</th><th colspan="2">额定分接电压</th><th colspan="2">最大连续电压（负载）</th><th colspan="2">额定分接电流</th><th>分接容量</th><th colspan="2">短路阻抗</th><th>220kV 下低压侧短路电流</th></tr>
<tr><th>U_{HV} kV</th><th>U_{LV} kV</th><th>HV kV</th><th>LV kV</th><th>I_{HV} A</th><th>I_{LV} A</th><th>S_{TAP} MVA</th><th>Z^{a} %</th><th>Z_{HV} Ω/相</th><th>kA</th></tr>
<tr><td>1(+10%)</td><td>2.72</td><td>220</td><td>81</td><td>242</td><td>99</td><td>165</td><td>449</td><td>63</td><td>10</td><td>69</td><td>4.99</td></tr>
<tr><td>6(+5%)</td><td>2.57</td><td>220</td><td>85.5</td><td>242</td><td>99</td><td>175</td><td>449</td><td>66.5</td><td>10</td><td>69</td><td>4.73</td></tr>
<tr><td>11(+0%)</td><td>2.44</td><td>220</td><td>90</td><td>242</td><td>99</td><td>184</td><td>449</td><td>70</td><td>10</td><td>69</td><td>4.49</td></tr>
<tr><td>16(−5%)</td><td>2.33</td><td>220</td><td>94.5</td><td>242</td><td>99</td><td>193</td><td>449</td><td>73.5</td><td>10</td><td>69</td><td>4.28</td></tr>
<tr><td>21(−10%)</td><td>2.22</td><td>220</td><td>99</td><td>242</td><td>99</td><td>202</td><td>449</td><td>77</td><td>10</td><td>69</td><td>4.08</td></tr>
<tr><td>26(−15%)</td><td>2.13</td><td>220</td><td>103.5</td><td>242</td><td>99</td><td>211</td><td>449</td><td>80.5</td><td>10</td><td>69</td><td>3.90</td></tr>
<tr><td colspan="12">[a] 对应 70 MVA。</td></tr>
</table>

附 录 F
（资料性附录）
用界限法表示的短路阻抗规范

用界限法表示短路阻抗规范的示例见图 F.1。

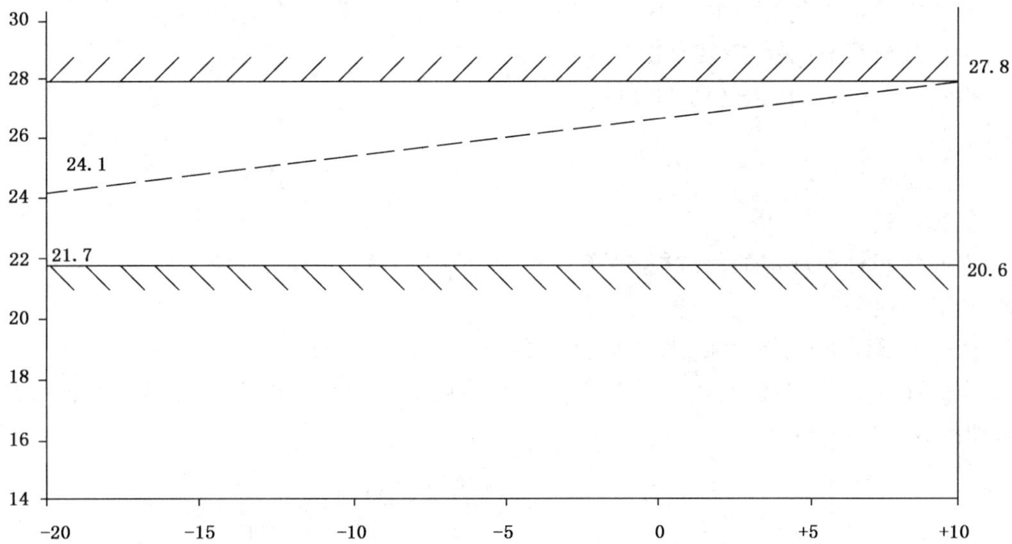

其上限是以百分数表示的短路阻抗的常数值，它是由在规定的负载和规定的功率因数下所允许的电压降决定的。

其下限是由短路故障时二次侧允许的过电流来决定的。

虚线是变压器短路阻抗曲线举例，该曲线要满足本规范。

图 F.1 用界限法表示短路阻抗规范的示例

附 录 G
（规范性附录）
负载损耗的温度校正

符号表：

下标 1：指绕组冷电阻测量时的状态（见 11.2）；

下标 2：指负载测量时的状态（见 11.4）；

r：指参考温度时的状态（见 11.1）；

R：电阻；

θ：绕组温度，℃；

P：负载损耗；

I：为确定损耗而规定的负载电流（额定电流、分接电流、其他某一特定负载下的规定值）；

P_a："附加损耗"。

在温度为 θ_1 时测量的绕组电阻，其测量值是 R_1。

在平均温度为 θ_2 时，测量绕组的负载损耗。在规定电流 I 下测得的损耗为 P_2，此损耗由电阻损耗 I^2R_2 和"附加损耗" P_{a2} 构成。

$$R_2 = R_1 \times \frac{235+\theta_2}{235+\theta_1}\text{（铜）}$$

$$R_2 = R_1 \times \frac{225+\theta_2}{225+\theta_1}\text{（铝）}$$

$$P_{a2} = P_2 - \sum I^2 R_2$$

$\sum I^2R_2$ 是所有绕组直流电阻损耗之和。

在参考温度 θ_r 时，其绕组电阻是 R_r，其附加损耗是 P_{ar}，其总损耗是 P_r。

$$R_r = R_1 \times \frac{235+\theta_r}{235+\theta_1}\text{（铜）}$$

$$P_{ar} = P_{a2} \times \frac{235+\theta_2}{235+\theta_r}\text{（铜）}$$

$$R_r = R_1 \times \frac{225+\theta_r}{225+\theta_1}\text{（铝）}$$

$$P_{ar} = P_{a2} \times \frac{225+\theta_2}{225+\theta_r}\text{（铝）}$$

对于参考温度为 75 ℃的液浸式变压器，则上述公式变为如下所示：

$$R_r = R_1 \times \frac{310}{235+\theta_1}\text{（铜）}$$

$$P_{ar} = P_{a2} \times \frac{235+\theta_2}{310}\text{（铜）}$$

$$R_r = R_1 \times \frac{300}{225+\theta_1}\text{（铝）}$$

$$P_{ar} = P_{a2} \times \frac{225+\theta_2}{300}\text{（铝）}$$

最后有：

$$P_r = \sum I^2 R_r + P_{ar}$$

附 录 H
（资料性附录）
变压器状态监测设备预留接口

如果希望给变压器在未来安装监测系统（预留接口），则应考虑下列传感器和设备。实际采用的传感器和设备应由制造方与用户协商一致，并取决于变压器的大小和重要程度。

进一步的导则包含在国际大电网（CIGRE）手册343中。

状态监测用措施见表H.1。

表H.1 状态监测用设施

监测参数	建议的监测措施
顶层油温	传感器
底部油温	传感器
液体中溶解气体（单输出）	安装传感器的附件
油中微水含量	安装传感器的附件
储油柜油位报警	报警触点
储油柜油位显示	传感器
多组分气体监测器	安装传感器的接口
局放传感器	安装传感器的接口
中性点直流电流	安装传感器的接口
磁路	接地线引出
冷却介质温度	传感器
冷却器运行状态	流动传感器或辅助触点
冷却器进口温度	传感器
冷却器出口温度	传感器
地屏引线电压（套管抽头电压）	安装变送器接口
负载电流	辅助电流互感器
套管油压	安装传感器的接口
分接位置	传感器
驱动电机有功功耗	安装变送器的接口
切换开关油室油温	安装传感器的接口
选择开关油室油温	安装传感器的接口
分接开关附近主油箱温度	安装传感器的接口
切换开关油位显示	安装传感器的接口
切换开关油位报警	报警触点
切换开关油状态	安装传感器的接口
切换开关动作监测	切换开关辅助触点
绕组热点温度	传感器

附 录 I
（资料性附录）
环境和安全因素

变压器对环境的影响应由制造方与用户双方就变压器从设计到报废的全寿命范围进行考虑。需要考虑下列因素，以便努力减小其生产、使用及报废对环境的影响。

a) 对变压器的原料需考虑下列原则：
   1) 提取、精炼及生产中的能耗；
   2) 提取、精炼及生产中的废品及污染；
   3) 提取、精炼及生产中产生的毒物或其他影响工人健康的材料或生产过程；
   4) 材料对环境的影响。
b) 变压器的技术规范及设计需考虑：
   1) 变压器制造、安装、运行、维护和报废处置过程中人员的安全；
   2) 变压器寿命期内的能耗；
   3) 变压器中原材料的可持续性；
   4) 消除或减少有毒或有损环境的材料；
   5) 有毒或对环境有损害的材料对环境的污染；
   6) 消除或减少在变压器报废过程中不易或不能再利用或循环的材料及混合物。
c) 在制造过程中，用户在技术规范中及制造方在变压器制造过程中需考虑：
   1) 采用环境管理系统(GB/T 24001)；
   2) 有效利用能源和资源；
   3) 消除或减少环境有害发散物或废物；
   4) 废料的再利用或循环；
   5) 制造者的健康和安全。
d) 其他考虑：
   1) 运往现场过程中的能源利用及环境影响；
   2) 包装材料的处理或再利用；
   3) 潜在故障状态下可能产生的对健康或环境有影响的物质；
   4) 非正常运行或故障条件下可能释放的危害环境的物质；
   5) 变压器废弃以后的处理或再利用。

可根据材料、能源输入和废料输出考虑变压器的寿命周期。

参 考 文 献

[1] GB/T 321—2005 优先数和优先数系

[2] GB/T 1094.4—2005 电力变压器 第4部分:电力变压器和电抗器的雷电冲击和操作冲击试验导则

[3] GB/T 1094.6—2011 电力变压器 第6部分:电抗器

[4] GB/T 1094.7—2008 电力变压器 第7部分:油浸式电力变压器负载导则

[5] GB/T 1094.12 电力变压器 第12部分:干式电力变压器负载导则

[6] GB/Z 1094.14 电力变压器 第14部分:采用高温绝缘材料的液浸式变压器的设计和应用

[7] GB 1094.16—2013 电力变压器 第16部分:风力发电用变压器

[8] GB/T 1094.101—2008 电力变压器 第10.1部分:声级测定 应用导则

[9] GB/T 2424.25—2000 电工电子产品环境试验 第3部分:试验导则 地震试验方法

[10] GB/T 2521—2008 冷轧取向和无取向电工钢带(片)

[11] GB 4208—2008 外壳防护等级(IP代码)

[12] GB/T 4956—2003 磁性基体上非磁性覆盖层 覆盖层厚度测量 磁性法

[13] GB/T 7354—2003 局部放电测量

[14] GB/T 7991—2003 搪玻璃层厚度测量 电磁法

[15] GB/T 13499—2002 电力变压器应用导则

[16] GB/T 16927 高电压试验技术(所有部分)

[17] GB/T 18494 变流变压器(所有部分)

[18] GB/T 20138—2006 电器设备外壳对外界机械碰撞的防护等级(IK代码)

[19] GB/T 24001—2004 环境管理体系要求及使用指南

[20] GB/T 25120—2010 轨道交通 机车车辆牵引变压器和电抗器

[21] GB/T 26218.1—2010 污秽条件下使用的高压绝缘子的选择和尺寸确定 第1部分:定义、信息和一般原则

[22] ISO 2409:2007 Paints and varnishes—Cross-cut test

[23] ISO 12944 (all parts) Paints and varnishes—Corrosion protection of steel structures by protective paint systems

[24] ISO 14122 (all parts) Safety of machinery—Permanent means of access to machinery

[25] IEC 60076-3 Power transformers—Part 3: Insulation levels, dielectric tests and external clearances in air

[26] IEC 60076-13 Power transformers—Part 13: Self-protected liquid-filled transformers

[27] IEC 60076-15: 2008 Power transformers—Part 15: Gas-filled power transformers

[28] IEC/TR 60616:1978 Terminal and tapping markings for power transformers

[29] IEC/TS 60815 (all parts) Selection and dimensioning of high-voltage insulators intended for use in polluted conditions

[30] IEC 62032 Guide for the application, specification, and testing of phase-shifting transformers

[31] ANSI/IEEE C57.12.00 General requirements for liquid-immersed distribution, power and regulating transformers

[32] ANSI/IEEE C57.12.90 IEEE standard test code for liquid-immersed distribution, power and regulating transformers

[33] IEEE C57.142 Guide to describe the occurrence and mitigation of switching transients induced by transformer, switching device, and system interaction

[34] CIGRE Brochure 156 Guide for customers specifications for transformers 100 MVA and 123 kV and above

[35] CIGRE Brochure 204 Guide for transformer design review

[36] CIGRE Brochure 343 Recommendations for Condition Monitoring and Condition Assessment Facilities for Transformers

GB/T 1094.1—2013《电力变压器　第1部分：总则》国家标准第1号修改单

本修改单经国家标准化管理委员会于2017年12月29日批准，自2018年02月01日起实施。

GB/T 1094.1—2013《电力变压器　第1部分：总则》修改内容如下：

1. 用下列内容替换术语3.1.8“设计值”的定义。

由匝数比决定的或由阻抗、空载电流、其他参数设计所计算的期望值。

2. 用下表序号2整行的内容替换表1中序号2整行的内容。

<table>
<tr><th>序号</th><th colspan="3">项　目</th><th>偏差</th></tr>
<tr><td rowspan="3">2</td><td rowspan="3">空载电压比</td><td rowspan="2">规定的第一对绕组</td><td>主分接，或
极限分接(如果规定)</td><td>下列值中较低者：
a)　规定电压比的±0.5%；
b)　主分接上实际阻抗百分数的±1/10</td></tr>
<tr><td>其他分接</td><td rowspan="2">匝数比设计值的±0.5%</td></tr>
<tr><td colspan="2">其他绕组对</td></tr>
</table>

ICS 29.180
K 41

中华人民共和国国家标准

GB 1094.2—2013
代替 GB 1094.2—1996

电力变压器
第2部分：液浸式变压器的温升

Power transformers—
Part 2：Temperature rise for liquid－immersed transformers

（IEC 60076-2：2011，MOD）

自2017年3月23日起，本标准转为推荐性标准，编号改为GB/T 1094.2—2013。

2013-12-17 发布　　　　2014-12-14 实施

中华人民共和国国家质量监督检验检疫总局
中国国家标准化管理委员会 发布

前　言

本部分的第 4 章、第 5 章和第 6 章为强制性的，其余为推荐性的。

GB 1094《电力变压器》目前包含了下列几部分：

——第 1 部分：总则；

——第 2 部分：液浸式变压器的温升；

——第 3 部分：绝缘水平、绝缘试验和外绝缘空气间隙；

——第 4 部分：电力变压器和电抗器的雷电冲击和操作冲击试验导则；

——第 5 部分：承受短路的能力；

——第 6 部分：电抗器；

——第 7 部分：油浸式电力变压器负载导则；

——第 10 部分：声级测定；

——第 10.1 部分：声级测定　应用导则；

——第 11 部分：干式变压器；

——第 12 部分：干式电力变压器负载导则；

——第 14 部分：采用高温绝缘材料的液浸式变压器的设计和应用；

——第 16 部分：风力发电用变压器。

本部分为 GB 1094 的第 2 部分。

本部分按照 GB/T 1.1—2009 给出的规则起草。

本部分代替 GB 1094.2—1996《电力变压器　第 2 部分：温升》，与 GB 1094.2—1996 相比，主要技术变化如下：

——本部分只适用于液浸式变压器；

——标准名称改为“液浸式变压器的温升”；

——给出了与温升有关的术语和定义；

——绕组平均温升由上一版的 65 K，改为 ON 及 OF 冷却方式的为 65 K，OD 冷却方式的为 70 K；

——使用了热点温升限值参数；

——明确规定了温升试验时环境温度的测量方法；

——改进了温升试验方法；

——规定了温升试验时，试验场地的冷却空气温度宜介于 5 ℃与变压器设计所依据的最高环境温度之间；

——给出了电源断开瞬间绕组平均温升的计算公式；

——增加了绕组热点温度的修正系数；

——详细介绍了 ON 和 OD 冷却下的热点温升的模型；

——介绍了电阻测量电路；

——详细介绍了温度曲线数值外推法计算过程；

——介绍了直接测量绕组热点温度时传感器的安装方法。

本部分使用重新起草法修改采用 IEC 60076-2:2011《电力变压器　第 2 部分：液浸式变压器的温升》。

本部分与 IEC 60076-2:2011 的技术性差异及其原因如下：

——为适应我国的技术条件，在规范性引用文件中用修改采用国际标准的 GB 1094.1 代替了

IEC 60076-1；

——为适应我国的气候条件，在表 2 中增加了年平均温度为 15 ℃、月平均温度为 25 ℃和最高温度为 35 ℃时对温升限值的修正值；

——为符合我国的实际情况，在 7.2.1 第 1 段中，将进行温升试验时试验场地的最低空气温度由 10 ℃ 改为 5 ℃；

——为符合实际情况，将式(B.2)中的 $\theta_{om}(t)=A_0(1-kt)$ 修改为 $\theta_{om}(t)=A_0-kt$，将图 B.3 中的 $A_0(1-kt)$ 修改为 A_0-kt。

本部分还做了下列编辑性修改：

——将 7.3.3 的内容按产品不同分成了 7.3.3.1 和 7.3.3.2；

——将 IEC 60076-2:2011 中的附录 A、附录 B、附录 C 和附录 D 改为附录 C、附录 D、附录 B 和附录 A；

——将图 B.1 和图 B.2 中的标识 1 U、1 V 和 1 W 用 A、B 和 C 替换；2 U、2 V 和 2 W 用 a、b 和 c 替换；1N 用 N 替换；

——将式(B.1)、式(B.3)、式(B.12)、式(B.13)和图 B.4 中的 B 修改为 g；

——将 B.3 中温升测量用变量表作为表 B.1，将原表 B.1 作为表 B.2。

请注意本文件的某些内容可能涉及专利。本文件的发布机构不承担识别这些专利的责任。

本部分由中国电器工业协会提出。

本部分由全国变压器标准化技术委员会(SAC/TC 44)归口。

本部分起草单位：沈阳变压器研究院股份有限公司、国家变压器质量监督检验中心、国网电力科学研究院、保定天威保变电气股份有限公司、特变电工沈阳变压器集团有限公司、西安西电变压器有限责任公司、华东电网有限公司、吉林省电力科学研究院、特变电工衡阳变压器有限公司、顺特电气设备有限公司、明珠电气有限公司、卧龙电气集团北京华泰变压器有限公司、广东钜龙电力设备有限公司、吴江变压器厂有限公司、中国电力科学研究院、中电电气(江苏)股份有限公司、广州骏发电气有限公司、卧龙电气银川变压器有限公司、新华都特种电气股份有限公司。

本部分主要起草人：张显忠、章忠国、李世成、任晓红、胡振忠、安振、李洪秀、韩晓东、姜益民、敖明、孙树波、李霞、蔡定国、何宝振、王文光、林灿华、韩筛根、徐子宏、樊建平、鲁玮、邓旭峰。

本部分所代替标准的历次版本发布情况为：

——GB 1094.2—1985、GB 1094.2—1996。

根据中华人民共和国国家标准公告(2017 年第 7 号)和强制性标准整合精简结论，本标准自 2017 年 3 月 23 日起，转为推荐性标准，不再强制执行。

电力变压器
第2部分:液浸式变压器的温升

1 范围

GB 1094 的本部分适用于液浸式变压器。本部分规定了变压器冷却方式的标志、变压器温升限值及温升试验方法。

2 规范性引用文件

下列文件对于本文件的应用是必不可少的。凡是注日期的引用文件,仅注日期的版本适用于本文件。凡是不注日期的引用文件,其最新版本(包括所有的修改单)适用于本文件。

GB 1094.1 电力变压器 第1部分:总则(GB 1094.1—2013,IEC 60076-1:2011,MOD)

GB/T 13499—2002 电力变压器应用导则(idt IEC 60076-8:1997)

IEC 60085:2007 电气绝缘 耐热性评估及说明(Electrical insulation—Thermal evaluation and designation)

IEC 61181:2007 矿物油浸渍式电气设备 电气设备工厂试验溶解气体分析(DGA)的应用[Mineral oil-filled electrical equipment—Application of dissolved gas analysis (DGA) to factory tests on electrical equipment]

IEC 指南 115:2007 不确定度测量在电工领域合格性评定中的应用(Application of uncertainty of measurement to conformity assessment activities in the electrotechnical sector)

3 术语和定义

GB 1094.1 界定的以及下列术语和定义适用于本文件。

3.1

外部冷却介质 external cooling medium

变压器液体循环冷却系统外部的带走变压器损耗产生热量的介质(空气或水)。

3.2

内部冷却介质 internal cooling medium

与变压器绕组或其他部件接触的液体,通过它们将损耗产生的热量传给中间或外部冷却介质。

注:液体可以是矿物油或其他天然及合成液体。

3.3

温升 temperature rise

所考虑部件(部位)的温度(例如:绕组平均温度)与外部冷却介质的温度之差。

3.4

顶层液体温度 top-liquid temperature

θ_o

油箱顶部(冷却回路顶部)的绝缘液体温度。

3.5

顶层液体温升　top-liquid temperature rise

$\Delta\theta_o$

顶层液体温度与外部冷却介质温度之差。

3.6

底部液体温度　bottom-liquid temperature

θ_b

绕组底部位置或冷却液体入口处的绝缘液体温度。

3.7

底部液体温升　bottom-liquid temperature rise

$\Delta\theta_b$

底部液体温度与外部冷却介质温度之差。

3.8

液体平均温度　average liquid temperature

θ_{om}

顶层液体温度与底部液体温度的平均值。

3.9

液体平均温升　average liquid temperature rise

$\Delta\theta_{om}$

液体平均温度与外部冷却介质温度之差

3.10

绕组平均温度　average winding temperature

θ_w

在温升试验后期通过测量绕组直流电阻确定的温度值。

3.11

绕组平均温升　average winding temperature rise

$\Delta\theta_w$

绕组平均温度与外部冷却介质温度之差。

3.12

绕组平均温度梯度　average winding gradient

g

绕组平均温度与绝缘液体平均温度之差。

3.13

绕组热点温度　hot-spot winding temperature

θ_h

与固体绝缘或绝缘液体接触的绕组导体最热点的温度。

3.14

绕组热点温升　hot-spot winding temperature rise

$\Delta\theta_h$

绕组热点温度与外部冷却介质温度之差。

3.15

热点系数 hot-spot factor

H

无量纲系数，用于估算由于附加损耗增加以及液体流动不合理而导致的绕组局部温度梯度的增加。

注：系数 *H* 是两个系数 *Q* 和 *S* 的积(见 3.16 和 3.17)。

3.16

系数 factor

Q

无量纲系数，用于估算由于局部附加损耗增加而导致的绕组平均温度梯度的增加。

3.17

系数 factor

S

无量纲系数，用于估算由于液体流动不合理而导致的绕组局部平均温度梯度的增加。

3.18

热改性纸 thermally upgraded paper

一种经过化学方法改善而降低纸的降解率的纤维纸。

如果将一种纸放入密封管中，在 110 ℃下经过 65 000 h 或在式(1)给出的时间/温度组合后还能保持 50%的抗拉强度，则称其为热改性纸。

$$t = 65\ 000 \times e^{\left(\frac{15\ 000}{\theta_h + 273} - \frac{15\ 000}{110 + 273}\right)} \qquad \cdots\cdots(1)$$

式中：

t——时间，单位为小时(h)。

注 1：可通过部分去除形成水的物质或用稳定剂等物质抑制水的生成来降低老化影响。

注 2：可选用的试验方法以氮含量为基准，见 GB/T 1094.7。

4 冷却方式

4.1 标志符号

变压器应按其冷却方式进行标志。对于液浸式变压器，其冷却方式采用下面四个字母进行标志。

第一个字母(代表内部冷却介质)：

——O：矿物油或燃点不大于 300 ℃的合成绝缘液体；

——K：燃点大于 300 ℃的绝缘液体；

——L：燃点不可测出的绝缘液体。

第二个字母(代表内部冷却介质的循环方式)：

——N：流经冷却设备和绕组内部的液体流动是自然的热对流循环；

——F：冷却设备中的液体流动是强迫循环，流经绕组内部的液体流动是热对流循环；

——D：冷却设备中的液体流动是强迫循环，且至少在主要绕组内部的液体流动是强迫导向循环。

第三个字母(代表外部冷却介质)：

——A：空气；

——W：水。

第四个字母(代表外部冷却介质的循环方式)：

——N：自然对流；

——F：强迫循环(风扇、泵等)。

注 1：本部分中，K 类和 L 类绝缘液体的使用只是从环保和安全的角度来考虑的。

注 2：在强迫导向液体循环(第二个字母为 D)变压器中，流经主要绕组的液体流量是由泵决定的，原则上不是由负载决定的。流经冷却设备的一小部分液体流量，可以有控制地导向流过铁心和主要绕组外的其他部分，以使其得到冷却。调压绕组和/或其他容量较小的绕组也可以采用非导向液体循环。

在强迫非导向液体循环(第二个字母为 F)变压器中，流经所有绕组的液体流量是随负载变化的，与冷却设备的泵的流量没有直接关系。

4.2 具有多种冷却方式的变压器

一台变压器可规定有几种不同的冷却方式。此时，在说明书和铭牌上应给出不同冷却方式下的容量值，以便在采用某一冷却方式及所规定的容量下运行时，变压器温升不会超过限值，见 GB 1094.1。

在最大冷却能力下的容量值就是变压器(或多绕组变压器某个绕组，见 GB 1094.1)的额定容量，不同的冷却方式按冷却能力增大的次序排列。

举例如下：

——ONAN/ONAF：变压器装有一组风扇，在大负载时，风扇可投入运行。在这两种冷却方式下，液体流动均按热对流方式循环；

——ONAN/OFAF：变压器装有油泵和风扇类冷却设备，也规定了在自然冷却方式下(例如：辅助电源出现故障或容量不足的情况下)降低的容量。

5 正常冷却条件

5.1 空气冷却方式变压器

电力变压器正常环境温度限值见 GB 1094.1。

考虑到正常温升的要求，变压器安装场所的温度不宜超过：

——任何时刻：40 ℃；

——最热月平均：30 ℃；

——年平均：20 ℃。

注：平均温度由下列气象数据得出(见 GB 1094.1)：

——月平均温度：某一月份中，日最高温度的平均数与日最低温度的平均数之和的一半的多年统计值；

——年平均温度：全年中，各月平均温度之和的 1/12。

5.2 水冷却方式变压器

水冷却方式变压器的正常冷却条件为冷却器入水口处的冷却水温度在任何时候均不应高于 25℃ 或年平均温度不应高于 20 ℃。

如果运行时的水温超过上述值，则应规定较低的温升(见 GB 1094.1)。

6 温升限值

6.1 概述

温升的要求应按下述不同的选择来规定：

——在额定容量下连续运行时的一组要求(见 6.2)；

——如果规定了负载周期，应明确给出与此有关的一组附加要求(见 6.4)。

注：此附加的一组要求主要用于系统中的大型变压器，因其在急救负载下的运行情况需要特别注意。一般不宜用于中、小型变压器。

本部分假定，变压器各部位的运行温度是外部冷却介质(周围的环境空气或冷却水)温度与该部位温升之和。

如无另行规定,则正常温升限值适用。有其他规定时,温升限值应按 6.3 修正。

温升限值不允许有正偏差。

6.2 额定容量下的温升限值

对于分接范围不超过±5%,且额定容量不超过 2 500 kVA(单相 833 kVA)的变压器,温升限值适用于与额定电压对应的主分接(见 GB 1094.1)。

对于分接范围超过±5%或额定容量大于 2 500 kVA 的变压器,在适当的分接容量、分接电压和分接电流下,温升限值对所有分接都适用。

注 1:不同分接下的负载损耗是不同的,且当规定了是变磁通调压时,空载损耗也是不同的。

注 2:对于独立绕组变压器来说,其最大负载损耗的分接一般是具有最大电流的分接。

注 3:对于带分接的自耦变压器来说,具有最大负载损耗的分接取决于分接的布置。

对于多绕组变压器,当一个绕组的额定容量等于其余绕组的额定容量之和时,其温升要求是指所有绕组均同时在各自额定负载下的。如果情况不是这样,则应选定一种或多种特定的负载组合,并相应地规定其温升限值。

在变压器的两个或多个绕组部分是上下排列的情况下,如果它们的尺寸和额定值相同,则绕组温升限值适用于两个绕组测量值的平均值。

表 1 给出的温升限值适用于具有 IEC 60085:2007 规定的绝缘系统温度为 105 ℃的固体绝缘,且绝缘液体为矿物油或燃点不大于 300 ℃的合成液体(冷却方式的第一个字母为 O)的变压器。

这些限值是指在额定容量下连续运行,且外部冷却介质年平均温度为 20 ℃时的稳态条件下的值。

如果制造方与用户间无另行规定,则表 1 给出的温升限值对牛皮纸和改性纸(也参见 GB/T 1094.7)均适用。

表 1 温升限值

要　求	温升限值 K
顶层绝缘液体	60
绕组平均(用电组法测量): ——ON 及 OF 冷却方式 ——OD 冷却方式	 65 70
绕组热点	78

对于铁心、裸露的电气连接线、电磁屏蔽及油箱上的结构件,均不规定温升限值,但仍要求其温升不能过高,以免使与其相邻的部件受到热损坏或使绝缘液体过度老化。

注 4:某些设计中,为了满足绕组热点温升限值,可能要求顶层绝缘液体或绕组平均温升低于表 1 中的规定值。

注 5:确定绕组热点温升的方法见 7.10。

注 6:对于浸入矿物油中的大型电力变压器,温升试验中进行油中溶解气体分析(DGA)可作为查找异常过热的手段(参见附录 A)。

注 7:对于大型电力变压器,油箱和油箱盖的温升可用红外摄像机检查。

对于大量用螺栓连接的电阻特别小的绕组(例如:一些电炉变压器的低压绕组),用电阻法来测量绕组平均温升可能很困难,且测量不确定度较大。此时,经过制造方与用户协商,绕组温升要求可以仅限于热点温升,此热点温升应通过直接测量来得到。

对于采用高温绝缘系统或浸入难燃液体(冷却方式的第一个字母为 K 或 L)的变压器的温升限值,

按照协议执行。

6.3 特殊冷却条件下修正的要求

6.3.1 概述

如果拟安装场所的运行条件不符合第5章给出的正常冷却条件，则变压器温升限值应按以下给出的规则修正。

6.3.2 空气冷却方式变压器

如果安装场所的外部冷却介质的温度有一项或多项超出5.1给出的正常值，那么表1给出的所有温升限值应按超出的数值予以修正，并应修约到最接近温度的整数值(K)。

表2为推荐的环境温度参考值及相应的温升限值修正值。

表2 特殊运行条件下推荐的温升限值修正值

环境温度 ℃			温升限值修正值 K[a]
年平均	月平均	最高	
15	25	35	+5
20	30	40	0
25	35	45	−5
30	40	50	−10
35	45	55	−15
[a] 相对于表1的值。			

注1：对于环境温度低于表2的情况没有给出规定。如用户无另行规定，则表1的温升限值适用。

注2：表2所列值可以用插值法求得。

如果安装场所的海拔高于1 000 m，而试验场所的海拔低于1 000 m时，则试验时允许的温升限值应按如下的规定降低：

——对于自冷式(冷却方式标志的后两位字母为AN)变压器，顶层液体温升、绕组平均温升和绕组热点温升限值应按安装场所的海拔高于1 000 m的部分，每增加400 m时降低1 K；

——对于风冷式(冷却方式标志的后两位字母为AF)变压器，则应按安装场所的海拔高于1 000 m的部分，每增加250 m时降低1 K。

如果试验场所的海拔高于1 000 m，而安装场所的海拔低于1 000 m时，则应做相应的逆修正。

因海拔而做的温升修正值，均应修约到最接近温度的整数值。

因冷却介质温度高或安装场所海拔高而将变压器的规定温升限值降低时，均应标志在铭牌上(见GB 1094.1)。

注3：当标准变压器拟用于高海拔地区时，其容量的降低值，可以用相应的冷却条件及额定条件下的温升限值计算。

6.3.3 水冷却方式变压器

如果安装现场的冷却水的最高温度和/或年平均温度超过5.2的值，则所有规定的温升限值均应按超出的数值予以降低，并应修约到最接近温度的整数值(K)。

注：以上给出的规则不适用于水温低于正常值的情况。此时，需要制造方与用户进行协商。

不同的环境温度或海拔对油箱冷却的影响应不考虑。

6.4 规定负载周期下的温升

由制造方与用户协商确定温升限值的保证值和/或规定与负载周期运行相关的特殊试验(参见GB/T 1094.7)。

7 温升试验

7.1 概述

本章阐述了在工厂试验时确定温度和温升的程序,以及用等效试验程序代替运行负载的方法。

温升试验时,变压器应装有其保护装置(例如:气体继电器),应记录试验时保护装置出现的任何现象,并进行调查、分析。

如果变压器具有多个额定容量值(例如:有两种或多种冷却方式),则原则上温升试验应在每个额定容量下进行,但经制造方与用户协议,试验的数量可以减少。

7.2 冷却介质温度

7.2.1 环境温度

进行温升试验,试验场地的冷却空气温度宜介于5 ℃与变压器设计所依据的最高环境温度之间。

当试验场地的温度不在上述温度范围内时,对试验结果的解释应得到制造方与用户的认可。

应至少采用4个传感器,并取其读数的平均值来确定环境温度,以对试验结果进行评估。

注:在对大型变压器进行试验时,为减少不确定度对读数平均值的影响,传感器的数量宜达到6个。

每隔一定时间(例如:每10 min)记录读数,或采用自动连续记录。

对于ONAN变压器,其周围的环境温度传感器应放置在冷却表面高度约一半的位置处。

传感器应沿油箱四周分布,距油箱和冷却表面约2 m的距离,避免直接受热辐射的影响。

对于强迫风冷变压器,温度传感器应放置在距冷却器进风口处约0.5 m的位置。

如果独立的冷却设备放置在距变压器油箱至少3 m处,则冷却设备周围的环境温度应按照上面的方法测量。

应注意热空气的再循环,变压器宜放置在适当的位置,以尽量减少空气阻力,提供稳定的环境条件。

宜采取措施,以减小冷却空气温度的变化,特别是在试验后期接近稳定状态时,宜采取适当的措施,防止由空气湍流而引起剧烈的温度变化(例如:为温度传感器配备时间常数与变压器时间常数近似的适当的吸热容器)。

7.2.2 冷却水温度

温升试验时,冷却水的温度宜介于5 ℃与变压器设计的最高冷却水温度之间。

当试验场地的冷却水温度不在上述温度范围内时,对试验结果的解释应得到制造方与用户的认可。

温度应在冷却器入口处测量。温度和流量应定期(例如:每10 min)测量,或使用自动连续记录仪。

应采取措施,减少试验期间冷却水流量和温度的变化。

7.3 温升的试验方法

7.3.1 概述

测定稳态温升的标准方法是采用短路接线的等效试验法(见7.3.2)。

在特殊情况下,也可以按协议对适当的负载施加额定电压和额定电流。这主要适用于额定容量较小的变压器。

也可按协议采用"相互负载法"。这种方法是选用两台变压器并联连接,其中一台是被试变压器,对被试变压器施加额定电压励磁。通过两台变压器不同的电压比,或采用另外输入电压的方法使被试变压器绕组内流过额定电流。

7.3.2 双绕组变压器的短路试验法

试验时,不是同时施加额定电压和额定电流,而是施加由计算得出的总损耗。总损耗的值可由已测出的空载损耗和参考温度下的负载损耗(见 GB 1094.1)之和得到。

试验的目的:

——测定在稳态条件及总损耗下的顶层液体温升和液体平均温升;

——测定在额定电流及按上述测定的液体平均温升下的绕组平均温升;

——测定在额定电流及按上述测定的顶层液体温升下的绕组热点温升。

为达到上述目的,试验分两个阶段进行:

——施加总损耗(试验第一阶段)

当施加对应于变压器最大总损耗的试验电流时(见 GB 1094.1),可以测定顶层液体温升和液体平均温升。由于试验电流比额定电流大(因为施加了总损耗),因而绕组温升将相应地增高。试验中,要监测顶层液体和冷却介质的温度,试验需持续进行,直到液体的温升稳定为止。

当顶层液体温升的变化率小于 1 K/h,并至少维持 3 h 时,本试验阶段可以结束。如果每隔一定时间记录离散的温度值,则取最后 1 h 内读数的平均值作为试验的结果;若使用自动连续记录装置,则取最后 1 h 内的平均值。

——施加额定电流(试验第二阶段)

顶层液体温升测定之后,应立即将试验电流降至额定电流继续试验。持续 1 h,在此期间应至少每间隔 5 min 记录一次顶层液体、绕组热点(如果测量)和外部冷却介质温度,并连续记录。施加额定电流 1 h 结束时,应迅速切断电源和打开短路接线,测量两个绕组的电阻(参见 7.8 和附录 B);或在不切断电源的情况下,采用叠加法(即在绕组的负载电流上叠加一低值直流电流的方法)测量绕组直流电阻。

根据绕组电阻值变化,并考虑电流降到额定电流时液体温度的降低以及外部冷却介质温度的变化来确定变压器两绕组的平均温度。

如果提供了直接测量绕组热点温度的方法,则相应的温升便可用断开连线前的最高热点温度读数值及按 7.10.3 确定的修正值(因为在电流降到额定电流时液体温度会降低)来得出。

通过协商,试验的两个阶段可合成为一个程序,即施加一个介于负载损耗和总损耗之间的功率。顶层液体温升、液体平均温升和绕组温升应按 7.13 的修正规则确定。试验时施加的功率应至少为总损耗的 80%。

7.3.3 特殊情况下变压器试验的补充

7.3.3.1 分接范围大于±5%或额定容量大于 2 500 kVA 的双绕组变压器

如无另行规定,则其温升试验是在最大电流分接(见 GB 1094.1)下进行,且在试验的第二阶段施加的电流是该分接的电流(见 7.3.2)。

在试验第一阶段(见 7.3.2)中施加的总损耗,应等于任一分接(对应于分接位置)上总损耗的最大值。此分接往往是(但不总是)最大电流分接。此试验阶段测定最大顶层液体温升值。在计算最大电流分接下的绕组温升时,所用的液体平均温升与该分接的总损耗相对应。若用其他数据,则应对从试验的第一阶段中获得的数值重新计算。

7.3.3.2 多绕组变压器

如果一个绕组的额定容量等于其余绕组的额定容量之和，则试验第一阶段所施加的总损耗应与所有绕组额定容量(或分接容量)相对应。

如果存在着多组规定的负载组合时，则测定液体温升应在产生最大总损耗的情况下进行。

绕组高于液体的温升值，应在该绕组通过额定电流时求得。

测定绕组对于冷却介质的温升时，相关负载下的液体温升，应根据所施加的总损耗按照 7.13 进行修正，每个绕组高于液体的温升值也要进行修正。

多绕组变压器的损耗按 GB/T 13499—2002 的规定进行重新计算。

测定液体温升可以选用以下任一方式施加总损耗：

——尽可能接近实际负载的方式，对某一绕组施加与总损耗对应的电流，将其余绕组同时短接或接适当的阻抗；

——近似的方式，某些绕组不短路或不闭合(例如：如果某绕组额定容量较低，且损耗只占总损耗的一小部分，则可将此绕组开路)，提高其他相关绕组的电流，直到获得所需的总损耗。

如果由于试验设备的限制，上述两种方式都不完全适用时，则可协商将损耗降低到基准值的 80%，然后按照 7.13 进行修正。

多种组合冷却方式变压器的温升试验方法，应在招标阶段提出，并达成一致。

对于多铁心变压器，当绕组没有外部引出线时，其温升试验方法宜在订货时达成一致。可采用附加的试验套管进行试验。

7.4 液体温度的测定

7.4.1 顶层液体温度

顶层液体温度 θ_o 通常用一个或多个浸入油箱内顶层液体中的温度传感器或箱盖上的传感器座中的温度传感器测定。

传感器座数量推荐如下：

——额定容量不小于 100 MVA：　　3 个；

——额定容量从 20 MVA 至小于 100 MVA：　　2 个；

——额定容量小于 20 MVA：　　1 个。

传感器座宜尽可能设置在可代表对应绕组的顶层液体温度的位置。

如果传感器座数量大于 1，则应用传感器读数的平均值作为温度值。

注 1：受设计影响，在箱体顶部不同部位的液体温度可能不同。箱盖上的传感器座可能会受到涡流的影响。

注 2：在强迫液体循环变压器中，冷却设备中的液体是绕组中和绕组外液体的混合液流，在油箱的不同部位或各个联管的液体温度可能并不一致。有关强迫液体循环变压器顶层液体温度的意义参见附录 C。

经制造方与用户协商，可以认为箱盖上传感器座上的显示温度与冷却设备入口的液体温度的平均值为顶层液体温度。

对 2 组冷却器或 3 组片式散热器及以上的集中导油布置方式的进出油管应采用内植入方法测温。

注 3：冷却设备入口处的液体温度应通过设置在联管中心的传感器测量。

7.4.2 底部液体温度和液体平均温度

“底部液体”是指从底部进入绕组的液体。实际上，其温度是用从冷却设备回到油箱内的液体的温度来表示的。

底部液体温度(θ_b)是由装置在冷却器或散热器回到油箱中的联管处的温度传感器测定的。如果装有几组冷却器，则应使用多个温度传感器，并用其平均值作为底部液体温度(联管处的液体温度测量方法按 7.4.1)。

注 1：如果通过泵来强迫液体循环，则返回液联管处的液流可能会出现湍流；如果通过散热器自然循环，则主要出现层流。这些现象对于测定液体联管处的液体温度来说是很重要的。

液体平均温度原则上是绕组内的冷却液体的平均温度。

液体平均温度(θ_{om})用于计算绕组平均温度梯度及某个温升试验结果的修正(见 7.13)。

液体平均温度为：

$$\theta_{om}=\frac{\theta_o+\theta_b}{2}$$

注 2：对于 2 500 kVA 及以下，具有平滑箱壁、波纹箱壁或散热管直接焊到箱壁上的液浸自冷式(ONAN)变压器，其高于环境温度的液体平均温升可取顶层液体温升的 80%。

7.5 顶层液体温升、液体平均温升和底部液体温升的确定

顶层液体温升($\Delta\theta_o$)应由两个温度之差决定，一个是在施加总损耗的试验阶段结束时测得的顶层液体温度(θ_o)，一个是在施加总损耗的试验阶段结束时的外部冷却介质温度(θ_a)，即：

$$\Delta\theta_o=\theta_o-\theta_a$$

液体平均温升($\Delta\theta_{om}$)应由按 7.4.2 计算的液体平均温度(θ_{om})和外部冷却介质温度(θ_a)之差确定，即：

$$\Delta\theta_{om}=\theta_{om}-\theta_a$$

底部液体温升($\Delta\theta_{ob}$)应由按 7.4.2 计算的底部液体温度(θ_b)与外部冷却介质温度(θ_a)之差确定，即：

$$\Delta\theta_{ob}=\theta_b-\theta_a$$

注：液体温度为施加总损耗试验阶段最后 1 h 读数的平均值。

7.6 绕组平均温度确定

绕组平均温度是通过测量绕组电阻确定的。

对于三相变压器，其电阻测量通常应包含中间相绕组。

对于星结或低电压且大电流绕组，测量应在线路端子间进行，以便将中性点引线从试验回路中排除。

变压器应在稳定的环境温度下，进行参考量(R_1、θ_1)的测量(见 GB 1094.1)。

断开电源后，测得电阻为 R_2，外推到断开电源瞬间，则可得到温度 θ_2 值为：

$$\theta_2=\frac{R_2}{R_1}(235+\theta_1)-235 \quad (对于铜)$$

$$\theta_2=\frac{R_2}{R_1}(225+\theta_1)-225 \quad (对于铝)$$

式中：

θ_2——电源断开瞬间的绕组平均温度。

公式中，温度的单位为℃。

注：对于特大型变压器的低压绕组，宜特别注意电源断开后电阻测量时的金属触头间可能产生的热电偶电动势。

7.7 电源断开瞬间的绕组电阻测定

电源断开瞬间的绕组电阻(R_2)应按下述方法确定：

在切断电源和断开短路接线后，立即将待测电阻的绕组两端接入直流测量电路。

因为当绕组开始冷却时，绕组电阻随时间发生变化，故测量时间应足够长，以便允许用外推法推算出电源切断瞬间的绕组温度。

由于绕组的电气时间常数(L/R)较大,因而只有经过一段延时后,才能测得准确的电阻值。

可通过尽可能减少断开试验线路与接通电阻测量电路的时间,及合理选择电路参数以减少电气时间常数的方式来减少延迟时间。

电阻测定时,冷却设备最好保持不变。如果升温时泵在运行,则在电阻测量时泵也宜保持运行。

推荐的详细测量方法参见附录 B。

7.8 电源断开瞬间绕组平均温升的确定

绕组平均温度应按 7.6 规定采用电源断开瞬间的电阻值确定。

在施加额定电流的 1 h 结束时刻,液体平均温度已从总损耗下的温度下降,故绕组平均温度值应加上液体平均温度的下降值。

修正的绕组平均温升 $\Delta\theta_w$ 为:

$$\Delta\theta_w = \theta_2 + \Delta\theta_{ofm} - \theta_a$$

式中:

θ_2 ——电源断开瞬间的绕组平均温度;

$\Delta\theta_{ofm}$ ——在额定电流下 1 h 试验期间的液体平均温度的降低值;

θ_a ——施加总损耗试验结束时的外部冷却介质温度。

推荐的详细的测量方法参见附录 B。

注:多绕组变压器的试验方法应由制造方与用户商定。

7.9 绕组平均温度对液体平均温度梯度的确定

绕组平均温度对液体平均温度梯度(g)应采用未修正的绕组平均温度(θ_2)与电源断开瞬间的液体平均温度(θ_{om})之差决定,梯度 g 为:

$$g = \theta_2 - \theta_{om}$$

7.10 绕组热点温升的确定

7.10.1 概述

对于额定容量不小于 20/3(MVA/相)的变压器,绕组热点温升应以温升试验结果为基础,采用制造方与用户同意的方法通过计算确定。

作为特殊试验,如果制造方与用户同意,则绕组热点温升也可以通过直接测量得到。

对于额定容量小于 20/3(MVA/相)的变压器,绕组热点温升既不需直接测量也不需计算。通常认为绕组平均温升也足以满足热点温升要求。

对于特别重要或有特殊运行条件(例如:核电站或大容量自循环等)的变压器,由于要求更严格,因此绕组热点温升可以通过计算和直接测量,并对两种结果进行比较来确定。

对于自耦变压器,其温升限值参考等效容量的双绕组变压器的温升限值。

7.10.2 通过计算确定

制造方应向用户提交一份关于热点位置及其温升估算值的研究报告。该研究应根据:

——不直接测量热点温度的温升试验结果;

——有关确定附加损耗分布的漏磁场方面的资料;

——附加损耗较大的绕组内部绝缘液体循环模式的资料。

注:原则上,绕组热点温升的评估可以从设计阶段开始,但宜注意该过程隐含的不确定度。

对于每相额定容量介于 20/3(MVA/相)与 100/3(MVA/相)之间且短路阻抗不大于 14%的变压

器，制造方与用户之间也可以按协议用简单方法计算绕组热点温升（也参见附录 D）。

7.10.3 温升试验时直接测量

应将一定数量的温度传感器（例如：光纤传感器）安装在绕组内部被认为是最热点的位置。

注 1：通常认为热点在绕组顶部，但建议通过设计评审来确定正确位置；

注 2：建议用光纤传感器，安装方法参见附录 E。

当同一绕组上使用了多个传感器时，其中最大读数值应作为绕组热点温度。

热点温升（$\Delta\theta_h$）计算如下：

$$\Delta\theta_h = \theta_h + \Delta\theta_{of} - \theta_a$$

式中：

θ_h ——电源断开瞬间的温度；

$\Delta\theta_{of}$——在额定电流下 1 h 试验期间的顶层液体温度的降低值；

θ_a ——施加总损耗试验结束时的外部冷却介质温度。

注 3：上述方法也可用于由于绕组电阻非常低而不能用电阻法测绕组平均温升时（因为此时受不确定度影响很大）的热点温升测量（见 6.2）。

7.11 影响温升试验结果的不确定度

温升试验的结果会受到与试验方法和仪器有关的一些不确定度的影响。在试验报告中应将这些对温升有影响的不确定度给出评估。

注：不确定度评估不宜用来说明是否符合温升限值，仅提供相关信息。

有关评估不确定度的一般准则，见 IEC 指南 115 及参考文献[8][1)]。通常建议给出 95%置信度的扩展不确定度。

7.12 油中溶解气体分析

对于大型矿物油浸渍式变压器，附加漏磁影响是潜在的风险因素。油中溶解气体的色谱分析可用来判断可能发生的局部过热现象。

如果制造方与用户协商同意，宜分别在温升试验前、后各进行一次气体分析。

附录 A 给出了 DGA 详细的试验方法和试验结果的评判准则。

7.13 修正

试验中，如果不能施加规定的总损耗或电流时，则其测试结果应按下列规定进行修正。修正的有效范围是：施加的总损耗与规定的总损耗之差在±20%之内；施加的电流与规定的电流之差在±10%之内。

通过协商，也可扩大修正的适用范围。但施加的总损耗不应低于规定的总损耗的 70%，施加的电流不应低于规定的电流的 85%。

施加总损耗结束时高于外部冷却介质的液体温升应乘以：

$$\left[\frac{\text{总损耗}}{\text{试验损耗}}\right]^x$$

电源断开瞬间，高于液体平均温度的绕组平均温升应乘以：

$$\left[\frac{\text{额定电流}}{\text{试验电流}}\right]^y$$

电源断开瞬间，高于顶层液体温度的绕组热点温升应乘以：

1） 方括号内的数字指参考文献序号。

$$\left[\frac{\text{额定电流}}{\text{试验电流}}\right]^{z}$$

按照变压器的类型和冷却方式，表 3 给出了上述的指数。

使用表 3 中给出的指数进行的修正是保守的，仅适用于在上述有效修正范围内的稳定状态下的温升试验报告。

表 3 温升试验结果修正指数

修正指数	配电变压器	中、大型电力变压器			
	冷却方式标志为 ONAN	冷却方式标志为 ONAN	冷却方式标志为 ONAF	冷却方式标志的前两个字母为 OF	冷却方式标志的前两个字母为 OD
顶层液体 x	0.8	0.9	0.9	1.0	1.0
绕组平均 y	1.6	1.6	1.6	1.6	2.0
绕组梯度 z	—	1.6	1.6	1.6	2.0

注：表中的配电变压器是指额定容量不大于 2 500 kVA 的变压器。

附 录 A
（资料性附录）
用溶解气体分析法探测局部过热

A.1 概述

对于浸于矿物油中的电力变压器，在其温升试验前、后分别抽取其油样进行油中溶解气体分析(DGA)，有可能判断因漏磁效应、冷却油循环不畅、载流引线接线处松动或焊接不良引起的局部发热问题。

温升试验时油中溶解气体分析法是根据某些有机绝缘材料（纸和油）在高温下会释放出某些气体的原理而确立的。这些不同的气体组分可用来表征所用绝缘材料的状况，它们的浓度和产气率与所发生的现象的危险性相关联。

如果制造方与用户协商同意，则 DGA 可用作温升试验结果判定的特定工具。分析宜按照 IEC 61181:2007，用高精度色谱法进行。

原则上，建议下列产品采用 DGA：

a) 额定容量不小于 100 MVA 的独立绕组三相变压器；

b) 额定容量不小于 33 MVA 的独立绕组单相变压器；

c) 双绕组等值额定容量与 a)和 b)相同的自耦变压器；

d) 额定容量小于上述情况，但漏磁通和/或漏磁场强度与上述情况相近的变压器。

A.2 温升试验持续时间

为了正确判断色谱分析的结果，温升试验应在总损耗下进行。在温升试验时，顶层油的温升宜维持在预估最终温升值 80%以上至少 8 h。

在降低总损耗（见 7.12）下进行的 DGA 失去意义，所以不建议这样做。

对于有多种冷却方式的变压器，DGA 宜仅在具有最大冷却能力下进行。

A.3 取油样

取油样宜按照 IEC 60567 进行，宜采取措施预防氧化。

第一次取油样宜恰好在变压器温升试验开始前进行，对强油循环系统至少在循环 2 h 以后进行。第二次取油样最好在温升试验结束接近 24 h 进行。

A.4 DGA 结果分析

按上述要求所取的油样，宜尽快进行分析，在任何情况下，不应迟于 3 d。建议分析要在同一个试验室进行，以减小影响试验的不确定度。

对 DGA 结果分析，建议以所谓的“最大分析分布”为基础，它是可以预料的在同一时间同一地点取得的样品间的分布情况，包括样品的可变性、抽取过程和分析。

最大分析分布 $S_A(X)$，可以认为是可监测的气体数量最小值 $S_D(X)$ 和相应的气体在温升试验前在油中溶解数量 $(X)_1$ 的函数。X 是以百万分之一表示的气体（体积）浓度。

$$S_A(X)=0.1(X)_1+2S_D(X)$$

表 A.1 给出了按照 IEC 61181 规定的工厂试验的油中溶解气体的最小可检测值。

表 A.1 油中溶解气体最小可检测值 S_D

气体	S_D μL/L
CO_2	10
CO	5
H_2	2
CH_4	0.1
C_2H_6	0.1
C_2H_4	0.1
C_2H_2	0.1

温升试验中的气体分析评估准则，是以某些气体的增长率和相关的固定许可限值为基础的。

原则上，许可限值应由制造方与用户协商确定。

或者，如检查结果超出参考文献[9、10]给出的最大分析分布值，则建议参照表 A.2 的两组系列值进行判断。

表 A.2 温升试验时许可的气体增长率

混合物	气体增长率 μL/(L·h)	
	系列Ⅰ	系列Ⅱ
$\frac{1}{t}\times[(C_2H_2)_2-(C_2H_2)_1]$	$<S_A$	$<S_A$
$\frac{1}{t}\times[(CO)_2-(CO)_1]$	<5	<25
$\frac{1}{t}\times[(CO_2)_2-(CO_2)_1]$	<20	<100
$\frac{1}{t}\times\{[(H_2)_2-(H_2)_1]+[(CH_4)_2-(CH_4)_1]+[(C_2H_4)_2-(C_2H_4)_1]+[(C_2H_6)_2-(C_2H_6)_1]\}$	<2	<5
注 1：下标 1 和 2 表示试验前、后的浓度。 注 2：t 为顶层油温升至少达到 80%稳态最终值的时间。		

如果温升试验前、后通过气体分析得出的气体增长率满足第一系列的要求，则可以得出变压器没有局部过热的结论。

然而，如果所有试验值低于第二系列，但一个或多个值高于第一系列，则存在局部过热的可能。在这种情况下，建议运行时，变压器应定期取油样进行气体分析。

如果一个或多个数值高于第二系列，则存在热故障的可能性就很大了，因此宜开始进一步研究过热的原因。

建议采取任何进一步的修整措施前，重新进行最后的分析。

此外，温升试验也可以重新开始并持续更长时间。

油中碳氢气体的增长率可以用于作为油中有局部过热的附加证据，见 GB/T 7252 给出的关系式：

$$R = \frac{\Delta C m_{o}}{\rho \Delta t}$$

式中：

R ——产气率，单位为毫升每小时(mL/h)；

ΔC ——气体浓度变化，单位为微升每升(μL/L)；

m_{o} ——油质量，单位为千克(kg)；

ρ ——油密度，单位为千克每立方米(kg/m^3)；

Δt ——试验持续时间，单位为小时(h)。

所得的数据直接与局部过热现象有关，与油箱中油的多少无关。

烃类气体的增长率和气体限值应由制造方与用户在签合同时协商解决。

附 录 B
（资料性附录）
液浸式变压器温升试验技术

B.1 电源断开后绕组电阻测量

B.1.1 绕组电阻测量时冷却设备的设定

冷却设备最好保持电源断开前施加电流时的冷却方式。在这种状态下，可从冷却曲线中得到绕组和液体的暂态热特性。

注 1：通常情况下，在冷却曲线法测量时，冷却设备的运行状态对电源断开瞬间的热电阻外推值只有轻微影响。只有冷却曲线的末段受冷却设备设置的影响。

注 2：OD 冷却的变压器，在电源断开后冷却方式不宜改变。

B.1.2 绕组电阻测量程序

温升试验结束时绕组的温度通常按 7.7 的方法通过测量电阻确定。

绕组电阻测量是在试验电源断开后，并将绕组接到测量用的直流电源时开始的。

由于绕组温度和电阻是随时间变化的，因此如何外推到电源断开瞬间的值便是个难题。外推过程在 B.2 中讨论。

电阻测量宜在绕组接到测量装置后尽快进行。开始时，在测量电流稳定之前，由于绕组中感应压降的影响，最初的读数不可靠。必要的稳定时间可通过下列方法减少：

——使铁心饱和，以便将有效电感值下降到与短路电感同一数量级的值；

——采用恒流电源、电子式稳定电源或带有一个大的附加串联电阻器的大容量畜电池。

使铁心饱和意味着在铁心内建立一定量的磁通，以减少延迟，实际可以减少到几秒钟。

被试的一对绕组中的两个绕组既可以分别接到两个独立的直流电源，也可以将两个绕组串联后接到一个公共直流电源。两种情况下，都宜使电流方向与铁心饱和趋势相一致。

即使在不利的条件下，饱和后直流电路的电气时间常数也可以降到几秒钟数量级。1 K 的温差约相应于 1/300 的电阻差，它作为指数衰减的误差，与 5 倍～6 倍电气时间常数的延时时间相对应。因而，一般情况下，在达到饱和后不到 1 min 时间内，即可测得有用的电阻值。

大型升压变压器的低压绕组电阻测量非常容易受到残余的感应电动势的影响，这一点，甚至在直流电流达到稳定时也如此。此感应电动势叠加在电阻电压上（在毫伏范围内），视其极性，会使电阻值增大或减小。通过在冷却曲线初始阶段看，当电阻曲线由高端或某些情况下由低端开始时，此影响很容易区分出来。对大型变压器来说，当使直流电流流过高压绕组的所有线匝时，就可能得到最好的结果（见图 B.1 和图 B.2 所示）。在极端情况下，如果绕组电阻接近或低于 1 mΩ，则合理的电阻值应在直流电流稳定后 1 min 或 2 min 后得到。

此外还要注意到连接的操作时间及直流电流的稳定时间。

得到第一个有用的电阻值的时间取决于铁心的尺寸。

建议从电源断开到测得第一个有效热电阻的时间不宜超过：

——额定容量小于 100 MVA 的变压器：2 min；

——额定容量不小于 100 MVA 至小于 500 MVA 的变压器：3 min；

——额定容量不小于 500 MVA 的变压器：4 min。

冷却曲线的时间长度最好至少为绕组热时间常数的2倍，以便提供绕组和液体的暂态热性能。随变压器特性及试验方法的不同，时间可以改变。

中型变压器20 min、大型变压器30 min的冷却曲线时长是合适的。

图B.1和图B.2给出了测量具有低阻值绕组变压器的冷却曲线的电路图。

配电变压器的星结或曲折联结的低压绕组(例如：400 V绕组)的电阻，宜在两相的端子间测量，而不在相的端子与中性点端子间测量。

还可以采用其他方法，但需制造方与用户协商同意：

——取用一个开路绕组上电压的电感分量(此开路绕组不是直流回路的一部分)来修正被测绕组上的电压(此方法对于大型升压变压器不推荐)；

——当一个绕组具有两个并联且平衡良好的"半线圈"时，可以将直流电流接入其中一个"半线圈"，而从另一个"半线圈"返回，这种方法允许对电阻进行监测，原则上不存在电感的影响，甚至在变压器施加交流时，也可进行测量。

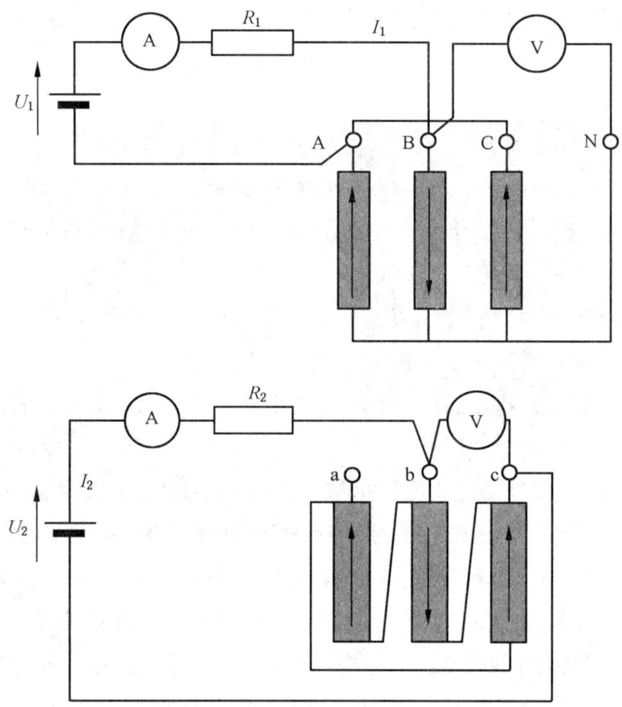

注：电阻 R_1 和 R_2 用于加速消除暂态过程。

图B.1 采用两个独立直流电源(每个绕组各一个)的低阻值绕组变压器的推荐测量电路

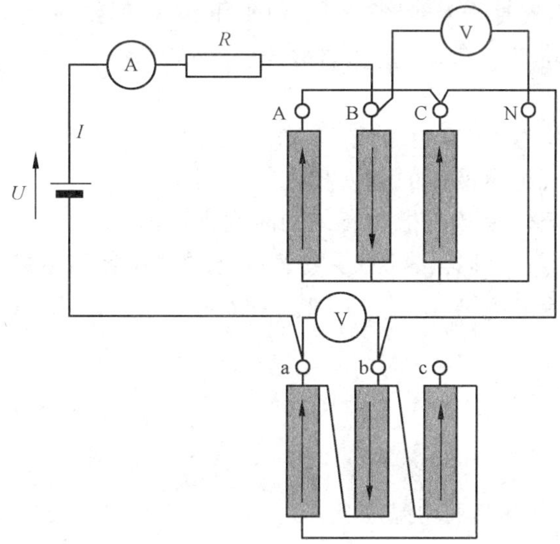

注：R 为用于加速消除暂态过程的附加电阻。

图 B.2 采用一个直流电源(两个绕组共用)的另一种推荐测量电路

B.2 电源断开瞬间绕组温度外推法

B.1 中讨论了测量电阻用的直流电源电路和到电感效应消失时的延迟。

用于测量的仪器可以是人工读数的或自动记录的,模拟式的或数字式的。在一段时间内应读取相当数量的离散值,这是作为外推到电源断开瞬间值所必需的。

外推法的第一步是按 7.6 规定,将电阻值变化变为温度值变化。

图 B.3 绘出了绕组温度曲线图。从该图可看出在开始几分钟内,绕组温度下降相当快,然后便缓慢地下降。

对于液体温度时间常数非常大的变压器(主要指额定容量比较小的自冷变压器),可以假定其液体温度变化渐近线是一条水平线。

在大多数情况下,特别是指强迫液体循环冷却的大型变压器,且试验电源断开后要求冷却装置仍在运行,可能有必要找出一条下降的渐近线,在该渐近线上叠加有初始变化较快的部分。

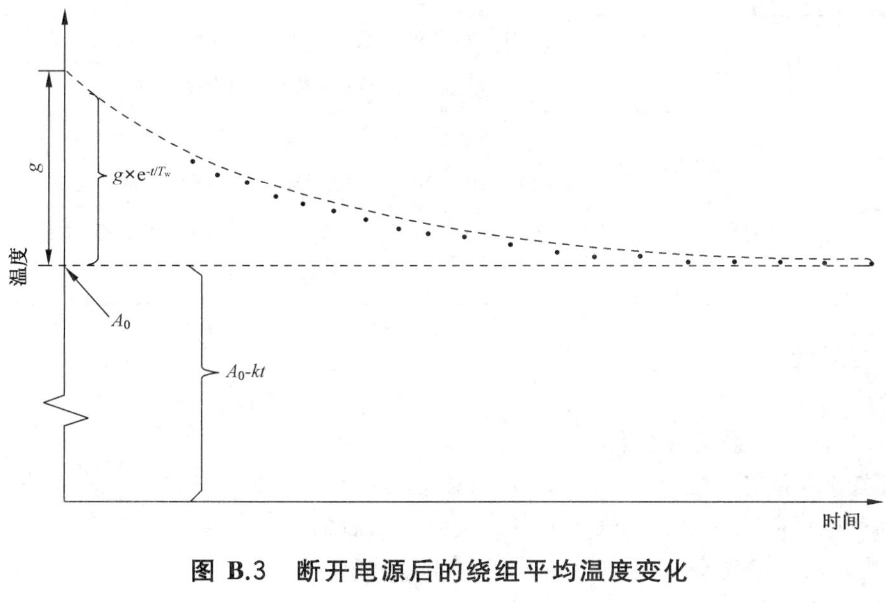

图 B.3 断开电源后的绕组平均温度变化

绕组平均温度曲线[$\theta_w(t)$]随时间 t 的衰减可表示如下：

$$\theta_w(t)=\theta_{om}(t)+g\times e^{-t/T_w} \quad \cdots\cdots\cdots\cdots(B.1)$$

式中：

$\theta_{om}(t)$——估计的液体平均温度(采用缓慢下降的函数)；

g ——电源断开瞬间绕组对液体的温度梯度；

T_w ——估计的绕组对液体冷却按指数衰减的时间常数。

式(B.1)中的第一项[$\theta_{om}(t)$]，可以是常数的、线性变化的或指数衰减的，其表达式分别为：

$$\theta_{om}(t)=A_0 \qquad \theta_{om}(t)=A_0-kt \qquad \theta_{om}(t)=A_0e^{-t/T_0} \quad \cdots\cdots\cdots\cdots(B.2)$$

式中：

T_0——估计的液体时间常数。

其外推的估算值为：

$$\theta_w(t=0)=A_0+g \quad \cdots\cdots\cdots\cdots(B.3)$$

该值对应于电源断开瞬间的绕组平均温度。

B.3 冷却(下降)曲线的数值外推法

冷却曲线的外推过程采用计算机程序来进行，以使这组温度读数数值拟合成一个解析函数。

下面叙述的计算程序，可以使一组等时间间隔的温升测量值拟合成一个解析函数。

此方法的优点是能较好并客观地估算绕组平均温度值。

此方法是基于假定顶层液体温度按线性方式下降的：

$$\theta_{om}(t)=A_0-kt$$

温升测量用变量表见表 B.1。

表 B.1 温升测量用变量表

符号	涵　　义
t_{max}	冷却曲线测量的时间(本例中为 20 min)
Δt	时间增量(本例中为 1 min)
i	时间间隔下标号
n	有效测量的总数与 1 的差($n=n_{val\_meas}-1$)
θ_{om_start}	电源断开瞬间测量的液体平均温度
θ_{om_end}	冷却曲线终点处测量的液体平均温度
$\theta_{wm}(i)$	i 时刻测量的绕组平均温度(按 7.6 以测量的热电阻得出)
k	顶层液体温度在冷却曲线起点和终点间的差与试验持续时间的商(本例中 k=0.15 K/min)
υ	有效系数(0 或 1)

按表 B.2 的计算值：

计算程序如下：

涂阴影的栏应填上测量值或参数。

将测量(即按 7.6 从热电阻导出)的绕组平均温度值插入到表 B.2 中的 $\theta_{wm}(i)$栏中。

某些情况下，电源断开后起始阶段的某些测量值与以后的值不协调，这些值应去掉，以得到合理的外推法曲线。被采用的有效值用 $\theta_{wval}(i)=\upsilon\times\theta_{wm}(i)$表示。

修正后的绕组温度：

$$\theta_{wcor}(i)=\theta_{wval}(i)+kt \qquad (B.4)$$

修正并确认的绕组温度的相邻有效值之差：

$$\Delta\theta_{w}(i)=\theta_{w}(i)-\theta_{w}(i-1) \qquad (B.5)$$

修正并确认的绕组温度的相邻有效值之差的和的绝对值：

$$S_{a}=\left|\sum[\Delta\theta_{w}(i)]\right| \qquad (B.6)$$

修正并确认的绕组温度的有效值的和的绝对值：

$$S_{b}=\left|\sum\theta_{w}(i)\right| \qquad (B.7)$$

修正并确认的绕组温度的有效值与修正并确认的绕组温度的相邻有效值之差的积的和的绝对值：

$$S_{c}=\left|\sum[\theta_{w}(i)\Delta\theta_{w}(i)]\right| \qquad (B.8)$$

修正并确认的绕组温度的有效值的平方和：

$$S_{d}=\sum[\theta_{w}(i)]^{2} \qquad (B.9)$$

辅助变量：

$$t_{e}=(nS_{c}-S_{b}\times S_{a})/(nS_{d}-S_{b}^{2})$$
$$t_{c}=(S_{d}S_{a}-S_{b}\times S_{c})/(nS_{d}-S_{b}^{2}) \qquad (B.10)$$

绕组时间常数：

$$T_{w}=\Delta t/\ln(1+t_{e}) \qquad (B.11)$$

常数 A_0 和 g：

$$S_{e}=\sum e^{(-i/T_{w})}$$
$$A_{0}=-t_{c}/t_{e}$$
$$g=(S_{b}-n\times A_{0})/S_{e} \qquad (B.12)$$

电源断开瞬间的绕组平均温度：

$$\theta_{w}(t=0)=A_{0}+g \qquad (B.13)$$

此结果用于按7.9确定绕组平均温度对液体平均温度的梯度。

外推结果的有效性：

如果制造方与用户协商同意，则上述外推结果的有效值，可在不计入第一个实测值下通过本程序重复地得到。由此所得的结果与前一次所得的结果的差异不宜超过±0.5 K。如果差异超出，则可再排除一个测量值，然后重复地进行。通过将表B.2的 v 栏中的1替换为0，可进行重复计算。

在上述例子中，第一个测量点之所以不计入，是由于第一个计算值与第二个计算值之间的差异已超过+0.5 K了。

表 B.2 冷却曲线计算数据表示例

图例：待写数据

时间增量	$\Delta t=$	1	min			
电源断开瞬间的液体平均温度	$\theta_{om\_start}=$	56	℃	估计的绕组时间常数	$T_w=$	5.1 min
冷却曲线终点处的液体平均温度	$\theta_{om\_end}=$	53	℃	估计的液体平均温度	$A_0=$	56.1 ℃
液体温度斜率	$k=$	0.15	k/min	估计的绕组对液体温度梯度	$g=$	11.0 K
				电源断开瞬间的绕组平均温度	$\theta_{wo}=$	67.1 ℃

辅助变量：

$t_c=-12.183\ 6$

$t_e=0.217\ 176$

	n	S_b	S_a	S_c	S_d	S_e
和的绝对值	18	1 042.95	7.2	429.6	60 488	3.02

表 B.2（续）

时间 min	$\theta_{om}(i)=A_0-kt$	$\theta_{wm}(i)$ 测量值	$\theta_{wval}(i)$	$\theta_{wcor}(i)$	υ (0/1)	$\theta_w(i)$ 修正并确认的	$\Delta\theta_w(i)$ 见式(C.5)	$\theta_w(i)\times\Delta\theta_w(i)$	$[\theta_w(i)]^2$	$e^{(-i/T_w)}$	$\theta_w(i)$ 计算值
0	56.1	0.0		0.0							67.1
1	55.9	66.4		66.6	0	0.0	0	0.0	0	0	65.0
2	55.8	63.4	63.4	63.7	1	0.0	0	0.0	0	0	63.2
3	55.6	62.0	62.0	62.5	1	62.5	−1.25	−78.1	3 900	0.554 5	61.7
4	55.5	60.7	60.7	61.3	1	61.3	−1.15	−70.5	3 758	0.455 6	60.5
5	55.3	59.2	59.2	60.0	1	60.0	−1.35	−80.9	3 594	0.374 3	59.5
6	55.2	58.7	58.7	59.6	1	59.6	−0.35	−20.9	3 552	0.307 5	58.6
7	55.0	57.9	57.9	59.0	1	59.0	−0.65	−38.3	3 475	0.252 7	57.8
8	54.9	57.2	57.2	58.4	1	58.4	−0.55	−32.1	3 411	0.207 6	57.2
9	54.7	56.7	56.7	58.1	1	58.1	−0.35	−20.3	3 370	0.170 5	56.6
10	54.6	56.2	56.2	57.7	1	57.7	−0.35	−20.2	3 329	0.140 1	56.1
11	54.4	55.8	55.8	57.5	1	57.5	−0.25	−14.4	3 301	0.115 1	55.7
12	54.3	55.3	55.3	57.1	1	57.1	−0.35	−20.0	3 260	0.094 6	55.3
13	54.1	54.8	54.8	56.8	1	56.8	−0.35	−19.9	3 221	0.077 7	55.0
14	54.0	54.5	54.5	56.6	1	56.6	−0.15	−8.5	3 204	0.063 8	54.7
15	53.8	54.2	54.2	56.5	1	56.5	−0.15	−8.5	3 187	0.052 4	54.4
16	53.7	54.0	54.0	56.4	1	56.4	−0.05	−2.8	3 181	0.043 1	54.2
17	53.5	53.9	53.9	56.5	1	56.5	0.05	2.8	3 187	0.035 4	53.9
18	53.4	53.7	53.7	56.4	1	56.4	−0.05	−2.8	3 181	0.029 1	53.7
19	53.2	53.6	53.6	56.5	1	56.5	0.05	2.8	3 187	0.023 9	53.5
20	53.1	53.5	53.5	56.5	1	56.5	0.05	2.8	3 192	0.019 6	53.3

注 1：标有“测量值”的绕组温度值为直接利用绕组电阻变化得到的。

注 2：A_0 值[代表 $\theta_{om}(i)$]为电源断开瞬间液体平均温度估计值。一般地，此值不同于在温升试验时按 7.4.2 得到的液体平均温度。

注 3：冷却曲线上液体平均温度的下降可以从顶层液体温度下降得到。

用拟合曲线 $\theta_w(t)=A_0-kt+g\times e^{-t/T_w}$ 外推出的冷却曲线见图 B.4。

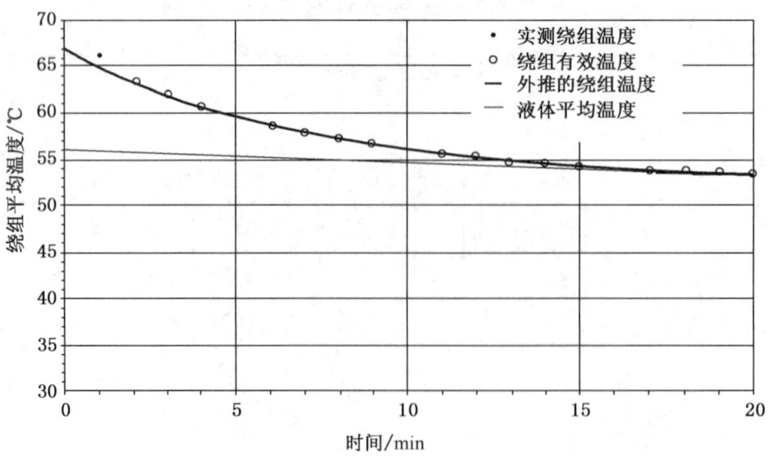

图 B.4　用拟合曲线 $\theta_w(t)=A_0-kt+g\times e^{-t/T_w}$ 外推出的冷却曲线

附 录 C
（资料性附录）
用油箱内顶层液体温度确定 OFAF 和 OFWF 冷却变压器的热点温升

绕组热点相对于环境空气或冷却水的温升通常以油箱内的顶层液体温升为基准，按下式确定：

$$\Delta\theta_{\mathrm{h}} = \Delta\theta_{\mathrm{o}} + H \times g$$

式中：

$\Delta\theta_{\mathrm{o}}$——油箱内顶层液体温升；

H ——热点系数；

g ——绕组对油平均温度梯度。

从严格的学术观点来看，上述公式是不准确的，因为绕组内部油道顶部的液体温度比油箱中的混合液体温度要高得多。在 ON 冷却变压器中，这个不准确度认为还可以接受，因为通过绕组的液体流量在稳态下原则上等于通过散热器的流量。一般来说，对真正 OD 冷却的变压器来说也是这样的，这时只有很小的泄漏或受控的放出少量的液体到油箱的自由空间。然而，在 OF 冷却变压器中，情况就不同了，少量的从绕组内部油道流出的液体以紊流方式与在绕组外部循环的经过“绕组外部—冷却器—绕组外部”的主要液体流混合。

现在的问题是：温升试验时测得的油箱内的这个混合的顶层液体温度是否可以用来确定绕组热点温度？或绕组热点温度值是否应以绕组顶部排出的热的液体为基准？

对上述问题的回答要以某些 OFAF 冷却变压器的试验结果为基准，这里绕组热点温度直接用光纤传感器测量。所选择的变压器代表了不同容量及液体在绕组中不同循环方式（轴向及曲折流动）的变压器。测得的结果见表 C.1。

实测的热点温升取在每个绕组上放置的 8 个光纤传感器中的最大值。

在某些选定的试验装置上，曾尝试过测量油道内液体的温度。但此种测量看起来既不实际又很困难，因为油道内液体温度随油道不同变化很大。

结论：

根据表 C.1 给出的相近的绕组热点温升的计算值和测量值，建议用油箱顶层液体温度来计算绕组热点温升。

表 C.1 某些特定变压器用常规温升试验数据结合计算得出的绕组热点温升值及用光纤传感器直接测量的绕组热点温升值

额定容量 MVA	冷却方式/ 绕组内液体 循环方式	温升试验时测量值 K		绕组热点温升 K	
		$\Delta\theta_{\mathrm{o}}$	g[a]	计算值	测量值
230 三相	OFAF/曲折	40.6	14.5(LV) 15.0(HV)	59.3 63.6	57.1 60.9
605 三相	OFAF/曲折	35.2	11.7(LV) 23.0(HV)	58.7 67.9	56.5 65.3
1 000 三相	OFAF/轴向	36.1	21.9(HV)	71.4	68.9
133 单相	OFAF/轴向	37.3	21.1(LV)	69.4	70.1

[a] (LV)表示低压绕组；(HV)表示高压绕组。

附 录 D
（资料性附录）
绕组热点温升估算方法

D.1 概述

热点是绕组绝缘系统中任何部位的最高温度，并假定它代表了变压器的热极限状态。

如果绕组热点温升不是直接测得的，则其值可以通过温升试验结果，或利用设计数据或类似产品的试验结果进行估算。

应当区分自然循环液体冷却系统（冷却方式标志的前两个字母为 ON）以及强迫循环液体冷却系统（冷却方式标志的前两个字母为 OF 或 OD）。

本附录给出了心式和壳式变压器的规则。

D.2 符号表

采用的符号见第 3 章。

D.3 自然循环和强迫导向循环冷却系统的数学模型

D.3.1 心式变压器

对于具有同心圆绕组环绕心柱规则布置的变压器，绕组热点温升可以根据温升试验结果通过计算得到（假定绕组出口处液体温度就是顶层液体温度，见 7.4.1，且液体平均温度等于顶层液体温度与绕组底部液体温度的平均值）。

假定变压器绕组内部液体的温升沿绕组高度呈线性增高。

绕组损耗产生的热量从绕组向液体传递，这就要求绕组与其周围的液体之间存在温差。假设此温差除绕组端部外在任何高度都是相同的。

从图 D.1 的曲线所见，绕组温升和液体温升表现为两条平行线。

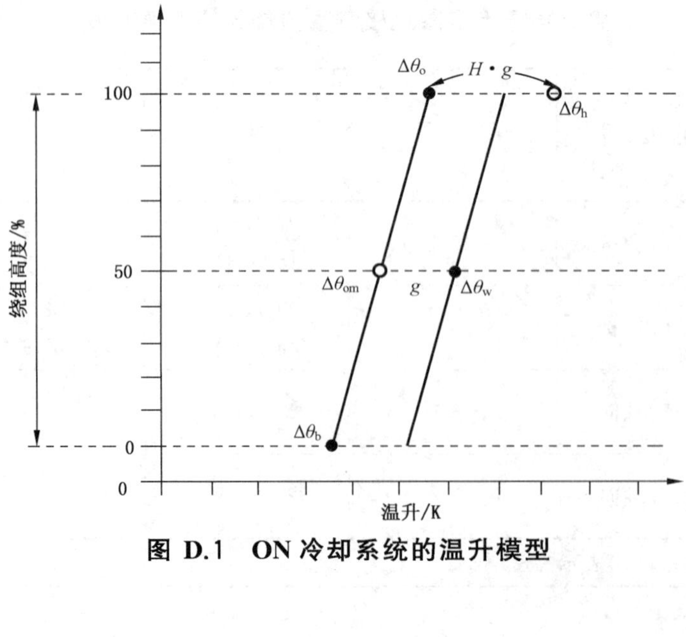

图 D.1 ON 冷却系统的温升模型

热点温升可用下式确定：

$$\Delta\theta_h = \Delta\theta_o + H \times g$$

绕组和液体之间的平均温度梯度(g)用绕组平均温升($\Delta\theta_w$)与液体平均温升($\Delta\theta_{om}$)之差表示。

由于以下原因，可以假设热点位于绕组顶部：

——漏磁偏移而使附加损耗集中；

——绕组顶部油道变化。

因此，对于每一个绕组，其热点系数($H=QS$)均取决于下述情况：

——系数 Q 与附加损耗有关，它取决于(绕组顶部)因漏磁集中产生的漏磁损耗与绕组平均漏磁损耗之比；

——系数 S 与绕组内部液体冷却路径的冷却效率有关。

对于不同的变压器绕组，系数 Q 是一个独立的系数。它与绕组的结构特征有关，且可用漏磁场方面的知识(例如：采用有限元法)来估算。

对于容量不超过 150 MVA(单个相为 50 MVA)、频率为 50 Hz、短路阻抗为 10%～14%的饼式或层式绕组的心式三相变压器，图 D.2 的曲线可用做参考。在曲线中，系数 Q 是额定容量及导线厚度的函数，是用计算机程序算出的大量情况的平均值，并经过了试验数据的验证。

注 1：对于环氧树脂粘合的导线，其厚度指的是裸导线的厚度。

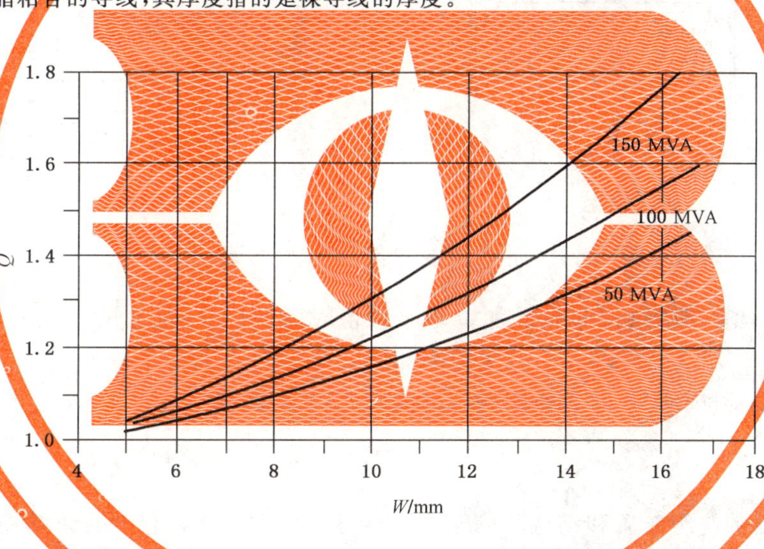

图 D.2 作为额定容量和导线宽度(W)函数的 Q 系数值

至于系数 S 的估算，原则上与液体冷却路径的冷却效率有关，应对每个指定绕组顶部的液体路径进行求解。

对于不带挡油板而只有纵向油道的饼式和层式绕组，假定 $S=1$。

对于带有挡油板的饼式绕组，问题更显得重要，因为系数随油道结构而不同。

当绕组内部沿轴向液流分布不均匀时，S 系数通常大于 1。此情况可能是某种电气结构的原因。

图 D.3 示出一些带有挡油板但没有附加轴向油道的绕组的典型液体路径示例，对挡油板不均匀分布的不同的液体路径，宜认为有不同的 S 系数。

图 D.3a)表示系数 $S=1$ 的路径。

图 D.3b)表示没有最后一个内部挡油板的布置，液体可从上部幅向油道流出($S=1.1$)。

图 D.3c)表示第一饼与静电环间的油道太窄，以至于液体不能正确流动($S=1.1$)。

图 D.3d)表示缺少挡油板的布置，同时第一饼与静电环间的油道受到限制($S=1.2$)。

在所示的例子和其他类似情况中，上述结构会使导线和匝绝缘出现局部过热现象。

对最后两个挡油板的相对位置要特别注意，否则会影响最后一个幅向油道的液体流动。

注 2：特定绕组布置的 S 系数的更准确的估算可以由制造方给出。

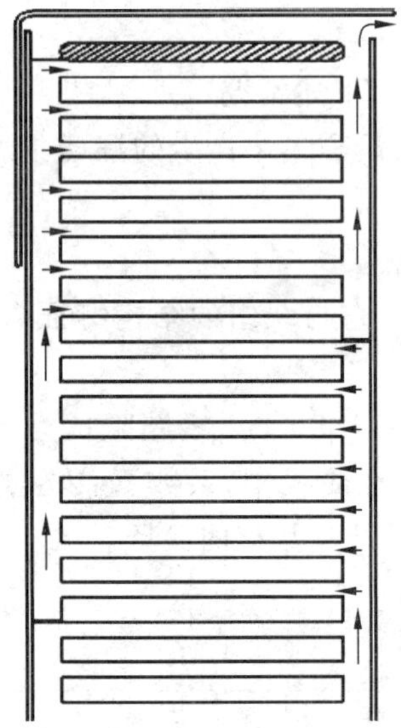

a)

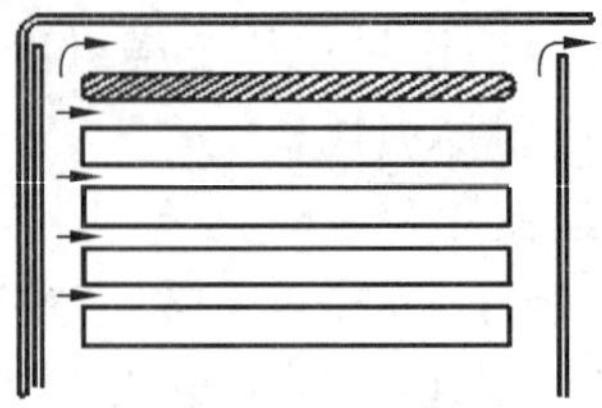

b)

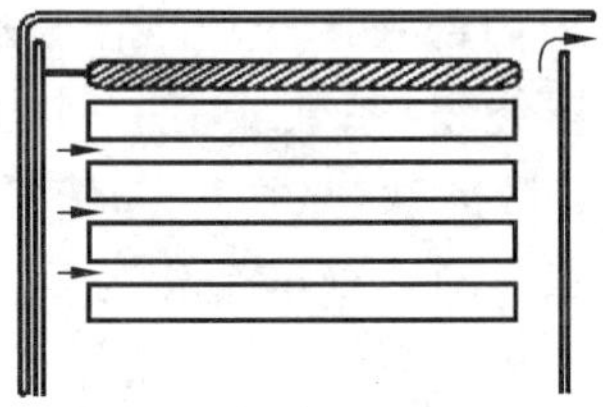

c)

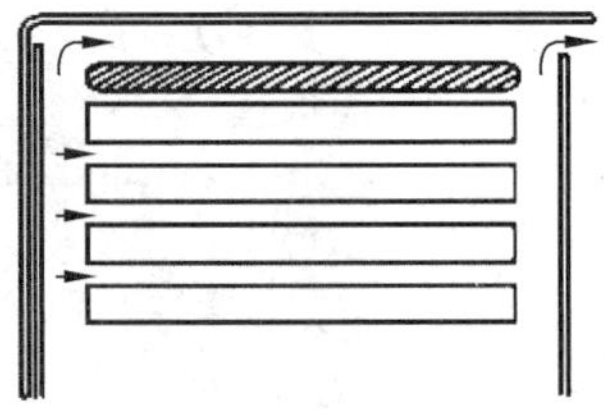

d)

图 D.3　饼式绕组中典型的液体流动路径

还要注意的是，只有在绕组顶部的系数 Q 取最大值时，绕组某些区域的系数 Q 和 S 才可假定取最大值。

注 3：饼式绕组的顶部和底部可以采用换位导线，以减少局部涡流损耗。

D.3.2　壳式变压器

尽管壳式变压器的绕组布置和结构不同于心式变压器，但图 D.1 给出的热学模型在考虑到下列因素的情况下仍可概念性地接受。

壳式变压器中通常采用多股导线，根据漏磁分布，每个线圈的导线尺寸可以不同，这样就可以明显地减少各个线圈的涡流损耗。

因为系数 H 受导线影响极大，因此用于热点计算的系数宜由制造方与用户在设计阶段达成共识。

D.4　强迫液体循环冷却系统的数学模型

对于具有强迫液体循环的变压器(冷却方式标志的前两个字母为 OF)，顶层液体温度和液体平均温度的概念是不明确的，故不能用在油箱外部测量的方法来确定(参见附录 C)

原则上，由于热特性取决于不同轴向油道间的液体流量分配，所以认为在每个绕组内部冷却油道的出口处进行液体温度的直接测量是正确的。

只有在用温升试验的结果，通过计算方式来估算绕组热点温升时，才可以用与自然液体循环冷却相同的模型。

进入绕组处的液体温度(底部液体温度)可以按与自然液体循环冷却相同的方式来确定。

附　录　E
（资料性附录）
用光纤传感器监测绕组热点温度

E.1　概述

试验应满足下列规定：

监测绕组热点温度的光纤传感器宜按如下要求安装。

由于传感器和光纤本身是易碎的，所以在制造和使用中要特别注意不要使其受到危险的机械应力和振动。

传感器在安装前应进行全量程校核。

E.2　传感器数量

使用传感器的最少数量要根据变压器的特性来决定。

对于三相双绕组变压器，数量取决于额定容量（如果有两种或两种以上的冷却方式，则取最大值），传感器数量参照表 E.1。

按制造方与用户协议，也可以采用不同的布置方式。但由于传感器和光纤都是易碎的，所以在决定数量时，要考虑到绕组在工厂制造和在不同运行情况下发生损坏的风险。

表 E.1　建议的三相双绕组变压器传感器的最少数量

<table>
<tr><th rowspan="3">额定容量 S_r
MVA</th><th rowspan="3">冷却系统</th><th colspan="5">安装的数量及相</th></tr>
<tr><th rowspan="2">总数</th><th colspan="2">在中间相</th><th colspan="2">在每个边相</th></tr>
<tr><th>高压绕组</th><th>低压绕组</th><th>高压绕组</th><th>低压绕组</th></tr>
<tr><td>$S_r \geqslant 100$</td><td>所有冷却系统</td><td>8</td><td>2</td><td>2</td><td>1</td><td>1</td></tr>
<tr><td rowspan="2">$10 \leqslant S_r < 100$</td><td>冷却方式标志的前两个字母为 ON 或 OF</td><td>6</td><td>1</td><td>1</td><td>1</td><td>1</td></tr>
<tr><td>冷却方式标志的前两个字母为 OD</td><td>8</td><td>2</td><td>2</td><td>1</td><td>1</td></tr>
</table>

对于单相变压器，建议的最少传感器数量参照表 E.2。

表 E.2　建议的单相变压器传感器的最少数量

<table>
<tr><th rowspan="2">额定容量 S_r
MVA</th><th rowspan="2">冷却系统</th><th colspan="3">传感器数量</th></tr>
<tr><th>总数</th><th>高压绕组</th><th>低压绕组</th></tr>
<tr><td>$S_r \geqslant 50$</td><td>所有冷却系统</td><td>4</td><td>2</td><td>2</td></tr>
</table>

对于绕组多于两个的变压器，安装传感器的数量由制造方与用户商定，但总原则是相同的。

E.3 传感器的安装

传感器的安装方法随绕组特性的不同而变化。

传感器宜放在预计的热点区域(即绕组的上端部),尽可能直接接触绕组导体的绝缘。

注:传感器也可放置在其他有代表性的区域,通过测量来辅助验证变压器的设计。

对于具有同心圆式绕组的变压器,如果在饼间或匝间有水平垫块,则传感器宜装在垫块内。图 E.1 和图 E.2 示出了可能的饼式绕组中传感器的布置。

传感器宜放在垫块中间,如图 E.3 所示。为避免读数误差,宜消除传感器头部的液体流动,可通过减小开槽的尺寸和/或封闭其进口来完成。

对于在饼间或匝间没有水平垫块的绕组(例如:圆筒式或类似的绕组),传感器宜安装在匝间,装在适当的压板条内。

当采用换位导线(CTC)时,如果传感器安装时的机械损坏的风险很高,则可采用其他安装方法。

图 E.4 示出了如何在壳式变压器上安装传感器。考虑到绕组的特性,也可采用其他的安装方法。

在任何情况下,宜注意避免传感器局部接触冷却液体,以免其显示会受到大的影响。

E.4 光缆的安装

光纤传感器采用穿过油箱壁和油箱盖的光缆与测量仪器相连接。

原则上,光缆不会干扰电场。但由于光缆在操作时可能会受到污染,故宜采取措施,以免沿光缆的最小爬电距离不符合要求。

图 E.1 光纤传感器在心式变压器饼式绕组上的应用

图 E.2　光纤传感器在心式变压器换位导线上的应用

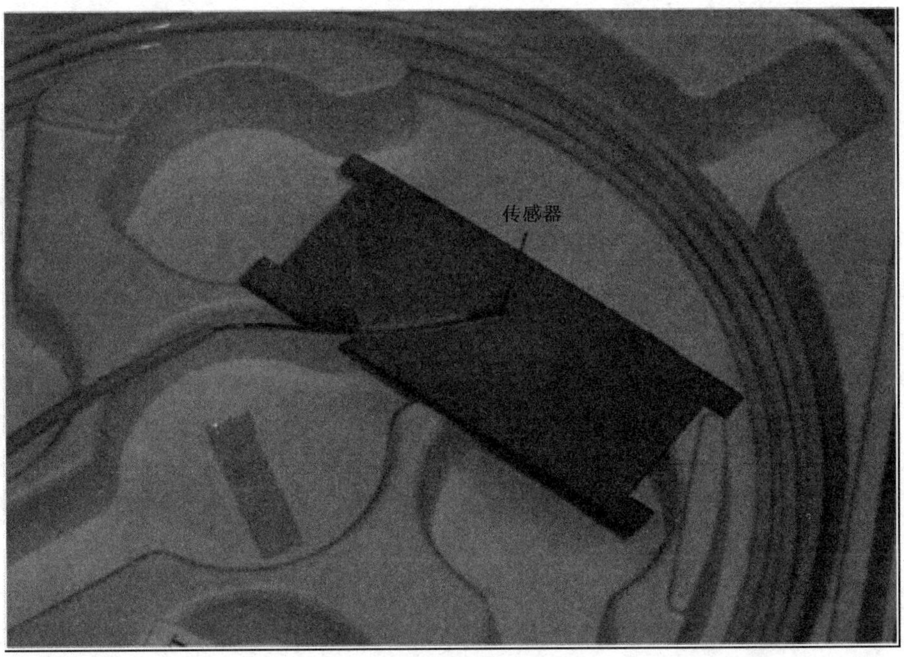

图 E.3　光纤传感器在绕组垫块上的应用

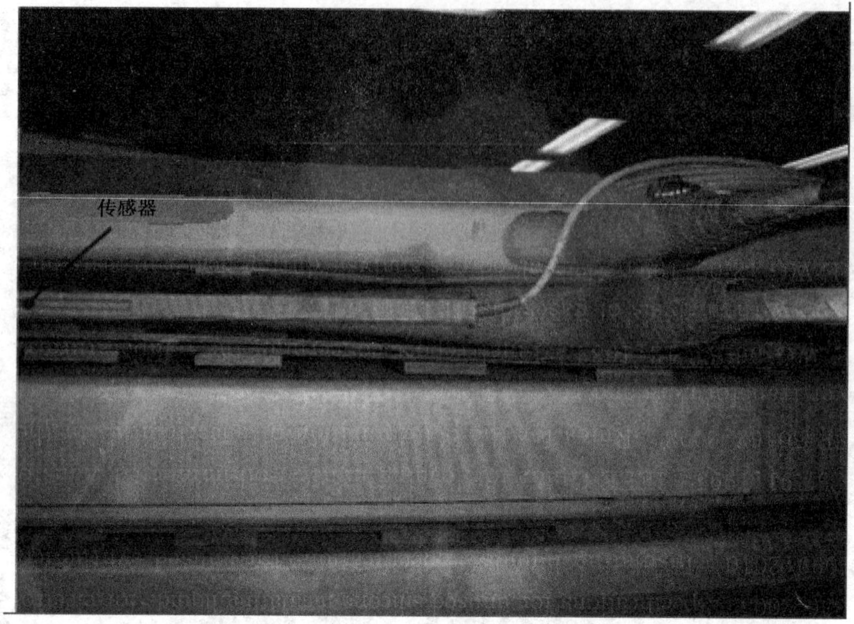

图 E.4　光纤传感器在壳式变压器高压绕组上的应用

参 考 文 献

[1] GB/T 1094.7—2008 电力变压器 第7部分:油浸式电力变压器负载导则

[2] GB 2536—2011 电工流体 变压器和开关用的未使用过的矿物绝缘油

[3] GB/T 7252—2001 变压器油中溶解气体分析和判断导则

[4] IEC 60567:2005 Oil-filled electrical equipment—Sampling of gases and of oil for analysis of free and dissolved gases—Guidance

[5] IEC 60836:2005 Specifications for unused silicone insulating liquids for electrotechnical purposes

[6] IEC 61099:2010 Insulating liquids—Specifications for unused synthetic organic esters for electrical purposes

[7] IEEE C57.91:1995 IEEE Guide for loading mineral-oil-immersed transformers

[8] CLC/TR 50462:2008 Rules for the determination of uncertainties in the measurement of the losses on power transformers and reactors

[9] CIGRE WG 06-ST 12:1982 Final report concerning the temperature rise test on oilimmersed transformers with analysis of gases dissolved in oil

[10] CIGRE WG 12.09:1994 Dissolved-gas analysis during heat-run tests on power transformers

ICS 29.180
K 41

中华人民共和国国家标准

GB/T 1094.3—2017
代替 GB/T 1094.3—2003

电力变压器　第3部分:绝缘水平、绝缘试验和外绝缘空气间隙

Power transformers—Part 3:Insulation levels, dielectric tests and external clearances in air

(IEC 60076-3:2013, MOD)

2017-12-29 发布　　2018-07-01 实施

中华人民共和国国家质量监督检验检疫总局
中国国家标准化管理委员会
发布

前　言

GB/T 1094《电力变压器》分为以下部分：

——第 1 部分：总则；

——第 2 部分：液浸式变压器的温升；

——第 3 部分：绝缘水平、绝缘试验和外绝缘空气间隙；

——第 4 部分：电力变压器和电抗器的雷电冲击和操作冲击试验导则；

——第 5 部分：承受短路的能力；

——第 6 部分：电抗器；

——第 7 部分：油浸式电力变压器负载导则；

——第 10 部分：声级测定；

——第 10.1 部分：声级测定　应用导则；

——第 11 部分：干式变压器；

——第 12 部分：干式电力变压器负载导则；

——第 14 部分：采用高温绝缘材料的液浸式变压器的设计和应用；

——第 16 部分：风力发电用变压器；

——第 18 部分：频率响应测量。

本部分为 GB/T 1094 的第 3 部分。

本部分按照 GB/T 1.1—2009 给出的规则起草。

本部分代替 GB/T 1094.3—2003《电力变压器　第 3 部分：绝缘水平、绝缘试验和外绝缘空气间隙》，与 GB/T 1094.3—2003 相比，主要技术变化如下：

——对规范性引用文件进行了调整（见第 2 章，2003 年版的第 2 章）；

——增加了绕组的额定电压的定义（见第 3 章，2003 年版的第 3 章）；

——对绝缘水平标志进行了调整（见第 5 章，2003 年版的第 5 章）；

——对绝缘试验顺序和试验项目进行了调整（见第 7 章，2003 年版的第 7 章）；

——对 U_m=126 kV 变压器要求进行操作冲击试验（见第 7 章，2003 年版的第 7 章）；

——感应耐压（电压）试验调整为以 U_r 为基准，并调整了局部放电测量的预加电压、测量电压、测量时间和局部放电量限值（见第 11 章，2003 年版的第 12 章）；

——增补了系统标称电压为 750 kV 和 1 000 kV 变压器的绕组绝缘水平和中性点绝缘水平及外绝缘空气间隙，并增补了相关的试验要求（见第 7 章和第 16 章，2003 年版的第 7 章和第 16 章）；

——将绕组线端交流耐压试验作为单独的试验项目（见第 7 章和第 12 章，2003 年版的第 7 章）；

——对雷电冲击试验和操作冲击试验的要求进行了调整（见第 13 章和第 14 章，2003 年版的第 13、14、15 章）；

——对外绝缘的空气间隙进行了调整（见第 16 章，2003 年版的第 16 章）；

——对附录进行了调整，删除了附录“ACSD 试验的试验电压”，新增了“询价和订货时需提供的有关变压器绝缘要求和绝缘试验的信息”和“确定绝缘试验、绝缘水平和绝缘间隙的基本原则”两个附录（见附录 B 和附录 D，2003 年版的附录 D）。

本部分使用重新起草法修改采用 IEC 60076-3：2013《电力变压器　第 3 部分：绝缘水平、绝缘试验和外绝缘空气间隙》。

本部分与 IEC 60076-3：2013 相比存在技术性差异，这些差异所涉及的条款已通过在其外侧页边空

白处位置的垂直单线(|)进行了标识,附录A中给出了相应技术性差异及其原因的一览表。

本部分还做了下列编辑性修改:

——全文示例中的电压均按我国的实际情况进行了调整;

——删除了IEC 60076-3:2013中3.6的“注”的内容;

——删除了IEC 60076-3:2013的7.1中对“线端雷电截波冲击试验”的注释;

——在7.3.2.1中增加了试验时相间感应电压可能超过规定绝缘水平的提示性内容;

——将IEC 60076-3:2013的7.3.2.2中的“雷电截波冲击试验(LIC)”和“中性点端子雷电全部冲击试验(LIN)”调整为型式试验,并作为本部分的7.3.2.2的内容,将IEC 60076-3:2013的7.3.2.2中的其他3个试验项目继续作为特殊试验,并作为本部分的7.3.2.3的内容;

——将IEC 60076-3:2013的7.3.3.1中的“雷电截波冲击试验(LIC)”和7.3.3.2中的“中性点端子雷电全部冲击试验(LIN)”调整为型式试验,并作为本部分的7.3.3.2的内容,将IEC 60076-3:2013的7.3.3.1中的其他3个试验项目继续作为例行试验,并作为本部分的7.3.3.1的内容,将IEC 60076-3:2013的7.3.3.2中的其他2个试验项目继续作为特殊试验,并作为本部分的7.3.3.3的内容;

——将IEC 60076-3:2013中表1的内容调整为本部分的E.1的内容;

——将IEC 60076-3:2013中表2和表3的内容调整为本部分的E.2的内容;

——将IEC 60076-3:2013中7.4的内容调整为本部分的E.3的内容;

——在13.4.1中增加了对全绝缘的变压器,当中性点不引出时有关雷电全波冲击试验电压值及如何施加的相关说明;

——删除了IEC 60076-3:2013中第9章的注和16.1的注2;

——将IEC 60076-3:2013中第16章中有关外绝缘最小空气间隙的确定原则和外绝缘最小空气间隙值调整为本部分的E.4的内容;

——对附录的顺序进行了调整,本部分中增加了附录A,将IEC 60076-3:2013中的附录A改为本部分的附录F,附录B改为本部分的附录C,附录C改为本部分的附录D,附录D改为本部分的附录E.5的内容,附录E改为本部分的附录B。

本部分由中国电器工业协会提出。

本部分由全国变压器标准化技术委员会(SAC/TC 44)归口。

本部分起草单位:沈阳变压器研究院股份有限公司、保定天威保变电气股份有限公司、中国电力科学研究院、国家变压器质量监督检验中心、特变电工沈阳变压器集团有限公司、西安西电变压器有限责任公司、正泰电气股份有限公司、特变电工衡阳变压器有限公司、常州西电变压器有限责任公司、国网吉林省电力有限公司电力科学研究院、顺特电气设备有限公司、明珠电气股份有限公司、新华都特种电气股份有限公司、广东电网有限责任公司电力科学研究院、国网陕西省电力公司电力科学研究院、广东奥莱恩电力科技股份有限公司、广东中鹏电气有限公司、广州中车骏发电气有限公司、保定保菱变压器有限公司、保定天威集团特变电气有限公司、中广核工程有限公司。

本部分主要起草人:章忠国、张喜乐、张显忠、李洪秀、李世成、任晓红、李云龙、王健、帅远明、李锦彪、孙树波、聂三元、郭满生、敖明、刘燕、蔡定国、宗宝峰、林春耀、刘孝为、王文光、周月梅、樊建平、王维征、赵峰、曾令军。

本部分所代替标准的历次版本发布情况为:

——GB 1094.3—1971、GB 1094.3—1979、GB 1094.3—1985、GB/T 1094.3—2003。

引　言

本部分规定了指定绕组及其端子的绝缘要求和相应的绝缘试验。本部分还推荐了电力变压器外绝缘的空气间隙(第16章)。

本部分规定的绝缘水平和绝缘试验只适用于内绝缘。虽然将变压器内绝缘规定的额定耐受电压值作为外绝缘的基准是合理的,但这种做法可能不符合全部的实际情况。非自恢复性内绝缘出现的故障是灾难性的,通常会导致变压器长期退出运行,而当外部发生闪络时,可能只会使运行有短暂的中断而不会导致永久性的损坏。因此,为了提高安全性,用户可以规定变压器内绝缘的试验电压值比系统中其他设备的外绝缘要高一些。当存在这种差别时,变压器的外绝缘间隙宜调整到完全能承受内绝缘的试验要求。

附录B中提出了根据设备最高电压 U_m 来确定变压器的绝缘试验、绝缘水平和外绝缘空气间隙的基本原则。

电力变压器　第3部分：绝缘水平、绝缘试验和外绝缘空气间隙

1　范围

GB/T 1094 的本部分规定了电力变压器所采用的有关绝缘试验和最低绝缘试验水平。当用户没有规定时，本部分推荐了变压器外部带电部件之间及它们对地的最小空气绝缘间隙。

本部分适用于 GB/T 1094.1 所规定的电力变压器。对于有各自标准的某些类型电力变压器和电抗器，本部分只有在被这些标准明确引用时才适用。

2　规范性引用文件

下列文件对于本文件的应用是必不可少的。凡是注日期的引用文件，仅注日期的版本适用于本文件。凡是不注日期的引用文件，其最新版本(包括所有的修改单)适用于本文件。

GB/T 311.1　绝缘配合　第1部分：定义、原则和规则(GB/T 311.1—2012，IEC 60071-1:2006，MOD)

GB/T 1094.1　电力变压器　第1部分：总则(GB/T 1094.1—2013，IEC 60076-1:2011，MOD)

GB/T 2900.95　电工术语　变压器、调压器和电抗器(GB/T 2900.95—2015，IEC 60050-421:1990，NEQ)

GB/T 4109　交流电压高于1 000 V的绝缘套管(GB/T 4109—2008，IEC 60137 Ed.6.0，MOD)

GB/T 7354　局部放电测量(GB/T 7354—2003，IEC 60270:2000，IDT)

GB/T 16927.1—2011　高电压试验技术　第1部分：一般定义及试验要求(IEC 60060-1:2010，MOD)

GB/T 16927.2　高电压试验技术　第2部分：测量系统(GB/T 16927.2—2013，IEC 60060-2:2010，MOD)

3　术语和定义

GB/T 1094.1 和 GB/T 2900.95 界定的以及下列术语和定义适用于本文件。

3.1

适用于变压器绕组的设备最高电压　highest voltage for equipment applicable to a transformer winding

U_m

三相系统中相间最高电压的方均根值，变压器绕组绝缘是按此设计的。

3.2

绕组的额定电压　rated voltage of a winding

U_r

在处于主分接的带分接绕组的端子间或不带分接的绕组端子间指定施加的电压或空载时感应出的电压。对于三相绕组，是指线路端子间的电压。

注1：当施加在一个绕组上的电压为额定值时，在空载情况下，所有绕组同时出现各自的额定电压值。

注2：对于拟联结成星结三相组的单相变压器或接到一个三相系统的线路与中性点之间的单相变压器，用相-相电

压除以$\sqrt{3}$来表示额定电压。例如 500/$\sqrt{3}$ kV。

注 3：对于要接到网络相间的单相变压器，用相-相电压表示额定电压。

注 4：对于三相串联变压器的串联绕组，如果该绕组设计为开路绕组，则按照绕组联结成星结来给出额定电压。

3.3

额定绝缘水平　rated insulation level

一组额定耐受电压，表示绝缘的介电强度特性。

3.4

额定耐受电压　rated withstand voltage

用于标准绝缘耐压试验指定的试验电压值，以证明绝缘满足指定的试验电压。

3.5

变压器绕组的全绝缘　uniform insulation of a transformer winding

与变压器绕组端子相连接的所有出线端都具有相同的规定的绝缘水平。

3.6

变压器绕组的分级绝缘　non-uniform insulation of a transformer winding

变压器绕组的中性点端子直接或间接接地时，其中性点端设计的绝缘水平低于线端所规定的绝缘水平。

4　总则

电力变压器的绝缘要求和相应的绝缘试验，是按指定绕组及其接线端子规定的。

对于液浸式变压器或充气式变压器，这些要求仅适用于内绝缘。外绝缘补充要求或试验应由制造方与用户商定。如果用户对变压器外绝缘空气间隙没有特别的要求，则按第 16 章的规定执行。如果用户在变压器上的接线可能减小变压器原有的间隙距离时，则应在询价时指明。

套管应按 GB/T 4109 单独进行型式试验和例行试验(包括满足特殊变压器试验水平的适当的套管试验水平)，以验证其相对地的外绝缘和内绝缘。

当变压器需要在海拔超过 1 000 m 处运行时，则间隙距离应按其要求进行设计。同时也有必要选择比低海拔地区运行时的套管具有较高绝缘水平的套管，见本部分第 16 章和 GB/T 4109。

在进行绝缘试验时，如有必要，则制造方可以对套管端子采取屏蔽措施，但是与套管端子相邻的接地部分的任何屏蔽应视为运行时变压器的一部分(局部放电试验期间所需要的屏蔽除外)。

假定所用的套管和分接开关均是按有关标准设计和试验的，但仍需在装配完整的变压器上进行绝缘试验，以便对这些组件的使用和安装是否正确进行检查。如果分接开关在其制造厂内没有按照 GB/T 10230.1 进行绝缘例行试验，则按照本部分进行的试验可以视为该组件的唯一绝缘例行试验。

试验期间绝缘系统的温度应不低于 5 ℃，但允许高于 GB/T 1094.1 规定的试验温度。

变压器(包括可能影响其绝缘介电强度的各种部件在内)应如同运行时一样装配完整。正常情况下，绝缘气体或液体在变压器进行绝缘试验时不循环流动，因此冷却器不需要安装。在试验过程中，用于收集或检测绝缘故障产生游离气体的设备应安装并监测。如果在任一试验中检测到了故障气体，则应调查分析故障气体的种类和起因，并在制造方与用户的协商下采取进一步措施。

注 1：试验时，外部过电压保护设备(如：避雷器)不需要安装，且宜拆除套管火花放电间隙或增大间隙以避免在试验中发生放电。

注 2：大型电力变压器通常在绝缘试验前、后采集油样进行溶解气体分析。

液浸式变压器应采用与运行时同一类型(如：矿物油、酯、硅油等)和相同性能参数(影响试验的性能参数)的液体进行试验。

注 3：一些用户会要求采用 OD 冷却方式的变压器在 IVPD 试验时保持油的循环流动，以便监测绝缘油的油流带电性能，但这是一个非常特殊的要求，不在本部分涵盖的范围之内。

采用电缆盒连接的变压器或直接接到 SF_6 全密闭金属外壳电器装置的变压器，如果需要，可设计成用临时套管进行临时连接的结构，以便进行绝缘试验。同样地，也可根据协议，用合适的油/空气套管来代替油/SF_6 套管，以便进行试验。这种情况下，替代套管在变压器内部的一端的设计，包括带电部分的位置和在变压器内部的绝缘距离均应与实际运行时的套管相同（应在套管尺寸制造偏差的正常范围内）。

当制造方需要在变压器或分接开关内部或外部装有非线性元件（如：避雷器或放电间隙），以限制传递的瞬变过电压时，应在投标阶段和订货时提请用户注意，并建议在变压器铭牌上的电路图中注明。

在带电运行时，如果变压器的任何端子设计成开路，则还应考虑在开路端子上会产生传递电压的可能性，参见附录 C。在雷电冲击试验中所有非被试端子和中性点端子通常接地，见第 13 章。

5　设备最高电压和额定绝缘水平

每个绕组的线端和中性点端均标出其设备最高电压 U_m（见 GB/T 1094.1）。

根据 U_m 值的不同，变压器绝缘试验的规则是不同的。当一台变压器中不同绕组的试验规则之间有矛盾时，则整台变压器应采用适合于最高 U_m 值绕组的试验规则。

不同 U_m 绕组的试验规则见表 1。

当串联绕组（如：自耦变压器和移相变压器）的额定电压低于系统额定电压时，其 U_m 值应采用与绕组连接的系统最高电压对应的额定电压。

U_m 的标准值见表 2，除非另有规定，变压器绕组所用的 U_m 值可以等于或略高于绕组额定电压值。

注 1：对于拟组成星结三相组的单相变压器，用相间额定电压除以$\sqrt{3}$说明，例如：$500/\sqrt{3}$ kV。此时相间电压值便决定了 U_m 的选取，因而选 U_m＝550 kV（也见 GB/T 1094.1）。此原则同样适用于拟用于单相系统的单相变压器，为了确定试验电压，用最高相对地电压乘以$\sqrt{3}$作为等值的 U_m。

注 2：对于具有两个相反的相对地电压的变压器（例如用于铁路供电系统的变压器）绕组，如无另行规定，则 U_m 与相与相之间的电压相关。

注 3：可能出现所选取的某些分接电压略高于 U_m 标准值的情况，但绕组所连接系统的最高电压仍保持在这个标准值之内。由于绝缘要求要与实际的系统条件相配合，因此宜将此标准值作为变压器的 U_m 值，而不是选取与其最接近的更高值。

注 4：在某些极特殊条件下的应用中，规定其他的耐受电压组合可能是合理的，此时，宜按 GB/T 311.1 的有关规定。

注 5：在某些应用中，角结绕组是通过一个外部端子接地的。此时，对该绕组可要求按设备最高电压 U_m 值选取一个较高的耐受电压值，且宜由造方与用户协商确定。

设备最高电压及其额定绝缘水平（一组规定的额定耐受电压值）确定了变压器的绝缘特性。这些特性用一组绝缘试验来验证，见第 7 章。

变压器每个绕组上的设备最高电压值和额定绝缘水平应作为询价和签定合同的内容之一提出。如果有一个绕组为分级绝缘，则中性点端的设备最高电压值和其额定绝缘水平应按表 3 的规定。

绕组额定绝缘水平标志如下：

U_m/SI/LI/LIC/AC　连同每个绕组端子对应的相应值（见下例）。

如果绕组没有指定 SI 或 LIC 耐压水平，则标志中将 SI 或 LIC 省略，因此对于未指定操作冲击电压水平和截断雷电冲击电压水平的绕组线端和中性点端的额定绝缘水平标志如下：

U_m/LI/AC　连同每个绕组端子对应的相应值。

如果绕组中性点端与线端具有相同的额定绝缘水平，则中性点端的额定绝缘水平不需要单独标志。

此处和以下示例中的字母缩写含义如下：

SI——具有最高 U_m 值的绕组线路端子上的额定操作冲击耐受电压；

LI——每个独立绕组端子的额定雷电冲击耐受电压；

LIC——进行截波雷电冲击试验时的每个独立绕组线路端子的额定雷电冲击耐受电压；

AC——每个绕组端子对地最高额定交流耐受电压。

注 6：变压器设计时遵循的 AC 值，通常是该变压器在试验中承受的最高交流电压。

HV——高压；

MV——中压；

LV——低压；

N——中性点。

所有绕组的额定耐受电压值均应标志在铭牌上。

标准标志原则如下例所示：

示例 1：

标称额定电压为 66/10.5 kV，U_m(HV)为 72.5 kV，U_m(LV)为 12 kV，两个绕组均为全绝缘和 Y 联结。

铭牌标志：

HV	U_m/LI/AC	72.5/325/140 kV
LV	U_m/LI/AC	12/75/35 kV

示例 2：

U_m(HV)线端为 252 kV(额定电压为 220 kV)，分级绝缘，Y 联结；

U_m(HV)中性点端为 126 kV，不直接接地；

U_m(MV)线端为 126 kV，分级绝缘，Y 联结；

U_m(MV)中性点端为 52 kV，不直接接地；

U_m(LV)线端为 12 kV，D 联结。

铭牌标志：

HV	U_m/SI/LI/LIC/AC	252/750/950/1 050/395 kV
HVN	U_m/LI/AC	126/400/200 kV
MV	U_m/LI/LIC/AC	126/480/530/200 kV
MVN	U_m/LI/AC	52/250/95 kV
LV	U_m/LI/LIC/AC	12/75/85/35 kV

6 可改变绕组接线方式的变压器

如无另行规定，对于运行中多于一种接线方式的变压器绕组，则应在每种接线方式下都进行试验。

7 绝缘试验

7.1 总则

变压器的绝缘性能由绝缘试验来检验。以下是对不同试验的说明：

——线端雷电全波冲击试验(LI)按 13.2；

本试验用来验证设备在运行过程中耐受瞬态快速上升典型雷电冲击电压的能力。用来验证被试变压器的雷电冲击耐受强度，冲击波施加于线端。该试验包含高频电压分量，与交流电压试验不同，在绕组中产生的冲击分布是不均匀的。

——线端雷电截波冲击试验(LIC)按 13.3；

与 LI 试验目的相同，本试验用来验证设备在运行过程中耐受某些高频冲击的能力。该试验包括全波冲击和产生电压急剧变化的波尾截断冲击。截波冲击试验与全波冲击试验相比，其电压峰值更高，频率也更高。

——中性点端子雷电冲击试验(LIN)按13.4;

本试验用来验证中性点端子及它所连接的绕组对地及对其他绕组以及被试绕组纵绝缘的雷电冲击耐受强度。

——线端操作冲击试验(SI)按第14章;

本试验用来验证设备在运行过程中耐受与开关操作相关的典型的上升时间缓慢瞬态电压的能力。本试验用来验证线端和它所连接的绕组对地及对其他绕组的操作冲击耐受强度,同时也验证相间和被试绕组纵绝缘的操作冲击耐受强度。此试验为单相试验,感应电压分布在变压器所有绕组上,在被试相线端施加电压,其他线端开路,被试相线端电压近似按匝比确定。

被试相绕组电压分布与该绕组施加感应电压试验相似。

——外施耐压试验(AV)按第10章;

本试验用来验证线端和中性点端子以及和它所连接的绕组对地及对其他绕组的交流电压耐受强度,试验电压施加在绕组所有的端子上,包括中性点端子,因此不存在匝间电压。

——线端交流耐压试验(LTAC)按第12章;

本试验用来验证每个线端对地的交流电压耐受强度,试验时电压施加在一个或多个绕组线端,本试验允许分级绝缘变压器线端施加适合该线端的电压。

——感应耐压试验(IVW)按11.2;

本试验用来验证线端和它所连接的绕组对地及对其他绕组的交流耐受强度,同时也验证相间和被试绕组纵绝缘的交流电压耐受强度。试验接线按照变压器运行工况进行,试验中对称电压出现在线端和匝间,中性点没有电压。三相变压器采用三相电压进行试验。

——带有局部放电测量的感应电压试验(IVPD)按11.3;

本试验用来验证变压器在正常运行条件下不会发生有害的局部放电。以与运行同样的方式在变压器上施加试验电压。试验中对称电压出现在线端和匝间,中性点没有电压。三相变压器采用三相电压进行试验。

——辅助接线的绝缘试验(AuxW)按第9章;

本试验用来验证不与变压器绕组连接的变压器辅助接线的绝缘。

——在两个或更多端子同时进行的雷电冲击试验(LIMT)按13.1.4.3。

本试验用来验证变压器耐受两个或更多端子同时遭受雷电冲击时内部电压上升的能力。该试验仅适用于一些具有串接绕组在运行中短接的特殊变压器(例如带有载旁通路的移相变压器)或者是在运行中存在两个或更多的端子同时遭受冲击的变压器。

注:该试验又被称为“双端雷电冲击试验”。

7.2 试验要求

7.2.1 概述

绝缘试验要求包括试验项目和试验电压水平两方面,此要求取决于被试变压器中最高电压绕组的 U_m 值。所要求的试验项目见表1,具体要求见7.3。

注:在两个或更多端子同时进行的雷电冲击试验是一项特殊试验,不考虑 U_m,仅适用于一些特殊变压器,相关阐述不包括在该表中。

任何超出本部分要求所附加的绝缘试验及其试验电压水平应由用户在询价和订货阶段提出,因为这些参数可能会影响产品的设计(参见附录D)。

试验的详细说明参见GB/T 16927.1,本部分中没有给出的试验参数和试验值的偏差按GB/T 16927.1。

表 1 不同类别变压器的要求与试验

设备最高电压范围	$U_m \leqslant 72.5$ kV	72.5 kV$<U_m \leqslant 170$ kV		$U_m>170$ kV
绝缘类型	全绝缘	全绝缘	分级绝缘	全绝缘和分级绝缘
线端雷电全波冲击试验(LI)	型式(包括在 LIC 中)	例行	例行	例行
线端雷电截波冲击试验(LIC)	型式	型式	型式	型式
中性点端子雷电全波冲击试验(LIN)	型式[a]	型式[a]	型式	型式
线端操作冲击试验(SI)	不适用	特殊	特殊	例行
外施耐压试验(AV)	例行	例行	例行	例行
感应耐压试验(IVW)	例行	例行	例行	不适用
带有局部放电测量的感应电压试验(IVPD)	特殊[b]	例行[b]	例行[b]	例行
线端交流耐压试验(LTAC)	不适用	特殊	例行[c]	特殊
辅助接线的绝缘试验(AuxW)	例行	例行	例行	例行

注:如果用户另有要求,不同类别绕组的要求与试验也可参照 E.1 的有关规定,但需要在订货合同中注明。

[a] 对全绝缘的三相变压器,当中性点不引出时,中性点端子雷电全波冲击试验(LIN)为特殊试验。

[b] IVW 的试验要求包括在 IVPD 试验中,因此只需要一个试验。此外,$U_m=72.5$ kV 且额定容量为 10 000 kVA 及以上变压器的 IVPD 试验为例行试验。

[c] 经用户与制造方协商一致,该类型变压器的 LTAC 试验可由 SI 试验代替。

7.2.2 试验电压水平

由绕组的设备最高电压 U_m 确定的标准试验电压水平见表 2。表中不同标准试验电压水平的选取,与系统中预期过电压条件的严重性及特定装置的重要程度有关,相关导则见 GB/T 311.1。

所有试验电压均为相电压。

如无另行规定,则绝缘试验水平应取表 2 中给出的 U_m 所对应的最低值。一般情况下,表 2 中每行给定的值是配合使用的。如果只规定雷电冲击电压水平,那么与该雷电冲击电压水平位于同一行的其他试验电压值将被采用。对于每一种试验,用户可以规定高于 U_m 所对应的最低值的任何值,应优先选用标准值以便绝缘配合,但不必选择表 2 中同一行的数值。如果规定更高的电压水平,则应在询价和订货时说明。

注:某些安装条件下,特别是变压器经由远方电缆或长距离架空线路供电时,会承受频繁的和重复性的严重过电压。在这种情况下,用户与制造方可以协商确定设备采用较高的雷电冲击、操作冲击以及其他试验电压。例如对于 $U_m \leqslant 1.1$ kV 的绕组可以按 $U_m=3.6$ kV 绕组对应的电压进行试验。为确保设备的安全运行,在确定试验类型和试验电压水平时,要重点考虑过电压特定的伏秒特性。

特殊情况下,有报告称 $U_m \leqslant 36$ kV 的变压器通过真空断路器从电缆的远方合闸或断电时,会由于存在谐波而导致(重合闸)再点燃和重复暂态过电压。在某些情况下,提高绝缘水平可能不足以确保设备的安全可靠性,所以可能需要考虑采取诸如安装缓冲电路装置等措施,详细信息参见 IEEE C57.142—2010 和 CIGRE-report12-14。

表 3 中给出了分级绝缘变压器中性点端的标准试验电压水平。

表 2　绕组的试验电压水平

单位为千伏

系统标称电压 (方均根值)	设备最高电压 U_m (方均根值)	雷电全波冲击(LI) (峰值)	雷电截波冲击(LIC) (峰值)	操作冲击 (SI) (峰值,相对地)	外施耐压或线端交流耐压 (AV)或(LTAC) (方均根值)
—	≤1.1	—	—	—	5
3	3.6	40	45		18
6	7.2	60	65		25
10	12	75	85		35
15	18	105	115		45
20	24	125	140		55
35	40.5	200	220		85
66	72.5	325	360		140
110	126	480	530	395	200
220	252	850	950	650	360
		950	1 050	750	395
330	363	1 050	1 175	850	460
		1 175	1 300	950	510
500	550	1 425	1 550	1 050	630
		1 550	1 675	1 175	680
750	800	1 950	2 100	1 550	900
1 000	1 100	2 250	2 400	1 800	1 100

注 1：对于系统标称电压为 750 kV 和 1 000 kV 级的产品，制造方与用户也可结合具体工程的实际情况，协商确定表中规定值以外的其他试验电压水平。

注 2：如果用户另有要求，则试验电压水平也可按 E.2 的有关规定选取，但需要在订货合同中注明。

表 3　分级绝缘变压器中性点端的试验电压水平

单位为千伏

系统标称电压 (方均根值)	中性点端的设备最高电压 U_m (方均根值)	中性点接地方式	雷电全波冲击 (LI) (峰值)	外施耐压 (AV) (方均根值)
110	52	不直接接地	250	95
	72.5		325	140
220	40.5	直接接地	185	85
	126	不直接接地	400	200
330	40.5	直接接地	185	85
	145	不直接接地	550	230

表 3（续）

单位为千伏

系统标称电压（方均根值）	中性点端的设备最高电压 U_m（方均根值）	中性点接地方式	雷电全波冲击（LI）（峰值）	外施耐压（AV）（方均根值）
500	40.5	直接接地	185	85
	72.5	经小电抗接地	325	140
750	40.5	直接接地	185	85
1 000	40.5	直接接地	185	85
	72.5		325	140

注 1：表中 U_m＝52 和 U_m＝145 是参照 E.2 的有关规定确定的。用户也可另行确定中性点端的设备最高电压及相应的试验电压水平，但需要在订货合同中注明。

注 2：其他中性点端 U_m 的标准值可由用户规定（可参考附录 E 的有关规定通过计算来确定）。

7.2.3 试验顺序

试验按以下顺序进行：

a) 雷电冲击试验（LI、LIC、LIN、LIMT）；

b) 操作冲击试验（SI）；

c) 外施耐压试验（AV）；

d) 线端交流耐压试验（LTAC）；

e) 感应耐压试验（IVW）；

f) 带有局部放电测量的感应电压试验（IVPD）。

注：这是一个综合性的试验内容，对于特定变压器而言，并非所有试验都适用。

经制造方与用户协商同意，操作冲击试验可以在雷电冲击试验之前进行。

如果要求 IVPD 试验，则在确认 IVPD 试验作为最后的绝缘试验的前提下，经制造方与用户协商同意，可以调整其他试验项目的顺序。

7.3 不同 U_m 变压器的试验要求

7.3.1 U_m≤72.5 kV 变压器的试验

7.3.1.1 例行试验

例行试验如下：

a) 外施耐压试验（AV）

应按照第 10 章给定的方法在变压器每个独立的绕组上进行外施耐压试验，试验电压见表 2。

注：为满足试验的需要，U_m≤72.5 kV 的变压器绕组通常按全绝缘设计。

b) 感应耐压试验（IVW）

应按照 11.2 给定的方法进行感应耐压试验，相对地试验电压为 $(2\times U_r)/\sqrt{3}$。如果用户同意，则该试验可由 IVPD 试验代替，其增强电压为 $(2\times U_r)/\sqrt{3}$，见 7.3.1.3a)。

7.3.1.2 型式试验

型式试验如下：

a) 雷电全波冲击试验(LI)

应按照13.1和13.2给定的方法在线端进行雷电全波冲击试验,试验电压见表2。

b) 雷电截波冲击试验(LIC)

应按照13.1和13.3给定的方法在线端进行雷电截波冲击试验,试验电压见表2。

c) 中性点端子雷电全波冲击试验(LIN)

应按照13.1和13.4给定的方法在中性点端子进行雷电全波冲击试验,试验电压见表3。

7.3.1.3 特殊试验

特殊试验如下:

a) 带有局部放电测量的感应电压试验(IVPD)

如果用户要求,则试验应按照11.3的方法进行,增强电压(相对地)为$(1.8\times U_r)/\sqrt{3}$,局部放电测量电压为$(1.58\times U_r)/\sqrt{3}$。如果用户要求,则可采用较高的电压水平,此时,增强电压(相对地)按$(\sqrt{3}\times U_m)/\sqrt{3}$,局部放电测量电压按$(1.5\times U_m)/\sqrt{3}$。

如果增强电压采用$(2\times U_r)/\sqrt{3}$,则该试验可代替例行感应耐压试验。

经用户与制造方协商,PD测量电压可持续较短的时间,推荐时间为5 min。

b) 在两个或更多端子同时进行的雷电冲击试验(LIMT)

如果用户要求,则应按照13.1的方法和13.1.4.3的接线方式,在两个或更多连接在一起的端子进行附加的雷电冲击试验。如果没有特别指出,则该试验类型为LI。

7.3.2 72.5 kV<U_m≤170 kV变压器的试验

7.3.2.1 例行试验

例行试验如下:

a) 雷电全波冲击试验(LI)

应按照第13章给定的方法在线端进行雷电全波冲击试验,试验电压见表2。

b) 外施耐压试验(AV)

应按照第10章给定的方法在变压器每个独立的绕组上进行外施耐压试验。对于全绝缘变压器,试验电压见表2。对于分级绝缘变压器,其中性点端的试验电压见表3。

c) 感应耐压试验(IVW)

应按照11.2给定的方法进行感应耐压试验,相对地试验电压为$(2\times U_r)/\sqrt{3}$。如果用户同意,则该试验可由IVPD试验代替,其增强电压为$(2\times U_r)/\sqrt{3}$,见下述e)项。

注:对于U_m=126 kV绕组,试验时的相间感应电压可能会超过表2的规定值,制造方在设计时宜注意。

d) 分级绝缘变压器线端交流耐压试验(LTAC)

对于分级绝缘变压器的绕组,应按照第12章给定的方法和表2中的外施电压值对其线端进行交流耐压试验。经用户与制造方协商,若进行操作冲击试验则可不进行该试验。

e) 带有局部放电测量的感应电压试验(IVPD)

试验应按照11.3的方法进行,增强电压(相对地)为$(1.8\times U_r)/\sqrt{3}$,局部放电测量电压为$(1.58\times U_r)/U_m$。如果用户要求,则可采用较高的电压水平,此时,增强电压(相对地)按$(\sqrt{3}\times U_m)/\sqrt{3}$,局部放电测量电压按$(1.5\times U_m)/\sqrt{3}$。

如果增强电压采用$(2\times U_r)/\sqrt{3}$,则该试验可代替例行感应耐压试验。

7.3.2.2 型式试验

型式试验如下:

a) 雷电截波冲击试验(LIC)

应按照13.1和13.3给定的方法在线端进行雷电截波冲击试验,试验电压见表2。

b) 中性点端子雷电全波冲击试验(LIN)

应按照13.1和13.4给定的方法在中性点端子进行雷电全波冲击试验,试验电压见表3。

7.3.2.3 特殊试验

特殊试验如下:

a) 操作冲击试验(SI)

如果用户要求,则应按照第14章给定的方法在线端进行操作冲击试验,试验电压见表2。如果用户同意,则在进行了该试验后,可不进行线端交流耐压(LTAC)试验。

b) 全绝缘变压器线端交流耐压试验(LTAC)

如果用户要求,则对于全绝缘变压器的绕组,应按照第12章给定的方法和表2中的外施电压值对其线端进行交流耐压试验。

c) 在两个或更多端子同时进行的雷电冲击试验(LIMT)

如果用户要求,则应按照13.1的方法和13.1.4.3的接线方式,在两个或更多连接在一起的端子进行附加的雷电冲击试验。如果没有特别指出,则该试验类型为LI。

7.3.3 U_m>170 kV 变压器的试验

7.3.3.1 例行试验

例行试验如下:

a) 雷电全波冲击试验(LI)

应按照第13章给定的方法在线端进行雷电全波冲击试验,试验电压见表2。

b) 操作冲击试验(SI)

应按照第14章给定的方法在线端进行操作冲击试验,试验电压见表2。

c) 外施耐压试验(AV)

应按照第10章给定的方法在变压器每个独立的绕组上进行外施耐压试验。对于全绝缘变压器,试验电压见表2。对于分级绝缘变压器,其中性点端的试验电压见表3。

d) 带有局部放电测量的感应电压试验(IVPD)

试验应按照11.3的方法进行,增强电压(相对地)为$(1.8\times U_r)/\sqrt{3}$,局部放电测量电压为$(1.58\times U_r)/\sqrt{3}$。如果用户要求,则可采用较高的电压水平,此时,增强电压(相对地)按$(\sqrt{3}\times U_m)/\sqrt{3}$,局部放电测量电压按$(1.5\times U_m)/\sqrt{3}$。

注:对三相变压器而言,IVPD试验时相间电压水平可能比表2中给出的相对地AC耐受电压水平高。

7.3.3.2 型式试验

型式试验如下:

a) 雷电截波冲击试验(LIC)

应按照第13章给定的方法在线端进行雷电截波冲击试验,试验电压见表2。

b) 中性点端子雷电全波冲击试验(LIN)

应按照13.1和13.4给定的方法在中性点端子进行雷电全波冲击试验,试验电压见表3。

7.3.3.3 特殊试验

特殊试验如下:

a) 分级绝缘绕组线端交流耐压试验(LTAC)

如果用户要求,则应按照第 12 章给定的方法和表 2 中的外施电压值对分级绝缘绕组线端进行交流耐压试验。

b) 在两个或更多端子同时进行的雷电冲击试验(LIMT)

如果用户要求,则应按照 13.1 的方法和 13.1.4.3 的接线方式,在两个或更多连接在一起的端子进行附加的雷电冲击试验。如果没有特别指出,则该试验类型为 LIC。

8 已投运变压器的绝缘试验

符合本部分的翻新的变压器(例如经过质保修理或绕组完全重新绕制、重新装配达到一个全新变压器的状态)要求在完成修理和装配以后应在 100%试验电压水平下进行所有例行试验。

经修理后功能恢复并且依然被视为符合本部分的变压器(例如运行多年击穿后),需要进行本部分规定的试验,试验电压为原出厂规定试验电压的 80%～100%,以检验修理的效果。一般的原则是经修理更换后的新部件应在 100%试验电压水平下进行试验,而未经修理的原有部件应在 80%试验电压下进行试验,以验证其是否能继续使用。在新老部件并存的部位同时进行试验的电压应由制造方与用户协商确定。IVPD 试验应在原出厂规定试验电压的 100%电压水平下进行。局部放电量的判据需要根据试验情况进行调整并与协议一致。

9 辅助接线的绝缘(AuxW)

辅助电源和控制线路的接线应承受 2 kV(方均根值)、1 min 对地交流外施耐压试验。如果试验电压不出现突然下降或没有击穿特征,则表明通过了试验。该试验应在变压器制造单位进行,除非现场组装的变压器可用现场试验代替厂内试验。在工厂内已通过 2 kV 试验的接线因运输需要拆卸或尚未连接时,这些接线在变压器运行现场恢复后,要复试 2 kV(方均根值)、1 min 交流外施耐压试验,或进行 1 kV 直流绝缘电阻的测量,阻值不应小于 1 MΩ。

电流互感器二次绕组接线应进行 2.5 kV、1 min 对地交流外施耐压试验,试验应在制造单位进行。如果互感器的拐点电压超过交流 2 kV,则试验应在交流 4 kV 下进行。如果试验电压不出现突然下降或没有击穿特征,则表明通过了试验。

辅助设备用的电机和其他二次元件的绝缘要求应符合相关的标准(此类标准的要求通常低于单独对辅助接线规定的电压值,为了对辅助接线线路进行试验,有时需临时将辅助设备用的电机及其他二次元件断开)。所有固态的、基于微处理器的设备将不连接在试验线路中。所有三相低压继电器和可拆卸设备应从试验线路中拆除。

10 外施耐压试验(AV)

试验应依次在变压器的每个独立绕组进行。

全电压试验值应施加于被试绕组的所有连接在一起的端子与地之间,加压时间 60 s。试验时,其余绕组的所有端子、铁心、夹件、油箱等连在一起接地。

外施交流耐受电压试验应采用不低于 80%额定频率,波形尽可能接近正弦波的单相交流电压进行。应测量电压的峰值,试验电压值应是测量电压的峰值除以$\sqrt{2}$。

注:接近正弦即电压峰值除以$\sqrt{2}$与波形的方均根值的偏差不超过 5%(见 GB/T 16927.1),较大的偏差也可以接受。

试验应从不大于规定试验值的 1/3 的电压值开始,并与测量相配合尽快地增加到试验值。试验结束,应将电压迅速地降低到试验值的 1/3 以下,然后切断电源。

如果试验电压不出现突然下降，则试验合格。

对于分级绝缘的绕组，本试验是按中性点端的规定试验电压进行。

对于有不同 U_m 值的绕组在变压器内部连接在一起的(通常为自耦变压器)变压器端子，试验电压由公共中性点绝缘与其规定的 U_m 决定。

11 感应电压试验(IVW 和 IVPD)

11.1 概述

本试验通常是在中性点和其他正常运行情况下处于地电位的端子接地的情况下进行。三相变压器应使用三相对称电压加压。任何不与试验电源相连的线端端子应开路。

注：当没有中性点连接的绕组有感应电压时，则该绕组每个端子对地的电压取决于其对地和其他绕组的电容。试验期间该绕组的一个端子对地的任何闪络都能导致其他端子出现超过其本身所承受的电压水平的电压。宜采取措施防止出现这种情况。

试验过程中，产生于绕组线端的电压应与绕组相适应，没有电压波动，以便匝间试验电压与匝间额定电压之比和试验电压与额定电压之比相等。电压应在最高电压端子上测量，如果不可行则应在与电源相连的端子上测量。

带分接的变压器，除非特别规定或经用户同意，一般应在主分接下进行。

如果用户要求低压绕组施加高于本章规定的特殊试验电压，则应在询价和订货阶段清楚地注明，并对试验方法和可能出现在高压绕组上的超过规定值的试验电压达成协议。

试验应在如同变压器运行条件下进行。为完成试验，电压可由任何绕组感应产生，也可通过特殊绕组或调节分接而感应产生。

应在变压器一个绕组的端子上施加一交流电压，其波形应尽可能接近正弦波。为了防止试验时励磁电流过大，试验时的频率应适当地比额定频率高。

按 GB/T 16927.1 定义的感应试验电压的峰值和感应试验电压方均根值均应进行测量，取峰值除以$\sqrt{2}$后的值与方均根值两者间的较小值作为试验电压值。

11.2 感应耐压试验(IVW)

除非另有规定，当试验电压频率等于或小于 2 倍额定频率时，其全电压下的试验时间应为 60 s。当试验频率超过两倍额定频率时，试验时间应为：

$$120\times\frac{\text{额定频率}}{\text{试验频率}}(\text{s})\text{，但不少于 15 s}$$

试验应在不大于规定试验电压的 1/3 电压下接通电源，并应与测量配合尽快升至试验电压值。施加电压达到规定的时间后，应将电压迅速降至试验电压的 1/3 以下，然后切断电源。

如果试验电压不出现突然下降，则试验合格。

11.3 带有局部放电测量的感应电压试验(IVPD)

11.3.1 概述

当用户指定的套管的局部放电水平会影响变压器局部放电测量的准确性时，允许在试验中用无局部放电的替代套管进行试验。

11.3.2 试验持续时间和频率

除非另有规定，当试验电压频率等于或小于 2 倍额定频率时，对于 $U_m\leqslant800$ kV 的变压器，其增强电压下的试验时间应为 60 s，对于 $U_m>800$ kV 的变压器，其增强电压下的试验时间应为 300 s。当试验频率超过两倍额定频率时，试验时间应为：

$$120\times\frac{\text{额定频率}}{\text{试验频率}}(\text{s})\text{，但不少于 }15\text{ s}(U_m\leqslant 800\text{ kV})$$

或

$$600\times\frac{\text{额定频率}}{\text{试验频率}}(\text{s})\text{，但不少于 }75\text{ s}(U_m>800\text{ kV})$$

除了增强电压水平下的试验持续时间外，其他试验时间与频率无关。

11.3.3 试验顺序

试验顺序如下：

a) 在不大于$(0.4\times U_r)/\sqrt{3}$的电压下接通电源；

b) 试验电压升高至$(0.4\times U_r)/\sqrt{3}$，进行背景 PD 测量并记录；

c) 试验电压升高至$(1.2\times U_r)/\sqrt{3}$，保持至少 1 min 以进行稳定的 PD 测量；

d) 测量并记录 PD 水平；

e) 试验电压升高至 1 h 的 PD 测量电压，保持至少 5 min 以进行稳定的 PD 测量；

f) 测量并记录 PD 水平；

g) 电压上升至增强电压，保持时间按 11.3.2；

h) 之后立刻不间断地将电压降至 1 h 的 PD 测量电压；

i) 测量并记录 PD 水平；

j) 保持 1 h 的 PD 测量电压至少 1 h，并进行 PD 测量；

k) 在 1 h 内每隔 5 min 测量并记录 PD 水平；

l) 1 h 的 PD 测量最后一次完毕后，降低电压至$(1.2\times U_r)/\sqrt{3}$，保持至少 1 min 以进行稳定的 PD 测量；

m) 测量并记录 PD 水平；

n) 试验电压降至$(0.4\times U_r)/\sqrt{3}$，进行背景 PD 测量并记录；

o) 试验电压降至$(0.4\times U_r)/\sqrt{3}$以下；

p) 切断电源。

整个测量时间内至少应能在一个测量通道连续观测到局部放电水平。

在试验期间应记录任何明显的 PD 起始电压和熄灭电压，以利于在不满足试验要求的情况下评估试验结果。

注：记录任何明显的 PD 表征参数(相角、视在放电电荷和数量)有助于对试验结果的评判。

不同 U_m 的变压器的增强电压水平和 1 h 的 PD 测量电压见 7.3.1.3、7.3.2.1 和 7.3.3.1。

试验顺序的主要特征见图 1：

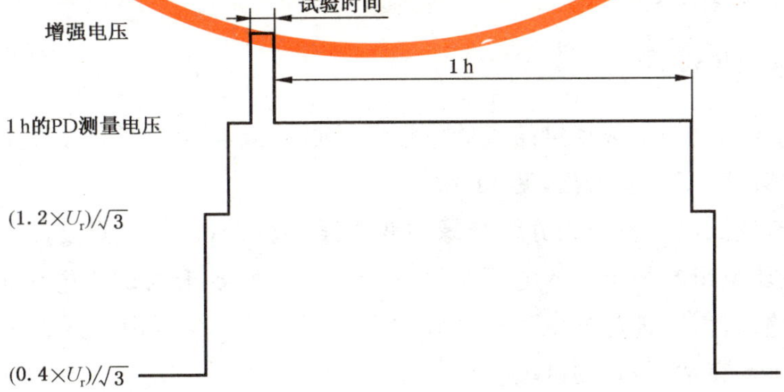

注：增强电压水平和 1 h 的 PD 测量电压见 7.3.1.3、7.3.2.1 和 7.3.3.1。

图 1 带有局部放电测量的感应电压试验(IVPD)施加试验电压的时间顺序

11.3.4 局部放电(PD)测量

局部放电按照 GB/T 7354 规定的方法进行测量。

包括相关套管和电容耦合器在内的每个 PD 测量通道均应按照 GB/T 7354 给定的视在电荷法(pC)校正。

PD 测量结果用 pC 给出，应参考测量仪器指示的最高稳态重复脉冲而得出。

偶然出现的高幅值局部放电脉冲可以不计入。

试验期间，对于所有 $U_m \geqslant 72.5$ kV 的套管出线端子，试验顺序中的每个 PD 测量步骤均要进行局部放电测量并记录。除非另有规定，当超过 6 个这样的出线端子时，仅需测量并记录 6 个出线端子(依最高电压线端排序)的局部放电量。

注：按照 GB/T 4109，$U_m \geqslant 72.5$ kV 的套管均要带用于局部放电测量的试验抽头，但对于 $U_m < 72.5$ kV 的变压器，如果规定了该试验为特殊试验，则测量方法需要用户与制造方协商一致。

11.3.5 试验合格判据

如果试验开始和结束时测得的背景 PD 水平均没有超过 50 pC，则试验方为有效。对于并联电抗器，背景 PD 水平在 100 pC 也可以接受。

注：并联电抗器的背景 PD 水平之所以规定的较高是因为试验时需要高电压和大电流，对于试验电源的过滤是不可能的。

如果满足下列所有判据，则试验合格。

a) 试验电压不产生突然下降；

b) 在 1 h 局部放电试验期间，没有超过 250 pC 的局部放电量记录；

c) 在 1 h 时局部放电试验期间，局部放电水平无上升的趋势；在最后 20 min 局部放电水平无突然持续增加；

d) 在 1 h 局部放电试验期间，局部放电水平的增加量不超过 50 pC；

e) 在 1 h 局部放电测量后电压降至 $(1.2\times U_r)/\sqrt{3}$ 时测量的局部放电水平不超过 100 pC。

如果 c)项或 d)项的判据不满足，则可以延长 1 h 周期测量时间，如果在后续的连续 1 h 周期内满足了上述条件，则可认为试验合格。

只要不产生击穿并且不出现长时间的特别高的局部放电，则试验是非破坏性的。当局部放电不能满足验收判断准则时，用户不应简单地断然拒绝验收，而应与制造方就下一步的研究工作进行协商。有关程序的建议在附录 F 中给出。

12 线端交流耐压试验(LTAC)

试验时，应使线端与地之间出现规定的试验电压。被试绕组各相端子依次进行试验，试验时间、试验频率和加压方式按感应耐压试验给出，见 11.2。

对于带分接且具有较低电压绕组为分级绝缘的变压器，应选择合适的分接，以使最高电压绕组产生所要求的电压，较低电压绕组端子出现的电压应尽可能接近于所要求的试验电压值。对于带分接且具有较低电压绕组为全绝缘(需要进行外施耐压试验)的变压器，分接位置由制造方确定。

如果试验电压不出现突然下降，则试验合格。

注：对于分级绝缘变压器，本试验仅是对每个线端对地进行耐压试验，不是以验证相间或匝间绝缘为目的，因此试验布置以方便为原则，例如为了降低匝间电压，通常采用对中性点进行支撑的单相试验。正常情况下，操作冲击试验完全覆盖了本试验的内容。如果用户要求，则局部放电测量可在此试验中进行。

13 雷电冲击试验(LI、LIC、LIN、LIMT)

13.1 对所有雷电冲击试验的要求

13.1.1 概述

有关冲击试验术语的一般定义及对试验线路的要求见 GB/T 16927.1。对认可测量系统的性能试验和例行检查的一般要求见 GB/T 16927.2。更详细的资料在 GB/T 1094.4 中给出。

液浸式变压器的试验电压通常是负极性,以减少试验线路中出现异常的外部闪络危险。用户也可以规定一个、多个或所有脉冲为正极性。如果由用户规定为正脉冲,则需要在订货或询价时注明。如果脉冲极性是混合的,则需要额外的说明,而且试验顺序由用户与制造方协商确定。

在反极性脉冲施加前,应有足够的时间使剩余电荷消散。

13.1.2 分接位置

如果分接范围不超过±5%且变压器的额定容量不大于 2 500 kVA,则雷电冲击试验应在变压器的主分接进行。

如果分接范围超过±5%或变压器的额定容量大于 2 500 kVA,则除非经过同意,否则雷电冲击试验应在变压器的两个极限分接和主分接进行,在三相变压器的每相或三相组变压器的每台单相变压器上各使用其中的一个分接进行试验。

如果用户规定,或在特殊情况下(例如:单相变压器、采用多个分接开关或分接范围不对称时),则应在产生最高内部电压的分接位置(由计算确定或由低电压脉冲测量决定)进行冲击试验。如果不同的分接位置在绝缘的不同部分产生最高内部电压,则应根据协议在三相变压器的每相各使用其中的一个分接进行试验。

注:特别需要注意的是对于正反调分接绕组或粗细调分接绕组,选择器在转换升高(+)和降低(−)分接位置所产生的内部电压不同的差异。

对于粗细调分接绕组,如果分接转换器带有非线性元件或消弧间隙,变压器在特殊分接位置试验时这些装置将会动作,则这时候可以选择不同分接位置进行试验。有关原则见 GB/T 1094.4。

13.1.3 试验记录

按照 GB/T 16927.2,所施加的试验电压应使用测量系统记录。记录应能清楚地表明所施加电压的冲击波形(波前时间、半峰值时间和峰值)。

试验记录应能够显示电压曲线和该曲线的极限值(按照 GB/T 16927.1 中的定义)。

试验电压(经过滤波或对过冲进行修正后,U_t 见 GB/T 16927.1)的数值应能够显示在试验记录中。

至少应使用两个及以上的测量通道。在大多数情况下,记录被试绕组流向地的电流的示波图(中性点电流)或电容电流,即传递到非被试短路绕组的电流,将具有最好的示伤灵敏度。记录从油箱流向地的电流或非被试绕组中的传递电压,也是一种可供选择的合适的测量记录。所选择的检测方法应由制造方与用户协商确定。

有关示伤判断、合适的扫描时间值等在 GB/T 1094.4 中给出。

13.1.4 试验接线

13.1.4.1 线端雷电冲击试验接线

冲击试验是将冲击波按试验顺序连续施加到被试绕组的每一个线端上。变压器的其他线端应直接接地,或为了获得所需要的波形通过一个阻抗接地,该阻抗不应超过线路波阻抗(如果该值由用户提供)

或 400 Ω 两者中的一个较低者。任何情况下，在其他端子上产生的电压不应大于其额定雷电冲击耐受电压的 75%(对星结绕组)或 50%(对角结绕组)。每个端子均应采用尽可能小的附加阻抗值来获得所需的波形。

如果绕组有中性点端子，则该中性点端子应直接接地或通过一个低阻抗(如测量电流用的分流器)接地。油箱也应接地。如果只有在中性点与地之间连接电阻才能获得所需要的波形，则需要施加额外的完整的冲击试验顺序。在这种情况下，先进行一次不加电阻的全电压冲击试验，可能达不到需要的波形，要再进行一次增加电阻后的试验以获得所需要的波形。截波(如有要求)可不重复第二次。

当变压器内部安装了用来限制内部部件上的冲击过电压的非线性元件(如:避雷器)时，按 13.2.3。设备在运行中带的任何内部非线性元件要随设备一起进行试验。外部非线性元件和其他外部电压控制元件(如:电容器)在试验期间应断开。

应保持校准时与全电压试验时的冲击线路及测量接线不变。

除上述主要程序外，其他有关情况见 13.3.2 和 13.3.3。

注：如果用户要求 $U_m \leqslant 1.1$ kV 的低压绕组做冲击试验，则正常情况下将所有的低压端子(包括低压中性点端子)连接在一起，电压较高的端子接地。

13.1.4.2 中性点雷电冲击试验接线

所有其他端子接地，雷电冲击直接施加在中性点端子上。

当变压器内部安装了用来限制内部部件上的冲击过电压的非线性元件时，按 13.2.3。设备在运行中带的任何内部非线性元件要随设备一起进行试验。外部非线性元件和其他外部电压控制元件在试验期间应断开。

对于绕组中性点端子附近带分接绕组的变压器，如果用户无特殊要求，则进行冲击试验时，分接绕组应在最大分接位置。

应保持校准时与全电压试验时的冲击线路及测量接线不变。

13.1.4.3 多端子同时进行雷电冲击试验接线(LIMT)

用户应规定要连接在一起试验的端子。

雷电冲击应同时施加在连接在一起的线路端子上，其他端子接地。试验水平和试验布置的细节应经过协商确定。试验应逐相进行。

注：在该试验中，绕组内部的电压可能会大大超出线端的电压。

13.2 雷电全波冲击试验(LI)

13.2.1 波形、试验电压值和偏差的确定

试验冲击波应是标准雷电冲击全波:1.2 μs±30%/50 μs±20%。

试验电压值应按 GB/T 16927.1 的定义(运用试验电压函数后)。如果最大相对过冲幅值为 5%或更小，则试验电压值可认为是 GB/T 16927.1 中定义的极值。

试验电压值的偏差为±3%。

在投标阶段，为使波形符合偏差要求，制造方结合变压器产品对试验设备的适用性进行评估和合理预期是很重要的。有些情况下，由于变压器本身特点，如果制造方认为不可能满足波形并需要采用下列章节中允许的波形偏差，则应在投标阶段明确地提出来。用户需要的情况下，应提供冲击发生器有效功率的数值。

注 1：运用式(1)可估计满足变压器冲击试验半峰值时间 50 μs 的冲击发生器的最小功率(该公式仅是一个指导原则，可能低估了所需的功率。之前的相似变压器试验经验可做为有价值的参考)。

$$E_{\min}=\frac{100\times 2\pi\times f\times (t_2)^2}{z\times U^2}\left[\frac{U_{\mathrm{L1}}}{\eta}\right]^2\times S_{\mathrm{r}} \qquad \cdots\cdots(1)$$

式中：

$E_{\min}$——冲击发生器所需最小功率，单位为焦耳(J)；

f ——变压器额定频率，单位为赫兹(Hz)；

t_2 ——半峰值时间，单位为秒(s)；$t_2=50\times10^{-6}$ s；

z ——以百分数表示的短路阻抗，从施加冲击的端子一侧看进去，见 GB/T 1094.1；

U —— 绕组相间额定电压，单位为伏(V)；

U_{L1}——试验绕组全波雷电冲击电压，单位为伏(V)；

η ——每套冲击发生器的效率；$\eta=1.0$；

S_{r} ——三相额定功率，阻抗 z 以此为基准，单位为伏安(VA)。

如果由于绕组电感较小或对地电容较高而使变压器不能达到标准冲击波形，并使冲击波形产生振荡以致冲击相对过冲幅值超过 5%，则对于要进行雷电截波冲击试验的绕组，可以增加波前时间以减小过冲。对于 $U_{\mathrm{m}}\leqslant 800$ kV 的变压器，波前时间不应超过 2.5 μs。如果全波冲击试验水平相对过冲幅值超过 5%，则应当按照 GB/T 16927.1，采用试验电压函数来确定试验电压值。允许忽略过冲值而按照 GB/T 16927.1—2011 中附录 B 的要求来估计雷电冲击的参数。

注 2：本章给出了处理过冲幅值超过 5%的两种方法。增加波前时间，但如超过 1.2 μs+30%，则需要进行截波高频试验。此外如果过冲幅值超过 5%，且按照 GB/T 16927.1 采用试验电压函数的波形振荡频率超过100 kHz，则需要增加冲击峰值电压(记录曲线的最大值)。

对于 $U_{\mathrm{m}}>800$ kV 的变压器，由于较高的对地电容无法使波前时间小于 2.5 μs，在这种情况下，经制造方与用户协商，可以接受较长的波前时间。

如果采用 13.1.4.1 所述的方法满足不了最短半峰值时间的要求，则经制造方与用户协商，可以接受更短的半峰值时间，但半峰值时间比 40 μs 每小 2 μs，则试验电压增加 1%。最小的半峰值时间不能小于 20 μs。在升压发电机变压器低压绕组的布置使变压器在运行中不会直接承受雷电冲击的情况下，对于波形的要求可经协商确定。

进一步的导则见 GB/T 1094.4。

13.2.2 不带非线性元件变压器的雷电冲击试验

13.2.2.1 试验顺序

试验顺序包括：

a) 一次 50%～70%全电压的参考冲击；

b) 随后三次 100%全电压的冲击。

如果在任何一次冲击下，在线路中或在套管间隙处产生了外部闪络，或者在任何规定测量通道上的示波记录图失效，则这一次冲击不应计入，并需重新施加一次。

注：可以使用不大于 50%全电压的多次冲击，且不必在试验报告中说明。

13.2.2.2 试验判据

如果在降低电压下所记录的电压和电流瞬变波形图与在全电压下所记录的相应的瞬变波形图无明显差异，则试验合格。

注：详细地解释试验记录，并区分开边缘区域差异与故障显示，需要熟练的技能和丰富的经验。详细的资料在 GB/T 1094.4 中给出。

如果电压发生降落或偏离，在制造方与用户协商一致的情况下可以不立即判断试验失败，按试验顺序完成试验，然后参考原来降低的冲击电压波形重复全试验顺序，如果发生进一步的电压降落或偏离，则判定试验不合格。

试验期间额外的现象(如异常噪声等)可用于对记录的解释,但它们本身不构成依据。

13.2.3 带非线性元件变压器的雷电冲击试验

13.2.3.1 试验顺序

当变压器内部安装了限制传递瞬变过电压的非线性元件或避雷器时,这些保护装置在试验过程中可能发生动作,在不同电压的冲击记录之间造成差别。在电压的某一阈值,非线性元件造成的差别开始出现,试验顺序至少包括该阈值以下的一次记录。

试验顺序包括:

a) 一次 50%~60%全电压的参考冲击;

b) 一次 60%~75%全电压的参考冲击;

c) 一次 75%~90%全电压的参考冲击;

d) 三次连续 100%全电压的冲击;

e) 一次尽可能接近上述 c) 项所试冲击电压的比较试验电压的冲击;

f) 一次尽可能接近上述 b) 项所试冲击电压的比较试验电压的冲击;

g) 一次尽可能接近上述 a) 项所试冲击电压的比较试验电压的冲击。

参考冲击电压之间应至少互差 10%(以 100%全电压为准)。

如果 100%全电压下的冲击电压记录与最低电压下的冲击电压记录间没有差别,则可省略上面的 e)项、f)项和 g)项。

注:可以使用不大于 50%全电压的多次冲击,且不必在试验报告中说明。

如果在任何一次冲击下,在线路中或在套管间隙处产生了外部闪络,或者在任何规定测量通道上的示波记录图失效,则这一次冲击不应计入,并需重新施加一次。

13.2.3.2 试验判据

如果在降低电压下所记录的电压和电流瞬变波形图与在全电压下所记录的相应的瞬变波形图无明显差异,则试验合格。

否则,应对下列步骤中电压和电流的记录进行比较:

——a)项与 g)项;

——b)项与 f)项;

——c)项与 e)项;

——所有 100%全电压冲击记录。

如果所比较的记录没有明显的差别(不包括能够得到合理解释的试验电压的微小差别),且连续记录之间的任何变化趋于光滑,与非线性元件的适当动作保持一致,则认为试验是合格的。

注:详细的资料在 GB/T 1094.4 中给出。

如果电压发生降落或偏离,在制造方与用户协商一致的情况下可以不立即判断试验失败,按试验顺序完成试验,然后参考原来降低的冲击电压波形重复全试验顺序,如果发生进一步的电压降落或偏离,则判定试验不合格。

试验期间额外的现象(如异常噪声等)可用于对记录的解释,但它们本身不构成依据。

13.3 雷电截波冲击试验(LIC)

13.3.1 波形

全波冲击波形已在 13.2.1 中给出。雷电冲击截波的截断时间在 3 μs~6 μs,从截断瞬间到电压首次为零的时间应尽可能短。试验应在截波电路没有预加额外阻抗的条件下进行，如果在降低电压下观察到电压过冲超过截波冲击峰值的30%，则需要在截波电路里增加最小阻抗，以使电压过冲维持在30%以下。

截断前已达到雷电冲击峰值时，经协商一致，截断时间可以在2 μs～3 μs。

注：正常情况下，变压器设计能耐受雷电冲击截波试验反极性过冲幅值30%。如果变压器试验由第三方进行，则过冲值要限制在30%之内。

通常情况下，截波试验时冲击电压发生器和测量设备与全波试验时相同，只是增加一个截断间隙。

可以用不同的时间基点记录截波雷电冲击。

推荐使用可以调节时间的触发式截断间隙，也允许使用简单的棒对棒间隙。

截波雷电冲击峰值由表2给出。

13.3.2 不带非线性元件变压器雷电截波冲击试验

13.3.2.1 试验顺序

如无另行规定，截波冲击试验与全波冲击试验合并成一个单一的试验顺序，各种冲击波的施加顺序如下：

a) 一次50%～70%全电压的全波参考冲击；

b) 一次100%全电压的全波冲击；

c) 两次截波雷电冲击试验电压的截波冲击；

d) 两次100%全电压的全波冲击。

试验中所采用的测量通道及示波图记录与全波冲击试验相同。

注：可以使用不大于50%全电压的多次冲击(全波或截波)，且不必在试验报告中说明。

如果在任何一次冲击下，在线路中或在套管间隙处产生了外部闪络，或者在任何规定测量通道上的示波记录图失效，则这一次冲击应不计入，并需重新施加一次。

各次截波雷电冲击应尽可能采用相同的截断时间。

13.3.2.2 试验判据

如果在降低电压下所记录的电压和电流瞬变波形图与在全电压下所记录的相应的瞬变波形图(包括直到截断时刻的部分)无明显差异，则试验合格。如果截断时刻后的波形有差别，则可能是由于截断球隙微小的时延变化所引起的。

注：详细地解释试验记录，并区分开边缘区域差异与故障显示，需要熟练的技能和丰富的经验。详细的资料在GB/T 1094.4中给出。

如果电压发生降落或偏离，在制造方与用户协商一致的情况下可以不立即判断试验失败，按试验顺序完成试验，然后参考原来降低的冲击电压波形重复全试验顺序，如果发生进一步的电压降落或偏离，则判定试验不合格。

试验期间额外的现象(如异常噪声等)可用于对记录的解释，但它们本身不构成依据。

13.3.3 带非线性元件变压器的截波雷电冲击试验

13.3.3.1 试验顺序

截波冲击试验与全波冲击试验合并成一个单一的试验顺序。

当变压器内部安装了限制传递瞬变过电压的非线性元件或避雷器时，这些保护装置在试验过程中可能发生动作，在不同电压的冲击记录之间造成差别，在电压的某一阈值，非线性元件造成的差别开始出现，试验顺序至少包括该阈值以下的一次记录。

试验顺序包括：

a) 一次50%～60%全电压的全波参考冲击；
b) 一次60%～75%全电压的全波参考冲击；
c) 一次75%～90%全电压的全波参考冲击；
d) 一次100%全电压的全波冲击；
e) 两次截波雷电冲击试验电压的截波冲击；
f) 两次100%全电压的全波冲击；
g) 一次尽可能接近上述c)项所试冲击电压的比较试验电压的冲击；
h) 一次尽可能接近上述b)项所试冲击电压的比较试验电压的冲击；
i) 一次尽可能接近上述a)项所试冲击电压的比较试验电压的冲击。

参考电压之间应至少互差10%(以100%全电压为准)。

如果100%全电压下的冲击电压记录与最低电压下的冲击电压记录间没有差别，则可省略上面的g)项、h)项和i)项。

最后一次施加截波冲击与截波冲击后首次施加100%全波冲击的时间间隔尽应可能短。

注：可以使用不大于75%全电压的多次冲击(全波或截波)，且不必在试验报告中说明。

如果在任何一次冲击下，在线路中或在套管间隙处产生了外部闪络，或者在任何规定测量通道上的示波记录图失效，则这一次冲击应不计入，并需重新施加一次。

试验中所采用的测量通道及示波图记录与全波冲击试验相同。

各次截波雷电冲击应尽可能采用相同的截断时间。

13.3.3.2 试验判据

如果在降低电压下所记录的电压和电流瞬变波形图与在全电压下所记录的相应的瞬变波形图(包括直到截断时刻的部分)无明显差异，则试验合格。如果截断时刻后的波形有差别，则可能是由于截断球隙微小的时延变化所引起的。

否则，应对下列步骤中电压和电流的记录进行比较：

——a)项与i)项；
——b)项与h)项；
——c)项与g)项；
——所有100%全电压冲击记录；
——两次截波冲击记录。

如果所比较的记录没有明显的差别(不包括能够得到合理解释的试验电压的微小差别)，且连续记录之间的任何变化趋于光滑，与非线性元件的适当动作保持一致，则认为试验是合格的。

注1：详细的资料在GB/T 1094.4中给出。

如果电压发生降落或偏离，在制造方与用户协商一致的情况下可以不立即判断试验失败，按试验顺序完成试验，然后参考原来降低的冲击电压波形重复全试验顺序，如果发生进一步的电压降落或偏离，则判定试验不合格。

试验期间额外的现象(如异常噪声等)可用于对记录的解释，但它们本身不构成依据。

注2：GB/T 1094.4中给出的关于波形估计的信息基于对示波图记录的视觉观察。在某些情况下，它适合于估计非标波形的参数，有时人工解释波形偏差的变化比完全依赖软件工具更有效。

13.4 中性点端子的雷电全波冲击试验(LIN)

13.4.1 概述

所有其他端子接地，在中性点端子直接施加规定的雷电冲击全波电压。

注：对全绝缘的三相变压器，当中性点不引出时，全波冲击试验电压可施加于并联连接的三个线端上，其电压值建议为该线端额定冲击耐受电压值的70%，但对电压等级为20 kV及以下的变压器，加到线端上的电压值建议为该线端额定冲击耐受电压值减去1/2额定电压。

13.4.2 波形

除波前时间允许最大达到13 μs外，中性点端子的全波冲击波形见13.2.1。

13.4.3 试验顺序

不带非线性元件的变压器按照13.2.2.1，带非线性元件的变压器按照13.2.3.1。

13.4.4 试验判据

不带非线性元件的变压器按照13.2.2.2，带非线性元件的变压器按照13.2.3.2。

14 操作冲击试验(SI)

14.1 概述

在操作冲击试验期间，变压器各个绕组两端产生的电压大约与它们的匝数成正比。

操作冲击试验电压由具有最高U_m值的绕组来确定。

如果绕组间的变比可以通过分接来调整，则分接位置的选择应尽可能使较低U_m的绕组承受与表2相应的试验电压。较低U_m绕组可能承受不到全电压，这也是可以接受的。如果较低电压绕组在表2中没有给出操作冲击水平，则除用户另有规定外，制造方可以根据试验选择分接位置。

在一台三相变压器中，试验时线端之间产生的电压应近似为线端与中性点端子之间电压的1.5倍。

14.2 试验接线

冲击波既可以由冲击电压发生器直接施加到被试最高电压绕组线路端子上，也可以施加到较低电压的绕组上，通过感应将试验电压传递到最高电压绕组上。在最高电压绕组线路端子和地之间出现的电压值应为规定的试验电压值。应在最高电压绕组线路端子测量电压。

三相变压器应逐相地进行试验。

中性点引出的星结绕组中性点端子直接接地或通过电流测量分流器等低阻抗接地。可连接在一起但不接地的另两个非被试端子上将出现极性相反，幅值约为一半被试端子电压的冲击电压。为了将该电压限制为约50%被试端子电压，允许非被试端子通过高阻值阻尼电阻器(5 kΩ～20 kΩ)接地。

对角结绕组，相应于该被试相末端的线端在试验时直接接地或通过小阻抗接地，其余端子开路。三相变压器试验应合理安排，以便在每相试验时三角形不同的端子接地。引出端子多于三个的角结绕组在试验时应接成角结。

对于一个或多个绕组运行中两端都连接于一条线路的单相变压器，如果要求进行操作冲击试验，则操作冲击电压应同时施加在绕组的两个端子上。

对于中性点没有引出并且在变压器内部也没有接地的星结绕组，通过一个或多个线端接地获得适当的试验电压通常是不可行的，在此情况下，试验接线应由制造方与用户协定确定。

试验中为防止出现火花放电，应拆除套管放电间隙或增大该放电间隙。

14.3 波形

试验电压通常是负极性，以减小试验线路中出现异常外部闪络的风险。

冲击电压波形从视在原点到峰值(视在波前时间T_p按GB/T 16927.1中的定义)至少为100 μs，超过 90%规定峰值的时间(T_d 按 GB/T 16927.1 中的定义)至少为 200 μs,从视在原点到第一个过零点的全部时间(T_z 按 GB/T 16927.1 中的定义)至少为 1 000 μs。

注 1:这个冲击波形是有意选择的,它与 GB/T 16927.1 所推荐的 250 μs/2 500 μs 标准波形不同,因为 GB/T 16927.1 适用于具有不饱和磁路的设备。波前时间选择的足够长,目的是使沿绕组的电压基本呈线性分布。

试验期间,每次全电压冲击前,通过向铁心引入反极性剩磁可以增加从视在原点到第一个过零点的全部时间。一般情况下可以通过施加波形类似但极性相反的冲击电压来完成,但电压幅值不应超过全电压的 70%,也可以使用其他方法来实现。如果实际中铁心达到反极性全饱和,则从视在原点到第一个过零点的全部时间小于 1 000 μs 也是允许的。

注 2:试验期间在磁路中会产生可观的磁通,冲击电压能够持续到铁心达到饱和并且变压器的励磁阻抗急剧降低的瞬间。

对于没有磁芯或带气隙式铁心的试品,允许从视在原点到第一个过零点的全部时间小于 1 000 μs,见 GB/T 1094.4。

14.4 试验顺序

试验应包括一次 50%～70%全电压下的冲击和三次连续的全电压下的冲击。在每次全电压冲击前应进行足够的反极性磁冲击,以确保铁心的磁化状态是相似的,从而尽可能使从视在原点到第一个过零点的全部时间保持一致。

注:在全电压试验时,如果铁心没有饱和,则可不进行反极性去磁。

示波图应记录被试线路端子上的冲击波形和被试绕组与地之间的电流波形。如果在任何一次冲击下,在线路中或在套管间隙处发生了外部闪络,或者在任何规定测量通道上的示波记录图失效,则这一次冲击应不计入,并需重新施加一次。

14.5 试验判据

如果示波图记录仪中没有指示出电压的突然下降或电压、电流的中断,则试验合格。

试验期间的辅助观察(如异常的声音)可用来验证示波图记录,但它们本身不构成依据。

注:试验期间,由于磁饱和的影响,不同电压冲击下的示波图可能会有差异。

15 试验失败采取的措施

如果变压器有任何一种绝缘试验失败,则修理完毕后,变压器应重复进行所有的全电压绝缘试验。对于已经承受过试验的不在试验失败或修理范围内的变压器部件,可不必再进行试验。特别需要考虑的是污染或暂态过程中损坏内部其他部件的可能性。

如果变压器不能满足试验要求的原因是由套管引起的,而且用户认可变压器没有受到任何影响,则允许更换套管后继续完成试验。

如果由于外在闪络造成变压器试验失败,则需要重复特定的试验,如果试验成功,则可按试验顺序完成试验,而前面完成的合格的试验不需要重复进行。

16 外绝缘空气间隙

16.1 概述

本章适用于用户没有规定外绝缘空气间隙的情况。在规定空气间隙的情况下,如果试验需要,则制造方可使用更高的数值。

外绝缘空气间隙是指套管端子金属部件之间及其与变压器部件之间的不穿过套管绝缘子的最短直

线距离。

本部分不适用于套管自身部分之间的空气间隙，套管的长度应大于给定的空气间隙以满足套管试验的需要。

本部分不考虑鸟类或其他动物带来的使其距离减小的影响。

本部分假定导线夹持件与其屏蔽罩形状相适应，不会降低原有的闪络电压；还假定进线布置也不会使变压器原有的有效空气间隙减小。应设计合适的导体与套管端子连接，不违背本章中给出的空气间隙。

如果用户打算采用特定的连接，可能减小变压器原有的有效空气间隙时，则应在询价时提出。

通常，在较高的系统电压，特别是在单台容量小或安装空间有限制的情况下，欲规定有足够裕度的空气间隙值可能有一定的技术难度。本部分采用的原则是：提供一个最小的、无危险的间隙，不必再用论证或试验的方法来检验它们在各种系统条件下和不同气候条件下是否有足够的安全。根据以往经验和现行实践而采用的其他间隙值，应由用户与制造方协商确定是否合适。

除非在询价和订货时另有规定，本部分所推荐的空气间隙均是按变压器内绝缘的额定耐受电压值制定的。当变压器的外绝缘空气间隙不低于本部分的规定值，且套管已按 GB/T 4109 的要求选择时，则不需进行变压器的外绝缘试验，即认为其空气间隙已满足外绝缘的要求。

注 1：外绝缘的冲击耐受强度与电压极性有关，而内绝缘则相反。规定的变压器内绝缘试验，一般不能自动地证明其外绝缘也满足技术要求。本部分所推荐的空气间隙是按更严格的正极性确定的。

注 2：如果空气间隙按合同采用了比上述空气间隙还要小时，则可能需要根据本部分的第 10 章～第 14 章给定的通用方法，在变压器本体上进行型式试验，或按照另外适合变电站连接设备的标准(如 GB/T 11022)，在模拟实际空气间隙布置的外绝缘模型上进行型式试验。

如果规定了变压器是在海拔高于 1 000 m 的地区运行，则其所需的空气间隙，应按每增加 100 m (对 1 000 m 海拔而言)，加大 1%的正常海拔下的空气间隙值。

本部分给出了下述空气间隙的要求：

——相对地和相对中性点的空气间隙；

——同一绕组的相间空气间隙；

——高压绕组线端与较低电压绕组线端之间的空气间隙；

——中性点套管带电部分对地的空气间隙。

按上述要求所推荐的空气间隙实际上是最小值。设计的空气间隙应在变压器外形图标出。它们是有正常制造公差的标称值，应选择这些值以使实际空气间隙至少等于规定值。

这些规定应作为变压器符合本部分的推荐值的证明，否则变压器应符合合同所规定的修改值。

16.2 间隙要求

表 4 给出了每个 U_m 值对应的不同雷电冲击电压和操作冲击电压下的空气间隙要求。

相对相的空气间隙只适用于同一绕组的线端之间，相对地的空气间隙适用于所有其他空气间隙(包括对其他绕组的线端和中性点端子)。

注：如果用户另有需要，则最小空气间隙也可按 E.4 的有关规定，但需要在订货合同中注明。

表 5 中列出了系统标称电压为 110 kV～1 000 kV 变压器的中性点套管带电部分对地的空气间隙要求。

表 4　绕组线端的最小空气间隙

系统标称电压 (方均根值) kV	设备最高 电压 U_m (方均根值) kV	全波雷电冲击电压 (峰值) kV	操作冲击电压 (峰值) kV	最小空气间隙	
				相对地 mm	相对相 mm
—	≤1.1	—	—	—	—
3	3.6	40	—	60[a]	60[a]
6	7.2	60	—	90	90
10	12	75	—	125	125
15	18	105	—	180	180
20	24	125	—	225	225
35	40.5	200	—	340[a]	340[a]
66	72.5	325	—	630	630
110	126	480	395	950	950
220	252	850	650	1 600	1 800
		950	750	1 900	2 250
330	362	1 050	850	2 300	2 650
		1 175	950	2 700	3 100
500	550	1 425	1 050	3100	3 500
		1 550	1 175	3 700	4 200
750	800	1 950	1 550	5 800	6 700
1 000	1 100	2 250	1 800	7 200	—[b]

[a] 若用户在订货时提出要求,则 60 mm 可加大至 80 mm,340 mm 可加大至 365 mm。

[b] 该额定绝缘水平通常是单相变压器,因此没有规定相间空气间隙。

表 5　中性点套管带电部分对地的最小空气间隙

系统标称电压 (方均根值) kV	中性点端设备 最高电压 (方均根值) kV	中性点接地方式	中性点雷电全波 冲击电压(峰值) kV	中性点外施电压 (方均根值) kV	最小空气间隙 mm
110	52	不直接接地	250	95	450
	72.5		325	140	630
220	40.5	直接接地	185	85	340
	126	不直接接地	400	200	760
330	40.5	直接接地	185	85	340
	145	不直接接地	550	230	1 050
500	40.5	直接接地	185	85	340
	72.5	经小电抗接地	325	140	630
750	40.5	直接接地	185	85	340
1 000	40.5	直接接地	185	85	340
	72.5		325	140	630

附 录 A
（资料性附录）
本部分与 IEC 60076-3:2013 的技术性差异及其原因

表 A.1 给出了本部分与 IEC 60076-3:2013 的技术性差异及其原因。

表 A.1 本部分与 IEC 60076-3:2013 的技术性差异及其原因

本部分章条编号	技术性差异	原因
2	关于规范性引用文件，本部分做了具有技术性差异的调整，调整的情况集中反映在第 2 章“规范性引用文件”中，具体调整如下： a) 用修改采用国际标准的 GB/T 311.1 代替了 IEC 60071-1，GB/T 1094.1 代替了 IEC 60076-1，GB/T 4109 代替了 IEC 60137，GB/T 16927.1—2011 代替了 IEC 60060-1，GB/T 16927.2 代替了 IEC 60060-2； b) 用非等效采用国际标准的 GB/T 2900.95 代替了 IEC 60050-421	符合我国实际情况
4	IEC 标准中规定试验期间绝缘系统的温度应“不低于 10 ℃”，本标准将其改为“不低于 5 ℃”	符合我国实际情况
5	IEC 标准中规定中性点的绝缘水平由用户规定，本标准中直接按照 GB/T 311.1 给出了中性点的绝缘水平	符合我国实际情况
7.2.1 中的表 1 7.3.1 7.3.2 7.3.3 B.2.1 B.2.2 B.2.3	对于 $U_m \leq 170$ kV 的绕组，IEC 标准规定线端雷电截波冲击试验(LIC)为特殊试验，而本标准则规定为型式试验。 对于 $U_m > 170$ kV 的绕组，IEC 标准规定线端雷电全波冲击试验(LI)为不适用，而本标准则规定为例行试验。 对于 $U_m > 170$ kV 的绕组，IEC 标准规定线端雷电截波冲击试验(LIC)为例行试验，而本标准则规定为型式试验。 IEC 标准规定中性点端子雷电全波冲击试验(LIN)为特殊试验，而本标准则规定为型式试验。并补充规定，对全绝缘的三相变压器，当中性点不引出时，中性点端子雷电全波冲击试验(LIN)为特殊试验。 IEC 标准规定 $U_m = 72.5$ kV 的绕组的局部放电测量为特殊试验，而本标准则规定 $U_m = 72.5$ kV 且额定容量为 10 000 kVA 及以上变压器的局部放电测量为例行试验	符合我国实际情况
7.2.2 中的表 2 和表 3	用我国的试验电压水平代替 IEC 标准的试验电压水平，并增补了分级绝缘变压器中性点端子的试验电压水平	符合我国实际情况
16.1 16.2	删除了 IEC 标准中外绝缘空气间隙数值的确定规则。 绕组线端的最小空气间隙按我国的实际情况进行了调整，并增补了中性点套管带电部分对地的最小空气间隙值(表 5)	符合我国实际情况
B.3	对试验电压的确定原则按我国的实际情况进行了更改	符合我国实际情况
B.4	对绝缘间隙的确定原则按我国的实际情况进行了更改	符合我国实际情况

附 录 B
（资料性附录）
确定绝缘试验、绝缘水平和绝缘间隙的基本原则

B.1 概述

本部分的目的是通过合适的试验来验证变压器线端对地、中性点对地、相间和匝间的绝缘性能。

依据电压等级和变压器的类型，选择不同的试验来达到验证的目的。表2和表3给出了相互配合的试验电压。

本附录总结了本部分修订的原则，修订原则旨在没有增加或降低整体试验水平的情况下简化试验和阐明相关的要求，这些试验水平已考虑了多年来产品的良好运行经验。

B.2 绝缘试验

B.2.1 U_m≤72.5 kV 变压器的绝缘试验

包括配电变压器在内的此类变压器，通常采用一种设计来生产大批量的产品。此类变压器的试验时间周期短，费用也适当。

U_m 为72.5 kV及以下的所有变压器和绕组采用全绝缘结构，因此，线端对地和中性点对地绝缘均通过外施耐压试验（AV）来验证。

感应耐压试验（IVW）仅需要验证匝间绝缘，前一版本中所采用的两倍正常运行电压的试验已经提供了足够的裕度。

相间和相对地绝缘的设计可由雷电全波冲击试验（LI）来验证，但是为了限制此类变压器对试验设备的需求，雷电冲击试验保留为型式试验而非例行试验。

为了验证新结构变压器在运行过程中耐受某些高频冲击的能力，本部分继续沿用前一版本的规定，将雷电截波冲击试验（LIC）规定为型式试验。

对于 U_m<72.5 kV 的变压器和 U_m= 72.5 kV 且容量小于10 000 kVA的变压器，带有局部放电测量的感应电压试验（IVPD）被认为耗时长且费用高，而且其验证的内容可以被IVW和AV试验所覆盖。因此，该试验被规定为特殊试验。当变压器运行于特殊条件，用户提出要求且缩短试验周期的情况下可进行该试验。但对于 U_m=72.5 kV 且额定容量为10 000 kVA及以上的此类变压器，为了加强对产品质量的考核，将带有局部放电测量的感应电压试验（IVPD）作为例行试验，而非特殊试验。

B.2.2 72.5 kV<U_m≤170 kV 变压器的绝缘试验

处于中等电压水平的此类变压器通常是根据订单生产的。产品具有更高的传输容量，试验中也包括了更高的质量检验要求。因为要验证全绝缘和分级绝缘两种绝缘结构，所以产品试验列表中分别给出了相应的试验要求。

中性点对地绝缘和全绝缘变压器的线端对地绝缘用外施耐压试验（AV）来验证。对于分级绝缘变压器，由于受中性点绝缘试验水平的限制，外施耐压试验（AV）不足以验证线端对地绝缘。因此，分级绝缘变压器线端交流耐压试验（LTAC）是例行试验，但在协商一致的情况下，该试验可由操作冲击试验（SI）代替，所以此类变压器可采用与更高电压等级的变压器类似的方式进行试验。

相间绝缘和相对地绝缘也可由作为例行试验的雷电全波冲击试验（LI）来验证。为了验证新结构变压器在运行过程中耐受某些高频冲击的能力，将雷电截波冲击试验（LIC）规定为型式试验。

为了验证匝间绝缘和相间绝缘，两倍额定电压的感应耐压试验（IVW）和带局部放电测量的感应电

压试验(IVPD)被规定为例行试验。为了缩短试验时间而不是重复两次同一类型的绝缘试验,可以将IVW试验电压作为IVPD试验的增强电压进行试验,从而将这两种试验合并为一种试验,这也与变压器的运行条件相近。

B.2.3 U_m>170 kV变压器的绝缘试验

此类变压器覆盖了最大容量输变电变压器和发电机变压器。对于这些数量有限的大型和重要的产品,有必要按下列试验进行质量检验。

为了检验对地绝缘,外施耐压试验要求为例行试验。

IVPD试验用于验证变压器运行条件下匝间绝缘、线端对地绝缘和相间绝缘的质量。操作冲击试验(SI)用于验证相间绝缘和线端对地绝缘的耐受能力。因此单独的感应耐压试验是不必要的,但如果需要,IVPD试验时增强电压可增加到两倍额定电压。

对于此类变压器,因为验证其耐受雷电全波冲击能力是很重要的,因此将雷电全波冲击试验规定为例行试验。而雷电截波冲击试验(LIC)只是为了验证新结构变压器是否能耐受某些高频冲击的能力,故将雷电截波冲击试验(LIC)规定为型式试验。

对于希望进一步检验线端对地绝缘的用户,单相线端交流耐压试验(LTAC)可指定为特殊试验。该试验来自于前面的感应耐压试验。

B.3 试验电压

表2和表3中的试验电压主要是基于GB/T 311.1确定的(其中,仅U_m为800 kV和U_m为1 100 kV电压等级对应的操作冲击电压与GB/T 311.1不同,采用了IEC 60076-3:2013的数值)。GB/T 311.1中给出的低于可接受限值的数值都不包括在表中。对应每一个U_m,表中还给出了可能的试验电压值的范围,使得变压器的规格与特殊系统的要求相匹配,同时提供了最小标准值。

操作冲击耐受水平(SI)和雷电冲击耐受水平(LI)均来自于GB/T 311.1,操作冲击耐受水平(SI)通常介于雷电冲击耐受水平(LI)的0.76倍到0.82倍之间(IEC 60076-3:2013为0.8倍到0.85倍之间)。

表2和表3中的数值在不引入过度偏差的原则下进行了取整处理。

考虑到基准由U_m改为U_r,故局部放电测量电压值采用$1.58\times U_r/\sqrt{3}$(相当于$1.5\times U_r/\sqrt{3}$加上5%)和$1.8\times U_r/\sqrt{3}$(相当于$1.7\times U_r/\sqrt{3}$加上5%)。这与IEC 60076-3:2013和IEEE C57.12.00—2010保持一致。

B.4 绝缘间隙

通常情况下,表4中的相对地一栏给出的最小空气间隙数值应该取GB/T 311.1中与雷电冲击或操作冲击水平对应的数值中的最大值,其中棒与构架的间隙数值适用于雷电冲击水平小于850 kV者,导线与构架的间隙数值适用于850 kV及以上者。然而,考虑到U_m为126 kV变压器的IVW试验要用三相法进行,且还需进行SI特殊试验,故将其外绝缘空气间隙由原来的880 mm加大到950 mm。此外,由于本部分前一版本中,U_m为252 kV~U_m为550 kV电压等级的相对地最小空气间隙数值均比按上述原则确定的数值大,为安全起见,对于这些电压等级的最小空气间隙数值,本部分继续沿用前一版本的规定。而对于U_m为800 kV和U_m为1 100 kV电压等级,相对地最小空气间隙则按国内现有产品的实际情况规定。表中没有给出的数据可用线性插值法来得到,并将数值调整到以10 mm或100 mm结尾。

表4中的相间间隙数值是基于GB/T 311.1中以相间操作冲击电压为基础的导线电极之间的距

离，与 IEC 60076-3:2013 对应的相间间隙数值相当，是相间与相对地操作冲击电压的比值为 1.5 时对应的相间间隙数值。表中没有出现的数据可通过三阶多项式回归法，在基于相间与相对地操作冲击电压的比值为 1.5 的关系下，通过插值再处理得到。例如，对于相对地操作冲击为 1 425 kV、比值为 1.7 的变压器，与相对地操作冲击为 1 615 kV、比值 1.5 的变压器具有相同的最小相间间隙 7 200 mm。这是因为两者具有相同的相间操作冲击电压值(1 425 kV×1.7＝1 615 kV×1.5＝2 422.5 kV)。

附　录　C
（资料性附录）
由高压绕组向低压绕组传递的过电压

C.1　概述

GB/T 311.2 从系统的观点阐述了过电压传递的问题。下面给出的资料仅涉及到在特定使用条件下与变压器本身有关的问题。所考虑的传递过电压，或者是瞬变冲击波，或者是工频过电压。

注：用户的责任是对低压绕组的负载给出一些规定，如果不能给出相关的资料，制造方可以提供当低压端子开路时所预期的传递电压的资料，并且给出能保持在可接受的电压限值内的所需要的电阻值或电容值。

C.2　冲击电压的传递

C.2.1　概述

关于传递的冲击过电压问题的研究，一般只是在电压比大的具有大的匝数比的发电机变压器和具有低电压的第三绕组的高电压系统用的大容量变压器上进行。

由于单相自耦变压器单独试验，因此需要考虑三台单相变压器组成三相组时，传递电压出现在第三绕组上的情况。

为确保传递电压不超过特定的水平或确认不需要冲击避雷器，传递电压测量可采用低电压循环冲击发生器或在冲击试验期间降低电压进行。

可以很方便地区分两种冲击波的传递机理，即电容传递和感应传递。

C.2.2　电容传递

传至低压绕组的过电压的电容传递可近似地看作是一种电容分压的方式。从低压绕组看，这个最简单的等值电路是由一个电动势和一个传递电容 C_t 串联组成，见图 C.1。

等值电动势是高压侧输入冲击波的一个分数值 s。C_t 大约为 10^{-9}F，s 和 C_t 的数值都不好确定，但它与冲击波的波前形状有关，这些值均可通过示波器测量确定。预先的计算是不可靠的。

二次线端上的负载将使传递的过电压峰值降低，与端子相连接的开关、短电缆或附加的电容器（几 nF）便是这样的负载，它们可看成是（甚至在头一个微秒期间内）直接接到二次线端的集中电容 C_s。至于长电缆或母线，则要用其波阻抗来表示。在二次绕组上产生的过电压波形与输入冲击波波前相对应，具有短时间（微秒数量级）尖峰的特性。

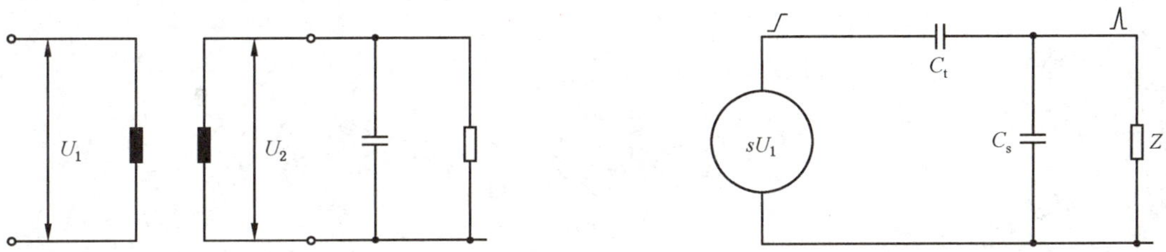

图 C.1　过电压电容传递的等值电路

C.2.3 感应传递

冲击电压的感应传递与流过高压绕组中的冲击电流有关。

如果二次绕组上不带有外部负载,则电压的瞬变过程波形通常叠加了一个阻尼振荡波,其频率由漏电感和绕组电容来确定。

降低感应传递过电压分量的有效方法,可用避雷器的起阻尼作用的电阻,也可用能改变其振荡的负荷电容。假如使用电容器,其电容值常为 0.1 μF 数量级(只要电路电感值低,它们便会自动地消除其电容性的传递分量)。

涉及感应的冲击传递的变压器参数比较好确定,与电容传递相比,它与波上升速率(或频率)的关系较小。其进一步的说明见有关文献。

C.3 工频过电压的传递

如果与高压绕组紧邻的低压绕组并不接地或者只是通过高阻抗接地,则当高压绕组励磁时,此低压绕组将由于电容分压的作用而存在着工频过电压的风险。

对于单相绕组而言,这种危险是明显的。但对于三相绕组而言,如果一次绕组电压是不对称的,例如产生接地故障时,则这种危险亦存在。在某些特殊情况下,有可能出现共振状态。

大型变压器的第三绕组和稳定绕组也会遭受同样的风险。用户有责任防止第三绕组偶然出现通过太高的阻抗接地。通常,稳定绕组是作成内部或外部的永久性接地(接箱壳)。

过电压是由各绕组之间以及各绕组对地之间的电容来确定的。这种电容可以在低频下从变压器的不同组合的端子上进行测量,同时也可以用计算方法来确定,其计算的准确度是足够的。

附 录 D
（资料性附录）
询价和订货时需提供的有关变压器绝缘要求和绝缘试验的信息

D.1 概述

根据绕组的 U_m 值的不同，在变压器询价和订货时宜提供每个绕组的如下信息。

注：尽管可以规定变压器低压绕组的 SI 和 IVW，但试验期间该值很可能由于变压器变比的因素而达不到。

建议在订货时或在设计审查阶段中，对试验的接线和试验程序进行协商，特别是对高压绕组为分级绝缘的结构复杂的变压器进行感应耐压试验时的接线，以及对大容量变压器的低压绕组和中性点端子进行冲击试验时所采用的方法。装入变压器内的非线性保护装置，宜在订货和询价阶段时给出有关说明，并应在铭牌上标明其连接图。

D.2 对于 $U_m \leqslant 72.5$ kV 的变压器和绕组

所有情况下：

——U_m 值；

——U_r 值；

——外施耐压水平；

——雷电全波冲击试验水平。

特殊情况下：

——是否需要进行局部放电测量，是否与感应电压试验一起进行或单独进行，是否仅在一台产品（型式试验产品）进行还是在所有产品上进行；局部放电测量电压时间小于 1 h 时的试验时间；

——是否在订单提供的某一产品还是所有产品上进行雷电全波冲击试验，而不是仅在相同型号的首台产品上进行；

——是否进行雷电截波冲击试验，是否仅在首台产品上试验还是在所有产品上试验；

——是否进行中性点端子雷电全波冲击试验，是否仅在首台产品上试验还是在所有产品上试验；

——是否多端子同时进行雷电冲击试验，是否仅在首台产品上试验还是在所有产品上试验；

——不同于第 16 章给出的空气间隙值的要求。

U_m、LI 和 AV 的数值宜优先从表 2 中的同一行选取，因为同一行的值是互相配合的一组值，但允许选用对应同一 U_m 值不同行的绝缘水平或对应于较高一级 U_m 的绝缘水平，以便与已有系统的绝缘配合。如果规定，则 LIC 应当选用表 2 中与 LI 对应的同一行的数值。选用不同行的绝缘水平，可能会导致一些参数的设计裕度过大。

D.3 对于 72.5 kV$<U_m \leqslant 170$ kV 的变压器和绕组

所有情况下：

——U_m 值；

——U_r 值；

——外施耐压水平；

——雷电全波冲击试验水平。

对分级绝缘变压器增加：

——选择线端交流试验水平还是选择操作冲击试验水平(如果规定可选其一)。

特殊情况下：

——带局部放电测量的感应电压试验是否选用较高电压水平进行试验，能否与IVW合并进行；

——是否进行雷电截波冲击试验，是否仅在首台产品上试验还是在所有产品上试验；

——是否进行中性点端子雷电全波冲击试验，是否仅在首台产品上试验还是在所有产品上试验；

——感应耐压试验的电压是否不同于两倍额定电压；

——是否进行操作冲击试验，是否仅在首台产品上试验还是在所有产品上试验；操作冲击试验(SI)是否代替LTAC试验；

——是否多端子同时进行雷电冲击试验，是否仅在首台产品上试验还是在所有产品上试验；

——是否对绕组为分级绝缘的变压器进行线端交流耐压试验，如果进行，则给出试验电压要求值；

——不同于第16章给出的空气间隙值的要求。

U_m、LI、AV和规定的LTAC、SI的数值宜优先从表2中的同一行选取，因为同一行的值是互相配合的一组值，但允许选用对应同一U_m值不同行的绝缘水平或较高一级U_m的绝缘水平，以便与已有系统的绝缘配合。如果规定，则LIC应当选用表2中与LI对应的同一行的数值。选用不同行绝缘水平，可能会导致一些参数的设计裕度过大。

D.4 对于U_m>170 kV的变压器和绕组

所有情况下：

——U_m值；

——U_r值；

——雷电冲击试验水平；

——操作冲击试验水平；

——外施耐压水平；

特殊情况下：

——带局部放电测量的感应电压试验是否选用较高电压水平进行试验；

——是否进行中性点端子雷电全波冲击试验，是否仅在首台产品上试验还是在所有产品上试验；

——是否多端子同时进行雷电冲击试验，是否仅在首台产品上试验还是在所有产品上试验；

——是否对绕组为分级绝缘的变压器进行线端交流耐压试验，如果进行，则给出试验电压要求值；

——不同于第16章给出的空气间隙值的要求。

U_m、SI、LI、AV和规定的LTAC的数值应优先从表2中的同一行选取，因为同一行的值是互相配合的一组值，但允许选用对应同一U_m值不同行的绝缘水平或对应于较高一级U_m的绝缘水平，以便与已有系统的绝缘配合。如果规定，则LIC应当选用表2中与LI对应的同一行的数值。选用不同行绝缘水平，可能会导致一些参数的设计裕度过大。

附　录　E
（资料性附录）
IEC 60076-3:2013 中的不同类别绕组的要求与试验、试验电压水平、绕组中性点端子的 U_m 值的确定和试验电压、最小空气间隙、中性点绝缘电压水平计算

E.1　不同电压等级绕组的要求与试验

绝缘试验要求包括试验项目和试验电压水平两方面，此要求取决于被试变压器中最高电压绕组的 U_m 值。所要求的试验项目见表 E.1。

注：在两个或更多端子同时进行的雷电冲击试验是一项特殊试验，不考虑 U_m，仅适用于一些特殊变压器，相关阐述不包括在该表中。

表 E.1　不同类别绕组的要求与试验

设备最高电压范围	$U_m \leqslant 72.5$ kV	72.5 kV $< U_m \leqslant 170$ kV		$U_m > 170$ kV
绝缘类型	全绝缘	全绝缘	分级绝缘	全绝缘和分级绝缘
线端雷电全波冲击试验(LI)	型式	例行	例行	不适用(包括在 LIC 中)
线端雷电截波冲击试验(LIC)	特殊	特殊	特殊	例行
中性点端子雷电冲击试验(LIN)	特殊	特殊	特殊	特殊
线端操作冲击试验(SI)	不适用	特殊	特殊	例行
外施耐压试验(AV)	例行	例行	例行	例行
感应耐压试验(IVW)	例行	例行	例行	不适用
带有局部放电测量的感应电压试验(IVPD)	特殊[a]	例行[a]	例行[a]	例行
线端交流耐压试验(LTAC)	不适用	特殊	例行[b]	特殊
辅助接线的绝缘试验(AuxW)	例行	例行	例行	例行

[a] IVW 的试验要求包括在 IVPD 试验中，因此只需要一个试验。

[b] 经用户与制造方协商一致，该类型变压器的 LTAC 试验可由 SI 试验代替。

E.2　试验电压水平

由绕组的设备最高电压 U_m 确定的标准试验电压水平见表 E.2。表中不同标准试验电压水平的选取，与系统中预期过的电压条件的严重性及特定装置的重要程度有关，相关导则见 IEC 60071-1。

所有试验电压均为相电压。

如无另行规定，则绝缘试验水平应取表 E.2 中给出的 U_m 所对应的最小值。一般情况下，表 E.2 中每行给定的值是配合使用的。如果只规定雷电冲击电压水平，那么与该雷电冲击电压水平位于同一行的其他试验电压值将被采用。对于每一种试验，用户可以规定高于 U_m 所对应的最低值的任何值，应优先选用标准值以便绝缘配合，但不必选择表 E.2 中同一行的数值。如果规定更高的电压水平，则应在询价和订货时说明。

特殊情况下，如果用户认为表 E.2 中给定的最小值太高，则可以选用表 E.3 中的数值。只有在采取

特殊的预防措施，避免过电压超出变压器的承受能力的情况下，或者已经进行了深入的研究，或者该数值已经被已安装设备的实践应用，才可以选用表 E.3 中的数值。

表 E.2 试验电压水平

绕组设备最高电压 U_m kV	雷电冲击全波(LI) kV	雷电冲击截波(LIC) kV	操作冲击(SI) kV	外施耐压或线端交流耐压(AV)或(LTAC) kV
<1.1	—	—	—	3
3.6	20	22		10
	40	44		10
7.2	60	66		20
	75[a]	83[a]		20
12	75	83		28
	95	105		28
	110[a]	121[a]		34[a]
17.5	95	105		38
	125[a]	138[a]		38
24	125	138		50
	145	160		50
	150[a]	165[a]		50
36	170	187		70
	200[a]	220[a]		70
52	250	275		95
72.5	325	358		140
	350[a]	385[a]		140
100	450	495	375[a]	185
123	550	605	460[a]	230
145	550	605	460[a]	230
	650	715	540[a]	275
170	650	715	540[a]	275
	750	825	620[a]	325
245	850	935	700[a]	360
	950	1 045	750[a]	395
	1 050	1 155	850[a]	460
300	950	1 045	750	395
	1 050	1 155	850	460
362	1 050	1 155	850	460
	1 175	1 290	950	510

表 E.2（续）

绕组设备最高电压 U_m kV	雷电冲击全波(LI) kV	雷电冲击截波(LIC) kV	操作冲击(SI) kV	外施耐压或线端交流耐压(AV)或(LTAC) kV
420	1 175	1 290	950	510
	1 300	1 430	1 050	570
	1 425	1 570	1 175[a]	630
550	1 300	1 430	1 050	570
	1 425	1 570	1 175	630
	1 550	1 705	1 300[a]	680
	1 675[a]	1 845[a]	1 390[a]	—
800	1 800	1 980	1 425	—
	1 950	2 145	1 550	—
	2 050[a]	2 255[a]	1 700[a]	—
	2 100	2 310	1 675[a]	—
1 100	1 950	2 145	1 425	—
	2 250	2 475	1 800	—
1 200	2 250	2 475	1 800	—

[a] 对于特定的 U_m，这些电压值没有在 IEC 60071-1:2011 中给出，但因在世界一些地方普遍采用或是作为与特殊的雷电冲击电压水平相配合的操作冲击电压水平，故在此列出。

表 E.3　特殊情况下的试验电压水平

绕组设备最高电压 U_m kV	雷电全波冲击(LI) kV	雷电截波冲击(LIC) kV	操作冲击(SI) kV	外施耐压或线端交流耐压(AV)或(LTAC) kV
7.2	40	44	—	20
12	60	66	—	28
17.5	75	83	—	38
24	95	105	—	50
36	145	160	—	70
60[a]	280[a]	308[a]	230[a]	115[a]
123[b]	450[b]	495[b]	375[a]	185[b]
170[b]	550[b]	605[b]	460[a]	230[b]
245	650[b]	715[b]	550[a]	275[b]
	750[b]	825[b]	620[a]	325[b]
300	850	935	750	395

表 E.3（续）

绕组设备最高电压 U_m kV	雷电全波冲击(LI) kV	雷电截波冲击(LIC) kV	操作冲击(SI) kV	外施耐压或线端交流耐压(AV)或(LTAC) kV
362	950	1 045	850	395
420	1 050	1 155	850	460
550	1 175	1 290	950	510
[a] 对于特定的 U_m，这些电压值没有在 IEC 60071-1:2011 中给出，但因在世界一些地方普遍采用或是作为与特殊的雷电冲击电压水平相配合的操作冲击电压水平，故在此列出。 [b] 这些值需要特殊考虑，参考 IEC 60071-1:2011。				

E.3 绕组中性点端子的 U_m 值的确定和试验电压

E.3.1 $U_m \leqslant 72.5$ kV 的变压器

中性点端子应经受与线端一样的外施电压水平。如果要进行雷电冲击试验，则要在询价和订单阶段提出。

注：$U_m \leqslant 72.5$ kV 的变压器需要进行全绝缘绕组设计，以满足试验需要。

E.3.2 $U_m > 72.5$ kV 的变压器

E.3.2.1 直接接地的中性点端子

如果中性点端子直接或通过一台电流互感器牢固地接地而无任何有意接入的阻抗，则外施交流耐受电压至少应为 45(38) kV($U_m \geqslant 17.5$ kV)。可以规定更高的电压水平。

不推荐在中性点端子上进行冲击试验，但可以规定。

E.3.2.2 不直接接地的中性点端子

中性点端子的 U_m 和试验电压应在询价和订单阶段提出。中性点端子的 U_m 取决于其是否设计成开路状态还是通过一个阻抗接地(见 E.5)。中性点端子的 U_m 和试验电压优先从表 E.2 中选择。U_m 不应低于 17.5 kV。

如果规定在中性点端子上进行雷电冲击试验，则其试验电压水平应在询价和订单阶段提出，其额定冲击耐受电压可通过试验验证。截波冲击试验不适用于中性点端子。

E.4 最小空气间隙

IEC 60076-3:2013 中给定的线端对地直线距离间隙数据基于 IEC 60071-1 中雷电冲击水平小于 850 kV 的棒与构架电极间的布置，以及更高冲击水平的导线与构架电极的间隙。使用由操作冲击或雷电冲击决定的最大空气间隙。相对相之间的空气间隙基于 GB/T 311.1 中以相间操作冲击电压为基础的导线电极结构之间的距离，相间操作冲击电压等于相对地操作冲击电压的 1.5 倍。当雷电冲击电压水平为 850 kV 及以上时，通常认为套管末端及连接部位是一个圆形电极。

IEC 60076-3:2013 中给出了下述空气间隙的要求：

——相对地和相对中性点的空气间隙；

——同一绕组的相间空气间隙；

——高压绕组线端与较低电压绕组线端之间的空气间隙。

表 E.4 给出了每个 U_m 值对应的不同雷电冲击电压和操作冲击电压下的空气间隙要求。

相间空气间隙只适用于同一绕组的线端间，相对地的空气间隙适用于所有其他空气间隙(包括对其他绕组的线端和中性点端子)。

表 E.4　最小空气间隙

设备最高电压 (方均根值) kV	全波雷电冲击 电压(峰值) kV	操作冲击电压 (峰值) kV	最小空气间隙	
			相对地 mm	相对相 mm
≤1.1	—	—		
3.6	20	—	60	60
	40	—	60	60
7.2	60	—	90	90
	75[a]	—	120	120
12	75	—	120	120
	95	—	160	160
	110[a]	—	200[a]	200[a]
17.5	95	—	160	160
	125[a]	—	220	220
24	125	—	220	220
	145	—	270	270
	150[a]	—	280[a]	280[a]
36	170	—	320	320
	200[a]	—	380	380
52	250	—	480	480
72.5	325	—	630	630
	350[a]	—	630	630
100	450	375[a]	900	900
123	550	460[a]	1 100	1 100
145	550	460[a]	1 100	1 100
	650	540[a]	1 300	1 500[a]
170	650	540[a]	1 300	1 500[a]
	750	620[a]	1 500	1 700[a]
245	850	700[a]	1 600	2 100[a]
	950	750[a]	1 700	2 300
	1 050	850[a]	1 900	2 600

E.4（续）

设备最高电压（方均根值）kV	全波雷电冲击电压（峰值）kV	操作冲击电压（峰值）kV	最小空气间隙	
			相对地 mm	相对相 mm
300	950	750	1 700	2 300
	1 050	850	1 900	2 600
362	1 050	850	1 900	2 600
	1 175	950	2 200	3 100
420	1 175	950	2 200	3 100
	1 300	1 050	2 600	3 600
	1 425	1 175[a]	3 100	4 200
550	1 300	1 050	2 600	3 600
	1 425	1 175	3 100	4 200
	1 550	1 300[a]	3 600	5 000[a]
	1 675[a]	1 390[a]	4 000[a]	5 600[a]
800	1 800	1 425	4 200	5 800[a]
	1 950	1 550	4 900	6 700[a]
	2 050[a]	1 700[a]	5 800[a]	7 900[a]
	2 100	1 675[a]	5 600	7 700[a]
1 100	1 950	1 425	[b]	[b]
	2 250	1 800	6 300	[c]
1 200	2 250	1 800	6 300	[c]

[a] 对特定的 U_m 值，这些值没有在 IEC 60071-1:2011 中给出，此处列出一方面是因为它们在世界上一些地区得到普遍应用，另一方面与特定的雷电冲击电压水平配合给出了操作冲击电压水平和空气间隙。

[b] 对这些额定绝缘水平没有给出空气间隙，是因为按照 IEC 60071-1 不适用于空气绝缘。

[c] 该额定绝缘水平通常是单相变压器，因此没有规定相间空气间隙。

E.5 中性点绝缘电压水平计算

E.5.1 概述

IEC 60076-3:2013 推荐了分级绝缘变压器不直接接地的中性点端子允许的最小电压水平的确定。为了控制故障水平或其他原因，中性点端子可以通过一个较大的阻抗（如消弧电抗器、接地电抗器或电阻）接地。

与独立的中性点末端调压变压器连接使用的变压器，其中性点端子电压水平的确定不包括在内。

当中性点端子不直接接地时，为了限制瞬态过电压，在中性点端子和地之间需要安装过电压保护装置。用户负责选择过电压保护装置，确定过电压保护装置的冲击保护水平，以及规定变压器中性点端子相应的冲击耐受电压水平。

注：对于分级绝缘变压器，由于要进行线端耐受电压试验（特殊试验），制造方可以将绕组的中性点绝缘水平设计得高于规定的中性点绝缘水平。

交流耐压水平要高于系统故障条件下产生的最大过电压水平。中性点端子的冲击电压水平和保护装置的动作电压之间要有足够的裕度，这二者均要高于系统故障条件下产生的最大电压水平。以下公式给出了发生在通过阻抗接地的中性点端子上最大电压的计算导则。

E.5.2 中性点故障电流计算

双绕组三相变压器（星结绕组发生单相接地故障时）最大中性点故障电流 I_{fault} 可按下列公式计算：

$$I_{\text{fault}}=\frac{3\times E}{(Z_{1t}+Z_{1s}+Z_{2t}+Z_{2s}+Z_{0t}+Z_{0s})+3\times Z_{\text{N}}+3\times Z_{\text{fault}}}$$

式中：

E ——相对地电压，等于 $U_{\text{m}}/\sqrt{3}$，单位为伏（V）；

Z_{1s} ——网络的正序阻抗，单位为欧姆（Ω）；

Z_{2s} ——网络的负序阻抗，单位为欧姆（Ω）；

Z_{0s} ——网络的零序阻抗，单位为欧姆（Ω）；

Z_{1t} ——变压器的正序阻抗，单位为欧姆（Ω）；

Z_{2t} ——变压器的负序阻抗，单位为欧姆（Ω）；

Z_{0t} ——变压器的零序阻抗（包括任何第三绕组或稳定绕组），单位为欧姆（Ω）；

Z_{N} ——中性点与地之间的阻抗，单位为欧姆（Ω）；

Z_{fault} ——故障阻抗，单位为欧姆（Ω），设为 0。

注：作为导则，按照常规考虑最坏的情况，常使用下列数据：

$E=U_{\text{m}}/\sqrt{3}$

$Z_{1s}=0$

$Z_{2s}=0$

$Z_{0s}=0$

$Z_{\text{fault}}=0$

E.5.3 最小绝缘水平

E.5.3.1 外施电压最小绝缘水平

中性点最小外施电压水平应从表 E.2 中选择，其值要大于 $U_{\text{ACneutral}}$。其中：

$$U_{\text{ACneutral}}=I_{\text{fault}}\times Z_{\text{N}}$$

E.5.3.2 最小冲击水平

中性点冲击电压水平的选择应使其高于保护装置动作电压值，并有一定裕度，保护装置的选择应使其在系统短路故障条件下不动作。在此条件下最高非对称峰值电压由下式给出：

$$U_{\text{neutral max}}=U_{\text{ACneutral}}\times K_{\text{V}}\times\sqrt{2}$$

式中：

K_{V}——非对称电压系数。

在 Z_{N} 为纯电阻情况下，K_{V} 与 IEC 60076-5 中定义的电流非对称系数 k 相同，但当 Z_{N} 为电感时，K_{V} 由于电流的直流分量而减小。当变压器的 X/R 很高且 Z_{N} 为一较小的电阻时是最坏情况，此时，K_{V} 取 2，但实际情况下 K_{V} 是小于 2 的。在 Z_{N} 为纯电感情况下，变压器的 X/R 约为 7 代表了最坏的情况，K_{V} 取 1.05。建议 $U_{\text{neutral max}}$ 采用系统模型来计算。

E.5.4 示例

一台变压器，绕组联结组为 YNd11，高压额定电压为 155 kV（相当于 U_m 为 170 kV），额定容量为 100 MVA，基于该容量的正序阻抗为 12%，零序阻抗为 10.8%，高压中性点通过 39 Ω 的电抗器接地，当高压线对地发生故障时，考虑到系统的短路容量为无穷大，流经高压中性点的故障电流为：

$$I_{\text{fault}}=\frac{3\times E}{(Z_{1t}+Z_{1s}+Z_{2t}+Z_{2s}+Z_{0t}+Z_{0s})+3\times Z_N+3\times Z_{\text{fault}}}$$

$$I_{\text{fault}}=\frac{3\times 170\ 000/\sqrt{3}}{(28.83+0+28.83+0+25.95+0)+3\times 39+0}\text{A}$$

$$I_{\text{fault}}=1\ 468\ \text{A}$$

得到的电压为：

$$U_{\text{ACneutral}}=I_{\text{fault}}\times Z_N$$

$$U_{\text{ACneutral}}=1\ 468\times 39\ \text{V}$$

$$U_{\text{ACneutral}}=57\ 243\ \text{V}$$

因此从表 E.2 中得到最小的 AV 电压为 70 kV。

假设中性点通过电抗接地，取 $K_V=1.05$，系统故障条件下中性点最高电压为：

$$U_{\text{neutral max}}=57\ 243\times 1.05\times\sqrt{2}\ \text{V}$$

$$U_{\text{neutral max}}=85.0\ \text{kV}$$

因为保护装置在 85 kV 的峰值电压下不应动作，因此它的最高连续 AC 电压水平不应小于 85 kV/$\sqrt{2}$=60.1 kV。对此电压（持续 10 秒）合适的避雷器的保护水平为 140 kV、10 kA，考虑一个裕度，中性点雷电冲击水平可取 170 kV。

170 kV 的雷电冲击水平相应于 U_m 为 36 kV，设为中性点电压水平。

附 录 F
(资料性附录)
变压器局部放电测量应用导则

F.1 概述

本附录特别适用于11.3中带局部放电测量感应电压试验(IVPD)中的局部放电测量。但也可用于任何其他局部放电测量。

局部放电(PD)是指引起导体之间的场强高处的绝缘只发生局部桥接的一种放电。在一台变压器中,这种局部放电能使每一个引出的绕组端子对地电压发生瞬时的变化。

测量用阻抗通常是通过套管的电容抽头,或通过一个独立的耦合电容器有效地连接在端子与接地油箱之间,如F.2所述。

在局部放电处出现的实际放电电荷是不能直接进行测量的,而代之以测定其视在电荷 q,其定义见GB/T 7354。任一测量端子上的视在电荷 q,可用适当的校准方法来确定,见F.2。

一个特定的局部放电,能使变压器不同端子上的视在电荷值有所不同。将这些不同端子上同时得到的显示值进行比较,可以得到有关变压器局部放电源位置的信息,见F.5。

本部分11.3中规定的验收试验程序,是要求测量绕组线路端子上的视在电荷量。

F.2 测量线路和校准线路的接线——校准程序

测量技术和仪器的描述见GB/T 7354。

测量的原理就是确定注入校正电荷后在端子上引起的电压变化。用一只串联耦合电容(通常为一只电容性套管)和一只测量阻抗来测量电压的变化。变压器试验时通常是将测量阻抗直接连在套管试验端子上。

测量仪器用匹配的同轴电缆接至测量阻抗,电缆阻抗和与之匹配的测量仪器的输入阻抗组成了测量阻抗的一部分。一些系统中测量阻抗和记录仪器之间采用光缆连接。正常情况下,测量阻抗、电缆和测量仪器一起供给可使测量系统的整体性能得到优化。

对绕组的线路端子与接地油箱之间进行局部放电测量时,一般将测量阻抗 Z_m 有效地接到电容套管的电容抽头与接地法兰之间,见图F.1。如果无电容抽头,则也可以将套管法兰与油箱绝缘,并将该法兰作为测量端子。中心导杆与测量端子之间以及测量端子与地之间的等效电容,对局部放电信号起电容分压器的作用。因此需要在套管的顶部端子与地之间进行校准。校准期间,考虑到额外的电容和任何滤波电路,应尽可能采用无源试验电路连接到端子。

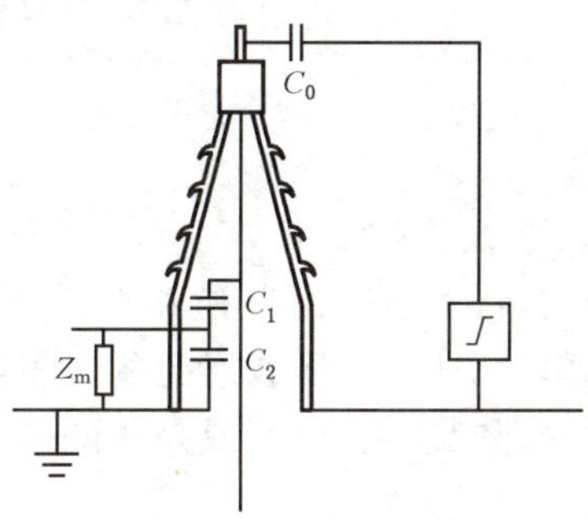

图F.1 使用电容式套管试验抽头的局部放电测量校准电路

如果需要在没有任何可以利用的电容式套管的电容抽头(或绝缘的法兰)的情况下,对端子进行PD测量时,可以使用高压耦合电容器的方法。这要求采用一个无局部放电的电容器,其电容与校准发生器的电容 C_0(见GB/T 7354)相比应足够大,测量阻抗(带有保护间隙)连接在电容器的低压端子与地之间,见图F.2。

整个测量系统的校准是在两个校准端子之间输入已知的电荷来进行的。按照GB/T 7354,校准装置包括一台上升时间短的方波电压脉冲发生器和一个小的已知电容值为 C_0 的串联电容器。C_0 应小于 C_1(见GB/T 7354关于上升时间和 C_0 选择的特殊要求)。当这个发生器接到变压器端子和地之间时,脉冲发生器输入的电荷将是:

$$q_0 = U_0 \times C_0$$

式中:

q_0 ——校准视在电荷;

U_0 ——产生 q_0 所需的方波电压值;

C_0 ——串联电容值。

校准电荷 q_0 应当代表特定的放电电荷水平限值(通常为50%~200%)。用不同的校准值 q_0 进行额外的测量对检查测量仪器的运行状态是有益的。

如果校准装置发生器具有与工频同步的重复频率,则可以方便地用与工频同步的仪器观察放电脉冲。

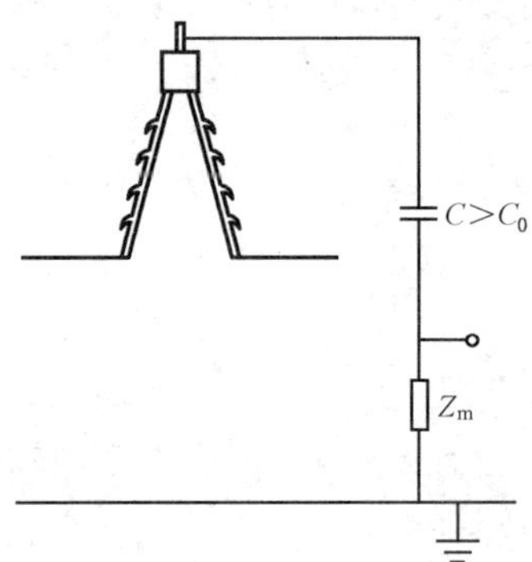

图F.2 采用高压耦合电容器的局部放电测量线路

为了避免偏差,接线端子与校准脉冲发生器的连接引线以及校准脉冲发生器与地(套管法兰附近)之间的连接引线应尽可能短。校准脉冲发生器最好由电池供电,而且外形尺寸尽量小,以方便用于变压器端子。

校准提供了变压器端子测量视在放电量的方法,这是本附录的基础,由于放电部位和端子间的传输路径没有包含在校准范围内,因此远离端子发生的实际局部放电的数值无法给出。

F.3 仪器、频率范围

测量仪器的特性应与GB/T 7354的规定相符。

试验时的示波器监视通常是有用的,特别是因为它有可能区别变压器内部真实的局部放电与某些形式的外部干扰。这种区别是以重复率、脉冲在电压波形上的位置和极性不同等为基础的。

局部放电水平观测或是在整个试验期间连续进行,或是每隔一定时间进行,不强制规定信号记录连续进行。

局部放电的测量系统分为窄频带和宽频带系统。窄频带系统有大约10 kHz或更小的带宽,且是在某一调谐频率(例如:无线电噪声计)下工作。宽频带系统使用的频带上限与下限之比较大,例如

50 kHz～800 kHz。

当采用窄频带系统时，对频带的中心频率进行适当地调节，就可避免来自于当地广播电台的干扰，但应证明，在靠近测量频率时的绕组共振对测量结果影响不大。窄频带仪器应在不大于 500 kHz，最好是在小于 300 kHz 的频率下工作。这有两个原因：第一，放电脉冲的传输使较高频率分量产生大的衰减。第二，当将校准脉冲波施加于线路端子时，该脉冲波容易在此端子或靠近此端子处引起局部振荡，当采用的频带中心频率大于 500 kHz 时，将使校准变得复杂。

就不同的脉冲波形的衰减和响应而言，宽频带系统受到的限制较少，但在没有静电屏蔽的试验场所处，它更容易受到干扰。可用带阻滤波器或其他类型的滤波器来减少来自诸如无线电波等外部的影响。

测量频带宽度的选择不会影响局部放电脉冲的特征和局部放电的统计特性，后者常用于区分放电源。

总之，由于能够检测出局部放电的机会更多，宽频带测量系统是用于局部放电检测的首选，其检测频率不应小于 100 kHz。窄频带测量系统在某些条件下用于消除干扰。宜更多地关注测量中心频率的选择，以确保对变压器局部放电合理的灵敏度。

F.4 试验不合格后的处理程序

11.3.5 中已经给出了局部放电水平能够接受的判据。如果试验电压并不发生突降，只是由于局部放电读数太高，则试验虽然不合格但仍属非破坏性的。不应以这个结果而马上拒绝该试品，而应对其作进一步的研究，对局部放电源进行区分和定位。

还有一个重要的考虑，即在试验电压下所触发的局部放电，在低于运行电压时，是否会持续下去。因为这样的局部放电很可能对投运的变压器是有害的。

首先应对试验环境进行研究，以便找到与局部放电无关的任何外界干扰信号。此时，应由制造方与用户进行协商，确定再进行补充试验或采取其他措施，以判明变压器确实出现了严重的局部放电，或者，变压器并不存在严重的局部放电，它仍能满足运行的要求。

下面的一些建议，对采用上述措施时可能有用：

——研究测量指示值是否真正与试验顺序有关，还是碰巧测到外来的与局部放电无关的指示值。试验时采用示波器监视，往往是很易确定上述区别的，例如：外部干扰就不与试验电压（波形）同步；

——研究局部放电是否由供电电源传输而来，试验时在电源与变压器之间接入低通滤波器对此可以有所帮助；

——研究确定局部放电源是在变压器内部还是在变压器外部（例如：从大厅内具有悬浮电位的物体发出，从空气中带电部分发出或从变压器接地部位的尖角发出）。当试验系涉及内部绝缘时，可以允许并推荐采用临时的外部屏蔽罩；

——按照变压器的线路图研究局部放电源的可能位置。可以使用单相外施电压试验。现已有几种公认的定位方法。其中一种是根据不同的成对端子上的各个读数和校准值的相互关系来定位（用以补充各线路端子与地之间的应读取的读数）。如果使用宽频带系统记录，则也有可能用相应的校准波形与试验中的单个脉冲波形进行鉴别。电容式套管介质中的局部放电鉴别是另一种特殊情况；

——用声波或超声波的检测方法，探测油箱内的放电源位置；

——用油箱内的超高频电磁传感器探测放电源的物理位置；

——根据局部放电水平随试验电压高低的变化、滞后效应、试验电压波形上的脉冲波分布、局部放电随时间的变化等来确定局部放电源的可能的物理位置；

——绝缘系统中的局部放电，可能由于绝缘的干燥或浸液不充分而引起，一般可从局部放电特征中明显地表现出来。因此，变压器可在重新处理或静置一个时期后重复试验；

——只要遭受相当高的局部放电，即使时间短，则也可能使油局部分解，并使熄灭电压和起始电压暂时降低，但经过几小时后，仍可自然地恢复到原有状态；

——若试验电压增加，局部放电水平增加不多，电场中悬浮粒子局部放电特征增加不多并且又不是随时间而增加的，则认为该变压器仍可投入运行。在此情况下，经过协商可以重复试验，或者延长试验时间，或者增加试验电压水平，经过一段时间降低局部放电水平。

除非在相当长的持续时间内，出现了远大于验收限值的局部放电水平，否则当将变压器吊芯后，难于用肉眼发现局部放电的痕迹。如果其他改善局部放电性能或确定局部放电位置的措施均无效时，则本程序可作为最后的手段。

参 考 文 献

[1] GB/T 311.2 绝缘配合 第2部分:使用导则

[2] GB/T 1094.4 电力变压器 第4部分:电力变压器和电抗器的雷电冲击和操作冲击试验导则

[3] GB/T 10230.1 分接开关 第1部分:性能要求和试验方法

[4] GB/T 11022 高压开关设备和控制设备标准的共用技术要求

[5] IEC 60076-5 Power transformers—Part 5:Ability to withstand short circuit

[6] IEC 60076-1:2011 Insulation co-ordination—Part 1:Definitions,principles and rules

[7] IEEE C57.12.00—2010 Standard General Requirements for Liquid—Immersed Distribution, Power,and Regulating Transformers

[8] IEEE C57.142.00—2010 IEEE guide to describe the occurrence and mitigation of switching transients induced by transformers,switching device and system interaction

[9] CIGRÉ-report 12-14(1984) Resonance behaviour of high voltage transformers.Paper presented in the name of Study Committee 12 by Working Group 12.07

ICS 29.180
K 41

中华人民共和国国家标准

GB/T 1094.4—2005
代替 GB/T 7449—1987

电力变压器　第4部分：电力变压器和电抗器的雷电冲击和操作冲击试验导则

Power transformers—Part 4: Guide to the lightning impulse and switching impulse testing—Power transformers and reactors

(IEC 60076-4:2002,MOD)

2005-08-26 发布　　2006-04-01 实施

中华人民共和国国家质量监督检验检疫总局
中国国家标准化管理委员会　发布

前　言

《电力变压器》目前已包含了下列几部分：

——第1部分：总则

——第2部分：温升

——第3部分：绝缘水平、绝缘试验和外绝缘空气间隙

——第4部分：电力变压器和电抗器的雷电冲击和操作冲击试验导则

——第5部分：承受短路的能力

——第10部分：声级测定

本部分为第4部分。本部分的前版标准代号为GB/T 7449，对应的国际标准代号为IEC 60722。由于IEC有关电力变压器的标准代号现均调整为IEC 60076系列，为了与IEC的标准代号相协调且使用方便，本次修订也将标准代号按新IEC标准系列进行调整。

本部分修改采用IEC 60076-4：2002《电力变压器 第4部分：电力变压器和电抗器的雷电冲击和操作冲击试验导则》(英文版)。

本部分根据IEC 60076-4：2002重新起草。

考虑到我国国情，在采用IEC 60076-4：2002时，本部分做了一些修改。有关技术性差异已编入正文中并在它们所涉及的条款的页边空白处用垂直单线标识。本部分与IEC 60076-4：2002的主要差异如下：

a) 第2章中部分规范性引用文件，用采用国际标准的我国国家标准代替；

b) 为便于使用，本部分还进行了下列编辑性修改：

——用小数点‘.’代替作为小数点的逗号‘，’；

——删除了IEC 60076-4：2002的“前言”。

本部分代替GB/T 7449—1987《电力变压器和电抗器的雷电冲击和操作冲击试验导则》。

本部分与GB/T 7449—1987相比主要变化如下：

a) 原标准只规定了变压器和电抗器波形的模拟记录，本部分规定了可用模拟或数字记录系统来记录冲击电压和电流响应波形；

b) 原标准只规定了用变压器和电抗器的波形图判断试验结果，本部分规定了可用波形图或数字记录来判断试验结果；

c) 给出了包括传递函数分析在内的数字处理方法；

d) 规定了试品冲击试验报告的内容；

e) 增加了传递函数分析、非标准波形的估算、由试验电路问题产生的响应及试品故障的响应等相应的波形图。

本部分的附录A、附录B均为资料性附录。

本部分由中国电器工业协会提出。

本部分由全国变压器标准化技术委员会(SAC/TC44)归口。

本部分起草单位：沈阳变压器研究所、武汉高压研究所、保定天威保变电气股份有限公司、特变电工沈阳变压器集团有限公司、西安西电变压器有限责任公司、特变电工股份有限公司新疆变压器厂、浙江三变科技股份有限公司。

本部分主要起草人：孙军、傅锡年、胡振忠、钟俊涛、吕建玉、马旭平、周才康。

本部分所代替的GB/T 7449于1987年首次发布，本次为第一次修订。

电力变压器　第4部分：电力变压器和电抗器的雷电冲击和操作冲击试验导则

1　范围

本部分目的是对电力变压器的雷电冲击和操作冲击试验的现行方法提供一个准则并作一些说明，以作为GB 1094.3的补充。本部分通常也适用于电抗器试验(见GB/T 10229)，当它与电力变压器所用的试验方法有不同之处时，将单独给出专门的叙述。

本部分包括波形、连同试验接线在内的试验回路、试验时接地的实施、故障探测方法、试验程序、测量技术以及试验结果的判断等方面。

本部分所述的一些试验技术尽可能地采用了GB/T 16927.1和GB/T 16927.2所推荐的内容。

2　规范性引用文件

下列文件中的条款通过本部分的引用而成为本部分的条款。凡是注日期的引用文件，其随后所有的修改单(不包括勘误的内容)或修订版均不适用于本部分，然而，鼓励根据本部分达成协议的各方研究是否可使用这些文件的最新版本。凡是不注日期的引用文件，其最新版本适用于本部分。

GB 1094.3　电力变压器　第3部分：绝缘水平、绝缘试验和外绝缘空气间隙(GB 1094.3—2003，eqv IEC 60076-3:2000)

GB/T 10229　电抗器(GB/T 10229—1988，eqv IEC 60289:1987)

GB/T 16896.1　高电压冲击试验用数字记录仪　第一部分：对数字记录仪的要求(GB/T 16896.1—1997，eqv IEC 61083-1:1991)

GB/T 16927.1　高电压试验技术　第一部分：一般试验要求(GB/T 16927.1—1997，eqv IEC 60060-1:1989)

GB/T 16927.2　高电压试验技术　第二部分：测量系统(GB/T 16927.2—1997，eqv IEC 60060-2:1994)

IEC 61083-2　高压冲击试验用数字记录仪　第2部分：用于测定脉冲波形参数的评估软件

3　总则

本部分是以使用常规冲击发生器对变压器和电抗器进行雷电冲击和操作冲击试验为基础而编制的。至于另用电容器对中压或低压绕组放电产生操作冲击波的方法也是适用的。但对于另加电感与该电容器串联以对高压绕组传递一种弱衰减振荡波的方法则不适用。

本部分不讨论其他产生或模拟操作冲击波的方法，如截断中压或低压绕组上的直流电流或利用工频电压一个周波中的某一段波形，因为这些方法至今尚未得到普遍的采用。

选择变压器和电抗器的雷电冲击试验和操作冲击试验的试验电路(端子接线)有不同的考虑。对于变压器，所有的端子和绕组均可分别地按规定的试验水平值进行雷电冲击试验；但在操作冲击试验时，由于是靠磁耦合传递电压，故规定的试验水平(见GB 1094.3)可以只在一个绕组上得到。

电抗器的雷电冲击试验与变压器相类似，即所有端子可分别地进行试验，但在操作冲击试验中却有不同的考虑，且出现的问题也不一样。因此，本部分中的雷电冲击试验，对于变压器和电抗器是用同一条文来叙述的；对于操作冲击试验，则须按变压器和电抗器分别叙述。

4 规定的波形

变压器和电抗器的雷电冲击试验和操作冲击试验时采用的电压波形，见 GB 1094.3；确定波形的方法见 GB/T 16927.1。

5 试验电路

按试验设备、试品和测量电路的实际布置，可分为下述三种主要电路：

——主电路：包括冲击发生器、附加调波元件和试品；

——电压测量电路；

——波形截断电路（如果采用）。

试验电路的基本布置如图 1 所示。

下列参数对冲击波波形有影响：

a） 试品的等效电容 C_t 和电感 L_t：对于任何给定的设计和给定的波形，C_t 是一常数，对于任何给定设计，L_t 也是常数。但是，等效电感 L_t 却可能受端子接线不同的影响。它在端子短路时的漏感 L_s 和端子开路时的电感 L_0 之间变动。详细情况见 7.1、7.3 并参见附录 A；

b） 冲击发生器电容 C_g；

c） 装在冲击发生器内部和外部的调波元件 R_{si}，R_{se}，R_p，C_L 及分压器阻抗 Z_1（如果采用）；

d） 冲击发生器和整个试验电路中的寄生电感和杂散电容；

e） 截断装置（如果采用）。

波前时间 T_1 主要由试品的等效冲击电容（包括 C_L）以及冲击发生器的内部和外部串联电阻决定。

对于雷电冲击波，半峰值时间 T_2 主要由冲击发生器电容、试品电感和冲击发生器放电电阻或其他并联电阻决定。但是，在某些情况下，如绕组电感太小时，串联电阻也会对波尾有明显的影响。对于操作冲击，将采用其他的参数，详见第 8 章。

雷电冲击和操作冲击试验用的试验设备基本一样，只是有些元件的参数不同，如电阻值和电容值不同以及试品端子接线不同。

为了满足雷电冲击和操作冲击波形的不同要求，必须重视冲击发生器的电容和串联电阻以及放电（并联）电阻等参数的选择。对于操作冲击波，可能需要高值串联电阻和/或负载电容，这将使冲击发生器的效率明显地降低。

由于冲击发生器的输出电压是由绕组的试验水平决定的，而绕组试验水平与试品的设备最高电压 U_m 有关，因此，所需的冲击发生器能量主要是由试品本身的阻抗决定的。

有关波形控制原理的简要说明参见附录 A。

试验设备、试品、连接电缆和接地线及其他有关设备的布置，会受到试验室空间的限制，特别是各种结构件的邻近效应。由于冲击试验时冲击电压和冲击电流的幅值很大并且变化率又很高，再者接地系统的阻抗是有一定的数值的，因此，不能认为整个接地系统都处于零电位，故选择一个合适的参考接地点是很重要的。

试品和冲击电压发生器之间的电流回路应是低阻抗的，并且此电流回线应与试验室的整个接地系统牢固地相连，最好在试品附近处的接地点接地。此连接点应作为参考接地点。为使试品接地良好，应当采用一根或几根低阻抗导线与此参考接地点相连（见 GB/T 16927.2）。

电压测量电路是试品的一个单独回路，只流过测量电流，它应当与上述参考接地点连接良好，该回路中的电流只占通过被试绕组冲击电流值很小的一部分。

在操作冲击试验中，冲击电压和冲击电流的变化率比雷电冲击试验时要小得多并且又无截波电路，故试验电路周围和参考接地点的电位梯度均显得较低，因而危险性小。但仍建议按雷电冲击试验的接地方式接地。

6 校正

测量装置应按 GB/T 16927 进行校验。至于测量系统或其校正,本部分不再提出任何新的建议。试验前,应对试验电路和测量系统进行全面的检查,此时施加的电压值应比试验中采用的降低电压水平值还要低。检查时,电压值可通过球隙或通过与其他已经检验合格的测量系统进行比较来测定。当用球隙测量电压时,只能作为一般性的检查,不能代替测量系统的定期校正。检查完毕,除了拆除检查用的各种装置外,测量系统和试验电路均不得变动。

关于分压器的型式及其使用方法、准确度、校正和检查等方面的内容,见 GB/T 16927.2。

7 雷电冲击试验

7.1 波形

在大型电力变压器和电抗器的冲击试验中,由于其绕组电感小和/或冲击电容大,往往不可能得到规定的波形,此时应允许波形有较大的偏差。

由于被试变压器的冲击电容是一个常数,故为得到符合要求的波前时间 T_1 或上升率,只能减少串联电阻值,但又不能过分减少,以免电压波形峰值处的振荡过大。如果为了得到更小的波前时间(最好仍是在规定的范围内),可允许其振荡峰值和/或过冲值比 GB/T 16927.1 规定的 5%的电压波形峰值大一些。此时,必须对振荡峰值和波前时间同时兼顾。通常,即使将波前时间延长到制造单位与用户协商的极限值时,亦应尽量使振荡峰值不大于 10%。试验电压值的测量按 GB/T 16927.1 规定的原则进行。

对于大型电力变压器,尤其是其中的中压和低压绕组,视在半峰值时间 T_2 可能达不到所规定的偏差值。这些绕组的电感可能小到使波形出现振荡。对于此问题,可用下述一些办法以得到某种程度上的解决,如增大冲击发生器电容、采用并联级运行方式、调节串联电阻或者对非被试绕组的端子或对被试绕组的非被试端子采用特殊的试验接线。

当非被试绕组的端子通过阻抗接地而不是直接接地时,会使绕组的等效电感明显地增加。对于直接接地的端子,只含有漏电感(由短路阻抗确定)。对于通过阻抗接地的端子,主电感是占主要的,它可使等效电感比直接接地时高 100 倍~200 倍。

当任何非被试端子通过阻抗接地时,必须确保任何非被试端子上的对地电压不超过:

——对于星接绕组,端子额定雷电耐受电压的 75%;

——对于角接绕组,端子额定雷电耐受电压的 50%,(由于角接端子上的反极性对地电压——也可见 7.4)。

当电感太小和/或冲击发生器电容太小而使波形出现振荡时,反极性幅值不应超过第一个峰值的 50%。根据这个限值,附录 A 给出了冲击发生器电容选择和波形调节的准则。

7.2 波尾截断的冲击波

7.2.1 截断时间

由于绕组结构及其布置不同,不同的截断时间 T_c(其定义见 GB/T 16927.1)将在绕组的不同部位处产生不同的电气应力(电压和持续时间)。因此,不可能对一般的或特殊的变压器或电抗器规定一个最苛刻的截断时间。所以截断时间不作为规定的试验参数,只要求其符合 GB 1094.3 规定的 2 μs~6 μs范围。

但是,只有在截断时间几乎相同的情况下,才可以对截波的波形或数字记录进行比较。

7.2.2 截断冲击波的骤降陡度和反极性幅值

截断时各种特性参数,主要与截断电路的布置、截断电路的阻抗及试品的阻抗有关。它们均可用来决定骤降的陡度和反极性电压幅值。

在 GB 1094.3 中,已限制振荡部分的反极性电压幅值不大于截断冲击电压幅值的 30%。这一规定,实际上已成为截断电路布置的准则,此外,还可以在该电路中接入附加的阻抗 Z_c 以满足此限值(见

图 1)。

截断回路外形尺寸应尽可能小以使骤降陡度最大,但是,应限制反极性振荡不超过 30%。在多层式绕组中,层间阻抗会使骤降陡度降低,从而不能形成围绕零点的振荡(见图 B.20)。

在 GB 1094.3 中已建议采用触发型截断间隙,因为它能保持截断时间稳定,便于对截断前及截断后的波形或数字记录进行比较。只有在截断时间相同的条件下才能比较截断后的那部分波形。

7.3 端子接线和故障探测方法

7.3.1 端子接线

试品端子接线和接地的方式主要与所采用的故障探测方法有关。

变压器冲击试验时的接线在 GB 1094.3 中有详细的叙述,至于电抗器,则在 GB/T 10229 中有详细的叙述。通常,被试相绕组的非被试端子接地,非被试相绕组应短路接地。但是,为了改善波尾时间 T_2,非被试绕组经电阻接地是比较合适的(见第 5 章和 7.1)。此外,被试绕组的非被试线端也可以同样地经电阻接地。

除了 7.1 中的波形调整方法外,还必须考虑以下因素:

a) 如果已规定了端子在使用时直接接地或与一个低阻抗电缆相连,那么在试验时,该端子应直接接地或经一个电阻值不超过该电缆波阻抗的电阻接地;

b) 为了进行冲击响应电流测量,可以认为经低阻分流器接地与直接接地等效。

当变压器内部或外部装有非线性元件或避雷器以限制瞬时传递过电压时,应预先对每种特殊情况下的冲击试验程序进行讨论。也可参见 GB 1094.3。

7.3.2 故障探测方法

故障检测一般是通过检查施加试验电压和冲击响应电流的波形图或数据记录来实现的。

图 2 表示出各种可能采用的瞬态现象记录方式,它们可单独采用,也可同时采用,今列于下述项 a)~项 e)中。在验收试验中,主要是记录施加的试验电压波形和下列至少一个瞬态现象波形:

a) 中性点电流(适用于中性点在试验时可以接地的星形联结和曲折形联结绕组);

b) 绕组电流(适用于其他类型的绕组以及中性点在试验时不能接地的星接联结和曲折形联结绕组);

c) 传递到邻近短路的非被试绕组上的电流,有时被称为电容传递电流;

d) 油箱电流;

e) 传递到非被试绕组上的电压。

有时将 a)、c)、d)的总和或者 b)、c)、d)的总和称为线电流。

电抗器试验时,不论是并联电抗器还是串联电抗器,c)和 e)都不适用;由于其灵敏度比变压器试验时要低,故 d)也仅作为一种辅助的瞬态现象记录方式。

7.4 试验程序

有关全波试验或全波与截波试验的顺序见 GB 1094.3。

直接施加冲击电压的方法是一种优先采用的方法。不过,在某些特殊的情况下,如中压或低压绕组在运行时不会直接受到与其相连接系统中来的雷电过电压,故对中压、低压绕组可采用传递冲击方法。此时,低压或中压绕组和高压绕组的冲击试验是同时进行的。在这种情况下,传递电压的波形将不满足 GB 1094.3 的规定。因此设法在绕组端子上接入足够大的电阻值,以使试验电压值达到规定的水平是比较重要的。但有时即使用了相当大的电阻值,也不能总是得到所要的试验电压值。在这种方式的试验中,可能会在三角形联结绕组上出现较高的相间电压值,从而使相间的内绝缘或外绝缘遭受到过高电气应力的危险,这可能使低压绕组上的电压值受到限制。合适的电压限值可由低压重复式冲击发生器的瞬态分析确定。

接到绕组上的非线性保护装置,由于其特有的性能,可能会使降低电压全波与全电压全波的波形图或数字记录有差异,为了证明这些差异确实是由保护装置动作所引起的,须通过两个或多个电压值不同的降低电压的全波冲击试验来表明保护装置动作的趋势。为表明非线性效应的可逆性,应在全电压全波试验电压施加后,按相反的顺序,依次施加原用的几个降低电压的全波冲击波。

例如:60%、80%、100%、80%、60%。

GB 1094.3 给出了变压器中性点的试验方法。当用间接加压方法时,即中性点上的冲击电压是由一个或多个线端传递的,其中性点上的波形尚不能规定,因为它基本上是由变压器本身的参数决定的;当采用对中性点直接加压的方法时,所有线端需接地,其波前时间允许长达 13 μs。此时,冲击发生器的感性负载显著地加大,很难达到符合偏差要求的半峰值时间。因此,可允许被试绕组的非被试端子经阻抗接地。

7.5 试验记录

7.5.1 概述

可以用模拟或数字记录系统来记录雷电冲击电压和电流响应波形。

7.5.2 模拟和数字记录系统

GB/T 16896.1 给出了模拟示波器和数字记录仪的要求。

数字记录可以对试验结果提供数学的解释,并允许使用辅助的数学处理,例如对所记录的现象进行故障分析。这些技术表明是有前途的,但对试验结果的解释尚未得到证实。

在此须强调,当为使试验结果可以被接受而采用波形图对比的方法时,用数字测量技术得到的波形应当是由未经任何数学处理、滤波及平滑化的原始数据得出的。

对非标准波形进行评估时,采用原始数据也是同样重要的。

(图 B.18、B.19 和 B.21 显示了在幅值、波前时间 T_1 及半峰值时间 T_2 评估上的明显差异。)

当数字记录仪作为直接测量装置记录电压和电流波形而无需对所记录的数据进行数学处理(见第10章)时,可视为技术先进的模拟式仪器。

GB 1094.3 要求同时测量:

a) 外施电压;

b) 至少有一个如 7.3.2 列出的瞬态现象。

因此,至少需要两个独立的记录通道。

尽管外施电压测量已有专门的规定,但记录其他瞬态现象特性的选择则与所采用的故障探测方法有关。

7.5.3 波形的模拟记录

为使试验结果判断容易,主要是根据降低电压和全电压下记录的波形图比较,最好是利用示波器上合适的衰减器,使相对应的波形图均具有相同的幅值。

7.5.3.1 冲击电压波形的模拟记录

a) 冲击电压波形测定

在对试验电路参数进行初步调整时,记录波形的最佳扫描时间,对于波前,为不大于 10 μs(当对变压器中性点进行试验时,可能需要更长的扫描时间)。对于波尾,只要能估算出半峰值时间就可以,不过,有时还要能估算出反极性电压幅值。

b) 外施冲击试验电压波形记录

为确定试验波形峰值并对任何可能出现的故障进行探测,则:

——对于全波,扫描时间应不小于 100 μs;

——对于截波,扫描时间在 10 μs~25 μs 之间一般是足够的。

至于试验报告(见第 11 章),对于验收试验,一般有一个恰当的扫描时间的记录是足够的;但对于诊断性试验,则可能需要几个不同扫描时间的记录。

7.5.3.2 冲击响应电流的模拟记录

一般地说,冲击电流是探测故障的最灵敏的参数。因此,电流波形图是试验结果的主要判断依据。

根据电流波形的形状以及所采用的线性扫描或指数扫描，可能需要扫描时间不同的多个记录，以保证：

a) 尽可能得到包括波前附近处的高频分量在内的清晰波形图；

b) 电流波形图的持续时间应足够长，以便判断稍晚些时间出现的波形差异。由于每台变压器的响应特性不同，且扫描时间在一定程度上与绕组结构型式有关，故“稍晚些时间”的含义也就不够确切。对于扫描时间，很难拟出一个更好的规则。当记录中性点或绕组电流时，记录时间至少应持续到感性电流峰值的出现，以便由波形图判断是否存在着由于匝绝缘击穿造成匝间短路而使电感发生变化的现象。

7.5.4 波形的数字记录

数字记录的原理是在试验过程中以规则的时间间隔采样，从而对电压或电流波形进行测定。这些采样应直接表示为原始数据，以便对波形参数进行估算（见 7.5.3.1），也可以根据降低电压值和全电压值（见 7.5.3.2）下记录波形的比较来对试验结果进行评估。另外，所记录的数据也可以用波形分析算法进行处理，如对记录波形的故障分析（见第 10 章）。

冲击试验时，试验区域附近会出现很高的电磁场，故需要对数字记录系统中的敏感的电子装置、整个处理设备及其电源进行保护，以免受电磁场的损害。

数字记录仪的屏幕分辨率应不小于 768×1024 像素，打印机应不小于 300 dpi。

7.5.4.1 冲击电压波形的数字记录

a) 冲击电压波形的确定

在对试验线路参数进行初步调整时，供测定波形用的记录数据的最佳扫描时间，对于波前，为不大于 10 μs（当对变压器中性点进行试验时，可采用较长的扫描时间）；对于波尾，只要能算出半峰值时间就可以，不过，有时还要能算出反极性电压幅值。

GB/T 16896.1 规定了用于记录冲击电压和电流波形的数字记录仪的最低分辨率为 9 bit 60 MHz。当调节至 10 μs 时间段或小于 10 μs 时间段以便对波前或对截波冲击进行估算时，应考虑使用 10 bit 的数字记录仪和 100 MHz 的采样率。

过去，波形估算是根据示波器记录、技术规定和目测来进行估算。随着电力变压器高压试验中数字记录仪的使用，就非标准波形的估算来说，应给出其幅值和时间参数。特别是，当试验额定容量大的低压绕组时，出现了频率小于 0.5 MHz 的单极性过冲，此时根据 IEC 61083-2 来估算这种非标准波形的峰值是不适用的。由于使用了数字记录仪内置曲线平滑算法，已观测到的误差大于 10%（见图 B.18、B.19 和图 B.21）。

在这种情况下，需要用技术规定对原始数据曲线进行仔细的估算，根据 GB/T 16896.1，力荐使用峰值电压表同时进行峰值电压的测量。

b) 外施冲击试验电压波形记录

为确定试验波形的幅值且对任何可能出现的故障进行探测，则：

——对于全波，采样数据的扫描时间应不小于 100 μs；

——对于截波，扫描时间在 10 μs～25 μs 之间一般是足够的。

因为部分绕组的最高响应频率一般不超过 1 MHz～2 MHz，故数字记录仪每个通道有 10 MHz～20 MHz 的采样率一般是足够的。如果在电压波形或电流波形中观测到高频，则是由于测量电路中的寄生振荡或是接地系统中的噪声所引起的。因此，推荐用更高的采样率（如前所述），以便对测量电路中的噪声和试品的实际特性进行区别。

对于波形分析，重要的是要用数字记录仪的最大可用内存，在整个波形上进行采样，直到波形已完全衰减。同样重要的是，在编写数字记录仪的程序中要有足够的采样数，以便确定波形的视在起点。

此外，因为可能需要进行若干次 50% 电压下的预冲击，以确定电压波形幅值和/或每个通道偏移量的最佳范围，故使用数字记录仪输入放大器的最大可用的分辨率也很重要。

应该特别注意雷电冲击波的反极性峰值大小。当要测量它时，可能会由于数字记录仪内输入放大器在所选量程内达到饱和，从而使记录的波形被削平。

对于验收试验，有一个恰当的记录(见第 11 章)一般是足够的。但是，对于诊断性试验，由于所有的信息已储存在计算机内存中，系统软件有能力在整个采样时间内检验波形或检验波形的某一部分。软件可以将全电压下波形与降低电压下波形相减，并将此差显示于可调幅值的刻度上。但是，倘若难于对这两条波形曲线进行适当的时间调节时，在波形的快速上升部分可能出现问题。

7.5.4.2 冲击响应电流的数字记录

通常，冲击电流是探测故障最灵敏的参数。因此，记录电流波形是对试验结果进行判断的主要依据。对于验收试验，其波形的显示与 7.5.3.2 中示波器的显示相同。

但是，数字记录仪内存中储存的数据允许对同一波形采用放大或缩小时间刻度来作不同的显示。有关采样率和数字记录仪输入通道的分辨率的要求，与 7.5.3.1 的规定相同。

为了更好地利用辅助的数学研究工具，如传递函数分析(见第 10 章)，对试验结果进行分析，重要的一点是使所用的冲击电流波形和电压波形的记录时间相同。

8 操作冲击试验

8.1 特殊要求

变压器和电抗器对操作冲击波的响应有较大的差异，这是因为变压器有一完全闭合的磁路且操作波的持续时间较长，因此，在铁心中能出现相当多的磁通(见 GB 1094.3)，而电抗器则不同。此外，二者的波形问题和试验程序也各不相同，所以应对这两种电气设备予以分别叙述。

8.2 变压器

8.2.1 波形

正如 GB 1094.3 所述，对操作冲击波的视在波前时间无严格的规定值，但应有足够长的时间以保证电压分布基本上是均匀的。一般要求波前时间 $T_1 \geqslant 100\ \mu s$，它是由绕组等效电容、负载电容和串联电阻等决定的。

波尾不仅受到各种调波元件的影响，而且也受到铁心可能饱和的影响。由于铁心饱和，大多数变压器在全电压值下，其波尾部分的指数衰减曲线会在峰值以后某一不确定的时刻突然下降过零。因此，视在半峰值时间不能用来表征操作冲击波的波尾。此时，波形参数可改用高于 90%峰值的时间 T_d 和第一个过零时间 T_z 来表征。GB 1094.3 规定：$T_d \geqslant 200\ \mu s$，$T_z \geqslant 500\ \mu s$，但最好是 1 000 μs。这些波形参数的表示见图 3a。

铁心达到饱和的时间与铁心尺寸、起始磁化状态和施加电压的水平及其波形等有关。为保证施加电压相同的各次操作冲击波的波形一致，必须使加压前铁心的初始磁化状态相同。此外，降低电压下的波形也不可能与全试验电压下的波形相同。有关减少铁心饱和影响的试验程序见 8.2.3。

在降低电压下一般不出现铁心饱和现象，有时甚至在全试验电压下也可能不出现饱和。如果出现饱和，它对电压波形的影响多少是与其饱和程度有关的。为此，当从变压器的高压侧施加操作冲击波时，可在降低电压下确定 T_1 和 T_d。然而，在第一次全电压操作冲击波施加前，T_z 是不能确定的。当从变压器的低压侧施加操作冲击波时，只能在降低电压下确定 T_1。此时，T_d 和 T_z 只能在全电压下确定。

应注意由于磁路磁阻不同，故变压器不同心柱上的波尾形状可能有明显的差异。

8.2.2 端子接线和故障探测方法

8.2.2.1 端子接线

为了满足 GB 1094.3 的要求，对三相变压器只允许采用一种试验接线，如图 4 所示。其中性点总是接地的且非被试相端子最好连在一起。(对于具有三角形联结绕组的变压器，非被试端子不必连在一起。)

对于三心柱式和五心柱式三相变压器，所选的电路应使相对地绝缘和相间绝缘分别受到1.0p.u.(标幺值)和1.5p.u.(标幺值)的外施电压。这两种绝缘的试验是同时进行的。

选择哪一个绕组直接施加试验电压及此试验电压的水平，一般可由制造单位决定，但应该使具有最高额定电压的绕组达到额定操作冲击耐受水平。

不允许将非被试绕组短路，因为在操作冲击试验时，这种短路的效应基本上与感应电压试验时相同。

虽然操作冲击波的基本波形是通过感应传递的，但相间耦合电容、各相自身电容和自身电感也能引起附加的振荡，并叠加在传递电压波上。图B.14表示出这种影响的实例。因此，当在一个端子上施加电压U时，按GB 1094.3的要求，相间的电压值便为1.5U。这点仅从理论上说是正确的。所以，在试验时如果不在非被试端子上采取经高阻抗接地的措施以抑制振荡电压的话，那么相间的电压值很可能比1.5U要高，非被试端子上的相对地电压值也很可能比0.5U要高得多。

为了得到适当的电压衰减，可采用一种简便的方法，即在被试绕组系统的非被试相端子上和/或非被试绕组相端子上接入高阻值的负载。但是，此电阻负载会使非被试端子上的波前时间显著地拉长，从而使相间的电压值小于1.5U。这是由于施加电压波(U)和感应电压波(0.5U)峰值出现的时间不同所致。当负载过大(即电阻太小)时，所施加的操作冲击波的波尾时间便明显地缩短，以致饱和效应也不存在了。

对于无三角形联结绕组的壳式及五柱式变压器，由于磁通不能直接通过非被试心柱上的绕组，故要求相间达到1.5倍的相对地电压值可能得不到满足。如果无角接绕组，那么通过非被试相绕组端子的短路和接地只能实现1.0 p.u.(标么值)的相对地试验。

对于单相自耦变压器，也可能有类似的叠加振荡问题需要予以考虑。

8.2.2.2 故障探测方法

至于故障探测，一般只测量电压波形就足够了。但在对中压或低压端子上施加冲击波时，则应记录高压端子上的电压波形。对于被试绕组的接地电流，也可以作为一种辅助的探测方法。

8.2.3 试验程序

在GB/T 1094.3中已叙述了试验程序。它包括了缓和铁心饱和的方法，以增加冲击波的持续时间。

在本部分中，当对高压绕组直接加压时，其试验程序包括对每相端子施加的冲击波，即：

——一次降低试验电压水平(为额定操作冲击耐受水平的50%～75%)的负极性冲击波；

——施加幅值约为50%试验水平的正极性冲击波或直流电压，以产生正极性剩磁；

——三次额定操作冲击耐受水平下的负极性冲击波，每次冲击前应先产生反极性剩磁。

产生剩磁优先选用的方法是施加大约50%试验水平的反极性(即正极性)冲击波。为使任一施加电压值下的波形图或数字记录相同，建议将剩磁点保持不变，此点最好是饱和剩磁点。若连续施加各冲击波中的第一次过零时间保持不变，则意味着已找到这样的点了。所需要的预励磁冲击次数及其电压值与预定的试验电压值有关。为避免外绝缘闪络，此正极性预励磁冲击电压值应不大于50%～60%试验电压值。

8.2.4 试验记录

8.2.4.1 概述

操作冲击试验时，要求记录高压端子上的电压波形。但是，正如8.2.2所述，由于非被试端子对地电压或相间电压可能过大，因此建议至少还需要对这些电压值进行检查。

电压波形记录通常也能很好地显示不直接遭受操作冲击波的有磁耦合的绕组上的任何故障。也可以记录冲击电流波形，在许多情况下，它还可以给出有关故障的补充信息。

为了记录操作冲击电压波形，最好用电容式分压器，因为电阻式分压器会对波形有影响，并且它本身还会出现过载发热的问题。当用电阻式分压器检查非被试端子的电压值时，因为它们被看成是电路中的一个相当大的负载，故应将其保留在电路中。也可用经过严格校准的电容式套管各测屏(末屏)端子作为分压器。

8.2.4.2 冲击电压波形的模拟记录

a) 冲击电压波形的确定

在调节试验电路参数确定波形的情况下，当记录波前时间时，其扫描时间必须将波形峰值部分包括在内，通常为 100 μs ～300 μs；当记录波尾时间时，由于只需确定高于 90%峰值的时间 T_d，建议扫描时间为 500 μs～1000 μs。

b) 施加冲击试验电压的波形记录

为了确定试验波形的峰值和对任何可能出现的故障进行探测，扫描时间必须足够长，直到包括第一个过零点，即应大于预定的 T_z 值，通常为 1000 μs～2000 μs。在特殊情况下，甚至可能需要更长的扫描时间，如 2000 μs～3000 μs。

8.2.4.3 冲击电压波形的数字记录

a) 冲击电压波形的确定

需要从波形的起点到其完全下降时的整个波形上采样，为此，要使用数字记录仪内的最大可用的内存。重要的是要采用这样一种方法对数字记录仪进行程序编制，即它应具有足够多的采样数以便能确定波形的视在原点。对于记录操作冲击，10 MHz 的采样率是足够的。7.5.3 所述的用于雷电冲击的数字记录仪的要求，足以用来记录操作冲击。

重要的是要用数字记录仪输入放大器的最大可用分辨率。为了确定每个通道的电压最佳范围和/或偏移量，需要若干次 50%降低电压水平的冲击。

应特别注意铁心磁饱和的影响和由于数字记录仪输入放大器饱和所引起的电压波形和电流波形被削波的可能性。

b) 施加冲击试验电压波形记录

为了确定试验波形的峰值和对任何可能出现的故障进行探测，记录时间必须足够长，直到包括第一个过零点，即应大于预定的 T_z 值，一般需要 1 000 μs～2 000 μs，特殊情况下需要 2 000 μs～3 000 μs。

8.2.4.4 冲击响应电流的模拟和数字记录

如 8.2.2 所述，记录冲击电流将有可能探测局部放电。当记录直接施加冲击电压绕组中的电流时，不论绕组是否承受到规定的试验电压水平，该电流都包括以下三个部分：

——初始电容性电流脉冲；

——与施加电压波尾部分相对应的缓慢且均匀上升的电感性电流分量；

——与任何饱和现象相对应的电流峰值。如果是因为饱和的影响，那么该电流峰值将会与电压骤降或下降相对应。

任何匝间或绕组某一部分的故障也会产生一个瞬态电流峰值，但是还伴有一个快得多的电压骤降，这表示磁通已被阻断。

当记录冲击响应电流的波形或数值时，最好选用与电压记录相同的扫描时间或采样时间。

8.3 电抗器

8.3.1 波形

在电抗器上得到的波形，呈一余弦衰减波。由于通过绕组的磁路不是完整的铁磁回路，故在波尾处不出现任何饱和现象。此波形主要是用频率及衰减系数来表征的。频率是由电抗器电感和冲击发生器电容决定的。但是，在实际应用中，电抗器上的试验波形规定仍如变压器那样，是用 T_1、T_d 和 T_z(见图 3b 和 B.16)来表示的。

其视在波前时间仍如变压器那样，主要是由绕组等效电容、附加负载电容和串联电阻等决定的。波前时间应足够长以确保被试绕组上的电压分布大致均匀。当 T_1 较大时，衰减系数也较大，因而使 T_z

相应地缩短；当 T_1 较小时，T_d 也小且反极性电压幅值可能达到75%试验电压值，从而增加相对地或相间闪络的危险。因此，应象变压器那样，将此反极性幅值限制在不超过50%的安全值以内，然后按此条件决定相应的 T_1、T_d 和 T_z。

通常，对于小于100 Mvar、阻抗相对较高的三相小型电抗器，要得到象变压器那样 $T_d \geq 200\ \mu s$ 的特性要求是没有问题的。对于大型电抗器，要得到如变压器所规定的 T_d 和 T_z 将需要容量相当大的冲击发生器。此时，为确保有足够的"电压-时间"电气特性，T_d 和 T_z 的最小值应分别为120 μs和500 μs。

8.3.2 端子接线和故障探测方法

8.3.2.1 端子接线

由于每相只有一个绕组，试验电压只能加到被试相绕组的线端，该相绕组的另一端子应接地。

对于三相电抗器，不能满足如图4所示的相间电压等于1.5倍相对地电压的要求。在这些电抗器中的磁通不能直接通过非被试心柱上的绕组。因此，要求其正常操作冲击试验程序与雷电冲击试验相同。

8.3.2.2 故障探测方法

对于故障探测，如变压器一样，通常只记录电压波形就足够了，但是记录通过被试绕组中的接地电流波形也可以作为辅助的探测方式。

8.3.3 试验程序

由于没有铁心饱和的影响，电抗器的操作冲击试验程序与其雷电冲击试验程序相同。它包括：

——冲击电压波形的确定；

——施加一次降低电压值的负极性冲击；

——施加三次额定操作冲击耐受电压值的负极性冲击且不需采取任何预励磁措施。

8.3.4 冲击电压波形和冲击响应电流的模拟和数字记录

对于电抗器来说，尽管8.3.1所述的波形与变压器的波形有些区别，但其电压及电流波形记录的原则，总的说仍与变压器相同。不过，在其电压和电流波形中所用的扫描时间最好是包括外施电压的第二个半周期波形在内。

此外，对于电流波形，采用更短的扫描时间或许要好一些，因为它能更详细地指示出初始的电容电流。与余弦电压波形对应的电流基本波形为正弦波波形(见图3b)和B.16)。

9 波形图或数字记录的判断

判断试验结果的基本方法是对在一个给定试验顺序内所得到的各试验波形之间进行比较。总的说，除了有非线性装置外，在同一试验条件下并使用同一试验电路参数，由同一通道所记录的各曲线图应该相同。不同试验电压水平下的波形图，应通过适当的衰减进行补偿，以得到相同的波形记录幅值。

附录B包括了一些变压器和电抗器实际试验时所记录的一批有故障和无故障时的波形图和数字记录。但应强调的是：在另一台产品上出现的类似的波形畸变不能看成是由同一原因引起的，因为产品设计不同时，其故障的表现形式也是不相同的。

9.1 雷电冲击

9.1.1 概述

波形图或数字记录的判断，是根据对降低电压和额定试验电压或连续几次额定试验电压之间的电压和电流波形图的比较而进行的。这是一项技术性较强的工作，此外，由于总可能出现各种各样的干扰，故即使经验丰富的人，常常也难于确定畸变的原因。因此，不管出现了什么样的畸变，都应对它进行研究。

为了研究这些畸变，建议先检查试验线路、测量线路和接地方式，确定它们是否产生干扰。如果干扰是由试验线路引起的，应尽量消除此干扰或尽可能减少其影响。应注意：在多级冲击发生器中，由于各级点火时间不同，可能使电流波形的起始高频振荡处的幅值有少量的变化(基波频率不变)，见图

B.13。但是，在大多数情况下，这些变化出现的时刻被限制在与电压波波前50%幅值以下相对应的时间内。

如果多级并联运行冲击发生器的各放电回路投入运行时间不一致，则有可能在峰值出现后产生畸变。此时，可能要求在冲击发生器上装设一种新型的既有串联又有并联间隙的放电间隙。

其次，应检查铁心接地或试品内任何非线性元件，使它们不是干扰源。无间隙的非线性电阻元件随着外施电压的增加，波形图可能会出现一种有规律的逐步发展或变化(见图B.12)。

一旦上述引起畸变的原因消除或给予指明之后，则在降低试验电压和额定试验电压之间或者连续几次额定试验电压之间的电压或电流波形图中的任何变化，均可以认为是由于试品绝缘故障所引起的，不能再认为是由于试验线路或试品内的非线性电阻元件引起的。

9.1.2 全波试验的电压记录

用施加电压的波形图或数字记录来探测故障是很不灵敏的。因此，当用它探测到有畸变时，则表明在试品绝缘或试验线路中出现了较大的故障。

只要时间分辨率足够高，就可以对畸变进行更细致的分析。

——被试端子附近出现直接对地故障时，将使电压波出现骤降。当沿被试绕组逐渐发展但呈完全闪络时，电压骤降较慢，一般呈阶梯状下降(见图B.1)。

——沿绕组某一部分的闪络将降低绕组的阻抗，从而减少半峰值时间。在闪络的瞬间，将会在电压波上出现振荡的特征(见图B.1～B.5)。

——范围较小的故障，如线段间甚至匝间绝缘击穿，一般在电压波形记录上看不出变化，但有时会有高频振荡出现。通常用电流波形图可探测出这些故障，见图B.6。在被试端子处或其附近处出现的潜伏性故障，同样会使波形图或数字记录上出现少量的变化迹象。

传递电压波形图也能指示上述故障且其灵敏度比外施电压波形图要高。

9.1.3 全波试验的电流记录

冲击响应电流的波形图或数字记录是最灵敏的故障探测方法。但是，此灵敏度有可能显示出与故障无关的各种干扰现象，其中一些已在9.1中列举出。它们可能使波形的振荡出现异常的突变或者使电流波形的波前部分发生变化，因此应对其进行研究。

若电流波形图中发生了明显的变化，如幅值和频率的变化，一般表明在被试绕组内或绕组对地之间有部分绕组发生击穿(见图B.1)。根据所用的故障探测方法不同，其波形变化形式也不相同。由电流增减、电流变化方向与所用的故障探测方法一起可用来确定故障的性质和其发生的部位(见图B.3)。

在中性点电流中，若电流明显增大且伴有叠加频率的变化，则表明被试绕组内部出现故障；若电流减少，则表明被试绕组对相邻绕组或对地出现故障。

在电容传递电流中，若被试绕组内部或被试绕组对地出现故障，则使电流的极性发生突然的变化，也会使基波频率发生变化且使幅值可能降低；若是被试绕组对相邻绕组的故障，则电流波形幅值会按同一极性方向突增且使基波频率发生变化。

小量的、局部的、锯齿状的、或许会持续2 μs或3 μs的畸变，有可能表示匝间、段间或线圈引线间的绝缘发生严重的放电或局部击穿。对于串联电容小的绕组，即基本上显示行波特性的绕组，可以利用电容电流波畸变信号和行波畸变信号到达中性点时的时间差异来确定故障源的部位。

9.1.4 截波试验的电压和电流记录

若截波的截断时间不是很一致时，一般不可能对截断瞬间后的波形图进行比较。即使采用触发式截断间隙(见图B.10)也只能得到大体相同的截断时间，而不能得到完全相同的截断时间。即便截断瞬间差别不大，对某些变压器而言，也能使截断后的那部分波形产生明显的畸变(此波形图是由原来冲击波中的波前时间相对应的瞬态现象和截断时引起的瞬态现象叠加而成的)，并且这种畸变可能使连续几次施加的冲击波之间的波形图比较产生混乱，从而误认为有故障出现(见图B.11)。

当使用数字记录技术时，用第10章所述的传递函数分析，可能有助于消除这种混乱(见图B.17)。

应对截断后任何电压和电流记录中的频率变化进行研究。这些变化可能是由回路对试验室地的闪络或试品内部故障所引起的。

截波试验时，若截断间隙不动作或任何外部出现了火花放电，尽管电压记录仍显示为一个截波，仍明确表示在试品内或在试验电路内存在故障。

只要一个施加电压波的截断时间与另外一个很接近时，利用电压和电流记录中在截断后的振荡差异可以探测试验时出现的故障，见图 B.8 和 B.9。但当故障是在截断瞬间前出现时，则有关波形图的考虑与全波试验时相同(见图 B.2 和 B.7)。

9.2 操作冲击

9.2.1 电压记录

在操作冲击试验中，由于沿整个绕组上的电压分布是均匀的，因此，故障出现一般便意味着有较大的损坏，如段间、绕组某一部分、甚至绕组之间或绕组对地等出现了短路。这些故障形式使电压波形图有明显的变化，它可能使电压波突然下降或者使波尾缩短，有时也可能只出现短暂的下降。因此，操作冲击试验中的电压波形图对大多数故障而言，都有足够的灵敏度(见图 B.15)。

对于变压器，任何一部分绕组的故障(匝间故障，层间击穿，或在分接绕组内击穿)都会产生磁通阻断，因此，很容易用电压和电流记录来探测。

对于带气隙的铁心式电抗器，由于每相只有一个绕组并且没有闭合的磁路，故要探测匝间故障可能很困难，或者可能根本探测不到故障。此时，具有较高分辨率的流到地中的电容电流或第二个电流(油箱电流)记录，可能对此有帮助。当采用这种高分辨率的记录时，建议它应包含外施余弦电压波的峰值的时间和到达反极性的时间在内。

变压器试验中的波尾缩短，一般是容易与连续施加数次冲击波时因铁心初始磁化状态不同所引起的波尾长度变化区分的。若各初始状态越接近，就越容易区分故障和无故障状态。

9.2.2 冲击响应电流记录

在 8.2.4.4 和 8.3.4 中已分别叙述了变压器和电抗器电流记录的一般波形。除了在波形起始部位或在变压器的铁心饱和点附近外，若在与电压波形图出现畸变的同一时刻电流波形也出现了急剧的变化，则表示出现了故障。对于预期的故障性质而言，电流记录的灵敏度与电压记录相同。

10 包括传递函数分析在内的数字处理

随着数字记录技术在 LI 和 SI 试验中的引入，现在，它已成为进行故障分析实用的辅助工具。

在传递函数分析中，外施电压 $U(t)$ 和相应的变压器中性点处或是短接的非被试绕组对地处(电容传递电流)的冲击响应电流 $I(t)$ 的实时记录，都可以通过快速傅氏变换算法(FFT)转换为频域，分别表示为 $U(\omega)$ 和 $I(\omega)$。

然后，对电压和电流频谱[$U(\omega)$ 和 $I(\omega)$]进行如下数学处理：

a) 通过 $I(\omega)/U(\omega)$ 得到传递导纳函数；或

b) 通过 $U(\omega)/I(\omega)$ 得到传递阻抗函数。

对于变压器无源网络，导纳函数和阻抗函数都可看成是与波形无关的频域特征函数，但是，由于电压频谱 $U(\omega)$ 没有任何零点，因此，在传递函数分析中应优先使用传递导纳函数 $I(\omega)/U(\omega)$。

传递函数的实例见图 B.17。

对于导纳函数，由四端网络理论[1]，可得出如下的故障表示：

1) 传递函数图中出现了所关注的极点的位置偏移，这表明了绕组中某一部分发生击穿；

2) 极点降低，这表示有局部放电发生。

但是，当冲击电流和/或外施电压的变化并不引起传递导纳函数变化时，这表明了是试验电路的问

1) 四端网络理论是描述线性电气网络中的时域和频域输入量与输出量之间关系的一种数学工具。

题，而不是试品的问题，因此，它是一种用来区分内部故障和外部故障的工具。

要强调的是该技术尚未得到充分证据，表明它适用于所有的情况，因此，目前只建议作为结果的辅助判断方法。试验结果最终是否被接受，仍然是根据第7.5规定的波形对比结果。

数字记录仪从1980年起，就已经用于冲击试验。然而，关于传递函数分析的文献和经验，多年来一直受到反对意见的抵制。这些反对意见的理由如下，即：

a) 四端网络理论是完全适用于集中线性电路元件的，但变压器，特别是雷电冲击试验电路却不用集中线性电路元件表征；

b) 数字记录仪可能有非标准化的内置滤波器，以滤去信号中的噪声，从而可能：

——将初期性故障指示滤掉而不承认它存在；

——对与导纳函数无关的波形有影响。

c) 按不同故障状态下的差异性所确立的好/坏准则，至今尚未达到令人满意的程度。

此新技术在将来将是一个非常有用的工具，因为它也可用于发生严重短路后对绝缘故障和机械故障进行在线检测。

在下述一些记录实例中，既有实时记录又有传递函数分析。

示例1：用数字记录估算非标波形

——对于具有19%过冲的非标准波形1.44/46 μs，是根据GB/T 16927.1通过波尾下降部分的切线进行估算的，见图B.18。由于数字记录仪中未知的内置曲线平滑算法，故幅值估算误差可能大于10%；

——对于叠加振荡幅值大于50%且频率小于0.5 MHz的非标准波形2.48/50 μs，见图B.19。根据叠加振荡的第一段波形图，数字记录仪估算的半峰值时间为5 μs，而根据GB/T 16927.1，其估算时间为50 μs；

——对于层式绕组上的非标准截波，见图B.20。由于层间阻抗避免了截波对地电压迅速下降，也不产生围绕零点的振荡；(比较图B.8～B.11和B.20的波形图或数字记录。)

——用不同的数字记录仪对同一记录进行非标准波形的比较：在图B.21的例子中，发现幅值的差异为7%(109.9 kV对102.3 kV)，参数T_1的差异为9%(2.55 μs对2.34 μs)。T_2的差异未说明。校准的并联峰值电压表的读数为110 kV。

示例2：试验电路问题的响应

——对于由测量电缆对地闪络所引起的试验电路问题，见图B.22 a)。由低压绕组来的电容传递电流所引起的使测量电缆对地(不是油箱和冲击发生器的地)闪络，经与降低全波试验比较后，有：

a) 电压波形中无指示；

b) 电流波形中有明显的指示；

c) 传递函数分析中有明显的指示；

——传递函数中，存在着极点位置下降，但其频率没有变化时，这表明有放电；

——在消除测量电缆故障后，重复进行冲击试验。图B.22 b)示出了在降低电压和全电压全波冲击试验电压下各传递函数之间完全一致。

示例3：试品故障的响应

——图B.23 a)示出了分接开关分接头引线之间闪络的数字记录。全电压全波冲击下的电压和电流的实时记录及传递函数记录与降低全波冲击试验相比，有明显的变化；

——粗调绕组和细调绕组之间故障的数字记录，见图B.23 b)。所有的实时记录和传递函数记录都有明显的变化。

由上述所示的记录实例可知，所有的故障也可用实时记录探测出。

11 冲击试验报告

试品的冲击试验报告至少应包括以下内容：

a) 一般内容，包括：

——试品的型号、额定值及电压；

——出厂序号；

——试验时的分接位置；

——试验地点及试验日期；
——制造单位的试验工程师；
——用户的监制工程师；
——试品的标准；
——规定的试验电压及波形。

b) 用表格列出每个端子的冲击试验，其内含有：
——试验波形类型及幅值；
——记录编号，以便查验和相互参考引用；
——雷电冲击（LI，全波或截波）和操作冲击（SI）的实际试验电压；
——冲击发生器的实际配置参数（内部和外部）；
——LI（T_1，T_2，T_c）和 SI（T_1，T_d，T_z）的波形参数；
——每次试验的接线图，包括：
- 端子标志；
- 施加冲击的端子；
- 被试相和非被试相的非被试端子的接地布置，其中包括接地电阻或接地阻抗值；

——试验电路详述；
——电压和电流测量点及其测量布置。

c) 试验中相关记录的复制是试验报告的一个重要部分。当有规定时，应对这些记录进行严格查对并合理地排列，以便各全波和各截波之间易于比较。应表示出每张波形图或数字记录中各坐标轴（幅值和时间）的刻度比例。

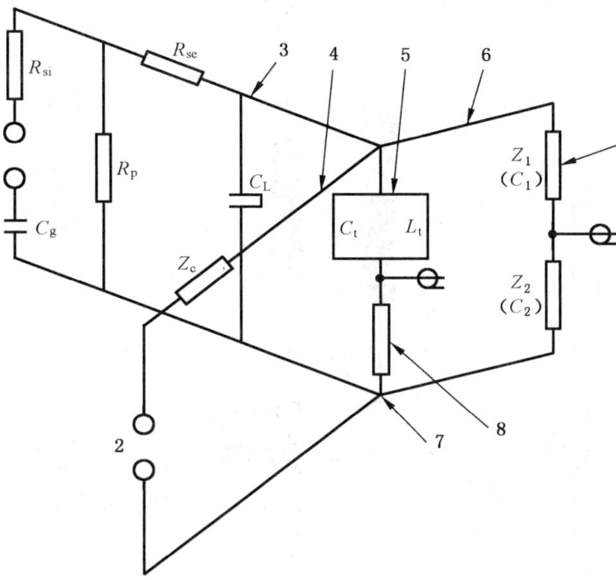

图中：

1——冲击发生器；

2——截断间隙；

3——主电路；

4——截断电路；

5——试品；

6——电压测量电路；

7——参考接地点；

8——分流器；

9——分压器；

C_g——发生器电容；

C_L——负载电容；

C_t——试品等效电容；

L_t——试品等效阻抗；

R_{si}——内部串联电阻；

R_{se}——外部串联电阻；

R_p——并联电阻；

Z_c——截断电路中的附加阻抗；

$Z_1(C_1)$——分压器高压侧阻抗(电容)；

$Z_2(C_2)$——分压器低压侧阻抗(电容)。

图 1　典型的冲击试验电路

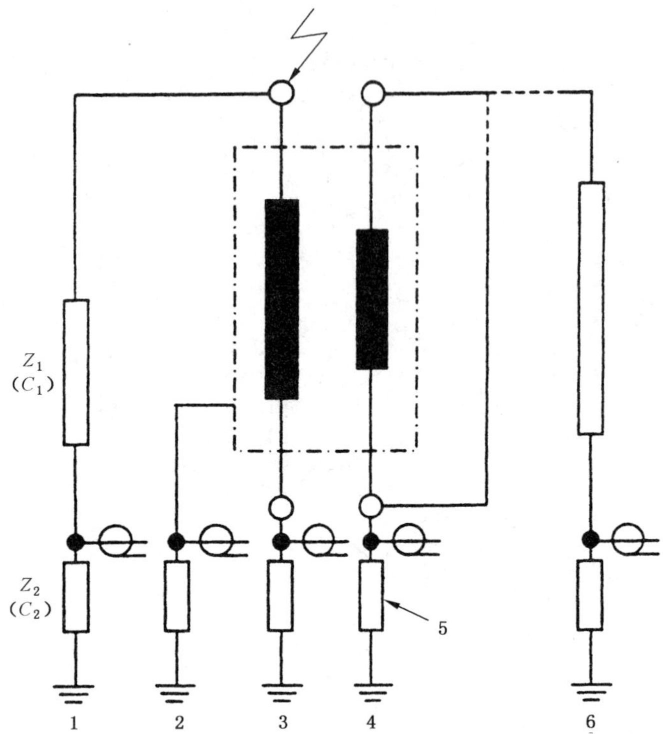

图中：

1——电压测量电路；

2——油箱电流；

3——中性点或绕组电流；

4——电容传递电流；

5——分流器；

6——电压测量电路和传递电压；

$Z_1(C_1)$，$Z_2(C_2)$——分压器阻抗(电容)(也可见图 1)。

图 2 雷电冲击试验中的端子接线和适用的故障探测方法

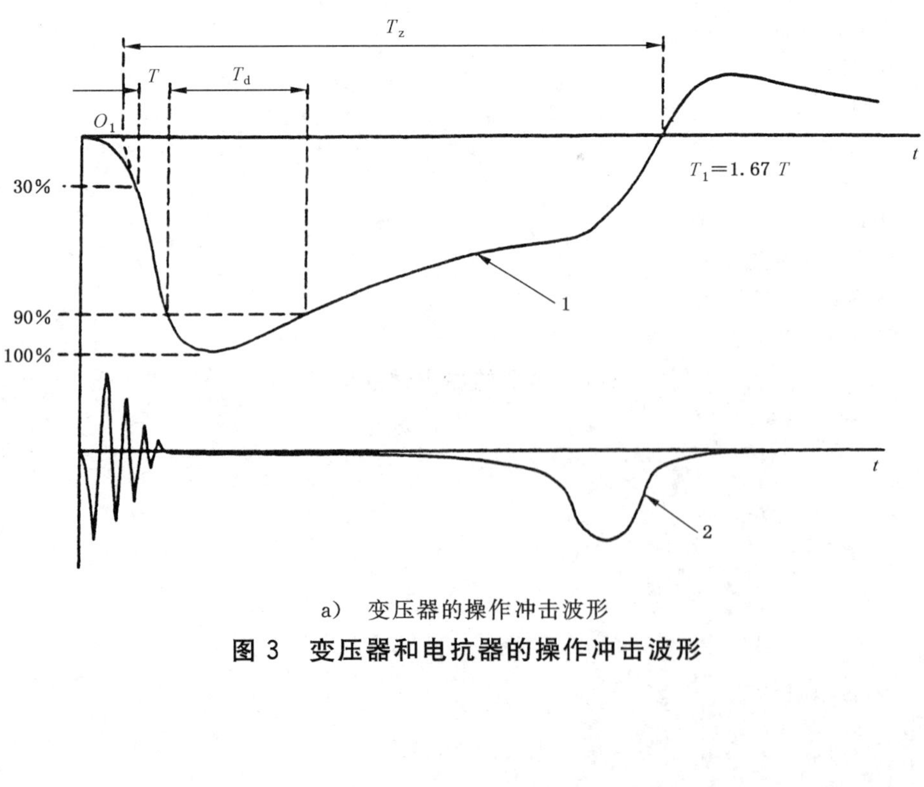

a) 变压器的操作冲击波形

图 3 变压器和电抗器的操作冲击波形

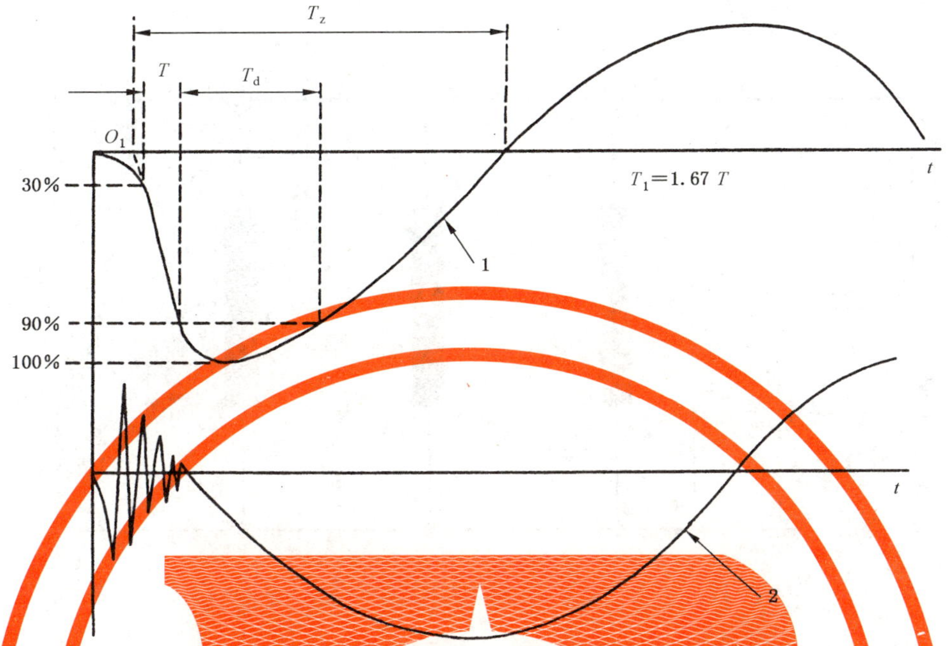

b) 电抗器的操作冲击波形

图中：

1——电压波形；

2——电流波形；

T——冲击波 30%峰值瞬间与 90%峰值瞬间之间的时间；

T_1——视在波前时间；

T_z——第 1 个过零点的时间；

T_d——大于 90%规定峰值的时间。

图 3（续）

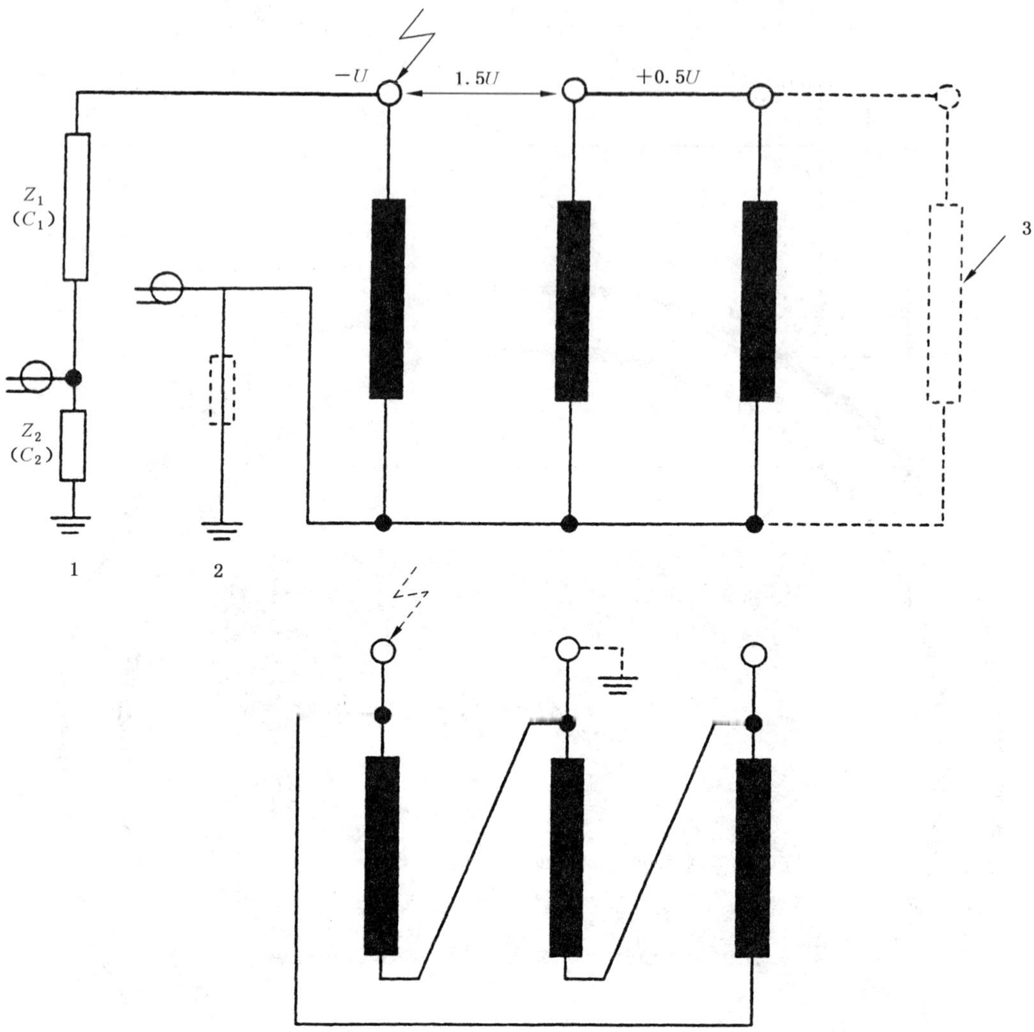

图中：

1——电压测量电路；

2——电流测量电路；

3——负载电阻，见 8.2.2.1；

$Z_1(C_1)$，$Z_2(C_2)$——分压器阻抗(电容)(也可见图 1)。

注：三角形联结绕组的冲击施加方式如图中虚线所示。

图 4　操作冲击试验中的端子接线及故障探测方法

附 录 A
（资料性附录）
波形控制原理

A.1 概述

冲击波是由装有一组电容器并联充电然后串联放电的设备所产生的。电压的幅值是由初始充电电压、放电时电容器串联的级数以及电路的效率决定的。波形主要是由冲击发生器的电容和电阻以及负载的阻抗确定的。

变压器雷电冲击试验时的波形控制原理，可用图 A.1 和 A.2 所示的简化图形来说明。它们可分为以下两种情况：

——对于高阻抗绕组；

——对于低阻抗绕组。

A.2 高阻抗绕组（L_t＞100 mH）

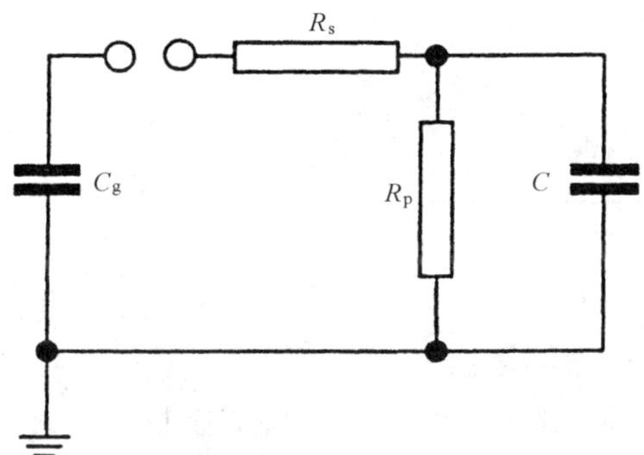

a)

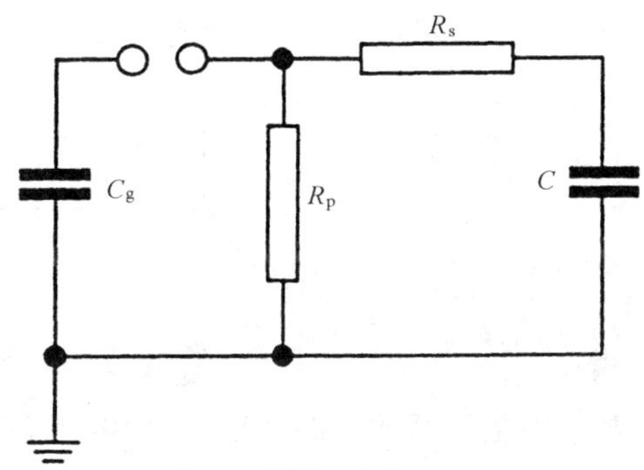

b)

其中：

C_g——冲击发生器电容；

C＝$C_t+C_L+C_1$（见图 1）；

$R_s=R_{si}+R_{se}$——总串联电阻（见图 1）；

R_p——并联电阻（见图 1）。

图 A.1 高阻抗绕组的波形控制

波前时间为：

$$T_1 \approx 3 \times \frac{R_s R_p}{R_s + R_p} \times \frac{C_g C}{C_g + C} \quad (\text{图 A.1a}) \qquad \cdots\cdots(\text{A.1})$$

或：

$$T_1 \approx 3R_s \times \frac{C_g C}{C_g + C} \quad (\text{图 A.1b}) \qquad \cdots\cdots(\text{A.2})$$

半峰值时间为：

$$T_2 \approx 0.7(R_s + R_p)(C_g + C) \quad (\text{图 A.1a}) \qquad \cdots\cdots(\text{A.3})$$

或：

$$T_2 \approx 0.7R_p(C_g + C) \quad (\text{图 A.1b}) \qquad \cdots\cdots(\text{A.4})$$

对于 $R_p >> R_s$ 和 $C_g >> C$：

$$T_1 \approx 3R_s \times C, T_2 \approx 0.7R_p \times C_g \quad \cdots\cdots(A.5)$$

通常，波前和波尾参数都是根据纯电容负载时的原理来进行调节的。但应当指出，变压器的等效电容 C_t 是包括在 C 之内的，且其在波前和波尾时有不同的实际值。

对于波前时间，C_t 可按 $C_t \approx C_B + \sqrt{(C_s C_e)}$ 计算，其中 C_B 为套管电容，C_s 为绕组串联电容，C_e 为绕组的对地电容。

对于波尾，C_t 可用 C_B 加上 C_e 的某一部分来估算，它与起始电压分布有关。很显然，在大多数实际情况中（见式(A.5)），对于波尾考虑而言，C_t 值是次要的。

对于等效电感 L_t 在 20 mH～100 mH 范围内的绕组，绕组阻抗明显地使放电时间常数（$\tau = R_p C_g$）减小了。此时，T_2 不能直接按式(A.5)调节。为了考虑这种影响，经验表明：必须增加 R_p 值，使其比按式(A.5)求出值大 2 倍～10 倍。

A.3 低阻抗绕组（L_t＜20 mH）

对于波前调节，与高阻抗绕组的情况相同。

对于波尾调节，试品可用图 A.2 所示的等效电感表示。

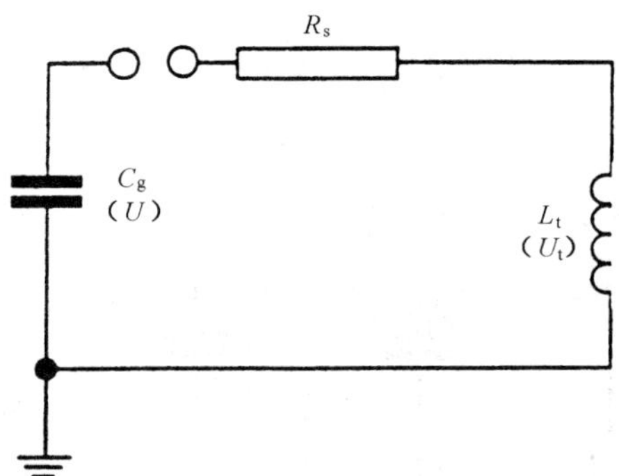

图 A.2 低阻抗绕组的波尾控制

根据电路中阻尼系数 k 的大小，试验电压 U_t 或呈振荡型或呈指数型。在临界阻尼（$k=1$）或过临界阻尼（$k>1$）电路中可得到指数的电压波形。然而，一般是不采用这种波形的，因为在这种情况下，与此相应的电阻值将过大，使波前时间延长到不能接受的程度。

当 $k<1$ 时，试验电压为：

$$U_t = U_e^{-\alpha t}(\cos\omega t - \frac{\alpha}{\omega}\sin\omega t) = \frac{U}{\cos\varphi} e^{-\alpha t}\cos(\omega t + \varphi) \quad \cdots\cdots(A.6)$$

式中：

$\omega^2 = \omega_0^2 - \alpha^2$

$\omega_0^2 = \frac{1}{L_t C_g}$

$\alpha = \frac{R_s}{2L_t}$

$\tan\varphi = \frac{\alpha}{\omega} = \frac{k}{\sqrt{1-k^2}}$

并且阻尼系数为：

$$k = \frac{\alpha}{\omega_0} = \frac{R_s}{2\sqrt{\frac{L_t}{C_g}}}$$

此电压为一衰减振荡波（如图 A.3 所示）。

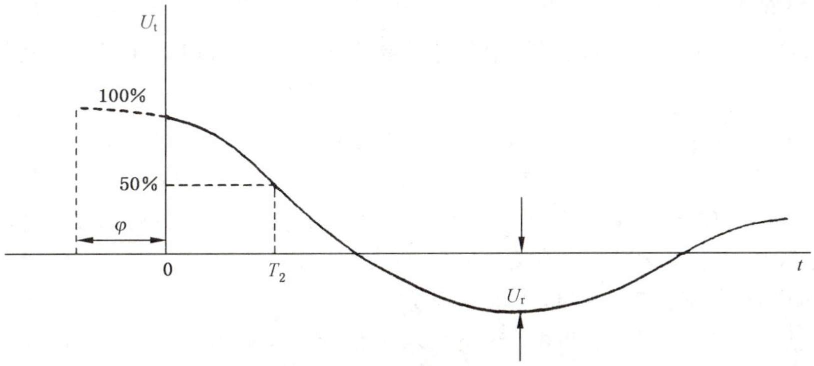

图 A.3　衰减振荡波形图

为了初步估算 T_2，令 R_s 为零。此时式(A.6)变为：

$$U_t = U\cos\omega_0 t$$

半峰值时间为：

$$T_2 = \frac{1}{6} \times \frac{2\pi}{\omega_0} = \frac{\pi}{3}\sqrt{L_t C_g} \quad \cdots\cdots(\text{A.7})$$

但在这种理想条件下，将得到反极性峰值为100%的非衰减型振荡波。

如此高的反极性振荡，可能会使绕组匝绝缘和绕组之间的绝缘受到过高的电气应力，从而引起局部放电，并且仅仅是由于试验的限制，迫使加强电极结构绝缘。因此，应将反极性峰值限制为起始峰值电压的50%。

由于反极性峰值 U_r 限值为50%以内，故会出现明显的衰减，由此，半峰值时间将比按式(A.7)计算出的值还要小。此时，衰减系数 $k=0.25$，故半峰值时间为：

$$T_2 = \sqrt{0.5 L_t C_g} \quad \cdots\cdots(\text{A.8})$$

式(A.7)和(A.8)表示出调节试品电感 L_t 或冲击发生器电容 C_g 以控制波尾的准则。

L_t 是受非被试绕组接线方式影响的，如果将非被试绕组短路接地(即通常采用的接线方式)，L_t 便是变压器的漏抗。以这种接线方式进行试验，即使波尾较短，一般仍会在绕组之间或绕组的各部分之间的绝缘产生最大的电气应力。但是，由于波尾短，电压持续时间也短，所以这种较短的波尾不会象其他可能的接线方式那样，使绕组中部对地的绝缘产生较大的电气应力。

如果在非被试绕组上接入电阻负载时，等效电感增大，但非被试绕组端子上的电压，对于星接绕组，应不超过雷电冲击耐受电压值的75%；或者对于角接绕组，应不超过雷电冲击耐受电压值的50%。

C_g 可随冲击发生器的各级串联或并联接线变动而改变。按式(A.9)，所需的最小冲击发生器电容为：

$$C_g \approx 2\frac{T_2^2}{L_t} \quad \cdots\cdots(\text{A.9})$$

但是，当 L_t 太小或者因上述的电压限制，不能再靠非被试绕组端子经电阻接地的方法来加大 L_t 时，式(A.9)不是总能得到满足的。此时，电路中的放电时间常数为：

$$\tau = \frac{L_t}{R_s} \quad \cdots\cdots(\text{A.10})$$

此式表示调节波尾的另一种方法。然而过分减少 R_s 将使冲击波波峰处出现过大的过冲或叠加振荡，此外，如前所述，也将使反极性幅值过大。此时，建议采用一种附加的负载电容 C_L 来控制波前，此负载电容将抑制串联电阻 R_s 较小时的不良影响。

如果上述控制波尾的方法还不能得到合适的半峰值时间，则需要采取折衷的方法，或是接受更小的半峰值时间；或是按图 A.6 将被试绕组的非被试端子经电阻接地。此时，非被试端子的电压限值，对于星接绕组，为其雷电冲击耐受水平的75%；对于角接绕组，为其雷电冲击耐受水平的50%。因此，最好还是采用更小的半峰值时间。

图 A.4 中的项 3 表示绕组一端直接接地的变压器等值图。如果串联电容 C_1 及 C_2 比对地电容 C_3 大,其起始电压分布如图中的曲线 M,最终的电压分布如图中曲线 N,这表示振荡包络线是在曲线 M 和 M′之间。如果 C_1 及 C_2 均远小于 C_3,则其起始电压分布如图中的曲线 O,这表示振荡包络线是在曲线 O 和 O′之间。对于这种接线方法,绕组某些部分上的电压可能会超过线端上的外施电压。不过,一般来说,这些绕组的时间常数都较长,点 T 振荡至其最大幅值的时间通常足够长,而此时施加在端子上的电压已降至峰值的 50%以下。因此,这种接线方法不会在绕组对地之间产生一个持续的较高的电气应力,但它会在绕组内部的绝缘上产生较高的电气应力。

此试验接线方法特别适合于电流测量,因为它不增加电路的电阻,因而,此电路对高频干扰有良好的响应。

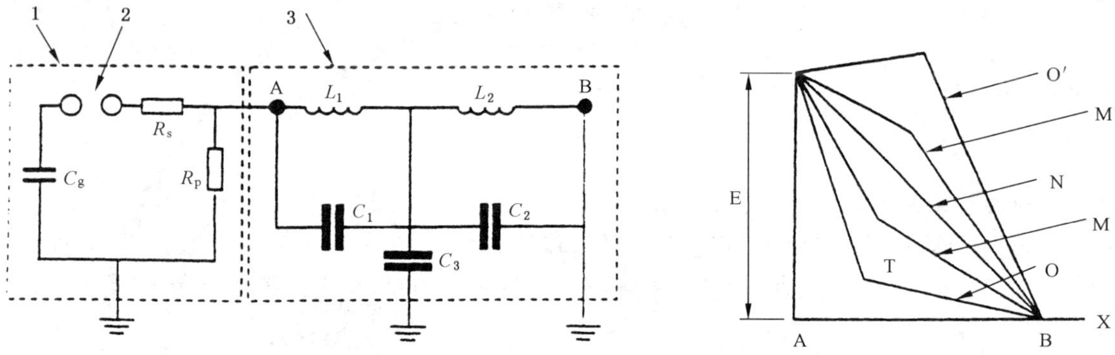

其中:
1——冲击发生器;
2——火花放电间隙;
3——变压器;
X——地;
A——绕组端子;
B——绕组中性点端;
E——绕组端子上的电压幅值;
C_1,C_2——串联电容;
C_3——对地电容;
C_g,R_s,R_p——(见图 1);
L_1,L_2——电感。

图 A.4 波尾缩短的影响

另一种可采用的接线方法是在被试绕组接地端接入一个电阻。这种接线方法改变了匝间和段(层)间的电气应力,变化的大小与绕组时间常数有关。图 A.5 中的项 3 表示绕组非被试端子经电阻接地的典型的变压器等效网络图。如果串联电容 C_1 和 C_2 均比对地电容 C_3 大很多,则起始电压分布与图中曲线 P 类似,最终的电压分布将与曲线 Q 类似,从而电阻上的电压为全部或几乎全部的电压值,振荡包络线是在曲线 P 和 P′之间;当对地电容比串联电容大时,起始电压分布与图中的曲线 S 类似,而最终的电压分布可以再次假设为曲线 Q,振荡包络线是在曲线 S 和 S′之间。可能再次在绕组某些部分产生过高的对地电压。实际上,通常接入的电阻值不会过大,只要求其波尾时间适当,且使该电阻两端之间的电压限制到不超过该绕组接地端子上的雷电冲击耐压水平的 75%。在后一个实例中,如果用于产生适当长度波尾的电阻值更小,则最终的电压分布曲线将降低至 Q′,振荡包络线是在 S 和 S″之间。应测量波尾时间和电阻两端的电压,以确定所用的电阻值的大小。

尽管此电阻可能会使故障探测灵敏度略有降低,但是这种试验接线方法能对线端施加合适的波形且又适合于接地电流测量。由于全部冲击电压最初是施加在呈串联连接的绕组和电阻上，因此，绕组两端之间的电气应力将会减小。

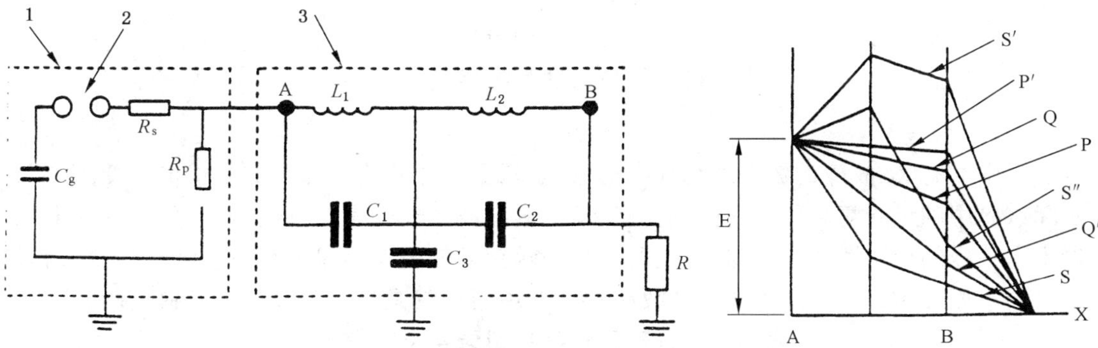

其中：

1——冲击电压发生器；

2——放电间隙；

3——变压器；

X——地。

图 A.5　绕组经电阻接地

在冲击发生器和被试绕组之间接入一个电感元件，有时该电感还与 R_s 并联（见图 A.6），以增加电路的总电感，并且通常能增加波尾时间，使其大于单独使用冲击发生器时所产生的波尾时间。这种接线方法靠的是：在波前期间，能量是从冲击发生器传递到电感中；在波尾期间，能量是从电感传递至绕组中。在这种接线方法下所增加的波尾时间与绕组的特性和所用的电感值有关。

在调节操作冲击波的波前时间时，也可采用上述的一些考虑。但是，由于波前时间较长，变压器的等效电容 C_t 便等于绕组的对地有效电容 C_e。

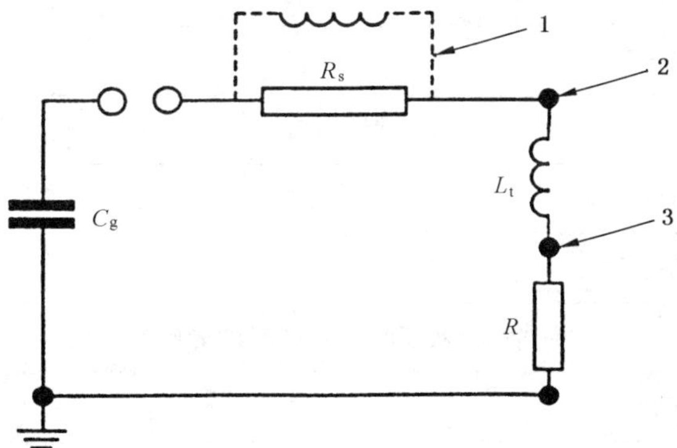

其中：

1——现已发展了一种加大半峰值时间的补充方法，它是在 R_s 上并联一个附加的电感元件以增加电路中的总电感；

2——被试端子；

3——非被试端子。

图 A.6　低阻抗绕组的电阻接地

附　录　B
（资料性附录）
典型的波形图和数字记录

以后各页中的有、无故障的波形图和数字记录，是根据同心式绕组布置的心式电力变压器和并联电抗器在实际试验中的记录复制的。应强调注意的是：这些波形图仅是典型的，对于任何一台电压不同且设计制造也不一样的变压器或电抗器，其上所出现的畸变即使与本附录所列举的波形畸变很相似，也不能认为是由同一原因引起的。图中所列举故障的具体说明仅仅是作为一般的准则提出的。

表 B.1　波形图和数字记录实例一览表

图号	实　　例	条款号
	雷电冲击试验	
	全波故障	
B.1	被试高压绕组线端对中性点的击穿	9.1.2；9.1.3
B.2	被试高压绕组入口处线饼(线段)间的击穿	9.1.2；9.1.4
B.3	粗调分接绕组层间的击穿	9.1.2；9.1.3
B.4	分接绕组外部分接引线间的击穿	9.1.2
B.5	细调分接绕组的一段击穿	9.1.2
B.6	主高压绕组并联导线之间的击穿	9.1.2
B.7	套管内部电容屏间的击穿	9.1.4
	截波故障	
B.8	被试主高压绕组的匝间击穿	9.1.4;10
B.9	细调分接绕组的匝间击穿	9.1.4;10
	截波-截断时间不同时的影响	
B.10	截断时间相同时的试验	9.1.4;10
B.11	截断时间相差较大和较小时的试验	9.1.4;10
	非故障引起的畸变	
B.12	分接开关中的非线性电阻元件的影响	9.1.1
B.13	冲击发生器引燃动作不同的影响	9.1.1
	操作冲击试验	
B.14	变压器试验合格	8.2.2.1
B.15	变压器主高压绕组的击穿	9.2.1
B.16	电抗器试验合格	8.3.1;8.3.4

表 B.1（续）

图号	实　　例	条款号
	传递函数分析	
B.17	全波和截波传递函数的比较	9.1.4;10
	非标准波形的估算	
B.18	数字记录仪曲线平滑算法的影响	7.5.2;7.5.4.1;10
B.19	带叠加振荡波的估算	7.5.2;7.5.4.1;10
B.20	层式绕组上的非标准截波	7.2.2;10
B.21	用不同数字记录仪对非标准波形的比较	7.5.2;10;7.5.4.1
	由试验电路问题产生的响应	
B.22	由测量电缆对地闪络所引起的试验电路问题	10
	试品故障的响应	
B.23	分接开关分接头之间及粗调分接绕组与细调分接绕组之间的全波雷电冲击故障	10

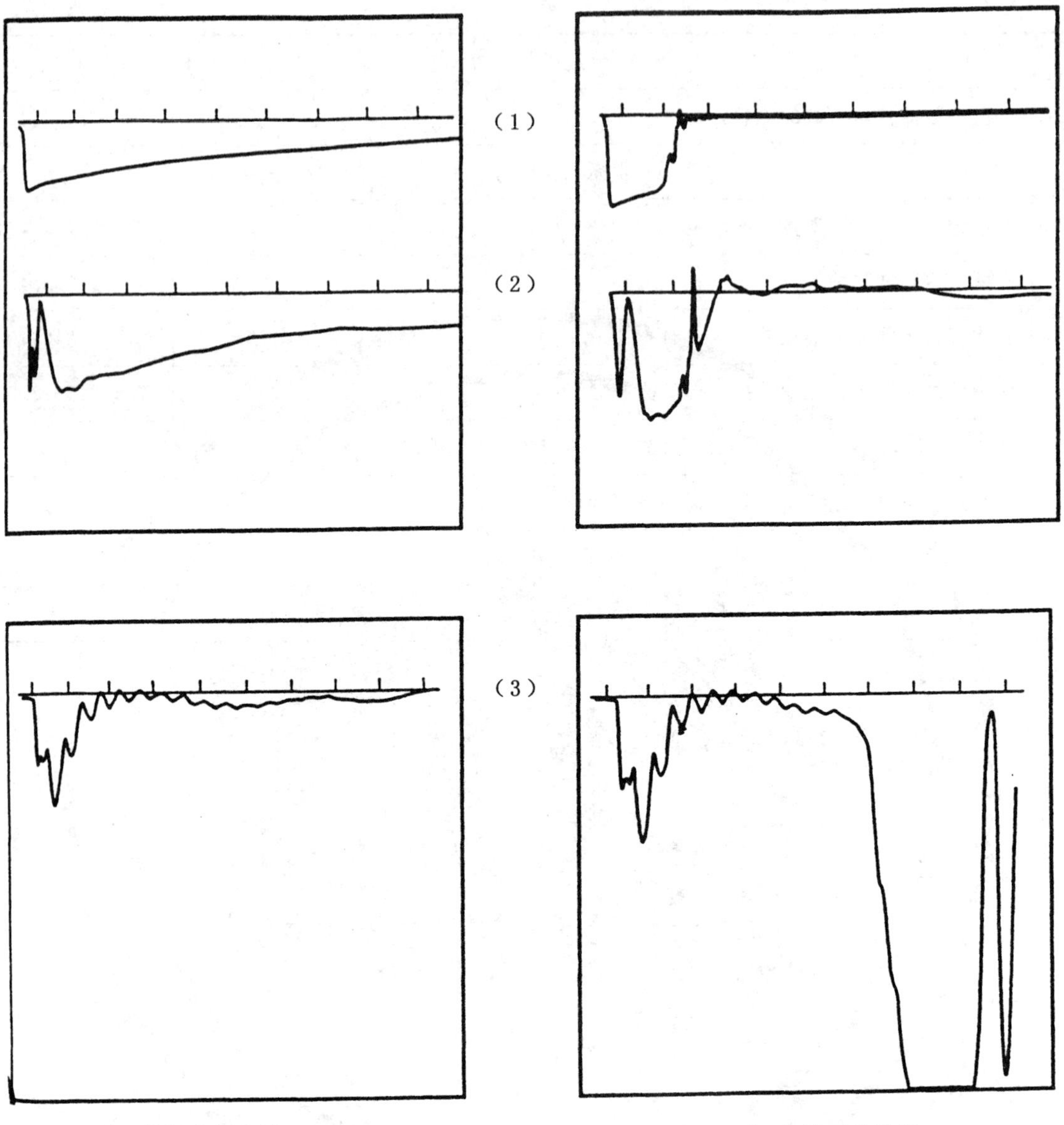

a) 降低电压全波(75%)
无故障

b) 全波(100%)
有故障

(幅值未调整相等)

其中:

1——施加的冲击电压,扫描时间为 100 μs;

2——传递到低压绕组的电压,扫描时间为 100 μs;

3——中性点电流,扫描时间为 25 μs。

图 B.1 雷电冲击,全波故障——400 kV 发电机变压器高压绕组线端对中性点的击穿

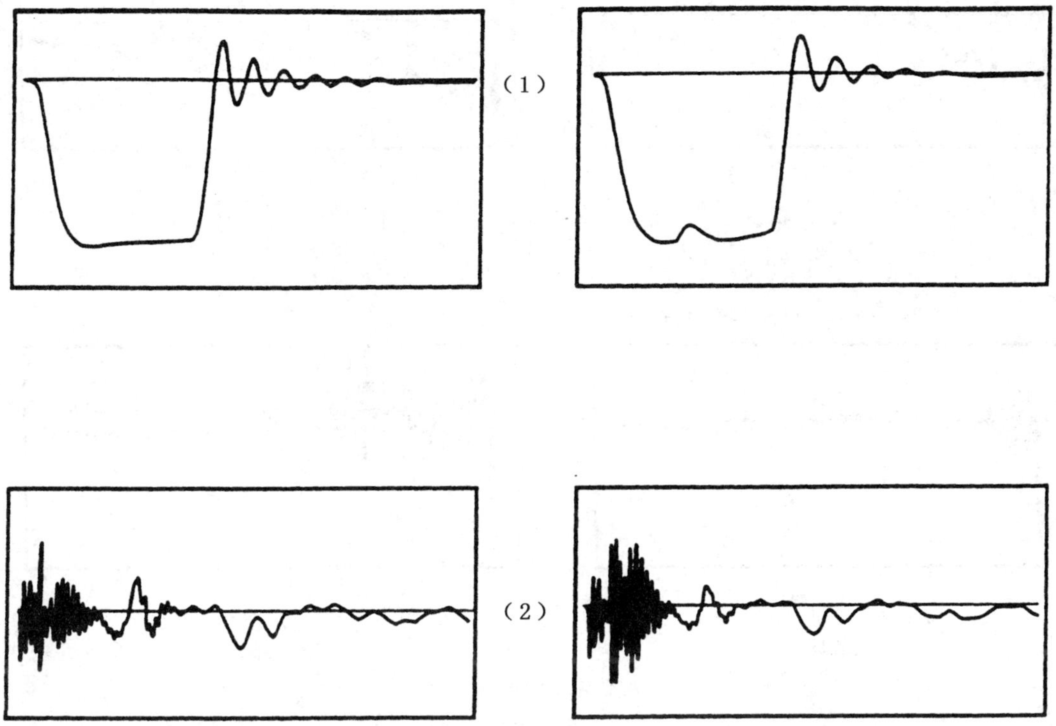

a）截波（100%）
无故障（注1）

b）截波（100%）
有故障（注1和注2）

其中：

1——施加的冲击电压，扫描时间为 10 μs；

2——中性点电流，扫描时间为 100 μs。

注 1：由于故障是在截断前出现，故认为是全波故障。

注 2：在电压和中性点电流波形图中清楚地表明故障是在大约 2 μs 后出现的。

图 B.2 雷电冲击，全波故障——115 kV 变压器高压绕组入口处线饼间的击穿

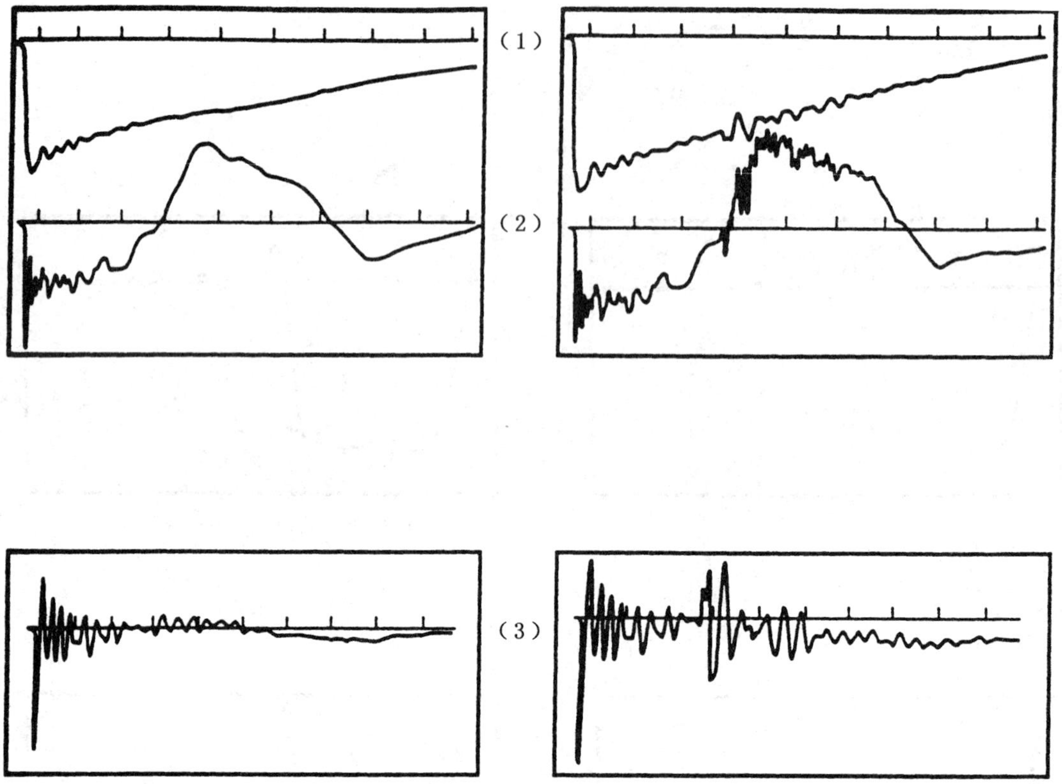

a）降低电压全波（62.5%）
无故障

b）降低电压全波（75%）
有故障

（幅值未调整相等）

其中：

1——施加的冲击电压，扫描时间为 100 μs；

2——由邻近的短接绕组流入地中的电容传递电流，扫描时间为 100 μs；

3——中性点电流，扫描时间为 100 μs。

注：电压、电容传递电流和中性点电流波形图中，均清楚地表明故障是在 30 μs 后出现的。

图 B.3　雷电冲击，400 kV/220 kV 变压器粗调分接绕组的层间击穿

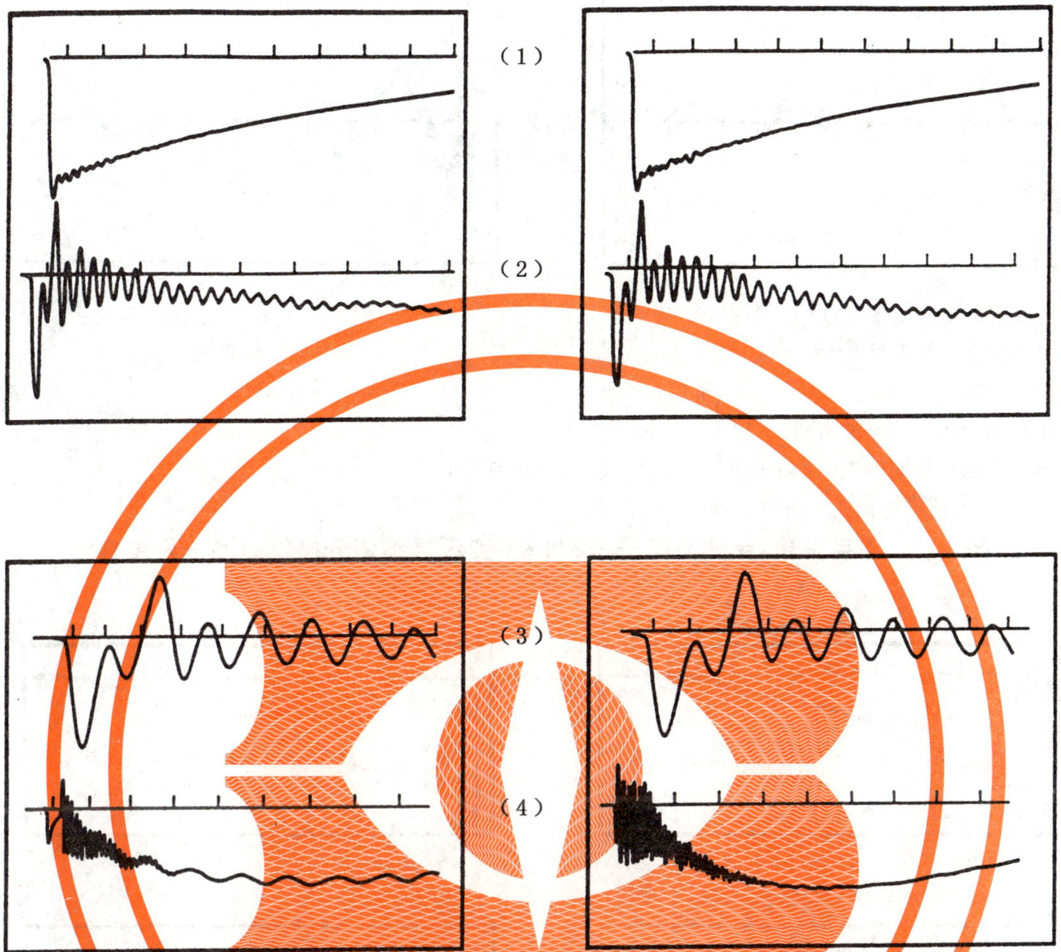

a) 全波(100%)
无故障

b) 全波(100%)
有故障

其中:

1——施加的冲击电压,扫描时间为 100 μs;

2——中性点电流,扫描时间为 100 μs ;

3——中性点电流,扫描时间为 25 μs;

4——中性点电流,扫描时间为 250 μs。

注:在第二次施加全电压时,所有记录均显示出少量的变化,这表明有故障出现。

图 B.4 雷电冲击,全波故障——400 kV 发电机变压器分接绕组外部两根相差 1.1%线段的引线之间的击穿

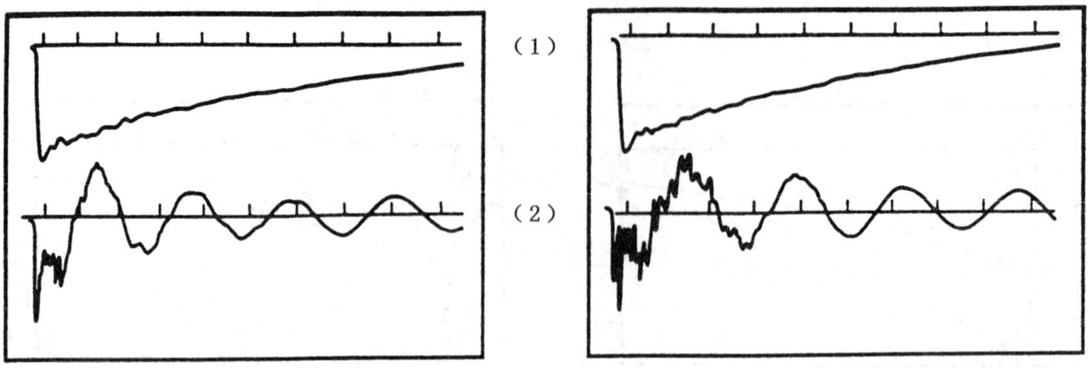

a) 降低电压全波(62.5%)
无故障

b) 全波(100%)
有故障

其中:

1——施加的冲击电压全波,扫描时间为 100 μs;

2——由邻近的短接绕组流向地中的电容传递电流,扫描时间为 100 μs。

注:电压和电容传递电流波形图均表明有故障出现。

图 B.5 雷电冲击,全波故障——220 kV 变压器细调分接绕组的一段击穿

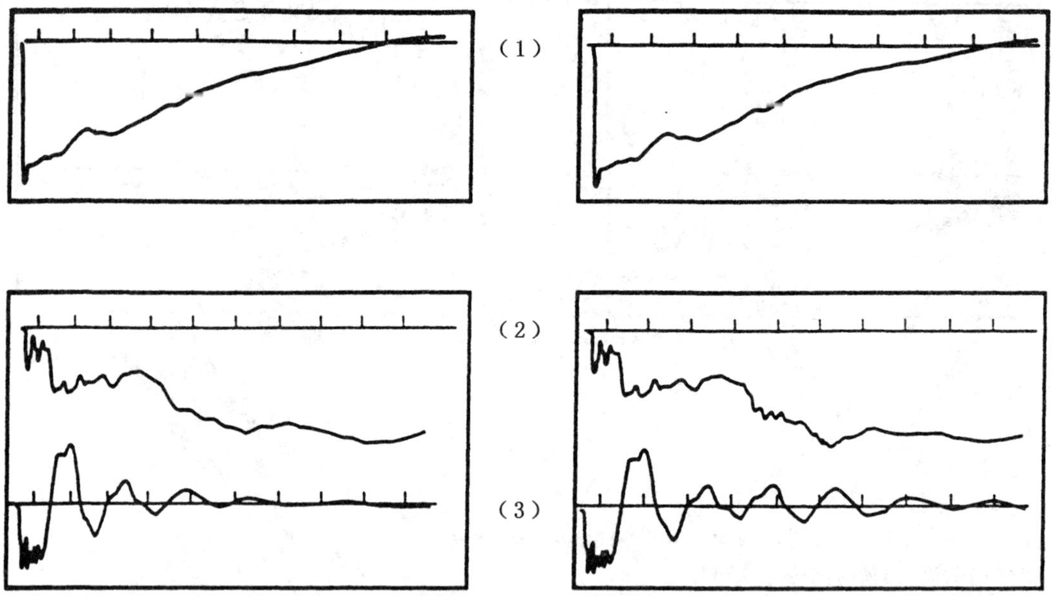

a) 降低电压全波(62.5%)
无故障

b) 全波(100%)
有故障

其中:

1——施加的冲击电压,扫描时间为 100 μs;

2——中性点电流,扫描时间为 100 μs;

3——由邻近的短接绕组流向地中的电容传递电流,扫描时间为 100 μs 。

注:中性点电流和电容传递电流波形图均清楚地表明故障出现在 30 μs～35 μs 之间,而外施电压波形图却没有显示。

图 B.6 雷电冲击,全波故障——220/110 kV 变压器主高压绕组中多根并联导线之间的击穿

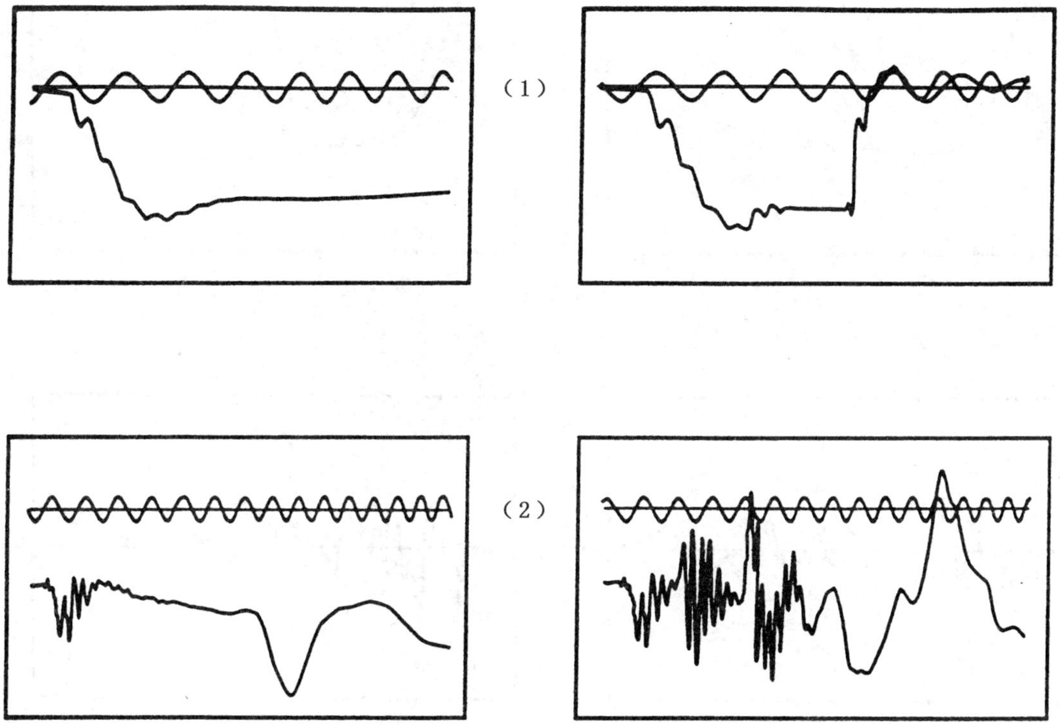

a) 全波(100%)
无故障

b) 截波(115%)
有故障(注1)

(幅值未调整相等)

其中:

1——施加的冲击电压,扫描时间为 10 μs;

2——中性点电流,扫描时间为 15 μs。

注 1:由于故障是在截断瞬间前出现的,因此,可认为是全波故障。

注 2:从电压下降 10%和中性点电流波形图上均清楚地表明故障出现在峰值之后、截断瞬间之前。

图 B.7 雷电冲击,全波故障——被试绕组 66 kV 套管内部电容屏之间的击穿

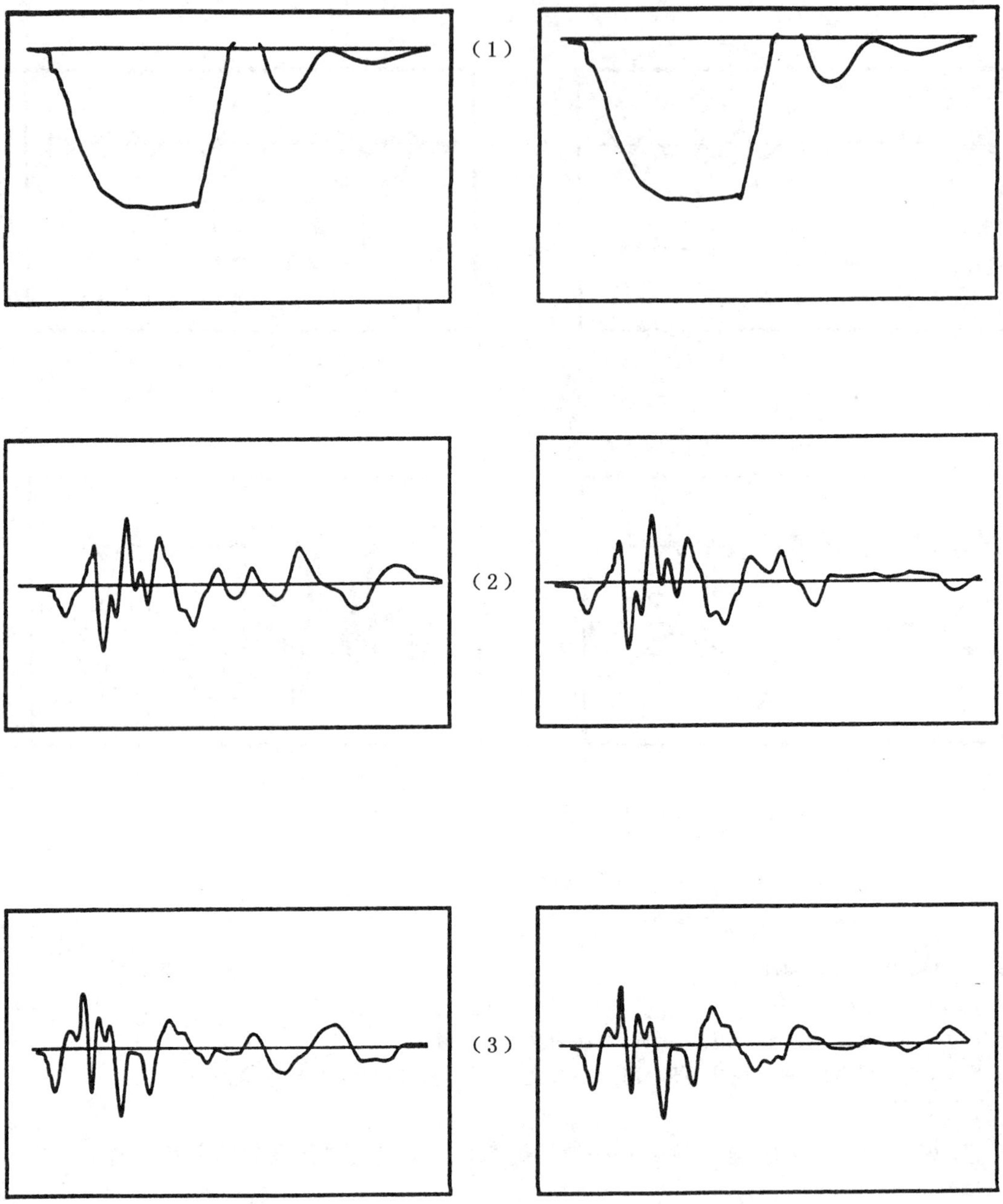

a） 降低电压截波（60%）
无故障

b） 截波（100%）
有故障

其中：

1——施加的冲击电压，扫描时间为 10 μs；

2——由邻近的短接绕组流向地中的电容传递电流，扫描时间为 50 μs；

3——中性点电流，扫描时间为 50 μs。

注：传递电流和中性点电流波形图均清楚地表明故障出现在 10 μs～15 μs 之间。

图 B.8 雷电冲击，截波故障——115 kV 变压器主高压绕组的匝间击穿

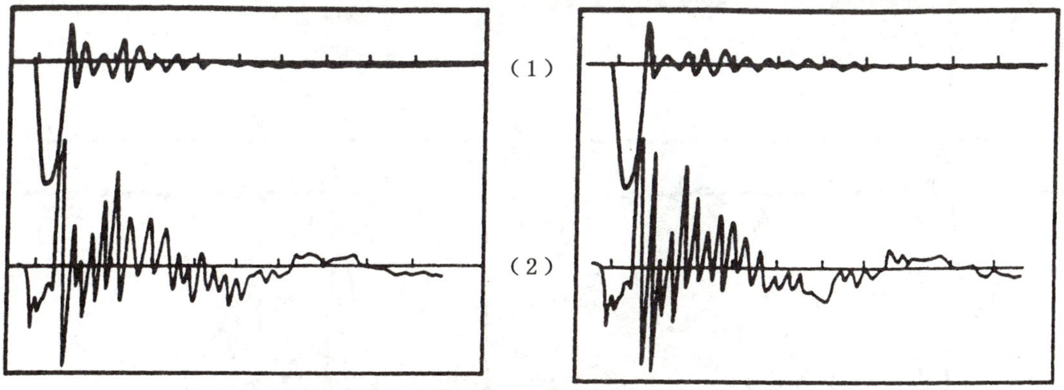

a） 降低电压截波（70%）
无故障

b） 截波（115%）
有故障

其中：

1——施加的冲击电压截波，扫描时间为 50 μs；

2——由邻近的短接绕组流向地中的电容传递电流，扫描时间为 50 μs。

注：电压波形图和中性点电流波形图均表明截断后即出现了故障。

图 B.9 雷电冲击，截波故障——220 kV 变压器细调分接绕组的匝间击穿

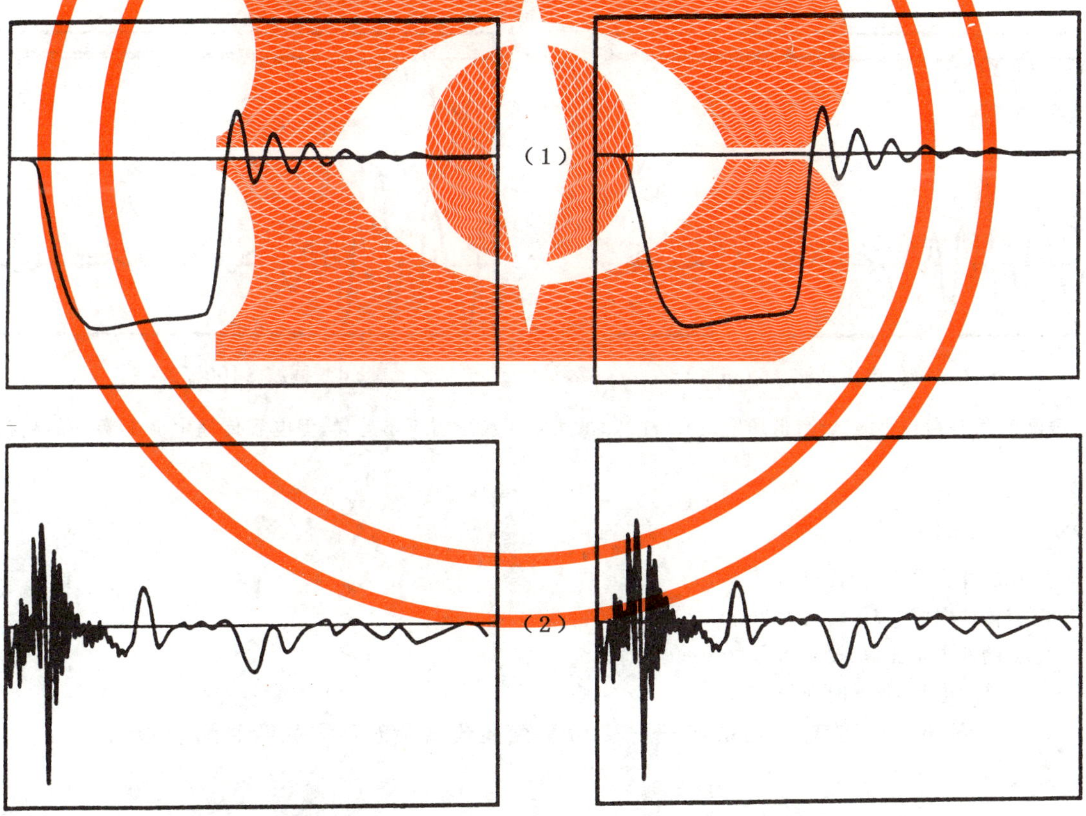

a） 降低电压截波（75%）

b） 截波（100%）

其中：

1——施加的冲击电压，扫描时间为 10 μs；

2——中性点电流，扫描时间为 100 μs。

注：当截断时间相同时，电压和中性点电流波形图也相同。

图 B.10 雷电冲击截波——115 kV 变压器在不同电压值但截波时间相同时的冲击试验波形

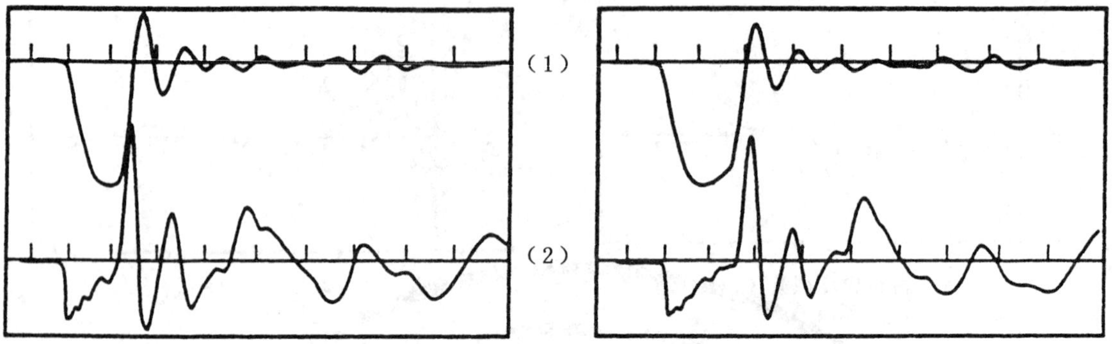

a）降低电压截波（62.5%）　　　　b）截波（100%）

注：截断时间差别较大的试验(高压绕组)。注意电容传递电流上叠加的高频振荡波和截断后的电压波形均发生变化。

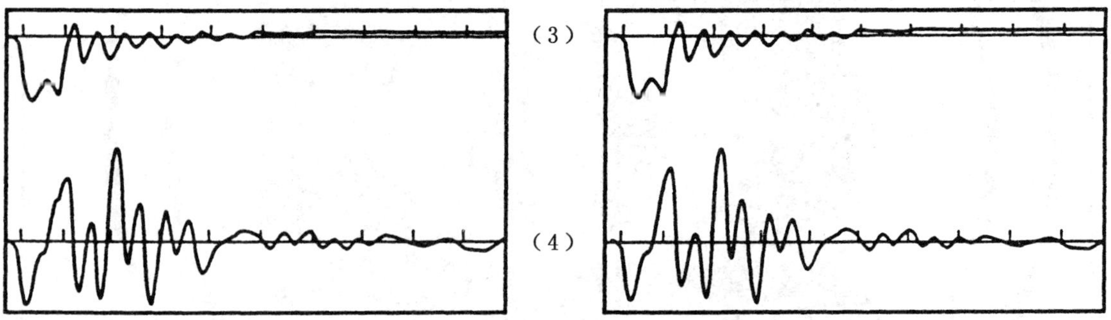

c）降低电压截波（62.5%）　　　　d）截波（100%）

注：截断时间差别较小的试验(低压绕组)。注意,虽然电压波形看不出差异,但电容传递电流上叠加的高频振荡有变化。

其中：

1——施加的冲击电压,扫描时间为 25 μs;

2——电容传递电流,扫描时间为 25 μs;

3——施加的冲击电压,扫描时间为 50 μs;

4——电容传递电流,扫描时间为 50 μs。

图 B.11　雷电冲击截波——220 kV 变压器试验时不同截断时间的影响

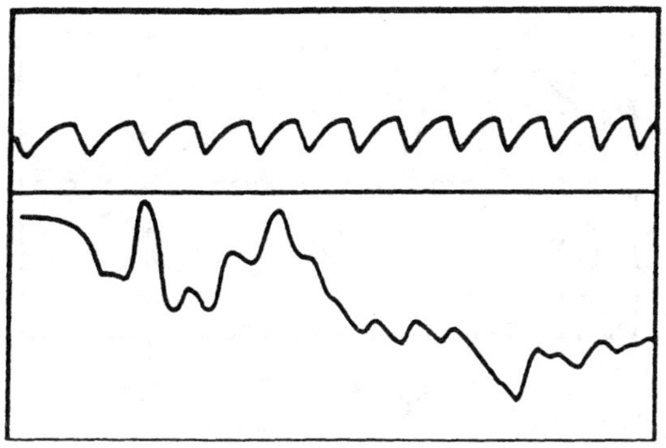

a）降低电压全波（50%）

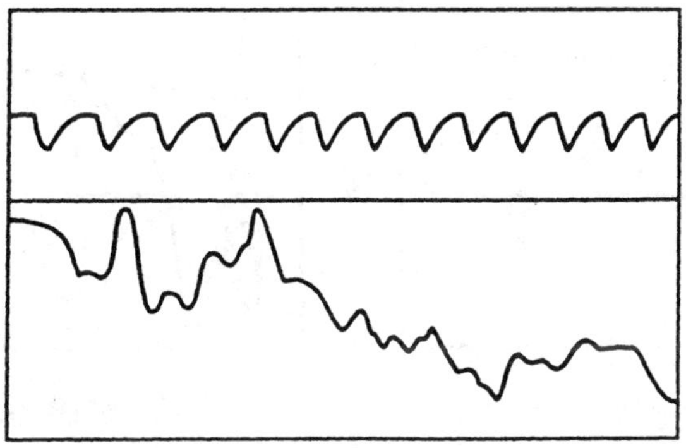

b） 降低电压全波（75%）

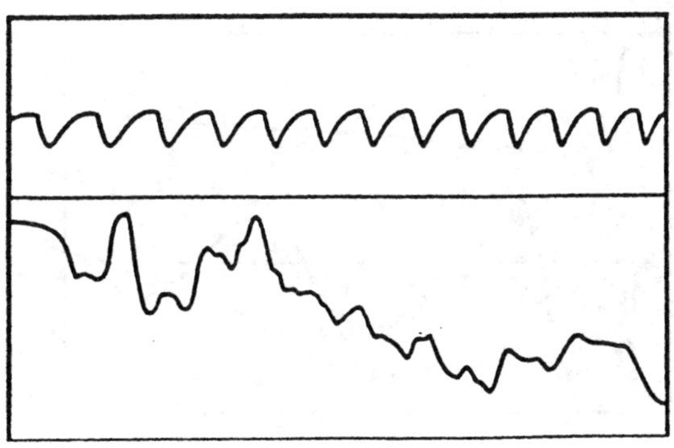

c） 全波（100%）

注 1：三个波形图都表示中性点电流，扫描时间为 75 μs。

注 2：上面示出的波形变化比通常有非线性电阻元件时更明显。

图 B.12 雷电冲击全波——独立绕组变压器的中性点侧有载分接开关装有非线性电阻元件时的影响

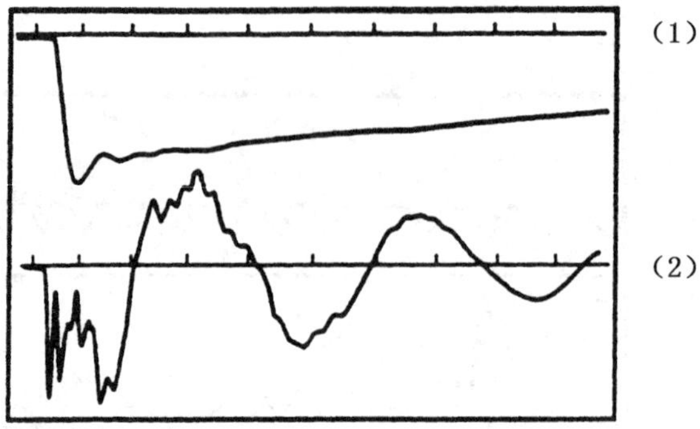

a） 降低电压全波（62.5%）

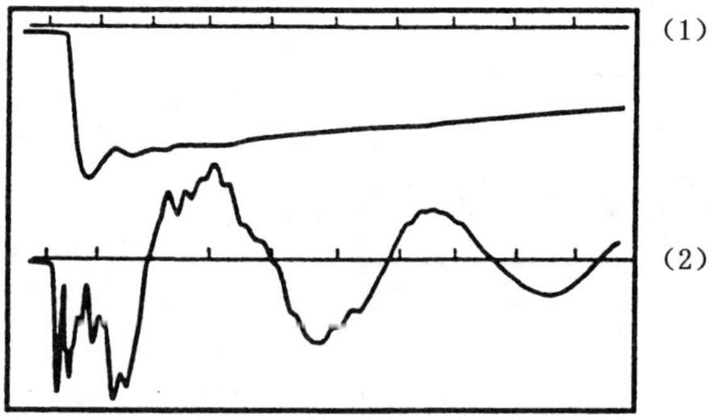

b）第一个全波（100%）

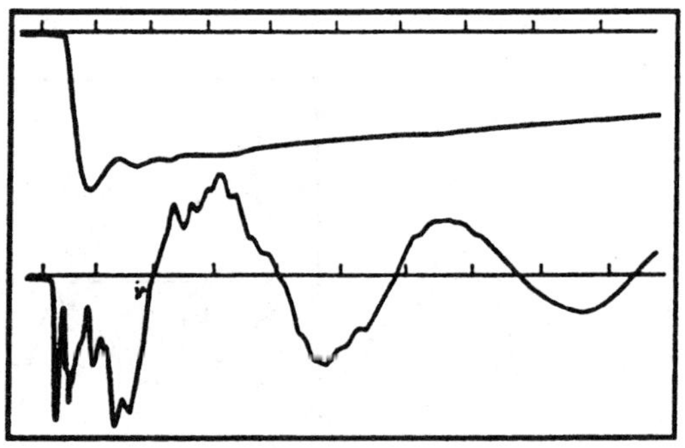

c） 第二个全波（100%）

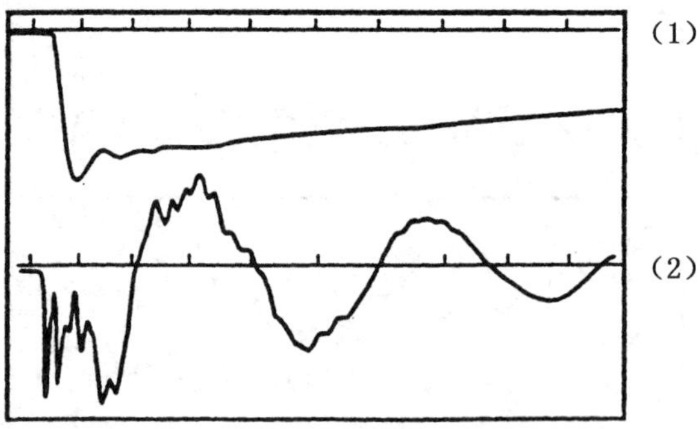

d） 最后一个降低电压全波（62.5%）

其中：

1——施加的冲击电压波，扫描时间为 50 μs；

2——电容传递电流，扫描时间为 50 μs。

注：通过对 100%电压值下的电容传递电流和 62.5%电压值下的电容传递电流波形之间的对比，表明起始高频部分有变化。

图 B.13 雷电冲击全波——400 kV 变压器试验时冲击发生器在不同电压值下引燃动作不同时的影响

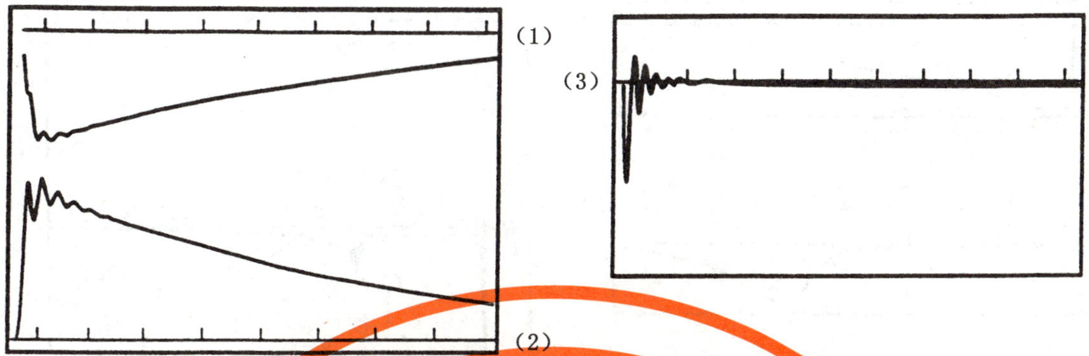

a） 62.5%试验水平

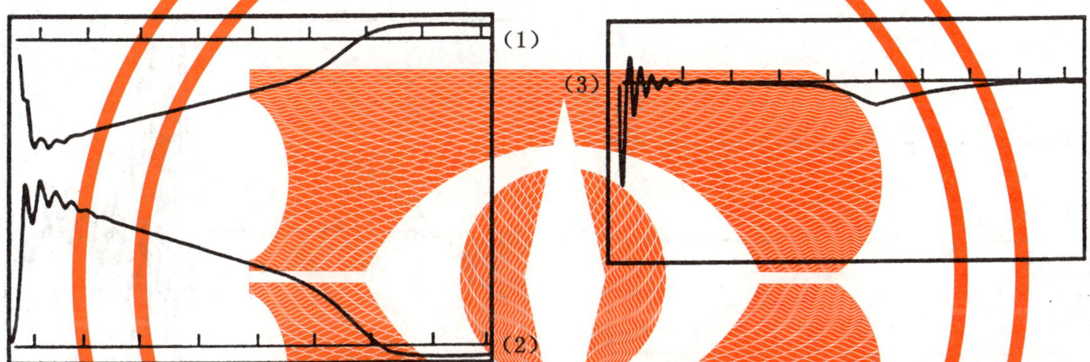

b） 第一个100%试验水平

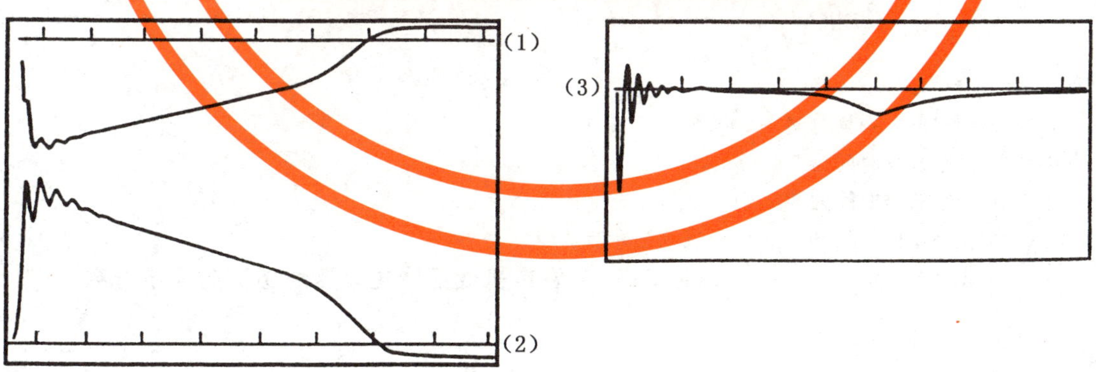

c） 第二个100%试验水平

其中：

1——施加的操作冲击，扫描时间为 5 000 μs；

2——非被试相绕组各端子连在一起与地之间的感应操作冲击电压（为外施电压的 52%，正极性），扫描时间为5 000 μs；

3——中性点电流，扫描时间为 5 000 μs。

图 B.14 操作冲击——400 kV 三相发电机变压器试验合格

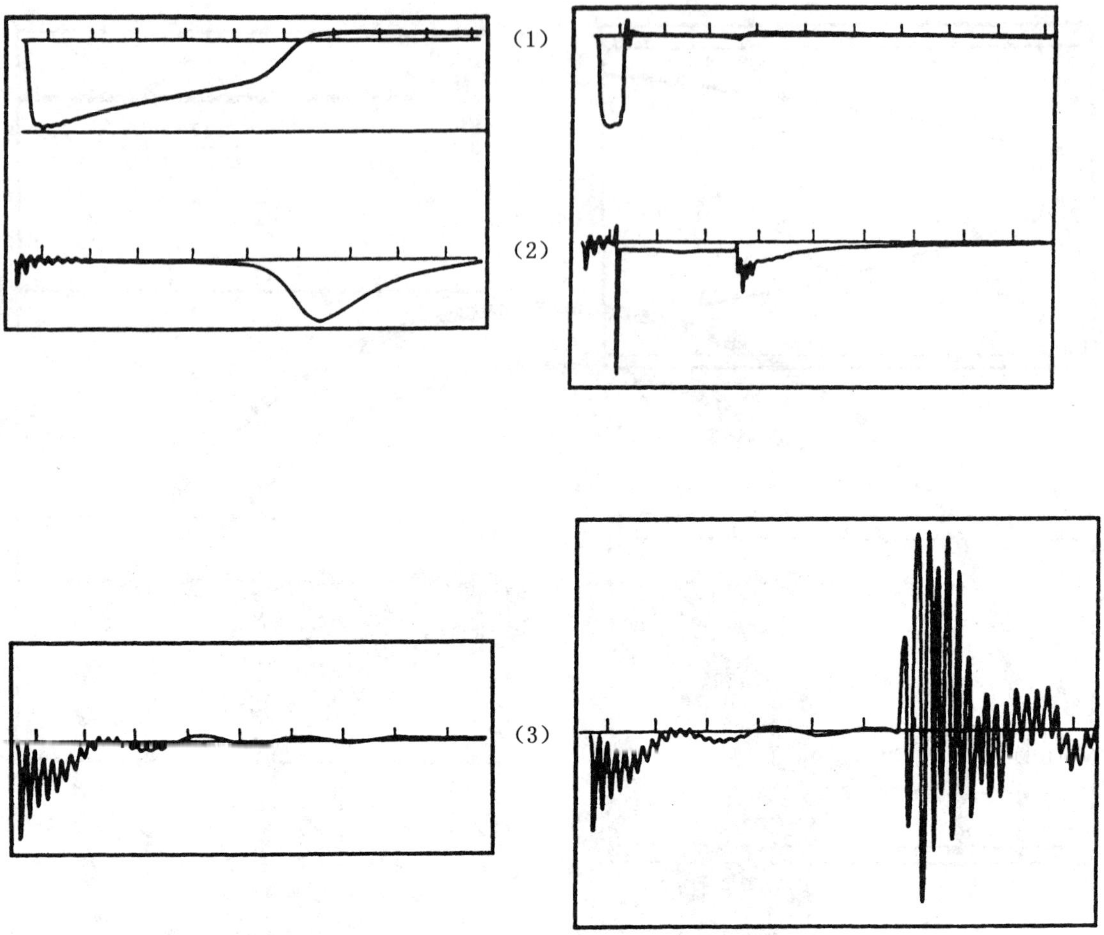

a） 90%试验水平
无故障

b） 100%试验水平
有故障

其中：

1——施加的操作冲击，扫描时间为 5000 μs；

2——中性点电流，扫描时间为 5000 μs；

3——中性点电流，扫描时间为 500 μs。

注：在 100%试验电压值下，约在 300 μs 前后显示有故障发生。

图 B.15 操作冲击——单相 525 kV 发电机变压器主高压绕组纵向闪络击穿

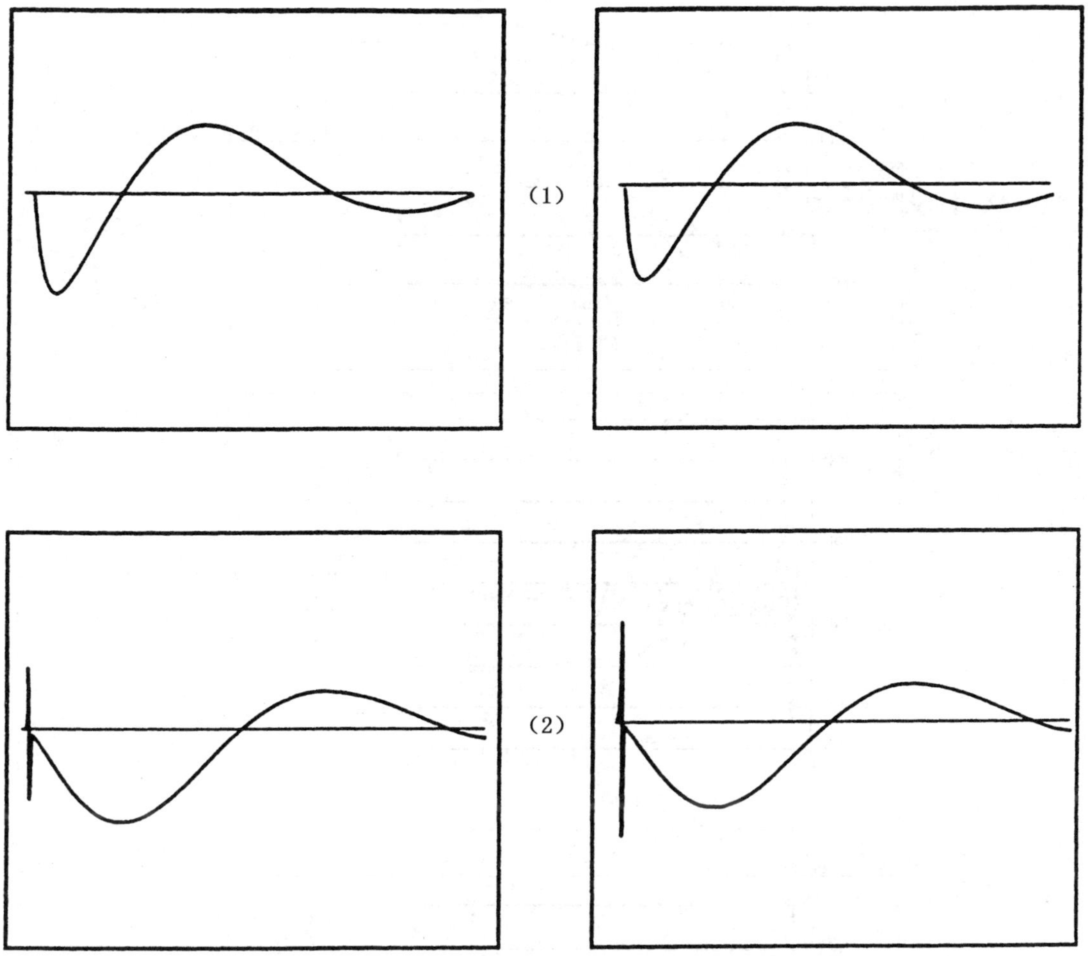

a) 降低试验水平（60%）　　　b) 试验水平（100%）

其中：

1——施加的冲击电压，扫描时间为 5 000 μs（T_1 为 200 μs，T_d 为 225 μs，T_z 为 1 000 μs）；

2——中性点电流，扫描时间为 5 000 μs。

图 B.16　操作冲击——单相 525 kV、33 Mvar 并联电抗器试验合格

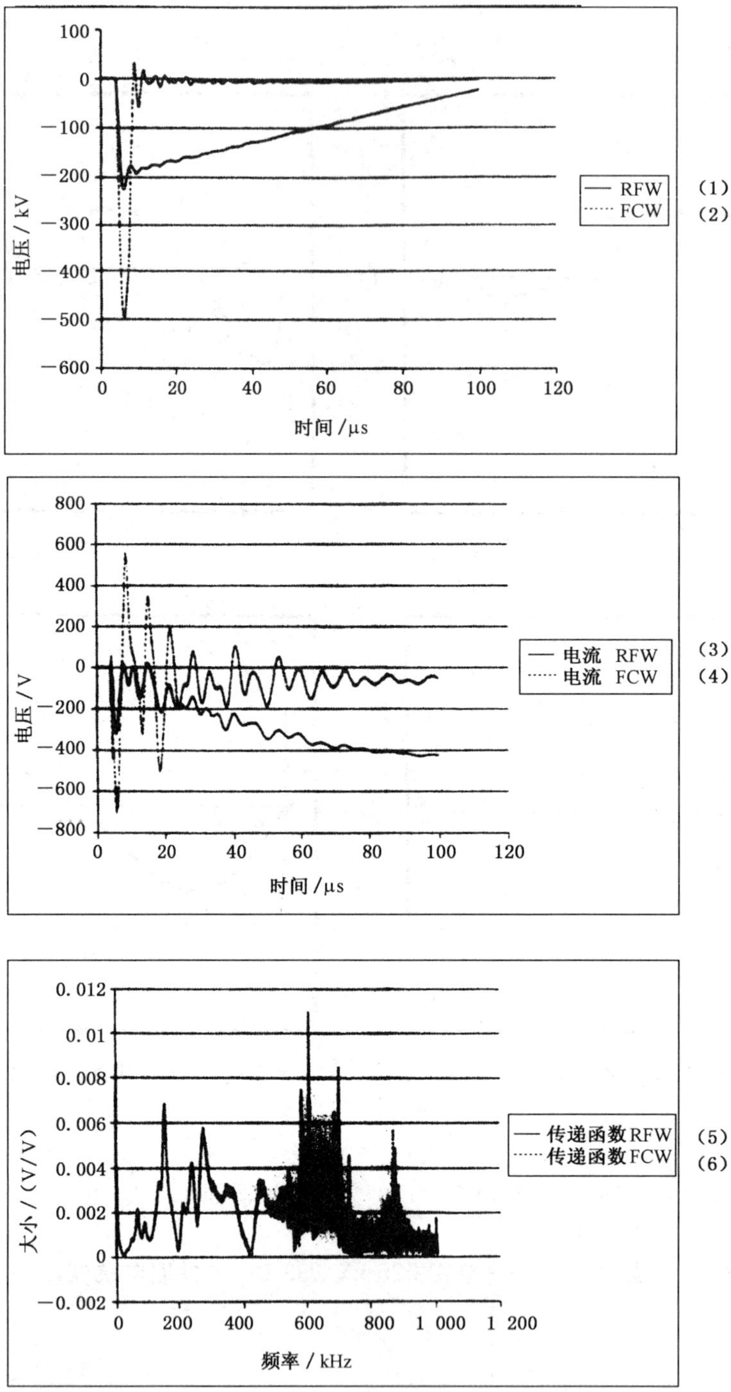

注：在同一台变压器的同一端子上对降低的雷电冲击全波(RFW)和全电压截波(FCW)进行比较。因为，对于导纳传递函数来说，截波包含了更多的高频输入，故在 RFW 和 FCW 下的传递函数之间的偏差，只在高频处出现。

其中：

1——降低电压全波 RFW；

2——全电压截波 FCW；

3——RFW 下的中性点电流；

4——FCW 下的中性点电流；

5——RFW 下的传递(导纳)函数；

6——FCW 下的传递(导纳)函数。

图 B.17　雷电冲击——全波和截波传递函数的比较

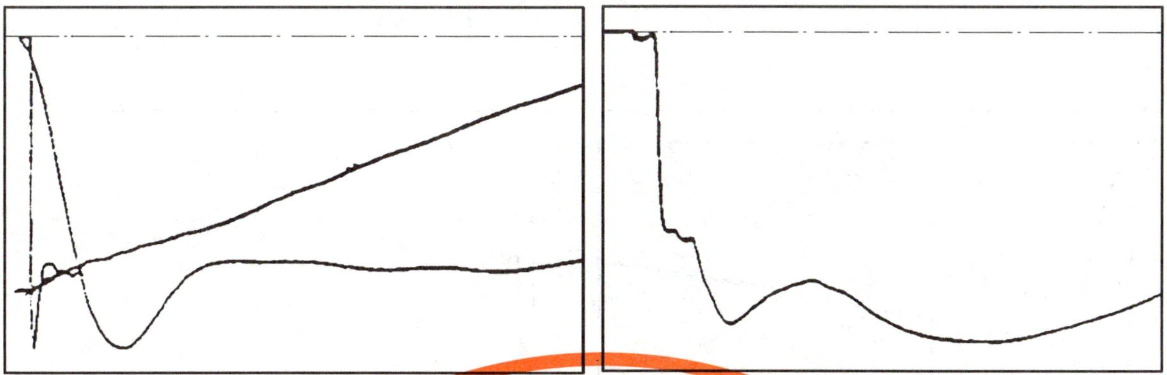

a）外施电压　　　　　　　　b）中性点电流

注：按 GB/T 16927.1，通过波尾下降部分的切线，估算波形有 19%的过冲，故幅值估算误差可能超过 10%。

图 B.18　雷电冲击全波——非标准波形的估算—数字记录仪中的内置平滑算法的影响

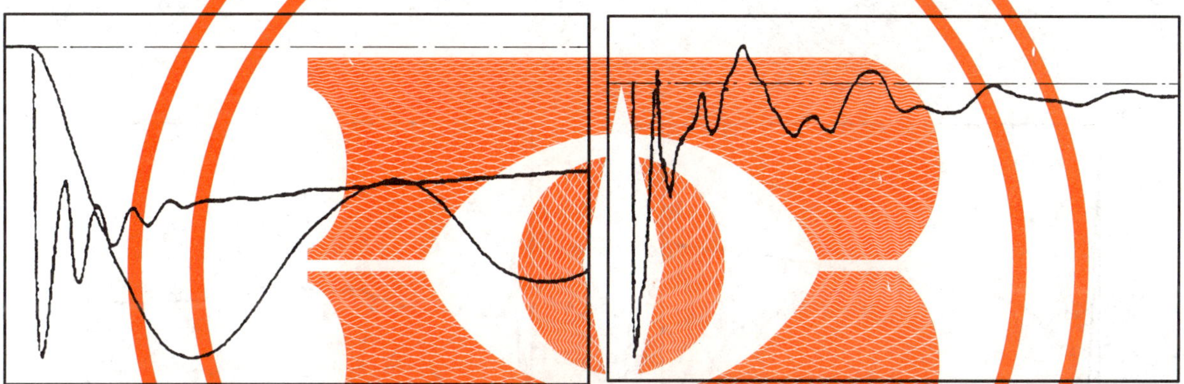

a）外施电压　　　　　　　　b）中性点电流

注：根据叠加振荡的第一段波形图，用数字记录仪估算的半峰值时间为 5 μs，而按 GB/T 16927.1 估算则为 50 μs。

图 B.19　雷电冲击全波——非标准波形，叠加的振荡波幅值大于 50%且频率小于 0.5 MHz

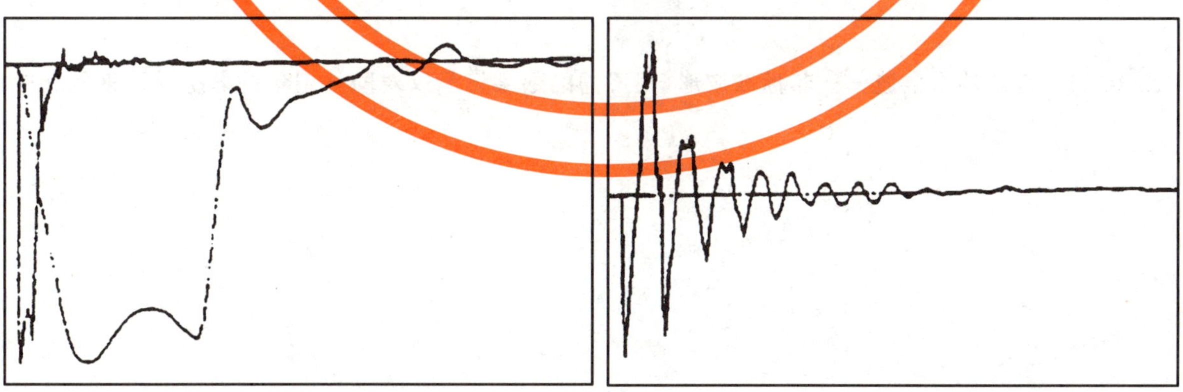

a）外施电压　　　　　　　　b）中性点电流

注：层式绕组上的非标准截波。层间阻抗避免了截波对地电压的迅速下降，也不产生围绕零点的振荡。

图 B.20　雷电冲击截波——层式绕组的非标准截波

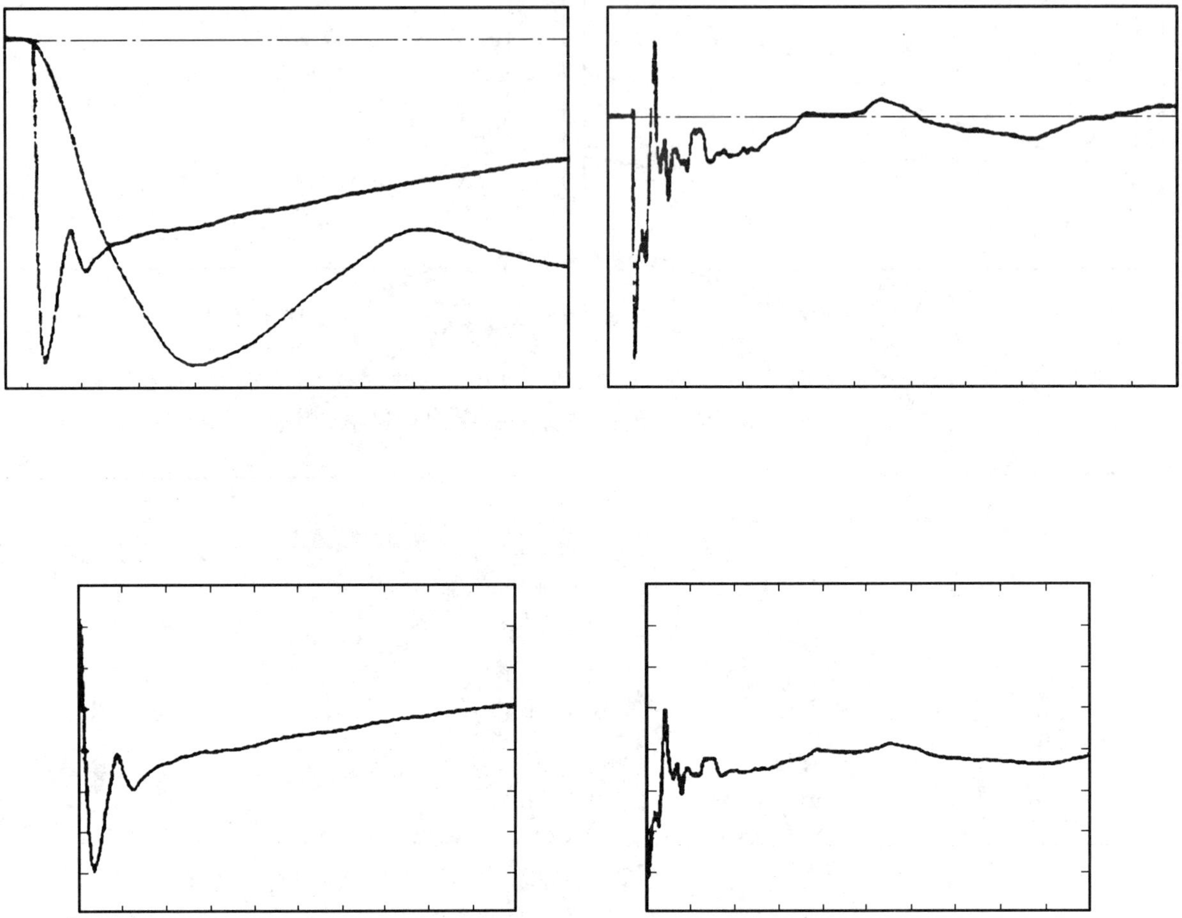

a）外施电压　　　　b）中性点电流

图 B.21　雷电冲击全波——非标准波形，用不同的数字记录仪对同一记录的非标准波形的比较

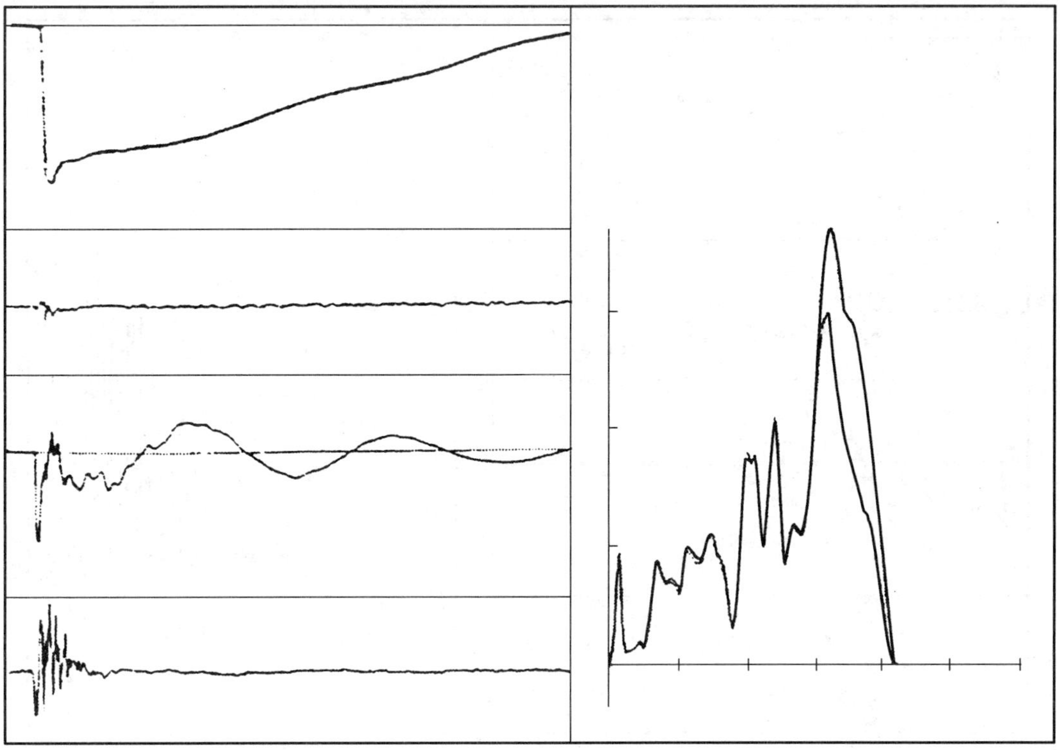

注：从低压绕组来的测量电缆对地(不是油箱和冲击发生器的地)闪络。400MVA，220/21 kV 发电机变压器(G.S.U.)在高压绕组试验。

a) 电压无指示；电流有明显的指示；传递函数有明显的指示

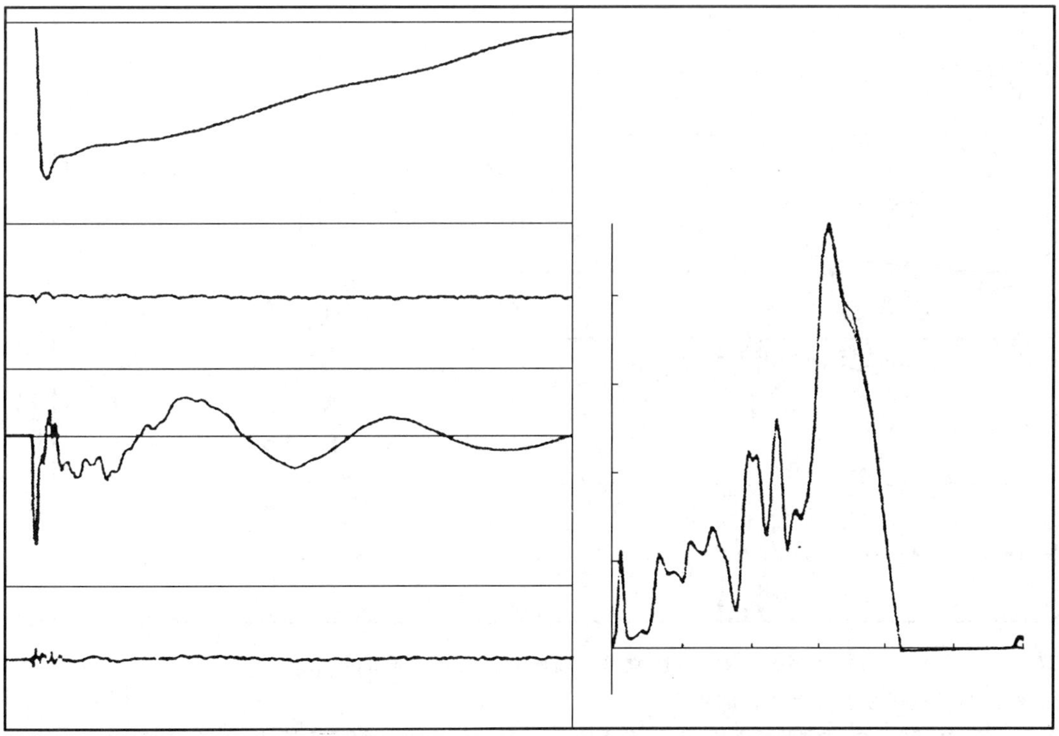

b) 闪络消除后，所有的实时曲线和传递函数曲线均完全一致

图 B.22 雷电冲击全波——由测量电缆对地闪络引起的试验电路问题

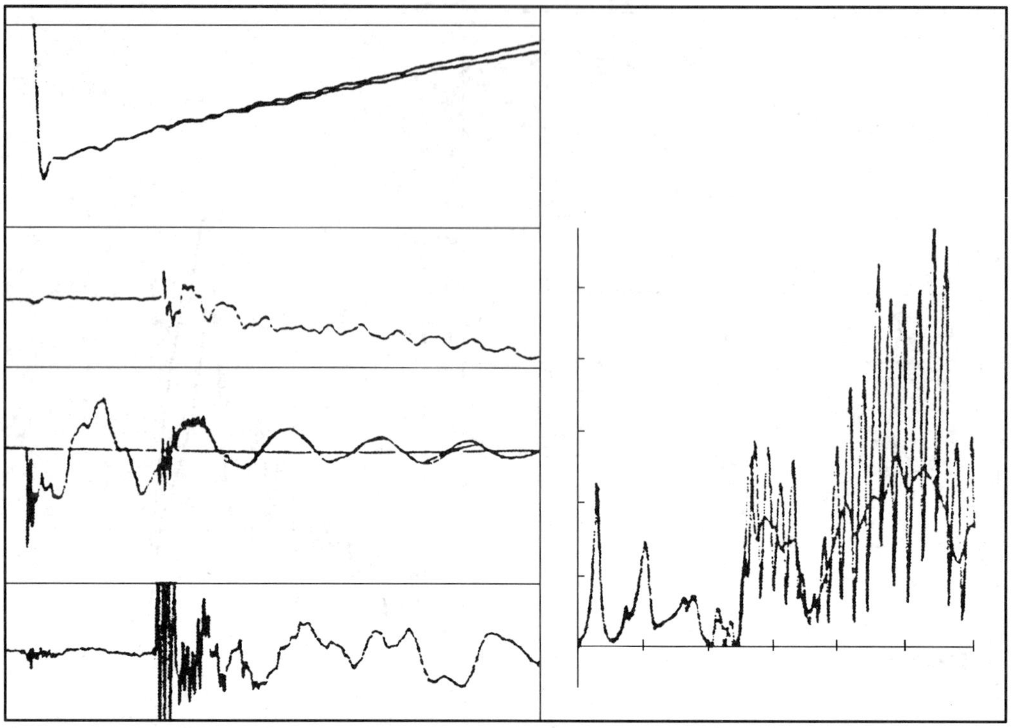

a) 300 MVA,400/110/30 kV 变压器分接开关引线间的闪络

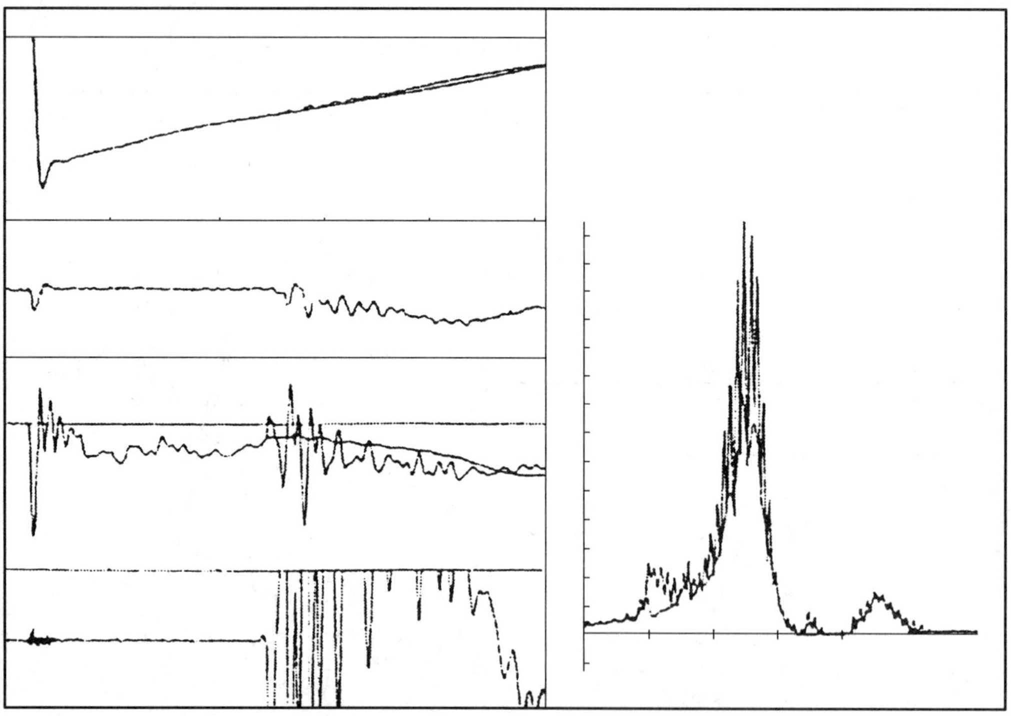

b) 粗调分接绕组与细调分接绕组之间的闪络

注：实时响应和传递函数上都有明显的变化。

图 B.23 雷电冲击全波——分接开关的分接引线之间及粗调分接绕组与细调分接绕组之间闪络的故障数字记录

ICS 29.180
K 41

中华人民共和国国家标准

GB 1094.5—2008
代替 GB 1094.5—2003

电力变压器
第5部分：承受短路的能力

Power transformers—
Part 5: Ability to withstand short circuit

(IEC 60076-5:2006, MOD)

自2017年3月23日起，本标准转为推荐性标准，编号改为 **GB/T** 1094.5—2008。

2008-09-19 发布　　2009-06-01 实施

中华人民共和国国家质量监督检验检疫总局
中国国家标准化管理委员会　发布

前 言

本部分的第3章和第4章为强制性的，其余为推荐性的。

GB 1094《电力变压器》目前包含了下列几部分：

——第1部分：总则；

——第2部分：温升；

——第3部分：绝缘水平、绝缘试验和外绝缘空气间隙；

——第4部分：电力变压器和电抗器的雷电冲击和操作冲击试验导则；

——第5部分：承受短路的能力；

——第7部分：油浸式电力变压器负载导则；

——第10部分：声级测定；

——第10.1部分：声级测定——应用导则；

——第11部分：干式变压器。

本部分为GB 1094的第5部分。

本部分修改采用IEC 60076-5：2006《电力变压器　第5部分：承受短路的能力》(英文版)。

本部分根据IEC 60076-5：2006按修改采用的原则重新起草。

考虑到我国国情，在采用IEC 60076-5：2006时，本部分做了一些修改。有关技术性差异已编入正文中并在它们所涉及的条款的页边空白处用垂直单线标识。本部分与IEC 60076-5：2006的主要技术性差异如下：

——引用了采用国际标准的我国标准，而非直接引用国际标准；

——考虑到我国变压器短路阻抗值的具体情况，在3.2.2.3表1中增加了"注3：不同额定容量及电压等级的具体短路阻抗值，见相应的标准。"；

——考虑到我国电网系统的具体情况，将3.2.2.4表2中的设备最高电压和短路视在容量按我国各电压等级电网的实际情况列出，而将IEC 60076-5：2006的相应规定列在附录B中，以方便对照。

为便于使用，本部分还对IEC 60076-5：2006做了下列编辑性修改：

——删除了IEC 60076-5：2006的前言；

——附录A注1的内容移到了脚注[7)]中；

——用小数点"."代替作为小数点的逗号","。

本部分代替GB 1094.5—2003《电力变压器　第5部分：承受短路的能力》。

本部分与GB 1094.5—2003相比主要变化如下：

——增加了"规范性引用文件"；

——增加了"标称系统电压为750 kV的系统短路视在容量"；

——增加了"承受短路动稳定能力的理论评估"的资料性附录内容。

本部分的附录A、附录B和附录C均为资料性附录。

本部分由中国电器工业协会提出。

本部分由全国变压器标准化技术委员会(SAC/TC 44)归口。

本部分起草单位：沈阳变压器研究所、特变电工沈阳变压器集团有限公司、西安西电变压器有限责任公司、保定天威保变电气股份有限公司、上海市电力公司、特变电工衡阳变压器有限公司、北京华泰变压器有限公司、中电电气集团有限公司、广州骏发电气有限公司、山东达驰电气股份有限公司。

本部分主要起草人：郭振岩、章忠国、陶丹、钟俊涛、王长征、张喜乐、姜益民、陈东风、王百升、徐子宏、樊建平、许长华。

本部分所代替标准的历次版本发布情况为：

——GB 1094.5—1971、GB 1094.5—1979、GB 1094.5—1985、GB 1094.5—2003。

根据中华人民共和国国家标准公告(2017年第7号)和强制性标准整合精简结论，本标准自2017年3月23日起，转为推荐性标准，不再强制执行。

电力变压器
第5部分：承受短路的能力

1 范围

GB 1094 的本部分规定了电力变压器在由外部短路引起的过电流作用下应无损伤的要求。本部分叙述了表征电力变压器承受这种过电流的耐热能力的计算程序和承受相应的动稳定能力的特殊试验和理论评估方法(参见附录 A)。

本部分适用于 GB 1094.1 所规定范围内的变压器。

2 规范性引用文件

下列文件中的条款通过 GB 1094 的本部分的引用而成为本部分的条款。凡是注日期的引用文件，其随后所有的修改单(不包括勘误的内容)或修订版均不适用于本部分，然而，鼓励根据本部分达成协议的各方研究是否可使用这些文件的最新版本。凡是不注日期的引用文件，其最新版本适用于本部分。

GB 1094.1—1996 电力变压器 第1部分：总则 (eqv IEC 60076-1：1993)

GB 1094.3—2003 电力变压器 第3部分：绝缘水平、绝缘试验和外绝缘空气间隙(IEC 60076-3：2000，MOD)

GB 1094.11—2007 电力变压器 第11部分：干式变压器 (IEC 60076-11：2004，MOD)

GB/T 13499—2002 电力变压器应用导则 (idt IEC 60076-8：1997)

3 承受短路的能力的要求

3.1 总则

变压器及其组件和附件应设计制造成能在本部分 3.2 规定的条件下承受外部短路的热和动稳定效应而无损伤。

外部短路包括三相短路、相间短路、两相接地和相对地故障。这些故障在绕组中引起的电流在本部分中称作“过电流”。

3.2 过电流条件

3.2.1 一般条件

3.2.1.1 需要特殊考虑的使用条件

下述情况对过电流大小、持续时间或发生频度有影响，需要进行特殊考虑并应在变压器技术规范中给予明确的规定：

——阻抗很小的调压变压器，需要考虑所连接的限流装置的阻抗；

——发电机变压器易受到因发电机与所连接系统失去同步而产生的较高的过电流；

——直接与旋转电机(如电动机或同步调相器)连接的变压器，在系统故障条件下，呈发电状态运行的旋转电机向变压器供给电流；

——专用变压器及安装在高故障率系统中的变压器(见 3.2.6)；

——故障时，非故障端子上出现高于额定值的运行电压。

3.2.1.2 关于增压变压器电流限值

当增压变压器与系统的合成阻抗导致短路电流值大到使设计耐受此过电流的变压器很困难或不经济时，制造方和用户应共同协商确定最大允许过电流值。此时，用户应采取措施使过电流限制到制造方所确定的且标志在铭牌上的最大过电流值。

3.2.2 具有两个独立绕组的变压器

3.2.2.1 本部分将三相或三相组变压器的额定容量分为三个类别：

Ⅰ类:25 kVA～2 500 kVA；

Ⅱ类:2 501 kVA～100 000 kVA；

Ⅲ类:100 000 kVA 以上。

3.2.2.2 如无其他规定，对称短路电流(方均根值，见 4.1.2)应使用测出的变压器短路阻抗加上系统短路阻抗来计算。

对于Ⅰ类变压器，如果系统短路阻抗等于或小于变压器短路阻抗的 5%，则在计算短路电流时系统短路阻抗应忽略不计。

短路电流的峰值应按 4.2.3 来计算。

3.2.2.3 表 1 给出了在额定电流(主分接)下的变压器短路阻抗最小值，如果需要更低的短路阻抗值时，则变压器承受短路的能力应由制造方和用户协商确定。

表 1 具有两个独立绕组的变压器的短路阻抗最小值

额定容量/kVA	最小短路阻抗/%
25～630	4.0
631～1 250	5.0
1 251～2 500	6.0
2 501～6 300	7.0
6 301～25 000	8.0
25 001～40 000	10.0
40 001～63 000	11.0
63 001～100 000	12.5
100 000 以上	>12.5

注 1：额定容量大于 100 000 kVA 的短路阻抗值一般由制造方和用户协商确定。

注 2：在由单相变压器组成三相组的情况下，额定容量值适用于三相组。

注 3：不同额定容量及电压等级的具体短路阻抗值，见相应的标准。

3.2.2.4 为了获得设计和试验所需的对称短路电流值，应由用户在询价时提供变压器安装位置处的系统短路视在容量。

如果没有规定系统短路视在容量，则应按表 2 选取。

表 2 系统短路视在容量

标称系统电压/kV	设备最高电压 U_m/kV	短路视在容量/MVA
6、10、20	7.2、12、24	500
35	40.5	1 500
66	72.5	5 000
110	126	9 000
220	252	18 000
330	363	32 000
500	550	60 000
750	800	83 500

注 1：如无规定，则认为系统零序阻抗与正序阻抗之比为 1～3。

注 2：如用户另有要求，系统短路视在容量也可按附录 B 的规定选取，但应在订货合同中规定。

3.2.2.5 对具有两个独立绕组的变压器，通常只考虑三相短路，这种考虑实质上能充分满足其他可能包括在内的故障类型(3.2.5 注中所考虑的特殊情况除外)。

注：当绕组为曲折形联结时，单相对地故障电流可能比三相短路电流大。但是，在所涉及的两个心柱中，较高的电流值被限制在半个绕组中。进一步说，在其他星形联结绕组中的电流都小于三相短路时的电流。至于是三相短路还是单相短路对绕组的动稳定产生更大的危害，与绕组的结构设计有关。制造方和用户应就考虑哪种短路类型达成协议。

3.2.3 多绕组变压器和自耦变压器

绕组(包括稳定绕组和辅助绕组)中的过电流应根据变压器和系统的阻抗来确定。应考虑运行中可能产生的不同类型的系统故障，例如：与系统和变压器的接地有关的相对地故障和相间故障(见 GB/T 13499—2002)。每个系统的特性(至少是短路视在容量值和零序阻抗与正序阻抗之比的范围)应由用户在询价时提出。

三相变压器的三角形联结稳定绕组应能承受运行中可能出现的、并与相关系统的接地条件有关的不同类型的系统故障所产生的过电流。

在由单相变压器组成三相组的情况下，除非用户确认会采取特别保护措施以避免相间短路外，稳定绕组应能承受其端子处的短路。

注：将辅助绕组设计成能承受其端子上的短路可能是不经济的。此时，应采取合适的措施(如，采用串联电抗器，或在某些情况下采用熔断器)来限制过电流值。此外，也要注意防止变压器与其保护装置之间的线路部分发生短路故障。

3.2.4 增压变压器

增压变压器的阻抗值可能很小，因此，绕组中的过电流主要由变压器安装位置处的系统特性来确定。这些特性应由用户在询价及订货时提出。

如果增压变压器直接与一台变压器相连作电压幅值和/或相位移调节用，则此增压变压器应能承受由这两种设备合成阻抗所产生的过电流。

3.2.5 直接与其他电器相连接的变压器

当变压器直接与其他电器相连接时，这些电器的阻抗将限制短路电流。按制造方和用户之间的协议，可以将变压器、系统及与变压器直接相连电器的各自阻抗的总和计入在内。

如果发电机与变压器之间的连接良好，以至在此范围内的相间或两相接地故障的可能性可以忽略不计时，则上述规定也适用于发电机变压器。

注：如果发电机与变压器之间的连接状态如上所述，则对于中性点接地的星形—三角形联结的发电机变压器，在与星形联结绕组相连接系统发生相对地故障，或在发电机与系统不同步的情况下，就可能发生最严重的短路情况。

3.2.6 专用变压器和安装在故障率高的系统中的变压器

对于特殊使用场合(如电炉变压器和向牵引系统供电的变压器)或运行条件(如所连接系统的故障次数多)，变压器承受频繁过电流的能力，应由制造方和用户专门协商确定。有关系统中非正常运行条件的情况，用户应事先向制造方提供。

3.2.7 分接开关

当变压器装有分接开关时，分接开关应能承受与绕组一样的短路过电流。但不要求有载分接开关具有切换短路电流的能力。

3.2.8 中性点端子

星形联结或曲折形联结绕组的中性点端子，应按可能流经这个端子的最大过电流设计。

4 承受短路能力的验证

本章的要求既适用于 GB 1094.1 所规定的油浸式电力变压器，也适用于 GB 1094.11 所规定的干式电力变压器。

4.1 承受短路的耐热能力

4.1.1 概述

变压器承受短路的耐热能力应通过计算的方式进行验证。计算按 4.1.2～4.1.5 的规定进行。

4.1.2 对称短路电流 I

对于具有两个独立绕组的三相变压器，对称短路电流方均根值 I 应按下式计算：

$$I=\frac{U}{\sqrt{3}\times(Z_t+Z_s)} \qquad \cdots\cdots(1)$$

式中：

I——对称短路电流的方均根值，单位为千安(kA)；

Z_s——系统短路阻抗，每相欧姆(Ω)(等值星形联结)，按下式计算：

$$Z_s=\frac{U_s^2}{S} \qquad \cdots\cdots(2)$$

式中：

U_s——标称系统电压，单位为千伏(kV)；

S——系统短路视在容量，单位为兆伏安(MVA)。

U 和 Z_t 按以下规定：

a) 对于主分接：

U——所考虑绕组的额定电压 U_r，单位为千伏(kV)；

Z_t——折算到所考虑绕组的变压器的短路阻抗[1]，每相欧姆(Ω)(等值星形联结)，按下式计算：

$$Z_t=\frac{z_t\times U_r^2}{100S_r} \qquad \cdots\cdots(3)$$

式中：

z_t——在参考温度、额定电流和额定频率下所测出的主分接短路阻抗，用%表示；

S_r——变压器的额定容量，单位为兆伏安(MVA)。

b) 除主分接外的其他分接：

U——所考虑绕组在相应分接的电压(另有规定除外)[2]，单位为千伏(kV)；

Z_t——折算到所考虑绕组在相应分接的短路阻抗，以每相欧姆(Ω)表示。

对于多绕组变压器、自耦变压器、增压变压器和直接与其他电器连接的变压器，其过电流计算分别按 3.2.3、3.2.4 或 3.2.5 进行。

所有变压器，除 3.2.2.2 所述情况外，都应考虑系统的短路阻抗。

注：曲折形联结的绕组，单相对地故障的短路电流可能明显大于三相短路时的故障电流。因此，在计算曲折形联结绕组的温升时应考虑此电流值的增大。

4.1.3 对称短路电流的持续时间

除另有规定，用于计算承受短路耐热能力的电流 I 的持续时间为 2 s。

注：对于自耦变压器和短路电流超过 25 倍额定电流的变压器，经制造方与用户协商后，短路电流持续时间可以小于 2 s。

4.1.4 每个绕组平均温度的最大允许值

当每个绕组分别按 4.1.2 和 4.1.3 施加规定持续时间的对称短路电流 I 后，其在任何分接位置下的平均温度 θ_1 应不超过表 3 规定的最大值。

公式(4)和公式(5)中所用的绕组起始温度 θ_0 应表示为最高允许环境温度与在额定条件下用电阻法测量的绕组温升之和。如果测出的绕组温升不适用时，则绕组起始温度 θ_0 应为最高允许环境温度与

1) 此处用符号 Z_t 和 z_t 分别代替 GB 1094.1—1996 所采用的 Z 和 z，其目的是与本部分 4.2.3 内容一致，以免混乱。

2) 分接电压的定义见 GB 1094.1—1996 的 5.2。

绕组绝缘系统所允许的温升之和。

表 3 每个绕组在短路后的平均温度最大允许值

变压器的型式	绝缘系统温度/ ℃ (括号内为绝缘耐热等级)	温度最大值/ ℃	
		铜绕组	铝绕组
油浸式	105(A)	250	200
干式	105(A) 120(E) 130(B) 155(F) 180(H) 200 220	180 250 350 350 350 350 350	180 200 200 200 200 200 200
注 1：当绕组由高抗拉强度的铝合金导线制成时，可由制造方和用户协商确定更高的温度最大值，但不得超过相应的铜绕组的温度。 注 2：当油浸式变压器所使用的绝缘系统不是 A 级时，可由制造方和用户协商确定不同的允许温度最大值。			

4.1.5 温度 θ_1 的计算

绕组短路后的平均温度 θ_1 应由下述公式计算：

$$\theta_1=\theta_0+\frac{2\times(\theta_0+235)}{\frac{106\ 000}{J^2\times t}-1}\quad(\text{铜绕组})\qquad\cdots\cdots(4)$$

$$\theta_1=\theta_0+\frac{2\times(\theta_0+225)}{\frac{45\ 700}{J^2\times t}-1}\quad(\text{铝绕组})\qquad\cdots\cdots(5)$$

式中：

θ_1——绕组短路 t(s)后的平均温度，单位为摄氏度(℃)；

θ_0——绕组起始温度，单位为摄氏度(℃)；

J——短路电流密度，单位为安每平方毫米(A/mm²)，按对称短路电流的方均根值计算出；

t——持续时间，单位为秒(s)。

注：公式(4)和公式(5)是按绝热条件推导的，且仅对短路持续时间不超过 10 s 时才有效。公式中的系数是按表 4 中所列的参数得出的。

表 4 材料参数

参　　数	材　　料	
	铜	铝
100 ℃时的比热/(J/kg·℃)	398.4	928
100 ℃时的密度/(kg/m³)	8 894	2 685
100 ℃时的电阻率/(μΩ·m)	0.022 4	0.035 5

4.2 承受短路的动稳定能力

4.2.1 概述

如果用户有要求，承受短路的动稳定能力应由下述两者之一来验证：

——试验验证；

——计算、设计和制造同步验证。

所用验证方法的选择，应由用户和制造方在订货前协商确定。

短路试验为特殊试验（见 GB 1094.1—1996 的 3.11.3），应在订货合同中规定。试验应按 4.2.2～4.2.7 的要求进行。

大容量变压器有时不能按本部分进行试验，如：受试验条件的限制。此时，试验条件应由用户和制造方协商确定。

当选择按计算、设计和制造同步验证时，要求用已做过短路试验的类似变压器或在有代表性的模型上的短路试验来证明。鉴别类似变压器的准则参见附录 C。

4.2.2 变压器在短路试验前的条件

4.2.2.1 除非另有规定，试验应在准备投入运行的新变压器上进行。短路试验时，保护用的附件，如气体继电器及压力释放装置应安装在变压器上。

注：对短路性能无影响的附件（如可拆卸的冷却器）可不安装。

4.2.2.2 短路试验前，变压器应按 GB 1094.1—1996 的规定进行例行试验，但在此阶段中，不要求做雷电冲击试验。

如果绕组带有分接，应在短路试验所在分接位置上测量电抗，必要时也对电阻进行测量。

所有电抗测量值的复验性应在±0.2%以内。

包括例行试验结果在内的试验报告，在短路试验开始前应备齐。

4.2.2.3 短路试验开始时，绕组的平均温度最好应在 10 ℃～40 ℃之间（见 GB 1094.1—1996 的 10.1）。

短路试验期间，由于流过短路电流，绕组的温度可能升高。当布置 I 类变压器的试验线路时应考虑这种情况。

4.2.3 双绕组变压器的试验电流峰值 $\hat{i}$

试验应在被试相的电流达到最大非对称值时进行。

非对称试验电流的第一个峰值（kA），按下式计算：

$$\hat{i} = I \times k \times \sqrt{2} \quad \cdots\cdots (6)$$

式中，对称短路电流 I 按 4.1.2 确定。

k 为计算试验电流初始偏移的系数，而$\sqrt{2}$则考虑了正弦波峰值对方均根值之比。

系数 $k \times \sqrt{2}$（或称峰值因数）与 X/R 有关，其中：

X——变压器的电抗与系统电抗之和（$X_t + X_s$），以 Ω 表示；

R——变压器电阻与系统电阻之和（$R_t + R_s$），以 Ω 表示，其中 R_t 为参考温度下的电阻（见 GB 1094.1—1996 的 10.1）。

在短路电流计算中若包括了系统短路阻抗时，如无另行规定，应假定系统的 X_s/R_s 值等于变压器的 X_t/R_t 值。表 5[3] 列出了不同 X/R 值的峰值因数值，以供实际应用。

表 5 系数 $k \times \sqrt{2}$的值

X/R	1	1.5	2	3	4	5	6	8	10	14
$k \times \sqrt{2}$	1.51	1.64	1.76	1.95	2.09	2.19	2.27	2.38	2.46	2.55
注：若 X/R 为 1～14 之间的其他值，则 $k \times \sqrt{2}$可用线性插值法求得。										

3） 表 5 是按下列峰值因数公式得出的：

$k \times \sqrt{2} = [1 + (e^{-(\phi + \pi/2)R/X}) \sin\phi] \times \sqrt{2}$

式中：

e——自然对数的底；

ϕ——相位角，等于 arctg X/R，弧度。

注：当 $Z_s<0.05Z_t$ 时，对主分接可用 x_t 和 r_t 代替 X_t 和 $R_t(\Omega)$，其中：

x_t——z_t 的电抗分量，%；

r_t——参考温度下 z_t 的电阻分量，%；

z_t——参考温度下的变压器短路阻抗，%。

如果无其他规定，当 $X/R>14$ 时，系数 $k\times\sqrt{2}$假定为：

对Ⅱ类变压器：$1.8\times\sqrt{2}=2.55$；

对Ⅲ类变压器：$1.9\times\sqrt{2}=2.69$。

4.2.4 短路试验电流的非对称峰值和对称方均根值的允许偏差

如果短路试验电流的持续时间足够长，则包含第一个峰值 $\hat{i}$ 的非对称电流将变化到对称电流方均根值 I（见 4.1.2）。

试验中所得到的电流峰值偏离规定值应不大于 5%，而对称电流偏离规定值应不大于 10%。

4.2.5 双绕组变压器短路试验程序

4.2.5.1 为了得到 4.2.4 所要求的试验电流，电源的空载电压可高于被试绕组的额定电压[4)]。绕组的短路可在变压器另一绕组施加电压之后（后短路）进行，亦可在施加电压之前（先短路）进行。

如果采用后短路，所施加的电压应不超过 1.15 倍绕组额定电压，但制造方和用户另有协议时除外。

如果对单同心式绕组的变压器采用预先短路，为了避免铁心饱和，应将电压施加于远离铁心的一个绕组，而将靠近铁心的绕组短路。否则，试验最初的几个周波中将会产生过大的励磁电流并叠加于短路电流上。

当现有的试验设备要求将电源接到内绕组时，应采取特别的措施，如：预先磁化铁心，以防止产生励磁涌流。

对交叠式绕组或双同心式绕组的变压器，应经制造方和用户协商后才能采用先短路的方法。

为防止危险的过热，前后两次施加过电流之间的时间间隔应适当，此时间间隔应由用户和制造方协商确定。

注：当对Ⅰ类变压器试验时，可能需要考虑试验期间由于温度升高而引起的 X/R 的变化，并在试验回路中提供相应的补偿。

4.2.5.2 为了在被试相绕组中得到短路电流的起始峰值（见 4.2.3），合闸时应使用同步开关来调节。

为了检查试验电流 $\hat{i}$ 和 I，应使用示波图记录。

为了在三个相绕组中的某个绕组上得到最大的非对称电流，应在该相绕组上的电压过零时合闸。

注 1：对于星形联结绕组，当相电压过零时合闸，可以得到最大的非对称电流。峰值电流 $\hat{i}$ 的系数 k，可根据线电流的示波图确定。对于三角形联结绕组的三相试验，这个条件可以在线电压过零时合闸得到。在预先调整试验中，在线电压最大时合闸是确定系数 k 的一种方法。此时，可以从线电流的示波图中求出系数 k。

确定三角形联结绕组相电流的另一种方法是将测量线电流的各电流互感器的二次绕组适当地相互连接。可利用示波图记录相电流值。

注 2：对星形—曲折形联结的恒磁通调压、且 $x_t/r_t\leqslant 3$（见 4.2.3）的Ⅰ类变压器，不使用同步开关进行三相同时合闸。对于其他的星形—曲折形联结的变压器，其合闸方式由制造方与用户协商确定。

4.2.5.3 试验电源的频率应是变压器的额定频率。如果用户与制造方之间有协议，允许用 50 Hz 的电源试验 60 Hz 的变压器和用 60 Hz 的电源试验 50 Hz 的变压器，只要能得到 4.2.3 和 4.2.4 所要求的试验电流值。

此程序要求试验电源的电压按变压器的额定电压进行适当调整。

4.2.5.4 对于三相变压器，只要满足 4.2.4 的要求，就应使用三相电源。如果情况与此不同，则可以使用下述单相电源。对于三角形联结的绕组，单相电压应施加在三角形的两个角上，试验时的电压应与三

4) 另一试验程序是对被试验的两个绕组同时施加两个相位彼此相反的电压，两个绕组可由同一电源或由两个独立的、但同步的电源施加电压。这种方法对防止铁心饱和是有利的，且将减少供电容量。

相试验时的相间电压相同。对于星形联结的绕组,单相电压应施加于一个线端与其余两个连在一起的线端之间,试验时,单相电压应等于三相试验时相间电压的$\sqrt{3}/2$倍。

图1和图2给出了两种可能用来模拟三相试验的单相试验线路。

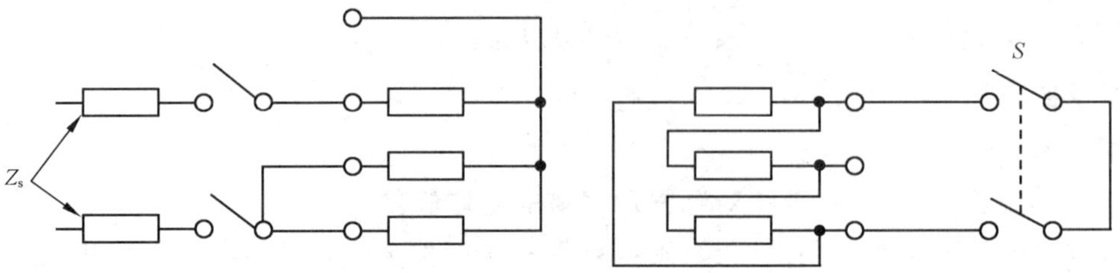

Z_s——试验系统的阻抗。

S——后短路用的同步开关或先短路用的固定连接母线。

图1 星形/三角形联结的变压器

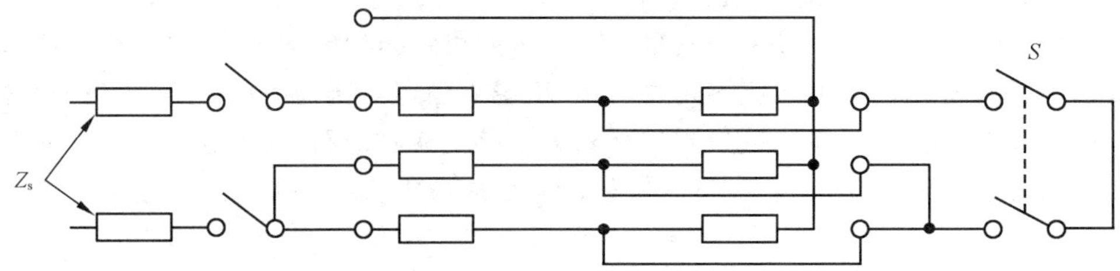

Z_s——试验系统的阻抗。

S——后短路用的同步开关或先短路用的固定连接母线。

图2 星形/星形联结的自耦变压器

注1:单相电源试验主要用于Ⅱ类或Ⅲ类变压器,很少用于Ⅰ类变压器。

注2:对于分级绝缘的星形联结绕组,必须检查中性点的绝缘是否能满足单相试验的要求。

注3:对于星形联结绕组,如果电源容量不足以进行上述的单相试验,而中性点可以利用且能承受相关的电流时,经制造方和用户协商,单相电源可施加于线端与中性点之间。这种试验接线方式可使不试相的相应端子方便地进行相互间的连接,以便较好地控制其上的电压,只要这样做是可行的且接线是正确的。

4.2.5.5 如无特殊规定,三相和单相变压器的试验次数按下述规定,它不包括小于70%规定电流进行预先调整试验的次数。调整试验是用来检查合闸瞬间、电流调节、衰减和持续时间等方面的试验操作是否正确。

对于Ⅰ类和Ⅱ类的单相变压器,试验次数应为三次。如无另行规定,带有分接的单相变压器的3次试验,是在不同的分接位置上进行的,即:一次是在最大电压比的分接位置上,另一次是在主分接的位置上,再一次是在最小电压比的分接位置上。

对于Ⅰ类和Ⅱ类的三相变压器,总的试验次数应为9次,即:每相进行3次试验。如无另行规定,带有分接的三相变压器的9次试验是在不同的分接位置上进行的。即:在旁侧的一个心柱上的3次试验是在最大电压比的分接位置进行的;在中间心柱上的3次试验是在主分接位置进行的;在另一个旁侧的心柱上的3次试验是在最小电压比分接位置进行的。

对于Ⅲ类变压器,其试验次数和试验所在分接位置通常需由制造方和用户协商确定。然而,为了尽可能严格模拟运行中可能发生的重复短路的效应,以便监测被试变压器的特性和对所测短路阻抗的可能变化做出有意义的判断,推荐的试验次数如下:

——对于单相变压器:3次。

——对于三相变压器:9次。

至于分接位置和试验程序,建议与Ⅰ类和Ⅱ类变压器相同。

每次试验的持续时间应为:

——对于Ⅰ类变压器:0.5 s;

——对于Ⅱ类和Ⅲ类变压器：0.25 s。

其允许偏差为±10%。

4.2.6 多绕组变压器和自耦变压器的短路试验程序

对于多绕组变压器和自耦变压器，可以设想有各种各样的故障条件，见3.2.3。通常，与双绕组变压器的作为参考情况的三相短路(见3.2.2.5)相比，这些条件的性质更复杂。

为了用试验手段模拟某些故障现象，往往需要特殊的试验线路。通常，根据对所有可能出现故障情况下的短路电动力计算结果的分析来选择试验工况。

试验线路布置、电流值、试验顺序和试验次数通常由制造方和用户协商确定。

协议中的试验电流值和试验持续时间的允许偏差，建议与双绕组变压器一致，而试验顺序的选择按预计电动力的增大来确定。

4.2.7 故障检测和试验结果的判断

4.2.7.1 短路试验前，应按4.2.2要求进行测量和试验，对气体继电器(如果有)亦应进行观察。这些测量和试验均作为检测故障的依据。

4.2.7.2 每次试验(包括预先调整试验)期间，应对下列项目进行示波图记录：

——施加电压；

——电流(见4.2.5.2)。

此外，对被试变压器尚需进行外观检查和连续录像。

注1：可以使用补充的检测故障方法，以获得有关试验信息并使试验判断完善。这些方法有：记录油箱(将油箱绝缘起来)与地之间的电流，记录噪声与振动，记录在短路电流流过期间油箱内部不同位置的油压变化。

注2：试验时由于振动，可能引起气体继电器的偶然动作。这种现象对变压器承受短路的能力而言是无关紧要的，除非继电器中出现了可燃的气体。

注3：在励磁阶段中，油箱连接处可能出现短暂的火花放电，同时在励磁和短路阶段中，铁心框架接合处也可能出现内部火花放电。

4.2.7.3 每次试验后，应对试验期间所获得的示波图进行检查，同时观察气体继电器，并测量短路电抗。对于三相变压器，测出的电抗值应以每相为基准进行判断，在绕组为星形联结的情况下，可直接测出相对中性点的电抗；在绕组为三角形联结的情况下，可采用合适的方法从三角形联结绕组的接线图中推导出。

注1：可以使用补充的判断方法来判断试验结果，如绕组电阻的测量、低压冲击试验技术(对试验前和试验后分别录取的示波图进行比较)、频谱响应分析、传递函数分析、空载电流测量以及比较试验前和试验后溶解气体的分析结果。

注2：试验前和试验后所作测量结果之间的任何差异均可作为确定可能有缺陷的依据。特别是在连续试验的过程中，应注意观察每次试验后所测得的短路电抗的可能变化，此电抗值变化可能是递增的，也可能是趋于某个稳定值。

注3：为检查匝间故障，建议分别从高压侧和低压侧测量短路电抗。

4.2.7.4 试验后，应检查变压器外观和气体继电器(如果有)。应分析试验不同阶段中所测量的短路电抗值和所摄取的示波图，以找出试验过程中可能出现的异常迹象，尤其是短路电抗所显示的变化。

注1：如果绕组带有分接，试验后，应对短路试验时所用的各个分接位置进行电抗测量。

注2：在试验过程中，短路电抗的变化通常呈减小的趋势。电抗值也可能在试验后过了一段时间会有某些变化。因此，如果电抗变化大，以致超出了规定的限值，则可以以试验后立即测出的值为基准，再经过一定的时间间隔，对电抗值进行谨慎的重复测量，以确认这种变化是否保持住。在确定其是否符合标准时，要以最后测出的电抗值作为最终值。

在此阶段中，对Ⅰ类、Ⅱ类和Ⅲ类变压器所采用的程序是不同的。这些程序和电抗限值如下列项a)和项b)所述。

a) Ⅰ类和Ⅱ类变压器

除另有协议外，应将变压器吊心，检查铁心和绕组，并与试验前的状态相比较，以便发现可能出现的表面缺陷，如引线位置的变化、位移等，尽管这些变化不妨碍变压器通过例行试验，但可能会危及变压器的安全运行。

重复全部例行试验，包括在100%规定试验电压(见 GB 1094.3)下的绝缘试验。如果规定了雷电冲击试验，也应在此阶段中进行。但是，对于Ⅰ类变压器，除绝缘试验外，其他重复例行试验可以不做。

如满足下述条件，则应认为变压器短路试验合格。

1) 短路试验的结果及短路试验期间的测量和检查没有发现任何故障迹象；

2) 重复的绝缘试验和其他例行试验合格，雷电冲击试验(如果有)合格；

3) 吊心检查没有发现诸如位移、铁心片移动、绕组及连接线和支撑结构变形等缺陷，或虽发现有缺陷，但不明显，不会危及变压器的安全运行；

4) 没有发现内部放电的痕迹；

5) 试验完成后，以欧姆表示的每相短路电抗值与原始值之差不大于：

- 对具有圆形同心式线圈[5]和交叠式非圆形线圈的变压器为2%。但是，对于低压绕组是用金属箔绕制的且额定容量为10 000 kVA及以下的变压器，如果其短路阻抗为3%及以上，则允许有较大的值，但不大于4%。如果短路阻抗小于3%，则应由制造方与用户协商，确定一个比4%大的限值；
- 对于具有非圆形同心式线圈的变压器，其短路阻抗在3%及以上者为7.5%。经制造方和用户协商，该7.5%的值可以降低，但不低于4%。

注3：对于具有短路阻抗小于3%的非圆形同心式线圈的变压器，其电抗的最大变化不能用普通的方式加以规定。经验表明，对某些结构的变压器出现了达到(22.5～5.0 z_t)%的变化是可以接受的，z_t 是以百分数表示的短路阻抗。

注4：对设备最高电压 U_m 不高于52 kV的属于II类上限范围的变压器应特别注意，上述电抗变化的限值可能需要调整。

如果上述任何一项短路试验合格的条件没有满足，则应视需要拆卸变压器，以确定其异常的原因。

b) Ⅲ类变压器

应将变压器吊心，检查铁心和绕组，并与试验前的状态相比较，以便能够发现可能的表面缺陷，如引线位置的变化、位移等。尽管这些变化不妨碍通过例行试验，但可能会危及变压器的安全运行。

重复全部例行试验，包括在100%规定试验电压(见 GB 1094.3)下的绝缘试验。如果规定了雷电冲击试验，也应在此阶段中进行。

如果满足下述条件，则应认为变压器短路试验合格。

1) 短路试验的结果及短路试验期间的测量和检查没有发现任何故障迹象；

2) 重复的例行试验合格，雷电冲击试验(如果有)合格；

3) 吊心检查没有发现诸如位移、铁心片移动、绕组及连接线和支撑结构变形等缺陷，或虽发现有缺陷，但不明显，不会危及变压器的安全运行；

4) 没有发现内部放电的痕迹；

5) 试验完成后，以欧姆表示的每相短路电抗值与原始值之差不大于1%。

如果电抗变化范围在1%～2%之间，应经用户与制造方协商一致后，方可验收。此时，可能要求做更详细的检查。必要时还要拆卸变压器，以确定其异常的原因。但建议拆卸前应先采取一些补充的诊断方法(见4.2.7.3的注1)。

注5：由于Ⅲ类变压器的价格和全面检查变压器内部各部分状态的费用的经济影响，建议对绕组引线的位置、分接、垫块的垂直度和端部绝缘件外形等进行录像，以便对试验前和试验后变压器内部各部分作准确的比较。出于这种原因，检查绕组的轴向压紧力可能是有用的。如有必要，可由双方当事人之间相互达成接受现已存在的小位移和小变化的协议，只要它们不影响变压器运行的可靠性。

---

5) 圆形线圈包括所有绕在圆柱体上的线圈，即便如此，仍有偏离圆柱体形状的可能，例如，用金属箔卷制的线圈，由于引线的存在，有局部偏离圆柱体形状的可能。

附　录　A
（资料性附录）
承受短路动稳定能力的理论评估

A.1　范围

本附录给出了一些指导性原则，以便根据电力变压器性能设计的计算和考虑以及根据工厂生产实践，对变压器承受短路动稳定的能力进行理论上的评估。

注：关于电力变压器承受短路动稳定能力的技术争论方面的补充信息，见国际大电网会议（CIGRE）209 论文《电力变压器的短路特性》（2002 年 8 月）。

A.2　概述

电力变压器承受短路动稳定能力的理论评估，是由对其主要机械强度特征进行设计评审构成的。为此，需提供有关电磁设计数据单、短路电流计算、电磁力计算和机械力计算等资料以及图样、材料规范、制造经验和工艺规程等全部必要的技术资料。它们可汇编为变压器电磁设计和机械设计专用的文件或汇编为制造方技术文件的某个组成部分。

设计评审应检查在规定的短路故障条件下，产品设计中所出现的最大临界机械力和应力的数值，并将这些数值或是与一台短路试验合格的、且被认为与该待评估变压器相类似[6]的参考变压器的相对应数值进行比较，或是对照制造方的短路强度设计规范对该待评估变压器进行检查。在设计评审中，绕组的支撑结构、夹紧装置及制造工艺也是要考虑的内容。

本附录所述的设计评审，主要用于Ⅱ类或Ⅲ类变压器。

对于Ⅰ类变压器，通常是属于大批量购买的产品，其评估方式最好是在其中的一台或两台产品上进行短路承受能力试验。对于大批量订货产品中的一台或两台产品进行短路承受能力试验，通常被认为是一种最快捷并最经济的确认短路性能的方式。不过，对这类变压器也可采用包括设计评审在内的评估方式来确定其短路性能。

至于Ⅱ类或Ⅲ类变压器，制造方要按类似条件在其出厂产品文件档案中找出一台作为对比用的参考变压器，有时是不容易的。此时，可将待评估变压器的每一个特征（见附录 C）同时与台数不多的、且短路试验已合格的变压器进行对比，至少有一台参考变压器具有相同的相应特征。

例如，欲对一台具有降低容量的三角形联结第三绕组的三相自耦变压器进行评估，可分两个部分进行，即：

——按均有串联绕组和公共绕组：与一台无第三绕组的三相自耦变压器的设计数据进行对比；

——按均有第三绕组：与一台也具有降低容量的第三绕组（它也已进行了短路试验）的三相变压器进行对比。

A.3　设计评审导则

A.3.1　概述

设计评审应包含下列步骤：

a）　按相应的技术文件对变压器进行鉴别。

b）　选择下列两种方式之一对变压器进行评估：

6）　关于类似变压器的定义见附录 C。

- 与短路试验已合格的变压器进行对比，或
- 检查制造方的短路强度设计规范。

c) 公布设计评审结果并对评估变压器做出正式确认。

A.3.2 关于待评估变压器的信息

制造方需为设计评审提供下列资料：

a) 计算所需的电磁设计数据单。

b) 铁心窗口内的绕组和绝缘整体布置图或草图，并标明所用材料的型号。

c) 作用于每个绕组上的短路电流值计算（包括峰值和对称电流方均根值）。它们是考虑了规定的运行工况要求、短路故障类型及带分接绕组的分接位置等而得出的。

d) 主要的短路力计算（在最大峰值电流下的相应峰值），这些计算是根据短路故障类型、分接位置和设计考虑的各绕组的几何位置和相对位置得出的。如果为了计算漏磁场和电磁力而对绕组、铁心和油箱采用了简化的几何布置图，则要给出与此有关的全部信息。

心式变压器的轴向短路力和壳式变压器的幅向短路力均很容易受到具有磁势极性符号相反的绕组之间的相对位置的影响，制造方应规定其制造偏差造成的位移量以及计算短路力的绕组外形图（对称平面和边界条件）。

下列电磁力应予以考虑：

1) 对于心式变压器：

- 每个实体绕组的内向幅向力或外向幅向力；
- 每个实体绕组的最大轴向压缩力（F_c^*）[7]；
- 每个实体绕组的最大轴向端部推力（向上/向下）；
- 每个心柱上的公共压环或压板（如果使用了）及铁心夹件上的最大轴向力；
- 每个低压绕组出线头处的推力（T_l^*）[8]。

2) 对于壳式变压器：

- 铁心窗口内和窗口外的每个线圈和绕组堆上的轴向力；
- 线饼上的幅向力；
- 相间楔形块上及顶住铁心和油箱加强结构压块上的总力；
- 铁心叠片上的总力；
- 油箱加强结构上的总力。

对于每个实体绕组，在设计中要对所考虑绕组的分接位置和短路类型下的最严重的作用力条件进行确定。至于变压器整体结构，要考虑在系统中出现最大无功功率下发生短路故障时所产生的力。

e) 绕组导线及与其机械相连的各种结构件在短路力作用下的基本机械应力计算。以下各种机械应力应予以考虑：

1) 对于心式变压器：

- 外绕组上的平均环形拉伸应力（σ_t^*）[9]；
- 连续式、螺旋式或单层式内绕组上的平均环形压缩应力（σ_c^*）[10]；

---

7) 本附录中所用的上标符号“*”表示与预计短路电流最大峰值相关的物理量（力或应力）。

8) 作用于低压绕组出线头处推力的定义和计算见 A.3.3.2.2。

9) 关于平均环形拉伸应力的计算，对于具有一个或多个有一定幅向宽度的冷却油道的连续式和螺旋式绕组，可以将其看成是无油道的长条实心环体结构。

10) 关于平均环形压缩应力的计算，对于具有一个或多个有一定幅向宽度的冷却油道的连续式和螺旋式绕组，可以将其看成是无油道的长条实心环体结构。

● 多层式内绕组上的等值平均环形压缩应力($\sigma^{*}_{c,eq}$)[11)]；

● 在用撑条和垫块构成绕组内具有幅向宽度的轴向冷却油道时，导线在撑条间和垫块间的跨度内的幅向弯曲应力(σ^{*}_{br})；

● 在连续式和螺旋式绕组中幅向垫块之间的跨度内的轴向弯曲应力(σ^{*}_{ba})；

● 在连续式和螺旋式绕组中幅向垫块上的压缩应力(σ^{*}_{sp})[12)]；

● 多层式绕组中导线纸绝缘上的压缩应力(σ^{*}_{pi})；

● 端部层叠式绝缘结构件上的压缩应力(σ^{*}_{es})和端圈上的压缩应力(σ^{*}_{er})；

● 公共压环或压板(如果使用了)上的压缩应力(σ^{*}_{pr})；

● 夹紧结构中的拉杆(拉板条)上的拉伸应力(σ^{*}_{rod})。

2) 对于壳式变压器：

● 在线饼垫块之间的跨度内的导线上的轴向弯曲应力(σ^{*}_{ba})；

● 线饼中导线纸绝缘上的压缩应力(σ^{*}_{pi})和线饼垫块上的压缩应力(σ^{*}_{sp})；

● 相间楔形块上的压缩应力(σ^{*}_{iw})和顶住铁心及油箱加强结构压块上的压缩应力(σ^{*}_{pb})；

● 铁心叠片上的拉伸应力和弯曲应力(σ^{*}_{cl})；

● 油箱加强结构件上的拉伸应力和弯曲应力(σ^{*}_{tr})。

对于每个实体绕组和结构零件，应考虑由短路力引起的最严重的应力条件。

f) 有关绕组固定结构和器身(线圈及铁心)夹紧布置的图样、草图或计算机输出，例如：

1) 对于心式变压器：

● 铁心柱固定的幅向支撑件的布置、端部层叠式绝缘构件、公共压环或压板(如果使用了)、整个器身(线圈和铁心)夹紧装置等。

2) 对于壳式变压器：

● 线圈端头和相间的轴向夹紧装置、压块、填充件和楔形块以及绕组与铁心之间的绝缘隔屏等；

● 铁心顶住油箱的支撑件，支撑铁心、油箱加强结构及其他紧固铁心叠片的弹簧装置等。

3) 通用方面：

● 确保绕组出头、接到套管的低压连接线或母线以及接到分接开关的引线等紧固的措施；

● 施加轴向预加负荷的方式。

g) 有关材料和生产工艺方面的质量保证和质量控制的说明，特别是下述生产工艺方面：

1) 在卷线筒上的导线卷制和其拉力控制，以及绕组、线段(层)的尺寸和弹性固定的控制、规定偏差范围内的装配、油浸渍及干燥、预负荷(夹紧力)的施加，绕组支撑件、引线和夹紧装置的紧固并可靠等；

2) 专用于壳式变压器：采用相间楔形块、压块使线圈在铁心窗口内和窗口外均顶住铁心和油箱加强结构的夹紧和压紧。

h) 变压器的主要外部组件，特别是高压套管(尤其是斜置于升高座上的高压套管)的检查。

A.3.3 变压器评估

A.3.3.1 概述

在变压器评估中，有两种方法可供选用。一种是将其与一台短路试验合格的参考变压器进行对比(见 A.3.3.2)；另一种方法则是对制造方正常生产中所采用的短路强度设计规范文件进行检查

11) 在具有两层且各层厚度相等的情况下，其等值平均环形压缩应力等于各层环形压缩应力的算术平均值。在具有三层或更多层的情况下，此应力假定为各层压缩应力的算术平均值的 1.1 倍。

12) 幅向垫块上的压缩应力是通过考虑被裸导线所覆盖的面积并忽略裸导线四周圆倒角的影响而计算出来的。

(见 A.3.3.3)。

A.3.3.2 与参考变压器进行对比的评估法

A.3.3.2.1 参考变压器的确认

满足下列各项要求并适合于按规定条件作对比用的变压器称为参考变压器。

——其性能参数被认为与待评估变压器相类似；

——其设计所用的计算方法和机械力耐受准则基本上与待评估变压器相同；

——其生产中所依据的操作规范、质量保证和质量控制规范基本上与待评估变压器相同；

——设计中所采用的短路强度技术规范的有效范围包括了这两台变压器的性能参数。

参考变压器应是短路试验合格的变压器。

参考变压器的确认步骤如下：

——检查是否适用于上述对比的目的；

——检查短路试验报告；

——确认主要电磁设计数据、所作的计算和设计所采用的机械力耐受准则；

——确认生产操作规范、质量保证和质量控制规范。

A.3.3.2.2 对比性评估

对比性评估应从对两台变压器的绕组、主要绝缘结构和夹紧装置、特别是它们各自可见的机械力耐受性能的检查和对比开始。通过此对比性评估，就有可能从原则上得出待评估变压器的基本机械结构强度与参考变压器相同的结论。

然后，对两台变压器相对应的力和应力的计算值(见 A.3.2)进行对比。为此，建议采用表 A.1 或表 A.2 来进行此对比工作。涉及待评估变压器和参考变压器任何力或应力的数值，应分别填入标有"act"(实际)和"ref"(参考)的栏内。设计时所考虑的短路条件下产生的最大力或应力，应既用于每个实体绕组和相关的零部件，也用于变压器的整体机械结构。

经过相互对比，如果待评估变压器的填入表 A.1 或表 A.2 内的力或应力的数值，没有一个超过参考变压器相对应的力或应力数值的 1.2 倍，则认为待评估变压器能承受规定条件下的短路的动稳定效应。但对于心式变压器，还需增加下述更严格的力和应力的限值要求。

——连续式、螺旋式和单层式绕组上的平均环形压缩应力

$\sigma^*_{c,act} \leqslant 1.1\sigma^*_{c,ref}$

——多层式绕组上的等值平均环形压缩应力

$\sigma^*_{c,eq,act} \leqslant 1.1\sigma^*_{c,eq,ref}$

——低压绕组出头处的推力[13)]

$T^*_{f,act} \leqslant 1.1T^*_{f,ref}$

A.3.3.3 对制造方的短路强度设计规范进行检查的评估法

A.3.3.3.1 制造方短路强度设计资料的确认

待评估变压器设计所依据的短路强度规范应具有足够的经验基础。这就意味着，这些规范是在对一些实际变压器的短路试验结果进行分析的基础上编制的，或是在对一些有代表性的变压器模型(融入了长期无短路故障运行的变压器的间接经验而制作的)的试验结果进行分析的基础上编制的，或是在对上述两种试验结果同时进行分析的基础上编制的。制造方应提供下列信息：

——已生产并已进行了短路试验的变压器统计表，其内容包括变压器主要技术参数数据，如：额定容量、额定电压、分接范围和短路阻抗等。

13) 作用于低压绕组出线头处的推力(kN)，通常假定为绕组上的平均环形压缩应力(kN/mm^2)与该出线头截面积(mm^2)的乘积，此推力可能使绕组呈螺旋状向上绷紧变形。在个别场合下，当低压绕组是外绕组时，此应力具有拉力性质，从而使该绕组有松散的趋势。

——模型的试验结果(如果进行了)及其对设计规范的影响。

——制造方在其正常设计和生产过程中所使用的有关电力变压器短路强度技术标准的内容。

——有关变压器短路性能方面的现场运行记录和现场运行的故障率。

——变压器的生产台数及其良好运行的年数。

上述信息应能证明制造方已经拥有了正确的短路强度设计规范。

A.3.3.3.2 检查程序

检查程序应从对变压器的绕组结构、主要绝缘结构和夹紧装置的检查开始。通过这些检查,应能得出待评估变压器所采用的绕组和主绝缘结构以及夹紧装置与制造方在已生产的那些短路性能良好的变压器上所采用的是一致的结论。

下一步是将作用在变压器上的各种力和应力(见A.3.2)的计算值与制造方在实际设计中所采用的相应的许用值或极限值进行对比[14]。对于不同的生产单位,这些数值可能是不同的。为此,建议使用表A.1或表A.2。将任何有关待评估变压器的力或应力值填入标有"act"(实际)的相应栏内。将制造方作为设计规范的许用力或应力、极限力或应力数值填入标有"all(许用)"或"crit(极限)"的相应栏内。按设计中考虑的各种短路条件下所得到的最大力或应力数值应分别用于每个实体绕组及与其相关的零部件和整体结构。

注:在心式变压器中,应特别注意作用在绕组上的环形压缩应力的重要性。绕组受到这种环形压缩应力时,可能会由于在相邻两支撑件之间的跨度内的导线向内过度弯曲(强制翘曲),或由于稳定性丧失而导致绕组周围一处或几处的导线幅向严重变形(自由翘曲)而损坏。

典型的强制翘曲一般在其内表面有比较硬的支撑件的绕组中发生。

自由翘曲是一种更常见的塌陷模式,当结构中的压缩应力一旦达到极限值,它便会突然发生。

规定自由翘曲的极限压缩应力值是一项非常复杂的任务,这是由于绕组本身的非均匀特性和生产工艺对其有影响的缘故。

由于上述理由,所以目前尚无法给出绕组极限环形压缩应力的专用计算公式。

有关电力变压器短路承受能力的翘曲和其他技术问题的补充信息,见国际大电网会议(CIGRE)209论文《电力变压器的短路特性》(2002年8月)。

当有下列检查结果,即:填入表A.1或表A.2中的力和应力值中,没有一项超过制造方设计中采用的相应最大许用力或应力值,并且也不超过制造方认可的相应极限值的0.8倍时,则认为该变压器能承受住规定条件下的短路动稳定性效应。

作为指导用,下面所列出的许用力和应力限值是根据以往的经验并考虑到各种限制因素,如:材料性能、偏差、机械设计细节和生产工艺等确定的。然而,不管怎样,还不能把它们当作标准限值,且还可有条件地在设计中超过它们,只要制造方能表明其所采用的更高值具有充分的经验和文件证明即可。

a) 对于心式变压器

- 连续式绕组、螺旋式绕组及多层式绕组中每一层上的平均环形拉伸应力[15]

  $\sigma^{*}_{t,act} \leqslant 0.9 \cdot R_{p0.2}$

- 连续式绕组、螺旋式绕组及单层式绕组上的平均环形压缩应力

  (i) 对于常规导线和非自粘性的CTC_S[16]

  $\sigma^{*}_{c,act} \leqslant 0.35 \cdot R_{p0.2}$

  (ii) 对于自粘性导线和CTC_S

  $\sigma^{*}_{c,act} \leqslant 0.6 \cdot R_{p0.2}$

---

14) 许用值是指结构所能承受的不会损害其强度和功能的力和应力值;极限值是指使结构产生永久变形、丧失稳定性或发生塌陷的力或应力值。

15) 验证应力$R_{p0.2}$是指当负荷持续增加到按非比例拉伸达到计量长度的0.2%时的拉伸应力。

16) CTC_S是连续换位导线的简称。

- 多层式绕组的等值平均环形压缩应力

  (i) 对于常规导线和非自粘性的 CTC_S

  $\sigma^*_{c,eq,act} \leqslant 0.35 \cdot R_{p0.2}$

  (ii) 对于自粘性组合导线和自粘性的 CTC_S

  $\sigma^*_{c,eq,act} \leqslant 0.6 \cdot R_{p0.2}$

- 在撑条或垫块之间的跨度内的导线幅向弯曲应力

  $\sigma^*_{br,act} \leqslant 0.9 \cdot R_{p0.2}$

- 在幅向垫块之间的跨度内的导线轴向弯曲应力

  $\sigma^*_{ba,act} \leqslant 0.9 \cdot R_{p0.2}$

- 与导线倾斜相关的每个实体绕组上的最大轴向压缩力[17)]

  $F^*_{c,act} \leqslant 0.8 F^*_{tilt}$

- 幅向垫块的压缩应力[18)]

  (i) 导线为纸包绝缘时

  $\sigma^*_{sp,act} \leqslant 80$ MPa

  (ii) 导线为纯漆包绝缘时

  $\sigma^*_{sp,act} \leqslant 120$ MPa

- 层式绕组中导线纸绝缘的压缩应力

  $\sigma^*_{pi,act} \leqslant 35$ MPa

- 纸板卷制端圈的压缩应力

  $\sigma^*_{er,act} \leqslant 40$ MPa

- 纸板层压端圈的压缩应力

  $\sigma^*_{er,act} \leqslant 80$ MPa

- 纸板制成的公共压环或压板(如果用了)的压缩应力

  $\sigma^*_{pr,act} \leqslant 80$ MPa

- 夹紧结构中的拉杆(板形拉条)的拉伸应力[19)]

  $\sigma^*_{rod} \leqslant R_{el}$

b) 对于壳式变压器

- 线圈垫块之间的跨度内导线轴向弯曲应力

  $\sigma^*_{ba,act} \leqslant 0.9 \cdot R_{p0.2}$

- 垫块及导线纸绝缘的压缩应力

  $\sigma^*_{pi,act}, \sigma^*_{sp,act} \leqslant 35$ MPa

- 纸板制成的相间楔形块和压紧块的压缩应力

  $\sigma^*_{iw,act}, \sigma^*_{pb,act} \leqslant 80$ MPa

- 纤维增强塑料或层压木制成的相间楔形块和压紧块的压缩应力

  $\sigma^*_{iw,act}, \sigma^*_{pb,act} \leqslant 120$ MPa

- 铁心叠片上的拉伸和弯曲应力

  $\sigma^*_{cl,act} \leqslant R_{el}$

- 油箱增强结构的拉伸和弯曲应力

  $\sigma^*_{tr,act} \leqslant R_{el}$

---

17) 关于 F^*_{tilt},见本附录末尾处的注 1。

18) 适用于预压纸板制造的垫块。

19) R_{el} 为材料的较低屈服应力,它实际上等于 $R_{p0.2}$。

- 铁心叠片搭接面积上的压力[20)]

  $P_{act} \geqslant P$

A.3.4 设计评审结果及对待评估变压器的确认

如有下列结论，则认为本设计评审可信：

——经检查，规范的要求充分包括了实际系统条件；

——设计充分包括了规范中的内容；

——设计评审已按 A.3.1 和 A.3.2 进行，且确认了所有的已算出的力和应力；

——已按 A.3.3.2 或 A.3.3.3 对所考虑变压器进行了评估，且由表 A.1 或表 A.2 所列的值来看，显然满足了本附录中所列的短路力和应力的准则；

——从机械设计和生产工艺来看，足以判定其能够为所要求的变压器短路性能提供保证。

要求用户正式确认按本附录所规定的准则对变压器所作的设计评审已取得了可信的结果。由此，应由供需双方共同签署一份合适的鉴定书。

用户签名并不意味着免除制造方对变压器在规定运行工况下的短路动稳定承受能力和无不符合方面出现问题时应负的责任。

在设计评审期间交给用户的信息，具有制造方的知识产权的性质，应予以保密。

表 A.1 心式变压器中的力和应力的对比

力或应力的类型	低压绕组				中压绕组				高压绕组				分接绕组			
	act.	ref.	all.	crit.	act.	ref.	all.	crit.	act.	ref.	all.	crit.	act.	ref.	all.	crit.
连续式、螺旋式和多层式绕组上的平均环形拉应力(MPa)																
连续式、螺旋式和单层式绕组上的平均环形压缩应力(MPa)																
多层式绕组的等值平均环形压缩应力(MPa)																
位于撑条或垫块之间的导线幅向弯曲应力(MPa)																
在幅向垫块之间的跨度内的导线轴向弯曲应力(MPa)																
作用于低压绕组出头处的推力(kN)									—	—	—	—	—	—	—	—
作用于每个实体绕组上的最大压缩力(kN)																
绕组最大轴向压缩力及倾斜时的极限值(对比列出)(kN)		—	—			—	—			—	—			—	—	
每个实体绕组的最大轴向端部推力 ——向上(kN) ——向下(kN)																

20) 关于 P，见本附录末尾处的注 2。

表 A.1（续）

力或应力的类型	低压绕组				中压绕组				高压绕组				分接绕组			
	act.	ref.	all.	crit.	act.	ref.	all.	crit.	act.	ref.	all.	crit.	act.	ref.	all.	crit.
导线纸绝缘和幅向垫块的压缩应力(kN)																
端部层压块绝缘构件和端环上的压缩应力(MPa)																
公共压环(或压板)上的压缩应力(MPa)	act.				ref.				all.				crit.			
拉紧杆(拉条)上的拉伸应力(MPa)	act.				ref.				all.				crit.			
每个心柱的夹紧力(kN)	act.				ref.				all.				—			

注 1：act. ——与待评估实际变压器有关的力或应力计算值。

注 2：ref. ——与参考变压器有关的力或应力计算值。

注 3：all. ——许用力或许用应力值(按制造方设计规范)。

注 4：crit.——极限力或极限应力值(按制造方设计规范)。

表 A.2　壳式变压器中的力和应力的对比

力或应力的类型	低压绕组				中压绕组				高压绕组				分接绕组			
	act.	ref.	all.	crit.	act.	ref.	all.	crit.	act.	ref.	all.	crit.	act.	ref.	all.	crit.
线圈垫块之间的跨度内的导线轴向弯曲应力(MPa)																
导线纸绝缘和垫块上的压缩应力(MPa)																
相间楔形块和压紧块上的总力(kN)	act.				ref.				all.				crit.			
铁心叠片上的总力(kN)	act.				ref.				all.				crit.			
油箱加强结构件上的总力(kN)	act.				ref.				all.				crit.			
相间楔形块和压紧块上的压缩应力(MPa)	act.				ref.				all.				crit.			
由幅向力作用于铁心叠片上的拉伸应力/弯曲应力(MPa)	act.				ref.				all.				crit.			
由轴向力作用于油箱加强结构件上的拉伸应力/弯曲应力(MPa)	act.				ref.				all.				crit.			
叠片搭接面积上的压力(MPa)	act.				ref.				all.				crit.			

注 1：act. ——与待评估实际变压器有关的力或应力计算值。

注 2：ref. ——与参考变压器有关的力或应力计算值。

注 3：all. ——许用力或许用应力值(按制造方设计规范)。

注 4：crit.——极限力或极限应力值(按制造方设计规范)。

注 1：对于心式变压器，当实体绕组受到过大的轴向压缩力时，可能会丧失其机械动稳定性的能力。此时，绕组发生“倾斜”：即在绕组幅向宽度内同一排各相邻导线出现了整体向同一方向倾斜。另一方面，沿轴向相邻的下面一排导线组则整体向相反的方向倾斜。由此便认为绕组导线组呈“曲折形”变形。

因此，要求作用在绕组上的最大轴向压缩力 F_c^* 要小于因导线发生倾斜时诱发塌陷的极限力 F_{tilt}^*。因而也应在这两个力之间有一个足够的安全裕度。

必须区分下述两种情况：

a) 对于采用自粘性的 CTC_S 导线卷制的连续式、螺旋式和层式绕组，与倾斜有关的最大轴向压缩力不是制约设计的因素。事实上，这种绕组导线特别能抗倾斜，且与铜材的工作硬度无关。因此，不必对此进行检验；

b) 对于采用导线或非自粘性的 CTC_S 导线卷制成的连续式、螺旋式和层式绕组，需要按下式计算其相应的极限倾斜力 F_{tilt}^*：

$$F_{tilt}^* = \left[K_1 \cdot E_0 \cdot \frac{n \cdot b_{eq} \cdot h^2}{D_{mw}} + K_2 \cdot \frac{n \cdot X \cdot b_{eq}^3 \cdot \pi \cdot D_{mw} \cdot \gamma}{h}\right] \cdot K_3 \cdot K_4 \cdot 10^{-3} \quad (\text{kN})$$

式中：

E_0——铜的弹性模数，为 1.1×10^5 MPa；

n——在用扁导线时，为绕组幅向宽度中导线数或组合导线数；在用 CTC_S 导线时，它等于 $g\cdot(f-1)/2$。

其中：

g 为绕组幅向宽度中的 CTC_S 数，

f 为单根 CTC_S 导线中的导线根数；

b_{eq}——用扁线时，为导线幅向宽度(mm)，

用自粘性组合导线时，为单根导线幅向宽度的 2 倍(mm)，

用非自粘性的 CTC_S 导线时，为单根导线幅向宽度(mm)；

D_{mw}——绕组的平均直径(mm)；

$X=\frac{c\cdot z}{\pi\cdot D_{mw}}$——为连续式、螺旋式绕组的垫块覆盖系数，

其中：

c 为幅向垫块宽度(沿圆周方向)(mm)，

z 为在圆周上的幅向垫块数；

X——对于层式绕组，为 1；

h——如果导线是扁线，则为导线的高度(mm)，

如果是两根轴向并排的且用纸包为一体的导线，则为单根导线高度的 2 倍(mm)，

如果是 CTC_S 导线，则为单根导线的高度(mm)；

γ——导线形状常数，

对于标准圆角半径导线，为 1.0，

对于全圆角半径导线，为 0.85；

K_1——扭曲项系数，为 0.5；

K_2——分层叠置项系数(N/mm^3)，

当是单根或双根导线时，为 45，

当是非自粘性 CTC_S 导线时，为 22；

K_3——计及铜工作硬度等级的系数(见表 A.3)；

K_4——计及动态倾斜的系数(见表 A.4)。

表 A.3　系数 K_3 值

$R_{p0.2}$/MPa	K_3
退火的	1.0
150	1.1
180	1.2
230	1.3
＞230	1.4

表 A.4 系数 K_4 值

导线类型	绕组形式	
	连续式,螺旋式	层式
单根或双根	1.2	1.1
非自粘性的 CTC_S	1.7	1.3

应注意上述 F_{ult}^* 的计算公式是指动态倾斜且是按半经验方法得到的。此力的实际极限值也与绕组结构和导线绝缘的性质及厚度有关。

注 2：为了夹紧铁心，施加于铁心叠片搭接面上的压力 P 必须至少为：

$$P = \frac{F^* \cdot 10^3}{2 \cdot S \cdot a \cdot t \cdot h} \quad (\text{MPa})$$

式中：

F^*——作用于端部铁轭上的短路力峰值(kN)；

S——铁心叠片的角搭接处面积(mm^2)；

a——粘合系数(标幺值)；

t——铁心单位厚度(mm^{-1})的叠片张数；

h——铁心厚度(mm)。

附 录 B
（资料性附录）
IEC 60076-5:2006 的系统短路视在容量

IEC 60076-5:2006 的系统短路视在容量见表 B.1 的规定。

表 B.1 IEC 60076-5:2006 中的系统短路视在容量

设备最高电压 U_m/kV	短路视在容量/MVA	
	欧洲现用值	北美现用值
7.2;12;17.5;24	500	500
36	1 000	1 500
52;72.5	3 000	5 000
100;123	6 000	15 000
145;170	10 000	15 000
245	20 000	25 000
300	30 000	30 000
362	35 000	35 000
420	40 000	40 000
525	60 000	60 000
765	83 500	83 500
注：如无规定，则认为系统零序阻抗与正序阻抗之比为 1～3。		

附　录　C
（资料性附录）
类似变压器的确定

如果一台变压器与另一台被当作参考变压器的下列特征相同，则该台变压器被看作与参考变压器相类似：

——运行方式相同，如为发电机升压变压器、配电变压器、联络变压器；

——设计结构相同，如为干式、油浸式、带有同心式绕组的心式、交叠式、壳式、圆形线圈、非圆形线圈；

——主要绕组的排列和几何分区顺序相同；

——绕组导线材质相同，如为铝、铝合金、软铜或硬铜、金属箔、圆线、扁线、连续换位导线和环氧树脂粘接(如果用)；

——主要绕组类型相同，如为螺旋式、连续式、层式、饼式；

——短路时吸取的容量(额定容量/短路阻抗标幺值)为参考变压器的30％～130％之间；

——短路时轴向力和绕组应力不超过参考变压器的120％；

——制造工艺过程相同；

——固定和支撑方式相同。

ICS 29.180
K 41

中华人民共和国国家标准

GB/T 1094.7—2008
代替 GB/T 15164—1994

电力变压器　第7部分：油浸式电力变压器负载导则

Power transformers—Part 7: Loading guide for oil-immersed power transformers

(IEC 60076-7:2005,MOD)

2008-09-24 发布　　2009-08-01 实施

中华人民共和国国家质量监督检验检疫总局
中国国家标准化管理委员会　发布

前 言

GB 1094《电力变压器》目前包含了下列几部分：

——第 1 部分：总则；

——第 2 部分：温升；

——第 3 部分：绝缘水平、绝缘试验和外绝缘空气间隙；

——第 4 部分：电力变压器和电抗器的雷电冲击和操作冲击试验导则；

——第 5 部分：承受短路的能力；

——第 7 部分：油浸式电力变压器负载导则；

——第 10 部分：声级测定；

——第 10.1 部分：声级测定　应用导则；

——第 11 部分：干式变压器。

本部分为 GB 1094 的第 7 部分。本部分的前版标准代号为 GB/T 15164，对应的 IEC 标准代号为 IEC 60354。由于 IEC 有关电力变压器的标准代号现均调整为 IEC 60076 系列，为了与 IEC 的标准代号相协调且使用方便，本次修订也将标准代号按新 IEC 标准系列进行调整。

本部分修改采用 IEC 60076-7:2005《电力变压器　第 7 部分：油浸式电力变压器负载导则》(英文版)。

本部分根据 IEC 60076-7:2005 按修改采用原则重新起草。

考虑到我国国情，在采用 IEC 60076-7:2005 时，本部分做了一些修改。有关技术性差异已编入正文中并在它们所涉及的条款的页边空白处用垂直单线标识。本部分与 IEC 60076-7:2005 的主要差异如下：

1) 引用了采用国际标准的我国标准，而非直接引用国际标准；

2) 为便于使用，本部分还进行了下列编辑性修改：

——删除了 IEC 60076-7:2005 的前言；

——用小数点“.”代替作为小数点的逗号“,”；

——调整了附录的顺序号，将 IEC 60076-7:2005 中 5.6 关于非热改性和热改性绝缘纸的内容调整为本部分的附录 A(资料性附录)的内容，将 IEC 60076-7:2005 的附录 A 调整为本部分的附录 D，IEC 60076-7:2005 的附录 B 在本部分中调整为附录 C，将 IEC 60076-7:2005 的附录 C、附录 D 和附录 E 依次调整为本部分的附录 E、附录 F 和附录 B；将 IEC 60076-7:2005 正文中的图、表编号在本部分中依次向前调整一个数。

本部分代替 GB/T 15164—1994《油浸式电力变压器负载导则》。

本部分与 GB/T 15164—1994 相比主要变化如下：

a) 编写格式按 GB/T 1.1—2000《标准化工作导则　第 1 部分：标准的结构和编写规则》和 GB/T 20000.2—2001《标准化工作指南　第 2 部分；采用国际标准的规则》的规定进行了修改；

b) 标准名称由《油浸式电力变压器负载导则》改为《电力变压器　第 7 部分：油浸式电力变压器负载导则》；

c) 增加了关于热点、相对热老化率、变压器绝缘寿命、寿命损失百分数、热改性纸、非导向油流、导向油流和设计环境温度的术语和定义；

d) 增加了一些用于计算温升和损耗的符号和缩写；

e) 增加了关于非热改性和热改性绝缘纸的内容，并将其作为资料性附录 A；

f） 增加了有关绝缘寿命的内容；

g） 修改了超铭牌额定值负载时的绕组热点温度和金属部件的热点温度；

h） 增加了用光纤传感器直接测量变压器热点温升的内容；

i） 增加了确定热点系数时应考虑的一些内容；

j） 增加了关于在变化的环境温度和负载条件下的顶层油温和热点温度的内容，并提供了两种可用于描述热点温度的方法；

k） 增加了关于分接开关影响的内容；

l） 删除了原标准中的正常周期负载图和急救周期负载表；

m） 对附录的内容进行了调整。

本部分由中国电器工业协会提出。

本部分由全国变压器标准化技术委员会(SAC/TC 44)归口。

本部分起草单位：沈阳变压器研究所、西安西电变压器有限责任公司、特变电工沈阳变压器集团有限公司、保定天威保变电气股份有限公司、特变电工衡阳变压器有限公司、上海市电力公司、中电电气集团有限公司、保定天威集团特变电气有限公司、山东达驰电气股份有限公司。

本部分主要起草人，孙军、谢庆峰、孙树波、刘东升、贾贺强、姜益民、徐子宏、孙新忠、白峰君。

本部分所代替标准的历次版本发布情况为：GB/T 15164—1994。

引　　言

本部分从运行温度和热老化观点提供了电力变压器的规范和负载导则。它提供了超铭牌额定容量的负载推荐值，并为设计人员选择新设备的适当额定参数和负载条件提供了指导。

GB 1094.2 是合同的基础，它包括了油浸式变压器在连续额定负载下温升值的要求和温升试验。应注意 GB 1094.2 指的是绕组平均温升，而本部分主要指的是热点温度，且该值只作指导用。

本部分给出了一些数学模型，用来判断不同负载在不同冷却介质温度下和在该负载呈瞬时或周期性变化时的结果。该模型用来对变压器运行温度进行计算，特别是对绕组最热部位的温度进行计算。此热点温度又是用来估算在某个特定期间内的额定热老化率和寿命损失百分数。模型涉及小型变压器(本部分称之为配电变压器)和电力变压器。

与 GB/T 15164:1994 的主要差别在于增加了光纤温度传感器在变压器中的应用，因而从根本上增大了获取电力变压器正确热模型的可能性，特别是在负载电流逐级变化的情况下。这种可能性就使得本部分所用的“油指数 x”和“绕组指数 y”与 GB 1094.2—1996 所用的有些不同，对电力变压器来说：

——对于 ON 冷却方式，GB 1094.2 中 $x=0.9$；而本部分中 $x=0.8$。

——对于 ON 和 OF 冷却方式，GB 1094.2 中 $y=1.6$；而本部分中 $y=1.3$。

对于配电变压器，本部分和 GB 1094.2 中所用的 x 和 y 值都相同。

本部分还按温度计算或测量结果推荐了允许的负载限值。这些推荐值涉及不同形式的负载工况——连续负载、正常周期性稳定负载或暂时急救负载。这些推荐值涉及配电变压器、中型电力变压器和大型电力变压器。

第 1 章～第 7 章包括了不同类型变压器的定义、一般的背景信息和运行方面的各种规定限值。

第 8 章包括了温度的确定，提供了用于估算稳态和暂态条件下热点温度的数学模型。

第 9 章包括了分接位置影响的简要说明。

应用实例在附录 B、附录 C 和附录 E 中给出。

电力变压器 第7部分:油浸式电力变压器负载导则

1 范围

GB 1094 的本部分适用于油浸式变压器。它阐述了变压器在不同环境温度和负载条件下的运行对其寿命的影响。

注：对于电炉变压器,制造方应向用户咨询特殊负载曲线。

2 规范性引用文件

下列文件中的条款通过 GB 1094 的本部分的引用而成为本部分的条款。凡是注日期的引用文件,其随后所有的修改单(不包括勘误的内容)或修订版均不适用于本部分,然而,鼓励根据本部分达成协议的各方研究是否可使用这些文件的最新版本。凡是不注日期的引用文件,其最新版本适用于本部分。

GB 1094.1—1996 电力变压器 第1部分:总则(eqv IEC 60076-1:1993)

GB 1094.2—1996 电力变压器 第2部分:温升(eqv IEC 60076-2:1993)

GB 1094.5—2008 电力变压器 第5部分:承受短路的能力(IEC 60076-5:2006,MOD)

ANSI/IEEE C57.100 油浸式配电变压器和电力变压器热评定的 IEEE 标准试验程序

ASTMD-982 纸和纸板中有机氮标准试验方法

3 术语和定义

本部分采用下列术语和定义。

3.1

配电变压器 distribution transformer

三相最大额定容量为 2 500 kVA,单相最大容量为 833 kVA 的电力变压器。

3.2

中型变压器 medium power transformer

三相最大额定容量为 100 MVA,单相最大容量为 33.3 MVA 的电力变压器。

3.3

大型变压器 large power transformer

超过 3.2 规定的容量限值的电力变压器。

3.4

周期性负载 cyclic loading

周期性变化的负载(周期持续时间通常为 24 h),该负载是按一个周期内累积的老化量来考虑的,它可以是正常负载,也可以是长期急救负载。

3.5

正常周期性负载 normal cyclic loading

在周期性负载中,在某段时间内环境温度较高,或施加了超额定负载的电流,但可以由其他时间内环境温度较低,或施加低于额定负载电流的电流所补偿。从热老化的观点出发,只要相对热老化率大于 1 的各周期中的老化值能被相对热老化率小于 1 的老化值所补偿,那么,这种周期性负载可以认为与正常环境温度下施加额定负载是等效的。这一原理可用于长时间的周期性负载运行中。

3.6

长期急救负载　long-time emergency loading

由于系统中某些设备长时间退出运行而引起的一种负载方式，在变压器达到一个新的、较高的稳态温度之前，这些设备不会重新投入运行。

3.7

短期急救负载　short-time emergency loading

由于系统中发生了一个或多个事故，严重干扰了系统的正常负载分配，从而产生的暂态（少于30 min）严重过负载。

3.8

热点　hot-spot

若无另行规定，是指各绕组中的最热点。

3.9

相对热老化率　relative thermal ageing rate

在给定的热点温度下，与参考热点温度下的绝缘老化率相比，变压器的绝缘老化呈降低或加快的速率。

3.10

变压器绝缘寿命　transformer insulation life

从绝缘起始状态到正常运行中由于热老化、绝缘场强、短路应力或机械位移而导致高电气故障危险率发生的最终状态之间的全部时间。

3.11

寿命损失百分数　per cent loss of life

一段时间（通常为24 h）内以小时计的等效老化值乘以100再除以变压器的预期绝缘寿命。此以小时计的等效老化值由相对老化率与小时数相乘得出。

3.12

热改性纸　thermally upgraded paper

经过化学处理的纤维素纸，其分解率得以降低。通过局部消除水分形成的媒质（如在氰乙化物中）或通过使用稳定剂（如在胺化物、双氰胺中）来抑制水分形成以减少老化的影响。如果纸的寿命满足了ANSI/IEEE C57.100准则的要求：在110 ℃的密闭管中放置65 000 h或在按下式给出的其他时间/温度组合下仍保持50%的张力，则可认为纸已得到改性：

$$Time(\mathrm{h}) = \mathrm{e}^{\left[\frac{15\,000}{(\theta_{\mathrm{h}}+273)}-28.082\right]} \approx 65\,000 \times \mathrm{e}^{\left[\frac{15\,000}{(\theta_{\mathrm{h}}+273)}-\frac{15\,000}{(110+273)}\right]} \qquad \cdots\cdots(1)$$

由于现在使用的热改性化学药品含氮，而在硫酸盐纸浆中没有氮，因此化学改性的程度是通过对处理过的纸中的氮含量进行测定来确定的。当按ASTM D-982进行测量时，热改性纸的含氮量典型值介于1%和4%之间。

注：本定义于2003年10月7日由IEEE变压器委员会热改性纸定义工作组批准。

3.13

非导向强迫油流　non-directed forced-oil flow

OF

表示从热交换器或散热器泵出的油自由地流入油箱中，不强迫其流过绕组（绕组内部的油流可以在垂直冷却通道中轴向流动，也可以在水平冷却通道中辐向流动，可以带或不带曲折形流动）。

3.14

非导向自然油流　non-directed natural-oil flow

ON

表示从热交换器或散热器流出的油自由地流入油箱中，不强迫其流过绕组（绕组内部的油流可以在垂直冷却通道中轴向流动，也可以在水平冷却通道中辐向流动，可以带或不带曲折形流动）。

3.15

导向油流 directed oil flow

OD

表示从热交换器或散热器泵出的油大部分是强迫地流过绕组（绕组内部的油流可以是在垂直冷却通道中轴向流动，也可以在水平冷却通道中曲折形流动）。

3.16

设计环境温度 design ambient temperature

用于规定允许绕组平均温升、顶层油温升及热点温升的环境温度。

4 符号与缩写

符号	意义	单位
C	热容	J/K
c	比热容	J/(kg·K)
DP	聚合度	
D	差分方程中的差分算子	
g	绕组平均温度对油平均温度（油箱内）的梯度	K
g_r	额定电流下绕组平均温度对油平均温度（油箱内）的梯度	K
m_A	铁心和线圈装配体的质量	kg
m_T	油箱和配件的质量	kg
m_O	油质量	kg
m_W	线圈质量	kg
H	热点系数	
k_{11}	热模型常数	
k_{21}	热模型常数	
k_{22}	热模型常数	
K	负载系数（负载电流/额定电流）	
L	所考虑时间期限的总老化	h
n	所考虑期间内每个时间间隔的序数	
N	所考虑期间内的时间间隔的总数	
OD	ODAN、ODAF 或 ODWF 冷却	
OF	OFAN、OFAF 或 OFWF 冷却	
ON	ONAN 或 ONAF 冷却	
P	施加损耗	W
P_e	绕组涡流损耗标么值	p. u.
P_W	绕组损耗	W
R	额定电流下负载损耗与空载损耗的比值	
R_r	主分接下负载损耗与空载损耗的比值	

表(续)

符 号	意 义	单 位
R_{r+1}	r+1分接下负载损耗与空载损耗的比值	
R_{min}	最小分接下负载损耗与空载损耗的比值	
R_{max}	最大分接下负载损耗与空载损耗的比值	
s	拉普拉斯算子	
t	时间变量	min
tap_r	主分接数	
tap_{r+1}	r+1分接数	
tap_{min}	最小分接数	
tap_{max}	最大分接数	
V	相对老化率	
V_n	第 n 个时间间隔内的相对老化率	
x	总损耗对顶层油(油箱内)温升的指数幂(油指数)	
y	电流对绕组温升的指数幂(绕组指数)	
θ_a	环境温度	℃
θ_E	年加权环境温度	℃
θ_h	热点温度	℃
θ_{ma}	月平均温度	℃
$\theta_{ma\text{-}max}$	最热月的月平均温度,按GB 1094.2的规定	℃
θ_o	所考虑负载下的顶层油(油箱内)的温度	℃
θ_{ya}	年平均温度,按GB 1094.2的规定	℃
τ_o	平均的油时间常数	min
τ_W	绕组时间常数	min
$\Delta\theta_{br}$	额定负载(空载损耗+负载损耗)下底部油(油箱内)温升	K
$\Delta\theta_h$	所考虑负载下的热点温度对顶层油温(油箱内)的梯度	K
$\Delta\theta_{hi}$	开始时热点温度对顶层油温(油箱内)的梯度	K
$\Delta\theta_{hr}$	额定电流下热点温度对顶层油温(油箱内)的梯度	K
$\Delta\theta_o$	所考虑负载下的顶层油(油箱内)温升	K
$\Delta\theta_{oi}$	开始时的顶层油(油箱内)温升	K
$\Delta\theta_{om}$	所考虑负载下的平均油(油箱内)温升	K
$\Delta\theta_{omr}$	额定负载(空载损耗+负载损耗)下平均油(油箱内)温升	K
$\Delta\theta_{or}$	额定损耗(空载损耗+负载损耗)下顶层油(油箱内)稳态温升	K
$\Delta\theta'_{or}$	由于包围体而修正的顶层油温升(油箱内)	K
$\Delta(\Delta\theta_{or})$	由于包围体而附加的顶层油温升(油箱内)	K

5 超铭牌额定值负载效应

5.1 概述

正常预期寿命值通常是以设计的环境温度和额定运行条件下的连续工况为基础的。当负载超过铭牌额定值和/或环境温度高于设计环境温度时，变压器将遭受一定程度的危险，并且老化加速。本部分的目的是要确认这些危险，并指导变压器如何在限定条件下进行超铭牌额定值的负载运行。通过用户明确地规定最大负载条件和供应方在变压器设计中考虑了这些最大负载条件，从而将此危险的程度予以降低。

5.2 一般后果

变压器超铭牌额定值负载的后果如下：

a) 绕组、线夹、引线、绝缘及油的温度将会升高，且有可能达到不可接受的程度；

b) 铁心外的漏磁通密度将增加，从而使与此漏磁通耦合的金属部件由于涡流效应而发热；

c) 随着温度变化，绝缘和油中的水分和气体含量将会发生变化；

d) 套管、分接开关、电缆终端接线装置和电流互感器等也将受到较高的热应力，从而使其结构和使用安全裕度受到影响。

主磁通与增加的漏磁通合在一起，会使铁心过励磁能力受到限制[1]、[2]、[3][1)]。

注：对于带有负载的心式变压器，当其能量由外绕组(通常为HV)流向内绕组(通常为LV)时，铁心中的由主磁通和漏磁通合成的最大磁通密度出现于铁轭处。

试验已表明，此磁通小于或等于同一电压值施加于空载变压器的外部绕组端子上时所产生的磁通。对于施加了负载的变压器，其心柱中的磁通由内绕组端子上的电压来决定，其值与空载下施加同一电压值时所产生的磁通几乎相等。

对于能量由内绕组流向外绕组的心式变压器，最大磁通密度出现在铁心柱中。其值仅比空载下施加相同电压时产生的磁通稍大。铁轭中的磁通密度则由外部绕组中的电压来确定。

因此，当施加的负载超过铭牌额定值时，应观察该变压器的两侧电压，只要其励磁侧的电压仍低于GB 1094.1—1996第4章规定的限值，就不必限制励磁。当某些地区的电网在急救状态下仍能保持正常运行时，则在急救条件下为保持负载电压而出现的过励磁，将使铁心件中的磁密绝不会超过铁心外部漏磁通的值(对于冷轧晶粒取向硅钢片，当其大于1.9T时，这种饱和效应便迅速开始出现)。由于漏磁通中含有高频分量，故此漏磁通也可能使铁心表面和附近的金属件(如绕组夹紧件，甚至在绕组内部)产生不可预计的高温，从而可能危及变压器。通常，在各种情况下，绕组短时过载时间非常短，因此，铁心不能在这种过励磁下出现过热的现象，这是由于铁心的热时间常数较大的原因。

因此，随着电流和温度的升高，增加了变压器过早损坏的危险性。这种危险可能是直接的短期性质，也可能是由于变压器绝缘热老化多年积累造成的。

5.3 短期急救负载的影响和危害

短期增加负载将会使运行条件中的故障风险增加。短期急救过负载会使导体热点温度上升，可能使绝缘强度呈暂时性的降低。但是，接受这种短时过载条件可能比失去供电更好些。这类过负载预计是很少发生的，然而，一旦出现时，应在短时间内迅速降低负载或切除变压器，以免发生故障。这种负载允许时间小于整个变压器的热时间常数，并且它也与过负载前的运行温度有关。一般来说，它小于半小时。

a) 短期故障的主要危险是由于在高场强区域内(即在绕组和引线处)内可能出现气泡，使其绝缘强度下降。对于绕组绝缘含水量约为2%的变压器，在热点温度超过140 ℃时，很可能产生气泡。当水分含量增加时，此温度限值将会降低；

1) 方括号中的数字指参考文献的编号。

b) 当大金属结构件由于漏磁发热时，在其表面处（油中或固体绝缘内）会出现气泡，或者当油过饱和时也会出现气泡。然而，这种气泡通常是在场强低的区域中产生，且只当它向高场强区域流动时，才会引起绝缘强度明显降低。

变压器内部的裸金属部件（除绕组外），若不是与纤维绝缘材料有直接的热接触，而是与非纤维绝缘材料（如芳族聚酸胺纸、玻璃纤维）和油接触，则其温度可能迅速升高，但它不应超过180 ℃；

c) 在较高温度下，变压器的机械特性会出现暂时的变劣，这可能降低其短路强度；

d) 套管内部的压力升高可能会漏油，从而引起故障，如果绝缘的温度超过140 ℃，电容式套管内部也将产生气泡；

e) 储油柜中的油因油膨胀可能会溢出；

f) 分接开关在很大电流下可能无法切断。

绕组、铁心和结构件中的最大热点温度限值是按短期危险进行考虑的（见第7章）。

当负载降到正常水平时，短期危险一般会消失。但是，它们应当被所有当事人（包括计划员、资产所有者和操作员）确认并接受。

5.4 长期急救负载的影响

它不是正常工作条件，这类过负载预计是很少发生的，然而，一旦出现时，它可能持续数周甚至几个月的时间，并能导致相当可观的老化。

a) 导线绝缘机械特性在较高的温度下，热劣化过程将加快，如果热劣化到一定程度时，变压器的有效寿命将缩短，若此时遇到系统短路或运行事故，变压器的寿命损失将更加严重；

b) 其他绝缘件，特别是承受轴向压力的绕组压板，老化率在较高温度下也可能加快；

c) 由于电流大和温度高，分接开关的接触电阻可能增加，在严重的情况下，可能会出现热失控现象；

d) 变压器的密封材料在高温下，可能发脆。

相对老化率和寿命损失百分数的计算准则是按长期危险进行考虑的。

5.5 变压器容量的大小

变压器超铭牌额定值负载的效应与其容量大小有关，若容量增加，则：

——漏磁密度增加；

——短路力增加；

——承受高场强作用的绝缘质量增加；

——确定热点温度的难度更大。

因此，大型变压器超铭牌额定值负载时，较小型变压器更易遭受损坏，故障的后果也比小型变压器更加严重。

为了使变压器在预期负载条件下运行，且把运行危险控制在适当的程度中，本部分将变压器分三种类型进行考虑：

a) 配电变压器应只考虑绕组热点温度和热劣化；

b) 中型变压器应考虑各种不同的冷却方式；

c) 大型变压器的漏磁通影响很大，且故障的后果很严重。

5.6 非热改性和热改性绝缘纸

非热改性和热改性绝缘纸的内容参见附录A。

6 相对老化率和变压器绝缘寿命

6.1 概述

至今还没有简单且唯一的寿命终止准则可用来定量阐述变压器的剩余寿命，但是，有了这样的准则，将对变压器使用者有用，因此，还是要适当地关注变压器绝缘的老化过程和老化条件。

6.2 相对老化率

尽管绝缘的老化或劣化是温度、含水量、含氧量和含酸量的时间函数，但是，本部分所展示的模式只是将绝缘温度作为控制参数。

由于温度分布不均匀，在最高温度下运行的那部分一般将遭受最严重的劣化，因此，老化率是以绕组热点温度为基准的。此时，非热改性纸的相对老化率 V 按式(2)确定，热改性纸的相对老化率 V 按式(3)确定[4]。

$$V = 2^{(\theta_h - 98)/6} \qquad \cdots\cdots(2)$$

$$V = e^{\left(\frac{15\,000}{110+273} - \frac{15\,000}{\theta_h + 273}\right)} \qquad \cdots\cdots(3)$$

式中：

θ_h——热点温度，℃。

式(2)和式(3)表明了 V 对热点温度非常敏感，如表 1 所示。

表 1 由热点温度引起的相对老化率 V

θ_h/℃	非热改性纸绝缘	热改性纸绝缘
80	0.125	0.036
86	0.25	0.073
92	0.5	0.145
98	1.0	0.282
104	2.0	0.536
110	4.0	1.0
116	8.0	1.83
122	16.0	3.29
128	32.0	5.8
134	64.0	10.1
140	128.0	17.2

6.3 寿命损失计算

在一定时期内的寿命损失 L 见式(4)：

$$L = \int_{t_1}^{t_2} V\mathrm{d}t \quad 或 \quad L = \sum_{n=1}^{N} V_n \times t_n \qquad \cdots\cdots(4)$$

式中：

V_n——按式(2)或式(3)，为第 n 个时间间隔内的相对老化率；

t_n——第 n 个时间间隔的时间；

n——所考虑期间内每个时间间隔的序数；

N——所考虑期间内的时间间隔的总数。

6.4 绝缘寿命

参考文献[4]提出了四种不同的剩余寿命标准，即热改性纸四种不同的寿命时间值，如表 2 所示。

表 2　在 110 ℃ 参考温度下充分干燥、无氧气的热改性绝缘系统的正常绝缘寿命

基　　数	正常绝缘寿命	
	h	年
绝缘保留了 50%张力	65 000	7.42
绝缘保留了 25%张力	135 000	15.41
绝缘保留的聚合度为 200	150 000	17.12
配电变压器功能寿命试验数据	180 000	20.55

表 2 中的寿命时间仅供参考，因为大部分电力变压器在其实际寿命期限内都是低于满负载运行。热点温度只要比额定值低 6 ℃，其额定寿命损失就会减半，变压器绝缘的实际寿命时间就会成倍增加。

注：对于连接到作为基本负载发电机的发电机变压器、向不变负载供电的其他变压器或运行在相对恒定环境温度下的变压器，它们的实际寿命需要特殊考虑。

7　限制

7.1　电流和温度限制

当超铭牌额定值负载运行时，不应超过表 3 中规定的所有的限值，此时，也要考虑 7.2～7.4 规定的特定限制。

表 3　超铭牌额定值负载时的电流和温度限值

负载类型	配电变压器（见注）	中型变压器（见注）	大型变压器（见注）
正常周期性负载			
电流(p. u.)	1.5	1.5	1.3
绕组热点温度和与纤维绝缘材料接触的金属部件的温度/℃	120	120	120
其他金属部件的热点温度(与油、芳族聚酰胺纸、玻璃纤维材料接触)/℃	140	140	140
顶层油温/℃	105	105	105
长期急救负载			
电流(p. u.)	1.8	1.5	1.3
绕组热点温度和与纤维绝缘材料接触的金属部件的温度/℃	140	140	140
其他金属部件的热点温度(与油、芳族聚酰胺纸、玻璃纤维材料接触)/℃	160	160	160
顶层油温/℃	115	115	115
短期急救负载			
电流(p. u.)	2.0	1.8	1.5
绕组热点温度和与纤维绝缘材料接触的金属部件的温度/℃	见 7.2.1	160	160
其他金属部件的热点温度(与油、芳族聚酰胺纸、玻璃纤维材料接触)/℃	见 7.2.1	180	180
顶层油温/℃	见 7.2.1	115	115
注：温度和电流限值不同时适用。电流可以比表中的限值低一些，以满足温度限制的要求。相反地，温度可以比表中的限值低一些，以满足电流限制的要求。			

7.2 配电变压器的特定限制

7.2.1 电流和温度限制

负载电流、热点温度、顶层油温及除绕组和引线外的金属部件的温度，均不应超过表3规定的限值，表中未规定配电变压器短期急救负载的顶层油温度和热点温度限值，这是因为要在配电变压器上控制急救负载的持续时间，通常是不现实的。应当注意到，当热点温度超过140 ℃时，可能产生气泡，从而使变压器的绝缘强度下降(见5.3)。

7.2.2 附件和其他考虑

除绕组外，变压器的其他部件(如套管、电缆终端连接件，分接开关和引线等)在负载电流超过1.5倍额定电流时，可能会对运行有限制。油膨胀及油压力也会使变压器运行受到限制。

7.2.3 户内式变压器

当变压器在户内使用时，由于包围体的影响，应对额定顶层油温升进行修正，这一附加的温升值最好通过试验(见8.3.2)来确定。

7.2.4 户外环境条件

风、雨及阳光会影响配电变压器的负载能力，但由于这种影响无规律性，考虑这些因素是不现实的。

7.3 中型电力变压器的特定限制

7.3.1 电流和温度限制

负载电流、热点温度、顶层油温及除绕组和引线外的各种金属部件的温度，均不应超过表3规定的限值。此外，还应当注意，当热点温度超过140 ℃时，可能产生气泡，可能使变压器的绝缘强度下降(见5.3)。

7.3.2 附件、配套设备和其他考虑

除绕组外，变压器的其他部件(如套管、电缆终端连接件、分接开关和引线等)在负载电流超过1.5倍额定电流时，可能会对运行有限制。油膨胀及油压力也会使变压器运行受到限制。对于与变压器配套用的设备(如电缆、断路器和电流互感器等)也有必要进行考虑。

7.3.3 承受短路的要求

变压器在超铭牌额定值负载运行期间或紧接其后的期间，可能不满足短路的热要求，GB 1094.5规定的是以2 s短路持续时间为基准。但是，运行中的短路电流持续时间，在大多数情况下小于2 s。

7.3.4 电压限制

除了已知的对变磁通调压的其他限制(见GB 1094.1)外，应使所施加的电压不超过变压器任一绕组额定电压(主分接)或分接电压(其他分接)的1.05倍。

7.4 大型电力变压器的特定限制

7.4.1 概述

对于大型电力变压器，主要是重视与漏磁通有关的附加限制。因此，在询价或订货时应明确在特定运行条件下所必须的负载能力值。

至于绝缘的热劣化，对所有的变压器都可用相同的计算方法来计算。

根据目前变压器的技术状况，大型变压器最好采用比小型变压器更保守且独特的负载方案，从故障的后果而言，对于大型变压器采用可靠度高的负载方案是非常重要的。因而，应充分重视下述各点：

——漏磁通和铁心柱或铁轭中主磁通相结合(见5.2)，使大型变压器较小型变压器更易受到因过励磁而引起的损坏，特别是当负载超过铭牌额定值时更是如此。漏磁通的增加，使其他金属部件因附加涡流而发热；

——绝缘材料机械性能劣化(是温度和时间的函数)的后果，其中包括热膨胀造成的磨损，使大型电力变压器可能比小型变压器更加严重；

——由正常温升试验得不到绕组以外其他部分的热点温度，即使变压器在额定电流下的试验未出现异常现象，也不能得出在更大电流下的任何结论，因为，这种外推法在设计阶段可能不会予以考虑；

——根据额定电流下的温升试验结果算出的超过额定电流的绕组热点温升值，对于大型变压器而言，其可靠性要比小型变压器低。

7.4.2 电流和温度限制

负载电流、热点温度、顶层油温及除绕组和引线外的金属部件的温度，均不应超过表 3 规定的限值。此外，还应注意，当热点温度超过 140 ℃时，可能产生气泡，从而使变压器的绝缘强度下降(见 5.3)。

7.4.3 附件、设备和其他考虑

参见 7.3.2。

7.4.4 承受短路的要求

参见 7.3.3。

7.4.5 电压限制

参见 7.3.4。

8 温度测定

8.1 稳态下的热点温升

8.1.1 概述

为了严格准确，热点温度应以其邻近的油温为基准，此处假设是绕组内的顶层油温。测量表明，绕组内的顶层油温可能比油箱内的混合顶层油温高达 15 K，此差值大小与冷却方式有关。

对于运行中的大部分变压器而言，绕组内的顶层油温不是一个准确已知的。从另一方面看，其中大多数变压器油箱顶部处的顶层油温可通过测量或计算得到。

本部分的计算原则如下：

$\Delta\theta_{or}$——额定损耗下油箱内顶层油温对环境温度的温升，K；

$\Delta\theta_{hr}$——额定电流下热点温度对油箱内顶层油温的温升，K。

参数 $\Delta\theta_{hr}$ 可在温升试验中用直接测量法来确定，也可以用经直接测量验证的计算方法来确定。

8.1.2 由正常温升试验数据计算热点温升

图 1 所示的热分布图是假设的，它是一个本来很复杂的热分布的简化图。在简化中作了如下假设：

a) 不论冷却方式如何，油箱内的油温从底部到顶部均是按线性增加；

b) 作为初始的近似，在绕组任何位置处绕组导线的温升，从下到上呈线性增加，此直线与油的温升直线平行。两平行线之间的差值为常数 g_r(g_r 为用电阻法测出的绕组平均温度与油箱中油平均温度的差值)；

c) 热点温升比 8.1.2 b)所述的绕组顶部导线的温升高，这是因为必须就杂散损耗的增加、各局部油流的差别和导线上可能附加的纸层等给出一些裕度。考虑到这些非线性的因素，令热点温度与油箱内顶层油温之差等于 $H\times g_r$，即 $\Delta\theta_{hr}=H\times g_r$。

注：在很多情况下，已观察到油箱出口处的油温高于油箱温度计座中的油温，这时，油箱出口处的油温应作为负载时的温度。

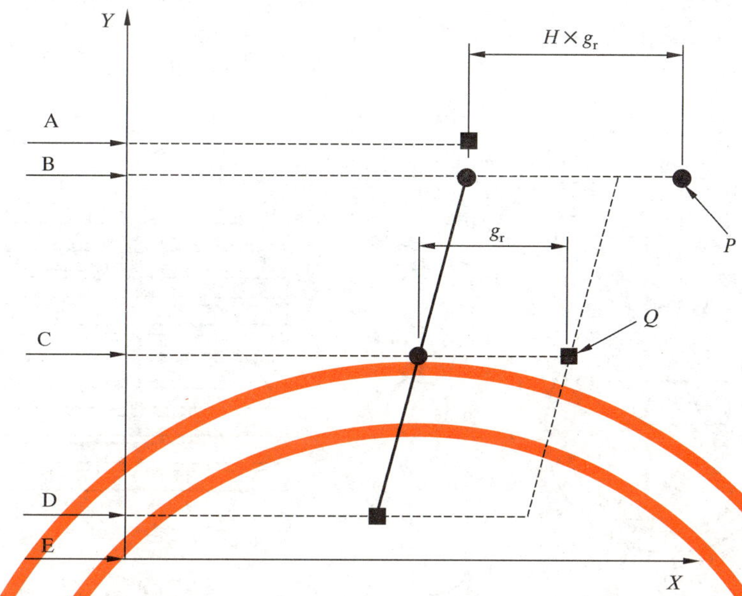

图中：

A——由油箱出口处油温和油箱温度计座中油温得出的顶层油温；

B——绕组顶部的混合油温(通常假设与 A 的温度相同)；

C——油箱内平均油温；

D——绕组底部油温；

E——油箱底部；

g_r——额定电流下绕组平均温度对油(油箱内)平均温度的梯度；

H——热点系数；

P——热点温度；

Q——用电阻法测得的绕组平均温度；

X 轴——温度；

Y 轴——相对位置；

■——测量点；

●——计算点。

图 1 热分布图

8.1.3 直接测量热点温升

在 20 世纪 80 年代中期已经可以用光导纤维探头直接进行测量了，从那时起到现在，一直在所选择的变压器上进行实际测量。

经验表明在正常绕组顶部不同位置处可能会有大于 10 K 的温差[5]。因此，不大可能只插入 1 个～3 个传感器就能检测出真正的热点。这就需要在大量插入探头以发现最佳位置的必要性与由光纤探头引起附加劳力和费用之间进行折衷。建议在每个需要直接测量热点温度的绕组上都安装这种传感器。

通常，靠近绕组顶部的导线处于最大的漏磁场和最高的周围油温区域。因此，很自然地认为顶部导线存在着最热点。但是，测量表明最热点可能移到更低的导线处。因此，建议从绕组顶部处开始，在开头几根绕组导线中安装传感器[5]。制造方应通过单独的损耗或热计算值来确定这些传感器的位置。

关于绕组顶部温度变化的例子如图 2 和图 3 所示[5]。光纤探头安装在 400 MVA、ONAF 冷却的变压器上。所示的值是在经过 15 h 过负载试验结束时的稳态值。107 K 和 115 K 是各绕组的热点温升值。试验结束时的顶层油温升为 79 K，即对于 120 kV 绕组，$\Delta\theta_h = 28$ K，对于 410 kV 绕组，$\Delta\theta_h = 36$ K。

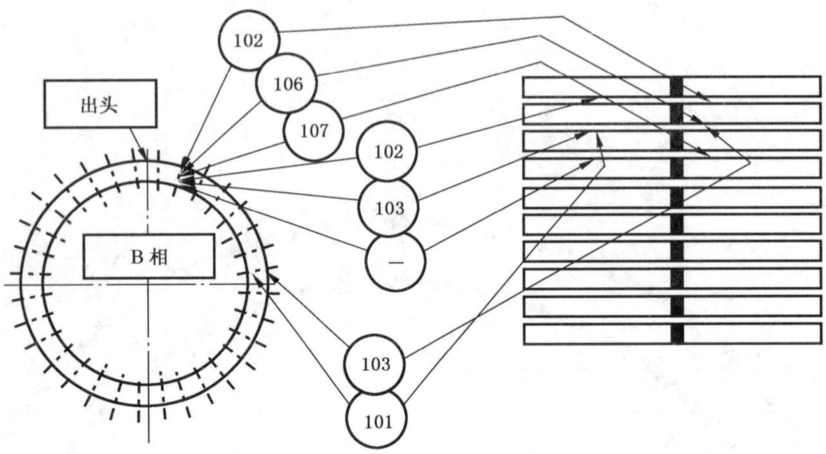

图 2　一个 120 kV 绕组在 1.6 负载系数下高于空气温度的局部温升

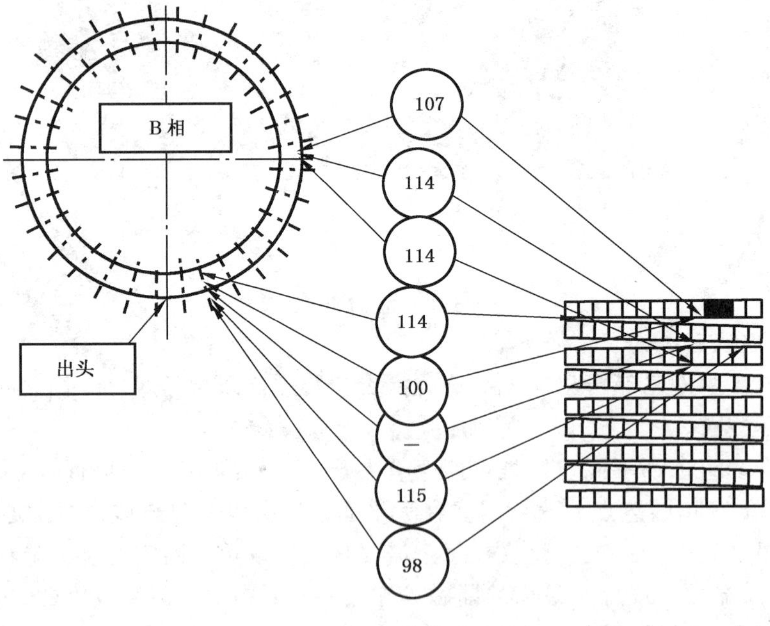

图 3　一个 410 kV 绕组在 1.6 负载系数下高于空气温度的局部温升

传感器置于辐向垫块的长槽内，这样在传感器和导线金属之间只有导线绝缘和附加的薄纸层（参见图 4）。校准值表明用这种方式得到的数值相当精确[6]。

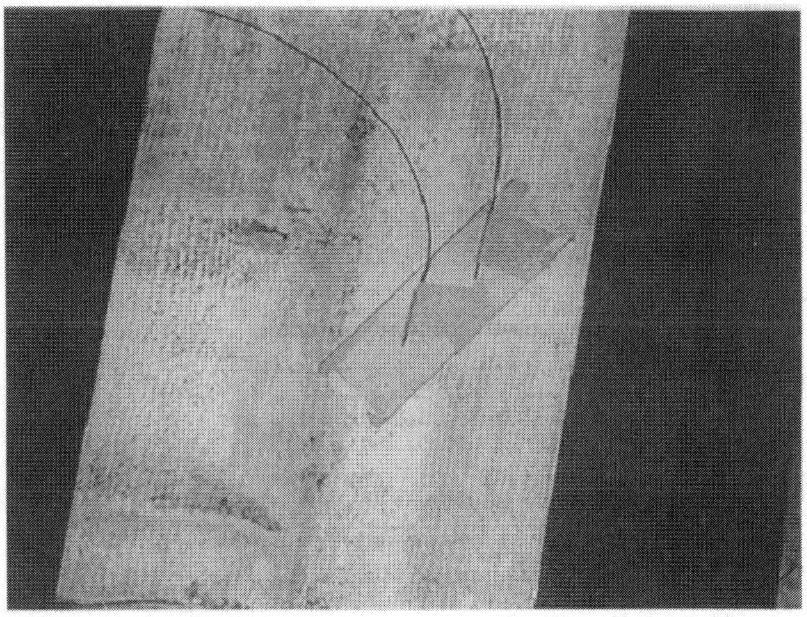

图 4　垫块未装入 120 kV 绕组之前装在该垫块上的二只光纤传感器

热点系数 H 是指最热点探头温度的梯度 $\Delta\theta_{hr}$ 与绕组平均温度对油平均温度的梯度 g_r 的比值。在所举例的测量中，对于 120 kV 绕组，g 值为 23 K，对于 410 kV 绕组，g 值为 30 K。这意味着 H 值分别为 1.22 和 1.20。

8.1.4　热点系数

热点系数 H 是绕组特有的一个参数，需要时应当按实际情况确定。研究表明热点系数 H 与变压器的容量大小、短路阻抗和绕组结构有关，在 1.0～2.1 之间变化[7]。热点系数 H 可由直接测量(参见 8.1.3)来确定，也可由以基本损耗和热传递规律为基础的计算方法来确定，并通过在产品上或在变压器模型或绕组模型上直接测量来验证。对于短路阻抗≤8%的标准配电变压器，H 取 1.1 对负载研究来说就足够精确了。在附录 B 的计算实例中，对配电变压器，假设 $H=1.1$；对中型和大型变压器，假设 $H=1.3$。

以基本损耗和热传递规律为基础的计算方法应考虑下述内容[8]：

a)　绕组油道内的油流。对每个冷却油道，都要模拟热传递、流速和由此产生的油温；

b)　绕组内的损耗分布。绕组导线内的额外的局部损耗，其产生的一个主要原因是绕组端部的辐向涡流损耗，这是由于在端部处漏磁通与导线截面相交而引起的。在这些受影响的导线内的总损耗，应由涡流损耗、环流损耗和直流电阻损耗来确定。承受漏磁发热的接线头也应进行考虑，如线圈与线圈的接线头及一些绕组分接黄铜头；

c)　由整个绕组中所使用的各种厚度的绝缘使绕组内的热传导受影响；

d)　局部设计特点或局部油流的限制：

——层式绕组中的层绝缘厚度可能不同，且邻近冷却油道的绝缘影响热传递；

——在具有曲折形冷却的绕组中，导流圈使进入油中的热传递能力降低(参见图 5)。

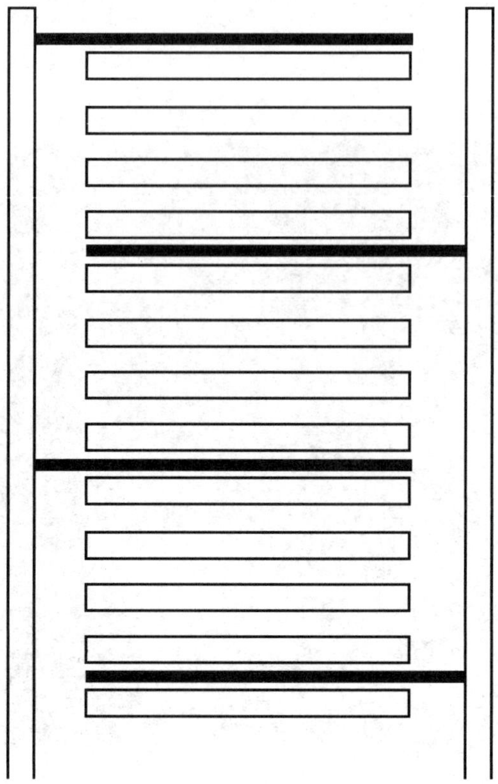

图5 各段之间距离均相等的曲折形冷却的绕组，导流圈放在各段之间的油道处

——端部匝上和穿越端绝缘的绕组出线上的可能的额外绝缘；

——在配电变压器和小容量电力变压器中，不是所有的冷却油道都伸到绕组周围。有些冷却油道只位于铁心外侧绕组的一部分处(参见图6)。这种“收缩性油道布置”便形成了一种环绕的温度梯度，从铁轭下方无冷却油道的绕组中心到铁心外部有冷却油道的绕组中心。

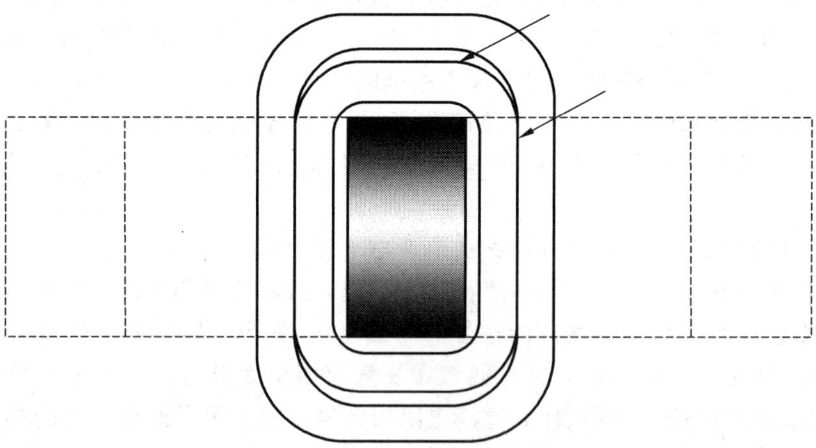

图6 铁轭下具有呈“收缩性冷却油道布置”的矩形绕组俯视图

8.2 在变化的环境温度和负载条件下的顶层油温和热点温度

8.2.1 概述

对于变化的负载电流和环境温度，本条提供了两种可用的方法来描述作为时间函数的热点温度。

a) 指数方程解法，适用于按阶跃函数变化的负载。本法特别适用于通过试验来确定热传递参数，尤其是由制造方来确定[9]，且在下列情况下，它能得出正确的结果：

——每一个增加负载级之后接着的是一个降低负载级，反之亦然；

——在 N 个连续的增加负载级（$N \geqslant 2$）的情况下，其（$N-1$）个前面各级负载中的每一级时间必须足够长，以使热点对顶层油的温度梯度 $\Delta\theta_h$ 达到稳定值。同样的情况也适用于 N 个连续的降低负载级（$N \geqslant 2$）。

b) 差分方程解法，适用于任意的时变负载系数 K 和时变环境温度 θ_a。本法特别适用于在线监测[10]，尤其是它对负载图形没有任何的限制。

注：对 ON 和 OF 冷却，油粘度的变化抵消了导线电阻变化的影响。实际上，油粘度变化的冷却效果比电阻变化的加热效果要强烈。表 4 中的绕组指数 1.3 已将其考虑在内了。对于 OD 冷却，油粘度对温升的影响很小，应考虑电阻变化的影响。OD 冷却时，对热点温升的近似修正项（连其符号在内）为 $0.15\times(\Delta\theta_h-\Delta\theta_{hr})$。

8.2.2 指数方程解法

按阶跃函数变化的负载例子如图 7 所示（有关本例的详细内容参见附录 B），每一个增加负载级之后是一个降低负载级。

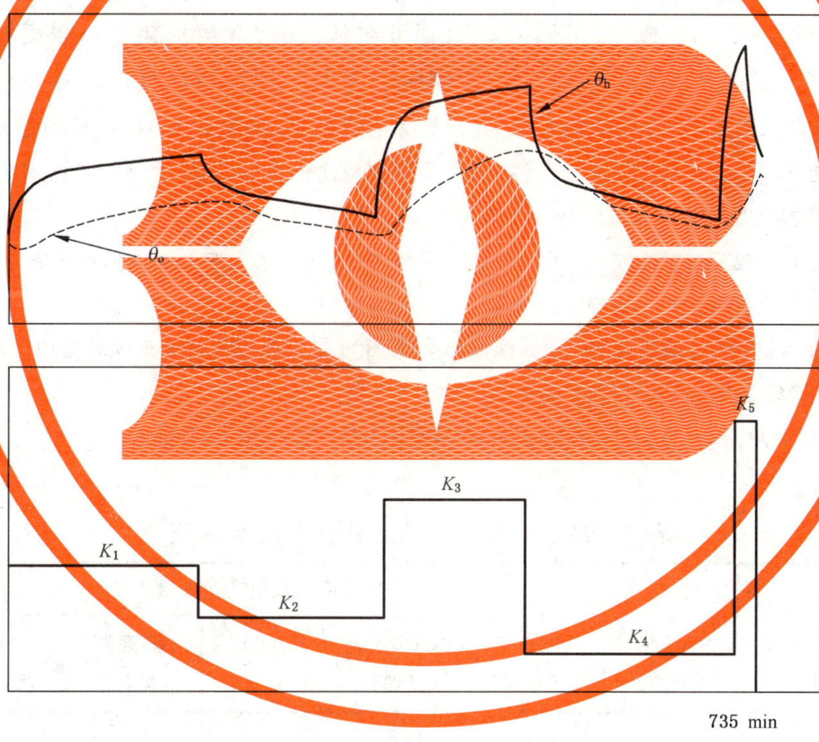

θ_h——绕组热点温度；

θ_o——油箱内的顶层油的温度；

K_1 为 1.0； K_2 为 0.6； K_3 为 1.5； K_4 为 0.3； K_5 为 2.1。

图 7 与负载电流级变化相对应的温度响应

热点温度等于环境温度、油箱内顶层油温升和油箱内热点温度与顶层油温之间的温差三者之和。

对应于负载系数 K 的温度增加值由式(5)给出：

$$\theta_h(t)=\theta_a+\Delta\theta_{oi}+\left\{\Delta\theta_{or}\times\left[\frac{1+R\times K^2}{1+R}\right]^x-\Delta\theta_{oi}\right\}\times f_1(t)+\Delta\theta_{hi}+\{Hg_rK^y-\Delta\theta_{hi}\}\times f_2(t) \quad\cdots\cdots(5)$$

相应地，对应于负载系数 K 的温度降低值由式(6)给出：

$$\theta_h(t)=\theta_a+\Delta\theta_{or}\times\left[\frac{1+R\times K^2}{1+R}\right]^x+\left\{\Delta\theta_{oi}-\Delta\theta_{or}\times\left[\frac{1+R\times K^2}{1+R}\right]^x\right\}\times f_3(t)+Hg_rK^y \quad\cdots\cdots(6)$$

顶层油指数 x 和绕组指数 y 由表 4 给出[11]。

函数 $f_1(t)$ 表示了按稳态值为 1 时顶层油温升的相对增加量：

$$f_1(t)=(1-e^{(-t)/(k_{11}\times\tau_o)}) \quad\cdots\cdots(7)$$

式中：

k_{11}——表 4 中给出的常数；

τ_o——平均油时间常数，min。

函数 $f_2(t)$ 表示了按稳态值为 1 时热点对顶层油温度梯度的相对增加量。它模拟了油循环的速度适应增加后的负载水平需要一段时间这一事实。

$$f_2(t)=k_{21}\times(1-e^{(-t)/(k_{22}\times\tau_W)})-(k_{21}-1)\times(1-e^{(-t)/(\tau_o/k_{22})}) \quad\cdots\cdots(8)$$

常数 k_{11}、k_{21}、k_{22} 和常数 τ_W、τ_o 都是变压器的特性参数。如果从试验开始直至达到稳态时，施加损耗和相应的冷却条件(例如 AN 或 AF)始终未变，则可在延长的“空载损耗＋负载损耗”温升试验中来确定这些常数。此时，必须确认此温升试验是在变压器温度接近环境温度时开始的。显然，k_{21}、k_{22} 和 τ_W 只有在变压器安装了光纤传感器时才能确定。如果在延长的温升试验中不能确定 τ_o 和 τ_W 值，也可改用计算的方法(参见附录 D)来确定。当没有这些变压器特性参数值时，建议使用表 4 中所列的值。图 8 示出了其相应的曲线图。

注 1：只有在足够长的温升过程中能保持电流和冷却条件不变，才可求出起始温升曲线的斜率。时间常数不能按国家标准所规定的温升试验来确定.

注 2：对于配电变压器，$f_2(t)$ 曲线与图 8 中曲线 7 相似，即配电变压器在负载电流逐级增加时，不会出现像 ON 和 OF 冷却方式的电力变压器那样的“尖峰”值。

函数 $f_3(t)$ 表示了总降低值为 1 时顶层油对环境温度梯度的相对降低量：

$$f_3(t)=e^{(-t)/(k_{11}\times\tau_o)} \quad\cdots\cdots(9)$$

表 4　用于指数方程的热特性参数推荐值

	配电变压器	中型和大型电力变压器						
	ONAN	ONAN 限制(见注)	ONAN	ONAF 限制(见注)	ONAF	OF 限制(见注)	OF	OD
油指数 x	0.8	0.8	0.8	0.8	0.8	1.0	1.0	1.0
绕组指数 y	1.6	1.3	1.3	1.3	1.3	1.3	1.3	2.0
常数 k_{11}	1.0	0.5	0.5	0.5	0.5	1.0	1.0	1.0
常数 k_{21}	1.0	3.0	2.0	3.0	2.0	1.45	1.3	1.0
常数 k_{22}	2.0	2.0	2.0	2.0	2.0	1.0	1.0	1.0
时间常数 τ_o	180	210	210	150	150	90	90	90
时间常数 τ_W	4	10	10	7	7	7	7	7

注：如果 ON 或 OF 冷却的变压器，绕组是曲折形冷却的，当辐向垫块厚度小于 3 mm 时，可能会使油循环受到限制，即 $f_2(t)$ 的最大值比垫块厚度≥3 mm 时要高。

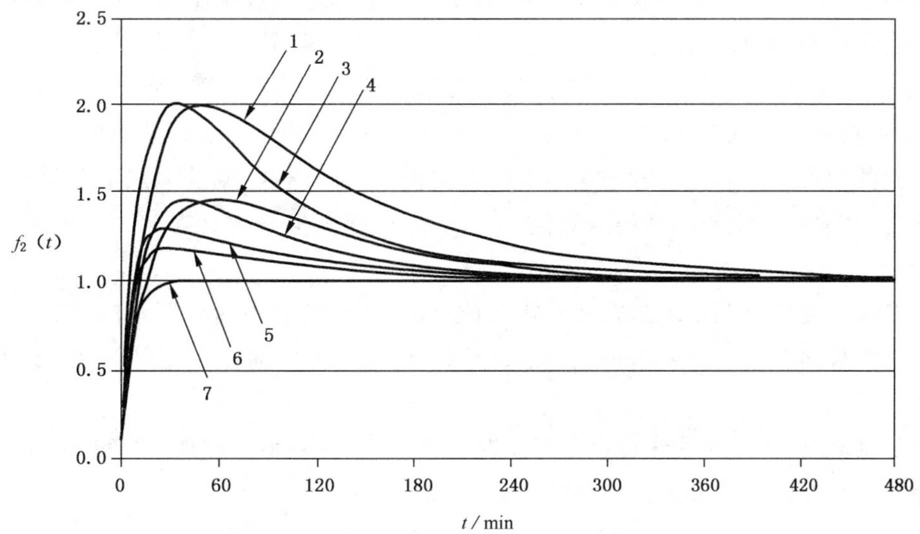

图中：

1 ONAN——油流受限制

2 ONAN

3 ONAF——油流受限制

4 ONAF

5 OF——油流受限制

6 OF

7 OD 和配电变压器

图 8 由表 4 中的数值得出的函数 $f_2(t)$

指数方程解法的应用实例见附录 C。

8.2.3 微分方程解法

本条阐述了热传递微分方程的使用，它适用于任意的时变负载系数 K 和时变环境温度 θ_a。它们是数据处理软件的基础，以确定作为时间函数的热点温度及相应的绝缘寿命损失量。图 9 表示了微分方程的方框图。

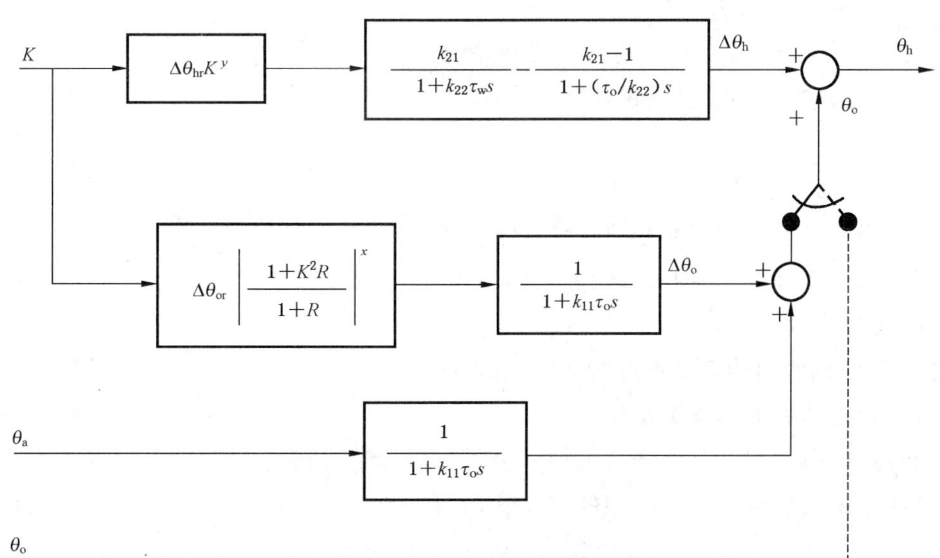

图 9 表示微分方程的方框图

图 9 的左边列出了输入的负载系数 K 和环境温度 θ_a。输出为热点温度 θ_h，列于图的右边，拉氏变量 s 实质上就是微分算子 d/dt。

在图 9 中，最上面支路中的第二个方框表示动态的热点温升。其第一项(带分子 k_{21})表示基本热点温升，它不考虑通过热点的油流变化的影响；第二项(带分子 $K_{21}-1$)表示通过热点的油流变化率，它是一种变化非常缓慢的现象。实际上要考虑这两项的共同作用，即负载电流的突然上升可能导致热点温升紧随负载突变之后，有一个意想不到的高峰值。k_{11}、k_{21}、k_{22} 和其他参数已在 8.2.2 中讨论过，它们的推荐值在表 4 中给出。

如果顶层油温可以测量出并表示为电信号输入计算设备中，则图中虚线所示的路径为另一种计算公式，此时，只要开关投向右位。不要求用顶层油的计算路径(开关投向左位)。所有的参数已在 8.2.2 中给出。

为得到适当的准确度，每个时间级应小于最小时间常数 τ_W 的一半。此外，τ_W 和 τ_o 不能设置为零。

用常规的差分方程对图 9 中方框图的解释详见附录 E。

8.3 环境温度

8.3.1 户外空气冷却式变压器

出于动态考虑，例如监视或短时急救负载，应直接使用实际的温度分布图。

出于设计和试验考虑，下述等效的温度可作为环境温度。

a) 热老化计算采用年加权环境温度；

b) 最高热点温度计算采用最热月的月平均温度。

注：关于环境温度，也可见 GB 1094.2—1996。

如果在负载周期内，环境温度有明显的变化，则加权环境温度就是一个设想的恒值环境温度，它在某一段时间内所引起的老化等效于同一时间内由实际变化的环境温度所引起的老化。对于温度每增加 6 K，老化率加倍，且环境温度可认为是按正弦曲线变化时，其年加权环境温度 θ_E 见式(10)：

$$\theta_E = \theta_{ya} + 0.01 \times [2(\theta_{ma-max} - \theta_{ya})]^{1.85} \qquad (10)$$

式中：

θ_{ma-max}——最热月的月平均温度(等于 10 年或 10 年以上该月的日最高温度平均值与日最低温度平均值之和除以 2，单位为℃)；

θ_{ya}——年平均温度(等于月平均温度之和除以 12，单位为℃)。

示例：用月平均值(用月加权值更精确)

对于 θ_a：

$\theta_{ma-max}=30$ ℃ 有 2 个月
$\theta_{ma}=20$ ℃ 有 4 个月
$\theta_{ma}=10$ ℃ 有 4 个月
$\theta_{ma}=0$ ℃ 有 2 个月

平均值 $\theta_{ya}=15$ ℃
加权平均值 $\theta_E=20.4$ ℃

附录 B 中计算实例所用的环境温度为 20 ℃。

8.3.2 变压器在包围体内的环境温度修正

变压器在包围体内运行时，其温升将增加一个附加值，此值约是包围体内空气温升的一半。

因此，安装在金属或混凝土包围体内的变压器，式(5)和式(6)中的 $\Delta\theta_{or}$ 应由如式(11)的 $\Delta\theta'_{or}$ 代替：

$$\Delta\theta'_{or} = \Delta\theta_{or} + \Delta(\Delta\theta_{or}) \qquad (11)$$

式中：

$\Delta(\Delta\theta_{or})$——额定负载下的附加顶层油温升。

推荐此附加温升值由试验来确定。当无试验结果可用时，可用表5中不同包围体形式的推荐值，将这些值被2除后，便可得到近似的附加顶层油温升。

注：当包围体对冷却器没有影响时，不必按式(11)进行修正。

表5 包围体引起的环境温度增加的修正

包围体形式	安装的变压器台数	加到加权环境温度上的修正值/K			
		变压器容量/kVA			
		250	500	750	1 000
自然通风的地下拱顶室	1	11	12	13	14
	2	12	13	14	16
	3	14	17	19	22
自然通风不良的地下室和建筑物内部	1	7	8	9	10
	2	8	9	10	12
	3	10	13	15	17
自然通风良好的建筑物和有强风冷却的地下拱顶室及地下室	1	3	4	5	6
	2	4	5	6	7
	3	6	9	10	13
配电小室(见注2)	1	10	15	20	—

注1：上述温度修正值是采用有代表性的变压器损耗值，由典型的配电站负载情况估算出的。它们是在地下拱顶室和变电站中所进行的一系列自然通风和强风冷却试验的基础上得出的，也是以在配电站和变电房中进行的随机测量为基础得出的。

注2：当变压器温升试验是在配电小室中进行，且可以将包围体与变压器看成是一个整体时，则不必进行修正。

8.3.3 水冷却方式变压器

对于水冷却方式变压器，其环境温度为入口水的温度，它随时间的变化幅度比空气的变化幅度小。

9 分接开关的影响

9.1 概述

式(5)和式(6)中所用的全部参量都必须与变压器运行时的分接相适应。

例如：认为高压是恒定的，那么对于一个给定的负载，就需要保持一个恒定的低压。如果此要求是在变压器低压侧位于+15%分接处时，则必须测量或计算该分接上的额定油温升、损耗和绕组对油的温度梯度。

也可以考虑具有线端分接开关的自耦变压器，在分接范围的某一终端，其串联绕组将具有最大的电流，而在分接范围的另一端，其公共绕组也将具有最大的电流。

9.2 短路损耗

变压器的短路损耗是分接位置的函数。分接绕组和主绕组可以有几种不同的连接方式。与分接位置呈函数关系的变压器损耗比的一般计算方法见图10。额定分接位置与最小分接位置和最大分接位置之间的计算是线性函数。

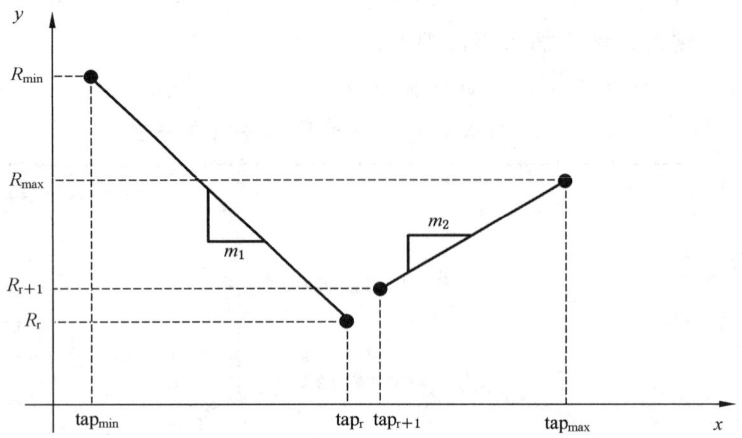

$$m_1=\frac{R_r-R_{min}}{tap_r-tap_{min}} \qquad m_2=\frac{R_{max}-R_{r+1}}{tap_{max}-tap_{r+1}}$$

图中：

x——分接位置；

y——损耗比。

图 10 与分接位置呈函数关系的损耗计算原理

9.3 损耗比

变压器顶层油温升是损耗比 R 的函数。假设空载损耗是常数，用线性近似法，R 可按分接位置的函数来确定。

对于高于额定分接位置的分接位置（由 tap_{r+1} 至 tap_{max}）：

$$R(tap)=R_{r+1}+(tap-tap_{r+1})\times m_2 \qquad \cdots\cdots(12)$$

对于低于额定分接位置以下的分接位置（由 tap_{min} 至 tap_r）：

$$R(tap)=R_r+(tap-tap_r)\times m_1 \qquad \cdots\cdots(13)$$

9.4 负载系数

绕组对油的温升主要与负载系数 K 有关，但 K 与分接位置无关。

附　录　A
（资料性附录）
非热改性和热改性绝缘纸

使用热改性绝缘纸的目的是中和在变压器使用期限内由材料水解（热降解）产生的酸化物。这种水解在高温下特别活跃，公布的研究结果表明，在高温时，热改性绝缘纸比未经处理过的纸保留了更高的张力和抗裂强度百分值[12]、[13]。类似的参考文献也显示了在 150 ℃下时非热改性纸和热改性纸的 DP 随时间变化曲线（参见图 A.1）。

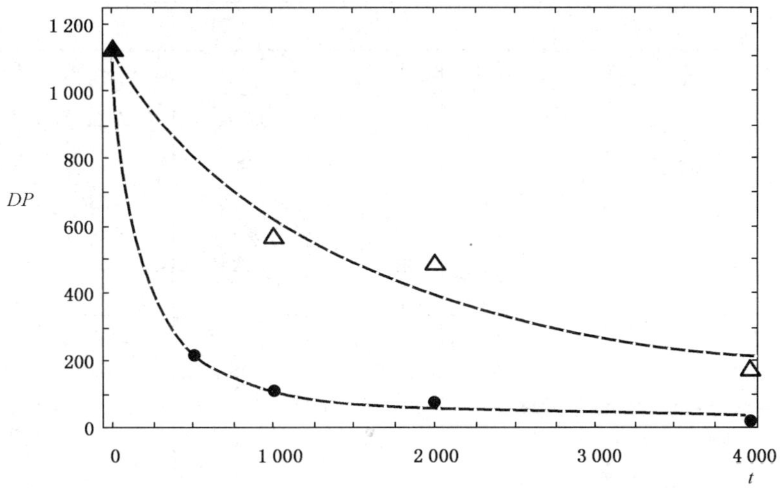

DP——聚合度；

t——时间（h）；

△——热改性纸的值；

●——非热改性纸的值。

图 A.1　密封管在 150 ℃矿物油中加速老化

另一参考文献[14]还阐明了温度和含水量的影响，如表 A.1 所示。

表 A.1　各种不同条件下纸的寿命

纸的类型	老化温度	寿命/年	
		干燥且无空气	有空气且湿度为 2%
木纸浆	80 ℃	118	5.7
	90 ℃	38	1.9
	98 ℃	15	0.8
改性木纸浆	80 ℃	72	76
	90 ℃	34	27
	98 ℃	18	12

所示的热老化特性差异已在工业标准中作了如下的考虑：

- 相对老化率 $V=1.0$，是取分别相应于非热改性纸在温度为 98 ℃下的老化结果值，热改性纸在温度为 110 ℃下的老化结果值。

注：图 A.1 和表 A.1 所示的结果不拟用来计算老化和估算寿命。本文件中之所以将它们列入，只是想说明非热改性绝缘纸和热改性绝缘纸的老化特性存在着差异。

附 录 B
（资料性附录）
计算和提供过载数据实例

本附录包括一个如何利用本部分给出的方程去计算和给出过载数据的实例。

作为一个例子，表 B.1 给出了可能用到的某些性能参数。

表 B.1 与变压器负载能力有关的举例参数

		配电变压器	电力变压器			
		ONAN	ONAN	ONAF	OF	OD
油指数	x	0.8	0.8	0.8	1.0	1.0
绕组指数	y	1.6	1.3	1.3	1.3	2.0
损耗比	R	5	6	6	6	6
热点系数	H	1.1	1.3	1.3	1.3	1.3
油时间常数	τ_o	180	210	150	90	90
绕组时间常数	τ_W	4	10	7	7	7
环境温度	θ_a	20	20	20	20	20
热点温度	θ_h	98	98	98	98	98
额定电流下热点对顶层油（油箱内）的温度梯度	$\Delta\theta_{hr}$	23	26	26	22	29
油平均温升[a]	$\Delta\theta_{omr}$	44	43	43	46	46
顶层油（油箱内）温升	$\Delta\theta_{or}$	55	52	52	56	49
底部油温升[a]	$\Delta\theta_{br}$	33	34	34	36	43
k_{11}		1.0	0.5	0.5	1.0	1.0
k_{21}		1.0	2.0	2.0	1.3	1.0
k_{22}		2.0	2.0	2.0	1.0	1.0

a) 油平均温升和底部油温升仅作为信息给出。

用电子表格程序建立一个 24 h 的周期，时间刻度为分钟。用 8.2.2 中的式(5)、式(6)、式(7)、式(8)和式(9)计算作为负载函数的每分钟的热点温度。$\Delta\theta_{oi}$ 和 $\Delta\theta_{hi}$ 的初始条件可用当 $t\to\infty$ 时，$f_1(t)=1$、$f_2(t)=1$ 和 $f_3(t)=0$ 来确定。

当热点温度已知时，相对老化率可用 6.2 中的式(2)计算出来。用 6.3 中的式(4)，将每分钟相对老化率的总和除以 1 440 就可以得到以正常天数表示的寿命损失。

例如，考虑预加负载(K_1)为 0.8 的情况，然后在 30 min 内的过载 $K_2=1.4$，在其余时间(1 410 min)又回到 $K_1=0.8$。变压器为 OF 冷却，因此，可使用表 B.1(OF)的举例参数。

经过稳态预加负载后的初始数值为：

$K_1=0.8$

$\Delta\theta_{oi}=38.7$ K

$\Delta\theta_{hi}=16.5$ K

从开始至 $t=30$ min 后，数值为：

$K_2=1.4$

$f_1(t=30)=0.28$，$f_2(t=30)=1.20$

$\theta_o(t=30)=76.7$ ℃

$\theta_h(t=30)=114.2$ ℃(8.2.2 中方程(5))

从开始至 $t=31$ min 后，数值为：

$K_1=0.8$

$f_3(t=1)=0.99$

$\theta_o(t=1)=76.5$ ℃

$\theta_h(t=1)=92.9$ ℃(8.2.2 中式(6))

从开始至 $t=1\,440$ min 后，数值为：

$K_1=0.8$

$f_3(t=1\,410)=1.6E-07$

$\theta_o(t=1\,410)=58.7$ ℃

$\theta_h(t=1\,410)=75.2$ ℃(8.2.2 中式(6))

这导致寿命损失为 0.14 天，最高热点温升为 94 K。

可以改变上述方法中所用的参数，以获得作为 K_1 和 K_2 函数的寿命损失表。当过载时间改变时，可以得到一套这样的表。

作为例子，表 B.2 示出了过载时间为 30 min 的表。

表 B.2 负载周期内的允许负载工况和对应的日寿命损失(以正常日计)以及最高热点温升的举例表

K_1	0.25	0.5	0.7	0.8	0.9	1.0	1.1	1.2	1.3	1.4	1.5
K_2											
0.7	0.001	0.004	0.02								
	33	38	45								
0.8	0.001	0.004	0.02	0.07							
	38	43	51	55							
0.9	0.001	0.004	0.03	0.07	0.25						
	43	49	56	61	66						
1.0	0.001	0.004	0.03	0.08	0.26	1.00					
	49	55	62	67	72	78					
1.1	0.001	0.01	0.03	0.08	0.27	1.04	4.48				
	56	61	68	73	78	84	91				
1.2	0.002	0.01	0.03	0.09	0.29	1.09	4.66	22.6			
	62	68	75	80	85	91	98	105			
1.3	0.004	0.01	0.04	0.11	0.33	1.19	4.94	23.6	128.9		
	69	75	82	87	92	98	105	112	120		
1.4	0.01	0.02	0.06	0.14	0.40	1.36	5.43	25.2	135.0	827.1	
	77	82	90	94	100	106	112	119	127	136	
1.5	0.01	0.03	0.10	0.21	0.55	1.71	6.34	28.0	144.9	868.7	5 975
	85	90	97	102	107	113	120	127	135	144	153
1.6	*0.03*	*0.06*	*0.18*	*0.37*	*0.87*	*2.44*	*8.19*	*33.3*	*162.7*	*938.3*	*6 297*
	93	*98*	*105*	*110*	*115*	*121*	*128*	*135*	*143*	*152*	*161*
1.7	*0.07*	*0.15*	*0.40*	*0.76*	*1.64*	*4.12*	*12.3*	*44.6*	*198.0*	*1 067*	x
	101	*107*	*114*	*119*	*124*	*130*	*137*	*144*	*152*	*161*	x
1.8	*0.18*	*0.37*	*0.94*	*1.73*	*3.55*	*8.24*	*22.1*	*70.5*	*275.2*	x	x
	110	*115*	*123*	*127*	*133*	*139*	*145*	*153*	*161*	x	x

表 B.2（续）

K_1	0.25	0.5	0.7	0.8	0.9	1.0	1.1	1.2	1.3	1.4	1.5
K_2											
1.9	*0.48*	*0.95*	*2.39*	*4.32*	*8.58*	*18.9*	*47.0*	*134.7*	x	x	x
	119	*125*	*132*	*137*	*142*	*148*	*154*	*162*	x	x	x
2.0	*1.34*	*2.61*	*6.45*	*11.5*	*22.5*	*48.1*	x	x	x	x	x
	129	*134*	*141*	*146*	*151*	*157*	x	x	x	x	x
冷却方式为 OF，$\theta_a=20$ ℃。 预加负载为 K_1，负载 K_2 施加 30 min，负载 K_1 施加 1 410 min。											
注：表 B.2 中的斜体数值表示不考虑表 3 限值时的计算结果。											

这些数据也可以用曲线的形式表示出。图 B.1 示出了 K_2 作为 K_1 的函数时，在不同过载时间和单位寿命损失下的一个实例。

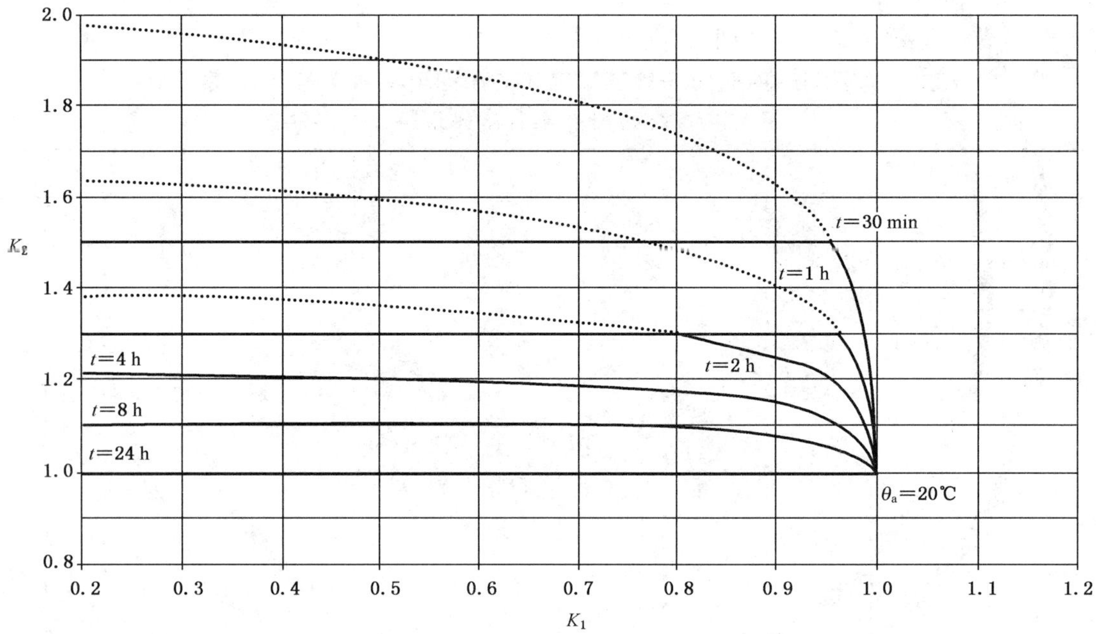

注：图 B.1 中的点线表示不考虑表 3 限值时的计算结果。

图 B.1　大型 OF 冷却式电力变压器：正常寿命损失时的允许负载工况

附　录　C
（资料性附录）
指数方程实例

C.1　概述

图7的曲线取自一个真实寿命的例子，此例的详情将在本附录中给出。一台250 MVA、ONAF冷却的变压器按下述进行试验。在每个时间段内，负载电流保持恒定，即在每个负载级期间，由于电阻变化导致损耗变化。相应的程序框图见附录F。

表C.1　250 MVA变压器的负载级数

时间段/ min	负载系数
0～190	1.0
190～365	0.6
365～500	1.5
500～710	0.3
710～735	2.1
735～750	0.0

在两个主绕组上，每个都安装了8个光纤传感器。发现最热点是在最里面的主绕组上（118 kV）。本例中，将按8.2.2所述的计算方法来确定由0 min～750 min时间段内热点温度的变化，并将它与测得的曲线进行对比。

计算所需的变压器的特征参数为：

$\theta_a=25.6$ ℃

$\Delta\theta_{or}=38.3$ K

$R=1\ 000$　　（因为试验是用短路法做的）

$H=1.4$　　（由测量确定，见8.1.3）

$g_r=14.5$ K

$\tau_W=4.6$ min～8.7 min　　（与负载情况有关。计算将采用表4中列出的值7 min）

$\tau_o=162$ min～170 min　　（与负载情况有关。计算将采用表4中列出的值150 min）

绕组采用曲折形冷却，垫块隔成的油隙≥3 mm。

C.2　0 min～190 min时间段

$\Delta\theta_{oi}=12.7$ K　（本试验在早晨8:20开始进行，前一天晚上22:00已在1.49p.u.下做完了过负载试验）

$K=1.0$

$\Delta\theta_{hi}=0.0$ K

式(5)、式(7)和式(8)表示出热点变化是时间的函数，因此，由式(5)可得：

$$\theta_h(t)=25.6+12.7+\left\{38.3\times\left[\frac{1+1\ 000\times 1.0^2}{1+1\ 000}\right]^{0.8}-12.7\right\}\times f_1(t)+0.0+\{1.4\times 14.5\times 1.0^{1.3}-0.0\}\times f_2(t)$$

由式(7)可得：

$$f_1(t)=(1-e^{(-t)/(0.5\times150)})$$

由式(8)可得：

$$f_2(t)=2.0\times(1-e^{(-t)/(2.0\times7)})-(2.0-1.0)\times(1-e^{(-t)/(150/2.0)})$$

C.3 190 min～365 min 时间段

$\Delta\theta_{oi}=36.2$ K （在 C.2 中计算出）

$K=0.6$

$\Delta\theta_{hi}=22.0$ K （在 C.2 中计算出）

式(6)和式(9)表示出热点变化是时间的函数，因此，由式(6)可得：

$$\theta_h(t)=25.6+38.3\times\left[\frac{1+1\,000\times0.6^2}{1+1\,000}\right]^{0.8}+\left\{36.2-38.3\times\left[\frac{1+1\,000\times0.6^2}{1+1\,000}\right]^{0.8}\right\}\times f_3(t)+1.4\times14.5\times0.6^{1.3}$$

由式(9)可得：

$$f_3(t)=e^{(-t)/(0.5\times150)}$$

C.4 365 min～500 min 时间段

$\Delta\theta_{oi}=18.84$ K （在 C.3 中计算出）

$K=1.5$

$\Delta\theta_{hi}=10.45$ K （在 C.3 中计算出）

当用下列数值替换式(5)中的相应数值时，其计算与 C.2 相同：

用 18.84 替换 12.7；

用 1.5 替换 1.0；

用 10.45 替换 0.0。

C.5 500 min～710 min 时间段

$\Delta\theta_{oi}=64.1$ K （在 C.4 中计算出）

$K=0.3$

$\Delta\theta_{hi}=37.82$ K （在 C.4 中计算出）

当用下列数值替换式(6)中的相应数值时，其计算与 C.3 相同：

用 64.1 替换 36.2；

用 0.3 替换 0.6；

用 37.82 替换 22.0。

C.6 710 min～735 min 时间段

$\Delta\theta_{oi}=9.65$ K （在 C.5 中计算出）

$K=2.1$

$\Delta\theta_{hi}=4.24$ K （在 C.5 中计算出）

当用下列数值替换式(5)中的相应数值时，其计算与 C.4 相同：

用 9.65 替换 18.84；

用 2.1 替换 1.5；

用 4.24 替换 10.45。

C.7　735 min～750 min 时间段

$\Delta\theta_{oi}=41.36$ K　（在 C.6 中计算出）

$K=0.0$

$\Delta\theta_{hi}=71.2$ K　（在 C.6 中计算出）

计算与 C.3 和 C.5 相同。

C.8　与测量值对比

图 C.1 示出了计算和测量的热点温度曲线。图 C.2 示出了相应的顶层油温度曲线。表 C.2 列出了每个负载结束时的数值。

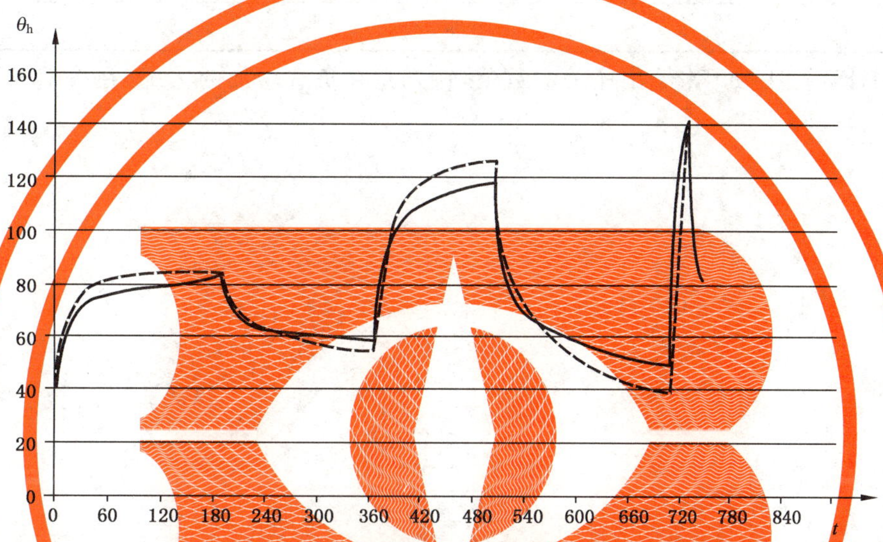

x 轴：时间 t，单位为 min；　　y 轴：θ_h 温度，单位为℃；

测量值用实线表示；　　计算值用点线表示。

图 C.1　负载电流按级变化时的热点温度值

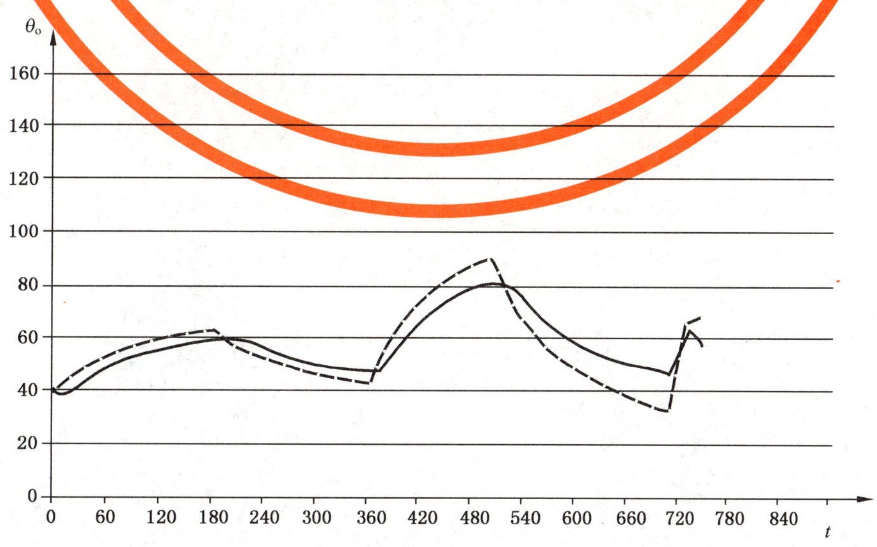

x 轴：时间 t，单位为 min；　　y 轴：θ_o 温度，单位为℃；

测量值用实线表示；　　计算值用点线表示。

图 C.2　负载电流按级变化时的顶层油温度值

表 C.2 每个负载级结束时的温度值

时间(min)/负载系数	顶层油温度/℃		热点温度/℃	
	计算	测量	计算	测量
190/***1.0***	***61.8***	***58.8***	***83.8***	***82.2***
365/0.6	44.4	47.8	54.9	58.6
500/***1.5***	***89.7***	***80.8***	***127.5***	***119.2***
710/0.3	35.3	46.8	39.5	49.8
735/***2.1***	***67.0***	***65.8***	***138.2***	***140.7***
750/0.0	59.5	68.2	59.5	82.4

本部分中的计算方法拟用来给出相关的数值，特别是在负载增加的情况(在表 C.2 中用加粗斜体字注明)下。

附 录 D
（资料性附录）
绕组和油时间常数计算

D.1 绕组时间常数

绕组时间常数如式(D.1)所示：

$$\tau_W = \frac{m_W \times c \times g}{60 \times P_W} \qquad \cdots\cdots(D.1)$$

式中：

τ_W——考虑负载下的绕组时间常数，单位为 min；

g——考虑负载下的绕组平均温度对油平均温度的梯度，单位为 K；

m_W——线圈质量，单位为 kg；

c——导体材料的比热容，单位为 J/(kg·K)（铜为 390，铝为 890）；

P_W——考虑负载下的绕组损耗，单位为 W。

式(D.1)的另一种形式为：

对于铜：
$$\tau_W = 2.75 \times \frac{g}{(1+P_e) \times s^2} \qquad \cdots\cdots(D.2)$$

对于铝：
$$\tau_W = 1.15 \times \frac{g}{(1+P_e) \times s^2} \qquad \cdots\cdots(D.3)$$

式中：

P_e——相关绕组的涡流损耗标么值；

s——考虑负载下的电流密度，单位为 A/mm²。

D.2 油时间常数

油的时间常数计算按参考文献[4]的原理，即：对于 ONAN 和 ONAF 冷却方式，热容 C 为：

$$C = 0.132 \times m_A + 0.0882 \times m_T + 0.400 \times m_O \qquad \cdots\cdots(D.4)$$

式中：

m_A——铁心和线圈的质量，单位为 kg；

m_T——油箱和附件的质量，单位为 kg（仅指与热油相接触的部件）；

m_O——油的质量，单位为 kg。

对于强油冷却方式，OF 或 OD，热容为：

$$C = 0.132 \times (m_A + m_T) + 0.580 \times m_O \qquad \cdots\cdots(D.5)$$

考虑负载下的油时间常数如下：

$$\tau_o = \frac{C \times \Delta\theta_{om} \times 60}{P} \qquad \cdots\cdots(D.6)$$

式中：

τ_o——平均油时间常数，单位为 min；

$\Delta\theta_{om}$——在考虑负载下，高于环境温度的平均油温升，单位为 K；

P——考虑负载下的施加损耗，单位为 W。

附 录 E
（资料性附录）
微分方程解法的例证

E.1 引言

本附录提供了 8.2.3 中所述的微分方程法更详细的信息及如何通过转化为差分方程来求解，并提供了一个实例。

E.2 概述

以指数形式表示的发热方程，实际上特别适合于用试验确定热传递参数和简化的场合。在这个方面，对于任意的时变负载系数 K 和时变环境温度 θ_a，可能更需要其确定热点温度。

对于这种应用，最好的方法是采用热传递微分方程。如果将其转换成差分方程，则很容易求解，如本附录后面所示。

E.3 微分方程

当将热传递原理应用于电力变压器时，仅在导向油流（OD）冷却方式时，其微分方程才是线性的。对于其他冷却方式，如 OF 和 ON，冷却介质的循环率与它自身的温度有关。换句话说，如果没有风扇，散热器中的气流速度取决于它自身的温度，但是如果有风扇，情况就不同了。同样地，如果没有油泵或者不是导向油流，油的流速取决于它自身的温度，但是如果有油泵和导向油流，情况也就不同了。

结果是，对于 ON 和 OF 冷却，微分方程是非线性的，这意味着对应于逐级变化的负载电流，不论是顶层油温升还是热点温升响应，都不是真正的指数函数[10]。

但是，为了避免本部分过分复杂，可以使用近似的方法，即不论是 ON、OF 还是 OD 冷却，时间函数仍是指数方程，非线性关系只对已发生温度变化的最终值有影响。可以表明由此带来的误差不大。

因此，顶层油温度的微分方程（输入 K、θ_a，输出 θ_o）为：

$$\left[\frac{1+K^2R}{1+R}\right]^x \times (\Delta\theta_{or}) = k_{11}\tau_o \times \frac{d\theta_o}{dt} + [\theta_o - \theta_a] \qquad \text{(E.1)}$$

所有变量和参数的符号，均见本文前面的规定。

热点温升的微分方程（输入 K，输出 $\Delta\theta_h$）最容易解出，因为它是两个微分方程之和，而

$$\Delta\theta_h = \Delta\theta_{h1} - \Delta\theta_{h2} \qquad \text{(E.2)}$$

这两个方程分别是：

$$k_{21} \times K^y \times (\Delta\theta_{hr}) = k_{22} \times \tau_w \times \frac{d\Delta\theta_{h1}}{dt} + \Delta\theta_{h1} \qquad \text{(E.3)}$$

和

$$(k_{21} - 1) \times K^y \times (\Delta\theta_{hr}) = (\tau_o/k_{22}) \times \frac{d\Delta\theta_{h2}}{dt} + \Delta\theta_{h2} \qquad \text{(E.4)}$$

将上面两个方程的解代入式（E.2）。

热点温度的最终方程为：

$$\theta_h = \theta_o + \Delta\theta_h \qquad \text{(E.5)}$$

关于方程（E.2）至（E.4），要考虑其复杂性，因为实际上油冷却介质除了有热惯性外，还有力学惯性。对于电力变压器，它对自然冷却方式（ON）影响最大，对非强油导向冷却方式（OF）影响稍小，对强油导向冷却方式（OD）的影响可以忽略。它对配电变压器的影响也可以忽略（见 8.2.2）。

这些方程的方框图表示见 8.2.3。

E.4 变换为差分方程

对于像用指数函数一类的简单函数表示的输出函数，若输入函数不是简单函数，例如，单一的阶跃函数，则上述的微分方程仍不能解出。对于一台已安装的变压器，负载电流和环境温度不是明确的时间函数。如果进行近似，例如：将负载电流近似地化为一系列阶跃变化的函数，并保持环境温度恒定，则其结果也只是近似值。

如果将微分方程变换为差分方程，则其解十分简单，在一个简单的电子表格上就可以表示出。

式(E.3)的微分方程可写为下述差分方程，其中 D 代表一个小的时间段上的差分。

式(E.1)变为：

$$\mathrm{D}\theta_{\mathrm{o}} = \frac{\mathrm{D}t}{k_{11}\tau_{\mathrm{o}}}\left[\left[\frac{1+K^2R}{1+R}\right]^x \times (\Delta\theta_{\mathrm{or}}) - [\theta_{\mathrm{o}} - \theta_{\mathrm{a}}]\right] \quad \cdots\cdots(\mathrm{E}.6)$$

算子“D”表示与每个时间段 $\mathrm{D}t$ 相对应的相关变量的差分。在每个时间段中，$\mathrm{D}\theta_{\mathrm{o}}$ 的第 n 个值可由第$(n-1)$个值用下式来计算：

$$\theta_{\mathrm{o}(n)} = \theta_{\mathrm{o}(n-1)} + \mathrm{D}\theta_{\mathrm{o}(n)} \quad \cdots\cdots(\mathrm{E}.7)$$

式(E.3)和式(E.4)变为：

$$\mathrm{D}\Delta\theta_{\mathrm{h1}} = \frac{\mathrm{D}t}{k_{22}\tau_{\mathrm{W}}} \times [k_{21} \times \Delta\theta_{\mathrm{hr}} K^y - \Delta\theta_{\mathrm{h1}}] \quad \cdots\cdots(\mathrm{E}.8)$$

和：

$$\mathrm{D}\Delta\theta_{\mathrm{h2}} = \frac{\mathrm{D}t}{(1/k_{22})\tau_{\mathrm{o}}} \times [(k_{21}-1) \times \Delta\theta_{\mathrm{hr}} K^y - \Delta\theta_{\mathrm{h2}}] \quad \cdots\cdots(\mathrm{E}.9)$$

每一个 $\Delta\theta_{\mathrm{h1}}$ 和 $\Delta\theta_{\mathrm{h2}}$ 的第 n 个值的计算用与式(E.7)类似的方法进行。

在第 n 个时间段时总的热点温升可由式(E.10)给出：

$$\Delta\theta_{\mathrm{h}(n)} = \Delta\theta_{\mathrm{h1}(n)} - \Delta\theta_{\mathrm{h2}(n)} \quad \cdots\cdots(\mathrm{E}.10)$$

最后，在第 n 个时间段时的热点温度可由式(E.11)给出：

$$\theta_{\mathrm{h}(n)} = \theta_{\mathrm{o}(n)} + \Delta\theta_{\mathrm{h}(n)} \quad \cdots\cdots(\mathrm{E}.11)$$

为了得到一个精确的结果，时间段 $\mathrm{D}t$ 应尽可能小，不能大于发热模型中的最小时间常数的一半。例如，如果所考虑绕组的时间常数是 4 min，则时间段应不大于 2 min。

注：τ_{W} 和 τ_{o} 不应设置为 0。

理论上也有比式(E.6)～式(E.9)中所用的简单方法更精确的数学分析解法，如：梯形法或朗格-昆塔法，但是，考虑到输入数据的不精确，必然会使复杂程度增加。

6.3 中的纤维素绝缘寿命损失的微分方程也可以变换为差分方程。基本的微分方程为：

$$\frac{\mathrm{d}L}{\mathrm{d}t} = V \quad \cdots\cdots(\mathrm{E}.12)$$

故有：

$$\mathrm{D}L_{(n)} = V_{(n)} \times \mathrm{D}t \quad \cdots\cdots(\mathrm{E}.13)$$

和：

$$L_{(n)} = L_{(n-1)} + \mathrm{D}L_{(n)} \quad \cdots\cdots(\mathrm{E}.14)$$

E.5 举例

假设所考虑的对象是由一个在线监测装置发出的热点温度和寿命损失的信息，求解步骤如下：

a) 设置变压器参数；

b) 设置输入数据；

c) 计算初始状态；

d) 解微分方程；

e) 将输出数据列表；

f) 将输出数据绘成曲线。

详细内容如下：

1——设置变压器参数

所用参数在环境温度为 30 ℃、额定热点温度为 110 ℃时选取。其他参数典型值如下：

$\Delta\theta_{or}=45$ K　　$\tau_o=150$ min　　$R=8$　　$y=1.3$　　$k_{21}=2$

$\Delta\theta_{hr}=35$ K　　$\tau_W=7$ min　　$x=0.8$　　$k_{11}=0.5$　　$k_{22}=2$

2——设置输入数据

本例中的输入数据列于表 E.1 中，并在图 E.1 中绘出。

表 E.1　举例中的输入数据

段	时间 t/min	一天中的时间 h:min	环境温度 θ_a/℃	负载系数 K
0	0	14:00	30.3	0.81
1	3	14:03	29.9	0.87
2	6	14:06	29.8	0.88
3	9	14:09	29.5	0.86
4	12	14:12	29.6	0.90
5	15	14:15	29.5	0.92
6	18	14:18	29.5	0.95
7	21	14:21	28.9	0.96
8	24	14:24	29.0	0.97
9	27	14:27	28.6	1.00
10	30	14:30	28.0	1.70
11	33	14:33	28.7	1.70
12	36	14:36	27.8	1.73
13	39	14:39	28.1	1.72
14	42	14:42	27.9	1.69
15	45	14:45	27.1	1.68
16	48	14:48	26.9	1.71
17	51	14:51	26.7	1.69
18	54	14:54	27.2	1.67
19	57	14:57	26.7	1.68
20	60	15:00	26.9	1.63
21	63	15:03	26.5	1.59
22	66	15:06	26.2	1.53
23	69	15:09	26.3	1.49

表 E.1（续）

段	时间 t/min	一天中的时间 h:min	环境温度 θ_a/℃	负载系数 K
24	72	15:12	25.4	1.41
25	75	15:15	25.6	1.38
26	78	15:18	25.3	1.32
27	81	15:21	24.8	1.28
28	84	15:24	24.5	1.21
29	87	15:27	24.3	1.19
30	90	15:30	24.1	0.87
31	93	15:33	24.3	0.88
32	96	15:36	24.1	0.87
33	99	15:39	23.4	0.86
34	102	15:42	23.6	0.85
35	105	15:45	23.8	0.87
36	108	15:48	23.1	0.83
37	111	15:51	23.3	0.86
38	114	15:54	23.1	0.85
39	117	15:57	22.3	0.82
40	120	16:00	22.2	0.86

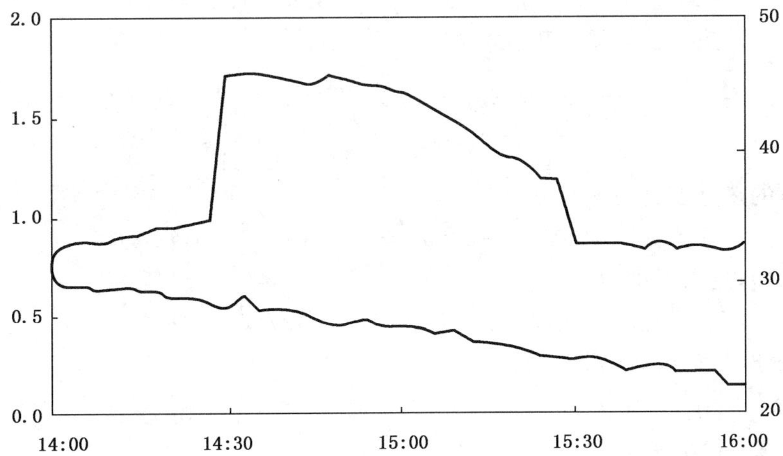

负载系数（上面的曲线，左边坐标轴）

环境温度，单位为℃（下面的曲线，右边坐标轴）

图 E.1　举例用的输入数据绘图

环境温度和负载系数是取在 3 min 间隔内的值。此时间段是最大的，为了得到精确的结果，它应比方程中的最小时间常数 τ_W 小一半。而本例中的 $\tau_W = 7$ min，所以时间段 Dt=3 min。

3——计算初始状态

尽管在计算开始时系统可能不是严格意义上的稳态，但这通常是一个最好的假设，且它对最终结果的影响不大。

那么，初始状态可通过在式(E.1)、式(E.3)和式(E.4)中分别设置时间导数为零来计算，形成下列值：

从式(E.1)中，初始值 θ_o 为：$\theta_{o(0)}=\left[\frac{1+K^2R}{1+R}\right]\times\Delta\theta_{or}+\theta_a=63.9$ ℃

从式(E.3)中，初始值 $\Delta\theta_{h1}$ 为：$\Delta\theta_{h1(0)}=k_{21}\times K^y\times\Delta\theta_{hr}=53.2$ K

从式(E.4)中，初始值 $\Delta\theta_{h2}$ 为：$\Delta\theta_{h2(0)}=(k_{21}-1)\times K^y\times\Delta\theta_{hr}=26.6$ K

也可以选择寿命损失的初始状态。这里假设计算的目的是求出局部过载发生时的寿命损失。因此，L 的初始值为 $L_{(0)}=0$。

4——解差分方程

在 $n=0$，$t=0$，$\theta_{o(0)}=63.9$(单位省略了，温度为℃，温度差值为 K)

$\Delta\theta_{h1(0)}=53.2$

$\Delta\theta_{h2(0)}=26.6$

$L_{(0)}=0$

在 $n=1$，$t=3$ min，由式(E.6)和式(E.7)，顶层油温度变化如下：

$$\mathrm{D}\theta_{o(1)}=\frac{3}{0.5\times150}\left[\left[\frac{1+0.87^2\times8}{1+8}\right]^{0.8}\times45-[63.9-29.9]\right]=0.121\text{ 和}$$

$$\theta_{o(1)}=\theta_{o(0)}+\mathrm{D}\theta_{o(1)}=63.9+0.121=64.0$$

同样地，由式(E.8)，热点温升第一项变化如下：

$$\mathrm{D}\Delta\theta_{h1(1)}=\frac{3}{2.0\times7}(2.0\times35\times0.87^{1.3}-53.2)=1.12\text{ 和}$$

$$\Delta\theta_{h1(1)}=\Delta\theta_{h1(0)}+\mathrm{D}\Delta\theta_{h1(1)}=53.2+1.12=54.3$$

同样地，由式(E.9)，热点温升第二项变化如下：

$$\mathrm{D}\Delta\theta_{h2(1)}=\frac{3}{(1/2.0)\times150}((2.0-1)\times35\times0.87^{1.3}-26.6)=0.104\text{ 和}$$

$$\Delta\theta_{h2(1)}=\Delta\theta_{h2(0)}+\mathrm{D}\Delta\theta_{h2(1)}=26.6+0.104=26.7$$

由式(E.10)，总的热点温升为：

$$\Delta\theta_{h(1)}=\Delta\theta_{h1(1)}-\Delta\theta_{h2(1)}=54.3-26.7=27.6$$

最后，由式(E.11)，热点温度为：

$$\theta_{h(1)}=\theta_{o(1)}+\Delta\theta_{h(1)}=64.0+27.6=91.6$$

此时间段的寿命损失 L 由式(E.13)给出：

$$\mathrm{D}L_{(1)}=V_{(1)}\times\mathrm{D}t=\left[e^{\frac{15\,000}{110+273}-\frac{15\,000}{\theta_{h(1)}+273}}\right]\times3=0.42\text{ min}$$

(额定状态下的寿命损失为 3 min。)

此点总的寿命损失为：

$$L_{(1)}=L_{(0)}+\mathrm{D}L_{(1)}=0+0.42\text{ min，或 }0.000\,29\text{ 天}$$

在 $n=2$，$t=6$ min 时，整个计算是重复的，将所有的下标加 1，即每个变量 $X_{(1)}$ 变为 $X_{(2)}$。在 $n=3$，$t=9$ min 时，每个变量 $X_{(2)}$ 变为 $X_{(3)}$ 等，直到 $n=40$，$t=120$ min 为止。

5——将输出数据列表

计算结果示于表 E.2 和图 E.2 中。

表 E.2 举例中的输出数据

段	时间 t/min	一天中的时间 h:min	热点温度 θ_h/℃	寿命损失 L/min	寿命损失 L/days
0	0	14:00	90.5	0	0
1	3	14:03	91.6	0	0.00
2	6	14:06	92.7	1	0.00
3	9	14:09	93.2	1	0.00
4	12	14:12	94.3	2	0.00
5	15	14:15	95.6	3	0.00
6	18	14:18	97.2	3	0.00
7	21	14:21	98.6	4	0.00
8	24	14:24	100.0	5	0.00
9	27	14:27	101.6	7	0.00
10	30	14:30	118.6	14	0.01
11	33	14:33	132.1	39	0.03
12	36	14:36	143.5	109	0.08
13	39	14:39	152.4	258	0.18
14	42	14:42	158.8	508	0.35
15	45	14:45	163.6	875	0.61
16	48	14:48	168.2	1 402	0.97
17	51	14:51	171.5	2 076	1.44
18	54	14:54	173.6	2 871	1.99
19	57	14:57	175.7	3 796	2.64
20	60	15:00	176.1	4 754	3.30
21	63	15:03	175.6	5 675	3.94
22	66	15:06	173.8	6 480	4.50
23	69	15:09	171.5	7 156	4.97
24	72	15:12	167.8	7 667	5.32
25	75	15:15	164.3	8 055	5.59
26	78	15:18	160.1	8 335	5.79
27	81	15:21	156.0	8 534	5.93
28	84	15:24	151.1	8 668	6.02
29	87	15:27	146.8	8 761	6.08
30	90	15:30	136.9	8 800	6.11
31	93	15:33	129.1	8 819	6.12
32	96	15:36	122.8	8 830	6.13
33	99	15:39	117.5	8 836	6.14

表 E.2（续）

段	时间 t/min	一天中的时间 h:min	热点温度 θ_h/℃	寿命损失 L/min	寿命损失 L/days
34	102	15:42	113.1	8 840	6.14
35	105	15:45	110.0	8 843	6.14
36	108	15:48	106.6	8 846	6.14
37	111	15:51	104.5	8 847	6.14
38	114	15:54	102.6	8 849	6.14
39	117	15:57	100.4	8 850	6.15
40	120	16:00	99.3	8 851	6.15

6——将输出数据绘成曲线

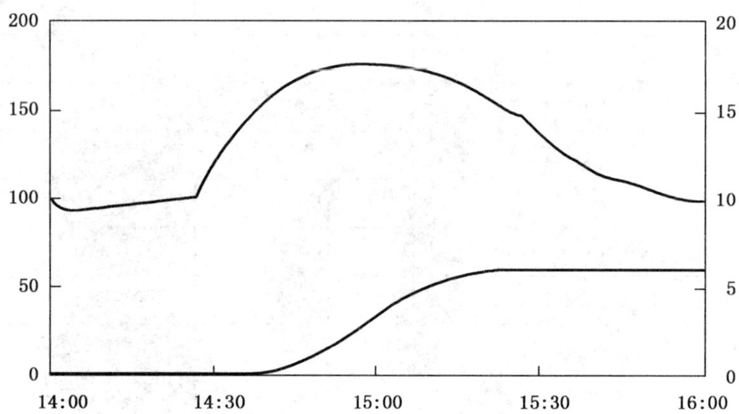

热点温度，单位为℃（上面的曲线，左边坐标轴）

寿命损失，单位为天（下面的曲线，右边坐标轴）

图 E.2 举例用的输出数据绘图

由于图中的时间是 2 h 或 0.083 3 天，并且寿命损失是 6.15 天，因此，此次过载期间的相对寿命损失为 6.15/0.083 3=74 倍正常寿命。如果另有一个较长的时间段是处于相对低的热点温度（通常情况），则它并不严重。

E.6 使用测得的顶层油温

如果顶层油温可以测出，例如，以一个 4 mA～20 mA 的信号输入到监测设备上，则计算可以更精确。热点温升可从差分方程（E.8）、（E.9）和（E.10）计算出来，并直接加上每个时间段下测得的顶层油温度数据，见图 9 中的虚线路径。

附　录　F
（资料性附录）
附录 C 中例子的流程图

开始

↓

输入数据

冷却方式：ONAF

环境温度：$\theta_a = 25.6$ ℃

额定电流下的顶层油温升：$\Delta\theta_{or} = 38.3$ K

额定电流下负载损耗与空载损耗之比：$R = 1\ 000$

热点系数：$H = 1.4$

绕组对油的温差：$g_r = 14.5$ K

绕组时间常数：$\tau_W = 7$ min

油平均时间常数：$\tau_o = 150$ min

油温度指数：$x = 0.8$

绕组温度指数：$y = 1.3$

热常数：$k_{11} = 0.5$；$k_{21} = 2.0$；$k_{22} = 2.0$

负载周期中的时间段数：$N = 6$

每个时间段的负载系数：

$K(1) = 1.0$；$I(1) = (0 \sim 190)$ min

$K(2) = 0.6$；$I(2) = (190 \sim 365)$ min

$K(3) = 1.5$；$I(3) = (365 \sim 500)$ min

$K(4) = 0.3$；$I(4) = (500 \sim 710)$ min

$K(5) = 2.1$；$I(5) = (710 \sim 735)$ min

$K(6) = 0.0$；$I(6) = (735 \sim 750)$ min

每个时间段的持续时间：

$D(1) = 190$ min

$D(2) = 175$ min

$D(3) = 135$ min

$D(4) = 210$ min

$D(5) = 25$ min

$D(6) = 15$ min

垫块厚度≥3 mm

↓

$C = 1$（时间段计算设定值）

$K = K(1)$　　$D = D(1)$

$P = 0$　　$t = 0$

（初始数据）

$\Delta\theta_{oi} = 12.7$ K　　$\Delta\theta_{hi} = 0.0$ K

↓

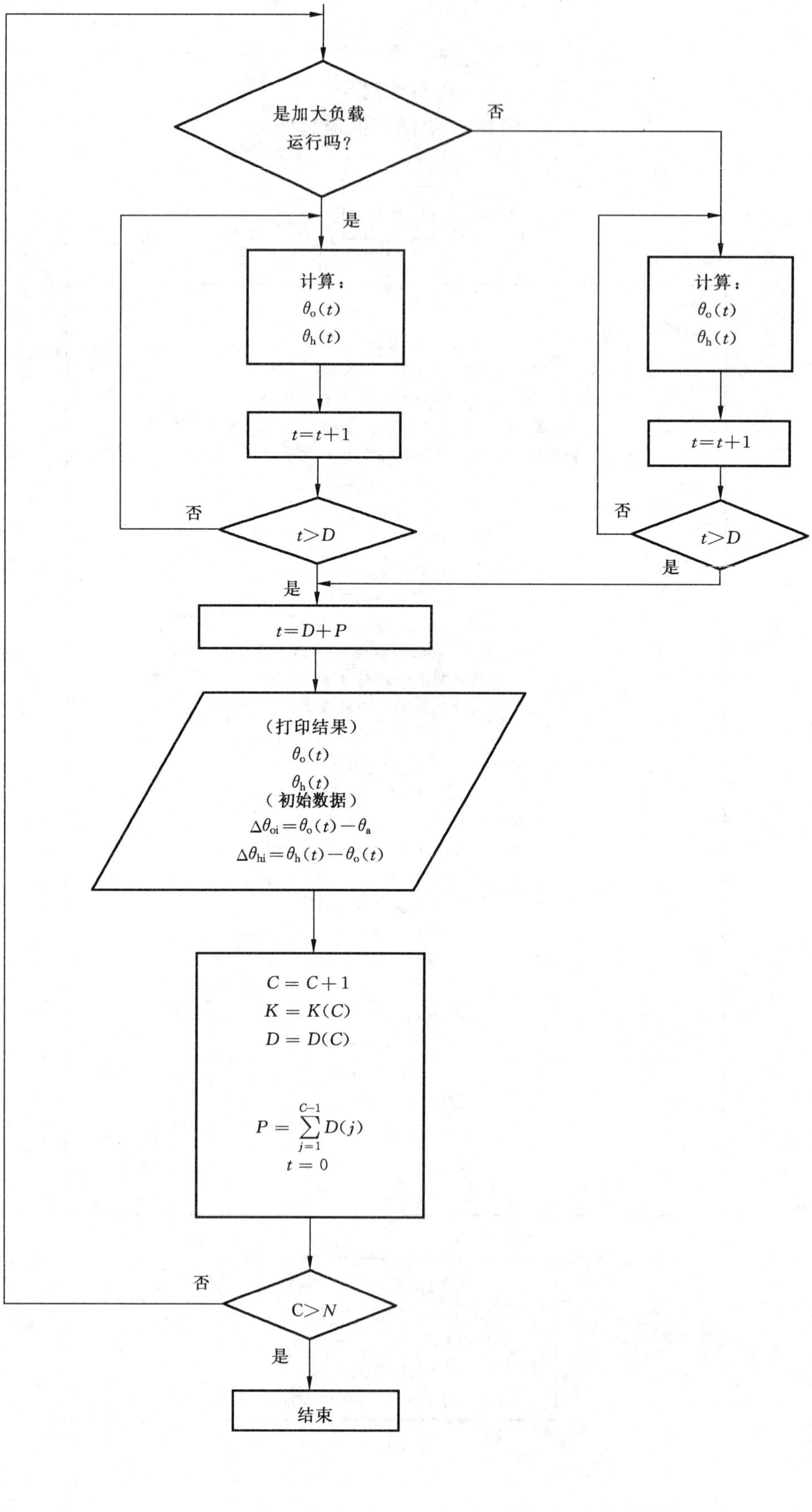
是加大负载
运行吗？
否
是
计算：
$\theta_o(t)$
$\theta_h(t)$
$t=t+1$
否
$t>D$
是
计算：
$\theta_o(t)$
$\theta_h(t)$
$t=t+1$
否
$t>D$
是
$t=D+P$
（打印结果）
$\theta_o(t)$
$\theta_h(t)$
（初始数据）
$\Delta\theta_{oi}=\theta_o(t)-\theta_a$
$\Delta\theta_{hi}=\theta_h(t)-\theta_o(t)$
$C=C+1$
$K=K(C)$
$D=D(C)$
$P=\sum_{j=1}^{C-1}D(j)$
$t=0$
否
$C>N$
是
结束

参 考 文 献

[1] A K Bose and G J Hulsink. Performance of the magnetic circuit of a transformer in service. Elektrotechniek 56(1978)(7).

[2] E Binder und W Felber. Rueckarbeitsverfahren mit zwei 500 MVA Transformatoren. ELIN-Zeitschrift 1978 Heft 1.

[3] A K Bose,C Kroon,J Wildeboer. The loading of a magnetic circuit. CIGRE 1978 session, August 30. September 7.

[4] IEEE standard C57. 91:1995,IEEE Guide for loading mineral-oil-immersed transformers.

[5] Nordman,H and Lahtinen,M.,Thermal overload tests on a 400 MVA power transformer with a special 2,5 p. u. short time loading capability. IEEE Transactions on Power Delivery,vol. 18, no. 1,January 2003,pages 107-112.

[6] Lampe,W.,Petterson,L.,Ovren,C.,Wahlstrom,B.,Hot-spot measurements in power transformers. CIGRE,Rep. 12-02,1984.

[7] Experimental determination of power transformer hot-spot factor. CIGRE WG 12-09,Electra no. 161,August 1995.

[8] IEEE 1538:2000,IEEE Guide for determination of maximum winding temperature rise in liquid-filled transformers.

[9] Nordman,H.,Rafsback,N.,and Susa,D.,Temperature responses to step changes in the load current of power transformers. IEEE Transactions on Power Delivery,vol. 18, no. 4,October 2003,pages 1110-1117.

[10] Swift,G. W.,Molinski,T S and Lehn,W.,A Fundamental Approach to Transformer Thermal Modelling. IEEE transactions on power delivery,vol. 16,No. 2,April 2001,pages 171-177.

[11] Heat-run test procedure for power transformers. CIGRE WG 12-09. Electra no. 129,March 1990,pages 37-45.

[12] Aging of Kraft Paper in Natural Ester Dielectric Fluid-14th International Conference on Dielectric Liquids,Graz,Austria,July 7-12,2002,IEEE 0-7803-7350-2/02.

[13] Aging of Paper Insulation in Natural Ester Dielectric Fluid. IEEE/PES Transmission & Distribution Conference & Expo,Oct. 28-Nov. 02,2001,Atlanta,GA,IEEE 0-7803-7257-5/01.

[14] Schroff,D H and Stannett,A. W.,A review of paper ageing in transformers. IEE proceedings vol. 132,pt C, no. 6,November 1985,pages 312-319.

ICS 29.180
K 41

中华人民共和国国家标准

GB/T 1094.10—2003
代替 GB/T 7328—1987

电力变压器 第10部分:声级测定

**Power transformers—
Part 10: Determination of sound levels**

(IEC 60076-10:2001,MOD)

2003-06-05 发布　　2003-12-01 实施

中华人民共和国
国家质量监督检验检疫总局　发布

前　言

GB 1094 系列标准在总标题“电力变压器”下，目前已包含了下列几部分：

——第 1 部分：总则

——第 2 部分：温升

——第 3 部分：绝缘水平、绝缘试验和外绝缘空气间隙

——第 5 部分：承受短路的能力

——第 10 部分：声级测定

本部分为 GB 1094 系列标准的第 10 部分。本部分的前版标准代号为 GB/T 7328，对应的 IEC 标准代号为 IEC 60551。由于 IEC 有关电力变压器的标准代号现均调整为 IEC 60076 系列，为了与 IEC 的标准代号相协调且使用方便，本次修订也将标准代号按新 IEC 标准系列进行调整。

本部分修改采用 IEC 60076-10:2001《电力变压器　第 10 部分：声级测量》(英文版)。

本部分根据 IEC 60076-10:2001 按修改采用原则重新起草。

考虑到我国国情，在采用 IEC 60076-10:2001 时，本部分做了一些修改。有关技术性差异已编入正文中并在它们所涉及的条款的页边空白处用垂直单线标识。本部分与 IEC 60076-10:2001 的主要差异如下：

a) 第 2 章中部分规范性引用文件，用采用国际标准的我国国家标准代替；

b) 对部分术语和定义进行了修改；

c) 删除 IEC 60076-10:2001 中 11.2 的第 4 段和 12.2 的第 3 段“对于北美洲地区，声级是在带和不带冷却设备运行情况下进行测量的。”；

d) 为便于使用，本部分还进行了下列编辑性修改：

——用小数点‘.’代替作为小数点的逗号‘,’；

——删除了 IEC 60076-10:2001 的“前言”。

本部分代替 GB/T 7328—1987《变压器和电抗器的声级测定》。

本部分与 GB/T 7328—1987 相比主要变化如下：

a) 原标准仅规定用声压法测量噪声，本部分规定声压测量和声强测量均可用来确定声功率级数值，两种方法均有效，至于选择哪种方法，则应在订货时由制造单位与用户协商确定；

b) 原标准仅规定了变压器在空载状态下的噪声测量，本部分规定了负载条件应由制造单位和用户在订货时协商确定；

c) 给出了负载电流声功率级的估算公式；

d) 增加了用声强法测量变压器和电抗器声级的内容；

e) 给出了空载声功率级和负载电流声功率级相加的计算公式；

f) 增加附录 A“窄频带测量及时间同步测量”。

本部分的附录 A、附录 B 均为资料性附录。

本部分由中国电器工业协会提出。

本部分由全国变压器标准化技术委员会(CSBTS/TC44)归口。

本部分主要起草单位：沈阳变压器研究所。

本部分参加起草单位：沈阳变压器厂、保定天威保变电气股份有限公司、西安西电变压器有限责任公司、顺德特种变压器厂、广州维奥伊林变压器有限公司、山东金曼克电气集团股份有限公司、番禺骏发

电力设备有限公司、温州市变电设备厂。

本部分主要起草人：韩庆恒。

本部分参加起草人：刘丰、张喜乐、吕晓东、牛亚民、沈红、赵晓春、罗剑、张林兴。

本部分所代替的GB/T 7328于1987年首次发布，本次为第一次修订。

引　言

在设计和安装变压器、电抗器及其所安装的冷却设备时，要考虑许多参数，其中之一是设备在现场正常运行条件下所发出的噪声。

变压器所发出的可听到的噪声是由铁心的磁滞伸缩变形和绕组、油箱及磁屏蔽内的电磁力引起的。从历史上看，一直认为磁场诱发铁心叠片沿纵向振动所产生的噪声是变压器噪声的主要成分。振动的幅值与铁心叠片中的磁通密度及铁心材质的磁性能有关，而与负载电流关系不大。但随着目前铁心设计的进步及采用较低的磁通密度，铁心中的噪声已有所降低，于是电磁力所产生的噪声便成为变压器噪声不可忽视的成分。

电流在绕组中通过会在绕组中产生电磁力。此外，漏磁场也能使结构件产生振动。电磁力（和振动幅值）与电流的平方成正比，而发射的声功率与振动幅值的平方成正比。因此，发射的声功率与负载电流有很明显的关系。器身（铁心和绕组的组合体）中的振动又能使油箱、磁屏蔽及导气管（如果有）产生共振。

对于干式空心并联电抗器或干式空心串联电抗器，作用于绕组上的电磁力所产生的噪声与上面所述相类似。这些振动力使电抗器在轴向和幅向上产生振动，且轴向和幅向的支撑件及制造中的偏差又可能导致除旋转对称振动外的其他模式的振动。对于铁心电抗器，作用于铁心中的力还会引起进一步的振动。

对于所有的电气设备，还需了解电源高次谐波对其所产生的影响。振动通常发生在偶次谐波下，且第一个谐波是最主要的。如果电源中还含有其他的频率，则还会产生其他的力。对于某些应用，这一点或许是很重要的，因为人的耳朵对这些高频更加敏感。

任何配套的冷却设备在运行时都将会产生噪声。由于要使油和空气强迫流动，这样风扇和油泵还会产生宽频带噪声。

目前的声级测量技术已经发展到能测出人耳所能感受到的空气压力变化量。正常人耳朵能辨别的最小声压变化为 20 μPa。将该值作为基准声级（0 dB），以便其他的声级与其进行比较。人耳感受讯号的响度与人耳对该讯号频谱的敏感程度有关。现代测量仪器是通过电子网络来处理声讯号，其灵敏度随频率变化的关系与人耳类似。由此，便产生了几种国际标准化计权模式，其中 A 计权网络最常用。

声强的定义为单位面积上通过的能量，用瓦/平方米（W/m^2）表示。声强是矢量，而声压是标量，且声压仅用大小来表征。

声功率是一个用来对声源进行计量和比较用的参数。它是声源声输出的一个基本说明用语，故只是声源的一个绝对的物理特性，而与任何外界因素（如：环境及其到接收器的距离等）无关。

声功率可通过测得的声压和声强值来计算。声强测量与声压测量相比，有如下几个优点：

——声强计仅对声场的传播部分有反应，而忽略任何非传播部分，如：对驻波和反射波无反应。

——只要外界声源的声级大致恒定，声强法便可减少外界声源的影响。

声压法是通过对背景噪声和声反射进行修正来考虑上述这些因素的。

电力变压器
第10部分:声级测定

1 范围

GB 1094 的本部分规定了声压和声强的测量方法,并以此来确定变压器、电抗器及其所安装的冷却设备的声功率级。

注:在本部分中,术语“变压器”是指“变压器和电抗器”。

这些方法适用于符合 GB 1094 系列、GB/T 10229、GB 6450 及 GB/T 18494 系列,且容量和电压等级不受限制的变压器和电抗器以及它们所安装的正常冷却设备(如果有)。

本部分主要适用于在工厂进行的噪声测量。至于在现场的测量,由于存在邻近物体(包括其他变压器)的影响,使得现场的测量条件与工厂相比有很大的差异。但是,当需要在现场进行噪声测量时,仍可遵循本部分所给出的一般规则。

2 规范性引用文件

下列文件中的条款通过 GB 1094 的本部分的引用而成为本部分的条款。凡是注日期的引用文件,其随后所有的修改单(不包括勘误的内容)或修订版均不适用于本部分,然而,鼓励根据本部分达成协议的各方研究是否可使用这些文件的最新版本。凡是不注日期的引用文件,其最新版本适用于本部分。

GB 1094.1 电力变压器 第1部分:总则(GB 1094.1—1996,eqv IEC 60076-1:1993)

GB 1094.2 电力变压器 第2部分:温升(GB 1094.2—1996,eqv IEC 60076-2:1993)

GB 1094.3 电力变压器 第3部分:绝缘水平、绝缘试验和外绝缘空气间隙(GB 1094.3—2003,eqv IEC 60076-3:2000)

GB 1094.5 电力变压器 第5部分:承受短路的能力(GB 1094.5—2003,eqv IEC 60076-5:2000)

GB/T 3768 声学 声压法测定噪声源的声功率级 反射面上方采用包络测量表面的简易法(GB/T 3768—1996,eqv ISO 3746:1995)

GB/T 3785 声级计的电、声性能及测试方法

GB 6450 干式电力变压器(GB 6450—1986,eqv IEC 60726:1982)

GB/T 10229 电抗器(GB/T 10229—1988,eqv IEC 60289:1987)

GB/T 16404 声学 声强法测定噪声源的声功率级 第1部分:离散点上的测量(GB/T 16404—1996,eqv ISO 9614-1:1993

GB/T 18494.1 变流变压器 第1部分:工业用变流变压器(GB/T 18494.1—2001,idt IEC 61378-1:1997)

IEC 61043:1993 电声学——声强测量仪——用成对的声压传感器测量

IEC 61378-2:2001 变流变压器 第2部分:高压直流输电用换流变压器

3 术语和定义

下列术语和定义适用于本部分。

3.1

声压 sound pressure

p

有声波时，媒质中的压力与静压的差值。单位为帕斯卡(Pa)。

注 1：一般使用时，声压是有效声压的简称。有效声压是在一段时间内瞬时声压的方均根值，这段时间应为周期的整数倍或长到不影响计算结果的程度。

注 2：声压的瞬时值、平均值、峰值、最大值或峰到峰值等应分别注明为瞬时声压、平均声压、峰值声压、最大声压或峰到峰值声压。

3.2

声压级 sound pressue level

L_p

声压平方与基准声压($p_0=20\times10^{-6}$ Pa)平方之比的以 10 为底的对数乘以 10。单位为分贝(dB)。

$$L_p = 10\lg\frac{p^2}{p_0^2} \qquad (1)$$

3.3

声强 sound intensity

I

表示通过某一指定位置处的净声能大小和方向的矢量。单位为 W/m^2。

3.4

法向声强 normal sound intensity

I_n

与测量表面垂直的声强分量。

3.5

法向声强级 normal sound intensity level

L_I

法向声强与基准声强($I_0=1\times10^{-12}$ W/m^2)之比的以 10 为底的对数乘以 10。单位为分贝(dB)。

$$L_I = 10\lg\frac{|I_n|}{I_0} \qquad (2)$$

注：当 I_n 为负值时，用－××dB 表示。

3.6

声功率 sound power

W

单位时间内通过某一面积的声能。单位为瓦(W)。

3.7

声功率级 sound power level

L_W

给出的声功率与基准声功率($W_0=1\times10^{-12}$ W)之比的以 10 为底的对数乘以 10。单位为分贝(dB)。

$$L_W = 10\lg\frac{W}{W_0} \qquad (3)$$

3.8

基准发射面 principal radiating surface

围绕试品的假想表面，认为声音是从该表面发出的。

3.9

规定轮廓线 prescribed contour

与基准发射面相距某一规定水平距离(即测量距离)的水平线，各测量点位于此线上。

3.10

测量距离 measurement distance

X

基准发射面与测量表面之间的水平距离。

3.11

测量表面 measurement surface

包络声源的假想表面，各测量点位于此表面上。

3.12

背景噪声 background noise

试品不运行时的A计权声压级。

4 测量仪器和校准

进行声压测量时，应使用符合GB/T 3785的1型声级计，并按GB/T 3768进行校准。

进行声强测量时，应使用符合IEC 61043的1类声强仪，并按GB/T 16404进行校准。测量设备的频率范围应与试品的频谱相适应，即应选择合适的传声器间距系统，以使系统的误差最小。

应在测量即将开始前和测量刚结束后对测量设备进行校准。如果校准变化超过0.3 dB，则本次测量结果无效，应重新进行测量。

5 试验方法选择

声压测量和声强测量均可用来确定声功率级数值。两种方法均有效，至于选择哪种方法，则应在订货时由制造单位与用户协商确定。

本部分所述的声压测量方法符合GB/T 3768。按本部分进行的测量能使不同试验室测出值之间的复验性标准偏差小于或等于3 dB。

本部分所述的声强测量方法符合GB/T 16404。按本部分进行的测量能使不同试验室测出值之间的复验性标准偏差小于或等于3 dB。

6 负载条件

6.1 概述

负载条件应由制造单位和用户在订货时协商确定。若一台变压器的空载声级很低，则运行时负载电流所产生的噪声可能影响变压器的总声级。有关空载声级和负载电流声级的合成计算方法见第14章。

由于电抗器所吸取的电流取决于所施加的电压，故电抗器不能在空载状态下进行试验。如果工厂的电源容量足以供电抗器进行全电压励磁，则对于电抗器，可以采用与变压器相同的测试方法。此外，若条件合适，这些测试方法也可用于现场测量。

除另有规定外，试验应在分接开关(如果有)处于主分接时进行。然而，在主分接下运行时，也有可能不会产生最大的声级。此外，变压器在运行时，由于空载磁通和漏磁通的叠加，能使铁心中某些部分的磁通密度发生变化。因此，对于特殊使用条件(特别是变磁通调压)下的变压器，经协商，可以在非主分接下，或者对于不带分接的绕组在电压不等于额定电压下进行声级测量。这一点应在试验报告中明确地表示出。

6.2 空载电流和额定电压

对于带或不带冷却设备的试品，在进行测量时，均应在空载状态下以额定频率的正弦波或实际正弦波的额定电压对试品进行励磁。此电压应与GB 1094.1的规定一致。如果变压器安装了电抗式有载分接开关，且电抗器在某些分接位置处于持续励磁状态，则变压器的声级测量应是在其分接位置符合这一情况、且尽可能在接近主分接的分接位置下进行。励磁电压应与所使用的分接相对应。这一点应在试验报告中明确地表示出。

注：当有直流偏磁电流时，测得的声级值可能明显地加大。这可以用声谱中电源频率出现了奇次谐波来确认。制造单位和用户均应考虑直流偏磁电流的存在会使声级加大这一事实。

6.3 额定电流和短路电压

为了判断负载电流下的声级测量是否必要，可先通过式(4)粗略地估算负载电流声功率级：

$$L_{WA,IN} \approx 39 + 18\lg\frac{S_r}{S_p} \qquad (4)$$

式中：

$L_{WA,IN}$——变压器在额定电流、额定频率及短路阻抗下的A计权声功率级；

S_r——额定容量，MVA；

S_p——基准容量，1 MVA。

对于自耦变压器和三绕组变压器，用一对绕组的额定容量 S_t 代替 S_r。

若 $L_{WA,IN}$ 值比保证的声功率级低 8 dB 或低得更多时，则负载电流声级测量不必进行。

当需要进行负载电流声级测量时，应将一个绕组短路，而对另一个绕组施加符合 GB 1094.1 规定的额定频率的正弦波电压。所加电压应均匀上升，直到短路绕组中所通过的电流达到额定值为止。

6.4 降低的负载电流

如果只能在降低的电流下进行声级测量时，则在额定电流下的声功率级应按式(5)计算：

$$L_{WA,IN} = L_{WA,IT} + 40\lg\frac{I_N}{I_T} \qquad (5)$$

式中：

$L_{WA,IN}$——额定电流下的A计权声功率级；

$L_{WA,IT}$——降低电流下的A计权声功率级；

I_N——额定电流；

I_T——降低电流。

该公式只在降低的电流为额定电流的70%及以上时适用。

7 基准发射面

7.1 概述

基准发射面的定义与所采用的冷却设备的型式及其与变压器的相对位置有关。在本部分中，"冷却设备"是指风冷却设备、强迫油循环风冷却设备和强迫油循环水冷却设备，而自然油循环空气自冷式散热器不包括在内。

7.2 带或不带冷却设备的变压器、带保护外壳的干式变压器及保护外壳内装有冷却设备的干式变压器

基准发射面是指由一条围绕变压器的弦线轮廓线，从箱盖顶部(不包括高于箱盖的套管、升高座及其他附件)垂直移动到箱底所形成的表面。基准发射面应将距变压器油箱距离小于 3 m 的冷却设备、箱壁加强铁及诸如电缆盒和分接开关等辅助设备包括在内。而距变压器油箱的距离为 3 m 及以上的冷却设备，则不包括在内。其他部件：如套管、油管路和储油柜、油箱或冷却设备的底座、阀门、控制柜及其他次要附件也不包括在内(见图1、图2和图3)。

7.3 距变压器基准发射面距离为 3 m 及以上处分体式安装的冷却设备

基准发射面是指由一条围绕设备的弦线轮廓线，从冷却设备顶部垂直移动到其有效部分底面所形成的表面，但基准发射面不包括储油柜、框架、管路、阀门及其他次要附件(见图4)。

7.4 无保护外壳的干式变压器

基准发射面是指由一条围绕干式变压器的弦线轮廓线，从变压器顶部垂直移动到其有效部分底面所形成的表面，但基准发射面不包括框架、外部连线和接线装置以及不影响声发射的附件(见图5)。

8 规定轮廓线

在风冷却设备(如果有)停止运行条件下进行声级测量时，规定的轮廓线应距基准发射面0.3 m，但对无保护外壳的干式变压器，由于安全的原因，该距离应选为1 m。

在风冷却设备投入运行条件下进行声级测量时，规定的轮廓线应距基准发射面2 m。

对于油箱高度小于2.5 m的变压器，规定轮廓线应位于油箱高度1/2处的水平面上。对于油箱高度为2.5 m及以上的变压器，应有两个轮廓线，分别位于油箱高度1/3处和2/3处的水平面上，但若由于安全的原因，则选择位于油箱高度更低处的轮廓线。

在仅有冷却设备工作条件下进行声级测量时，若冷却设备总高度(不包括储油柜、管路等)小于4 m，则规定轮廓线应位于冷却设备总高度1/2处的水平面上。若冷却设备总高度(不包括储油柜、管路等)为4 m及以上，应有两个轮廓线，分别位于冷却设备总高度1/3处和2/3处的水平面上，但若由于安全的原因，则选择位于冷却设备总高度更低处的轮廓线。

注：由于安全上的原因，对某些试品，可能有必要改变测量位置，如：当变压器装有水平放置的高压套管时，规定轮廓线可能要被限制在安全区域内。

9 传声器位置

传声器应位于规定轮廓线上，彼此间距大致相等，且间隔不得大于1 m(见图1～图5的尺寸D)。至少应设有6个传声器位置(以下为方便起见，简称“测点”)。

可以使用带有求平均值器件的存储式测量设备。传声器应在围绕试品的规定轮廓线上做近似于均匀速度的移动，读数取样的数量应不少于上面所规定的测点数。试验报告中仅需列出能量平均值的数据。

10 测量表面面积的计算

10.1 距基准发射面0.3 m处的测量

以平方米(m^2)表示的测量表面面积S，按式(6)为：

$$S = 1.25\ hl_m \qquad (6)$$

式中：

h——高度，m。对于油浸式变压器或带保护外壳的干式变压器，指油箱或保护外壳的高度(图1、图2或图3)；对于无保护外壳的干式变压器，指铁心及其框架高度(图5)；

l_m——规定轮廓线的周长，m；

1.25——考虑试品上部发射声能的经验系数。

10.2 距基准发射面2 m处的测量

以平方米(m^2)表示的测量表面面积S，按式(7)为：

$$S = (h + 2)l_m \qquad (7)$$

式中：

h——变压器油箱高度(图2或图3)或包括风扇在内的冷却设备高度(图4)，m；

l_m——规定轮廓线的周长，m；

2——测量距离，m。

10.3 距基准发射面1 m处的测量

以平方米(m^2)表示的测量表面面积 S,按式(8)为:

$$S = (h + 1)l_m \qquad (8)$$

式中:

h——连同框架在内的铁心高度(图 5),m;

l_m——规定轮廓线的周长,m;

1——测量距离,m。

10.4 考虑安全距离而要求整个轮廓线或其中一部分距基准发射面的测量距离超过 10.1 至 10.3 规定的试品上的测量

以平方米(m^2)表示的测量表面面积 S,按式(9)为:

$$S = \frac{3}{4\pi} l_m^2 \qquad (9)$$

式中:

l_m——按安全距离考虑的规定轮廓线的周长,m。

11 声压法

11.1 试验环境

11.1.1 概述

试验环境应是一个在一反射面之上的近似的自由场。理想的试验环境应是使测量表面位于一个基本不受邻近物体或该环境边界反射干扰的声场内。因此,反射物体(支撑面除外)应尽可能远离试品。

不允许在变压器油箱内或保护外壳内进行声级测量。

户内测量应满足 11.1.2 的要求。户外测量应满足 11.1.3 的要求。

11.1.2 户内测量条件

11.1.2.1 反射面

反射面通常是指室内的地面,此地面应比测量表面在其上的投影大。

注:应采取保护措施,以确保试品的支撑表面不会因振动而发射出可感受到的声能。

在相关的声频范围内,吸声系数应尽量小于 0.1。当在混凝土、树脂、钢或硬砖地面上进行户内测量时,该要求通常能得到满足。

11.1.2.2 环境修正值 K 的计算

环境修正值 K 考虑了不希望出现的试验室边界或邻近试品的反射物体所产生的声反射的影响。K 主要取决于试验室吸声面积 A 对测量表面积 S 的比值。K 的计算值与试品在试验室的位置无明显关系。

K 可用式(10)计算,或根据图 6 曲线按横坐标上相应的 A/S 值查得。

$$K = 10\lg\left(1 + \frac{4}{A/S}\right) \qquad (10)$$

式中:S 可由相应的公式[式(6)、(7)、(8)或式(9)]算出。以平方米(m^2)表示的 A 值可由式(11)求出:

$$A = \alpha S_V \qquad (11)$$

式中:

α——平均吸声系数(见表 1);

S_V——试验室(墙壁、天棚和地面)的总表面积,m^2。

表 1 平均吸声系数近似值

房间状况	平均吸声系数 α
具有由混凝土、砖、灰泥或瓷砖构成的平滑硬墙且近似于全空的房间	0.05
具有平滑墙壁的局部空着的房间	0.1
有家具的房间、矩形机器房、矩形工业厂房	0.15
形状不规则的有家具的房间、形状不规则的机器房或工业厂房	0.2
具有软式家具的房间、天棚或墙壁上铺设少量吸声材料(如部分吸声的天棚)的机器房或工业厂房	0.25
天棚和墙壁铺设吸声材料的房间	0.35
天棚和墙壁铺设大量吸声材料的房间	0.5

如果需要吸声面积 A 的测量值,可通过测量试验室的混响时间来求得。测量时,可用宽频带声或脉冲声来激发,用具有 A 计权的接收系统来接收。以平方米(m^2)表示的 A 值由式(12)求得:

$$A = 0.16(V/T) \qquad (12)$$

式中:

V——试验室体积,m^3;

T——试验室的混响时间,s。

若 $A/S \geqslant 1$,则试验室符合要求。此时,将给出环境修正值 $K \leqslant 7$ dB。

若试验室很大或作业空间未完全被封闭,则 K 值接近于 0 dB。

11.1.2.3 环境修正值 K 的另一种计算方法

K 值可通过标准声源的确定视在声功率级来计算。此标准声源在位于反射面上的自由场中的声功率级事先已进行了校正。此时有:

$$K = L_{Wm} - L_{Wr} \qquad (13)$$

式中:

L_{Wm}——标准声源的声功率级,它是按 GB/T 3768 规定测定的,不做环境校正,即最初假定 $K=0$;

L_{Wr}——标准声源的视在声功率级。

11.1.3 户外测量条件

11.1.3.1 反射面

反射面应是原始土地面,或是用混凝土或沥青浇注的人工地面,其面积应比测量表面在其上的投影大。

在相关的频率范围内,吸声系数应尽量小于 0.1。当在混凝土、沥青、沙子或石头地面上进行户外测量时,该要求通常能得到满足。

11.1.3.2 环境修正值 K

对于声场明显不受邻近物体和环境边界反射影响的户外测量,K 值近似等于 0。如果声场受反射影响,则 K 值应按 11.1.2.3 或用声强法来确定。

11.1.3.3 户外测量注意事项

应避免在恶劣的气象条件(如:温度有变化、风速有变化、出现凝露或高湿度)下进行声级测量。

11.2 声压级测量

测量应在背景噪声值近似恒定时进行。

在即将对试品进行声级测量前,应先测出背景噪声的 A 计权声压级。测量背景噪声时,传声器所处的高度应与测量试品噪声时其所处的高度相同;背景噪声的测量点应在规定的轮廓线上。

注 1:当测量点总数超过 10 个时,允许只在试品周围呈均匀分布的 10 个测量点上测量背景噪声。

注 2：如果背景噪声的声级明显低于试品和背景噪声的合成声级(即差值大于 10 dB)，则可仅在一个测量点上进行背景噪声测量，且不需对所测出的试品的声级进行修正。

应按制造单位与用户之间的协议对试品进行供电。所允许的供电组合如下：

a) 变压器供电，冷却设备及油泵不运行；

b) 变压器供电，冷却设备及油泵投入运行；

c) 变压器供电，冷却设备不运行，油泵投入运行；

d) 变压器不供电，冷却设备及油泵投入运行。

对于每一测点上的 A 计权声压级需予以记录。应使用仪器的快速响应指示，以便确认和避免由于暂态背景噪声而引起的测量误差。

注 3：当试品供电时，最好是经过一段时间，待试品达到稳定的运行状态后，再进行声级测量。如果有剩余直流存在可能在几分钟，特殊情况下，甚至可能在几小时内，会使声级测量结果受到影响。此剩余直流的存在，可通过声谱中是否存在奇次谐波来表明。一旦试品达到稳定运行状态，建议尽可能缩短测量时间，以避免因变压器温度变化而导致声级变化。

测量完毕且在切除试品电源后，应立即重复测量背景噪声。

11.3 平均声压级计算

未修正的平均 A 计权声压级$\overline{L_{pA0}}$，应由在试品供电时于各测点上测得的 A 计权声压级 L_{pAi}按式(14)计算：

$$\overline{L_{pA0}} = 10\lg\left(\frac{1}{N}\sum_{i=1}^{N}10^{0.1L_{pAi}}\right) \qquad \cdots\cdots(14)$$

式中：

N——测点总数。

注 1：当各 L_{pAi}值间的差别不大于 5 dB 时，可用简单的算术平均值来计算。此平均值与按式(14)计算出的值之差不大于 0.7 dB。

背景噪声的平均 A 计权声压级$\overline{L_{bgA}}$，应根据试验前、后的各测量值分别按式(15)计算：

$$\overline{L_{bgA}} = 10\lg\left(\frac{1}{M}\sum_{i=1}^{M}10^{0.1L_{bgAi}}\right) \qquad \cdots\cdots(15)$$

式中：

M——测点总数；

L_{bgAi}——各测点上测得的背景噪声 A 计权声压级。

如果试验前、后背景的平均声压级之差大于 3 dB，且较高者与未修正的平均 A 计权声压级之差小于 8 dB，则本次测量无效，应重新进行试验。但是，当未修正的平均 A 计权声压级小于保证值时除外。此时，应认为试品符合声级保证值的要求。这种情况应在试验报告中予以记录。

如果这两个背景噪声平均 A 计权声压级中的较高者，与未修正的平均 A 计权声压级之差小于 3 dB，则本次测量无效，应重新进行试验。但是，当未修正的平均 A 计权声压级小于保证值时除外。此时，应认为试品符合声级保证值的要求。这种情况应在试验报告中予以记录。

注 2：虽然标准允许试品与背景的合成声级同背景声级之间有小的差值，但仍需尽力使其差值不小于 6 dB。

注 3：当背景声级与合成声级之差小于 3 dB 时，应考虑用其他的测量方法进行测量(见第 12 章及附录 A)。

上述要求概括于表 2 中。

修正的平均 A 计权声压级$\overline{L_{pA}}$应按式(16)计算：

$$\overline{L_{pA}} = 10\lg(10^{0.1\overline{L_{pA0}}} - 10^{0.1\overline{L_{bgA}}}) - K \qquad \cdots\cdots(16)$$

式中：

$\overline{L_{bgA}}$——两个计算出的背景噪声平均 A 计权声压级中的较小者。

在本部分中，环境修正值 K 的最大允许值为 7 dB(见 11.1.2.2)。

注 4：在电源的谐波频率下，变压器产生纯音调。因此可能会出现驻波影响声压级测量的情况。此时，采用简单的修正系数尚不完善，因此，只要可能，应在不必对环境影响做修正的场所进行测量。

表 2 试验接受准则

$\overline{L_{pA0}}$与较高的$\overline{L_{bgA}}$之差	试验前的$\overline{L_{bgA}}$与试验后的$\overline{L_{bgA}}$之差	结论
≥8 dB	—	接受
<8 dB	<3 dB	接受
<8 dB	>3 dB	重新试验(见注)
<3 dB	—	重新试验(见注)
注：如果$\overline{L_{pA0}}$小于保证值，则应认为试品符合声级保证值的要求。这种情况应在试验报告中予以记录。		

12 声强法

12.1 试验环境

试验环境应是一个在一反射面之上的近似的自由场。理想的试验环境应是使测量表面位于一个基本不受邻近物体或该环境边界反射干扰的声场内。因此，反射物体(支撑面除外)应尽可能远离试品。但是，使用声强法，允许在距试品规定轮廓线至少为 1.2 m 处有两面反射墙壁，此时仍能进行准确测量。如果有三面反射墙壁，它们距试品规定轮廓线的距离至少为 1.8 m。

不允许在变压器油箱内或保护外壳内进行测量。

注：在有反射面(支撑面除外)的情况下，可用吸声板来改善试验环境。

12.2 声强级测量

测量应在背景噪声值近似恒定时进行。

应按制造单位与用户之间的协议对试品进行供电。所允许的供电组合如下：

a) 变压器供电，冷却设备及油泵不运行；

b) 变压器供电，冷却设备及油泵投入运行；

c) 变压器供电，冷却设备不运行，油泵投入运行；

d) 变压器不供电，冷却设备及油泵投入运行。

对于每个测点上的 A 计权法向声强级和 A 计权声压级应予以记录。选择传声器的间距系统时，应考虑包含被测声的频谱，以免因下限频率或上限频率未计入在内而产生误差。应使用仪器的快速响应指示，以便确认和避免由于暂态背景噪声而引起的测量误差。

注 1：实际上，上述四种不同的供电组合采用了不同的传声器间距系统。

注 2：当试品供电时，最好是经过一段时间，待试品达到稳定的运行状态后，再进行声级测量。如果有剩余直流电存在，可能在几分钟，特殊情况下，甚至可能在几小时内，会使声级测量结果受到影响。此剩余直流电的存在，可通过声谱中是否存在奇次谐波来判断。一旦试品达到稳定运行状态，建议尽可能缩短测量时间，以避免因变压器温度变化而导致声级变化。

12.3 平均声强级计算

平均 A 计权声强级$\overline{L_{IA}}$，应由在试品供电时于各测点上测得的 A 计权法向声强级 L_{IAi} 按式(17)计算：

$$\overline{L_{IA}} = 10\lg\left(\frac{1}{N}\sum_{i=1}^{N} sign(L_{IAi})10^{0.1|L_{IAi}|}\right) \qquad (17)$$

未修正的平均 A 计权声压级$\overline{L_{pA0}}$，应由测得的 A 计权声压级按式(14)计算。

判定试验环境和背景噪声是否可以接受的准则 ΔL 按式(18)计算：

$$\Delta L = \overline{L_{pA0}} - \overline{L_{IA}} \qquad (18)$$

为了保持标准偏差不超过 3 dB，ΔL 的最大允许值应为 8 dB(A)。

注：如果 ΔL 超过 8 dB(A)，应考虑用其他测量方法。见附录 A。

13 声功率级计算

试品的 A 计权声功率级 L_{WA}，应由修正的平均 A 计权声压级$\overline{L_{pA}}$或由平均 A 计权声强级$\overline{L_{IA}}$，分别按式(19)或(20)计算：

$$L_{WA} = \overline{L_{pA}} + 10\lg\frac{S}{S_0} \qquad \cdots\cdots(19)$$

$$L_{WA} = \overline{L_{IA}} + 10\lg\frac{S}{S_0} \qquad \cdots\cdots(20)$$

式中：

S——由公式(6)、(7)、(8)或(9)求得；

S_0——基准参考面积(1 m^2)。

对于冷却设备直接安装在油箱上的变压器，其冷却设备的声功率级 L_{WA0} 按式(21)计算：

$$L_{WA0} = 10\lg(10^{0.1L_{WA1}} - 10^{0.1L_{WA2}}) \qquad \cdots\cdots(21)$$

式中：

L_{WA1}——变压器和冷却设备的声功率级；

L_{WA2}——变压器的声功率级。

注：如果已知冷却设备中各风扇和油泵的声功率级，则冷却设备的总声功率级可根据能量关系，通过将各声功率级相加的办法求得。采用这种确定冷却设备声功率级的方法，需经制造单位和用户协商同意。

对于冷却设备为独立安装的变压器，变压器和冷却设备的声功率级 L_{WA1} 按式(22)计算：

$$L_{WA1} - 10\lg(10^{0.1L_{WA0}} + 10^{0.1L_{WA2}}) \qquad \cdots\cdots(22)$$

式中：

L_{WA2}——变压器的声功率级；

L_{WA0}——冷却设备的声功率级。

14 空载声功率级和负载电流声功率级相加

对于在额定电压和额定电流下运行的变压器，其 A 计权声功率级可由 A 计权空载声功率级和 A 计权额定电流声功率级按式(23)计算：

$$L_{WA,SN} = 10\lg(10^{0.1L_{WA,UN}} + 10^{0.1L_{WA,IN}}) \qquad \cdots\cdots(23)$$

式中：

$L_{WA,SN}$——变压器在正弦波额定电压、正弦波额定电流及额定频率下的 A 计权声功率级(负载声级)；

$L_{WA,UN}$——变压器在正弦波额定电压、额定频率及空载电流下的 A 计权声功率级(空载声级，见 6.2)；

$L_{WA,IN}$——变压器在额定电流下的 A 计权声功率级(见 6.3 或 6.4)。

如果需要，应考虑将冷却设备的噪声也包括在 $L_{WA,UN}$或 $L_{WA,IN}$内。

注：严格地说，上式只适用于各个独立的声源。由于空载噪声和负载电流噪声之间的相互影响，运行中的实际声功率级 $L_{WA,SN}$要比用上式计算出的值小。但是，这种差异是在测量的不确定性范围内。

15 远场计算

作为一种近似的计算，可假设在一个反射面上的声场为自由场条件，则距试品几何中心为 R(m)处的 A 计权声压级 L_{pAR}用式(24)计算：

$$L_{pAR} = L_{WA} - 10\lg\frac{S_h}{S_0} \qquad \cdots\cdots(24)$$

式中：

$S_h=2\pi R^2$——半径为 R 的半个球面的表面积，且 R 大于 30 m；

L_{WA}——A 计权声功率级。

要想得到更准确的计算，应考虑诸如大气吸收、反射及屏蔽等其他因素。

16 试验结果的表达

试验报告应包括下列信息：

a) 制造单位名称及制造地点；

b) 试验日期；

c) 有关试品的出厂序列号、额定容量、额定电流、额定电压、额定频率、电压比及联结组的说明；

d) 声级的保证值及给出该保证值所依据的运行条件和测量条件；

e) 所依据的测量标准；

f) 所用的声功率级测定方法（合适的方法）；

g) 噪声测量设备及设备的特性及校验（包括仪器、传声器及校准声源的出厂序号）；

h) 表示试品相对于测量区域内其他物体和各测量点的相互位置尺寸图；

i) 试验条件，包括电压、电流（如果需要）、频率、分接位置及测量距离；

j) 规定轮廓线长度、试品高度及有效表面面积计算值；

k) 参与试验工作的人员名单；

l) 试验负责人的签名。

当采用声压法时，还应包括下列信息：

m) 各背景噪声测量点上的 A 计权背景噪声声压级；

n) 声级测试前、后的各自平均 A 计权背景噪声声压级；

o) 在下列试验条件（按制造单位及用户间的协议）下的各测量点上的 A 计权声压级：

1) 变压器供电，冷却设备及油泵不运行；

2) 变压器供电，冷却设备及油泵投入运行；

3) 变压器供电，冷却设备不运行，油泵投入运行；

4) 变压器不供电，冷却设备及油泵投入运行。

p) 环境修正值 K；

q) 每组试验条件下的未修正的平均 A 计权声压级 $\overline{L_{pA0}}$；

r) 每组试验条件下的已修正的平均 A 计权声压级 $\overline{L_{pA}}$，修约到最接近的整数；

s) 每组试验条件下的 A 计权声功率级 L_{WA}，修约到最接近的整数。

当采用声强法时，还应包括下列信息：

t) 在下列试验条件（按制造单位及用户间的协议）下的各测量点上的 A 计权声强级：

1) 变压器供电，冷却设备及油泵不运行；

2) 变压器供电，冷却设备及油泵投入运行；

3) 变压器供电，冷却设备不运行，油泵投入运行；

4) 变压器不供电，冷却设备及油泵投入运行。

u) 每组试验条件下每个测量点上的 A 计权声压级；

v) 每组试验条件下的未修正的平均 A 计权声压级 $\overline{L_{pA0}}$；

w) 每组试验条件下的平均 A 计权声强级 $\overline{L_{IA}}$，修约到最接近的整数；

x) 每组试验条件下的 ΔL 值；

y) 每组试验条件下的 A 计权声功率级 L_{WA}，修约到最接近的整数。

注：试验结果表达的典型格式见附录 B。

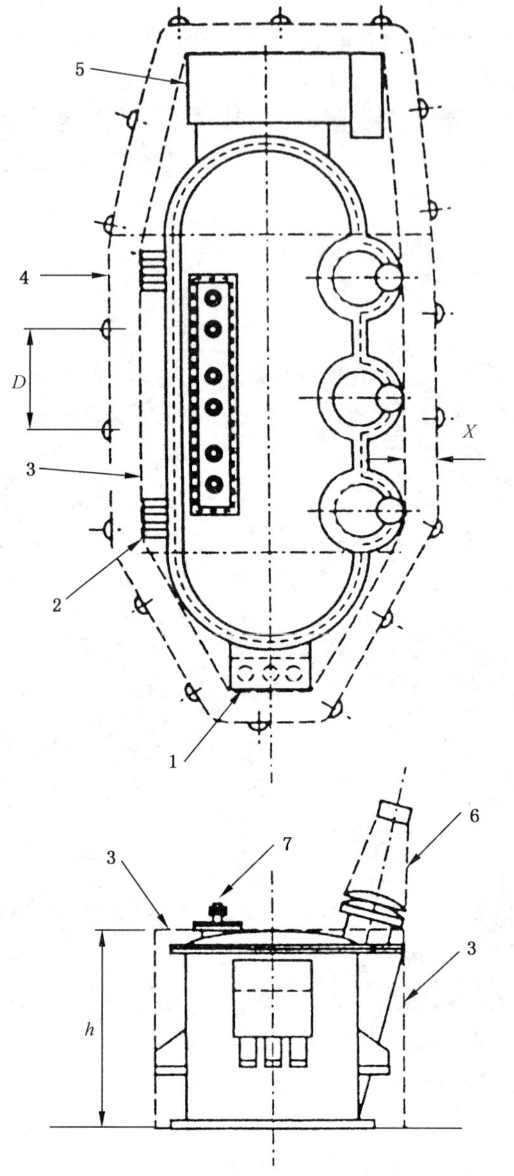

说明：

1——第三(绕组)套管；
2——加强铁与千斤顶支架；
3——基准发射面；
4——规定轮廓线；
5——有载分接开关；
6——高压套管；
7——低压套管；
D——传声器间距；
h——油箱高度；
X——测量距离。

图 1　不带冷却设备的变压器声级测量时传声器的典型位置

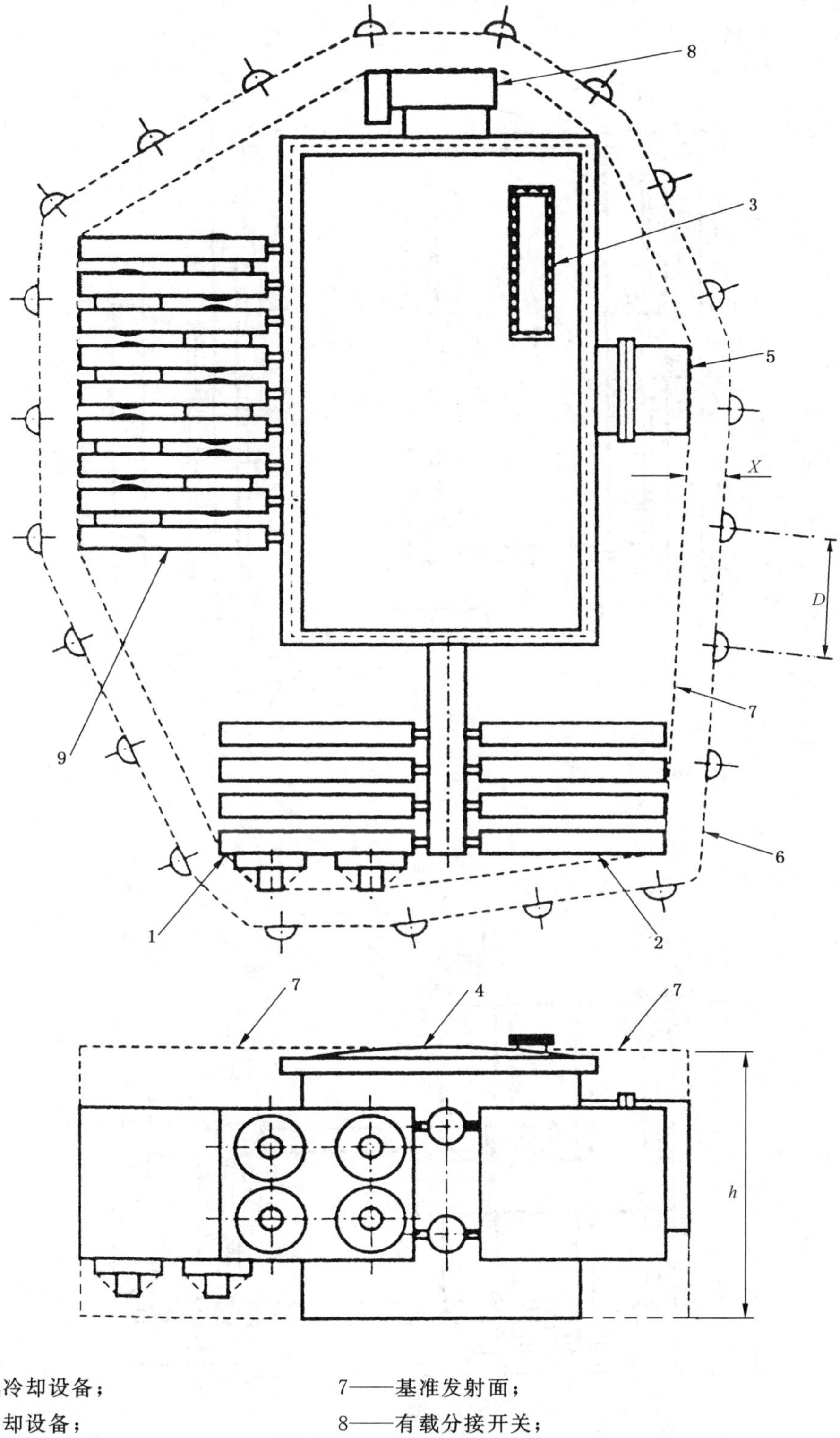

说明：

1——水平风冷却设备；
2——自然冷却设备；
3——升高座；
4——油箱；
5——电缆盒；
6——规定轮廓线；
7——基准发射面；
8——有载分接开关；
9——垂直风冷却设备；
D——传声器间距；
h——油箱高度；
X——测量距离。

图 2　冷却设备直接安装在油箱上或冷却设备距主油箱基准发射面距离小于 3 m 处分体式安装的变压器声级测量时传声器的典型位置

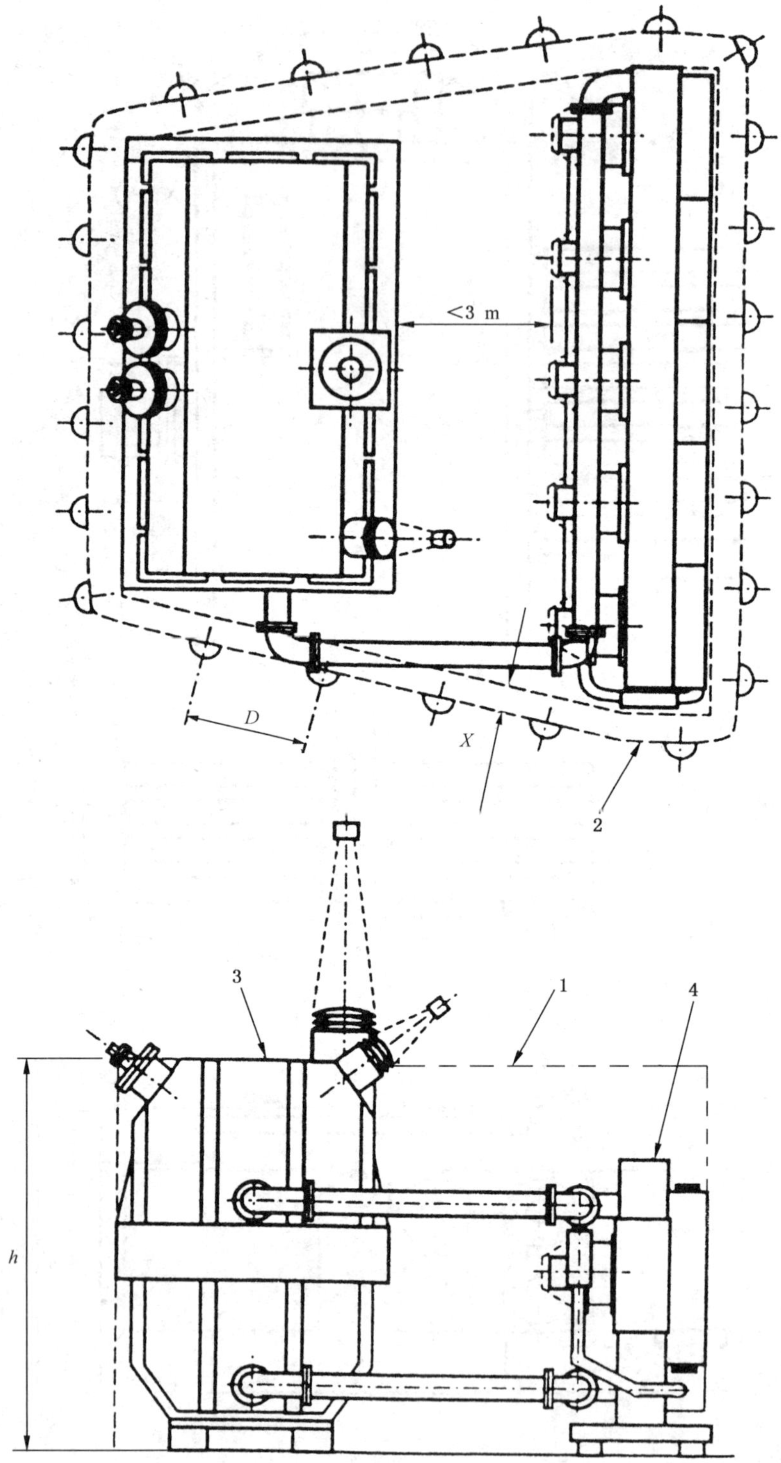

说明：

1——基准发射面；　　D——传声器间距；

2——规定轮廓线；　　h——油箱高度；

3——变压器油箱；　　X——测量距离。

4——风冷却设备；

图 3　风冷却设备独立安装在距主油箱基准发射面距离小于 3 m 处的变压器声级测量时传声器的典型位置

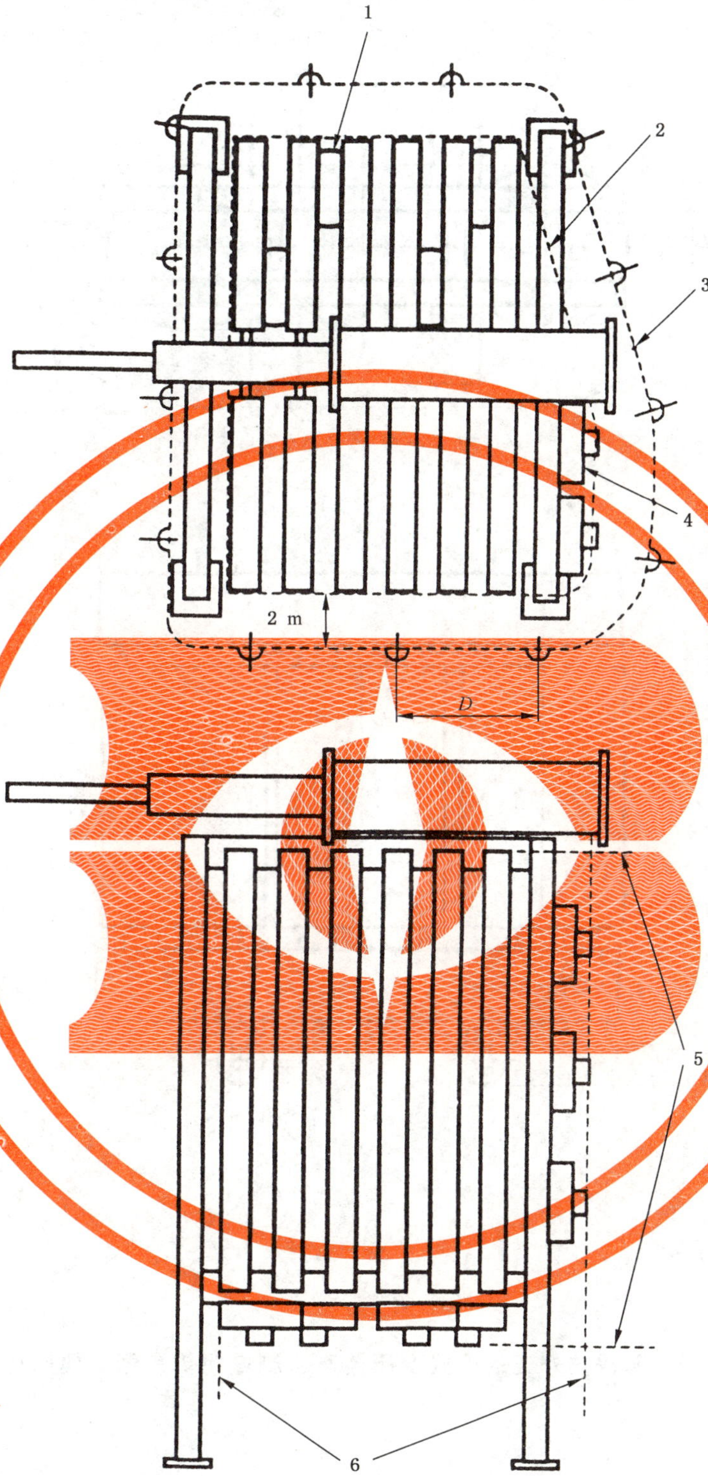

说明：

1——垂直风冷却设备；
2——基准发射面；
3——规定轮廓线；
4——水平风冷却设备；
5——基准发射面的水平边界线；
6——基准发射面的垂直边界线；
D——传声器间距。

图4 距变压器基准发射面距离为3 m及以上处分体式安装的冷却设备声级测量时传声器的典型位置

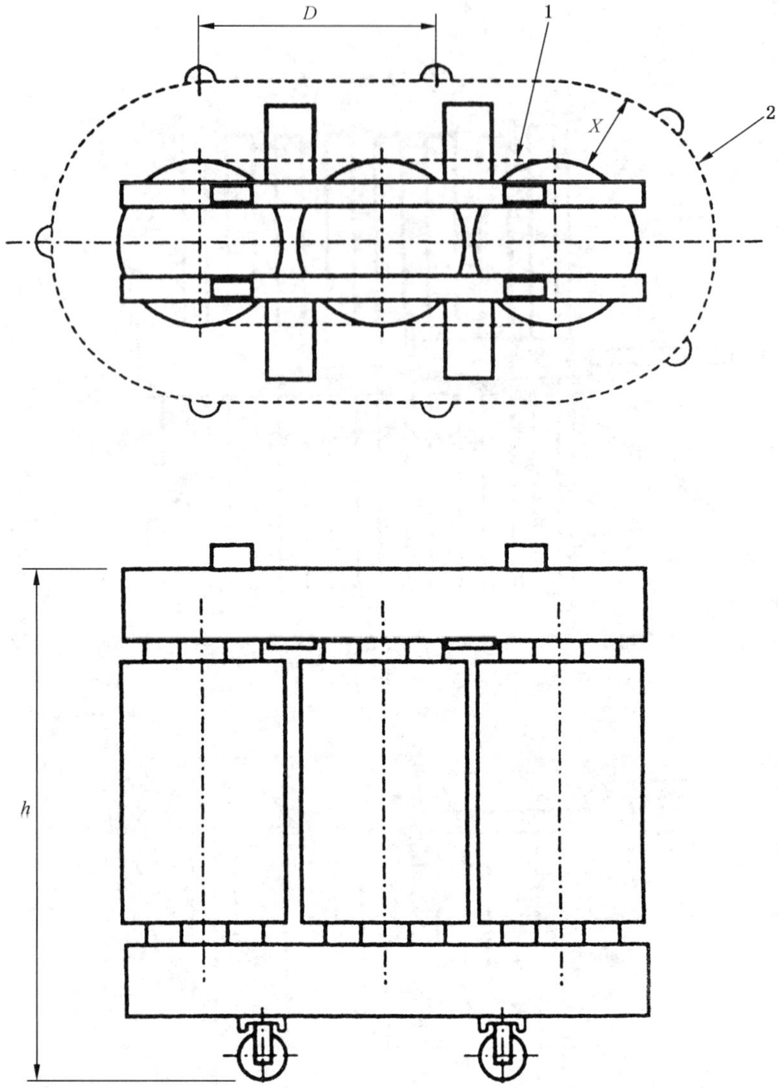

说明：

1——基准发射面；

2——规定轮廓线；

h——带框架的铁心高度；

D ——传声器间距；

X——测量距离。

图 5　无保护外壳的干式变压器声级测量时传声器的典型位置

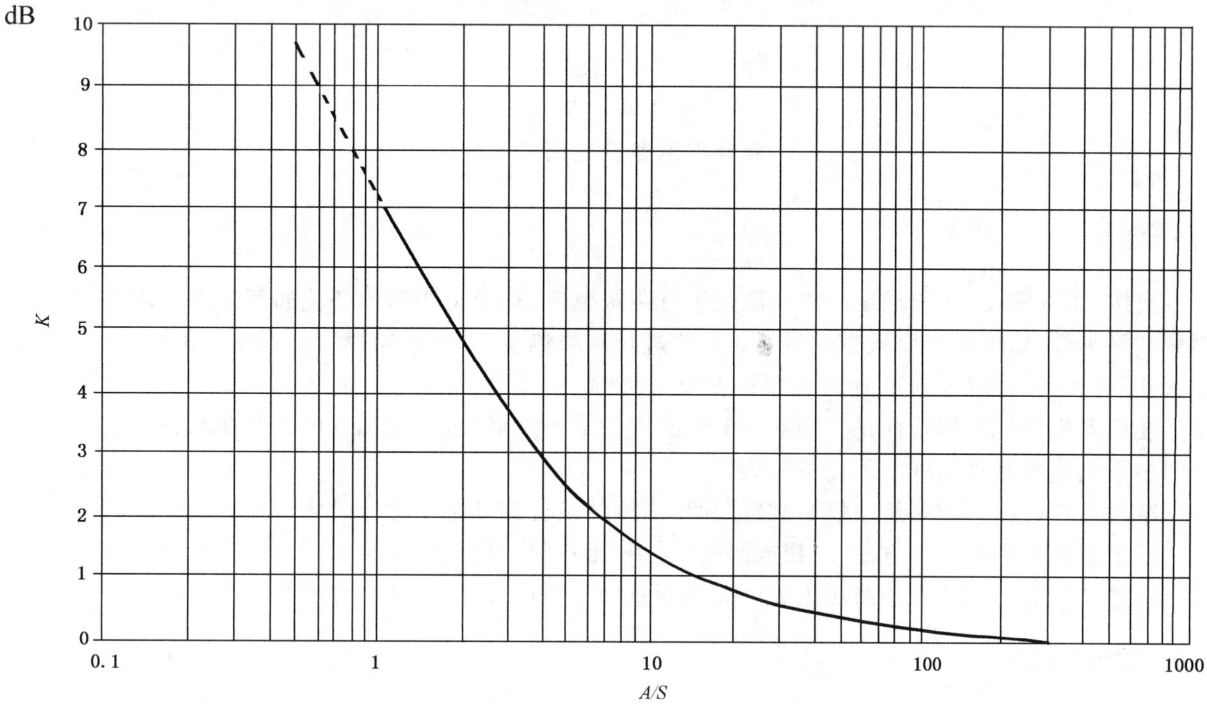

$$K=10\lg\left(1+\frac{4}{A/S}\right)$$

图 6 环境修正值 *K*

附 录 A
（资料性附录）
窄频带测量及时间同步测量

A.1 引言

当按 11.3 和 12.3 所规定的判断准则进行声级测定，如果由于试验环境的背景噪声声级过大，致使测量结果无效时，可采用窄频带或时间同步法进行声级测量，以便能滤掉所不需要的讯号。但这些测量方法并不能消除由环境修正值 K 所描述的反射影响。

变压器噪声的音调特征是其频率为电源频率的 2 倍或偶数倍。因此，可以只在相关的频率下，用时间同步平均或窄频带法减小不相关的噪声。

窄频带和时间同步测量法仅在试验期间，当冷却设备和油泵不运行时才有效。

至于选择其中哪一种方法，应根据制造单位和用户间的协议来确定。

上述这些方法均适用于声压级和声强级测量，同时也可用来计算声功率级。

A.2 窄频带测量

分析器带宽 Δf 应按下述选择：1/10 倍频程或更窄些，所选频率的 10%或 5 Hz 或 10 Hz。

注：若选择窄频带测量方法，则当电源频率一直是在允许范围内变化时，实际产生的谐波可能已经落在测量仪器的带宽外。如果由测得的电源频率所产生的谐波频率不在所选择的带宽（Δf）范围内时，则欲接受所得到的测量结果，应经制造厂和用户协商同意，或者选择更宽的带宽。

应按第 11 章或第 12 章的规定进行测量，但原为测量单个 A 计权值，现改为在中心频率等于 2 倍额定频率及其倍数值频率的整个带宽上进行声级测量。每一测点上的 A 计权声压级或声强级可分别用式（A.1）或（A.2）来计算：

$$L_{pAi} = 10\lg\left(\sum_{v=1}^{v_{max}} 10^{0.1L_{pAv}}\right) \qquad \cdots\cdots\cdots\cdots\cdots\cdots\cdots\cdots\cdots（A.1）$$

式中：

L_{pAi}——额定电压及额定频率下的 A 计权声压级；

L_{pAv}——额定电压及额定频率下，在中心频率为 2 fv，且所选带宽为 Δf 时测得的 A 计权声压级；

f——额定频率；

v——额定频率的偶次谐波倍数的顺序号（1、2、3……等），且 v 的最大值（v_{max}）为 10。

$$L_{IAi} = 10\lg\left(\sum_{v=1}^{v_{max}} 10^{0.1L_{IAv}}\right) \qquad \cdots\cdots\cdots\cdots\cdots\cdots\cdots\cdots\cdots（A.2）$$

式中：

L_{IAi}——额定电压及额定频率下的 A 计权声强级；

L_{IAv}——额定电压及额定频率下，在中心频率为 2 fv，且所选带宽为 Δf 时测得的正常 A 计权声强级；

f——额定频率；

v——额定频率的偶次谐波倍数的顺序号（1、2、3……等），且 v 的最大值（v_{max}）为 10。

A.3 时间同步测量

时间同步平均是指噪声讯号数字化时间记录的平均，其起点是通过一个重复的触发讯号来确定。通过使用一个与变压器噪声同步的触发讯号，如网络电压，可消除所有的非同步噪声。

注1：很多工业噪声源可能是同步的，此时，不宜用本方法。

环境噪声衰减 N 与平均次数 n（包括在测量内）有关。信噪比改善的分贝值 S/N 等于：

$$S/N = 10\lg n \qquad \text{(A.3)}$$

此原理可用于声压测量和声强测量。对于声强测量，用时间同步平均所得到的结果，对于 ΔL 值一直到 $S/N+8$ dB(A)时止都是有效的。

注2：当使用时间同步测量时，必须使传声器相对于变压器的位置保持固定不变。此时，欲按第9章所述，沿规定轮廓线不断移动传声器是不可能的。

附 录 B
（资料性附录）
声级测定报告的典型格式

合同号____________________现场____________________

制造单位____________________制造地点____________________

测量日期____________________

变压器详述

出厂序号____________________额定容量____________________ kVA/MVA

分接范围____________________电压比____________________

联结组____________________额定频率____________________ Hz

额定电流____________________ kA __额定电压____________________ kV

保证声级详述

声压级/声功率级____________________ dB(A)_测量距离，X ____________________ m

不带冷却设备的变压器/电抗器

带冷却设备的变压器/电抗器

不带变压器/电抗器的冷却设备

无保护外壳的干式变压器

带保护外壳的干式变压器

保护外壳内装有冷却设备的干式变压器

分接位置

____

测量方法详述

测量标准____

声压/声强____

A 计权/窄频带/时间同步____________________（根据适用情况可删去）

测量仪器详述

制造(单位)____________________仪器型号____________________出厂序号____________________

传声器型号____________________出厂序号____________________

校准说明

____

____

____

____

____

____

____

试品

不带冷却设备的变压器/电抗器
带冷却设备的变压器/电抗器
不带变压器/电抗器的冷却设备
无保护外壳的干式变压器
带保护外壳的干式变压器
保护外壳内装有冷却设备的干式变压器____
试品草图:
包括测量位置、高压套管位置、邻近的声反射面,例如:设备、墙壁及背景噪声测量位置。

传声器离地面的高度:____
试验条件
励磁电压____ kV
频率____ Hz
分接位置____
测量时通过的电流(如合适)____ A
测量距离,X ____ m
轮廓线长度,l_m ____ m
试品高度,h ____ m
测量表面面积,S ____ m^2
$10\ \lg(S/S_0)$ ____

假定采用声压法

背景噪声的A计权声压级					
平面位置	试验开始时	试验终了时	平面位置	试验开始时	试验终了时
1			6		
2			7		
3			8		
4			9		
5			10		
算术/能量平均，$\overline{L_{bgA}}$					

A计权声压级，L_{pAi}								
平面位置	高度1	高度2	平面位置	高度1	高度2	平面位置	高度1	高度2
1			11			21		
2			12			22		
3			13			23		
4			14			24		
5			15			25		
6			16			26		
7			17			27		
8			18			28		
9			19			29		
10			20			30		
算术/能量平均，$\overline{L_{pA0}}$								

$\overline{L_{pA0}}$与最大的$\overline{L_{bgA}}$之差[必须为3 dB(A)及以上] dB(A)

环境修正值K(必须为7 dB及以下) dB

修正的平均A计权声压级，$\overline{L_{pA}}$ dB(A)

计算的A计权声功率级，L_{WA} dB(A)

假定采用声强法

A 计权声强和声压测量									
平面位置	高度 1		高度 2		平面位置	高度 1		高度 2	
	L_{IAi}	L_{pAi}	L_{IAi}	L_{pAi}		L_{IAi}	L_{pAi}	L_{IAi}	L_{pAi}
1					16				
2					17				
3					18				
4					19				
5					20				
6					21				
7					22				
8					23				
9					24				
10					25				
11					26				
12					27				
13					28				
14					29				
15					30				

算术/能量平均，$\overline{L_{pA0}}$ dB(A)

算术/能量平均，$\overline{L_{IA}}$ dB(A)

$\overline{L_{pA0}}$与$\overline{L_{IA}}$之差[必须为 8 dB(A)及以下] dB(A)

计算的 A 计权声功率级，L_{WA} dB(A)

对于声压法和声强法

备注、附加的结果等(包括在非规定测量点的一些测点上测得的明显高的声压级的详述)：

计算的A计权声压级或声功率级$\overline{L_{pA}}$或L_{WA} dB(A)

保证的声压级和声功率级 dB(A)

参与声级测量的人员及其职务

签字：	日期：

ICS 29.180
K 41

中华人民共和国国家标准

GB 1094.11—2007
代替 GB 6450—1986

电力变压器 第11部分:干式变压器

**Power transformers—
Part 11:Dry-type transformers**

(IEC 60076-11:2004,MOD)

自2017年3月23日起,本标准转为推荐性标准,编号改为GB/T 1094.11—2007。

2007-04-30 发布　　2008-04-01 实施

中华人民共和国国家质量监督检验检疫总局
中国国家标准化管理委员会　发布

前　言

本部分的第 1 章、第 2 章、第 3 章、第 6 章、第 33 章和第 34 章为推荐性的，其余为强制性的。

GB 1094《电力变压器》目前包含了下列几部分：

——第 1 部分：总则；

——第 2 部分：温升；

——第 3 部分：绝缘水平、绝缘试验和外绝缘空气间隙；

——第 4 部分：电力变压器和电抗器的雷电冲击和操作冲击试验导则；

——第 5 部分：承受短路的能力；

——第 10 部分：声级测定；

——第 11 部分：干式变压器。

本部分为 GB 1094 的第 11 部分。本部分的前版标准编号为 GB 6450，对应的 IEC 标准编号为 IEC 60726。由于 IEC 有关电力变压器的标准编号现均调整为 IEC 60076 系列，为了与 IEC 的标准编号相协调且使用方便，本次修订也将标准编号按新 IEC 标准系列进行了调整。

本部分修改采用 IEC 60076-11:2004《电力变压器　第 11 部分：干式变压器》(英文版)。

本部分根据 IEC 60076-11:2004 按修改采用的原则重新起草。本部分图的编号与 IEC 60076-11:2004 完全一致，部分章、条、表的编号与 IEC 60076-11:2004 不完全一致，附录 A 中给出了其对照一览表。

考虑到我国国情，在采用 IEC 60076-11:2004 时，本部分对一些技术性内容做了修改，有关其差异已编入正文中并在它们所涉及的条款的页边空白处用垂直单线标识。在附录 B 中给出了这些技术性差异及其原因的一览表以供参考。

为便于使用，本部分还对 IEC 60076-11:2004 做了下列编辑性修改：

a) 删除了 IEC 60076-11:2004 的前言；

b) 用小数点“.”代替作为小数点的逗号“,”；

c) 按 GB/T 1.1—2000《标准化工作导则　第 1 部分：标准的结构和编写规则》的规定，对 IEC 60076-11:2004 中表 1 的编排格式进行了修改。

本部分代替 GB 6450—1986《干式电力变压器》。

本部分与 GB 6450—1986 相比主要变化如下：

——增加了“规范性引用文件”；

——取消了“包封线圈的干式变压器”、“非包封线圈的干式变压器”和“密封型干式变压器”的定义；

——增加了一些“使用条件”，并增加了“运输和贮存条件”；

——对用于特殊使用条件的变压器的温升限值和绝缘水平修正的有关规定进行了修改；

——对标称系统电压为 10kV 级的变压器的额定短时外施耐受电压进行了修改；

——增加了“气候、环境和燃烧性能等级”的技术要求、试验项目和试验方法；

——对“局部放电测量”的有关技术要求和试验方法进行了修改；

——对“温升试验”的有关要求进行了修改；

——增加了“防止直接接触的保护”、“接地端子”及“安装与安全方面的信息”等方面的要求。

本部分的附录 A、附录 B、附录 C 和附录 D 均为资料性附录。

本部分由中国电器工业协会提出。

本部分由全国变压器标准化技术委员会(SAC/TC 44)归口。

本部分起草单位：沈阳变压器研究所、国家变压器质量监督检验中心、武汉高压研究所、顺特电气有限公司、北京变压器厂有限公司、山东省金曼克电气集团公司、云南昆明赛格迈电气有限公司、山东达驰电气股份有限公司、三变科技股份有限公司、保定天威顺达变压器有限公司、特变电工新疆变压器厂、中电电气集团有限公司、佛山市佛盛电气有限公司、番禺骏发电力设备有限公司。

本部分起草人：章忠国、刘燕、石肃、任晓红、牛亚民、张国仲、胡振忠、徐子宏、柳溪、林日磊、贾建刚、许长华、马旭平、陈荣勤、罗剑、赵晓春。

本部分所代替的 GB 6450 于 1986 年首次发布，本次为第一次修订。

根据中华人民共和国国家标准公告(2017 年第 7 号)和强制性标准整合精简结论，本标准自 2017 年 3 月 23 日起，转为推荐性标准，不再强制执行。

电力变压器
第11部分:干式变压器

1 范围

GB 1094的本部分适用于设备最高电压为40.5 kV及以下,且至少有一个绕组是在高于1.1 kV时运行的干式电力变压器(包括自耦变压器)。本部分适用于各种结构、工艺的干式变压器。

本部分不适用于:

——充气干式变压器(当所充气体不是空气时);

——额定容量小于5kVA的单相变压器;

——额定容量小于15kVA的多相变压器;

——互感器;

——起动变压器;

——试验变压器;

——机车牵引变压器;

——隔爆和矿用变压器;

——焊接用变压器;

——调压变压器;

——侧重考虑安全的小型电力变压器。

当上述变压器或其他专用变压器没有相应标准时,本部分可以全部或部分适用。

2 规范性引用文件

下列文件中的条款通过GB 1094的本部分的引用而成为本部分的条款。凡是注日期的引用文件,其随后所有的修改单(不包括勘误的内容)或修订版均不适用于本部分,然而,鼓励根据本部分达成协议的各方研究是否可使用这些文件的最新版本。凡是不注日期的引用文件,其最新版本适用于本部分。

GB 311.1 高压输变电设备的绝缘配合(GB 311.1—1997,neq IEC 60071-1:1993)

GB 1094.1 电力变压器 第1部分:总则(GB 1094.1—1996,eqv IEC 60076-1:1993)

GB 1094.2 电力变压器 第2部分:温升(GB 1094.2—1996,eqv IEC 60076-2:1993)

GB 1094.3 电力变压器 第3部分:绝缘水平、绝缘试验和外绝缘空气间隙(GB 1094.3—2003,IEC 60076-3:2000,MOD)

GB 1094.5 电力变压器 第5部分:承受短路的能力(GB 1094.5—2003,IEC 60076-5:2000,MOD)

GB/T 1094.10 电力变压器 第10部分:声级测定(GB/T 1094.10—2003,IEC 60076-10:2001,MOD)

GB/T 2900.15 电工名词术语 变压器、互感器、调压器和电抗器(GB/T 2900.15—1997,neq IEC 60050-421:1990、IEC 60050-321:1986)

GB 4208 外壳防护等级(IP代码)(GB 4208—1993,eqv IEC 60529:1989)

GB/T 7354 局部放电测量(GB/T 7354—2003,IEC 60270:2000,IDT)

GB/T 11021 电气绝缘的耐热性评定和分级(GB/T 11021—1989,eqv IEC 60085:1984)

GB/T 17211—1998 干式电力变压器负载导则(eqv IEC 60905:1987)

GB/T 17467 高压/低压预装式变电站(GB/T 17467—1998,eqv IEC 61330:1995)

GB/T 18380.3 电缆在火焰条件下的燃烧试验 第3部分:成束电线或电缆的燃烧试验方法(GB/T 18380.3—2001,idt IEC 60332-3:1992)

3 术语和定义

GB/T 2900.15 中确立的以及下列术语和定义适用于本部分。

3.1

干式变压器 dry-type transformer

铁心和绕组均不浸于绝缘液体中的变压器。

3.2

全封闭干式变压器 totally enclosed dry-type transformer

置于无压力的密封外壳内,通过内部空气循环进行冷却的变压器。

3.3

封闭干式变压器 enclosed dry-type transformer

置于通风的外壳内,通过外部空气循环进行冷却的变压器。

3.4

非封闭干式变压器 non-enclosed dry-type transformer

不带防护外壳,通过空气自然循环或强迫空气循环进行冷却的变压器。

4 运行条件

4.1 概述

只要本部分中在某处引用了 GB 1094.1,则 GB 1094.1 中的要求便适用于该处的内容。

4.2 正常使用条件

4.2.1 概述

如无另行规定,下列 4.2.2～4.2.6 中的使用条件均为正常使用条件。当变压器需要在正常条件以外的场合运行时,有关降低其额定值方面的要求按 11.2 和/或 11.3 的规定。

4.2.2 海拔

海拔不超过 1 000 m。

4.2.3 冷却空气温度

最高温度 40℃;

最热月平均温度 30℃;

最高年平均温度 20℃;

最低温度 −25℃(适用于户外式变压器);

最低温度 −5℃(适用于户内式变压器);

上述月平均温度和年平均温度的定义,见 GB 1094.1。

4.2.4 电源电压波形

电源电压波形应近似于正弦波。

注:对于公用供电系统来说,此要求并不苛刻。但当有强大的变流器负载设备时,却应按传统的规则进行考虑:畸变波形中的总谐波含量不大于5%,偶次谐波含量不大于1%。同时,还应考虑谐波电流对负载损耗及温升的影响。

4.2.5 多相电源电压对称

对于三相变压器,其三相电源电压应近似对称。

4.2.6 湿度

周围空气的相对湿度应低于 93%。线圈表面不应出现水滴。

4.3 电磁兼容(EMC)

就发射电磁干扰和抗电磁干扰而言，干式变压器应被看作是无源元件。

4.4 特殊使用条件

用户应在其询价时提出未列于4.2正常使用条件中的任何使用条件。这些条件示例如下：

——环境温度的上限或下限超过了4.2.3中规定的限值；
——通风受到限制；
——海拔超过4.2.2中规定的限值；
——有害性烟雾和蒸气；
——水蒸气；
——湿度超过4.2.6中规定的限值；
——滴水；
——盐雾；
——过量的和有腐蚀性的灰尘；
——负载电流中有较高的谐波含量；
——电源电压波形畸变；
——瞬变过电压峰值超过了12.1和第21章规定的限值；
——修正相关功率因数和限制涌流的电容器投入方式；
——叠加的直流(DC)电流；
——要求在设计中进行特殊考虑的地震条件；
——巨大的机械冲击和振动；
——4.5正常条件中未包括的运输和贮存条件。

变压器在上述这些特殊条件下的运行规范应由供、需双方协商制定。

4.5 运输和贮存条件

所有变压器均应能在环境温度低至－25℃时，适于运输和贮存。

制造单位应被告知变压器在抵达安装现场的运输过程中，预计会受到的冲击、振动和倾斜的最大值。

5 分接

对分接的有关规定，按GB 1094.1。分接范围的优先值如下：

——±5%，每级为2.5%(5个分接位置)；
——±5%(3个分接位置)。

对于无励磁调压变压器，分接的选择应在无励磁状态下，采用连接片或无励磁分接开关来实现。

6 联结组

如用户无其他规定，变压器的联结组别建议为Dyn11或Dyn5，中性点的连接应能承载额定相电流。

7 承受短路的能力

变压器应能满足GB 1094.5的要求。如果用户要求通过试验来验证是否满足，则该试验项目应在订货合同中明确规定。

8 额定值

8.1 概述

制造单位应规定出变压器的各种额定值并应将它们标志在铭牌上，见第9章。这些额定值应能使变压器在一次电压等于额定电压、电源频率为额定频率的稳定负载条件下输出额定电流，且温升不会超过第11章所规定的限值。

8.2 额定容量

应规定变压器每个绕组的额定容量并将其标志在铭牌上。当变压器带外壳供货时，它应具有100%额定容量。额定容量是指在连续负载下的值。它是负载损耗、温升及短路阻抗保证值和测试值的依据。

注：双绕组变压器只有一个额定容量，且两个绕组的额定容量相同。当变压器一次绕组施加额定电压并通过额定电流时，变压器两个绕组吸取了相应的额定容量。

额定容量是与连续负载工况相对应的。然而，符合本部分的干式变压器，可允许在过负载下运行，有关其过负载运行的导则，见GB/T 17211。

8.3 额定容量优先值

从50kVA起的变压器额定容量优先值，应符合GB 1094.1的规定。

8.4 高于额定电压时的运行

在U_m的规定值内，且在电压与频率之比大于额定电压与额定频率之比，但不大于5%的过励磁条件下，变压器应能无故障地运行。

注：本要求并不意味着在正常运行中会经常出现。因为在这种情况下，铁心损耗的增加会产生不利的影响，故要限制这种运行的持续时间。这种情况应该仅限于比较少见的且运行时间有限的负载场合，如急救负载或特高峰值负载。

8.5 风机冷却时的运行

当变压器装有风机进行辅助冷却时，其有、无风机时的标称额定容量应由供、需双方协商确定。

铭牌上应标出无风机冷却时的额定容量和有风机冷却时的最大额定容量。

8.6 置于外壳内的运行

对于变压器在不是由原制造单位提供的外壳内的运行，或者在由原制造单位后来才提供的外壳内的运行，其要求见GB/T 17467和GB/T 17211。

9 铭牌

9.1 固定于变压器上的铭牌

每台变压器均应装有一块铭牌，铭牌的材料应不受气候影响，并应固定在明显可见的位置。铭牌上所标志的内容应永久保持清晰(可采用蚀刻、雕刻、打印或光化学处理等方式)。下述各项内容应标志在铭牌上。

a) 干式变压器；

b) 本部分代号；

c) 制造单位名称；

d) 出厂序号；

e) 制造年月；

f) 每个绕组的绝缘系统温度。第一个字母代表高压绕组，第二个字母代表低压绕组。当有多个绕组时，则字母应按从高压绕组到低压绕组的顺序依次排列；

注1：当各绕组的绝缘系统温度相同时，可只标注一个字母；

注2：当无法用字母标注时，可改用温度(绝缘系统温度的摄氏度)标注。

g) 相数；

h) 每种冷却方式的额定容量；

i) 额定频率；

j) 额定电压，包括各分接电压(如果有)；

k) 每种冷却方式的额定电流；

l) 联结组标号；

m) 在额定电流及相应参考温度下的短路阻抗；

n) 冷却方式；

o) 总质量；

p) 绝缘水平(铭牌上应标出所有绕组的额定耐受电压，其标志的原则见 GB 1094.3)；

q) 防护等级；

r) 环境等级；

s) 气候等级；

t) 燃烧性能等级。

9.2 固定于变压器外壳上的铭牌

每台变压器外壳均应装有一块铭牌，铭牌的材料应不受气候影响，并应固定在明显可见的位置。铭牌上应标出的各项内容见 9.1。所标志的内容应永久保持清晰(可采用蚀刻、雕刻、打印或光化学处理等方式)。

10 冷却方式的标志

10.1 标志代号

变压器应按所采用的冷却方式进行标志。与各种冷却方式相关联的字母代号如表 1 所示。

表 1 字母代号

冷却介质类型及循环种类	字母代号
空气	A
自然循环	N
强迫循环	F

10.2 字母代号的排列

变压器的每一种冷却方式(制造单位所规定的变压器各额定容量是按冷却方式确定的)均应用两个字母代号进行标志，其典型标志如下：

——当变压器被设计成自然空气循环时，其标志代号为 AN；

——当变压器被设计成在采用自然空气循环时达到一定容量，而同时在采用强迫空气循环时可达到更大容量运行时，则其标志代号为 AN/AF。

11 温升限值

11.1 正常温升限值

按正常运行条件设计的变压器，当按第 23 章进行试验时，其每个绕组的温升均不应超过表 2 中所列出的相应限值。

当绕组绝缘系统中某处的温度是最大值时，则称此温度为热点温度。热点温度不应超过 GB/T 17211—1998中规定的绕组热点温度额定值。热点温度虽可测量，但为了实用，可通过 GB/T 17211—1998的 7.2 中给出的 z 和 q 值，用 GB/T 17211—1998 的 4.2.4 中的公式(1)计算其近似值。

作为绝缘材料用的各部件可以分开使用，也可组合使用，只要它们各自的温度不超过表 2 第一栏所给出的相应绝缘系统的温度。

铁心、金属构件及其邻近处材料的温度，不应对变压器任何部分造成损害。

表 2　绕组温升限值

绝缘系统温度(见注 1) ℃	额定电流下的绕组平均温升限值(见注 2) K
105(A)	60
120(E)	75
130(B)	80
155(F)	100
180(H)	125
200	135
220	150
注 1：有关温度等级的字母代号见 GB/T 11021。 注 2：温升测量按第 23 章进行。	

11.2　为较高的冷却空气温度或特殊的空气冷却条件而设计的变压器的温升降低

当变压器是按下列条件设计的，即冷却空气温度超过 4.2.3 所规定的各最大值中的某一个值时，则变压器的温升限值应按超过的数值降低，并应将其修约到最接近的整数值(单位为 K)。

如果现场条件可能会使冷却空气受到某种限制，或使冷却空气温度变高时，用户应予以阐明。

11.3　高海拔处的温升修正

当所设计的变压器是在海拔超过 1 000 m 处运行，而其试验却是在正常海拔处进行时，如果制造单位与用户间无另外协议，则表 2 中所给出的温升限值应根据运行地点的海拔超过1 000 m的部分，以每500 m为一级，按下列数值相应降低：

对于自冷式变压器：2.5%；

对于风冷式变压器：5%。

如果变压器的试验是在海拔高于1 000 m处进行，而安装现场的海拔却低于1 000 m时，则温升限值要作相应的逆修正。

经海拔修正后的温升限值，应修约到最接近的整数值(单位为 K)。

12　绝缘水平

12.1　概述

用于一般公共配电网或工业电网中的变压器，其绝缘水平应符合表 3 的规定。

表 3　绝缘水平

单位为千伏

标称系统电压 (方均根值)	设备最高电压 U_m (方均根值)	额定短时外施耐受电压 (方均根值)	额定雷电冲击耐受电压(峰值)	
			组Ⅰ	组Ⅱ
≤1	≤1.1	3	—	—
3	3.6	10	20	40
6	7.2	20	40	60
10	12	35	60	75
15	17.5	38	75	95
20	24	50	95	125
35	40.5	70	145	170
注：如用户另有要求，绝缘水平也可参照附录 C 的规定选取，但应在订货合同中注明。				

应按变压器遭受雷电过电压和操作过电压的程度、系统中性点的接地方式以及过电压保护装置的类型(如果采用)来选择组Ⅰ或组Ⅱ的耐受电压值，参见 GB 311.1 的规定。

12.2 用于高海拔处的变压器

当变压器被规定在海拔为1 000 m～3 000 m 之间运行，而其试验却是在正常海拔处进行时，其额定短时外施耐受电压值，应根据安装地点的海拔超过1 000 m的部分，以每100 m增加 1%的方式来提高。至于在海拔超过 3 000 m 处运行时，其绝缘水平应由供、需双方协商确定。

13 气候、环境和燃烧性能等级

13.1 气候等级

规定以下两种气候等级：

C1 级：变压器适合于在不低于－5℃的环境温度下运行，但其运输和贮存时的环境温度可低至－25℃。

C2 级：变压器适合于在低至－25℃的环境温度下运行、运输和贮存。

变压器在经过按第 27 章所述程序进行的特殊试验后，应表明其能否符合 C1 级和 C2 级的要求。

注：户外运行的干式变压器可能需要配有外壳或采取其他合适的防护措施。

13.2 环境等级

干式变压器的环境条件是指湿度、凝露、污秽和环境温度。

注：上述环境条件不仅对干式变压器的运行是重要的，而且对其在安装前的贮存也是重要的。

根据湿度、冷凝和污秽的程度，规定以下三种不同的环境等级。

E0 级：变压器上没有凝露，且污秽可以被忽略。对于清洁、干燥的户内式安装，通常可以达到这一等级。

E1 级：变压器上偶尔有凝露(如：当变压器无励磁时)。可能会出现有限的污秽。

E2 级：变压器上经常有凝露或严重的污秽，或两者同时都有。

变压器在经过按第 26 章所述程序进行的特殊试验后，应表明其能否符合 E1 级或 E2 级的要求。

13.3 燃烧性能等级

规定以下两种燃烧性能等级：

F0 级：无须特别考虑火灾危险。除变压器设计中所固有的特性外，不采取特殊的措施来限制其可燃性。不过，应使其在燃烧时所逸出的有毒物质和不透明烟雾降至最低程度。

F1 级：变压器易遭受火灾危险，要求限制其可燃性。应使其在燃烧时所逸出的有毒物质和不透明烟雾降至最低程度。

变压器在经过按第 28 章所述程序进行的特殊试验后，应表明其能否符合 F1 级的要求。

注：按第 28 章进行的测量，会产生不大于 10 K 的标准偏差。

13.4 气候、环境和燃烧性能等级的试验准则

当变压器被宣称符合某一气候、环境和燃烧性能等级时，则应按表 4 所给出的试验顺序，在同一台变压器上进行这些相应的试验，以验证其是否符合所宣称的相应等级的要求。

第 26 章～第 28 章所规定的试验，应在能代表所设计类型的一台变压器上进行。

表 4 试验顺序

等级			气候		环境			燃烧性能	
	试验	条号	C1	C2	E0	E1	E2	F0	F1
1	－5℃下的热冲击	27.3	是	否	—	—	—	—	—
2	－25℃下的热冲击	27.4	否	是	—	—	—	—	—
3	凝露试验	26.3.1	—	—	否	是	否	—	—
4	凝露和湿渗透试验	26.3.2	—	—	否	否	是	—	—
5	燃烧性能试验	28.3	—	—	—	—	—	否	是

14 试验的一般要求

新变压器应承受第15章～第23章所规定的各项试验。已运行过的变压器，可按本规定进行试验，但其绝缘试验中的施加电压值宜降低到原来新变压器的保证绝缘水平的80%。

试验应由制造单位进行，或在认可的试验室进行，但供、需双方在投标阶段另有协议时除外。

定期的型式试验应至少每五年进行一次。

变压器按第19章～第21章进行绝缘试验时，其温度应与试验场所的温度接近。

试验应在相关附件装好后的完整变压器上进行。

带分接的绕组应在主分接下进行试验，但供、需双方另有协议时除外。

除绝缘试验外，变压器其他所有特性的试验均以额定条件为基础，但有关试验条款另有规定时除外。

15 绕组电阻测量(例行试验)

本试验按GB 1094.1的规定。

16 电压比测量和联结组标号检定(例行试验)

本试验按GB 1094.1的规定。

17 短路阻抗和负载损耗测量(例行试验)

本试验按GB 1094.1的规定。

短路阻抗和负载损耗的参考温度应等于表2第二栏所给出的绕组平均温升限值再加上20℃。

当一台变压器的绕组具有多个不同的绝缘系统温度时，其参考温度应采用与较高绝缘系统温度相对应的绕组的数值。

18 空载损耗和空载电流测量(例行试验)

本试验按GB 1094.1的规定。

19 外施耐压试验(例行试验)

本试验按GB 1094.3的规定。

试验电压应为表3中所列出的变压器绝缘水平规定值。

耐受电压应施加于被试绕组(其所有端子应连接在一起)与地之间，加压时间60 s。试验时，其余所有绕组、铁心、夹件及外壳均应接地。

20 感应耐压试验(例行试验)

本试验按GB 1094.3的规定。

耐受电压应等于两倍的额定电压。

当试验频率等于或小于两倍额定频率时，耐压时间应为60s。当试验频率超过两倍额定频率时，其耐压时间应为：

$$120\times\frac{\text{额定频率}}{\text{试验频率}}\text{s，但不小于 15 s}$$

21 雷电冲击试验(型式试验)

本试验按GB 1094.3的规定。

耐受电压应为表 3 中所列出的变压器绝缘水平规定值。

冲击试验用的波形应为 1.2×(1±30%)μs / 50×(1±20%)μs。

试验电压应采用负极性。每个线端的试验顺序为：在 50%～75%全耐受电压时进行一次校正冲击，然后在全耐受电压下进行三次冲击。

注：干式变压器在进行雷电冲击试验时，可能会出现空气中的电容性局部放电，但它并不对绝缘产生危害。此局部放电会使示伤电流波形发生变化，但此时的电压波形只有微小的变化甚至不发生变化。当出现这种情况时，可重复进行外施耐压试验和感应耐压试验。考虑到上述说明，不能以示伤电流波形有轻微的畸变来作为拒绝该产品的理由。

22 局部放电测量(例行试验和特殊试验)

22.1 概述

所有的干式变压器均应进行局部放电测量。测量应按 GB 1094.3 和 GB/T 7354 的规定进行。

局部放电测量应在 $U_m \geqslant 3.6$ kV 的绕组上进行。

22.2 基本测量线路(仅为典型线路)

局部放电试验用的基本测量线路见图 1 和图 2。

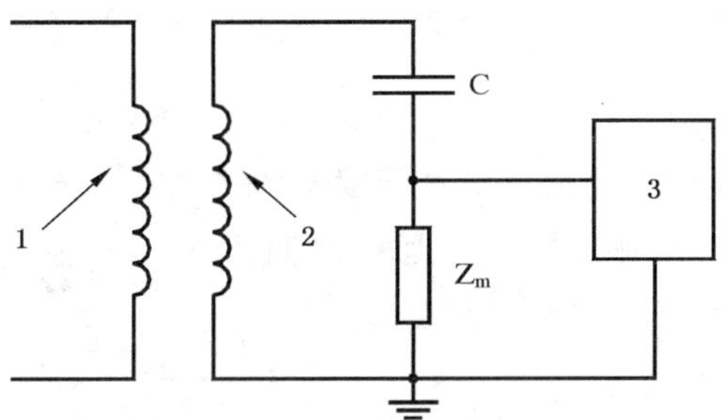

1——低压绕组；
2——高压绕组；
3——测量仪器。

图 1 单相变压器局部放电试验的基本测量线路

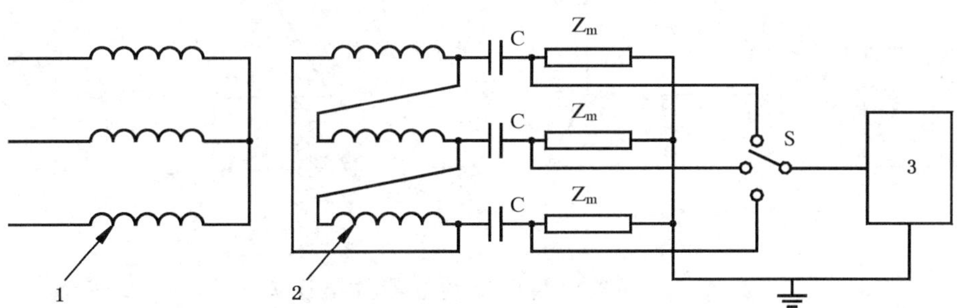

1——低压绕组；
2——高压绕组，D 或 Y 接；
3——测量仪器；
S——开关。

图 2 三相变压器局部放电试验的基本测量线路

图中 C 表示一台电压额定值合适的无局部放电的高压电容器(其电容值与校准发生器的电容 C_0 相比应足够大)。该电容器与测量阻抗 Z_m 串联，且与每个被试高压绕组端子相连接。

22.3 测量线路的校准

在绕组内部和测量线路中，均会出现放电脉冲的衰减现象。校准按 GB 1094.3 的规定进行，将一台标准放电校准器所产生的模拟放电脉冲施加到变压器高压绕组端子上。为了方便，可使标准发生器的重复频率与变压器试验时所用电源频率的每半周中有一个脉冲相当。

22.4　电压施加方式

局部放电测量应在所有绝缘试验项目完成后进行。根据变压器是单相还是三相结构，来决定其低压绕组是由单相电源还是三相电源供电。试验电压波形应尽可能是正弦波，且试验频率应适当地比额定频率高些，以免试验期间励磁电流过大。试验程序按 22.4.1 或 22.4.2。

22.4.1　三相变压器

22.4.1.1　例行试验

本试验应在所有的干式变压器上进行，施加电压方式见图 3。

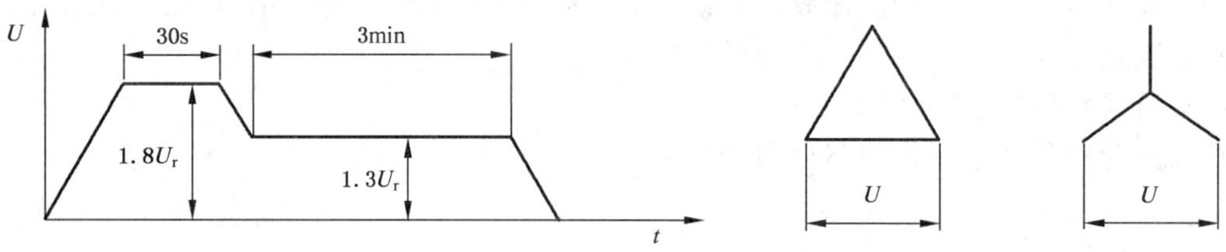

图 3　局部放电例行试验的施加电压方式

相间预加电压为 1.8U_r（U_r 为额定电压），加压时间为 30 s。然后不切断电源，将相间电压降至 1.3U_r，保持 3 min，在此期间应进行局部放电测量。

22.4.1.2　附加的试验程序（特殊试验）

对于拟接到中性点绝缘的电力系统或接到中性点是通过高阻抗接地的电力系统的变压器，由于它能在单相对地故障条件下继续运行，故可能要对变压器进行附加的试验。本试验只在用户有规定时才进行，施加电压方式见图 4。

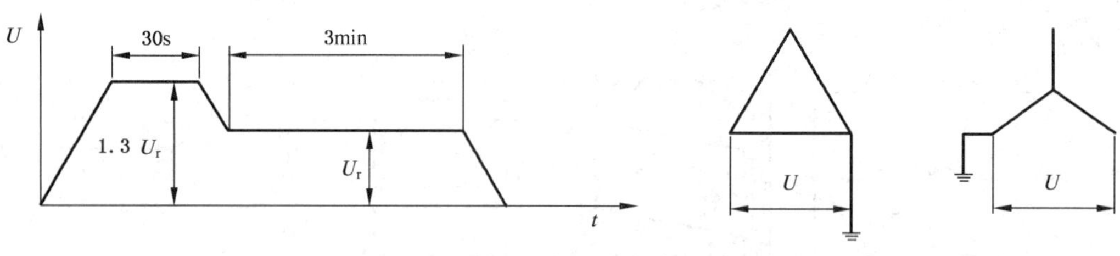

图 4　局部放电特殊试验的施加电压方式

本试验是在一个线端接地时，先施加相间预加电压 1.3U_r，加压时间 30 s，然后不切断电源，将相间电压降至 U_r，保持 3 min，在此期间应进行局部放电测量。此后，依次将另一个线端接地，重复进行本试验。

22.4.2　单相变压器

对于单相变压器，U_r 应视实际情况，为相间电压或相对地电压。施加电压方式按三相变压器。

对于由三台单相变压器组成的三相变压器组，其试验要求应与三相变压器相同。

22.5　局部放电接受水平

局部放电水平的最大值为 10 pC。

可能要对装有某些附件（如：避雷器）的变压器进行特殊考虑。

23 温升试验(型式试验)

23.1 概述

GB 1094.2 的有关要求均适用于本部分。三相变压器的温升试验应使用三相电源进行。

23.2 施加负载的方法

制造单位可从下述几种方法中任选其一来进行温升试验。

23.2.1 模拟负载法

本方法适用于非封闭式、封闭式或全封闭式干式自冷或风冷变压器。

温升值是通过短路试验(提供负载损耗)和空载试验(提供空载损耗)的组合来确定的。

试验开始时,变压器的温度应与试验室的环境温度一样稳定。应测量高、低压绕组各自的电阻值,这些测量值将作为计算这两个绕组温升值的基准值。试验室的环境温度也应被测量并记录下来。

对于三相变压器,其电阻测量应在中间相与一个边相绕组的线端之间进行。

各温度测量点(即:测环境温度的温度计和变压器上的传感器(如果有))的位置,不论是参考测量还是最终测量,均应相同。

绕组短路试验应是在一个绕组流过额定电流而另一个绕组短路下进行的,且持续到绕组和铁心温度都达到稳态时为止,见 23.4。用电阻法或叠加法确定各绕组的温升 $\Delta\theta_c$。

在额定频率和额定电压下的空载试验,应持续到绕组和铁心温度都达到稳态时为止,然后应测出各自绕组的温升 $\Delta\theta_e$。

温升试验程序应采用下述二种方法之一:

——先进行绕组短路试验,直到铁心和绕组温度达到稳定为止,然后进行空载试验,直到铁心和绕组温度达到稳定为止;

——先进行空载试验,直到铁心和绕组温度达到稳定为止,然后进行绕组短路试验,直到铁心和绕组温度达到稳定为止。

在绕组通过额定电流和铁心为额定励磁下,每个绕组的总温升 $\Delta\theta_c'$ 用下式来计算:

$$\Delta\theta_c' = \Delta\theta_c\left[1 + \left(\frac{\Delta\theta_e}{\Delta\theta_c}\right)^{1/K_1}\right]^{K_1}$$

式中:

$\Delta\theta_c'$——绕组总温升;

$\Delta\theta_c$——短路试验下的绕组温升;

$\Delta\theta_e$——空载试验下的绕组温升;

K_1——对于自冷式为 0.8;对于风冷式为 0.9。

23.2.2 相互负载法[1)]

如果有两台同样的变压器,且试验室具有必需的试验设备时,采用本方法是合适的。它适用于封闭式或非封闭式干式自冷或风冷变压器。

试验开始时,变压器温度应与试验室的环境温度一样稳定。应测量高、低压绕组各自的电阻值,这些测量值将作为计算这两个绕组温升值的基准值。试验室的环境温度也应被测量并记录下来。

各温度测量点的位置,不论是参考测量还是最终测量,均应相同。

对于三相变压器,其电阻测量应在中间相与一个边相绕组的线端之间进行。

对于绕组为星形联结的三相变压器,最好是在中间心柱的绕组上进行测量。

将两台变压器并联连接,其中一台为被试变压器,且最好是对这两台变压器的内部绕组以被试变压器的额定电压进行励磁。利用两台变压器的电压比不同或另输入某一电压的方法,使被试变压器

1) 如果在绕组通过试验电流之前,先对铁心励磁一段时间(最好不小于 12 h),则可缩短试验时间。

绕组中通过额定电流，直到铁心和绕组温度达到稳定时为止。见图5和图6。

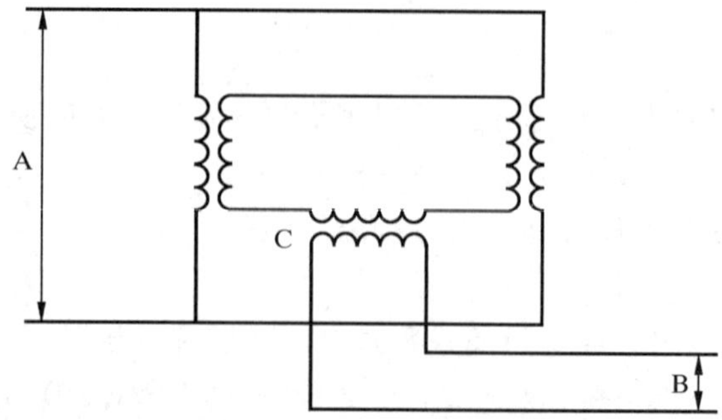

A——供产生空载损耗的额定频率的电压源；

B——供产生负载损耗的额定频率下的额定电流源；

C——增压变压器。

图5　单相相互负载法示例

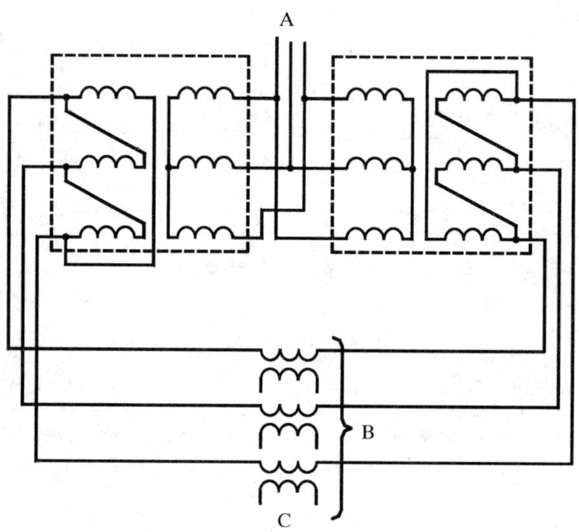

A——供产生空载损耗的额定频率的电压源；

B——供产生负载损耗的额定频率的额定电流源；

C——增压变压器。

图6　三相相互负载法示例

23.2.3　直接负载法[2)]

本方法只适用于小变压器。

将变压器的一个绕组，最好是内部绕组在额定电压下励磁，另一个绕组连接适当的负载，以使两个绕组都通过额定电流。

23.3　降低电流下的绕组温升校正

当输入的试验电流 I_t 低于额定电流 I_r，但不低于 $90\% I_r$ 时，待铁心和绕组温度均达到稳定后，应用电阻法测得绕组温升 $\Delta\theta_t$，并按下式将其校正到额定负载下的温升 $\Delta\theta_r$：

$$\Delta\theta_r = \Delta\theta_t \left[\frac{I_r}{I_t}\right]^q$$

式中：

$\Delta\theta_r$——额定负载下的绕组温升；

2) 如果在绕组通过试验电流之前，先对铁心励磁一段时间(最好不小于12 h)，则可缩短试验时间。

$\Delta\theta_t$——试验电流下的绕组温升；

I_r——额定电流；

I_t——试验电流；

q——对于自冷式(AN)变压器为1.6；对于风冷式(AF)变压器为1.8。

23.4 稳态条件的确定

当温升值趋于稳定，即每小时的温升变化值不超过1K时，则认为温升已达到最终值。

为了确定已达到稳定温升时的条件，应将热电偶或温度计置于如下表面处：

对于第3章所涉及的各类变压器，为上铁轭中心处且尽可能紧靠最内部的低压绕组顶部处的导线。对于三相变压器，此测量应在中间的心柱上进行。

24 声级测定(特殊试验)

本试验按GB/T 1094.10的规定。

注：声级保证值是以自由场条件为基准的。需注意的是，在现场中由于建筑物的硬墙、地面和天花板的反射，可能会使声级水平明显增加。

25 短路承受能力试验(特殊试验)

本试验按GB 1094.5的规定。

短路试验结束后，应重复进行局部放电试验。其最终的测量值不应超过22.5中规定的限值。

26 环境试验(特殊试验)

26.1 概述

本试验用于确定变压器是否符合13.2所规定的环境等级，试验顺序见13.4。

如无其他规定，本试验应在一台包括附件(与试验有关的)在内的装配完整的变压器上进行。

变压器及其附件应该是新的、清洁的，且绝缘件表面应无任何附加处理。

26.2 试验的有效性

在一台变压器上得到的环境试验结果，对基于同一设计准则的其他变压器也有效。这些设计准则为：

——设计概念相同(如：绕组是否被固体绝缘封闭、绕组类型、防护等级等)；

——主要的绝缘材料相同。

26.3 试验程序

26.3.1 E1级变压器

本试验为凝露试验。

变压器应放在温度和湿度可以控制的试验箱内。

试验箱的容积至少为沿变压器外围划线所构成的长方体体积的五倍，变压器任一部位到箱壁、箱顶和喷嘴之间的距离应不小于变压器带电部件之间的最小相间距离，且不小于150 mm。

试验箱内的空气温度应能确保在变压器上出现凝露。

试验箱内的湿度应保持在93%以上，这可通过定期或连续地对适量的水进行雾化来实现。

水的电导率应在0.1 S/m～0.3 S/m范围内。

机械式雾化器的放置应避免将水直接喷到变压器上。

不应该有水从箱顶滴到被试变压器上。

变压器在无励磁状态下，至少应在空气相对湿度大于93%的环境中放置6h。

此后，应在5 min内对变压器进行如下的感应电压试验：

——对于拟接到直接接地的电力系统或经低阻抗接地的电力系统中的变压器，应在1.1倍额定电压下励磁 15 min；

——对于拟接到绝缘的电力系统或经高阻抗接地的电力系统中的变压器，应连续承受三次且每次为5 min的感应电压试验。试验时每个高压端子应依次接地，在其他端子与地之间施加 1.1 倍额定电压。三相试验也可用单相试验来代替，此时，应将两个不接地相的端子连接在一起。

上述试验最好是在试验箱内进行。

在施加电压过程中，应无闪络现象发生，且外观检查应无严重的放电痕迹。

26.3.2 E2 级变压器

试验程序包括凝露试验和湿渗透试验，凝露试验与 26.3.1 的规定相同，但水的电导率应在 0.5 S/m～1.5 S/m范围内。

在湿渗透试验开始时，变压器应为干燥状态。试验中，变压器在无励磁状态下，置于试验箱内 144 h。试验箱内的温度应为(50±3)℃，相对湿度为(90±5)％。在该试验终了时，将变压器置于正常环境条件中，最迟经过 3h 后，应对变压器进行外施耐压试验和感应耐压试验，但施加的试验电压值应降到标准规定值的 80％。

在绝缘试验中，应无闪络或击穿现象发生，且外观检查应无严重的放电痕迹。

27 气候试验(特殊试验)

27.1 概述

本试验(又称为热冲击试验)用于确定变压器是否符合 13.1 中规定的气候等级，试验顺序见 13.4。

27.2 试验的有效性

在一台变压器上得到的气候试验结果，对基于同一设计准则的其他变压器也有效。这些设计准则为：

——设计概念相同(如：绕组是否被固体绝缘封闭、绕组类型、防护等级等)；

——绕组平均温升相同(按表 2)；

——导电材料相同；

——主要的绝缘材料相同。

27.3 C1 级变压器的气候试验(热冲击试验)

27.3.1 试验方法

试验应在一台不带外壳(如果有)的完整变压器[3]上进行，被试变压器应置于试验箱内。

试验箱内的环境温度至少应由三个测量点来确定，测量点应距试品外表面 0.1 m 处，高度在试品的 1/2 位置处，取各测量点读数的平均值作为空气温度参考值。

试验程序如下：

a) 将试验箱内的空气温度在 8h 内逐渐降到(－25±3)℃，然后至少保持 12 h，直到达到稳定状态为止；

b) 此后将试验箱内的空气温度在 4h 内逐渐上升到(－5±3)℃，并至少保持 12 h，直到达到稳定状态为止；

c) 然后对被试绕组(封闭于固体绝缘内)施加 2 倍额定电流以进行热冲击试验。应将此电流维持到被试绕组的实测平均温度等于表 2 中给出的绕组平均温升限值加上 40℃(正常使用条件下的最高环境温度)为止。绕组的平均温度是根据电阻值的变化来确定的。可选择下述方法之一来进行热冲击试验。

   1) 直流电源试验法

3) 按供、需双方协议，可以对由铁心上取出的所有线圈进行本试验，但最终的绝缘检查宜在这些试验过的线圈重新套装到变压器铁心后进行。

热冲击试验是在将规定的直流电流施加在被试绕组上进行的。对于多相变压器，此试验电流可施加在串联在一起的所有各相绕组上。

注1：为使各相绕组串联在一起，可能需要拆开绕组的原有连接。

在试验过程中，绕组平均温度的监测，可直接用测量试验电流和相应电压降的伏安法来进行。

2) 交流电源试验法

热冲击试验是在将规定的交流电流施加在被试绕组上进行的，此时，其余绕组短路。对于多相变压器，宜采用对称电流来进行本试验。在试验过程中，绕组平均温度的监测，宜采用将直流测量电流叠加到交流试验电流上的方法或其他等效的方法来进行。

3) 另一种交流电源试验法

在一个绕组短路的情况下，对变压器施加2倍额定电流，通过固定在绕组顶部和底部表面处的温度传感器的读数，来监测每个绕组的温度。温度传感器要通过一种校准试验来进行校准。此校准试验是在实际热冲击试验前的正常环境温度下，通过施加2倍额定电流来进行的。

传感器的校准是通过将传感器的读数，与根据绕组电阻值的变化所测定的绕组温升进行比较来实现的。这样，传感器的读数便被确定为与表2中所给出的绕组平均温升限值加上40℃的值相对应。应在从低环境温度下开始的试验中，读取同一传感器的读数。

注2：由于变压器各部分的热暂态特性不同，故要注意防止某些绕组出现过热现象。

d) 热冲击试验后，应将变压器温度恢复到(25±10)℃。

27.3.2 评价准则

热冲击试验结束，并至少再经过12 h后，应对变压器进行绝缘例行试验(外施耐压试验和感应耐压试验)，但应根据绕组的绝缘水平，将施加的试验电压值降为标准规定值的80%。

此外，对于绕组被固体绝缘封闭的变压器，应按第22章进行局部放电测量试验，但施加的预加试验电压值应不大于降低的感应耐压试验的试验电压值(160%额定电压值)，所测得的局部放电量应不大于例行试验中的规定值。

经外观检查，绕组应无可见的异常现象，如：裂缝或开裂。

27.4 C2级变压器的气候试验(热冲击试验)

27.4.1 试验方法

除下述修改外，试验方法与27.3.1的规定相同：

取消b)款，以便在-25℃下进行热冲击试验。

27.4.2 评价准则

试验评价准则与27.3.2的规定相同。

28 燃烧性能试验(特殊试验)

28.1 概述

为使变压器的性能最佳，必须使其在燃烧时所逸出的有毒物质和不透明烟雾降至最低程度。因此，要避免使用含有卤化物的材料。应按28.2检测所逸出的腐蚀性及有害性气体。此外，变压器在外部发生火灾时不应明显助燃。燃烧性能应按28.3的试验程序进行评估。

28.2 腐蚀性及有害性气体逸出的检测

应从变压器上提取少量可燃性材料，用以检测其在燃烧时所逸出的腐蚀性和有害性气体。

原则上，该试验将能检测出下述这些成分，即：氯化氢(HCl)、氰化氢(HCN)、溴化氢(HBr)、氟化氢(HF)、二氧化硫(SO_2)和甲醛(HCHO)。

至于试验程序的细节及可接受的限值，如国家法规中无规定时，可由供、需双方协商确定。

28.3 F1级变压器的燃烧性能试验

28.3.1 试品

本试验应在变压器一个完整的相上进行，完整的相应包括高压(HV)线圈、低压(LV)线圈、铁心柱和绝缘件，但不包括外壳(如果有)。供试验用的铁心柱也可以用与原铁心柱尺寸及热特性类似的材料来代替。不应考虑铁轭，将低压引线在该线圈上、下两端面处切去。

被试变压器的圆形线圈外径或非圆形线圈的最大横向尺寸应介于400 mm～500 mm之间。

注：经过协商，可用尺寸较大或较小的线圈进行本试验。

28.3.2 试验的有效性

在一台变压器上得到的燃烧试验结果，对基于同一设计准则的其他变压器也有效。这些设计准则为：

——设计概念相同(如：绕组是否被固体绝缘封闭、绕组类型、防护等级等)；

——绕组平均温升相同(按表2)；

——主要的绝缘材料相同。

28.3.3 试验设施

28.3.3.1 试验箱

试验箱是基于GB/T 18380.3(与电缆有关)的规定而制成的，如图7所示。箱壁应使用厚度为1.5 mm～2.0 mm的耐热钢板制造，供隔热用，以使传热系数为0.7 W/(m^2·K)。如果可能，还宜装一个耐火窗。试验箱的尺寸见表5。

表5 试验箱的尺寸(见图7和图8) 单位为毫米

A[a]	*B*		*C*	*D*	*E*	*F*		*G*	*H*
	最小	最大				最小	最大	直径	直径
9 000	3 500	4 000	2 000	1 000	600	1 500	2 000	500	500
J	*K* 最小	*L* 直径	*M*	*N*	*P*	*Q*	*R*	*S*	*T*
300	400	350	800	400	800	500	900	400	1 200
U	*V*	*W*	*X*	*Y*	*Z*	*AA*	*AB*[b]	*AC*[b]	—
500	175	300	30	40	20	50	1 000	1 000	—

a 近似高度。

b 最小尺寸。

试验箱应装有一个内径约为500 mm的烟囱和一个内径约为350 mm的进气管道。试验箱的进气口与烟囱的出气口之间的高度差约为9 m。外界空气从试验箱底部的网栅(400 mm×800 mm)进入箱内，然后通过一个面积约为0.3 m^2的出气口进入烟囱。

烟囱内应有一段直径为500 mm，且长度至少为600 mm的测量段，它的低端应高于试验箱顶部1.5 m～2 m。

进气管道内应有一段直径为350 mm，且长度至少为400 mm的测量段，测量段一端距试验箱进气口处的距离至少为1 m，其另一端与进气管道的进气口之间的距离也至少为1 m。

如果不采用强迫气流，则应在烟囱内和/或在进气口处安装一个调节阀。试验箱宜如此安装，以至于风对进气量的影响可以被忽略。

28.3.3.2 火源(见图7)

主要热源为在容器内燃烧的酒精(热量值为27 MJ/kg)，该容器可以被若干个同心环分割得更小。该容器的外径至少应比变压器外线圈的外径大100 mm，其内径至少应比变压器内线圈的内径小40 mm。

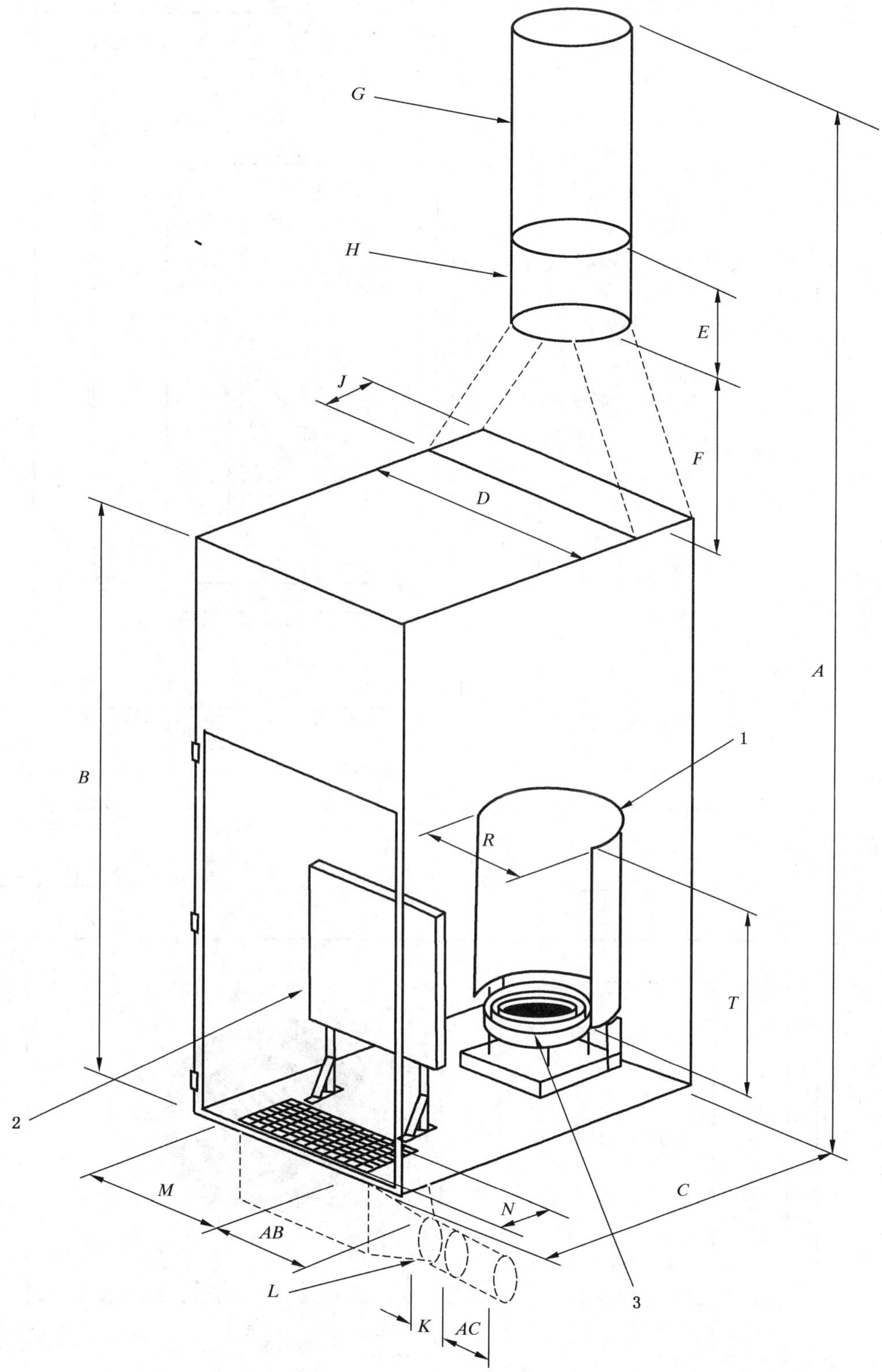

1——金属屏；

2——辐射板；

3——酒精容器。

注：A～Z 的尺寸及 AA～AC 的尺寸见表 5。

图 7　试验箱

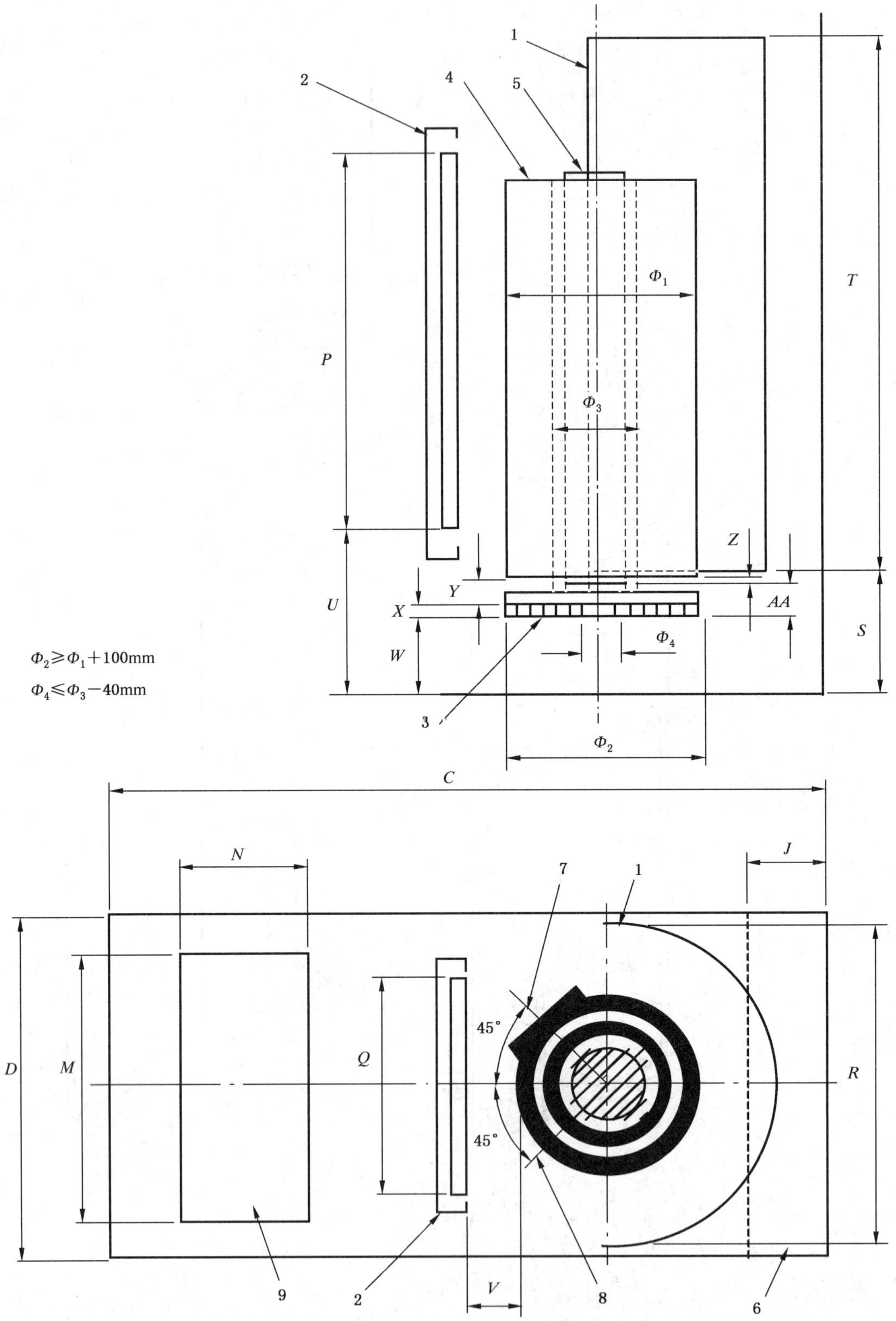

1——金属屏；　　4——线圈；　　7——试品端子位置；

2——辐射板；　　5——铁心；　　8——测量传感器；

3——酒精容器；　　6——出气口；　　9——进气口。

注：$A \sim Z$ 的尺寸及 $AA \sim AC$ 的尺寸见表 5。

图 8　试验箱详细尺寸

容器内酒精的起始液面高度应为(30±1)mm,燃烧时间大约为20 min。

第二个热源为一个垂直放置的电热辐射板,其高度约为800 mm,宽度约为500 mm,是由24 kW的发热电阻元件制成的,并配有一个可调电源,以使辐射板的温度保持在750℃。在辐射板的对面,应放有一个直径为900 mm、高为1.2 m的半圆筒形金属屏。

注:当被试线圈的外部尺寸大于500 mm时,此金属屏可不用。

28.4 待测参量和测量装置

28.4.1 温度

应使用热电偶或等效装置来测量下列各部位的温度:

——进气口;

——出气口;

——低压线圈顶部表面(任选);

——高压线圈顶部表面(任选);

——铁心柱或其模拟件的底部和顶部(任选);

——铁心和低压线圈间的气道中部(任选);

——高、低压线圈间的气道中部(任选)。

注:测量传感器在试品上的置放位置如图8所示。

28.4.2 其他待测参量

——测量段内可见光的传输,该测量应沿着穿过烟雾的光学通路进行,其长度至少应为500 mm。

注:设透光率为X,实际的光学路径长度为p(单位为m),则换算到1 m长光学路径的透光率为:$\tau=X^{1/p}$。

——进气口的气体流量;

——烟囱内的气体流量(任选)。

28.5 不带试品时试验箱的校准

应在24 kW的辐射板通电加热至少40 min后,对试验箱进行校准。

应在稳定状态下,将进气段内测得的空气流量调节到在20℃时为0.21×(1±15%)m^3/s。当试验装置以自然气流为基础时,其流量可通过调节阀或等效的装置来调节。而当试验装置采用强迫气流时,其流量可通过风扇系统来调节。

注:为了得到稳定条件下的空气流量,可能需要多次调节。

28.6 试验方法

试品应按下列条件置于如图8所示的试验箱中:

——外线圈表面与辐射板间的距离约为175 mm;

——容器内酒精的起始液面与变压器线圈底面间的距离约为40 mm。

注:在某些情况下,供、需双方需根据试品的设计进行协商。

——半圆筒形金属屏应置于辐射板的对面,且应与试品同心;

——试验开始时,试验箱内部、入口处空气及试品的温度,均应在15℃~30℃之间;

——应在试验开始前的5 min内,对容器注入酒精。

当酒精刚点燃且辐射板(24 kW)同时通电时,试验开始。40 min后,将辐射板电源切断。应对28.4.1和28.4.2所列参量进行记录,记录时间应为从试验开始时至少60 min,或为整个试验期间。

试验前及试验后,均应称出试品的质量,称量的准确度为±0.5%或更高。铁心柱和带绝缘部件的线圈可以分别称重。

28.7 试验报告

试验报告应包含下列信息:

a) 材料样品的试验结果(如果用户要求);

b) 可燃烧材料的计算质量、热能值(如果可能)及试品质量的测量值;

c) 试验箱的校准结果(空气流量、测量段内的温度、调节阀或抽气系统的调节量等);

d) 对试验方法的全面说明,包括酒精燃烧时间和通电加热时间;

e) 试验时可燃烧材料的质量损失(准确度为±10%)及释放热量(MJ)的计算值(如果可能);

f) 整个试验过程的温度记录值,从试验开始起(酒精点燃时开始),每隔 2 min 或更短的时间记录一次;

g) 整个试验过程中,在测量段内传输的可见光的连续记录值(%);

h) 在整个试验过程中,每隔 2 min 或更短的时间测量的测量段内的空气流量(m^3/s);

i) 试品上可见的燃烧状态。

28.8 试验结果的评价准则

如果试品满足下列要求,则认为试验合格:

a) 在整个试验过程中,在烟囱内的测量段中的气体对周围环境温度的温升应不超过 420 K;

b) 辐射板断电后 5 min(即试验开始后的 45 min),在烟囱内的测量段中的气体对周围环境温度的温升应不超过 140 K,且在 10 min 后的测量期间内,此温升值应呈下降趋势;

c) 试验开始后 60 min,在烟囱内的测量段中的气体温升应不超过 80 K,该条件用以表明火焰已经熄灭;

注:如果储存的热能阻止了自然气流的温度下降,则可允许有较高的温升。

d) 在试验开始后的 20 min 至 60 min 期间,测量段中透光率(换算到 1m 长的穿过烟雾的光学路径)的算术平均值应不低于 20%。

29 偏差

偏差应按 GB 1094.1 的规定。

30 防止直接接触的保护

当变压器因其结构特点不能防止直接接触时,应按国家法规提供一块可见的标牌(警告牌或特殊标志),以提示变压器有危险不得靠近。

31 外壳防护等级

变压器外壳应根据变压器安装场所的位置和环境条件来进行设计。外壳防护等级应按 GB 4208 的规定。

32 接地端子

变压器应有一个接地端子供保护导线连接用,所有裸露的不带电金属构件,均应通过在结构上采取措施或采用其他方式接到接地端子上。

33 询价和订货时需要的信息

询价和订货时需要的信息参见 GB 1094.1。

34 安装和安全方面的信息

安装和安全方面的信息参见附录 D。

附 录 A
（资料性附录）
本部分章、条、表编号与 IEC 60076-11:2004 章、条、表编号对照

表 A.1 给出了本部分章、条编号与 IEC 60076-11:2004 章、条编号对照一览表。

表 A.1 本部分章、条编号与 IEC 60076-11:2004 章、条编号对照

本部分章、条编号	对应的 IEC 60076-11:2004 章、条编号
34	—
附录 A	—
附录 B	—
附录 C	—
附录 D	附录 A
注：本部分的其他章、条编号与 IEC 60076-11:2004 的其他章、条编号均相同且内容对应。	

表 A.2 给出了本部分表的编号与 IEC 60076-11:2004 表的编号对照一览表。

表 A.2 本部分表的编号与 IEC 60076-11:2004 表的编号对照

本部分表的编号	对应的 IEC 60076-11:2004 表的编号
表 3	表 3 和表 4
表 4	表 5
表 5	表 6
注：本部分的其他表的编号与 IEC 60076-11:2004 的其他表的编号均相同且内容对应。	

附 录 B
（资料性附录）
本部分与 IEC 60076-11:2004 的技术性差异及其原因

表 B.1 给出了本部分与 IEC 60076-11:2004 技术性差异及其原因一览表。

表 B.1 本部分与 IEC 60076-11:2004 的技术性差异及其原因

本部分章条编号	技术性差异	原 因
1	设备最高电压的适用范围改为“40.5 kV 及以下”。	扩大标准的适用范围，以适合我国国情。
2	引用了采用国际标准的我国标准，而非国际标准。 只引用了 IEC 60071 的第 1 部分。	适合我国国情。 其他部分在正文中未直接引用。
4.4	删除 4.4 中“对于所设计的变压器，如果不是在 4.2 中所列出的正常使用条件下工作(如：冷却空气温度高或安装地点的海拔高于1 000 m)，则有关其在规定限值内的额定值和试验方面的补充要求见 11.2 和 11.3”内容。	该内容与 4.2.1 中的内容重复。
9.1 中的 f)	增补“注 1：当各绕组的绝缘系统温度相同时，可只标注一个字母”。 增补“注 2：当无法用字母标注时，可改用温度(绝缘系统温度的摄氏度)标注”。	简化铭牌标注内容。 考虑到有些耐热等级的绝缘材料目前没有对应的温度等级字母。
9.1 中的 p)	将最后面的内容“铭牌上应标出所有绕组的额定耐受电压，其标志的原则见 GB 1094.3”移到“p)”款后面，并加括号。	相近的内容应合并到一起。
12.1	表 3 中增加“标称系统电压”栏；将设备最高电压“36 kV”改为“40.5 kV”；将额定短时外施耐受电压“28 kV”改为“35 kV”。 表 3 中增补“注：如用户另有要求，绝缘水平也可参照附录 C 的规定选取，但应在订货合同中注明”。 删除 IEC 标准表 4 的内容(即北美地区的绝缘水平)。	适合我国国情。 适用于出口产品，同时也使附录 C 的内容与正文衔接。 北美地区的绝缘水平不适合我国国情。
14	增补“定期的型式试验应至少每五年进行一次”内容。	有利于控制产品质量。
22.4.1.1 和 22.4.1.2	将 22.4.1.1 的图 3 和 22.4.1.2 的图 4 中的部分“U_r”改为“U”。	IEC 原文图中的表示不确切。
27.1	将条标题改为“概述”。	以便与其他章、条的内容相互协调。
27.3	将条标题改为“C1 级变压器的气候试验(热冲击试验)”。	以便使章标题与条文的内容相互对应。
27.4	将条标题改为“C2 级变压器的气候试验(热冲击试验)”。	以便使章标题与条文的内容相互对应。
34	增加“安装和安全方面的信息”。	IEC 原文中该附录的内容在正文中未被引用。本部分增加该章，以使附录 D 的内容与标准正文相衔接。
附录 C	将 IEC 标准中有关北美地区的绝缘水平作为资料性附录列出。	供出口产品参考选用。

附　录　C
（资料性附录）
IEC 60076-11:2004 中有关北美地区的绝缘水平

IEC 60076-11:2004 中有关北美地区的绝缘水平见表 C.1。

表 C.1　绝缘水平——按北美实践

用于系统基本绝缘水平为 200 kV 及以下的干式变压器的绝缘水平												
最高系统（相间）电压 kV	标称系统（相间）电压 kV	低频电压绝缘水平 kV(r.m.s)	常用的基本雷电冲击绝缘水平（峰值，波前时间 1.2 μs）									
			10	20	30	45	60	95	110	125	150	200
0.25	0.25	2.5	—									
0.6	0.6	3	*S*	[a]	[a]							
1.2	1.2	4	*S*	[a]	[a]							
2.75	2.5	10		*S*	[a]	[a]						
5.6	5	12			*S*	[a]	[a]					
9.52	8.7	19				*S*	[a]	[a]				
15.5	15	34					*S*	[a]	[a]			
18.5	18	40						*S*	[a]	[a]		
25.5	25	50						[b]	*S*	[a]	[a]	
36.5	34.5	70								[b]	*S*	[a]
截波：最小闪络时间/μs			1	1	1	1.3	2	2	1.8	2	2.3	2.7

S——标准值；

[a] 在遭受过电压且要求保护裕度更大时，选用较高的绝缘水平值；

[b] 当避雷器可用更低的闪络水平时，选用较低的绝缘水平。

附 录 D
（资料性附录）
干式变压器的安装与安全

D.1 使用说明书

制造单位，特别是向指定用户供应样机产品的制造单位，应向用户提供有关产品的使用说明书，该说明书应包括安装要求、运输要求、起吊、维护和运行等方面的内容。除非合同另有规定，提前向用户提供使用说明书是一种好的作法，因为这将使用户能对安装的正确性进行检查。此外，如果合适，还可对组织运输和起吊所采取的措施进行检查。

D.2 安装与安全

D.2.1 概述

变压器使用中的安全，可以从各方面来考虑：

a) 变压器自身的安全，以避免因其内部故障带来危险；

b) 安装中须采取的安全措施，以防意外事故发生；

c) 限制外部事故的影响。

有关改善上述 b)和 c)中的安全方面所采取的措施，应在国家法规中规定。

需遵守的安装要求应在国家标准中规定。

注：本附录内容应优先采用国家法规。

以下条款均用示例给出了供、需双方须采取的措施，以保证其安全达到可接受的程度。

D.2.2 变压器自身的安全

如果满足本部分的规定，则表明变压器具有防止内部出现危险故障所需的可靠性。对于主要附件，则应符合相关的标准。应遵守制造单位关于变压器负载能力的规定，负载导则按 GB/T 17211。

可能需要注意以下几个特殊方面：

——绝缘水平和绝缘试验；

——由保证损耗和试验测得的损耗所产生的最大热量；

——运行中的最高温度；

——使用说明书中要强调变压器及其附件和保护装置的系统性维护；

——使用说明书要给出有关维护条件的指导；

——在有火灾(内部或外部)危险的场合，应使用 F1 级变压器。

D.2.3 安装注意事项

安装注意事项应在国家法规和国家标准中规定。

安装设计人员应考虑下述尚不详尽的事项：

——变压器室的通风冷却系统应足以使周围的环境空气温度低于规定的最高温度限值；

——对由电力系统内部或由雷电引起的瞬变过电压，应具有足够的保护能力；

——有关过电流保护及承受变压器内部短路的能力；

——有关变压器上的其他保护(温度指示装置上的触点等)和安装设施中的其他保护(继电器、熔断器等)；

——有关因变压器自身或其他原因引发的火灾的危害性、后果以及注意事项；

——严禁接近，以免接触带电部件或高温部件，并在有故障时限制人们在场；

——对安装设施以外的噪声进行抑制；

——可能需要对母线或电缆所产生的磁场进行抑制；

——要防止周围空气污染；

——要防止气体产生和聚积。

D.2.4 安装设计人员应做好的事项

安装设计人员应做好如下事项：

——具备足够的通风能力，以使变压器周围的空气温度低于4.2.3给出的上限值，供、需双方另有协议时除外；

——具有足够的措施，以使变压器周围的空气温度高于4.2.3给出的下限值，供、需双方另有规定时除外；

——对各种瞬变过电压进行充分的保护；

注：对于断路器在励磁电流过零时进行切断所产生的瞬变过电压，要给予密切关注。这种瞬变现象在单断路器动作期间，常常会重复出现几次，从而使过电压峰值会逐步上升。

——在过电流值相当大时，要有一台装置或一个系统能立即切断变压器电源；

——要使变压器不受附近热源的影响；

——为了安全，须采取禁止接近的措施；

——如有必要，要抑制安装设施外部的噪声；

——要对安装设施外的磁场（主要由连接线或母线所产生的）辐射进行抑制，其主要抑制方法为：在安装设施内部设置磁屏，或使其与磁场源之间距离足够大。

ICS 29.180
K 41

中华人民共和国国家标准

GB/T 1094.12—2013
代替 GB/T 17211—1998

电力变压器 第12部分：干式电力变压器负载导则

Power transformers—
Part 12: Loading guide for dry-type power transformers

(IEC 60076-12:2008, MOD)

2013-12-17 发布　　　　2014-04-09 实施

中华人民共和国国家质量监督检验检疫总局
中国国家标准化管理委员会　发布

前　言

GB 1094《电力变压器》目前包含了下列几部分：

——第 1 部分：总则；

——第 2 部分：液浸式变压器的温升；

——第 3 部分：绝缘水平、绝缘试验和外绝缘空气间隙；

——第 4 部分：电力变压器和电抗器的雷电冲击和操作冲击试验导则；

——第 5 部分：承受短路的能力；

——第 6 部分：电抗器；

——第 7 部分：油浸式电力变压器负载导则；

——第 10 部分：声级测定；

——第 10.1 部分：声级测定 应用导则；

——第 11 部分：干式变压器；

——第 12 部分：干式电力变压器负载导则；

——第 14 部分：采用高温绝缘材料的液浸式变压器的设计和应用；

——第 16 部分：风力发电用变压器。

本部分为 GB 1094 的第 12 部分。

本部分按照 GB/T 1.1—2009 给出的规则起草。

本部分代替 GB/T 17211—1998《干式电力变压器负载导则》。GB/T 17211—1998 对应的 IEC 标准代号为 IEC 60905：1987。由于 IEC 有关电力变压器的标准代号现均调整为 IEC 60076 系列，为了与 IEC 的标准代号相协调且使用方便，本次修订也将标准代号按新 IEC 标准系列进行了调整。

本部分与 GB/T 17211—1998 相比，主要技术变化如下：

——按照 GB/T 1.1—2009 的规定，对标准结构进行了调整。其中，增加了“规范性引用文件”、“术语和定义”章节，并将原“符号”章调整为附录 C；

——标准适用范围增加强迫风冷干式变压器，并增加了“强迫风冷”冷却方式下干式变压器热点温升的计算方法；

——增加了变压器超铭牌运行危险的说明；

——明确了假定老化引起的绝缘失效是变压器寿命终结的原因、假定老化率随温度的变化符合阿伦尼乌斯定律，并进一步假定绝缘系统温度每增加 6 K，老化率加倍；

——增加了铜和铝导体绕组时间常数的计算方法和试验方法。在计算方法中，采用了不同于以往经验的绕组材料比热容数据；

——增加了依据经验常数确定时间常数的方法；

——正文中删除了选择负载曲线的实例；

——增加户外环境条件以及外壳对变压器运行影响的说明；

——增加附录 A“老化率”。该附录对固体绝缘材料的老化率和“热量”的关系进行了介绍，并介绍了基于阿伦尼乌斯定律的耐热特性分析；

——增加附录 B：“三种负载模式下的寿命损失示例”。

本部分使用重新起草法修改采用 IEC 60076-12：2008《电力变压器 第 12 部分：干式电力变压器负载导则》。

本部分与 IEC 60076-12：2008 的技术性差异及其原因如下：

——为适应我国的技术条件,在规范性引用文件中用修改采用国际标准的 GB 1094.11 代替 IEC 60076-11;

——为符合我国的实际情况,在 5.10.2 中,将绕组的有效热容量计算公式中环氧材料的比热容数值 24.5 W·min/(K·kg)和 0.408 W·h/(K ·kg)分别用符号 C1 和 C2 代替,同时增加了对 C1 和 C2 的说明,并用"注 2:在 IEC 60076-12:2008 中,C1 为 24.5 W·min/(K·kg),C2 为 0.408 W·h/(K·kg)"代替 IEC 标准的"注 2:绕组也可以使用其他绝缘材料和环氧材料。对此类变压器,相应的比热值 24.5 W·min/(K·kg)或 0.408 W·h/(K·kg)可用制造方的经验数据来代替"。

为便于使用,本部分对 IEC 60076-12:2008 还做了下列编辑性修改:

——引言中,增加了"为便于使用,本部分在附录 B 中给出了三种负载模式下的寿命损失计算示例,并在附录 C 中给出了符号表";

——对表 3 的格式进行了调整;

——删除表 B.2 中最右侧 4 列的内容;

——附录 C 中增加了符号 C1 和 C2。

请注意本文件的某些内容可能涉及专利。本文件的发布机构不承担识别这些专利的责任。

本部分由中国电器工业协会提出。

本部分由全国变压器标准化技术委员会(SAC/TC 44)归口。

本部分起草单位:沈阳变压器研究院股份有限公司、顺特电气设备有限公司、吉林省电力科学研究院、明珠电气有限公司、新华都特种电气股份有限公司、卧龙电气集团北京华泰变压器有限公司、中电电气集团有限公司、广州骏发电气有限公司、保定天威顺达变压器有限公司、广东海鸿变压器有限公司、中铁电气化局集团保定铁道变压器有限公司、天津市特变电工变压器有限公司。

本部分主要起草人:张显忠、刘燕、肖勋、敖明、蔡定国、石肃、何宝振、梁伟、樊建平、李占元、郭献清、由振忠、赵文忠。

本部分所代替标准的历次版本发布情况为:

——GB/T 17211—1998。

引　言

本部分从运行温度和热老化的观点提供了干式电力变压器的规范和负载导则。它给出了超铭牌额定值负载导致的后果，并为设计人员选择新设备的恰当额定参数和负载条件提供了指导。

GB 1094.11 是合同的基础，包含了干式电力变压器在连续负载下的温升值的要求和温升试验。应注意的是，GB 1094.11 指的是绕组平均温升，而本部分主要指热点温度，且该值只做指导用。

本部分给出了一些数学模型，用来判断不同负载在不同的冷却介质温度下和该负载随时间周期变化或瞬时性变化的结果。该模型提供了变压器运行温度的计算方法，尤其是绕组热点温度。热点温度用于评估在特定时间段内的寿命损失。

本部分依据温度的计算结果或者测量结果推荐了允许的负载限值。这些推荐值涉及不同的负载情况——连续负载、短期和长期急救负载。附录 A 就老化规律进行了解释。

为便于使用，本部分在附录 B 中给出了三种负载模式下的寿命损失计算示例，并在附录 C 中给出了符号表。

电力变压器
第12部分:干式电力变压器负载导则

1 范围

GB 1094的本部分适用于GB 1094.11规定范围内的干式变压器。本部分提供了干式变压器绝缘老化率和寿命损失的估算方法,该方法把变压器绝缘的老化率和寿命损失表示为变压器的运行温度、时间和负载的函数。

注:对于风力发电用变压器、电炉变压器、电焊机用变压器等特殊用途的变压器,制造方应参照相关特定负载曲线。

2 规范性引用文件

下列文件对于本文件的应用是必不可少的。凡是注日期的引用文件,仅注日期的版本适用于本文件。凡是不注日期的引用文件,其最新版本(包括所有的修改单)适用于本文件。

GB 1094.11 电力变压器 第11部分:干式变压器(GB 1094.11—2007,IEC 60076-11:2004,MOD)

GB/T 11026.1 电气绝缘材料 耐热性 第1部分:老化程序和试验结果的评定(GB/T 11026.1—2003,IEC 60216-1:2001,IDT)

GB/T 18494.1—2001 变流变压器 第1部分:工业用变流变压器(IEC 61378-1:1997,IDT)

3 术语和定义

下列术语和定义适用于本文件。

3.1

长期急救负载 long-time emergency loading

由于系统中某些设备长时间退出运行而引起的一种负载方式,在变压器达到一个新的、较高的稳态温度之前,这些设备不会重新投入运行。

3.2

短期急救负载 short-time emergency loading

由于系统中发生了一个或多个事故,严重干扰了系统的正常负载分配,从而产生的暂态(小于绕组的一个时间常数)严重过负载。

3.3

热点 hot-spot

若无另行规定,“热点”指各绕组中的最热点。

3.4

相对热老化率 relative thermal ageing rate

在给定的热点温度下,与参考热点温度下的绝缘老化率相比,变压器的绝缘老化呈降低或加快的速率。

3.5

变压器绝缘寿命 transformer insulation life time

从绝缘起始状态(即通常认为绝缘是新的)到正常运行中由于热老化、绝缘场强、短路应力或机械位移而导致电气故障危险高发的最终状态之间的全部时间。

3.6

自然风冷　AN cooling

自然通风冷却的方式。

3.7

强迫风冷　AF cooling

通过风机冷却来提高变压器额定容量的冷却方法。

4　超铭牌额定值负载运行的影响

4.1　概述

正常预期寿命值通常是以设计的环境温度和额定运行条件下的连续工况为基础的。当负载超过铭牌额定值和/或环境温度高于规定环境温度时，变压器将承受一定程度的风险，并且老化加速。本部分的目的是要确认这些危险，并指导变压器在限定条件下如何进行超铭牌额定值负载运行。

4.2　一般后果

变压器超铭牌额定值负载运行后果如下：

——绕组、端子、引线、分接开关和绝缘的温度升高，且能达到不可接受的水平；

——带外壳产品对过载更加敏感，会导致绝缘系统温度达到不可接受的水平；

——导致由于电流和温度增加而引起的过早失效的风险。这种风险可能是一种短时效应，也可能来自多年的绝缘老化的累积效应。

注：过载的另一个结果是变压器的压降增加。

4.3　短期急救负载的影响和危害

超过规定限值的短期急救负载的主要危害如下：

——由于温度升高而产生的巨大机械应力，可能达到引起环氧浇注变压器绝缘开裂到不可接受的程度；

——短时和重复性过载电流导致绕组受到机械损伤；

——在环境温度超过规定值情况下短时和重复性电流导致绕组受到机械损伤；

——在更高的温度下，机械特性的劣化会降低抗短路能力；

——由于温度升高而降低绝缘强度。

因此规定，最大的过载电流不允许超过额定电流的50％。

当过载超过50％时，有必要与制造方协商，以评估该过载的后果。在任何情况下，此类过载时间应尽可能短。

4.4　长期急救负载的影响

长期急救负载的影响如下：

——在较高的温度时，导体绝缘的机械及绝缘性能的累积热老化效应会加速。如果这种热老化达到一定程度，则会减少变压器的寿命，特别是当设备遭受系统短路电流时；

——其他绝缘材料以及结构件和导体在高温时也会加速老化；

——老化率及寿命损失的计算规则是以负载为基础的。

5 老化和变压器绝缘寿命

5.1 概述

经验表明，变压器的正常寿命为几十年，但难以对其进行更加准确的规定。即使是完全相同的变压器，由于它们的运行条件各异，因此每台变压器的寿命也是不相同的。除极少数情况外，变压器很少在整个寿命周期内在100%额定电流下运行。其他对温升有影响的因素，如：冷却不充分、谐波、过励磁和/或在GB 1094.11中描述的非正常条件都会影响变压器的寿命。

当主要由变压器的损耗产生的热量传递到绝缘系统时，化学过程便开始了。这个过程改变组成绝缘系统的材料的分子结构。传递给系统的热量越多，老化率越大。这个过程是累积的且不可逆的，这意味着当传热停止，温度下降时，材料也不会恢复到最初的分子结构。绝缘系统温度会在制造方提供的文件中说明并标在铭牌上。假定老化造成的绝缘材料性能失效是变压器寿命终结的原因之一。

进一步假定老化率随温度的变化符合阿伦尼乌斯(Arrhenius)定律。有关进一步的背景信息见附录A。阿伦尼乌斯定律中的两个常数在理想情况下可以用耐热试验来确定。当得不到这样的试验数据时，本部分提供了估算的常数，它是以下列假定为基础通过计算得出的：

——温度增加6 K，老化率加倍。6 K对整个绕组而言是估计值，该值与绕组使用的特定材料性能有关；

——当按照GB/T 11026.1进行整体电气绝缘系统(EIS)的耐热试验，得到另一个老化率加倍的值时，宜使用该值；

——绝缘材料性能失效是变压器寿命终结的原因。

5.2 寿命

在恒定的热点温度T(单位为K)下，变压器的预期寿命L按下式计算：

$$L = a \times e^{\frac{b}{T}} \qquad \cdots\cdots(1)$$

该公式也可以表示为：

$$L = a \times \exp\left(\frac{b}{T}\right) \qquad \cdots\cdots(2)$$

尽管任何时间单位都适用于上述公式，但本导则中用小时。表1给出了用于不同绝缘系统温度下常数a的值，以h为单位。

表1 寿命公式中的常数

绝缘系统温度 TI(耐热等级)	常数		绕组额定热点温度 $\theta_{HS,r}$
	a	b	
℃	h	K	℃
105(A)	3.10E-14	15 900	95
120(E)	5.48E-15	17 212	110
130(B)	1.72E-15	18 115	120
155(F)	9.60E-17	20 475	145
180(H)	5.35E-18	22 979	170
200	5.31E-19	25 086	190
220	5.26E-20	27 285	210

注1：不应该机械地理解按本公式计算的预期寿命。在按本公式计算的理论寿命到达后，变压器承受过电压和系统短路引起的过电流的能力与新变压器相比肯定要变弱。如果不出现过电压和过电流，则变压器还可以稳定地运行许多年。采取措施避免短路和安装足够的过压保护装置可以延长变压器的寿命。

注2：下列方程式用于确定绕组额定热点温度中的常数 a 和 b：

$$\ln(180\ 000)=\frac{b}{\theta_{\mathrm{HS,r}}+273}+\ln(a)$$

$$\ln(90\ 000)=\frac{b}{\theta_{\mathrm{HS,r}}+6+273}+\ln(a)$$

表1是按每6 K老化率加倍计算的。

注3：大多数电力变压器在实际寿命中的运行负荷远低于满负荷，因为热点温度如果低于额定值6℃，则寿命损失速率减半，所以典型变压器的实际寿命大于20年。表1中的常数是基于180 000 h、半差6 K得来的。

5.3 稳定连续负载和温度间的关系

绕组的稳态热力学热点温度 T(K)表示为：

$$T=273+\theta_{\mathrm{a}}+\Delta\theta_{\mathrm{HSn}} \quad\cdots\cdots(3)$$

式中：

θ_{a} ——环境温度(℃)；

$\Delta\theta_{\mathrm{HSn}}$ 所考虑负载下绕组热点对环境的温升(K)。

注意环境温度可能与负载无关，但也可能是负载的函数：

$$\theta_{\mathrm{a}}=f(\text{电流}) \quad\cdots\cdots(4)$$

该函数可能随场所不同而变化。在对老化率及寿命损失估算时，有必要了解特定场所的环境温度与负载的相互关系。可通过在特定场所的试验来确定二者间的关系。如果没有这方面的资料，则进行不同温度下(如：10 ℃～40 ℃)的等效计算可得到老化率和寿命损失之间的关系。

本部分给出的公式将涡流损耗作为绕组的电阻损耗处理。试验数据表明，由这些公式计算的寿命损失比预期的高。如果有谐波电流存在，则过载时增加的涡流损耗需要按照GB/T 18494.1—2001的附录A中的方法考虑。

5.4 热老化率

实际上，变压器的正常寿命不低于180 000 h。公式(5)中使用180 000 h作为保守的参考值，来表示老化率 k(h/h)，即在恒定热点温度 T(K)下运行每小时损失的寿命小时数：

$$k=180\ 000\times a^{-1}\times\exp\left(\frac{-b}{T}\right) \quad\cdots\cdots(5)$$

在恒定热点温度 T(K)时的相对老化率百分数 k_{r}(%)，表示为180 000 h寿命运行 t 小时后的寿命百分数(%)，按下式计算：：

$$k_{\mathrm{r}}=100\times t\times a^{-1}\times\exp\left(\frac{-b}{T}\right) \quad\cdots\cdots(6)$$

式中：

t ——时间；

a、b ——见表1。

5.5 寿命损失

在恒定热点温度 T (K)下，一段时间 t(h)内的寿命损失 L_{C}(h)按公式(7)计算：

$$L_{\mathrm{C}}=t\times180\ 000\times a^{-1}\times\exp\left(\frac{-b}{T}\right) \quad\cdots\cdots(7)$$

式中：

t ——时间；

a、b ——见表 1。

5.6 稳态下的热点温度

对大多数运行中的变压器来说，很难准确地知道绕组内部的热点温度。对大多数此类变压器，热点温度能通过计算来估计。

本部分计算方法中的 $\theta_{HS,r}$ 为额定条件(额定电流、额定环境温度、额定电压、额定频率)下的热点温度，单位为 ℃。它可以用计算或测量的方法得到。

注：目前没有确定热点温度的标准试验方法，如果制造方能用试验来证明其他热点温度值，则制造方可以用这些值来计算变压器寿命损失。

5.7 假定的热点系数

在下面的考虑中，假定热点系数 Z 是 1.25：

$$\Delta\theta_{HS,r} = Z \times \Delta\theta_{Wr} \qquad (8)$$

式中：

$\Delta\theta_{HS,r}$ ——热点温升(K)；

$\Delta\theta_{Wr}$ ——额定负载下绕组平均温升(K)。

5.8 在不同的环境温度和负载条件下的热点温升

计算寿命损失要求的基本值是热点温度。为此，有必要知道在每个负载条件和环境温度下的热点温升。

$$\Delta\theta_{HSn} = Z \times \Delta\theta_{Wr} \times I_n^q \qquad (9)$$

式中：

$\Delta\theta_{HSn}$ ——给定负载下绕组热点温升；

I_n ——给定负载率；

q ——自然冷却(AN)取 1.6，强迫风冷(AF)取 2；

Z ——假定为 1.25。

$\Delta\theta_{Wr}$尽可能采用试验值，以限制与系数 Z 的有效性和与 q 值相关的不确定性。经验表明，q 和 Z 在不同变压器及不同的运行负载条件下取不同的值。

注：对某种绕组结构，$\Delta\theta_{Wr}$只能通过变压器样机、模型来确定。

5.9 负载公式

5.9.1 连续负载

热点温度 θ_{HS}作为稳定条件下负载的函数，用下式计算：

$$\theta_{HS} = \theta_a + \Delta\theta_{HS} \qquad (10)$$

对于自然冷却方式：

$$\Delta\theta_{HS} = \Delta\theta_{HS,r}[I]^{2m} \qquad (11)$$

对于强迫风冷方式：

$$\Delta\theta_{HS} = \Delta\theta_{HS,r} \cdot (I^2 C_T)^X \qquad (12)$$

$$C_{\mathrm{T}}=\frac{T_{\mathrm{K}}+\theta_{\mathrm{HS}}}{T_{\mathrm{K}}+\theta_{\mathrm{HS,r}}} \qquad (13)$$

式中：

$\Delta\theta_{\mathrm{HS}}$——给定负载下的热点温升(K)；

$\theta_{\mathrm{HS,r}}$——额定负载下的额定或者测试的热点温度(℃)(用于式(11)中的自然冷却运行的变压器测试值与用于式(12)的强迫风冷运行的变压器测试值可能不同)；

I ——负载率(负载电流与额定电流的比值)；

C_{T} ——电阻温度修正系数；

m ——经验常数，等于 0.8(在没有试验数据情况下的建议值)；

θ_{a} ——环境温度(℃)；

θ_{HS} ——给定负载率 I 下的热点温度(℃)；

T_{K} ——导体的温度常数，铝为 225，铜为 235；

X ——强迫风冷经验常数，等于 1(在没有试验数据情况下的建议值)。

试验数据表明，由上面公式算出的热点温度值偏保守。

自然冷却运行的指数 $m=0.8$ 和强迫风冷运行的指数 $X=1$ 是从自然冷却和强迫风冷传热的相互关系中导出的。试验证明，式(13)给出的电阻温度修正系数在预测强迫风冷运行时由于高损耗而产生的热点温升是需要的。

式(11)和式(12)忽略了绕组中的涡流损耗，涡流损耗与温度呈反向变化。除非有谐波电流存在，涡流损耗通常很低，公式结果偏于保守。

式(11)和式(12)均需要叠代计算。即使不考虑涡流损耗，由于使用了推荐的指数，加上考虑到强迫风冷运行条件下电阻随温度变化，因此也会导致热点温升计算结果偏于保守。如果有谐波电流存在的话，则过载期间增加的涡流损耗可能要依据 GB/T 18494.1—2001 的附录 A 进行考虑。

5.9.2 暂态负载

暂态过负载时的热点温升用下列公式确定：

$$\Delta\theta_{\mathrm{t}}=(\Delta\theta_{\mathrm{U}}-\Delta\theta_{\mathrm{i}})\left[1-\exp^{\frac{-t}{\tau}}\right]+\Delta\theta_{\mathrm{i}} \qquad (14)$$

$$\theta_{\mathrm{HS}}=\Delta\theta_{\mathrm{t}}+\theta_{\mathrm{a}} \qquad (15)$$

式中：

$\Delta\theta_{\mathrm{i}}$ ——某负载率 I_{n} 开始时的起始热点温升(K)；

$\Delta\theta_{\mathrm{t}}$ ——负载变化 t 时间后的热点温升(K)；

$\Delta\theta_{\mathrm{U}}$ ——负载率 I_{u} 不发生变化情况下的最终热点温升(K)；

t ——时间(min)；

τ ——给定负载下绕组的时间常数(min)；

θ_{HS} ——热点温度(℃)；

θ_{a} ——环境温度(℃)。

5.10 绕组时间常数的确定

5.10.1 概述

变压器时间常数的概念基于假设一个单一热源为一个受热体供热，而这个受热体的温升和输入的热量呈指数关系。时间常数定义为当负载发生变化时，其温升达到超过环境温度的稳定值的 63.2%所需的时间。通常在五倍时间常数后达到稳态。因公开的试验数据表明高压和低压绕组的时间常数可能不同，因此，不同负载下的热点温度计算应分别进行。两个绕组的绝缘系统温度等级也可能不同。

时间常数可以通过计算或者是在变压器上进行试验获得，具体由供需双方协商确定。

5.10.2 时间常数计算方法

额定负载下绕组的时间常数 τ_R 为：

$$\tau_R=\frac{C(\Delta\theta_{HS,r}-\theta_e)}{P_r} \qquad \cdots\cdots(16)$$

式中：

τ_R——额定负载下变压器的时间常数(min)；

C ——绕组的有效热容量(W·min/K)；

=[15.0×铝导线质量(kg)]+(C_1×环氧材料及其他绕组绝缘质量(kg))，或

=(6.42×铜导线质量(kg))+(C_1×环氧材料及其他绕组绝缘质量(kg))；

或

C ——绕组的有效热容量(W·h/K)；

=(0.25×铝导线质量(kg))+(C_2×环氧材料及其他绕组绝缘质量(kg))，或

=(0.107×铜导线质量(kg))+(C_2×环氧材料及其他绕组绝缘质量(kg))；

C_1——为环氧材料及其他绕组绝缘材料的比热容，单位为 W·min/(K·kg)；

C_2——为环氧材料及其他绕组绝缘材料的比热容，单位为 W·h/(K·kg)；

P_r——额定负载和额定温升下的绕组总损耗(电阻损耗+涡流损耗)(W)；

$\Delta\theta_{HS,r}$——额定负载下的热点温升(K)；

θ_e——空载时铁心对绕组热点温升的影响。其值应是下面给出的值或变压器温升试验时制造方的测量值：

=5 K，对于外侧绕组(通常为高压绕组)；

=25 K；对于内侧绕组(通常为不超过 1 kV 的低压绕组)。

注 1：上述的铁心影响值基于制造方的经验；

注 2：在 IEC 60076-12:2008 中，C_1 为 24.5 W·min/(K·kg)，C_2 为 0.408 W·h/(K·kg)。

5.10.3 时间常数的测试方法

时间常数可以通过在温升试验中获得的热电阻冷却曲线估算。

5.11 根据经验常数确定绕组时间常数

当温升变化时，根据经验常数 m，时间常数也发生变化。

$$\tau_R=\frac{C(\Delta\theta_{HS,r}-\theta_e)}{P_r} \qquad \cdots\cdots(17)$$

如果 $m=1$，则公式(17)对任何负载及任何起始温度都正确。如果 $m\neq1$，则任何负载和任何起始温度的加热或冷却循环的时间常数用公式(18)得出。

$$\tau=\tau_R\frac{\left(\frac{\Delta\theta_U}{\Delta\theta_{HS,r}}\right)-\left(\frac{\Delta\theta_i}{\Delta\theta_{HS,r}}\right)}{\left(\frac{\Delta\theta_U}{\Delta\theta_{HS,r}}\right)^{\frac{1}{m}}-\left(\frac{\Delta\theta_i}{\Delta\theta_{HS,r}}\right)^{\frac{1}{m}}} \qquad \cdots\cdots(18)$$

5.12 负载能力计算

公式(10)～公式(18)宜用于确定在一个负载周期中的热点温度，也宜用于确定短时或连续负载导

致的达到表1中给出的最大值或达到任何其他限值的温度值。

初始负载率 I_i 下的初始热点温升，可用公式(11)算出，计算如下：

$$\Delta\theta_i = \Delta\theta_{HS,r}[I_i]^{2m} \qquad (19)$$

式中：

I_i——初始负载率(负载电流与额定电流比值)。

从表2中选择一个热点温度 θ_{HS} 限值。用公式(10)确定在对应的环境温度下 t 时刻的允许热点温升。

表2　绕组最高热点温度

绝缘系统温度(GB 1094.11) ℃	绕组最高热点温度 ℃
105 (A)	130
120 (E)	145
130 (B)	155
155 (F)	180
180 (H)	205
200	225
220	245

当热点温度超过表2给出的绕组最高热点温度时，计算寿命是不实际的，因为绕组材料可能发生变化。变压器负载导致的温度如果超过表2的限值，会使变压器处于在不可预测的短时间内出现故障的风险中。

$$\theta_{HS} = \theta_a + \Delta\theta_{HS} \qquad (20)$$

式中：

θ_{HS} ——热点温度(℃)；

$\Delta\theta_{HS}$ ——热点温升(K)；

θ_a ——环境温度(℃)。

$$\Delta\theta_t = \Delta\theta_{HS} - \theta_a \qquad (21)$$

式中：

$\Delta\theta_t$——负载变化后 t 时刻的热点温升(K)。

用公式(14)确定的最终的热点温升：

$$\Delta\theta_U = \left[\frac{\Delta\theta_t - \Delta\theta_i}{1 - \exp^{\frac{-t}{\tau}}}\right] + \Delta\theta_i \qquad (22)$$

式中：

$\Delta\theta_U$——最终热点温升(K)。

从5.10可得到时间常数 τ。选择一个时间 t，作为负载持续时间，代入上述公式中。从公式(11)可知，对应的过载可如下得到：

$$I_U = \left(\frac{\Delta\theta_U}{\Delta\theta_{HS,r}}\right)^{\frac{1}{2m}} \qquad (23)$$

式中：

I_U——最终负载率；

时间常数的确定也是一个叠代的过程。

6 限制

6.1 电流和温度限制

当负载超过铭牌额定值时，绕组热点温度不应超过表3所列的限值，并且还要考虑4.3和5.12的特殊限制。

电流的幅值要限定到1.5倍额定电流，特别是当负载周期短，且为重复性负载时，以避免在绕组上产生机械损伤。当电流值超过1.5倍额定电流时，在询价阶段就应该指出，并由供需双方协商一致。对于所有其他类型的负载周期，电流值要限定到1.5倍额定电流。

表3 超铭牌额定值负载时的电流和温度限值

绝缘系统温度/℃	最大电流(p.u.)	最高热点温度/℃
105(A)	1.5	130
120(E)	1.5	145
130(B)	1.5	155
155(F)	1.5	180
180(H)	1.5	205
200	1.5	225
220	1.5	245

注1：温度和电流的限值不是同时有效。可以将电流限制为比表中的值小，以满足温度限值要求。相反，可以将温度限制为比表中规定值小以满足电流限值要求。

注2：计算表明，在表中的最高热点温度下，一台新变压器的寿命只有几千小时。

6.2 其他限制

6.2.1 金属结构件的漏磁场

随着电流的增加漏磁场也增加，这能导致金属结构件温度过高，从而限制过载。负载电流、热点温度及绕组和端子外的其他金属结构件的温度均不宜超过表3的限值。应该注意，当热点温度超过表3所列的最高温度时，绝缘系统特性显著降低，远小于变压器绝缘耐受最小值水平。

6.2.2 附件和其他

除了绕组外，变压器的其他部件，如：套管、电缆连接头、分接变换装置、分接开关、温度测量装置、避雷器和引线也可限制在1.5倍额定电流下运行。

6.2.3 带外壳的变压器

当变压器有外壳时，过载情况下的寿命损失更大。

变压器在户内运行时，额定热点温升计算需考虑外壳的影响进行修正。

6.2.4 户外环境条件

很多户外场所，阳光直射可急剧增加变压器的温度，超过额定电流运行时，应加以考虑。

风可改善变压器的散热效果，但它是不可预测的自然现象，因此不列入考虑范围。

附　录　A
（资料性附录）
老化率

A.1　负载能力

变压器的负载能力与绝缘材料和绝缘系统有关。与油浸式变压器的主要固体绝缘材料是纤维素产品不同，干式变压器大量使用了不同的绝缘材料。

A.2　分子结构

A.2.1　概述

固体绝缘材料具有通用的分子结构，都是由较小的分子链组合成的长链。链上可能还有分支、六角形的环以及链间交联。

图 A.1 表示的是环氧分子结构。

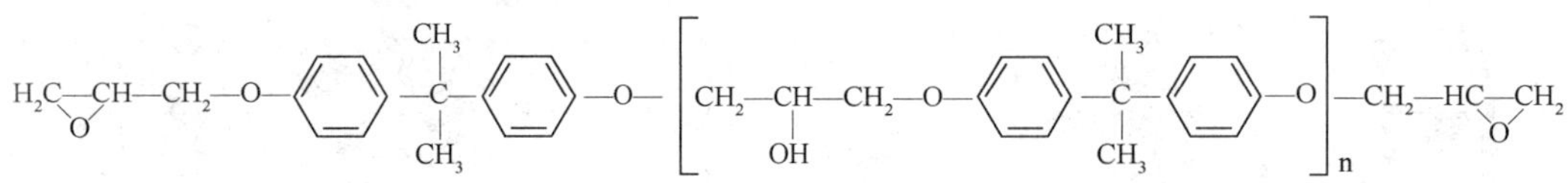

n=0, 1, 2, 3

图 A.1　环氧分子结构

分子是运动的，在固体材料中，这些运动有振动的特点。当绕组导体中由损耗产生的热量（或其他热源）传到绝缘材料时，热能便在材料中转化为动能。由于动能增加，分子的振动便加快，振幅便加大，换一句话说，就是更剧烈。当它们之间的相互碰撞增加后，分子断裂成小分子的几率增加了。热量提供给材料的这类化学过程被称为吸热过程。

A.2.2　氧化

其他的反应机理也有可能存在，如：氧化。

化学反应的速率和温度有关，因而它也取决于传到绝缘材料的热量的多少。

绝缘材料不断发展，以实现在应用中的最佳性能。材料吸热过程中分子结构的改变也导致材料重要特性的变化，如：机械强度和绝缘强度、耐热冲击性能、密封性能。通常这些特性会下降。这些特性的下降速率可能是不相同的。“老化”一词通常用于表述这个化学过程，及与之相随的不同材料特性的下降。

A.2.3　长期耐热性能

A.2.3.1　概述

温度指数（*TI*）和半差（HIC）是两个术语，用于表征绝缘材料或绝缘系统的长期耐热特性。*TI* 是从一定时间的长期耐热性关系得出的摄氏温度（℃）的数值。在 GB/T 11026.1 中这个时间是 20 000 h。但原则上也可以规定其他时间。HIC 是开氏温度的数值，表示在温度等于 *TI* 时取得的终点时间的一半到终点时的温度间隔数值。见图 A.2。

TI 和 HIC 是在提高温度的加速老化试验时得到的，而试验方法则是基于阿伦尼乌斯定律的有效性。

A.2.3.2 阿伦尼乌斯定律

化学和物理学家阿伦尼乌斯（1903 年诺贝尔化学奖得主）提出了下列化学反应速度与温度的一般关系：

$$k = A \times e^{-\left(\frac{E_a}{R \times T}\right)} \qquad \text{(A.1)}$$

式中：

k ——反应速度系数；

A ——常数；

E_a ——和规定材料相关的活化能；

R ——通用气体常数；

T ——开氏温度(K)；

e ——自然对数的底(2.718 28…)。

公式(A.1)叫作阿伦尼乌斯定律。

R 的值为 $8.314 \times 10^{-3}\,\mathrm{kJmol^{-1}K^{-1}}$。活化能 E_a 是所涉及材料发生反应所需的能量总和，假定 E_a 不随温度变化。E_a 的单位是 $\mathrm{kJmol^{-1}}$。

A 和 k 的基本单位是秒分之一($\mathrm{s^{-1}}$)，适当时也可用其他时间单位，如：小时。k 表示在材料或材料组合中化学反应的快慢程度。

公式(A.1)的倒数为：

$$\frac{1}{k} = \frac{1}{A} \times e^{\frac{E_a}{R \times T}} \qquad \text{(A.2)}$$

$1/k$ 的单位是秒(s)，它显示化学反应进行到某阶段已用的时间。

公式(A.2)还可以写作：

$$h = a \times e^{\frac{b}{T}} \qquad \text{(A.3)}$$

式中：

$h = 1/k$；

$a = 1/A$；

$b = E_a/R$。

等号两边取自然对数：

$$\ln h = \ln a + b \times (1/T) \qquad \text{(A.4)}$$

A.2.3.3 耐热图

将 $\ln h$ 和 $1/T$ 对应的值标在平面直角坐标系上，这些点可以拟合为一条直线上。这个图叫作耐热图。如图 A.2。

试验在比预期温度指数(TI)更高的温度下进行。在图 A.2 例子中，试验在四个不同的温度下进行，即 170 ℃、160 ℃、150 ℃和 140 ℃。

试验中，有必要确定材料性能的终点(如：交流击穿电压)。终点可以确定为最小的绝对值(如：用 kV/mm)或试验开始前的性能的百分比剩余值。标准中对某些材料和性能的这样的终点给出了建议，但不是所有的。GB/T 11026.1 提出了对某些材料性能的建议。其他情况下，终点的确定应该由材料供需双方协商。

如：50%剩余值可能被确定为绝缘材料的寿命终点。但也不能理解得太机械。在标准中，规定的终点主要是常规性的，而不是功能性的。材料的劣化是渐进的。终点并不代表变压器在“生”与“死”间有明显的界限。达到终点仅意味着特定材料的性能已经降低到其初始值的某一百分比，与新变压器相比，变压器的安全裕度和运行可靠性已经降低了。就电气性能而言，如果没有严重过电压发生，则变压器还能正常运行许多年。

同样地，如果没有电力系统中因短路产生的大的过电流，那么尽管机械性能已经下降了，但变压器仍会运行良好。

在图A.2中，根据耐热试验，四个点表示了不同温度170 ℃、160 ℃、150 ℃和140 ℃到终点所需的时间(小时)。沿四个点划一条回归线并延长与20 000 h坐标相交。交点处的温度为130 ℃。

因此，该材料特定性能的 *TI* 就是130 ℃。进一步说，回归线显示，温度增加大约5 ℃，在10 000 h后，材料会达到终点。半差HIC就是5。

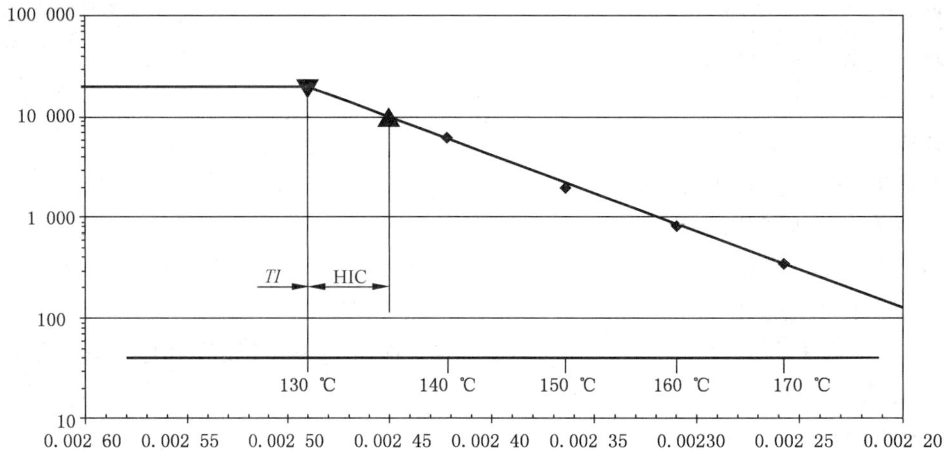

说明：

纵坐标轴——时间(对数坐标，h)；

横坐标轴——热力学温度值的倒数(线性坐标，K^{-1})；

附加温度轴——摄氏度(非线性坐标，℃)；

▼ ——20 000 h的估算温度；

▲ ——10 000 h的估算温度；

TI ——温度指数；

HIC——半差。

图 A.2 耐热图

因为不同的材料特性有不同的老化率，因此有必要为一个材料或者相同的材料给出几个温度指数和寿命减半周期。

详细的试验描述见GB/T 11026.1～GB/T 11026.6及IEC 60216-5和IEC 60216-6。图A.2显示的是简化了的理想图形，恰好用来说明原理。实际上从材料样品上得到的结果会有一定的离散性，一部分是由于材料的变化引起的，一部分是由于测量的不确定性引起的。

在GB/T 11026.3中提供了从大量的试验数据中计算耐热性的详细说明，包括以统计学试验验证的有效性。如果材料中包含大量的无机成分，则可能就会明显的偏离。

本负载导则基于阿伦尼乌斯定律。

变压器绕组中的温度是不同的。绕组中某些区域的温度要高于其他区域。高温区材料的劣化速率最高。这些区域将首先到达寿命终点，并决定了整台变压器的运行可靠性。

变压器绕组的热点温度与平均温度之间的关系因设计不同而不同。计算热点温度的公式是通用的，并可能会有不确定性，这使得对变压器寿命损失的预测也有一定的不确定性。制造方应为其特殊设计的热点温度提供更准确的信息。

当评价变压器负载能力时，环境温度受到负载的影响的因素应加以考虑。

A.3 参考文献

GB/T 11026.1 电气绝缘材料 耐热性 第1部分：老化程序和试验结果的评定（GB/T 11026.1—2003，IEC 60216-1：2001，IDT）

GB/T 11026.2 确定电气绝缘材料耐热性的导则 第2部分：试验判断标准的选择（GB/T 11026.2—2000，IEC 60216-2：1990，IDT）

GB/T 11026.3 电气绝缘材料 耐热性 第3部分：计算耐热特征参数的规程（GB/T 11026.3—2006，IEC 60216-3：2002，IDT）

GB/T 11026.4 确定电气绝缘材料耐热性的导则 第4部分：老化烘箱 单室烘箱（GB/T 11026.4—1999，IEC 60216-4-1：1990，IDT）

GB/T 11026.5 电气绝缘材料耐热性 第5部分：老化烘箱 温度达300 ℃的精密烘箱（GB/T 11026.5—2010，IEC 60216-4-2：2000，IDT）

GB/T 11026.6 电气绝缘材料耐热性 第6部分：老化烘箱 多室烘箱（GB/T 11026.6—2010，IEC 60216-4-3：2000，IDT）

IEC 60216-5 电气绝缘材料 耐热性 第5部分 确定一种绝缘材料的相对耐热性指标（RTE）（Electrical insulating materials—Thermal endurance properties—Part 5：Determination of relative thermal endurance index（RTE）of an insulating material）

IEC 60216-6 电气绝缘材料 耐热性 第6部分 用固定时间法确定绝缘材料的耐热性指标（TI和RTE）（Electrical insulating materials—Thermal endurance properties—Part 6：Determination of thermal endurance indices（TI and RTE）of an insulating material using the fixed time frame method）

附 录 B
（资料性附录）
三种负载模式下的寿命损失示例

B.1 例一：恒定温度下的负载

B.1.1 假设

热点对环境的温升：	125 K
环境温度：	30 ℃ ＝常数
绝缘系统温度：	130 ℃（B级）
负载时间：	1 周＝ 168 h

B.1.2 计算

根据公式(3)：

热点热力学温度＝273＋30＋125＝428 K。

由表 1，系数 a 和 b 为：

a＝1.72E－15h，b＝18 115。

根据公式(5)计算老化率：

$k=180\ 000\times(1.72\text{E}-15)^{-1}\times\exp(-18\ 115/428)=43.48$

这意味着每小时损失 43.48 h 寿命。

负载时间为 168 h，在此温度下一周时间内的寿命损失为：

43.48×168＝7 305 h 寿命。

在额定热点温度为 120 ℃时的预计寿命是 180 000 h。热点温度为 155 ℃时一周的寿命损失占到变压器总预计寿命的：

100×7 305/180 000 ＝ 4.06(%)

B.2 例二：持续时间为 t_1 的负载电流 I_i 和紧接着持续时间为 t_2 的负载电流 I_u

B.2.1 概述

当负载电流突然从 I_i 变为 I_u 时，绕组热点温度按照指数函数[公式(14)]从初始温升 $\Delta\theta_i$ 变为 $\Delta\theta_u$，如图 B.1 所示：

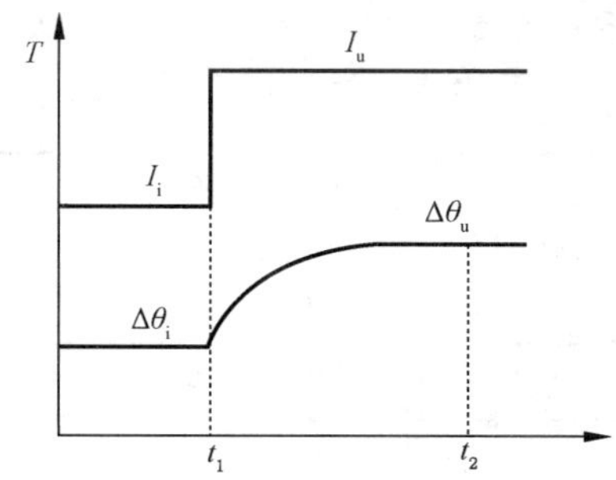

说明：
横坐标轴——时间；
纵坐标轴——上部曲线：起始和最终负载；
下部曲线：对环境的温升。

图 B.1 阶跃变化的负载曲线

B.2.2 假设

$I_i=0.8$ p.u.，持续时间 $t_1=10$ h，I_i 为初始负载；
$I_U=1.2$ p.u.，持续时间 $t_2=10$ h，I_U 为最终负载；
绕组的额定时间常数：$\tau_R=0.5$ h；
环境温度：30 ℃，恒定(与负载电流无关)；
绝缘系统温度：155 ℃；
时间为 0 时绕组起始热点温度为 $\Delta\theta_{HSi}$；
额定电流下绕组平均温升 $\Delta\theta_{Wr}=80$ K；
自然冷却运行。

B.2.3 计算

用公式(9)计算 $\Delta\theta_{HSi}$ 和 $\Delta\theta_{HSu}$：
$\Delta\theta_{HSi}=1.25\times80\times80\times0.8^{1.6}=70$ K；
$\Delta\theta_{HSu}=1.25\times80\times1.2^{1.6}=134$ K；
$\Delta\theta_{HS,r}=1.25\times80=100$ K；
用公式(18)计算绕组热点温度从 70 K 变到 134 K 的时间常数：

$$\tau=0.5\times\frac{\frac{134}{100}-\frac{70}{100}}{\left(\frac{134}{100}\right)^{1.25}-\left(\frac{70}{100}\right)^{1.25}}=0.399$$

用公式(14)计算从 $\Delta\theta_{HSi}$ 变到 $\Delta\theta_{HSu}$ 中间的任何时刻 t 时的 $\Delta\theta_{HS}$：
$\Delta\theta_{HS}=70+(134-70)\times[1-\exp(-t/0.399)]$。
老化率随 $\Delta\theta_{HS}$ 增加持续增大。见图 B.2。
当 $t\approx5\times\tau=5\times0.399=1.995$ h，即 2 h 时，$\Delta\theta_{HS}\approx\Delta\theta_{HSu}$。

为计算从 $\Delta\theta_{HSi}$ 变到 $\Delta\theta_{HSu}$ 这段暂态时间的寿命损失，将热点温升 $\Delta\theta_{HS}$、热力学温度 T 和老化率 k 列在表 B.1 中，时间区间是 $t-t_1=0\sim2$ h。

表 B.1 寿命损失计算

时间 t h	热点温升 $\Delta\theta_{HS}$ ［公式(14)］ K	热力学温度 T ［公式(3)］ K	老化率 k ［公式(5)］ h/h	寿命损失 L_c ［公式(7)］ h
0	70.0	373.0	0.003	0.000 0
0.1	84.2	387.2	0.020	0.002 0
0.2	95.2	398.2	0.088	0.008 8
0.3	103.8	406.8	0.260	0.026 0
0.4	110.5	413.5	0.587	0.058 7
0.5	115.7	418.7	1.085	0.108 5
0.6	119.8	422.8	1.743	0.174 3
0.7	122.9	425.9	2.480	0.248 0
0.8	125.4	428.4	3.283	0.328 3
0.9	127.3	430.3	4.054	0.405 4
1.0	128.8	431.8	4.783	0.478 3
1.1	129.9	432.9	5.396	0.539 6
1.2	130.8	433.8	5.952	0.595 2
1.3	131.5	434.5	6.422	0.642 2
1.4	132.1	435.1	6.853	0.685 3
1.5	132.5	435.5	7.156	0.715 6
1.6	132.8	435.8	7.392	0.739 2
1.7	133.1	436.1	7.634	0.763 4
1.8	133.3	436.3	7.800	0.780 0
1.9	133.5	436.5	7.970	0.797 0
2.0	133.6	436.6	8.056	0.805 6
2.1	133.7	436.7	8.143	0.814 3
				总寿命损失：L_c=9.715 7

$\Delta\theta_{HS}$和 k 对 t 的关系见图 B.2。

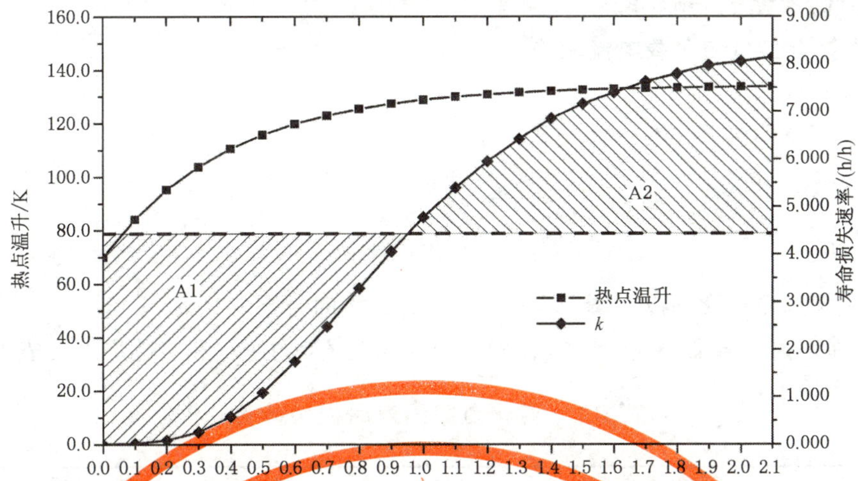

说明：

横坐标轴 —— t_1 以后的时间(h)；

纵坐标轴 —— 左：热点温升(K)；

右：寿命损失速率 k(h/h)；

上部曲线——热点温升(K)；

下部曲线——对应热点温升的寿命损失速率。

图 B.2 热点温升和寿命损失

热点温升从 $\Delta\theta_{HSi}$ 到 $\Delta\theta_{HSu}$ 的 2 h 变化过程的寿命损失可以用 k 曲线下面的面积来表示。有几个方法来估算这个区域。一个简单的方法是画一条穿过图表的水平虚线。这条线的纵坐标使得用眼睛就能够看出区域 A1 和 A2 的面积相等。区域 A1 的边界是左边的纵轴、水平线以及 k 曲线。区域 A2 的边界是右边的纵轴、水平线以及 k 曲线。读取右轴的纵坐标值，k 曲线下部区域的面积就等于纵坐标值和横轴右侧终点值的乘积。因此：

$$5.0\times2=10(\text{h})$$

这意味着在这 2 h 内热点温升从 70 K 变到 134 K，其寿命损失为 10 h。

除此外，还有热点温升为 70 K 时的 10 h 以及热点温升为 134 K 时的 10－2＝8 h 的寿命损失。这两段时间的寿命损失可以按公式(7)计算如下：

$$L_{C1}=180\ 000\times10\times(9.60\text{E}-17)^{-1}\times\exp[-20\ 475/(273+100)]=0.03\ \text{h}$$

$$L_{C2}=180\ 000\times8\times(9.60\text{E}-17)^{-1}\times\exp[-20\ 475/(273+164)]=67.28\ \text{h}$$

它们分别是 0.03 h 和 67.28 h。

在 20 h 内总的寿命损失为：

0.03＋9.71＋67.28＝77.02 h。

确定曲线下部面积的其他方法有数学积分法、矩形法、梯形法或辛普森定律。

k 曲线具有的形状可以用一个多项式来描述，这易于进行积分以得到曲线下部面积的大小。采用这种方法，如果计算的步距为 0.01 h，则寿命损失为 8.54 h。

B.3 例三：变化的负载电流

B.3.1 假设

在 24 h 周期中，负载电流在 0.7 p.u.和 1.2 p.u.间变化。

绕组的额定时间常数 τ_R=0.5 h。

环境温度:30 ℃,恒定(与负载电流无关)。

绝缘系统温度:180 ℃。

额定电流下绕组平均温升 $\Delta\theta_{Wr}$=100 K。

自然冷却运行。

B.3.2 计算

负载周期见表 B.2 左边两列以及图 B.3。负载电流每小时记录一次。

为计算 24 h 周期内的寿命损失,将热点温升 $\Delta\theta_{HS}$、热力学温度 T 和老化率 k 在表 B.2 中列出。

表 B.2 变化负载的寿命损失计算

时间 h	负载率 p.u.	最终热点温升 公式(9) K	时间常数 公式(18) h	热点温升 公式(14) K	热力学温度 公式(3) K	老化率 k 公式(5) h/h
0	0.700	70.64	—	70.64	373.6	0.000
1	0.722	74.23	0.458	73.82	376.8	0.000
2	0.788	85.38	0.448	84.14	387.1	0.001
3	0.859	98.02	0.432	96.64	399.6	0.004
4	0.956	116.32	0.416	114.54	417.5	0.042
5	0.957	116.51	0.407	116.34	419.3	0.054
6	0.962	117.49	0.407	117.39	420.4	0.061
7	0.991	123.20	0.404	122.72	425.7	0.122
8	1.029	130.85	0.398	130.19	433.2	0.309
9	1.044	133.92	0.394	133.62	436.6	0.468
10	1.054	135.97	0.392	135.79	438.8	0.607
11	1.080	141.38	0.390	140.95	444.0	1.116
12	1.104	146.44	0.386	146.03	449.0	2.004
13	1.152	156.76	0.381	155.98	459.0	6.079
14	1.163	159.16	0.377	158.94	461.9	8.375
15	1.200	167.34	0.374	166.76	469.8	19.176
16	1.159	158.29	0.374	158.87	461.9	8.317
17	1.109	147.50	0.380	148.32	451.3	2.600
18	1.087	142.85	0.385	143.26	446.3	1.459
19	0.982	121.42	0.395	123.15	426.2	0.128
20	0.810	89.22	0.418	92.32	395.3	0.002
21	0.751	79.06	0.442	80.43	383.4	0.000
22	0.720	73.90	0.452	74.62	377.6	0.000
23	0.719	73.74	0.456	73.82	376.8	0.000
24	0.700	70.64	0.459	71.00	374.0	0.000

注意时间常数在负载周期内有所变化。

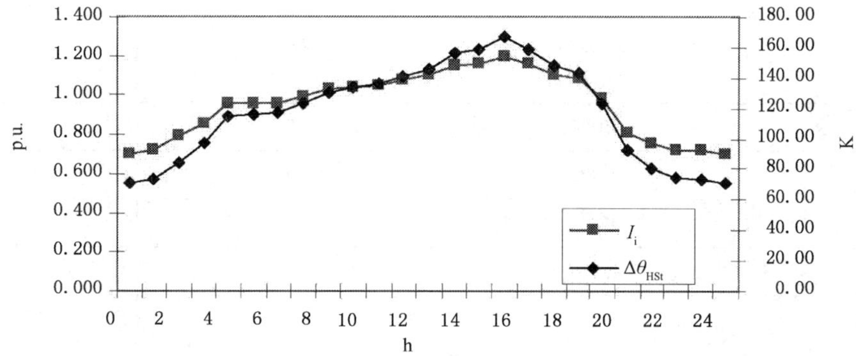

说明：
横坐标轴——时间(h)；
纵坐标轴——左：负载电流(标幺值)；
　　　　　右：绕组热点温升(K)；
—■— ——与左侧纵坐标轴对应的负载电流，I_i；
—◆— ——与右侧纵坐标轴对应的绕组热点温升(K)。

图 B.3　负载电流和绕组热点温升

图 B.4 曲线显示老化率在 24 h 周期内随时间的变化。周期内的寿命损失为曲线下部的面积。

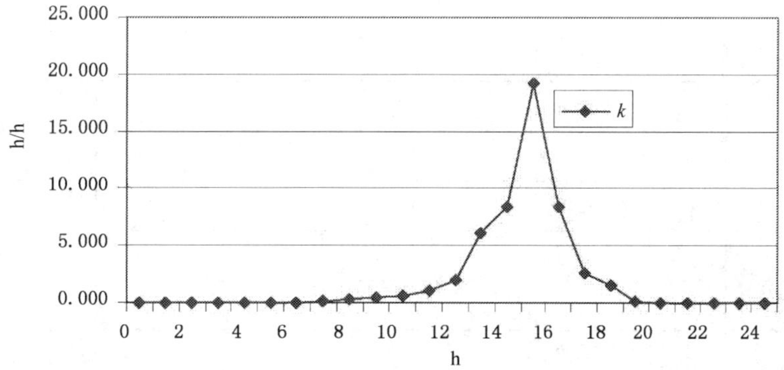

说明：
横坐标轴——时间(h)；
纵坐标轴——老化率(h/h)。

图 B.4　老化率与时间的关系

曲线下部面积可用辛普森公式积分求出：

$$\int_a^b f(t)\mathrm{d}t = \frac{b-a}{6n} \times (y_0 + 4y_1 + 2y_2 + 4y_3 + 2y_4 + \cdots + 4y_{2n-1} + y_{2n})$$

式中的 $2n$ 为从 a 到 b 的等分数。

在前面例子中，$2n=24(n=12)$，纵坐标 y_0、y_1、y_2 等是 k 值，$b=24$，$a=0$。

表 B.3 就得以建立了：

表 B.3 寿命损失计算

时间 h	寿命损失速率 k 公式(7) h/h	系数	$k\times$系数 h
0	0.000	1	0.000
1	0.000	4	0.000
2	0.001	2	0.002
3	0.004	4	0.016
4	0.042	2	0.084
5	0.054	4	0.216
6	0.061	2	0.122
7	0.122	4	0.488
8	0.309	2	0.618
9	0.468	4	1.872
10	0.607	2	1.214
11	1.116	4	4.464
12	2.004	2	4.008
13	6.079	4	24.316
14	8.375	2	16.750
15	19.176	4	76.704
16	8.317	2	16.634
17	2.600	4	10.400
18	1.459	2	2.918
19	0.128	4	0.512
20	0.002	2	0.004
21	0.000	4	0.000
22	0.000	2	0.000
23	0.000	4	0.000
24	0.000	2	0.000

合计：161.34

$L_c=53.78$

图 B.4 曲线下的面积等于：

$$\frac{24}{6\times 12}\times 161.34=53.78\ (\mathrm{h})$$

这意味着在给定的 24 h 负载周期中，损失了 180 000 h 总寿命中的 53.78 h，占总寿命的 0.0299%。

附　录　C
(资料性附录)
符号表

C.1　符号表

符号表见表 C.1。

表 C.1　符号表

符号	意义	单位	章条号
a	阿伦尼乌斯定律常数	h	5.2
b	阿伦尼乌斯定律常数	K	5.2
C	绕组的有效热容量	W·min/K 或 W·h/K	5.10.2
C_1	环氧材料及其他绕组绝缘材料的比热容	W·min/(K·kg)	5.10.2
C_2	为环氧材料及其他绕组绝缘材料的比热容	W·h/(K·kg)	5.10.2
C_T	电阻温度修正系数	—	5.9.1
I	负载率	—	5.9.1
I_i	初始负载率	—	5.12
I_n	给定负载率	—	5.8
I_U	最终负载率	—	5.12
k	老化率,给定温度下每小时运行时间的寿命损失小时数	h/h	5.4
k_r	相对老化率,恒定热点热力学温度 T(K)及时间 t 下,相对于 180 000 h的寿命损失百分数	%	5.4
L	寿命	h	5.2
L_C	以热点温度 T(k)运行 t(h)的寿命损失	h	5.5
m	经验常数,等于 0.8		5.9.1
P_r	额定负载和额定温升下的绕组总损耗(电阻损耗+涡流损耗)	W	5.10.2
q	在给定负载下计算热点温升的经验常数	—	5.8
t	时间	min	5.9.2
T	热点热力学温度	K	5.2
TI	温度指数	℃	5.2
T_K	导体的温度常数,铝为 225,铜为 235		5.9.1
X	用于强迫风冷的经验常数,等于 1(在没有试验数据情况下的建议值)	—	5.9.1
Z	假设热点温度系数,等于 1.25	—	5.7/5.8
θ_a	环境温度	℃	5.3/5.9.1/5.9.2/5.12
θ_e	空载时铁心对绕组热点温升的影响	K	5.10.2

表 C.1（续）

符号	意义	单位	章条号
θ_{HS}	给定条件(负载 I、环境温度……)下的热点温度	℃	5.6/5.9.1/5.9.2/5.12
$\theta_{HS,r}$	额定负载下,绕组计算或测量的额定热点温度	℃	5.2/5.9.1
$\Delta\theta_{HS}$	给定负载下的热点温升	K	5.9.1/5.12
$\Delta\theta_{HS,r}$	所考虑负载下绕组热点对环境的温升	K	5.7
$\Delta\theta_{HSn}$	给定负载下的绕组热点温升	K	5.3/5.8
$\Delta\theta_{i}$	某负载率 I_n 开始时的起始热点温升	K	5.9.2
$\Delta\theta_{t}$	负载变化 t 时间后的热点温升	K	5.9.2/5.12
$\Delta\theta_{U}$	负载 I_U 持续直到热点温升稳定时的最终热点温升	K	5.9.2/5.12
$\Delta\theta_{Wr}$	额定负载下的绕组平均温升	K	5.7
τ	给定负载下绕组的时间常数	min	5.9.2
τ_R	额定负载下绕组的时间常数	min	5.10.2

参 考 文 献

［1］ GB 1094.1 电力变压器 第1部分:总则
［2］ GB 1094.2 电力变压器 第2部分:温升

ICS 29.180
K 41

中华人民共和国国家标准

GB/T 1094.101—2008/IEC 60076-10-1:2005

电力变压器 第10.1部分：声级测定 应用导则

Power transformers—Part 10.1: Determination of sound levels—Application guide

(IEC 60076-10-1:2005, IDT)

2008-06-30 发布 2009-04-01 实施

中华人民共和国国家质量监督检验检疫总局
中国国家标准化管理委员会 发布

前　言

GB 1094《电力变压器》目前包含了下列几个部分：

——第1部分：总则；

——第2部分：温升；

——第3部分：绝缘水平、绝缘试验和外绝缘空气间隙；

——第4部分：电力变压器和电抗器的雷电冲击和操作冲击试验导则；

——第5部分：承受短路的能力；

——第7部分：油浸式电力变压器负载导则；

——第10部分：声级测定；

——第10.1部分：声级测定　应用导则；

——第11部分：干式变压器。

本部分为GB 1094系列标准的第10.1部分。

本部分等同采用IEC 60076-10-1：2005《电力变压器—第10-1部分：声级测定—应用导则》（英文版）。

本部分根据IEC 60076-10-1：2005采用翻译法起草。

为便于使用，本部分进行了下列编辑性修改：

——用小数点“.”代替作为小数点的逗号“，”；

——删除了IEC 60076-10-1：2005的“前言”。

本部分的附录A和附录B均为资料性附录。

本部分由中国电器工业协会提出。

本部分由全国变压器标准化技术委员会（SAC/TC 44）归口。

本部分主要起草单位：沈阳变压器研究所、保定天威保变电气股份有限公司、特变电工沈阳变压器集团有限公司、西安西电变压器有限责任公司、特变电工衡阳变压器有限公司、中电电气集团有限公司、广州骏发电气有限公司。

本部分主要起草人：孙军、张喜乐、王国刚、帅远明、陈东风、金承祥、樊建平。

本部分首次发布。

电力变压器　第10.1部分：声级测定　应用导则

1　范围

GB 1094 的本部分是向制造方及用户提供如何使用 GB/T 1094.10 所阐述的测量技术的一份支持性资料。本部分阐述了变压器和电抗器的噪声源及特性；提供了进行测量的实际指导；讨论了可能影响测量方法准确度的各种因素。在拟订变压器或电抗器技术条件时，本部分也阐明了那些应由供需双方协商确定的因素，并指出了工厂测量值与现场测量值不同的原因。

本部分适用于变压器和电抗器连同其相关的冷却设备。

2　规范性引用文件

下列文件中的条款通过 GB 1094 的本部分的引用而成为本部分的条款。凡是注日期的引用文件，其随后所有的修改单(不包括勘误的内容)或修订版均不适用于本部分，然而，鼓励根据本部分达成协议的各方研究是否可使用这些文件的最新版本。凡是不注日期的引用文件，其最新版本适用于本部分。

GB/T 1094.10—2003　电力变压器　第10部分：声级测定(IEC 60076-10:2001,MOD)

3　声的物理基础

3.1　声压　p

声音可定义为人耳能感受到的(在空气、水或其他弹性媒质中的)压力变化。此压力变化是声源通过媒质(对于本部分，则指空气)传递到听者的耳朵内。每秒钟发生周期性压力变化的次数称为声音的频率，其测量值的单位为赫兹(Hz)。声音的频率产生了其独特的声调或音色。变压器的嗡嗡声基本上是 100 Hz 或 120 Hz 的低频声，而汽笛声则是高频声，其典型频率值超过 3 kHz。健康青年人的正常听力范围约为 20 Hz～20 kHz。

为了进一步描述声音特征，用压力变化的幅值来表征，其测量值的单位为帕斯卡(Pa)。健康人耳能感受到的最弱声音与频率有明显的关系，一般在 1 kHz 下为 20 μPa。可以忍受的声音阈值对应于百万倍甚至更高的声压，因此，为了避免使用很大的数值，采用分贝(dB)标度。

分贝(dB)标度是对数，并用 20 μPa 作为参考值(p_0)，它对应于 0 dB。声压级 L_p 按式(1)的定义，即：

$$L_p = 10\lg \frac{p^2}{p_0^2} \qquad (1)$$

式中：

p——传声器测得的声压值。声压是标量，它只表示大小。

使用分贝标度的实用观点是：它与线性刻度的帕斯卡值相比，更接近于人的听力感受。这是因为人耳是按对数形式对声音作出反应的。然而，人耳不会对每个频率作出同样的反映量。因此，需要一个合适的滤波器，以确保传声器测得的声音真实地反映人耳所感受到的声音。一种名为“A 计权”的国际标准化的滤波器可以处理这种需求。

3.2　质点速度　u

用来阐述传递声波的媒质质点振荡速度的一个量。其测量值用每秒的米数(ms^{-1})表示。

3.3　声强　I

声强是表示某一指定位置处声能净流量的大小和方向的矢量。它是指定位置处的声压与质点速度乘积的时间平均值。

$$I=\overline{p\times u} \qquad \cdots\cdots(2)$$

声强的测量值用每平方米的瓦数(Wm^{-2})表示。能量流动的方向用指定位置处的质点速度与声压之间的相位角表示(参考电能的流动,可以设想声压与电压类似,而质点速度与电流类似)。法向声强是指流过单位面积上的声能的比值,在垂直于(即90°的方向)单位面积的方向上测量。

3.4 声功率 *W*

声源向周围空气辐射声功率,从而形成一个声压场。声功率是起因,而声压是效果。听到(或用传声器测出)的声压与到声源之间的距离和声环境有关。因此声源的声特性不可能只用简单的声压测量作定量的表示。因而必须测量声功率,它与环境无关,且是唯一用来表示声源声特性的叙词。

声功率是能量辐射的比值(单位时间内的能量),用瓦(W)表示。

3.5 声场

3.5.1 概述

声场指声音存在的区域,它是按声波传递的方式进行划分的。关于声压和声强之间的准确关系,只能通过3.5.2和3.5.3所叙述的两种特定场合才能了解。

3.5.2 自由场

本术语指声音的传递是在理想的无反射体的自由空间进行的。声音是由自由场中某个点声源向四周传播,若沿声音传播方向到声源的距离加倍时,其声压级和声强级便降低6 dB。对于具有一定空间的声源,若距该声源的距离相当大时,足以将其看成是点声源,从而亦有较准确的结果。在露天中测量时,只要其离地面和任何墙壁足够远,或者在一个完全无回声的试验室(当声音达到其墙壁、天花板或地面时,统统被它们吸收了)内测试时,仍认为保持了上述这些条件。

注:GB/T 1094.10要求所有的声音测量应在反射面上方进行。因此,不允许在完全无回声的试验室内进行测量。

3.5.3 扩散场

在扩散场中,声音经多次反射以同一幅值和相同的概率向所有各方向传递,因此所有各测量点上的声压级相同。混响室便是近似的扩散场。按照能量守恒定律,当壳体吸收或通过壳体传递的声功率等于声源发出的声功率时,便处于平衡的条件。由此,在声音吸收或传递特性低的环境中,便有可能出现声压级非常高的情况。

3.5.4 有功声场和无功声场

声音传播是一种能量流动,当不存在纯(完全)传播时,则存在着可以测量的声压。

如果声压和质点速度同相位,则将是一个完全的有功场。此时,由声源发出的全部声能是向外传递的。

在纯无功场中,不存在净能流,声压与质点速度之间呈90°相位角。在任一瞬间,能量都可以向外传递,但在稍后的瞬间,能量又会流回,能量就像在弹簧体中那样可以存储。对全部周期数进行平均时,净能的传递等于零,因而测得的声强等于零。

总之,声场具有有功和无功两个分量。

3.5.5 驻波

声场中出现驻波是由于声源和声场边界之间出现了反射,例如,在存在频率为 f 的驻波的房间内,f 与房间内两个反射墙壁之间的距离 d 的关系如式(3)所示:

$$f=\frac{c}{2d} \qquad \cdots\cdots(3)$$

式中:

c——声音在空气中的速度。在20 ℃时,$c=343$ 单位为米每秒(ms^{-1})。

驻波并不将声能传递至远场,它是无功场的一个例子。在有驻波的区域内,在一个距离较小的范围内所测得的声压值会有较大的变化。

3.5.6 近场

近场是指与声源相邻的区域，一般规定为要测声音波长的1/4距离之内。在此区域内，空气就像一个密集弹簧系统那样储存能量而不向外界传播。因此，近场可能具有明显的无功分量。

在空气为20 ℃时，100 Hz声音的波长为3.4 m，而1 000 Hz声音的波长为0.34 m。

4 变压器和电抗器的噪声源及其特点

4.1 概述

变压器和电抗器的噪声具有几个声源，每一种声音产生模式的相对重要性与电气设备的设计及其运行条件有关。当变压器或电抗器噪声是从声源传递到油箱或外壳的表面时，还可通过产品的设计来改变此噪声的振动。

4.2 声源

4.2.1 磁致伸缩

磁致伸缩是一种尺寸变化现象，在某些材料中已观察出：当通过其内部的磁通发生变化时，该材料的尺寸也发生了变化。在作为导磁铁心用的钢材中，当其磁密达到某个典型值时，其每米长度下的尺寸变化为10^{-7} m～10^{-5} m。图1表示某种牌号铁心在五种不同的磁密下的磁致伸缩与其磁密之间的关系曲线。图中每个闭合形曲线表示为磁致伸缩与50 Hz时磁密B_{max}的对应关系。

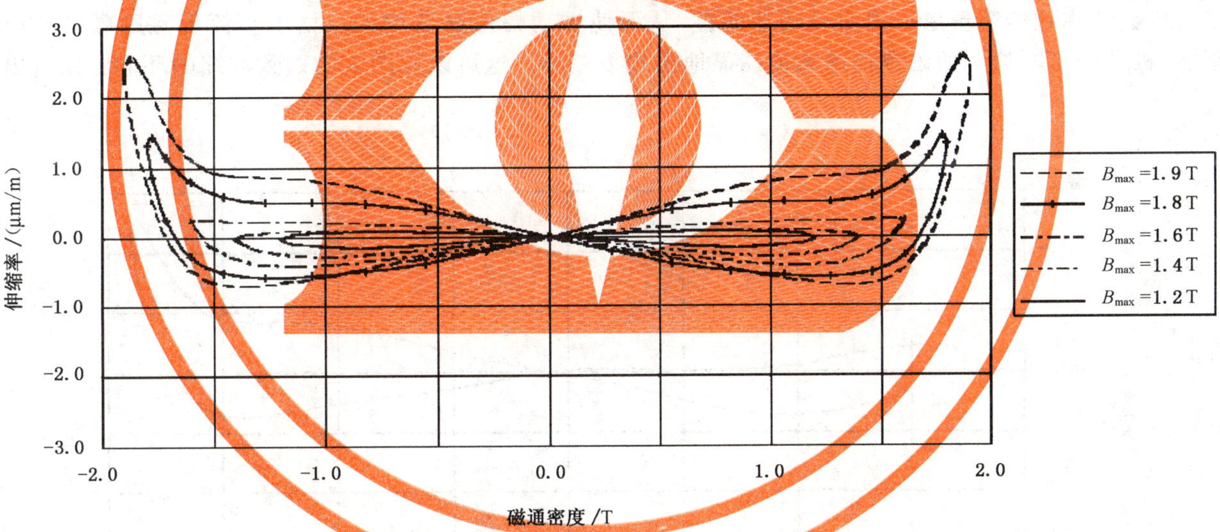

图1 某一牌号铁心叠片，在施加交流50 Hz完整周期的不同峰值磁密B_{max}＝1.2 T～1.9 T时的磁致伸缩长度相对变化曲线

注：对某些牌号的导磁钢，在其铁心叠片上出现机械应力时，将会对其磁致伸缩现象有明显的影响。

这种长度变化率与磁密的极性无关，只与其幅值和其钢材结晶轴之间的相对方向有关。因此，在正弦波磁通励磁下，长度变化的基波频率为励磁电压频率的二倍。尤其在磁密值接近饱和的情况下，这种效应很明显是非线性的。非线性将在铁心振动频谱中产生一个明显的谐波分量。图2表示磁密为B＝1.8 T、频率为50 Hz时磁致伸缩的振荡变化曲线，其周期数等于励磁频率（连同其谐波）的二倍，且在5 ms及15 ms处的峰值也难以区分。

变压器铁心发出的声音与振动的速度有关，即与图2中磁致伸缩（点画线）的时间导数有关。求导的后果是突出了信号的谐波（畸变）现象（相对于基波频率为二倍励磁频率而言）。在频谱中将会看到一些等于励磁频率偶数倍的频率，且基波（即二倍励磁频率的波形）很少是声波最重要的频率分量。

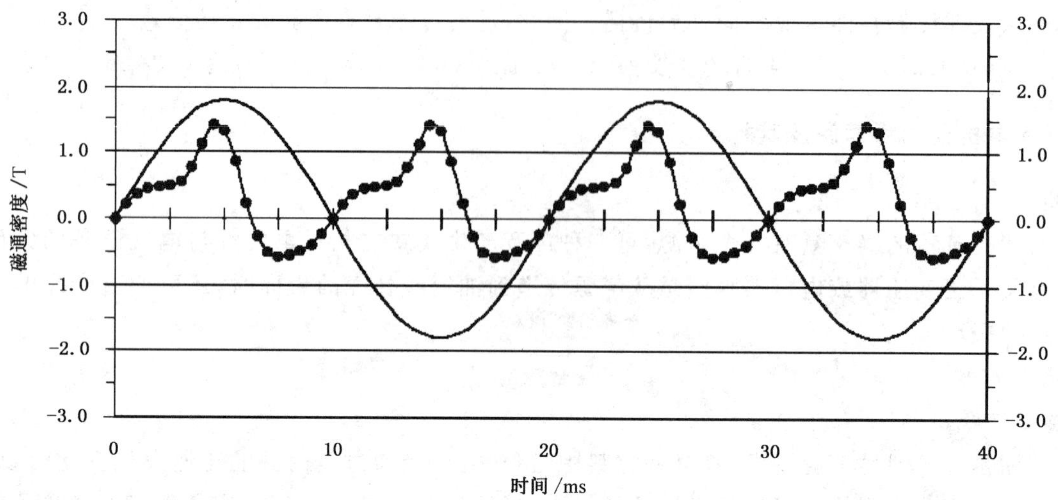

图2 在无直流偏磁下施加交流磁密(1.8 T,50 Hz)时的磁密随时间变化的曲线(平滑实线)和叠片长度随时间的相对变化曲线(点画线)

如果磁通有直流偏磁,例如,在此之前因测量绕组电阻而残留了剩磁,或者在电流中含有直流分量,这时都会使磁致伸缩现象出现明显的非线性,从而使振动幅值显著增大。由于直流偏磁励磁,使得在正、负极性磁密峰值下的磁致伸缩峰值明显地出现了差异。这可以从图3的磁致伸缩的环形曲线看出。

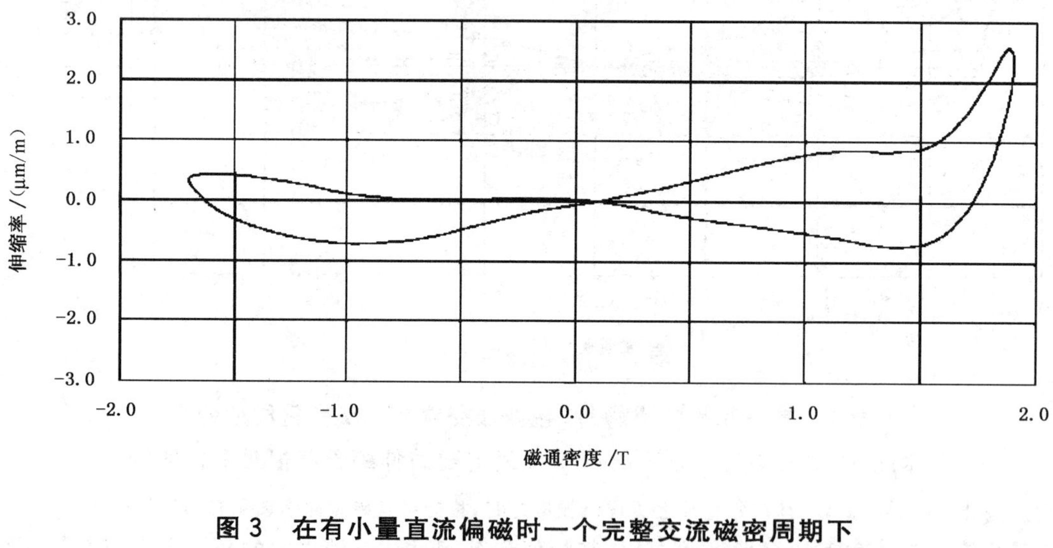

图3 在有小量直流偏磁时一个完整交流磁密周期下(50 Hz,1.8 T和0 Hz,0.1 T)叠片长度的相对变化曲线

每360°,即在50 Hz下每过20 ms,振动图便表示出在励磁频率下的磁致伸缩重复性,见图4。在励磁频率奇数倍的频谱图中出现的峰值明显地表示出了励磁中的直流偏磁。

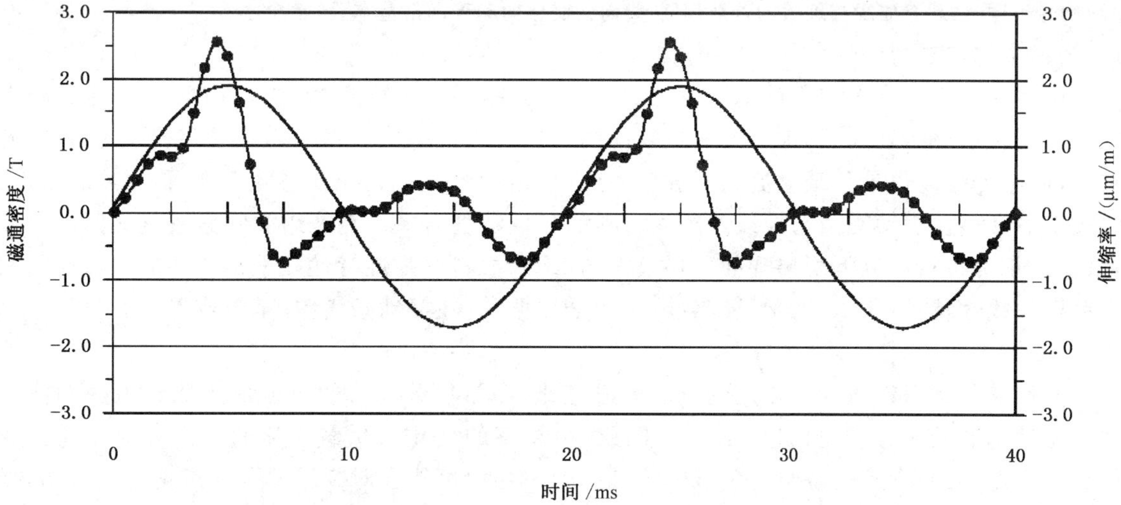

图4　在有小量直流偏磁下施加交流磁密(50 Hz 下 1.8 T 和 0 Hz 下 0.1 T)时的磁密随时间变化的曲线(平滑实线)和叠片长度随时间的相对变化曲线(点画线)

由于直流偏磁可能会对真实测量有影响,因此,在测量之前,进行噪声试验的变压器应保持充足的通电直到涌流效应和剩磁完全消失,使声级值保持稳定。如果出现了剩余的直流磁化,它对声级的影响可能长达几分钟,在极端的情况下或者可能长达几小时。

在确定直流偏磁电流导致声功率预期增加中,此直流偏磁电流与空载电流之比是一个重要的参数。曾在一些大型电力变压器上测量了直流偏磁电流与声级增大之间的关系,图5示出了其中的一组数据。

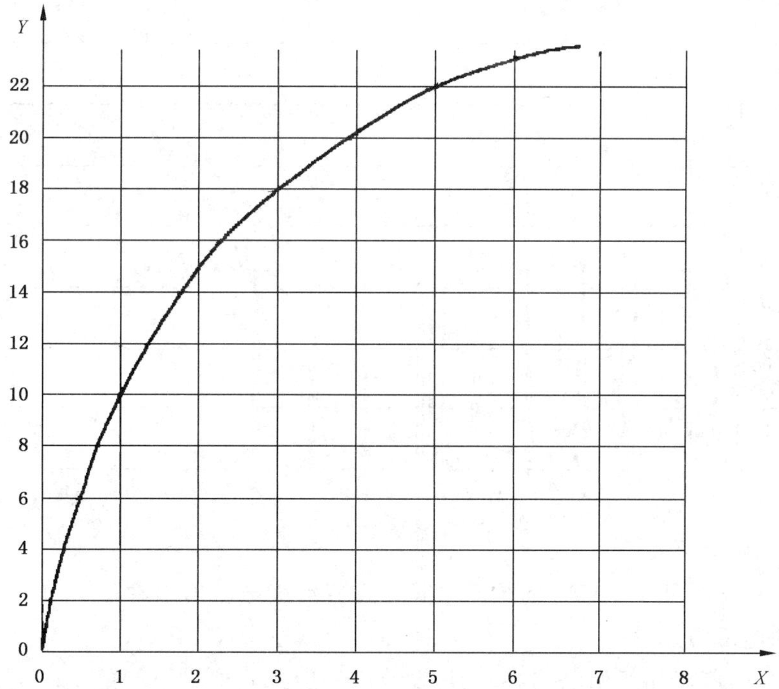

图中:

X轴——直流偏磁电流,表示为空载电流的标幺值;

Y轴——总声级的增加量(dB(A))。

图5　声级增加值与绕组中直流电流之间的关系

注:图5所示是某一设计的大型电力变压器的结果曲线图。对于其他结构的设计,例如当铁心的形状或导磁材料

牌号不同时，尽管曲线有细微的差别，但曲线向上变化的趋势却是基本上一致的。

4.2.2 绕组中的电磁力

由变压器或电抗器绕组中负载电流建立的磁场，是在电网频率下振荡的。由此产生的作用于绕组上的电磁力既有沿绕组轴向的，也有沿绕组幅向的。这些力的大小只与负载电流和所在位置处的磁场强度有关，而磁场强度也是负载电流的函数。因此，绕组中的电磁力与负载电流的平方成正比，其频率为电源频率的2倍。振动幅值与导线及绝缘材料的弹性特性有关。在绕组卷制紧密且又紧固良好的情况下，以及在正常运行电流下所出现的位移范围内，绝缘材料的弹性特性几乎是线性的。金属材料本来就具有良好的线性特性，所以，通常只产生较小的谐波振动，在振动频谱中，基波或许还有第一个谐波是主要的，见图6。

绕组的偏移及其振动速度与作用的电磁力成正比，即与负载电流的平方成正比。由振动体发出的声功率与振动速度的平方成正比(见4.4)。因此，声功率的变化与负载电流的4次方成正比。在要求采用低噪声变压器的场合中，绕组中负载电流产生的声功率可能会对变压器全部声功率值有明显影响，见GB/T 1094.10—2003中的6.3。

由负载电流谐波引起的声频谱中的各频率值分别为2倍的各电频率和任意两个电频率之和以及它们之差，这些谐波电流下的声级对变压器或电抗器的声级有明显的影响，例如，在高压直流换流站或整流变压器运行时。

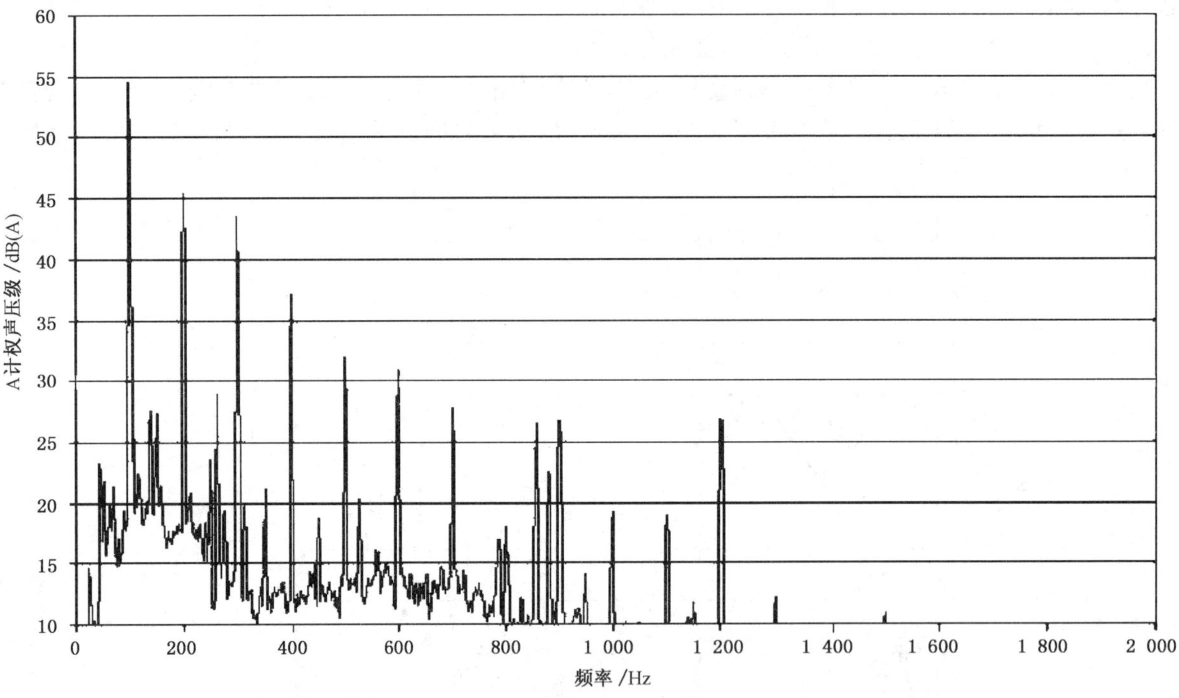

图6 短路条件下测得的典型负载电流声级频谱

4.2.3 电抗器中的电磁力

有几种不同类型的单相和三相电抗器，在其设计中一般采用两种不同的生产工艺和技术：

——在空心电抗器中，由绕组中负载电流引起的声功率是主要的噪声源。绕组内通过的电流和由此电流产生的磁场之间的相互作用，便产生了使绕组振动的力。虽然可以明确地确定振动力，但绕组结构的振动响应却十分复杂。此振动幅值和电气设备的声发射面的尺寸就基本上决定了其发出的可听声值。因此，所发出的声值就是由绕组沿发射方向的振动幅值(这是由于绕组本身就代表了发射表面的主要部分)决定的。绕组以及其他元件的轴向振动产生的声值占电抗器总发射声值中的相对小的一部分。

——在磁屏蔽式电抗器(铁心中带或不带气隙)中,磁场力试图使铁轭间的间隙缩小,而使磁通量增加;由此所引起的周期性位移是产生噪声源的主要原因。这些力主要作用于电抗器的铁心,因此在其噪声频谱中占主要的是二倍电源频率及其几个最小的谐波频率。磁致伸缩和绕组振动也是产生噪声的一些原因。

4.2.4 油箱磁屏蔽

油箱磁屏蔽已频繁地应用于大型变压器中以降低因负载电流产生的漏磁通而引起的涡流损耗。在满载电流下,磁屏蔽中的漏磁通密度可能超过正常的铁心磁密。因此,磁屏蔽中便产生了磁致伸缩引起的噪声,且可能对总声级值有明显加大的影响。

4.2.5 风扇噪声

风扇噪声发生的原因是由于空气的涡旋流动所致,因此出现了频率范围较宽的压力波动。这种宽频带噪声具有一个围绕某个频率的较宽峰值的特征,它是风扇叶片在这个频率下由空气掠过风扇或风扇电机支撑件或风扇防护罩上筋条所构成的结构件而产生的。

4.2.6 泵噪声

通过冷却装置的油流可能会引起振动,但是,油泵的振动通常不会成为声功率的重要构成因素,除非在其油流速度特别高的情况下,或特殊应用情况下要求变压器是超低噪声时才会成为总声功率的重要组成部分。

4.3 振动的传递

铁心、绕组和油箱或外壳都是一种具有固有振动频率的机械构件。如果各施加力中某个力的频率恰巧等于构件的自振频率,则可能会使该频率下的量值出现明显放大的现象。所以,在产品设计阶段就要设法消除共振现象,或者采取充分的阻尼措施以控制振动的幅值。

在液浸式变压器中,由铁心和绕组产生的振动是通过其装配体中的支撑构件和通过液体传至油箱的。在油箱内的铁心支撑件下面的隔振件或在油箱外的隔振件,将减弱通过地表的振动传递,亦即减弱了它向远处的传播。隔振件对变压器油箱表面发出的声功率影响很小。如果将绝缘液体换为气体,像干式变压器那样,则由器身支撑件引起的外壳或箱体表面内的振动是明显的。

应该注意 GB/T 1094.10 是要求测定发射到周围空气中的声功率,而不是着重于振动传递。在某些应用场合中,可能通过结构传递的声功率明显较大,当变压器安装在建筑物内时,这种振动可能会引起噪声问题,安装在基础上的变压器有可能使位于同一基础但离变压器 1 km 远的建筑物出现噪声问题。

4.4 声发射

发射到远场的声功率与振动速度的平方、声发射表面面积和表面的声发射效率等有关,如式(4)所示:

$$W = \rho_0 c S \sigma \omega^2 x^2 \qquad \cdots\cdots(4)$$

式中:

W——发射的声功率,单位为瓦特(W);

ρ_0——空气密度,单位为千克每立方米($kg \cdot m^{-3}$);

c——声在流体(油或空气)中的速度,单位为米每秒(ms^{-1});

S——声发射表面积,单位为平方米(m^2);

σ——发射效率(无单位);它与频率和元件的几何形状及结构性质有关;

ωx——振动速度,单位为米每秒(ms^{-1});

$\omega = 2\pi f$——声的角频,单位为每秒(s^{-1});

x——振动幅值,单位为米(m)。

当振动物体的尺寸小于发射频率波长时,发射效率就低。脉冲式振动下的发射效率高于振荡式振动。具有复杂振动模式的大型软板,其所发射的声音在同一振动幅值下弱于具有更简单振动模式的刚性硬板所发射的声音。

5 测量原理

5.1 概述

声源的声功率级可以用直接测量已知距离的某一点的声压或声强来确定。这两种方法均有效且可使用其中任何一种方法。这两种方法都采用了 GB/T 1094.10—2003 第 8 章和第 9 章所述的同一规定轮廓线和传声器测量位置。这两种方法均假定了在变压器油箱壁处测得的平均声压级或声强级,可以推断为油箱盖处的声压级或声强级。出于安全方面的原因,尚不可能在油箱盖上进行声级测量。从历史上看,先是采用声压级测量值表示变压器噪声水平。通过近年来研究工作的成果,现已将声强测量纳入 GB/T 1094.10 中,作为一种可选用的测量方法。这两种方法在近场测量中的基本差别见本部分第6 章。

5.2 声压级测量

声级计是一种能得到客观的、可重复测量声压级的仪器。现在已有多种不同的可用测量系统。尽管有些差异,但每个测量系统都包含有传声器、处理单元和读数单元。

传声器是将声信号变为等值的电信号。最适合于声级计用的传声器是电容型传声器。它不但精密度高,而且具有良好的稳定性和可靠性。由传声器产生的电信号相当小,因此需先用前置放大器将信号放大,然后再对该信号进行处理。

可听音频范围(通常为 20 Hz～20 kHz)内的非加权声的简单测量法是很少采用的,这是由于具有主观性的响应,且其相关性也差。因此,声级计还要配置一个被称为"A 计权"的电气滤波网络,以改变其频率响应,从而达到模拟人耳的响应。在国际标准化中曾出现的其他频率计权方式,如 B、C 和 D 计权方式,它们尚未在变压器噪声测量中得到普遍的应用。

A 计权声级已表现出其与人对声音的主观响应有良好的相关性,且也表现出其与其他声标度对比中有良好的一致性。这种事实,连同一种灵敏度会随频率变化的电子线路可装入声级计内,就使得它成为国家标准和国际标准优先使用的标度。

5.3 声强级测量

声强是声压与质点速度之积的时间平均值。一个单一的传声器可测量声压。但是,要测量质点的速度却不是一件简单的事,按欧拉线性方程式,质点速度可能与压力梯度(即在此速度下,瞬时压力是随距离变化的)有关。

从本质上说,欧拉方程是牛顿第二定律用于流体中的情况。牛顿第二定律表示了某一物体的加速度与该物体的质量及该物体所受到的作用力之间的关系。如果力和质量已知,则加速度便可求得,然后将此加速度对时间进行积分,即可求出其速度。

在欧拉方程中,压力梯度使密度为 ρ 的流体得到了加速度。

当压力梯度和流体密度已知时,质点的加速度(或减速度)可用式(5)计算出:

$$a=\frac{-1}{\rho}\times\frac{\delta_{\mathrm{p}}}{\delta_{\mathrm{r}}} \qquad \cdots\cdots(5)$$

式中的 a 是质点在密度为 ρ 的流体中移动距离 δ_{r} 时由于压力变化 δ_{p} 而产生的减速度。

将上式对时间进行积分,得到如式(6)的质点速度:

$$u=-\int\left(\frac{1}{\rho}\times\frac{\delta_{\mathrm{p}}}{\delta_{\mathrm{r}}}\right)\mathrm{d}t \qquad \cdots\cdots(6)$$

有可能使用两只相距较近且面对面放置的传声器来测量此压力梯度,并用上述公式求出质点的速度。

两只传声器 A 和 B 之间用一块长度为 Δr 的分隔件使其隔离(见图 7),当分别测得它们的压力值为 p_{A} 和 p_{B} 时,它们之间的压力差除以距离 Δr 即可得到近似线性的压力梯度。这种近似计算方法即称为有限差分近似法。

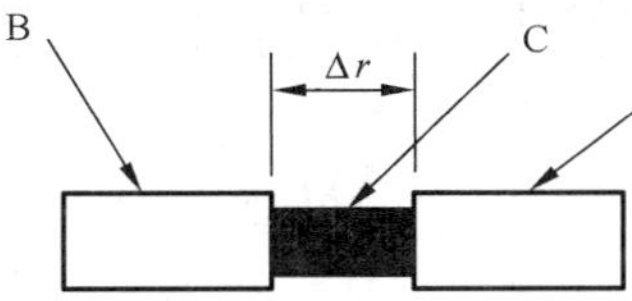

图中：

A 和 B——传声器；

C——长度为 Δr 的分隔件。

图 7　传声器布置

将压力梯度信号进行积分，便得到了如式(7)所示的质点速度 u：

$$u = -\frac{1}{\rho}\int\left(\frac{p_A - p_B}{\Delta r}\right)dt \qquad (7)$$

声强 I 等于压力 p 和质点速度 u 之积的时间平均值，即：

$$I = -\frac{p_A + p_B}{2\rho}\int\left(\frac{p_A - p_B}{\Delta r}\right)dt \qquad (8)$$

上式是声强测量设备中的信号处理的基本原理。

5.4　窄频带测量导则

变压器噪声的特征是其声音含有 2 倍电源频率和电源频率的偶次谐波等声频(假定是正弦波励磁且无直流偏磁值)。因此，其他频率可以用窄频带测量法来抑制。“窄频带”是：为进行噪声频率分析所作的测量说明，由此，用于评估的只是含有变压器声音特征的频带。更准确地说，应是“选频带分析”。本方法适用于声压和声强测量，且可用来计算声功率级。本方法不能用来消除声反射效应，而这种声反射效应是用环境修正系数 K 来说明的。

是否采用选择窄频带测量要由供需双方协商确定。冷却设备和油泵的噪声特征是其声音不具有固定的频率，而是有多个不同的频率。换句话说，它们是一个“宽频带”噪声源。因此，当冷却设备和油泵在运行时，不允许采用带宽可选择的窄频带测量法。

要得到所需要的频率分析，可以采用并行的实时分析法，由此可得出对数化的频率分辨能力(1/1、1/3、1/12……等倍频程)，或可以采用快速傅立叶变换(FFT)法，由此可得出恒定带宽的分辨能力(x Hz)。FFT 法是将用数字测出的声压级幅值随时间变化的值用数学算法语言变为幅值随频率变化的值(频谱记录值)。由此所得到的频谱带宽与模—数变换器的采样率有关。频带选择分析，原则上也可用于宽带，例如 1/3 倍频程。但是，如果选用更窄的频带宽度，则背景噪声衰减效果更大。如果电源频率产生更高的、且处于所选择带宽 Δf 范围外的谐波频率，或者欲测的频率不与分析仪预先规定的频带中心频率相匹配，则应为此谐波选择另一个(相邻的)带宽或选择一个更宽的带宽。

这种测量与通常的声级测量是一样的，但代之而用的是测量单个的 A 计权值，声级测量在含有2倍额定频率以及其多倍频率在内的整个频带上进行。每个测量点上的 A 计权声压级或声强级可用式(9)计算。

$$L_{Ai} = 10\lg\left(\sum_{v=1}^{v_{max}} 10^{0.1L_{Av}}\right) \qquad (9)$$

式中：

L_{Ai}——额定电压和额定频率下的 A 计权声压级(或声强级)；

L_{Av}——额定电压和额定频率下，在所选择带宽 Δf(其中心频率为 $2fv$)上测出的 A 计权声压级(或声强级)。其 A 计权可按下述两种方式来实现：

a) 用模拟滤波器在测量系统的前端点处进行测量，以便所有测量值开始时就是 A 计权值；

b) 如果测量是线性方式:对每个频带内的测量值采用A计权数字化。每个谐波频率下的A计权值可由下面的表1查出;

f——额定频率;

v——额定频率下的偶次谐波整数倍(1,2,3,等);

v_{max}——10。

注:对于在实际正弦波电压和正弦波电流下运行的大多数变压器,取开头10个频带的声级之和就足够了。但是,当电压和电流波形中出现谐波时,更高的频率可能会对总声级有更大的影响。此时,宜考虑用更宽的频带。

表1 表示为频率函数的A计权值

下限频率/Hz (大于)	上限频率/Hz (小于或等于)	A计权值/dB
28	36	−39.4
36	45	−34.6
45	56	−30.2
56	71	−26.2
71	90	−22.5
90	112	−19.1
112	141	−16.1
141	179	−13.4
179	224	−10.9
224	281	−8.6
281	355	−6.6
355	447	−4.8
447	561	−3.2
561	710	−1.9
710	895	−0.8
895	1 120	0.0
1 120	1 410	+0.6
1 410	1 790	+1.0
1 790	2 240	+1.2
2 240	2 810	+1.3

5.4.1 用实时法进行的频率分析

建议分析仪的带宽Δf选择1/10倍频程或更窄些的音程。为了估算这种类型,就必须选择包含变压器噪声的频带,以便能将变压器噪声中的前10个谐波分量包括在内。各频带并不是以各谐波分量为中心,但只要它是在某个带宽以内,则每个谐波分量测量应有足够的准确度。

5.4.2 用FFT法进行的频率分析

建议分析仪的带宽Δf选择10 Hz、5 Hz或2.5 Hz。建议使用仪器的“平顶”时间窗口,即使谐波频率位于带宽的限值处,该窗口也能使每个谐波的测量幅值有最佳的准确度。由于“平顶”窗口的效果,100 Hz纯音(它在100 Hz下有正确的测量结果)在95 Hz～105 Hz频带下也会测得准确度较高的数值,这种“泄漏”在选频带宽分析中不会产生问题,但如果在所有频带是相加的,例如在测量运行中冷却设备的噪声时,就必须考虑。

平顶窗口给出的有效带宽约为 Δf 的 3.8 倍，而常用的汉宁(Hanning)窗口给出的有效带宽约为 Δf 的 1.5 倍，但当谐波频率不在带宽中心时，其幅值测量误差可能达到 1.4 dB。对于 FFT 仪器的规范和使用导则，应就其有效带宽和幅值准确度的准确数据进行咨询。

6 测量方法的比较

6.1 概述

对于变压器和电抗器发出的噪声，用声功率作为惟一的定量表征，因此，用声功率作为额定值并对各声源进行比较。但是，声功率仅能用间接测量空气的压力波来确定。GB/T 1094.10 允许用两种方法来测量，它们分别以两个不同的物理量，即以声压和声强为基础。

到目前为止，通常只使用声压法。但是，只有在控制对声场所作出的特别假定条件时，才存在着声功率与声压之间的关系。然而，声强测量法则可以允许在比较不理想的稍差条件下进行，因有这一特点，便允许在多声源的现场下进行噪声测量。稳定的背景噪声不会对用声强测量法测定的声源声功率值有影响。

在自由场试验条件下，声压和质点速度同相位，因此，声压 p 和声强 I 之间存在着一个惟一的关系，式(10)所示。

$$|I| = \frac{p_{\mathrm{rms}}^2}{\rho c} \qquad (10)$$

式中 ρc 为声传播所通过媒质的声阻抗。在标准大气压力及空气温度下，$\rho c = 412\ \mathrm{kg \cdot m^{-2} s^{-1}}$。

按法线声强级方程来使用式(10)，由此可得到法线声强级 L_I 与声压级 L_p 之间的关系，如式(11)所示。

$$L_I = 10\lg\frac{I}{I_0} = 10\lg\frac{p^2}{\rho c I_0} = 10\lg\frac{p^2}{p_0^2} + 10\lg\frac{p_0^2}{\rho c I_0} = L_p + 10\lg\frac{p_0^2}{\rho c I_0} \qquad (11)$$

对于已知的 I_0 和 p_0 值(分别为 $10^{-12}\ \mathrm{Wm^{-2}}$ 和 20×10^{-6} Pa)，对于在通常的空气环境条件下所进行的测量，$10\lg\frac{p_0^2}{\rho c I_0}$ 值(在 22 ℃及 1.013×10^{-5} Pa 下为 0.13 dB)与 L_p 相比明显地小。因此，在理想的自由场环境下，在近场范围以外测得的声强级和声压级在数值上是相同的。

6.2 声压法对试验环境的敏感性

通常，实际的试验环境与理想的自由场环境有明显的不同。一般地说，实际试验环境(见图 8)将导致声级测量值增大。下例将作为本条中的基本信息。

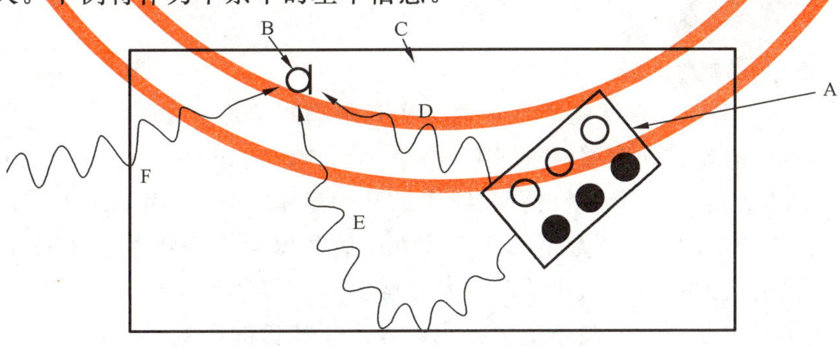

图中：

A——试品；

B——传声器；

C——实验室反射面；

D——直射声波；

E——反射声波；

F——背景噪声。

图 8 试验环境

通常，工厂试验是在封闭空间内对置于地面上的试品进行噪声测量的。离开试品发射面的压力波将到达试验室的地面、墙壁和室内其他物体，且此压力波将被反射，反射声波可能会对试品所发出的声波进行干扰，从而导致了驻波的出现。在驻波存在区域中测量声压时会使声功率估值过高。

在实际试验环境中，来自于生产加工的过程、发电机及其他用电设备等产生的噪声，均会使声压级测量值加大。在这种试验环境条件下，每个传声器测量点处所测得的声压值是如下各测量值的总和：

——变压器的声压值，它按距离的平方衰减；

——近场中声压的无功分量，它按距离的指数函数形式衰减；

——反射声产生的声压，在紧靠试验室墙壁时，其值最大；

——外来噪声源的声压。

因此，在受到有限的空间和安全问题约束时，传声器放置的位置应尽量降低上述干扰的影响。正如图 9 所示，这些干扰对声压值的影响可以降低至最低限度，但不能完全消除。GB/T 1094.10—2003 第 8 章中规定的测量距离是根据以往测量空载声级的历史经验而作出的实用折衷值。

当测量负载电流下的声级时，由于其低频声占主导，致使在 0.3 m 处测得的声功率级估值过高，则需要在更大距离下，例如在 2.0 m 处进行测量。只要试品的声级值一直比背景噪声声级值大，且此差值不低于 GB/T 1094.10—2003 中 11.3 规定的值，就可以得到更准确的测量值。因此，实施加大测量距离下的声级测量与试品和试验环境有关。当采用其他不同的测量距离时，有必要经供需双方协商确定。

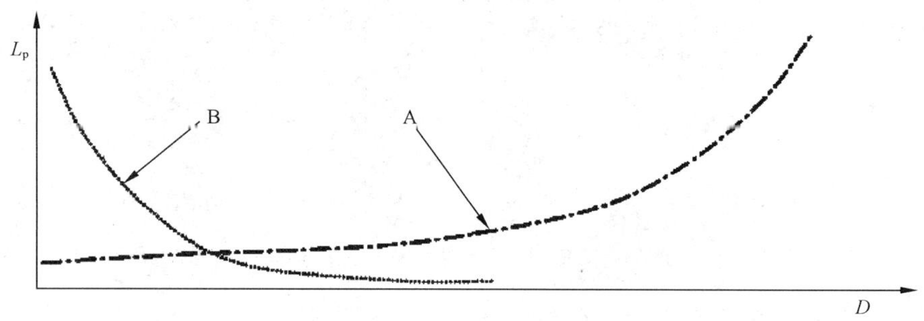

图中：

A——反射或外界噪声源的干扰声压；

B——近场声源的干扰声压；

L_p——声压级；

D——试品与接收器之间的距离。

图 9 在试验环境中对声压有影响的干扰分布图

为了用声压级准确地确定声功率级，要使用两个修正系数（见 GB/T 1094.10—2003 的 11.3）。

首先，应在试验前和试验后分别测量出背景噪声的平均声压级，然后用 GB/T 1094.10—2003 的式(16)，将试品的尚未修正的平均声压级数值减去上述两个背景噪声声压级数值中较小者。只要由试品和背景噪声合成而得到的总声压级数值比单独的背景噪声声压级数值至少大 3 dB，则允许对背景噪声进行修正。这种修正的目的是消除试验环境中出现的噪声干扰源的影响。

其次，为了考虑试验环境中反射的影响，要确定环境修正系数 K，K 值取决于试验室的等效吸声面积与测量表面面积的比值，见 GB/T 1094.10—2003 中的 11.1.2.2。

6.3 声强法对试验环境的敏感性

当满足了 GB/T 1094.10—2003 中 12.3 规定的验收准则时，测出的平均声强级不需要校正系数。这是因为声强法是通过声压、质点速度和它们之间相位角的测量，用这些测出的参数计算试品法线声强的有功分量来考虑近场效应、背景噪声声压级恒定和声反射。

如上所述，声强测量包括了测量两只相距不大的传声器的声压级读数以及它们之间的差值，见前面已列出的式(8)。

如果声压值之差与测得的声压绝对值相比很小时,则此时所进行的测量不大准确。例如,当出现驻波或者反射声能占很高的一部分时,便是这样的例子。表示这种效应的指示器是指未经修正的平均声压级$\overline{L_{pA0}}$与平均声强级$\overline{L_{IA}}$的差值,而$\overline{L_{pA0}}$包括了背景噪声和反射声在内,平均声强级$\overline{L_{IA}}$用来反映从试品传播出的声功率级。经验表明,声强测量的准确度明显地受下式中的差值 ΔL 的影响:

$$\Delta L = \overline{L_{pA0}} - \overline{L_{IA}} \qquad \cdots\cdots(12)$$

为了使本试验是可接受的,GB/T 1094.10 要求 $\Delta L \leqslant 8$ dB。

一般地说,在离试品 0.3 m 处所进行的测量,由于近场处的无功功率,将会得到平均的 ΔL 为 4 dB。这种现象的发生是由于在无功场中的声压与质点速度的相位不同造成的,且它是用声强法而非声压法检测判定的。如果将测距加大到 1 m,则 ΔL 将小于 1 dB。

注:此差异是由 CIGRÉ SC12-WG12 工作组于 1990 年 4 月得出的结论。它是根据 30 多台容量分别为 0.1 MVA～350 MVA 的变压器在不同工厂试验条件下得出的。

为了使由于声反射导致的声强级测量误差降至 0.5 dB,要求试品放置位置至少为:

——当附近有两面反射墙壁时,离墙壁的距离是 1.2 m;

——当附近有三面反射墙壁时,离墙壁的距离是 1.8 m。

不允许变压器在有四面反射墙壁的小试验室内进行声级测量。

同样,背景噪声声级大也可能会对声强测量有影响。式(12)的意义在于,当测量是在电力变压器的近场内进行时,若背景噪声声压级比在离试品的距离为 0.3 m 处的声压级至少低于 4 dB(即 ΔL 的8 dB 限值减去由于近场中的无功功率而引起的 4 dB),则可用声强法测量。当用窄频带或与时间同步的声强测量法时,允许 ΔL 增至 16 dB。

因此,声强法的优点是测量值不需对恒定的背景噪声和稳定反射的影响进行修正。

6.4 测量方法选择的指导原则

在理想的自由场条件下,用声强法和用声压法测得的试品声功率值相同。但在实际试验环境下,由于存在着近场效应、背景噪声和声反射,如果不对试验环境进行修正,则声压法会得出更高的声功率值。

因此,只要满足了 GB/T 1094.10—2003 中 12.3 规定的接受准则,用声强法就能直接地测出试品的声功率值。只要采用了合适的修正系数且又满足了 GB/T 1094.10—2003 中 11.3 规定的接受准则,采用声压法测量同样也是可以接受的。

当试验条件偏离了对声压法所确立的各种限值时,用声强法仍能确定试品的声功率值。当试验环境不满足声强法测量所需要的接受准则时,如果背景噪声大又不能降低时(例如:夜间进行工作)或者试验环境场所很大时(例如,像户外试验一样),则要考虑用窄频带声强法或时间同步的声强法进行测量。

7 声测量的实施要点

7.1 概述

GB/T 1094.10 所列出的要求,是为了得到可以接受的声功率级值的最起码的要求。然而,通过多年来的实践经验表明,为了得到更准确的测量结果,需要对这些基本要求进一步充实并完善。本章将对声压和声强测量提出更进一步的实用建议。

7.2 试品的方位

在试验室内,发出的声压波形成了直射波和反射波两种波。反射波能对发射波构成干扰,产生驻波。此时,若在驻波区域内测量声压值时,会使声功率的估值偏高。因此,建议试品放置的方位应如图 8 所示。

7.3 测量面的测量点数

GB/T 1094.10 阐明了各传声器测量点应沿规定的轮廓线上大致均匀地布置,且彼此之间的距离不大于 1 m。该标准同时也要求任何一台试品至少应有六个测量点。但是,由于油箱内器身的位置、冷却设备的位置和油箱的总体设计，声场可能是不均匀的；换句话说，油箱某一侧发出的声音可能要比其他侧发出的声音要大。实际经验已表明：测量点数的基本要求是可以完善的。例如，当用声强技术测量时，若发现 $\Delta L > 8$ dB 时，可以将 GB/T 1094.10 规定的只在位于试品高度的一半处进行的测量，改为在试品高度的 1/3 和 2/3 处进行测量，从而改善测量准确度。以下将对此进行更详细的叙述。

7.3.1 电力变压器

由于变压器外形尺寸大，规定了传声器彼此之间的距离不大于 1 m 的基本约束条件，以便得到可接受的声级测定。因此，要求的测量点数目明显比 6 个测量点数多。将每个测量点的声级测量值进行平均，就能使声场中高低不同位置的影响降低。

7.3.2 配电变压器

虽然从各传声器测量位置之间的距离不大于 1 m 来看，每条轮廓线（在每个测量高度处）上至少需要 6 个测量点是可以接受的，但是，每条轮廓线（在每个测量高度处）上有 8 个测量点时或许会更好些。这些测量点的分布是按油箱每边中心点处和每个箱角处要置放一个传声器来确定的。

为了更准确地测量，每条轮廓线上还可均匀布置 20 个测量点。然而，试验已表明，按 8 个测量点测定的声值与按 20 个测量点测定的声值相比较，它们之间的差异小于 1 dB(A)。

7.3.3 干式变压器

在大多数情况下，由三个心柱上线圈分别发射的声场有明显的差异，经验表明：需要在轮廓线上布置 12 个测声点。测量点位置的分布见图 10。在轮廓线上正对外壳的每个角处各布置一个测量点，且在轮廓线上每边正对每个线圈中心的位置处布置一个测量点。

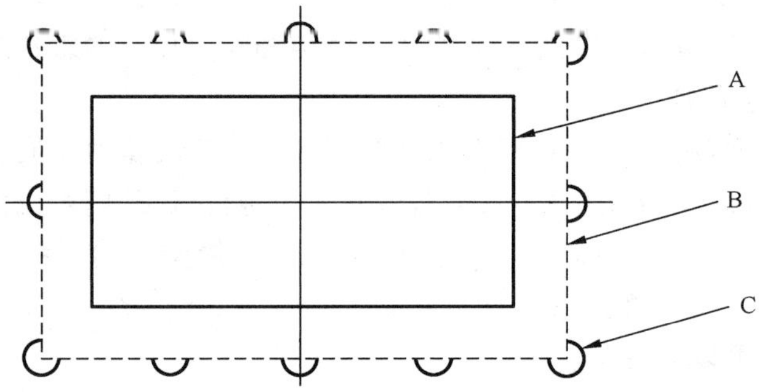

图中：

A——变压器；

B——轮廓线；

C——传声器位置。

图 10　干式变压器测声点的布置图

为了更准确地测量，每条轮廓线上还可均匀布置 20 个测量点。但试验表明，按 12 个测量点测定的声值与按 20 个测量点测定的声值比较，其差异小于 1 dB(A)。

7.4 选择声强测量用的传声器分隔件

当采用“双传声器”技术时，有必要选择一个“分隔件”（见图 7），以便与待测频率相适应。根据声强测量理论所作的假设，为得到准确的测量，采用了上限频率要求——分隔件愈簿，可测得的频率愈高。而分析系统中的相位不匹配，则产生了频率下限值——分隔件愈厚，可准确测得的频率愈低。

进行声强测量的工作人员，应参考测量设备生产厂的产品手册，以便为每种试品确定合适的分隔件厚度。作为原则上的指导，50 mm 厚的分隔件典型地用于由变压器和电抗器发出的低频噪声（约 63 Hz～1 250 Hz），而冷却设备产生的噪声频率更高些（约 250 Hz～5 000 Hz），此时要求使用 12 mm 厚的分隔件。

7.5 背景噪声对声强测量的影响

如前所述，声强法只是测量声场的传播部分，故其测量结果不需对背景噪声进行修正。然而，至今还一直将背景噪声水平限值作为测量是否适合的可接受条件，且该限值与测量设备性能有关。

正如式(8)所指出，每个测量点的声强是由两只彼此分隔距离不大的传声器分别测得的声压值的平均值和它们的差值计算出来的。

在每个测量点上由试品发出的声强，与这两个传声器测量值的差值有关。

在图 11 中位于试品长边附近的测量点，背景噪声场对测得的声压级 p_A 和 p_B 的影响应是相同的。在背景噪声级大时，测量系统必须能将这两个数值大的声压级之间的小差值检测出来。通常，每只传声器的测量误差是用满量程的百分数表示的。如果背景噪声声压级高到使其满量程误差值的数量级与由试品发射声产生的声压级差的数量级相同时，则每个测量点上的声强测量就变得不确定了。测量点位置的差值 $\Delta L(=L_p-L_I)$ 便可用来表示问题的类型。因此，应当对每个测量点检验其 ΔL 值，同样地，也要对声压和声强的平均值检验此 ΔL 值，目的是要表明试验环境的可接受性如何，反射声亦有同样的影响问题出现且此影响要更大些。

在图 11 中试品短边附近的测量点，p_A 与 p_B 之间的差值明显，其值主要由背景噪声决定。对于短边附近的每个测量点，ΔL(为$(p_A+p_B)/2/(p_A-p_B)$的 log 值)不会预先告知测量是否适合。虽然此系统只能对每个测量点进行准确度有限的声强测量，但它仍然占满量程相当一部分的百分数。从试品短边发射出的声功率是由试品左右两个短边声强的小差值来决定的。如果此差值是在各测量读数的误差范围以内，即使 ΔL 值是可接受的，该测量也是不确定的。假如这样的话，只有通过在整个测量面上测定声压级和声强级平均值后决定的 ΔL 值，才能表示其测量存在着不确定性。

上述讨论表明，声强测量是否适合，只能根据由在整个的——闭合的——测量表面上所测定的声压级和声强级确定的 ΔL 值来判断。

GB/T 1094.10 所述的 $\Delta L=8$ dB 限值是试验期间测量设备的准确度可用的必然结果。

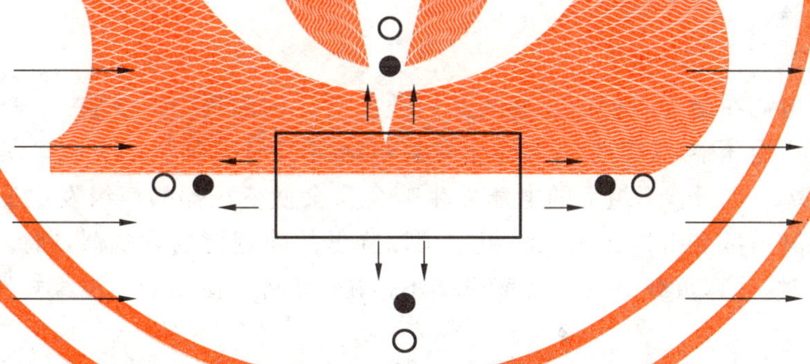

图 11 背景噪声通过试区及试品发出声音的示意图
每对传声器的位置用空心圆(传声器 A)和实心圆(传声器 B)表示

7.6 装有挡声板时的测量

当变压器除顶部以外装有挡声板时，例如在离变压器油箱 0.5 m 处用薄钢板围住时，采用 GB/T 1094.10 所述的在 0.3 m 处的轮廓线上进行测量，将得不到此挡声板外面准确的声级测量值。这是由于此时不能再假定声能是沿所有方向均匀辐射的，因此，近似式 $S=1.25\,hl_m$ 也不适用。本法很可能将辐射到远场处的声功率估算低了。

应对在更远的距离(至少 2 m)处进行声级测量的可能性进行研究。或者，根据制造方自身的经验方法，用无此挡声板外壳时的变压器声功率计算值将上述距挡声板 0.3 m 处的测量值予以加大。此时，是将与变压器未覆盖表面部分相对应的部分声功率值(其按面积比例由上述声功率计算值算出)，按能量方式加到在距挡声板 0.3 m 的外侧测得的声功率值上，就可得到其估算值。不论用哪一种方法，都要在订货阶段由供需双方进行协商确定。

8 工厂试验与现场声级测量的差异

8.1 概述

为确保试验的可重复性，工厂测量都是按声级测量标准规定在控制的条件下进行的。而在现场测量时，由于试品运行条件与工厂测量时不一样，其声级测量值与工厂测量值有一定的偏离。因此，当用户规定了声级要求值且又规定了要在现场测出此声级值时，应考虑8.2～8.9所述各因素的影响问题。

8.2 负载功率因数

在工厂，铁心和绕组的声级测量是分别在额定电压和空载电流下以及在额定电流和短路电压下进行的。将这两个声级相加就可预测试品在实际运行期间的总声级值。不过，这种做法是假定振动是一个不相关的因素。

在实际运行条件(与负载的功率因数和功率传递流向有关)下，铁心中的磁通可能会由于叠加了绕组漏磁通而改变。因此，电压与负载电流之间的相位角可能会使现场测得的声功率与工厂预测的声功率值有少量的差异，一般在1 dB左右。并联的无功负载电流可能使这种效应更明显，它使其声级值进一步减少或加大。

8.3 负载电流

在现场，负载电流可以在额定负载条件和过载状态之间变化，此时，负载电流声功率级值按下述式(13)变化：

$$L_{WA,I} = L_{WA,IN} + 40\lg\frac{I}{I_N} \qquad (13)$$

式中：

$L_{WA,I}$——运行电流下的A计权声功率级；

$L_{WA,IN}$——额定电流下的A计权声功率级；

I——运行电流；

I_N——额定电流。

上式未考虑负载电流在磁屏蔽层中出现的漏磁通所引起的磁致伸缩效应。

对于大容量低噪声变压器，负载电流可能会对总声级有明显的影响。负载电流也会改变变压器绕组的内部电压降，见8.2。因此，绕组上的电压发生变化又会使变压器的声级发生变化。

有些变压器还在其内部装有接到第三绕组中用以降低故障程度的电抗器，因此，发出的声功率更是与负载电流有关。此时，计算负载电流声功率可能不准确，可能需要在第三绕组短路的情况下单独进行声功率测量。

8.4 运行电压

在实际运行情况下，电网电压变化可能达到±10%，因而铁心磁密和变压器的声级也要变化。对于磁密设计值高的变压器，由于铁心接近饱和，预计能增加10 dB。

8.5 运行温度

对于大多数变压器，当运行温度变化时，其声级实际上没什么变化，但对于某些变压器，其声级值可能会随温度上升而增加。此时，从冷态启动到稳定的额定负载情况时，其声级增加的典型值可达3 dB。

8.6 负载电流和电压中的谐波

工厂试验使用正弦波电流进行绕组的声级测量。而在运行中，供给试品的电流可能含有谐波。由于高次谐波可能对工频电流构成明显的干扰，因此其对总声级的影响比预计的要大。出现的声频可能包括了二倍各次谐波的频率以及所有任意两个谐波频率之和或差的频率。由于高频下的A计权值的衰减比100 Hz(或120 Hz)基频要低，因而其对总声级值的影响可能是较显著的。

小电网中的非线性负载可能会使励磁电压出现谐波，从而可能使铁心声级增加。在高压直流输电用变压器和整流变压器中，电流谐波的出现是其声级增大的主要原因。

8.7 直流磁化

即使是如 4.2.1 中所述的中等程度的直流磁化，也将会使变压器的声级明显增加。目前采用的铁心，其空载励磁电流值很小，因此当受到直流偏磁电流作用时，铁心的声级可能比工厂试验值高出 20 dB。

从传统来看，交通运输系统中的直流输电设备就是使变压器内部出现直流磁场的电源。然而，随着电力系统和工业中大量使用电力电子设备，产生直流磁化的源头数也在增加。

8.8 剩磁效应

剩磁对空载声级的影响与直流偏磁电流相类似。在工厂中进行声级测量试验前，需特别注意来自雷电冲击试验或来自绕组电阻测量后所产生的剩磁确已消失，在进行声级测量前，应使变压器的声级保持稳定。

在现场，变压器励磁和去磁或者电网中的断合操作均能产生剩磁，因而使变压器的声级增加。对于接至长距离输电线上的变压器，地磁暴也可能使其出现直流磁化。这些剩磁效应经过一定时间后会自然衰减，此时间可能要几分钟，个别场合可达几小时。

8.9 由反射引起的声级附加值

在户内设施中，例如，在由吸声系数低的墙壁构成的变压器室中，变压器发出的噪声将会在墙壁之间来回反射，从而使装在该室内的变压器声级增加。假设在一个混响场中，沿变压器四周测得的声压级分贝数的增加值可近似地按式(14)计算：

$$dB_{\text{build-up}} = 10\lg\left[1+\frac{4(1-\alpha)A_{\mathrm{T}}}{\alpha A_{\mathrm{U}}}\right] \qquad (14)$$

式中：

$dB_{\text{build-up}}$——声级附加值；

A_{T}——变压器的表面面积；

A_{U}——反射面的面积；

α——反射表面的平均吸声系数。

在混凝土室(其吸声系数为 0.05)和声反射表面面积等于 4 倍的变压器表面面积(即 $A_{\mathrm{U}}/A_{\mathrm{T}}=4$)时，变压器的声压级增加了 13 dB。然而，当该室反射面装有吸声系数为 0.3 的吸声材料后，此增加值会降至 5.2 dB。

当变压器安装在有部分墙壁包围的情况下，也能使其声级增加，但是需要用特别的计算方法来确定此声级增加值。

8.10 现场测量时的距离影响

声传播受到众多因素的影响，例如：大气吸收、障碍物和反射面等。阐述这些因素已超出本部分的范围，但要向使用本部分的人员指出其可能存在的影响。如果现场存在对声传播有影响的条件，且又需要在离试品有较大距离处进行测量时，使用本部分的工作人员应参阅有关声传播的教科书或向专家咨询，以得到准确的声传播计算。

假设声波呈半球状传播，且忽略地面吸声和大气的影响，在距离 R($R>30$ m)处测得的声压值，可按下式估算：

$$L_{\mathrm{pAR}} = L_{\mathrm{WA}} - 10\lg\frac{2\pi R^2}{S_0} \qquad (15)$$

式中：

L_{pAR}——距离为 R 处的 A 计权声压级；

L_{WA}——A 计权声功率级；

S_0——参考面积，等于 1 m^2。

8.11 具有饱和电抗器和/或相间变压器的变流变压器

变流变压器的声级与常规变压器不一样，它还受其内部安装的饱和电抗器和/或相间变压器的影响。这种影响的程度与饱和电抗器的饱和程度和相间变压器中负载电流有关。关于变流变压器声级的讨论见 CIGRÉ 技术论文集 No.202[1)]。

9 变压器和电抗器声级规范

9.1 概述

事实上已有几种可选择的规定声级的方法，即需要用户在订购新设备时，考虑怎样确定其保证的声级值。当产品经受了最终的接受试验时，要避免对所得的结果作出任何含糊不清的解释。

在正式签订合同之前，供需双方应对下列信息进行协商：

——保证的声压级或声功率级；

——试验方法的选择(声压法或声强法)；

——对 GB/T 1094.10 要求的任何改变(例如，采用不同的测量距离以补偿外壳或挡声板的局部噪声)；

——负载条件(例如，试验电压及功率因数)；

——辅助设备(如冷却器)；

——电压调节方式，恒磁通或变磁通；

——现场运行条件(按实际确定)。

9.2 声级保证值

用户在考虑了现场环境及第 8 章所述的相关因素后，通常会对要求的声级值提出其保证值。制造方便按此保证的声级值来进行变压器或电抗器的设计。表示此保证声级的最佳方法是用声功率级，或者，用户也可要求在规定距离下的平均表面声压级测量值，见 GB/T 1094.10—2003 中 11.3。特别是，用户还可要求在离试品更远距离下的声压值，见 GB/T 1094.10—2003 第 15 章，通常用此值来判断是否满足国家法规中关于重大设备防护栅栏线处的声级规定值。预先得知这些规定值，就需要知道该设备安装所在环境中的声传播知识，这对变压器制造方来说，通常是不适合的。所以，更合适的做法是由用户确定在某个标准距离下的保证值或声功率级。

9.3 试验方法选择

9.3.1 概述

通常变压器或电抗器的声级是用声压法测定的。试验报告中或列出其离试品某一规定距离下的平均声压级，或列出由其所确定的声功率级，这需要有大量的测量结果等基本数据，以便有助于用来评估新产品对其拟安装地点环境的影响。因此，声压法常常作为优先选用的测量方法。然而，声压测量需要对背景噪声级和声反射的影响进行修正。另一种可采用的测定声功率的方法是声强测量法，它可避免使用上述的修正系数，只需要试验环境符合有关的准则。

在签署正式合同之前，必须协商确定所采用的试验方法。

9.3.2 低噪声变压器用的另一种测量方法

如果在工厂测量中，试品的声级与背景噪声声级之差不符合要求时，可考虑采用另外一种方法进行测量。变压器噪声音调含有电源频率的二倍及偶次倍谐波频率(假设是正弦波励磁且无直流偏磁)。因此，仅对这些频率采用时间同步的平均法或采用窄频测量法，从而有可能将无关的噪声衰减掉。

虽然这些方法能降低无关噪声的影响，但却不能消除声反射的影响。所以还需要将试品重新放置于背景噪声和反射影响很小的合适的户外现场进行测量。

冷却设备的噪声具有宽频带的音调，因此，冷却设备在运行时不能采用这些方法。

---

1) CIGRÉ 技术论文集 No.202:2002“高压直流变电站的噪声”。

9.3.2.1 **窄频带测量**

是否采用这种测量技术，应与用户协商确定。在投标时可能不需要这种协商，因为在此时尚不知道是否要采用窄频带测量法(例如，如果试品噪声与背景噪声相比太低)，只有在完整的试品开始进行噪声测量试验后才知道是否需要这种协商。

如果选用窄频带测量法，当电源频率一直在允许的范围内变化时，则实际产生的谐波可能落在测量仪器的带宽之外。如果测量的电源频率所产生的谐波频率在所选择的带宽之外时，则其测量是否接受，应在本试验期间由供需双方协商确定，或者要选用更宽的频带，或者另选用包含有此谐波在内的其他不同的频带。

9.3.2.2 **时间同步测量**

时间同步平均化是指将声信号的数字化时间记录值予以平均，声信号的开始是用重复式启动信号来规定的。利用与变压器噪声同步的启动信号(例如，电网电压)，所有的非同步噪声将均被消除。

是否采用这种测量技术，应与用户协商确定。在投标时可能不需要这种协商，因为在投标时尚不知道是否要采用时间同步测量法(例如，如果试品噪声与背景噪声相比太低)，只有在完整的试品开始进行噪声测量试验后才知道是否需要这种协商。

当采用时间同步法进行测量时，关键是要使传声器与变压器之间的相对位置保持固定。此时，不允许传声器连续地沿着如 GB/T 1094.10—2003 第 8 章所规定的轮廓线移动。

9.4 **负载条件**

9.4.1 **负载电流噪声**

变压器声级测量是在空载条件下绕组只流过很小的励磁电流时进行的。这种试验法是可以接受的，因为铁心中的磁致伸缩变形是变压器产生噪声的主要声源。但是，空载声级较低的变压器，例如，低磁密变压器，已将铁心产生的声级降低到可能使由绕组产生的负载电流声级变得更重要些。在正式签订合同之前，有必要协商是否要在负载条件下进行声级测量。

是否要在负载条件下进行声级测量，可用 GB/T 1094.10 给出的如下所述式(16)作为相关的准则：

$$L_{WA,IN} \approx 39 + 18\lg\frac{S_r}{S_p} \qquad (16)$$

式中：

$L_{WA,IN}$——变压器在额定电流、额定频率和短路阻抗下的 A 计权声功率级；

S_r——试品的额定容量，单位为兆伏特安培(MVA)；

S_p——参考容量(1 MVA)。

如果 $L_{WA,IN}$ 比保证的声功率值低 8 dB 或低得更多时，不需进行负载电流下的声级测量。

注：式(16)是由 CIGRÉ 12-08 工作组于 1988 年发表的数据推导出的。一般来说，它是作为评估类似产品试验结果的另一可用的信息。

9.4.2 **降低的负载电流**

如果由于试验能力所限，只能在降低的负载电流下进行声级测量时，则额定电流下的声功率级可用式(17)来计算：

$$L_{WA,IN} = L_{WA,IT} + 40\lg\frac{I_N}{I_T} \qquad (17)$$

式中：

$L_{WA,IN}$——额定电流下的 A 计权声功率级；

$L_{WA,IT}$——降低电流下的 A 计权声功率级；

I_N——额定电流；

I_T——降低电流。

该公式只考虑绕组的噪声且适用于降低电流不小于 70%的额定电流。是否使用该近似公式，应在签署正式合同时协商确定。

9.4.3 大型电抗器的试验

可能会出现无法向大型电抗器供给所需要的负载电流，以达到其在运行中所产生的预期声级值的情况。如果达不到满载的条件，则可能需要在现场进行本试验。或者，在具有磁回路(即五柱式)的三相电抗器的情况下，可以分别在三个单相满载情况下测量其声级，然后将这三个结果值进行对数相加。由于假定这三个声源无相互关系，故此计算的总声级是近似的。然而事实上，一台产品中三相同时运行。是否采用此近似计算的方法应在正式签订合同时协商确定。对于其他所有的三相产品，采用这种近似法通常是不适宜的。

9.5 冷却设备

如果冷却设备是分开安装但离变压器油箱壁距离小于 3 m 时，按照 GB/T 1094.10 的定义，规定的轮廓线将变压器和冷却设备包括在内。因此，声级试验给出的是二者的合成声级。如果现场中变压器未装挡声板外壳，则上述结论是可接受的。但当装有挡声板外壳时，更合适的试验是对这两个声源体分别进行声级试验，以确定其各自的声级。

应从 GB/T 1094.10—2003 中 11.2 和 12.2 列出的两种测量方法中选择合适的一种方法。

9.6 电压调节

对于具有变磁通调压方式的变压器，应规定其声级测量时所在的分接位置和施加的电压值。

9.7 现场运行条件

当现场条件可能会对变压器产生的噪声有影响，特别是电网中出现谐波和直流偏磁等现象时，建议用户要告知制造方。

9.8 电力变压器和冷却设备的噪声规范举例(见附录 A)

主体部分应按 GB/T 1094.10 的规定，用声压法确定其声功率级(如限值为 90 dB(A))。主体部分应是在额定电压和空载电流(见 GB/T 1094.10—2003 中 6.1 和 6.2)及分接开关位于主分接的条件下进行测定。

冷却设备应按 GB/T 1094.10 的规定，用声压法确定其声功率级(如限值为 85 dB(A))。冷却设备应与主体部分分开试验。

9.9 配电变压器噪声规范举例(见附录 B)

本产品应按 GB/T 1094.10 的规定，用时间同步声强法确定其总声功率级(如限值为 60 dB(A))。变压器分别在额定电压和空载电流(见 GB/T 1094.10—2003 中 6.1 和 6.2)及在额定电流和短路电压(见 GB/T 1094.10—2003 中 6.3)下进行测定。将这两个测量值按对数相加，便得到了总声功率级(见 GB/T 1094.10—2003 中第 14 章)。不得在降低负载电流下进行测量，否则，其测量结果将不被接受。

附　录　A
（资料性附录）
工作举例：带有安装于独立支架上的冷却设备的电力变压器，
该支架距离变压器主发射面>3 m——用声压法进行声功率级测定

A.1　环境修正

A.1.1　试验说明

试验室长 40 m、宽 20 m、高 25 m，其平均吸声系数为 0.15。试品为一台变压器及一台分离安装的冷却器组，冷却器组离变压器油箱的距离大于 3 m。变压器高度 h 为 3 m，其规定轮廓线长 l_m 为 27 m；冷却设备高度 h 为 4.5 m，其规定轮廓线长 l_m 为 34 m。

A.1.2　环境修正系数 *K* 的计算

环境修正系数 K，考虑了不希望出现的试验室边界和/或试品附近的物体产生的声反射的影响。

$$K = 10\lg\left(1+\frac{4}{A/S}\right) \qquad \text{(A.1)}$$

S 的计算见后面的式(A.3)。A 的值由式(A.2)给出，单位为 m^2。

$$A = \alpha S_V \qquad \text{(A.2)}$$

式中：

α——平均吸声系数(见 GB/T 1094.10—2003 中表 1)；

S_V——试验室总表面面积(包括墙面、天花板和地面)，单位为平方米(m^2)。

S_V 的值计算如下：

两端墙壁的表面积 $=2\times20\times25=1\ 000\ m^2$

两侧墙壁的表面积 $=2\times25\times40=2\ 000\ m^2$

地面和天花板的表面积 $=2\times20\times40=1\ 600\ m^2$

由此得出的试验室总表面面积 $S_V=4\ 600\ m^2$

因此，由式(A.2)，计算出 $A=0.15\times4\ 600=690\ m^2$

A.1.3　测量表面的面积计算

A.1.3.1　变压器

由于在现场中的变压器与其冷却设备之间的距离超过 3 m，因此要单独测量变压器的声级，测量在离变压器主发射面 0.3 m 处进行。用式(A.3)计算此测量表面的面积 S：

$$S = 1.25hl_m \qquad \text{(A.3)}$$

式中：

h——变压器的高度；

l_m——规定轮廓线的长度。

$S=1.25\times3\times27=101.25\ m^2$

变压器试验时的环境修正系数 K 为：

$$K = 10\lg\left(1+\frac{4}{690/101.25}\right) = 2\ dB$$

A.1.3.2　冷却设备

冷却设备的声级测量在离其主发射面 2 m 处进行，其测量表面面积 S 用式(A.4)计算，单位为 m^2：

$$S=(h+2)\cdot l_{m} \qquad \cdots\cdots(\text{A.4})$$

式中：

h——包括风扇在内的冷却设备高度。

$$S=(4.5+2)\times 34=221\ \text{m}^2$$

冷却设备试验时的环境修正系数 K 为：

$$K=10\lg\left(1+\frac{4}{690/221}\right)=3.6\ \text{dB}$$

对于符合要求的试验室，K 值必须不大于 7 dB。所以本试验室能够满足变压器和冷却设备进行声级测量试验的要求。

A.2 平均声压级的计算

未修正的 A 计权声压级$\overline{L_{pA0}}$，应由试品通电工作时测得的 A 计权声压级 L_{pAi}；用式(A.5)计算得出：

$$\overline{L_{pA0}}=10\lg\left(\frac{1}{N}\sum_{i=1}^{N}10^{0.1L_{pAi}}\right) \qquad \cdots\cdots(\text{A.5})$$

式中：

N——测量点总数；

L_{pAi}——第 i 个测量点上测出的 A 计权声压级。

A.2.1 变压器

在两个不同高度处进行测量，每个高度处有 27 个测量点，总计得到 54 个测量结果(全部测定值见试验报告单)，将它们代入式(A.5)，计算其平均值为：

$$\overline{L_{pA0}}=10\lg\left[\left(\frac{1}{54}\right)\times(10^{6.70}+10^{7.14}+10^{6.95}+10^{6.87}\cdots+10^{6.66})\right]=71.6\ \text{dB(A)}$$

A.2.2 冷却设备

在两个不同高度处进行测量，每个高度处有 34 个测量点，总计得到 68 个测量结果(见试验报告单)，将它们代入式(A.5)，计算其平均值为：

$$\overline{L_{pA0}}=10\lg\left[\left(\frac{1}{68}\right)\times(10^{6.34}+10^{6.35}+10^{6.40}+10^{6.43}\cdots+10^{6.46})\right]=63.8\ \text{dB(A)}$$

A.3 背景噪声的平均 A 计权声压级计算

背景噪声的平均 A 计权声压级$\overline{L_{bgA}}$，应用式(A.6)在试验前和试验后分别计算出来：

$$\overline{L_{bgA}}=10\lg\left(\frac{1}{M}\sum_{i=1}^{M}10^{0.1L_{bgAi}}\right) \qquad \cdots\cdots(\text{A.6})$$

式中：

M——测量点总数；

L_{bgAi}——在测量点 i 上测定的背景噪声 A 计权声压级。

A.3.1 变压器

在变压器声级试验前，先在 10 个测量点上测量背景噪声的声压级(见试验报告)，将这些测量值代入式(A.6)，计算其平均值为：

$$\overline{L_{bgA}}=10\lg\left[\left(\frac{1}{10}\right)\times(10^{6.40}+10^{6.46}+10^{6.37}\cdots+10^{6.38})\right]=63.6\ \text{dB(A)}$$

然后，在变压器声级试验之后，仍在上述 10 个测量点上再次测量背景噪声的声压级，并将它们代入式(A.6)，计算其平均值为：

$$\overline{L_{bgA}} = 10\lg\left[\left(\frac{1}{10}\right)\times(10^{6.43}+10^{6.49}+10^{6.34}\cdots+10^{6.21})\right]=62.9\ \text{dB(A)}$$

试验前后测得的背景噪声的平均声压级之差为 0.7 dB，小于 3 dB。$\overline{L_{pA0}}$值比背景噪声中较高的平均 A 计权声压级大 8 dB。因此，变压器声级试验是可接受的。

A.3.2 冷却设备

在冷却设备声级试验前，先在 10 个测量点上测量背景噪声的声压级，将这些测量值代入式(A.6)，计算其平均值为：

$$\overline{L_{bgA}} = 10\lg\left[\left(\frac{1}{10}\right)\times(10^{5.42}+10^{5.43}+10^{5.35}\cdots+10^{5.32})\right]=53.6\ \text{dB(A)}$$

然后，在冷却设备声级试验之后，仍在上述 10 个位置上再次测量背景噪声的声压级，并将它们代入式(A.6)，计算其平均值为：

$$\overline{L_{bgA}} = 10\lg\left[\left(\frac{1}{10}\right)\times(10^{5.38}+10^{5.36}+10^{5.38}\cdots+10^{5.34})\right]=53.5\ \text{dB(A)}$$

试验前后测得的背景噪声的平均声压级之差为 0.1 dB，小于 3 dB。$\overline{L_{pA0}}$值比背景噪声中较高的平均 A 计权声压级大 10.2 dB。因此，冷却设备声级试验是可接受的。

A.4 修正的平均声压级计算

修正的平均 A 计权声压级$\overline{L_{pA}}$，应用式(A.7)求出：

$$\overline{L_{pA}} = 10\lg(10^{0.1\overline{L_{pA0}}}-10^{0.1\overline{L_{bgA}}})-K \qquad \cdots\cdots(\text{A.7})$$

式中：

$\overline{L_{bgA}}$——背景噪声的两个平均声压级中的较低者。

注：变压器在电源频率的谐波下会产生纯音音调，可能是驻波对测量的声压级有影响，此时，使用简单的修正系数不够充分，而要进行测量。一旦出现这种可能的话，考虑周围环境影响的修正就没有必要了。

A.4.1 变压器

现在可计算变压器的修正声压级：

$$\overline{L_{pA}} = 10\lg(10^{7.16}-10^{6.29})-2=69.0\ \text{dB(A)}$$

A.4.2 冷却设备

现在可计算冷却设备的修正声压级：

$$\overline{L_{pA}} = 10\lg(10^{6.38}-10^{5.36})-3.6=59.8\ \text{dB(A)}$$

A.5 声功率级计算

现在可计算试品的 A 计权声功率级：

$$L_{WA} = \overline{L_{pA}} + 10\lg\frac{S}{S_0} \qquad \cdots\cdots(\text{A.8})$$

式中：

S——由 A.1.3.1 或 A.1.3.2 得出的值，S_0 为参考面积(1 m^2)。

A.5.1 变压器

$$L_{WA} = 69.0 + 10\lg(101.25) = 89.1\ \text{dB(A)}$$

A.5.2 冷却设备

$$L_{WA} = 59.8 + 10\lg(221) = 83.2\ \text{dB(A)}$$

A.6 试验报告

合同号	××××××	现场	××××××
制造方	××××××	制造地点	××××××
测量日期	年/月/日		

变压器详述

出厂序号	ABCD1234	额定容量	750/750/60 MVA
分接范围	±15%	电压比	400/275/13 kV
联结组	YNyn0d11	额定频率	50 Hz
额定电流	1083/1575/2665 A	额定电压	400/275/13 kV

保证声级详述

~~声压级/~~声功率级　见下面　测量距离,X　0.3 m

不带冷却设备的变压器/~~电抗器~~　90 dB(A)

~~带冷却设备的变压器/电抗器~~

不带变压器/~~电抗器~~的冷却设备　85 dB(A)

~~无保护外壳的干式变压器~~

~~带保护外壳的干式变压器~~

~~保护外壳内装有冷却设备的干式变压器~~

分接位置 15

测量方法详述

测量标准 GB/T 1094.10

声压/~~声强~~

A 计权/~~窄频带/时间同步~~　(根据适用情况可删去)

测量仪器详述

制造(单位)×××××　仪器型号 ×××××　出厂序号 EFGH5678

传声器型号 ×××××　出厂序号 IJKL9101

校准说明

声级仪器在每次声级试验前经测声仪××××××××校正

传声器每年经外界认可的公司×××××进行校正

试品

不带冷却设备的变压器/~~电抗器~~

~~带冷却设备的变压器/电抗器~~

~~不带变压器/电抗器的冷却设备~~

~~无保护外壳的干式变压器~~

~~带保护外壳的干式变压器~~

~~外保护壳内装有冷却设备的干式变压器~~

试品草图

包括:测量位置、高压套管位置、邻近的声反射面,例如:设备、墙壁及背景噪声测量位置

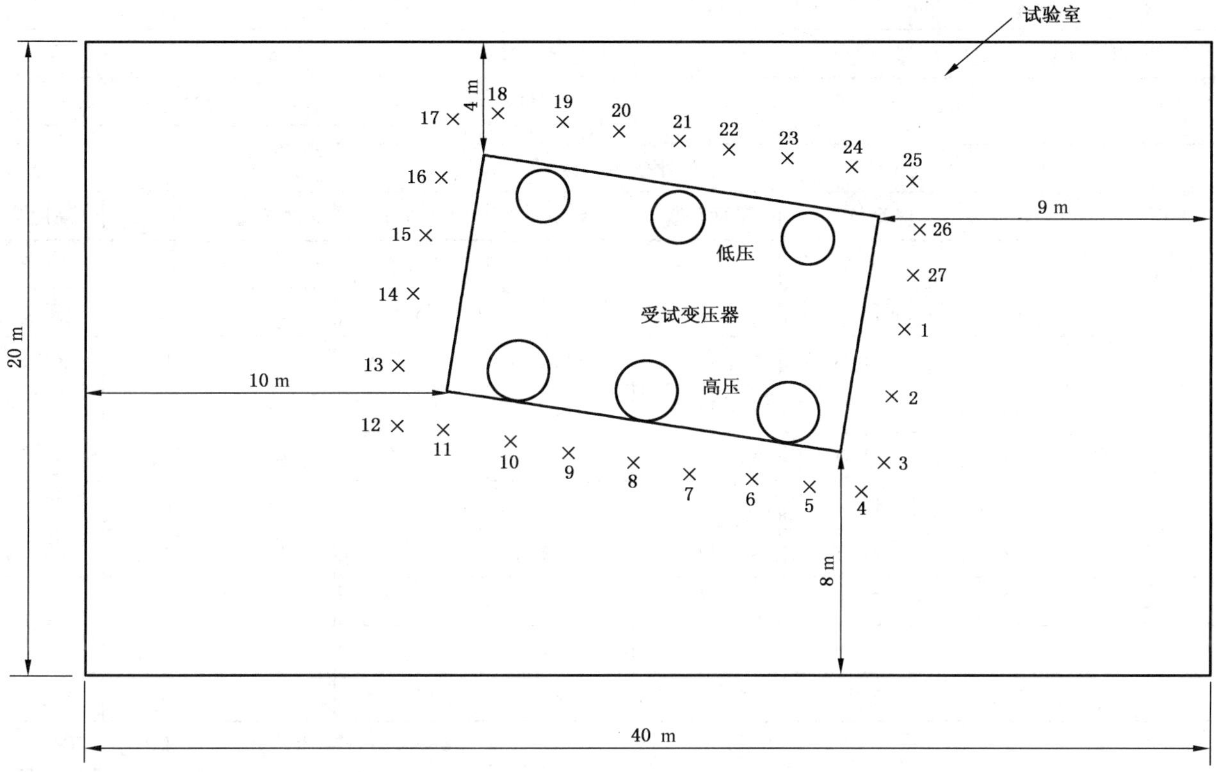

传声器离地面的高度:1/3 和 2/3 试品高度

试验条件	
励磁电压	13 000 V
频率	50 Hz
分接位置	15
测定时通过的电流(如合适)	空载时测量
测量距离,X	0.3 m
轮廓线长度,l_m	离变压器 0.3 m 处的周长 27 m
试品高度,h	3 m
测量表面面积,$S=l_m\times h\times 1.25$	101.25 m^2
$10\lg(S/S_0)=10\log_{10}(101.25)$	20.1

背景噪声的 A 计权声压级					
平面位置	试验开始时	试验终了时	平面位置	试验开始时	试验终了时
1	64.0	64.3	14	63.1	62.5
3	64.6	64.9	17	62.7	61.9
5	63.7	63.4	20	62.8	62.4
8	63.2	62.2	23	64.1	62.3
11	63.6	62.2	25	63.8	62.1
			算术/能量平均，$\overline{L_{bgA}}$	63.6	62.9

A 计权声压级，L_{pAi}								
平面位置	高度 1	高度 2	平面位置	高度 1	高度 2	平面位置	高度 1	高度 2
1	67.0	67.9	11	70.8	73.2	21	72.7	67.9
2	71.4	70.5	12	68.5	73.3	22	72.4	65.8
3	69.5	70.3	13	68.1	67.7	23	74.4	72.1
4	68.7	70.7	14	76.4	72.5	24	78.7	65.7
5	71.6	66.4	15	69.6	69.7	25	70.3	67.5
6	70.4	69.1	16	67.5	67.6	26	71.7	68.9
7	72.5	68.3	17	70.3	71.6	27	69.6	66.6
8	76.7	71.6	18	71.6	67.1			
9	77.3	70.9	19	71.5	66.6			
10	73.6	73.5	20	72.1	67.0			
						算术/能量平均，$\overline{L_{pA0}}$	71.6	dB(A)

$\overline{L_{pA0}}$－最大$\overline{L_{bgA}}$（必须≥3 dB(A)）	8.0 dB(A)
环境修正系数（必须≤7 dB），K	2 dB
修正后的 A 计权声压级，$\overline{L_{pA}}$ （背景噪声＋环境修正系数）	69.0 dB(A)
计算的 A 计权声功率级，L_{WA}	89.1 dB(A)
备注、附加的结果等（包括在非规定测量点的一些测点上测得的明显高的声压级的详述）：	
计算的 A 计权~~声压级或~~声功率级，~~$\overline{L_{pA}}$ or~~ $\overline{L_{WA}}$	89 dB(A)
保证的~~声压级或~~声功率级	90 dB(A)
参与声级测量的人员及其职务	
检查员	
试验人　　试验部门	
签字：	日期：年/月/日

试品

~~不带冷却设备的变压器/电抗器~~

~~带冷却设备的变压器/电抗器~~

不带变压器/电抗器的冷却设备

~~无保护外壳的干式变压器~~

~~带保护外壳的干式变压器~~

~~保护外壳内装有冷却设备的干式变压器~~

试品草图

包括：测量位置、高压套管位置、邻近的声反射面，例如：设备、墙壁及背景噪声测量位置

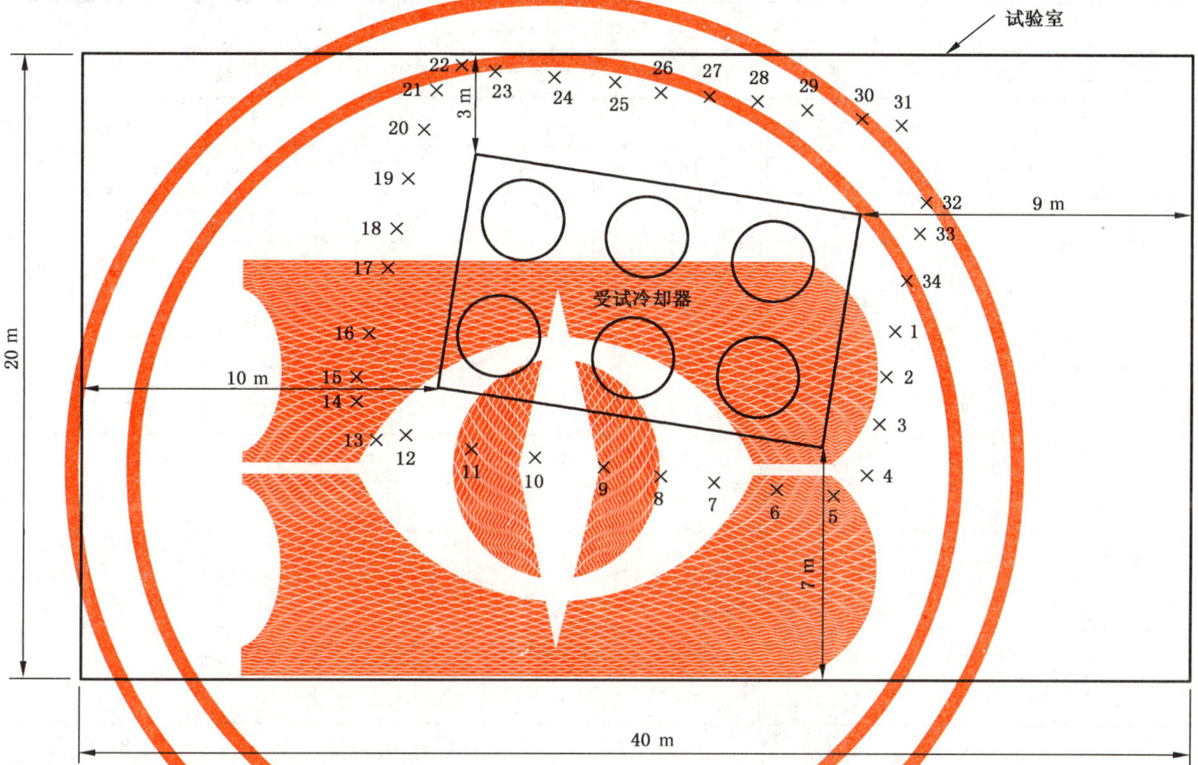

传声器离地面的高度：1/3 和 2/3 试品高度	
试验条件	
励磁电压	415 V
频率	50 Hz
分接位置	
测定时通过的电流(如合适)	空载时测量
测量距离，X	2.0 m
轮廓线长度，l_m	离冷却器 2.0 m 处的周长　34 m
试品高度，h	4.5 m
测量表面面积，$S=(h+2)\times l_m$	221 m^2
$10\lg(S/S_0)=10\log_{10}(221)$	23.4

背景噪声的A计权声压级					
平面位置	试验开始时	试验终了时	平面位置	试验开始时	试验终了时
1	54.2	53.8	16	53.1	53.5
4	54.3	53.6	20	53.3	53.4
7	53.5	53.8	24	53.6	53.8
10	53.6	53.2	28	53.4	53.2
13	53.7	53.1	31	53.2	53.4
			算术/能量平均,$\overline{L_{bgA}}$	53.6	53.5

A计权声压级,L_{pAi}								
平面位置	高度1	高度2	平面位置	高度1	高度2	平面位置	高度1	高度2
1	64.3	63.5	14	64.0	64.0	27	63.5	64.3
2	63.5	64.0	15	63.5	63.5	28	63.8	63.5
3	64.0	64.3	16	63.8	63.8	29	63.4	64.0
4	64.3	64.0	17	63.4	63.5	30	63.4	64.3
5	64.0	64.3	18	63.6	63.8	31	63.6	63.5
6	63.5	64.0	19	63.8	63.4	32	63.8	64.0
7	63.8	63.5	20	64.0	63.6	33	64.0	64.3
8	63.4	63.8	21	64.3	64.0	34	64.3	64.6
9	63.6	64.3	22	64.0	64.3			
10	63.8	64.0	23	63.5	64.0			
11	64.0	63.5	24	63.8	63.5			
12	63.8	63.8	25	64.3	63.8			
13	63.6	63.4	26	64.0	63.4			
						算术/能量平均,$\overline{L_{pA0}}$	63.8	dB(A)

$\overline{L_{pA0}}$－最大$\overline{L_{bgA}}$(必须≥3 dB(A))	10.2 dB(A)
环境修正系数(必须≤7 dB),K	3.6 dB
修正后的A计权声压级,$\overline{L_{pA}}$ (背景噪声＋环境修正系数)	59.8 dB(A)
计算的A计权声功率级,L_{WA}	83.2 dB(A)
备注、附加的结果等(包括在非规定测量点的一些测点上测得的明显高的声压级的详述):	
计算的A计权~~声压级或~~声功率级,~~$\overline{L_{pA}}$ or~~ L_{WA}	83 dB(A)
保证的~~声压级或~~声功率级	85 dB(A)
参与声级测量的人员及其职务	
检查员	
试验人　　试验部门	
签字:	日期:年/月/日

附　录　B
（资料性附录）
工作举例：用时间同步声强法测定配电变压器的声功率级

合同号	××××××	现场	××××××
制造方	××××××	制造地点	××××××
测量日期	年/月/日		

变压器详述

出厂序号	ABCD1234	额定容量	0.63 MVA
分接范围	±2×2.5%	电压比	22 000 V/400 V
联结组	Dyn11	额定频率	50 Hz
额定电流	A	额定电压	20 000/410 V

保证声级详述

声压级/声功率级	60 dB(A)	测量距离，X	0.3 m

不带冷却设备的变压器/电抗器

~~带冷却设备的变压器/电抗器~~

~~不带变压器/电抗器的冷却设备~~

~~无保护外壳的干式变压器~~

~~带保护外壳的干式变压器~~

~~保护外壳内装有冷却设备的干式变压器~~

分接位置 3

测量方法详述

测量标准 GB/T 1094.10

~~声压/~~声强

~~A 计权/窄频带/~~时间同步　　　　（根据适用情况可删去）

测量仪器详述

制造(单位) ×××××	仪器型号 50Al	测试序列号 1234
传声器分隔件 50 mm	每对传声器序列号	23456/45678

校准说明

1 号传声器灵敏度＝39.44 Pa/V

2 号传声器灵敏度＝39.08 Pa/V

试品

无冷却设备的变压器~~/电抗器~~

~~有冷却设备的变压器/电抗器~~

~~无变压器/电抗器的冷却设备~~

~~无外壳的干式变压器~~

~~有外壳的干式变压器~~

~~外壳内有冷却设备的干式变压器~~

试品草图

包括:测量位置、高压套管位置、邻近的声反射面,例如:设备、墙壁及背景噪声测量位置

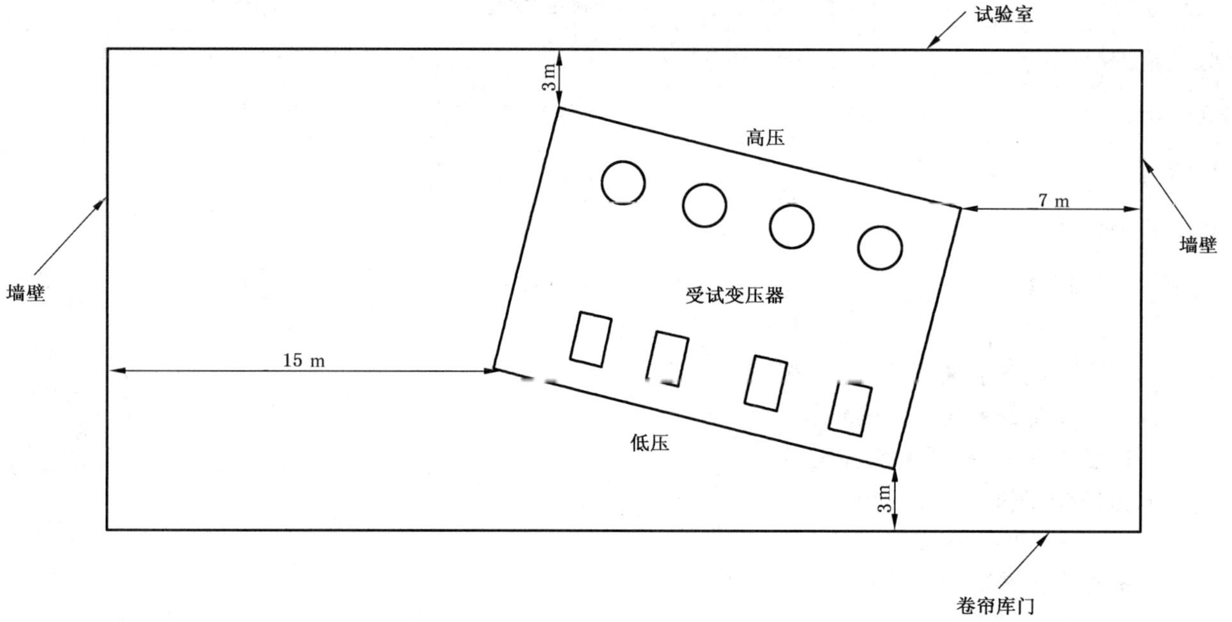

传声器离地面的高度:0.565 m

试验条件

励磁电压	400 V
频率	50 Hz
分接位置	3
测定时通过的电流(如合适)	空载时测量
测量距离,X	0.3 m
轮廓线长度,l_m	离变压器 0.3 m 处的周长 5.06 m
试品高度,h	1.13 m
测量表面面积,$S=1.25\ h\ l_m$	7.15 m^2
$10\ lg(S/S_0)$	8.5

A 计权声强及声压测量									
平面位置	高度 1		高度 2		平面位置	高度 1		高度 2	
	L_{IAi}	L_{pAi}	L_{IAi}	L_{pAi}		L_{IAi}	L_{pAi}	L_{IAi}	L_{pAi}
1	47.65	49.7	—	—	11	48.01	48.7	—	—
2	44.82	46.6	—	—	12	46.5	47.4	—	—
3	45.52	47.4	—	—	13	44.02	46.8	—	—
4	46.24	48.0	—	—	14	46.31	48.1	—	—
5	44.55	46.5	—	—	15	45.96	47.6	—	—
6	44.48	46.9	—	—	16	45.72	47.3	—	—
7	44.80	46.8	—	—	17	44.07	45.1	—	—
8	45.99	47.3	—	—	18	44.12	46.5	—	—
9	44.73	47.0	—	—	19	46.21	49.2	—	—
10	42.98	45.7	—	—	20	44.37	46.3	—	—

算术/能量平均，$\overline{L_{\mathrm{pA0}}}$ 47.4 dB(A)

算术/能量平均，$\overline{L_{\mathrm{IA}}}$ 45.5 dB(A)

$\overline{L_{\mathrm{pA0}}}$－最大$\overline{L_{\mathrm{IA}}}$（必须≤8 dB(A)） 1.9 dB(A)

计算的 A 计权声功率级，L_{WA} 54 dB(A)

备注、附加的结果等（包括在非规定测量点的一些测点上测得的明显高的声压级的详述）：

室温＝21.2 ℃，气压＝1 012.5 mbar

平均数＝50（或 100，当背景噪声比变压器噪声级高 5dB(A)）

基本谐波＝100 Hz，谐波数＝20

计算的 A 计权声压级或声功率级，$\overline{L_{\mathrm{pA}}}$ or L_{WA} 54 dB(A)

保证的声压级或声功率级 60 dB(A)

参与声级测量的人员及其职务

检查员

试验人　试验部门

签字：　　日期：年/月/日

ICS 29.180
K 41

中华人民共和国国家标准

GB/T 6451—2015
代替 GB/T 6451—2008

油浸式电力变压器
技术参数和要求

Specification and technical requirements for oil-immersd power transformers

2015-09-11 发布　　　　2016-04-01 实施

中华人民共和国国家质量监督检验检疫总局
中国国家标准化管理委员会　发布

前　言

本标准按照 GB/T 1.1—2009 给出的规则起草。

本标准代替 GB/T 6451—2008《油浸式电力变压器技术参数和要求》，与 GB/T 6451—2008 相比，主要技术变化如下：

——对于 10 kV 和 35 kV 级配电变压器，增补了 2 000 kV·A 和 2 500 kV·A 的容量规格及性能参数。

——对于 35 kV 级有载调压电力变压器，增补了 25 000 kV·A 和 31 500 kV·A 的容量规格及性能参数。

——对于部分 220 kV 和 500 kV 级的变压器，增补了相关的容量规格及性能参数。

——对 6 kV、10 kV、35 kV、66 kV、110 kV、220 kV、330 kV 和 500 kV 级变压器的性能参数进行了调整。其中 6 kV、10 kV 级配电变压器的空载损耗分别平均下降约 20%，6 kV、10 kV 级电力变压器的空载损耗和负载损耗分别平均下降约 20%和 5%；35 kV、66 kV、110 kV 和 220 kV 级变压器的空载损耗和负载损耗分别平均下降约 20%和 5%；330 kV 和 500 kV 级变压器的空载损耗和负载损耗分别平均下降约 15%和 5%。此外，各电压等级变压器的空载电流分别平均下降约 30%。

——对部分性能参数表中的分接范围、电压和短路阻抗等参数值进行了调整，并在表中增加了实际选取变压器损耗时，应注意负载率与运行效率间关系的说明。

——对所有电压等级变压器的技术要求和试验项目均统一进行了增减和修改。

请注意本文件的某些内容可能涉及专利。本文件的发布机构不承担识别这些专利的责任。

本标准由中国电器工业协会提出。

本标准由全国变压器标准化技术委员会(SAC/TC 44)归口。

本标准起草单位：沈阳变压器研究院股份有限公司、华东电网有限公司、特变电工沈阳变压器集团有限公司、保定天威保变电气股份有限公司、西安西电变压器有限责任公司、明珠电气有限公司、特变电工衡阳变压器有限公司、中国电力科学研究院、正泰电气股份有限公司、吉林省电力科学研究院、吴江变压器有限公司、福州天宇电气股份有限公司、三变科技股份有限公司、山东达驰电气有限公司、特变电工股份有限公司新疆变压器厂、广东钜龙电力设备有限公司、海南威特电气集团有限公司、保定保菱变压器有限公司、保定天威集团(江苏)五洲变压器有限公司、广州骏发电气有限公司、新华都特种电气股份有限公司、广东电网公司电力科学研究院、安徽省电力科学研究院、卧龙电气银川变压器有限公司、上海置信电气股份有限公司、卧龙电气集团北京华泰变压器有限公司、广东海鸿变压器有限公司、江苏上能新特变压器有限公司、浙江江山变压器股份有限公司、广东中鹏电气有限公司。

本标准主要起草人：章忠国、刘爽、姜益民、安振、张栋、高建国、蔡定国、孙树波、郭慧浩、李智、李锦彪、敖明、林灿华、林诚文、徐秋元、许长华、孟杰、王文光、朱燕春、郑泉、屈卫民、樊建平、邓旭峰、徐林峰、丁国成、鲁玮、凌健、何宝振、许凯旋、郭跃光、姜振军、梁生。

本标准所代替标准的历次版本发布情况为：

——GB/T 6451—1986；GB/T 6451—1995；GB/T 6451—1999；GB/T 6451—2008。

油浸式电力变压器
技术参数和要求

1 范围

本标准规定了油浸式电力变压器的性能参数、技术要求、检验规则及方法、标志、起吊、包装、运输和贮存。

本标准适用于额定容量为30 kV·A及以上，额定频率为50 Hz，电压等级为6 kV、10 kV、35 kV、66 kV、110 kV、220 kV、330 kV和500 kV的三相油浸式电力变压器和电压等级为500 kV的单相油浸式电力变压器。

2 规范性引用文件

下列文件对于本文件的应用是必不可少的。凡是注日期的引用文件，仅注日期的版本适用于本文件。凡是不注日期的引用文件，其最新版本(包括所有的修改单)适用于本文件。

GB 1094.1 电力变压器 第1部分：总则

GB 1094.2 电力变压器 第2部分：液浸式变压器的温升

GB 1094.3 电力变压器 第3部分：绝缘水平、绝缘试验和外绝缘空气间隙

GB 1094.5 电力变压器 第5部分：承受短路的能力

GB/T 1094.7 电力变压器 第7部分：油浸式电力变压器负载导则

GB/T 2900.95 电工术语 变压器、调压器和电抗器

JB/T 10088 6 kV～500 kV级电力变压器声级

3 术语和定义

GB 1094.1和GB/T 2900.95界定的术语和定义适用于本文件。

4 6 kV、10 kV电压等级

4.1 性能参数

额定容量、电压组合、分接范围、联结组标号、空载损耗、负载损耗、空载电流及短路阻抗应符合表1～表3的规定。

表 1　6 kV、10 kV 级 30 kV·A～2 500 kV·A 三相双绕组无励磁调压配电变压器

<table>
<tr><th rowspan="2">额定容量
kV·A</th><th colspan="3">电压组合及分接范围</th><th rowspan="2">联结组
标号</th><th rowspan="2">空载损耗
kW</th><th rowspan="2">负载损耗
kW</th><th rowspan="2">空载电流
%</th><th rowspan="2">短路
阻抗
%</th></tr>
<tr><th>高压
kV</th><th>高压分接范围
%</th><th>低压
kV</th></tr>
<tr><td>30</td><td rowspan="20">6
6.3
10
10.5</td><td rowspan="20">±2×2.5
±5</td><td rowspan="20">0.4</td><td rowspan="12">Dyn11
Yzn11
Yyn0</td><td>0.100</td><td>0.630/0.600</td><td>1.5</td><td rowspan="12">4.0</td></tr>
<tr><td>50</td><td>0.130</td><td>0.910/0.870</td><td>1.3</td></tr>
<tr><td>63</td><td>0.150</td><td>1.09/1.04</td><td>1.2</td></tr>
<tr><td>80</td><td>0.180</td><td>1.31/1.25</td><td>1.2</td></tr>
<tr><td>100</td><td>0.200</td><td>1.58/1.50</td><td>1.1</td></tr>
<tr><td>125</td><td>0.240</td><td>1.89/1.80</td><td>1.1</td></tr>
<tr><td>160</td><td>0.280</td><td>2.31/2.20</td><td>1.0</td></tr>
<tr><td>200</td><td>0.340</td><td>2.73/2.60</td><td>1.0</td></tr>
<tr><td>250</td><td>0.400</td><td>3.20/3.05</td><td>0.90</td></tr>
<tr><td>315</td><td>0.480</td><td>3.83/3.65</td><td>0.90</td></tr>
<tr><td>400</td><td>0.570</td><td>4.52/4.30</td><td>0.80</td></tr>
<tr><td>500</td><td>0.680</td><td>5.41/5.15</td><td>0.80</td></tr>
<tr><td>630</td><td rowspan="8">Dyn11
Yyn0</td><td>0.810</td><td>6.20</td><td>0.60</td><td rowspan="5">4.5</td></tr>
<tr><td>800</td><td>0.980</td><td>7.50</td><td>0.60</td></tr>
<tr><td>1 000</td><td>1.15</td><td>10.3</td><td>0.60</td></tr>
<tr><td>1 250</td><td>1.36</td><td>12.0</td><td>0.50</td></tr>
<tr><td>1 600</td><td>1.64</td><td>14.5</td><td>0.50</td></tr>
<tr><td>2 000</td><td>1.94</td><td>18.3</td><td>0.40</td><td rowspan="2">5.0</td></tr>
<tr><td>2 500</td><td>2.29</td><td>21.2</td><td>0.40</td></tr>
</table>

注 1：对于额定容量为 500 kV·A 及以下的变压器，表中斜线上方的负载损耗值适用于 Dyn11 或 Yzn11 联结组，斜线下方的负载损耗值适用于 Yyn0 联结组。

注 2：当变压器年平均负载率介于 35%～40%之间时，采用表中的损耗值可获得最高运行效率。

表 2　6 kV、10 kV 级 630 kV·A～6 300 kV·A 三相双绕组无励磁调压电力变压器

<table>
<tr><th rowspan="2">额定容量
kV·A</th><th colspan="3">电压组合及分接范围</th><th rowspan="2">联结组
标号</th><th rowspan="2">空载损耗
kW</th><th rowspan="2">负载损耗
kW</th><th rowspan="2">空载电流
%</th><th rowspan="2">短路
阻抗
%</th></tr>
<tr><th>高压
kV</th><th>高压分接范围
%</th><th>低压
kV</th></tr>
<tr><td>630</td><td rowspan="8">6
6.3
10
10.5</td><td rowspan="11">±2×2.5
±5</td><td rowspan="8">3
3.15
6.3</td><td rowspan="11">Yd11
Dy11</td><td>0.820</td><td>6.92</td><td>0.60</td><td rowspan="11">5.5</td></tr>
<tr><td>800</td><td>1.00</td><td>8.46</td><td>0.60</td></tr>
<tr><td>1 000</td><td>1.18</td><td>9.91</td><td>0.60</td></tr>
<tr><td>1 250</td><td>1.40</td><td>11.7</td><td>0.50</td></tr>
<tr><td>1 600</td><td>1.68</td><td>14.1</td><td>0.40</td></tr>
<tr><td>2 000</td><td>2.01</td><td>16.9</td><td>0.40</td></tr>
<tr><td>2 500</td><td>2.37</td><td>19.6</td><td>0.40</td></tr>
<tr><td>3 150</td><td>2.80</td><td>23.0</td><td>0.40</td></tr>
<tr><td>4 000</td><td rowspan="3">10
10.5</td><td rowspan="3">3.15
6.3</td><td>3.45</td><td>27.3</td><td>0.40</td></tr>
<tr><td>5 000</td><td>4.10</td><td>31.3</td><td>0.40</td></tr>
<tr><td>6 300</td><td>4.89</td><td>35.0</td><td>0.40</td></tr>
<tr><td colspan="9">**注：**当变压器年平均负载率介于 35%～40%之间时，采用表中的损耗值可获得最高运行效率。</td></tr>
</table>

表 3　6 kV、10 kV 级 200 kV·A～2 500 kV·A 三相双绕组有载调压配电变压器

<table>
<tr><th rowspan="2">额定容量
kV·A</th><th colspan="3">电压组合及分接范围</th><th rowspan="2">联结组
标号</th><th rowspan="2">空载损耗
kW</th><th rowspan="2">负载损耗
kW</th><th rowspan="2">空载电流
%</th><th rowspan="2">短路
阻抗
%</th></tr>
<tr><th>高压
kV</th><th>高压分接范围
%</th><th>低压
kV</th></tr>
<tr><td>200</td><td rowspan="12">6
6.3
10
10.5</td><td rowspan="12">±4×2.5</td><td rowspan="12">0.4</td><td rowspan="12">Dyn11
Yyn0</td><td>0.380</td><td>2.90</td><td>1.0</td><td rowspan="5">4.0</td></tr>
<tr><td>250</td><td>0.440</td><td>3.42</td><td>0.90</td></tr>
<tr><td>315</td><td>0.530</td><td>4.10</td><td>0.90</td></tr>
<tr><td>400</td><td>0.640</td><td>4.95</td><td>0.80</td></tr>
<tr><td>500</td><td>0.760</td><td>5.89</td><td>0.80</td></tr>
<tr><td>630</td><td>0.960</td><td>7.26</td><td>0.60</td><td rowspan="5">4.5</td></tr>
<tr><td>800</td><td>1.12</td><td>8.89</td><td>0.60</td></tr>
<tr><td>1 000</td><td>1.36</td><td>10.4</td><td>0.60</td></tr>
<tr><td>1 250</td><td>1.56</td><td>12.3</td><td>0.50</td></tr>
<tr><td>1 600</td><td>1.92</td><td>14.7</td><td>0.50</td></tr>
<tr><td>2 000</td><td>2.27</td><td>18.6</td><td>0.40</td><td rowspan="2">5.0</td></tr>
<tr><td>2 500</td><td>2.68</td><td>21.6</td><td>0.40</td></tr>
<tr><td colspan="9">**注：**当变压器年平均负载率介于 35%～40%之间时，采用表中的损耗值可获得最高运行效率。</td></tr>
</table>

4.2 技术要求

4.2.1 基本要求

4.2.1.1 变压器应符合 GB 1094.1、GB 1094.2、GB 1094.3、GB 1094.5、GB/T 1094.7 和 JB/T 10088 的规定。

4.2.1.2 变压器组件、部件的设计、制造及检验等应符合相关标准及法规的要求。

4.2.2 安全保护装置

800 kV·A 及以上的变压器宜装有气体继电器。

气体继电器的接点容量在交流 220 V 或 110 V 时不小于 66 V·A,直流有感负载时,不小于 15 W。积聚在气体继电器内的气体数量达到 250 mL～300 mL 或油速在整定范围内时,应分别接通相应的接点。流经气体继电器的油流速度达到 1.0 m/s(偏差为±20%)时,接点应接通。气体继电器的安装位置及其结构应能观察到分解气体的数量和油速标尺,而且应便于取气体。

注 1:根据用户与制造方协商,800 kV·A 以下的变压器也可供应气体继电器。

注 2:对于波纹油箱、带有弹性片式散热器或油箱内部充有气体的密封式变压器不装气体继电器。

变压器均应装有压力保护装置。

对于密封式变压器,应保证在最高环境温度与允许过负载状态下,压力保护装置不动作,在最低环境温度与变压器空载状态下,变压器能正常运行。

4.2.3 油保护装置

4.2.3.1 变压器应装有储油柜(波纹式油箱、带有弹性片式散热器或油箱内部充有气体的密封式变压器除外),其结构应便于清理内部。储油柜的一端应具有油位显示功能,储油柜的容积应保证在最高环境温度与允许的过负载状态下油位不超过上限,在最低环境温度与变压器未投入运行时,应能观察到油位指示。

4.2.3.2 储油柜应有注油和放油装置。

4.2.3.3 储油柜(如果有)上一般应加装带有油封的吸湿器。

4.2.4 油温测量装置

4.2.4.1 变压器应有供温度计用的管座。管座应设在油箱的顶部,并伸入油内 120 mm±10 mm。

4.2.4.2 1 000 kV·A 及以上的变压器,需装设户外测温装置,其接点容量在交流 220 V 时,不低于 50 V·A,直流有感负载时,不低于 15 W。测温装置的安装位置应便于观察,且其准确度应符合相应标准。

4.2.5 变压器油箱及其附件

4.2.5.1 变压器一般不供给小车,如箱底焊有支架,则其焊接位置应符合图 1 的规定。

注:根据用户需要也可供给小车。

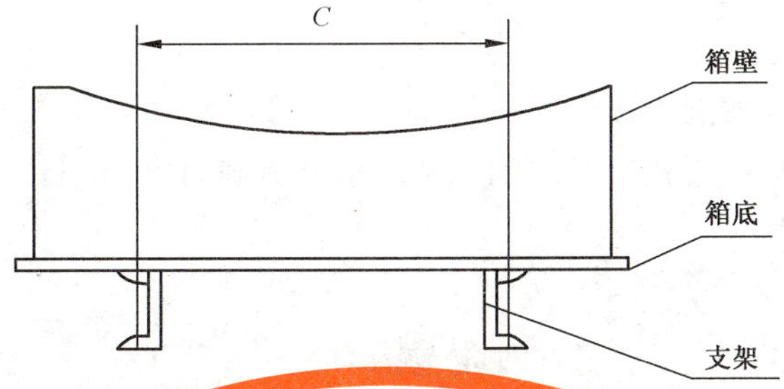

注：C 尺寸可按变压器大小选择为 300 mm、400 mm、550 mm、660 mm、820 mm、1 070 mm。

图 1　6 kV、10 kV 级箱底支架位置(面对长轴方向)

4.2.5.2　在变压器油箱的下部壁上可装有放油用阀门。

4.2.5.3　套管接线端子连接处，在环境空气中对空气的温升应不大于 55 K，在油中对油的温升应不大于 15 K。

4.2.5.4　套管的安装位置和相互距离应便于接线，且其带电部分的空气间隙应能满足 GB 1094.3 的要求。

4.2.5.5　对于油箱内部充有气体的密封式变压器，在最低油位条件下应满足绝缘要求。

4.2.5.6　变压器结构应便于拆卸和更换套管、瓷件或电缆接头。

4.2.5.7　变压器铁心应单点接地，金属结构件均应通过油箱可靠接地。接地处应有明显的接地符号“⏚”或“接地”字样。

4.3　检验规则及方法

4.3.1　变压器除应进行 GB 1094.1 所规定的试验项目外，还应进行 4.3.2～4.3.10 所规定的试验。

4.3.2　绕组直流电阻不平衡率：相为不大于 4%，线为不大于 2%。如果由于线材及引线结构等原因而使绕组直流电阻不平衡率超过上述值时，除应在例行试验记录中记录实测值外，尚应写明引起这一偏差的原因。用户应与同温度下的例行试验实测值进行比较，其偏差应不大于 2%。本试验为例行试验。

绕组直流电阻不平衡率应以三相实测最大值减最小值作分子，三相实测平均值作分母计算。

对所有引出的相应端子间的电阻值均应进行测量比较。

4.3.3　应提供变压器绝缘电阻的实测值，测试通常在 5 ℃～40 ℃和相对湿度小于 85%时进行。本试验为例行试验。当测量温度不同时，绝缘电阻可按式(1)换算：

$$R_2 = R_1 \times 1.5^{(t_1 - t_2)/10} \qquad \cdots\cdots(1)$$

式中：

R_1、R_2——分别为温度 t_1、t_2 时的绝缘电阻值。

4.3.4　变压器应进行压力密封试验。本试验为例行试验，试验要求如下：

a)　一般结构油箱的变压器(包括储油柜带隔膜的密封式变压器)，按 GB 1094.1 的规定；

b)　波纹式油箱(包括带有弹性片式散热器油箱)的变压器，315 kV·A 及以下者应承受 20 kPa 的试验压力，400 kV·A 及以上者应承受 15 kPa 的试验压力，历经 12 h 应无泄漏；

c)　油箱内部充有气体的密封式变压器，油面上部应承受 60 kPa 的试验压力(波纹式油箱除外)，历经 12 h 应无泄漏。

4.3.5 有载分接开关试验合格后，应将有载分接开关装入变压器中，对分接开关油室进行密封试验，应无渗漏现象。本试验为例行试验。

4.3.6 对于油箱内部充有气体的密封式变压器，应进行最低油位条件下的绝缘试验，试验应满足相关要求。本试验为型式试验。

4.3.7 变压器应进行短时过负载能力试验。本试验为型式试验，试验要求如下：

在最高运行油位下完成温升试验后再施加1.5倍额定负载，持续运行2 h后应满足下列要求：

a） 压力保护装置不动作；

b） 无渗漏现象；

c） 油箱波纹及片式散热器的变形量在规定范围内；

d） 油箱外壳及套管的温升不大于85 K。

4.3.8 变压器应进行压力变形试验。本试验为特殊试验，试验要求如下：

a） 一般结构油箱的变压器（包括储油柜带隔膜的密封式变压器），按GB 1094.1的规定；

b） 波纹式油箱（包括带有弹性片式散热器油箱）的变压器，315 kV·A及以下者，试验压力为25 kPa，400 kV·A及以上者，试验压力为20 kPa，历经5 min应无损伤及不应出现不允许的永久变形；

c） 油箱内部充有气体的密封式变压器，试验压力为70 kPa（波纹式油箱除外），历经5 min应无损伤及不应出现不允许的永久变形。

4.3.9 变压器应进行油箱开裂试验。本试验为特殊试验，试验要求如下：

在系列产品中抽取一台变压器油箱，对其施加103 kPa正压力（液压），历经10 min后，不应出现开裂现象。

4.3.10 变压器应进行运输颠簸试验。本试验为特殊试验，试验方法及要求由用户与制造方协商。

4.4 标志、起吊、包装、运输和贮存

4.4.1 变压器应有接线端子、运输及起吊标志，标志内容应符合相关标准规定。

4.4.2 变压器的套管排列顺序位置一般如图2和图3所示。

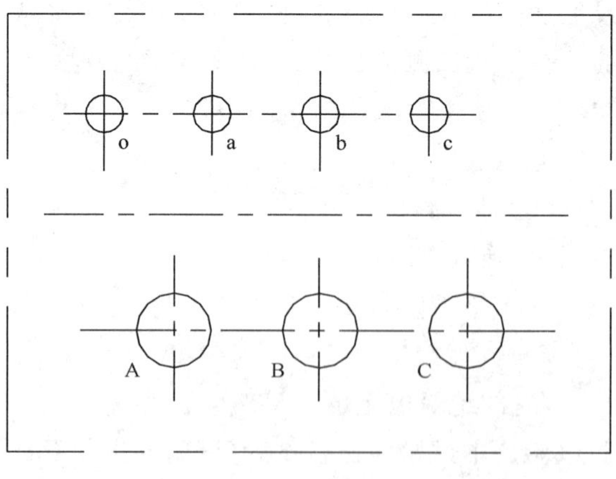

图2 6 kV、10 kV级联结组标号为Dyn11、Yzn11、Yyn0的双绕组变压器

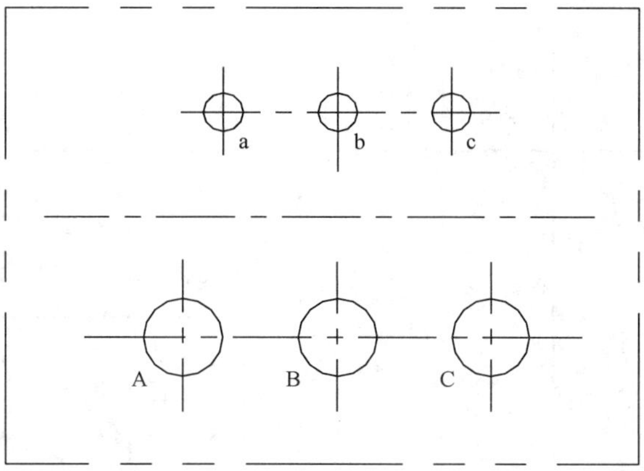

图 3　6 kV、10 kV 级联结组标号为 Yd11 或 Dy11 的双绕组变压器

4.4.3　变压器需具有承受变压器总重的起吊装置。变压器器身、油箱、可拆卸结构的储油柜(如果有)和散热器等均应有起吊装置。

4.4.4　成套拆卸的组件和零件(如气体继电器、套管、测温装置及紧固件等)的包装,应保证经过运输、贮存直到安装前不损坏和不受潮。

4.4.5　变压器内部结构应在经过正常的铁路、公路及水路运输后相互位置不变,紧固件不松动。变压器的组件、部件[如套管、散热器、阀门和储油柜(如果有)等]的结构及布置位置应不妨碍吊装、运输及运输中紧固定位。

4.4.6　在运输、贮存直至安装前,应保证变压器本体及其所有组件、部件[如储油柜(如果有)、套管、阀门及散热器等]不损坏和不受潮。

5　35 kV 电压等级

5.1　性能参数

5.1.1　额定容量、电压组合、分接范围、联结组标号、空载损耗、负载损耗、空载电流及短路阻抗应符合表 4～表 6 的规定。

表 4　35 kV 级 50 kV·A～2 500 kV·A 三相双绕组无励磁调压配电变压器

<table>
<tr><th rowspan="2">额定容量
kV·A</th><th colspan="3">电压组合及分接范围</th><th rowspan="2">联结组
标号</th><th rowspan="2">空载损耗
kW</th><th rowspan="2">负载损耗
kW</th><th rowspan="2">空载电流
%</th><th rowspan="2">短路
阻抗
%</th></tr>
<tr><th>高压
kV</th><th>高压分接范围
%</th><th>低压
kV</th></tr>
<tr><td>50</td><td rowspan="16">35
38.5</td><td rowspan="16">±2×2.5
±5</td><td rowspan="16">0.4</td><td rowspan="16">Dyn11
Yyn0</td><td>0.160</td><td>1.20/1.14</td><td>1.3</td><td rowspan="16">6.5</td></tr>
<tr><td>100</td><td>0.230</td><td>2.01/1.91</td><td>1.1</td></tr>
<tr><td>125</td><td>0.270</td><td>2.37/2.26</td><td>1.1</td></tr>
<tr><td>160</td><td>0.280</td><td>2.82/2.68</td><td>1.0</td></tr>
<tr><td>200</td><td>0.340</td><td>3.32/3.16</td><td>1.0</td></tr>
<tr><td>250</td><td>0.400</td><td>3.95/3.76</td><td>0.95</td></tr>
<tr><td>315</td><td>0.480</td><td>4.75/4.53</td><td>0.95</td></tr>
<tr><td>400</td><td>0.580</td><td>5.74/5.47</td><td>0.85</td></tr>
<tr><td>500</td><td>0.680</td><td>6.91/6.58</td><td>0.85</td></tr>
<tr><td>630</td><td>0.830</td><td>7.86</td><td>0.65</td></tr>
<tr><td>800</td><td>0.980</td><td>9.40</td><td>0.65</td></tr>
<tr><td>1 000</td><td>1.15</td><td>11.5</td><td>0.65</td></tr>
<tr><td>1 250</td><td>1.40</td><td>13.9</td><td>0.60</td></tr>
<tr><td>1 600</td><td>1.69</td><td>16.6</td><td>0.60</td></tr>
<tr><td>2 000</td><td>1.99</td><td>19.7</td><td>0.55</td></tr>
<tr><td>2 500</td><td>2.36</td><td>23.2</td><td>0.55</td></tr>
<tr><td colspan="9">注 1：对于额定容量为 500 kV·A 及以下的变压器，表中斜线上方的负载损耗值适用于 Dyn11 联结组，斜线下方的负载损耗值适用于 Yyn0 联结组。
注 2：当变压器年平均负载率介于 30%～36%之间时，采用表中的损耗值可获得最高运行效率。</td></tr>
</table>

表 5　35 kV 级 630 kV·A～31 500 kV·A 三相双绕组无励磁调压电力变压器

额定容量 kV·A	电压组合及分接范围			联结组 标号	空载损耗 kW	负载损耗 kW	空载电流 %	短路 阻抗 %
	高压 kV	高压分接范围 %	低压 kV					
630					0.830	7.86	0.65	
800					0.980	9.40	0.65	
1 000					1.15	11.5	0.65	
1 250	35	±2×2.5 ±5	3.15 6.3 10.5		1.40	13.9	0.55	6.5
1 600					1.69	16.6	0.45	
2 000				Yd11	2.17	18.3	0.45	
2 500					2.56	19.6	0.45	
3 150					3.04	23.0	0.45	
4 000	35～38.5	±2×2.5 ±5	3.15 6.3 10.5		3.61	27.3	0.45	7.0
5 000					4.32	31.3	0.45	
6 300					5.24	35.0	0.45	
8 000					7.20	38.4	0.35	
10 000					8.70	45.3	0.35	
12 500					10.0	53.8	0.30	8.0
16 000	35～38.5	±2×2.5	3.15 3.3 6.3 6.6 10.5	YNd11	12.1	65.8	0.30	
20 000					14.4	79.5	0.30	
25 000					17.0	94.0	0.25	10.0
31 500					20.2	112	0.25	

注 1：对于低压电压为 10.5 kV 的变压器，可提供联结组标号为 Dyn11 的产品。

注 2：额定容量为 3 150 kV·A 及以上的变压器，－5%分接位置为最大电流分接。

注 3：当变压器年平均负载率介于 35%～45%之间时，采用表中的损耗值可获得最高运行效率。

表 6　35 kV 级 2 000 kV·A～31 500 kV·A 三相双绕组有载调压电力变压器

额定容量 kV·A	电压组合及分接范围			联结组 标号	空载损耗 kW	负载损耗 kW	空载电流 %	短路 阻抗 %
	高压 kV	高压分接范围 %	低压 kV					
2 000	35	±3×2.5	6.3 10.5	Yd11	2.30	19.2	0.50	6.5
2 500					2.72	20.6	0.50	
3 150	35～38.5	±3×2.5	6.3 10.5		3.23	24.7	0.50	7.0
4 000					3.87	29.1	0.50	
5 000					4.64	34.2	0.50	
6 300					5.63	36.7	0.50	8.0
8 000	35～38.5	±3×2.5	6.3 6.6 10.5	YNd11	7.87	40.6	0.40	
10 000					9.28	48.0	0.40	
12 500					10.9	56.8	0.35	
16 000					13.1	70.3	0.35	
20 000					15.5	82.7	0.35	
25 000					18.3	97.8	0.30	10.0
31 500					21.8	116	0.30	

注 1：对于低压电压为 10.5 kV 的变压器，可提供联结组标号为 Dyn11 的产品。

注 2：最大电流分接为－7.5%分接位置。

注 3：当变压器年平均负载率介于 35%～45%之间时，采用表中的损耗值可获得最高运行效率。

5.1.2　在分接级数和级电压不变的情况下，允许增加负分接级数，减少正分接级数，或增加正分接级数，减少负分接级数，如：$35^{+1\times2.5\%}_{-3\times2.5\%}$、$35^{+3\times2.5\%}_{-1\times2.5\%}$等。

5.2　技术要求

5.2.1　基本要求

5.2.1.1　变压器应符合 GB 1094.1、GB 1094.2、GB 1094.3、GB 1094.5、GB/T 1094.7 和 JB/T 10088 的规定。

5.2.1.2　变压器组件、部件的设计、制造及检验等应符合相关标准及法规的要求。

5.2.2　安全保护装置

800 kV·A 及以上的变压器宜装有气体继电器。

气体继电器的接点容量在交流 220 V 或 110 V 时不小于 66 V·A，直流有感负载时，不小于 15 W。积聚在气体继电器内的气体数量达到 250 mL～300 mL 或油速在整定范围内时，应分别接通相应的接点。流经气体继电器的油流速度达到1.0 m/s(偏差为±20%)时，接点应接通。气体继电器的安装位置及其结构应能观察到分解气体的数量和油速标尺，而且应便于取气体。

注1：根据用户与制造方协商，800 kV·A以下的变压器也可供应气体继电器。

注2：对于波纹油箱、带有弹性片式散热器或油箱内部充有气体的密封式变压器不装气体继电器。

变压器均应装有压力保护装置。

对于密封式变压器，应保证在最高环境温度与允许过负载状态下，压力保护装置不动作，在最低环境温度与变压器空载状态下，变压器能正常运行。

5.2.3 油浸风冷却系统

对于油浸风冷变压器，应供给全套风冷却装置(如散热器、风扇电动机和控制装置等)。

风扇电动机的电源电压为三相、380 V、50 Hz，风扇电动机应有短路保护和缺相保护。

5.2.4 油保护装置

5.2.4.1 1 000 kV·A及以上变压器应装有储油柜(波纹式油箱、带有弹性片式散热器或油箱内部充有气体的密封式变压器除外)，其结构应便于清理内部。储油柜的一端应具有油位显示功能，储油柜的容积应保证在最高环境温度与允许的过负载状态下油位不超过上限，在最低环境温度与变压器未投入运行时，应能观察到油位指示。

5.2.4.2 储油柜应有注油、放油和排污油装置。

5.2.4.3 储油柜(如果有)上一般应加装带有油封的吸湿器。

5.2.5 油温测量装置

5.2.5.1 变压器应有供温度计用的管座。管座应设在油箱的顶部，并伸入油内120 mm±10 mm。

5.2.5.2 1 000 kV·A及以上的变压器，需装设户外测温装置，其接点容量在交流220 V时，不低于50 V·A，直流有感负载时，不低于15 W。测温装置的安装位置应便于观察，且其准确度应符合相应标准。

5.2.5.3 8 000 kV·A及以上的变压器，应装有远距离测温用的测温元件。

5.2.6 变压器油箱及其附件

5.2.6.1 变压器一般不供给小车，如箱底焊有支架，则其支架焊接位置应符合图4和图5的规定。

注：根据用户需要也可供给小车。

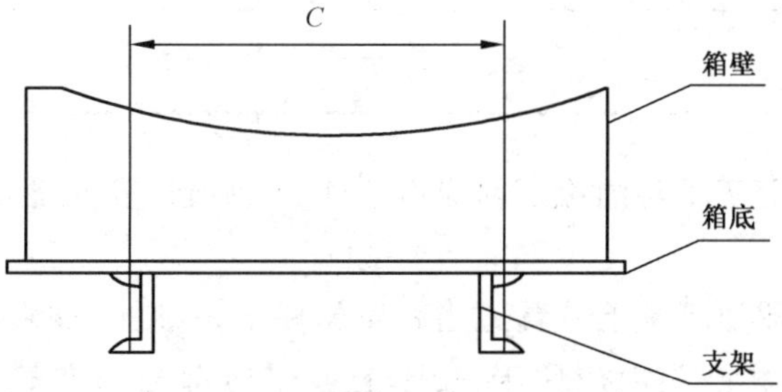

注：C尺寸可按变压器大小选择为300 mm、400 mm、550 mm、660 mm、820 mm、1 070 mm、1 475 mm、2 040 mm。

图4 35 kV级箱底支架位置一(面对长轴方向)

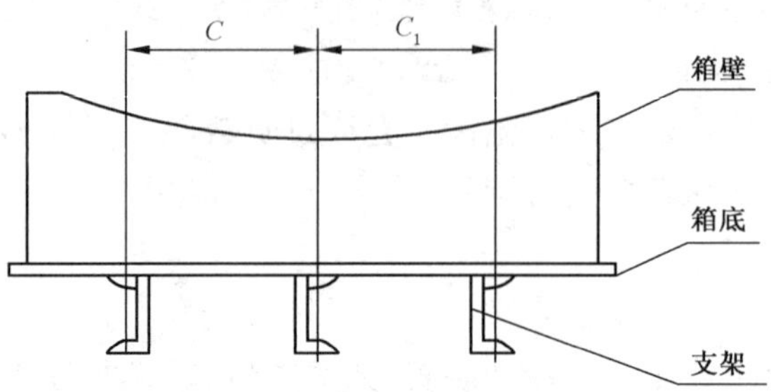

注：C、C_1 尺寸可按变压器大小选择，C 为 1 475 mm、2 040 mm，C_1 为 1 505 mm、2 070 mm。

图 5　35 kV 级箱底支架位置二(面对长轴方向)

5.2.6.2　在变压器油箱的下部壁上应装有取油样或放油用阀门。

5.2.6.3　套管接线端子连接处，在环境空气中对空气的温升应不大于 55 K，在油中对油的温升应不大于 15 K。

5.2.6.4　变压器油箱应具有能承受住表 7 中规定的真空度和正压力的机械强度的能力，不应有损伤和不允许的永久变形。

表 7　35 kV 级油箱真空度和正压力值

油箱型式	容量范围 kV·A	真空度 kPa	正压力 kPa
一般结构	4 000 及以上	50	60
	4 000 以下	—	
波纹油箱	400 及以上	—	20
	400 以下	—	25
充有气体的密封式	—	—	70

5.2.6.5　8 000 kV·A 及以上变压器油箱下部应有供千斤顶顶起变压器的装置。根据需要，可提供牵引装置。

5.2.6.6　可根据需要在变压器油箱壁上设置适当高度的梯子，以便于取油样及观察气体继电器。

5.2.6.7　套管的安装位置和相互距离应便于接线，且其带电部分的空气间隙应能满足 GB 1094.3 的要求。

5.2.6.8　对于油箱内部充有气体的密封式变压器，在最低油位条件下应满足绝缘要求。

5.2.6.9 变压器结构应便于拆卸和更换套管或瓷件。

5.2.6.10 变压器铁心应单点接地，金属结构件均应通过油箱可靠接地。16 000 kV·A 及以上的变压器，铁心应单独引出并可靠接地。接地处应有明显的接地符号“⏚”或“接地”字样。

5.3 检验规则及方法

5.3.1 变压器除应进行 GB 1094.1 所规定的试验项目外，还应进行 5.3.2～5.3.13 所规定的试验。

5.3.2 对于配电变压器，绕组直流电阻不平衡率：相为不大于 4%，线为不大于 2%；对于电力变压器，绕组直流电阻不平衡率：相(有中性点引出时)为不大于 2%，线(无中性点引出时)为不大于 1%。如果由于线材及引线结构等原因而使绕组直流电阻不平衡率超过上述值时，除应在例行试验记录中记录实测值外，尚应写明引起这一偏差的原因。用户应与同温度下的例行试验实测值进行比较，其偏差应不大于 2%。本试验为例行试验。

绕组直流电阻不平衡率应以三相实测最大值减最小值作分子，三相实测平均值作分母计算。

对所有引出的相应端子间的电阻值均应进行测量比较。

5.3.3 应提供变压器绝缘电阻(容量为 4 000 kV·A 及以上的变压器还应提供吸收比 R_{60}/R_{15})的实测值，测试通常在 5 ℃～40 ℃和相对湿度小于 85%时进行。本试验为例行试验。当测量温度不同时，绝缘电阻可按式(2)换算：

$$R_2 = R_1 \times 1.5^{(t_1 - t_2)/10} \qquad (2)$$

式中：

R_1、R_2——分别为温度 t_1、t_2 时的绝缘电阻值。

5.3.4 容量为 8 000 kV·A 及以上的变压器应提供介质损耗因数($\tan\delta$)值，测试通常在 5 ℃～40 ℃温度下进行。本试验为例行试验。不同温度下的 $\tan\delta$ 值一般可按式(3)换算：

$$\tan\delta_2 = \tan\delta_1 \times 1.3^{(t_2 - t_1)/10} \qquad (3)$$

式中：

$\tan\delta_1$、$\tan\delta_2$——分别为温度 t_1、t_2 时的 $\tan\delta$ 值。

5.3.5 容量为 16 000 kV·A 及以上的变压器，应提供铁心对地和夹件的绝缘电阻值，其值应不小于 500 MΩ(20 ℃)。本试验为例行试验。当测量温度不同时，绝缘电阻可按式(2)进行换算。

5.3.6 变压器应进行压力密封试验。本试验为例行试验，试验要求如下：

a) 一般结构油箱的变压器(包括储油柜带隔膜的密封式变压器)，按 GB 1094.1 的规定；

b) 波纹式油箱(包括带有弹性片式散热器油箱)的变压器，315 kV·A 及以下者应承受 20 kPa 的试验压力，400 kV·A 及以上者应承受 15 kPa 的试验压力，历经 24 h 应无泄漏；

c) 油箱内部充有气体的密封式变压器，油面上部应承受 60 kPa 的试验压力(波纹式油箱除外)，历经 24 h 应无泄漏。

5.3.7 对于油箱内部充有气体的密封式变压器，应进行最低油位条件下的绝缘试验，试验应满足相关要求。本试验为型式试验。

5.3.8 有载分接开关试验合格后，应将有载分接开关装入变压器中，对分接开关油室进行密封试验，应无渗漏现象。本试验为例行试验。

5.3.9 对于配电变压器，应进行短时过负载能力试验。本试验为型式试验，试验要求如下：

在最高运行油位下完成温升试验后再施加 1.5 倍额定负载，持续运行 2 h 后应满足下列要求：

a) 压力保护装置不动作；

b) 无渗漏现象；

c) 油箱波纹及片式散热器的变形量在规定范围内；

d) 油箱外壳及套管的温升不大于 85 K。

5.3.10 容量为 8 000 kV·A 及以上的变压器如果进行温升试验或过电流(施加 1.1 倍额定电流，持续时间不少于 4 h)试验，则试验前后应取油样进行气相色谱分析试验，试验结果应符合相关标准规定。本试验为型式试验。

5.3.11 容量为 20 000 kV·A 及以上且具有独立调压绕组的变压器，应测量各分接档位的负载损耗值，并应符合设计要求。本试验为特殊试验。

5.3.12 变压器应进行压力变形试验。本试验为特殊试验，试验要求如下：

a) 一般结构油箱的变压器(包括储油柜带隔膜的密封式变压器)，按 GB 1094.1 的规定；

b) 波纹式油箱(包括带有弹性片式散热器油箱)的变压器，315 kV·A 及以下者，试验压力为 25 kPa，400 kV·A 及以上者，试验压力为 20 kPa，历经 5 min 应无损伤及不应出现不允许的永久变形；

c) 油箱内部充有气体的密封式变压器，试验压力为 70 kPa(波纹式油箱除外)，历经 5 min 应无损伤及不应出现不允许的永久变形。

5.3.13 对于配电变压器，应进行运输颠簸试验。本试验为特殊试验，试验方法及要求由用户与制造方协商。

5.4 标志、起吊、包装、运输和贮存

5.4.1 变压器应有接线端子、运输及起吊标志，标志内容应符合相关标准规定。

5.4.2 变压器的套管排列顺序位置一般如图 6～图 8 所示。

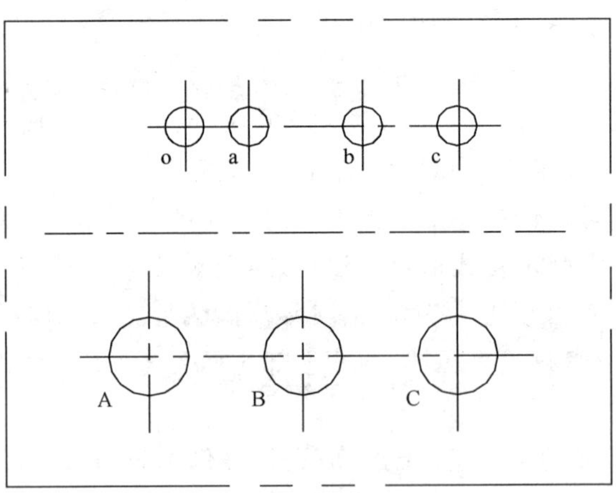

图 6 35 kV 级联结组标号为 Dyn11、Yyn0 的双绕组变压器

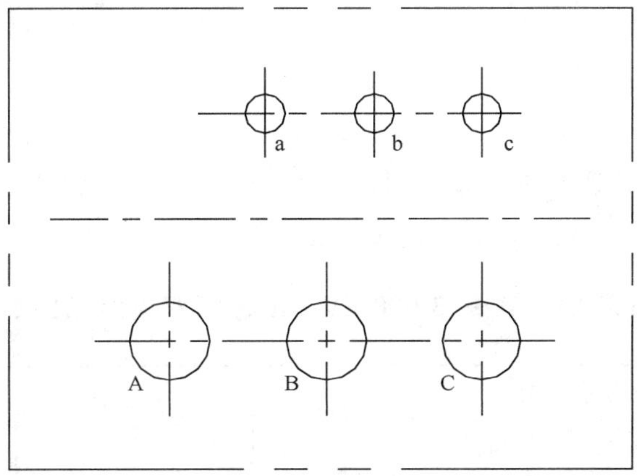

图 7 35 kV 级联结组标号为 Yd11 的双绕组变压器

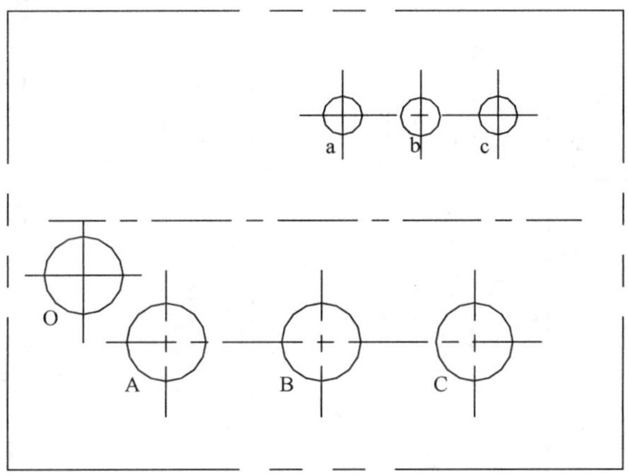

图 8 35 kV 级联结组标号为 YNd11 的双绕组变压器

5.4.3 变压器需具有承受变压器总重的起吊装置。变压器器身、油箱、可拆卸结构的储油柜(如果有)和散热器等均应有起吊装置。

5.4.4 成套拆卸的组件和零件(如气体继电器、套管、测温装置及紧固件等)的包装应保证经过运输、贮存直到安装前不损伤和不受潮。

5.4.5 变压器内部结构应在经过正常的铁路、公路及水路运输后相互位置不变,紧固件不松动。变压器的组件、部件[如套管、散热器、阀门和储油柜(如果有)等]的结构及布置位置应不妨碍吊装、运输及运输中紧固定位。

5.4.6 在运输、贮存直至安装前,应保证变压器本体及其所有的组件、部件[如储油柜(如果有)、套管、阀门及散热器等]不损坏和不受潮。

6 66 kV 电压等级

6.1 性能参数

6.1.1 额定容量、电压组合、分接范围、联结组标号、空载损耗、负载损耗、空载电流及短路阻抗应符合表 8 或表 9 的规定。

表 8 66 kV 级 630 kV·A～63 000 kV·A 三相双绕组无励磁调压电力变压器

额定容量 kV·A	电压组合及分接范围		联结组标号	空载损耗 kW	负载损耗 kW	空载电流 %	短路阻抗 %
	高压及分接范围 kV	低压 kV					
630	63±5 66±5 69±5	6.3 6.6 10.5	Yd11	1.20	7.10	1.1	8
800				1.50	8.50	1.0	
1 000				1.70	9.80	1.0	
1 250				2.00	11.9	1.0	
1 600				2.40	14.0	1.0	
2 000				2.80	16.6	0.96	
2 500				3.40	19.6	0.88	
3 150			YNd11	4.00	23.0	0.84	
4 000				4.80	27.3	0.80	
5 000				5.70	30.7	0.68	
6 300	63±2×2.5 66±2×2.5 69±2×2.5	6.3 6.6 10.5		7.30	34.2	0.60	9
8 000				8.90	40.5	0.60	
10 000				10.5	47.8	0.56	
12 500				12.4	56.8	0.56	
16 000				15.0	69.8	0.52	
20 000				17.6	84.6	0.52	
25 000				20.8	100	0.48	
31 500				24.6	120	0.44	
40 000				29.4	141	0.44	
50 000				35.2	167	0.40	
63 000				41.6	198	0.36	

注 1：额定容量为 3 150 kV·A 及以上的变压器，−5%分接位置为最大电流分接。

注 2：当变压器年平均负载率介于 41%～46%之间时，采用表中的损耗值可获得最高运行效率。

表 9　66 kV 级 6 300 kV·A～63 000 kV·A 三相双绕组有载调压电力变压器

额定容量 kV·A	电压组合及分接范围		联结组 标号	空载损耗 kW	负载损耗 kW	空载电流 %	短路 阻抗 %
	高压及分接范围 kV	低压 kV					
6 300	63±8×1.25 66±8×1.25 69±8×1.25	6.3 6.6 10.5	YNd11	8.00	34.2	0.60	9～11
8 000				9.60	40.5	0.60	
10 000				11.3	47.8	0.56	
12 500				13.4	56.8	0.56	
16 000				16.1	69.8	0.52	
20 000				19.2	84.6	0.52	
25 000				22.7	100	0.48	
31 500				26.9	120	0.44	
40 000				32.2	141	0.44	
50 000				38.0	167	0.40	10～12
63 000				44.9	198	0.36	

注 1：除用户另有要求外，－10%分接位置为最大电流分接。

注 2：当变压器年平均负载率介于 47%～49%之间时，采用表中的损耗值可获得最高运行效率。

6.1.2　在分接级数和级电压不变的情况下，允许增加负分接级数，减少正分接级数，或增加正分接级数，减少负分接级数，如：$66^{+1\times2.5\%}_{-3\times2.5\%}$、$66^{+3\times2.5\%}_{-1\times2.5\%}$等。

6.1.3　当用户需要不同于表中规定短路阻抗值的变压器时，其损耗等性能参数应与制造方协商，并在合同中规定。

6.2　技术要求

6.2.1　基本要求

6.2.1.1　变压器应符合 GB 1094.1、GB 1094.2、GB 1094.3、GB 1094.5、GB/T 1094.7 和 JB/T 10088 的规定。

6.2.1.2　变压器组件、部件的设计、制造及检验等应符合相关标准及法规的要求。

6.2.2　安全保护装置

6.2.2.1　变压器应装有气体继电器。

气体继电器的接点容量在交流 220 V 或 110 V 时不小于 66 V·A，直流有感负载时，不小于 15 W。变压器油箱和联管的设计应使气体易于汇集在气体继电器内，变压器不得有存气现象。积聚在气体继电器内的气体数量达到 250 mL～300 mL 或油速在整定范围内时，应分别接通相应的接点。流经气体继电器的油流速度达到整定值时，接点应接通。气体继电器的安装位置及其结构应能观察到分解气体的数量和油速标尺，而且应便于取气体。

6.2.2.2　变压器应装有压力保护装置，当变压器油箱内压力达到安全限值时，压力保护装置应可靠地释放压力。

6.2.2.3 变压器宜供给信号测量和保护装置辅助回路用的端子箱。

6.2.2.4 变压器所有管道最高处或容易窝气处应设置放气塞。

6.2.2.5 有载调压变压器的有载分接开关应有自己的安全保护装置。

6.2.3 油浸风冷却系统

对于油浸风冷变压器，应供给全套风冷却装置(如散热器、风扇电动机和控制装置等)。

风扇电动机的电源电压为三相、380 V、50 Hz，风扇电动机应有短路、过载和缺相保护。

6.2.4 油保护装置

6.2.4.1 变压器均应装有储油柜，其结构应便于清理内部。储油柜的一端应具有油位显示功能，储油柜的容积应保证在最高环境温度与允许的过负载状态下油位不超过上限，在最低环境温度与变压器未投入运行时，应能观察到油位指示。

6.2.4.2 储油柜应有注油、放油和排污油装置。

6.2.4.3 储油柜上一般应装有带有油封的吸湿器。

6.2.4.4 变压器应采取防油老化措施，以确保变压器油不与大气相接触，如：在储油柜内部加装胶囊、隔膜或采用金属波纹密封式储油柜。

6.2.5 油温测量装置

6.2.5.1 变压器应有供温度计用的管座。管座应设在油箱的顶部，并伸入油内 120 mm±10 mm。

6.2.5.2 1 000 kV·A 及以上的变压器，需装设户外测温装置，其接点容量在交流 220 V 时，不低于 50 V·A，直流有感负载时，不低于 15 W。对于强油循环的变压器应装设两个测温装置。测温装置的安装位置应便于观察，且其准确度应符合相应标准。

6.2.5.3 8 000 kV·A 及以上的变压器，应装有远距离测温用的测温元件。

6.2.6 变压器油箱及其附件

6.2.6.1 变压器一般不供给小车，如箱底焊有支架，则其支架焊接位置应符合图 9 和图 10 的规定。

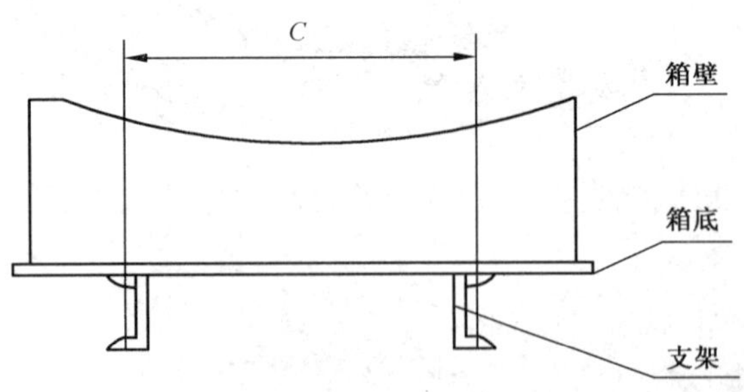

注： C 尺寸可按变压器大小选择为 550 mm、660 mm、820 mm、1 070 mm、1 475 mm、2 040 mm。

图 9 66 kV 级箱底支架位置一(面对长轴方向)

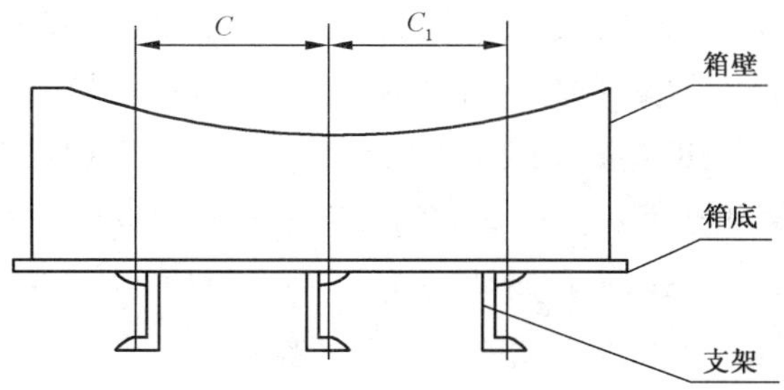

注：C、C_1 尺寸可按变压器大小选择，C 为 1 475 mm、2 040 mm，C_1 为 1 505 mm、2 070 mm。

图 10　66 kV 级箱底支架位置二(面对长轴方向)

注 1：根据用户需要也可供给小车。

注 2：纵向轨距为 1 435 mm，横向轨距为 1 435 mm、2 000 mm。

6.2.6.2　在变压器油箱的下部壁上应装有油样阀门，油箱下部还应装有放油阀。

6.2.6.3　套管接线端子连接处，在环境空气中对空气的温升应不大于 55 K，在油中对油的温升应不大于 15 K。

6.2.6.4　变压器油箱应具有能承受住表 10 中规定的真空度和正压力的机械强度的能力，不应有损伤和不允许的永久变形。

表 10　66 kV 级油箱真空度和正压力值

容量范围 kV·A	真空度 kPa	正压力 kPa
20 000 及以上	20	80
20 000 以下	50	60

6.2.6.5　6 300 kV·A 及以上变压器油箱下部应有供千斤顶顶起变压器的装置。根据需要，可提供牵引装置。

6.2.6.6　可根据需要在变压器油箱壁上设置适当高度的梯子，以便于取油样及观察气体继电器。

6.2.6.7　套管的安装位置和相互距离应便于接线，且其带电部分的空气间隙应能满足 GB 1094.3 的要求。

6.2.6.8　变压器结构应便于拆卸和更换套管。

6.2.6.9　变压器铁心和金属结构件均应通过油箱可靠接地。20 000 kV·A 及以上的变压器，铁心应单独引出并可靠接地。变压器油箱应保证两点接地(分别位于油箱长轴或短轴两侧)。接地处应有明显的接地符号“⏚”或“接地”字样。

6.2.6.10　根据需要，可提供一定数量的套管式电流互感器。

6.3 检验规则及方法

6.3.1 变压器除应进行 GB 1094.1 所规定的试验项目外，还应进行 6.3.2～6.3.8 所规定的试验。

6.3.2 对于 1 600 kV·A 及以下的变压器，绕组直流电阻不平衡率：相为不大于 4%，线为不大于 2%；2 000 kV·A 及以上的变压器，绕组直流电阻不平衡率：相(有中性点引出时)为不大于 2%，线(无中性点引出时)为不大于 1%。如果由于线材及引线结构等原因而使绕组直流电阻不平衡率超过上述值时，除应在例行试验记录中记录实测值外，尚应写明引起这一偏差的原因。用户应与同温度下的例行试验实测值进行比较，其偏差应不大于 2%。本试验为例行试验。

绕组直流电阻不平衡率应以三相实测最大值减最小值作分子，三相实测平均值作分母计算。

对所有引出的相应端子间的电阻值均应进行测量比较。

6.3.3 应提供变压器绝缘电阻和吸收比(R_{60}/R_{15})的实测值，测试通常在 5 ℃～40 ℃和相对湿度小于 85%时进行。本试验为例行试验。当测量温度不同时，绝缘电阻可按式(4)换算：

$$R_2 = R_1 \times 1.5^{(t_1 - t_2)/10} \quad \cdots\cdots (4)$$

式中：

R_1、R_2——分别为温度 t_1、t_2 时的绝缘电阻值。

6.3.4 应提供变压器介质损耗因数($\tan\delta$)值，测试通常在 5 ℃～40 ℃温度下进行。本试验为例行试验。不同温度下的 $\tan\delta$ 值一般可按式(5)换算：

$$\tan\delta_2 = \tan\delta_1 \times 1.3^{(t_2 - t_1)/10} \quad \cdots\cdots (5)$$

式中：

$\tan\delta_1$、$\tan\delta_2$——分别为温度 t_1、t_2 时的 $\tan\delta$ 值。

6.3.5 容量为 20 000 kV·A 及以上的变压器，应提供铁心对地和夹件的绝缘电阻值，其值应不小于 500 MΩ(20 ℃)。本试验为例行试验。当测量温度不同时，绝缘电阻可按式(4)进行换算。

6.3.6 有载分接开关试验合格后，应将有载分接开关装入变压器中，对分接开关油室进行密封试验，应无渗漏现象。本试验为例行试验。

6.3.7 变压器如果进行温升试验或过电流(施加 1.1 倍额定电流，持续时间不少于 4 h)试验，则试验前后应取油样进行气相色谱分析试验，试验结果应符合相关标准规定。本试验为型式试验。

6.3.8 容量为 20 000 kV·A 及以上且具有独立调压绕组的变压器，应测量各分接档位的负载损耗值，并应符合设计要求。本试验为特殊试验。

6.4 标志、起吊、包装、运输和贮存

6.4.1 变压器应有接线端子、运输及起吊标志，标志内容应符合相关标准规定。

6.4.2 变压器的套管排列顺序位置一般如图 11 和图 12 所示。

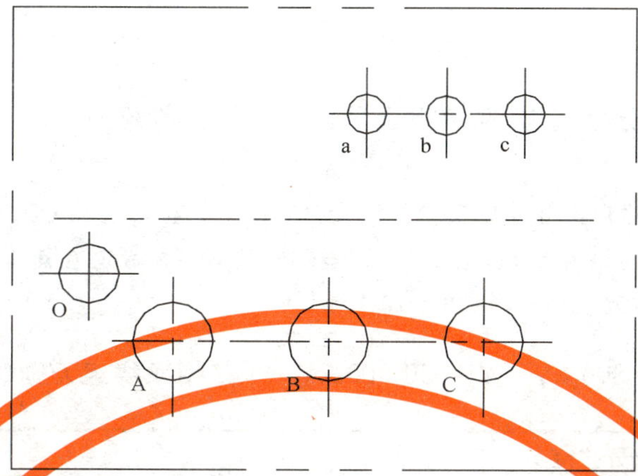

图 11　66 kV 级联结组标号为 YNd11 的双绕组变压器

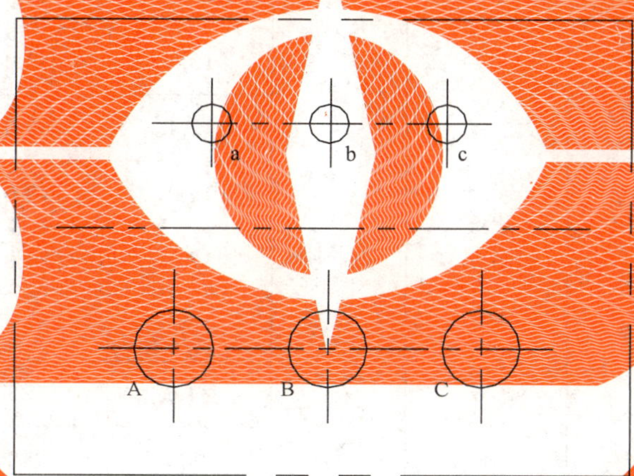

图 12　66 kV 级联结组标号为 Yd11 的双绕组变压器

6.4.3　变压器需具有承受变压器总重的起吊装置。变压器器身、油箱、可拆卸结构的储油柜和散热器或冷却器等均应有起吊装置。

6.4.4　成套拆卸的组件和零件(如气体继电器、套管、测温装置及紧固件等)的包装,应保证经过运输、贮存直到安装前不损伤和不受潮。

6.4.5　变压器内部结构应在经过正常的铁路、公路及水路运输后相互位置不变,紧固件不松动。变压器的组件、部件(如套管、散热器、阀门和储油柜等)的结构及布置位置应不妨碍吊装、运输及运输中紧固定位。

6.4.6　31 500 kV·A 及以上的变压器在运输中应装三维冲撞记录仪。

6.4.7　在运输、贮存直至安装前,应保证变压器本体及其所有的组件、部件(如储油柜、套管、阀门及散热器或冷却器等)不损坏和不受潮。

7 110 kV 电压等级

7.1 性能参数

7.1.1 额定容量、电压组合、分接范围、联结组标号、空载损耗、负载损耗、空载电流及短路阻抗应符合表 11～表 15 的规定。

注 1：对于多绕组变压器，表中所给出的损耗值适用于 GB 1094.1 中定义的第一对绕组。

注 2：表 11～表 15 适用于高压绕组为分级绝缘的变压器(中性点端子的额定绝缘水平为：额定外施耐受电压方均根值 95 kV，额定雷电冲击耐受电压峰值 250 kV)。

表 11 110 kV 级 6 300 kV·A～180 000 kV·A 三相双绕组无励磁调压电力变压器

额定容量 kV·A	电压组合及分接范围		联结组 标号	空载损耗 kW	负载损耗 kW	空载电流 %	短路 阻抗 %
	高压及分接范围 kV	低压 kV					
6 300	110±2×2.5% 115±2×2.5% 121±2×2.5%	6.3 6.6 10.5	YNd11	7.40	35.0	0.62	10.5
8 000				8.90	42.0	0.62	
10 000				10.5	50.0	0.58	
12 500				12.4	59.0	0.58	
16 000				15.0	73.0	0.54	
20 000				17.6	88.0	0.54	
25 000				20.8	104	0.50	
31 500				24.6	123	0.48	
40 000				29.4	148	0.45	
50 000				35.2	175	0.42	
63 000				41.6	208	0.38	
75 000		13.8 15.75 18 21		47.2	236	0.33	12～14
90 000				54.4	272	0.30	
120 000				67.8	337	0.27	
150 000				80.1	399	0.24	
180 000				90.0	457	0.20	

注 1：－5%分接位置为最大电流分接。

注 2：对于升压变压器，宜采用无分接结构。如运行有要求，可设置分接头。

注 3：当变压器年平均负载率介于 42%～46%之间时，采用表中的损耗值可获得最高运行效率。

表 12　110 kV 级 6 300 kV·A～63 000 kV·A 三相三绕组无励磁调压电力变压器

<table>
<tr><th rowspan="2">额定容量
kV·A</th><th colspan="3">电压组合及分接范围</th><th rowspan="2">联结组
标号</th><th rowspan="2">空载
损耗
kW</th><th rowspan="2">负载
损耗
kW</th><th rowspan="2">空载
电流
%</th><th colspan="2">短路阻抗
%</th></tr>
<tr><th>高压及分接范围
kV</th><th>中压
kV</th><th>低压
kV</th><th>升压</th><th>降压</th></tr>
<tr><td>6 300</td><td rowspan="11">110±2×2.5%
115±2×2.5%
121±2×2.5%</td><td rowspan="11">36
37
38.5</td><td rowspan="11">6.3
6.6
10.5
21</td><td rowspan="11">YNyn0d11</td><td>8.90</td><td>44.0</td><td>0.66</td><td rowspan="11">高—中
17.5～18.5
高—低
10.5
中—低
6.5</td><td rowspan="11">高—中
10.5
高—低
18～19
中—低
6.5</td></tr>
<tr><td>8 000</td><td>10.6</td><td>53.0</td><td>0.62</td></tr>
<tr><td>10 000</td><td>12.6</td><td>62.0</td><td>0.59</td></tr>
<tr><td>12 500</td><td>14.7</td><td>74.0</td><td>0.56</td></tr>
<tr><td>16 000</td><td>17.9</td><td>90.0</td><td>0.53</td></tr>
<tr><td>20 000</td><td>21.1</td><td>106</td><td>0.52</td></tr>
<tr><td>25 000</td><td>24.6</td><td>126</td><td>0.48</td></tr>
<tr><td>31 500</td><td>29.4</td><td>149</td><td>0.48</td></tr>
<tr><td>40 000</td><td>34.8</td><td>179</td><td>0.44</td></tr>
<tr><td>50 000</td><td>41.6</td><td>213</td><td>0.44</td></tr>
<tr><td>63 000</td><td>49.2</td><td>256</td><td>0.40</td></tr>
<tr><td colspan="10">注 1：高、中、低压绕组容量分配为(100/100/100)%。
注 2：根据需要联结组标号可为 YNd11y10。
注 3：根据用户要求，中压可选用不同于表中的电压值或设分接头。
注 4：−5%分接位置为最大电流分接。
注 5：对于升压变压器，宜采用无分接结构。如运行有要求，可设置分接头。
注 6：当变压器年平均负载率为 45%左右时，采用表中的损耗值可获得最高运行效率。</td></tr>
</table>

表 13　110 kV 级 6 300 kV·A～63 000 kV·A 三相双绕组有载调压电力变压器

<table>
<tr><th rowspan="2">额定容量
kV·A</th><th colspan="2">电压组合及分接范围</th><th rowspan="2">联结组
标号</th><th rowspan="2">空载损耗
kW</th><th rowspan="2">负载损耗
kW</th><th rowspan="2">空载电流
%</th><th rowspan="2">短路
阻抗
%</th></tr>
<tr><th>高压及分接范围
kV</th><th>低压
kV</th></tr>
<tr><td>6 300</td><td rowspan="11">110±8×1.25%</td><td rowspan="11">6.3
6.6
10.5
21</td><td rowspan="11">YNd11</td><td>8.00</td><td>35.0</td><td>0.64</td><td rowspan="8">10.5</td></tr>
<tr><td>8 000</td><td>9.60</td><td>42.0</td><td>0.64</td></tr>
<tr><td>10 000</td><td>11.3</td><td>50.0</td><td>0.59</td></tr>
<tr><td>12 500</td><td>13.4</td><td>59.0</td><td>0.59</td></tr>
<tr><td>16 000</td><td>16.1</td><td>73.0</td><td>0.55</td></tr>
<tr><td>20 000</td><td>19.2</td><td>88.0</td><td>0.55</td></tr>
<tr><td>25 000</td><td>22.7</td><td>104</td><td>0.51</td></tr>
<tr><td>31 500</td><td>27.0</td><td>123</td><td>0.51</td></tr>
<tr><td>40 000</td><td>32.3</td><td>156</td><td>0.46</td><td rowspan="3">12～18</td></tr>
<tr><td>50 000</td><td>38.2</td><td>194</td><td>0.46</td></tr>
<tr><td>63 000</td><td>45.4</td><td>232</td><td>0.42</td></tr>
</table>

表 13（续）

额定容量 kV·A	电压组合及分接范围		联结组 标号	空载损耗 kW	负载损耗 kW	空载电流 %	短路 阻抗 %
	高压及分接范围 kV	低压 kV					
注1：有载调压变压器，暂提供降压结构产品。 注2：根据用户要求，可提供其他电压组合的产品。 注3：－10%分接位置为最大电流分接。 注4：当变压器年平均负载率介于45%～50%之间时，采用表中的损耗值可获得最高运行效率。							

表 14　110 kV 级 6 300 kV·A～63 000 kV·A 三相三绕组有载调压电力变压器

额定容量 kV·A	电压组合及分接范围			联结组 标号	空载 损耗 kW	负载 损耗 kW	空载 电流 %	短路阻抗 %
	高压及分接范围 kV	中压 kV	低压 kV					
6 300	110±8×1.25%	36 37 38.5	6.3 6.6 10.5 21	YNyn0d11	9.60	44.0	0.76	高—中 10.5 高—低 18～19 中—低 6.5
8 000					11.5	53.0	0.76	
10 000					13.6	62.0	0.71	
12 500					16.1	74.0	0.71	
16 000					19.3	90.0	0.67	
20 000					22.8	106	0.67	
25 000					27.0	126	0.62	
31 500					32.1	149	0.62	
40 000					38.5	179	0.58	
50 000					45.5	213	0.58	
63 000					54.1	256	0.53	
注1：有载调压变压器，暂提供降压结构产品。 注2：高、中、低压绕组容量分配为(100/100/100)%。 注3：根据需要联结组标号可为 YNd11y10。 注4：－10%分接位置为最大电流分接。 注5：根据用户要求，中压可选用不同于表中的电压值或设分接头。 注6：当变压器年平均负载率为47%左右时，采用表中的损耗值可获得最高运行效率。								

表 15　110 kV 级 6 300 kV·A～63 000 kV·A 三相双绕组低压为 35 kV 无励磁调压电力变压器

额定容量 kV·A	电压组合及分接范围		联结组 标号	空载损耗 kW	负载损耗 kW	空载电流 %	短路 阻抗 %
	高压及分接范围 kV	低压 kV					
6 300	110±2×2.5% 115±2×2.5% 121±2×2.5%	36 37 38.5	YNd11	8.00	37.0	0.67	10.5
8 000				9.60	44.0	0.67	
10 000				11.2	52.0	0.62	
12 500				13.1	62.0	0.62	
16 000				15.6	76.0	0.57	
20 000				18.5	94.0	0.57	
25 000				21.9	110	0.53	
31 500				25.9	133	0.53	
40 000				30.8	155	0.49	
50 000				36.9	193	0.49	
63 000				43.6	232	0.45	

注 1：−5%分接位置为最大电流分接。

注 2：对于升压变压器，宜采用无分接结构。如运行有要求，可设置分接头。

注 3：当变压器年平均负载率介于 44%～47%之间时，采用表中的损耗值可获得最高运行效率。

7.1.2　在分接级数和级电压不变的情况下，允许增加负分接级数，减少正分接级数，或增加正分接级数，减少负分接级数，如 $110^{+1\times2.5\%}_{-3\times2.5\%}$、$110^{+3\times2.5\%}_{-1\times2.5\%}$ 等。

7.1.3　当用户需要不同于表中规定短路阻抗值的变压器时，其损耗等性能参数应与制造方协商，并在合同中规定。

7.2　技术要求

7.2.1　基本要求

7.2.1.1　变压器应符合 GB 1094.1、GB 1094.2、GB 1094.3、GB 1094.5、GB/T 1094.7 和 JB/T 10088 的规定。

7.2.1.2　变压器组件、部件的设计、制造及检验等应符合相关标准及法规的要求。

7.2.2　安全保护装置

7.2.2.1　变压器应装有气体继电器。

气体继电器的接点容量在交流 220 V 或 110 V 时不小于 66 V·A，直流有感负载时，不小于 15 W。变压器油箱和联管的设计应使气体易于汇集在气体继电器内，变压器不得有存气现象。积聚在气体继电器内的气体数量达到 250 mL～300 mL 或油速在整定范围内时，应分别接通相应的接点。流经气体继电器的油流速度达到整定值时，接点应接通。气体继电器的安装位置及其结构应能观察到分解气体的数量和油速标尺，而且应便于取气体。

7.2.2.2　变压器应装有压力保护装置，当变压器油箱内压力达到安全限值时，压力保护装置应可靠地释放压力。

7.2.2.3 变压器宜供给信号测量和保护装置辅助回路用的端子箱。

7.2.2.4 有载调压变压器的有载分接开关应有自己的安全保护装置。

7.2.2.5 变压器所有管道最高处或容易窝气处应设置放气塞。

7.2.3 冷却系统及控制箱

7.2.3.1 应根据冷却方式供给全套冷却装置,但若为水冷却方式,则不供给水路装置(如水泵、水箱、管路、阀门及控制箱等)。

7.2.3.2 对于采用散热器冷却的变压器,其冷却方式可能存在多种组合方式(如 OFAF 变压器,另外还可产生 ONAN、ONAF、OFAN 三种方式),各种冷却方式下的容量分配及控制程序由用户与制造方协商。

7.2.3.3 对于风冷变压器,应供给吹风装置控制箱。当负载电流达到额定电流的 2/3 或油面温度达到 65 ℃时,应当投入吹风装置。当负载电流低于额定电流的 1/2 或油面温度低于 50 ℃时,可切除风扇电动机。

7.2.3.4 对于水冷变压器,若冷却水是循环中间介质,则水的入口温度为最高环境温度加上 8 ℃;若冷却水是最终取之不尽的冷却介质(即水热容量无穷大,如水电厂水库水),则水的入口温度为 25 ℃。

7.2.3.5 对于强油风冷和强油水冷的变压器需供给冷却系统及控制箱。

7.2.3.5.1 控制箱的强油循环装置控制线路应满足下列要求:

a) 变压器在运行中,其冷却系统应按负载和温度情况自动投入或切除相应数量的冷却器;

b) 当切除故障冷却器时,作为备用的冷却器应自动投入运行;

c) 当冷却系统的电源发生故障或电压降低时,应自动投入备用电源;

d) 当投入备用电源、备用冷却器或切除冷却器、电动机损坏时,均应发出相应的信号。

7.2.3.5.2 强油风冷及强油水冷冷却器的油泵电动机及风扇电动机应分别有过载、短路和断相保护。

7.2.3.5.3 强油风冷及强油水冷冷却器的动力电源电压应为三相交流 380 V,控制电源电压为交流 220 V。

7.2.3.5.4 强油风冷及强油水冷变压器,当冷却系统发生故障切除全部冷却器时,在额定负载下允许运行 30 min。当油面温度尚未达到 75 ℃时,允许上升到 75 ℃,但切除冷却器后的最长运行时间不得超过 1 h。

7.2.3.5.5 对于采用强迫油循环冷却方式的变压器,其冷却油流系统中不应出现负压。

7.2.4 油保护装置

7.2.4.1 变压器均应装有储油柜,其结构应便于清理内部。储油柜的一端应具有油位显示功能,储油柜的容积应保证在最高环境温度与允许的过负载状态下油位不超过上限,在最低环境温度与变压器未投入运行时,应能观察到油位指示。

7.2.4.2 储油柜应有注油、放油和排污油装置。

7.2.4.3 储油柜上一般应装有带有油封的吸湿器。

7.2.4.4 变压器应采取防油老化措施,以确保变压器油不与大气相接触,如:在储油柜内部加装胶囊、隔膜或采用金属波纹密封式储油柜。

7.2.5 油温测量装置

7.2.5.1 变压器应有供温度计用的管座。管座应设在油箱的顶部,并伸入油内 120 mm±10 mm。

7.2.5.2　变压器需装设户外测温装置,其接点容量在交流220 V时,不低于50 V·A,直流有感负载时,不低于15 W。对于强油循环的变压器应装设两个测温装置。测温装置的安装位置应便于观察,且其准确度应符合相应标准。

7.2.5.3　8 000 kV·A及以上的变压器,应装有远距离测温用的测温元件。对于强油循环的变压器应装有两个远距离测温元件,且应放于油箱长轴的两端,其放置位置应便于检修、更换。

7.2.5.4　当变压器采用集中(两组以上冷却器或三组以上片式散热器)冷却方式时,应在靠油箱进出口总管路处装测油温用的温度计管座。

7.2.6　变压器油箱及其附件

7.2.6.1　变压器一般不供给小车,如箱底焊有支架,则其支架焊接位置应符合图13和图14的规定。

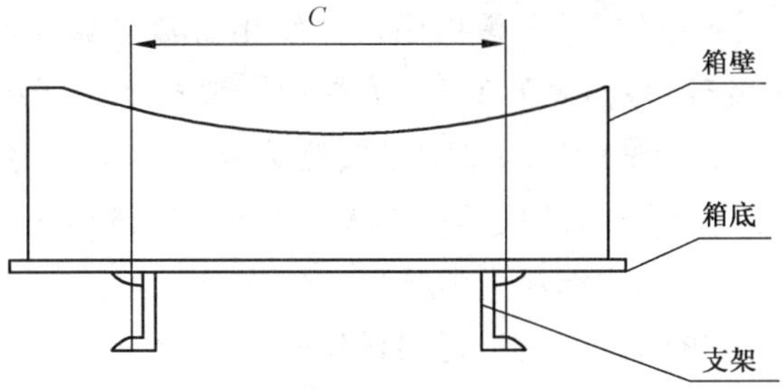

注:C 尺寸可按变压器大小选择为1 070 mm、1 475 mm、2 040 mm。

图13　110 kV级箱底支架位置一(面对长轴方向)

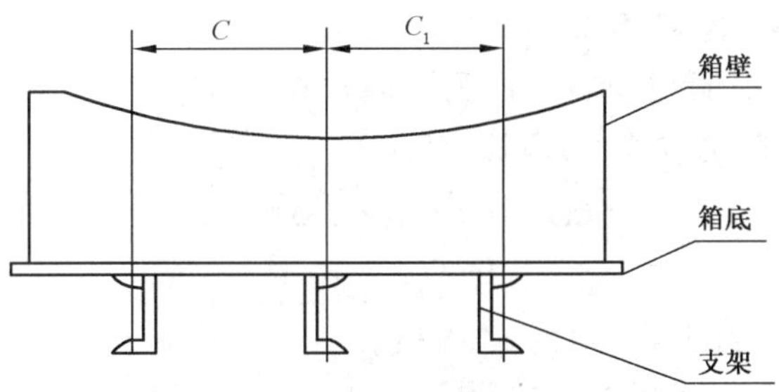

注:C、C_1 尺寸可按变压器大小选择,C 为1 475 mm、2 040 mm,C_1 为1 505 mm、2 070 mm。

图14　110 kV级箱底支架位置二(面对长轴方向)

注1:根据用户需要也可供给小车。

注2:纵向轨距为1 435 mm,横向轨距为1 435 mm、2 000 mm(2×2 000 mm、3×2 000 mm)。

7.2.6.2　对于40 000 kV·A及以上的变压器,在油箱的中部和下部壁上均应装有油样阀门。31 500 kV·A及以下的变压器在油箱下部壁上应装有油样阀门。变压器油箱下部还应装有放油阀。

7.2.6.3　套管接线端子连接处,在环境空气中对空气的温升应不大于55 K(封闭母线除外),在油中对油的温升应不大于15 K。

7.2.6.4　变压器油箱应具有能承受住真空度为133 Pa和正压力为100 kPa的机械强度的能力,不应有损伤和不允许的永久变形。

7.2.6.5　变压器油箱下部应有供千斤顶顶起变压器的装置。根据需要,可提供牵引装置。

7.2.6.6　应在变压器油箱壁上设置适当高度的梯子,以便于取油样及观察气体继电器。

7.2.6.7 套管的安装位置和相互距离应便于接线，且其带电部分的空气间隙应能满足 GB 1094.3 的要求。

7.2.6.8 变压器结构应便于拆卸和更换套管。

7.2.6.9 变压器铁心应单独引出并可靠接地，其他金属结构件均应通过油箱可靠接地。变压器油箱应保证两点接地(分别位于油箱长轴或短轴两侧)。接地处应有明显的接地符号“⏚”或“接地”字样。

7.2.6.10 根据需要，可提供一定数量的套管式电流互感器。

7.2.6.11 变压器整体(包括气体继电器等所有充油附件)应能承受 133 Pa 的真空度。

7.3 检验规则及方法

7.3.1 变压器除应进行 GB 1094.1 所规定的试验项目外，还应进行 7.3.2～7.3.9 所规定的试验。

7.3.2 应提供所有绕组线端和分接档位的直流电阻值。绕组直流电阻不平衡率：相(有中性点引出时)为不大于 2%，线(无中性点引出时)为不大于 1%。如果由于线材及引线结构等原因而使绕组直流电阻不平衡率超过上述值时，除应在例行试验记录中记录实测值外，尚应写明引起这一偏差的原因。用户应与同温度下的例行试验实测值进行比较，其偏差应不大于 2%。本试验为例行试验。

绕组直流电阻不平衡率应以三相实测最大值减最小值作分子，三相实测平均值作分母计算。

对所有引出的相应端子间的电阻值均应进行测量比较。

7.3.3 应提供变压器绝缘电阻和吸收比(R_{60}/R_{15})的实测值，测试通常在 5 ℃～40 ℃和相对湿度小于 85%时进行。本试验为例行试验。当测量温度不同时，绝缘电阻可按式(6)换算：

$$R_2 = R_1 \times 1.5^{(t_1-t_2)/10} \qquad (6)$$

式中：

R_1、R_2——分别为温度 t_1、t_2 时的绝缘电阻值。

7.3.4 应提供变压器介质损耗因数($\tan\delta$)值，测试通常在 5 ℃～40 ℃温度下进行。本试验为例行试验。不同温度下的 $\tan\delta$ 值一般可按式(7)换算：

$$\tan\delta_2 = \tan\delta_1 \times 1.3^{(t_2-t_1)/10} \qquad (7)$$

式中：

$\tan\delta_1$、$\tan\delta_2$——分别为温度 t_1、t_2 时的 $\tan\delta$ 值。

7.3.5 应提供铁心对地和夹件的绝缘电阻值，其值应不小于 500 MΩ(20 ℃)。本试验为例行试验。当测量温度不同时，绝缘电阻可按式(6)进行换算。

7.3.6 有载分接开关试验合格后，应将有载分接开关装入变压器中，对分接开关油室进行密封试验，应无渗漏现象。本试验为例行试验。

7.3.7 变压器如果进行温升试验或过电流(施加 1.1 倍额定电流，持续时间不少于 4 h)试验，则试验前后应取油样进行气相色谱分析试验，试验结果应符合相关标准规定。本试验为型式试验。

7.3.8 应对强迫油循环变压器的冷却油流系统进行负压测试，以监测冷却油流系统的进油端是否存在负压。测试时，通常在进油端的放气处安装真空压力表，在开启所有的油泵后，不应出现负压。本试验为型式试验。

7.3.9 具有独立调压绕组的变压器，应测量各分接档位的负载损耗值，并应符合设计要求。本试验为特殊试验。

7.4 标志、起吊、包装、运输和贮存

7.4.1 变压器应有接线端子、运输及起吊标志，标志内容应符合相关标准规定。

7.4.2 变压器的套管排列顺序位置一般如图 15 和图 16 所示。

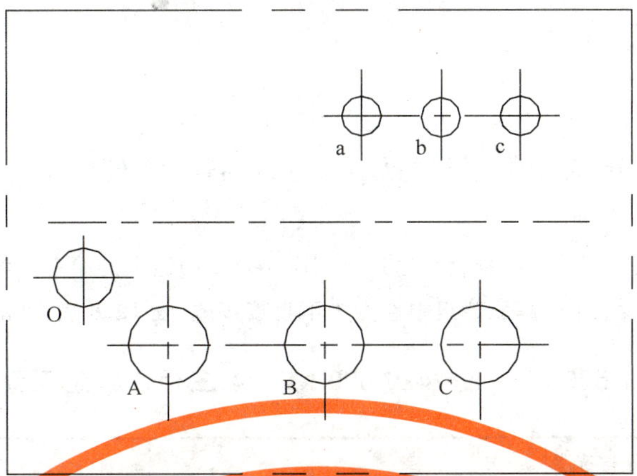

图 15 110 kV 级联结组标号为 YNd11 的双绕组变压器

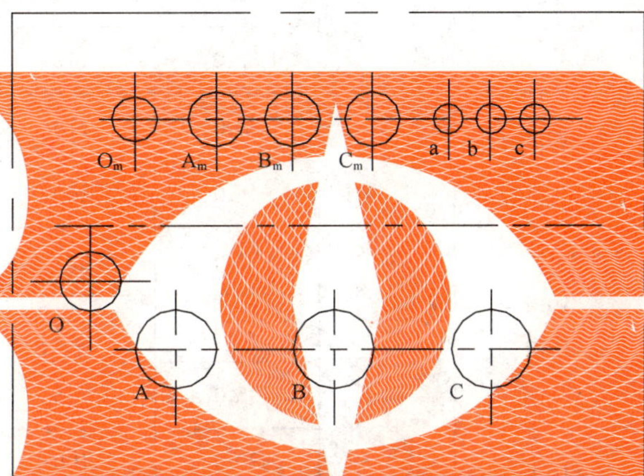

图 16 110 kV 级联结组标号为 YNyn0d11 的三绕组变压器

7.4.3 变压器需具有承受变压器总重的起吊装置。变压器器身、油箱、可拆卸结构的储油柜和散热器或冷却器等均应有起吊装置。

7.4.4 成套拆卸的组件和零件(如气体继电器、套管、测温装置及紧固件等)的包装应保证经过运输、贮存直到安装前不损伤和不受潮。

7.4.5 变压器内部结构应在经过正常的铁路、公路及水路运输后相互位置不变,紧固件不松动。变压器的组件、部件(如套管、散热器或冷却器、阀门和储油柜等)的结构及布置位置应不妨碍吊装、运输及运输中紧固定位。

7.4.6 变压器如不带油运输,则需充以干燥的气体(露点低于－40 ℃)。运输前应进行密封试验,以确保在充以 20 kPa～30 kPa 压力的气体时密封良好。变压器主体在运输中及到达现场后,油箱内的气体压力应保持正压,并有压力表进行监视。在现场贮存期间应维持正压,并有压力表进行监视。

7.4.7 31 500 kV・A 及以上的变压器在运输中应装三维冲撞记录仪。

7.4.8 在运输、贮存直至安装前,应保证变压器本体及其所有的组件、部件(如储油柜、套管、阀门及散热器或冷却器等)不损坏和不受潮。

8 220 kV 电压等级

8.1 性能参数

8.1.1 额定容量、电压组合、分接范围、联结组标号、空载损耗、负载损耗、空载电流及短路阻抗应符合表16～表22的规定。

注1：对于多绕组变压器，表中所给出的损耗值适用于GB 1094.1中定义的第一对绕组。

注2：表16～表18、表20及表21的高压绕组中性点为不直接接地，表19及表22的高压绕组中性点为直接接地。

表16 220 kV级31 500 kV·A～420 000 kV·A三相双绕组无励磁调压电力变压器

<table>
<tr><th rowspan="2">额定容量
kV·A</th><th colspan="2">电压组合及分接范围</th><th rowspan="2">联结组
标号</th><th rowspan="2">空载损耗
kW</th><th rowspan="2">负载损耗
kW</th><th rowspan="2">空载电流
%</th><th rowspan="2">短路
阻抗
%</th></tr>
<tr><th>高压分接范围
kV</th><th>低压
kV</th></tr>
<tr><td>31 500</td><td rowspan="16">220±2×2.5%
242±2×2.5%</td><td rowspan="4">6.3
6.6
10.5</td><td rowspan="16">YNd11</td><td>28.0</td><td>128</td><td>0.56</td><td rowspan="16">12～14</td></tr>
<tr><td>40 000</td><td>32.0</td><td>149</td><td>0.56</td></tr>
<tr><td>50 000</td><td>39.0</td><td>179</td><td>0.52</td></tr>
<tr><td>63 000</td><td>46.0</td><td>209</td><td>0.52</td></tr>
<tr><td>75 000</td><td rowspan="3">10.5
13.8</td><td>53.0</td><td>237</td><td>0.48</td></tr>
<tr><td>90 000</td><td>61.0</td><td>273</td><td>0.44</td></tr>
<tr><td>120 000</td><td>75.0</td><td>338</td><td>0.44</td></tr>
<tr><td>150 000</td><td rowspan="4">10.5
13.8
15.75
18
20</td><td>89.0</td><td>400</td><td>0.40</td></tr>
<tr><td>160 000</td><td>93.0</td><td>420</td><td>0.39</td></tr>
<tr><td>180 000</td><td>102</td><td>459</td><td>0.36</td></tr>
<tr><td>240 000</td><td>128</td><td>538</td><td>0.33</td></tr>
<tr><td>300 000</td><td rowspan="5">15.75
18
20</td><td>151</td><td>641</td><td>0.30</td></tr>
<tr><td>360 000</td><td>173</td><td>735</td><td>0.30</td></tr>
<tr><td>370 000</td><td>176</td><td>750</td><td>0.30</td></tr>
<tr><td>400 000</td><td>187</td><td>795</td><td>0.28</td></tr>
<tr><td>420 000</td><td>193</td><td>824</td><td>0.28</td></tr>
<tr><td colspan="8">注1：根据要求也可提供额定容量小于31 500 kV·A的变压器及其他电压组合的变压器。
注2：根据要求也可提供低压为35 kV或38.5 kV的变压器。
注3：优先选用无分接结构。如运行有要求，可设置分接头。
注4：当变压器年平均负载率介于45%～50%之间时，采用表中的损耗值可获得最高运行效率。</td></tr>
</table>

表 17　220 kV 级 31 500 kV·A～300 000 kV·A 三相三绕组无励磁调压电力变压器

<table>
<tr><th rowspan="3">额定
容量
kV·A</th><th colspan="3">电压组合及分接范围</th><th rowspan="3">联结组
标号</th><th rowspan="3">空载
损耗
kW</th><th rowspan="3">负载
损耗
kW</th><th rowspan="3">空载
电流
%</th><th colspan="2">短路阻抗
%</th></tr>
<tr><th rowspan="2">高压及分接范围
kV</th><th rowspan="2">中压
kV</th><th rowspan="2">低压
kV</th><th colspan="2"></th></tr>
<tr><th>升压</th><th>降压</th></tr>
<tr><td>31 500</td><td rowspan="10">220±2×2.5%
230±2×2.5%
242±2×2.5%</td><td rowspan="10">69
115
121</td><td rowspan="4">6.3
6.6
10.5
21
36
37
38.5</td><td rowspan="10">YNyn0d11</td><td>32.0</td><td>153</td><td>0.56</td><td rowspan="10">高—中
22～24
高—低
12～14
中—低
7～9</td><td rowspan="10">高—中
12～14
高—低
22～24
中—低
7～9</td></tr>
<tr><td>40 000</td><td>38.0</td><td>183</td><td>0.50</td></tr>
<tr><td>50 000</td><td>44.0</td><td>216</td><td>0.44</td></tr>
<tr><td>63 000</td><td>52.0</td><td>257</td><td>0.44</td></tr>
<tr><td>90 000</td><td rowspan="2">10.5
13.8
21
36
37
38.5</td><td>68.0</td><td>333</td><td>0.39</td></tr>
<tr><td>120 000</td><td>84.0</td><td>410</td><td>0.39</td></tr>
<tr><td>150 000</td><td rowspan="4">10.5
13.8
15.75
21
36
37
38.5</td><td>100</td><td>487</td><td>0.33</td></tr>
<tr><td>180 000</td><td>113</td><td>555</td><td>0.33</td></tr>
<tr><td>240 000</td><td>140</td><td>684</td><td>0.28</td></tr>
<tr><td>300 000</td><td>166</td><td>807</td><td>0.24</td></tr>
<tr><td colspan="10">注 1：表中负载损耗的容量分配为(100/100/100)%。升压结构的容量分配可为(100/50/100)%，降压结构的容量分配可为(100/100/50)% 或(100/50/100)%。
注 2：根据要求也可提供额定容量小于 31 500 kV·A 的变压器及其他电压组合的变压器。
注 3：根据要求也可提供低压为 35 kV 的变压器。
注 4：优先选用无分接结构。如运行有要求，可设置分接头。
注 5：当变压器年平均负载率为 45%左右时，采用表中的损耗值可获得最高运行效率。</td></tr>
</table>

表 18　220 kV 级 31 500 kV·A～240 000 kV·A 低压为 66 kV 级三相双绕组无励磁调压电力变压器

<table>
<tr><th rowspan="2">额定容量
kV·A</th><th colspan="2">电压组合及分接范围</th><th rowspan="2">联结组
标号</th><th rowspan="2">空载损耗
kW</th><th rowspan="2">负载损耗
kW</th><th rowspan="2">空载电流
%</th><th rowspan="2">短路
阻抗
%</th></tr>
<tr><th>高压及分接范围
kV</th><th>低压
kV</th></tr>
<tr><td>31 500</td><td rowspan="9">220±2×2.5%
230±2×2.5%</td><td rowspan="9">63
66
69</td><td rowspan="9">YNd11</td><td>30.0</td><td>143</td><td>0.71</td><td rowspan="9">12～14</td></tr>
<tr><td>40 000</td><td>36.0</td><td>167</td><td>0.71</td></tr>
<tr><td>50 000</td><td>42.0</td><td>200</td><td>0.65</td></tr>
<tr><td>63 000</td><td>50.0</td><td>234</td><td>0.65</td></tr>
<tr><td>90 000</td><td>66.0</td><td>306</td><td>0.60</td></tr>
<tr><td>120 000</td><td>81.0</td><td>367</td><td>0.60</td></tr>
<tr><td>150 000</td><td>97.0</td><td>430</td><td>0.54</td></tr>
<tr><td>180 000</td><td>110</td><td>487</td><td>0.54</td></tr>
<tr><td>240 000</td><td>136</td><td>603</td><td>0.48</td></tr>
<tr><td colspan="8">注 1：优先选用无分接结构。如运行有要求，可设置分接头。
注 2：当变压器年平均负载率介于 45%～50%之间时，采用表中的损耗值可获得最高运行效率。</td></tr>
</table>

表 19 220 kV 级 31 500 kV·A～240 000 kV·A 三相三绕组无励磁调压自耦电力变压器

<table>
<tr><th rowspan="2">额定容量
kV·A</th><th colspan="3">电压组合及分接范围</th><th rowspan="2">联结组标号</th><th colspan="3">升压组合</th><th colspan="3">降压组合</th><th colspan="2">短路阻抗
%</th></tr>
<tr><th>高压及分接范围
kV</th><th>中压
kV</th><th>低压
kV</th><th>空载损耗
kW</th><th>负载损耗
kW</th><th>空载电流
%</th><th>空载损耗
kW</th><th>负载损耗
kW</th><th>空载电流
%</th><th>升压</th><th>降压</th></tr>
<tr><td>31 500</td><td rowspan="9">220±
2×2.5%
230±
2×2.5%
242±
2×2.5%</td><td rowspan="9">115
121</td><td rowspan="5">6.6
10.5
21
36
37
38.5</td><td rowspan="9">YNa0d11</td><td>20.0</td><td>111</td><td>0.45</td><td>17.0</td><td>94.0</td><td>0.40</td><td rowspan="9">高—中
12～14
高—低
8～12
中—低
14～18</td><td rowspan="9">高—中
8～10
高—低
28～34
中—低
18～24</td></tr>
<tr><td>40 000</td><td>23.0</td><td>136</td><td>0.45</td><td>20.0</td><td>114</td><td>0.40</td></tr>
<tr><td>50 000</td><td>27.0</td><td>161</td><td>0.40</td><td>24.0</td><td>136</td><td>0.34</td></tr>
<tr><td>63 000</td><td>32.0</td><td>190</td><td>0.40</td><td>28.0</td><td>162</td><td>0.34</td></tr>
<tr><td>90 000</td><td>40.0</td><td>262</td><td>0.34</td><td>36.0</td><td>222</td><td>0.28</td></tr>
<tr><td>120 000</td><td rowspan="4">10.5
13.8
15.75
18
21
36
37
38.5</td><td>49.0</td><td>323</td><td>0.34</td><td>44.0</td><td>273</td><td>0.28</td></tr>
<tr><td>150 000</td><td>58.0</td><td>384</td><td>0.28</td><td>52.0</td><td>324</td><td>0.26</td></tr>
<tr><td>180 000</td><td>67.0</td><td>439</td><td>0.28</td><td>60.0</td><td>367</td><td>0.26</td></tr>
<tr><td>240 000</td><td>79.0</td><td>545</td><td>0.26</td><td>71.0</td><td>478</td><td>0.20</td></tr>
<tr><td colspan="13">注 1：升压结构的容量分配为(100/50/100)%，降压结构的容量分配为(100/100/50)%。
注 2：表中短路阻抗为 100%额定容量时的数值。
注 3：根据要求也可提供低压为 35 kV 的变压器。
注 4：优先选用无分接结构。如运行有要求，可设置分接头。
注 5：当变压器年平均负载率为 40%左右时，采用表中的损耗值可获得最高运行效率。</td></tr>
</table>

表 20 220 kV 级 31 500 kV·A～240 000 kV·A 三相双绕组有载调压电力变压器

<table>
<tr><th rowspan="2">额定容量
kV·A</th><th colspan="2">电压组合及分接范围</th><th rowspan="2">联结组标号</th><th rowspan="2">空载损耗
kW</th><th rowspan="2">负载损耗
kW</th><th rowspan="2">空载电流
%</th><th rowspan="2">短路阻抗
%</th></tr>
<tr><th>高压及分接范围
kV</th><th>低压
kV</th></tr>
<tr><td>31 500</td><td rowspan="13">220±8×1.25%
230±8×1.25%</td><td rowspan="5">6.3
6.6
10.5
21
36
37
38.5</td><td rowspan="13">YNd11</td><td>30.0</td><td>128</td><td>0.57</td><td rowspan="13">12～14</td></tr>
<tr><td>40 000</td><td>36.0</td><td>149</td><td>0.57</td></tr>
<tr><td>50 000</td><td>43.0</td><td>179</td><td>0.53</td></tr>
<tr><td>63 000</td><td>50.0</td><td>209</td><td>0.53</td></tr>
<tr><td>90 000</td><td>64.0</td><td>273</td><td>0.45</td></tr>
<tr><td>120 000</td><td rowspan="4">10.5
21
36
37
38.5</td><td>79.0</td><td>338</td><td>0.45</td></tr>
<tr><td>150 000</td><td>92.0</td><td>400</td><td>0.41</td></tr>
<tr><td>180 000</td><td>108</td><td>459</td><td>0.38</td></tr>
<tr><td>120 000</td><td>81.0</td><td>337</td><td>0.45</td></tr>
<tr><td>150 000</td><td rowspan="4">66
69</td><td>96.0</td><td>394</td><td>0.41</td></tr>
<tr><td>180 000</td><td>112</td><td>451</td><td>0.38</td></tr>
<tr><td>240 000</td><td>140</td><td>560</td><td>0.30</td></tr>
<tr><td colspan="8">注 1：根据要求也可提供低压为 35 kV 的变压器。
注 2：当变压器年平均负载率为 50%左右时，采用表中的损耗值可获得最高运行效率。</td></tr>
</table>

表 21 220 kV 级 31 500 kV·A～240 000 kV·A 三相三绕组有载调压电力变压器

额定容量 kV·A	电压组合及分接范围			联结组标号	空载损耗 kW	负载损耗 kW	空载电流 %	容量分配 %	短路阻抗 %
	高压及分接范围 kV	中压 kV	低压 kV						
31 500	220±8×1.25% 230±8×1.25%	69 115 121	6.3 6.6 10.5 21 36 37 38.5	YNyn0d11	35.0	153	0.63	100/100/100 100/50/100 100/100/50	高—中 12～14 高—低 22～24 中—低 7～9
40 000					41.0	183	0.60		
50 000					48.0	216	0.60		
63 000					56.0	257	0.55		
90 000			10.5 21 36 37 38.5		73.0	333	0.44		
120 000					92.0	410	0.44		
150 000					108	487	0.39		
180 000					124	598	0.39		
240 000					154	741	0.35		

注 1：表中所列数据适用于降压结构产品，根据需要也可提供升压结构产品。

注 2：根据要求也可提供低压为 35 kV 的变压器。

注 3：当变压器年平均负载率介于 45%～50%之间时，采用表中的损耗值可获得最高运行效率。

表 22 220 kV 级 31 500 kV·A～240 000 kV·A 三相三绕组有载调压自耦电力变压器

额定容量 kV·A	电压组合及分接范围			联结组标号	空载损耗 kW	负载损耗 kW	空载电流 %	容量分配 %	短路阻抗 %
	高压及分接范围 kV	中压 kV	低压 kV						
31 500	220±8×1.25% 230±8×1.25%	115 121	6.3 6.6 10.5 21 36 37 38.5	YNa0d11	20.0	102	0.44	100/100/50	高—中 8～11 高—低 28～34 中—低 18～24
40 000					24.0	125	0.44		
50 000					28.0	149	0.39		
63 000					33.0	179	0.39		
90 000					40.0	234	0.33		
120 000			10.5 21 36 37 38.5		51.0	292	0.33		
150 000					60.0	346	0.28		
180 000					68.0	398	0.28		
240 000					83.0	513	0.24		

注 1：表中所列数据适用于降压结构产品。

注 2：根据要求也可提供低压为 35 kV 的变压器。

注 3：当变压器年平均负载率介于 40%～45%之间时，采用表中的损耗值可获得最高运行效率。

8.1.2 在分接级数和级电压不变的情况下，允许增加负分接级数，减少正分接级数，或增加正分接级数，减少负分接级数，如：$220^{+1\times2.5\%}_{-3\times2.5\%}$、$220^{+3\times2.5\%}_{-1\times2.5\%}$等。

8.1.3 当用户需要不同于表中规定短路阻抗值的变压器时，其损耗等性能参数应与制造方协商，并在合同中规定。

8.2 技术要求

8.2.1 基本要求

8.2.1.1 变压器应符合 GB 1094.1、GB 1094.2、GB 1094.3、GB 1094.5、GB/T 1094.7 和 JB/T 10088 的规定。

8.2.1.2 变压器组件、部件的设计、制造及检验等应符合相关标准及法规的要求。

8.2.1.3 变压器组件、部件的运行寿命应符合相关标准的规定。

8.2.2 安全保护装置

8.2.2.1 变压器应装有气体继电器。

气体继电器的接点容量在交流 220 V 或 110 V 时不小于 66 V·A，直流有感负载时，不小于 15 W。变压器油箱和联管的设计应使气体易于汇集在气体继电器内，变压器不得有存气现象。积聚在气体继电器内的气体数量达到 250 mL～300 mL 或油速在整定范围内时，应分别接通相应的接点。流经气体继电器的油流速度达到整定值时，接点应接通。气体继电器的安装位置及其结构应能观察到分解气体的数量和油速标尺，而且应便于取气体。

8.2.2.2 变压器应装有压力保护装置，当变压器油箱内压力达到安全限值时，压力保护装置应可靠地释放压力。

8.2.2.3 变压器宜供给信号测量和保护装置辅助回路用的端子箱。

8.2.2.4 有载调压变压器的有载分接开关应有自己的安全保护装置。

8.2.2.5 变压器所有管道最高处或容易窝气处应设置放气塞。

8.2.3 冷却系统及控制箱

8.2.3.1 应根据冷却方式供给全套冷却装置，但若为水冷却方式，则不供给水路装置(如水泵、水箱、管路、阀门及控制箱等)。

8.2.3.2 对于采用散热器散热的变压器，其冷却方式可能存在多种组合方式(如 OFAF 变压器，另外还可产生 ONAN、ONAF、OFAN 三种方式)，各种冷却方式下的容量分配及控制程序由用户与制造方协商。

8.2.3.3 对于风冷变压器，应供给吹风装置控制箱。当负载电流达到额定电流的 2/3 或油面温度达到 65 ℃时，应当投入吹风装置。当负载电流低于额定电流的 1/2 或油面温度低于 50 ℃时，可切除风扇电动机。

8.2.3.4 对于水冷变压器，若冷却水是循环中间介质，则水的入口温度为最高环境温度加上 8 ℃；若冷却水是最终取之不尽的冷却介质(即水热容量无穷大，如水电厂水库水)，则水的入口温度为 25 ℃。

8.2.3.5 对于强油风冷和强油水冷的变压器需供给冷却系统及控制箱。

8.2.3.5.1 控制箱的强油循环装置控制线路应满足下列要求：

a) 变压器在运行中，其冷却系统应按负载和温度情况自动投入或切除相应数量的冷却器；
b) 当切除故障冷却器时，作为备用的冷却器应自动投入运行；
c) 当冷却系统的电源发生故障或电压降低时，应自动投入备用电源；
d) 当投入备用电源、备用冷却器或切除冷却器、电动机损坏时，均应发出相应的信号。

8.2.3.5.2 强油风冷及强油水冷冷却器的油泵电动机及风扇电动机应分别有过载、短路和断相保护。

8.2.3.5.3 强油风冷及强油水冷冷却器的动力电源电压应为三相交流 380 V，控制电源电压为交流

220 V。

8.2.3.5.4 强油风冷及强油水冷变压器，当冷却系统发生故障切除全部冷却器时，在额定负载下允许运行 30 min。当油面温度尚未达到 75 ℃时，允许上升到 75 ℃，但切除冷却器后的最长运行时间不得超过 1 h。

8.2.3.5.5 对于采用强迫油循环冷却方式的变压器，其冷却油流系统中不应出现负压。

8.2.4 油保护装置

8.2.4.1 变压器均应装有储油柜，其结构应便于清理内部。储油柜的一端应具有油位显示功能，储油柜的容积应保证在最高环境温度与允许的过负载状态下油位不超过上限，在最低环境温度与变压器未投入运行时，应能观察到油位指示。

8.2.4.2 储油柜应有注油、放油和排污油装置。

8.2.4.3 储油柜上一般应装有带有油封的吸湿器。

8.2.4.4 变压器应采取防油老化措施，以确保变压器油不与大气相接触，如：在储油柜内部加装胶囊、隔膜或采用金属波纹密封式储油柜。

8.2.5 油温测量装置

8.2.5.1 变压器应有供温度计用的管座。管座应设在油箱的顶部，并伸入油内 120 mm±10 mm。

8.2.5.2 变压器需装设户外测温装置，其接点容量在交流 220 V 时，不低于 50 V·A，直流有感负载时，不低于 15 W。对于强油循环的变压器应装设两个测温装置。测温装置的安装位置应便于观察，且其准确度应符合相应标准。

8.2.5.3 变压器应装有两个远距离测温元件，且应放于油箱长轴的两端，其放置位置应便于检修、更换。

8.2.5.4 当变压器采用集中(两组以上冷却器或三组以上片式散热器)冷却方式时，应在靠油箱进出口总管路处装测油温用的温度计管座。

8.2.6 变压器油箱及其附件

8.2.6.1 变压器一般不供给小车，如箱底焊有支架，则其支架焊接位置应符合轨距的要求。

注 1：根据用户需要也可供给小车。

注 2：纵向轨距为 1 435 mm，横向轨距为 1 435 mm、2 000 mm(2×2 000 mm、3×2 000 mm)。

8.2.6.2 在变压器油箱的上部和下部壁上均应设有油样阀门，下部还应装有放油阀。

8.2.6.3 套管接线端子连接处，在环境空气中对空气的温升应不大于 55 K(封闭母线除外)，在油中对油的温升应不大于 15 K。

8.2.6.4 变压器油箱应具有能承受住真空度为 133 Pa 和正压力为 100 kPa 的机械强度的能力，不应有损伤和不允许的永久变形。

8.2.6.5 变压器油箱下部应有供千斤顶顶起变压器的装置，并应设置水平牵引装置。

8.2.6.6 在变压器油箱壁上应设置适当高度的梯子，以便于取油样及观察气体继电器。

8.2.6.7 套管的安装位置和相互距离应便于接线，且其带电部分的空气间隙应能满足 GB 1094.3 的要求。

8.2.6.8 变压器结构应便于拆卸和更换套管。

8.2.6.9 变压器铁心应单独引出并可靠接地，其他金属结构件均应通过油箱可靠接地。变压器油箱应保证两点接地(分别位于油箱长轴或短轴两侧)。接地处应有明显的接地符号“⏚”或“接地”字样。

8.2.6.10 根据需要，可提供一定数量的套管式电流互感器。

8.2.6.11　在变压器油箱上部、下部均应装有滤油阀接口(成对角线放置)。

8.2.6.12　变压器整体(包括气体继电器等所有充油附件)应能承受 133 Pa 的真空度。

8.3　检验规则及方法

8.3.1　变压器除应进行 GB 1094.1 所规定的试验项目外,还应进行 8.3.2～8.3.10 所规定的试验。

8.3.2　应提供所有绕组线端和分接档位的直流电阻值。绕组直流电阻不平衡率:相(有中性点引出时)为不大于 2%,线(无中性点引出时)为不大于 1%。如果由于线材及引线结构等原因而使绕组直流电阻不平衡率超过上述值时,除应在例行试验记录中记录实测值外,尚应写明引起这一偏差的原因。用户应与同温度下的例行试验实测值进行比较,其偏差应不大于 2%。本试验为例行试验。

绕组直流电阻不平衡率应以三相实测最大值减最小值作分子,三相实测平均值作分母计算。

对所有引出的相应端子间的电阻值均应进行测量比较。

8.3.3　应提供变压器绝缘电阻、吸收比(R_{60}/R_{15})和极化指数($R_{10\ \mathrm{min}}/R_{1\mathrm{min}}$)的实测值,测试通常在 5 ℃～40 ℃和相对湿度小于 85%时进行。本试验为例行试验。当测量温度不同时,绝缘电阻可按式(8)换算:

$$R_2 = R_1 \times 1.5^{(t_1-t_2)/10} \qquad \cdots\cdots(8)$$

式中:

R_1、R_2——分别为温度 t_1、t_2 时的绝缘电阻值。

8.3.4　应提供变压器介质损耗因数($\tan\delta$)值,测试通常在 5 ℃～40 ℃温度下进行。本试验为例行试验。不同温度下的 $\tan\delta$ 值一般可按式(9)换算:

$$\tan\delta_2 = \tan\delta_1 \times 1.3^{(t_2-t_1)/10} \qquad \cdots\cdots(9)$$

式中:

$\tan\delta_1$、$\tan\delta_2$——分别为温度 t_1、t_2 时的 $\tan\delta$ 值。

8.3.5　应提供铁心对地和夹件的绝缘电阻值,其值应不小于 500 MΩ(20 ℃)。本试验为例行试验。当测量温度不同时,绝缘电阻可按式(8)进行换算。

8.3.6　有载分接开关试验合格后,应将有载分接开关装入变压器中,对分接开关油室进行密封试验,应无渗漏现象。本试验为例行试验。

8.3.7　变压器如果进行温升试验或过电流(施加 1.1 倍额定电流,持续时间不少于 4 h)试验,则试验前后应取油样进行气相色谱分析试验,试验结果应符合相关标准规定。本试验为型式试验。

8.3.8　应对强迫油循环变压器的冷却油流系统进行负压测试,以监测冷却油流系统的进油端是否存在负压。测试时,通常在进油端的放气处安装真空压力表,在开启所有的油泵后,不应出现负压。本试验为型式试验。

8.3.9　具有独立调压绕组的变压器,应测量各分接档位的负载损耗值,并应符合设计要求。本试验为特殊试验。

8.3.10　经用户与制造方协商可进行下列试验,见附录 A。本试验为特殊试验:

a)　长时间空载试验;

b)　油流静电试验;

c)　转动油泵时的局部放电测量。

8.4　标志、起吊、包装、运输和贮存

8.4.1　变压器应有接线端子、运输及起吊标志,标志内容应符合相关标准规定。

8.4.2　变压器的套管排列顺序位置一般如图 17～图 20 所示。

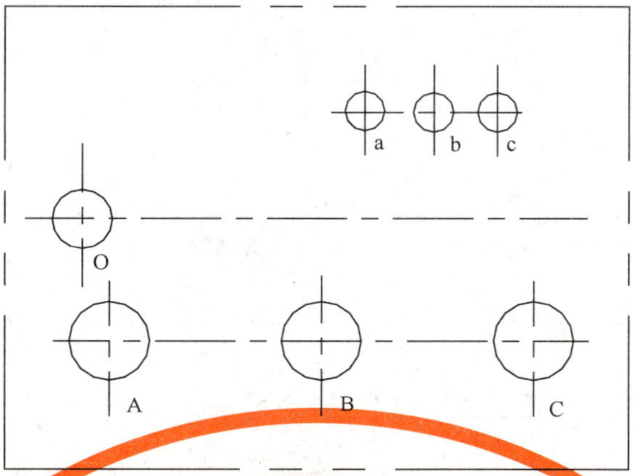

图 17　220 kV 级低压为 6.3 kV～21 kV、联结组标号为 YNd11 的双绕组变压器

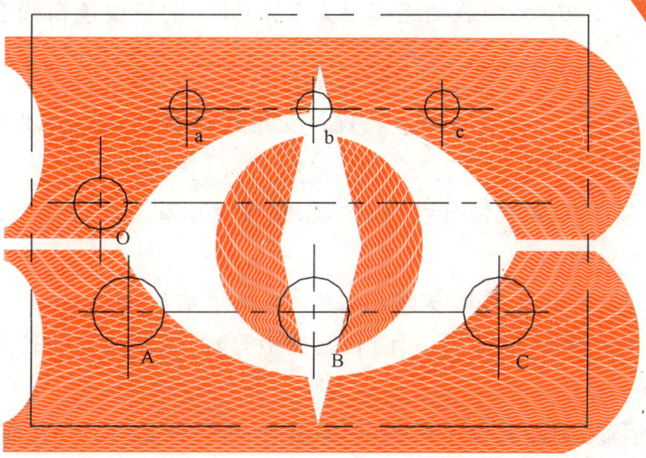

图 18　220 kV 级低压为 36 kV～69 kV、联结组标号为 YNd11 的双绕组变压器

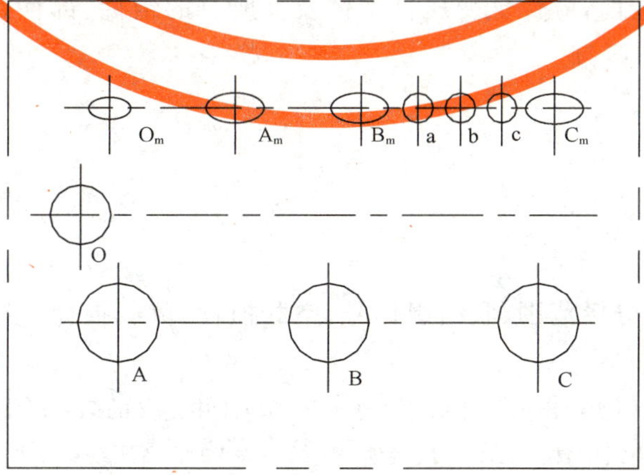

图 19　220 kV 级联结组标号为 YNyn0d11 的三绕组变压器

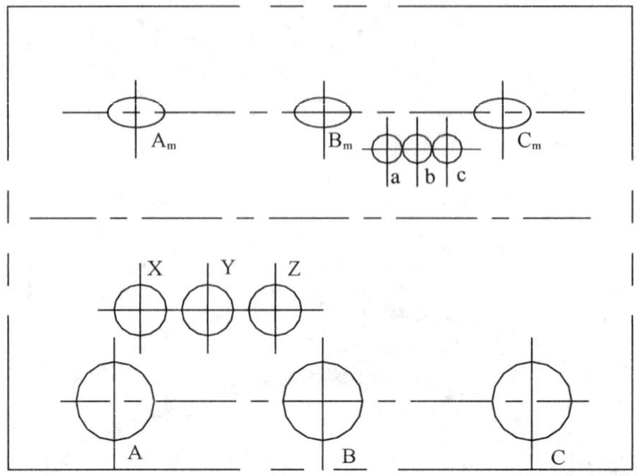

图 20　220 kV 级联结组标号为 YNa0d11 的三绕组自耦变压器

8.4.3　变压器需具有承受变压器总重的起吊装置。变压器器身、油箱、储油柜和散热器或冷却器等均应有起吊装置。

8.4.4　成套拆卸的组件和零件(如气体继电器、套管、测温装置及紧固件等)的包装应保证经过运输、贮存直到安装前不损伤和不受潮。

8.4.5　变压器内部结构应在经过正常的铁路、公路及水路运输后相互位置不变,紧固件不松动。变压器的组件、部件(如套管、散热器或冷却器、阀门和储油柜等)的结构及布置位置应不妨碍吊装、运输及运输中紧固定位。

8.4.6　变压器如不带油运输,则需充以干燥的气体(露点低于－40 ℃)。运输前应进行密封试验,以确保在充以 20 kPa～30 kPa 压力的气体时密封良好。变压器主体在运输中及到达现场后,油箱内的气体压力应保持正压,并有压力表进行监视。在现场贮存期间应维持正压,并有压力表进行监视。

8.4.7　变压器在运输中应装三维冲撞记录仪。

8.4.8　在运输、贮存直至安装前,应保证变压器本体及其所有的组件、部件(如储油柜、套管、阀门及散热器或冷却器等)不损坏和不受潮。

9　330 kV 电压等级

9.1　性能参数

9.1.1　额定容量、电压组合、分接范围、联结组标号、空载损耗、负载损耗、空载电流及短路阻抗应符合表 23～表 29 的规定。

注 1:对于多绕组变压器,表中所给出的损耗值适用于 GB 1094.1 中定义的第一对绕组。

注 2:表 23 及表 24 的高压绕组中性点为不直接接地,表 25～表 29 的高压绕组中性点为直接接地。

表 23　330 kV 级 90 000 kV·A～720 000 kV·A 三相双绕组无励磁调压电力变压器

额定容量 kV·A	电压组合及分接范围		联结组 标号	空载损耗 kW	负载损耗 kW	空载电流 %	短路 阻抗 %
	高压及分接范围 kV	低压 kV					
90 000	345 345±2×2.5% 363 363±2×2.5%	10.5 13.8 15.75 18 20	YNd11	68.0	274	0.44	14～15
120 000				85.0	340	0.44	
150 000				101	402	0.41	
180 000				116	461	0.38	
240 000				145	572	0.34	
360 000				198	802	0.34	
370 000				202	818	0.30	
400 000				214	867	0.30	
720 000				332	1 347	0.20	

注 1：根据用户要求，低压可选择表中任一电压。

注 2：优先选用无分接结构。如运行有要求，可设置分接头。

表 24　330 kV 级 90 000 kV·A～240 000 kV·A 三相三绕组无励磁调压电力变压器

额定容量 kV·A	电压组合及分接范围			联结组 标号	空载损耗 kW	负载损耗 kW	空载电流 %	短路阻抗 %	容量分配 %
	高压及分接范围 kV	中压 kV	低压 kV						
90 000	330±2×2.5% 345±2×2.5%	121	10.5 13.8 15.75	YNyn0d11	77.0	335	0.46	高—中 24～26 高—低 14～15 中—低 8～9	100/100/100
120 000					96.0	415	0.46		
150 000					114	491	0.43		
180 000					130	563	0.43		
240 000					162	699	0.40		

注 1：表中所列数据适用于升压结构产品。

注 2：升压结构的容量分配也可为(100/50/100)%。

注 3：根据要求可提供降压结构产品，其短路阻抗：高—低为 24%～26%；高—中为 14%～15%；中—低为 8%～9%。其容量分配可为(100/100/50)%或(100/50/100)%。

注 4：表中短路阻抗为 100%额定容量时的数值。

注 5：优先选用无分接结构。如运行有要求，可设置分接头。

表 25 330 kV 级 90 000 kV·A～360 000 kV·A 三相三绕组无励磁调压自耦电力变压器(串联绕组调压)

额定容量 kV·A	电压组合及分接范围			联结组标号	空载损耗 kW	负载损耗 kW	空载电流 %	短路阻抗 %	容量分配 %
	高压及分接范围 kV	中压 kV	低压 kV						
90 000	330±2×2.5%	121	10.5 11 35 38.5	YNa0d11	45.0	263	0.36	高—中 10～11 高—低 24～26 中—低 12～14	100/100/30
120 000					56.0	324	0.36		
150 000					68.0	385	0.32		
180 000					77.0	440	0.32		
240 000					96.0	547	0.28		
360 000					130	742	0.28		

注 1：表中所列数据适用于降压结构产品。

注 2：根据要求可提供升压结构产品，其短路阻抗：高—低为 10%～11%；高—中为 24%～26%；中—低为 12%～14%。

注 3：表中短路阻抗为 100%额定容量时的数值。

注 4：优先选用无分接结构。如运行有要求，可设置分接头。

注 5：当变压器年平均负载率为 40%左右时，采用表中的损耗值可获得最高运行效率。

表 26 330 kV 级 90 000 kV·A～360 000 kV·A 三相三绕组有载调压自耦电力变压器(串联绕组末端调压)

额定容量 kV·A	电压组合及分接范围			联结组标号	空载损耗 kW	负载损耗 kW	空载电流 %	短路阻抗 %	容量分配 %
	高压及分接范围 kV	中压 kV	低压 kV						
90 000	330±8×1.25% 345±8×1.25%	121	10.5 11 35 38.5	YNa0d11	47.0	261	0.40	高—中 10～11 高—低 24～26 中—低 12～14	100/100/30
120 000					59.0	324	0.40		
150 000					69.0	383	0.36		
180 000					79.0	440	0.36		
240 000					99.0	547	0.32		
360 000					134	742	0.32		

注 1：表中所列数据适用于降压结构产品，根据要求也可提供升压结构产品。

注 2：表中短路阻抗为 100%额定容量时的数值。

注 3：当变压器年平均负载率为 42%左右时，采用表中的损耗值可获得最高运行效率。

表 27　330 kV 级 90 000 kV·A～360 000 kV·A 三相三绕组有载调压自耦电力变压器(中压线端调压一)

额定容量 kV·A	电压组合及分接范围			联结组 标号	空载损耗 kW	负载损耗 kW	空载电流 %	短路阻抗 %	容量分配 %
	高压 kV	中压及分接范围 kV	低压 kV						
90 000	330 345	121±8×1.25%	10.5 11 35 38.5	YNa0d11	49.0	279	0.40	高—中 10～11 高—低 26～28 中—低 16～17	100/100/30
120 000					61.0	346	0.40		
150 000					72.0	410	0.36		
180 000					83.0	470	0.36		
240 000					102	584	0.32		
360 000					139	792	0.32		

注 1：表中所列数据适用于降压结构产品，根据要求也可提供升压结构产品。

注 2：表中短路阻抗为 100%额定容量时的数值。

注 3：当变压器年平均负载率为 42%左右时，采用表中的损耗值可获得最高运行效率。

表 28　330 kV 级 90 000 kV·A～360 000 kV·A
三相三绕组无励磁调压自耦电力变压器(中压线端调压)

额定容量 kV·A	电压组合及分接范围			联结组 标号	空载损耗 kW	负载损耗 kW	空载电流 %	短路阻抗 %	容量分配 %
	高压 kV	中压及分接范围 kV	低压 kV						
90 000	330 345	230±2×2.5% 230±3×2.5% 242±2×2.5% 242±3×2.5%	10.5 11 35 38.5	YNa0d11	23.0	293	0.32	高—中 10～11	100/100/30
120 000					29.0	363	0.28		
150 000					34.0	431	0.24		
180 000					39.0	494	0.24		
240 000					49.0	613	0.20		
360 000					67.0	836	0.20		

注 1：表中所列数据适用于降压结构产品，根据要求也可提供升压结构产品。

注 2：表中短路阻抗为 100%额定容量时的数值。

注 3：“高—低”和“中—低”的短路阻抗由制造方与用户协商确定。

注 4：优先选用无分接结构。如运行有要求，可设置分接头。

注 5：当变压器年平均负载率为 30%左右时，采用表中的损耗值可获得最高运行效率。

表 29 330 kV 级 90 000 kV·A～360 000 kV·A
三相三绕组有载调压自耦电力变压器(中压线端调压二)

<table>
<tr><th rowspan="2">额定容量
kV·A</th><th colspan="3">电压组合及分接范围</th><th rowspan="2">联结组
标号</th><th rowspan="2">空载损耗
kW</th><th rowspan="2">负载损耗
kW</th><th rowspan="2">空载电流
%</th><th rowspan="2">短路阻抗
%</th><th rowspan="2">容量分配
%</th></tr>
<tr><th>高压
kV</th><th>中压及分接范围
kV</th><th>低压
kV</th></tr>
<tr><td>90 000</td><td rowspan="6">330
345
363</td><td rowspan="6">230±4×1.25%
230±8×1.25%
242±4×1.25%
242±8×1.25%</td><td rowspan="6">10.5
11
35
38.5</td><td rowspan="6">YNa0d11</td><td>25.0</td><td>293</td><td>0.32</td><td rowspan="6">高—中
10～11</td><td rowspan="6">100/100/30</td></tr>
<tr><td>120 000</td><td>31.0</td><td>363</td><td>0.28</td></tr>
<tr><td>150 000</td><td>37.0</td><td>431</td><td>0.24</td></tr>
<tr><td>180 000</td><td>42.0</td><td>494</td><td>0.24</td></tr>
<tr><td>240 000</td><td>53.0</td><td>613</td><td>0.20</td></tr>
<tr><td>360 000</td><td>72.0</td><td>837</td><td>0.20</td></tr>
<tr><td colspan="10">注 1：表中所列数据适用于降压结构产品，根据要求也可提供升压结构产品。
注 2：表中短路阻抗为 100%额定容量时的数值。
注 3：“高—低”和“中—低”的短路阻抗由制造方与用户协商确定。
注 4：当变压器年平均负载率为 30%左右时，采用表中的损耗值可获得最高运行效率。</td></tr>
</table>

9.1.2 在分接级数和级电压不变的情况下，允许增加负分接级数，减少正分接级数，或增加正分接级数，减少负分接级数，如：$330^{+1\times2.5\%}_{-3\times2.5\%}$、$330^{+3\times2.5\%}_{-1\times2.5\%}$等。

9.1.3 当用户需要不同于表中规定短路阻抗值的变压器时，其损耗等性能参数应与制造方协商，并在合同中规定。

9.2 技术要求

9.2.1 基本要求

9.2.1.1 变压器应符合 GB 1094.1、GB 1094.2、GB 1094.3、GB 1094.5、GB/T 1094.7 和 JB/T 10088 的规定。

9.2.1.2 变压器组件、部件的设计、制造及检验等应符合相关标准及法规的要求。

9.2.1.3 变压器组件、部件的运行寿命应符合相关标准的规定。

9.2.2 安全保护装置

9.2.2.1 变压器应装有气体继电器。

气体继电器的接点容量在交流 220 V 或 110 V 时不小于 66 V·A，直流有感负载时，不小于 15 W。变压器油箱和联管的设计应使气体易于汇集在气体继电器内，变压器不得有存气现象。积聚在气体继电器内的气体数量达到 250 mL～300 mL 或油速在整定范围内时，应分别接通相应的接点。流经气体继电器的油流速度达到整定值时，接点应接通。气体继电器的安装位置及其结构应能观察到分解气体的数量和油速标尺，而且应便于取气体。

9.2.2.2 变压器应装有压力保护装置，当变压器油箱内压力达到安全限值时，压力保护装置应可靠地释放压力。

9.2.2.3 变压器宜供给信号测量和保护装置辅助回路用的端子箱。

9.2.2.4 有载调压变压器的有载分接开关应有自己的安全保护装置。

9.2.2.5 变压器所有管道最高处或容易窝气处应设置放气塞。

9.2.3 冷却系统及控制箱

9.2.3.1 应根据冷却方式供给全套冷却装置，但若为水冷却方式，则不供给水路装置(如水泵、水箱、管路、阀门及控制箱等)。

9.2.3.2 对于采用散热器散热的变压器，其冷却方式可能存在多种组合方式(如 OFAF 变压器，另外还可产生 ONAN、ONAF、OFAN 三种方式)，各种冷却方式下的容量分配及控制程序由用户与制造方协商。

9.2.3.3 对于风冷变压器，应供给吹风装置控制箱。当负载电流达到额定电流的 2/3 或油面温度达到 65 ℃时，应当投入吹风装置。当负载电流低于额定电流的 1/2 或油面温度低于 50 ℃时，可切除风扇电动机。

9.2.3.4 对于水冷变压器，若冷却水是循环中间介质，则水的入口温度为最高环境温度加上 8 ℃；若冷却水是最终取之不尽的冷却介质(即水热容量无穷大，如水电厂水库水)，则水的入口温度为 25 ℃。

9.2.3.5 对于强油风冷和强油水冷变压器需供给冷却系统及控制箱。

9.2.3.5.1 控制箱的强油循环装置控制线路应满足下列要求：

a) 变压器在运行中，其冷却系统应按负载和温度情况自动投入或切除相应数量的冷却器；

b) 当切除故障冷却器时，作为备用的冷却器应自动投入运行；

c) 当冷却系统的电源发生故障或电压降低时，应自动投入备用电源；

d) 当投入备用电源、备用冷却器或切除冷却器、电动机损坏时，均应发出相应的信号。

9.2.3.5.2 强油风冷及强油水冷冷却器的油泵电动机及风扇电动机应分别有过载、短路和断相保护。

9.2.3.5.3 强油风冷及强油水冷冷却器的动力电源电压应为三相交流 380 V，控制电源电压为交流 220 V。

9.2.3.5.4 强油风冷及强油水冷变压器，当冷却系统发生故障切除全部冷却器时，在额定负载下允许运行 30 min。当油面温度尚未达到 75 ℃时，允许上升到 75 ℃，但切除冷却器后的最长运行时间不得超过 1 h。

9.2.3.5.5 对于采用强迫油循环冷却方式的变压器，其冷却油流系统中不应出现负压。

9.2.4 油保护装置

9.2.4.1 变压器均应装有储油柜，其结构应便于清理内部。储油柜的一端应具有油位显示功能，储油柜的容积应保证在最高环境温度与允许的过负载状态下油位不超过上限，在最低环境温度与变压器未投入运行时，应能观察到油位指示。

9.2.4.2 储油柜应有注油、放油和排污油装置。

9.2.4.3 储油柜上一般应装有带有油封的吸湿器。

9.2.4.4 变压器应采取防油老化措施，以确保变压器油不与大气相接触，如：在储油柜内部加装胶囊、隔膜或采用金属波纹密封式储油柜。

9.2.5 油温测量装置

9.2.5.1 变压器应有供温度计用的管座。管座应设在油箱的顶部，并伸入油内 120 mm±10 mm。

9.2.5.2 变压器需装设户外测温装置，其接点容量在交流 220 V 时，不低于 50 V·A，直流有感负载时，不低于 15 W。对于强油循环的变压器应装设两个测温装置。测温装置的安装位置应便于观察，且其准确度应符合相应标准。

9.2.5.3 变压器应装有两个远距离测温元件，且应放于油箱长轴的两端，其放置位置应便于检修、更换。

9.2.5.4 当变压器采用集中(两组以上冷却器或三组以上片式散热器)冷却方式时，应在靠油箱进出口总管路处装测油温用的温度计管座。

9.2.6 变压器油箱及其附件

9.2.6.1 变压器一般不供给小车。如果供给小车，则应带小车固定装置。其箱底底座或小车支架焊装位置应符合轨距的要求。轨距：纵向为 1 435 mm，横向为 1 435 mm、2 000 mm(2×2 000 mm、3×2 000 mm)。

9.2.6.2 在变压器油箱的上部、中部和下部壁上均应设有油样阀门，下部还应装有放油阀。

9.2.6.3 套管接线端子连接处，在环境空气中对空气的温升应不大于 55 K(封闭母线除外)，在油中对油的温升应不大于 15 K。

9.2.6.4 变压器油箱应具有能承受住真空度为 133 Pa 和正压力为 100 kPa 的机械强度的能力，不应有损伤和不允许的永久变形。

9.2.6.5 变压器油箱下部应有供千斤顶顶起变压器的装置，并应设置水平牵引装置。

9.2.6.6 应在变压器油箱壁上设置适当高度的梯子，以便于取油样及观察气体继电器。

9.2.6.7 套管的安装位置和相互距离应便于接线，且其带电部分的空气间隙应能满足 GB 1094.3 的要求。

9.2.6.8 变压器结构应便于拆卸和更换套管。

9.2.6.9 变压器铁心应单独引出并可靠接地，其他金属结构件均应通过油箱可靠接地。变压器油箱应保证两点接地(分别位于油箱长轴或短轴两侧)。接地处应有明显的接地符号“⏚”或“接地”字样。

9.2.6.10 根据需要，可提供一定数量的套管式电流互感器。

9.2.6.11 在变压器油箱上部、下部均应装有滤油阀接口(成对角线放置)。

9.2.6.12 变压器整体(包括气体继电器等所有充油附件)应能承受 133 Pa 的真空度。

9.3 检验规则及方法

9.3.1 变压器除应进行 GB 1094.1 所规定的试验项目外，还应进行 9.3.2～9.3.11 所规定的试验。

9.3.2 应提供所有绕组线端和分接档位的直流电阻值。绕组直流电阻不平衡率：相(有中性点引出时)为不大于 2%，线(无中性点引出时)为不大于 1%。如果由于线材及引线结构等原因而使绕组直流电阻不平衡率超过上述值时，除应在例行试验记录中记录实测值外，尚应写明引起这一偏差的原因。用户应与同温度下的例行试验实测值进行比较，其偏差应不大于 2%。本试验为例行试验。

绕组直流电阻不平衡率应以三相实测最大值减最小值作分子，三相实测平均值作分母计算。

对所有引出的相应端子间的电阻值均应进行测量比较。

9.3.3 应提供变压器绝缘电阻、吸收比(R_{60}/R_{15})和极化指数($R_{10\min}/R_{1\min}$)的实测值，测试通常在 5 ℃～40 ℃和相对湿度小于 85%时进行。本试验为例行试验。当测量温度不同时，绝缘电阻可按式(10)换算：

$$R_2 = R_1 \times 1.5^{(t_1 - t_2)/10} \qquad (10)$$

式中：

R_1、R_2——分别为温度 t_1、t_2 时的绝缘电阻值。

9.3.4　应提供变压器介质损耗因数(tanδ)值，测试通常在 5 ℃～40 ℃温度下进行。本试验为例行试验。不同温度下的 tanδ 值一般可按式(11)换算：

$$\tan\delta_2 = \tan\delta_1 \times 1.3^{(t_2-t_1)/10} \qquad \cdots\cdots(11)$$

式中：

$\tan\delta_1$、$\tan\delta_2$——分别为温度 t_1、t_2 时的 tanδ 值。

9.3.5　应提供铁心对地和夹件的绝缘电阻值，其值应不小于 500 MΩ(20 ℃)。本试验为例行试验。当测量温度不同时，绝缘电阻可按式(10)进行换算。

9.3.6　有载分接开关试验合格后，应将有载分接开关装入变压器中，对分接开关油室进行密封试验，应无渗漏现象。本试验为例行试验。

9.3.7　变压器如果进行温升试验或过电流(施加 1.1 倍额定电流，持续时间不少于 4 h)试验，则试验前后应取油样进行气相色谱分析试验，试验结果应符合相关标准规定。本试验为型式试验。

9.3.8　应对强迫油循环变压器的冷却油流系统进行负压测试，以监测冷却油流系统的进油端是否存在负压。测试时，通常在进油端的放气处安装真空压力表，在开启所有的油泵后，不应出现负压。本试验为型式试验。

9.3.9　具有独立调压绕组的变压器，应测量各分接档位的负载损耗值，并应符合设计要求。本试验为特殊试验。

9.3.10　变压器全部试验合格后，如结构允许且用户要求，可对 330 kV 油纸绝缘套管取油样进行试验，试验结果应符合相关标准规定。本试验为特殊试验。

9.3.11　经用户与制造方协商可进行下列试验，见附录 A。本试验为特殊试验：

a)　长时间空载试验；

b)　油流静电试验；

c)　转动油泵时的局部放电测量。

9.4　标志、起吊、包装、运输和贮存

9.4.1　变压器应有接线端子、运输及起吊标志，标志内容应符合相关标准规定。

9.4.2　变压器的套管排列顺序位置一般如图 21～图 23 所示。

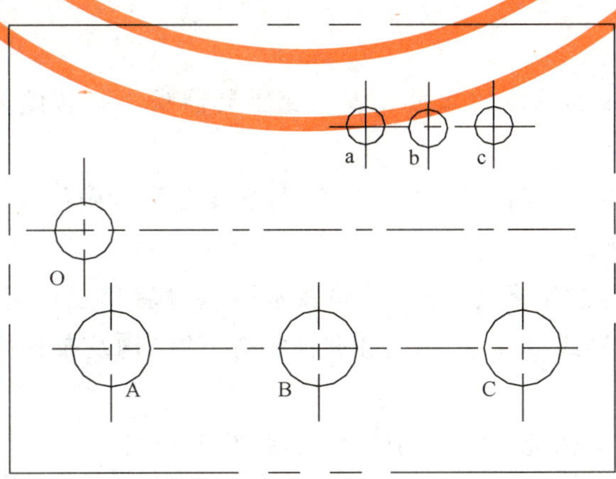

图 21　330 kV 级联结组标号为 YNd11 的双绕组变压器

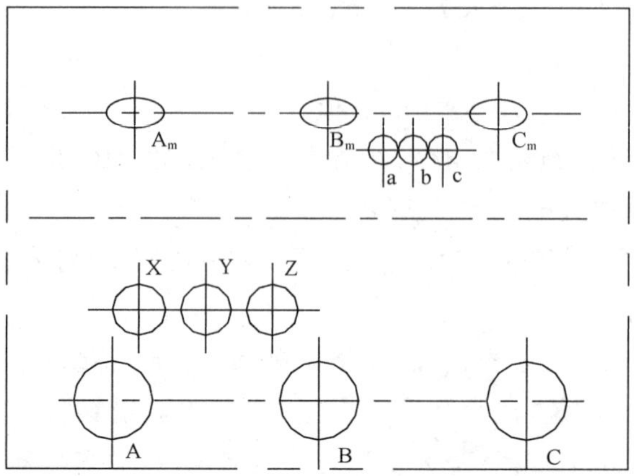

图 22　330 kV 级联结组标号为 YNa0d11 的三绕组自耦变压器

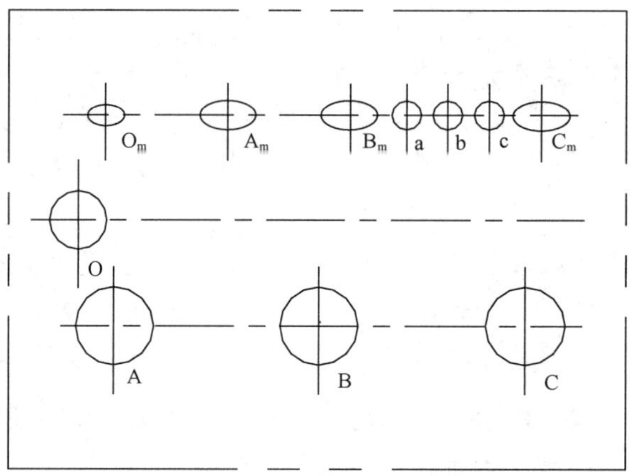

图 23　330 kV 级联结组标号为 YNyn0d11 的三绕组变压器

9.4.3　变压器需具有承受变压器总重的起吊装置。变压器器身、油箱、储油柜和散热器或冷却器等均应有起吊装置。

9.4.4　成套拆卸的组件和零件(如气体继电器、套管、测温装置及紧固件等)的包装应保证经过运输、贮存直到安装前不损伤和不受潮。

9.4.5　变压器内部结构应在经过正常的铁路、公路及水路运输后相互位置不变,紧固件不松动。变压器的组件、部件(如套管、散热器或冷却器、阀门和储油柜等)的结构及布置位置应不妨碍吊装、运输及运输中紧固定位。

9.4.6　变压器如不带油运输,则需充以干燥的气体(露点低于－40 ℃)。运输前应进行密封试验,以确保在充以 20 kPa～30 kPa 压力的气体时密封良好。变压器主体在运输中及到达现场后,油箱内的气体压力应保持正压,并有压力表进行监视。在现场贮存期间应维持正压,并有压力表进行监视。

9.4.7　变压器在运输中应装三维冲撞记录仪。

9.4.8 在运输、贮存直至安装前，应保证变压器本体及其所有的组件、部件(如储油柜、套管、阀门及散热器或冷却器等)不损坏和不受潮。

10 500 kV 电压等级

10.1 性能参数

10.1.1 额定容量、电压组合、分接范围、联结组标号、空载损耗、负载损耗、空载电流及短路阻抗应符合表 30～表 33 的规定。

注 1：对于多绕组变压器，表中所给出的损耗值适用于 GB 1094.1 中定义的第一对绕组。

注 2：表 30 及表 31 的高压绕组中性点为经小电抗接地，表 32 及表 33 的高压绕组中性点为直接接地。

注 3：如受运输条件限制，经制造方与用户协商，表中的损耗值可适当增加。

表 30 500 kV 级 100 MV·A～484 MV·A 单相双绕组无励磁调压电力变压器

额定容量 MV·A	电压组合		联结组标号	空载损耗 kW	负载损耗 kW	空载电流 %	短路阻抗 %
	高压 kV	低压 kV					
100	$500/\sqrt{3}$ $525/\sqrt{3}$ $535/\sqrt{3}$ $550/\sqrt{3}$	13.8;15.75	Ii0	61.0	225	0.20	14
120		15.75;18;20		70.0	260	0.20	
200		15.75;18;20;24		114	380	0.15	
223		18		124	412	0.15	
240		18;20;24		131	435	0.15	
260		18;20		140	460	0.15	
380		24;27		186	610	0.15	16 或 18
400				193	633	0.15	
410				197	645	0.15	
484				223	730	0.15	

注 1：优先选用无分接结构。如运行有要求，可设置分接头。

注 2：根据用户的特殊要求，也可带分接，分接范围由用户与制造方协商确定。

注 3：当变压器年平均负载率为 55%左右时，采用表中的损耗值可获得最高运行效率。

表 31　500 kV 级 120 MV·A～1 170 MV·A 三相双绕组无励磁调压电力变压器

额定容量 MV·A	电压组合 高压 kV	电压组合 低压 kV	联结组 标号	空载损耗 kW	负载损耗 kW	空载电流 %	短路阻抗 %
120	500 525 550	13.8;15.75	YNd11	75.0	395	0.25	14
160				90.0	490	0.20	
240				125	665	0.20	
300		13.8;15.75;18		145	785	0.20	
370		15.75;18;20		170	900	0.15	
400		18;20;24		175	950	0.15	
420		15.75;18;20		185	955	0.15	14 或 16
480		15.75;18;20		200	1 060	0.15	
600		15.75;18;20;24		260	1 335	0.15	
720		18;20;24		305	1 535	0.10	
750		20;22		315	1 580	0.10	16 或 18
780		22		320	1 630	0.10	
860				345	1 750	0.10	
1 140		27		430	2 165	0.10	
1 170				440	2 200	0.10	

注 1：优先选用无分接结构。如运行有要求，可设置分接头。

注 2：根据用户的特殊要求，也可带分接，分接范围由用户与制造方协商确定。

注 3：当变压器年平均负载率为 45% 左右时，采用表中的损耗值可获得最高运行效率。

表 32　500 kV 级 120 MV・A～400 MV・A 单相三绕组无励磁调压自耦电力变压器(中压线端调压)

<table>
<tr><th rowspan="2">额定容量
MV・A</th><th colspan="3">电压组合及分接范围</th><th rowspan="2">联结组标号</th><th rowspan="2">空载损耗
kW</th><th rowspan="2">负载损耗
kW</th><th rowspan="2">空载电流
%</th><th rowspan="2">短路阻抗
%</th><th rowspan="2">容量分配
MV・A</th></tr>
<tr><th>高压
kV</th><th>中压及分接范围
kV</th><th>低压
kV</th></tr>
<tr><td>120</td><td rowspan="20">500/√3
525/√3
550/√3</td><td rowspan="20">230/√3
230/√3±2×2.5%
242/√3±2×2.5%</td><td rowspan="20">35
36
37
38.5
63
66</td><td rowspan="20">Ia0i0</td><td>50.0</td><td>230</td><td>0.20</td><td rowspan="7">高—中
12
高—低
34～38
中—低
20～22</td><td>120/120/40</td></tr>
<tr><td rowspan="2">167</td><td rowspan="2">60.0</td><td rowspan="2">275</td><td rowspan="2">0.20</td><td>167/167/40</td></tr>
<tr><td>167/167/60</td></tr>
<tr><td rowspan="2">250</td><td rowspan="2">85.0</td><td rowspan="2">370</td><td rowspan="2">0.15</td><td>250/250/60</td></tr>
<tr><td>250/250/80</td></tr>
<tr><td>334</td><td>105</td><td>475</td><td>0.10</td><td>334/334/100</td></tr>
<tr><td>400</td><td>120</td><td>545</td><td>0.10</td><td>400/400/120</td></tr>
<tr><td>120</td><td>50.0</td><td>245</td><td>0.20</td><td rowspan="7">高—中
12
高—低
42～46
中—低
28～30</td><td>120/120/40</td></tr>
<tr><td>167</td><td>60.0</td><td>290</td><td>0.20</td><td>167/167/60</td></tr>
<tr><td rowspan="2">250</td><td rowspan="2">85.0</td><td rowspan="2">395</td><td rowspan="2">0.15</td><td>250/250/60</td></tr>
<tr><td>250/250/80</td></tr>
<tr><td rowspan="2">334</td><td rowspan="2">105</td><td rowspan="2">510</td><td rowspan="2">0.10</td><td>334/334/80</td></tr>
<tr><td>334/334/100</td></tr>
<tr><td>400</td><td>120</td><td>580</td><td>0.10</td><td>400/400/120</td></tr>
<tr><td>120</td><td>50.0</td><td>245</td><td>0.20</td><td rowspan="6">高—中
14～15
高—低
42～46
中—低
28～30</td><td>120/120/40</td></tr>
<tr><td>167</td><td>60.0</td><td>290</td><td>0.20</td><td>167/167/60</td></tr>
<tr><td>250</td><td>85.0</td><td>395</td><td>0.15</td><td>250/250/80</td></tr>
<tr><td rowspan="2">334</td><td rowspan="2">105</td><td rowspan="2">510</td><td rowspan="2">0.10</td><td>334/334/80</td></tr>
<tr><td>334/334/100</td></tr>
<tr><td>400</td><td>120</td><td>580</td><td>0.10</td><td>400/400/120</td></tr>
<tr><td colspan="10">注 1：短路阻抗为 100%额定容量时的数值。
注 2：当变压器年平均负载率介于 45%～48%之间时，采用表中的损耗值可获得最高运行效率。</td></tr>
</table>

表 33 500 kV 级 120 MV·A～400 MV·A 单相三绕组有载调压自耦电力变压器(中压线端调压)

额定容量 MV·A	电压组合及分接范围			联结组标号	空载损耗 kW	负载损耗 kW	空载电流 %	短路阻抗 %	容量分配 MV·A
	高压 kV	中压及分接范围 kV	低压 kV						
120	$500/\sqrt{3}$ $525/\sqrt{3}$ $550/\sqrt{3}$	$230/\sqrt{3}\pm8\times1.25\%$	35 36 37 38.5 63 66	Ia0i0	50.0	230	0.20	高—中 12 高—低 34～38 中—低 20～22	120/120/40
167					60.0	285	0.20		167/167/40
									167/167/60
250					85.0	380	0.15		250/250/40
									250/250/80
334					110	490	0.10		334/334/100
400					150	560	0.10		400/400/120
120					50.0	250	0.20	高—中 12 高—低 42～46 中—低 28～30	120/120/40
167					60.0	300	0.20		167/167/60
250					85.0	405	0.15		250/250/60
									250/250/80
334					110	530	0.10		334/334/80
									334/334/100
400					130	610	0.10		400/400/120
120					50.0	250	0.20	高—中 14～15 高—低 42～48 中—低 28～30	120/120/40
167					60.0	300	0.20		167/167/60
250					85.0	405	0.15		250/250/80
334					110	530	0.10		334/334/80
									334/334/100
400					130	610	0.10		400/400/120

注 1：短路阻抗为 100%额定容量时的数值。

注 2：当变压器年平均负载率介于 45%～50%之间时，采用表中的损耗值可获得最高运行效率。

10.1.2 在分接级数和级电压不变的情况下，允许增加负分接级数，减少正分接级数，或增加正分接级数，减少负分接级数，如：$242^{+1\times2.5\%}_{-3\times2.5\%}$、$242^{+3\times2.5\%}_{-1\times2.5\%}$等。

10.1.3 当用户需要不同于表中规定短路阻抗值的变压器时，其损耗等性能参数应与制造方协商，并在合同中规定。

10.2 技术要求

10.2.1 基本要求

10.2.1.1 变压器应符合 GB 1094.1、GB 1094.2、GB 1094.3、GB 1094.5、GB/T 1094.7 和 JB/T 10088 的规定。

10.2.1.2 变压器组件、部件的设计、制造及检验等应符合相关标准及法规的要求。

10.2.1.3 变压器组件、部件的运行寿命应符合相关标准的规定。

10.2.2 安全保护装置

10.2.2.1 变压器应装有气体继电器。

气体继电器的接点容量在交流 220 V 或 110 V 时不小于 66 V·A，直流有感负载时，不小于 15 W。变压器油箱和联管的设计应使气体易于汇集在气体继电器内，变压器不得有存气现象。积聚在气体继电器内的气体数量达到 250 mL～300 mL 或油速在整定范围内时，应分别接通相应的接点。流经气体继电器的油流速度达到整定值时，接点应接通。气体继电器的安装位置及其结构应能观察到分解气体的数量和油速标尺，而且应便于取气体。

10.2.2.2 变压器应装有压力保护装置，当变压器油箱内压力达到安全限值时，压力保护装置应可靠地释放压力。

10.2.2.3 变压器宜供给信号测量和保护装置辅助回路用的端子箱。

10.2.2.4 有载调压变压器的有载分接开关应有自己的安全保护装置。

10.2.2.5 变压器所有管道最高处或容易窝气处应设置放气塞。

10.2.3 冷却系统及控制箱

10.2.3.1 应根据冷却方式供给全套冷却装置，但若为水冷却方式，则不供给水路装置(如水泵、水箱、管路、阀门及控制箱等)。

10.2.3.2 对于采用散热器散热的变压器，其冷却方式可能存在多种组合方式(如 OFAF 变压器，另外还可产生 ONAN、ONAF、OFAN 三种方式)，各种冷却方式下的容量分配及控制程序由用户与制造方协商。

10.2.3.3 对于风冷变压器，应供给吹风装置控制箱。当负载电流达到额定电流的 2/3 或油面温度达到 65 ℃时，应当投入吹风装置。当负载电流低于额定电流的 1/2 或油面温度低于 50 ℃时，可切除风扇电动机。

10.2.3.4 对于水冷变压器，若冷却水是循环中间介质，则水的入口温度为最高环境温度加上 8 ℃；若冷却水是最终取之不尽的冷却介质(即水热容量无穷大，如水电厂水库水)，则水的入口温度为 25 ℃。

10.2.3.5 对于强油风冷或强油水冷变压器需供给冷却系统及控制箱。

10.2.3.5.1 控制箱的强油循环装置控制线路应满足下列要求：

a) 变压器在运行中，其冷却系统应按负载和温度情况自动投入或切除相应数量的冷却器；

b) 当切除故障冷却器时，作为备用的冷却器应自动投入运行；

c) 当冷却系统的电源发生故障或电压降低时，应自动投入备用电源；

d) 当投入备用电源、备用冷却器或切除冷却器、电动机损坏时，均应发出相应的信号。

10.2.3.5.2 强油风冷及强油水冷冷却器的油泵电动机及风扇电动机应分别有过载、短路和断相保护。

10.2.3.5.3 强油风冷及强油水冷冷却器的动力电源电压应为三相交流 380 V，控制电源电压为交流 220 V。

10.2.3.5.4 强油风冷及强油水冷变压器，当冷却系统发生故障切除全部冷却器时，在额定负载下允许运行 30 min。当油面温度尚未达到 75 ℃时，允许上升到 75 ℃，但切除冷却器后的最长运行时间不得超过 1 h。

10.2.3.5.5 对于采用强迫油循环冷却方式的变压器，其冷却油流系统中不应出现负压。

10.2.4 油保护装置

10.2.4.1 变压器均应装有储油柜，其结构应便于清理内部。储油柜的一端应具有油位显示功能，储油柜的容积应保证在最高环境温度与允许的过负载状态下油位不超过上限，在最低环境温度与变压器未投入运行时，应能观察到油位指示。

10.2.4.2 储油柜应有注油、放油、放气和排污油装置。

10.2.4.3 储油柜上一般应装有带有油封的吸湿器。

10.2.4.4 变压器应采取防油老化措施，以确保变压器油不与大气相接触，如：在储油柜内部加装胶囊、隔膜或采用金属波纹密封式储油柜。

10.2.5 油温测量装置

10.2.5.1 变压器应有供温度计用的管座。管座应设在油箱的顶部，并伸入油内 120 mm±10 mm。

10.2.5.2 变压器需装设户外测温装置，其接点容量在交流 220 V 时，不低于 50 V·A，直流有感负载时，不低于 15 W。对于强油循环的变压器应装设两个测温装置。测温装置的安装位置应便于观察，且其准确度应符合相应标准。

10.2.5.3 变压器应装有两个远距离测温元件，且应放于油箱长轴的两端，其放置位置应便于检修、更换。

10.2.5.4 当变压器采用集中(两组以上冷却器或三组以上片式散热器)冷却方式时，应在靠油箱进出油口总管路处装测油温用的温度计管座。

10.2.6 变压器油箱及其附件

10.2.6.1 变压器一般不供给小车。如果供给小车，则应带小车固定装置。其箱底底座或小车支架焊装位置应符合轨距的要求。轨距：纵向为 1 435 mm，横向为 1 435 mm、2 000 mm(2×2 000 mm、3×2 000 mm)。

10.2.6.2 在油箱的上部、中部和下部壁上应设有油样阀门，下部还应装有放油阀。

10.2.6.3 套管接线端子连接处，在环境空气中对空气的温升应不大于 55 K(封闭母线除外)，在油中对油的温升应不大于 15 K。

10.2.6.4 变压器油箱应具有能承受住真空度为 133 Pa 和正压力为 100 kPa 的机械强度的能力，不应有损伤和不允许的永久变形。

10.2.6.5 变压器油箱下部应有供千斤顶顶起变压器的装置，并应设置水平牵引装置。

10.2.6.6 应在变压器油箱壁上设置适当高度的梯子，以便于取油样及观察气体继电器。

10.2.6.7 套管的安装位置和相互距离应便于接线，而且其带电部分的空气间隙应能满足 GB 1094.3 的要求。

10.2.6.8 变压器结构应便于拆卸和更换套管。

10.2.6.9 变压器铁心应单独引出并可靠接地，其他金属结构件均应通过油箱可靠接地。变压器油箱应保证两点接地(分别位于油箱长轴或短轴两侧)。接地处应有明显的接地符号“⏚”或“接地”字样。

10.2.6.10 根据需要，可提供一定数量的套管式电流互感器。

10.2.6.11 在变压器油箱上部、下部均应装有滤油阀接口(成对角线放置)。

10.2.6.12 变压器整体(包括气体继电器等所有充油附件)应能承受 133 Pa 的真空度。

10.3 检验规则及方法

10.3.1 变压器除应进行 GB 1094.1 所规定的试验项目外，还应进行 10.3.2～10.3.11 所规定的试验。

10.3.2 应提供所有绕组线端和分接档位的直流电阻值。绕组直流电阻不平衡率：相(有中性点引出时)为不大于2%,线(无中性点引出时)为不大于1%。对于联结成三相组的三台单相变压器,各相彼此间的绕组直流电阻不平衡率应不大于2%。如果由于线材及引线结构等原因而使绕组直流电阻不平衡率超过上述值时,除应在例行试验记录中记录实测值外,尚应写明引起这一偏差的原因。用户应与同温度下的例行试验实测值进行比较,其偏差应不大于2%。本试验为例行试验。

绕组直流电阻不平衡率应以三相或三台单相实测最大值减最小值作分子,三相或三台单相实测平均值作分母计算。

对所有引出的相应端子间的电阻值均应进行测量比较。

10.3.3 应提供变压器绝缘电阻、吸收比(R_{60}/R_{15})和极化指数(R_{10min}/R_{1min})的实测值,测试通常在5 ℃~40 ℃和相对湿度小于85%时进行。本试验为例行试验。当测量温度不同时,绝缘电阻可按式(12)换算:

$$R_2 = R_1 \times 1.5^{(t_1-t_2)/10} \tag{12}$$

式中:

R_1、R_2——分别为温度t_1、t_2时的绝缘电阻值。

10.3.4 应提供变压器介质损耗因数($\tan\delta$)值,测试通常在5 ℃~40 ℃温度下进行。本试验为例行试验。不同温度下的$\tan\delta$值一般可按式(13)换算:

$$\tan\delta_2 = \tan\delta_1 \times 1.3^{(t_2-t_1)/10} \tag{13}$$

式中:

$\tan\delta_1$、$\tan\delta_2$——分别为温度t_1、t_2时的$\tan\delta$值。

10.3.5 应提供铁心对地和夹件的绝缘电阻值,其值应不小于500 MΩ(20 ℃)。本试验为例行试验。当测量温度不同时,绝缘电阻可按式(12)进行换算。

10.3.6 有载分接开关试验合格后,应将有载分接开关装入变压器中,对分接开关油室进行密封试验,应无渗漏现象。本试验为例行试验。

10.3.7 变压器如果进行温升试验或过电流(施加1.1倍额定电流,持续时间不少于4 h)试验,则试验前后应取油样进行气相色谱分析试验,试验结果应符合相关标准规定。本试验为型式试验。

10.3.8 应对强迫油循环变压器的冷却油流系统进行负压测试,以监测冷却油流系统的进油端是否存在负压。测试时,通常在进油端的放气处安装真空压力表,在开启所有的油泵后,不应出现负压。本试验为型式试验。

10.3.9 具有独立调压绕组的变压器,应测量各分接档位的负载损耗值,并应符合设计要求。本试验为特殊试验。

10.3.10 变压器全部试验合格后,如结构允许且用户要求,可对500 kV油纸绝缘套管取油样进行试验,试验结果应符合相关标准规定。本试验为特殊试验。

10.3.11 经用户与制造方协商可进行下列试验,见附录A。本试验为特殊试验:

a) 长时间空载试验;

b) 油流静电试验;

c) 转动油泵时的局部放电测量。

10.4 标志、起吊、安装、运输和贮存

10.4.1 变压器应有接线端子、运输及起吊标志,标志内容应符合相关标准规定。

10.4.2 变压器需具有承受变压器总重的起吊装置。变压器器身、油箱、储油柜和散热器或冷却器等均应有起吊装置。

10.4.3　成套拆卸的组件和零件(如气体继电器、套管、测温装置及紧固件等)的包装应保证经过运输、贮存直到安装前不损伤和不受潮。

10.4.4　变压器内部结构应在经过正常的铁路、公路及水路运输后相互位置不变,紧固件不松动。变压器的组件、部件(如套管、散热器或冷却器、阀门和储油柜等)的结构及布置位置应不妨碍吊装、运输及运输中紧固定位。

10.4.5　变压器如不带油运输,则需充以干燥的气体(露点低于－40 ℃)。运输前应进行密封试验,以确保在充以 20 kPa～30 kPa 压力的气体时密封良好。变压器主体在运输中及到达现场后,油箱内的气体压力应保持正压,并有压力表进行监视。在现场贮存期间应维持正压,并有压力表进行监视。

10.4.6　变压器在运输中应装三维冲撞记录仪。

10.4.7　在运输、贮存直至安装前,应保证变压器本体及其所有的组件、部件(如储油柜、套管、阀门及散热器或冷却器等)不损坏和不受潮。

附 录 A
（规范性附录）
用户与制造方协商的试验

A.1 长时间空载试验

对变压器施加 1.1 倍额定电压，开启正常运行时的全部油泵，运行 12 h。试验过程中，应无明显的局部放电的声、电信号。试验前、后油中应无乙炔，总烃含量应无明显变化。该试验应在绝缘试验后进行。

A.2 油流静电试验

断开电源，开启所有油泵，历时 4 h 后，测量各绕组端子及铁心对地的泄漏电流，直至电流达到稳定值。试验中应无放电信号。

A.3 转动油泵时的局部放电测量

启动全部油泵运行 4 h，其间连续测量中性点、铁心对地的泄漏电流，并监视有无放电信号。然后在不停油泵的情况下进行局部放电试验（对低压线端施加电压，使高压绕组线端电压为 1.5 $U_m/\sqrt{3}$，并维持 60 min，其间连续观察测量局部放电量），与油泵不运转时的试验相比，内部放电量应无明显变化，同时油中应无乙炔。

ICS 29.180
K 41

中华人民共和国国家标准

GB/T 10228—2015
代替 GB/T 10228—2008

干式电力变压器技术参数和要求

Specification and technical requirements for dry-type power transformers

2015-09-11 发布　　2016-04-01 实施

中华人民共和国国家质量监督检验检疫总局
中国国家标准化管理委员会　发布

前　言

本标准按照 GB/T 1.1—2009 给出的规则起草。

本标准代替 GB/T 10228—2008《干式电力变压器技术参数和要求》，与 GB/T 10228—2008 相比主要变化如下：

——删除了引言和附录。

——将 6 kV、10 kV 级无励磁调压变压器的 A、B 两组性能参数合并为一组。

——对各电压等级变压器的空载损耗分别平均下降约 10%，负载损耗平均下降约 5%。此外，对各电压等级变压器的空载电流分别平均下降约 15%。

——对 35 kV 级无励磁调压电力变压器和有载调压电力变压器分别增补了 25 000 kV·A 的规格容量和相关的性能参数。

请注意本文件的某些内容可能涉及专利。本文件的发布机构不承担识别这些专利的责任。

本标准由中国电器工业协会提出。

本标准由全国变压器标准化技术委员会(SAC/TC 44)归口。

本标准起草单位：沈阳变压器研究院股份有限公司、顺特电气设备有限公司、明珠电气有限公司、中国电力科学研究院、吉林省电力科学研究院、三变科技股份有限公司、广州骏发电气有限公司、江苏上能新特变压器有限公司、新华都特种电气股份有限公司、天津市特变电工变压器有限公司、昆明赛格迈电气有限公司、吴江变压器有限公司、卧龙电气集团北京华泰变压器有限公司、广东电网公司电力科学研究院、山东达驰电气有限公司、正泰电气股份有限公司、广东钜龙电力设备有限公司、安徽省电力科学研究院、广东海鸿变压器有限公司、海南威特电气集团有限公司、天津天能变压器有限公司、浙江江山变压器股份有限公司、山东省金曼克电气集团股份有限公司。

本标准主要起草人：章忠国、刘爽、刘燕、蔡定国、任晓红、敖明、徐秋元、李智、樊建平、郭跃光、邓旭锋、赵文忠、周屏、林灿华、何宝振、徐林峰、许长华、仲照龙、王文光、丁国成、郭献清、朱燕春、田贵书、姜振军、郭永君。

本标准所代替标准的历次版本发布情况为：

——ZBK 41003—1988；

——GB 10228—1988、GB/T 10228—1997、GB/T 10228—2008。

干式电力变压器技术参数和要求

1 范围

本标准规定了三相干式电力变压器的性能参数、技术要求、检验规则及方法、标志、包装、运输和贮存。

本标准适用于电压等级为 6 kV、10 kV、20 kV 及 35 kV,额定频率为 50 Hz,额定容量为 30 kV·A～25 000 kV·A,户内使用的无励磁调压或有载调压三相干式电力变压器。其他额定容量的产品可参考使用本标准。

本标准不适用于充气式变压器。

2 规范性引用文件

下列文件对于本文件的应用是必不可少的。凡是注日期的引用文件,仅注日期的版本适用于本文件。凡是不注日期的引用文件,其最新版本(包括所有的修改单)适用于本文件。

GB/T 191 包装储运图示标志

GB 1094.1 电力变压器 第 1 部分:总则

GB 1094.11 电力变压器 第 11 部分:干式变压器

GB/T 1094.12 电力变压器 第 12 部分:干式电力变压器负载导则

GB/T 2900.95 电工术语 变压器、调压器和电抗器

GB/T 5273 变压器、高压电器和套管的接线端子

GB/T 5465.2 电气设备用图形符号 第 2 部分:图形符号

JB/T 501 电力变压器试验导则

JB/T 10088 6 kV～500 kV 级电力变压器声级

3 术语和定义

GB 1094.1、GB 1094.11 和 GB/T 2900.95 界定的术语和定义适用于本文件。

4 性能参数

4.1 6 kV、10 kV 级自冷变压器的额定容量、电压组合、联结组标号、空载损耗、负载损耗、空载电流及短路阻抗应符合表 1～表 3 的规定。

表 1 6 kV、10 kV 级 30 kV·A～2 500 kV·A 无励磁调压配电变压器

<table>
<tr><th rowspan="2">额定
容量
kV·A</th><th colspan="3">电压组合及分接范围</th><th rowspan="2">联结组
标号</th><th rowspan="2">空载
损耗
kW</th><th colspan="3">不同绝缘系统温度下的负载损耗
kW</th><th rowspan="2">空载
电流
%</th><th rowspan="2">短路
阻抗
%</th></tr>
<tr><th>高压
kV</th><th>高压分接范围
%</th><th>低压
kV</th><th>130 ℃(B)
(100 ℃)</th><th>155 ℃(F)
(120 ℃)</th><th>180 ℃(H)
(145 ℃)</th></tr>
<tr><td>30</td><td rowspan="22">6
6.3
6.6
10
10.5
11</td><td rowspan="6">±2.5
±5</td><td rowspan="22">0.4</td><td rowspan="22">Dyn11
Yyn0</td><td>0.190</td><td>0.670</td><td>0.710</td><td>0.760</td><td>2.0</td><td rowspan="12">4.0</td></tr>
<tr><td>50</td><td>0.270</td><td>0.940</td><td>1.00</td><td>1.07</td><td>2.0</td></tr>
<tr><td>80</td><td>0.370</td><td>1.29</td><td>1.38</td><td>1.48</td><td>1.5</td></tr>
<tr><td>100</td><td>0.400</td><td>1.48</td><td>1.57</td><td>1.69</td><td>1.5</td></tr>
<tr><td>125</td><td>0.470</td><td>1.74</td><td>1.85</td><td>1.98</td><td>1.3</td></tr>
<tr><td>160</td><td>0.540</td><td>2.00</td><td>2.13</td><td>2.28</td><td>1.3</td></tr>
<tr><td>200</td><td rowspan="16">±2×2.5
±5</td><td>0.620</td><td>2.37</td><td>2.53</td><td>2.71</td><td>1.1</td></tr>
<tr><td>250</td><td>0.720</td><td>2.59</td><td>2.76</td><td>2.96</td><td>1.1</td></tr>
<tr><td>315</td><td>0.880</td><td>3.27</td><td>3.47</td><td>3.73</td><td>1.0</td></tr>
<tr><td>400</td><td>0.980</td><td>3.75</td><td>3.99</td><td>4.28</td><td>1.0</td></tr>
<tr><td>500</td><td>1.16</td><td>4.59</td><td>4.88</td><td>5.23</td><td>1.0</td></tr>
<tr><td>630</td><td>1.34</td><td>5.53</td><td>5.88</td><td>6.29</td><td>0.85</td></tr>
<tr><td>630</td><td>1.30</td><td>5.61</td><td>5.96</td><td>6.40</td><td>0.85</td><td rowspan="7">6.0</td></tr>
<tr><td>800</td><td>1.52</td><td>6.55</td><td>6.96</td><td>7.46</td><td>0.85</td></tr>
<tr><td>1 000</td><td>1.77</td><td>7.65</td><td>8.13</td><td>8.76</td><td>0.85</td></tr>
<tr><td>1 250</td><td>2.09</td><td>9.10</td><td>9.69</td><td>10.3</td><td>0.85</td></tr>
<tr><td>1 600</td><td>2.45</td><td>11.0</td><td>11.7</td><td>12.5</td><td>0.85</td></tr>
<tr><td>2 000</td><td>3.05</td><td>13.6</td><td>14.4</td><td>15.5</td><td>0.70</td></tr>
<tr><td>2 500</td><td>3.60</td><td>16.1</td><td>17.1</td><td>18.4</td><td>0.70</td></tr>
<tr><td>1 600</td><td>2.45</td><td>12.2</td><td>12.9</td><td>13.9</td><td>0.85</td><td rowspan="3">8.0</td></tr>
<tr><td>2 000</td><td>3.05</td><td>15.0</td><td>15.9</td><td>17.1</td><td>0.70</td></tr>
<tr><td>2 500</td><td>3.60</td><td>17.7</td><td>18.8</td><td>20.2</td><td>0.70</td></tr>
<tr><td colspan="11">注：表中所列的负载损耗为不同绝缘系统在括号内参考温度(见 GB 1094.11 的规定)下的值，表中未包括的其他绝缘系统温度下的负载损耗需根据各自的参考温度，以“155 ℃(F)”绝缘系统温度的数据作参考进行相应的折算。</td></tr>
</table>

表 2 6 kV、10 kV 级 630 kV·A～6 300 kV·A 无励磁调压电力变压器

额定容量 kV·A	电压组合及分接范围			联结组标号	空载损耗 kW	不同绝缘系统温度下的负载损耗 kW			空载电流 %	短路阻抗 %
	高压 kV	高压分接范围 %	低压 kV			130 ℃(B) (100 ℃)	155 ℃(F) (120 ℃)	180 ℃(H) (145 ℃)		
630	6 6.3 6.6 10 10.5 11	±2×2.5 ±5	3 3.15 6 6.3	Dyn11 Yd11 Yyn0	1.44	6.00	6.36	6.80	1.0	6.0
800					1.62	7.17	7.60	8.13	1.0	
1 000					1.94	8.28	8.78	9.39	0.85	
1 250					2.34	9.86	10.4	11.1	0.85	
1 600					2.79	12.0	12.7	13.6	0.85	
2 000					3.60	14.3	15.2	16.2	0.70	
2 500					4.23	16.8	17.8	19.1	0.70	
3 150					5.04	19.7	20.9	22.3	0.60	7.0
4 000	10 10.5 11				6.03	23.7	25.1	26.9	0.60	
5 000					7.20	28.0	29.7	31.8	0.50	
6 300					8.50	33.3	35.3	37.8	0.50	

注：表中所列的负载损耗为不同绝缘系统在括号内参考温度(见 GB 1094.11 的规定)下的值，表中未包括的其他绝缘系统温度下的负载损耗需根据各自的参考温度，以“155 ℃(F)”绝缘系统温度的数据作参考进行相应的折算。

表 3 6kV、10 kV 级 315 kV·A～2 500 kV·A 有载调压配电变压器

额定容量 kV·A	电压组合及分接范围			联结组标号	空载损耗 kW	不同绝缘系统温度下的负载损耗 kW			空载电流 %	短路阻抗 %
	高压 kV	高压分接范围 %	低压 kV			130 ℃(B) (100 ℃)	155 ℃(F) (120 ℃)	180 ℃(H) (145 ℃)		
315	6 6.3 6.6 10 10.5 11	±4×2.5	0.4	Dyn11 Yyn0	0.990	3.40	3.61	3.86	1.1	4.0
400					1.12	4.02	4.27	4.57	1.1	
500					1.29	4.92	5.22	5.58	1.1	
630					1.49	5.82	6.17	6.60	1.0	
630					1.44	6.00	6.36	6.80	1.0	6.0
800					1.71	7.07	7.50	8.02	1.0	
1 000					1.98	8.28	8.78	9.39	0.85	
1 250					2.34	9.86	10.4	11.1	0.85	
1 600					2.72	11.7	12.4	13.3	0.85	
2 000					3.42	14.3	15.2	16.2	0.70	
2 500					3.96	17.1	18.1	19.4	0.70	

注：表中所列的负载损耗为不同绝缘系统在括号内参考温度(见 GB 1094.11 的规定)下的值，表中未包括的其他绝缘系统温度下的负载损耗需根据各自的参考温度，以“155 ℃(F)”绝缘系统温度的数据作参考进行相应的折算。

4.2 20 kV 级自冷变压器的额定容量、电压组合、联结组标号、空载损耗、负载损耗、空载电流及短路阻抗应符合表 4 的规定。

表 4 20 kV 级 50 kV·A～2 500 kV·A 无励磁调压配电变压器

<table>
<tr><th rowspan="2">额定
容量
kV·A</th><th colspan="3">电压组合及分接范围</th><th rowspan="2">联结组
标号</th><th rowspan="2">空载
损耗
kW</th><th colspan="3">不同绝缘系统温度下的负载损耗
kW</th><th rowspan="2">空载
电流
%</th><th rowspan="2">短路
阻抗
%</th></tr>
<tr><th>高压
kV</th><th>高压分接范围
%</th><th>低压
kV</th><th>130 ℃(B)
(100 ℃)</th><th>155 ℃(F)
(120 ℃)</th><th>180 ℃(H)
(145 ℃)</th></tr>
<tr><td>50</td><td rowspan="16">20
22
24</td><td rowspan="3">±2.5
±5</td><td rowspan="16">0.4</td><td rowspan="16">Dyn11
Yyn0</td><td>0.340</td><td>1.16</td><td>1.23</td><td>1.31</td><td>2.0</td><td rowspan="14">6.0</td></tr>
<tr><td>100</td><td>0.540</td><td>1.87</td><td>1.99</td><td>2.13</td><td>1.8</td></tr>
<tr><td>160</td><td>0.670</td><td>2.33</td><td>2.47</td><td>2.64</td><td>1.5</td></tr>
<tr><td>200</td><td rowspan="13">±2×2.5
±5</td><td>0.730</td><td>2.77</td><td>2.94</td><td>3.14</td><td>1.5</td></tr>
<tr><td>250</td><td>0.840</td><td>3.22</td><td>3.42</td><td>3.66</td><td>1.3</td></tr>
<tr><td>315</td><td>0.970</td><td>3.85</td><td>4.08</td><td>4.36</td><td>1.3</td></tr>
<tr><td>400</td><td>1.15</td><td>4.65</td><td>4.84</td><td>5.18</td><td>1.1</td></tr>
<tr><td>500</td><td>1.35</td><td>5.46</td><td>5.79</td><td>6.19</td><td>1.1</td></tr>
<tr><td>630</td><td>1.63</td><td>6.16</td><td>6.84</td><td>7.32</td><td>1.0</td></tr>
<tr><td>800</td><td>1.75</td><td>7.79</td><td>8.26</td><td>8.84</td><td>1.0</td></tr>
<tr><td>1 000</td><td>2.07</td><td>9.22</td><td>9.78</td><td>10.4</td><td>0.85</td></tr>
<tr><td>1 250</td><td>2.38</td><td>10.8</td><td>11.5</td><td>12.3</td><td>0.85</td></tr>
<tr><td>1 600</td><td>2.79</td><td>13.0</td><td>13.8</td><td>14.8</td><td>0.85</td></tr>
<tr><td>2 000</td><td>3.24</td><td>15.4</td><td>16.3</td><td>17.5</td><td>0.70</td></tr>
<tr><td>2 500</td><td>3.87</td><td>18.2</td><td>19.3</td><td>20.7</td><td>0.70</td></tr>
<tr><td>2 000</td><td>3.24</td><td>16.8</td><td>17.8</td><td>19.1</td><td>0.70</td><td rowspan="2">8.0</td></tr>
<tr><td>2 500</td><td>3.87</td><td>20.0</td><td>21.2</td><td>22.7</td><td>0.70</td></tr>
<tr><td colspan="11">注：表中所列的负载损耗为不同绝缘系统在括号内参考温度(见 GB 1094.11 的规定)下的值，表中未包括的其他绝缘系统温度下的负载损耗需根据各自的参考温度，以“155 ℃(F)”绝缘系统温度的数据作参考进行相应的折算。</td></tr>
</table>

4.3 35 kV 级自冷变压器的额定容量、电压组合、联结组标号、空载损耗、负载损耗、空载电流及短路阻抗应符合表 5～表 7 的规定。

表 5　35 kV 级 50 kV·A～2 500 kV·A 无励磁调压配电变压器

额定容量 kV·A	电压组合及分接范围			联结组标号	空载损耗 kW	不同绝缘系统温度下的负载损耗 kW			空载电流 %	短路阻抗 %
	高压 kV	高压分接范围 %	低压 kV			130 ℃(B) (100 ℃)	155 ℃(F) (120 ℃)	180 ℃(H) (145 ℃)		
50	35 36 37 38.5	±2.5 ±5	0.4	Dyn11 Yyn0	0.450	1.34	1.42	1.52	2.3	6.0
100					0.630	1.97	2.09	2.23	2.0	
160					0.790	2.65	2.81	3.00	1.5	
200		±2×2.5 ±5			0.880	3.13	3.32	3.55	1.5	
250					0.990	3.58	3.80	4.06	1.3	
315					1.17	4.25	4.51	4.82	1.3	
400					1.37	5.10	5.41	5.79	1.1	
500					1.62	6.27	6.65	7.11	1.1	
630					1.86	7.25	7.69	8.23	1.0	
800					2.16	8.60	9.12	9.76	1.0	
1 000					2.43	9.86	10.4	11.1	0.75	
1 250					2.83	12.0	12.7	13.6	0.75	
1 600					3.24	14.6	15.4	16.5	0.75	
2 000					3.82	17.2	18.2	19.5	0.75	
2 500					4.45	20.6	21.8	23.3	0.75	

注：表中所列的负载损耗为不同绝缘系统在括号内参考温度(见 GB 1094.11 的规定)下的值，表中未包括的其他绝缘系统温度下的负载损耗需根据各自的参考温度，以“155 ℃(F)”绝缘系统温度的数据作参考进行相应的折算。

表 6　35 kV 级 800 kV·A～25 000 kV·A 无励磁调压电力变压器

<table>
<tr><th rowspan="2">额定容量
kV·A</th><th colspan="3">电压组合及分接范围</th><th rowspan="2">联结组标号</th><th rowspan="2">空载损耗
kW</th><th colspan="3">不同绝缘系统温度下的负载损耗
kW</th><th rowspan="2">空载电流
%</th><th rowspan="2">短路阻抗
%</th></tr>
<tr><th>高压
kV</th><th>高压分接范围
%</th><th>低压
kV</th><th>130 ℃(B)
(100 ℃)</th><th>155 ℃(F)
(120 ℃)</th><th>180 ℃(H)
(145 ℃)</th></tr>
<tr><td>800</td><td rowspan="14">35
36
37
38.5</td><td rowspan="14">±2×2.5
±5</td><td rowspan="10">3.15
6
6.3
10
10.5
11</td><td rowspan="8">Dyn11
Yd11
Yyn0</td><td>2.25</td><td>8.87</td><td>9.40</td><td>10.0</td><td>0.95</td><td rowspan="4">6.0</td></tr>
<tr><td>1 000</td><td>2.67</td><td>10.3</td><td>10.9</td><td>11.6</td><td>0.95</td></tr>
<tr><td>1 250</td><td>3.13</td><td>12.1</td><td>12.9</td><td>13.8</td><td>0.85</td></tr>
<tr><td>1 600</td><td>3.69</td><td>14.6</td><td>15.4</td><td>16.5</td><td>0.85</td></tr>
<tr><td>2 000</td><td>4.23</td><td>17.2</td><td>18.2</td><td>19.5</td><td>0.75</td><td rowspan="2">7.0</td></tr>
<tr><td>2 500</td><td>4.86</td><td>20.6</td><td>21.8</td><td>23.3</td><td>0.75</td></tr>
<tr><td>3 150</td><td>6.03</td><td>23.1</td><td>24.5</td><td>26.2</td><td>0.70</td><td rowspan="4">8.0</td></tr>
<tr><td>4 000</td><td>7.02</td><td>27.7</td><td>29.4</td><td>31.5</td><td>0.70</td></tr>
<tr><td>5 000</td><td rowspan="6">Dyn11
Yd11
YNd11</td><td>8.37</td><td>32.9</td><td>34.9</td><td>37.4</td><td>0.60</td></tr>
<tr><td>6 300</td><td>9.90</td><td>38.5</td><td>40.8</td><td>43.7</td><td>0.60</td></tr>
<tr><td>8 000</td><td>11.3</td><td>43.4</td><td>46.0</td><td>49.3</td><td>0.50</td><td rowspan="4">9.0</td></tr>
<tr><td>10 000</td><td>12.9</td><td>52.4</td><td>55.5</td><td>59.4</td><td>0.50</td></tr>
<tr><td>12 500</td><td rowspan="4">6
6.3
10
10.5
11</td><td>15.7</td><td>60.9</td><td>64.6</td><td>69.1</td><td>0.40</td></tr>
<tr><td>16 000</td><td>19.3</td><td>71.7</td><td>76.0</td><td>81.3</td><td>0.40</td></tr>
<tr><td>20 000</td><td></td><td></td><td></td><td>22.9</td><td>80.6</td><td>85.5</td><td>91.5</td><td>0.35</td><td rowspan="2">10.0</td></tr>
<tr><td>25 000</td><td></td><td></td><td></td><td>27.1</td><td>95.3</td><td>101</td><td>108</td><td>0.35</td></tr>
<tr><td colspan="11">注：表中所列的负载损耗为不同绝缘系统在括号内参考温度(见 GB 1094.11 的规定)下的值，表中未包括的其他绝缘系统温度下的负载损耗需根据各自的参考温度，以“155 ℃(F)”绝缘系统温度的数据作参考进行相应的折算。</td></tr>
</table>

表 7　35 kV 级 2 000 kV·A～25 000 kV·A 有载调压电力变压器

额定容量 kV·A	电压组合及分接范围			联结组标号	空载损耗 kW	不同绝缘系统温度下的负载损耗 kW			空载电流 %	短路阻抗 %
	高压 kV	高压分接范围 %	低压 kV			130 ℃(B) (100 ℃)	155 ℃(F) (120 ℃)	180 ℃(H) (145 ℃)		
2 000	35 36 37 38.5	±4×2.5	6 6.3 10 10.5 11	Dyn11 Yd11	4.50	17.9	19.0	20.3	0.75	7.0
2 500					5.22	21.3	22.6	24.2	0.75	
3 150					6.30	24.0	25.4	27.2	0.70	8.0
4 000					7.38	28.7	30.4	32.6	0.70	
5 000					8.73	34.0	36.1	38.6	0.60	
6 300					10.3	39.4	41.8	44.7	0.60	
8 000					11.8	44.8	47.5	50.8	0.50	9.0
10 000					13.5	53.9	57.1	61.2	0.50	
12 500					16.4	62.7	66.5	71.1	0.40	
16 000					20.2	73.8	78.2	83.7	0.40	
20 000					23.8	83.0	88.0	94.2	0.35	10.0
25 000					28.1	98.2	104	111	0.35	

注：表中所列的负载损耗为不同绝缘系统在括号内参考温度(见 GB 1094.11 的规定)下的值，表中未包括的其他绝缘系统温度下的负载损耗需根据各自的参考温度，以“155 ℃(F)”绝缘系统温度的数据作参考进行相应的折算。

5　技术要求

5.1　按本标准制造的变压器应符合 GB 1094.11 和 GB/T 1094.12 的规定。

5.2　变压器组件、部件的设计、制造及检验等应符合相关标准的要求。

5.3　变压器的声级水平应符合 JB/T 10088 的规定。

5.4　变压器的接地装置应有防护层及明显的接地标志。

5.5　变压器一次和二次引线的接线端子应符合 GB/T 5273 的规定。

5.6　变压器防止直接接触的保护标志应符合 GB/T 5465.2 的规定。

5.7　变压器的铁心和金属件应有防腐蚀的保护层。

5.8　变压器应装有底脚，其上应设有安装用的定位孔，孔中心距(横向尺寸)为 300 mm、400 mm、550 mm、660 mm、820 mm、1 070 mm、1 475 mm 及 2 040 mm；如使用单位要求装有滚轮时，轮中心距(横向尺寸)为 550 mm、660 mm、820 mm、1 070 mm、1 475 mm 及 2 040 mm。如对纵向尺寸有要求时，也可按横向尺寸数值选取。

5.9　变压器应具有承受整体总质量的起吊装置；根据需要，有载调压变压器的有载分接开关可与变压器主体分开起吊。

5.10 根据用户要求,可在变压器上装设监测其运行温度的装置。

6 检验规则及方法

6.1 变压器除应进行 GB 1094.11 所规定的试验项目外,还应进行 6.2～6.4 所规定的例行试验。

6.2 对于 2 500 kV·A 及以下的配电变压器,其绕组直流电阻不平衡率:相为不大于 4%,线为不大于 2%;对于 630 kV·A 及以上的电力变压器,其绕组直流电阻不平衡率:相(有中性点引出时)为不大于 2%,线(无中性点引出时)为不大于 2%。如果由于线材及引线结构等原因而使绕组直流电阻不平衡率超过上述值时,除应在例行试验记录中记录实测值外,还应写明引起这一偏差的原因。使用单位应与同温度下的例行试验实测值进行比较,其偏差应不大于 2%。

绕组直流电阻不平衡率应以三相实测最大值减最小值作分子,三相实测平均值作分母计算。

对所有引出的相应端子间的电阻值均应进行测量比较。

6.3 变压器出厂前应对其进行绝缘电阻测量,并提供绝缘电阻实测值(包括测量时的温度及相对湿度),试验方法按 JB/T 501 的规定。

6.4 对于有载调压变压器,在变压器(包括有载分接开关)完成装配后,应对有载分接开关进行操作试验,试验要求及方法按 GB 1094.1 的规定。

7 标志、包装、运输和贮存

7.1 变压器各绕组应有相应的接线端子标志,所有标志应牢固且耐腐蚀。

7.2 变压器包装箱外壁的文字与标志应耐受风吹日晒,不应因雨水冲刷而模糊不清,其内容应包括:

a) 制造单位名称;

b) 收货单位名称及地址;

c) 产品名称及型号;

d) 毛质量和变压器总质量;

e) 包装箱外形尺寸;

f) 包装箱储运指示标志(其中"向上""防湿""小心轻放""由此吊起"等应按 GB/T 191 的规定)。

7.3 随变压器装箱的文件应包括:

a) 装箱单;

b) 铭牌标志图;

c) 外形尺寸图;

d) 产品合格证书(包括例行试验数据);

e) 产品使用说明书。

7.4 变压器在运输和贮存期间应防止受潮。

ICS 27.010
F 01

中华人民共和国国家标准

GB/T 13462—2008
代替 GB/T 13462—1992

电力变压器经济运行

Economical operation for power transformers

2008-05-27 发布　　2008-11-01 实施

中华人民共和国国家质量监督检验检疫总局
中国国家标准化管理委员会　发布

前 言

本标准代替GB/T 13462—1992《工矿企业电力变压器经济运行导则》。

本标准与GB/T 13462—1992相比主要变化如下：

——删除了原标准名称中的“工矿企业”和“导则”。

——适用范围改为“本标准适用于发电、供电、用电单位运行中的电力变压器的经济运行管理，以及单位新建、改建中电力变压器的配置”。

——删除了原3.9“有功负荷率”的术语，增加了“无功经济当量”、“相间不平衡负载损耗系数”、“非经济运行区”、“负载经济分配”、“经济容量”、“经济台数”等术语。

——取消原基本计算式的章条，将基本计算公式放到附录A中，并在附录A中增加了三绕组变压器的基本计算公式。

——在经济运行方式选择中，增加了并列运行的三绕组变压器经济运行方式的选择。

——在经济运行区的确定中，增加了“经济负载系数”、“三绕组变压器最佳经济负载系数”和“三绕组变压器经济运行区”。

——增加了变压器负载调整的内容。

——取消了原经济运行节电量计算的章条。

——增加了“变压器相间不平衡负载的损耗系数”、“无功经济当量”、“基础计算式”和“案例”四个附录。

本标准的附录A为规范性附录，附录B、附录C、附录D和附录E为资料性附录。

本标准由全国能源基础与管理标准化技术委员会提出。

本标准由全国能源基础与管理标准化技术委员会合理用电分委员会归口。

本标准负责起草单位：中国标准化研究院、上海威钢能源有限公司、国际铜业协会、中国电力科学研究院、哈尔滨工业大学、国网武汉高压研究所、东北电网公司、上海置信电气股份有限公司。

本标准主要起草人：胡景生、赵跃进、董志恒、翟克俊、张淑珍、张凌宇、胡国元、武斌、于继来、金雅明、王延峰。

本标准于1992年首次发布，本次为第一次修订。

电力变压器经济运行

1 范围

本标准规定了电力变压器(以下简称:变压器)经济运行的原则与技术要求,以及确定经济运行方式的计算方法和管理要求。

本标准适用于发电、供电、用电单位运行中的电力变压器的经济运行管理,以及单位新建、改建中电力变压器的配置。

2 规范性引用文件

下列文件中的条款通过本标准的引用而成为本标准的条款。凡是注日期的引用文件,其随后所有的修改单(不包括勘误的内容)或修订版均不适用于本标准,然而,鼓励根据本标准达成协议的各方研究是否可使用这些文件的最新版本。凡是不注日期的引用文件,其最新版本适用于本标准。

GB 1094(所有部分) 电力变压器

GB/T 6451 油浸式电力变压器技术参数和要求

GB/T 10228 干式电力变压器技术参数和要求

GB 20052 三相配电变压器能效限定值及节能评价值

DL/T 985 配电变压器能效技术经济评价导则

3 术语和定义

下列术语和定义适用于本标准。

3.1

变压器经济运行 economical operation for transformers

在确保安全可靠运行及满足供电量需求的基础上,通过对变压器进行合理配置,对变压器运行方式进行优化选择,对变压器负载实施经济调整,从而最大限度地降低变压器的电能损耗。

3.2

综合功率损耗 composite power loss

ΔP_Z

变压器运行中有功功率损耗与因无功功率消耗使其受电网增加的有功功率损耗之和。

3.3

综合功率损耗率 composite power loss rate

$\Delta P_Z\%$

变压器综合功率损耗与其输入的有功功率之比的百分数。

3.4

无功经济当量 reactive economical equivalent

K_Q

变压器无功消耗每增加或减少 1 kvar 时引起受电网有功功率损耗增加或减少的量。

3.5

平均负载系数 average load coefficient

β

一定时间内,变压器平均输出的视在功率与变压器额定容量之比。

3.6

负载波动损耗系数　dissipation coefficient of wavy load

K_T

一定时间内，负载波动条件下的变压器负载损耗与平均负载条件下的负载损耗之比。

3.7

相间不平衡负载损耗系数　dissipation coefficient of interphase lopsided load

K_{Bb}

变压器负载三相不平衡条件下的负载功率损耗与三相平衡条件下的负载功率损耗之比。

3.8

临界综合负载视在功率　apparent power of critical composite loss

S_{LZ}

两种经济运行方式的综合功率损耗特性曲线交点处的负载视在功率。

3.9

经济运行区　economical operation area

综合功率损耗率等于或低于变压器额定负载时的综合功率损耗率的负载区间。

3.10

最佳经济运行区　optimal economoical operation area

综合功率损耗率接近变压器经济负载系数时的综合功率损耗率的负载区间。

3.11

非经济运行区　non-economical operation area

综合功率损耗率高于变压器额定负载综合功率损耗率对应的低负载运行区间。

3.12

视在负荷率　apparent load rate

一定时间内，平均负载视在功率与最大负载视在功率之比的百分率。

3.13

负载经济分配　economical distributed of load

分列运行变压器总损耗达到最小时的变压器间的负载分配。

3.14

经济容量　economical capacity

在变压器寿命周期内，经济效益最佳的变压器设计容量。

3.15

经济台数　economical unit number

在变压器寿命周期内，经济效益最佳的变压器设计台数。

4　基本要求

4.1　选用或更新的变压器应符合 GB 1094、GB/T 6451 和 GB/T 10228 的要求，变压器空载损耗和负载损耗应符合 GB 20052 等相关能效标准。

4.2　应合理选择变压器组合的容量和台数。

4.3　应优化选择变压器综合功率损耗最低的经济运行方式。

4.4　应合理调整变压器负载，在综合功率损耗最低的经济运行区间运行。

5 经济运行方式选择

5.1 并列运行的双绕组变压器经济运行方式的选择

在选择经济运行方式前，应绘制出两种组合方式综合功率损耗的负载特性曲线 $\Delta P_Z = f(s)$，经比较两条负载特性曲线确定出组合(含单台)变压器经济运行方式。

若两种组合方式综合功率损耗的负载特性曲线无交点时，应选用综合功率空载损耗值较小的变压器组合方式运行。

若两种组合方式综合功率损耗的负载特性曲线有交点时(如图 1)，应按 A.6 计算出临界综合负载视在功率 S_{LZ}，并将变压器总平均视在功率 S 与临界综合负载视在功率 S_{LZ} 对比。

当负载视在功率 S 小于 S_{LZ} 时，应选用综合功率空载损耗值较小的变压器组合方式运行；

当负载视在功率 S 大于 S_{LZ} 时，应选用综合功率额定负载损耗值较小的变压器组合方式运行。

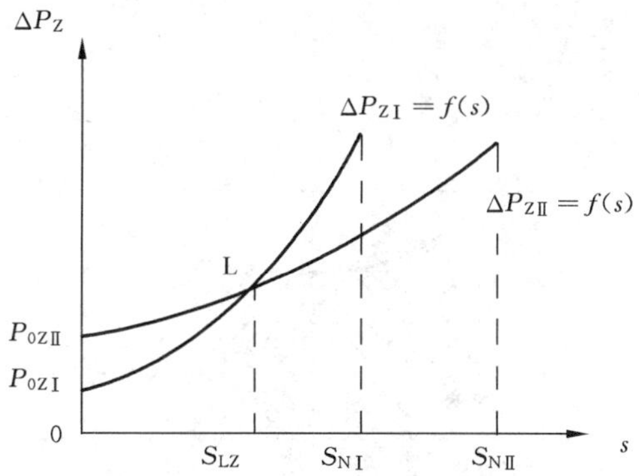

注：$\Delta P_{ZI} = f(s)$ 与 $\Delta P_{ZII} = f(s)$ 分别为变压器两种组合方式综合功率损耗 ΔP_Z 与负载视在功率 S 的函数特性曲线，两条曲线交点 L 的横坐标 S_{LZ} 即为两种组合运行方式的临界综合负载视在功率。

图 1 变压器间综合功率损耗特性曲线

5.2 分列运行的双绕组变压器经济运行方式的选择

对二次侧有联络线的分列运行的双绕组变压器，在总供电负载不变情况下，应对共用一台或两台分列运行方式进行比较选择。

在采用一台变压器满足总供电负载的情况下，应对两台分列运行变压器的空载损耗和额定负载损耗进行比较，选择总损耗最低的为共用变压器。再对选定共用变压器与两台变压器分列运行方式进行比较，选择出综合功率损耗最小的运行方式。

共用与分列运行变压器的临界综合负载视在功率按式(A.18)计算，降低的综合功率损耗应按式 A.19 计算。

5.3 并列运行的三绕组变压器经济运行方式的选择

并列运行的三绕组变压器可参照 5.1 选择经济运行方式，临界综合负载视在功率按应式 A.20 进行计算。并列运行的三绕组变压器经济运行方式降低的综合功率损耗应按式(A.21)计算。

6 经济负载系数的计算与经济运行区的划分

6.1 双绕组变压器经济负载系数计算与经济运行区划分

6.1.1 经济负载系数计算

双绕组变压器在运行中，其综合功率损耗率随负载系数呈非线性变化，在其非线性曲线中，最低点为综合功率经济负载系数，其计算式：

$$\beta_{JZ} = \sqrt{\frac{P_{0Z}}{K_T P_{KZ}}} \qquad \cdots\cdots(1)$$

式中：

β_{JZ}——变压器综合功率经济负载系数；

P_{0Z}——变压器综合功率空载损耗，单位为千瓦(kW)；

P_{KZ}——变压器综合功率额定负载功率损耗，单位为千瓦(kW)；

K_T——负载波动损耗系数。

6.1.2 经济运行区划分

变压器在额定负载运行为经济运行区上限，与上限额定综合功率损耗率相等的另一点为经济运行区下限。经济运行区上限负载系数为1，经济运行区下限负载系数为β_{JZ}^2，见图2。

6.1.3 最佳经济运行区划分

变压器在75%负载运行为最佳经济运行区上限，与上限综合功率损耗率相等的另一点为最佳经济运行区下限。最佳经济运行区上限负载系数为0.75，最佳经济运行区下限负载系数为$1.33\beta_{JZ}^2$，见图2。

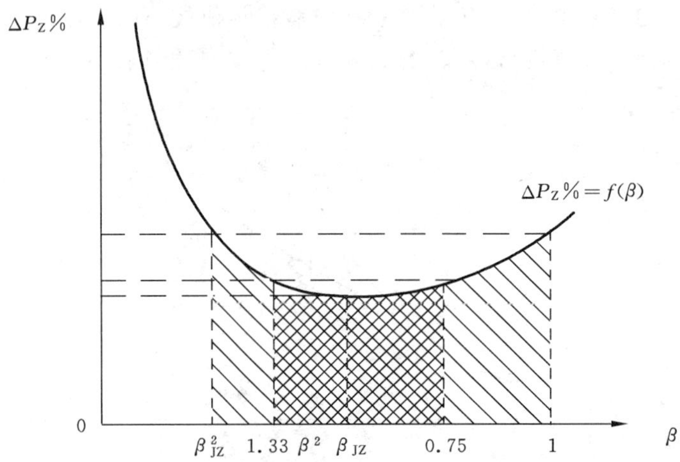

注：$\Delta P_Z\%=f(\beta)$为变压器综合功率损耗率与平均负载系数β的函数特性曲线。变压器综合功率运行区间的范围划分为，经济运行区为$\beta_{JZ}^2\leqslant\beta\leqslant1$，最佳经济运行区为$1.33\beta_{JZ}^2\leqslant\beta\leqslant0.75$，非经济运行区$0\leqslant\beta\leqslant\beta_{JZ}^2$。

图2 双绕组变压器综合功率运行区间划分

6.2 三绕组变压器经济负载系数、最佳经济负载系数计算与经济运行区划分

6.2.1 经济负载系数

当三绕组变压器二次侧与三次侧绕组的负载是任意分配时，对应变压器综合功率损耗率最低点即为综合功率经济负载系数，其电源侧综合功率经济负载系数应按式(A.22)计算。

6.2.2 最佳经济负载系数

当三绕组变压器二次侧与三次侧绕组的负载是经济分配时，对应变压器综合功率损耗率最低点即为综合功率最佳经济负载系数。二次侧与三次侧绕组的负载经济分配系数的计算式见式(A.23)、式(A.24)。三绕组变压器电源侧综合功率最佳经济负载系数应按的计算式见式(A.25)。

6.2.3 经济运行区划分

变压器在额定负载运行为经济运行区上限，与上限额定综合功率损耗率相等的另一点为经济运行区下限。电源侧经济运行区上限负载系数为1；下限负载系数为β_{JZ1}^2。

6.2.4 最佳经济运行区划分

三绕组变压器综合功率损耗率小于1.2%的运行区为最佳经济运行区。电源侧最佳运行区上限负载系数为$1.865\beta_{JZ1}$，电源侧最佳运行区下限负载系数为$0.537\beta_{JZ1}$。

7 变压器负载经济调整

7.1 变压器间负载经济调整

7.1.1 双绕组变压器间负载经济调整

双绕组变压器分列运行时，应合理分配变压器间负载，使变压器总综合功率损耗最小。分列运行的任意一台双绕组变压器综合功率的负载经济分配系数应按式(A.26)计算。

7.1.2 三绕组变压器间负载经济分配

三绕组变压器分列运行时，应合理分配变压器间负载，使变压器总综合功率损耗最小。分列运行的任意一台三绕组变压器电源侧综合功率的负载经济分配系数计算式见式(A.27)：

7.1.3 三绕组变压器二次侧和三次侧绕组间负载经济分配

对于单独运行的三绕组变压器，应通过变压器二次侧和三次侧绕组间负载的合理分配，使变压器总的综合功率损耗最小。

二次侧与三次侧绕组的负载经济分配系数应按式(A.23、A.24)计算。

7.2 调整负荷率和削峰填谷

7.2.1 单位应调整变压器负载曲线(调整负荷率)，降低综合功率损耗率。在总用电量不变的情况下，双绕组变压器降低的综合功率损耗应按式(A.28)计算，三绕组变压器降低综合功率损耗应按式(A.29)计算。

7.2.2 单位应采用削峰填谷的措施，降低综合功率损耗率。双绕组变压器削峰填谷降低综合功率损耗应按式(A.30)计算，三绕组变压器削峰填谷降低综合功率损耗应按式(A.31)计算。

7.3 调整变压器相间不平衡负载

单位应平衡变压器各相间负载，降低变压器总综合功率损耗。变压器总负载不变情况下，降低的综合功率损耗按式(A.32)计算。

8 变压器合理配置

8.1 变压器更新

8.1.1 超过寿命期服役的变压器、国家规定淘汰的老旧变压器应更新，所选用的变压器应符合国家相关能效标准。

8.1.2 对变压器进行经济运行评价，评价为运行不经济，且综合功率损耗大的变压器应更新。

8.2 变压器选择

8.2.1 变压器应选择寿命期内经济效益最佳的容量和台数。

8.2.2 配电变压器选型的技术经济评价应按照 DL/T 985。电力变压器选型的技术经济评价可参照 DL/T 985。应优先选用节电效果大、经济效益好、投资收回期短的变压器。

9 变压器经济运行管理与评价

9.1 经济运行管理

9.1.1 单位应配置变压器的电能计量仪表，完善测量手段。

9.1.2 单位应记录变压器日常运行数据及典型代表日负荷，为变压器经济运行提供数据。

9.1.3 单位应健全变压器经济运行文件管理，保存变压器原始资料；变压器大修、改造后的试验数据应存入变压器档案中。

9.1.4 定期进行变压器经济运行分析，在保证变压器安全运行和供电质量的基础上提出改进措施，有关资料应存档。

9.1.5 单位应按月、季、年做好变压器经济运行工作的分析与总结，并编写变压器的节能效果与经济效益的统计与汇总表。

9.2 经济运行判别与评价

9.2.1 变压器的空载损耗和负载损耗达到能效标准所规定的节能评价值，且运行在最佳经济运行区，经济运行管理应符合 9.1 的要求，则认定变压器运行经济。

9.2.2 变压器的空载损耗和负载损耗达到能效标准所规定的能效限定值，且运行在经济运行区，经济运行管理应符合 9.1 的要求，则认定变压器运行合理。

9.2.3 变压器的空载损耗和负载损耗未能达到能效标准所规定的能效限定值或运行在非经济运行区，则认定变压器运行不经济。

附　录　A
（规范性附录）
基础计算式

A.1　功率损耗的动态计算

计算变压器有功、无功和综合功率损耗时应考虑负载波动损耗系数对计算结果的影响，采用动态计算式。

A.2　双绕组变压器功率损耗的动态计算

A.2.1　双绕组变压器平均负载系数计算

$$\beta=\frac{S}{S_N}=\frac{P_2}{S_N\cos\varphi} \qquad \text{(A.1)}$$

式中：

β——变压器的平均负载系数；

S——一定时间内变压器平均输出的视在功率，单位为千伏安(kVA)；

S_N——变压器的额定容量，单位为千伏安(kVA)；

P_2——一定时间内变压器平均输出的有功功率，单位为千瓦(kW)；

$\cos\varphi$——一定时间内变压器负载侧平均功率因数。

A.2.2　有功功率损耗计算

$$\Delta P=P_0+K_T\beta^2P_k \qquad \text{(A.2)}$$

式中：

ΔP——有功功率损耗，单位为千瓦(kW)；

K_T——负载波动损耗系数；

P_0——变压器空载功率损耗，单位为千瓦(kW)；

P_k——变压器额定负载功率损耗，单位为千瓦(kW)。

A.2.3　无功功率损耗计算

$$\Delta Q=Q_0+K_T\beta^2Q_k \qquad \text{(A.3)}$$

式中：

ΔQ——无功功率损耗，单位为千乏(kvar)；

Q_0——变压器空载励磁功率，单位为千乏(kvar)；

Q_k——变压器额定负载漏磁功率，单位为千乏(kvar)。

A.2.4　综合功率损耗计算

$$\Delta P_Z=\Delta P+K_Q\Delta Q=P_{0Z}+K_T\beta^2P_{kZ} \qquad \text{(A.4)}$$

式中：

K_Q——无功经济当量，单位为千瓦每千乏(kW/kvar)；

P_{0Z}——变压器综合功率的空载损耗，单位为千瓦(kW)；

P_{kZ}——变压器综合功率的额定负载功率损耗，单位为千瓦(kW)。

A.2.5　变压器综合功率空载损耗计算

$$P_{0Z}=P_0+K_QQ_0 \qquad \text{(A.5)}$$

A.2.6　变压器综合功率额定负载功率损耗计算

$$P_{kZ}=P_k+K_QQ_k \qquad \text{(A.6)}$$

A.3 三绕组变压器功率损耗的动态计算

A.3.1 有功功率损耗计算

$$\Delta P = P_0 + S_1\left(K_{T1}\frac{P_{k1}}{S_{1N}^2} + K_{T2}C_2^2\frac{P_{k2}}{S_{2N}^2} + K_{T3}C_3^2\frac{P_{k3}}{S_{3N}^2}\right) \quad \cdots\cdots\cdots (A.7)$$

式中：

K_{T1},K_{T2},K_{T3}——分别为变压器一、二、三次侧的负载波动损耗系数；

S_1——变压器电源侧的工况负载，单位为千伏安(kVA)；

P_{k1},P_{k2},P_{k3}——分别为变压器一、二、三次侧绕组的额定负载损耗，单位为千瓦(kW)；

S_{1N},S_{2N},S_{3N}——分别为变压器一、二、三次侧绕组的额定容量，单位为千伏安(kVA)；

C_2——变压器二次侧负载分配系数，$C_2=S_2/S_1=\beta_2/\beta_1$；

C_3——变压器二次侧负载分配系数，$C_3=S_3/S_1=\beta_3/\beta_1$，$C_2+C_3=1$。

A.3.2 无功功率损耗计算

$$\Delta Q = Q_0 + S_1\left(K_{T1}\frac{Q_{k1}}{S_{1N}^2} + K_{T2}C_2^2\frac{Q_{k2}}{S_{2N}^2} + K_{T3}C_3^2\frac{Q_{k3}}{S_{3N}^2}\right) \quad \cdots\cdots\cdots (A.8)$$

式中：

Q_{k1},Q_{k2},Q_{k3}——分别为变压器一、二、三次侧绕组额定负载的漏磁功率，单位为千乏(kvar)。

A.3.3 综合功率损耗计算

$$\Delta P_Z = P_{0Z} + S_1\left(K_{T1}\frac{P_{k1Z}}{S_{1N}^2} + K_{T2}C_2^2\frac{P_{k2Z}}{S_{2N}^2} + K_{T3}C_3^2\frac{P_{k3Z}}{S_{3N}^2}\right) \quad \cdots\cdots\cdots (A.9)$$

式中：

P_{k1Z},P_{k2Z},P_{k3Z}——分别为变压器一、二、三次侧绕组额定负载的综合功率损耗，单位为千瓦(kW)。

A.4 变压器损耗率的计算

变压器有功功率损耗率、无功功率损耗率及综合功率损耗率计算式：

$$\Delta P\% = \frac{\Delta P}{P_1}\times 100\% \quad \cdots\cdots\cdots (A.10)$$

$$\Delta Q\% = \frac{\Delta Q}{P_1}\times 100\% \quad \cdots\cdots\cdots (A.11)$$

$$\Delta P_Z\% = \frac{\Delta P_Z}{P_1}\times 100\% \quad \cdots\cdots\cdots (A.12)$$

式中：

$\Delta P\%$——变压器有功功率损耗率，单位为%；

$\Delta Q\%$——变压器无功功率损耗率，单位为%；

$\Delta P_Z\%$——变压器综合功率损耗率，单位为%；

P_1——变压器电源侧有功功率，单位为千瓦(kW)，对双绕组变压器 $P_1=P_2+\Delta P$，对三绕组变压器 $P_1=P_2+P_3+\Delta P$。

A.5 变压器经济运行节电效果的计算

变压器经济运行降低的有功功率、无功功率及综合功率计算式

$$\Delta\Delta P = \Delta P_y - \Delta P_j \quad \cdots\cdots\cdots (A.13)$$

$$\Delta\Delta Q = \Delta Q_y - \Delta Q_j \quad \cdots\cdots\cdots (A.14)$$

$$\Delta\Delta P_Z = \Delta P_{Zy} - \Delta P_{Zj} \quad \cdots\cdots\cdots (A.15)$$

式中：

$\Delta\Delta P$——变压器经济运行降低的有功功率，单位为千瓦(kW)；

$\Delta\Delta Q$——变压器经济运行降低的无功功率，单位为千乏(kvar)；

$\Delta\Delta P_Z$——变压器经济运行降低的综合功率，单位为千瓦(kW)；

y——原运行方式；

j——经济运行方式。

A.6 并列运行的双绕组变压器临界综合负载视在功率计算

$$S_{LZ}=\sqrt{\frac{(P_{\sigma0Z})_{\text{I}}-(P_{\sigma0Z})_{\text{II}}}{K_T\left[\left(\frac{P_{\sigma kZ}}{S_{\sigma N}^2}\right)_{\text{II}}-\left(\frac{P_{\sigma kZ}}{S_{\sigma N}^2}\right)_{\text{I}}\right]}} \quad\cdots\cdots(\text{A}.16)$$

式中：

S_{LZ}——并列运行的双绕组变压器经济运行方式的临界综合负载视在功率，单位为千伏安(kVA)；

K_T——负载波动损耗系数；

$P_{\sigma0Z}$——综合功率空载损耗的组合参数，单位为千瓦(kW)；

$P_{\sigma kZ}$——综合功率额定负载损耗的组合参数，单位为千瓦(kW)；

$S_{\sigma N}$——组合变压器额定容量，单位为千伏安(kVA)；

Ⅰ，Ⅱ——分别为变压器两种不同的运行方式。

注：式(A.16)也适用于单台双绕组变压器间技术特性分析。

A.7 并列运行的双绕组变压器经济运行方式下降低综合功率损耗的计算

$$\Delta\Delta P_Z=\Delta P_{Zy}-\Delta P_{Zj}=(P_{\sigma0Z})_y-(P_{\sigma0Z})_j+K_TS^2\left[\left(\frac{P_{\sigma kZ}}{S_{\sigma N}^2}\right)_y-\left(\frac{P_{\sigma kZ}}{S_{\sigma N}^2}\right)_j\right] \quad\cdots\cdots(\text{A}.17)$$

式中：

$\Delta\Delta P_Z$——并列运行的双绕组变压器经济运行方式降低的综合功率损耗，单位为千瓦(kW)；

y——原运行方式；

j——经济运行方式；

S——负载视在功率，单位为千伏安(kVA)。

A.8 共用变压器经济临界综合负载视在功率的计算

$$S_{gLZ}=\frac{S_{Ng}^2P_{0Zb}+K_TS_b^2\left[\left(\frac{S_{Ng}}{S_{Nb}}\right)^2P_{KZb}-P_{KZg}\right]}{2K_TS_bP_{KZg}} \quad\cdots\cdots(\text{A}.18)$$

A.9 共用变压器经济运行降低综合功率损耗的计算

$$\Delta\Delta P_Z=P_{0Zb}+K_TS_b^2\left(\frac{P_{kZb}}{S_{Nb}^2}-\frac{P_{kZg}}{S_{Ng}^2}\right)-2K_T\frac{S_bS_gP_{kZg}}{S_{Ng}^2} \quad\cdots\cdots(\text{A}.19)$$

式中：

$\Delta\Delta P_Z$——共用变压器经济运行降低的综合功率，单位为千瓦(kW)；

g——共用变压器的技术参数；

b——不共用变压器的技术参数；

S_b，S_g——分别为分列运行变压器的负载视在功率，单位为千伏安(kVA)。

A.10 并列运行的三绕组变压器临界综合负载视在功率的计算

$$S_{LZ1}=\sqrt{\frac{(P_{\sigma 0Z})_{\mathrm{I}}-(P_{\sigma 0Z})_{\mathrm{II}}}{K_{T1}\left[\left(\frac{P_{\sigma k1Z}}{S_{\sigma 1N}^2}\right)_{\mathrm{II}}-\left(\frac{P_{\sigma k1Z}}{S_{\sigma 1N}^2}\right)_{\mathrm{I}}\right]+K_{T2}C_2^2\left[\left(\frac{P_{\sigma k2Z}}{S_{\sigma 2N}^2}\right)_{\mathrm{II}}-\left(\frac{P_{\sigma k2Z}}{S_{\sigma 2N}^2}\right)_{\mathrm{I}}\right]+K_{T3}C_3^2\left[\left(\frac{P_{\sigma k3Z}}{S_{\sigma 3N}^2}\right)_{\mathrm{II}}-\left(\frac{P_{\sigma k3Z}}{S_{\sigma 3N}^2}\right)_{\mathrm{I}}\right]}} \quad \cdots\cdots(\mathrm{A}.20)$$

式中：

Ⅰ，Ⅱ——变压器两种不同运行方式；

C_2——变压器二次侧负载分配系数；

C_3——变压器三次侧负载分配系数。

A.11 并列运行三绕组变压器经济运行降低综合功率损耗的计算

$$\Delta\Delta P_Z=(P_{\sigma 0Z})_y-(P_{\sigma 0Z})_j+S_1^2\left\{K_{T1}\left[\left(\frac{P_{\sigma k1Z}}{S_{\sigma 1N}^2}\right)_y-\left(\frac{P_{\sigma k1Z}}{S_{\sigma 1N}^2}\right)_j\right]+K_{T2}C_2^2\left[\left(\frac{P_{\sigma k2Z}}{S_{\sigma 2N}^2}\right)_y-\left(\frac{P_{\sigma k2Z}}{S_{\sigma 2N}^2}\right)_j\right]+K_{T3}C_3^2\left[\left(\frac{P_{\sigma k3Z}}{S_{\sigma 3N}^2}\right)_y-\left(\frac{P_{\sigma k3Z}}{S_{\sigma 3N}^2}\right)_j\right]\right\} \quad \cdots\cdots(\mathrm{A}.21)$$

式中：

$\Delta\Delta P_Z$——并列运行的三绕组变压器经济运行方式降低的综合功率，单位为千瓦(kW)；

S_1——变压器电源侧负载视在功率，单位为千伏安(kVA)；

y——原运行方式；

j——经济运行方式。

A.12 三绕组变压器电源侧综合功率经济负载系数的计算

$$\beta_{JZ1}=\sqrt{\frac{P_{0Z}}{K_{T1}P_{k1Z}+K_{T2}C_2^2\left(\frac{S_{1N}}{S_{2N}}\right)^2P_{k2Z}+K_{T3}C_3^2\left(\frac{S_{1N}}{S_{3N}}\right)^2P_{k3Z}}} \quad \cdots\cdots(\mathrm{A}.22)$$

A.13 二次侧与三次侧绕组的负载经济分配系数的计算

$$C_{J2}=\frac{K_{T3}\frac{P_{k3Z}}{S_{3N}^2}}{K_{T2}\frac{P_{k2Z}}{S_{2N}^2}+K_{T3}\frac{P_{k3Z}}{S_{3N}^2}} \quad \cdots\cdots(\mathrm{A}.23)$$

$$C_{J3}=\frac{K_{T2}\frac{P_{k2Z}}{S_{2N}^2}}{K_{T2}\frac{P_{k2Z}}{S_{2N}^2}+K_{T3}\frac{P_{k3Z}}{S_{3N}^2}} \quad \cdots\cdots(\mathrm{A}.24)$$

A.14 三绕组变压器电源侧综合功率最佳经济负载系数的计算

$$\beta_{JJZ1}=\sqrt{\frac{P_{0Z}}{K_{T1}P_{k1Z}+\frac{K_{T2}K_{T3}S_{1N}^2P_{k2Z}P_{k3Z}}{K_{T2}S_{3N}^2P_{k2Z}+K_{T3}S_{2N}^2P_{k3Z}}}} \quad \cdots\cdots(\mathrm{A}.25)$$

A.15 分列运行的任意一台双绕组变压器综合功率的负载经济分配系数的计算

$$J_{Zr}=\frac{\frac{S_{Nr}^2}{K_{Tr}P_{kZr}}}{\sum_{i=1}^{m}\frac{S_{Ni}^2}{K_{Ti}P_{kZi}}} \quad \cdots\cdots(\mathrm{A}.26)$$

式中：

r——第 r 台变压器。

A.16 分列运行的任意一台三绕组变压器电源侧综合功率的负载经济分配系数的计算

$$J_{1Zr}=\frac{S_{1r}}{S_1}=\frac{\dfrac{1}{K_{T1r}\dfrac{1}{S_{1Nr}^2}P_{k1Zr}+K_{T2r}C_{2r}^2\dfrac{1}{S_{2Nr}^2}P_{k2Zr}+K_{T3r}C_{3r}^2\dfrac{1}{S_{3Nr}^2}P_{k3Zr}}}{\sum\limits_{i=1}^{m}\dfrac{1}{K_{T1i}\dfrac{1}{S_{1Ni}^2}P_{k1Zi}+K_{T2i}C_{2i}^2\dfrac{1}{S_{2Ni}^2}P_{k2Zi}+K_{T3i}C_{3i}^2\dfrac{1}{S_{3Ni}^2}P_{k3Zi}}} \quad\cdots\cdots(\text{A.27})$$

式中：

r——第 r 台变压器。

A.17 在总用电量不变的情况下，调整负载曲线双绕组变压器降低的综合功率损耗的计算

$$\Delta\Delta P_Z=(K_{T1}-K_{T2})\frac{S^2P_{\sigma kZ}}{S_{\sigma N}^2} \quad\cdots\cdots(\text{A.28})$$

式中：

$\Delta\Delta P_Z$——调整负荷率降低的综合功率损耗，单位为千瓦(kW)；

K_{T1}——变压器调整负荷率前的负载波动损耗系数；

K_{T2}——变压器调整负荷率后的负载波动损耗系数。

A.18 在总用电量不变的情况下，调整负载曲线三绕组变压器降低综合功率损耗的计算

$$\Delta\Delta P_Z=(K_{T1y}-K_{T1j})\frac{S_1^2P_{\sigma k1Z}}{S_{\sigma 1N}^2}+(K_{T2y}-K_{T2j})\frac{S_2^2P_{\sigma k2Z}}{S_{\sigma 2N}^2}+(K_{T3y}-K_{T3j})\frac{S_3^2P_{\sigma k3Z}}{S_{\sigma 3N}^2} \quad\cdots\cdots(\text{A.29})$$

式中：

y——原负荷率的负载波动损耗系数；

j——调整负荷率后的负载波动损耗系数。

A.19 双绕组变压器削峰填谷降低综合功率损耗的计算

$$\Delta\Delta P_Z=2\Delta S(S_H-S_L-\Delta S)\frac{P_{\sigma kZ}}{S_{\sigma N}^2} \quad\cdots\cdots(\text{A.30})$$

式中：

$\Delta\Delta P_Z$——削峰填谷降低的综合功率损耗，单位为千瓦(kW)；

S_H——变压器原高峰负载的视在功率，单位为千伏安(kVA)；

S_L——变压器原低谷负载的视在功率，单位为千伏安(kVA)；

ΔS——调整负载的视在功率，单位为千伏安(kVA)。

A.20 三绕组变压器削峰填谷降低综合功率损耗的计算

$$\Delta\Delta P_Z=2\Delta S_1(S_{1H}-S_{1L}-\Delta S_1)\frac{P_{\sigma k1Z}}{S_{\sigma 1N}^2}+2\Delta S_2(S_{2H}-S_{2L}-\Delta S_2)\frac{P_{\sigma 2kZ}}{S_{\sigma 2N}^2}+2\Delta S_3(S_{3H}-S_{3L}-\Delta S_3)\frac{P_{\sigma k3Z}}{S_{\sigma 3N}^2} \quad\cdots\cdots(\text{A.31})$$

A.21　调整相间不平衡负载降低的综合功率损耗的计算

$$\Delta\Delta P_{Z}=(K_{Bby}-K_{Bbj})\frac{3S_{\varphi}^{2}P_{kZ}}{S_{N}^{2}} \quad\cdots\cdots(A.32)$$

式中：

K_{Bby}——原变压器相间负载不平衡度的损耗系数；

K_{Bbj}——降低变压器相间负载不平衡度的损耗系数；

P_{kZ}——变压器单相综合功率的短路损耗，单位为千瓦(kW)；

S_{N}——变压器单相额定容量，单位为千伏安(kVA)；

S_{φ}——变压器单相平均负载视在功率，单位为千伏安(kVA)。

附　录　B
（资料性附录）
无功经济当量(K_Q)

B.1　计算法

穿越电网的视在功率 S(kVA)所引起的电网功率损失 ΔP_U(kW)为：

$$\Delta P_U = \left(\frac{S}{U}\right)^2 R \times 10^{-3} \qquad \text{(B.1)}$$

如分别用穿越电网的有功功率 P(kW)及无功功率 Q(kvar)来表示电网的功率损耗，式(B.1)可写成：

$$\Delta P_U = \left(\frac{P}{U}\right)^2 R \times 10^{-3} + \left(\frac{Q}{U}\right)^2 R \times 10^{-3} \qquad \text{(B.2)}$$

式(B.2)可分解成下列两式：

$$\Delta P_{UP} = \left(\frac{P}{U}\right)^2 R \times 10^{-3} \qquad \text{(B.3)}$$

$$\Delta P_{UQ} = \left(\frac{Q}{U}\right)^2 R \times 10^{-3} \qquad \text{(B.4)}$$

式中：

ΔP_{UP}——由穿越电网的有功功率 P 所引起电网的功率损耗，单位为千瓦(kW)；

ΔP_{UQ}——由穿越电网的无功功率 Q 所引起电网的功率损耗，单位为千瓦(kW)。

由(B.3)和(B.4)可知，电网的功率损耗可视为由两部分组成，一部分是由有功功率 P 所引起的 ΔP_{UP}，另一部分是由无功功率 Q 所引起的 ΔP_{UQ}。如穿越电网的有功功率 P 保持不变，则电网的功率损耗 ΔP_{UP} 部分是个定值；如穿越电网的无功功率 Q 发生变化，则电网的功率损耗 ΔP_{UQ} 部分是个变值。

如有 A、B 两台变压器，按变压器技术特性进行优化，变压器 A 比 B 节约的无功功率为：$\Delta\Delta Q = \Delta Q_B - \Delta Q_A$。若变压器负载侧无功功率为 Q_2，则变压器 A 和 B 的电源侧无功功率为 $Q_A = Q_2 + \Delta Q_A$，$Q_B = Q_2 + \Delta Q_B$。因此又可写成如下关系式：

$$\Delta\Delta Q = Q_B - Q_A \qquad \text{(B.5)}$$

根据式(B.1)可得变压器 A 和 B 分别运行时，由无功功率 Q_A 和 Q_B 所引起的电网的功率损耗 ΔP_{UQA} 及 ΔP_{UQB} 为：

$$\Delta P_{UQA} = \left(\frac{Q_A}{U}\right)^2 R \times 10^{-3} \qquad \text{(B.6)}$$

$$\Delta P_{UQB} = \left(\frac{Q_B}{U}\right)^2 R \times 10^{-3} \qquad \text{(B.7)}$$

变压器经济运行的无功功率节约所引起的电网有功功率损耗下降值 $\Delta\Delta P_Q$(kW)，由上两式互减得出：

$$\Delta\Delta P_Q = \Delta P_{UQB} - \Delta P_{UQA} = \frac{Q_B^2 - Q_A^2}{U^2} R \times 10^{-3} \qquad \text{(B.8)}$$

式(B.8)被式(B.5)除，可以得出无功经济当量 K_Q 计算式：

$$K_Q = \frac{\Delta\Delta P_Q}{\Delta\Delta Q} = \frac{Q_B + Q_A}{U^2} R \times 10^{-3} \qquad \text{(B.9)}$$

式(B.9)中 $Q_A + Q_B \approx 2Q$，式(B.9)可写成：

$$K_Q \approx \frac{2Q}{U^2} R \times 10^{-3} \approx \frac{2\Delta P_{UQ}}{Q} \qquad \text{(B.10)}$$

B.2 查表法

当变压器连接系统的电阻 R 值无法取得时，即不能用式(B.10)进行无功经济当量 K_Q 计算时，可按变压器在电网中的受电位置(变压次数)及功率因数查表 B.1 取得无功经济当量 K_Q 值。

表 B.1 无功经济当量

变压器受电位置	K_Q
发电厂母线直配	0.04
二次变压	0.07
三次变压	0.10
当功率因数已补偿到 0.9 及以上时	0.04

注：发电厂母线直配指系统的一次变电所及发电厂的直配用户；二次变压指系统的二次变电所；三次变压指配电变压器；当功率因数已补偿到 0.9 及以上时指变压器全年受入端功率因数。

附 录 C
（资料性附录）
负载波动损耗系数(K_T)

C.1 计算法

C.1.1 负载波动损耗系数 K_T 与形状系数 K_f 的关系式

$$K_T = K_f^2 \quad \cdots\cdots(C.1)$$

C.1.2 形状系数

$$K_f = \sqrt{T}\frac{\sqrt{\sum_{i=1}^{T}A_i^2}}{\sum_{i=1}^{T}A_i} \quad \cdots\cdots(C.2)$$

式中：

T——统计期(工作代表日、月工作日或年工作日)时间，单位为小时(h)；

A_i——每小时记录的电量，单位为千瓦时(kWh)。

C.2 查表法

首先用 T 小时的有功负荷率 γ_{TP}、平均功率因数 $\cos\varphi_{cp}$ 和最大负荷时功率因数 $\cos\varphi_m$ 计算出视在负荷率 γ_T，即 T 小时负载的平均视在功率与最大视在功率之比的百分数。

$$\gamma_T = \gamma_{TP}\frac{\mathrm{com}\varphi_{cp}}{\cos\varphi_m} \quad \cdots\cdots(C.3)$$

式中：

γ_T——为 T 小时的视在负荷率，单位为%。

根据 T 小时内出现 95%以上最大负载的小时数 T_m，计算出最大负载运行时间的百分率 $T_m\%$，即 T 小时内出现 95%以上的最大负载的时间所占的百分数。

$$T_m\% = \frac{T_m}{T}\times 100\% \quad \cdots\cdots(C.4)$$

式中：

$T_m\%$——最大负载运行时间百分数，单位为%。

根据 γ_T 和 $T_m\%$值，可在表 C.1 中查出对应的 K_T 值。

表 C.1 负载波动损耗系数表

γ_T \ $T_m\%$	$\frac{1}{T}$	5	10	15	20	25	30	35	40	45	50
1	99.03	(100.0)	—	—	—	—	—	—	—	—	—
2	49.00	(50.00)	—	—	—	—	—	—	—	—	—
3	32.34	(33.33)	—	—	—	—	—	—	—	—	—
4	24.01	(25.00)	—	—	—	—	—	—	—	—	—
5	19.01	20.000	—	—	—	—	—	—	—	—	—
6	15.68	16.510	(16.670)	—	—	—	—	—	—	—	—
7	13.31	14.010	(14.286)	—	—	—	—	—	—	—	—

表 C.1(续)

T_m % / γ_T	$\frac{1}{T}$	5	10	15	20	25	30	35	40	45	50
8	11.53	12.140	(12.500)	—	—	—	—	—	—	—	—
9	10.14	10.680	(11.111)	—	—	—	—	—	—	—	—
10	9.037	9.519	10.000	—	—	—	—	—	—	—	—
11	8.132	8.568	9.004	(9.091)	—	—	—	—	—	—	—
12	7.379	7.777	8.174	(8.333)	—	—	—	—	—	—	—
13	6.742	7.107	7.473	(7.692)	—	—	—	—	—	—	—
14	6.197	6.535	6.873	(7.143)	—	—	—	—	—	—	—
15	5.725	6.039	6.353	6.667	—	—	—	—	—	—	—
16	5.313	5.606	5.899	6.191	(6.250)	—	—	—	—	—	—
17	4.951	5.225	5.499	5.772	(5.882)	—	—	—	—	—	—
18	4.629	4.887	5.144	5.402	(5.556)	—	—	—	—	—	—
19	4.341	4.584	4.826	5.069	(5.263)	—	—	—	—	—	—
20	4.083	4.312	4.542	4.771	5.000	—	—	—	—	—	—
21	3.851	4.068	4.285	4.502	4.719	(4.762)	—	—	—	—	—
22	3.639	3.845	4.051	4.257	4.463	(4.545)	—	—	—	—	—
23	3.447	3.643	3.839	4.035	4.230	(4.348)	—	—	—	—	—
24	3.272	3.458	3.645	3.831	4.018	(4.167)	—	—	—	—	—
25	3.111	3.289	3.467	3.644	3.822	4.000	—	—	—	—	—
26	2.963	3.133	3.303	3.472	3.642	3.812	(3.846)	—	—	—	—
27	2.827	2.989	3.152	3.314	3.477	3.639	(3.704)	—	—	—	—
28	2.701	2.856	3.012	3.167	3.322	3.478	(3.571)	—	—	—	—
29	2.584	2.733	2.882	3.031	3.180	3.329	(3.448)	—	—	—	—
30	2.476	2.619	2.762	2.905	3.047	3.190	3.333	—	—	—	—
31	2.376	2.513	2.650	2.787	2.924	3.061	3.199	(3.226)	—	—	—
32	2.282	2.414	2.545	2.677	2.809	2.941	3.072	(3.125)	—	—	—
33	2.194	2.321	2.447	2.574	2.701	2.827	2.954	(3.030)	—	—	—
34	2.113	2.235	2.357	2.478	2.600	2.722	2.844	(2.941)	—	—	—
35	2.037	2.154	2.271	2.388	2.506	2.623	2.740	2.857	—	—	—
36	1.965	2.078	2.191	2.304	2.417	2.530	2.643	2.755	(2.778)	—	—
37	1.898	2.007	2.116	2.224	2.333	2.442	2.551	2.659	(2.703)	—	—
38	1.836	1.941	2.045	2.150	2.255	2.360	2.464	2.569	(2.632)	—	—
39	1.777	1.878	1.979	2.080	2.181	2.281	2.382	2.483	(2.564)	—	—
40	1.722	1.819	1.917	2.014	2.111	2.208	2.306	2.403	2.500	—	—
41	1.671	1.765	1.858	1.952	2.046	2.139	2.233	2.327	2.420	(2.439)	—

表 C.1（续）

T_m % / γ_T	$\frac{1}{T}$	5	10	15	20	25	30	35	40	45	50
42	1.622	1.712	1.803	1.893	1.983	2.074	2.164	2.255	2.345	(2.381)	—
43	1.577	1.664	1.751	1.838	1.925	2.012	2.100	2.187	2.274	(2.326)	—
44	1.535	1.619	1.703	1.787	1.870	1.954	2.038	2.122	2.206	(2.273)	—
45	1.495	1.576	1.657	1.737	1.818	1.899	1.980	2.060	2.141	2.222	—
46	1.458	1.536	1.614	1.691	1.769	1.847	1.925	2.003	2.081	2.158	(2.174)
47	1.423	1.498	1.573	1.648	1.723	1.798	1.873	1.948	2.023	2.098	(2.128)
48	1.391	1.463	1.535	1.607	1.679	1.751	1.824	1.896	1.968	2.040	(2.083)
49	1.361	1.430	1.500	1.569	1.639	1.708	1.777	1.847	1.916	1.985	(2.041)
50	1.333	1.400	1.466	1.533	1.600	1.667	1.733	1.800	1.867	1.933	2.000
51	1.308	1.370	1.431	1.493	1.554	1.616	1.677	1.739	1.800	1.862	1.923
52	1.284	1.341	1.398	1.454	1.511	1.568	1.625	1.682	1.738	1.795	1.852
53	1.262	1.314	1.367	1.419	1.472	1.524	1.576	1.629	1.681	1.734	1.786
54	1.242	1.290	1.339	1.387	1.436	1.484	1.532	1.581	1.629	1.678	1.726
55	1.223	1.268	1.312	1.357	1.401	1.446	1.491	1.535	1.580	1.624	1.669
56	1,206	1.247	1.288	1.329	1.370	1.412	1.453	1.494	1.535	1.576	1.617
57	1.190	1.228	1.266	1.304	1.342	1.380	1.417	1.455	1.493	1.531	1.569
58	1.175	1.210	1.245	1.280	1.315	1.350	1.384	1.419	1.454	1.489	1.524
59	1.161	1.193	1.225	1.258	1.290	1.322	1.354	1.384	1.419	1.451	1.483
60	1.148	1.178	1.207	1.237	1.266	1.296	1.326	1.355	1.385	1.414	1.444
61	1.136	1.163	1.191	1.218	1.245	1.273	1.300	1.327	1.354	1.382	1.409
62	1.125	1.150	1.175	1.200	1.225	1.251	1.276	1.301	1.326	1.351	1.376
63	1.115	1.138	1.161	1.184	1.207	1.230	1.253	1.276	1.299	1.322	1.345
64	1.105	1.126	1.147	1.168	1.189	1.211	1.232	1.253	1.274	1.295	1.316
65	1.097	1.116	1.136	1.155	1.174	1.194	1.213	1.232	1.251	1.271	1.290
66	1.088	1.106	1.123	1.141	1.159	1.177	1.194	1.212	1.230	1.247	1.265
67	1.081	1.097	1.113	1.130	1.146	1.162	1.178	1.194	1.211	1.227	1.243
68	1.074	1.089	1.103	1.118	1.133	1.148	1.162	1.177	1.192	1.206	1.221
69	1.067	1.081	1.094	1.108	1.121	1.135	1.148	1.162	1.175	1.189	1.202
70	1.061	1.073	1.086	1.098	1.110	1.123	1.135	1.147	1.159	1.172	1.184
71	1.056	1.067	1.078	1.089	1.100	1.112	1.123	1.134	1.145	1.156	1.167
72	1.050	1.060	1.070	1.080	1.090	1.101	1.111	1.121	1.131	1.141	1.151
73	1.046	1.055	1.064	1.073	1.082	1.092	1.101	1.110	1.119	1.128	1.137
74	1.041	1.049	1.057	1.066	1.074	1.082	1.090	1.098	1.107	1.115	1.123
75	1.037	1.044	1.051	1.059	1.067	1.074	1.081	1.089	1.096	1.104	1.111

表 C.1（续）

T_m % / γ_T	$\frac{1}{T}$	5	10	15	20	25	30	35	40	45	50
76	1.033	1.040	1.046	1.053	1.060	1.067	1.073	1.080	1.087	1.093	1.100
77	1.030	1.036	1.042	1.048	1.054	1.060	1.065	1.071	1.077	1.083	1.089
78	1.027	1.032	1.038	1.043	1.048	1.054	1.059	1.064	1.069	1.075	1.080
79	1.024	1.029	1.033	1.038	1.043	1.048	1.052	1.057	1.062	1.066	1.071
80	1.021	1.025	1.029	1.034	1.038	1.042	1.046	1.050	1.055	1.059	1.063
81	1.018	1.022	1.025	1.029	1.033	1.037	1.040	1.044	1.048	1.051	1.055
82	1.016	1.019	1.022	1.026	1.029	1.032	1.035	1.038	1.042	1.045	1.048
83	1.014	1.017	1.020	1.022	1.025	1.028	1.031	1.034	1.036	1.039	1.042
84	1.012	1.014	1.017	1.019	1.022	1.024	1.026	1.029	1.031	1.034	1.036
85	1.010	1.012	1.014	1.016	1.018	1.021	1.023	1.025	1.027	1.029	1.031
86	1.009	1.011	1.013	1.014	1.016	1.018	1.020	1.022	1.023	1.025	1.027
87	1.007	1.009	1.010	1.012	1.013	1.015	1.016	1.018	1.019	1.021	1.022
88	1.006	1.007	1.009	1.010	1.010	1.013	1.014	1.015	1.016	1.018	1.019
89	1.005	1.006	1.007	1.008	1.009	1.010	1.011	1.012	1.013	1.014	1.015
90	1.004	1.005	1.006	1.006	1.007	1.008	1.009	1.010	1.010	1.011	1.012
91	1.003	1.004	1.004	1.005	1.006	1.007	1.007	1.008	1.009	1.009	1.010
92	1.003	1.004	1.004	1.005	1.005	1.006	1.006	1.007	1.007	1.008	1.008
93	1.002	1.002	1.003	1.003	1.004	1.004	1.004	1.005	1.005	1.006	1.006
94	1.001	1.001	1.002	1.002	1.002	1.003	1.003	1.003	1.003	1.004	1.004
95	1.001	1.001	1.002	1.002	1.002	1.002	1.002	1.002	1.003	1.003	1.003
96	1.001	1.001	1.001	1.001	1.001	1.002	1.002	1.002	1.002	1.002	1.002
97	1.000	1.000	1.000	1.000	1.000	1.001	1.001	1.001	1.001	1.001	1.001
98	1.000	1.000	1.000	1.000	1.000	1.000	1.000	1.000	1.000	1.000	1.000
99	1.000	1.000	1.000	1.000	1.000	1.000	1.000	1.000	1.000	1.000	1.000
100	1.000	1.000	1.000	1.000	1.000	1.000	1.000	1.000	1.000	1.000	1.000

注：表中 $1/T$ 指 T 小时内出现 95%以上最大负载时间不超过 1 h。

表中( )内的值指该负荷率出现最大负载运行时间百分数的极限值。

附 录 D
（资料性附录）
变压器相间不平衡负载的损耗系数(K_{Bb})

D.1 计算法

D.1.1 变压器相负载不平衡度的计算式

$$F_{\varphi}=\frac{S_m-S_x}{S_{\varphi}} \qquad \cdots\cdots(D.1)$$

式中：

F_{φ}——相间负载不平衡度；

S_m——三相中的最大负载视在功率，单位为千伏安(kVA)；

S_x——三相中的最小负载视在功率，单位为千伏安(kVA)；

S_{φ}——三相平衡负载的视在功率，单位为千伏安(kVA)。

D.1.2 相间最小负载不平衡度的计算

$$F_x=\frac{S_x-S_{\varphi}}{S_{\varphi}} \qquad \cdots\cdots(D.2)$$

式中：

F_x——相间最小负载不平衡度。

D.1.3 变压器相间不平衡负载损耗系数 K_{Bb} 计算式

$$K_{Bb}=1-2\left(\frac{1}{3}F_{\varphi}+F_{\varphi}F_x+F_x^2\right) \qquad \cdots\cdots(D.3)$$

D.2 查表法

在表 D.1 中首先查找三相负载不平衡度(表中纵坐标)，再查找相间最小负载不平衡度(表中横坐标)，找出横、纵坐标对应的变压器相间不平衡负载的损耗系数(K_{Bb})。

表 D.1 变压器相间不平衡负载损耗系数 K_{Bb}

F_{φ} \ F_x	−1.0	−0.9	−0.8	−0.7	−0.6	−0.5	−0.4	−0.3	−0.2	−0.1	0
3.0	3.000										
2.9	2.807										
2.8	2.627	2.807									
2.7	2.460	2.620									
2.6	2.307	2.447	2.627								
2.5	2.167	2.287	2.447								
2.4	2.040	2.140	2.280	2.460							
2.3	1.927	2.007	2.127	2.280							
2.2	1.827	1.887	1.987	2.127	2.287						
2.1	1.740	1.780	1.860	1.980	2.140						
2.0	1.667	1.687	1.747	1.847	1.987	2.167					

表 D.1（续）

F_x / F_φ	−1.0	−0.9	−0.8	−0.7	−0.6	−0.5	−0.4	−0.3	−0.2	−0.1	0
1.9	1.607	1.607	1.647	1.727	1.847	2.007					
1.8	1.560	1.540	1.560	1.620	1.720	1.860	2.040				
1.7	1.527	1.487	1.487	1.527	1.607	1.727	1.887				
1.6	1.507	1.447	1.427	1.447	1.507	1.607	1.747	1.927			
1.5	1.500	1.420	1.380	1.380	1.420	1.500	1.620	1.780			
1.4	1.507	1.407	1.347	1.327	1.347	1.407	1.507	1.647	1.827		
1.3	1.527	1.407	1.327	1.287	1.287	1.327	1.407	1.527	1.687		
1.2	1.560	1.420	1.320	1.260	1.240	1.260	1.320	1.420	1.560	1.740	
1.1	1.607	1.447	1.327	1.247	1.207	1.207	1.247	1.327	1.447	1.607	
1.0	1.667	1.487	1.347	1.247	1.187	1.167	1.187	1.247	1.347	1.487	1.667
0.9		1.540	1.380	1.260	1.180	1.140	1.140	1.180	1.260	1.380	1.540
0.8			1.427	1.287	1.187	1.127	1.107	1.127	1.187	1.287	1.427
0.7				1.327	1.207	1.127	1.087	1.087	1.127	1.207	1.327
0.6					1.240	1.140	1.080	1.060	1.080	1.140	1.240
0.5						1.167	1.087	1.047	1.047	1.087	1.167
0.4							1.107	1.047	1.027	1.047	1.107
0.3								1.060	1.020	1.020	1.060
0.2									1.017	1.007	1.017
0.1										1.007	1.007
0											1.000

附 录 E
（资料性附录）
案 例

E.1 案例分析

E.1.1 案例

某变电所有三台可并列运行的双绕组变压器，其技术参数如表 E.1：

表 E.1 技术参数 1

	S_N/kVA	P_0/kW	P_k/kW	I_0/%	U_k/%
变压器 A	10 000	27.7	80.5	2.8	7.7
变压器 B	15 000	36.4	139.2	3.01	7.84
变压器 C	20 000	24.2	131.3	0.87	7.54

根据 $Q_0=I_0\%S_N\times10^{-2}$、$Q_k=U_k\%S_N\times10^{-2}$、式(A.4)、式(A.5)及 K_Q 取 0.04，分别计算出各台变压器的技术参数如表 E.2：

表 E.2 技术参数 2

	Q_0/kvar	Q_k/kvar	P_{0Z}/kW	P_{kZ}/kW
变压器 A	280	770	38.9	111.3
变压器 B	452	1 176	54.5	196.5
变压器 C	174	1 508	31.2	191.6

E.1.2 分析与计算

分析计算变电所的经济运行方式(K_T 取 1.002)的步骤如下：

步骤一：单台变压器间经济运行方式的确定

根据式(A.16)分别计算出并列运行的双绕组变压器经济运行方式的临界负载视在功率

a) 变压器 A 与 B 之间 $S_{LZ}{}^{A\sim B}=8\ 060$(kVA)

b) 变压器 A 与 C 之间 $S_{LZ}{}^{A\sim C}=j3\ 484$

c) 变压器 B 与 C 之间 $S_{LZ}{}^{B\sim C}=j7\ 687$

根据以上的计算结果，结合相应判定原则，可确定单台变压器运行时 C 优于 A 和 B。

步骤二：单台与两台间经济运行方式的确定

由于单台变压器 C 是运行经济的，因此单台和两台间的经济运行方式只存在着 C 和 AC 对比及 C 和 BC 对比两种情况。

根据式(A.16)分别计算出并列运行的双绕组变压器经济运行方式的临界负载视在功率

a) 变压器 C 与 AC 之间 $S_{LZ}{}^{C\sim AC}=16\ 525$(kVA)

b) 变压器 C 与 BC 之间 $S_{LZ}{}^{C\sim BC}=17\ 886$(kVA)

步骤三：两种两台间经济运行方式的确定

同上方法计算出变压器 AC 和 BC 间 $S_{LZ}{}^{AC\sim BC}=23\ 645$(kVA)

步骤四：两台与三台间经济运行方式的确定

同上方法计算出变压器 AC 与 ABC 之间 $S_{LZ}{}^{AC\sim ABC}=23\ 967$(kVA)、变压器 BC 与 ABC 之间 $S_{LZ}{}^{BC\sim ABC}=24\ 100$(kVA)

步骤五：按综合功率损失最小，本例变电所的经济运行方式的负载区间如表 E.3。

表 E.3 经济运行方式的负载区间

运行方式	C	AC	BC	ABC
负载 S(kVA)	0～16 525	16 525～23 645	23 645～24 100	24 100～45 000

根据上述对变电所的经济运行方式分析计算,不仅要依据变压器的技术参数和容量来选择变压器运行台数,同时还必须充分考虑到相同台数运行方式之间也存在着经济运行方式。而且只有全面分析相同台数与不同台数运行方式之间的临界条件,才能全面准确地确定变压器的经济运行方式。

前　言

本标准等同采用 IEC 60076-8:1997《电力变压器应用导则》,是对 GB/T 13499—1992《电力变压器应用导则》的修订。

本标准在技术内容和编写规则上与 IEC 60076-8:1997 等同,但对其印刷错误作了更正,详见标准中的采用说明注。

IEC 60076-8:1997《电力变压器应用导则》是取代 IEC 60606:1978《电力变压器应用导则》的技术修订版。GB/T 13499—1992 是等同采用 IEC 60606:1978 制定的。

本标准与 GB/T 13499—1992 相比,增加了大量技术内容,主要有:

1) 不同的变压器联结和磁路设计的基本特性,特别是关于零序现象;

2) 具有 YNynd 和类似联结的变压器的系统故障电流;

3) 变压器的并联运行,负载条件下电压降或电压升的计算方法,以及三绕组负载组合下的负载损耗计算方法;

4) 定货时,如何根据预期的负载条件选择额定参数和分接参数;

5) 按常规设计的变压器如何应用于变流负载;

6) 有关损耗测量的测量技术和准确度。

本标准自实施之日起代替 GB/T 13499—1992。

本标准的附录 A 是提示的附录。

本标准由中国电器工业协会提出。

本标准由全国变压器标准化技术委员会归口。

本标准主要起草单位:沈阳变压器研究所、国家电力公司、武汉高压研究所、中国电力科学研究院。

本标准参加起草单位:辽宁电力科学研究院、沈阳变压器有限责任公司、华东电力试验研究院。

本标准主要起草人:韩庆恒、付锡年、李光范。

本标准参加起草人:王世阁、徐子宏、马仁明。

本标准 1992 年首次发布,2002 年第一次修订。

本标准委托沈阳变压器研究所负责解释。

IEC 前言

1）国际电工委员会（简写为IEC）是所有国家电工委员会（又称IEC国家委员会）组成的一个世界性的标准化组织。IEC的宗旨是推动电工和电子领域内的全部标准化问题的国际合作。为了此目的以及其他活动的需要，IEC出版了国际标准。IEC标准的制、修订任务是委托给各技术委员会负责。任何一个国家电工委员会，若对此表示特别关心，可以参加该标准的制、修订工作。与IEC有联系的国际组织，政府机构和非政府组织也可参加这些标准的制、修订工作。IEC与世界标准化组织（简写为ISO）已按它们之间的协议条件进行紧密的合作。

2）国际电工委员会（IEC）的各技术委员会是由对该技术问题表示特别关心的各国家委员会组成的。它所作出的决定或协议，最大限度的反映了国际上对此技术问题的一致意见。

3）这些决定和协议，以标准的形式供国际上使用，在这意义上已为各国家委员会所承认。

4）为了促进国际上的统一，IEC希望各国家委员会在其国内条件许可下，尽量采用IEC标准作为本国的国家标准，如果国家标准与相应的IEC标准有不同之处时，应在国家标准中尽可能明确地指出。

5）IEC尚未制定任何有关认可标志的程序，因此，当某一台设备被宣布为符合某一IEC标准时，IEC对此不承担任何责任。

6）要注意本标准的一些内容有可能涉及专利权的问题，但IEC没有责任要将任何一个或所有这样的专利权给以验明。

本标准由IEC TC14技术委员会“电力变压器”负责制定。

本标准是第一版并取代1978年发布的IEC 60606。本版本（构成）是一个技术修订版。

本标准是以下述两个文件为基础编制的：

最终表决文件	表决报告
14/260/FDIS	14/297/RVD

本标准批准的详细情况见上表列出的表决报告。

总标题《电力变压器》下，IEC 60076包括下列部分：

第1部分：总则（1993）

第2部分：温升（1993）

第3部分：绝缘水平和绝缘试验（1980）

第5部分：承受短路的能力（1976）

第8部分：应用导则（1997）

附录A仅是提供信息的参考件。

中华人民共和国国家标准

GB/T 13499—2002
idt IEC 60076-8:1997

代替 GB/T 13499—1992

电力变压器应用导则

Power transformers—Application guide

1 总则

1.1 范围和目的

本标准适用于符合 GB 1094 系列标准和 GB 6450 等标准的电力变压器。

本标准的目的是为用户提供如下信息：

——不同的变压器联结和磁路设计的基本运行特性，特别是关于零序现象；

——具有 YNynd 和类似联结的变压器内的系统故障电流；

——变压器的并联运行，负载条件下电压降或电压升的计算方法，以及三绕组负载组合下的负载损耗计算方法；

——定货时，如何根据预期的负载条件选择额定参数和分接参数；

——按常规设计的变压器，如何适用于变流负载；

——有关损耗测量的测量技术和准确度。

本标准中有一部分内容具有通用性的性质并适用于各种容量的电力变压器。然而，有几章仅涉及大型高压变压器的规范和应用问题。

本标准所述的一些建议不具有强制性，因而，它不是规范要求。

关于电力变压器负载能力的信息，对于油浸式变压器，见 GB/T 15164；对于干式变压器，见 GB/T 17211。

有关电力变压器冲击试验的导则，见 GB/T 7449。

1.2 引用标准

下列标准所包含的条文，通过在本标准中引用而构成为本标准的条文。本标准出版时，所示版本均为有效。所有标准都会被修订，使用本标准的各方应探讨使用下列标准最新版本的可能性。

GB 1094.1—1996 电力变压器 第 1 部分 总则(eqv IEC 60076-1:1993)

GB 1094.3—1985 电力变压器 第 3 部分 绝缘水平和绝缘试验(neq IEC 60076-3:1980)

GB/T 2900.15—1997 电工术语 变压器、互感器、调压器和电抗器(neq IEC 60050(421):1990、IEC 50(321):1986)

GB/T 7449—1987 电力变压器和电抗器的雷电冲击和操作 冲击试验导则 (eqv IEC 60722:1982)

GB/T 10229—1988 电抗器(eqv IEC 60289:1987)

GB/T 15164—1994 油浸式电力变压器负载导则(idt IEC 60354:1991)

GB/T 15544—1995 三相交流系统短路电流计算(eqv IEC 60909:1988)

GB/T 17211—1998 干式电力变压器负载导则(eqv IEC 60905:1987)

GB/T 18494.1—2001 变流变压器 第 1 部分 工业用变流变压器(idt IEC 61378-1:1997)

GB/T 19001—2000 质量管理体系 要求(idt ISO 9001:2000)

中华人民共和国国家质量监督检验检疫总局 2002-02-28 批准 2003-03-01 实施

2 不同的三相绕组组合和磁路设计的特性

本章对所涉及的内容作一概述性的说明。在第4章中给出了有关零序特性的补充信息。

2.1 Y、D和Z联结绕组

变压器绕组的三相联结主要有下述两种形式：星形(Y)和三角形(D)。对于特殊用途，特别是对小容量变压器，也采用曲折形或称Z形联结。历史上，曾用过其他一些联结(例如，截顶三角形、外延三角形、T形和V形等)。但是，这些联结主要用于特殊用途的变压器，在通常的电力输电系统中，已不再采用。

2.1.1 Y(形)联结绕组的优点

具有这种形式的绕组：

——对高压绕组更经济实用；

——可提供中性点；

——允许中性点直接接地或通过阻抗接地；

——允许降低中性点的绝缘水平(分级绝缘)；

——允许在每相中性点端设置绕组分接和安装分接开关；

——允许带具有中性点电流的单相负载(见2.2和4.8)。

2.1.2 D(形)联结绕组的优点

具有这种形式的绕组：

——对大电流、低电压绕组更经济实用；

——与星形联结绕组相组合，可降低该绕组的零序阻抗。

2.1.3 Z(形)联结绕组的优点

具有这种形式的绕组：

——允许带具有固有零序阻抗低的中性点电流负载(它用于接地变压器，以建立系统的人为中性点端子)；

——当相间负载不平衡时，可减少系统中电压的不平衡。

2.2 绕组联结组的特性

对整台变压器的绕组联结组标号，按GB 1094.1—1996中第6章。

本条是对不同的绕组联结组合的中性点电流特性作一扼要的叙述。这些情况涉及电流和电压的零序分量。这个概念将在第4章和第5章中论及。

本条也适用于由单相变压器组成的三相变压器组。

2.2.1 YNyn和YNauto

在安匝平衡条件下，零序电流可以在绕组之间传输，从而得到变压器的低零序短路阻抗。具备这种联结组的系统变压器，可附加提供具有三角形联结的稳定绕组(见4.7.2和4.8)。

2.2.2 YNy和Yyn

具有中性点接地的绕组中的零序电流，不能使与其对应的且中性点不接地的另一个绕组具有平衡的安匝。由此构成铁心的励磁电流是受零序励磁阻抗控制。这个阻抗与磁路设计有关，可以比较高甚至很高(见2.3)。各相对中性点电压的对称性将受影响，此外，由于杂散磁通发热，允许的零序电流也将受到限制(见4.8)。

2.2.3 YNd,Dyn,YNyd(带负载的第三绕组)或YNy+d(不带负载的三角形联结的稳定绕组)

具有接地中性点的星形绕组中的零序电流将被三角形联结绕组中的环流补偿。其零序阻抗较小，大约等于绕组间的正序短路阻抗。

如果两个星形绕组的中性点均接地(包括具有公共中性点的自耦联结的情况)，对零序电流而言，这是三绕组负载的情况。关于这部分，将在4.3.2和4.7.2及第5章中论及。

2.2.4 Yzn或ZNy

曲折形联结绕组中的零序电流，将使每心柱上的绕组的两个半部分之间产生自动的安匝平衡，从而提供一个低零序短路阻抗。

2.2.5 大型单相变压器的三相组——采用三角形联结的第三绕组

用于联络高电压系统的变压器通常是用单相变压器联结成三相组。这种三相变压器组的成本、重量和损耗要比相应的三相变压器高(只要能制造出)。三相组的优点是:由于可将第四台作为备品,从而费用相当低。此外,相应的三相变压器还可能出现其重量超过运输极限的情况。

三台单相变压器具有独立的磁路,从而对零序电压分量提供高励磁阻抗。

三相变压器组可能需要一个具有三角形联结的稳定绕组,或者,也可能需要一个第三绕组以提供电压低的辅助电源。这一点,可以用外部母线将电站中的变压器逐台地相连接来达到。外部连接有可能增加三相变压器组的第三绕组接地故障或短路的危险。

2.3 各种磁路的设计

对三相变压器,最普通的磁路设计是三柱心式(见图 1)。三个相互平行、垂直放置的柱分别在顶部和底部通过水平的铁轭连接在一起。

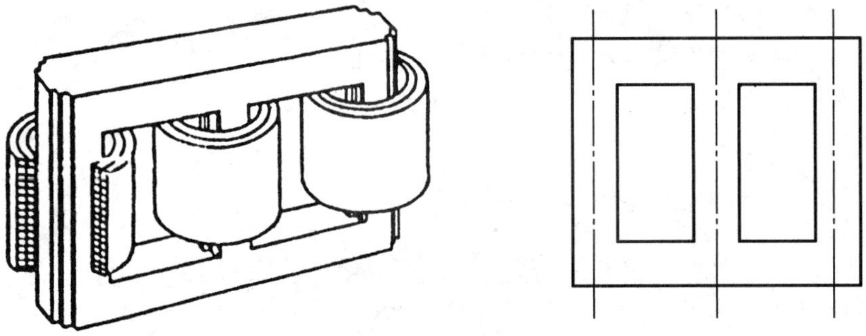

图 1 三柱心式磁路

五柱心式磁路(见图 2)有三个套有绕组的心柱和两个截面较小的不套绕组的旁轭柱。连接所有 5 个柱的铁轭,其截面也比套绕组的心柱小。

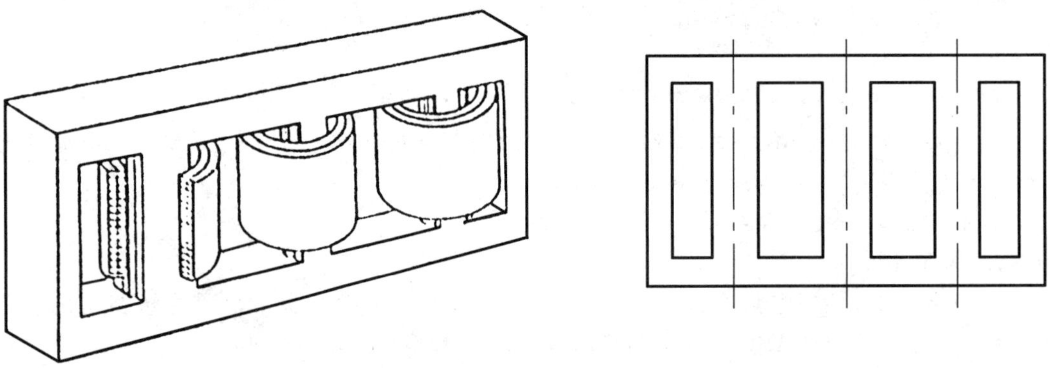

图 2 五柱心式磁路

常规的壳式三相磁路设计是一个框架形的结构,它具有公共中心线的三个水平放置的套绕组的心柱(见图 3)。绕组内的铁心柱实际上是矩形截面,并且,包围绕组的磁路邻接成一个外壳的形状。

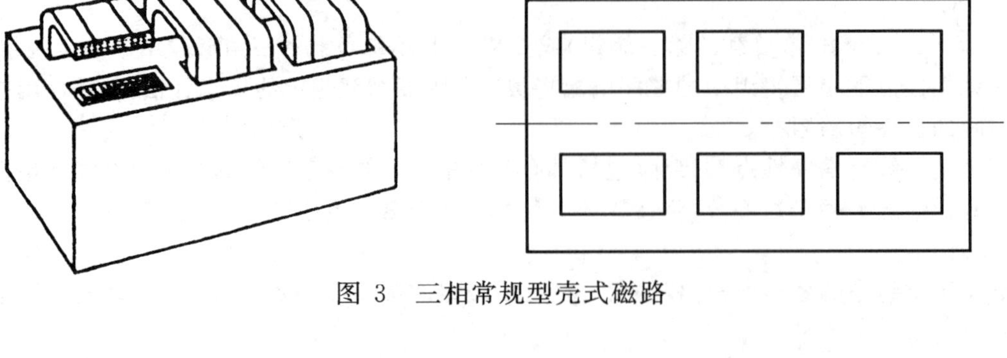

图 3 三相常规型壳式磁路

一种新型的三相壳式磁路具有 7 个柱，其套绕组的心柱是用另一种方式排列（见图 4）。

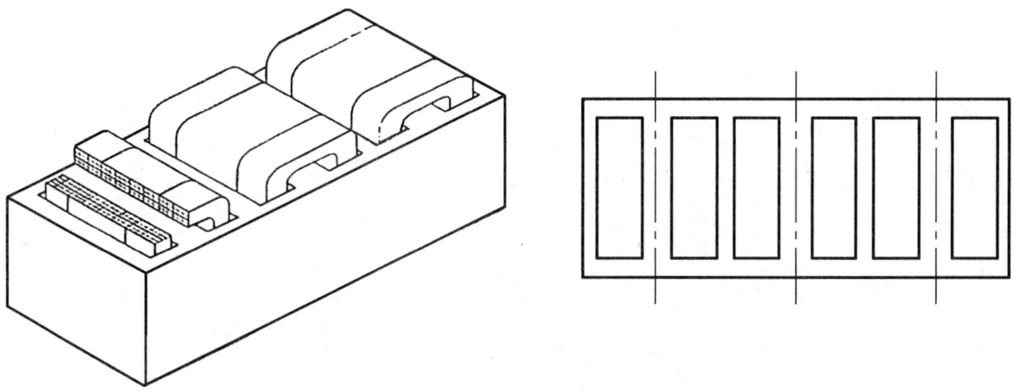

图 4　三相七柱壳式磁路

在此，在总和不等于 0，即有零序电压分量的非对称三相电压条件下，对各种设计结构的主要特性差别进行讨论。

这种情况也可从其他任何一个绕组中安匝不平衡时的零序电流来叙述。对磁路而言，此电流就是励磁电流并且由励磁阻抗来控制，在该阻抗上将产生零序电压降。

常用的各种类型磁路的特点见 2.3.1 和 2.3.2。

2.3.1　三柱心式磁路

在三柱心式变压器中，各套绕组心柱中的正序和负序磁通分量会通过铁轭相互抵消，（在任何瞬间，它们的总和为 0），但是剩下的零序磁通却必须在励磁绕组的外部找到一条从铁轭到铁轭的磁回路。这种外部铁轭漏磁将通过很高的磁阻，对于给定的磁通量（已知的零序电压）来说，需要相当大的磁势，从电路上看，这种现象可表示为一个相当低的零序（励磁）阻抗。这个阻抗，随零序分量的大小而呈非线性变化。

相反地，非补偿的零序电流便成为由零序励磁阻抗控制的励磁电流。其结果是增加了相——中性点电压的非对称性，即有零序电压分量。

零序铁轭漏磁通将会在夹紧结构和油箱中感应出环流和涡流电流，从而在这些元件中产生额外的杂散损耗。此异常的杂散磁通也会使绕组中的涡流损耗增加。在运行中，需对长时间运行的中性点电流的幅值限制在许可值内。关于这方面的考虑，见 4.8。

2.3.2　五柱心式或壳式磁路

在五柱心式或壳式磁路变压器中，有供零序磁通通过的磁路中的不套绕组心柱部分的磁回路（即五柱铁心中的二旁柱，壳式铁心中的所有外侧部分以及七柱壳式铁心中的两个旁轭柱和两个不套绕组的心柱）。零序磁通经过低磁阻（相当于一个非常高的零序励磁阻抗），这与正常的正序电压的情况很相似。这仅适用于磁路内的未套绕组的心柱内磁通没有达到饱和时的情况。当饱和后，零序励磁阻抗便降低，由此便产生畸变的尖峰电流。

由单相变压器组成的三相组也有类似的情况，在任何外加的运行电压下，磁路都是分开且独立的。

由于上述的原因，这类三相变压器或三相变压器组通常是提供一个具有三角形联结的稳定绕组（见第 4 章）。

3　自耦变压器的特性和应用

3.1　根据定义，自耦变压器是指至少有两个绕组具有公共部分的变压器（见 GB 1094.1—1996 中

3.1.2)。

自耦变压器的“单线”图见图 5。变压器的高压部分(图中用 U_1、I_1 标志)由串联绕组和公共绕组组成。低压部分(U_2、I_2)由公共绕组单独组成。其高、低压系统有电气连接。

$$U_1I_1 = U_2I_2 = S$$

$$\frac{U_1 - U_2}{U_1} = \frac{I_2 - I_1}{I_2} = \alpha$$

$$(U_1 - U_2)I_1 = U_2(I_2 - I_1) = \alpha S$$

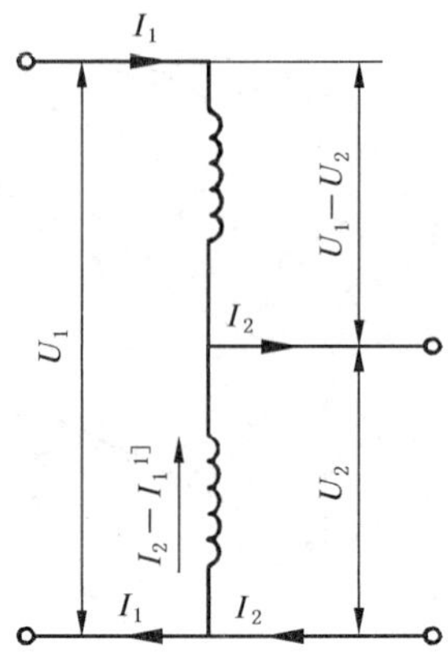

图 5　自耦变压器的“单线”图

3.2　降低因数或自耦因数，α

在相同的通过容量下，自耦变压器同独立绕组变压器相比，具有体积小和损耗低的优点。当电压比愈接近于 1 时，节省也愈明显。两个绕组(串联和公共)具有相同的等值容量额定值，或者说它们具有平衡的安匝特性。图 5 所示的关系式直接阐明了自耦联结的降低因数 α。如果 S 表示自耦绕组标注在铭牌上的额定容量，则从实际尺寸和重量来说，相当于额定容量为 $\alpha \times S$ 的独立绕组变压器。通常 $\alpha \times S$ 又可表示为固有额定容量或等值双绕组额定容量。

例：

一台 500/220 kV，360 MVA 的自耦变压器是与一台额定容量((500—220)/500)×360＝201.6 MVA的独立绕组变压器相当。

如果还带有一个额定容量为 120 MVA 的非自耦连接的第三绕组(YNautod 360/360/120 MVA)，那么，它的等值双绕组额定容量为：

(201.6＋201.6＋120)/2＝261.6 MVA

3.3　短路阻抗和漏磁效应

变压器的短路阻抗可以用漏磁场中的无功功率来描述。它也与绕组的形状及其外形尺寸有关。

由于自耦变压器可降低外形尺寸，漏磁场中的无功功率自然要比具有相同额定容量的独立绕组变压器要小。因此，其阻抗百分数相应地要低些。自耦因数 α 也是阻抗百分数的一个基准标记。

然而，也应看出，如果自耦变压器的阻抗百分数规定的高一些(从限制二次侧系统中故障电流幅值来考虑)，那么，从设计角度而言，它将是一台尺寸小但漏磁场很高的变压器。这会带来较高的附加损耗(除结构部件中的杂散损耗外，还有绕组的涡流损耗)并且由于漏磁通将部分地通过磁路(即铁心)，甚至还可能出现饱和效应。这种效应将使变压器在高于额定条件下的负载能力受到限制，且不能用标准试验表示出来。

在区分大型和中型电力变压器时，GB/T 15164 已考虑到上述这些现象。对于自耦变压器，应根据等值容量和相应的阻抗百分数来划分，而不应按铭牌上的额定数据。

3.4　系统限制，绝缘配合

当一次和二次(三相)系统之间有直接的电气联系时，就意味着它们有共同的中性点，并且，自耦变

采用说明：

1] 原文为“I_1-I_2”有误，改为“I_2-I_1”。

压器的三相联结为星形。实际上，系统通常是有效接地，通常规定自耦变压器的中性点具有降低的绝缘水平。

——如果变压器中性点直接接地，则所需的绝缘水平是非常低的(见 GB 1094.3—1985 中 5.5.2)。

——另外，亦可预计电站中有几台变压器时，其中性点并不都是直接接地。这样做是为了降低预期的接地故障电流。但是，不接地的中性点通常要接上一只避雷器以进行暂态冲击保护。避雷器的额定电压和中性点的绝缘水平应与系统接地故障时的不接地中性点上所出现的工频电压相配合。

——在具有很长的架空线的特高压系统中，可以用特殊调谐电抗器接地来增加其单相重合闸成功概率。此时，通过调谐电抗器接地的变压器中性点需要具有相当高的绝缘水平。

自耦变压器串联绕组两端之间的绝缘有时存在着设计上的困难。当高压侧线端施加暂态过电压时，通常假定 X 端和低压侧线端均处于低电位。此时，高压侧所承受的全部冲击绝缘水平便只沿串联绕组分布。这表明串联绕组上所出现的匝间电压，与沿公共绕组分布的低压侧过电压相比，相应地要高。

3.5 联络自耦变压器的电压调节

自耦变压器中的电压比改变可以用各种方法来进行。其中有些应遵循 GB 1094.1—1996 中 5.1 中的基本原则。另外一些，则不必遵循，这是因为两个绕组中的有效匝数是同时变化的。

分接匝数既可位于中性点端；也可位于公共绕组与串联绕组之间的连接点处(公共点)(见图 6)。

3.5.1 在中性点处的分接匝

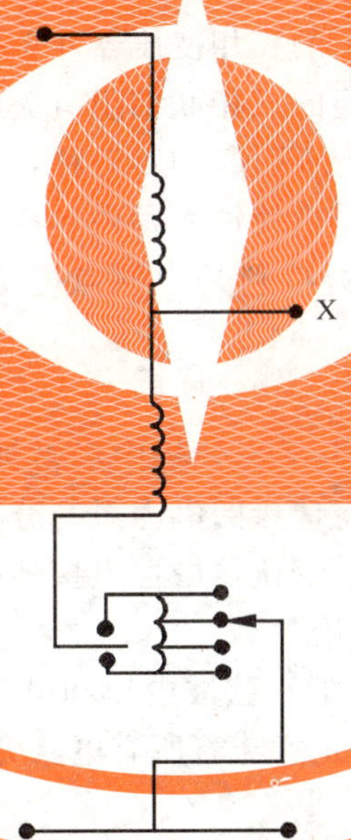

在中性点处的调压，虽然将同时增加或同时减少高压绕组和低压绕组的匝数，但绕组之间的匝数比也在变化。对于规定的电压比变化范围需要很多调压匝数时的情况，本类型的调压是无法满足的。因此，在分接范围内的变压器每匝电压将会有显著的变化(变磁通)。当变压器变比愈接近 1(低 α 值)时，此现象愈明显。必须用一个适当加大的磁路尺寸来达到。这也将会导致每级电压不相等。

中性点调压最明显的优点是分接绕组和分接开关更接近中性点电压，因而，仅需较低的对地绝缘水平。

图 6 在公共中性点处的分接匝

3.5.2 在 X 端处的分接匝

在自耦变压器内的自耦联结处(低压侧线端)配置的调压，要求分接绕组和分接开关设计成具有 X 端的绝缘水平。它们将直接受到雷电或操作冲击波的波前暂态电压的作用。图 7 示出一组不同的配置。

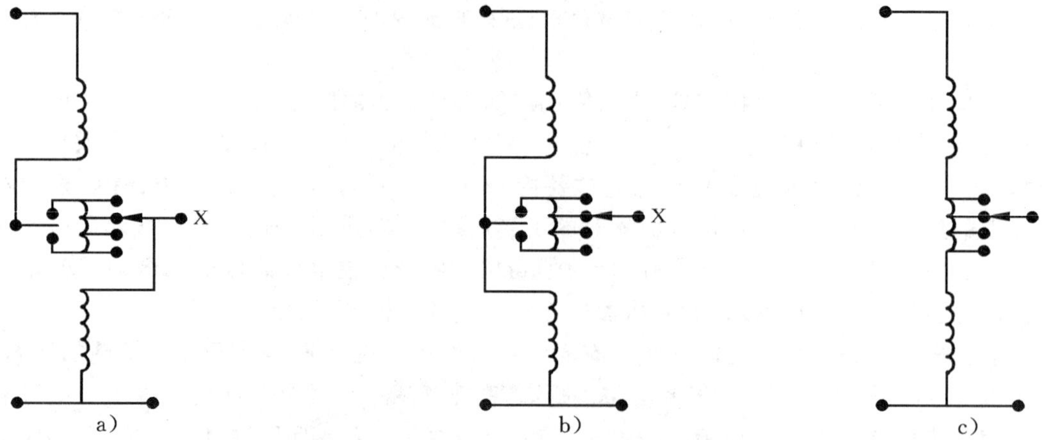

a) 公共绕组中的匝数保持不变。如果高压系统电压变化较大，低压系统电压保持相对恒定，则这种选择是合理的。

b) 本方式与a)相反，其低压侧的有效匝数是在变化，而相对于高压系统电压的匝数保持恒定。

c) 高压侧的匝数恒定，但对于一定的再接入匝数而言，其匝数比的变化比b)还大。然而，从另一方面看，情况b)允许用图示的极性转换方式得到正或负的分接绕组使用。

图 7　低压线端处的分接匝

4　零序特性——中性点负载电流和接地故障条件、磁饱和及涌流

本章论述了在不对称三相运行条件下的三相变压器和单相变压器三相组的一些特性。

有些差别是与磁路的几何形状和绕组的三相联结组有关。

不对称情况包括暂态扰动和连续运行下引起的不对称，它会引起：

——三相电压对称性暂时变差，从而，也使铁心励磁对称性受到暂时影响。

——负载电流暂时或永久性不对称，特别是中性点电流对电压稳定性、漏磁和铁心励磁将产生影响。

4.1　三相系统的对称分量

在4.1.1中简要地叙述了一种在电力系统分析中经常涉及的并被称之为对称分量的通用分析方法。关于这种方法和应用方面的更多信息请参阅电力系统分析方面的教科书。

在4.1.2中则进一步阐述了系统通过变压器中性点接地的实际状况。

4.1.1　电压和电流的对称分量原理和术语

作为常规使用的方法，假定具有同步的正弦波电压和电流是用恒定的阻抗或导纳的线路元件联系的，其在三个相的数值是相等的。这种假定意味着所有电路方程式是线性的，并且变量可以用线性变换进行变化。对称分量就是这样一种变换。

在一般的非对称情况下，三个相电压或相电流的幅值不相等并且时间间隔也不相等(不是相隔120°)。瞬时值之和可能不为0。相量图是一个非对称的星形。三个相量的矢量和不构成一个封闭的三角形(总和不为0)。

但是，原有的三个非对称变量总有可能用下述的三个分量组合来代替：

——一个具有完全对称的正序分量，通常为一组三相电压或电流；

——一个具有另一种对称形式的负序分量，此时，其相序相反；

——在所有的三个相中存在着无相位移的相量值相同的零序分量。

前两个分量，各在每一瞬间的总和为0。第三个分量则表示原变量的非0和之剩余值，每相各占1/3。

计算电压和电流的对称分量方法的优点是：原来用三个未知变数的三个联合方程组，对每个分量而言，可用三个独立的、只有一个未知数的单相方程式来代替。每个方程使用与各分量相对应的阻抗或导纳。

然后，将各独立对称分量方程式的解，按各相进行复原性叠加，便得到实际系统的相电压或相电流。

关于各相原始参数值变换到各对称分量以及其相反变换过程之算法，可从相应的教科书中查出。

4.1.2　实际状况

电流和电压各分量的特性具有下列实际结论。

——在一个没有接地回路或中性点导线的系统中，其三个线电流的总和为0。将其变换成对称分量后，只包括正序和负序分量，但无零序分量。

从系统流入到三角形联结绕组的电流亦具有这种特性。

——如果有中性点电流流入地中或通过中性线(第四线)，那么，相电流中就有一个零序分量。在相与中性点之间施加单相负载的四线配电系统，便是这样一种正常的情况。高压输电线通常没有中性点负载电流通过。即使在一定程度上出现不对称的负载时，也只是使两相之间的负载特性产生一个负序分量，而无零序分量。

——零序分量以每相之值来定义，且所有三个相均具有相同的幅值。因此，零序分量电流正好为中性点电流的1/3。

——三角形绕组上的一组线间电压，由于是闭合的角形联结，故其和为0。因此，不含有任何零序电压分量。但在角接绕组的内部，可能存在着零序电流，它是从其他绕组感应出来的，而在该角接绕组内部形成短路的环流。

4.2　对称分量的阻抗特性

系统中不同元件的阻抗(或导纳)特性对三种分量而言可能也是不同的。在实际应用中，像变压器和电抗器一类元件的正序和负序阻抗分量具有相同的参数值。对于变压器，其值便是例行试验时的测试值。

然而，变压器的零序特性就不同了。根据磁路的类型、不同绕组的联结和位置以及漏磁通通过的路径等，具有相同的正序电抗值的不同的变压器，其零序阻抗特性有可能是不同的。

在某些情况下，零序阻抗可能是非线性的。关于这一点将在下列各条涉及变压器的物理现象时来叙述。同时，也提出了一些近似计算值，以作为一般的指导，如果对某台特定变压器要求有准确的数据，可按要求进行零序特性测量的特殊试验(见GB 1094.1—1996中10.7)。

4.3　变压器零序现象的“单线”等效图

对称分量法的原理已在4.1、4.1.1、4.1.2和4.2中叙述了。一般认为不对称、线性、正弦现象是以单相的联立方程式来处理，每个分量均各有一个方程式。对于正序和负序，变压器是用正常的空载和短路阻抗来表示，但对于零序，则与变压器设计有关，其等效图有时可能不同。关于零序特性的量值信息可见本条。

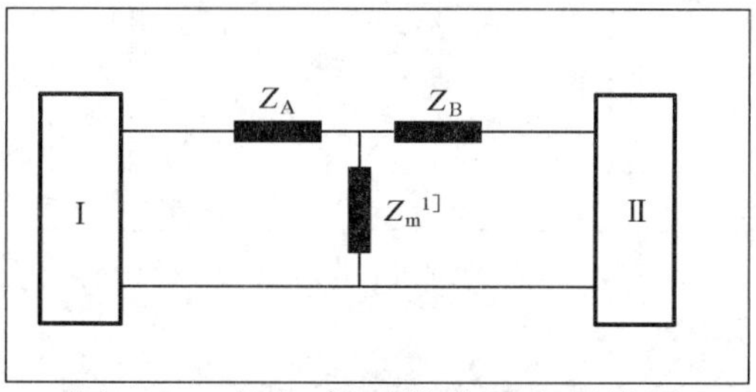

图 8　双绕组变压器的零序阻抗图

三相双绕组变压器的零序等效图由一个串联阻抗和一个并联支路构成。在图8中，两个串联阻抗元件 Z_A 和 Z_B 之和等于正常正序电流的短路阻抗。Z_A 和 Z_B 值之间的划分是任意的，并且，其中一个阻抗还可以为0。

采用说明：

1] 原文为“Z_c”有误，改为“Z_m”。

Z_m 为励磁阻抗，其数量级与磁路的设计有关。五柱心式或壳式结构的三相磁路，对零序电压（见4.4）来说，具有很高的励磁阻抗。

另一方面，三柱铁心结构对零序电压具有中等的励磁阻抗值。这种阻抗是随着电流或电压的大小呈非线性变化，并且不同的设计，其值也不同。由于铁轭漏磁通（见4.4）将在整个油箱体中感应出涡流电流，因此，用薄钢板做成的波纹油箱的变压器与由厚钢板做成平滑表面油箱的变压器之间存在着差别。当中性点电流 $3\times I^0$ 等于绕组的额定电流时，对于用厚钢板做成油箱的变压器，其零序阻抗标幺值一般在0.25～1.0之间。此阻抗随电流变化的一般情况见图9。

对于新变压器，制造厂将按要求进行零序阻抗的测量（见GB 1094.1—1996中10.1.3和10.7）。

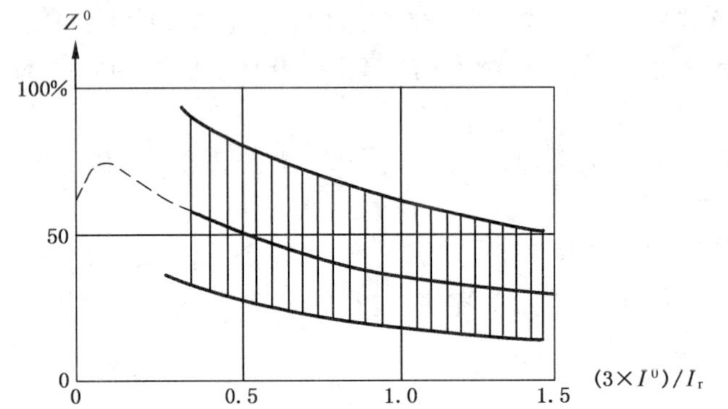

图9　三柱心式无角接绕组变压器的零序励磁阻抗随电流的变化图

就所述的特定的变压器绕组联结情况而得出的一些结论见4.3.1和4.3.2。

4.3.1　没有辅助三角形连接绕组的YNyn变压器

当两个绕组中性点均与有效接地系统相连接时，只要变压器呈低阻抗，零序电流可能在系统之间传输。此时，系统阻抗则不大于变压器串联阻抗值。对于三柱铁心，中等值的励磁阻抗是不能忽略的。它使变压器的有效通过阻抗大约降低到正序短路阻抗的90%～95%。对于五柱铁心或壳式变压器，就不存在这种降低情况。

如果对侧的绕组系统不接受零序电流，任一绕组的输入阻抗就是励磁阻抗，它与上述的磁路设计有关。

如果对侧的绕组系统的中性点是通过一个阻抗元件 Z_n 接地，在其零序线路图中要补入一个其值等于 $3Z_n$ 的串联阻抗（见图10）。

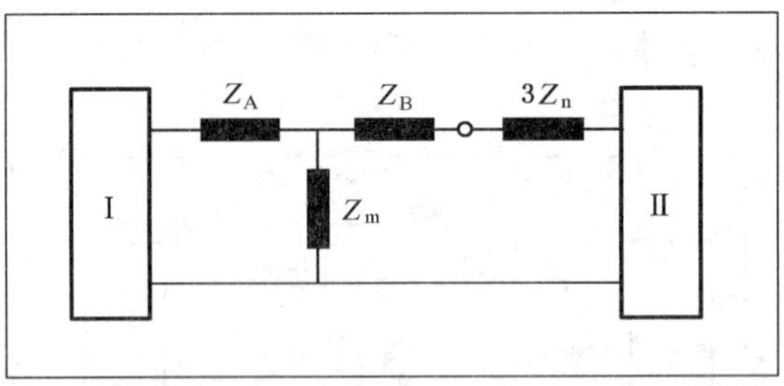

图10　带有中性点接地阻抗的YNyn变压器零序阻抗图

4.3.2　YNynd或YNyn+d变压器

这是一个三绕组的组合，具有一个由串联阻抗元件和零序励磁阻抗构成的星形连接。在图11中，Z_A+Z_C 是绕组A和角接第三绕组C之间的短路阻抗，零序电流在其内流过（见4.5）。此阻抗是零序电流从系统Ⅰ进入绕组A的输入阻抗。

同理，Z_B+Z_C 是零序电流从系统Ⅱ进入绕组B的阻抗。

图11也表示出励磁阻抗 Z_m，在这种绕组组合的计算中，它通常是忽略不计。通常认为这种等效图中的零序阻抗与用正序电流测量时所得到的值是有些不同的。一般此差别在10%～15%以内，它与各绕组之间的排列布置有关。

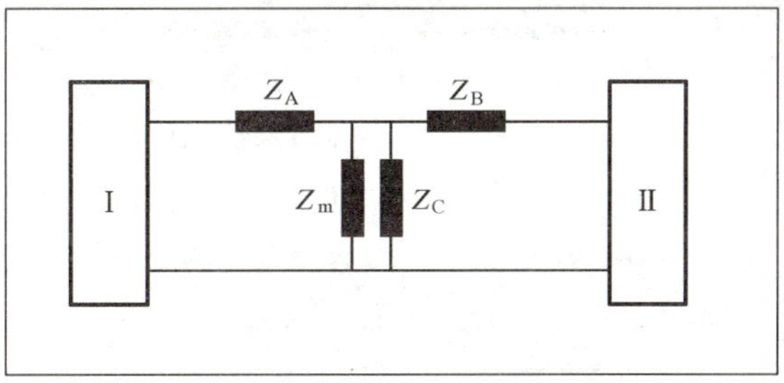

图 11　YNynd 变压器零序阻抗图

4.4　非对称条件下的励磁阻抗——零序电压和磁路的几何形状

由于多种原因，使得在正常运行条件下的输电系统中的三相电压的对称性可以保持良好的状态，因此，一般不必担心变压器的运行问题。

当电网出现非对称接地故障时，相对地的电压中便含有一个零序分量。非对称的程度与系统接地方式有关。系统接地状态是用接地故障因数来表征的，它简要地表示为故障时的非故障相上的相对地交流电压与故障前的对称的相对地电压之比。此故障因数对绝缘配合来说是很重要的。

如果变压器的三个心柱均受到一组含有零序分量的感应电压(即电压的总和不为 0)作用，那么，其反应与磁路结构和绕组的联结方式有关。

在一个三柱心式变压器中(见图 12)，由三个心柱出来的不相等量磁通不会在铁轭中抵消。剩余的零序磁通将通过铁心外部路径闭合。对于零序电压而言，它便表现为高磁阻和低励磁阻抗的特性。关于其数值方面的信息见 4.3。在变压器合闸瞬间，亦可能出现相当多的磁通离开铁心而通过其外部空间闭合的现象。

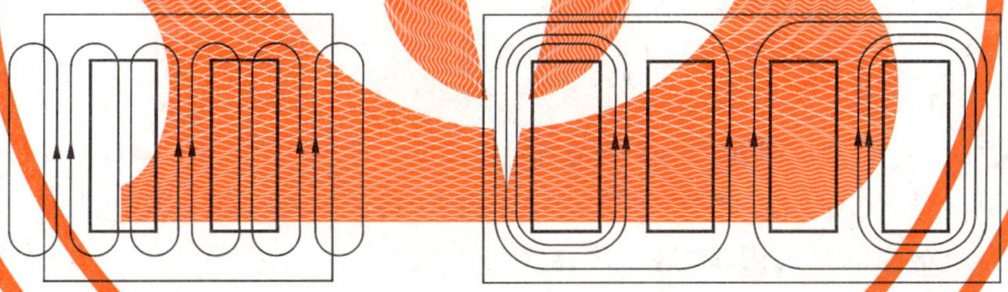

图 12　三柱和五柱式铁心的零序磁化状态

在五柱式变压器中(见图 12)，无绕组的旁轭柱是一个低磁阻路径，故零序磁通可从该处通过。与此相应的励磁阻抗，像正常正序磁通产生的励磁阻抗那样，是比较高的。对于三相壳式变压器和由三台单相变压器组成的三相变压器组，情况均与上述相同。

然而，施加的零序电压和电流也受绕组三相联结方式的影响，见以下各条。

4.5　零序和角接绕组

由于角接是一个闭合的三角形连接，故角接绕组上的三个相对相电压之和自然等于 0。此外，角接绕组对零序电压而言，可看成是短路的。

零序电流不能在角接绕组的三个端子与外部系统之间进行转换。但是，可以由其他(YN 联接)绕组(见图 13)感应出短路环流。从其他绕组看去，变压器的零序阻抗具有此绕组与该角接绕组之间的短路阻抗特征。有关其值的信息见 4.3。

4.6　零序和曲折联结绕组

在曲折联结绕组中(见图 14)，变压器的每个心柱上套有两个分别属于两个不同相的部分绕组，且其方向彼此相反。每个心柱上的零序电流分量安匝数相互抵消，不产生励磁效应。该电流仅通过一个与每柱两个部分绕组之间漏磁通相联系的低短路阻抗(见 4.7.3)。

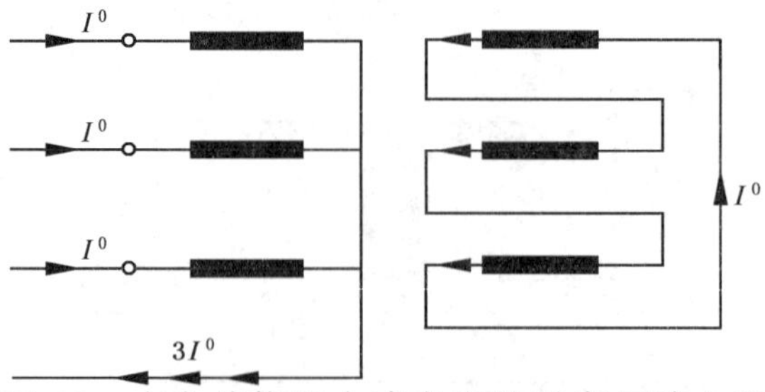

图 13 在角接绕组中感应出的零序短路电流

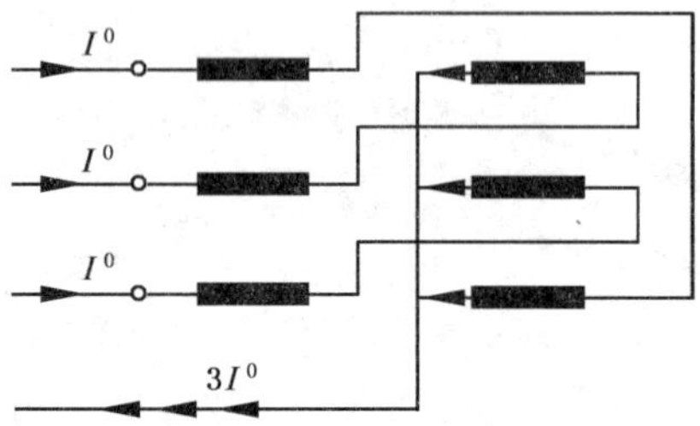

图 14 曲折联结绕组对零序电流的固有平衡情况

4.7 不同变压器联结组的零序阻抗特性

上述各条已叙述了变压器中特定磁路和各特定绕组的零序特性。本条将概述具有正常的绕组联结组变压器的零序特性。

表 1 给出了当一个绕组接到系统进行励磁时，各种双绕组和三绕组的联结组下的零序阻抗近似值。本表中所列值适用于同心式绕组结构，其中，编号(1)、(2)、(3)顺序是以(1)为最外侧的绕组。第一栏中的绕组标号是按与上述相同的顺序列出。至于哪个是高压绕组，则并不重要。

下列各条将作进一步的叙述。

表 1 中，标号 YN 表示绕组的中性点直接接地或通过一个低阻抗接地。标号 Y 则表示中性点不接地。

当给出百分数时，通常是以阻抗 U^2/S 为基准。

有些联结组用星号(*)标出。此时，励磁绕组中的零序电流不被任一其他绕组中的电流所平衡。零序阻抗便是比较高或很高的励磁阻抗，这与磁路特点有关。

在所有其他场合下，由于绕组之间的电流平衡，故零序阻抗等于或至少接近于相关绕组之间的正常短路阻抗。

本表仅表示变压器结构对零序阻抗的影响。对所连接的系统阻抗均已忽略不计。

这就是说，在零序阻抗图表中，一个 YN 接输出绕组被看成是所有三个相均短路接地。

表 1 零序阻抗的典型值

绕组标注符号	阻 抗/%						条款号
(1) (2) (3)	励磁绕组，3 柱铁心			励磁绕组，5 柱铁心(或壳式)			
	(1)	(2)	(3)	(1)	(2)	(3)	
YN Y *	≈50	—		$\approx 10^4$	—		4.3,4.4
Y YN *	—	≈60		—	$\approx 10^4$		4.3,4.4
YN YN	a_1z_{12}	a_2z_{12}		z_{12}	z_{12}		4.7.1
YN D	a_1z_{12}	—		z_{12}	—		4.7.2
D YN	—	a_2z_{12}		—			4.7.2
YN Y Y*	≈50	—	—	$\approx 10^4$	—	—	4.3,4.4
Y YN Y*	—	≈60	—	—	$\approx 10^4$	—	4.3,4.4

表 1(完)

绕组标注符号 (1) (2) (3)	阻抗/%						条款号
	励磁绕组,3柱铁心			励磁绕组,5柱铁心(或壳式)			
	(1)	(2)	(3)	(1)	(2)	(3)	
Y Y YN*	—	—	≈70	—	—	$\approx 10^4$	4.3,4.4
YN YN Y	$a_1 z_{12}$	$a_2 z_{12}$	—	z_{12}	z_{12}	—	4.7.1
YN Y YN		—	$a_3 z_{13}$	z_{13}	—	z_{13}	4.7.1
Y YN YN	—		$a_3 z_{23}$	—	z_{23}	z_{23}	4.7.1
YN YN D	$a_1(z_1+z_2 \parallel z_3)$	$a_2(z_2+z_1 \parallel z_3)$	—	$z_1+z_2 \parallel z_3$	$z_2+z_1 \parallel z_3$	—	4.7.2
YN D D	$a_1(z_1+z_2 \parallel z_3)$	—	—	$z_1+z_2 \parallel z_3$	—	—	4.7.2
YN Y D		—	—	z_{13}	—	—	4.7.2
D YN YN	—	$a_2(z_2+z_1 \parallel z_3)$	$a_3(z_3+z_1 \parallel z_2)$	—	$z_2+z_1 \parallel z_3$	$z_3+z_1 \parallel z_2$	4.7.2
D YN Y	—	$a_2 z_{12}$	—	—	z_{12}	—	4.7.2
D Y YN	—	—	$a_3 z_{13}$	—	—	z_{13}	4.7.2
D YN D	—	$a_2(z_2+z_1 \parallel z_3)$	—	—	$z_2+z_1 \parallel z_3$	—	4.7.2

注

1 z_{12}、z_{13}和z_{23}是短路正序阻抗。

2 $z_1=\frac{z_{12}+z_{13}-z_{23}}{2}$ z_2 和 z_3 有相似的表达式。

3 $z_1 \parallel z_2=\frac{z_1 z_2}{z_1+z_2}$ $z_1 \parallel z_3$ 和 $z_2 \parallel z_3$ 有相似的表达式。

4 a_1、a_2 和 a_3 是倍数,通常其范围为:$0.8<a_1<a_2<a_3<1$。

5 零序阻抗的特殊性见 4.7.1、4.7.2 和 4.7.3 条。

6 带有 * 号的联结组,其零序阻抗值是比较高或非常高的励磁阻抗,它与磁路结构有关。

4.7.1 无角接绕组的 YNyn 或 YNauto

只要变压器的中性点接地,它便接受和传递两个系统之间的零序电流。对此电流,它表现为正常的短路阻抗。

如果一台自耦变压器的中性点不接地,仍有可能传输零序电流,但它表现的阻抗值与短路阻抗不同。

如果从一个系统来的零序电流可能不传递到对方系统时,那么,对此电流来说,变压器便是一个励磁阻抗。对于五柱心式和壳式变压器以及由三台单相变压器组成的三相变压器组,此励磁阻抗值是非常高的。

4.7.2 YNd 或 Dyn 或 YNynd 或 YNyn+d(稳定绕组)

对于从一个有效接地系统进入一个 yn 联结绕组的零序电流而言,变压器便表现为一个低阻抗(属短路阻抗的性质)。角接绕组内的环流提供了补偿安匝(见图 15)。

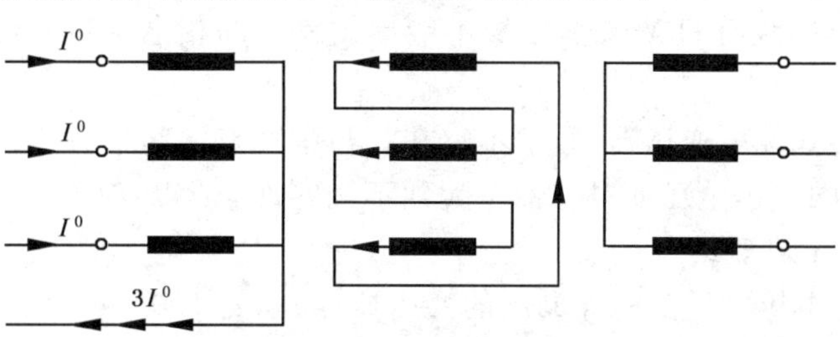

图 15 稳定绕组的作用

这就是在 Yy 联结变压器(或由三台单相变压器组成的三相组)中要用辅助的角接稳定绕组降低连接系统的零序阻抗的原因,由此,也降低了接地故障因数(见 4.4)。此时,将导致接地故障电流增大。

在任一连接系统中出现接地故障时,重要的是要确保角接第三绕组或稳定绕组的承受短路能力足以满足最大的感应零序电流。或者,也可在角接绕组内部接入限流电抗器,以使故障电流降低到容许值。

4.7.3 Yzn 或 ZNy

对于从与Z接绕组相连接的系统来的零序电流而言,变压器便表现为低阻抗(即短路阻抗特性)。对于零序电流来说,Z接绕组本来存在着安匝的平衡。

这就是当主变压器的绕组是角接绕组时,要用一台ZN联结组变压器提供一个中性点,以使中性点接地阻抗与系统相连接的原因。因此,Z接变压器便称为接地变压器或中性点耦合器,见GB/T 10229—1988中第6章。接地变压器用YNd联结组的绕组也可获得同样的功能。

如果Y侧具有中性点接地(YNzn),大致与前述的YNyn一样,变压器对来自这一侧的零序电流便表现为一个励磁阻抗。对零序电流具有固有平衡的Z接绕组,不能为对方Y接绕组中的零序电流提供补偿的安匝。

4.8 连续零序负载(中性点电流)

三相变压器的单相负载既可位于相间也可位于相与中性点之间。

在第一种情况下,一次和二次侧上的电流中含有正序和负序分量,但没有零序。变压器一次侧的相电流分布与三相联结组有关。不可能采用特殊的变压器联接使单相负载转换到一次侧的对称三相负载。允许的负载与各绕组的额定电流有关。

如果负载位于变压器的相与中性点之间,除了绕组的额定电流所引起的限制外,还可能受到其他的限制。根据GB 1094.1—1996中8.1的要求,中性点端子的尺寸设计应按预期的接地故障电流和通过中性点的连续负载电流(如果规定了,这是配电变压器的一个正常运行条件)大小来进行。在GB 1094.1—1996附录A中,要求询价时应包括的信息为:

——与变压器绕组相连接系统的预期运行方式,特别是规定了带有稳定绕组时;

——任何预期的不平衡负载。

根据以上各条所述及绕组联结组、磁路设计和系统接地方式,二次绕组的中性点一般可以承受下述的连续负载:

——Dyn变压器的中性点,可承受绕组额定电流;

——两个中性点均接地的YNyn变压器的中性点,只要系统接地允许(就电压不对称而言),可允许承受额定电流:

——Z接绕组中性点,可承受额定电流;

——Yyn+d变压器(即带有稳定绕组的变压器)的二次绕组中性点端子可带有直到额定电流值的负载,只要其角接绕组的额定容量至少等于二次绕组额定容量的1/3。(第二绕组每相的环流是与二次绕组中的零序电流相平衡,按定义,它是中性点电流的1/3)。

——在带有能承受负载的第三绕组的Yynd变压器中,此第三绕组将具有与稳定绕组(见上面所述)相同的功能。角接绕组中的任何环流电流将会与绕组外部负载电流相结合(如果在变压器角接绕组内部装有电流互感器,此合成电流可以测出);

——没有任何辅助角接绕组的Yyn变压器不能提供良好的相电压对称(此时,一次侧中性点不接地);

——Yyn接的三柱心式配电变压器,通常不宜在相与中性点之间带有负载。如果中性点承受的电流约大于绕组额定电流的10%,电压非对称性将大到不能容许。所以,对于向四线配电系统供电的配电变压器,最好采用Dyn或Yzn联结;

——具有这种联接的中等容量及中等电压的变压器,除承受100%对称负载外,还可向消弧线圈供给2 h的25%额定电流负载而无发热的危险。但是,这种要求尚需特别的确认。

4.9 在异常高的工频电压下的磁路磁阻、励磁阻抗和稳态饱和

电力变压器的等值“单线图”含有一个表示磁路的励磁电流的分路元件。正常运行时,此电流非常小,从而可以忽略不计。例如,在计算电压降时,这种等值线路图是正确的(见第7章)。换句话说,励磁

电感非常高。就励磁特性而言，励磁磁通所遇到的磁阻很低，即主磁通的路径容易励磁。

如果变压器中任一心柱的绕组上的工频电压异常高，在每半个周期中，铁心出现饱和。在此饱和的情况下，磁阻明显的增加。由此，从电源处得到一个急剧增加的峰值励磁电流。

在铁心饱和现象出现期间，有相当多的磁通在铁心外部，如存在于铁心与绕组之间。这可使绕组外部的金属结构件内感应出相当大的涡流，从而，在意想不到的接触点之间引起局部过热和放电。

在严重过载电流时，会出现过大的漏磁通，有可能使变压器内局部出现饱和现象。此漏磁通通过两个绕组之间的空间，且其中的一部分又通过铁心形成回路。此外，在这种条件下，运行电压也很可能是异常的。由于这种综合的结果，将在铁心的某些部分引起预料不到的饱和情况。

4.10 瞬态饱和、涌流

当一台变压器突然合上系统额定电压时，也可能出现一种随机饱和现象，通常称之为涌流(见图16)。

在稳态下，施加于一个绕组相上的两个半零点之间的半波单相电压的电压-时间积分，此乃表示相应的磁通是由某一极性的满磁密值变到另一极性的满磁密值。

但是，在励磁一开始时就出现了干扰的瞬态情况。根据磁路中存在的剩磁极性和电压波形过某一点合闸，在施加电压极性变化之前，瞬态磁密可能达到铁心饱和限值，甚至可能超过此限值。瞬态励磁电流峰值可能达到比额定电流峰值还大，甚至接近于变压器的短路故障电流值。

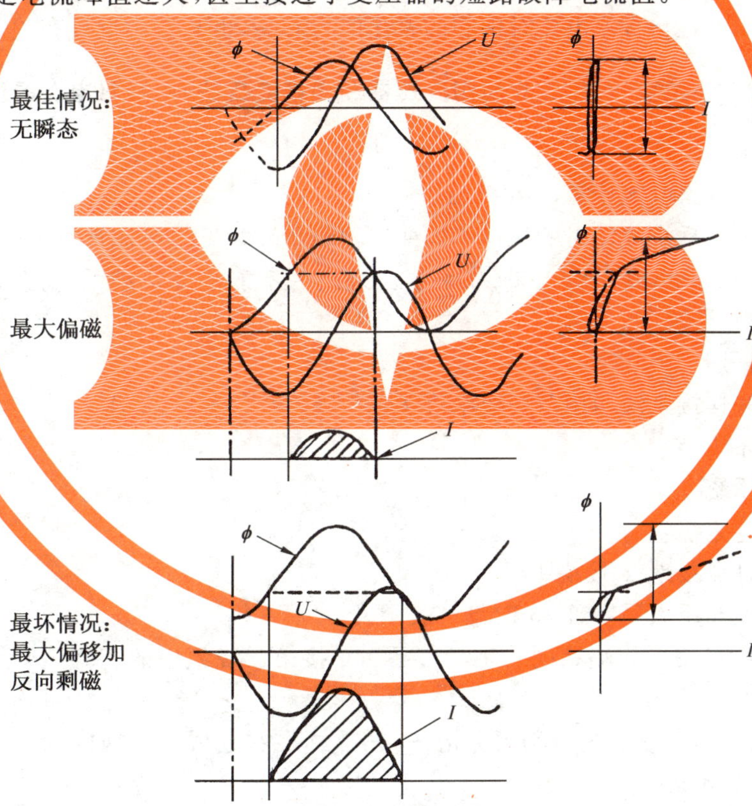

图16 涌流瞬态

从上述现象显然可以看出这是一个随机事件，它有时只在几次合闸中就充分地展现出。来自系统中的涌流，在不同相中具有不同的幅值。当角接绕组或带有有效接地中性点的星接绕组合闸时，这种现象与单个的心柱有联系，而在无中性点电流连接的星接绕组情况下，一开始就包含两柱绕组串联的组合。

当发生高涌流时，总是有偏移并仅出现一个极性的高波幅。因此，涌流含有直流分量并在1 s内衰减。具有低损耗铁心材料的变压器，此衰减时间较长且大型变压器的衰减时间还要更长些。此直流分量和电流的高谐波含量对继电保护电路是很重要的。它可能使与合闸变压器并联的已励磁的变压器出现饱和效应。这种现象伴随着很大的砰砰声，它可持续若干秒，或者甚至几分钟，此后，变压器才恢复至正常的嗡嗡声。

用额定电流倍数表示的预期的涌流最大值，与变压器设计时所选定的工作磁通密度有关。目前所用的铁心材料，其工作磁密值比过去高。线圈的排列也很重要，例如，在一对同轴绕组中，究竟是对内绕组还是对外绕组进行励磁。由于外绕组具有较高的空心电感，因而，从系统中取得较低的涌流。

4.11 地磁感应电流和直流系统中的寄生电流

一个通过变压器中性点进行有效接地的高压交流系统，将为流入地壳的直流或准直流电流提供一个低电阻值的路径。

地磁感应电流主要出现在具有高电阻率砂砾土壤的温带地区。它们出现在变压器中性点处时，有约几十安培幅值的缓慢变化的脉动电流(约几分钟)。

寄生电流是来自于直流牵引系统、阴极保护系统等的地表回流电流。在变压器中性点处，可达到几个安培。

当变压器受到在中性点处的这种直流电流影响时，会使磁路出现直流偏磁。励磁电流变得严重的不对称。为平衡施加的直流电流，此励磁电流也含有较高的谐波含量。这些直流电流将产生如下几个后果：

——变压器声级明显增加。

——电流谐波可能引起继电器功能失效或误动作。

——这些谐波甚至还会引起明显的漏磁过热。

这种现象的严重程度是与直流电流对铁心的磁化能力有关，也与铁心设计有关。

5 中性点接地的三相三绕组变压器(独立绕组变压器和自耦变压器)中短路电流的计算

5.1 概述

三相交流系统中的短路电流计算，见GB/T 15544。

本章提供了不同类型系统故障时的流过不同变压器绕组和端子的电流计算公式。

变压器联结组为YNynd或YNautod(如果第三绕组为不能承受负载的稳定绕组为YNyn+d或YNauto+d)。

5.2 系统和绕组的符号

三个绕组及与其相连接系统均用罗马数字表示：

Ⅰ指高压绕组或系统；

Ⅱ指中压绕组或系统；

Ⅲ指第三绕组或稳定绕组。

绕组Ⅰ和Ⅱ为中性点接地Y接绕组。

每个绕组的三个线端用大写字母A、B和C表示。

Y接绕组中的相绕组用与线端相同的字母表示。角接第三绕组中的相绕组则用两个字母AB、BC和CA表示。

电压、电流或阻抗的各对称分量分别用标记+、-、0标在右上角处，例如：

$Z_{S\,\mathrm{I}}^{+}$系统Ⅰ的正序阻抗；

U_{II}^{0}系统Ⅱ的零序电压。

三相相位移算子的复数为：

$$\alpha=-\frac{1}{2}+\mathrm{j}\frac{\sqrt{3}}{2}=\mathrm{e}^{\mathrm{j}\frac{2\pi}{3}}$$

$$\alpha^{2}=-\frac{1}{2}-\mathrm{j}\frac{\sqrt{3}}{2}=\mathrm{e}^{\mathrm{j}\frac{4\pi}{3}}$$

5.3 变压器参数

用百分数符号表示的基准容量：

S_r(主要绕组Ⅰ和Ⅱ的额定容量)。

绕组的基准电压：

$U_{Ⅰ}$、$U_{Ⅱ}$、$U_{Ⅲ}$(绕组的额定电压)。

绕组的基准电流：

$I_{Ⅰ}$、$I_{Ⅱ}$、$I_{Ⅲ}$(绕组的额定电流)。

因此，绕组的基准阻抗：

$$Z_{r(Ⅰ)} = \frac{U_{Ⅰ}^2}{S_r};Z_{r(Ⅱ)} = \frac{U_{Ⅱ}^2}{S_r}$$

括号内的标记表示该阻抗所归算的电压系统。

阻抗百分数值或标幺值的定义为：

$$Z_{Ⅰ,Ⅱ} = \frac{Z_{Ⅰ,Ⅱ(Ⅰ)}}{Z_{r(Ⅰ)}} = Z_{Ⅰ,Ⅱ(Ⅰ)} \times \frac{S_r}{U_{Ⅰ}^2} = \frac{Z_{Ⅰ,Ⅱ(Ⅱ)}}{Z_{r(Ⅱ)}} = Z_{Ⅰ,Ⅱ(Ⅱ)} \times \frac{S_r}{U_{Ⅱ}^2}$$

式中：$Z_{Ⅰ,Ⅱ(Ⅰ)}$——指归算到电压Ⅰ的绕组Ⅰ和Ⅱ之间的每相阻抗，Ω；

$Z_{Ⅰ,Ⅱ(Ⅱ)}$——指归算到电压Ⅱ的绕组Ⅰ和Ⅱ之间的每相阻抗，Ω；

$Z_{Ⅰ,Ⅱ}$——指绕组Ⅰ和Ⅱ之间的标幺值(或百分数)阻抗。这种表达方式与额定容量 S_r 有关，而与电压侧无关。

所有电压、电流或阻抗的标幺值或百分数用同一字母的小写来表示。

将三绕组系统变换到星形等效网络，且各支路阻抗标幺值计算式如下所示；

$$Z_{Ⅰ} = ½(Z_{Ⅰ,Ⅱ} + Z_{Ⅰ,Ⅲ} - Z_{Ⅱ,Ⅲ})$$

$$Z_{Ⅱ} = ½(Z_{Ⅱ,Ⅲ} + Z_{Ⅰ,Ⅱ} - Z_{Ⅰ,Ⅲ})$$

$$Z_{Ⅲ} = ½(Z_{Ⅰ,Ⅲ} + Z_{Ⅱ,Ⅲ} - Z_{Ⅰ,Ⅱ})$$

各对称分量阻抗如下所述：

正序阻抗，按定义是与在对称三相电流负载下的常规变压器阻抗相同。

变压器的负序阻抗等于正序阻抗。

两个主要绕组之间的零序短路阻抗与常规变压器阻抗通常存在一定程度上的差异。此差异大致为常规阻抗的10%～20%之间，是大些还是小些，则与绕组的排列有关。但是，如果在角接绕组内部接有电抗器，则出现了附加的零序阻抗，因此，零序阻抗将会很大。

5.4　系统Ⅰ和Ⅱ的阻抗

系统阻抗用下标S表示，用以区别变压器短路阻抗。它们如同变压器那样，也是短路阻抗。

正序和负序阻抗假定是相等的，但其零序阻抗却较高。

$$Z_{SⅠ}^{+} = Z_{SⅠ}^{-}$$

$$Z_{SⅠ}^{0} = kZ_{SⅠ}^{+}$$

式中：$1 \leqslant k \leqslant 3$(有效接地)。

类似的关系式也适用于系统Ⅱ。

第三系统阻抗均不参与下述任一计算方法。

绕组Ⅰ和Ⅱ的变压器中性点，或自耦联结的公共中性点，均不通过任何附加阻抗与变电站接地点相连接，否则，会产生附加的零序阻抗。

5.5　本条所研究的各情况的摘要

情况1：系统Ⅱ的单相接地故障(图17a)

情况2：系统Ⅰ的单相接地故障(图18a)

情况3：系统Ⅱ的两相接地故障(图19a)

情况4：系统Ⅰ的两相接地故障(图20a)

情况5：端子Ⅱ的三相短路

情况6：端子Ⅰ的三相短路

情况 7;绕组Ⅲ的三相短路

对于情况 1～4,图 17a～图 20a 已包括了与系统线路相连接的变压器的三相图中的电流流向。图中虽表示自耦变压器的连接,但此计算也适用于独立绕组的连接。

图 17b～图 20b 也表示出与用对称分量法计算短路电流相对应的等值“单线”阻抗网络。此阻抗网络包括三个方框体,它们依次分别为正序、负序和零序阻抗单元。

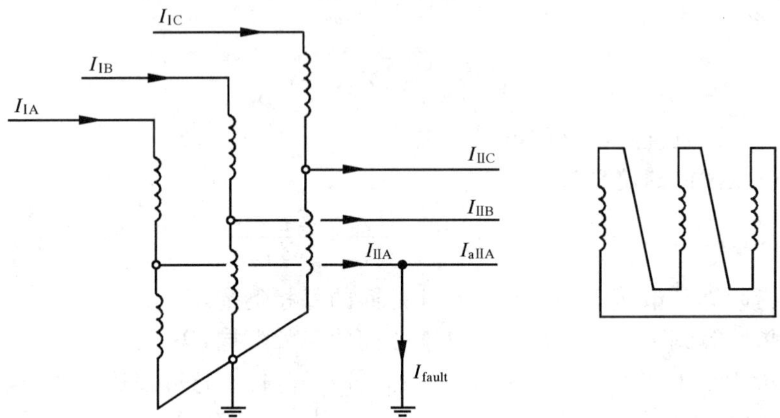

图 17a　情况 1:系统Ⅱ单相接地故障

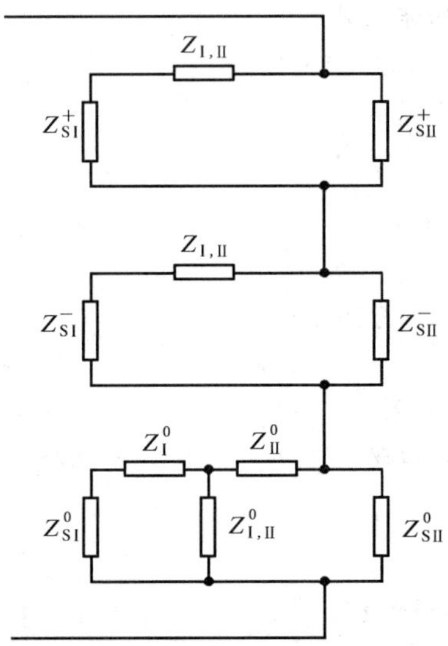

$$Z^+ = \frac{(Z_{I,II} + Z^+_{SI})Z^+_{SII}}{Z_{I,II} + Z^+_{SI} + Z^+_{SII}}$$

$$Z^- = \frac{(Z_{I,II} + Z^-_{SI})Z^-_{SII}}{Z_{I,II} + Z^-_{SI} + Z^-_{SII}}$$

$$Z^0 = \frac{(Z^0_{II} + Z')Z^0_{SII}}{Z^0_{II} + Z' + Z^0_{SII}}$$

$$Z' = \frac{(Z^0_I + Z^0_{SI})Z^0_{I,II}}{Z^0_I + Z^0_{SI} + Z^0_{I,II}}$$

图 17b　情况 1:三相线路图和对称分量阻抗网络

图 17　情况 1

全部阻抗都以系统Ⅱ为基准。

对于本情况,参见附录 A(提示的附录),情况 1:

$$I^+_{II} = I^-_{II} = I^0_{II} = I = \frac{1}{\sqrt{3}} \times \frac{U_{II}}{Z} \quad \cdots\cdots(1)$$

式中　$Z=Z^+ + Z^- + Z^0 = 2Z^+ + Z^0$(因为 $Z^+ = Z^-$)……(2)

故障电流为

$$3I^0_{II} = \frac{\sqrt{3} \times U_{II}}{Z} \quad \cdots\cdots(3)$$

各支路电流

由系统Ⅱ的 A 相(故障相):

$$I_{SIIA} = I^+_{SII} + I^-_{SII} + I^0_{SII} = 2I^+_{SII} + I^0_{SII} = 2\frac{Z^+}{Z^+_{SII}} \times I + \frac{Z^0}{Z^0_{SII}} \times I \quad \cdots\cdots(4)$$

变压器绕组Ⅱ的 A 相:

$$I_{\mathrm{II}A} = 2(I^{+} - I^{+}_{S\mathrm{II}}) + I^{0} - I^{0}_{S\mathrm{II}} = 3I - I_{S\mathrm{II}A} \quad\cdots\cdots(5)$$

B 相(非故障相)：

$$I_{\mathrm{II}B} = I^{+}_{S\mathrm{II}} - I^{0}_{S\mathrm{II}} \quad\cdots\cdots(6)$$

绕组 I 中的各分量电流：

$$I^{+}_{\mathrm{I}} = I^{-}_{\mathrm{I}} = \frac{U_{\mathrm{II}}}{U_{\mathrm{I}}} \times I^{+}_{\mathrm{II}} = \frac{U_{\mathrm{II}}}{U_{\mathrm{I}}}(I - I^{+}_{S\mathrm{II}}) = \frac{U_{\mathrm{II}}}{U_{\mathrm{I}}} \times I\left(1 - \frac{Z^{+}}{Z^{+}_{S\mathrm{II}}}\right) \quad\cdots\cdots(7)$$

$$I^{0}_{\mathrm{I}} = \frac{Z^{0}_{\mathrm{III}}}{Z^{0}_{\mathrm{I}} + Z^{0}_{S\mathrm{I}} + Z^{0}_{\mathrm{III}}} \times \frac{U_{\mathrm{II}}}{U_{\mathrm{I}}} \times I^{0}_{\mathrm{II}} \quad\cdots\cdots(8)$$

式中：$I^{0}_{\mathrm{II}} = (I - I^{0}_{S\mathrm{II}}) = I\left(1 - \frac{Z^{0}}{Z^{0}_{S\mathrm{II}}}\right)$

绕组 I 中的 A 相

$$I_{\mathrm{I}A} = 2I^{+}_{\mathrm{I}} + I^{0}_{\mathrm{I}} \quad\cdots\cdots(9)$$

其他相：

$$I_{\mathrm{I}B} = I^{0}_{\mathrm{I}} - I^{+}_{\mathrm{I}} \quad\cdots\cdots(10)$$

角接绕组中的环流：

$$I_{\mathrm{III}} = \frac{U_{\mathrm{II}}}{U_{\mathrm{III}} \times \sqrt{3}} \times \frac{Z^{0}_{\mathrm{I}} + Z^{0}_{S\mathrm{I}}}{Z^{0}_{\mathrm{I}} + Z^{0}_{S\mathrm{I}} + Z^{0}_{\mathrm{III}}} \times I\left(1 - \frac{Z^{0}}{Z^{0}_{S\mathrm{II}}}\right) \quad\cdots\cdots(11)$$

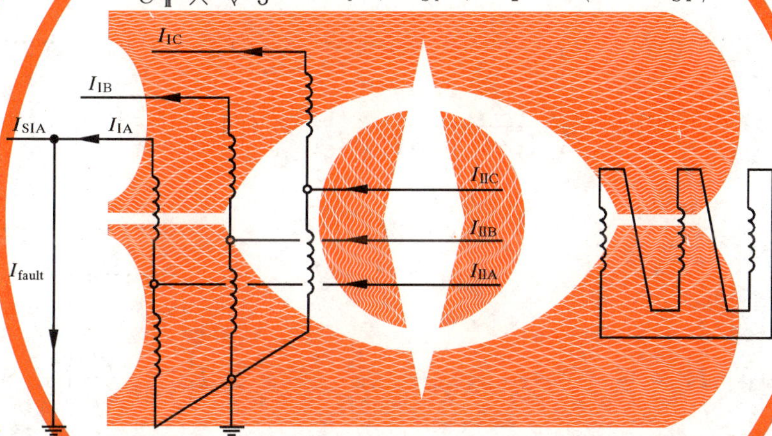

注：本情况与情况 1 类似。只须将下标 I 和 Ⅱ 相互置换，就可由情况 1 结果得到全部参数计算式。

图 18a　情况 2：系统 I 的单相接地故障

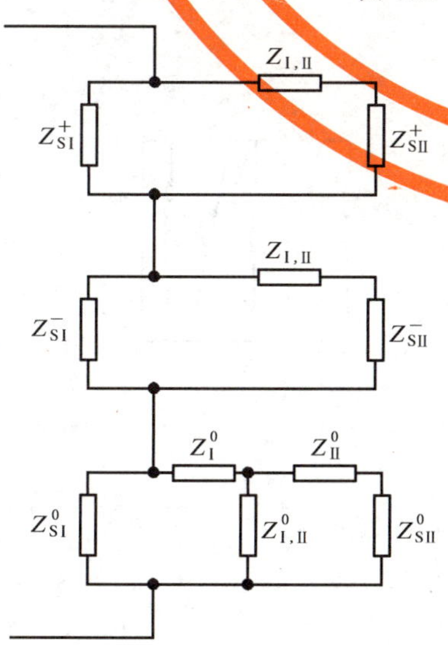

$$Z^{+} = \frac{(Z_{\mathrm{I},\mathrm{II}} + Z^{+}_{S\mathrm{II}})Z^{+}_{S\mathrm{I}}}{Z_{\mathrm{I},\mathrm{II}} + Z^{+}_{S\mathrm{I}} + Z^{+}_{S\mathrm{II}}}$$

$$Z^{-} = \frac{(Z_{\mathrm{I},\mathrm{II}} + Z^{-}_{S\mathrm{II}})Z^{-}_{S\mathrm{I}}}{Z_{\mathrm{I},\mathrm{II}} + Z^{-}_{S\mathrm{I}} + Z^{-}_{S\mathrm{II}}}$$

$$Z^{0} = \frac{(Z^{0}_{\mathrm{I}} + Z')Z^{0}_{S\mathrm{I}}}{Z^{0}_{\mathrm{I}} + Z' + Z^{0}_{S\mathrm{I}}}$$

$$Z' = \frac{(Z^{0}_{\mathrm{II}} + Z^{0}_{S\mathrm{II}})Z^{0}_{\mathrm{I},\mathrm{II}}}{Z^{0}_{\mathrm{II}} + Z^{0}_{S\mathrm{II}} + Z^{0}_{\mathrm{I},\mathrm{II}}}$$

图 18b　情况 2：三相线路图和对称分量阻抗网络

图 18　情况 2

全部阻抗都以系统 Ⅰ 为基准。

对于本情况，见附录 A(提示的附录)，情况 1：

$$I_{\mathrm{I}}^{+}=I_{\mathrm{I}}^{-}=I_{\mathrm{I}}^{0}=I=\frac{1}{\sqrt{3}}\times\frac{U_{\mathrm{I}}}{Z} \qquad (12)$$

式中：

$$Z=Z^{+}+Z^{-}+Z^{0}=2Z^{+}+Z^{0} \qquad (13)$$

故障电流为：

$$3I_{\mathrm{I}}^{0}=\frac{\sqrt{3}\times U_{\mathrm{I}}}{Z} \qquad (14)$$

各支路电流

由系统 Ⅰ 的 A 相(故障相)：

$$I_{\mathrm{SIA}}=I_{\mathrm{SI}}^{+}+I_{\mathrm{SI}}^{-}+I_{\mathrm{SI}}^{0}=2I_{\mathrm{SI}}^{+}+I_{\mathrm{SI}}^{0}=2\frac{Z^{+}}{Z_{\mathrm{SI}}^{+}}\times I+\frac{Z^{0}}{Z_{\mathrm{SI}}^{0}}\times I \qquad (15)$$

变压器绕组 Ⅰ 的 A 相：

$$I_{\mathrm{IA}}=3I-I_{\mathrm{SIA}}=2(I^{+}-I_{\mathrm{SI}}^{+})+I^{0}-I_{\mathrm{SI}}^{0} \qquad (16)$$

B 相(非故障相)

$$I_{\mathrm{IB}}=I_{\mathrm{SI}}^{+}-I_{\mathrm{SI}}^{0} \qquad (17)$$

绕组 Ⅱ 中的各分量电流：

$$I_{\mathrm{II}}^{+}=I_{\mathrm{II}}^{-}=\frac{U_{\mathrm{I}}}{U_{\mathrm{II}}}\times I_{\mathrm{I}}^{+}=\frac{U_{\mathrm{I}}}{U_{\mathrm{II}}}\times I\left(1-\frac{Z^{+}}{Z_{\mathrm{SI}}^{+}}\right) \qquad (18)$$

$$I_{\mathrm{II}}^{0}=\frac{Z_{\mathrm{III}}^{0}}{Z_{\mathrm{II}}^{0}+Z_{\mathrm{SII}}^{0}+Z_{\mathrm{III}}^{0}}\times\frac{U_{\mathrm{I}}}{U_{\mathrm{II}}}\times I\left(1-\frac{Z^{0}}{Z_{\mathrm{SI}}^{0}}\right) \qquad (19)$$

各相电流：

$$I_{\mathrm{IIA}}=2I_{\mathrm{II}}^{+}+I_{\mathrm{II}}^{0} \qquad (20)$$

$$I_{\mathrm{IIB}}=I_{\mathrm{II}}^{0}-I_{\mathrm{II}}^{+} \qquad (21)$$

角接绕组中的环流：

$$I_{\mathrm{III}}=\frac{U_{\mathrm{I}}}{U_{\mathrm{III}}\times\sqrt{3}}\times\frac{Z_{\mathrm{II}}^{0}+Z_{\mathrm{SII}}^{0}}{Z_{\mathrm{II}}^{0}+Z_{\mathrm{SII}}^{0}+Z_{\mathrm{III}}^{0}}\times I\left(1-\frac{Z^{0}}{Z_{\mathrm{SI}}^{0}}\right) \qquad (22)$$

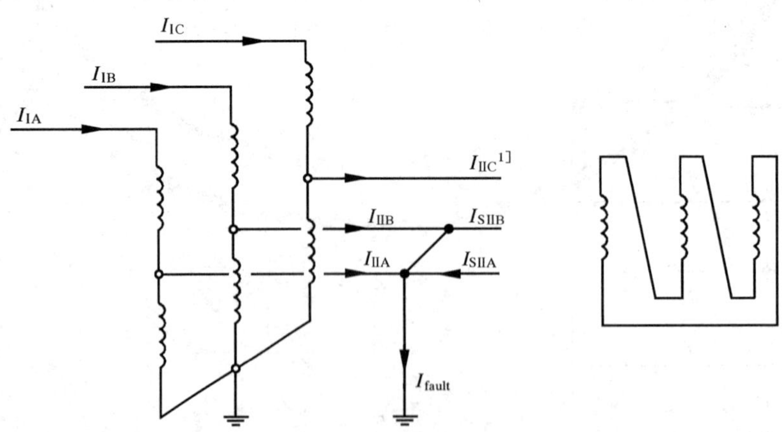

图 19a　情况 3：系统 Ⅱ 上的两相接地故障

图 19　情况 3

采用说明：

1] 原文的相序标错了。

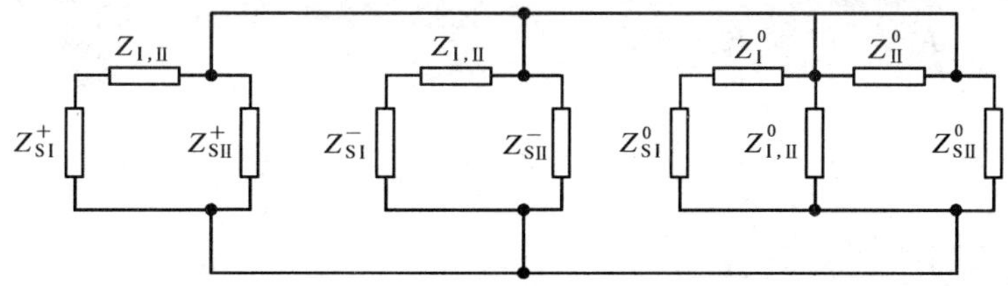

$$Z^+ = \frac{(Z_{I,II} + Z_{SI}^+)Z_{SII}^+}{Z_{I,II} + Z_{SI}^+ + Z_{SII}^+} \qquad Z^- = \frac{(Z_{I,II} + Z_{SI}^-)Z_{SII}^-}{Z_{I,II} + Z_{SI}^- + Z_{SII}^-}$$

$$Z^0 = \frac{(Z_{II}^0 + Z')Z_{SII}^0}{Z_{II}^0 + Z' + Z_{SII}^0} \qquad Z' = \frac{(Z_I^0 + Z_{SI}^0)Z_{I,II}^0}{Z_I^0 + Z_{SI}^0 + Z_{I,II}^0}$$

图 19b 情况 3:三相线路图和对称分量阻抗网络

图 19(完)

全部阻抗以系统 Ⅱ 为基准。

对于本情况(见附录 A,情况 2),电压各分量为:

$$V_{II}^+ = V_{II}^- = V_{II}^0 = \frac{V_{II}}{3} = \frac{U_{II}}{\sqrt{3}} \times \frac{Z}{Z^+} \quad \cdots\cdots(23)$$

式中:

$$\frac{1}{Z} = \frac{1}{Z^+} + \frac{1}{Z^-} + \frac{1}{Z^0} = \frac{Z^+ + 2Z^0}{Z^+ \times Z^0} \quad (因为\ Z^+ = Z^-) \quad \cdots\cdots(24)$$

由此,

$$\frac{V_{II}}{3} = \frac{Z^0}{Z^+ + 2Z^0} \times \frac{U_{II}}{\sqrt{3}} \quad \cdots\cdots(25)$$

故障电流各分量:

$$I^+ \times Z^+ = \frac{U_{II}}{\sqrt{3}} - V_{II}^+ = \frac{U_{II}}{\sqrt{3}}\left(1 - \frac{Z^0}{Z^+ + 2Z^0}\right)$$

$$\left.\begin{aligned} I^+ &= \frac{U_{II}}{\sqrt{3}} \times \frac{Z^+ + Z^0}{Z^+(Z^+ + 2Z^0)} \\ I^- &= \frac{V_{II}^-}{Z^-} = \frac{U_{II}}{\sqrt{3}} \times \frac{-Z^0}{Z^+(Z^+ + 2Z^0)} \\ I^0 &= -\frac{V_{II}^0}{Z^0} = \frac{U_{II}}{\sqrt{3}} \times \frac{-1}{Z^+ + 2Z^0} \end{aligned}\right\} \quad \cdots\cdots(26)$$

系统 Ⅱ 中的各分量电流

$$\left.\begin{aligned} I_{SII}^+ &= I^+ \times \frac{Z^+}{Z_{SII}^+} \\ I_{SII}^- &= I^- \times \frac{Z^-}{Z_{SII}^-} = I^- \times \frac{Z^+}{Z_{SII}^+} \\ I_{SII}^0 &= I^0 \times \frac{Z^-}{Z_{SII}^0} \end{aligned}\right\} \quad \cdots\cdots(27)$$

系统 Ⅱ 中的相电流

$$\left.\begin{aligned} I_{SIIA} &= I_{SII}^+ + I_{SII}^- + I_{SII}^0 \\ I_{SIIB} &= \alpha^2 I_{SII}^+ + \alpha I_{SII}^- + I_{SII}^0 \\ I_{SIIC} &= \alpha I_{SII}^+ + \alpha^2 I_{SII}^- + I_{SII}^0 \end{aligned}\right\} \quad \cdots\cdots(28)$$

变压器绕组 Ⅱ 中各分量电流

$$\left.\begin{array}{l}I_{\mathrm{II}}^{+}=I^{+}-I_{\mathrm{SII}}^{+}=I^{+}\left(1-\dfrac{Z^{+}}{Z_{\mathrm{SII}}^{+}}\right)\\ I_{\mathrm{II}}^{-}=I^{-}-I_{\mathrm{SII}}^{-}=I^{-}\left(1-\dfrac{Z^{-}}{Z_{\mathrm{SII}}^{-}}\right)=I^{-}\left(1-\dfrac{Z^{+}}{Z_{\mathrm{SII}}^{+}}\right)\\ I_{\mathrm{II}}^{0}=I^{0}-I_{\mathrm{SII}}^{0}=I^{0}\left(1-\dfrac{Z^{0}}{Z_{\mathrm{SII}}^{0}}\right)\end{array}\right\} \quad\cdots\cdots(29)$$

绕组Ⅱ中的相电流：

$$\left.\begin{array}{l}I_{\mathrm{IIA}}=I_{\mathrm{II}}^{+}+I_{\mathrm{II}}^{-}+I_{\mathrm{II}}^{0}\\ I_{\mathrm{IIB}}=\alpha^{2}I_{\mathrm{II}}^{+}+\alpha I_{\mathrm{II}}^{-}+I_{\mathrm{II}}^{0}\\ I_{\mathrm{IIC}}=\alpha I_{\mathrm{II}}^{+}+\alpha^{2}I_{\mathrm{II}}^{-}+I_{\mathrm{II}}^{0}\end{array}\right\} \quad\cdots\cdots(30)$$

线路和绕组Ⅰ中的各分量电流：

$$\left.\begin{array}{l}I_{\mathrm{I}}^{+}=\dfrac{U_{\mathrm{II}}}{U_{\mathrm{I}}}\times I_{\mathrm{II}}^{+}\\ I_{\mathrm{I}}^{-}=\dfrac{U_{\mathrm{II}}}{U_{\mathrm{I}}}\times I_{\mathrm{II}}^{-}\\ I_{\mathrm{I}}^{0}=\dfrac{U_{\mathrm{II}}}{U_{\mathrm{I}}}\times\dfrac{Z_{\mathrm{III}}^{0}}{Z_{\mathrm{III}}^{0}+Z_{\mathrm{I}}^{0}+Z_{\mathrm{SII}}^{0}}\times I_{\mathrm{II}}^{0}\end{array}\right\} \quad\cdots\cdots(31)$$

相电流

$$\left.\begin{array}{l}I_{\mathrm{IA}}=I_{\mathrm{I}}^{+}+I_{\mathrm{I}}^{-}+I_{\mathrm{I}}^{0}\\ I_{\mathrm{IB}}=\alpha^{2}I_{\mathrm{I}}^{+}+\alpha I_{\mathrm{I}}^{-}+I_{\mathrm{I}}^{0}\\ I_{\mathrm{IC}}=\alpha I_{\mathrm{I}}^{+}+\alpha^{2}I_{\mathrm{I}}^{-}+I_{\mathrm{I}}^{0}\end{array}\right\} \quad\cdots\cdots(32)$$

角接绕组中的环流：

$$I_{\mathrm{III}}=\frac{U_{\mathrm{II}}}{U_{\mathrm{III}}\times\sqrt{3}}\times\frac{Z_{\mathrm{I}}^{0}+Z_{\mathrm{SI}}^{0}}{Z_{\mathrm{I}}^{0}+Z_{\mathrm{SI}}^{0}+Z_{\mathrm{III}}^{0}}\times I_{\mathrm{II}}^{0} \quad\cdots\cdots(33)$$

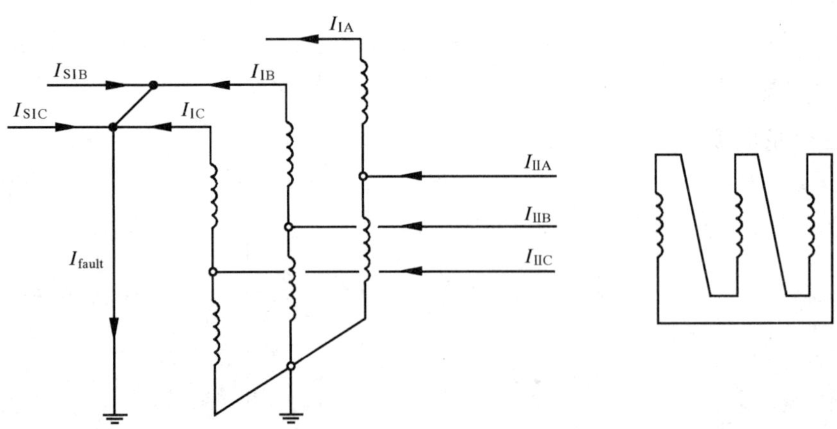

注：本情况与情况 3 类似。只须将下标Ⅰ和Ⅱ相互置换，就可由情况 3 结果得到全部参数计算式。

图 20a　情况 4：系统Ⅰ的两相接地故障

图 20　情况 4

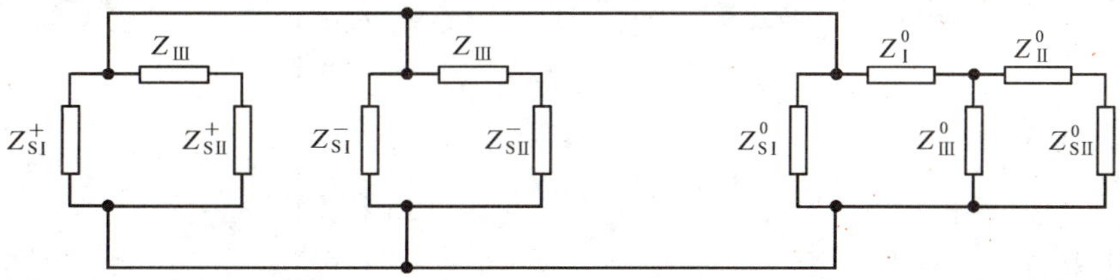

$$Z^{+}=\frac{(Z_{I,II}+Z_{SII}^{+})Z_{SI}^{+}}{Z_{I,II}+Z_{SII}^{+}+Z_{SI}^{+}} \qquad Z^{-}=\frac{(Z_{I,II}+Z_{SII}^{-})Z_{SI}^{-}}{Z_{I,II}+Z_{SI}^{-}+Z_{SII}^{-}}$$

$$Z^{0}=\frac{(Z_{I}^{0}+Z')Z_{SI}^{0}}{Z_{I}^{0}+Z'+Z_{SI}^{0}} \qquad Z'=\frac{(Z_{II}^{0}+Z_{SII}^{0})Z_{I,II}^{0}}{Z_{II}^{0}+Z_{SII}^{0}+Z_{I,II}^{0}}$$

图 20b 情况 4：三相线路图和对称分量阻抗网络

图 20(完)

全部阻抗都以系统 I 为基准。

对于本情况，电压各分量为：

$$V_{I}^{+}=V_{I}^{-}=V_{I}^{0}=\frac{V_{I}}{3}=\frac{U_{I}}{\sqrt{3}}\times\frac{Z}{Z^{+}} \quad \cdots\cdots(34)$$

式中：

$$\frac{1}{Z}=\frac{1}{Z^{+}}+\frac{1}{Z^{-}}+\frac{1}{Z^{0}}=\frac{Z^{+}+2Z^{0}}{Z^{+}\times Z^{0}} \quad (\text{因为 } Z^{+}=Z^{-}) \quad \cdots\cdots(35)$$

由此，

$$\frac{V_{I}}{3}=\frac{Z^{0}}{Z^{+}+2Z^{0}}\times\frac{U_{I}}{\sqrt{3}} \quad \cdots\cdots(36)$$

故障电流各分量：

$$I^{+}\times Z^{+}=\frac{U_{I}}{\sqrt{3}}-V_{I}^{+}=\frac{U_{I}}{\sqrt{3}}\left(1-\frac{Z^{0}}{Z^{+}+2Z^{0}}\right)$$

$$\left.\begin{aligned}I^{+}&=\frac{U_{I}}{\sqrt{3}}\times\frac{Z^{+}+Z^{0}}{Z^{+}(Z^{+}+2Z^{0})}\\I^{-}&=\frac{V_{I}^{-}}{Z^{-}}=\frac{U_{I}}{\sqrt{3}}\times\frac{-Z^{0}}{Z^{+}(Z^{+}+2Z^{0})}\\I^{0}&=-\frac{V_{I}^{0}}{Z^{0}}=\frac{U_{I}}{\sqrt{3}}\times\frac{-1}{Z^{+}+2Z^{0}}\end{aligned}\right\} \quad \cdots\cdots(37)$$

系统 I 中的各分量电流：

$$\left.\begin{aligned}I_{SI}^{+}&=I^{+}\times\frac{Z^{+}}{Z_{SI}^{+}}\\I_{SI}^{-}&=I^{-}\times\frac{Z^{-}}{Z_{SI}^{-}}=I^{-}\times\frac{Z^{+}}{Z_{SI}^{+}}\\I_{SI}^{0}&=I^{0}\times\frac{Z^{0}}{Z_{SI}^{0}}\end{aligned}\right\} \quad \cdots\cdots(38)$$

系统 I 中的相电流：

$$\left.\begin{aligned}I_{SIA}&=I_{SI}^{+}+I_{SI}^{-}+I_{SI}^{0}\\I_{SIB}&=\alpha^{2}I_{SI}^{+}+\alpha I_{SI}^{-}+I_{SI}^{0}\\I_{SIC}&=\alpha I_{SI}^{+}+\alpha^{2}I_{SI}^{-}+I_{SI}^{0}\end{aligned}\right\} \quad \cdots\cdots(39)$$

变压器绕组 I 中的各分量电流：

$$\left.\begin{aligned} I_{\mathrm{I}}^{+} &= I^{+} - I_{\mathrm{S\,I}}^{+} = I^{+}\left(1 - \frac{Z^{+}}{Z_{\mathrm{S\,I}}^{+}}\right) \\ I_{\mathrm{I}}^{-} &= I^{-} - I_{\mathrm{S\,I}}^{-} = I^{-}\left(1 - \frac{Z^{-}}{Z_{\mathrm{S\,I}}^{-}}\right) \\ I_{\mathrm{I}}^{0} &= I^{0} - I_{\mathrm{S\,I}}^{0} = I^{0}\left(1 - \frac{Z^{0}}{Z_{\mathrm{S\,I}}^{0}}\right) \end{aligned}\right\} \quad \cdots\cdots (40)$$

绕组Ⅰ中的相电流：

$$\left.\begin{aligned} I_{\mathrm{I\,A}} &= I_{\mathrm{I}}^{+} + I_{\mathrm{I}}^{-} + I_{\mathrm{I}}^{0} \\ I_{\mathrm{I\,B}} &= \alpha^{2} I_{\mathrm{I}}^{+} + \alpha I_{\mathrm{I}}^{-} + I_{\mathrm{I}}^{0} \\ I_{\mathrm{I\,C}} &= \alpha I_{\mathrm{I}}^{+} + \alpha^{2} I_{\mathrm{I}}^{-} + I_{\mathrm{I}}^{0} \end{aligned}\right\} \quad \cdots\cdots (41)$$

线路和绕组Ⅱ中的各分量电流：

$$\left.\begin{aligned} I_{\mathrm{II}}^{+} &= \frac{U_{\mathrm{I}}}{U_{\mathrm{II}}} \times I_{\mathrm{I}} \\ I_{\mathrm{II}}^{-} &= \frac{U_{\mathrm{I}}}{U_{\mathrm{II}}} \times I_{\mathrm{I}}^{-} \\ I_{\mathrm{II}}^{0} &= \frac{U_{\mathrm{I}}}{U_{\mathrm{II}}} \times \frac{Z_{\mathrm{III}}^{0}}{Z_{\mathrm{III}}^{0} + Z_{\mathrm{II}}^{0} + Z_{\mathrm{S\,II}}^{0}} \times I_{\mathrm{I}}^{0} \end{aligned}\right\} \quad \cdots\cdots (42)$$

相电流

$$\left.\begin{aligned} I_{\mathrm{II\,A}} &= I_{\mathrm{II}}^{+} + I_{\mathrm{II}}^{-} + I_{\mathrm{II}}^{0} \\ I_{\mathrm{II\,B}} &= \alpha^{2} I_{\mathrm{II}}^{+} + \alpha I_{\mathrm{II}}^{-} + I_{\mathrm{II}}^{0} \\ I_{\mathrm{II\,C}} &= \alpha I_{\mathrm{II}}^{+} + \alpha^{2} I_{\mathrm{II}}^{-} + I_{\mathrm{II}}^{0} \end{aligned}\right\} \quad \cdots\cdots (43)$$

角接绕组中的环流：

$$I_{\mathrm{III}} = \frac{U_{\mathrm{I}}}{U_{\mathrm{III}} \times \sqrt{3}} \times \frac{Z_{\mathrm{II}}^{0} + Z_{\mathrm{S\,II}}^{0}}{Z_{\mathrm{II}}^{0} + Z_{\mathrm{S\,II}}^{0} + Z_{\mathrm{III}}^{0}} \times I_{\mathrm{I}}^{0} \quad \cdots\cdots (44)$$

情况5：端子Ⅱ的三相短路

本情况仅含有正序。

系统Ⅱ的每相故障电流：

$$I_{\mathrm{II}} = \frac{U_{\mathrm{II}}}{\sqrt{3} \times Z^{+}} \quad \cdots\cdots (45)$$

其中：$Z^{+} = Z_{\mathrm{S\,I}}^{+} + Z_{(\mathrm{I},\mathrm{II})}$　　阻抗均以系统Ⅱ为基准。

绕组Ⅰ中的每相电流：

$$I_{\mathrm{I}} = I_{\mathrm{II}} \times \frac{U_{\mathrm{II}}}{U_{\mathrm{I}}} \quad \cdots\cdots (46)$$

绕组Ⅲ中无环流。

情况6：端子Ⅰ的三相短路

本情况仅含有正序。

每相故障电流：

$$I_{\mathrm{I}} = \frac{U_{\mathrm{I}}}{\sqrt{3} \times Z^{+}} \quad \cdots\cdots (47)$$

其中：$Z^{+} = Z_{\mathrm{S\,II}}^{+} + Z_{(\mathrm{I},\mathrm{II})}$　　阻抗均以系统Ⅰ为基准。

绕组Ⅱ中的每相电流

$$I_{\mathrm{II}} = I_{\mathrm{I}} \times \frac{U_{\mathrm{I}}}{U_{\mathrm{II}}} \quad \cdots\cdots (48)$$

绕组Ⅲ中无环流。

情况 7:绕组Ⅲ的三相短路

本情况仅含有正序:

$$Z^{+}=Z_{\mathrm{III}}^{+}+\frac{(Z_{\mathrm{SI}}^{+}+Z_{\mathrm{I}}^{+})(Z_{\mathrm{SII}}^{+}+Z_{\mathrm{II}}^{+})}{Z_{\mathrm{SI}}^{+}+Z_{\mathrm{I}}^{+}+Z_{\mathrm{SII}}^{+}+Z_{\mathrm{II}}^{+}} \quad \cdots\cdots(49)$$

阻抗均以绕组Ⅲ为基准。

短路电流—线路电流:

$$I_{\mathrm{III}}=\frac{U_{\mathrm{III}}}{\sqrt{3}\times Z^{+}} \quad \cdots\cdots(50)$$

每相绕组的短路电流:

$$\frac{1}{\sqrt{3}}\times I_{\mathrm{III}} \quad \cdots\cdots(51)$$

由系统Ⅰ和Ⅱ承受的故障电流:

$$I_{\mathrm{I(III)}}=I_{\mathrm{III}}\times\frac{Z_{\mathrm{SII}}^{+}+Z_{\mathrm{II}}^{+}}{Z_{\mathrm{SI}}^{+}+Z_{\mathrm{I}}^{+}+Z_{\mathrm{SII}}^{+}+Z_{\mathrm{II}}^{+}} \quad \cdots\cdots(52)$$

$$I_{\mathrm{II(III)}}=I_{\mathrm{III}}-I_{\mathrm{I(III)}} \quad \cdots\cdots(53)$$

绕组Ⅰ和Ⅱ中的电流:

$$I_{\mathrm{I}}=I_{\mathrm{I(III)}}\times\frac{U_{\mathrm{III}}}{U_{\mathrm{I}}} \quad \cdots\cdots(54)$$

$$I_{\mathrm{II}}=I_{\mathrm{II(III)}}\times\frac{U_{\mathrm{III}}}{U_{\mathrm{II}}} \quad \cdots\cdots(55)$$

6 三相系统中的变压器并联运行

在本章中,并联运行是指相同供电设施中变压器之间采取端子对端子直接相连接下的运行。只考虑双绕组变压器。从逻辑上说,也适用于三台单相变压器组成的三相组。

为了能成功地并联运行,变压器需要:

——具有相同的相位关系—钟时序数(其他可能的联结组将在下面补述);

——在允许偏差内,电压比相同(对有载调压变压器,级电压也相同),且具有相近的分接范围。

——在允许偏差内,其相对短路阻抗(阻抗百分数)相同。这也意味着两台变压器在分接范围内的相对阻抗的变化应相近。

这三个条件将在下列各条中作详细说明。

重要的是,当一台变压器准备要与一台已有的变压器作并联运行时,在其招标规范书中应包括此已有变压器的相关信息。有关其联结组,应谨慎地告知。

——两台容量差别过大(例如大于 1∶2)的变压器不宜并联运行。其固有阻抗百分数的最佳设计是随变压器的规格而变化的。

——根据不同设计概念制造的变压器在其分接范围内,可能存在着不同的阻抗水平和不同的变化趋势。

——不必对某些参数有少量失配的后果表示过多的担心。例如,对两台并联的变压器,没有必要准确地提出相同的分接电压。分接级通常是少到使错开的分接能合理的运行。然而,当分接级过多(见 6.2 和 6.3)时,亦应引起注意。

规定的和保证的电压比及短路阻抗参数应符合 GB 1094.1—1996 表 1 和第 9 章中的允许偏差。在特殊情况下,特别是在并联运行下,可能要求更严格的偏差,参见 GB 1094.1—1996 表 1 中的注 2。

实际上,两台不同设计的变压器,若它们之间的相对负载失配率一般不大于 10%时,则认为是合理的。

6.1 三相联结组和相位关系配合

图 21 示出的三相变压器常用的联结组，是引自 GB 1094.1—1996 附录 D。在每个方框中，还表示出 1 个或 2 个变换的钟时序数。这意味着，例如，如果一台具有钟时序数 1 的变压器二次端子，可非常简单地通过循环变换（Ⅱ变为Ⅰ，Ⅲ变为Ⅱ和Ⅰ变为Ⅲ）来重新命名，由于相位移变化了 120°电气角度，故钟时序数便变为 5。由此，当两台变压器的联结组钟时序数相差 4 或 8 时，只须将其中一台变压器的任何一侧的连接线作循环变换后，就可并联连接运行。

甚至，还可以使用一台具有钟时序数 1 或 5 的变压器与一台具有钟时序数 11 或 7 的变压器并联运行，只要将其中一台两侧的相序倒过来即可。

由于零序阻抗特性不同，不推荐将 Dyn 和 Yzn 接变压器作并联运行。

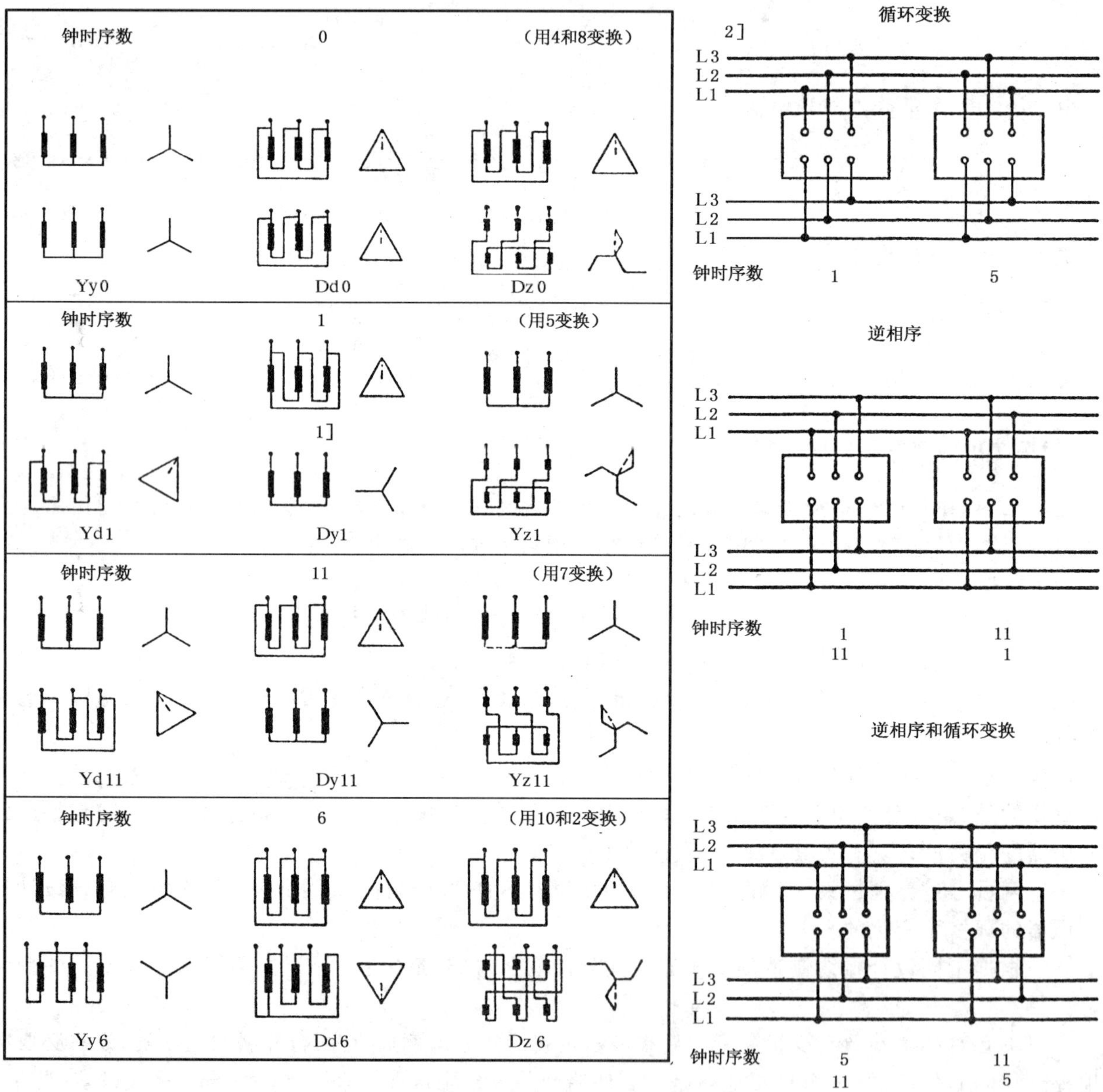

图 21　常用的三相联结组以及一些可能的并联

采用说明：

1] 原文两相短接了。

2] 端子标志按我国习惯改为“L1、L2、L3”。

6.2　电压比的差异及环流

如果将电压比略有差异的两台变压器并联励磁，则将在变压器之间产生环流。此环流近似值按下述方法确定。

有两台变压器 a 和 b，其额定容量分别为 S_a 和 S_b，相对短路阻抗分别为 Z_a 和 Z_b，令其在空载状态下由任一侧并联励磁。在变压器的相对侧上的感应空载电压 U_a 和 U_b 之间的差，可表示为平均电压的分数 p。此平均电压可假定为近似地等于额定电压 U_r：

$$p=(U_a-U_b)/\frac{U_a+U_b}{2}\approx\frac{U_a-U_b}{U_r} \qquad (56)$$

电压差会通过两台并联变压器阻抗相串联后之总和产生环流。由于阻抗主要是感性，故环流也是感性的。

环流 I_c 和相应的电抗容量 Q_c，分别表示为各台变压器的额定电流 I_r 和额定容量 S_r 的分数，其近似值为：

$$\frac{I_c}{I_{ra}}=\frac{Q_c}{S_{ra}}\approx\frac{p}{Z_a+\frac{S_{ra}}{S_{rb}}\times Z_b};\frac{I_c}{I_{rb}}=\frac{Q_c}{S_{rb}}\approx\frac{(-p)}{Z_b+\frac{S_{rb}}{S_{ra}}\times Z_a} \qquad (57)$$

如果两台变压器的容量相同且相对短路阻抗也相同，则这些表达式右边可简化为：

$$\pm\frac{p}{2z} \qquad (58)$$

例：

当 $p=0.01$ 额定电压，且 $z=0.1$ 标幺值(p.u.)时，环流将为额定电流的 1/20。此感性电流将按矢量与负载电流相加。只要负载功率因数相对地高些，两台变压器各自合成电流之间的算术差将变得非常小。这个条件与通常的假定相比，确实没有什么困难。

分析表明，在一先一后的分接操作中，其环流幅值的大小，是与两台并联连接变压器的分接开关交错一个分接级时相对应。

在一定条件下，甚至有意使分接交错，以便补偿由于不同短路阻抗值引起的环流电抗分量(见6.3)。

6.3　不相等的短路阻抗

当两台变压器的短路阻抗相等时，这表示在相等的标幺值负载(等于用额定电流百分数表示的负载电流，或等于用额定容量百分数表示的负载容量)下，它们具有相同的电压降。如果并联连接，它们所承担的负载是与各自的额定容量值成正比。

当并联连接的变压器的短路阻抗不相等时，阻抗低的变压器同阻抗值高的变压器相比，其负载容量占有较高的额定容量百分数，以使两台变压器绝对电压降相等。这多少会增加变压器的合成功率损耗，此外，还可能限制了供电设施的负载能力。

不平衡负载的计算如下：

如上述各条所述，设 a 和 b 分别表示具有额定容量 S_{ra}和 S_{rb}的两台变压器，其相应短路阻抗分别为 Z_a 和 Z_b。变压器的电压比相同。设它们要承担的负载用 S 表示。各台承担的负载分别为 S_a 和 S_b，故有：

$$\frac{S_a}{S_{ra}}=\frac{S}{S_{ra}+\frac{Z_a}{Z_b}\times S_{rb}};\frac{S_b}{S_{rb}}=\frac{S}{S_{rb}+\frac{Z_b}{Z_a}\times S_{ra}} \qquad (59)$$

例：

变压器　　a：$S_{ra}=10$ MVA，$Z_a=10\%$

　　　　　b：$S_{rb}=20$ MVA，$Z_b=12\%$

总负载 $S=27$ MVA，为二台变压器额定容量值之和的 90%。

各台变压器实际负载为：

$$S_a/S_{ra}=1.01;S_b/S_{rb}=0.84$$

$$S_a=10\times1.01\approx10\ \text{MVA};S_b=20\times0.84\approx17\ \text{MVA}$$

变压器 a 为满载，与此同时，变压器 b 仅占额定容量的 84%。

与理想负载分配相比，这种组合的理论负载能力可能降低约 10%。但是，如果是涉及与现有变压器组合的问题，则上述结果还是相当合理的。根据 GB 1094.1，一台新变压器在主分接位置上的短路阻抗允许偏差为宣布值的 7.5%～10%。对其他分接位置，其允许偏差要放宽些。

在实际中，通常忽略两台并联变压器之间的由于配合不佳对组合后的负载损耗所带来的影响。

有时有意错开两台分接开关的分接位置以便尽可能对短路阻抗值不相等所带来效应进行局部的补偿。但是，这种补偿仅对负载电流的无功分量起作用，并且也仅当功率因数相当低时有效果。

6.4　分接范围内短路阻抗的变化，绕组排列的影响

GB 1094.1—1996 中 5.5 涉及询价时对带有分接开关调压的变压器的短路阻抗规定的各种方法。在该条注中指出了分接范围内的阻抗变化的全面规定，这将要求用非常严格的方式来限制绕组的排列。

对各调压分接的阻抗值允许偏差按 GB 1094.1—1996(第 9 章和表 1)。也有另一种规定分接的方法，它是采用围绕阻抗允许范围的界限法。实际上，这种方法可能有更大的灵活性(见 GB 1094.1—1996 附录 C)。

图 22 系用图示的方式说明一台带有与高压主绕组相串联的单独布置的分接绕组变压器的串联阻抗的典型变化特性曲线。分接绕组可以像主绕组那样位于低压绕组的同一侧(图 22a)或在相对的一侧(图 22b)。

图 22 是同等地适用于同心式绕组的心式变压器和带有轴向交叠布置绕组的壳式变压器。例如，两台心式变压器的绕组排列，从铁心开始向外顺序为：

——低压—高压主绕组—分接绕组。见图 22a；

——分接绕组—低压—高压主绕组，见图 22b。

两种排列都在使用，对于一定的额定容量和电压范围内，优先选择用那一种方案，制造厂可能给予标准化了。但是，两种可选择方案给出了整个分接范围内的阻抗变化相反的趋势。

分接绕组中励磁匝的变化会引起漏磁通图的变化和使变压器的相应的漏磁磁导发生变化。在分接绕组邻接高压主绕组(图 22a)的情况下，当调压匝数增加是与主绕组相加时，后者也增加；当调压匝数增加是与主绕组相减时，后者便减小。当分接绕组不与高压主绕组邻接(图 22b)时，匝数变化对漏磁磁导变化趋势的效果正好相反。此外，对于图 22a 的排列，其漏磁磁导变化较小；对于图 22b 的排列，其变化更大。

短路阻抗百分数(及其变化)仅反映了漏磁磁导(及其变化)，当令一个恒定的额定容量为基准值时，它必然与所考虑哪一侧无关。同样地，绝对短路阻抗(用欧姆表示)的变化，从匝数不变的绕组(LV)来看，仅反映了漏磁磁导的变化。

以上叙述，可用图 22a 和 22b 中的曲线①表示出。对于图 22a 的排列，其变化较小；而对于图 22b 中的排列，则具有更明显的变化。

绝对短路阻抗值(用欧姆表示)变化，从匝数可变的绕组(HV 绕组)来看，既反映了漏磁磁导变化，也反映了励磁匝数的平方关系，这是由于基准值是与励磁匝数的平方成正比。对于图 22a 中的排列，励磁匝数平方的变化趋势与漏磁磁导变化相同，从而使总变化加强。对于图 22b 中排列，正好相反，励磁匝数的变化趋势与磁导变化相反，这样，总变化便减小。这用图 22a 和图 22b 中的曲线②来表示。

在详细分析与实际变压器分接有关的短路故障电流中，这些考虑是很重要的。

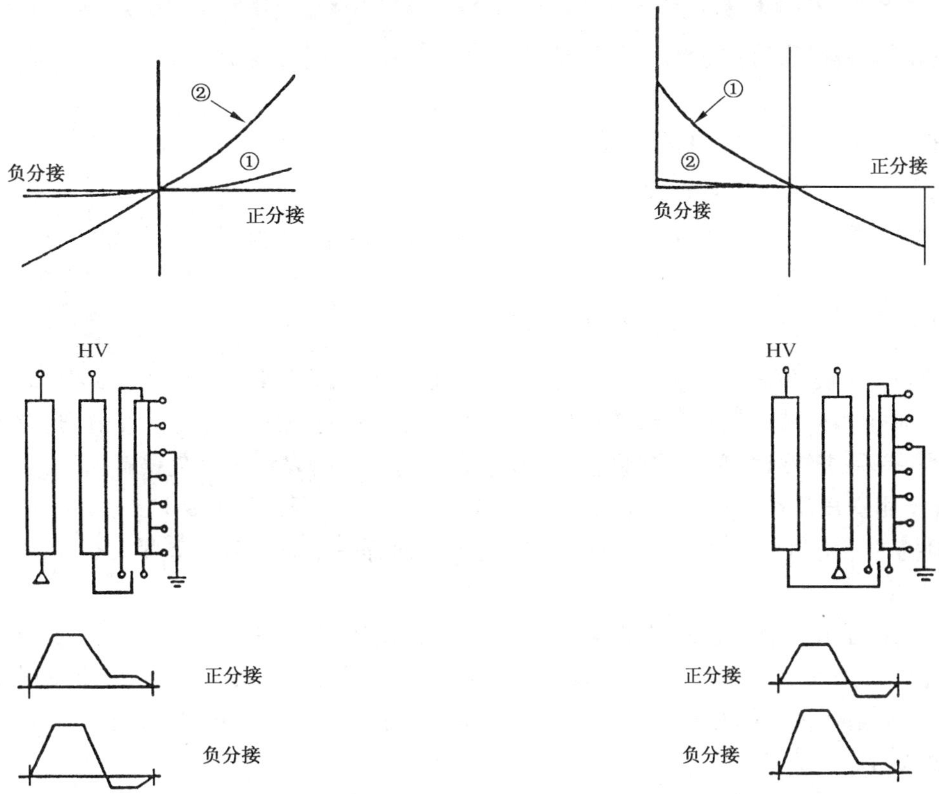

图 22a　HV 和调压绕组外部的 LV 绕组　　图 22b　HV 和调压绕组之间的 LV 绕组

① 从无分接的绕组(低压)侧得到的阻抗欧姆值变化

② 从带分接绕组(高压)侧得到的阻抗欧姆值的变化

图 22　与调压绕组位置有关的分接范围下的阻抗变化

7　规定负载的电压降计算、三绕组变压器负载损耗

7.1　电压降计算的必要性

IEC(包括 GB)关于变压器额定容量和额定电压的定义，是指其额定容量为输入容量，并且施加于输入端子(一次端子)的运行电压，原则上应不超过额定电压(见 GB 1094.1—1996 中 4.1)。

因此，负载条件下的最大输出电压为额定电压(或分接电压)减去一个电压降。在额定电流和额定输入电压下的输出容量，原则上等于额定容量减去变压器所消耗的容量(有功功率损耗和无功功率)。

在北美，额定容量(MVA)是以二次额定电压为基础的，而此额定二次电压是靠施加于一次绕组的电压必须补偿在额定二次电流和滞后功率因数不小于 80%下的变压器中的电压降来保持。用这种方法计算电压降的实际差别是比较小的。公式(67)示出这种差别。

为了满足规定负载条件下的规定输出电压，就必须确定相应的额定电压，因此，要考虑用已知的或估算的变压器短路阻抗值来计算电压降。本章所推导的表达式是符合 IEC 关于变压器额定值和损耗等方面的定义。

7.2　双绕组变压器的短路阻抗及其等效图

变压器的电压降定义为某一绕组的空载电压与该绕组在规定负载和功率因数下所产生的电压之间的算术差，见 GB 1094.1—1996 中 3.7.2 和 GB/T 2900.15—1997 中 2.1.40。如无另行规定，额定电压(或分接电压，如果是这种情况时)是指其他绕组(一次绕组)施加的电压。

变压器的惯用等效电路包括一个产生电压降的线性串联阻抗(对一台多绕组变压器，则为包括一个阻抗网络)。此串联阻抗是用短路阻抗来表示，它可由变压器的例行试验测出。见 GB 1094.1—1996 中 10.4 短路阻抗和负载损耗测量。电压降与实际电压无关，因为在电压降计算中，与电压相关的励磁电流可忽略不计。

通过试验，可以将串联阻抗中的表示负载损耗的电阻和电抗分别求出：

$$Z = R + \mathrm{j}\,X$$

通常，阻抗表示为相对值的形式，即表示为变压器的参考阻抗 Z_{ref}的分数值和百分数。此相对阻抗形式为：

$$z = r + \mathrm{j}\,x \qquad \text{式中：} z = 100\frac{Z}{|Z_{ref}|}$$

$$\text{而 } Z_{ref}\text{为：} Z_{ref} = \frac{U_{ref}^2}{S_{ref}}$$

U_{ref}为 Z 和 Z_{ref}所属的绕组上的电压。（如无另行规定，它就是绕组的额定电压，但如果不是主分接而是其他分接，则改用分接电压作为参考电压）。S_{ref}为相关的一对绕组的容量基准值。通常，额定容量是指一对绕组中任何一个绕组的额定容量值，但是，基准值应予明确表示出以免误解。

对于一台三相变压器，Z 和 Z_{ref}为每相阻抗（等效星形联结）；见 GB 1094.1—1996 中 3.7.1。根据 GB 1094.1，阻抗的相对值或百分数与试验时一对绕组中的哪一个绕组励磁和哪一个绕组短路无关。

7.3 负载的说明

变压器的负载可用一个任意值 S 的视在功率（并非额定容量）和一个相角 φ 来表示，也可用有功功率 P 和无功功率 Q 来表示。同时，也给出端子电压 U_2，即在变压器二次侧供给负载时的电压。

表示符号通常是按极坐标复数形式（绝对值 $|S|$ 和幅角 $\angle S$ 或 φ）或用实数部分 P 和虚数部分 jQ 来表示，其表达式如下：

$$S = |S|, \varphi = P + \mathrm{j}Q = |S|(\cos\varphi + \mathrm{j}\sin\varphi) \qquad \cdots\cdots(60)$$

负载可用负载阻抗 Z_L（每相欧姆数）来表示：

$$Z_L = \left|\frac{U_2^2}{S}\right|(\cos\varphi + \mathrm{j}\sin\varphi) \qquad \cdots\cdots(61)$$

负载也可用负载电流 I_2 及负载的相角 φ 表示（端子电压 U_2 和电流 I_2 之间所夹的相角）。

$$\angle U_2 = \angle I_2 + \varphi \qquad \cdots\cdots(62)$$

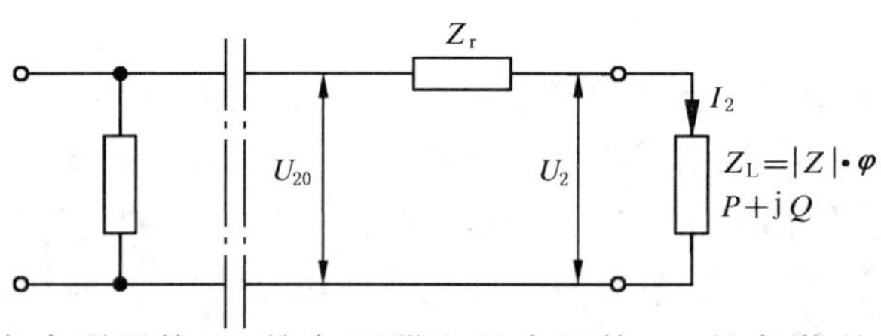

图 23 具有串联阻抗 Z_r 的变压器和具有阻抗 Z_L 的负载的单线等效图

在对称三相负载的“单线”图示中，U_{20}和 U_2 用 $U_{20}/\sqrt{3}$ 和 $U_2/\sqrt{3}$ 代替（对于等效星形联结）。但是，在以下的正文中仍维持不变，用 U_{20}和 U_2。

7.4 电压降公式

变压器空载时二次电压为 U_{20}。连接负载后，二次端子电压变为 U_2。

用阻抗符号，U_{20}和 U_2 之间的关系式变为（见图 23）：

$$\frac{U_2}{U_{20}} = \frac{Z_L}{Z_L + Z_T} \qquad \cdots\cdots(63)$$

电压降定义为算术差：

$$\Delta U_2 = |U_{20}| - |U_2| \qquad \cdots\cdots(64)$$

它与公式（63）联立，由此有：

$$\Delta U_2 = |U_2| \times \left(\left|\frac{Z_L + Z_T}{Z_L}\right| - 1\right); \Delta U_2 = |U_{20}| \times \left(1 - \left|\frac{Z_L}{Z_L + Z_T}\right|\right) \qquad \cdots\cdots(65)$$

按公式(61)，将变压器阻抗中的各分量代入负载阻抗表示式内：

$$\left(\frac{Z_L+Z_T}{Z_L}\right)=\left(1+\frac{Z_T}{Z_L}\right)=\left(1+\left|\frac{S}{U_2^2}\right|(R_T+jX_T)(\cos\varphi-j\sin\varphi)\right)$$

$$=\left(1+\left|\frac{S}{U_2^2}\right|(X_T\sin\varphi+R_T\cos\varphi)+j\left|\frac{S}{U_2^2}\right|(X_T\cos\varphi-R_T\sin\varphi)\right)=(1+A+jB) \quad\cdots(66)$$

表达式的模，及模的倒数分别为：

$$\left.\begin{aligned}[(1+A)^2+B^2]^{\frac{1}{2}}&=1+A+\frac{B^2}{2}+\cdots\\ [(1+A)^2+B^2]^{-\frac{1}{2}}&=1-A+A^2-\frac{B^2}{2}+\cdots\end{aligned}\right\} \quad\cdots\cdots\cdots\cdots\cdots\cdots(67)$$

因此，电压降为：

$$\Delta U_2=|U_2|\left(A+\frac{B^2}{2}+\cdots\right);\Delta U_2=|U_{20}|\left(A-A^2+\frac{B^2}{2}+\cdots\right) \quad\cdots\cdots\cdots(68)$$

电压降是一个一阶差，但括号内的表达式则不同，是一个二阶差。其取决于该计算是按端子电压 U_2 还是按等效空载电压 U_{20}。这种精确计算通常可不必进行(见下条数字计算例子)。

在展开式中的第一项 A，其几何意义是电压降相量 I_2Z_T 在相量 U_2 上的投影(见图 24)。

按定义，算术电压降 ΔU_2 通常是明显地小于相量电压降 I_2Z_T 的绝对值 $|I_2Z_T|$，I_2Z_T 也表示 U_{20} 和 U_2 之间的相角差。相量电压降的绝对值与负载相角 φ 无关。

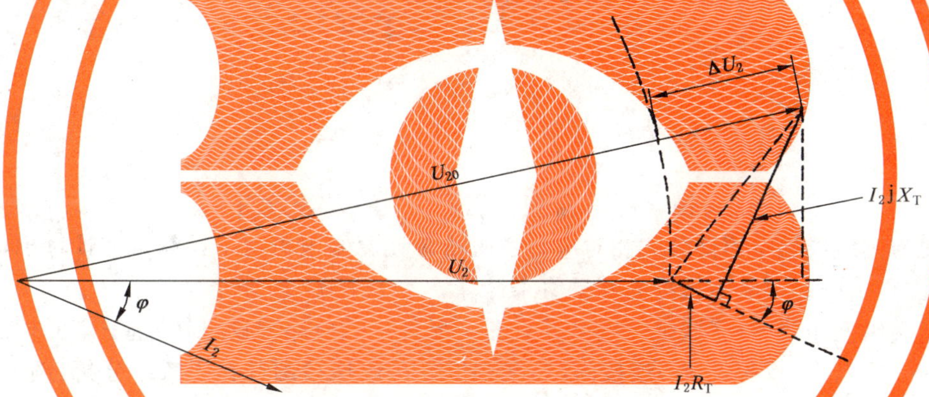

图 24　表示相量电压降和算术电压降的相量图

对于所有大型电力变压器，串联阻抗的电抗分量远大于电阻分量。X_T 的典型值一般为 5%～20%；R_T 小于 1%。

如果相角是负的(容性负载或部分容性负载)，则电压降可能为负。当连接负载时，二次电压将高于它的空载电压值。

7.5　用百分数符号表示的电压降计算

设容量和电压的额定值分别用 S_r 和 U_r 表示，据此，变压器阻抗的百分数表达式为：

$$z_T=r_T+jx_T=\frac{Z_T}{Z_r}\times100=\frac{S_r}{U_r^2}\times Z_T\times100$$

假设参考电压 U_r(额定电压或分接电压)，无论如何，总是近似地等于实际的二次电压 U_2。

那么，公式(65)中的电压比值表示式可改写为：

$$\left(\frac{Z_L+Z_T}{Z_L}\right)=\left(1+\left|\frac{S}{S_r}\right|\left(\frac{X_T}{100}\sin\varphi+\frac{r_T}{100}\cos\varphi\right)+j\left|\frac{S}{S_r}\right|\left(\frac{X_T}{100}\cos\varphi+\frac{r_T}{100}\sin\varphi\right)\right) \quad\cdots\cdots(69)$$

S/S_r 为实际负载对额定容量的比值，也是实际负载电流对额定电流的比值。

以下用数值计算例子来阐述各项的相对值。

例：

50%负载即 $S/S_r=0.5$，$x=15\%$，$r=0.7\%$，$\cos\varphi=0.8$ 感性

如果 $\cos\varphi=0.8$，则 $\sin\varphi=0.6$。电压比表达式变为：

$1+0.50(0.15\times0.6+0.007\times0.8)+j0.50(0.15\times0.8-0.007\times0.6)$

$=1+0.48+j0.058$

电压降的百分数变为：

$U_{20}/U_2-1=(|1.048+j0.058|-1)=0.050$ 或 5%

分析电压降的第一次近似值，它直接取项 A，故结果为 4.8%，全部的计算结果为 5%，对于实用的目的来说，此近似值是令人满意的并且它比运行中测量的综合准确度还要好。

7.6 多绕组变压器的等效图，三绕组变压器的 T 形等效阻抗单元

图 23 表示符合 GB 1094.1 的定义和试验的一台双绕组变压器的等效“单线”图。多绕组变压器的类似延伸等效图用图 25 表示。图中给出了一对一次端子，通过此二个端子向变压器供给功率，并且给出一组输出绕组，即二次、三次……。图中包括了位于输入端子之间的励磁导纳元件。表示不同绕组之间的空载匝数比的理想变压器，是与串联阻抗线性网络相连，对于 n 个绕组的变压器，此网络含有 $\frac{n(n-1)}{2}$ 个独立单元。

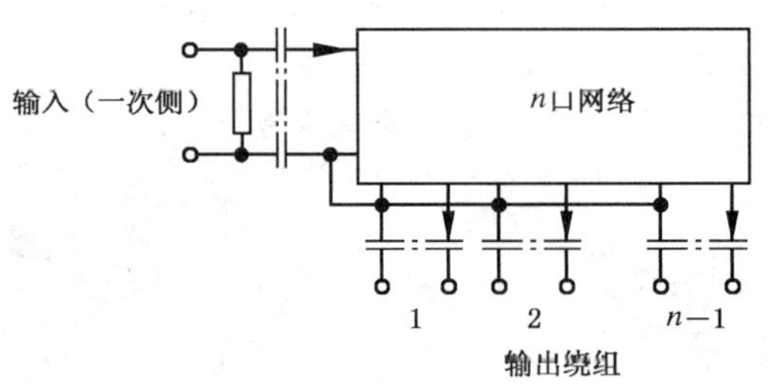

图 25 多绕组变压器的“单线”等效图

此等效图与一组线性电压降公式相对应。各阻抗单元原则上可由下述测试值计算出，例如，对于所有双绕组组合，可由一组短路阻抗独立测量值来计算。

在一台三绕组变压器中，串联阻抗网络具有三个元件。从电路理论可知，这三个元件的三角形连接图通常总能变换成星形(或称 T 形)连接图，反之亦然。T 形连接图适合于系统分析，例如，通过三绕组变压器的无功功率流向。这三个构成 T 接的元件可按图 26 表示的双绕组组合的参数来计算。

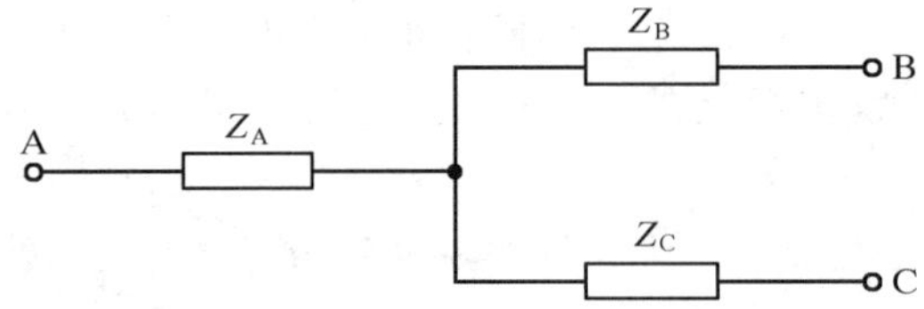

$$Z_A=\frac{Z_{A,B}-Z_{B,C}+Z_{C,A}}{2}\qquad Z_{A,B}=Z_A+Z_B$$

$$Z_B=\frac{Z_{B,C}-Z_{C,A}+Z_{A,B}}{2}\qquad Z_{B,C}=Z_B+Z_C$$

$$Z_C=\frac{Z_{C,A}-Z_{A,B}+Z_{B,C}}{2}\qquad Z_{C,A}=Z_C+Z_A$$

图 26 三绕组变压器阻抗

星接元件是各物理参数的代数组合值。其中一个元件有可能是负值电抗，但它并不荒谬。位于其他两个绕组之间的那个绕组元件就是这样的典型情况。

将电阻分离为星接元件，这意味着把在不同双绕组组合中所测出的负载损耗分配到各自绕组中。通常，这种方法是可以接受的，但对大型变压器而言，其准确度会有些问题，这是由于绕组中的涡流损耗和其他结构部件中的杂散漏磁损耗相当大。按此处所述的简单方法，这些损耗分量不能很好地适用于线性

组合。

7.7　三绕组变压器中各绕组负载损耗分布

7.7.1　一般情况

上述各条叙述了怎样使三绕组变压器串联阻抗测量按双绕组组合进行，然后用线性变换的方法得出三个独立绕组各自阻抗值以构成一个星形接线图。在此必须重申，这仅仅是一种数学的处理方法。事实上，阻抗仅存在于两个绕组之间，并不存在着各绕组自己的串联阻抗这种情况。

相应方法适用于某一规定负载组合的三绕组变压器的负载损耗。在本文中，将各绕组分别称为H(高压)、X(中压)、T(低压第三绕组)。对于三种可能的双绕组组合的负载损耗，连同串联阻抗一起均可测定。

$$P_{HX};P_{HT};P_{XT}$$

这些测量方法可以用与不同参考容量值相应的绕组中的电流来进行，这是由于第三绕组的额定容量通常较低。如果按电流平方比例关系，将测量值变换到公共的参考容量 S'，则是比较方便，即：

$$P'_{HX};P'_{HT};P'_{XT}$$

各绕组中的参考电流分别为：

$$I'_{H};I'_{X};I'_{T}$$

经过变换后，各绕组中的损耗分配值为：

$$\left.\begin{aligned} P'_{H} &= \frac{1}{2}(P'_{HX}+P'_{HT}-P'_{XT}) \\ P'_{X} &= \frac{1}{2}(P'_{HX}-P'_{HT}+P'_{XT}) \\ P'_{T} &= \frac{1}{2}(-P'_{HX}+P'_{HT}+P'_{XT}) \end{aligned}\right\} \qquad \cdots\cdots(70)$$

对于一个给定的负载组合，在绕组中的实际电流为 I_H、I_X、I_T 下，每个绕组的总损耗仍是与偏离上述参考值的电流(或容量值)平方成正比。整个变压器的总损耗 P_K 为三个单独绕组的分配损耗值之和：

$$P_K=\left(\frac{I_H}{I'_H}\right)^2\times P'_H+\left(\frac{I_X}{I'_X}\right)^2\times P'_X+\left(\frac{I_T}{I'_T}\right)^2\times P'_T \qquad \cdots\cdots(71)$$

换算到绕组容量，则公式为：

$$P_K=\left(\frac{S_H}{S'}\right)^2\times P'_H+\left(\frac{S_X}{S'}\right)^2\times P'_X+\left(\frac{S_T}{S'}\right)^2\times P'_T \qquad \cdots\cdots(72)$$

注意上述公式中的容量值是指实际电流和带有输出负载的绕组的相应空载电压，而不是指包括变压器内部电压降在内的端子上的实际电压。

组合的三绕组损耗的计算方法既适用于单相变压器，也适用于三相变压器，并且，不仅适用于独立绕组变压器，而且也适用于两个绕组为自耦联结的三绕组变压器。

7.7.2　自耦变压器的情况

为了计算自耦变压器在规定负载组合下各绕组的温升，要确定各实际绕组的负载损耗分配值，将是更加复杂的问题。这是因为自耦联结的一对实际绕组与标准意义上的绕组不同。必须考虑自耦变压器两个实际独立部分：串联绕组S和公共绕组C，而不是只考虑高压绕组和中压绕组。

自耦联结降低因数的定义(见3.1和3.2)为：

$$\alpha=\frac{U_H-U_X}{U_H}=\frac{I_X-I_H}{I_X}$$

它就是实际绕组S或C的真正的视在功率与形式上的绕组H和绕组X的通过容量之比。

考虑双绕组的情况，令参考容量 S 是在绕组H和绕组X之间进行转换。

串联绕组具有电压 $U_H-U_X=\alpha U_H$，此时电流为 I'_H。

公共绕组上的电压为 U_X，其参考电流为：

$$I'_{\mathrm{C}} = I'_{\mathrm{X}} - I'_{\mathrm{H}} = \alpha I'_{\mathrm{X}}$$

故自耦联结中各实际绕组的等效参考容量不是 S' 而是 $\alpha S'$。

三个双绕组的损耗组合均是以通过容量 S' 为参考值来表示的，见图 27 所示。绕组 C 中的实际电流在这三种组合情况下是各不相同的。

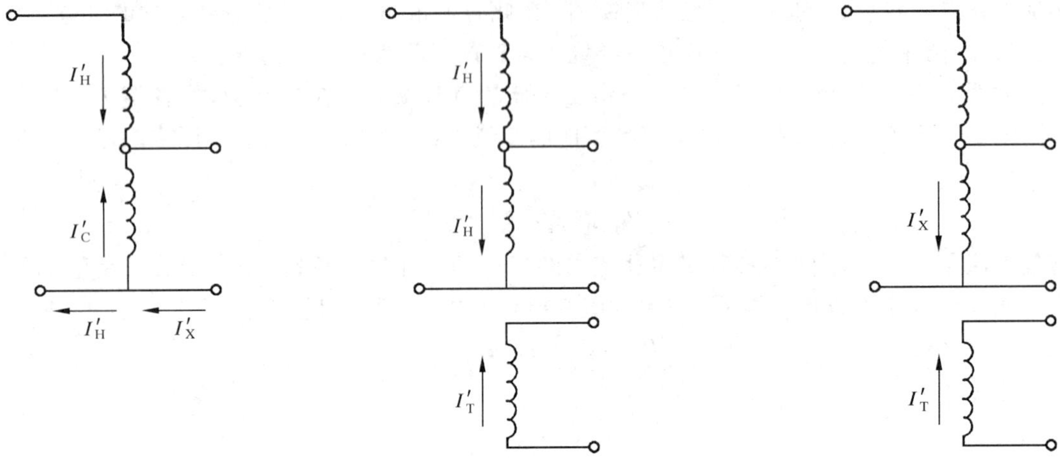

H,X　　$I_{\mathrm{C}} = I'_{\mathrm{C}} = \alpha I'_{\mathrm{X}}$

H,T　　$I_{\mathrm{C}} = I'_{\mathrm{H}} = (1-\alpha) I'_{\mathrm{X}} = \left(\frac{1-\alpha}{\alpha}\right) I'_{\mathrm{C}}$

X,T　　$I_{\mathrm{C}} = I'_{\mathrm{X}} = \frac{1}{\alpha} I'_{\mathrm{C}}$

图 27　具有参考通过容量 S' 的三个双绕组试验组合

由上所述，双绕组损耗显然可通过下列关系式分配到各绕组中：

$$\left.\begin{aligned} P'_{\mathrm{HX}} &= P'_{\mathrm{S}} + P'_{\mathrm{C}} \\ P'_{\mathrm{HT}} &= P'_{\mathrm{S}} + \left(\frac{1-\alpha}{\alpha}\right)^2 P'_{\mathrm{C}} + P'_{\mathrm{T}} \\ P'_{\mathrm{XT}} &= \left(\frac{1}{\alpha}\right)^2 P'_{\mathrm{C}} + P'_{\mathrm{T}} \end{aligned}\right\} \qquad \cdots\cdots(73)$$

这组公式的逆表达式为：

$$\left.\begin{aligned} P'_{\mathrm{S}} &= \frac{1}{2}((2-\alpha)P'_{\mathrm{HX}} + \alpha P'_{\mathrm{HT}} - \alpha P'_{\mathrm{XT}}) \\ P'_{\mathrm{C}} &= \frac{1}{2}(\alpha P'_{\mathrm{HX}} - \alpha P'_{\mathrm{HT}} + \alpha P'_{\mathrm{XT}}) \\ P'_{\mathrm{T}} &= \frac{1}{2}\left(-\frac{1}{\alpha}P'_{\mathrm{HX}} + \frac{1}{\alpha}P'_{\mathrm{HT}} + \frac{2\alpha-1}{\alpha}P'_{\mathrm{XT}}\right) \end{aligned}\right\} \qquad \cdots\cdots(74)$$

在规定负载情况下，用电流 I_{H}、I_{X}、I_{T} 表征的每个绕组的负载损耗，表示为：

$$P_{\mathrm{S}} = P'_{\mathrm{S}}\left(\frac{I_{\mathrm{H}}}{I'_{\mathrm{H}}}\right)^2; P_{\mathrm{C}} = P'_{\mathrm{C}}\left(\frac{I_{\mathrm{C}}}{I'_{\mathrm{C}}}\right)^2; P_{\mathrm{T}} = P'_{\mathrm{T}}\left(\frac{I_{\mathrm{T}}}{I'_{\mathrm{T}}}\right)^2; \qquad \cdots\cdots(75)$$

为了确定公共绕组中的损耗，须计算公共绕组中的电流：

$$|I_{\mathrm{C}}| = |\bar{I}_{\mathrm{X}} - \bar{I}_{\mathrm{H}}|$$

在第三绕组带有独立负载时的三相负载情况下，I_{X} 和 I_{H} 的相位通常是不相同的。

但负载情况通常是表示为绕组 H、X 和 T 的视在功率值。此时，便使用下列表达式：

$$P_{\mathrm{S}} = P'_{\mathrm{S}}\left(\frac{S_{\mathrm{H}}}{S'}\right)^2; P_{\mathrm{C}} = P'_{\mathrm{C}}\left(\frac{S_{\mathrm{C}}}{\alpha S'}\right)^2; P_{\mathrm{T}} = P'_{\mathrm{T}}\left(\frac{S_{\mathrm{T}}}{S'}\right)^2; \qquad \cdots\cdots(76)$$

然而，在一般情况下，我们此处需要一个 S_{C} 的表达式。在下列公式中，电流和容量为相量，而匝数或等值空载电压为标量常数。

容量和为0：

$$\bar{S}_H + \bar{S}_X + \bar{S}_T = 0 \qquad\cdots\cdots(77)$$

用等值的空载电压：

$$\bar{I}_H U_H + \bar{I}_X U_X + \bar{I}_T U_T = 0 \qquad\cdots\cdots(78)$$

也存在着安匝平衡，即：

$$\bar{I}_H n_S + \bar{I}_C n_C + \bar{I}_T n_T = 0 \qquad\cdots\cdots(79)$$

但匝数与各自额定电压或分接电压成正比。故有：

$$\bar{I}_H(U_H - U_X) + \bar{I}_C U_X + \bar{I}_T U_T = 0; U_H - U_X = \alpha U_H \qquad\cdots\cdots(80)$$

图 28　在各端子上和实际绕组中的容量相量图

用三角余弦定理：

$$(I_X U_X)^2 = (I_H U_H)^2 + (I_T U_T)^2 - 2I_H U_H I_T U_T \cos\varphi$$
$$(I_C U_X)^2 = \alpha^2 (I_H U_H)^2 + (I_T U_T)^2 - 2\alpha I_H U_H I_T U_T \cos\varphi \qquad\cdots\cdots(81)$$

消去二个公式中的三角函数，有：

$$S_C^2 = (1-\alpha)(S_T^2 - \alpha S_H^2) + \alpha S_X^2 \qquad\cdots\cdots(82)$$

此关系式仅包括各容量的绝对值。其相位关系隐含在推导出的表达式中。

由此，绕组 C 中的分配损耗值最终表达式为：

$$P_C = P'_C \frac{(1-\alpha)(S_T^2 - \alpha S_H^2) + \alpha S_X^2}{\alpha^2 (S')^2} \qquad\cdots\cdots(83)$$

如果　$|S_H| = |S_X| + |S_T|$，则表达式简化为 $P_C = P'_C \left[\dfrac{S_H - \dfrac{1}{\alpha} S_T}{S'}\right]^2$ ……（84）

7.8　三绕组变压器电压降和负载损耗计算举例

本例是用来表明怎样逐步地借助合适的近似法，用简单的方法完成这种计算。

对独立绕组式的三绕组变压器的负载情况，其三个绕组具有下列额定容量：

——一次绕组（Ⅰ）80 MVA；

——二次绕组（Ⅱ）80 MVA；

——第三绕组（Ⅲ）15 MVA。

变压器的负载如下：

一次绕组的输入电压假定等于该绕组的额定电压。二次绕组供给感性功率因数为0.8的负载，容量75 MVA。第三绕组带有固定的电容器组负载，它在电压等于第三绕组额定电压时的额定值为15 MVA。

为了得出端子（Ⅱ）和（Ⅲ）上的输出电压，须计算通过变压器的电压降。但是，问题是：负载电流没有给出，因此，必须先计算这些负载电流。

二次绕组上的负载规定不是以实际运行电压为参考。这样，负载电流，还有电压降，必须假定与端子电压成反比。

另一方面，第三绕组的负载已假定为阻抗值固定的电容器组。对于这种负载，电流是与端子电压呈正比地增加，并且由电容器组产生的无功功率是随电压的平方而增加。

变压器试验报告包括下列双绕组短路阻抗百分数，它们都是以 80 MVA 为参考的，相应负载损耗则是以各自的额定容量值为参考的。表 2 也表示出这些以 80 MVA 为等值电阻时的损耗百分数。

表 2　供计算用的数据

组合	阻抗 %	负载损耗/基准容量值	负载损耗/80 MVA %
(Ⅰ)和(Ⅱ)	11.0	300 kW/80 MVA	0.375
(Ⅰ)和(Ⅲ)	13.2	20 kW/15 MVA	0.711
(Ⅱ)和(Ⅲ)	27.3	25 kW/15 MVA	0.889

将双绕组参数转化为等效星形图。其短路阻抗和损耗电阻值分别在图 29 中示出。

然而，应注意：这仅是把变压器看成是一种“等效网络”的数学表示。由于是在端子上测量的，故它反映了变压器的性能，但这种模型不是按不同的绕组对变压器作物理概念的叙述。T 形连结是假想的。电抗元件中有一个可出现负值(实际上，它表示了与端子(Ⅰ)相连接的绕组是位于该变压器其他两个绕组之间)。

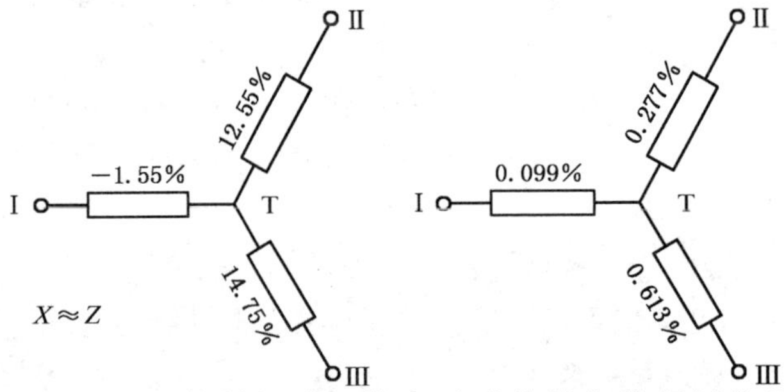

图 29　星形等效短路阻抗和星形等效负载损耗分量

以下将采用逐次近似法。这便于进行手算并说明各种参数的相对重要性。

第一次近似：设输出端子上的电压为额定电压，由此，计算电压降及变压器的输入容量。

第二次近似：用第一次近似中的电压降值修正输出电压和以此修正负载参数(负载电流是隐含值，它与实际负载电压有关)。由此，得到修正后的负载容量和电压降值。

对于这些近似值计算，认为短路阻抗中的电抗是占主要的，即 $Z\approx X$。损耗同实际负载容量相比是可以忽略不计的。

对等效星形阻抗网络的每一分支，使用下列关系式。其标幺值均用括号表示：

$$|i| = \left(\frac{S}{S_r}\right)\left(\frac{U_r}{U}\right)$$

无功功率消耗　　$[X][I]^2$

损耗功率　　$[r][I]^2$

算术电压降　　$\sin\varphi[X][I]$

$$= \left(\frac{Q}{S}\right)[X]\left(\frac{S}{S_r}\right)\left(\frac{U_r}{U}\right) = [X]\left(\frac{Q}{S_r}\right)\left(\frac{U_r}{U}\right)$$

注意到这些公式中的无功功率 Q，对电抗性负载而言，为正(分支Ⅱ)，而对电容性负载来说，则为负(分支Ⅲ)。分支Ⅰ的短路电抗标幺值为负，而分支Ⅱ和Ⅲ则均为正，见图 29。

第一次近似

分支(Ⅱ)

视在功率	75MVA＝0.937 5 标幺值
有功负载	0.8×75＝60 MW
无功负载	0.6×75＝45 MVA_r
电流标幺值	0.937 5
电压降	0.6×0.125 5×0.937 5＝0.071 标幺值

无功消耗　　0.125 5×$(0.937\ 5)^2$＝0.11 标幺值

＝0.11×80＝8.8 MVA_r

分支(Ⅲ)

视在功率　　15MVA_r(电容性的)＝－0.187 5 标幺值

电流标幺值　　－0.187 5

电压降　　0.147 5×－0.187 5＝－0.028 标幺值

无功消耗　　0.147 5×$(-0.187\ 5)^2$＝0.005 标幺值

＝0.005×80＝0.4 MVA_r

节点 T,组合功率流向

到分支(Ⅱ)　　60 MW 和(45＋8.8)MVA_r

到分支(Ⅲ)　　(－15＋0.4)MVA_r

由分支(Ⅰ),总和为　　60 MW 和 39.2 MVA_r 等于 71.7 MVA

分支(Ⅰ)中电流标幺值　　0.896

分支(Ⅰ)

$\sin\varphi$　　39.2/71.7＝0.547

电压降　　0.547×(－0.015 5)×0.896＝－0.008(标幺值)

无功消耗　　－0.015 5×$(0.869)^2$×80＝－1 MVA_r

得到的电压值

节点 T　　1.000＋0.008＝1.008 标幺值

端子(Ⅱ)　　1.008－0.071＝0.937 标幺值

端子(Ⅲ)　　1.008＋0.028＝1.036 标幺值

第二次近似

根据第一次近似法得到的端子电压代替额定电压(1.000 标幺值):

分支(Ⅱ)

[I]　　＝0.937 5/0.937＝1.001

无功功率消耗值和算术电压降变为:

——无功消耗　　0.125 5×$(1.001)^2$×80＝10.1 MVA_r;

——电压降,分支(Ⅱ)　　0.6×0.125 5×1.001＝0.075 标幺值。

当接有电容器组时,第三绕组电压上升(即负的电压降)。此电容器组具有一个固定的阻抗值。负载电流与电压成正比,故无功功率随电压的平方增加。由此,新的结果值如下:

分支(Ⅲ)

电流标幺值　　－0.187 5×1.036＝－0.194

电容性负载　　$(1.036)^2$×15＝16.1 MVA_r

无功消耗　　0.147 5×$(-0.194)^2$×80＝0.4 MVA_r

电压降　　0.147 5×(－0.194)＝－0.029 MVA_r

节点 T，合成功率流向

无功功率总和	45+10.1−16.1+0.4=39.4 MVA_r
来自（Ⅰ）的总和	60 MW 和 39.4 MVA_r=71.8 MVA
分支（Ⅰ）中的电流标幺值	0.897

分支（Ⅰ）

$\sin\varphi$	39.4/71.8=0.594
电压降	0.547×(−0.015 5)×0.896=−0.008 标幺值
无功消耗	−0.015 5×$(0.897)^2$×80=−1 MVA_r

电压的第二次计算值变为：

——端子（Ⅱ）　　1.008−0.075=0.933 标幺值

——端子（Ⅲ）　　1.008+0.029=1.037 标幺值

如果再做一次叠代计算，其变化仅在 0.001 数量级。但是，即使在这种计算准确度下，变压器的基本模型和计算方法中的近似程度仍然是重要的，不可不考虑。

为了对比，用标准软件（复数代数法）进行计算机计算，其结果为：

$$U_{(\mathrm{I})}=0.93\text{ 标幺值};U_{(\mathrm{II})}=1.04\text{ 标幺值}$$

用手算出的各分支电流值，其组合负载损耗为：

——分支（Ⅰ）　　0.099×$(0.897)^2$=0.079%；

——分支（Ⅱ）　　0.277×$(1.001)^2$=0.277%；

——分支（Ⅲ）　　0.613×$(0.195)^2$=0.023%。

其总和为 0.379%×80MVA=303 kW，即 300 kW。

7.9 自耦联结的三绕组变压器中的组合负载损耗计算和各绕组的损耗分配举例

一台变压器的规格为 350/350/120 MVA、YNautod、ONAF。额定电压分别为 380、带分接/132/33 kV。

在 ONAN 冷却条件下（风扇不开动），温升试验规定为在所有各端子上施加 50%额定容量：175/175/60 MVA，带分接的 380 kV 绕组位于最小分接，即 330 kV。计算在此温升试验中要施加多大的组合负载损耗以及变压器各绕组的损耗分配值分别是多少？

由双绕组测量得出下列结果，且均换算到参考温度：

H，X	330/132 kV；350 MVA，1 118 kW
H，T	132/33 kV；120 MVA，255 kW（350 MVA→2 169 kW）
X，T	330/33 kV；120 MVA，233 kW（350 MVA→1 982 kW）

在上述一栏内，含有第三绕组的两个试验结果中包括了换算到共同参考容量值 S′=350 MVA。

自耦联结因数 α 为(330～132)/330=0.600。

根据公式(74)，三个实际绕组的参考损耗分配值为：

$$P'_S=\frac{1}{2}(1.4\times 1\,118+0.6\times 2\,169-0.6\times 1\,982)=838.7\text{ kW}$$

$$P'_C=\frac{1}{2}(0.6\times 1\,118-0.6\times 2\,169+0.6\times 1\,982)=279.3\text{ kW}$$

$$P'_T=\frac{1}{1.2}(-1\,118+2\,169+0.2\times 1\,982)=1\,206.2\text{ kW}$$

施加到公共绕组 C 的容量值的表示式为：

$$S_C^2 = (1-\alpha)(S_T^2 - \alpha S_H^2) + \alpha S_X^2$$

比值 $\left(\frac{S_C}{\alpha S'}\right)^2$ 的数值是等于 $\frac{0.4(60^2-0.6\times175^2)+0.6\times175^2}{0.6^2\times350^2}=0.2827$

三个实际绕组中的分配损耗值和组合的三绕组负载损耗变为：

$$P = P_S + P_C + P_T = \left(\frac{175}{350}\right)^2 \times 838.7 + 0.2827 \times 279.3 + \left(\frac{60}{350}\right)^2 \times 1\,206.2$$

$$= 209.7 + 79.0 + 35.4 = 324.1\ \text{kW}$$

比较

根据公式(70)直接计算组合三绕组负载损耗，为：

$$P'_H = \frac{1}{2}(1\,118 + 2\,169 - 1\,982) = 652.5\ \text{kW}$$

$$P'_X = \frac{1}{2}(1\,118 - 2\,169 + 1\,982) = 465.5\ \text{kW}$$

$$P'_T = \frac{1}{2}(-1\,118 + 2\,169 + 1\,982) = 1\,516.5\ \text{kW}$$

组合损耗

$$0.25\times652.5+0.25\times465.5+0.0294\times1\,516.5=163.1+116.4+44.6=324.1\ \text{kW}$$

由此可见，其总和是一样的，但此处并没有对实际绕组(即串联、公共、第三绕组)进行如实的划分。

8 额定参数和分接参数的规定

8.1 引言

本章主要说明变压器运行条件和额定参数(或分接参数)：额定容量、额定电压、额定电流(其术语见 GB 1094.1)的规定或保证值之间的关系。

原则上说，额定参数(指变压器主分接上的)和分接参数(指其他分接上的)是视在功率、电压和电流的保证值和试验的基准。不能将它们与运行中的通过容量和与此相应的电压和电流值相混淆。

反之，从一组实际运行负载情况要求看，用正确方式确定恰当的而不是要求过高的额定参数和分接参数的数值，是一个相当复杂的逻辑过程。注意运行变量组合的全部范围，以便规定的参数正好体现了一组选择的参考数据。但是，这组数据必须包含允许的运行条件范围。

将推荐的分析程序叙述如下并用实例加以说明。

8.2 额定参数和分接参数的规范、分接范围宽度的影响

这里，不拟推荐就规范和订购一台带分接的变压器的每一种特定情况，进行全面的分析。如果要做这样的推荐，将违背正常的标准化原则。在国家标准中，通常给出了推荐的额定值表。它是额定容量优先值系列表，通常其级差为 1∶1.25 或更大一些(见 GB 1094.1—1996 中 4.3)，同时要使额定电压和其分接范围适合现行使用的不同系统电压等级的惯用运行电压值。

数据标准化的目的中包括使一台变压器重新安装在其他场所，特别是当需要将它与其他变压器并联运行时的情况。有关并联运行的问题已在第 6 章中单独叙述了。

好的输配电系统应是这样地设计和运行的，即在轻负载下的运行电压与重负载下的运行电压之间的实际变化非常小。这需要对高压和低压系统采取合适结构以及对无功功率进行正确的控制来达到。因此，为了在正常运行下进行电压比控制而所需要的分接范围一般是受到限制的。

然而，也应慎重考虑系统中某些元件(如线路或变压器)被切除时的非正常的情况。在这种紧急情况或支援性运行情况下，变压器的电压比变化范围可能需要更宽些。

具有相同标准电压的系统中的不同部分或与其相邻的各系统，通常，各自的运行电压值略有不同。为了使变压器能够互换，可能需要一个较宽的分接范围。

然而，使变压器有较宽的分接范围，不仅增加其制造成本，有时还增加其损耗，而且也急剧地增加了其设计难度和运行故障危险，例如：由于在调压绕组上出现了瞬变电压震荡幅值加大，就要求增强绝缘，甚至有时还需要更昂贵的分接开关。

考虑到各种矛盾的因素，显然不能在本标准中给出一个通用的较宽的分接范围的建议。用来说明分析方法的例子仅表示一个典型实例，它不能看成是一个普遍性的建议。

8.3 确定额定参数和分接参数的程序

8.3.1 总的假定

变压器有两个主要绕组。其中一个绕组带有分接。

绕组的术语是指与变压器某一电压相关联的所有匝数的组合体(见 GB 1094.1—1996 中 3.3.1 定义)。绕组可以由若干个独立的圆筒或线饼组成。如果绕组带分接，这表示绕组可以重新连接以便改变其有效匝数。

在 GB 1094.1 正文中的分接，是一个表示绕组连接状态的抽象概念。它用规定的有效匝数和规定的分接电压来标记。当某一分接下的分接电压等于额定电压时，则此分接称之为主分接。

分接绕组如何进行实际设计，对本标准来说不是重要的问题。可以将绕组的分接部分作成单独的物理实体，此实体称之为调压绕组，并与绕组的主要部分相连接。这种连接可以是固定的或者通过分接开关来改变。术语“线性”、“正—反”、“粗—细”等与不同调压方式有关。

除两个主要绕组以外，如果变压器还有一个稳定绕组或一个额定容量较小的辅助绕组，这对本条的讨论是无关紧要的。然而，一台带有同时流过两对或更多对绕组的功率的多绕组变压器，则不在本分析范围之内。

必须知道，流过两个绕组之间的有功功率的流向。如果流向是可逆的，则这两种情况需分别处理。

为了能完成这些分析，也应先知道两个绕组中的哪一个是带分接的绕组。总的来说，这是由技术考虑和制造厂的设计标准，而不是由拟定的安装条件(见 6.4)来确定。

进行分析时，首先要考虑确认变化范围内的所有不同负载的情况。每种情况都是由有功功率、无功功率、视在功率和功率因数来确定。也要考虑两个绕组端子上的运行电压值范围，只有在此范围内，才能实现这种负载。

在所有负载情况下，二次电压值必须用等值空载电压再加上变压器内部电压降来代替。对于这种程序，本标准中将会另作详细的叙述，但必须先知道或假定变压器的短路阻抗值。

在最简单的情况下，可通过低负载或空载以及高负载情况来确定其规范。

在更复杂的情况下，例如，专为大系统制造的要在不同类型负载下运行的变压器，建议在其招标规范中的额定值未规定好之前，应根据确认的负载情况，与生产厂家就该台变压器的有关规定进行讨论。这是因为过早地确定变压器参数可能会使绕组排列受到某种限制，从而产生不必要的技术困难或导致不经济的设计。

8.3.2 程序概要

——对每一种负载情况，其负载电流计算系按规定输出容量和二次运行电压进行。应注明任何负载情况期间的最大值。

——必须计算规定负载下的变压器电压降，以便将输出端子上的运行电压换算到相应的空载电压。

——在任一负载情况期间，应注明变压器两侧的等效空载电压的最大值和最小值(见图 30a)。

——计算每一负载情况下的电压比的最大值和最小值，并注明这些变化的极限值。这可以不必是全部极限值电压的交叉组合，因为一次电压和二次电压的变化，在整个轻负载到重负载的范围下，不会是反向进行(见图 30b)。

——利用匝数比数据，计算一次绕组的输入电流，注明其最大值。

在这一阶段中，已确定出下列 6 个必须的参数值。它们构成变压器的电磁设计框架。

——最大一次电压；

——最大二次电压；

——最大电压比；

——最小电压比；

——最大一次电流；

——最大二次电流。

为了继续进行其余参数的确定，必须知道哪个绕组是带分接的绕组。

——不带分接绕组的额定电压可用该绕组侧的最大电压来确定(见图30)。

——带分接绕组侧的分接电压范围，可按后面详细提及的相关的电压和电压比参数来确定(见图30c和30d)。根据组合的电压变化(见GB 1094.1—1996中5.2和下列进一步的建议)，便可作出分接的规范。

——不带分接绕组的负载电流最大值，连同其额定电压，原则上确定了变压器的额定容量。

除非另有规定，所有分接应为满容量分接(见GB 1094.1—1996中5.2和5.3)。但是，为了避免变压器可能出现过大的尺寸设计，有可能背离这个主要规则。这样，在未到正分接范围终端处，分接绕组中的分接电压可能已经停止增加(混合调压)。同样地，在未到负分接终端处，可通过使用设置的最大电流分接，使其分接电流停止增加。这意味着在这些极限分接处的分接容量值，与中间分接范围处的满容量额定值相比，有所降低。

——主分接尽量选在分接范围的中间位置处。在此分接下，分接绕组的分接电压和分接电流即为其额定参数。

——最后，将全套参数值列入规范表中。

这些不同的步骤将在下列各条中用实例作详细的阐述。

8.4 计算程序的逐步说明

在叙述一般方法的同时，还用实例进行解释。

例：

由115 kV系统降压到20 kV系统。一次电压范围从107 kV到系统最大允许值U_m=123 kV。空载时，要求二次电压为20 kV，为了补偿满载电流1 000 A下的变压器电压降，此空载电压应上升至22 kV，如果变压器中的电压降为1 kV，则实际运行电压为21 kV。

为简化起见，一开始就假定高压绕组为系统接受有功功率的一次绕组。此绕组同时也是带分接的绕组。低压绕组为不带分接的绕组。当着重指“一次”和“二次”时，便用与此相应的词，或者，当强调“带分接的”和“不带分接的”时，便用与此相应的词。

即使变压器是升压变压器、或者如果低压绕组为带分接的绕组，也应遵守同一原则，以便易于进行分析。

8.4.1 电压降和等值空载电压的计算

(此处，不拟详细叙述计算，仅系关注其完整性而提及)。

在变压器的二次端子上电压为U_2时，其二次侧的负载为(S,φ)。相应的负载电流比较容易地计算。负载也表示为一个等值Z_L阻抗：

$$Z_L=\frac{U_2^2}{S}=\left|\frac{U_2^2}{S}\right|(\cos\varphi+\mathrm{j}\sin\varphi)$$

式中S用MVA、U_2用kV和Z_L用Ω表示。此公式对单相和三相负载都适用。

变压器的短路阻抗可由现有的类似变压器来计算。其值，对本条的目的来说不是十分严格。通常表示为阻抗百分数，将其乘以变压器二次侧的基准阻抗便得到相应的欧姆值。

$$Z_T=R_T+\mathrm{j}X_T=\left|\frac{U_2^2}{S_{ref}}\right|\left(\frac{r_T}{100}+\mathrm{j}\frac{X_T}{100}\right)$$

电压降和相关空载电压的计算见本标准第7章。

8.4.2　电压比的变化范围

每一负载情况也包含施加于一次和二次侧的电压，或供给负载的电压范围的说明，根据 8.4.1，将二次侧电压换算到等值的空载电压。然后可求出相应的匝数比。记下最高的和最低的匝数比。这不一定是 U_{1max}/U_{20min} 和 U_{1min}/U_{20max}，如图 30b 所示。

$$n_{max}=\left(\frac{U_1}{U_{20}}\right)\max ; n_{min}=\left(\frac{U_1}{U_{20}}\right)\min$$

这两个极限匝数比指出了所要求分接范围的相对宽度。如果它变得异常地大，可能要反过来对最初的关于负载情况的假设进行严格审议。在过程结束阶段，可能要对某些现行的标准标注进行修改。

例(续)

此时，电压的极限组合如下：

$n_{max}=123/20=6.15$ 和 $n_{min}=107/22=4.864$

对此极限的组合不存在限制的必要。

8.4.3　不带分接绕组的额定电压

假定高压一次绕组为带分接的绕组，且低压二次绕组为不带分接的绕组。无论这种情况是否适用，原则上，可采取如下的计算程序。

不带分接绕组的额定电压 U_{2r}，原则上说，乃是该绕组在任何负载条件下所承受的最高电压(如果此绕组是一次绕组，则指施加的电压；若此绕组是二次绕组，则指等值的感应电压)(见图 30c))。

GB 1094.1 指出，变压器应能在 5% 过电压下连续运行而无损伤。这并不意味着在正常运行下，经常地使用此值。应有一定储备以便能在相当少的个别情况下运行，例如紧急事故或极限峰值负载情况下作时间有限的短时运行。在本分析中，若大负载运行是其使用特征，则此额定值应适当地向下修约，但仍需在允许偏差范围内。

在北美，电压额定值是这样规定的：

a) 变压器应能在滞后功率因数 80% 或以上以及在 105% 额定二次电压下供给额定输出容量，其温升不超过限值；

b) 变压器应能在情况 a)下的所需一次电压值或在 110% 额定电压值，两者中选其较大者的条件下做空载运行，其温升不超过保证限值。

例(续)：

在本例中，额定二次电压(不带分接的绕组)为 22 kV。

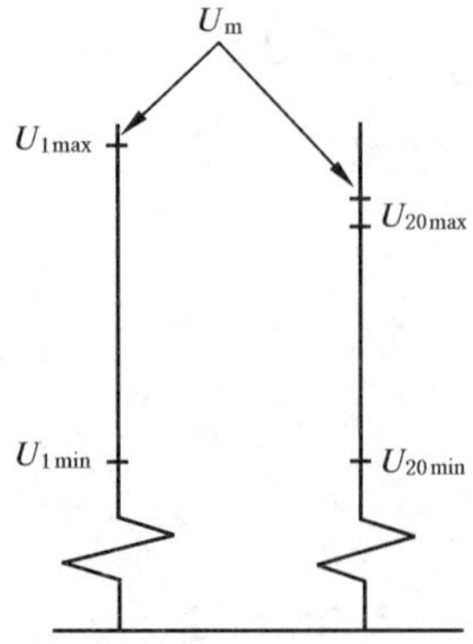

注：高低压两侧的运行电压比(不同比例)。

图 30a

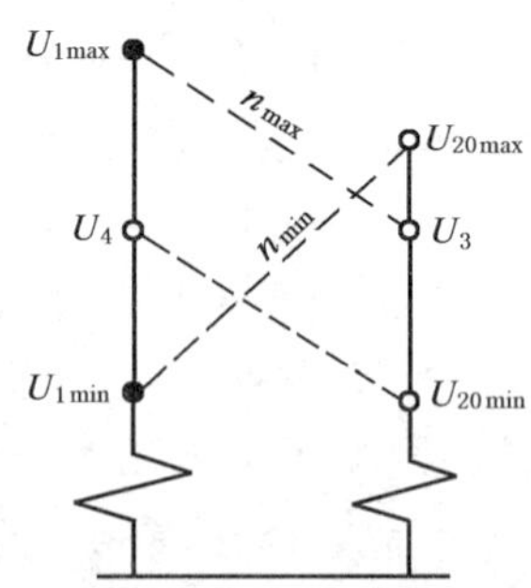

注：电压比极限值：急救大负载连同具有最大二次(等值空载)电压的最小一次电压的情况。这就是最小电压比。将 U_{1max} 与 U_{20min} 组合可能是不现实的，因此，最大电压比用 U_{1max}/U_3 或 U_4/U_{2min} 来代替(U_3 和 U_4 无特定的意义)。

图 30b

图 30　分接范围的确定

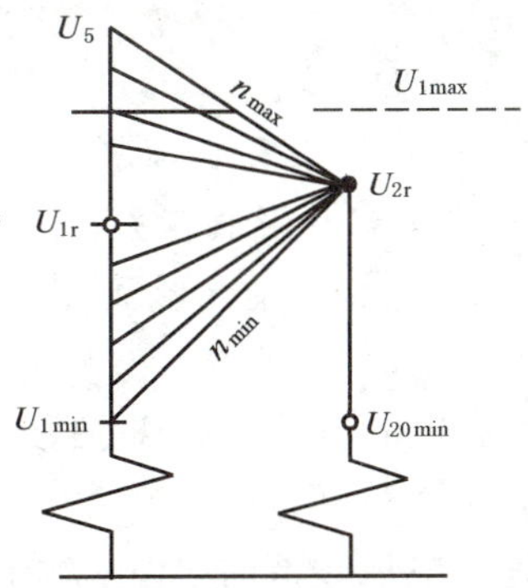

注：由于二次绕组不带分接，故 U_{20max} 是额定电压 U_{2r}。对于恒磁通调压，一次侧的分接电压范围将由极限电压比乘以额定二次电压，额定一次电压(主分接)是选择在中间位置处。

图 30c

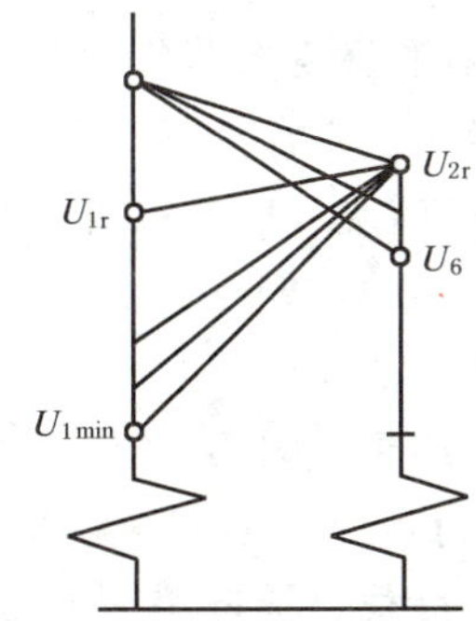

注：按图 30c，最大分接电压 U_5 是不现实的，它可能会高于适用于一次侧系统的设备最高电压 U_m。故一次侧分接电压范围应从图 30a 中 U_{1max} 处截去一部分。最大正分接的代替组合是用 U_{20} 降低值(图 30d 中的 U_6)，这是混合调压的原则(见图 31)。

图 30d

图 30(完)

8.4.4 带分接绕组的分接电压范围

所需的最小分接电压为 $U_{1min}=n_{min}\times U_{2r}$(见图 30c)。

最大分接电压可以是 $U_{1max}=n_{max}\times U_{2r}$。

如果遵从恒磁通调压原则(CFVV)，便是这种情况，但并非必须如此。从图 30c 中的例子表明：在 CFVV 情况下，可导致一个不现实的过高的最大分接电压，甚至比所适用系统中设备最高电压 U_m 还要高。(从技术上说，即使铁心磁饱和方面不受任何限制，但从绝缘配合的观点看，却使系统内出现了不允许的过电压)。由此，最大电压比不能与不带分接绕组的满额定电压相组合。最大正分接仅可用于降低的二次电压的情况。在极限正分接下的二次绕组分接电压通常是低于额定电压，而此时的一次分接电压，却保持最大施加电压恒定值(见图 30d)。

这意味着变压器的规范是按混合调压原则(CbVV)作出。(见 GB 1094.1—1996 中 5.2)。转折点(见图 31)称为“最大电压分接”。超过此点的诸分接均具有降低的分接容量。

被截去的最大分接绕组电压可用一个与不带分接绕组的额定电压有关的电压比 n_u 表示：

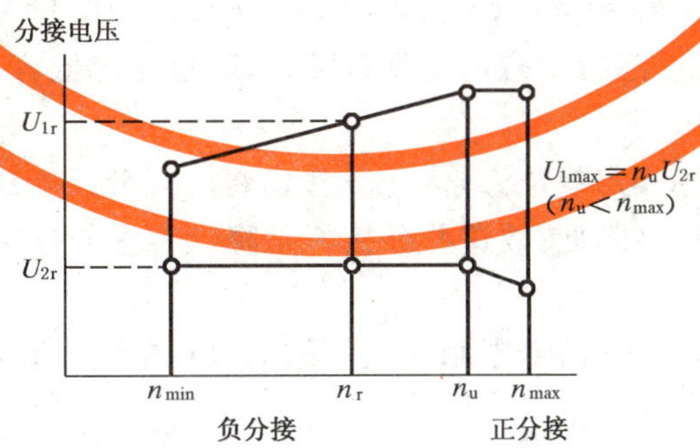

图 31　混合调压(CbVV)

例(续)

最低的一次绕组分接电压为 4.864×22=107 kV。

最高的分接电压将达到 6.150×22=135.3 kV。

但这是不允许的，必须在 123 kV 处引入一个最大电压分接。

注：但是在空载下，允许与分接范围有关的电压高于 123 kV。

相应的电压比 n_u 为 123/22=5.591。

在此阶段中，在电压比范围 4.864～6.150 的中间点约 5.507 处，将一次绕组额定值定出。由此有：

5.507×22＝121.5。

8.4.5 额定电流和额定容量

首先应明确额定电流和额定容量的定义系指连续工况下的。此连续工况的额定容量作为确定阻抗和损耗的通用基准(见 GB 1094.1—1996 中 4.1 和 4.2)。它也与稳态温升限值有关。另一方面，实际负载通常是整天整年地在变化。有可能出现短时高于额定容量的负载，这也可能影响到变压器的所需电压调节范围。

有关怎样将随时间变化的负载化为一个等效的连续负载的问题，对于油浸式变压器，见 GB/T 15164；对于干式变压器，见 GB/T 17211。

所需的连续负载容量将用一个负载电流特定值来表示。当运行电压较低时，此电流值较高并且变压器应按此进行相应的设计计算。在任何负载情况下，不带分接绕组中的最大电流值乃是该绕组(在本例中，它指二次低压绕组)的额定电流。

此额定电流，连同额定电压一起，便确定了额定容量值 S_r。在此阶段中应将计算值进行适当的修约。

例(续)

二次负载电流从一开始就规定为 1 000 A，它与变压器的输出运行电压无关。故此电流就成为二次绕组(不带分接)的额定电流。

一次分接绕组的额定电流用在主分接处的电压比来计算：1 000/5.507＝181.6 A。

但是，此值不是一次绕组的设计计算电流值。最大的分接电流出现在最小分接电压时，此时，其电压组合为 107/22：即电压比为 4.864。

因此，I_{1max}＝1 000/4.864＝205.6 A。

8.4.6 可选择的最大电流分接，降低容量分接

原则上说，额定容量至少是在分接范围中的相当大的一部分下适用。在带分接的绕组中，意味着分接电流是与分接电压成反比。对于直到最小电压值的分接范围，有时会使分接电流值相当大，这表示整个绕组将出现不需要的超量计算值。因此，决定在某一分接上截去此变化，该点便称为最大电流分接。由此，带分接绕组中的分接电流值保持恒定，而不带分接绕组的对应电流值却因此逐渐减小。由此，在这些分接上具有降低的分接容量(见图 32)。

在此分接点上的分接电压比为 n_i：

$$u_{1i} = n_i \times U_{2r}(n_{min} < n_i < n_u < n_{max})$$

高于最大电压分接的分接，在运行中磁通密度将降低，故也是降低容量分接。

例(续)：

变压器是按混合调压的原则作出规范。最大正分接已将一次分接电压限制在 123 kV。因此，大于转换点的诸分接上的二次分接电压将降低。故这些分接将是降低容量的分接，因为绕组的分接电流始终保持恒定的 1 000 A。

在负分接范围中，选用最大电流分接(限制一次绕组的分接电流)，在本例中未使用。

8.4.7 分接参数表及主分接的选择

在这个阶段，最大电压比和最小电压比已经求出。在这两个电压比之间的某两个电压比处，于带分接的绕组中，还设置了分接电压转折点和分接电流转折点。在这两个转折点之间的分接范围内，施加额定容量。而在此范围之外，直到两个终端处，分接容量均降低。

主分接位于满容量分接范围的中间处，甚至最好是位于全部分接范围的中间点上。

由此，在主分接处，带分接绕组的分接电压和分接电流便进一步称为带分接绕组的额定参数。

例(续)：

在整个分接范围中间处，一次绕组的主分接的规范已在电压比 5.507/121.15 下确定。

至此，概略的分接表业已完成。只留下一些调整和补充，以便在某些分接百分数的标准组合下，使其

符合分接开关具有的标准级数。

总之，采用混合调压的变压器的诸电压和电流值如表 3 所示。

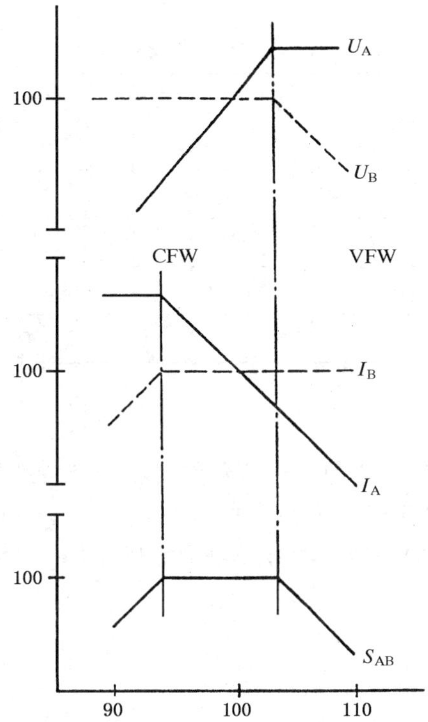

注

1　下标注 A 系指带分接的绕组，下标注 B 则指不带分接的绕组。

2　由 CFVV(恒磁通)到 VFVV(变磁通)的转折点，位于正分接的范围内。对大于转折点的分接，形成一个不上升的最大分接电压 U_A 恒定值。

2　在最大电流分接处，还选用了断裂点，它位于负分接范围中(对低于最大电流分接的诸分接，其 I_A 值恒定，并不增大)。

图 32　带有最大电流分接(在负分接范围内)的混合调压(CbVV)的图解说明

表 3　混合调压的分接参数

分接	电压比	分接电压		分接电流	
正分接	n_{max}	U_{1max}	$<U_{2r}$	$<I_{1r}$	I_{2r}
	·	·	·	·	·
	·	·	·	·	·
	n_u	U_{1max}	U_{2r}	I_{1r}	I_{2r}
主分接	n_r	U_{1r}	U_{2r}	I_{1r}	I_{2r}
负分接	n_1	$<U_{1r}$	U_{2r}	I_{1max}	I_{r2}
	·	·	·	·	·
	·	·	·	·	·
	n_{min}	U_{1max}	U_{2r}	I_{1max}	I_{2r}

例(续)：

对本例中的变压器，用于定货询价的最终修约值为：

——容量：　38 MVA

——电压比：　(121±8×1.5%)/22 kV

——调压：　CbVV；最大电压 123 kV。

在本条中所考虑过的实际变压器的参数，亦可同样地列成表格，见表4所示。此表也指出了一个对变压器进行规范的可能结果，即主分接电压的变化已小到可忽略并且使用16个分接级和一台有17位的分接开关。

表4 变压器参数

电压比/分接因数%	电压/kV		电流/A		容量	备注
	HV	LV	HV	LV	(MVA)	
6.150/111.5	123	20	162.6	1 000	34.6	
5.591/101.5	123	22	178.9	1 000	38.1	最大电压分接
5.507/100	121.15	22	181.6	1 000	38.1	主分接
4.864/88.5	107	22	205.6	1 000	38.1	

9 标准变压器的变流使用

GB 1094.1—1996第1章指出，用于静止变流器的变压器是特殊的变压器，它被排除在GB 1094所全面适用的一般类型的电力变压器范畴之外。参见GB/T 18494.1标准。

本章将指出，当拟用规格适当的一般类型标准电力变压器作变流应用时应注意的事项。其中要考虑两个方面：

——畸变电压的影响；

——畸变电流的影响。

9.1 畸变电压的影响

一台接到电力系统的变压器向变流电路供电时，它具有一个不可忽视的波形畸变的外施电压(此畸变对铁心损耗和铁心发热有影响)。

一台由逆变器励磁的变压器，具有随时间变化的非常复杂的电压波形。一般地说，铁心中磁通的波形，是外施电压的积分函数，它与电压波形相比，畸变较小。确定磁密幅值的最重要的电压特性是其平均值，而不是电压的方均根值。在询问这类应用问题时应提供实际电压波形。然而，就电压而论，通常不必降低其额定容量值。

很多逆变器的工作频率与供电系统的频率不同，甚至有时在频率变化下工作。这一点当然应该在询价时指出。

由于触发控制不完善，由逆变器所施加波形可能存在非对称性问题。因为直流分量可引起磁饱和现象。

9.2 畸变电流的影响概述

由于绕组中的涡流损耗和金属结构部件中的杂散损耗，畸变电流波形将增加变压器的附加损耗。两种损耗均与漏磁通对时间导数的平方有关，而漏磁通又与绕组电流成正比。畸变电流的另一效应是使噪声水平更高，这是由于变压器含有更多的高频噪声。

附加损耗的增加会引起较高的平均温升。这本身是有害的，此外，还存在着由于非常明显的局部过热引起损坏的危险。这个问题将在下列各条中叙述。

9.3 绕组中总涡流损耗

绕组中涡流损耗的计算通常要利用询价时所提供的谐波频谱。

对于用圆导线或扁导线卷制的绕组，由谐波引起的涡流损耗，是与频率的平方成正比地增加。由具有方均根值I_j(安培)的第j次谐波产生的涡流损耗值为：

$$P_{ej} = \text{const} \times (j \times I_j)^2$$

由整个电流谐波频谱在绕组中产生的总涡流损耗P_e可表示为电源基频涡流损耗P_{e1}的倍数值，P_{e1}可通过传统的计算来得到。当负载是具有非常平滑的直流电流的变流器时，P_e/P_{e1}的典型值在2～3范围内。三相变流电路原则上仅含有某些特定的谐波。由于通过换相器后的理想波形被光滑化，更高的谐波分量被降低了。详细信息见变流电路方面的文献。

上述的理论和计算仅与用圆导线或扁导线卷制的绕组有关。对于用全宽箔卷制绕组的变压器，电流只集中于箔式绕组的两边缘部分，因而使问题更加复杂。如果这种变压器用于变流负载，要求制造厂确认其设计是适当的。

9.4 结构部件中的杂散损耗

结构部件中的杂散损耗将比绕组中的涡流损耗更难预计。它们发生在铁磁材料(铁心或结构钢)内，并且其渗透是属于一种非线性的现象，从而不能完全适合于叠加分析。在大型和特殊的变流变压器中，结构部件中的杂散损耗占很大的一部分，但是，当一台小型变流变压器用于变流负载时，杂散损耗通常不是很大。

9.5 综合的附加损耗，可能降低的额定容量

在正弦波额定电流下的综合附加损耗(绕组中的涡流损耗和结构件中的杂散损耗)，可在例行的负载试验中测量几个频率下的损耗值来确定。这种方法可确定与频率的平方有关的损耗部分和与频率指数大于1有关的损耗部分。这两部分之间的比例与设计有关。

对于变流波形下的综合附加损耗，一般预计为变压器例行试验中用正弦波电流测定的相应损耗的1.5～2倍的范围内。

从平均温升的观点来看，应适当地限制运行中允许的连续电流，使其略低于额定电流，以使总损耗即 I^2R 加上附加损耗保持在变流负载下的损耗值不大于额定正弦波电流下的相应损耗值。

9.6 局部过热

在绕组内部各点的涡流损耗强度是不相同的，它与漏磁场强及其方向有关。在与一次绕组和二次绕组之间的主空道紧邻部分的强度，一般高至平均值的3倍。甚至，个别地方还要更高。

高于周围冷却介质(油或空气)的变压器绕组的平均温升，对变压器绝缘系统的寿命有直接影响。对于一台典型的自冷式变压器，这种温差(绕组温度梯度)正比于绕组损耗的0.8次方。在额定正弦波负载条件下，一般认为，局部热点温度与油浸式和干式变压器绕组的平均温度相比，可分别提高15℃和30℃。

平均绕组温度梯度通常是在正弦波负载条件下测量。

当变压器供给变流用的谐波负载时，其涡流损耗和杂散损耗将明显地增加。这可造成局部热点温度增高，从而加大变压器寿命损失。

当规定变压器作变流应用时，提供预期的变流负载的谐波分量信息是非常重要的。

10 电力变压器损耗测量导则

10.1 试验结果、保证值、偏差、不确定性限值

当试验是在与参考条件不同时或所用的试验参数值与规定的目标值不同时的条件下进行时，GB 1094各个部分中的试验条文都含有应如何对原始测量值进行评估和校正的规则。

GB 1094.1—1996 第9章涉及用试验验证变压器一些保证参数的允许偏差。

当试验结果用数值(不仅是否作为耐受试验程序的判定)来表示时，它不是一个准确的数字，而是具有不确定性的特点。这种不确定性界限有多宽是与试验装置的质量水平，特别是它的测量系统、操作人员的技能和试品的测量难度等有关。

根据所进行的测量，提交的试验结果应包括尽可能正确的评估。这个数值按照实际情况应是可接受的。在按无正偏差或按偏差范围判断试品性能参数是否符合保证值中，不应将其不确定性界限包括在内。

然而，整个试验的接受条件是测量本身必须符合一定的质量要求。给出的限值或不确定性应是适用的，并且这些给出内容应由提供的可追溯性文件证实(见 GB/T 19001)。

10.2 可追溯性、测量技术的质量特性

测量的可追溯性是指所做的一连串的校正和对比，此单个测量的有效性可追溯到由认可的计量学学会保存的各种单位制的国家和国际标准。这种可追溯性的证据应包括下列项目。

a) 关于测量系统各组成元件（电压、电流和功率传感器、分压器、分流器以及指示和记录仪器等）的误差（振幅误差和相角误差）的检验信息。

这可能包括：

——由各元件制造厂提供的检验合格证书；

——由独立的精密实验室所做的校正检验证明书；

——由专职人员和用精密仪器在工厂中所做的校正检验证明书；

——将实验室装置直接与全套的精密测量系统进行比对（整个系统的校正）。

由于变压器在短路时的功率因数非常低，在下面的10.3和10.4中将指出相位角误差对负载损耗测量是特别重要的。所连接的常规电压和电流互感器的相位角误差，是与所配用的仪器阻抗负载有关，并且此误差是随量程范围内的实际电压或电流值而变化。这就使得未知的系统误差（它可以进行校正）难于从未知系统误差和随机误差总计中分离出来。而这些随机系统误差是不能在每一特定情况中给予消除。

b) 试验电源的质量信息：例如，电压谐波分量、电压和频率的稳定性。

GB 1094.1有关试验条款包括了一般的电压波形限制规定，特别是变压器空载时的波形限制规定。这些要求便又对试验电源内阻抗和连接等方面提出相应的要求。关于这一点必须知道并估计好。如果在个别试验中不能直接监测波形，则可应用由专门研究得到的系统信息。

c) 有关电磁干扰方面的试验环境信息（电磁场、接地、屏蔽）。

这要根据试验研究来寻找残余的随机噪声和进入测量系统中的干扰信号。后者可能是通过杂散电容或电磁感应或者是引线上的电压降或者是电缆外屏蔽层可能传输接地电流而进入的。试验研究一般包括用实际试验电源进行的模拟试验，但使开路或短路信号进入测量系统；移动或旋转其组成的元件；并且灵活地和系统地使用辅助屏蔽或接地。

d) 按上述a)～c)项对所考虑的每个特定试验的系统误差和测量不确定性进行分析。这种分析应包括一种合理的分析程序，要考虑误差和随机不确定性的各种原因之间的组合和相互影响。

在分析中应区别随机不确定性和系统误差之间的差别，并且阐述各种单个误差的组合，不同效应的平方组合（平方和的根—RSS），或线性相加（最大可能误差）。

分析应给出下列详细内容：

——试验系统的测量能力范围；

——用于测量的仪器布置与调整；

——按所用的与仪器布置调整相应的校正程序，评估试验数据实例。

e) 为了持续地保持测量的质量，试验部门应具有例行的工作程序。这可通过对各元件及整个系统进行定期检查和例行校正来达到。它包括两种系统之间的本身功能对比；检查如项a)所指出的元件的稳定性和周期性校正。

10.3 电力变压器负载损耗测量中的误差基本源

GB 1094.1—1996中10.4规定了如下的负载损耗测量方法：

“一对绕组的短路阻抗和负载损耗测量，应在额定频率下，将近似正弦波的电压施加在一个绕组上，另一个绕组短路，其他绕组开路”。

负载损耗看作是变压器等效电路中串联阻抗的电阻分量。认为串联阻抗是线性的。这意味着负载损耗应随电流的平方而变化。试验电流的测量是损耗测定误差的主要来源。

也应考虑负载损耗随温度的变化。GB 1094.1—1996附录E叙述了当将负载损耗换算到绕组参考温度时应怎样处理I^2R损耗和附加损耗。因此，上述的电阻测量误差和损耗测量时确定绕组温度的误差，就是参考温度下的损耗计算误差的组成部分。GB 1094.1—1996 中 10.4 中给出了应注意的事项。

变压器的串联阻抗主要是感性的。随着额定容量增大，阻抗的功率因数趋于下降。

典型例子：

a）1 000 kVA 变压器：负载损耗为额定容量的 1%，短路阻抗为基准阻抗的 6%—串联阻抗功率因数便等于 0.167；

b）1 00 MVA 变压器：负载损耗为 0.4%，短路阻抗为 15%—功率因数为 0.027。

试验中，电压、电流和有功功率的测量是采用了包括使高值电压和电流与测量仪器相配合的传感器在内的测量系统来进行，常规测量系统包括了向电动势指示仪器传递信号的电磁式电压互感器和电流互感器。最近设计的测量系统使用了特殊的两极式或零磁通电流互感器、电容式分压器、阻塞式放大器、电子数字式倍增功率表等。不同类型的测量系统产生不同测量误差特性，但某些遵守原则是普遍适用的。按定义，损耗测量为，$P=U\times I\times\cos\varphi$。

复合相对误差可由先对等式两边取自然对数，然后取其导数来得出：

$$\frac{\partial P}{P}=\frac{\partial U}{U}+\frac{\partial I}{I}-\frac{\sin\varphi}{\cos\varphi}\times\partial\varphi$$

电压 U 相量和电流 I 相量之间的相位夹角 φ 接近 $\pi/2$（90°，感性）。功率因数 $\cos\varphi$ 为一个很小数值。重写 $\partial\varphi$ 前面的系数：

$$-\frac{\sin\varphi}{\cos\varphi}=-\frac{(1-\cos^2\varphi)^{\frac{1}{2}}}{\cos\varphi}\approx-\frac{1}{\cos\varphi}$$

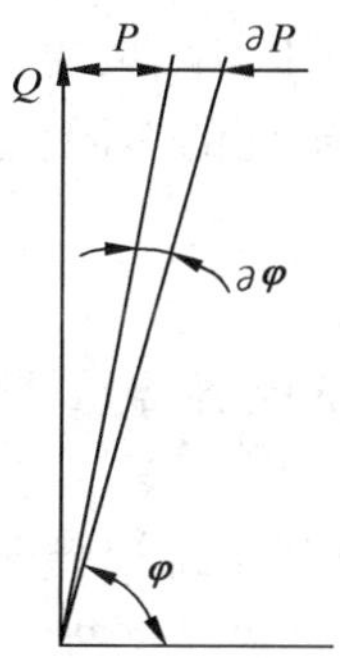

图 33a　表示测量误差的相量图

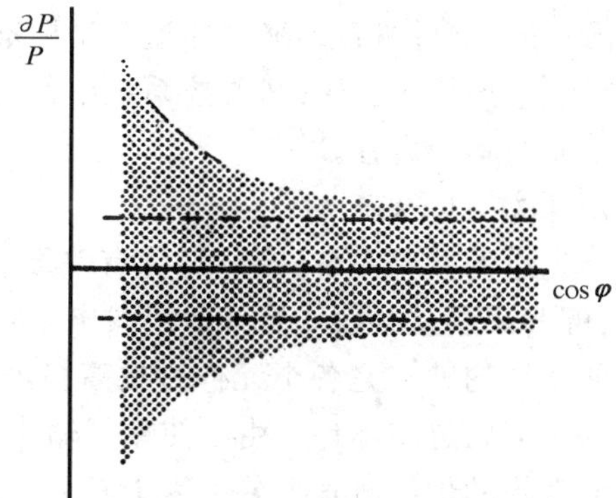

图 33b　相对误差表示为功率因数的函数

图 33　测量的相对误差

这是一个远大于 1 的数值，它表明了在相角（弧度）测定中的一定的相对误差会导致损耗测定中有相当大的相对误差，而此时的电压和电流幅值的相对误差并不扩大损耗测量误差。图 33a 对此进行了解释。图 33b 中示出损耗测定值的不确定性值的包络线图，系变压器阻抗功率因数的函数。

因此，电力变压器负载损耗测量的中心问题是怎样减小或校正整个测量系统中或系统内各个元件中的相位角。

10.4　常规损耗测量系统的角差校正的可能性

常规测量系统包括电磁式电压互感器和电流互感器以及电动式功率表。

测量互感器分别具有相角误差 δ_u 和 δ_i 弧度。功率表线圈的电感会使由电压互感器施加的电压与该表电压线圈中的电流之间产生一个相角滞后。这个小的相位角（也用弧度表示）的数值等于 $\omega L/R$。式中，L 为电压线圈的电感，R 为功率表中的串联电阻和可能使用的外部电阻箱电阻之和。此功率表的相角位移用 δ_ω 表示。

如果在试品上的电压和电流之间的原始相位角为 φ，功率表中的实际相位角则为：

$$\varphi'=\varphi+\delta_u-\delta_i-\delta_\omega=\varphi+\delta\varphi$$

如果总相位角误差 $\delta\varphi$ 为正，则估算的功率因数 $\cos\varphi'$ 比正确值 $\cos\varphi$ 要低。测出损耗值的校正量具有正号：

$$P = P'\left(\frac{1}{1-\frac{\delta\varphi}{\cos\varphi}}\right) \approx P'\left(1+\frac{\delta\varphi}{\cos\varphi}\right)$$

通常，角差是用电角度的弧度来表示。

$$1\text{min} = \frac{\pi}{180 \times 60} = 0.291 \times 10^{-3}\text{rad}$$

例：

一台变压器，$\cos\varphi=0.03$，总相角误差为 3 min，则测量损耗的相对误差值约为 3%，即：

$$\frac{3 \times 0.291}{0.03} \times 10^{-3} = 2.91 \times 10^{-2} \approx 3\%$$

由电压互感器和电流互感器产生的相角误差，在实际中是很难正确地确定。校正检验通常是用一台良好的实验室型测量互感器，但它并不能满意地覆盖电路中的各种可变化参数（测量范围、范围内的数值、仪器的负荷）。在校正检验中，提供的准确级通常也是比较受限制。对于已知的系统误差，可使用合适的校正。但仍然存在着未知的不能进行校正的系统误差。

另外一个困难是，当使用模拟式仪表时，即使是使用功率因数特别低的仪表，功率表的偏转常常仅占刻度盘中的很小部分。因此，读数的相对随机不确定性可能大到足以使已知的不算大的系统误差明显地变得不重要。因而校正值的正确性（除去已知的系统误差）将不会比未校正的读数好到什么程度。

所有这些都表明，当试验中使用了上述的常规测量系统时，要确定一个具有较高准确度的可靠校正是非常困难的。这种测量不能立即追溯至标准，除非对已在某一特定试验中使用的整个测量系统用特定调整进行了直接校正。否则，要按系统中各元件和仪表读数观测的不确定性的总限值，十分保守地估算该系统可能的不确定性。

10.5 先进的测量系统

一个先进的测量系统，指的是含有双级或零磁通电流变换器、常规的电容分压器电路、电子闭塞式放大器、可调式误差补偿线路和数字式电子功率转换器。

这种系统的特点是各个元件可按高精度标准进行调节和校正，以使其系统误差与残余的随机不确定范围相比可以忽略不计。由于使用了输出放大器，消除了构成误差源的仪器负荷。

整个系统的最终相角误差可为 100 μrad～200 μrad（0.3 min～0.6 min）数量级之间。采用这样的系统，对于功率因数降低到 0.02 或甚至更低的损耗测量，仍可得到整体最大误差为±3%。

总的不确定性计算既适用于全部试品参数，也适用于诸元件的各自范围调整。采用定期地与仅用于此目的的便携式系统进行对比的检查方式来保持此校正。

由于在该先进测量系统中出现的信号功率水平低，故应特别重视对测量系统在布置好时仔细地进行电磁干扰等检查（见 10.2c））。

10.6 空载损耗测量

对于同一台变压器来说，空载损耗测量与负载损耗测量是不同的，这是由于此时的功率因数明显地高，并且试验电流波形出现严重的畸变。

空载损耗，原则上是以变压器端子上的非畸变正弦波电压为基准。GB 1094.1—1996 中 10.5，根据平均值电压表和方均根值电压表这两块表各自读数之间的比较，对符合要求的波形给出了一个判断准则。这意味着不仅对试验电源的空载波形，而且（由于不易得到满意的电流波形）对其内阻抗和接线连接等都提出了一定的要求。

空载电流和损耗随施加电压的升高而迅速上升。因此，电压测量和调整要求严格，从而有助于确定损耗测定中的不确定性。

GB 1094.1 还进一步规定了三相变压器所采用的连接方法，应使绕组各相上所施加的电压尽可能接近于正弦波。

在试验大型单相变压器时，常常出现了很多困难，既有涉及试验容量的要求(电压波形畸变)，也有涉及功率测量方面的问题。

最后，测出的空载损耗对励磁前的磁状态是比较敏感的。当用直流测量绕组电阻或受到操作冲击波冲击时，产生的磁饱和使铁心中出现了剩磁，这可能对测量结果有影响。因此，空载测量前对铁心进行系统的去磁，有时是获得有代表性结果的一种措施。

附 录 A

（提示的附录）

单相和两相接地故障的基本关系式

故障前，有一个对称的系统运行电压

$$U=U^+;U^-=U^0=0$$

当故障出现时，各分量电压为V^+,V^-,V^0。

整个系统的短路阻抗，从故障点看去，为Z^+,Z^-,Z^0。

叠加的故障电流分量为I^+,I^-,I^0。

应用下列关系式：

$$\left.\begin{aligned}U-V^+&=I^+Z^+\\-V^-&=I^-Z^-\\-V^0&=I^0Z^0\end{aligned}\right\}\qquad\cdots\cdots(\text{A1})$$

由定义，相电压和相电流为：

$$\left.\begin{aligned}V_A&=V^++V^-+V^0\\V_B&=\alpha^2V^++\alpha V^-+V^0\\V_C&=\alpha V^++\alpha^2V^-+V^0\end{aligned}\right\}\qquad\cdots\cdots(\text{A2})$$

$$\left.\begin{aligned}I_A&=I^++I^-+I^0\\I_B&=\alpha^2I^++\alpha I^-+I^0\\I_C&=\alpha I^++\alpha^2I^-+I^0\end{aligned}\right\}\qquad\cdots\cdots(\text{A3})$$

情况 1—A 相单相接地故障

$$I_B=I_C=0\qquad\cdots\cdots(\text{A4})$$

$$-I^0=\alpha^2I^++\alpha I^-=\alpha I^++\alpha^2I^-$$

$$\therefore I^+=I^-=I^0=I\qquad\cdots\cdots(\text{A5})$$

$$V_A=0$$

$$\therefore V^++V^-+V^0=0\qquad\cdots\cdots(\text{A6})$$

将式(A5)和(A6)代入式(A1)的总和中，有：

$$I^+=I^-=I^0=\frac{U}{Z^++Z^-+Z^0}\qquad\cdots\cdots(\text{A7})$$

情况 2—B 相和 C 相均接地故障

$$\left.\begin{aligned}&V_B=V_C=0\\&-V^0=\alpha^2V^++\alpha V^-=\alpha V^++\alpha^2V^-\\&\therefore V^+=V^-=V^0=V\end{aligned}\right\}\qquad\cdots\cdots(\text{A8})$$

按公式(A1)

$$I^+=\frac{U}{Z^+}-\frac{V}{Z^+}$$

$$I^-=-\frac{V}{Z^-}$$

$$I^0=-\frac{V}{Z^0}$$

$$I_A=I^++I^-+I^0=\frac{U}{Z^+}-V\left(\frac{1}{Z^+}+\frac{1}{Z^-}+\frac{1}{Z^0}\right)=0$$

$$\left.\begin{aligned} \therefore V &= \frac{U}{Z^{+}} \times Z \\ \frac{1}{Z} &= \left(\frac{1}{Z^{+}} + \frac{1}{Z^{-}} + \frac{1}{Z^{0}}\right) \end{aligned}\right\} \quad \cdots\cdots (A9)$$

$$\left.\begin{aligned} I^{+} &= \frac{U}{Z^{+}} - \frac{V}{Z^{+}} = \frac{U}{Z^{+}}\left(1 - \frac{Z}{Z^{+}}\right) = \frac{U}{Z^{+}} - \frac{U \times Z}{(Z^{+})^{2}} \\ I^{-} &= -\frac{U \times Z}{Z^{+} \times Z^{-}} \\ I^{0} &= -\frac{U \times Z}{Z^{+} \times Z^{0}} \end{aligned}\right\} \quad \cdots\cdots (A10)$$

ICS 29.180
K 41

中华人民共和国国家标准

GB/T 17468—2008
代替 GB/T 17468—1998

电力变压器选用导则

The guide for choice power transformers

2008-09-24 发布　　2009-08-01 实施

中华人民共和国国家质量监督检验检疫总局
中国国家标准化管理委员会　发布

前　言

本标准是根据变压器产品不断改进，并按安全、环保、节能、节材的原则对GB/T 17468—1998《电力变压器选用导则》进行修订的。

本标准代替GB/T 17468—1998，与其相比主要变化如下：

a) 编写格式按GB/T 1.1—2000《标准化工作导则　第1部分：标准的结构和编写规则》的规定进行了修改；
b) 规范性引用文件中增补了GB 20052三相配电变压器能效限定值及节能评价值、DL/T 985配电变压器能效技术经济评价导则、JB/T 10317单相油浸式配电变压器技术参数和要求、JB/T 10318油浸式非晶合金铁心配电变压器技术参数和要求标准及一些变压器组件标准；
c) 对变压器的特殊使用条件进行了修改和增补；
d) 在变压器的类型中，修改了按调压方式和冷却方式对变压器进行分类的内容；
e) 对油浸式变压器推荐按额定容量来选择冷却方式；
f) 删除了原标准表3，干式变压器的温度限值要求符合干式变压器负载导则标准的规定；
g) 增加对相关变压器组件的要求；
h) 删除了原标准附录C、附录E和附录G，其他附录号顺序变化；
i) 修改了原标准附录B，增加了关于冷却方式、绝缘水平、调压方式等内容；
j) 修改了原标准附录F的套管式电流互感器额定一次电流标准值；增加了测量用套管式电流互感器的准确级；修改了保护用套管式电流互感器的准确限值系数标准值；修改了套管式电流互感器推荐的性能参数额定值。

本标准由中国电器工业协会提出。

本标准由全国变压器标准化技术委员会(SAC/TC 44)归口。

本标准起草单位：沈阳变压器研究所、上海市电力公司、保定天威保变电气股份有限公司、西安西电变压器有限责任公司、特变电工沈阳变压器集团有限公司、特变电工衡阳变压器有限公司、中电电气集团有限公司、广东钜龙电力设备有限公司、山东达驰电气股份有限公司、广州骏发电气有限公司。

本标准主要起草人：孙军、姜益民、李洪秀、汪德华、安振、陈东风、徐子宏、王文光、侯照礼、樊建平。

本标准于1998年首次发布，本次为第一次修订。

电力变压器选用导则

1 范围

本标准规定了发电厂和变电所采用的电力变压器、发电厂和变电所自用变压器以及配电变压器的选用导则。

本标准适用于设计部门设计发电厂和变电所时选用变压器。用户订购变压器时，可参考本导则确定变压器技术参数和合同内容。

2 规范性引用文件

下列文件中的条款通过本标准的引用而成为本标准的条款。凡是注日期的引用文件，其随后所有的修改单(不包括勘误的内容)或修订版均不适用于本标准，然而，鼓励根据本标准达成协议的各方研究是否可使用这些文件的最新版本。凡是不注日期的引用文件，其最新版本适用于本标准。

GB 311.1 高压输变电设备的绝缘配合(GB 311.1—1997,neq IEC 60071-1:1993)

GB/T 321 优先数和优先数系

GB 1094.1 电力变压器 第1部分:总则(GB 1094.1—1996,eqv IEC 60076-1:1993)

GB 1094.2 电力变压器 第2部分:温升(GB 1094.2—1996,eqv IEC 60076-2:1993)

GB 1094.3 电力变压器 第3部分:绝缘水平、绝缘试验和外绝缘空气间隙(GB 1094.3—2003,eqv IEC 60076-3:2000)

GB 1094.5 电力变压器 第5部分:承受短路的能力(GB 1094.5—2008,IEC 60076-5:2006,MOD)

GB/T 1094.7 电力变压器 第7部分:油浸式电力变压器负载导则(GB/T 1094.7—2008,IEC 60076-7:2005,MOD)

GB/T 1094.10 电力变压器 第10部分:声级测定(GB/T 1094.10—2003,IEC 60076-10:2001,MOD)

GB 1094.11 电力变压器 第11部分:干式变压器(GB 1094.11—2007,IEC 60076-11:2004,MOD)

GB 1208 电流互感器(GB 1208—2006,IEC 60044-1:2003,MOD)

GB 3096 城市区域环境噪声标准

GB/T 4109 高压套管技术条件(GB/T 4109—1999,eqv IEC 60137:1995)

GB/T 6451 油浸式电力变压器技术参数和要求

GB/T 7595 运行中变压器油质量标准

GB/T 10228 干式电力变压器技术参数和要求

GB 10230.1 分接开关 第1部分:性能要求和试验方法(GB 10230.1—2007,IEC 60214-1:2003,MOD)

GB/T 10230.2 分接开关 第2部分:应用导则(GB/T 10230.2—2007,IEC 60214-2:2004,MOD)

GB 12348 工业企业厂界噪声标准

GB/T 13499 电力变压器应用导则(GB/T 13499—2002,idt IEC 60076-8:1997)

GB 16847 保护用电流互感器暂态特性技术要求(GB 16847—1997,idt IEC 60044-6:1992)

GB/T 17211 干式电力变压器负载导则(GB/T 17211—1998,eqv IEC 60905:1987)

GB 20052 三相配电变压器能效限定值及节能评价值

GBJ 148　电气装置安装工程　电力变压器、油浸电抗器、互感器施工及验收规范
DL/T 985　配电变压器能效技术经济评价导则
JB/T 501　电力变压器试验导则
JB/T 2426　发电厂和变电所自用三相变压器技术参数和要求
JB/T 3837　变压器类产品型号编制方法
JB/T 5345　变压器用蝶阀
JB/T 5347　变压器用片式散热器
JB/T 6302　变压器用油面温控器
JB/T 6484　变压器用储油柜
JB/T 7065　变压器用压力释放阀
JB/T 7631　变压器用电子温控器
JB/T 7633　变压器用螺旋板式强油水冷却器
JB/T 8315　变压器用强迫油循环风冷却器
JB/T 8316　变压器用强迫油循环水冷却器
JB/T 8317　变压器冷却器用油流继电器
JB/T 8318　变压器用成型绝缘件技术条件
JB/T 8448.1　变压器类产品用密封制品技术条件　第1部分:橡胶密封制品
JB/T 8450　变压器用绕组温控器
JB/T 8971　干式变压器用横流式冷却风机
JB/T 9639　封闭母线
JB/T 9642　变压器用风扇
JB/T 9647　气体继电器
JB/T 10088　6 kV～500 kV级电力变压器声级
JB/T 10112　变压器油泵
JB/T 10317　单相油浸式配电变压器技术参数和要求
JB/T 10318　油浸式非晶合金铁心配电变压器技术参数和要求
JB/T 10428　变压器用多功能保护装置
JB/T 10430　变压器用速动油压继电器
JB/T 10692　变压器用油位计
ANSI/IEEE C57.13:1993　互感器标准要求

3　使用条件

3.1　正常使用条件和特殊使用条件

油浸式电力变压器应符合 GB 1094.1 的规定;干式电力变压器应符合 GB 1094.11 的规定。

3.2　其他特殊使用条件

如果有 3.1 之外的其他特殊使用条件,用户应与制造方协商并在合同中规定,如:

a)　有害的烟或蒸汽,灰尘过多或带有腐蚀性,易爆的灰尘或气体的混合物、蒸汽、盐雾、过潮或滴水等;
b)　异常振动、倾斜、碰撞、冲击;
c)　环境温度超出正常使用范围;
d)　特殊的运输条件;
e)　特殊的安装位置和空间限制;
f)　特殊的维护问题;
g)　特殊的工作方式或负载周期,如:冲击负载;

h) 不平衡的交流电压或交流系统的电压与实质正弦波有差异；

i) 异常的谐波电流负载，如由半导体或类似元件控制而引起这种情况。过大的谐波电流会引起过量的损耗和异常的发热现象；

j) 多绕组变压器或自耦变压器的特定负载条件(容量输出，绕组负载功率因数和绕组电压)；

k) 励磁电压超过额定电压的 110％或额定电压与额定频率比值的 110％；

l) 在绝缘设计中需要特殊考虑的异常电压或过电压情况；

m) 异常磁场；

n) 直流偏磁能力；

o) 具有大电流离相封闭母线的大型变压器。应注意具有强磁场的大电流离相封闭母线可能在变压器油箱和外壳以及母线内部产生所不希望的环流。若设计时没有采取正确的措施，这些环流产生的损耗会导致温升过高；

p) 并联运行。应注意尽管并联运行不属于特殊使用条件，但当变压器与其他变压器并联运行时，建议用户向制造方说明；

q) 冷却装置的布置方式和运行方式；

r) 室内布置的通风要求。

3.3 热带气候防护类型及使用环境条件

3.3.1 热带产品的气候防护类型是指产品使用在一定的热带气候区域时所采取的相应防护措施，以保证按该典型环境设计、制造的产品在运行中的可靠性。

3.3.2 热带产品的气候防护类型分为湿热型(TH)、干热型(TA)和干湿热合型(T)。

3.3.3 对于湿热带工业污秽较严重及沿海地区户外的产品，应考虑潮湿、污秽及盐雾的影响，其所使用的绝缘子和瓷套管应选用加强绝缘型或防污秽型产品；由于湿热地区雷暴雨比较频繁，对产品结构应考虑加强防雷措施。

3.3.4 三种气候防护类型热带产品使用环境条件见表 1。

表 1 热带产品使用环境条件

环境参数		气候防护类型		
		湿热型 TH	干热型 TA	干湿热合型 T
海拔/m		1 000 及以下	1 000 及以下	1 000 及以下
空气温度/℃	年最高	40	50[a]	50[a]
	年最低	−5	−5	−5
	年平均	25	30	30
	月平均最高(最热月)	35	45	45
	日平均	35	40	40
	最大日温差	—	30	30
空气相对湿度/%	最湿月平均最大相对湿度	95(25 ℃时)[b]	—	95(25 ℃时)[b]
	最干月平均最小相对湿度	—	10(40 ℃时)[c]	10(40 ℃时)[c]
露		有	有[d]	有
霉菌		有	—	有
含盐空气		有[e]	有[a]	有[de]
最大降雨强度/(mm/min)		6	—	6
太阳辐射最大强度/[J/(cm² · min)]		5.86	6.7	6.7
阳光直射下黑色物体表面最高温度/℃		80	90	90
冷却水最高温度/℃		33	35	35

表 1（续）

环境参数	气候防护类型		
	湿热型 TH	干热型 TA	干湿热合型 T
一米深土壤最高温度/℃	32	32	32
最大风速/(m/s)	35	40	40
砂尘	—	有	有
雷暴	频繁	—	频繁
有害动物	有	有	有

[a] 当需要适用于年最高温度 55 ℃的产品时，由供需双方协商确定。

[b] 指该月的月平均最低温度为 25 ℃。

[c] 指该月的月平均最高温度为 40 ℃。

[d] 在订货时提出作特殊考虑。

[e] 指沿海户外地区。

4 选用变压器的一般原则

选用变压器技术参数，应以变压器整体的可靠性为基础，综合考虑技术参数的先进性和合理性、经济性，结合运行方式和损耗评价的方式，提出技术经济指标。同时还要考虑可能对系统安全运行、环保、节材、运输和安装空间等方面的影响。

4.1 变压器符合的标准和技术规范

在选用变压器时，应明确变压器应符合的标准（国家标准、行业标准、国际标准和国外标准）名称和代号。

在选用变压器时，用户应明确提出变压器的技术规范和参数，一般应按 GB/T 6451、GB/T 10228、JB/T 2426、JB/T 10317、JB/T 10318、JB/T 3837 的规定来选择。如有其他要求，应与制造方协商后在合同中规定。

除例行试验外，如果要求变压器重做型式试验项目、特殊试验项目、研究性试验项目，则应在询价和订货时与制造方协商，并在合同中规定。

4.2 变压器的类型

电力变压器按用途可分为：升压变压器、降压变压器、配电变压器、联络变压器和厂用变压器；按绕组型式可分为：双绕组变压器、三绕组变压器和自耦变压器；按相数可分为：三相变压器和单相变压器；按调压方式可分为：无调压变压器、无励磁调压变压器和有载调压变压器；按冷却方式分为：自冷变压器、风冷变压器、强迫油循环自冷变压器、强迫油循环风冷变压器、强迫油循环水冷变压器、强迫导向油循环风冷变压器和强迫导向油循环水冷变压器，其对应的产品型号见 JB/T 3837。

4.2.1 三绕组变压器

三绕组变压器一般用于具有三种电压等级的变电所。

4.2.2 自耦变压器

自耦变压器一般用于联络两种不同电压网络系统或用于连接两个中性点直接接地系统。

4.2.3 三相变压器和单相变压器

发电机升压变压器和变电所降压变压器通常采用三相变压器。若因制造和运输条件限制，可采用单相变压器组或现场组合的变压器。当选用单相变压器组时，应根据所联接的电力系统和设备情况，考虑是否装设备用相。

4.3 额定电压和电压组合

4.3.1 额定电压

额定电压是指单相或三相变压器线路端子之间指定施加的或空载时感应出的电压。

4.3.1.1 降压用变压器的输入、输出端额定电压通常为：

降压用变压器输入端电压为：3 kV、6 kV、10 kV、15 kV、20 kV、35 kV、66 kV、110 kV、220 kV、330 kV、500 kV。

降压用变压器输出端电压为：0.4 kV、33 kV、63(66) kV、10.5(11)kV、21(22)kV、37(38.5)kV、115(121)kV、230 (242)kV。

4.3.1.2 升压用变压器的输入、输出端额定电压通常为：

发电机变压器输入电压为：3.15 kV、6.3 kV、11(10.5)kV、13.8 kV、15.75 kV、18 kV、20 kV、24 kV。

变压器的输出电压为：40.5 kV、72.5 kV、126 kV、252 kV、363 kV、550 kV。

4.3.1.3 如另有要求，应由用户与制造方协商，并在合同中规定。

4.3.2 电压组合

油浸式电力变压器按 GB/T 6451、JB/T 2426、JB/T 10317 或 JB/T 10318 的规定，干式电力变压器按 GB/T 10228、JB/T 2426 的规定。如另有要求，应由用户与制造方协商，并在合同中规定。

4.4 额定容量

额定容量是指输入到变压器的视在功率值(包括变压器本身吸收的有功功率和无功功率)。选择容量时应按相应的标准(GB/T 6451、GB/T 10228、JB/T 2426、JB/T 10317 或 JB/T 10318)，尽量采用 GB/T 321 中的 R10 优先数系。

4.4.1 发电机升压变压器

发电机变压器的额定容量一般根据发电机的额定功率及其功率因数确定。

4.4.2 变电所降压变压器

应参考 GB/T 1094.7 或 GB/T 17211 中的正常周期负载图所推荐的变压器在正常寿命损失下的负载条件，经济地估算变压器的额定容量，同时还应考虑电网发展情况。

4.4.3 配电变压器

配电变压器的容量选择，应根据 GB/T 1094.7 或 GB/T 17211 及工程设计部门提供的用电设备安装容量(可为假设负荷)来确定其容量，并按照 DL/T 985 进行技术经济评价。

4.4.4 单相变压器

单相变压器组成的变压器组中，各单相变压器容量可取三相变压器容量的三分之一，取值尽可能靠到标准容量系列，且有效位数保留到个位 MVA(例如 167MVA)。

4.4.5 容量分配

对于三绕组变压器的高、中、低压绕组容量的分配应按各侧绕组所带实际负荷进行分配，推荐按 GB/T 6451 的规定。对于发电厂用分裂变压器的容量分配，推荐按 JB/T 2426 的规定。

4.5 分接

4.5.1 分接位置的选择

分接头一般按以下原则布置：

a) 在高压绕组上而不是在低压绕组上，电压比大时更应如此。

b) 在星形联结绕组上，而不是在三角形联结的绕组上(特殊情况下除外，如变压器为 Dyn 联结时，可在 D 联结绕组上设分接头)。

4.5.2 调压方式的选用原则

一般原则如下：

a) 无调压变压器一般用于发电机升压变压器和电压变化较小且另有其他调压手段的场所；

b) 无励磁调压变压器一般用于电压波动范围较小，且电压变化较少的场所；

c) 有载调压变压器一般用于电压波动范围较大，且电压变化比较频繁的场所；

d) 在满足使用要求的前提下，能用无调压的尽量不用无励磁调压；能用无励磁调压的尽量不采用有载调压；无励磁分接开关应尽量减少分接数目，可根据电压变动范围只设最大、最小和额定分接；

e） 自耦变压器采用公共绕组中性点侧调压者，应验算第三绕组电压波动不致超出允许值。在调压范围大、第三绕组电压不允许波动范围大时，推荐采用中压侧线端调压。对于特高电压变压器可以采用低压补偿方式，补偿低压绕组电压；

f） 并联运行时，调压绕组分接区域及调压方式应相同。

4.5.3 分接范围

应尽量按实际需求设置分接范围，一般按 GB/T 6451、GB/T 10228、JB/T 2426、JB/T 10317 或 JB/T 10318选择。

4.5.3.1 无励磁调压范围

a） 对于小容量(10 000 kVA 以下)低电压(35kV 及以下)的小型发电机变压器，其分接范围应根据其网络情况由用户自定；

b） 对于额定电压为 13.8 kV、15.75 kV、18 kV、20 kV、24 kV、额定容量在 16 MVA～50 MVA 的发电厂自用变压器，额定电压为 66 kV、110 kV、220 kV、500 kV 级发电机变压器，如果必须用分接，其电压调整范围推荐为：±5%、$^{+5}_{0}$%、$^{0}_{-5}$%；

c） 对于 500 kV 及以上的发电机升压变压器，不推荐变压器带调压分接。

4.5.3.2 有载调压范围

a） 对电压等级为 6 kV、10 kV 级变压器，推荐其有载调压范围为±4×2.5%，并且在保证分接范围不变的情况下，正、负分接档位可以改变，如$^{+3}_{-5}$×2.5%；

b） 对电压等级为 35 kV 级变压器，推荐其有载调压范围为±3×2.5%，并且在保证分接范围不变的情况下，正、负分接档位可以改变，如$^{+2}_{-4}$×2.5%；

c） 对电压等级为 66 kV～220 kV 级变压器，其有载调压范围为±8×1.25%，正、负分接档位可以改变；

d） 对电压等级为 330 kV 级和 500 kV 级的变压器，其有载调压范围一般为±8×1.25%。

4.6 绝缘水平

绝缘水平应满足运行中各种过电压与长期最高工作电压作用的要求，与绝缘配合有关。油浸式电力变压器的绝缘水平按 GB 1094.3 的规定，干式电力变压器绝缘水平按 GB 1094.11 的规定。当变压器与 GIS 联接时，应考虑 GIS 中的隔离开关操作产生快速瞬变过电压(VFTO)对变压器绕组绝缘的影响。

4.7 损耗

电力变压器损耗应符合 GB/T 6451、GB/T 10228、GB 20052、JB/T 2426、JB/T 10317 或 JB/T 10318的规定。产品损耗水平按 JB/T 3837 的规定。

注：计算负载损耗时，油浸式电力变压器参考温度为 75 ℃，干式电力变压器参考温度对各种绝缘系统是不同的，一般取绕组平均温升加 20 ℃。

4.8 短路阻抗

选择短路阻抗时应符合 GB/T 6451、GB/T 10228、JB/T 2426、JB/T 10317 或 JB/T 10318 的要求。

对于高阻抗变压器，可以设置电抗器。电抗器可以置于油箱内或油箱外。

对于高阻抗变压器，是为限制过大的短路电流要求而提高短路阻抗的，对 110 kV 和 220 kV 城网供电的双绕组变压器，其短路阻抗最好分档，例如：110 kV 可分为 10.5%、12.5%、14.5%、16.5%、23%；220 kV 可分为 14%、18%、22%、26%。还应考虑系统电压调整率和无功补偿；对于三绕组变压器，提高的是高—低及中—低阻抗，高—中阻抗与常规变压器相同。

选用发电厂用分裂变压器，应适当增大短路阻抗及容量。

4.9 三相系统变压器绕组联结方法

一台三相变压器或拟结成三相的单相变压器组，其绕组的联结方法应根据该变压器是否与其他变压器并联运行、中性点是否引出和中性点的负载要求来选择。

联结方法对变压器的设计和所需材料的用量有影响。在某些情况下选择联结方法时，还须考虑铁心的结构形式和气象条件。如：某些地区特殊接法：10 kV 与 110 kV 输电系统电压相量差 60°的电气角，此时可采用 110/35/10 kV 电压比与 Ynd11y10 接法的三相三绕组电力变压器；多雷地区可选 Dy 或 Yz。

尽量不选用全星形接法的变压器，如必须选用(除配电变压器外)，应考虑设立单独的三角形接线的稳定绕组。稳定绕组的额定容量一般不超过一次额定容量的 50%，其绝缘水平还应考虑其他绕组的传递过电压。对于联结组标号为 Yyn0 的配电变压器，其铁心不宜采用三相五柱结构。

4.9.1 联结方法

绕组联结方法的选择按 GB/T 6451、GB/T 10228、JB/T 2426、JB/T 10317 或 JB/T 10318 的规定，其常用的联结组见附录 A。

4.9.2 联结特点

三种绕组联结方法的主要特点见表 2。

表 2 三种绕组联结方法的主要特点

	星形联结		三角形联结	曲折形联结
中性点的负载能力	与其他绕组的联结方法和变压器所连接系统的零序阻抗有关		—	可带绕组额定电流的负载
励磁电流	三次谐波电流不能通过(中性点绝缘，无三角形联结的绕组)	三次谐波电流至少能在变压器的一个绕组中通过(中性点引出)	三次谐波电流能在三角形联结绕组中通过	
相电压	含有三次谐波电压[a]	正弦波	正弦波	—

[a] 在三相三柱心式变压器中，三次谐波电压值不大，但在三相五柱心式变压器、三相壳式变压器和联结成三相组的单相变压器中，三次谐波电压可能较高，以致中性点出现相应的漂移。

4.10 冷却方式

在满足温升限值的情况下，冷却方式尽量采用自冷、风冷，冷却装置尽量采用片式散热器。

4.10.1 油浸式电力变压器冷却方式的选择：

a) 油浸自冷(ONAN)
75 000 kVA 及以下产品。

b) 油浸风冷(ONAF)
180 000 kVA 及以下产品。

c) 强迫油循环风冷(OFAF)
90 000 kVA 及以上产品。

d) 强迫油循环水冷(OFWF)
一般水力发电厂 75 000 kVA 及以上的升压变压器采用。

e) 强迫导向油循环风冷或水冷(ODAF 或 ODWF)
120 000 kVA 及以上产品；

f) 冷却装置的布置形式有两种，一种为冷却装置固定在变压器油箱上；另一种为冷却装置集中固定在支架上，通过导油管与变压器油箱联结。选用时用户应向制造方提供选用冷却装置安装方式并在合同中注明。具有自然冷却能力的散热器通常固定在变压器的油箱上。

g) 选用强迫油循环风冷却器或导向油循环风冷却器时，当油泵与风扇失去供电电源时，变压器不能长时间运行，即使空载也不能长时间运行。因此，应选择两个独立电源供冷却装置使用。当选用强迫油循环风冷片式散热器时，也应选择两个独立电源供冷却装置使用。

4.10.2 干式电力变压器冷却方式的选择

标准规定的干式电力变压器冷却方式为空气自冷，根据用户要求，干式电力变压器可加装风机。干式电力变压器冷却方式的标志按 GB 1094.11 规定。

4.11 变压器油和油保护系统

4.11.1 变压器制造方一般按例行试验时所注入的某种牌号的油供给用户。用户对变压器油另有要求时，应在订货合同中规定。对变压器油的要求：

a) 根据变压器安装地点的环境平均最低温度合理选择变压器油的牌号；

b) 提出合理的变压器油性能要求(一般按 GB/T 7595)；

c) 要求变压器油的油基(环烷基或石腊基)；

d) 油与绝缘材料及结构材料的相容性。

4.11.2 在选用变压器时，用户应提出对油保护系统的要求，并在订货合同中规定。常用的油保护系统有：

a) 采用波纹油箱或膨胀式散热器。这种系统可自行补偿油的体积膨胀，可不装设储油柜，一般适用于小容量的变压器。

b) 装有胶囊、隔膜或波纹结构的储油柜，此结构能使油与空气隔开，以实现全密封。

4.11.3 交货的变压器中应注入或供新油，且应不混油。已运行的变压器如果需要补充油时应遵照以下原则：

a) 不同油基的变压器油应不混合使用；

b) 同一油基不同牌号的油不宜混合使用；

c) 被混合使用的油，其质量均需符合 GB/T 7595 的规定；

d) 新油或相当于新油质量的同一油基不同牌号变压器油混合使用时，应按混合油的实测凝点决定其是否可用。不能仅按化学和电气性能合格就混合使用；

e) 运行中的油与相同牌号新油混合时，应预先进行混合油样的氧化安定性试验，无沉淀物方可混合使用。

f) 进口油或来源不明的油与不同牌号运行油混合使用时，应预先进行参加混合的各种油及混合后油样的老化试验。当混油质量不低于原运行油时，方可混合使用；若相混油都是新油，其混合油的质量应不低于最差的一种新油。

4.11.4 如果用户需用自己采购的油注入变压器时，应在订货合同中规定。为了确保变压器运行的可靠性，用户和制造方应就 4.11.1 中的要求达成一致。

4.12 变压器的技术参数和制造成本

选用变压器时，技术参数由变压器服务的电力系统和运行条件所决定。一些性能方面的技术参数，如负载损耗、短路阻抗、空载损耗、空载电流、冷却方式、调压方式等，GB/T 6451、GB/T 10228、JB/T 2426、JB/T 10317 或 JB/T 10318 中已有规定。它们不仅与变压器的安全运行和经济运行有关，而且直接影响其制造成本，为了降低变压器的能耗，或从环保及安全运行角度提出高于标准规定的参数或特殊要求时(如声级水平、油箱强度、绝缘水平或高海拔)，应考虑制造成本的增加。有关信息见附录 B。

5 技术要求

5.1 一般技术要求

油浸式电力变压器一般技术要求应符合 GB 1094.1 和 GB/T 6451、JB/T 2426、JB/T 10317、JB/T 10318的规定；干式电力变压器一般技术要求应符合 GB 1094.11 和 GB/T 10228、JB/T 2426 的规定。

5.2 特殊技术要求

如有除 5.1 之外的特殊要求，应由用户与制造方协商并在合同中规定。

6 三相系统中变压器并联运行

并联运行是指并联的各变压器的两个绕组，采用同名端子对端子的直接相连方式下的运行。本标准只考虑双绕组变压器的并联运行。

6.1 并联运行的条件

a) 钟时序数要严格相等；

b) 电压和电压比要相同，允许偏差也相同(尽量满足电压比在允许偏差范围内)，调压范围与每级电压要相同；

c) 短路阻抗相同，尽量控制在允许偏差范围±10%以内，还应注意极限正分接位置短路阻抗与极限负分接位置短路阻抗要分别相同；

d) 容量比在0.5～2之间；

e) 频率相同。

6.2 联结方法

一般应符合GB/T 13499和本标准附录C的规定。

7 变压器的声级

7.1 声级水平

变压器的声级水平按JB/T 10088的规定。

7.2 环境保护对噪声的判断

按GB 12348和GB 3096的规定，间接判断变压器噪声是否符合环境保护的要求。随着噪声的降低，变压器的制造成本也将有所增加。

7.3 声级测定

变压器声级的测量方法按GB/T 1094.10的规定。

8 变压器热老化率与寿命

在外部冷却空气为20 ℃，变压器以额定电流运行，以某种温度等级的绝缘材料发生热老化而损坏时，规定变压器的寿命一般为20年。

对符合GB 1094设计的油浸式电力变压器，在绕组热点温度为98 ℃下相对热老化率为1，此热点温度与"在环境温度为20 ℃和绕组热点温升为78 K下运行"相对应。

对于干式电力变压器，其环境温度也为20 ℃，而热点温度取决于绝缘材料的温度等级，其温度限值按GB/T 17211的规定。

变压器的相对热老化率定义见式(1)：

$$V=\frac{\theta_{\mathrm{h}}\text{下的热老化率}}{\theta_{\mathrm{c}}\text{下的热老化率}}=2^{(\theta_{\mathrm{h}}-\theta_{\mathrm{c}})/\theta_{\mathrm{d}}} \qquad \cdots\cdots(1)$$

式中：

θ_h——实际热点温度；

θ_c——额定热点温度；

θ_d——寿命损失加倍率。

θ_d的取值说明，在额定热点温度的基础上，每增加6 ℃(油浸式)或10 ℃(干式)，其热寿命减少一半，反之增加一倍。

计算寿命损失可参考GB/T 1094.7和GB/T 17211。

9 变压器组、部件

9.1 分接开关

分接开关应符合GB 10230.1的要求，分接开关的选用应符合GB/T 10230.2的要求。

9.2 冷却装置

9.2.1 变压器用片式散热器应符合JB/T 5347的要求。

9.2.2 变压器用风冷却器应符合JB/T 8315的要求。

9.2.3 变压器用水冷却器应符合JB/T 8316或JB/T 7633的要求。

9.2.4 变压器用风扇应符合JB/T 9642的要求。

9.2.5 干式变压器用风机应符合JB/T 8971的要求。

9.3 油泵

变压器用油泵应符合 JB/T 10112 的要求。

9.4 油位计

变压器用油位计应符合 JB/T 10692 的要求。

9.5 封闭母线

封闭母线选用时，用户应向变压器制造方提供固定法兰尺寸、封闭母线相间中心距等数据及封闭母线的工作温度、连接方式等。封闭母线应符合 JB/T 9639 的要求。

9.6 压力释放阀

压力释放阀应符合 JB/T 7065 的要求。

9.7 气体继电器

气体继电器应符合 JB/T 9647 的要求。

9.8 油流继电器

油流继电器应符合 JB/T 8317 的要求。

9.9 速动油压继电器

速动油压继电器应符合 JB/T 10430 的要求。

9.10 多功能保护装置

多功能保护装置应符合 JB/T 10428 的要求。

9.11 储油柜

储油柜应符合 JB/T 6484 的要求。

9.12 温控器

9.12.1 变压器用油面温控器应符合 JB/T 6302 的要求。

9.12.2 变压器用电子温控器应符合 JB/T 7631 的要求。

9.12.3 变压器用绕组温控器应符合 JB/T 8450 的要求。

9.13 净油器

净油器应符合产品技术条件的要求。

9.14 套管

套管应符合 GB/T 4109 的要求。

9.15 套管式电流互感器

套管式电流互感器分为测量用和保护用两种。选用时应提出相应的额定值，包括额定一次电流、额定二次电流、额定电流比、准确级、额定输出等。除非用户和制造方另有协议规定，额定值应符合 GB 1208 的规定。

套管式电流互感器选用原则见附录 D。

9.16 蝶阀

变压器用蝶阀应符合 JB/T 5345 的要求。

9.17 其他组、部件

变压器用的其他组、部件的选用应符合相应标准的要求或技术条件的要求。

10 标志、起吊、安装、运输和贮存

油浸式电力变压器应符合 GB/T 6451、JB/T 2426、JB/T 10317 或 JB/T 10318 的规定，干式电力变压器应符合 GB/T 10228、JB/T 2426 的规定，变压器的安装项目和要求应符合 GBJ 148 的规定。

11 制造方应提供的技术文件和图表

11.1 制造方向设计院提供的技术文件

在技术协议书(订货合同)签订后，制造方应根据需要在规定时间内向设计院提供工程设计所必须

的图样和有关技术资料。对已有供货的产品(不需设计)应在半个月之内提供。供设计院的图样和资料主要内容包括如下：

a) 变压器外型图。外型图内容包括：

变压器总体外型尺寸、主体运输重量、主要组、部件重量、油总重量、上节油箱或器身吊重、吊高、起吊位置、千斤顶位置、牵引孔位置、轨距或支座位置、基础尺寸和要求、冷却器或散热器布置、套管出线位置和接线端子尺寸、接地端子位置和端子尺寸、梯子位置,连接件(管道法兰)接口尺寸、其他必要的安装尺寸；

b) 变压器铭牌图或铭牌标志图；

c) 变压器本体运输尺寸图；

d) 冷却系统(如果有)控制原理图和冷却控制设备接线图；

e) 主控制箱(如果有)外型图(安装图)；

f) 变压器二次保护接线安装图(必要时提供)；

g) 变压器二次保护设备接线图；

h) 变压器端子箱接线图；

i) 有载分接开关(如果有)电气控制接线图和遥控信号接线图；

j) 经制造方和用户协商一致,可以提供的资料(一般仅对特大型产品)有:过励磁曲线、电容(包括线圈之间和线圈对地)、零序阻抗、声级水平、变压器入口电容、励磁电流谐波分析、变压器承受短路能力的计算报告或短路试验报告。

11.2 制造方向用户提供的技术文件

由制造方向用户提供的技术文件,在订货合同或技术协议书中应明确规定提供文件的数量和有关信息(如收件人、邮寄地址和邮政编码等)。交接方式一般为邮寄,也可随产品一同发运。

a) 提供11.1的全部技术文件；

b) 产品合格证书,包括变压器合格证书、主要组、部件合格证书(如:套管、冷却器、开关、气体继电器、各种温控器等)；

c) 产品试验报告。包括变压器试验报告(除例行试验报告外,其他试验报告提供内容由双方协商确定),主要组部件试验报告；

d) 油浸式电力变压器油化验单(如果规定,包括色谱分析)；

e) 变压器实际使用说明书；

f) 套管安装使用说明书；

g) 储油柜安装使用说明书；

h) 冷却器或散热器(如果有)安装使用说明书；

i) 油面温控器、电子温控器、绕组温控器使用说明书；

j) 压力释放阀、速动油压继电器、多功能保护装置使用说明书；

注:如果有要求,应提供整定参数。

k) 有载分接开关或无励磁分接开关使用说明书；

l) 装箱单或拆卸一览表(一般随产品发运)。

11.3 制造方向用户提供的主要部件及备件规格图表(用户需要时)

a) 冷却系统简图(仅对强迫油循环系统)；

b) 梯子、储油柜安装图；

c) 内部引线走向示意图和内部接地系统示意图；

d) 冷却器安装图；

e) 变压器套管及套管式电流互感器布置示意图(必要时,用户与制造方协商)；

f) 主绝缘示意图(必要时,用户与制造方协商)；

g) 二次馈线布置图；

h) 电磁或磁屏蔽布置示意图。

11.4 对试验的要求

对变压器的例行试验、型式试验和特殊试验应符合 GB 1094.1 或 GB 1094.11 的要求，试验内容见 JB/T 501。

12 技术协议

在订购变压器时，用户除与制造方签订合同外，如果需要还应同时签订技术协议，作为合同的技术附件。附录 E 是推荐的技术协议格式。

附　录　A
（资料性附录）
三相变压器常用的联结组

三相变压器常用的联结组见图 A.1。

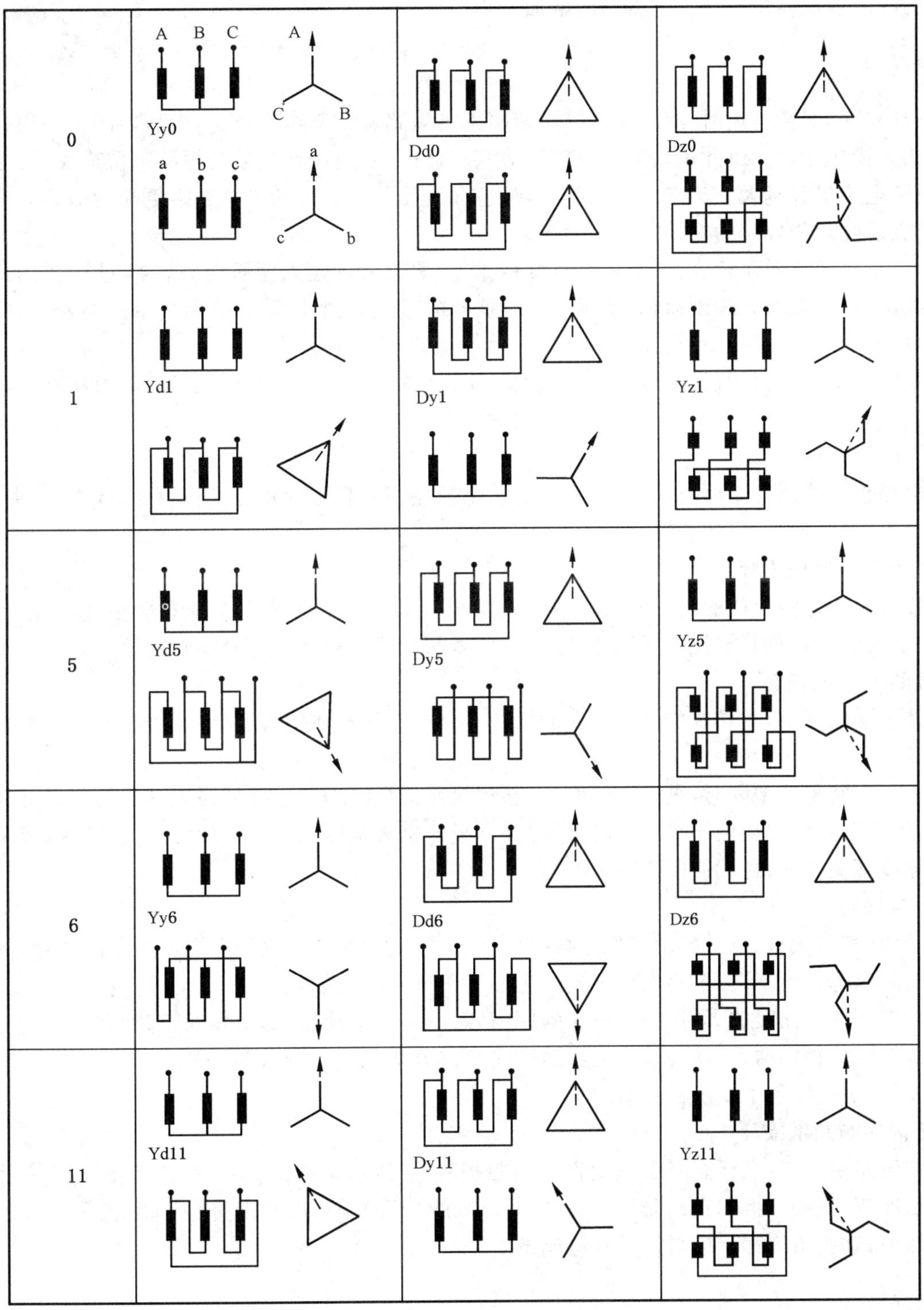

图 A.1　常用的联结组

附　录　B
（资料性附录）
变压器的主要性能参数与制造成本的关系

变压器主要性能参数的选用，首先应满足第4章的要求，以保证变压器的可靠性。其次要考虑提高性能参数的同时变压器制造成本也将相应增加。

B.1　短路阻抗

当负载的功率因数一定时，变压器的电压调整率与短路阻抗基本成正比，变压器的无功损耗与短路阻抗的无功分量成正比。由此短路阻抗小较为适宜。然而，短路电流倍数与短路阻抗成反比，短路阻抗越小，则短路电流倍数越大。当变压器短路时，绕组会遭受巨大的电动力并产生更高的短路温升。为了限制短路电流，则希望较大的短路阻抗。

不过，对心式变压器而言，与正常短路阻抗相比，当取较大的短路阻抗时，就要增加线圈的匝数，即增加了导线重量，或者增大漏磁面积，从而增加了铁心的重量。由此可见，高阻抗变压器，要相应增加制造成本。

随着短路阻抗增大，负载损耗也会相应增大。所以，选择短路阻抗时要兼顾电动力和制造成本。

B.2　负载损耗

负载损耗包括线圈直流电阻损耗、导线中的涡流损耗、并列导线间环流损耗和结构件（如夹件、钢压板、箱壁、螺栓、铁心拉板等）的杂散损耗。

B.2.1　线圈直流电阻损耗

降低线圈直流电阻损耗的有效方法是增大导线截面积。然而也导致线圈体积的增大，相应增加导线长度，为了设计出低负载损耗的变压器，需耗用较多的导线，制造成本必然增加。

B.2.2　导线的涡流损耗

线圈处于漏磁场中，在导线中会产生涡流损耗。大型变压器中涡流损耗有时会达到直流电阻损耗的10%以上。

当变压器短路阻抗增大时，纵向漏磁增大，导致涡流损耗的增加。降低涡流损耗的途径可采用多根导线并联，用组合导线或换位导线。此时，考虑到绕组的机械强度，需采用自粘性换位导线，或采用截面大的单根导线降低电密，这就使制造成本增加。

B.2.3　环流损耗

变压器（尤其是大型变压器）由多根导线并列绕成，每根导线在漏磁场中占据的空间位置不同，它们各自产生的漏感电势也不同，漏感电势之差产生环流并产生环流损耗。

当要求变压器短路阻抗大时，由前所述的原因，需减小电抗高度，增加导线匝数，它们都会增加环流损耗。为抵偿该损耗的增大，就要采取适当的导线换位方式或增加导线截面积减少直流电阻损耗及采用换位导线等，这就增加了变压器制造成本。

B.2.4　结构件的杂散损耗

大型变压器中，杂散损耗有时会达到直流电阻损耗的30%。经验证明，在油箱壁和夹件上加装磁屏蔽或电磁屏蔽，铁心拉板和在漏磁场中的结构件（如螺栓等）采用低磁钢材料等措施，可有效地降低杂散损耗。然而，这些措施都相应增加了制造成本。

B.3　空载损耗

变压器的空载损耗主要是铁心损耗。它由磁滞损耗和涡流损耗组成，前者与导磁材料（如硅钢、非晶合金)的重量成正比,且与磁密的 n 次方成正比。而涡流损耗近似与磁密的平方、导磁材料的厚度的平方、频率的平方和导磁材料的重量成正比,降低空载损耗就要降低磁密,其结果导致导磁材料重量增加。或者采用高导磁、低损耗的导磁材料,或者采用厚度更薄的导磁材料,其结果都导致变压器制造成本的相应增加。而过薄的硅钢片又使铁心的平整度下降,导致铁心机械强度的降低。

B.4 冷却装置布置方式

a) 户内冷却装置水平分体布置,有利于降低噪声,降低变压器制造成本,节省土地和建筑面积,是首选方式;

b) 户内冷却装置垂直分体布置,更有利于节省土地和建筑面积,但变压器油箱将承受较高的压力,制造成本要比水平分体布置高,同时易渗漏油,运行成本将相应增大。

B.5 冷却方式

变压器冷却装置通常有冷却器和散热器二种形式,若采用散热器形式可实现多种组合的冷却方式,其运行成本也较低,也是今后的发展趋势。

a) 强迫导向油循环风冷变压器,易出现渗漏、轴承磨损、油流带电、散热管道堵塞、冷却效果下降等现象,造成变压器可靠性降低、冷却器检修频繁、风险成本和运行成本提高等;

b) 强迫非导向油循环风冷变压器,制造成本比强迫导向油循环风冷变压器略高,但不会出现油流带电现象,运行时油中的杂质也不会进入绕组内部,可靠性较高,风险成本相对导向油循环的要低;

c) 强迫油循环自冷变压器,制造成本与强迫油循环风冷变压器相当,但可靠性低、运行成本与上述相比略低,只有变压器容量较大(大于 300 MVA 以上)并在噪声要求较高地区采用;

d) 自然油循环风冷变压器,制造成本与强迫油循环风冷变压器相当,但可靠性高,运行成本较低;

e) 全自冷变压器,制造成本高,但运行维护简单,可靠性高,运行成本最低;

f) 采用油/水热交换装置,适用于冷却器与变压器本体上下布置的自然油循环或强迫油循环/强迫水循环风冷变压器,与采用油/油热交换装置相比,其冷却效率高,可用于超大容量变压器上,但制造成本、风险成本、运行成本较高。

B.6 调压方式

调压方式对变压器的可靠性、制造成本和运行成本影响非常大,在满足电网电压变动范围的情况下,应优先选用无调压方式。

a) 有载分接调压,可靠性差,制造成本和运行成本高,但调压灵活;

b) 无励磁调压,制造成本和运行成本较低;

c) 无调压结构,可靠性高,制造成本和运行成本低,但无法通过变压器自身进行调压,适用于升压变压器或电压较稳定的降压变压器。

B.7 调压部位

自耦变压器公共绕组中性点侧的调压,对降低制造难度、提高安全可靠性和降低成本有利,虽会造成变压器低压绕组电压的较大变动,但对仅作无功补偿作用的独立低压回路也无关紧要。通常:

a) 中性点调压,要求分接开关的绝缘水平低,制造成本低,可靠性高,但对自耦变压器来说,为变磁通调压,即高、中、低各绕组的电压同时调;

b) 线端调压,其调压绕组应为独立布置结构,且分接开关的绝缘水平要求最高,制造成本高,可靠性低;

c) 中部调压,分接开关的相间绝缘水平要求比中性点调压的高,与线端调压的要求相当,制造成

本低。但绕组抗短路能力水平低,往往适用于中小型变压器,风险成本略高;

d) 调压绕组布置:调压绕组为独立布置结构,安匝平衡好,绕组抗短路能力强,但制造成本和过电压风险高,较适合中性点调压方式,但对中压调压的变压器应考虑独立布置结构。对调压范围较小的调压绕组可设置在主绕组内,虽制造成本较低,但对制造工艺要求较高,抗短路能力也较差。

B.8 绝缘水平

变压器的绝缘水平,原则上应按照国家标准规定的上限数值,以利于提高变压器运行的安全可靠性。有时,可根据变电站的特殊性和重要性(如地下变电站)以及近期故障情况,适当地提高绝缘水平,以提高变压器的安全可靠性,但制造成本会相应增加。

B.9 声级水平

若要求变压器的声级水平低于标准值,制造方将采取特殊的设计和措施,例如降低磁密、采用特殊的绑扎或压紧方法、相应的减振结构、选用低噪声风扇(机)等,这无疑将导致变压器制造成本的增加。因此,如果必须选用低噪声变压器,应作相应的分析。从经济上来看,在变压器安装地点采取相应的措施(例如安装隔离墙)或许更合适。

B.10 变压器的容量、重量、尺寸和性能之间的关系

不同容量的变压器,在电压等级、短路阻抗、结构型式、设计原则、导线电流密度和铁心磁密等相同的情况下,它们之间存在着以下近似关系:

a) 变压器的容量正比于线性尺寸的 4 次方;

b) 变压器有效材料重量正比于容量的 3/4 次方;

c) 变压器单位容量消耗的有效材料正比于容量的 −1/4 次方;

d) 当变压器的导线电流密度和铁心磁通密度保持不变时,有效材料中的损耗与重量成正比,即总损耗正比于容量的 3/4 次方;

e) 变压器单位容量的损耗正比于容量的 −1/4 次方;

f) 变压器的制造成本正比于容量的 3/4 次方。

由此,从经济角度看,在同样的负载条件下,选用单台大容量变压器比用数台小容量变压器经济得多。

附 录 C
（资料性附录）
变压器并联运行的联结方法

变压器并联运行的联结方法应符合如下要求：

a) 具有相同的相位关系（即在矢量图中，具有相同的钟时序数）的各变压器，可将各自的一次侧和二次侧同符号标志端子连接在一起，作并联运行；

b) 若钟时序数不同，从变压器并联运行可靠性看，有如下联结方法（见图 C.1）：

组 1：钟时序数为 0、4 和 8；

组 2：钟时序数为 6、10 和 2；

组 3：钟时序数为 1 和 5；

组 4：钟时序数为 7 和 11；

c) 在实际平衡负载条件下，属于同组的两台变压器可并联运行，如图 C.1；

d) 如果一台变压器的相序与另一台刚好相反，则组 3 中的变压器与组 4 中的变压器并联运行，如图 C.2；

e) 不同组的两台变压器是不能并联运行的。如：

组 1 与组 2 或组 3 与组 4；

组 2 与组 1 或组 3 与组 4；

组 3 与组 1 或组 2；

组 4 与组 1 或组 2。

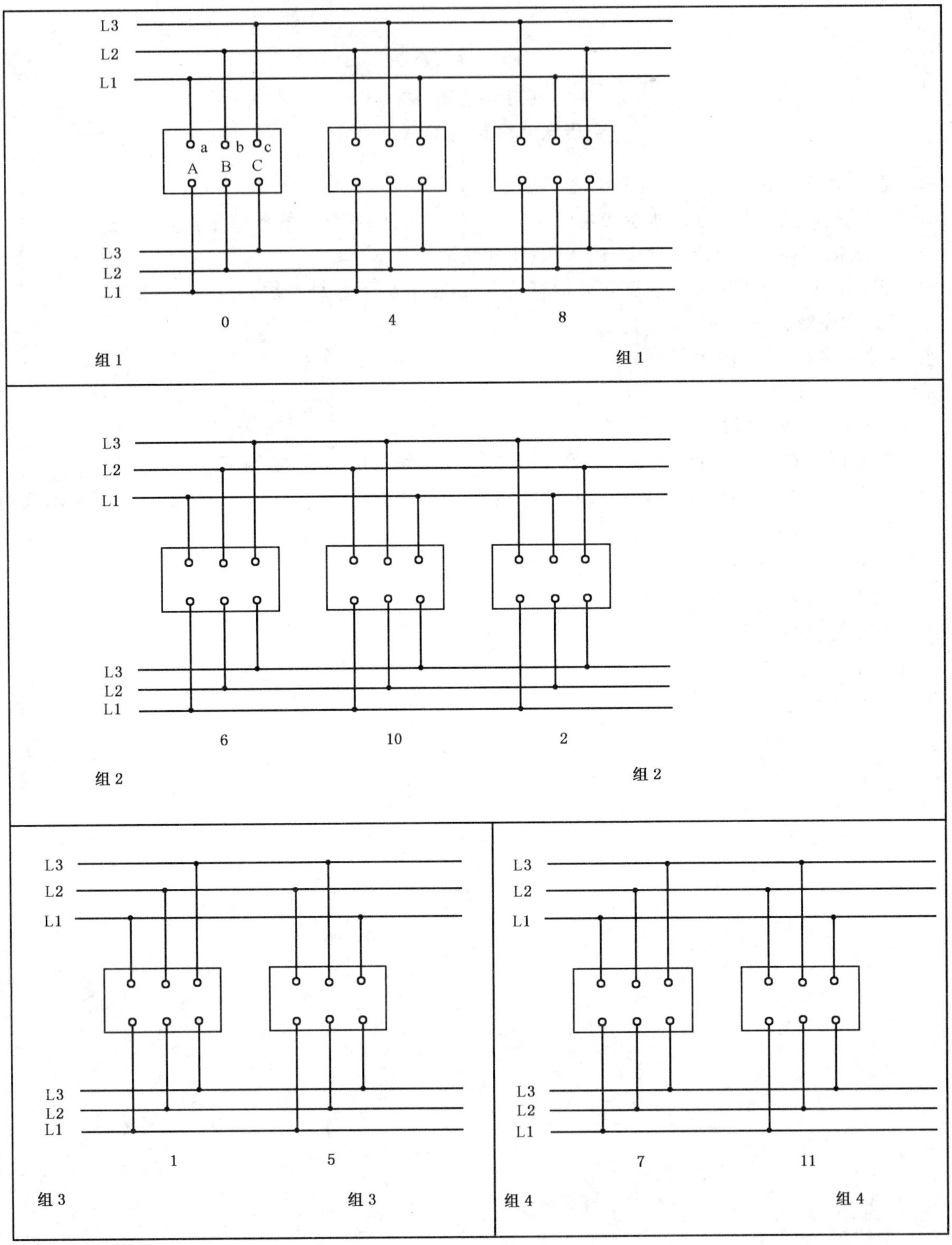

图 C.1　同组变压器的并联运行

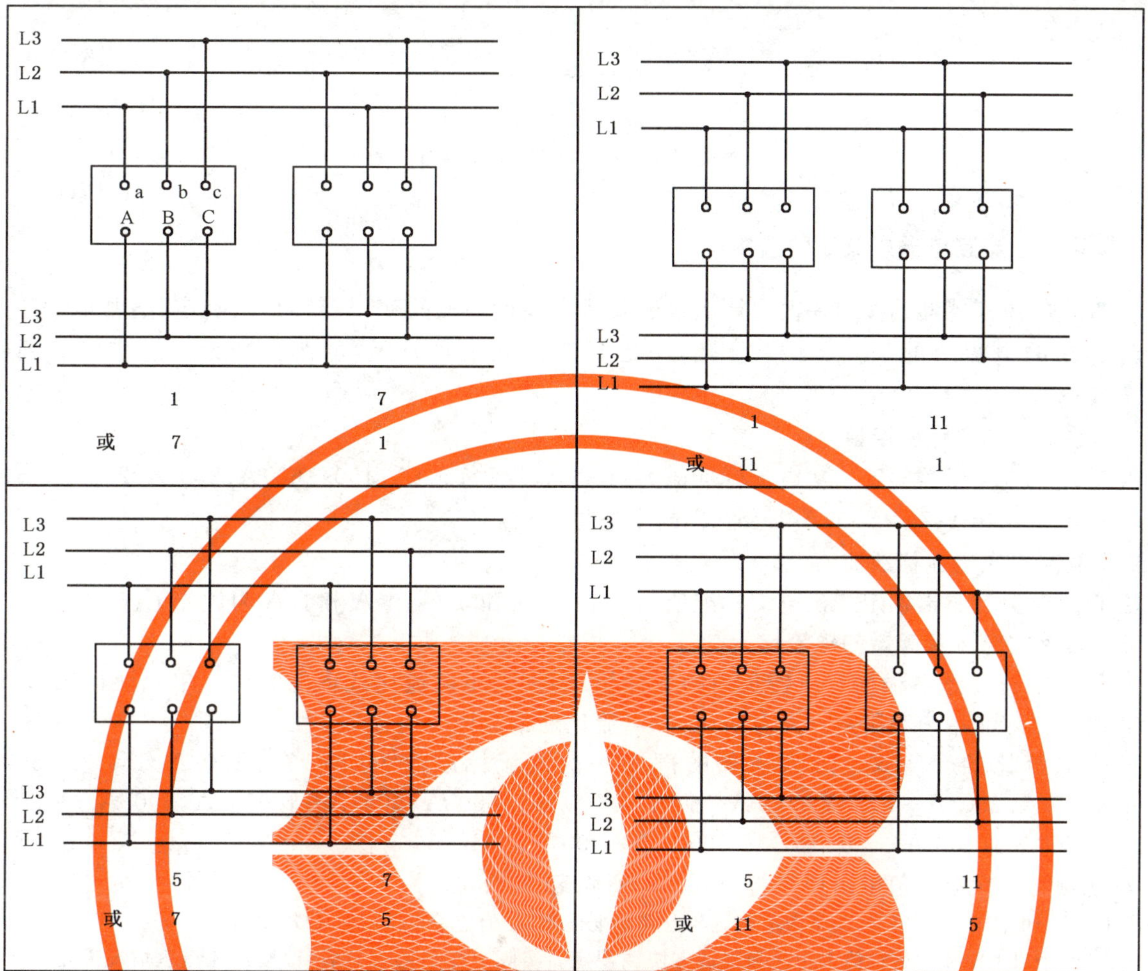

图 C.2 组 3 和组 4 中的变压器的并联运行

附 录 D
（资料性附录）
套管式电流互感器选用导则

D.1 套管式电流互感器电流比的选择

套管式电流互感器的额定一次电流应根据其所在装设地点的变压器容量来确定，通常取按变压器容量计算出的电流值的 1.0 倍～1.2 倍，考虑到线路保护等原因，可适当增大。但应修正到符合 GB 1208 的规定。

D.1.1 额定一次电流标准值

套管式电流互感器额定一次电流标准值为：100 A、125(120) A、150(160) A、200 A、250 A、300 A、400 A、500 A、600 A、750(800) A 以及它们的十进位倍数。

D.1.2 额定二次电流标准值

套管式电流互感器额定二次电流标准值为：1 A、2 A 和 5 A。1 A 和 5 A 为优先值。

D.1.3 套管式电流互感器的电流比

套管式电流互感器根据变压器负荷的变化情况，可选单电流比或多电流比。单电流比按 D.1.1、D.1.2 选取。除非用户和制造方另有协议，多电流比通常为两个电流比。

两个电流比的套管式电流互感器的额定一次电流标准值为：100 A—200 A、150 A—300 A、200 A—400 A、250 A—500 A、300 A—600 A、400 A—800 A、500 A—1 000 A、600 A—1 200 A、750 A—1500 A、(800 A—1 600 A)、1 000 A—2 000 A。

其他额定一次电流值可由用户与制造方协商确定。

注 1：两个电流比的互感器，其下限电流可与上列标准值不同，但应符合 D.1.1 的规定。

注 2：两个以上电流比的数值由用户和制造方协调规定。实际上变压器安装后，即按当地负载情况选定一个电流比，更换情况很少。

注 3：括号内数值仅对已有变压器配套采用。

D.2 套管式电流互感器准确级的选择

D.2.1 测量用套管式电流互感器

测量用套管式电流互感器的准确级为：0.2、0.5、1.0、3.0 和 5.0。

推荐 1 200 A 及以上的互感器选 0.2；600 A～1 000 A 选 0.5；300 A～500 A 选 1.0；150 A～250 A选 3.0；100 A 以下互感器不保证准确级。如需高于上述准确级的特殊情况，由用户和制造方协商规定。

注：套管式电流互感器的一次绕组是变压器的套管，只有固定的一匝。因此，决定互感器技术参数最关键的额定一次安匝数是固定的，制造方无法选择。由此，较小电流比的互感器的准确级一般情况下不可能很高。对于用户特殊要求高准确级时，可由制造方和用户协商，选用价格高、制造工艺复杂的高导磁材料来满足。即使这样，200 A 以下的互感器也很难做到 0.5 级。

D.2.2 保护用套管式电流互感器

保护用套管式电流互感器的准确级为：5P、10P、TPS 和 TPY。

推荐 600 A 及以上的互感器最高准确级选 5P；200 A～500 A 选 10P；其他情况，由用户和制造方协商规定，500 kV 变压器根据系统需要可选 TPY 或 TPS(单电流比)。

注 1：为配套引用美国的 300 MW 和 600 MW 发电机组的发电机变压器，可选 C800。C800 按美国标准 ANSI/IEEEC 57.13。

注 2：TPY、TPS 按 GB 16847。

注 3：TPY、TPS 尽量不选用。

D.3 保护用套管式电流互感器的准确限值系数

保护用套管式电流互感器的准确限值系数的标准值为：10、15、20 和 30。

推荐 600 A 及以上互感器选用 20 或 20 以上；200 A 及以下选 10；300 A～500 A 选 15。有特殊需要时，由用户和制造方协商规定。

注：对于某些特殊情况，为降低保护级的准确限值系数，可选取比按变压器容量计算出的额定一次电流大的电流比。例如：一台变压器，按容量计算选用电流比 300/5A，按短路电流计算准确限值系数 10P40，可选取 600/5 A、10P20，但测量级（如果有）电流比仍为 300/5 A。

D.4 套管式电流互感器的额定输出

套管式电流互感器额定输出标准值为：10 VA、15 VA、20 VA、25 VA、30 VA、40 VA、50 VA、60 VA和 80 VA。

注：按 GB 1208 的规定，测量用电流互感器的准确级（0.2、0.5、1）误差限值规定的二次输出范围为 25%～100%额定输出。因此，如果额定输出选得大，而实际运行时的负荷可能小于 25%额定输出，此时所规定的准确级则达不到。这说明额定输出不是越大越好。因此，应根据使用要求确定其容量，不易过大，对于 40 VA、50 VA、60 VA和 80 VA 的电流互感器尽量不采用。

D.5 多电流比套管式电流互感器的性能额定值

除制造方和用户另有协商规定外，多电流比套管式电流互感器性能额定值是以其最大电流比时规定的，其余电流则不做规定。例如：300—600—1 200/1 A、50 VA、0.5 级，是指在 1 200/1 A 时满足 50 VA0.5级要求。而 300/1 A、600/1 A 时准确级和额定输出应由制造方设计决定，但应尽量保证其为标准值。

对双电流比套管式电流互感器，推荐的性能额定值见表 D.1 和表 D.2。

注：套管式电流互感器改变电流比只能在二次绕组抽中间头。这就意味着改变了额定安匝。因而其准确级、额定输出和准确限值系数都要改变。如果按抽头电流比满足规定的准确级及其他参数，则满匝数电流比，即最高电流比的性能要比抽头电流比高，使用上不经济。

D.6 套管式电流互感器的短时热电流

套管式电流互感器的短时热电流一般不作规定。但当变压器额定一次电流小，而系统短路电流很大时，应由用户和制造方协商确定，以免套管式电流互感器导线短时电流密度过大。

注：套管式电流互感器，因其环境温度就是变压器油的温度，允许温升很小，故其二次绕组导线截面较大，短时热电流允许值较高，绝大多数情况下都能满足短路事故的要求，故可不规定其短时热电流值。至于套管式电流互感器动稳定性能，因其没有一次绕组，环形二次绕组的电动力很小，可不规定。

表 D.1 66 kV、110 kV 侧套管式电流互感器推荐的性能参数额定值

电流比/A		测量准确级与额定输出	保护准确级与额定输出
100—200/5	100/5	不规定	不规定
	200/5	3.0　20 VA	10P10　20 VA
150—300/5	150/5	3.0　20 VA	10P10　20VA
	300/5	1.0　20 VA	10P15　20 VA
200—400/5	200/5	3.0　20 VA	10P10　20 VA
	400/5	1.0　20VA	10P15　20 VA
250—500/5	250/5	3.0　20 VA	10P10　20 VA
	500/5	1.0　20 VA	10P15　20 VA

表 D.1（续）

电流比/A		测量准确级与额定输出	保护准确级与额定输出
300—600/5	300/5	1.0　20 VA	10P15　20 VA
	600/5	0.5　20 VA	5P20　30 VA
400—800/5	400/5	1.0　20 VA	10P15　20 VA
	800/5	0.5　30 VA	5P20　30 VA
500—1 000/5	500/5	1.0　20 VA	10P15　20 VA
	1 000/5	0.5　40 VA	5P20　40 VA
600—1 200/5	600/5	0.5　20 VA	5P20　30 VA
	1 200/5	0.2　40 VA	5P20　60 VA
750—1 500/5	750/5	0.5　30 VA	5P20　40 VA
	1 500/5	0.2　50 VA	5P20　50 VA

表 D.2　220 kV 侧套管式电流互感器推荐的性能参数额定值

电流比/A		测量准确级与额定输出	保护准确级与额定输出
100—200/5	100/5	不规定	不规定
	200/5	3.0　20 VA	10P10　20 VA
150—300/5	150/5	3.0　20VA	10P10　20 VA
	300/5	1.0　20 VA	10P15　20 VA
200 400/5	200/5	3.0　20 VA	10P10　20 VA
	400/5	1.0　20VA	10P15　20 VA
250—500/5	250/5	3.0　20 VA	10P10　20 VA
	500/5	1.0　20 VA	10P15　20 VA
300—600/5	300/5	1.0　20 VA	10P15　20 VA
	600/5	0.5　20 VA	5P20　30 VA
400—800/5	400/5	1.0　20 VA	10P15　20 VA
	800/5	0.5　30 VA	5P20　30 VA
500—1 000/5	500/5	1.0　30 VA	10P15　20 VA
	1 000/5	0.5　40 VA	5P20　40 VA
600—1 200/5	600/5	0.5　20 VA	5P20　30 VA
	1 200/5	0.2　40 VA	5P20　40 VA
750—1 500/5	750/5	0.5　20 VA	5P20　30 VA
	1 500/5	0.2　40 VA	5P20　50 VA
1 000—2 000/5	1 000/5	0.5　30 VA	5P20　40 VA
	2 000/5	0.2　50 VA	5P20　50 VA

注：表 D.1、表 D.2 也适用二次电流为 1 A 的互感器，但其额定输出可以减小。

附 录 E
（资料性附录）
技术协议书的内容

为保证变压器的技术性能和制造质量，经双方协商，达成如下技术协议。

本协议为双方签订的合同的补充件（合同号：　　　）。

E.1 正常项目

E.1.1 变压器符合的标准或技术规范：

E.1.1.1 国家标准和行业标准：

——油浸式电力变压器：

GB 1094.1—1996《电力变压器 第1部分 总则》

GB 1094.2—1996《电力变压器 第2部分 温升》

GB 1094.3—2003《电力变压器 第3部分：绝缘水平、绝缘试验和外绝缘空气间隙》

GB 1094.5—2003《电力变压器 第5部分：承受短路的能力》

GB/T 1094.7—2008《电力变压器 第7部分：油浸式电力变压器负载导则》

GB/T 6451—2008《油浸式电力变压器技术参数和要求》

JB/T 2426—2004《发电厂和变电所自用三相变压器技术参数和要求》

JB/T 3837—1996《变压器类产品型号编制方法》

JB/T 10088—2004《6kV～500kV级电力变压器声级》

JB/T 10317—2002《单相油浸式配电变压器技术参数和要求》

JB/T 10318—2002《油浸式非晶合金铁心配电变压器技术参数和要求》

——干式电力变压器：

GB 1094.11—2007《电力变压器 第11部分：干式变压器》

GB/T 10228—2008《干式电力变压器技术参数和要求》

GB/T 17211—1998《干式电力变压器负载导则》

JB/T 2426—2004《发电厂和变电所自用三相变压器技术参数和要求》

JB/T 3837—1996《变压器类产品型号编制方法》

JB/T 10088—2004《6 kV～500 kV级电力变压器声级》

E.1.1.2 除E.1.1.1外，尚需符合的国家标准、行业标准、企业标准或产品技术条件：

E.1.1.3 甲方如需按国际标准或国外标准订购变压器时，应符合的标准代号和名称：

注：如无另外规定，乙方只保证变压器符合所列标准。

E.1.2 变压器名称和型号：

E.1.3 相数（如用于组成三相变压器组的单相变压器应另行注明）及联结组标号：

E.1.4 频率（Hz）：

E.1.5 冷却介质：

E.1.5.1 油浸式：

——矿物油还是其他合成绝缘液体：

——凝点：

E.1.5.2 干式：

——空气绝缘或树脂绝缘：

——绝缘材料耐热等级：

——外壳防护等级（如需外壳）：

——是否需通风装置：

E.1.5.3　SF6 气体绝缘

E.1.6　安装场所：

——户内：

——户外：

E.1.7　冷却方式：

当改变冷却方式时，变压器的容量比：

E.1.8　每个绕组的额定容量(kVA)：

E.1.9　每个绕组的额定电压(kV)和设备最高电压(kV)：

E.1.10　调压方式及范围：

——无调压、无励磁调压或有载调压：

——带有分接的绕组：

——分接位置数：

——分接范围：

——若分接范围超过±5%，其调压种类和最大电流分接位置(如采用)：

E.1.11　系统接地方式或各侧中性点的绝缘水平：

E.1.12　各个绕组的绝缘水平：

HV：

MV：

LV：

E.1.13　短路阻抗(或阻抗范围)及允许偏差：

对多绕组变压器，规定的各对绕组的短路阻抗(若以百分数，应一并给出相关的参考容量)和极限分接短路阻抗。

HV—LV：　　±　%

HV—MV：　　±　%

MV—LV：　　±　%

E.1.14　损耗(kW)：

空载损耗：　　+15%

负载损耗：　　+15%

总损耗：　　+10%(不含辅机损耗)

E.1.15　套管爬电比距(以系统最高工作电压计)及伞形、伞宽、伞距和干弧距离：

HV：　　kV/cm

MV：　　kV/cm

LV：　　kV/cm

E.1.16　变压器带、不带小车或滚轮(是否带固定装置)：

沿短轴轨距：　　mm×　mm

沿长轴轨距：　　mm×　mm

E.1.17　运输方式：

——充油、充氮或干燥空气、铁路、公路、水航联运：

——运输重量或尺寸的限制：

E.1.18　附件、仪表、铭牌、油位指示器等的安装位置(有特殊要求时)：

——冷却器(或散热器)置于本体或集中置于：

——其他附件、仪表(或仪表箱)、铭牌、油位指示器安装位置的要求：

E.1.19　有关辅助电源(包括信号回路)电压(用于风扇、泵、分接开关以及报警系统)：

E.1.20　油保护系统的类型：

E.1.21　套管及套管式电流互感器的要求：

E.1.21.1　套管：

E.1.21.2　套管式电流互感器：

——测量用或保护用：

——额定电流比：

——准确级：

——其他特殊要求：

——数量、设置位置及型号：

E.1.22　变压器表面涂漆的颜色：

E.2　特殊项目

E.2.1　环境条件不同于 GB 1094.1 或 GB 1094.11 的部分：

——环境温度：

——海拔(如超过 1 000 m 时)：

——地震烈度：

——冷却空气循环的限制：

——冷却水温度(如用水冷却时)：

——安装场地污秽等级：

E.2.2　发电机变压器直接或通过开关装置与发电机相接，承受甩负载的工作条件：

E.2.3　变压器直接或通过短距离架空线接 GIS(气体绝缘开关装置)：

E.2.4　影响变压器空气绝缘间隙和端子位置的安装空间位置：

E.2.5　负载情况：

——三绕组变压器负载组合：

——负载电流波形是否严重畸变，三相负载是否不平衡及其细节：

——经常承受过负载时，负载周期图：

——除 GB 1094.1—1996 中 4.2 外的周期性过负载细节：

E.2.6　变压器联结组是否有变换，进行联结变换的方法，出厂时要求用哪种联结：

E.2.7　变压器所连接系统和短路特性(如短路容量或电流或系统阻抗数据)及可能影响变压器设计的限值(参见 GB 1094.5)：

E.2.8　对变压器机械强度、油箱机械强度和局部放电量不同于标准要求的部分：

E.2.9　对耐受短路力的计算结果：

E.2.10　声级水平(如与标准不一致时)与声级测量：

E.2.11　零序阻抗测量：

E.2.12　需要的其他特殊试验项目：

E.2.13　特殊的组件需求：

E.3　并联运行

若要求与现有变压器并联运行，应予以说明，并给出现有变压器的下列数据：

——额定容量(kVA)：

——额定电压比：

——除主分接外的其他分接的电压比：

——额定电流下，主分接上的负载损耗(校正到相应的参考温度，kW)：

——如果带分接绕组的分接范围超过±5%时，主分接和至少两个极限分接上的短路阻抗：

——联结图或联结组标号：

E.4 其他

本协议自双方签字并盖章后生效，并与合同具有同等法律效力。

	甲 方	乙 方
名　　称：		
地　　址：		
邮　　编：		
电　　话：		
E - mail ：		
传　　真：		
代表签字：		
日　　期：		

ICS 29.180
K 41

中华人民共和国国家标准

GB/T 18494.1—2014
代替 GB/T 18494.1—2001

变流变压器
第1部分：工业用变流变压器

Converter transformers—Part 1: Transformers for industrial applications

(IEC 61378-1:2011, MOD)

2014-09-03 发布

2015-02-01 实施

中华人民共和国国家质量监督检验检疫总局
中国国家标准化管理委员会
发布

前　言

GB/T 18494《变流变压器》包括以下几部分：

——第1部分：工业用变流变压器；

——第2部分：高压直流输电用换流变压器；

——第3部分：应用导则。

本部分为GB/T 18494的第1部分。

本部分按照GB/T 1.1—2009给出的规则起草。

本部分代替GB/T 18494.1—2001《变流变压器　第1部分：工业用变流变压器》，与GB/T 18494.1—2001相比，主要技术变化如下：

——将GB/T 18494.1—2001只涉及带一个器身和一个相间变压器的变流变压器改为本部分适用于同一个油箱中有一个或多个器身的变压器；将GB/T 18494.1—2001只涉及星结(Y结)和角结(D结)的变压器改为本部分适用于Y结、D结和其他移相联结的变压器(如Z结、延边三角形联结、多边形联结等)；

——增加了变流变压器的分类。规范了变流器的分类和应用、正常使用条件及非正常使用条件；

——明确了变流变压器的相位移和端子标识；

——增加了对变流变压器铭牌的规定；

——增加了对带有滤波和补偿用的第三绕组的装置的规定；

——增加了对有载分接开关的规定；

——增加了大电流绕组内部电流分布、损耗和热点的描述；

——增加了同一个铁心柱及带三个及以上绕组的变压器几何排列和绕组间磁耦合对谐波涡流损耗的影响；

——增加了变压器和饱和电抗器的电压降；

——增加了绝缘试验；

——负载损耗试验时专门强调了与饱和电抗器共箱的整流变压器及大电流阀侧绕组采用外部母排短路结构等情况；

——对表1进行了更新，删除了部分联结，表中列出的是常用的联结；

——新增八个附录，标题分别为“变流变压器移相联结和端子标识”“设计评审导则”“GB/T 18494.1与GB/T 3859.1额定值的相关性”“负载周期示例”“大电流阀侧绕组电流分布测量”“通过匝数比测量来确定变压器电压比和相位移”“装有嵌入式饱和电抗器的整流变压器的负载试验”“磁场在变压器箱体中引起的损耗的确定箱体损耗评审和箱体热点计算的三维仿真和导则”。

本部分使用重新起草法修改采用IEC 61378-1:2011《变流变压器　第1部分：工业用变流变压器》。

本部分与IEC 61378-1:2011的技术性差异及其原因如下：

——为适应我国国情，在第1章中，将原文中阀侧绕组的设备最高电压不超过36 kV改为40.5 kV；

——为适应我国国情，用符合我国习惯的端子标识代替了原文中的端子标识；

——关于规范性引用文件，本部分做了具有技术性差异的调整，以适应我国的技术条件，调整的情况集中反映在第2章“规范性引用文件”中，具体调整如下：

- 用修改采用国际标准的GB 1094.1、GB 1094.2、GB 1094.3、GB/T 1094.6、GB 1094.11、GB/T 3859.1—2013和GB/T 3859.2—2013分别代替了IEC 60076-1:2011、IEC 60076-2:2011、IEC 60076-3:2000、IEC 60076-6:2007、IEC 60076-11:2004、IEC 60146-1-1:2009

和 IEC 60146-1-2:2011;

- 用非等效采用国际标准的 GB/T 2900.15—1997 代替了 IEC 60050(421):1990;
- 删除了对 IEC 60076(所有部分)、IEC 60146(所有部分)和 IEC/TR 60616:1978 的引用。

本部分还做了下列编辑性修改:

——将第 1 章注中的“5.1”修改为“6.2”;

——删除了 5.8 中的“(见 IEC 60076-1 的描述)”;

——将 6.1 最后一行中的“见 5.1 和 7.6”修改为见“见 6.2 和 7.6”;

——6.2 中增加了“n——计算的最高谐波次数”;

——将 7.6.3.2 的注 1 的内容由“每相的两个二次阀侧绕组接近 100%的耦合,见 A.2 和 A.3。因此,所有绕组的涡流损耗见 A.2 中六脉波和 A.3 中 12 脉波的相关描述。”修改为“每相的两个二次阀侧绕组接近 100%的耦合。因此,所有绕组的涡流损耗见 E.3 中六脉波和 E.4 中 12 脉波的相关描述。”;

——将原文中的附录 A、附录 B、附录 C、附录 E、附录 F、附录 G、附录 H、附录 I 和附录 J 修改为本部分的附录 E、附录 I、附录 F、附录 B、附录 J、附录 H、附录 G、附录 A 和附录 C;

——将原文附录 A(本部分为附录 E)中的四处“见 6.5”均修改为“见 6.4”;

——将原文 A.4(本部分为 E.4)的“二次 2a-2b-2c: $I^2R=3\times 2\ 341^2\times 0.678\times 10^{-6}\times 10^{-3}=11.15$ kW”中的“11.15 kW”修改为“11.15×10^{-3} kW”,将“二次 3a-3b-3c: $I^2R=3\times 4\ 054^2\times 0.228\times 10^{-6}\times 10^{-3}=11.24$ kW ”中的“11.24 kW”修改为“11.24×10^{-3} kW”,并对后面所用到的这两个数值统一进行了更正;

——删除了原文中表 A.7 下面的“第三额定电压”及以下六行的内容;

——将原文 I.3(本部分为 A.3)中的前两段文字调整到本部分 A.1 的最前面,删除了原文 I.3 中的第三段文字;

——对原文中的公式编号进行了调整。

请注意本文件的某些内容可能涉及专利。本文件的发布机构不承担识别这些专利的责任。

本部分由中国电器工业协会提出。

本部分由全国变压器标准化技术委员会(SAC/TC 44)归口。

本部分起草单位:沈阳变压器研究院股份有限公司、顺特电气设备有限公司、新华都特种电气股份有限公司、卧龙电气集团北京华泰变压器有限公司、明珠电气有限公司、保定天威保变电气股份有限公司、西安西电变压器有限责任公司、特变电工沈阳变压器集团有限公司、特变电工衡阳变压器有限公司、湘潭华夏特种变压器有限公司、广州智光电气股份有限公司、江苏上能新特变压器有限公司、广州骏发电气有限公司、沈阳华美变压器制造有限公司、吴江变压器有限公司、广东钜龙电力设备有限公司。

本部分主要起草人:张显忠、易吉良、嘉陵、何宝振、蔡定国、胡振忠、王宁之、孙洪军、胡玉建、张喜明、龙清华、郭跃光、樊建平、孙涛、林灿华、王文光。

本部分所代替标准的历次版本发布情况为:

——GB/T 18494.1—2001。

变流变压器
第1部分:工业用变流变压器

1 范围

GB/T 18494的本部分规定了组装在半导体变流器设备内的电力变压器和电抗器的技术要求、设计和试验,本部分不适用于常规交流配电变压器。

本部分适用于任何容量的电力变流器,典型应用有:电解用晶闸管整流器、电解用二极管整流器、大功率驱动用晶闸管整流器、废料熔炉用晶闸管整流器及变速驱动变频器用二极管整流器。本部分也适用于降压调压器或自耦变压器的调压单元。阀侧绕组的设备最高电压不超过40.5 kV。

本部分不适用于高压直流输电用变压器。

虽然成套变流器设备标准(如GB/T 3859或其他有关特殊应用场合的标准)可能包括变流变压器、辅助变压器和电抗器在内的整个设备的各种性能保证和试验方面的要求(如绝缘、损耗),但本部分仍适用于作为变流设备中的变压器本身的性能保证和试验要求。

本部分所规定的保证值、运行和型式试验,既适用于作为变流设备中一个组件的变压器,也适用于变流设备用的单独订购的变压器。任何补充的保证值或特殊验证等均应在变压器订货合同中予以特别说明。

本部分涉及的变流变压器可以是液浸式也可以是干式。除了要满足本部分规定外,对于液浸式变压器还应符合GB 1094系列标准;对于干式变压器还应符合GB 1094.11。

注:在某些变流设备中可能使用标准设计的常规配电变压器,在使用中可能需要降低容量。此涉及到对专门设计的装置的技术要求,本部分不作专门的规定。但可以从6.2中给出的公式以及按GB/T 13499来计算常规变压器的容量降低值。

本部分适用于同一个油箱中有一个或多个器身[如调压(自耦)变压器和一台(或两台)整流变压器]的变压器。也适用于带一个(或多个)饱和电抗器和(或)相间变压器的变压器。

对于上文中未列出的其他组合形式,总损耗的确定和测量需由供需双方商定。

本部分适用于Y结、D结和其他移相联结的变压器(如Z结、延边三角形联结、多边形联结等)。移相绕组可以设置在调压变压器或整流变压器中。

2 规范性引用文件

下列文件对于本文件的应用是必不可少的。凡是注日期的引用文件,仅注日期的版本适用于本文件。凡是不注日期的引用文件,其最新版本(包括所有的修改单)适用于本文件。

GB 1094.1 电力变压器 第1部分:总则(GB 1094.1—2013,IEC 60076-1:2011,MOD)

GB 1094.2 电力变压器 第2部分:液浸式变压器的温升(GB 1094.2—2013,IEC 60076-2:2011,MOD)

GB 1094.3 电力变压器 第3部分:绝缘水平、绝缘试验和外绝缘空气间隙(GB 1094.3—2003,eqv IEC 60076-3:2000)

GB/T 1094.6 电力变压器 第6部分:电抗器(GB/T 1094.6—2011,IEC 60076-6:2007,MOD)

GB 1094.11 电力变压器 第11部分:干式变压器(GB 1094.11—2007,IEC 60076-11:2004,MOD)

GB/T 2900.15—1997 电工术语 变压器、互感器、调压器和电抗器[neq IEC 60050(421):1990、

IEC 60050(321):1986]

GB/T 3859.1—2013　半导体变流器　通用要求和电网换相变流器　第1-1部分:基本要求规范(IEC 60146-1-1:2009,MOD)

GB/T 3859.2—2013　半导体变流器　通用要求和电网换相变流器　第1-2部分:应用导则(IEC/TR 60146-1-2:2011,MOD)

GB/T 13499—2002　电力变压器应用导则(idt IEC 60076-8:1997)

3 术语、定义和缩略语

3.1 术语和定义

GB/T 2900.15、GB 1094.1 和 GB/T 3859.1 中界定的以及下列术语和定义适用于本文件。

3.1.1

多边形联结　polygon connection

P

每相绕组都由两部分组成,可感应出移相电压。每相绕组的一部分与另一相的另外一部分绕组串联并最终闭合联结成D结(见附录A)。

3.1.2

延边三角形联结　extended delta connectin

E

每相绕组都由两部分组成,可感应出移相电压。每相绕组的某一部分联结成D结,然后再通过另外一部分绕组连接到相应的线路端子(见附录A)。

3.1.3

移相角　phase shifting angle

Γ

用十进制度表示的带有正、负号的角度,与最接近的钟时序数共同表示相位移。

3.1.4

饱和电抗器　transductor

由一个(或多个)带线圈的铁心构成的设备,利用铁心的饱和特性,通过改变独立的电压或电流来改变直流或交流的电压、电流参数。

注:改写 GB/T 2900.15—1997,定义3.6.13。

3.1.5

相间变压器　interphase transformer

利用装在同一个铁心上的绕组间的感应耦合,使两个或多个相的换相组得以并联运行的一种电磁器件。

[GB/T 2900.33—2004,定义 551-14-16]

3.1.6

网侧绕组　line side winding

连接到交流电网的变压器绕组。

3.1.7

阀侧绕组　valve side winding

连接到变流器的变压器绕组。

3.2 缩略语

下列缩略语适用于本文件。

B6U:6 脉波双桥式联结(见图 1)

DB:双桥式联结(见图 1)

注:变压器绕组可以为星形联结或三角形联结。

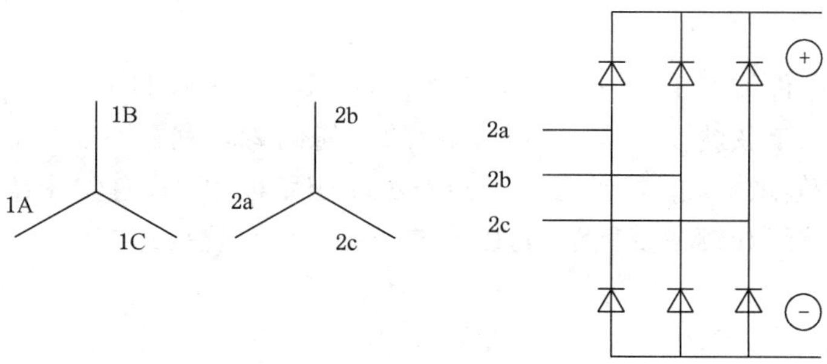

图 1　B6U 或 DB 6 脉波双桥式连接

DSS:带相间变压器的双反星形联结(见图 2)

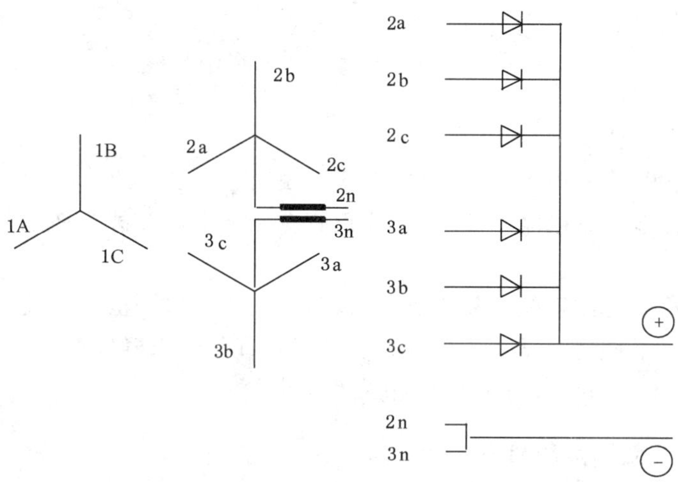

图 2　DSS 6 脉波连接

IPT:相间变压器

SR :饱和电抗器

FFT:快速傅立叶变换

4　分类

4.1　概述

变流器的分类和应用在 GB/T 3859.1—2013 的 4.1 和 GB/T 3859.2—2013 的 4.1 中已经给出。从变压器设计方面来说,需重点区分如下两种情形下的应用:

——在变压器上施加正弦波电源电压;

——在变压器上施加非正弦波电源电压,该变压器原边由用于交流功率控制或改变频率的变流器电路供电。

区分如下两种负载特性也很重要:

——连续负载,如电解、直流电弧炉等;

——短周期或不规则变化负载,如往复式碾压机等。

在变压器技术规范书中宜提供变流器应用的信息，详见本部分下面的条款。

设计评审导则见附录B。

4.2 正常使用条件

变压器的正常使用条件按GB 1094.1、GB 1094.2、GB 1094.11和GB/T 3859.1。

额定电压、分接电压、正弦波波形或三相对称性的任何偏离均宜在GB/T 3859.1—2013的5.3.2.1的抗扰度B级所规定的范围内。如果变流变压器是由非正弦波电压、逆变器或变频器供电，有必要在技术规范书中给出电压波形和频率变化范围，以及电压的直流分量信息。

4.3 非正常使用条件

除了电力变压器规定的非正常使用条件外，当变压器包含两个以上绕组时，各绕组组合的负载分配情况也应详细说明，同时应给出各自的电流谐波分量。

此类非正常使用条件的典型示例：如第三补偿绕组或其中一个阀侧绕组空载或降低负载运行。

5 额定值

5.1 概述

额定值应符合GB 1094.1的规定，但有以下补充和说明：

变流变压器的负载是非正弦电流，有时还在非正弦电压下工作。甚至在某些应用中，其频率也可能明显的改变。

变压器的额定值用稳态基波正弦参数值表示，试验及其相关保证值都以此为基准。

本部分以下各条提供了如何根据变流器参数和其他负载信息来确定变压器额定值的方法。

GB/T 18494.1与GB/T 3859.1额定值的相关性见附录C。

5.2 额定频率下的额定容量和负载能力

变流变压器网侧绕组的额定容量是以电压和电流基波分量为基准的，因此三相额定容量见公式(1)：

$$S_R = \sqrt{3} \times U_1 \times I_1 \qquad (1)$$

式中：

U_1——线电压基波分量方均根值；

I_1——网侧额定电流基波分量方均根值。该基波分量是从理想的矩形波电流计算得到(见表1)。

额定容量S_R和线电流I_1用于计算负载损耗的保证值和短路阻抗。

阀侧绕组的额定容量S_V等于网侧绕组的额定容量乘以一个系数，该系数是与阀侧绕组数量和整流器类型(单拍或双拍)相关的函数。该系数见表1。

变压器的温升设计和冷却系统的选取应考虑由于谐波(包括直流分量)引起的附加损耗，该部分损耗可以视为在温升试验中增加了一个等效的发热电流(见第6章)。

当负载为周期性负载时，用户应在变压器技术规范中说明负载的变化规律。

负载周期示例见附录D。

5.3 额定电压和运行电压

5.3.1 变压器由交流电力系统供电

对于连接到交流电力系统的变流变压器，其额定电压应按GB 1094.1和GB/T 13499—2002的规定。

5.3.2 变压器由变频或不变频的变流器/逆变器供电

对于变压器电压有明显畸变的变流应用场合，其额定电压是指由最高连续运行电压的傅立叶频谱中导出的正弦基波分量的方均根值。

对于具有这种畸变的电压或频率变化的应用场合，应在技术规范中给出各种不同运行条件下施加的电压。

注：对于上述应用，决定性参数是磁路中磁通密度的幅值，而不是非正弦电压的幅值。此磁通值是由半个周期的电压时间积分确定。在连续运行下，此值是最大值。如果存在电压时间积分短时较高值，则技术规范中也宜包括它们在内，以便对可能的过励磁进行检查。

5.4 额定电流

变压器的额定电流是指与5.2中的额定容量相对应的电流基波分量的方均根值。

5.5 三相变压器的相位移和端子标识

相位移的定义见GB 1094.1。

当GB 1094.1所述的“钟时序数”符号不足以识别相位移时，可采用与它最接近的一个钟时序数加上一个Γ角度值以获得准确的相位移。Γ符号的含义应遵循GB 1094.1中关于相位移超前或滞后的定义(见附录A)。

变流变压器的端子标识应包含与换流阀序号有关的信息，端子标识由如下三个符号组成：

第一个符号：数字，指不同的绕组(1代表网侧绕组)。

第二个符号：字母，指相序。

第三个符号(可选项)：“+”或“−”，指端子连接到整流器的极性。

附录A中包含了不同类型的联结、相位移和端子标识的示例。

如果相位移随分接位置发生变化，则应当标识额定分接位置的相位移，且相位移的变化范围应在招标阶段确定。

5.6 铭牌

除了电力变压器常规内容以外，下述各项内容也应包含在铭牌中：

——带相位移指示的联结组和相量图(见5.5)；

——涡流损耗附加系数；

——负载电流(包含基波和谐波)的方均根值；

注：当电力变压器带纯正弦电流负载时，涡流损耗附加系数应等于1，且负载电流的方均根值等于额定电流。

——变压器所接整流器类型(单拍/双拍、二极管、晶闸管)；

——冷却特性，如果采用水冷，则应列出水流量及冷却设备的入口压力和压降；

——如果调压(自耦)变压器和整流变压器放置在同一个油箱中，则还应标注整流变压器的原边电压。

带饱和电抗器的情况下，还应包含如下内容：

——偏置绕组、控制绕组和试验绕组(如有)的匝数；

——偏置绕组、控制绕组和试验绕组(如有)的额定电流；

——直流压降；

——偏置绕组、控制绕组和试验绕组(如有)的带端子标识的联结图。

5.7 带有滤波和补偿用的第三绕组的装置

变压器可能要求带第三绕组，用于功率因数补偿和滤波。

除了说明第三绕组的额定容量和电压外，用户还应说明负载情况，包括：

——一次：输入电压，含波动范围；

——二次：电压、功率因数和电流（基波和谐波）；

——第三绕组：电压、功率因数和电流（基波和谐波）。

第三绕组额定电流定义为额定第三电压下电流基波分量的方均根值（I_{rated}为 I 的基波分量，$I=U_{rated}/Z$，Z 为补偿/滤波系统的阻抗），单位为安培(A)。

网侧谐波电压产生的谐波电流流入滤波器。变压器和系统的电抗与补偿电容器可能产生共振。此时，电容器中会流过很大的谐波电流。用户应考虑系统条件并给出相应的谐波含量。

若用户给出了下面的条件，则在设计变压器时应予以考虑：

——当过励磁出现时，第三绕组提供的容量随电压的平方变化；

——由于功率因数补偿可以降低输入功率，用户应说明一次绕组在设计时是否要考虑补偿电容器组断开时的容量；

——当第三绕组连接在补偿电容器上时，根据绕组排列，在二次绕组低负载或者空载时有可能出现过励磁。

注：这些信息是相互作用的结果，可能在过程中发生变化。

5.8 有载分接开关

有载分接开关的开断容量取决于电流过零后的最大梯度。在变流应用中，该值不同于电力变压器中的应用，且对于正确选取有载分接开关是非常重要的。该值以 A/s 表示，应由用户提供给变压器制造方。

6 变压器和电抗器的负载损耗和电压降

6.1 概述

负载损耗的测量应当在额定电流下进行。用此测量值与制造前确定的负载损耗保证值进行对比。

运行过程中实际的负载损耗包含由于电流畸变所引起的附加损耗。此值可以根据 6.2 的程序进行计算。此值不是保证值，但可以由变压器制造方提供给用户。

上面计算得到的实际损耗应作为决定液体和绕组温升的基础，并且用来确认温升不超过GB 1094.2 规定的液浸式变压器和 GB 1094.11 规定的干式变压器的许可值。

如果规定了温升型式试验，则应当在许可的运行负载损耗下进行(见 6.2 和 7.6)。

6.2 畸变电流负载下变压器负载损耗的确定

变压器的负载损耗一般情况可以细分为直流电阻损耗、附加损耗、绕组和连接件的涡流损耗、变压器结构件中的杂散损耗。

对于带低电压大电流绕组的变压器，电流在数千安范围内，需要对内部的大电流连接件的附加涡流损耗进行单独分析。本部分中采用如下原则：

a) 绕组连接件和高导电率的金属屏蔽(如铜或铝)按线性原理，其涡流损耗正比于电流的平方，见公式(2)：

$$P(I)=常数\times I^2 \quad \cdots\cdots(2)$$

b) 当未达到磁饱和时，磁屏蔽金属中上述关系仍然适用，见公式(3)：

$$P(B)=常数\times B^2 \quad \cdots\cdots(3)$$

式中：

B——磁屏蔽中的磁密。

c) 钢结构件的杂散损耗，按照平方关系也可以取得一定的准确性，见公式(4)：

$$P(B)=常数\times B^2 \qquad \cdots\cdots(4)$$

式中：

$B^2=常数\times I^2$。

在正常运行中，变流变压器负载电流是非正弦的。当进行傅立叶级数变换时，就显示出一些具有相当幅值的谐波电流。这些谐波电流引起涡流损耗和杂散损耗，并比按纯正弦电流计算或测量的总损耗值明显增大。

为了对变压器进行温升计算，也为了对成套变流设备的损耗和效率进行正确计算，需要对额定的非正弦变流负载下的较高损耗值进行计算。因此，用户在订货前，应先规定出谐波分量。应列出连接到端子上的变压器每个绕组各次谐波电流方均根值(A)及其相角(°)。

变压器制造方无法预测变流器所产生的谐波电流。用户有责任给出流入变压器的谐波电流分量，同时变压器制造方应按照给定的谐波进行设计。

用户应当在订货前规定出额定负载下的电流谐波分量。过去，若无明确规定时，谐波分量可根据 GB/T 3859.2—2013 的 5.5 推导出。然而，当前电子技术的发展使得实时控制技术的应用有可能显著改善变流器的性能。结果使变流电路结构和脉波数间及谐波电流值间清晰的关系都不是确定的，实际的谐波电流有可能与按 GB/T 3859.2—2013 的 5.5 推导出的值明显不同。

任何情况下，用户和变压器制造方应在订货前明确用于设计变压器的谐波电流分量，用户应确定是按 GB/T 3859.2—2013 的 5.5 推导还是按变压器制造方的建议。

下述规则适用于将试验测量的损耗值换算为规定变流负载下的有效损耗值。

各种变量的符号和它们之间的关系如下：

I_L——变压器非正弦波线电流的方均根值；

I_{LN}——额定变流负载下电流 I_L 的方均根值；

I_{PN}——额定负载下非正弦波一次相电流的方均根值；

I_{SN}——额定负载下非正弦波二次相电流的方均根值；

I_{PT}——负载损耗试验(施加总负载损耗的初步近似值)时的一次相电流的方均根值；

I_{ST}——负载损耗试验时二次相电流(六相)的方均根值；

I_{WN}——试验时绕组额定电流的方均根值；

I_h——h 次谐波电流的方均根值；

I_P——方均根值为 I_{PN} 的正弦波一次相电流；

I_S——方均根值为 I_{PN} 的正弦波二次相电流；

I_1——在额定负载(即变压器额定电流)下的基波电流的方均根值；

I_{1P}——变压器一次相电流的基波方均根值；

I_{1S}——变压器二次相电流的基波方均根值；

I_{eq}——测定绕组温升时的等效正弦波试验电流的方均根值；

I_{dN}——额定直流；

I_{1v}——阀侧电流基波分量的方均根值；

I_{0v}——阀侧电流的直流分量值；

U_{d0}——约定空载直流电压(见 GB 2900.33—2004，551-17-17)；

U_{di}——理想的空载直流电压；

U_{v0}——变流器网侧或变压器阀侧的空载线电压；

h——谐波次数；

n——计算的最高谐波次数；

P_0——额定电压下的空载损耗；

P_{N}——电流 I_{LN} 下变压器负载损耗；

P_1——电流 I_1 下的变压器负载损耗；

P_{W}——电流 I_{L} 下的绕组损耗；

$P_{\mathrm{W}h}$——电流 I_h 下的绕组损耗；

P_{W1}——电流 I_1 下的绕组损耗；

P_{WP}——电流 I_{LN} 下的一次绕组损耗；

P_{WS}——电流 I_{LN} 下的二次绕组及其连接母线的总损耗；

P_{WE}——电流 I_{L} 下的绕组涡流损耗；

$P_{\mathrm{WE}h}$——电流 I_h 下的绕组涡流损耗；

P_{WE1}——电流 I_1 下绕组的涡流损耗；

$P_{\mathrm{WE1}h}$——基波频率下电流 I_1 的漏磁场形状与 I_h 相似情况下的绕组涡流损耗；

P_{C}——电流 I_{L} 下的连接线损耗；

$P_{\mathrm{C}h}$——电流 I_h 下的连接线损耗；

P_{C1}——电流 I_1 下的连接线损耗；

P_{CE}——电流 I_{L} 下的连接线涡流损耗；

$P_{\mathrm{CE}h}$——电流 I_h 下的连接线涡流损耗；

P_{CE1}——电流 I_1 下的连接线涡流损耗；

P_{SE}——电流 I_{L} 下的结构件杂散损耗；

P_{SE1}——电流 I_1 下的结构件杂散损耗；

P_{A}、P_{A1}、P_{A2}、P_{B}、P_{B1}、P_{B2}、P_{C}——表 1 中阀侧端子短路组合 A、A1、A2、B、B1、B2 和 C 下测得的短路损耗值；

e_{XA}、e_{XA1}、e_{XA2}、e_{XB}、e_{XB1}、e_{XB2}、e_{XC}——表 1 中阀侧端子短路组合 A、A1、A2、B、B1、B2 和 C 下测得的短路阻抗值；

R_{W}——绕组直流电阻；

R_{C}——连接线的直流电阻；

F_{WE}——绕组涡流损耗附加系数(见附录 E)；

F_{CE}——连接线涡流损耗附加系数(见附录 E)；

F_{SE}——结构件杂散损耗附加系数(见附录 E)；

K_{WE}——绕组在基波下的涡流损耗附加系数(见附录 E)；

S_{V}——阀侧绕组的额定容量。该值是 S_{R} 乘以表 1 中的容量系数；

S_{R}——变流变压器网侧绕组的额定容量。由基波电压和基波电流计算得出；

x——计算涡流损耗和杂散损耗增加值时用于谐波次数的指数。

$$I_{\mathrm{L}}^2=\sum_{h=1}^{n}I_h^2 \qquad \cdots\cdots(5)$$

$$P_{\mathrm{WE}}=\sum_{h=1}^{n}P_{\mathrm{WE}h}=F_{\mathrm{WE}}\times P_{\mathrm{WE1}}=P_{\mathrm{W}}-R_{\mathrm{W}}\times I_{\mathrm{L}}^2 \qquad \cdots\cdots(6)$$

式中：

R_{W}——从网侧看去的值。

$$P_{\mathrm{WE1}}=P_{\mathrm{W1}}-R_{\mathrm{W}}\times I_1^2 \qquad \cdots\cdots(7)$$

$$P_{\mathrm{WE}h}=P_{\mathrm{WE1}}\times\left(\frac{I_h}{I_1}\right)^2\times h^2\times\left(\frac{P_{\mathrm{WE1}h}}{P_{\mathrm{WE1}}}\right) \qquad \cdots\cdots(8)$$

对谐波次数 h，$\left(\frac{P_{\mathrm{WE1}h}}{P_{\mathrm{WE1}}}\right)$ 是与绕组间几何布置和耦合特性相关的系数。其值为零到一点几。当电

流 I_h 和电流 I_1 产生的漏磁场相同时，该值等于 1。见图 3～图 6 和附录 E，更多的信息见示例 E.3～示例 E.6。

$$F_{WE}=\sum_{h=1}^{n}\left(\frac{I_h}{I_1}\right)^2\times h^2\times\left(\frac{P_{WE1h}}{P_{WE1}}\right) \tag{9}$$

$$P_{CE}=\sum_{h=1}^{n}P_{CEh}=F_{CE}\times P_{CE1}=P_C-R_C\times I_L^2 \tag{10}$$

式中：

R_C——从网侧看去的值。

$$P_{CE1}=P_{C1}-R_C\times I_1^2 \tag{11}$$

$$F_{CE}=\sum_{h=1}^{n}\left(\frac{I_h}{I_1}\right)^2\times h^{0.8} \tag{12}$$

R_C 主要来源于阀侧绕组连接，谐波频谱考虑的是阀侧绕组的谐波频谱。当母排得到了很好的补偿，相互抵消的谐波可忽略。

$$P_{SE}=F_{SE}\times P_{SE1}\text{ 且 }F_{SE}=F_{CE} \tag{13}$$

结构件中的杂散损耗可分为：

a) 阀侧绕组的母排电流产生的杂散损耗；

b) 绕组电流产生的杂散损耗。

可采用简化公式 $F_{SE}=F_{CE}$。

$$K_{WE}=\frac{P_{WE1}}{R_W\times I_1^2}\text{（标幺值）} \tag{14}$$

变压器在额定电流 I_1 下的负载损耗分成如下几项：

a) 由实测的 R_W 及连接线 R_C 得出的直流损耗 I_1^2R；

b) 绕组中的涡流损耗 P_{WE1}（计算值）；

c) 大电流母线中的涡流损耗 P_{CE1}（推导值）；

d) 钢结构件中因电磁感应产生的杂散损耗 P_{SE1}（推导值）。

$P_{CE1}+P_{SE1}$ 之和是从测得的总损耗中减去 a) 和 b) 两项后所得的差。

采用下述关系式：

$$P_1=I_1^2\times(R_W+R_C)+P_{WE1}+P_{CE1}+P_{SE1} \tag{15}$$

$$\begin{aligned}P_N=I_{LN}^2\times(R_W+R_C)+P_{WE}+P_{CE}+P_{SE}=I_{LN}^2\times(R_W+R_C)\\+F_{WE}\times P_{WE1}+F_{CE}\times P_{CE1}+F_{SE}\times P_{SE1}\end{aligned} \tag{16}$$

注 1：P_{CE1} 与 P_{SE1} 之和随共同的附加系数 $F_{CE}=F_{SE}$ 而增加，由此得到额定非正弦变流负载的损耗。

注 2：变流变压器中不同绕组可能有不同的额定容量值，故 I^2R 和涡流损耗的比值也不同。上述等式中各分量宜视为各绕组分别计算值之和。

注 3：电阻测量可能不准，特别是当二次电压低而二次电流大的情况下，这是由于：

a) 低电阻测量困难；

b) 受短路设备的影响。

当多个器身共箱时，各器身的上述量的计算应考虑相应的谐波电流频谱分别计算。

6.3 大电流绕组内部的电流分布、损耗和热点

工业用变流变压器的阀侧绕组一般匝数少、电流大（达数千安以上）。这样阀侧绕组不得不由多个线圈并联。

当绕组由多个线圈并联构成时，绕组内各线圈的电流分布将受到自感、互感及其他绕组负载情况的影响。通常，处于辐向漏磁场的线圈比只处于轴向漏磁场的线圈将会通过更大的电流。

处在阀侧绕组端部的线圈，其电流值是整个绕组平均电流值的 1.2～1.7 倍。另需注意大电流线圈

制造时，如果不采用完全换位结构或不采用连续换位导线，则匝内每股线的电流分布不均匀。

这就意味着这类绕组的热点温升与平均温升的差异明显高于其他绕组。

因此不能假定一个简单的热点系数，负载损耗需要精确计算。制造方特别要计算以下情况：

a) 大电流绕组线圈间电流不均匀分布所产生的 I^2R 损耗；

b) 线圈匝内每股线间不均匀分布电流所产生的 I^2R 损耗；

c) 线圈匝内每股线间不均匀分布电流所产生的涡流损耗。

这些计算可以通过磁场仿真实现，此仿真可以同时考虑变压器不同线圈间和绕组间的连接线以及电流随时间的正弦变化。

这就需要对每一个漏磁模型进行仿真(见下面的章条)。

6.4 同一个铁心柱带三个及以上绕组的变压器绕组几何排列和绕组间的磁耦合对谐波涡流损耗的影响

对于双绕组变压器，如果忽略励磁电流，则其安匝是平衡的。流过阀侧绕组的谐波电流被网侧绕组的谐波平衡(具有相同的标幺值)。因此，网侧绕组和阀侧绕组的涡流损耗附加系数相同。

对于三绕组变压器，所有绕组的安匝之和等于零，因此有必要仔细考虑每一个绕组的涡流损耗附加系数。

对于三绕组心式变压器，可通过阀侧绕组的耦合特性定义为如下结构。

a) 密耦合：两个交叉绕制的阀侧绕组，一个网侧绕组。

b) 无耦合：两对“阀侧-网侧”绕组被中间铁轭分开或者属于两个独立的铁心；

c) 松耦合：

  1) 一个网侧绕组辐向位于两个阀侧绕组中间构成双同心式变压器；

  2) 两个网侧绕组并联，一个在另一个上面，每一个网侧绕组正对着一个阀侧绕组。

在变压器所有三个(对)端子上测量电流谐波后能够发现，当将谐波电流注入阀侧绕组后，其中一些在网侧绕组出现了相同标幺值的电流，另外一些谐波并不在网侧出现。

因而，有可能将注入阀侧绕组的谐波分成两组：

a) 同相谐波：阀侧绕组中的谐波间没有相位移；它们的和反映到网侧绕组上；

b) 反相谐波：阀侧绕组中的谐波间具有 180°的相位移；它们相互抵消，并不在网侧出现。[1)]

同相谐波电流总是产生总涡流损耗的因素之一。

反相谐波电流的影响如下：

a) 密耦合：在两个相互交叉绕制的阀侧绕组中，它们产生的漏磁通可以忽略，所以只产生 I^2R 损耗(见图 3)；

b) 无耦合：中间轭将两对阀侧-网侧绕组的磁路分开；反相谐波在每一个阀侧-网侧绕组耦合间平衡，所以在阀侧和网侧既产生 I^2R 损耗、涡流损耗(见图 4)，也在结构件中和绕组中产生杂散损耗；

c) 双同心式阀侧绕组形成的松耦合：因为反相谐波在阀侧绕组中平衡了，所以谐波并不在网侧绕组中流动，在阀侧绕组中产生 I^2R 损耗和涡流损耗(见图 5)，在结构件和网侧绕组中产生杂散损耗；

d) 由两个阀侧绕组轴向平行叠加排列产生的松耦合：反相谐波在每一个阀侧-网侧绕组间几乎全部平衡了，所以在计算 K_{WE} 时认为与无耦合相同(见图 6)。然而局部的损耗分配将有很大的区别，具体见下面的章节和附录 F。

当整流器在松耦合阀侧绕组中产生反相谐波电流时，在绕组的端部漏磁场有很大的辐向分量。这

1) 在双反星单拍二极管整流器的偶次谐波或在 Y 和 D 双拍 12 脉波整流器中，及谐波次数为 $h=6\times k\pm1$(k 为奇数，$k=1,3\cdots n$)的奇次谐波。

些辐向分量将在每一个阀侧绕组的最上端和最下端产生涡流损耗。图6绕组布置要求特别关注，因为在上部阀侧绕组的底端和下部阀侧绕组的顶端，特定的某些次谐波将高度集中。在整流器没有接入变压器时的常规温升试验中不会产生这样的运行情况，因此，如果用户要求，反相谐波的影响应当通过合适的磁场仿真工具来验证。

基于绕组的互耦合，三个以上绕组的变压器和壳式变压器采用类似的分析方法也是适用的。

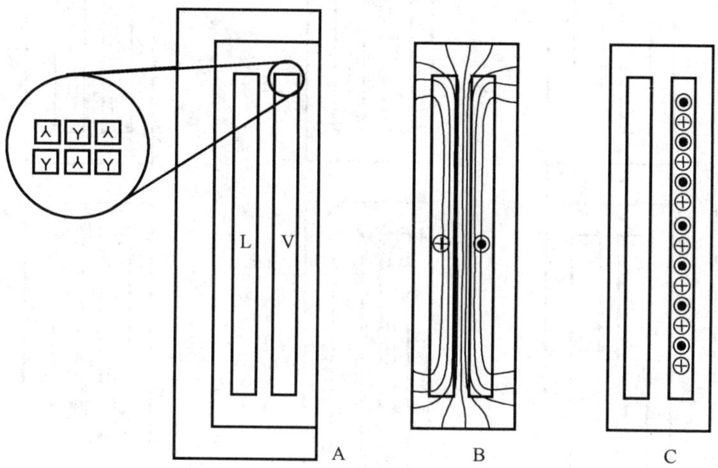

说明：

A——铁心窗口处绕组排列；

B——同相谐波产生的漏磁通；

C——具有180°相位移的谐波产生的漏磁通；

L——网侧绕组；

V——交叉绕制阀侧绕组。

图3　阀侧绕组为密耦合的三绕组变压器的漏磁场

系数$\left(\frac{P_{WE1h}}{P_{WE1}}\right)$等于：

——网侧绕组为1；

——阀侧绕组：

- 两个绕组同时流过同相谐波电流时为1；
- 两个绕组同时流过反相谐波电流时为0。

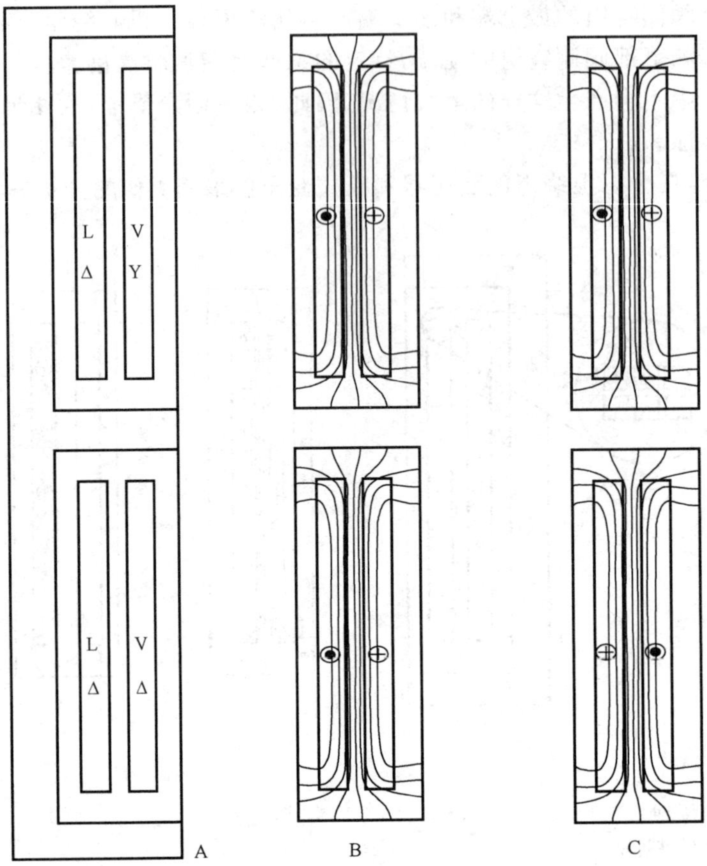

说明：

A——铁心窗口处绕组排列；

B——同相谐波产生的漏磁通；

C——具有180°相位移的谐波产生的漏磁通；

L——网侧绕组；

V——阀侧绕组。

图4 阀侧绕组无耦合的三绕组变压器的漏磁场

系数$\left(\frac{P_{WE1h}}{P_{WE1}}\right)$等于：

——网侧绕组：在两个平行的线圈中为1；

——阀侧绕组：两个绕组均为1。

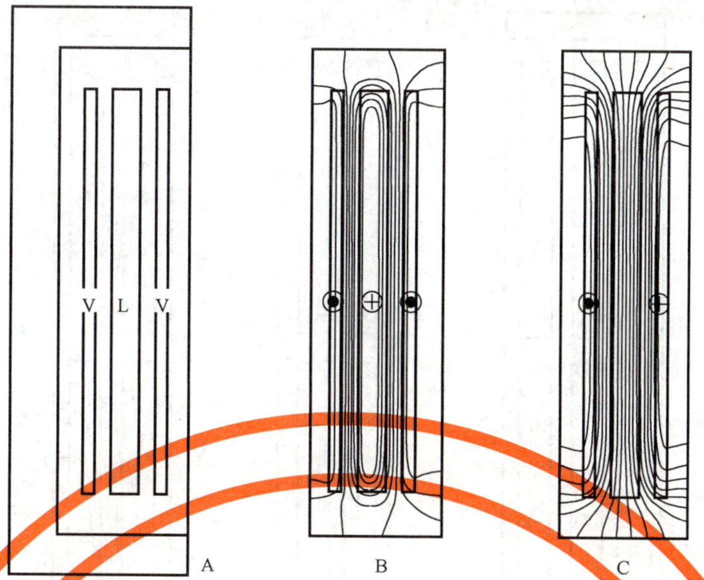

说明：
A——铁心窗口处绕组排列；
B——同相谐波产生的漏磁通；
C——具有 180°相移的谐波产生的漏磁通；
L——网侧绕组；
V——阀侧绕组。

图 5 阀侧绕组为双同心式松耦合的三绕组变压器漏磁场

系数$\left(\frac{P_{WE1h}}{P_{WE1}}\right)$等于：

——网侧绕组为 1；

——阀侧绕组：

- 两个绕组同时流过同相谐波电流时为 1；
- 两个绕组同时流过反相谐波电流时为 x，$x>1$。

x 可通过计算推导出，如果具备条件，则也可以通过阀侧绕组短路测试得到。

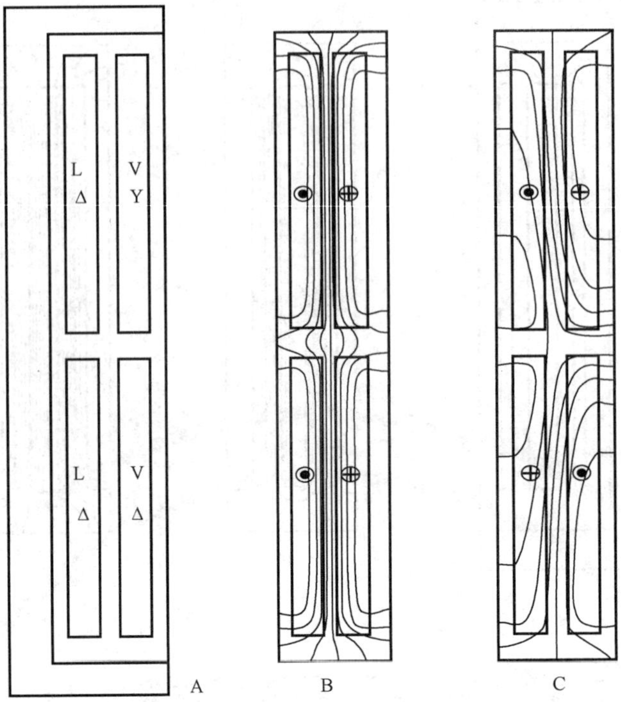

说明：

A——铁心窗口处绕组排列；

B——同相谐波产生的漏磁通；

C——具有 180°相位移的谐波产生的漏磁通；

L——网侧绕组；

V——阀侧绕组。

图 6 两个阀侧绕组沿轴向分置且为松耦合的三绕组变压器漏磁场

系数$\left(\frac{P_{\mathrm{WE1}h}}{P_{\mathrm{WE1}}}\right)$等于：

——网侧绕组为 1；

——阀侧绕组：

- 两个绕组同时流过同相谐波电流时为 1；
- 两个绕组同时流过反相谐波电流时为 x。

x 可通过计算推导出，如果具备条件，则也可以通过阀侧绕组短路测试得到。

6.5 相间变压器、电流平衡电抗器、串联平波电抗器和饱和电抗器的损耗

6.5.1 概述

当相间变压器、电流平衡电抗器、串联平波电抗器和饱和电抗器作为变压器的组成部分与静态变流器相连时，其损耗应按下述推导。

注：本条中的规则不包含个别标准中关于单个设备的规范。

6.5.2 相间变压器

制造方应提供计算出的相间变压器铁损，此损耗应为在其正常运行频率以及能产生与变流器在额

定电流、额定电压和规定相位控制角下运行所对应的磁通对应的电压下的。关于不平衡电流的数据应当由供需双方讨论商定。承受不平衡的能力应通过计算证明。

绕组损耗应按直流电阻乘以流过绕组内部的直流电流的平方得到。

6.5.3 电流平衡电抗器

电流平衡电抗器中铁损较低，可忽略不计。

注：其绕组损耗可能是变流器损耗测量值的一部分，也可由直流电阻和绕组中电流方均根值平方的乘积计算得出。

6.5.4 串联平波电抗器

通常应参照 GB/T 1094.6。

由谐波纹波电流分量产生的铁损很小，可忽略不计。

注：其绕组损耗可能是变流器损耗测量值的一部分，也可由直流电阻和绕组中电流方均根值平方的乘积计算得出。

6.5.5 饱和电抗器

饱和电抗器是允许在一定范围内连续平滑调节变流器输出直流电压的装置。通常用于交-直流二极管整流变流器中。

铁心组的饱和程度决定了饱和电抗器的电压降。利用饱和电抗器附加绕组中的直流来控制铁心的饱和程度。用带或者不带附加偏置电路的控制电路来控制直流电流。通过改变直流电流进行电压调整。选择带或者不带附加偏置电路是根据变流控制系统的设计来确定的。

安装在变流变压器中的饱和电抗器有两种类型：

——卷铁心式：该饱和电抗器安装在变流变压器的高压侧，与高压绕组串联；

——母排式：该饱和电抗器安装在变流变压器的低压连接母排上，每个饱和电抗器直接串联到每一个变流阀的桥臂上。一般采用环形铁心。

卷铁心式饱和电抗器有如下损耗：

——铁损：主绕组交流电流和偏置、控制绕组直流电流都将在铁心中产生损耗。目前没有有效的方法直接测量饱和电抗器的铁心损耗。如何估算这些损耗应由供需双方在订货前商定；

——饱和电抗器交流绕组中的负载损耗：应计算额定负载时绕组在参考温度下的直流电阻损耗和基波频率下的涡流损耗，以及畸变电流下运行对应的附加系数 F_{WE}；

——饱和电抗器结构件中的杂散损耗：根据额定负载、基波频率和经验公式，及运行畸变电流下相应的附加系数 F_{SE} 来计算；

——偏置绕组中的损耗：用测量的直流电阻和直流偏置电流计算参考温度下的损耗。

母排式饱和电抗器有如下损耗：

——铁损：主绕组单拍周期电流和偏置、控制绕组直流电流的组合在铁心中产生损耗。目前没有有效的方法直接测量饱和电抗器的铁心损耗。如何估算这些损耗应由供需双方在订货前商定；

——饱和电抗器母排中的负载损耗：应计算额定负载时绕组在参考温度下的直流电阻损耗和基波频率下的涡流损耗，以及畸变电流下运行对应的附加系数 F_{WE}；

母排式饱和电抗器的负载损耗通常与变压器的负载损耗一起评估；

注 1：在 DB 变流器中，低压侧谐波电流频谱与饱和电抗器母排中谐波电流频谱不同。实际上，串联到变流器阀侧的饱和电抗器同时会承受奇次谐波和偶次谐波。因此，需要根据对应的谐波频谱来考虑母排的附加系数 F_{WE}（见 E.5 的进一步解释）。

——饱和电抗器结构件中的杂散损耗：这种结构的饱和电抗器金属件用量很小，杂散损耗可忽略。

——偏置、控制绕组中的损耗：应用参考温度下的直流电阻、直流偏置和控制电流计算。

注 2：相比其他部件，母排式饱和电抗器中所产生的损耗相对较低，但是偏置和控制回路电阻测量值则是变压器寿命周期中重要的定时检查参考值。

6.6 变压器和电抗器的电压降

6.6.1 概述

变流变压器或电抗器产生的直流压降，取决于短路电压的电抗分量和电阻分量：

——电阻性直流电压调整值：按 GB/T 3859.1—2013 中 6.2.4 的公式，用测量的损耗值计算。

——电抗性直流电压调整值：按 GB/T 3859.1—2013 中 6.2.4 的公式，用测量的阻抗值计算。

也可见 7.2.2。

6.6.2 饱和电抗器

饱和电抗器的调压能力可以通过额定直流负载和变化的控制电流曲线来描述(见图 7)。饱和电抗器有如下参数：

——最大电压降：饱和电抗器在额定变流器直流负载和特定的控制电流下产生直流压降最大值。该值取决于饱和电抗器铁心物理和几何特性。

——控制电压调整值：在额定变流器直流负载和可变控制电流下饱和电抗器调整曲线线性部分，指调整曲线在给定偏差的上下限范围。

——剩余电压调整值：在额定变流器直流负载和可变控制电流下饱和电抗器调整曲线非线性部分。它就是最大电压降与控制电压的差。

所有上面的电压降都与具体的控制电流值有关，该电流需要说明。

用户在订货前应明确上面的哪个参数为保证值(通常只有控制电压调整保证值)。供需双方应明确保证值的测量偏差。

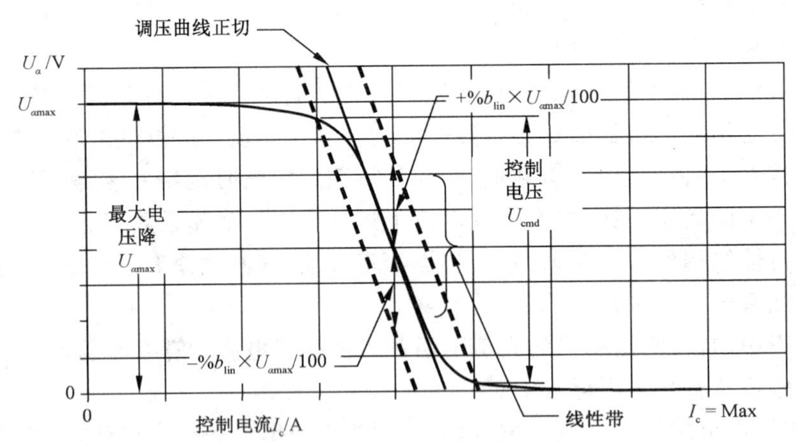

图 7 典型的饱和电抗器调压曲线(含控制电流为 0 时的最大电压降)和偏差范围

调压曲线(一般叫“S 曲线”)的测量方法由供需双方协商确定。

假如 U_{cmd} 为保证值，则可通过下面的方法和线性带来检验：

——根据测试数据绘出调压曲线(一般叫“S 曲线”)；

——沿着“S 曲线”变形点绘出切线；

——绘出与切线相平行的两条线即为线性带；

$$\mathrm{band}_{lin} = \pm \% b_{lin} \times U_\alpha / 100 \qquad (17)$$

——线性带和“S 曲线”相交的两点确定了控制电压 U_{cmd} 。

线性带百分数$\% b_{lin}$由供需双方协商确定。该参数通常为：

$$\% b_{lin} = 15\% \qquad (18)$$

一般公认的计算饱和电抗器压降的公式如下：

对于双反星式变流器：

$$U_{\alpha} = 6 \times f \times S_{r} \times B \qquad (19)$$

或，对于双桥式变流器：

$$U_{\alpha} = 12 \times f \times S_{r} \times B \qquad (20)$$

式中：

U_{α} ——饱和电抗器产生的直流侧压降，V；

B ——磁通密度，T；

f ——基波频率，Hz；

S_{r} ——饱和电抗器铁心有效截面积，m^2；

$U_{\alpha max}$ ——饱和磁通密度 B_S 下的压降，V；

U_{cmd} ——控制电压，V。

“S曲线”及其相应的U_{cmd}值可以参考饱和电抗器铁心材料的B-H特性得到。

如果U_{cmd}值作为保证值，它应当在最后的工厂验收测试阶段评估(通过计算或通过特殊试验)。

7 变流变压器试验

7.1 概述

除本章另有规定外，液浸式变压器全部试验按 GB 1094.1、GB 1094.2 和 GB 1094.3 进行，干式变压器全部试验按 GB 1094.11 进行。

变压器试验分为例行试验、型式试验和特殊试验，液浸式变压器应符合 GB 1094.1 的要求，干式变压器应符合 GB 1094.11 的要求。

当要求测量两个阀侧绕组间的短路阻抗时，可能达不到50%的额定电流。该项测试可以在测试设备许可的最大电流下进行，测量偏差应经用户同意。交叉绕制的阀侧绕组间的阻抗可以忽略不计。

7.2 换相电抗测量和电感压降确定

7.2.1 换相电抗

测量换相电抗时，应将变压器网侧端子短路。应使同一换相组中两个连续相通过 7.2.2 中 b)项规定的基频交流电流，并测量这些端子之间的电压。换相电抗 $2 \times X_t$ 等于由本测量结果计算出的阻抗中的电感分量。对同一换相组中的各对相，至少应进行两次测量，然后取这些测量值的算术平均值作为换相电抗值。

在进行上述试验时，若同一网侧绕组向一个同时换相的并联或串联连接的换相组供电，则与这些换相组相对应的绕组，应逐相地并联连接。

换相电抗也可根据变压器阻抗测试值如下推导得出：

将阀侧绕组的三相短接。从网侧绕组测得短路阻抗标幺值，再将其折算到阀侧绕组的额定容量和额定电压下。换相电抗 X_t 等于短路阻抗的电感分量。

7.2.2 电感电压调整值

电感电压调整值应由下述两种方法之一确定：

a) 计算法，见公式(21)：

$$d_{xtN}=\frac{\delta\times q\times s}{2\times\pi\times g}\times X_t\times\frac{I_{dN}}{U_{dio}} \qquad \cdots\cdots(21)$$

b) 测量法(按7.2.1),所通过的电流方均根值见公式(22):

$$\frac{\sqrt{2}}{4}\times\frac{\delta}{g}\times I_{dN} \qquad \cdots\cdots(22)$$

式中:

g —— I_{dN} 分流流过换相组的组数;

I_{dN} ——额定直流电流;

q ——换相数;

s ——串联换相组数;

U_{dio} ——理想空载直流电压;

δ ——每个一次绕组同时换相的换相组数;

X_t ——短路阻抗电感分量;

d_{xtN} ——电流 I_{dN} 下的电感电压调整值;

d_{xt1} ——电流 I_1 下的电感电压调整值。

此时,用端子间额定电压 U_{v0} 的标幺值表示的输入电压电感分量,称为电感电压调整值 d_{xt1} 。

对表1中除了代号9和12的联结方式以外,其电感电压调整值可从最后一列所规定的二次绕组短路试验结果计算出。对代号9和12的联结方式,推荐用7.2.1规定的短路试验。

7.3 电压比和相位移测量

按GB 1094.1,电压比测量应在每个分接进行。然而,一些变流变压器可能有相当多的分接。此时,供需双方可协商只测试部分分接(如:当存在粗、细调压时,在一个粗调挡位测量每个细调挡位,然后保持在一个细调挡位测量每一个粗调挡位)。

供需双方应在订货前确定除主分接外的其他分接的电压比偏差和所有分接的相位移偏差。否则,相位移的偏差应为±0.5°。

电压比和相位移可按如下方法测量(见附录G):

a) 电压比测量法;

b) 示波器测量法。

用示波器测量法进行相位移测量时需要仪器具有一定的采样率和分辨率。由于电压比测量与分辨率无关,故推荐采用方法a)。

注: 如果有饱和电抗器,则供需双方宜确定如何检查饱和电抗器偏置和控制回路的极性和变比。

7.4 绝缘试验

7.4.1 概述

对于单个器身,绝缘试验应按GB 1094.3进行。

对于同一个油箱中包含多个器身的整流机组,绝缘试验的参考电压是根据一次侧和二次侧端子的线电压来确定的。通常,按照GB 1094.3是无法测试中间绕组的,因此订货前供需双方应确定哪些试验项目应取消或修改。当需要测试中间绕组时,其绝缘水平应标注在铭牌上。如果带饱和电抗器,则在绝缘试验前应安装好。

7.4.2 交叉绕制阀侧绕组间的绝缘测试

交叉绕制阀侧绕组间的绝缘耐受能力应按如下方法测试:

a) 交叉绕制阀侧绕组对地绝缘测试:将所有交叉绕制阀侧绕组的端子全部连接在一起做测试。

其余的参考 GB 1094.3；

b) 交叉绕制阀侧绕组间的绝缘测试：将两个交叉绕制阀侧绕组中的一个绕组的所有端子连在一起并接地，另一个绕组的所有端子连在一起并施加 1 min 的交流试验电压。测试电压的值等于额定交流电压的两倍再加 500 V 或直接加 2 500 V，取两者中的较高值。

7.5 负载损耗测试

7.5.1 概述

应在额定电流和基频下进行负载试验，由此得到变流变压器的负载损耗。

对于常用的联结方式，表 1 中给出了合适的短路试验接线方法。

分别测量 A、B、C 每个短路组合下的损耗，用所测得的损耗值 P_A 、P_B 和 P_C 按表 1 中相关公式来计算总损耗。

试验结果应按下述参考温度进行修正：

——对于液浸式变压器，按 GB 1094.1 为 75 ℃；

——对于干式变压器，按 GB 1094.11 的有关通用试验要求。

负载损耗不需要按 GB/T 18494.2 所描述的在两个不同频率下测量。

7.5.2 与饱和电抗器共箱的整流变压器负载损耗测量

负载损耗和短路阻抗测试过程中，饱和电抗器铁心损耗和阻抗都加到了主变压器上，会引起电流和电压波形畸变。如果不做适当的修正，测试结果将受到影响，可能与 GB 1094.1 的要求不符。订货前供需双方应达成一致，可行的方法参见附录 H。

7.5.3 大电流阀侧绕组采用外部母排短路结构

当大电流阀侧绕组采用外部母排短路时，要特别考虑负载损耗的增加、短路阻抗的变大以及油箱热点温度的升高。

7.6 温升试验

7.6.1 概述

按 GB 1094.2 对液浸式变压器的温升试验方法进行了修改，见 7.6.2 和 7.6.3。

如果适用，则以下内容也可指导干式变压器试验(见 GB 1094.11)。

试验目的如下：

——确定稳态下由总损耗产生的顶层油温升，此总损耗值等于额定非正弦变流器负载电流和变压器额定正弦电压下所产生的损耗；

——确定同一条件下绕组对油的温升；

——确定干式变压器绕组对环境的温升。

按 7.6.2 和 7.6.3 确定油和绕组的温升值。

在某些情况下，按总损耗对应的电流进行温升试验有可能使绕组某些部位的过载达到不可接受的水平。因此，有必要按照 GB 1094.2 的修正公式将施加电流/损耗降低到可接受的限值以内。此时，供需双方应确定是扩大该修正公式的适用范围，还是通过计算的方法评估温升值。

当绕组的端子引出时，应按 7.6.3 计算的等效电流来测试绕组温升。

当绕组的端子未引出时(如多个器身共箱和/或带移相绕组的情况)，这些绕组应被认为是“内部设计”的部分，它们的温升应通过计算方法得到。

当饱和电抗器与器身共箱时，供需双方在投标阶段应确定温升试验按如下方式之一进行：

a) 饱和电抗器完全安装。绕组电流在测试时将不是正弦波形。应将电流谐波引起的附加损耗用于确定等效试验电流。等效试验电流应按方均根值测量。

b) 饱和电抗器被旁路或铁心被移走，以便在测试中获得正弦波形的绕组电流。

7.6.2 总损耗的输入

总损耗是负载损耗加空载损耗，如果有相间变压器和饱和电抗器，则还应加上它们的损耗。

负载损耗是由非正弦电流产生的（见 6.2）。空载损耗对应于变压器额定电压。

测量输入到变压器的损耗。应对基波工频电流 I_1 进行调整，以便获得规定的总损耗试验值。

单拍变流器用变压器短路试验电流和负载损耗的有关信息见附录 I。

7.6.3 额定负载损耗的输入

7.6.3.1 双绕组变压器

当顶层油温升测定后，应将正弦试验电流调节到与变流器额定电流下负载损耗等效的电流值继续进行试验，持续 1 h，在此期间，应对油和冷却介质温度进行测量。

等效试验电流见公式(23)：

$$I_{\mathrm{eq}}=I_1\times\left[\frac{I_{\mathrm{LN}}^2\times(R_{\mathrm{W}}+R_{\mathrm{C}})+(F_{\mathrm{WE}}\times P_{\mathrm{WE1}})}{I_1^2\times(R_{\mathrm{W}}+R_{\mathrm{C}})+P_{\mathrm{WE1}}}\right]^{0.5}\qquad(23)$$

在温升试验后期，通过在迅速切断电源和断开短路接线后的冷却期内，对两个绕组进行一系列的直流电阻测量来确定两个绕组的温度。详见 GB 1094.2。

注：当带饱和电抗器进行温升试验时，应考虑由饱和电抗器的存在所产生的谐波电流及相应的损耗来确定 I_{eq} 。

7.6.3.2 多绕组变压器

最常见的情况是带有两个额定容量相同的二次绕组的三绕组变流变压器。两个二次绕组的三相联结方式可以为带相间变压器的星-星联结、角-角联结或星-角联结。

应依次对每个绕组供给等效试验电流以得到绕组的温升值。

等效电流的通用公式如公式(24)：

$$I_{\mathrm{eq}}=I_1\times\left[\frac{I_{\mathrm{WN}}^2\times(R_{\mathrm{W}}+R_{\mathrm{C}})+(F_{\mathrm{WE}}\times P_{\mathrm{WE1}})}{I_1^2\times(R_{\mathrm{W}}+R_{\mathrm{C}})+P_{\mathrm{WE1}}}\right]^{0.5}\qquad(24)$$

注 1：每相的两个二次阀侧绕组接近 100％的耦合。因此，所有绕组的涡流损耗见 E.3 中六脉波和 E.4 中 12 脉波的相关描述。

每个绕组的等效电流值应根据各自的电阻值、涡流损耗和附加系数得到。

注 2：对于二次侧带大电流母线系统的变流变压器，很难甚至不可能迅速断开短路接线。此时，涉及绕组温升的问题应由用户和制造方进行协商。

注 3：由于大电流阀侧绕组的电阻值非常小（$10^{-5}\ \Omega\sim10^{-6}\ \Omega$），因此应特别注意，以免出现测量误差。

注 4：按附录 E 计算得到被试绕组的附加系数 F_{WE} 后，应用 I_{WN} 替换 I_{L} 。

试验按下述方法进行：

——两个二次绕组均应短路，输入等效一次电流，以得到一次绕组对平均油温的温升。然后，依次将每个二次绕组短路（另一个开路），输入一次电流，以使受试二次绕组中的电流等于等效电流。从这两次试验便可得出二次绕组对平均油温的温升。

——另一种方法是，仅用上述方法中两个二次绕组同时短路的试验。由此试验测得的二次绕组温升值应按 GB 1094.2 进行校正。

7.6.3.3 绕组和油箱热点温度

当绕组流过谐波电流时，应计算总损耗相应的等效试验电流，以产生总损耗。然而，当存在谐波时，增加了绕组端部的涡流损耗,试验所施加的正弦电流不可能重现绕组在正常运行时的漏磁场。因此,宜注意到等效试验电流不能产生与存在谐波时同样的绕组损耗分布。

需特别关注的是,施加正弦电流温升试验所确定的热点温度和它的位置与变流运行中的实际情况不一样。因而,试验阶段宜注意预防热应力超过正常运行值。采用预埋在绕组内部的光纤传感器来检查元件的温度特性,无论是在温升试验还是在实际运行情况下都是很有用的办法。在无法到达的绕组内部,光纤可用来评估温度设计。

为了将外部的磁场影响降到最小并优化阀侧绕组设计,用户应告知制造方母排的设计结构。

油箱的热点温度可采用红外测量方法。

磁场在变压器箱体中引起的损耗的确定见附录J。

7.6.4 干式变压器的温升试验

试验应按GB 1094.11,但有如下修改:

负载电流应按附录E及7.6.3的公式调整到与额定变流器电流下的负载损耗相对应的值。

8 带饱和电抗器和(或)相间变压器时的负载噪声水平

饱和电抗器和(或)相间变压器(如果有)是变流变压器主要的噪声源。

这些装置所产生的噪声都与负载电流和变压器外部系统参数相关。

负载噪声测量不可能也不能替代运行条件下的实际情况,没有可行的方法来计算负载噪声。

表 1 联结和计算因数

联结代号		变压器联结 网侧	变压器联结 阀侧	阀联结	脉波数 p	联结数 q	$\frac{U_{di}}{U_{v0}}$	网侧基波电流系数[a] $\frac{I_{1P}}{I_{dN}}$	额定容量系数 $\frac{S_V}{S_R}$	单拍基波电流系数[b] $\frac{I_{1v}}{I_{dN}}$	单拍直流分量系数[b] $\frac{I_{0v}}{I_{dN}}$	短路试验时短接的端子 A	短路试验时短接的端子 B	短路试验时短接的端子 C	负载损耗保证值	短路阻抗保证值
单变流器、单拍联结																
5		△ 或 Y	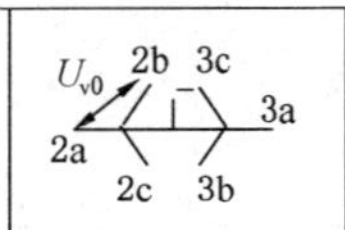	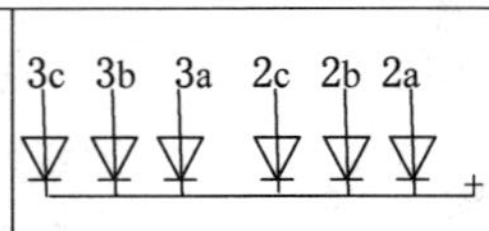	6	3	$\frac{3}{\pi\times\sqrt{2}}$ (≈0.675)	$\frac{\sqrt{3}}{\pi\times\sqrt{2}}$ (≈0.390)	$2\times\frac{\sqrt{2}}{2}$ (≈2×0.707)	$\frac{\sqrt{3}}{\pi\times 2\sqrt{2}}$ (≈0.195)	1/6 (≈0.167)	2a 2b 2c	3a 3b 3c		$\frac{(P_A+P_B)}{2}$	e_{XA}和e_{XB}
20		△ 或 Y	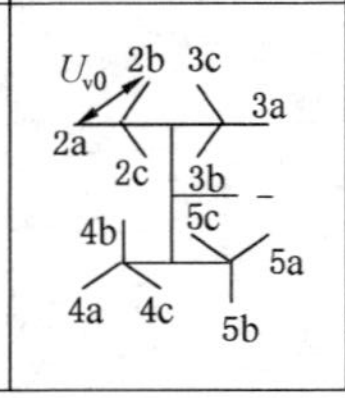	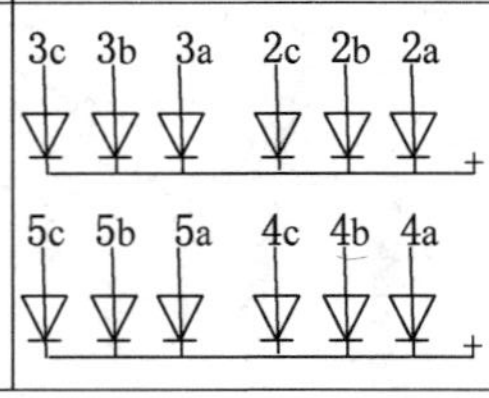	12	3	$\frac{3}{\pi\times\sqrt{2}}$ (≈0.675)	$2\times\frac{\sqrt{3}}{\pi\times 2\sqrt{2}}$ (≈2×0.195)	$4\times\frac{\sqrt{2}}{4}$ (≈4×0.353 6)	$\frac{\sqrt{3}}{\pi\times 4\sqrt{2}}$ (≈0.097 5)	1/12 (≈0.083)	A1 2a 2b 2c A2 4a 4b 4c	B1 3a 3b 3c B2 5a 5b 5c		$\frac{(P_{A1}+P_{B1})}{2}$ + $\frac{(P_{A2}+P_{B2})}{2}$	e_{XA1}和e_{XB1} e_{XA2}和e_{XB2}
单变流器、均匀双拍联结																
8	8.1	△ 或 Y	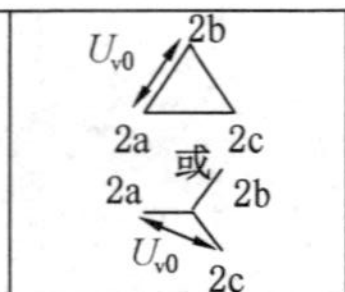	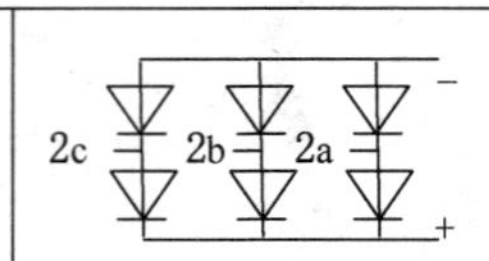	6	3	$\frac{3\times\sqrt{2}}{\pi}$ (≈1.350)	$\frac{\sqrt{6}}{\pi}$ (≈0.780)	1	—	—	2a 2b 2c			P_A	e_{XA}
	8.2	△ 或 Y	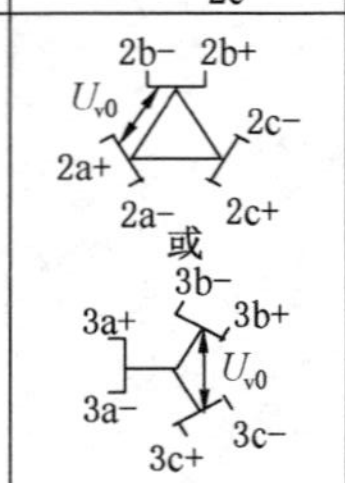	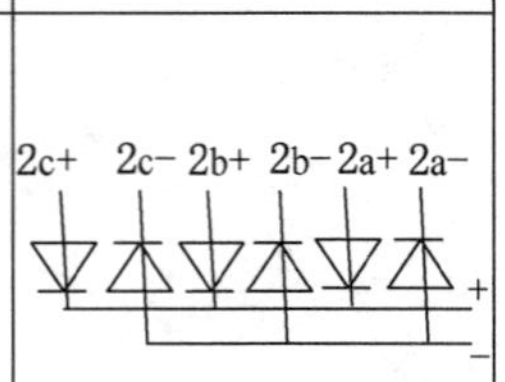						$\frac{\sqrt{3}}{\pi\times\sqrt{2}}$ (≈0.390)	1/3 (≈0.333)	2a+ 2b+ 2c+ + 2a− 2b− 2c−			P_A	e_{XA}
9	9.1	△ 或 Y	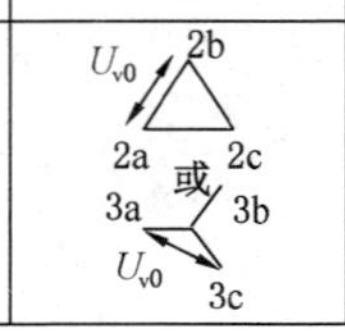	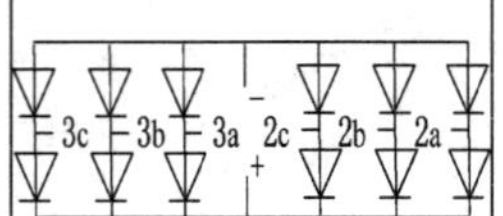	12	3	$\frac{3\times\sqrt{2}}{\pi}$ (≈1.350)	$\frac{\sqrt{6}}{\pi}$ (≈0.780)	2×1/2 (=2×0.5)	—	—	2a 2b 2c	3a 3b 3c	2a 2b 2c 和 3a 3b 3c	P_C	e_{XA}和e_{XB}

表 1（续）

联结代号		变压器联结		阀联结	脉波数	联结数	$\frac{U_{di}}{U_{v0}}$	网侧基波电流系数[a]	额定容量系数	单拍基波电流系数[b]	单拍直流分量系数[b]	短路试验时短接的端子			负载损耗保证值	短路阻抗保证值
		网侧	阀侧		p	q		$\frac{I_{1P}}{I_{dN}}$	$\frac{S_V}{S_R}$	$\frac{I_{1v}}{I_{dN}}$	$\frac{I_{0v}}{I_{dN}}$	A	B	C		
9	9.2	△ 或 Y	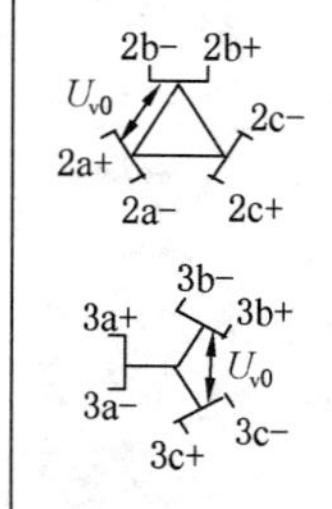	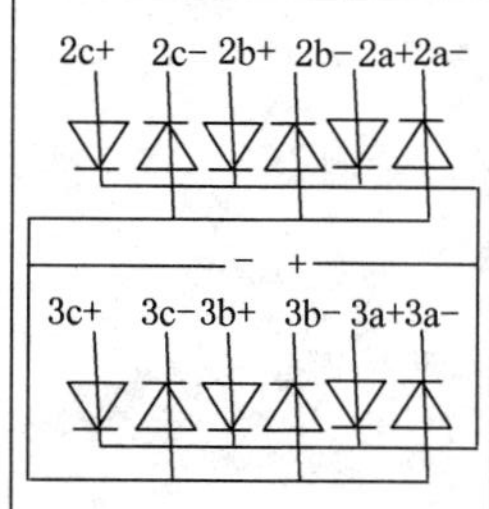	12	3	$\frac{3\times\sqrt{2}}{\pi}$ (≈1.350)	$\frac{\sqrt{6}}{\pi}$ (≈0.780)	2×1/2 (=2×0.5)	$\frac{\sqrt{3}}{\pi\times 2\sqrt{2}}$ (≈0.195)	1/6 (≈0.167)	2a+ 2b+ 2c+ + 2a− 2b− 2c−	3a+ 3b+ 3c+ + 3a− 3b− 3c−	2a+ 2b+ 2c+ + 2a− 2b− 2c− 和 3a+ 3b+ 3c+ + 3a− 3b− 3c−	P_C	e_{XA}和e_{XB}
10	10.1	△ Y 或 △ Y	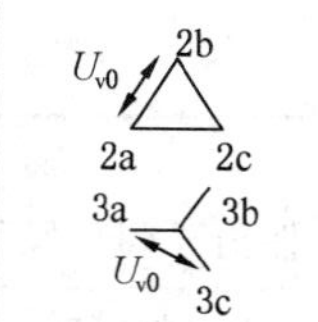	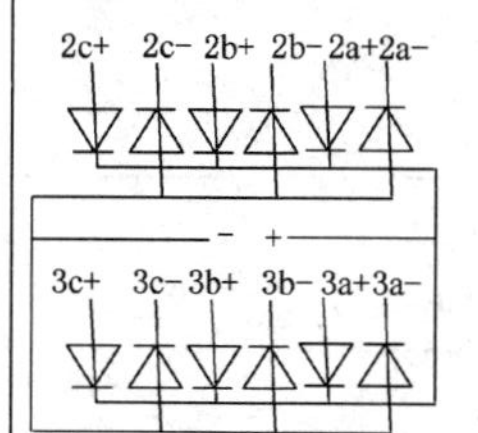	12	3	$\frac{3\times\sqrt{2}}{\pi}$ (≈1.350)	$2\times\frac{\sqrt{3}}{\pi\times\sqrt{2}}$ (≈2 ×0.390)	1	—	—	2a 2b 2c	3a 3b 3c		P_A+P_B	e_{XA}和e_{XB}
	10.2	△ Y 或 △ Y	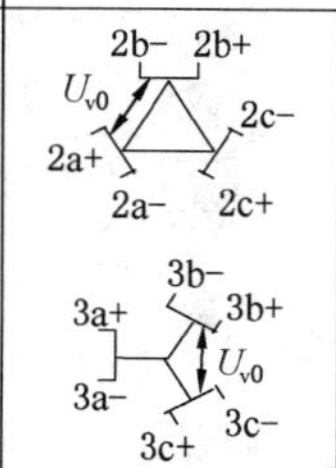	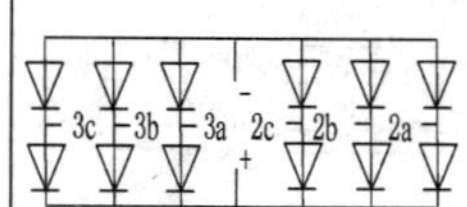						$\frac{\sqrt{3}}{\pi\times 2\sqrt{2}}$ (≈0.195)	1/6 (≈0.167)	2a+ 2b+ 2c+ + 2a− 2b− 2c−	3a+ 3b+ 3c+ + 3a− 3b− 3c−		P_A+P_B	e_{XA}和e_{XB}
12		△ 或 Y	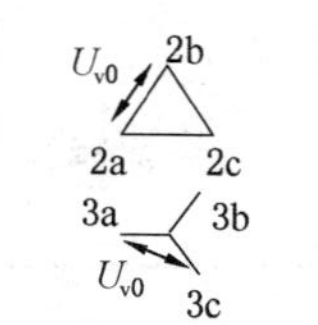	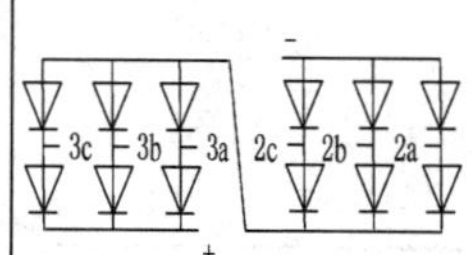	12	3	$\frac{6\times\sqrt{2}}{\pi}$ (≈2.701)	$\frac{2\times\sqrt{6}}{\pi}$ (≈1.559)	2×1/2 (=2×0.5)	—	—	2a 2b 2c	3a 3b 3c	2a 2b 2c 和 3a 3b 3c	P_C	e_{XA}和e_{XB}

表 1（续）

联结代号	变压器联结		阀联结	脉波数	联结数	$\frac{U_{di}}{U_{v0}}$	网侧基波电流系数[a]	额定容量系数	单拍基波电流系数[b]	单拍直流分量系数[b]	短路试验时短接的端子			负载损耗保证值	短路阻抗保证值
	网侧	阀侧		p	q		$\frac{I_{1P}}{I_{dN}}$	$\frac{S_V}{S_R}$	$\frac{I_{1v}}{I_{dN}}$	$\frac{I_{0v}}{I_{dN}}$	A	B	C		
13	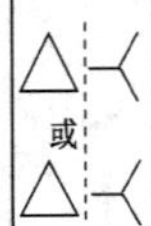	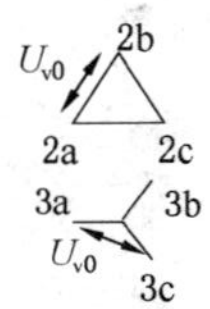	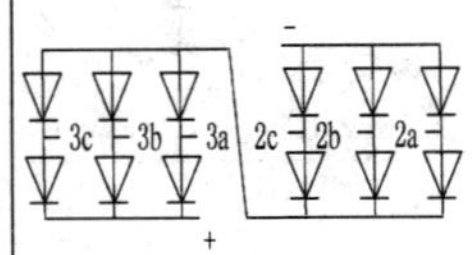	12	3	$\frac{6\times\sqrt{2}}{\pi}$ (≈2.701)	$\frac{2\times\sqrt{6}}{\pi}$ (≈1.559)	1	—	—	2a 2b 2c	3a 3b 3c		P_A+P_B	e_{XA}和e_{XB}

注：表中列出的是常用联结。

[a] 相电压比为 1 的变压器。

[b] 指阀侧电流。

附　录　A

（资料性附录）

变流变压器移相联结和端子标识

A.1　概述

变流变压器的端子标识应按5.5的规定。

带两个二次绕组的12脉波变流变压器的联结组标识应分开。而且，当自耦调压变压器与其共箱且采用开相联结时，开相联结标识也应加到联结组标识中。

根据5.5，本附录涉及与GB 1094.1不同的移相联结和端子标识。见图A.1～图A.3。

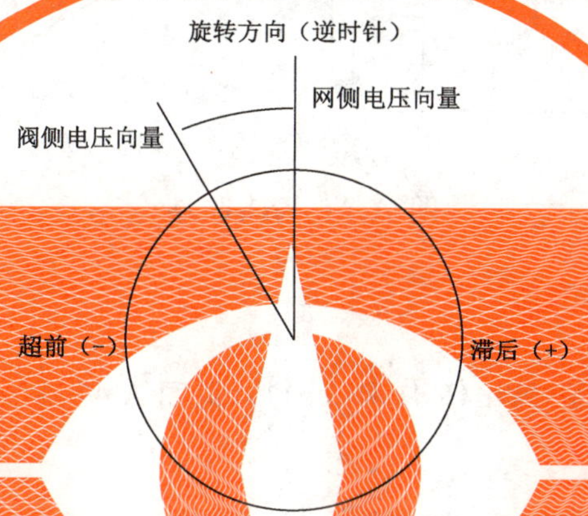

图A.1　逆时针相位移

根据图A.1，下面从常规的Yd1和Yd11联结组开始给出Γ角的标识示例。

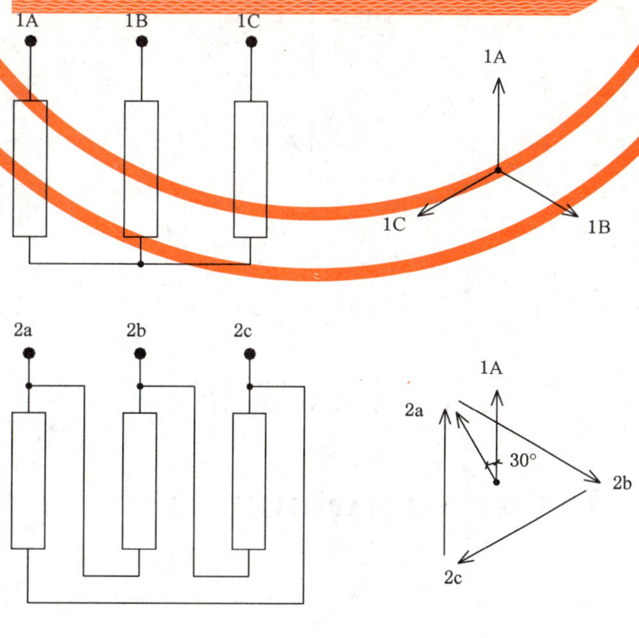

图A.2　Yd11联结

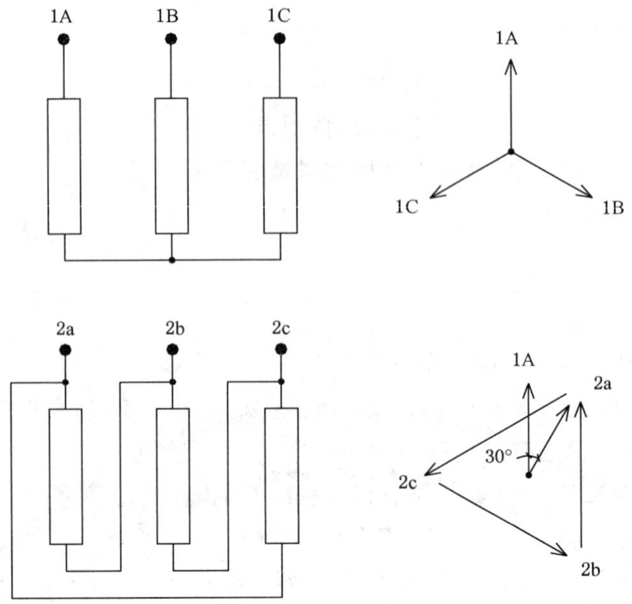

图 A.3 Yd1 联结

A.2 示例 A.1:滞后 *Γ* 角(+)的星-角结(Yd1 和 Yd11)(见图 A.4)

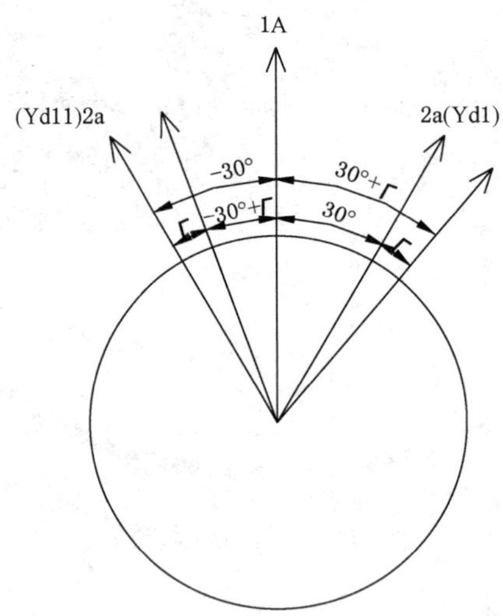

图 A.4 示例 A.1 的相位移

A.3 示例 A.2:超前 *Γ* 角(−)的星-角结(Yd1 和 Yd11)(见图 A.5)

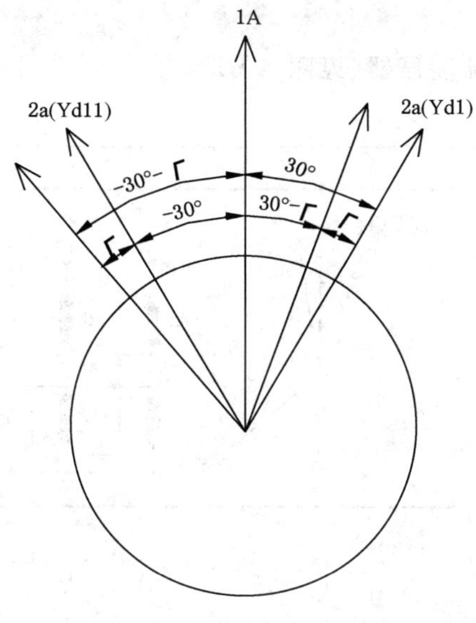

图 A.5　示例 A.2 的相位移

A.4 示例 A.3：Z-Z 结 12 脉波变流变压器(见图 A.6)

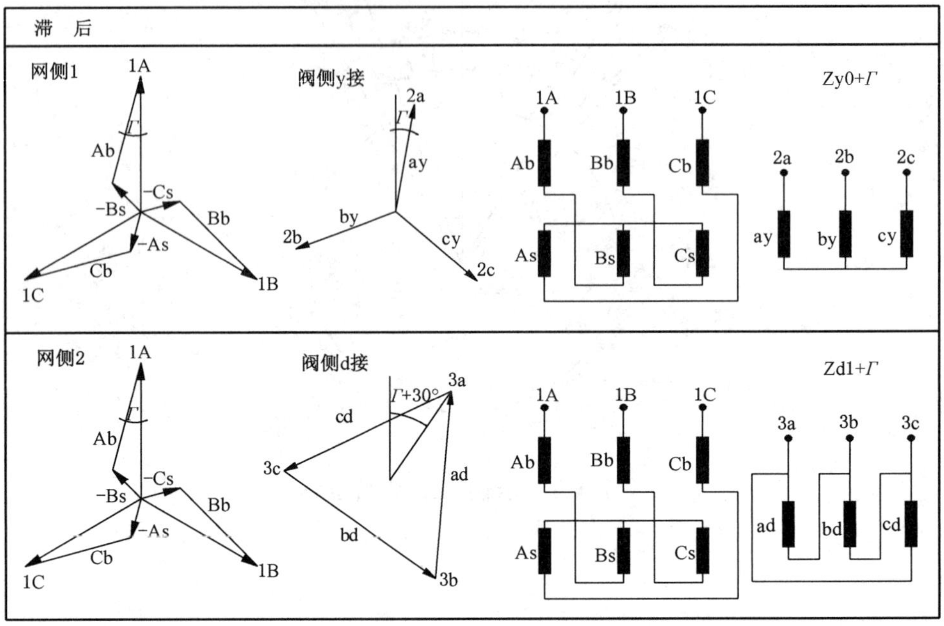

a) 滞后

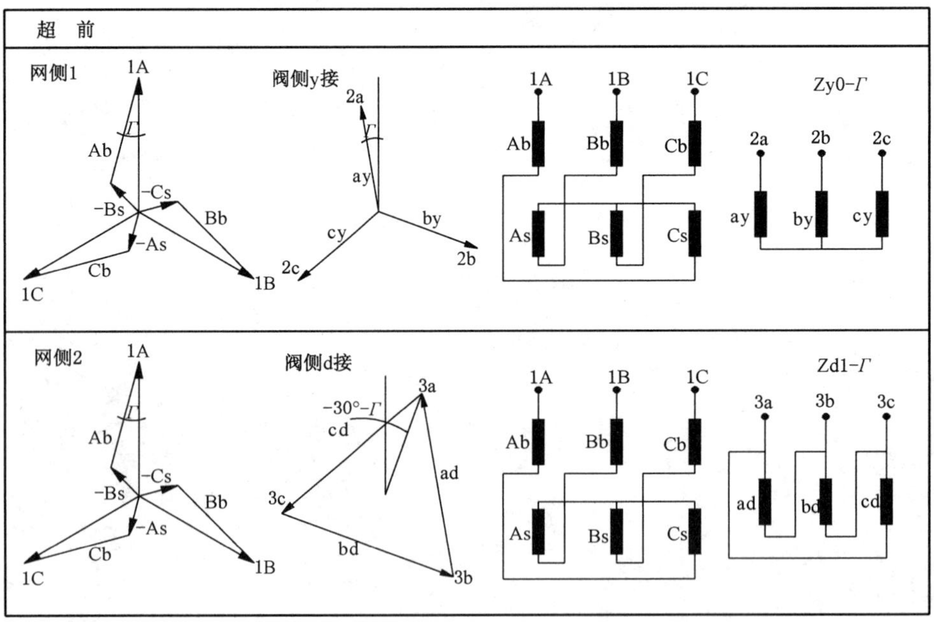

b) 超前

图 A.6 Z-Z 结 12 脉波变流变压器联结

A.5 示例 A.4:延边角结 12 脉波变流变压器(见图 A.7)

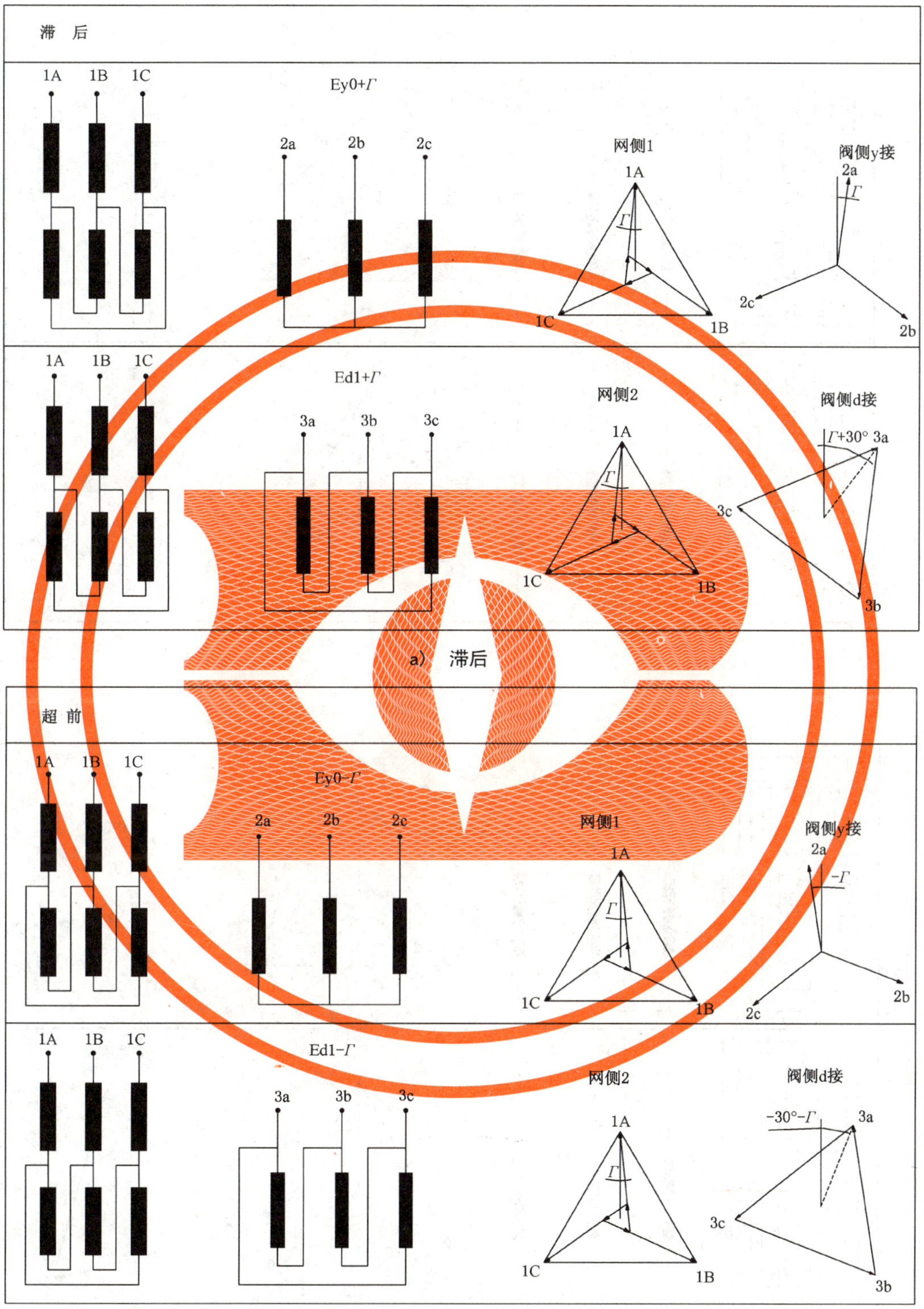

a) 滞后

b) 超前

图 A.7 延边角结 12 脉波变流变压器联结

A.6 例 A.5：多边形联结 12 脉波变流变压器(见图 A.8)

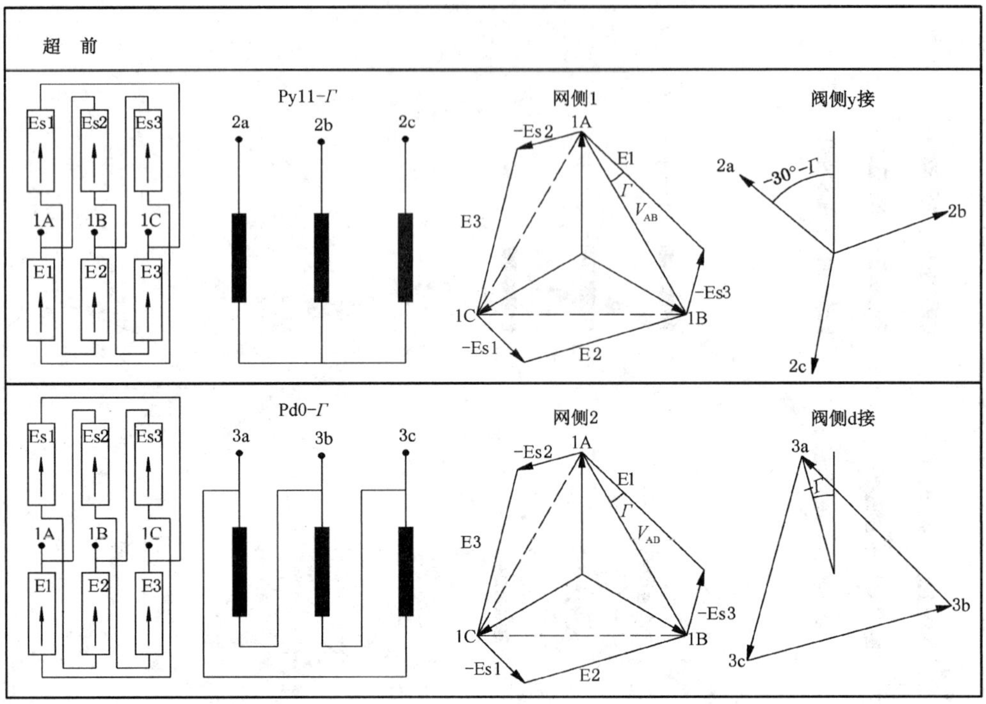

a) 超前

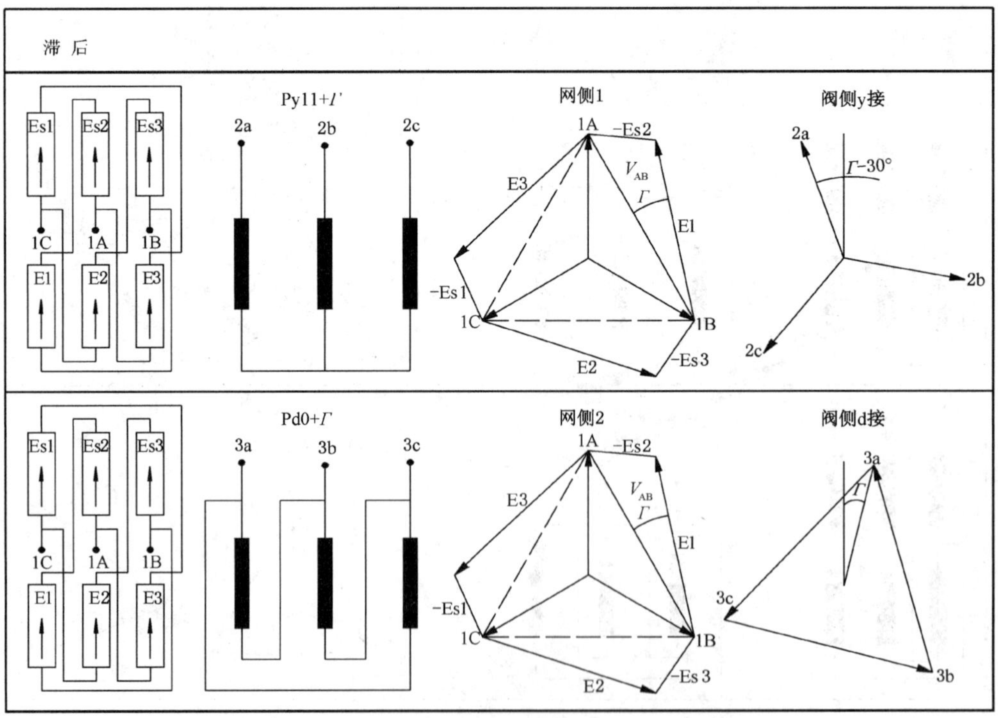

b) 滞后

图 A.8 多边形联结 12 脉波变流变压器联结

附 录 B
（资料性附录）
设计评审导则

B.1 概述

本附录在订货前由供需双方达成一致后有效。

设计评审是确保对相关标准和技术要求的共同理解，用制造方提供的材料和方法，严格审查设计方案以确保满足技术要求。

用户应确保评审者具备足够的经验来理解和审查这个设计。设计评审不能取代设计裕度和设计限值，这些应由制造方负责。发现的不足应改正。然而任何设计“改良”均需供需双方协商。

信息共享对设计评审是很重要的。同时，制造方有权保护商业秘密。因此，设计评审过程中讨论和交换的信息应被视作机密。

B.2 验证变压器的主要参数

B.2.1 验证变压器的主要参数应按如下步骤：

a) 基本要求；

b) 正常运行时的特殊要求；

c) 谐波电流；

d) 适用标准和限制条款；

e) 特殊运输方式；

f) 允许偏差。

B.2.2 验证变压器的参数宜包含以下部分：

B.2.2.1 器身设计：

a) 铁心：

  1) 铁心结构(3 柱或 5 柱，步进叠)；

  2) 硅钢片等级和损耗；

  3) 在额定电压和过励磁时主柱的热点温度；

  4) 由漏磁引起的铁心夹件及结构件中热点温度；

  5) 结构件在起吊、绕组压紧和短路时的应力。

b) 绕组：

  1) 绕组布置；

  2) 绕组和导体的类型；

  3) 感应、外施和运行电压分布；

  4) 绕组内部暂态电压分析及电压分布；

  5) 绝缘通道中的主绝缘结构和设计裕度；

  6) 高压饼式绕组的角部应力；

  7) 绕组中的纸所受的应力；

  8) 调压绕组的爬电应力；

  9) 特殊换位；

  10) 并联组内的电流分布。

c) 负载损耗计算：
   1) 负载损耗电抗和场域分析；
   2) 油箱屏蔽应用；
   3) 夹件和引线损耗。
d) 短路和涌流力计算：
   1) 系统短路容量；
   2) 短路故障情况和电流计算；
   3) 绕组辐向力；
   4) 轴向力；
   5) 倾斜。
e) 冷却系统：
   1) 允许温升；
   2) 温升和热点计算；
   3) 过载要求；
   4) 绕组内的冷却通道；
   5) 冷却器和散热器设计。
f) 分接开关：
   1) 类型和制造方；
   2) 绝缘水平；
   3) 选择器电压分布。
g) 线夹和引线：
   1) 线夹和引线的净绝缘距离；
   2) 高压引线电场评审；
   3) 低压大电流母排损耗和阻抗评审；
   4) 大电流母排漏磁场影响；
   5) 调压绕组引线热点评审。

B.2.2.2 油箱和套管：

a) 机械设计评审；
b) 漏磁引起的损耗；
c) 油箱热点评审；
d) 接口和布置检查。

B.2.2.3 器身检查：

装配过程中绕组和器身检查，制造方通过内部质量体系的说明。

B.2.2.4 试验：

a) 外施电压；
b) 短时(长时)感应电压；
c) 局放测量；
d) 雷电冲击；
e) 操作冲击；
f) 噪声水平；
g) 温升试验；
h) 其他特殊试验(整流器和调压器组合)。

变压器制造方应能通过已生产产品的试验报告证明设计工具的精确性。

附 录 C
（规范性附录）
GB/T 18494.1 与 GB/T 3859.1 额定值的相关性

为了在范围中包括多个器身共箱的变压器，本部分将变压器的额定电流定义为与额定容量对应的基波电流的方均根值。

在 GB/T 3859.1 中，电流、损耗和容量计算均以理想矩形波电流计算的方均根值为基础。

为避免误解，本附录解释了如何关联这两个标准的参数。

表 1 中的联结方式可进一步分为 GB/T 3859.2 中描述的两种导通方式。

对于 DB 联结，应考虑每相如图 C.1 所示的导通方式（窗口类型 1）。

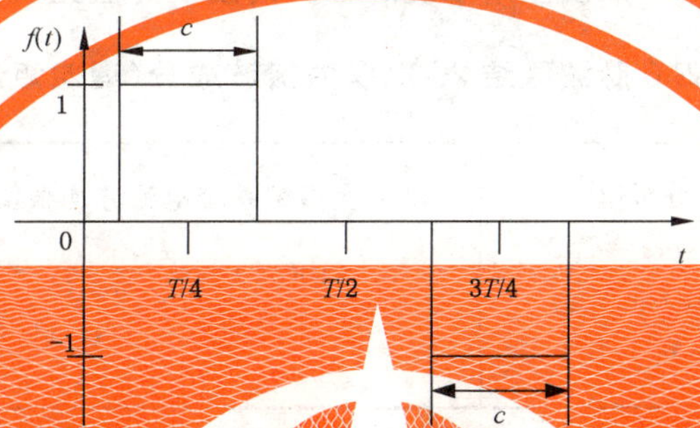

图 C.1 DB 联结理想矩形波电流

理想矩形波电流的基波和谐波分量可按公式（C.1）计算：

$$f(t)=\frac{4}{\pi}\sum_{h=1}^{\infty}\sin\frac{h\times\pi}{2}\times\frac{\sin\left(\frac{h\times\pi\times c}{T}\right)}{h}\times\sin\left(\frac{h\times 2\times\pi\times t}{T}\right)\qquad c=T/3 \quad \cdots\cdots(\text{C.1})$$

利用该公式得到的各次（h）谐波下的值见表 C.1。

表 C.1 DB 6 脉波联结 25 次以内谐波成分（理想矩形波电流）

谐波次数 h	FFT 分析值 $I_{\text{dc,Block}}=1, c=T/3$ h 次谐波下的 I_{Peak} p.u.	总电流方均根值 $(100\%)=\frac{I_{\text{dN}}\times\sqrt{2}}{\sqrt{3}}$ %	例：$I_{\text{dN}}=50$ kA $\frac{50\times\sqrt{2}}{\sqrt{3}}=40.82$ kA（方均根值） A
1	1.10	95.50	38 984.8
5	0.22	19.10	7 797.0
7	0.16	13.64	5 569.3
11	0.10	8.68	3 544.1
13	0.08	7.35	2 998.8
17	0.06	5.62	2 293.2
19	0.06	5.03	2 051.8
23	0.05	4.15	1 695.0
25	0.04	3.82	1 559.4

对于 DSS 联结，每相的一个星结二次系统的导通方式（窗口类型 2）如图 C.2 所示。

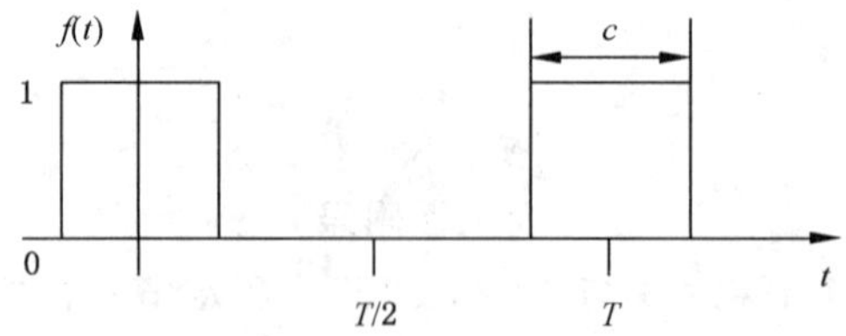

图 C.2　DSS 联结矩形波电流

确定基波和谐波分量的公式如式(C.2)：

$$f(t)=\frac{c}{T}+\frac{2}{\pi}\sum_{h=1}^{\infty}\frac{1}{h}\times\sin\left(\frac{h\times\pi\times c}{T}\right)\times\cos\left(\frac{h\times2\times\pi\times t}{T}\right) \qquad \text{(C.2)}$$

利用该公式得到的变压器一个二次星结系统的各次谐波下的值见表 C.2。

表 C.2　DSS 6 脉波联结 25 次以内谐波成分(理想矩形波电流)

谐波次数 h	FFT 分析值 $I_{dc,Block}=1, c=T/3$ h 次谐波下的 I_{Peak} p.u.	一个二次星结系统电流方均根值 $(100\%)=\frac{I_{dN}}{2\times\sqrt{3}}$ %	例：$I_{dN}=50$ kA $\frac{50}{2\times\sqrt{3}}=14.43$ kA(方均根值) A
DC	0.33	57.74	8 333
1	0.55	67.52	9 746
2	0.28	33.76	4 873
4	0.14	16.88	2 437
5	0.11	13.50	1 949
7	0.08	9.65	1 392
8	0.07	8.44	1 218
10	0.06	6.75	975
11	0.05	6.14	886
13	0.04	5.19	750
14	0.04	4.82	696
16	0.03	4.22	609
17	0.03	3.97	573
19	0.03	3.55	513
20	0.03	3.38	487
22	0.03	3.07	443
23	0.02	2.94	424
25	0.02	2.70	390

当二次侧采用了平衡的星结系统时，一次侧不存在偶次谐波和直流分量，谐波频谱可当做 DB 联结一样计算。只含 5 次、7 次、11 次、13 次等谐波分量。

计算二次侧每个星结系统的谐波和直流分量时，表 1 中的联结代号 8、9、10、12 和 13 联结方式应按导通方式(窗口类型 1)处理。联结代号 5 和 20 应按导通方式(窗口类型 2)处理。当二次侧用理想平衡星结系统时，联结代号 5 和 20 一次侧的谐波分量与 DB 联结方式相同。

示例：

联结代号 8.1(DB 6 脉波联结)：

以 U_{dio} =675 V（直流)且电流为 50 kA(直流)的装置为例，按照 GB/T 3859 系列标准，在 I_{rms} 下最大短路容量为 35.55 MVA 时的短路阻抗选为 10%。

变压器二次侧电压：

GB/T 3859 系列标准和 GB/T 18494 系列标准对变压器二次侧空载电压采用了相同的系数：

$$\frac{U_{di0}}{U_{v0}}=\frac{3\times\sqrt{2}}{\pi}=1.35$$

$$U_{v0}=\frac{U_{di0}}{1.35}=500\ \text{V（交流）}$$

变压器二次侧电流：

GB/T 3859 系列标准和 GB/T 18494 系列标准对变压器电流采用了不同的公式。GB/T 3859 系列标准用网侧电流的方均根值，而 GB/T 18494 系列标准采用基波电流。两者间计算系数的比较示例见表 C.3。

表 C.3　计算系数比较示例

GB/T 3859 系列标准			GB/T 18494 系列标准	
I_{rms}	参考容量和阻抗	基波为 I_{rms} 的 95.5%的矩形波电流(窗口类型 1)的 FFT 分析	I_1	参考容量和阻抗
$\frac{I_{rms\_line}}{I_d}=\sqrt{\frac{2}{3}}\sim 0.816$	$S_{rms}=U_{v0}\times I_{rms}\times\sqrt{3}$ $=500\ V\times 40.82\ kA\times\sqrt{3}$ $=35.55$ MVA $uk_{rms}=10\%$	$i_1/I_d=0.955\times 0.816=0.780$ 本系数符合 GB/T 18494 系列标准	$\frac{I_{line\_1}}{I_d}=\frac{\sqrt{6}}{\pi}\sim 0.780$ 这只是基波分量。进行装置的热设计时至少要考虑谐波的频谱(窗口类型 1)	$S_1=U_{v0}\times I_1\times\sqrt{3}$ $=500\ V\times 38.98\ kVA\times\sqrt{3}$ $=33.76$ MVA $uk_1=\frac{uk_{rms}\times S_1}{S_{rms}}=9.55\%$ 如果阻抗和参考容量是指 I_1 下的值而不是 I_{rms} 下的值，则需要按上述调整。按 GB/T 3859 系列标准，用于热设计的含谐波(窗口类型 1)的容量为 35.55 MVA

表 C.4 列出了 GB/T 3859 系列标准和 GB/T 18494 系列标准的计算系数。两者在电压计算方式上是相同的，电流计算采用表 C.4 的系数：

表 C.4 计算系数比较

联结代号	GB/T 3859 系列标准			联结代号	GB/T 18494 系列标准	
	I_{rms}	参考容量和阻抗	基波为 I_{rms} 的 95.5% 的矩形波电流(窗口类型 1)的 FFT 分析		I_1	参考容量和阻抗
8	网侧系数[a]： $\frac{I_{rms\_line}}{I_d}=\sqrt{\frac{2}{3}}\sim 0.816$	$S_{rms}=U_{v0}\times I_{rms}\times\sqrt{3}$ uk_{rms} 相对于 S_{rms}	$\frac{I_{line\_1}}{I_d}=0.955\times 0.816$ ≈ 0.780	8.1 和 8.2	网侧系数[a]： $\frac{I_{line\_1}}{I_d}=\frac{\sqrt{6}}{\pi}\sim 0.780$ 这只是基波分量。进行装置的热设计时至少要考虑谐波的频谱(窗口类型 1)	网侧系数[a]： $S_1=U_{v0}\times I_{line\_1}\times\sqrt{3}$ $=S_{rms}\times 0.955$ $uk_1=\frac{uk_{rms}\times S_1}{S_{rms}}$ 如果阻抗和参考容量是指 I_1 下的值而不是 I_{rms} 下的值，则需要按上述调整
9 和 10	一个二次系统的 I_{rms} $\frac{I_{rms\_lv}}{I_d}=\frac{1}{2}\times\sqrt{\frac{2}{3}}\sim 0.408$ 网侧系数[a]： $I_{rms\_line}=2\times I_{rms\_lv}\times 0.966$ $\frac{I_{rms\_line}}{I_d}=\frac{1+\sqrt{3}}{2\times\sqrt{3}}\sim 0.789$ 由于 5 次、7 次、17 次、19 次等谐波在 LV 绕组的 30°相位移而在 HV 侧抵消，所以用 0.966	$S_{rms\_lv}=U_{v0}\times I_{rms\_lv}\times\sqrt{3}$ $S_{rms\_line}=2\times S_{rms\_lv}\times 0.966$ uk_{rms_lv} 是指试验时有一个 LV 系统短路的 S_{rms_lv}	网侧基波计算系数[a]： $\frac{I_{line\_1}}{I_d}=0.955\times 0.408\times 2$ $\approx 2\times 0.390$ $=0.780$	9.1 和 9.2 10.1 和 10.2	网侧系数[a]： $\frac{I_{line\_1}}{I_d}=\frac{\sqrt{6}}{\pi}\sim 0.780$ $\frac{I_{1\_1system}}{I_d}=\frac{\sqrt{6}}{2\pi}\sim 0.390$ 这只是基波分量。进行装置的热设计时至少要考虑谐波的频谱(窗口类型 1)	网侧系数[a]： $S_1=U_{v0}\times I_{line\_1}\times\sqrt{3}$ $S_{1\_1system}=S_1/2$ $uk_{1\_1system}=\frac{uk_{rms\_lv}\times S_{1\_1system}}{S_{rms\_lv}}$ 如果阻抗和参考容量是指 $I_{1\_1system}$ 下的值而不是 I_{rms} 下的值，则需要按上述调整

表 C.4（续）

联结代号	GB/T 3859 系列标准			联结代号	GB/T 18494 系列标准	
	I_{rms}	参考容量和阻抗	基波为 I_{rms} 的 95.5%的矩形波电流(窗口类型 1)的 FFT 分析		I_1	参考容量和阻抗
12 和 13	一个二次侧系统的 I_{rms} $\frac{I_{rms\_lv}}{I_d}=\sqrt{\frac{2}{3}}\sim0.816$ 网侧系数[a]： $I_{rms\_line}=2\times I_{rms\_lv}\times0.966$ $\frac{I_{rms\_line}}{I_d}=\frac{1+\sqrt{3}}{\sqrt{3}}\sim1.577$ 由于 5 次、7 次、17 次、19 次等谐波在 LV 绕组的 30°相位移而在 HV 侧抵消，所以用 0.966	$S_{rms\_lv}=U_{v0}\times I_{rms\_lv}\times\sqrt{3}$ $S_{rms\_line}=2\times S_{rms\_lv}\times0.966$ uk_{rms_lv}是指试验时有一个 LV 系统短路的 S_{rms_lv}	网侧基波计算系数[a]： $\frac{I_{line\_1}}{I_d}=0.955\times0.816\times2$ ≈1.559	12 和 13	网侧系数[a]： $\frac{I_{line\_1}}{I_d}=\frac{2\times\sqrt{6}}{\pi}\sim1.559$ $\frac{I_{1\_1system}}{I_d}=\frac{\sqrt{6}}{\pi}\sim0.780$ 这只是基波分量。进行装置的热设计时至少要考虑谐波的频谱(窗口类型 1)	网侧系数[a]： $S_1=U_{v0}\times I_{line\_1}\times\sqrt{3}$ $S_{1\_1system}=S_1/2$ $uk_{1\_1system}=\frac{uk_{rms\_lv}\times S_{1\_1system}}{S_{rms\_lv}}$ 如果阻抗和参考容量是指 $I_{1\_1system}$ 下的值而不是 I_{rms_lv} 下的值，则需要按上述调整
5	一个二次侧星结系统的 I_{rms} $\frac{I_{rms\_lv}}{I_d}=\frac{1}{2\times\sqrt{3}}\sim0.289$ 网侧系数[a]： $I_{rms\_line}=\frac{2\times I_{rms\_lv}}{\sqrt{2}}$ $\frac{I_{rms\_line}}{I_d}=\frac{1}{\sqrt{6}}\sim0.408$	$S_{rms\_lv\_1star}=U_{v0}\times I_{rms\_lv}\times\sqrt{3}$ $S_{rms\_lv}=2\times S_{rms\_lv\_1star}$ $S_{rms\_line}=\frac{S_{rms\_lv}}{\sqrt{2}}$ uk_{rms}是对应于 S_{rms_line} 的。作为保证值的 uk_{rms} 为两次测量的中间值。在此，每个二次星结系统单独短接，高压侧接正常负载	网侧基波计算系数[a]： $\frac{I_{line\_1}}{I_d}=0.955\times0.408$ ≈0.390	5	网侧系数[a]： $\frac{I_{line\_1}}{I_d}=\frac{\sqrt{3}}{\pi\times\sqrt{2}}\sim0.390$ 这只是基波分量。进行装置的热设计时至少要考虑谐波的频谱(高压侧窗口类型 1 和低压侧窗口类型 2)	网侧系数[a]： $S_1=U_{v0}\times I_{line\_1}\times\sqrt{3}$ $uk_{1\_1system}=\frac{uk_{rms}\times S_1}{S_{rms}}$ 如果阻抗和参考容量是指 I_{line1_1} 下的值而不是 I_{rms} 下的值，则需要按上述调整

表 C.4（续）

<table>
<tr><td rowspan="2">联结代号</td><td colspan="3">GB/T 3859 系列标准</td><td rowspan="2">联结代号</td><td colspan="2">GB/T 18494 系列标准</td></tr>
<tr><td>I_{rms}</td><td>参考容量和阻抗</td><td>基波为 I_{rms} 的 95.5%的矩形波电流(窗口类型 1)的 FFT 分析</td><td>I_1</td><td>参考容量和阻抗</td></tr>
<tr><td>20</td><td>一个二次侧星结系统的 I_{rms}
$\frac{I_{rms\_lv}}{I_d}=\frac{1}{4\times\sqrt{3}}\sim 0.144$
网侧系数[a]：
$I_{rms\_line}=\frac{4\times I_{rms\_lv}}{\sqrt{2}}=0.966$
$\frac{I_{rms\_line}}{I_d}=\frac{1}{\sqrt{6}}\times 0.966$
≈ 0.395</td><td>$S_{rms\_lv\_1star}=U_{v0}\times I_{rms\_lv}\times\sqrt{3}$
$S_{rms\_lv}=2\times S_{rms\_lv\_1star}$
$S_{rms\_line\_1system}=\frac{S_{rms\_lv}}{\sqrt{2}}$
$S_{rms\_line}=2\times S_{rms\_line\_1system}$
$\times 0.966uk_{rms}$ 是对应于 $S_{rms\_line\_1system}$ 的。
作为保证值的 uk_{rms} 为两次测量的中间值。在此，每个二次星结系统单独短接，一个高压侧接正常负载</td><td>网侧基波计算系数[a]：
$\frac{I_{line\_1}}{I_d}=0.955\times\frac{4\times 0.144}{\sqrt{2}}$
$\approx 2\times 0.195=0.390$</td><td>5</td><td>网侧系数[a]：
$\frac{I_{line\_1}}{I_d}=2\times\frac{\sqrt{3}}{\pi\times\sqrt{2}}$
$\approx 2\times 0.195$
这只是基波分量。进行装置的热设计时至少要考虑谐波的频谱(高压侧窗口类型 1 和低压侧窗口类型 2)</td><td>网侧系数[a]：
$S_1=U_{v0}\times I_{line\_1}\times\sqrt{3}$
$S_{1\_1system}=S_1/2$
$uk_{1\_1system}=\frac{uk_{rms}\times S_{1\_1system}}{S_{rms}}$
如果阻抗和参考容量是指 I_{line1_1} 下的值而不是 I_{rms} 下的值，则需要按上述调整</td></tr>
<tr><td colspan="7">[a] 变压器变比认为是 1。</td></tr>
</table>

附 录 D
（资料性附录）
负载周期示例

表 D.1 列出了不同应用的负载周期示例。

表 D.1 负载周期示例

负载等级	额定电流	典型应用	示例
Ⅰ	1.0 p.u. 连续	电化学工艺	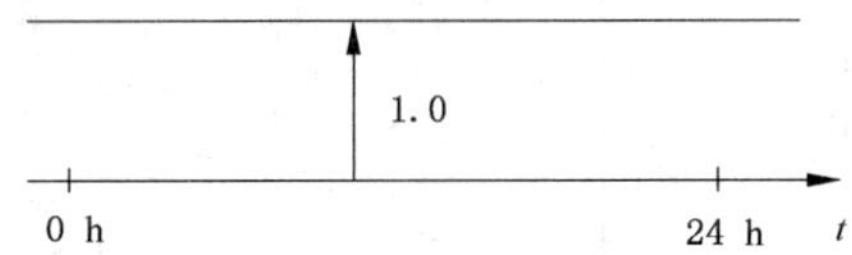
Ⅱ	1.0 p.u. 连续 1.5 p.u. 1 min	电化学工艺	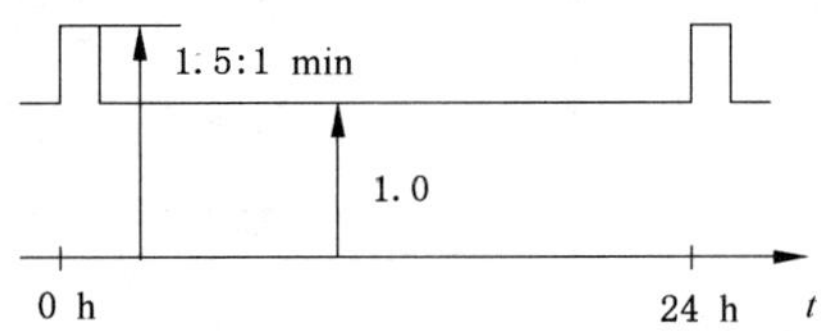
Ⅲ	1.0 p.u. 连续 1.5 p.u. 2 min 2.0 p.u. 10 s	轻工业和轻型牵引站	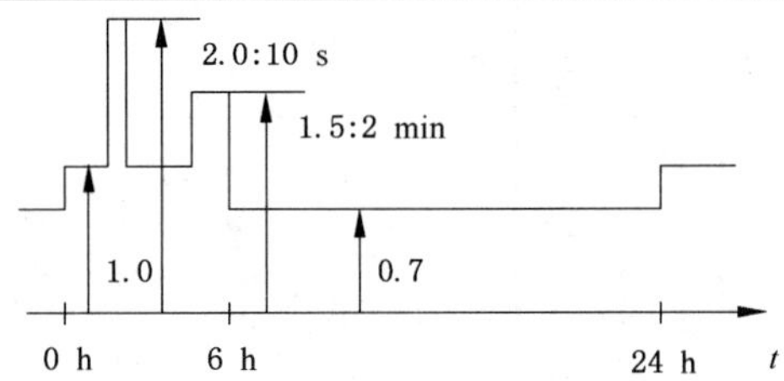
Ⅳ	1.0 p.u. 连续 1.25 p.u. 2 h 2.0 p.u. 10 s	工业应用和重型负载	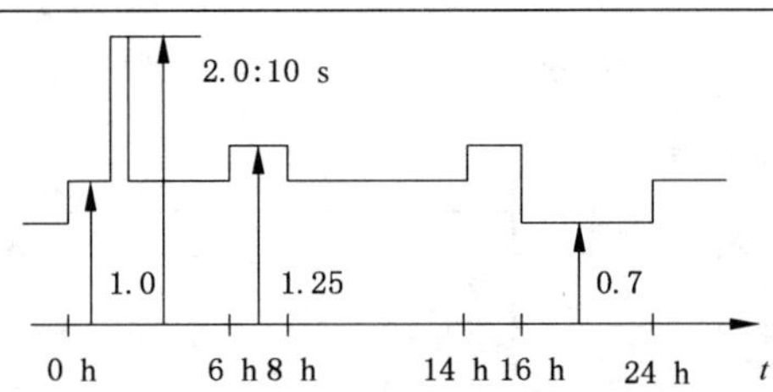
Ⅴ	1.0 p.u. 连续 1.5 p.u. 2 h 2.0 p.u. 1 min	中型牵引站和采矿	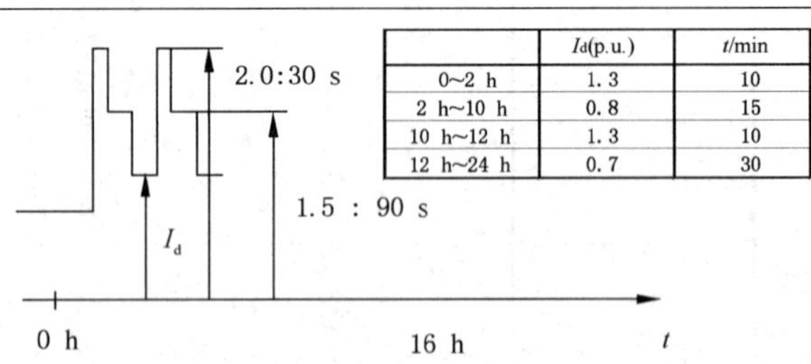
Ⅵ	1.0 p.u. 连续 1.5 p.u. 2 h 3.0 p.u. 1 min	重型牵引站	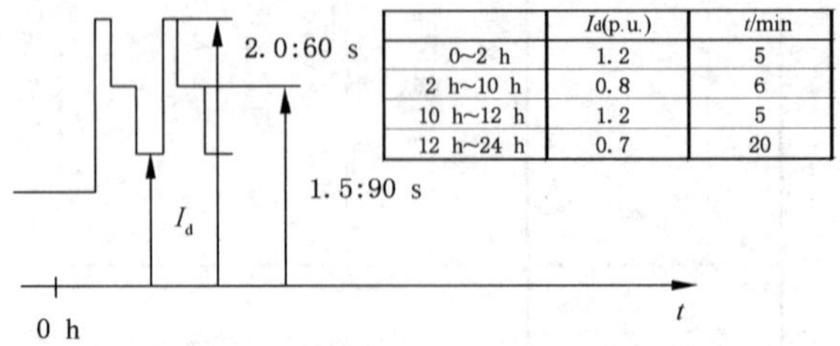

附　录　E
（资料性附录）
按变压器额定基波电流下的损耗测量值确定额定非正弦变流电流下的变压器运行负载损耗

E.1　概述

用 6.2 所列的符号，可得出下述绕组损耗关系式：

$$P_{W1}=R_W\times I_1^2\times(1+K_{WE}\times 1^x)$$

$$P_{W2}=R_W\times I_2^2\times(1+K_{WE}\times 2^x)$$

$$\vdots$$

$$P_{Wh}=R_W\times I_h^2\times(1+K_{WE}\times h^x)$$

$$P_W=R_W\times I_L^2+R_W\times K_{WE}\times\sum_{h=1}^{n}I_h^2\times h^x \qquad \text{(E.1)}$$

因此

$$\frac{P_W-R_W\times I_L^2}{P_{W1}-R_W\times I_1^2}=\sum_{h=1}^{n}\left(\frac{I_h}{I_1}\right)^2\times h^x \qquad \text{(E.2)}$$

当 $x=2$ 时，绕组附加系数等于：

$$F_{WE}=\sum_{h=1}^{n}\left(\frac{I_h}{I_1}\right)^2\times h^2 \qquad \text{(E.3)}$$

在大电流母线连接系统中，其损耗的基本规则与绕组相同，但指数 x 较小。当 $x=0.8$ 时，引线的附加系数等于：

$$\frac{P_C-R_C\times I_L^2}{P_{C1}-R_C\times I_1^2}=\sum_{h=1}^{n}\left(\frac{I_h}{I_1}\right)^2\times h^{0.8}=F_{CE} \qquad \text{(E.4)}$$

根据有关的研究，结构件中杂散损耗附加系数可取母线系统中的系数

$$F_{SE}=\frac{P_{SE}}{P_{SE1}}=F_{CE} \qquad \text{(E.5)}$$

注：GB/T 18494.3—2012 的 9.1.2(损耗和频率)中包含了对于选择绕组取值 $x=2$ 及大电流母排和结构件部分取值 $x=0.8$ 的解释说明。

更通用的损耗计算如下：

a)　绕组损耗 P_{W1} 是测得的直流损耗 $I_1^2\times R_W$ 与计算的涡流损耗之和。

$$P_{W1}=(I_1^2\times R_W)+P_{WE1} \qquad \text{(E.6)}$$

b)　引线涡流损耗 P_{CE1} 和结构件中杂散损耗 P_{SE1} 之和等于测得的总损耗 P_1 减去按 a)项计算的绕组损耗 P_{W1}，再减去测得的引线损耗 $I_1^2\times R_C$，即

$$P_{CE1}+P_{SE1}=P_1-(P_{W1}+I_1^2\times R_C) \qquad \text{(E.7)}$$

非正弦电流下的总损耗为：

$$P_N=I_{LN}^2\times(R_W+R_C)+(F_{WE}\times P_{WE1})+F_{CE}\times(P_{CE1}+P_{SE1}) \qquad \text{(E.8)}$$

上述计算中的损耗分量均应校正到参考温度(按 GB 1094.1 和 GB 1094.11 的规定)。

上述等式中各分量应是各绕组分别计算值的总和。

由计算的绕组涡流损耗 P_{WE1} 和测得的损耗 $I_1^2\times R_W$ 便能得到绕组总损耗 P_{W1} 的准确值。

引线和结构件中的杂散损耗 $P_{CE1}+P_{SE1}$ 可从测出的总损耗 P_1 减去绕组损耗 P_{W1}，再减去测得的引线直流损耗 $I_1^2 \times R_C$ 后准确得出。

E.2 绕组涡流损耗附加系数的另一种计算方法

如果已知由轴向和辐向杂散磁通分别产生的绕组涡流损耗 P_{WEax1} 和 P_{WErad1}，则可更准确地推算绕组涡流损耗附加系数 F_{WE}。这可用电磁场分析有限元法对基波进行计算来得到。

对于由多根导线绕制的常规绕组，它在谐波下的杂散磁场分布与基波下的杂散磁场分布相同，故可推导出下述关系式。

如图 E.1 所示，导线的尺寸与渗透深度的关系分别为：

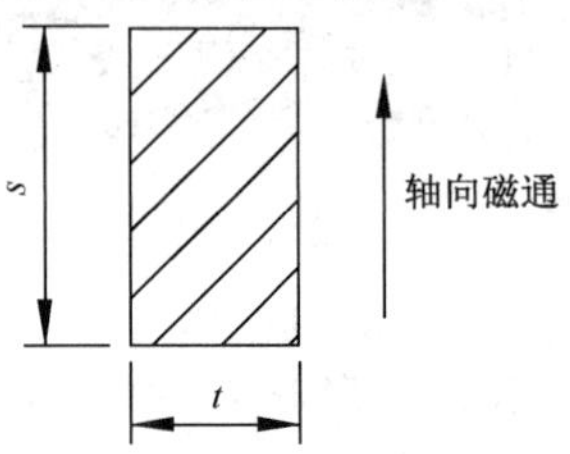

图 E.1　绕组导线截面图

$$X_{ah} = t \times \left(\frac{\mu_r \times \mu_0 \times \omega_1 \times h}{2 \times \rho}\right)^{0.5}$$

$$X_{rh} = s \times \left(\frac{\mu_r \times \mu_0 \times \omega_1 \times h}{2 \times \rho}\right)^{0.5}$$

式中：

ω_1——基波频率；

h ——谐波次数；

μ_0——真空导磁率；

μ_r——相对导磁率(对于铜和铝，$\mu_r=1$)。

在 $h \times \omega_1$ 次频率下的附加电阻 R_{ADh} 可定义为：

$$R_{ADh} = R_h - R_W \qquad \text{(E.9)}$$

式中：

R_h——$h \times \omega_1$ 频率下的绕组电阻。

附加电阻 R_{ADh} 对基波下的电阻 R_{AD1} 的增量，对于绕组中的所有导线都是一样的，当忽略每根导线的涡流损耗时，便可得到公式(E.10)：

$$\frac{R_{ADh}}{R_{AD1}} = \frac{\Psi(X_h)}{\Psi(X_1)} \qquad \text{(E.10)}$$

式中：

$$\Psi(X_h) = 2X_h \times \frac{\sinh X_h - \sin X_h}{\cosh X_h + \cos X_h}$$

因此，绕组附加系数 F_{WE} 的表达式可以表示为公式(E.11)：

$$F_{WE} = \frac{P_{WEax1}}{P_{WE1}} \times \sum_{h=1}^{n}\left(\frac{I_h}{I_1}\right)^2 \times \frac{\Psi(X_{ah})}{\Psi(X_1)} + \frac{P_{WErad1}}{P_{WE1}} \times \sum_{h=1}^{n}\left(\frac{I_h}{I_1}\right)^2 \times \frac{\Psi(X_{rh})}{\Psi(X_1)} \qquad \text{(E.11)}$$

对于箔式绕组，绕组附加系数见公式(E.12)：

$$F_{WE}=\frac{P_{WEax1}}{P_{WE1}}\times\sum_{h=1}^{n}\left(\frac{I_h}{I_1}\right)^2\times h^2+\frac{P_{WErad1}}{P_{WE1}}\times\sum_{h=1}^{n}\left(\frac{I_h}{I_1}\right)^2\times h^{0.5}\quad\cdots\cdots\cdots\cdots\cdots(E.12)$$

下述示例 E.3～E.6 是指液浸式变压器的。

E.3 在非正弦负载电流下的变压器负载损耗确定示例

(线路图见表 1，联结代号 5，阀侧绕组之间的磁耦合为 100%，$p=6$)

变流器的额定参数： $U_{di}=354$ V

$I_{dN}=50\ 000$ A

相间变压器装在公共油箱内。

变压器联结组： Yy0y6

变压器网侧绕组电压(kV)： 30

变压器阀侧绕组电压(kV)： $0.354\times\frac{\pi\times\sqrt{2}}{3}=0.524$

变压器网侧额定电流 I_1(A)： $50\ 000\times\frac{\sqrt{3}}{\pi\times\sqrt{2}}\times\frac{0.524}{30}=340.6$

变压器额定容量 S_R(kVA)： $\sqrt{3}\times30\times340.6=17\ 700$

变压器阀侧绕组容量 S_V(kVA)： $2\times\frac{\sqrt{2}}{2}\times17\ 700=2\times12\ 516$

变压器阀侧绕组额定电流(A)： $2\times\frac{12\ 516}{\sqrt{3}\times0.524}=2\times13\ 783$

阀侧绕组中的谐波电流见表 E.1。

表 E.1 阀侧绕组中的特征谐波电流和相位移

谐波次数 h	阀侧绕组相电流 A	阀侧绕组电流间相位移 (°)	网侧绕组计算相电流 A
0	8 333.3	180	0.0
1	9 746.2	0	340.6
2	4 873.1	180	0.0
4	2 436.6	180	0.0
5	1 851.8	0	64.7
6	9.7	180	0.0
7	1 169.5	0	40.9
8	779.7	180	0.0
10	584.8	180	0.0
11	584.8	0	20.4
13	389.8	0	13.6
17	194.9	0	6.8
19	107.2	0	3.7
23	87.7	0	3.1
25	87.7	0	3.1

$$\sum_{h=1}^{25}\left(\frac{I_{hP}}{I_{1P}}\right)^2=1.056=\left(\frac{I_{PN}}{I_{1P}}\right)^2$$

$$\frac{I_{PN}}{I_{1P}}=1.028$$

$$I_{PN}=350\ \text{A}$$

$$\sum_{h=0}^{25}\left(\frac{I_{hv}}{I_{1v}}\right)^2=2.11=\left(\frac{I_{SN}}{I_{1v}}\right)^2$$

$$\frac{I_{SN}}{I_{1v}}=1.453$$

$$I_{SN}=14\ 157\ \text{A}$$

由于偶次谐波的磁效应在阀侧绕组内部完全相互抵消，因此阀侧绕组和网侧绕组的涡流损耗附加系数相同(见6.4中图3)。

$$F_{WE}=\sum_{h=1}^{25}\left(\frac{I_h}{I_1}\right)^2\times h^2=3.57$$

在本例中假设母排完全补偿，且偶次谐波的磁效应在阀侧绕组连线内部完全相互抵消。

$$F_{CE}=\sum_{h=1}^{25}\left(\frac{I_h}{I_1}\right)^2\times h^{0.8}=1.24$$

并且

$$F_{SE}=F_{CE}$$

阀侧电流如下：

直流分量 I_0(A)： $50\ 000/6=8\ 333.3$

基波分量 I_{1v}(A)： $50\ 000\times\dfrac{\sqrt{3}}{\pi\times 2\sqrt{2}}=9\ 746.2$

测量值见表E.2。

表 E.2 绕组温度为 20 ℃时的电阻测量值

连接端子(见图E.2)	测量的相电阻 Ω	校正到75℃时的值 Ω
1A-1B-1C	$\frac{1}{2}\times\frac{0.146\ 8+0.146\ 3+0.145\ 7}{3}=73.13\times10^{-3}$	88.9×10^{-3}
2a-2b-2c	$\frac{1}{2}\times\frac{869+905+867}{3}\times10^{-7}=44\times10^{-6}$	53.5×10^{-6}
3a-3b-3c	$\frac{1}{2}\times\frac{875+907+876}{3}\times10^{-7}=44.3\times10^{-6}$	53.8×10^{-6}
n2-2n	14.7×10^{-6}	17.9×10^{-6}
n3-3n	13.6×10^{-6}	16.5×10^{-6}

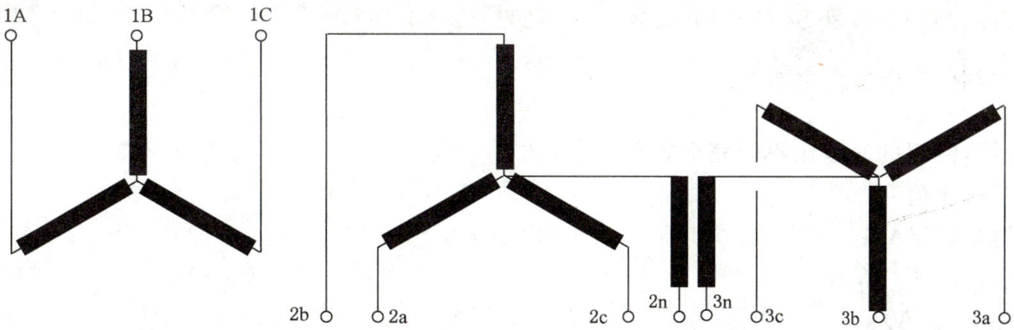

图 E.2　联接组 Yy0y6 的端子标志

在绕组温度为 75 ℃，频率为 50 Hz 和额定电流 $I_1 = 341$ A 下测得的负载损耗：

$$P_1 = 124.3 \text{ kW}$$

变压器绕组和引线在 75 ℃及额定电流下的损耗 I^2R：

一次 1A-1B-1C：　$I^2R = 3\times341^2\times88.9\times10^{-3}\times10^{-3} = 31.0$ kW

二次 2a-2b-2c：　$I^2R = 3\times13\ 783^2\times53.5\times10^{-6}\times10^{-3} = 30.5$ kW

二次 3a-3b-3c：　$I^2R = 3\times13\ 783^2\times53.8\times10^{-6}\times10^{-3} = 30.7$ kW

绕组和引线：　$\sum$ 92.2 kW

75 ℃下涡流损耗计算值：　3.4 kW

$\sum$ 95.6 kW

变压器引线的涡流损耗与结构件杂散损耗之和为：

$$P_{CE1} + P_{SE1} = P_1 - (\sum I^2R + P_{WE1}) = 124.3 - 95.6 = 28.7 \text{ kW}$$

畸变电流(I_{PN}和 I_{SN})下变流变压器的总负载损耗为：

$$P_N = (1.056\times31) + (14\ 157/13\ 783)^2\times(30.5+30.7) + (3.57\times3.4) + (1.24\times28.7) = 145 \text{ kW}$$

相间变压器的负载损耗为：

$$I^2R = (25\ 000)^2\times(17.9+16.5)\times10^{-6} = 21.5 \text{ kW}$$

变流器负载电流是用变压器基波电流加上全部负载条件下的各谐波分量。

注：由于每相的两个二次阀侧绕组接近 100%的耦合，因此，所有绕组的涡流损耗都基于六脉波(见 6.4)。如果两个二次阀侧绕组设计成不耦合时，则要求基于二次阀侧绕组三脉波来计算 F_{WE}和 F_{CE}。

E.4　在非正弦电流负载下变压器负载损耗确定示例

(线路图见表 1，联结代号 12，阀侧绕组之间的磁耦合为 100%，$p=12$)

变流器的额定参数：　$U_{di} = 1\ 580$ V

$I_{dN} = 5\ 200$ A

变压器联结组：　Dd0y1

二次侧由两个六脉波桥串联构成。

变压器网侧绕组电压(kV)：　6.3

变压器阀侧绕组电压(kV)：　$1.580\times\dfrac{\pi}{6\times\sqrt{2}} = 0.585$

变压器网侧额定电流 I_1(A)：　$5\ 200\times\dfrac{2\times\sqrt{6}}{\pi}\times\dfrac{0.585}{6.3} = 753$

变压器额定容量 S_R(kVA)：　$\sqrt{3}\times6.3\times753 = 8\ 216$

变压器阀侧绕组容量 S_V(kVA)：$2\times0.5\times8\ 216=2\times4\ 108$

变压器阀侧绕组额定电流(A)： $2\times\dfrac{4\ 108}{\sqrt{3}\times0.585}=2\times4\ 054$

由于低压绕组的匝数比不能完全等于$\sqrt{3}$，因此

变压器额定值：	一次	二次	
额定容量(kVA)：	8 216	4 129	4 087
系统额定电压(kV)：	6.3	0.588	0.582
额定相电流(A)：	$I_{1P}=434.7$	$I_{1S}=2\ 341$	$I_{1S}=4\ 054$
联结方式：	D	d	y

网侧和阀侧绕组中的谐波电流见表 E.3。

表 E.3 网侧和阀侧绕组中的特征谐波电流和相位移

谐波次数 h	角结阀侧绕组相电流 A	星结阀侧绕组相电流 A	阀侧绕组电流间相位移 (°)	网侧绕组相电流 A
1	2 340.8	4 054.4	0	434.7
5	444.8	770.3	180	13.8
7	280.9	486.5	180	8.7
11	140.4	243.3	0	26.1
13	93.6	162.2	0	17.4
17	46.8	81.1	180	0.9
19	25.7	44.6	180	0.5
23	21.1	36.5	0	3.9
25	21.1	36.5	0	3.9

$$\sum_{h=1}^{25}\left(\frac{I_{hP}}{I_{1P}}\right)^2=1.007=\left(\frac{I_{PN}}{I_{1P}}\right)^2$$

$$\frac{I_{PN}}{I_{1P}}=1.003\ 4$$

$$I_{PN}=755.5\ \text{A}=436.2\times\sqrt{3}\ \text{A}$$

$$\sum_{h=1}^{25}\left(\frac{I_{hv}}{I_{1v}}\right)^2=1.056=\left(\frac{I_{SN}}{I_{1v}}\right)^2$$

$$\frac{I_{SN}}{I_{1v}}=1.028$$

$$I_{SN}=4\ 167.2\ \text{A}=2\ 405.9\times\sqrt{3}\ \text{A}$$

由于 5、7、17 和 19 次谐波的磁效应在阀侧绕组内部完全相互抵消，因此阀侧绕组和网侧绕组的涡流损耗附加系数相同(见 6.4 中图 3)。

$$F_{WE}=\sum_{h=1}^{25}\left(\frac{I_h}{I_1}\right)^2\times h^2=1.88$$

在本例中假设母排完全补偿，且 5、7、17 和 19 次谐波的磁效应在阀侧绕组连线内部完全相互抵消。

$$F_{CE}=\sum_{h=1}^{25}\left(\frac{I_h}{I_1}\right)^2\times h^{0.8}=1.045$$

并且 $$F_{SE}=F_{CE}$$

测量值见表 E.4。

表 E.4 试验测量值

联结端子(见图 E.3)	修正到 21.5 ℃时的每相电阻测量值 Ω	修正到 75 ℃时的值 Ω
1A-1B-1C	$1.5\times17.5\times10^{-3}=26.3\times10^{-3}$	31.7×10^{-3}
2a-2b-2c	$1.5\times0.374\times10^{-6}=0.561\times10^{-6}$	0.678×10^{-6}
3a-3b-3c	$0.5\times0.378\times10^{-6}=0.189\times10^{-6}$	0.228×10^{-6}

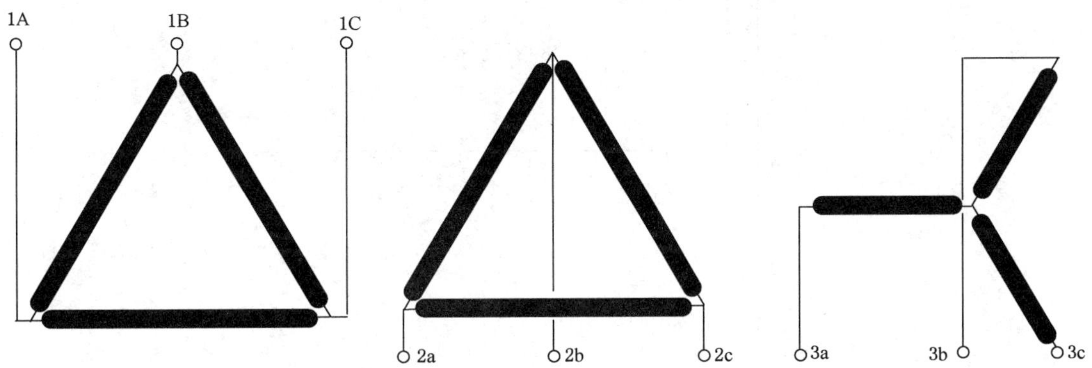

图 E.3 联结组 Dd0y1 的端子标志

在绕组温度为 75 ℃,频率为 50 Hz 和额定电流 $I_{1P}=439.7$ A 及 $I_{1S}=2\ 341$ A 或 4 054 A 下测得的负载损耗为 $P_1=49.77$ kW

一次 1A-1B-1C: $I^2R=3\times434.7^2\times31.7\times10^{-3}\times10^{-3}=17.97$ kW

二次 2a-2b-2c: $I^2R=3\times2\ 341^2\times0.678\times10^{-6}\times10^{-3}=11.15\times10^{-3}$ kW

二次 3a-3b-3c: $I^2R=3\times4\ 054^2\times0.228\times10^{-6}\times10^{-3}=11.24\times10^{-3}$ kW

绕组和引线: Σ 17.99 kW

75 ℃下涡流损耗计算值: 1.39 kW

Σ19.38 kW

变压器引线的涡流损耗与结构件杂散损耗之和为:

$$P_{CE1}+P_{SE1}=P_1-(\Sigma I^2R+P_{WE1})=49.77-19.38=30.39\ \text{kW}$$

畸变电流(I_{PN}和 I_{SN})下变流变压器的总负载损耗为:

$$P_N=(1.007\times17.97)+[1.056\times(11.15+11.24)\times10^{-3}]+(1.88\times1.39)+(1.045\times30.39)=52.49\ \text{kW}$$

注:由于每相的两个二次阀侧绕组接近 100%的耦合,因此,所有绕组的涡流损耗都基于十二脉波(见 6.4)。如果两个二次阀侧绕组设计成不耦合时,则要求基于二次阀侧绕组六脉波来计算 F_{WE}和 F_{CE}。

E.5 在非正弦电流负载下多个器身共箱、桥接情况时的变压器负载损耗确定示例

(线路图见表 1,联结代号 10.2,阀侧绕组之间磁耦合接近 0,$p=12$)

整流变压器组合位于同一个油箱中,包括:

——1 个自耦调压变压器;

——2 个整流变压器，2 个一次绕组为星结和角结，2 个二次绕组为角结；

——12 个饱和电抗器。

给铝电解池供电，需提供空载直流 U_{di} = 1 792 V（负载直流 1 600 V），直流 I_{dN} = 55 kA。输入电压为 132 kV。

饱和电抗器额定值：

数量：	12	
控制电压：	直流 50 V	
电流：	阀电流	
阀电流：	理想波形	$c=T/3$

阀电流见图 E.4。

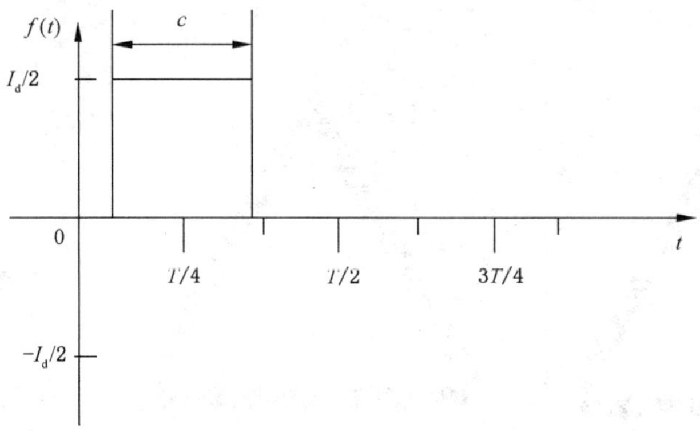

图 E.4 DB 联结的矩形正半波阀电流

阀侧谐波电流见表 E.5。

表 E.5 谐波电流

谐波次数 h	阀侧电流 A	谐波次数 h	阀侧电流 A
0	9 166.7	8	857.7
1	10 720.8	10	643.2
2	5 360.4	11	643.2
3	53.6	13	428.8
4	2 680.2	17	214.4
5	2 037.0	19	117.9
6	10.7	23	96.5
7	1 286.5	25	96.5

连续直流分量为： $55\ 000/6=9\ 166.7\ \text{A}$

基波分量方均根值为： $55\ 000\times\dfrac{\sqrt{3}}{\pi\times 2\sqrt{2}}=10\ 720.8\ \text{A}$

$$\sum_{h=0}^{25}\left(\frac{I_{h\text{v}}}{I_{1\text{v}}}\right)^2=2.11$$

总方均根值为： $I_{\text{VN}}=\left[\sum_{h=0}^{25}I_h^2\right]^{0.5}=15\ 573\ \text{A}$

总方均根值(矩形波)为: 15 877 A

$$F_{SE}=F_{CE}=\sum_{h=1}^{25}\left(\frac{I_h}{I_1}\right)^2\times h^{0.8}=1.924\ 6$$

整流变压器额定值:

数量:	2
一次电压:	50 kV
二次电压(U_{v0}=1 792/1.35 V):	1 327 V
网侧额定电流(I_1=55 000×0.390×1 327/50 000):	569 A
额定一次容量:	49.3 MVA
额定二次容量:$\left(\frac{S_{1S}}{S_R}:1\right)$:	49.3 MVA
阀侧额定电流:	21 442 A
阀侧电流:	理想波形 $c=T/3$

阀电流见图 E.5。

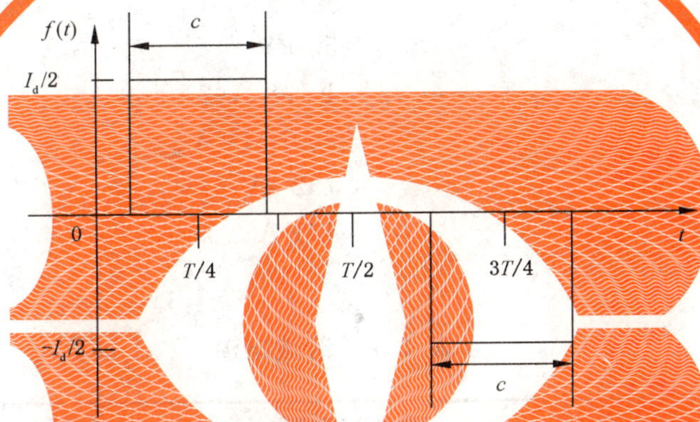

图 E.5 DB 联结的矩形正、负半波阀侧电流

谐波电流见表 E.6。

表 E.6 谐波电流

谐波次数 h	阀侧绕组相电流 A	网侧绕组相电流 A
1	21 441.7	569.0
2	64.3	1.7
3	107.2	2.8
4	64.3	1.7
5	4 073.9	108.1
6	21.4	0.6
7	2 573.0	68.3
11	1 286.5	34.1
13	857.7	22.8
17	428.8	11.4
19	235.9	6.3
23	193.0	5.1
25	193.0	5.1

$$\sum_{h=1}^{25}\left(\frac{I_{h\mathrm{v}}}{I_{1\mathrm{v}}}\right)^{2}=\sum_{h=1}^{25}\left(\frac{I_{h\mathrm{L}}}{I_{1\mathrm{L}}}\right)^{2}=1.056\ 4$$

$$I_{\mathrm{SN}}=\left[\sum_{h=1}^{25}I_{\mathrm{S}h}^{2}\right]^{0.5}$$

总方均根值为 22 038 A

$$I_{\mathrm{PN}}=\left[\sum_{h=1}^{25}I_{\mathrm{P}h}^{2}\right]^{0.5}$$

总方均根值为 585 A

$$F_{\mathrm{WE}}=\sum_{h=1}^{25}\left(\frac{I_{h}}{I_{1}}\right)^{2}\times h^{2}=3.567\ 3$$

$$F_{\mathrm{CE}}=F_{\mathrm{SE}}=\sum_{h=1}^{25}\left(\frac{I_{h}}{I_{1}}\right)^{2}\times h^{0.8}=1.243\ 4$$

调压自耦变压器额定参数：

数量： 1

二次额定电压： 50 kV

二次额定电流： 1 138 A(2×569 A)

额定容量： 98.6 MVA

一次额定电压： 132 kV

一次额定电流： 431 A

谐波电流见表 E.7。

表 E.7 谐波电流

谐波次数 h	阀侧绕组相电流 A	网侧绕组相电流 A
1	1 138.1	431.1
2	3.4	1.3
3	5.7	2.2
4	3.4	1.3
5	45.5	17.2
6	1.1	0.4
7	25.0	9.5
11	56.9	21.6
13	45.5	17.2
17	22.8	8.6
19	11.4	4.3
23	10.2	3.9
25	10.2	3.9

$$\sum_{h=1}^{25}\left(\frac{I_{h\mathrm{v}}}{I_{1\mathrm{v}}}\right)^{2}=\sum_{h=1}^{25}\left(\frac{I_{h\mathrm{L}}}{I_{1\mathrm{L}}}\right)^{2}=1.006\ 9$$

$$I_{\mathrm{SN}}=\left[\sum_{h=1}^{25}I_{\mathrm{S}h}^{2}\right]^{0.5}$$

总方均根值为 1 142 A

$$I_{PN}=\left(\sum_{h=1}^{25} I_{Ph}^{2}\right)^{0.5}$$

总方均根值为 433 A

$$F_{WE}=\sum_{h=1}^{25}\left(\frac{I_h}{I_1}\right)^2\times h^2=1.882\ 2$$

$$F_{CE}=F_{SE}=\sum_{h=1}^{25}\left(\frac{I_h}{I_1}\right)^2\times h^{0.8}=1.044\ 6$$

示例 E.5 的变压器的负载损耗见表 E.8。

表 E.8　变压器在额定分接位置下的负载损耗

项目	正弦 50 Hz kW	测量(M) 计算(C) 估计(E)	附加系数	畸变电流下 kW
阀侧额定基波电流/A	2×21 442			
自耦变压器				
绕组 I^2R 损耗　(1)	291.5	(M)	1.006 9	293.5
涡流损耗	49.5	(M)和(C)	1.882 2	93.5
引线 I^2R 损耗	包括在(1)中	—	—	包括在(1)中
引线涡流损耗	包括在(2)中	—	—	包括在(2)中
结构件和油箱杂散损耗　(2)	11	(M)和(C)	1.0446	11.5
铁心损耗	43	(M)	—	43
整流变压器				
绕组 I^2R 损耗	437	(M)和(C)	1.056 4	461.5
涡流损耗	15.5	(M)和(C)	3.567 3	55.5
引线 I^2R 损耗	15.5	(M)和(C)	1.056 4	16.5
引线涡流损耗	4	(M)和(C)	1.243 4	5
结构件和油箱杂散损耗	35	(M)和(C)	1.243 4	43.5
铁心损耗	39	(M)和(C)	—	39
饱和电抗器				
SR 铁心损耗(饱和情况)	不适用	(E)	—	7
SR 铁心损耗(不饱和情况)	不适用	(E)	—	65
大电流线路 I^2R 损耗	8.5	(M)和(C)	2.11	18
大电流引线涡流损耗	2.5	(M)和(C)	1.9246	4.5
汇总(不含 SR 铁心损耗)	952	—	—	1 085
汇总(SR 铁心饱和)	不适用	—	—	1 092
汇总(SR 铁心不饱和)	不适用	—	—	1 150

注:(M)和(C)指测量总值,然后通过计算得到分量值。

例如:低压绕组首末端间的电阻可以通过测量得到。通过计算得出低压线圈、低压引线和饱和电抗器母排的电阻。

E.6 在非正弦电流负载下多个器身共箱、相间情况时的变压器负载损耗确定示例

（线路图见表1，联结代号20，阀侧绕组之间磁耦合接近100%，$p=12$）

整流变压器组合在一个油箱中，包括：

——1个自耦调压变压器；

——1个整流变压器（双层设计带中间铁轭），2个一次绕组（分别为星结和角结），2个双反星二次绕组；

——2个相间变压器；

——12个饱和电抗器。

给电解氯工序供电，需提供空载直流 $U_{di}=518$ V，直流 $I_{dN}=85$ kA。输入电压为17.5 kV。

饱和电抗器额定值：

数量：	12
可支配调整电压：	直流18 V
电流：	阀电流
阀电流：	理想波形 $c=T/3$

阀侧电流波形见图E.6。

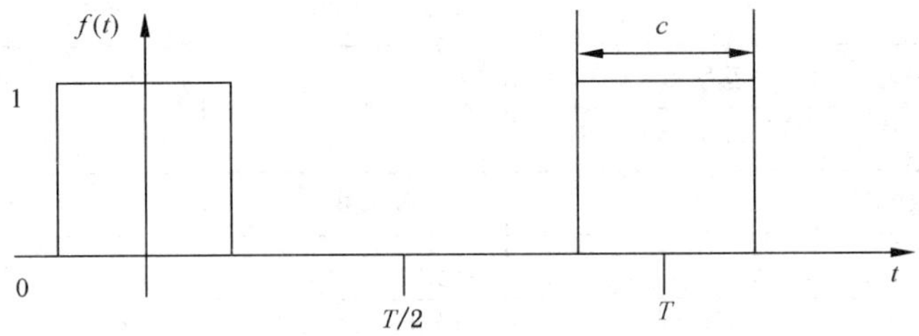

图 E.6 DSS联结的矩形波阀电流

谐波电流见表E.9。

表 E.9 谐波电流

谐波次数 h	阀侧电流 A	谐波次数 h	阀侧电流 A
0	7 083.3	8	662.7
1	8 284.3	10	497.1
2	4 142.1	11	497.1
3	41.4	13	331.4
4	2 071.1	17	165.7
5	1 574.0	19	91.1
6	8.3	23	74.6
7	994.1	25	74.6

连续分量为 $85\,000/12=7\,083.3$ A；

基波方均根值为 $$85\,000\times\frac{\sqrt{3}}{\pi\times4\sqrt{2}}=8\,284.3\text{ A}$$

$$\sum_{h=1}^{25}\left(\frac{I_{h\mathrm{v}}}{I_{1\mathrm{v}}}\right)^{2}=2.110\ 0$$

总方均根值为 $$I_{\mathrm{VN}}=\left[\sum_{h=0}^{25} I_{h}^{2}\right]^{0.5}=12\ 034;$$

总方均根值(矩形波)＝12 269 A；

$$F_{\mathrm{SE}}=F_{\mathrm{CE}}=\sum_{h=1}^{25}\left(\frac{I_{h}}{I_{1}}\right)^{2}\times h^{0.8}=1.924\ 6$$

相间变压器额定值：

数量： 2

电压： 直流 2×190 V

电流： 2×21 250 A

整流变压器额定值：

数量： 1

一次电压： 2×21.3 kV

二次电压(U_{v0}＝518/0.675 V)： $2\times2\times443\times\sqrt{3}$ V

网侧额定电流：

($I_1=2\times85\ 000\times0.195\times443\sqrt{3}/21\ 300$) 2×597 A

网侧额定容量： 2×22 MVA

额定二次容量：$\left(\frac{S_{1\mathrm{S}}}{S_{\mathrm{R}}}:2\times0.707\right)$ 2×2×15.6 MVA

阀侧额定电流： 2×2×11 716 A

谐波电流见表 E.10。

表 E.10 网侧和阀侧绕组中的特征谐波电流和相位移

谐波次数 h	阀侧绕组相电流 A	阀侧绕组电流间相位移 (°)	网侧绕组相电流 A
0	7 083.3	180.0	0.0
1	8 284.3	0.0	596.7
2	4 142.3	180.0	1.8
3	41.4	0.0	3.0
4	2 071.1	180.0	1.8
5	1 574.0	0.0	113.4
6	8.3	0.0	0.6
7	994.1	0.0	71.6
8	662.7	180.0	0.0
10	497.1	180.0	0.0
11	497.1	0.0	35.8
13	331.4	0.0	23.9
17	165.7	0.0	11.9
19	91.1	0.0	6.6
23	74.6	0.0	5.4
25	74.6	0.0	5.4

$$\sum_{h=0}^{25}\left(\frac{I_{hv}}{I_{1v}}\right)^2=2.110\ 0$$

总方均根值为 $$I_{SN}=\left[\sum_{h=0}^{25}I_{Sh}^2\right]^{0.5}=2\times2\times12\ 034\ \text{A}$$

矩形波总方均根值为=2×2×12 269 A

$$\sum_{h=0}^{25}\left(\frac{I_{hL}}{I_{1L}}\right)^2=1.056\ 4$$

总方均根值 $$I_{PN}=\left[\sum_{h=1}^{25}I_{Ph}^2\right]^{0.5}=2\times613\ \text{A}$$

由于偶次谐波的磁效应在阀侧绕组内部完全相互抵消，因此阀侧绕组和网侧绕组的涡流损耗增加系数相同(见 6.4 中图 3)。

$$F_{WE}=\sum_{h=1}^{25}\left(\frac{I_h}{I_1}\right)^2\times h^2=3.567\ 3$$

在本例中假设母排完全补偿，且偶次谐波的磁效应在阀侧绕组连线内部完全相互抵消。

$$F_{SE}=F_{CE}=\sum_{h=1}^{25}\left(\frac{I_h}{I_1}\right)^2\times h^{0.8}=1.243\ 4$$

自耦调压变压器额定值：

数量： 1

二次侧额定电压： 21.3 kV

二次侧额定电流： 1 194 A(2×597 A)

额定容量： 44 MVA

一次侧额定电压： 17.5 kV

一次侧额定电流： 1 453 A

谐波电流见表 E.11。

表 E.11 谐波电流

谐波次数 h	阀侧绕组相电流 A	网侧绕组相电流 A
1	1 193.5	1 452.6
2	3.6	4.4
3	6.0	7.3
4	3.6	4.4
5	47.7	58.1
6	1.2	1.5
7	26.3	32.0
11	59.7	72.6
13	47.7	58.1
17	23.9	29.1
19	11.9	14.5
23	10.7	13.1
25	10.7	13.1

$$\sum_{h=1}^{25}\left(\frac{I_{hv}}{I_{1v}}\right)^2=\sum_{h=1}^{25}\left(\frac{I_{hL}}{I_{1L}}\right)^2=1.006\ 9$$

$$I_{SN}=\left[\sum_{h=1}^{25} I_{Sh}^{2}\right]^{0.5}$$

总方均根值为 1 198 A

$$I_{PN}=\left[\sum_{h=1}^{25} I_{Ph}^{2}\right]^{0.5}$$

总方均根值为 1 458 A

$$F_{WE}=\sum_{h=1}^{25}\left(\frac{I_h}{I_1}\right)^2\times h^2=1.882\ 2$$

$$F_{CE}=F_{SE}=\sum_{h=1}^{25}\left(\frac{I_h}{I_1}\right)^2\times h^{0.8}=1.044\ 6$$

示例 E.6 的变压器的损耗见表 E.12。

表 E.12 变压器在额定分接位置下的负载损耗

项目	正弦 50 Hz kW	测量(M) 计算(C) 估计(E)	附加系数	畸变电流下 kW
额定二次侧基波电流/A	2×2×8 284			
自耦变压器				
绕组 I^2R 损耗 (1)	73	(M)	1.006 9	73.5
涡流损耗	4	(M)和(C)	1.882 2	7.5
引线 I^2R 损耗	包括在(1)中	—	—	包括在(1)中
引线涡流损耗	包括在(2)中	—	—	包括在(2)中
结构件和油箱杂散损耗 (2)	4	(M)和(C)	1.044 6	4.5
铁心损耗	18.5	(M)	—	18.5
整流变压器				
低压绕组 I^2R 损耗	122.5	(M)和(C)	1.056 4	129.5
低压绕组涡流损耗	11	(M)和(C)	3.567 3	39.5
低压引线 I^2R 损耗	37.5	(M)和(C)	1.056 4	39.5
低压引线涡流损耗	10.5	(M)和(C)	1.243 4	13
高压绕组 I^2R 损耗 (4)	68.5	(M)和(C)	1.056 4	72.5
高压绕组涡流损耗	10	(M)和(C)	3.567 3	35.5
高压引线 I^2R 损耗	包括在(4)中	—	—	—
高压引线涡流损耗	包括在(5)中	—	—	—
结构件和油箱杂散损耗 (5)	8	(M)和(C)	1.924 6	15.5
铁心损耗	36	(M)和(C)	—	36
饱和电抗器				
饱和电抗器 铁心损耗(饱和情况)	不适用	(E)	—	6
饱和电抗器 铁心损耗(不饱和情况)	不适用	(E)	—	50
大电流线路 I^2R 损耗	30	(M)和(C)	1.056 4	32

表 E.12（续）

项目	正弦 50 Hz kW	测量(M) 计算(C) 估计(E)	附加系数	畸变电流下 kW
大电流线路涡流损耗	3.5	(M)和(C)	1.924 6	7
相间变压器				
I^2R 损耗	72	(C)	—	72
铁心损耗	12	(C)	—	12
汇总(不含 SR 铁心损耗)	521	—	—	608
汇总(SR 铁心饱和)	不适用	—	—	614
汇总(SR 铁心不饱和)	不适用	—	—	658

注：(M)和(C)指测量总值，然后通过计算得到分量值。

例如：低压绕组首末端间的电阻可测量得到。通过计算得出低压线圈、低压引线和饱和电抗器母排的电阻。

附 录 F
（资料性附录）
大电流阀侧绕组电流分布测量

F.1 概述

大电流阀侧绕组通常由多个并联的线圈构成。

由于各个线圈的磁耦合不同，所以在不同的绕组中电流在线圈间的分布会很不平衡。电流分布既与变压器的设计有关，也与输入到阀侧绕组的谐波电流相位有关。

此电流分布可以通过电磁场仿真计算得出，而试验仅仅是验证这些仿真。

测量电流分布是特殊试验，需要在订货前提出并达成协议。测量是在额定频率下每个阀侧绕组的一相进行。

F.2 电流分布测量方法

电流分布测量方法见图 F.1。

类似于罗柯夫斯基线圈的电流传感器连接到数字万用表上可用于电流分布测量。

测量时要模拟同相谐波电流和反相谐波电流（如果有）注入阀侧绕组的情形。

测量可以在变流变压器器身不在油箱内时进行，此时可在降低的电流（在额定电流 10%以内）下进行。

推荐采用两个电流表。第一个电流表在整个测量过程中都接到首个线圈端子充当参考电流值，而另一个作为测量表。第二个表的测量数据根据第一个表的参考值校验，以便减少由于可能的输入电流波动引起的误差（见图 F.1）。

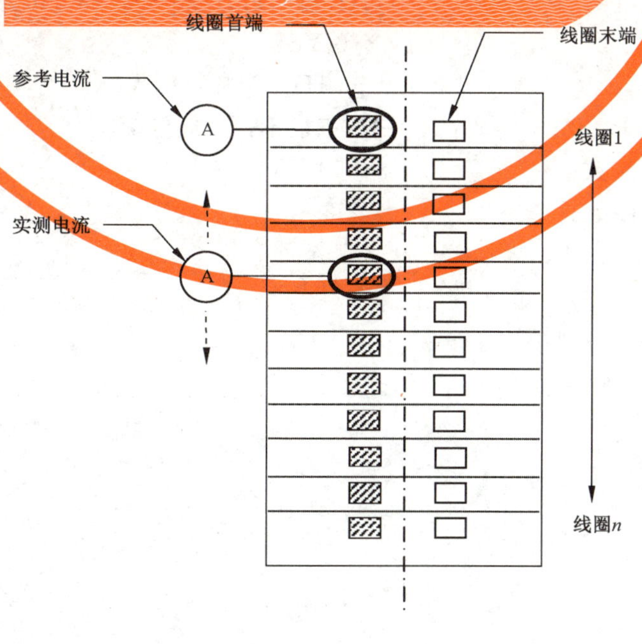

图 F.1 阀侧大电流绕组和测量设备放置示例

F.3 同相谐波电流分布测量

测量方法如下：

——该测量是将阀侧绕组短路，在网侧绕组上施加电压进行的；

——按每个线圈的平均电流值考虑，也就是总的输入相电流值除以并联线圈的支路数；

——绘制电流分布图。

F.4 反相谐波电流分布测量

这种测量方法适用于多个阀侧绕组绕制在同一个铁心柱上，且没有磁耦合的结构。

测量方法如下：

——测量时，在其中一个阀侧绕组上施加电压，而其他阀侧绕组短路，同时网侧绕组开路(然而，当网侧绕组由多个线圈组成时，这些线圈要全部连通)；

——按每个线圈的平均电流值考虑，也就是总的输入相电流值除以并联线圈的支路数；

——绘制电流分布图。

F.5 同相、反相谐波电流分布测量示例

同相、反相谐波电流分布测量方法见图 F.2～图 F.6。

变压器参数：

整流类型： 12 脉波双臂桥式

阀的类型： 晶闸管

额定容量(网侧/阀侧星结/阀侧角结)： 81.45/40.52/40.93 MVA

额定电压(网侧/阀侧星结/阀侧角结)： 132/1.0/1.01 kV

额定电流(网侧/阀侧星结/阀侧角结)： 177.23＋179.01/23 394/23 396 A

线圈联结组： Yy0-Yd1

额定频率： 50 Hz

铁心结构： 三相三柱不带中间铁轭

阀侧星结绕组并联线圈数： 14

阀侧角结绕组并联线圈数： 8

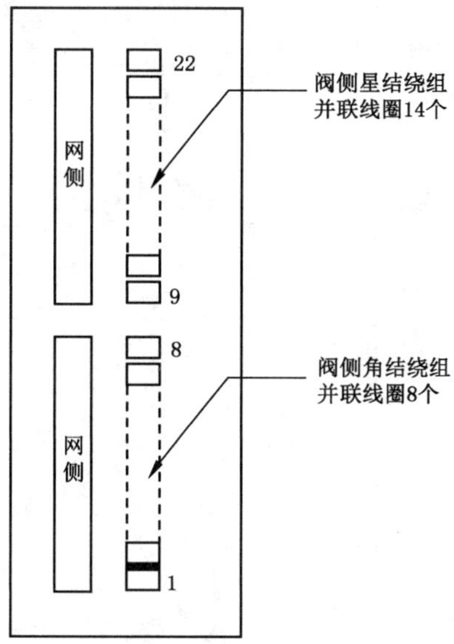

图 F.2　变压器绕组布置

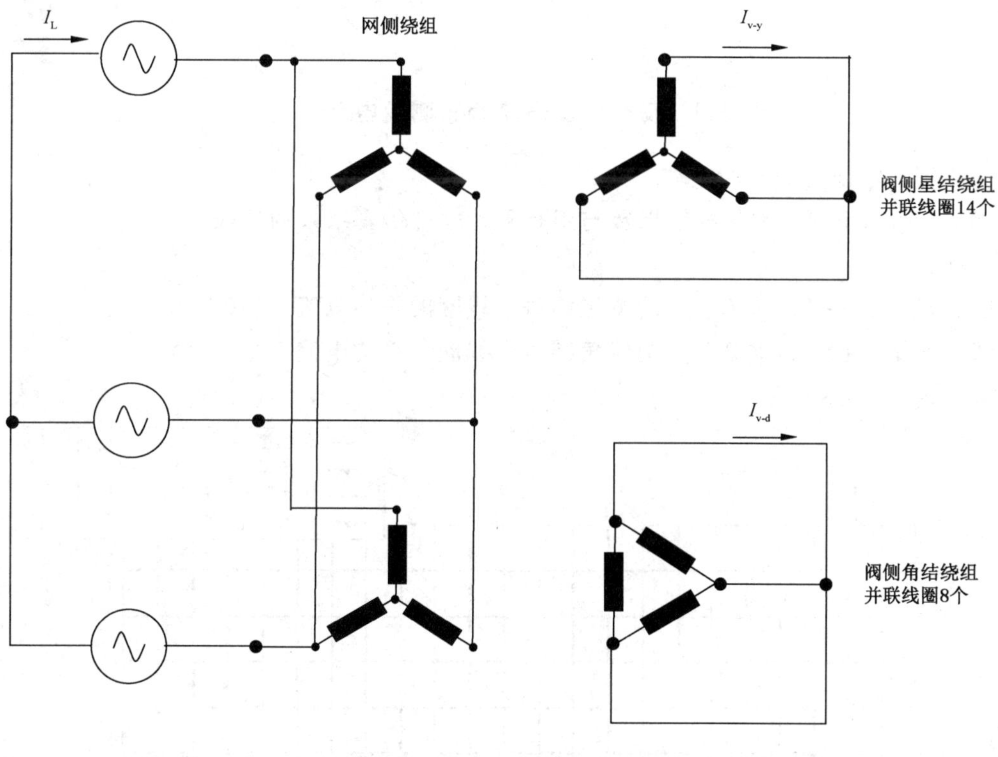

图 F.3　同相谐波电流分布测量电路

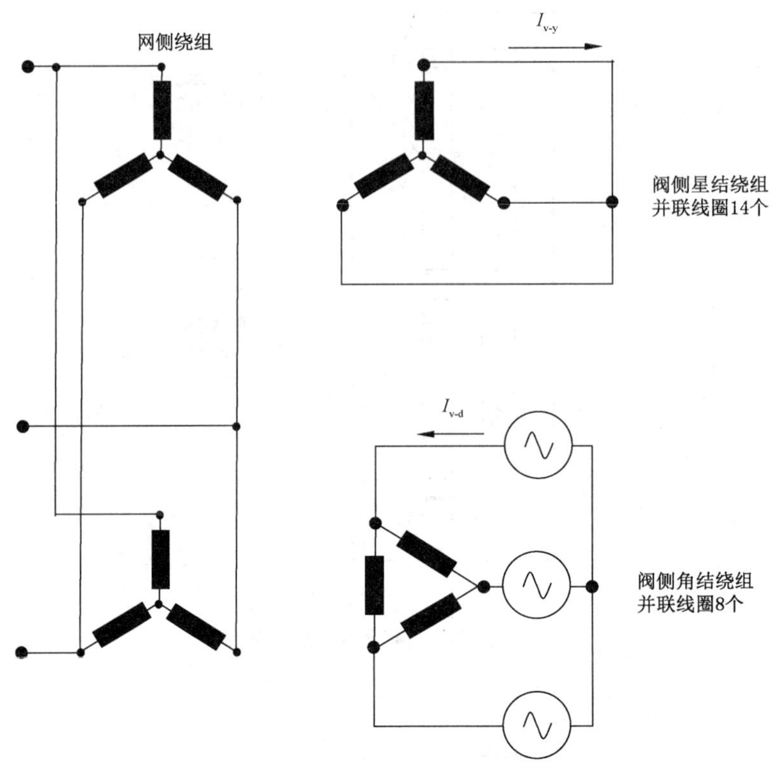

图 F.4 反相谐波电流分布测量电路

测量结果与有限元法仿真结果的比较：

表 F.1 和表 F.2 给出了两种测量的结果及与用有限元软件仿真结果的比较。

同相电流分布：

阀侧星结线电流 I_{v-y}=1 550.8 A　　阀侧星结每个线圈的平均电流=110.8 A

阀侧角结线电流 I_{v-d}=1 527.5 A　　阀侧角结每个线圈的平均电流=110.2 A

网侧总输入电流 I_L=23.4 A

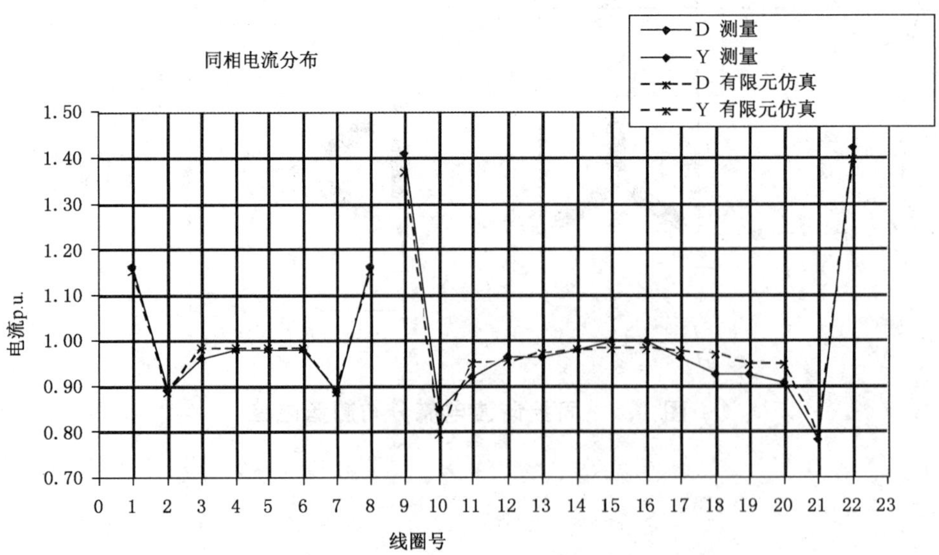

图 F.5 同相电流分布测量结果与有限元仿真结果对比

表 F.1 同相电流分布测量结果及与有限元仿真结果的比较

绕组	线圈号	测量		有限元仿真	仿真与测量对比
		A	p.u.	p.u.	%
星结绕组	22	157.5	1.422	1.395	−1.9
	21	86.6	0.782	0.789	0.9
	20	100.4	0.907	0.947	4.5
	19	102.4	0.925	0.948	2.5
	18	102.4	0.925	0.968	4.7
	17	106.3	0.960	0.977	1.8
	16	110.5	0.998	0.982	−1.6
	15	110.5	0.998	0.983	−1.5
	14	108.6	0.981	0.978	−0.3
	13	106.7	0.963	0.970	0.7
	12	106.7	0.963	0.951	−1.3
	11	102	0.921	0.949	3.0
	10	94.1	0.850	0.796	−6.3
	9	155.8	1.407	1.366	−2.9
角结绕组	8	128	1.161	1.151	−0.9
	7	97.9	0.888	0.885	−0.3
	6	108	0.980	0.981	0.1
	5	108	0.980	0.983	0.3
	4	108	0.980	0.983	0.3
	3	106	0.962	0.981	2.0
	2	98	0.889	0.884	−0.6
	1	128	1.161	1.150	−1.0

反相电流分布：

阀侧星结线电流 $I_{v\text{-}y}$＝1 562.7 A　　阀侧星结每个线圈的平均电流＝111.6 A

阀侧角结线电流 $I_{v\text{-}d}$＝1 536.2 A　　阀侧角结每个线圈的平均电流＝110.9 A

网侧总输入电流 I_L＝0 A 开路

表 F.2 反相电流分布测量结果及与有限元仿真结果的比较

绕组	线圈号	测量		有限元仿真	仿真与测量对比
		A	p.u.	p.u.	%
星结绕组	22	150	1.344	1.262	−6.1
	21	80.7	0.723	0.710	−1.8
	20	90.5	0.811	0.858	5.8
	19	92.5	0.829	0.859	3.7
	18	92.5	0.829	0.881	6.3
	17	96.4	0.864	0.894	3.5
	16	98	0.878	0.904	3.0
	15	98	0.878	0.913	4.0
	14	100	0.896	0.921	2.8
	13	102	0.914	0.932	2.0
	12	108.2	0.969	0.933	−3.7
	11	112	1.003	0.998	−0.5
	10	94	0.842	0.805	−4.4
	9	247.9	2.221	2.131	4.0
角结绕组	8	186.9	1.686	1.634	−3.1
	7	92	0.830	0.850	2.4
	6	106	0.956	0.957	0.1
	5	98	0.884	0.917	3.7
	4	98	0.884	0.905	2.4
	3	98	0.884	0.894	1.1
	2	88	0.794	0.802	1.0
	1	120	1.082	1.042	−3.7

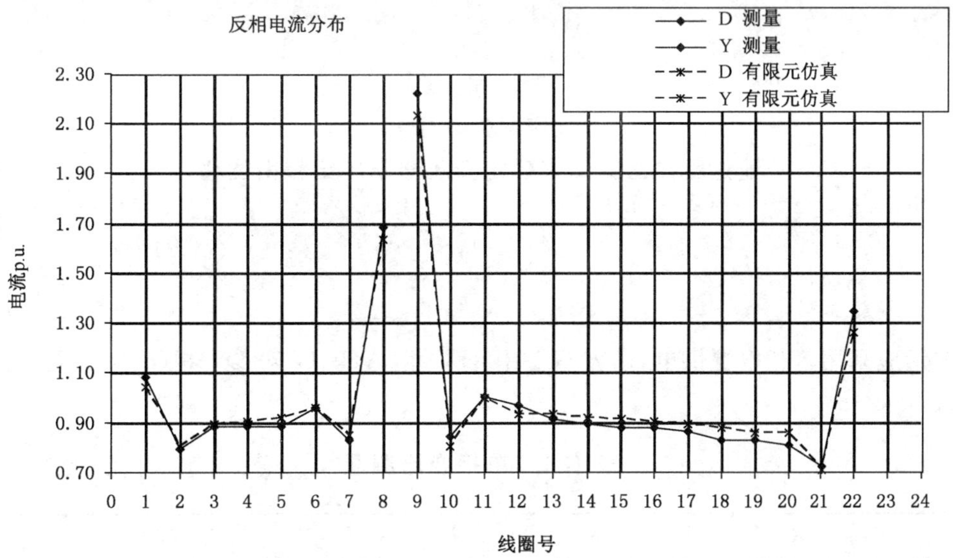

图 F.6 反相电流分布测量结果与有限元仿真结果对比

附 录 G
（资料性附录）
通过匝数比测量来确定变压器电压比和相位移

G.1 概述

匝数比测量应采用单相电源供电，按表G.1中HV相(A、B、C)对LV相(a、b、c)测试，其余两相短路，循环进行。

表G.1 单相变比测量

K_b	K_c	K_b	K_c	K_b	K_c
A-BC a-b	A-BC a-c	B-CA b-c	B-CA b-a	C-AB c-a	C-AB c-b

K_b 和 K_c 值（三次测量的平均值）用于公式(G.1)的电压比计算和公式(G.2)的相位移计算：

$$\rho = K_b / [1 + (K_b/K_c)^2 - K_b/K_c] \quad \cdots\cdots (G.1)$$

$$\tan\alpha = \sqrt{3} \times [1 - (K_b/K_c)/(1 + K_b/K_c)] \quad \cdots\cdots (G.2)$$

注：这些公式独立于变压器的联结方式，见后面的示例。

G.2 星-角结示例：联结组1（相位移滞后30°）（见图G.1）

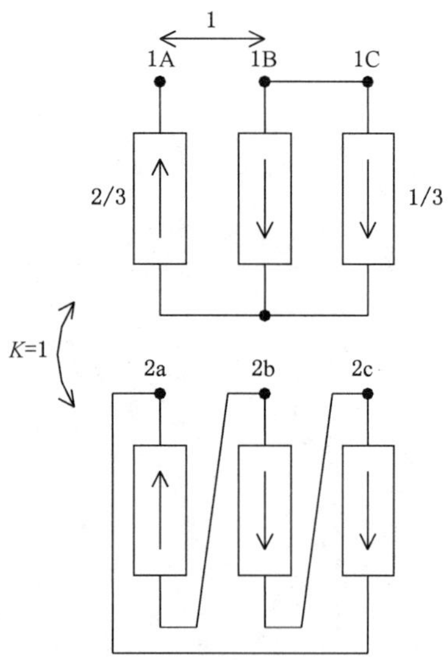

$K_b = 1A\text{-}1B/2a\text{-}2b = 1/(2/3) = 3/2$

$K_c = 1A\text{-}1B/2a\text{-}2c = 1/(1/3) = 3$

$\tan\alpha = 1.73(1-1/2)/(1+1/2) = 0.577$

$\alpha = 30°$

图G.1 YD1联结

G.3 星-角结示例：联结组11（相位移超前30°）（见图G.2）

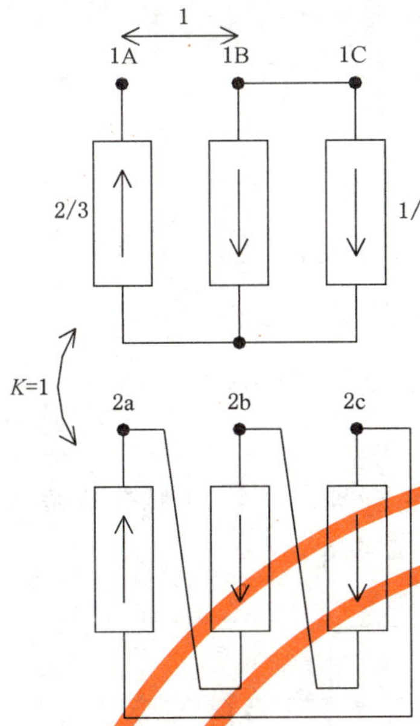

$K_b = 1A\text{-}1B/2a\text{-}2b = 1/(1/3) = 3$

$K_c = 1A\text{-}1B/2a\text{-}2c = 1/(2/3) = 3/2$

$\tan\alpha = 1.73(1-2)/(1+2) = -0.577$

$\alpha = -30°$

图 G.2　YD11 联结

G.4　多边形联结示例:联结组 Pd0+7.5(相位移滞后 7.5°)(见图 G.3)

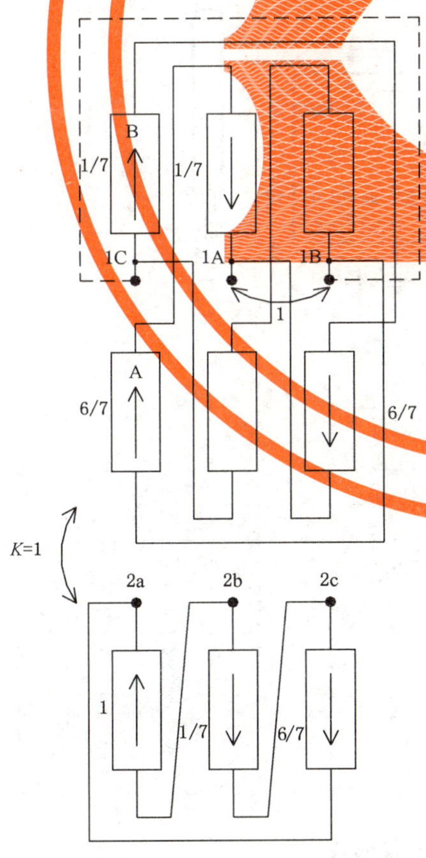

$K_b = 1A\text{-}1B/2a\text{-}2b = 1/1 = 1$

$K_c = 1A\text{-}1B/2a\text{-}2c = 1/(6/7) = 7/6$

$\tan\alpha = 1.73(1-6/7)/(1+6/7) = 0.133$

$\alpha = 7.5°$

图 G.3　Pd0+7.5 联结

注:为得到 7.5°相位移,电压向量 A 和 B 的关系为:

$$A = \sin(60-7.5)/\sin(120) = 0.916$$

$$B = \sin(7.5)/\sin(120) = 0.151$$

即绕组 A、B 的匝比为：

$$A/B = 0.916/0.151 = 6.066$$

在 G.4 中，认为匝比 $A/B=6$，即当 $A=1$ 时，$B=1/6$。

用示波器测量相位移，是通过比对 HV 和 LV 字母和序号相同的端子在同一个内部接地点的波形来实现的。

G.5 示例

图 G.4～图 G.6 为 100 V 交流电源供电的两个 12 脉波变流变压器为一个 24 脉波双桥式整流装置供电的波形测量图示。通过通道间比较，很容易得出 +7.5°角和 −7.5°角。

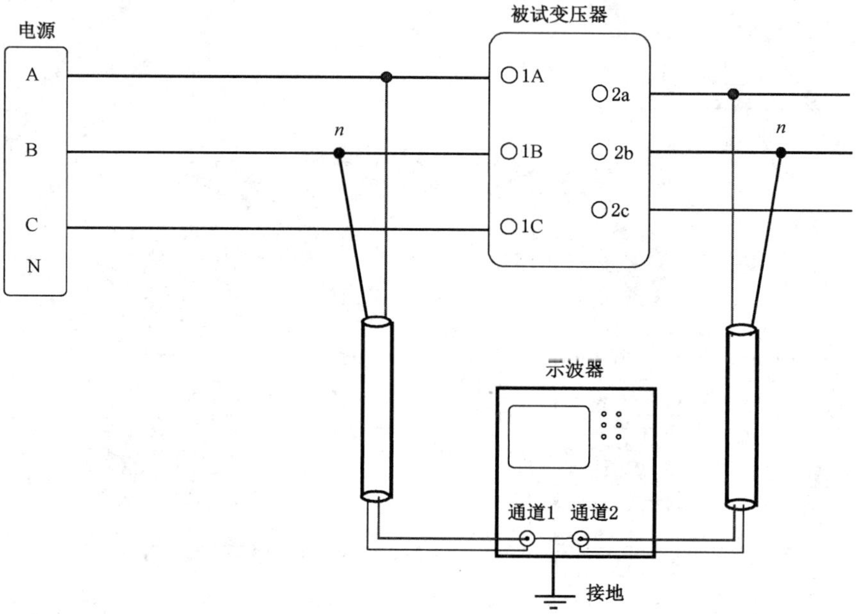

图 G.4 示波器连接

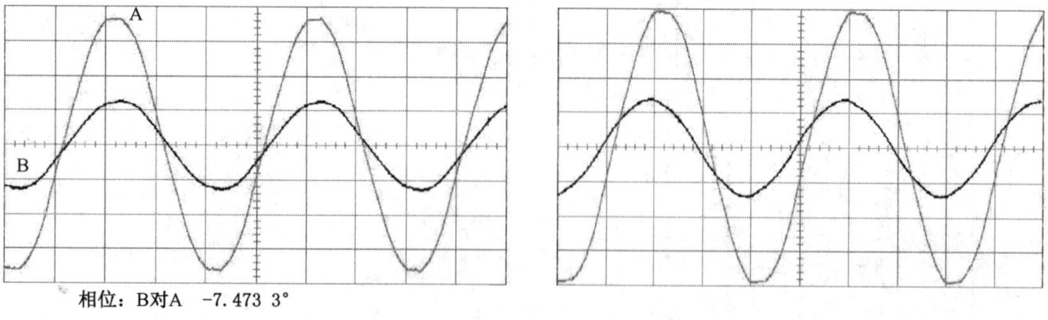

图 G.5 B 相滞后 A 相 +7.5°波形图

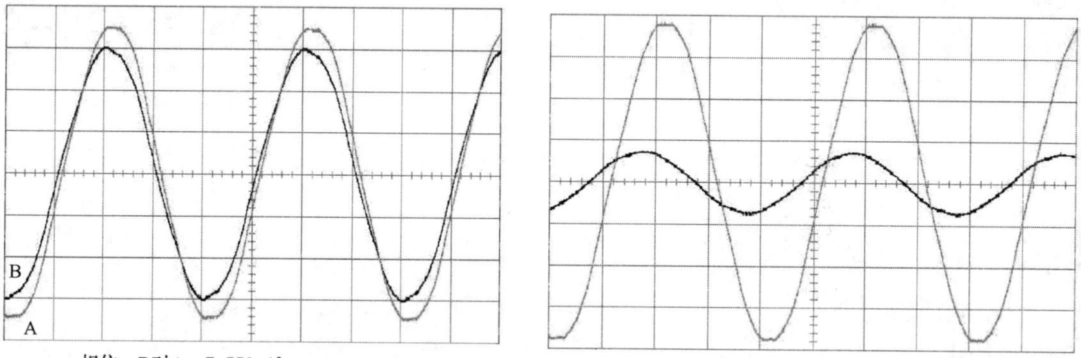

相位：B对A　7.550 4°

图 G.6　B 相超前 A 相－7.5°波形图

附　录　H
（资料性附录）
装有嵌入式饱和电抗器的整流变压器的负载试验

H.1　概述

在负载试验中，由于其自身的损耗和对主变压器的阻抗及由于电流和电压波形的畸变，使得饱和电抗器的铁心给试验带来了很大的困难。

有多种方法可完成这个测试，但每种都有不足之处。最大不足就是在运行中，每根母排（带附加的饱和电抗器）都连接到了一个二极管上，因此都是流过一个单向电流，而在做负载试验时同一个母排却流过了双向电流。没有通用的方法。本附录介绍了一些方法。

H.2　方法一：饱和电抗器装在阀侧

该方法依靠外推程序而不是直接测量铁心损耗和短路阻抗。

该方法的优点是，饱和电抗器损耗和短路阻抗测量在按常规负载损耗和短路阻抗测量装配好的装置上进行。

最大的缺点就是饱和电抗器在铁心高度饱和阶段会产生某些谐波电流和谐波电压，引起施加电压的波形发生畸变，从而影响测试结果。此影响主要取决于供电系统的总阻抗。用具有适当电容值的电容器组对无功功率补偿可以减少此影响。

为了计算饱和电抗器的电压降和铁心损耗，可按如下步骤进行：

a）在测试整个变压器正常的负载损耗和阻抗时，进行多次在不同负载电流水平下电压和损耗的测量（例如以10%为间隔，从额定值的100%测到40%）；

b）对CT和PT误差以及短路母排的阻抗和损耗加修正系数；

c）将损耗数据绘在图中，y 轴为损耗，x 轴为线电流的平方。损耗曲线应是一条直线；

d）相同方法绘制另一张图，y 轴为测得的电压，x 轴为线电流；

e）外推（用最小二乘法）损耗和电压曲线，直到线电流为0 A。外推值通常被认为是饱和电抗器铁心的负载损耗及其在变压器阻抗测量中引起的等效压降。

应使用铁心损耗和压降来计算变压器负载损耗和阻抗电压。

H.3　方法二：饱和电抗器装在阀侧

本测量方法不带饱和电抗器铁心。饱和电抗器的负载损耗不是直接测量的，而是通过计算得出的。额定直流电流下的电压降不是直接测量的，它既可以通过试验测量，也可以通过计算得出。

本方法的优点是可以避免电流波形畸变，因此允许在适当的条件下测量变压器的负载损耗和短路阻抗。

主要缺点是事实上饱和电抗器的负载损耗仅可通过计算得到：

a）负载损耗和阻抗测量在器身上进行，在油箱外部及10%的额定负载电流（如果制造方同意也可以更高）下进行。本测量包括绕组、绕组引线和器身结构件引起的损耗和阻抗（电抗器母排未安装）。

b）除了饱和电抗器铁心以外，变压器要全部装在油箱中。重新测量负载损耗和阻抗。

c) 计算饱和电抗器母排和任何变压器端子电阻的总和。以作为b)项测试阶段阀侧总绕组电阻测试值与a)项测试阶段部分阀侧绕组电阻测试值的差。

应计算出变压器箱体、饱和电抗器母排和引线阻抗及负载损耗总和,以作为b)项试验测得的总阻抗和负载损耗与a)项试验测得的部分阻抗和负载损耗的差。

对于单独装置,a)项试验为可选项,当一组变压器仅仅是相位移不同时,b)项试验可作为型式试验并作为所有装置的参考值。这样做的目的就是考虑到变压器不带饱和电抗器铁心做负载试验,然后再将变压器完全装配好再做绝缘测试,时间和成本都很大,不是所希望的。

H.4 方法三:卷铁心饱和电抗器装在网侧

带饱和电抗器进行负载试验是不可能的。因此试验时应设置旁路以便短路和空载试验。饱和电抗器的铁心损耗仅能通过计算得出。

附　录　I
（资料性附录）
（输入总损耗时）单拍变流器用变压器短路试验电流和负载损耗

对于单拍联结的变流器，每相中的一次电流和二次负载电流的关系为[见公式(I.1)]：

$$I_P = I_S \times \sqrt{2} \qquad (\text{相数比 } 1:1) \tag{I.1}$$

在负载损耗试验中，存在如下关系式见[公式(I.2)]：

$$I_{PT} = 2 \times I_{ST} \tag{I.2}$$

因此，试验中的一次电流增加$\sqrt{2}$倍。

在负载损耗试验中，为了供给绕组总损耗 P_W，有必要按 I_{PT}/I_P 增加一次试验电流 I_{PT}。

由此

$$\left(\frac{I_{PT}}{I_P}\right)^2 \times \left(P_{WP} + \frac{P_{WS}}{2}\right) = P_W \tag{I.3}$$

或

$$\frac{I_{PT}}{I_P} = \left(\frac{2P_W}{2P_{WP} + P_{WS}}\right)^{0.5} \tag{I.4}$$

在包括空载损耗 P_0 后，总电流便增加为：

$$\frac{I_{PT}}{I_P} = \left(1 + \frac{P_0}{P_W}\right)^{0.5} \times \left(\frac{2P_W}{2P_{WP} + P_{WS}}\right)^{0.5} \tag{I.5}$$

在试验情况下，可用公式(I.6)：

$$P_{WP} \approx \frac{1}{3}P_W ; P_{WS} \approx \frac{2}{3}P_W ; P_0 \approx 0.15P_W \tag{I.6}$$

由此得

$$\frac{I_{PT}}{I_P} = \left(1.15 \times \frac{6}{4}\right)^{0.5} \approx 1.3 \tag{I.7}$$

此试验电流将使一次绕组中的电流过载 30%。因此，应考虑此试验中的连续发热。

附 录 J
（资料性附录）
磁场在变压器箱体中引起的损耗的确定、箱体损耗评审和箱体热点计算的三维仿真和导则

漏磁在变压器箱体中产生的损耗是负载损耗的重要组成部分，在很多时候甚至超过总损耗的30％。然而，众所周知，当前并没有办法来测试该损耗。

当代计算机计算能力的发展以及软件技术的发展使得可以采用三维分析来进行磁场损耗评审和热点计算。油箱的三维模型通常需要和材料进行结合，这些材料有不同的导磁性和导电性，并在有低碳钢或磁屏蔽的情况下，需要考虑材料的非线性效应。此外，在很多情况下，钢构件的磁特性不只取决于材料的特性（磁性碳素钢和非磁性奥氏体不锈钢），还取决于箱体制造过程中的操作（焊接、弯曲）。

强大的数值计算方法仍需和此类问题的相关经验相结合，以得到可信的结果。

必须强调的是，正常运行的变压器其损耗场模型以及热点的位置可能由于负载特性，如电流谐波和并联器件之间的电流分配的不同而不同。

为了证明计算结果可靠，制造方宜随时提供对损耗以及温度的计算值和测量值的比较。红外热成像扫描技术应用广泛，并在该领域得到了应用。应比较和分析不同的负载情况。例如：红外热成像扫描可用于工厂验收试验中的温升试验时的负载和油箱热点计算的验证。同样的计算方法可以用来验证对正常运行条件下的仿真。

类似的设计可以通过比较变压器的主要电气参数以及以下的机械参数加以区分：

——低压母线到套管的布置；

——钢件到绕组和/或母线的主电气距离；

——相对相距离；

——油箱的不同部分所使用的材料。

参 考 文 献

[1] GB/T 1094.4—2005 电力变压器 第4部分:电力变压器和电抗器的雷电冲击和操作冲击试验导则(IEC 60076-4:2002,MOD)

[2] GB 1094.5—2008 电力变压器 第5部分:承受短路的能力(IEC 60076-5:2006,MOD)

[3] GB/T 1094.7—2008 电力变压器 第7部分:油浸式电力变压器负载导则(IEC 60076-7:2005,MOD)

[4] GB/T 1094.10—2003 电力变压器 第10部分:声级测定(IEC 60076-10:2001,MOD)

[5] GB/T 1094.12—2013 电力变压器 第12部分:干式电力变压器负载导则(IEC 60076-12:2008,MOD)

[6] GB/Z 1094.14—2011 电力变压器 第14部分:采用高温绝缘材料的液浸式变压器的设计和应用(IEC/TS 60076-14:2009,IDT)

[7] GB/T 2900.33—2004 电工术语 电力电子技术(IEC 60050-551:1998)

[8] GB/T 3859.3—2013 半导体变流器 通用要求和电网换相变流器 第1-3部分:变压器和电抗器(IEC 60146-1-3:1991,MOD)

[9] GB/T 18494.2—2007 变流变压器 第2部分:高压直流输电用换流变压器(IEC 61378-2:2001,MOD)

[10] GB/T 18494.3—2012 变流变压器 第3部分:应用导则(IEC 61378-3:2006,MOD)

[11] IEC 60050-431:1980 International electrical vocabulary—Part 431: Transductors

ICS 29.180
K 41

中华人民共和国国家标准

GB/T 18494.2—2007

变流变压器 第2部分:高压直流输电用换流变压器

Convertor transformers—Part 2:Transformers for HVDC applications

(IEC 61378-2:2001,MOD)

2007-01-16 发布

2007-08-01 实施

中华人民共和国国家质量监督检验检疫总局
中国国家标准化管理委员会 发布

前　言

GB/T 18494《变流变压器》共包括下列几部分：

——第 1 部分：工业用变流变压器；

——第 2 部分：高压直流输电用换流变压器；

——第 3 部分：应用导则(正在考虑中)。

本部分为 GB/T 18494 的第 2 部分。

本部分修改采用 IEC 61378-2：2001《变流变压器　第 2 部分：高压直流输电用换流变压器》(英文版)。

本部分根据 IEC 61378-2：2001 按修改采用的原则重新起草。

考虑到我国国情，在采用 IEC 61378-2：2001 时，本部分做了一些修改。有关技术性差异已编入正文中，并在它们所涉及的条款的页边空白处用垂直单线标识。本部分与 IEC 61378-2：2001 的主要差异如下：

a) 第 2 章的规范性引用文件，用采用相应国际标准的国家标准来代替，并增补了 GB/T 2900.15—1997 及 GB/T 2900.33—2004；

b) 删除了 IEC 61378-2：2001 第 5.1 条(对应本部分的 6.1 条)中的"注：北美地区的铭牌额定容量 kVA 是根据方均根值和基波频率确立的"；

c) 删除了 IEC 61378-2：2001 第 8.2.1 条(对应本部分的 9.2.1 条)中的"如需进行截波试验，其试验电压值应按 IEC 60076-3 第 14 章的规定"；

d) 用第 10.1 条中的"换流变压器在现场负载条件下的声功率级不容易被测定"内容，替代 IEC 61378-2：2001 的第 9.1 条的"交流电力变压器在运行条件下的声功率级实质上与在工厂进行试验时的空载条件下所产生的声功率级相同，但换流变压器却并非如此，其在现场负载条件下的声功率级不容易被测定"内容。

e) 第 11.2.2 条(对应 IEC 61378-2：2001 的 10.2.2 条)中增补了"雷电截波冲击试验"型式试验项目。

f) 第 11.2.4 条(对应 IEC 61378-2：2001 的 10.2.4 条)中增补了"交接试验项目至少应包括带有局部放电测量的感应电压试验及外施交流电压耐受试验在内"内容。

g) 删除了 IEC 61378-2：2001 第 10.3.1 条(对应本部分的 11.3.1 条)中的"注 2：按北美地区的实践，可允许用另一种方法，即按多频率下的损耗测量值来确定负载损耗"；

h) 为便于使用，本部分对 IEC 61378-2：2001 还做了下列编辑性修改：

——按 GB/T 1.1—2000《标准化工作导则　第 1 部分：标准的结构和编写规则》要求，将 IEC 61378-2：2001 的第 1 章拆分为本部分的第 1 章(对应于 IEC 61378-2：2001 的 1.1 条)和第 4 章(对应于 IEC 61378-2：2001 的 1.2 条)，IEC 61378-2：2001 的第 2 章、第 3 章的序号在本部分中保持不变，将 IEC 61378-2：2001 的第 4 章至第 14 章的调为本部分的第 5 章至第 15 章(其中 IEC 61378-2：2001 的第 10.4.5 条和第 10.4.5.1 条在本部分中被合并为一条)，并对有关的条款号依次进行了相应的调整；

——删除了 IEC 61378-2：2001 的"前言"；

——删除了 IEC 61378-2：2001 的"参考文献"；

——用小数点"."代替作为小数点的"，"。

本部分由中国电器工业协会提出。

本部分由全国变压器标准化技术委员会(SAC/TC 44)归口。

本部分起草单位:沈阳变压器研究所、特变电工沈阳变压器集团有限公司、西安西电变压器有限责任公司、武汉高压研究所、中国电力科学研究院、中国南方电网有限责任公司、贵州电力试验研究院、湖北省电力试验研究院、机械工业北京电工技术经济研究所。

本部分主要起草人:章忠国、孙树波、宓传龙、汪德华、付锡年、李光范、饶宏、杨积久、胡惠然、郭丽平、帅远明。

引　言

GB/T 18494.2—2007 是机械工业北京电工技术经济研究所总承担的国家科技部 2003 年度科技基础条件平台工作重点项目"直流输变电系统核心技术与基础标准研究"(项目编号为 2003DIA7J034)支持研究制定的标准。

高压直流输电在我国电网建设中,对于长距离送电和大区联网有着非常广阔的发展前景,是目前作为解决高电压、大容量、长距离送电和异步联网的重要手段。"直流输变电系统核心技术与基础标准研究"及其滚动项目"高压直流输电系统及设备关键技术标准研究"(项目编号为 2004DEA70820),是根据我国直流输电工程实际需要和高压直流输电技术发展趋势开展的。项目在引进技术的消化吸收、国内直流输电工程建设经验和设备自主研制的基础上,研究制定高压直流输电设备国家标准体系。内容包括基础标准、主设备标准和控制保护设备标准。项目已完成或正在制定的共 19 项国家标准:

——《高压直流系统特性　第 1 部分:稳态》(已报批)

——《高压直流系统特性　第 2 部分:故障与操作》(已报批)

——《高压直流系统特性　第 3 部分:动态》(已报批)

——《高压直流换流站绝缘配合程序》(已报批)

——《高压直流换流站损耗的确定》(已报批)

——《输配电系统的电力电子技术静止无功补偿器用晶闸管阀的试验》(已报批)

——《高压直流输电用电控晶闸管的一般要求》(正在制定中)

——GB/T 18494.2—2007 《变流变压器　第 2 部分:高压直流输电用换流变压器》

——GB/T 20838—2007 《高压直流输电用油浸式换流变压器技术参数和要求》

——GB/T 20836—2007 《高压直流输电用油浸式平波电抗器》

——GB/T 20837—2007 《高压直流输电用油浸式平波电抗器技术参数和要求》

——《高压直流输电用并联电容器及交流滤波电容器》(已报批)

——《高压直流输电用直流滤波电容器》(已报批)

——《高压直流换流站无间隙金属氧化物避雷器导则》(已报批)

——《高压直流输电系统控制与保护设备》(已报批)

——《高压直流换流站噪音》(正在制定中)

——《高压直流套管技术性能和试验方法》(正在制定中)

——《高压直流输电用光控晶闸管的一般要求》(正在制定中)

——《直流系统研究和设备成套导则》(正在制定中)

变流变压器
第2部分:高压直流输电用换流变压器

1 范围

GB/T 18494 的本部分适用于具有两个、三个或多个绕组的高压直流输电用三相和单相油浸式换流变压器。

本部分不适用于:

——工业用变流变压器;

——牵引用变流变压器。

2 规范性引用文件

下列文件中的条款通过 GB/T 18494 的本部分的引用而成为本部分的条款。凡是注日期的引用文件,其随后所有的修改单(不包括勘误的内容)或修订版均不适用于本部分,然而,鼓励根据本部分达成协议的各方研究是否可使用这些文件的最新版本。凡是不注日期的引用文件,其最新版本适用于本部分。

GB 1094.1 电力变压器 第1部分:总则(GB 1094.1—1996,eqv IEC 60076-1:1993)

GB 1094.2 电力变压器 第2部分:温升(GB 1094.2—1996,eqv IEC 60076-2:1993)

GB 1094.3 电力变压器 第3部分:绝缘水平、绝缘试验和外绝缘的空气间隙(GB 1094.3—2003,IEC 60076-3:2000,MOD)

GB 1094.5 电力变压器 第5部分:承受短路的能力(GB 1094.5—2003,IEC 60076-5:2000,MOD)

GB/T 1094.10 电力变压器 第10部分:声级测定(GB/T 1094.10—2003,IEC 60076-10:2001,MOD)

GB/T 2900.15—1997 电工术语 变压器、互感器、调压器和电抗器(neq IEC 60050-421:1990、IEC 60050-321:1986)

GB/T 2900.33—2004 电工术语 电力电子技术(IEC 60050-551:1998,IDT)

GB/T 3859.1—1993 半导体变流器 基本要求的规定(eqv IEC 60146-1-1:1991)

GB/T 3859.2—1993 半导体变流器 应用导则(eqv IEC 60146-1-2:1991)

GB/T 4109 高压套管技术条件(GB/T 4109—1999,eqv IEC 60137:1995)

GB/T 7354—2003 局部放电测量(IEC 60270:2000,IDT)

GB 10230 有载分接开关(GB 10230—1988,eqv IEC 60214:1987)

GB/T 13499—2002 电力变压器应用导则(idt IEC 60076-8:1997)

GB/T 15164—1994 油浸式电力变压器负载导则(idt IEC 60354:1991)

GB/T 17623—1998 绝缘油中溶解气体组分含量的气相色谱测定法(neq IEC 60567:1992)

GB/T 18494.1—2001 变流变压器 第1部分:工业用变流变压器(idt IEC 61378-1:1997)

3 术语和定义

下列术语和定义以及 GB/T 2900.15—1997 和 GB/T 2900.33—2004 中的术语和定义适用于本部分。此外,在 GB 1094.1 和 GB/T 3859.1—1993 中还分别规定了一些更专门的有关变压器和变流器方面的补充术语和定义。其中有些术语和定义,已对 GB/T 2900.15—1997 和 GB/T 2900.33—2004 中早先规定的同一名称的术语和定义做了一些修改,对此,应优先采用 GB 1094.1 和 GB/T 3859.1—1993 中所规定的术语和定义。

4 使用条件

4.1 概述

本部分中的换流变压器应符合 GB 1094.1 中所规定的使用条件，但其中明显不适用于换流变压器或本部分中另有规定时除外。若无其他说明，均假设换流变压器是在近似对称的三相系统中运行的。

4.2 温度

如果换流变压器的任何部件(如：阀侧套管)伸入阀厅内，则除正常环境温度外，还应规定阀厅内的最高温度。

4.3 负载电流

流过换流变压器的电流含有各次谐波。阀侧绕组也流过剩余直流电流。在询价时，用户应向制造单位提供谐波成分及剩余直流电流的大小，且应在签订合同时对此予以确认。

4.4 功率流向

除另有规定，换流变压器应设计成既能作整流运行用又能作逆变运行用的结构。

5 符号及名称

本部分中各种变量的符号及名称如下：

I_1——额定电流；

I_x——频率 f_x 下的负载损耗试验电流；

I_{LN}——所考虑绕组运行时的负载电流方均根值；

I_h——h 次谐波的电流；

I_{eq}——与绕组在运行中负载损耗等效的正弦电流方均根值；

h——谐波次数；

U_1——额定电压；

S_R——额定容量；

P_1——基波频率(50 Hz 或 60 Hz)下的总负载损耗；

P_x——频率 f_x 下测得的负载损耗；

I_1^2R——额定电流下的电阻损耗；

R——包括内部引线在内的绕组直流电阻；

P_{WE1}——基波频率下的绕组涡流损耗；

P_{SE1}——基波频率下结构件(不包括绕组)中的杂散损耗；

P_N——总运行负载损耗；

f_1——额定频率，亦即基波频率；

f_x——用于确定涡流损耗分布的频率，不小于 150 Hz；

f_h——h 次谐波的频率；

F_{WE}——绕组涡流损耗附加系数；

F_{SE}——结构件中杂散损耗附加系数；

k_h——电流 I_h 与额定电流 I_1 的比值；

U_{ac}——阀侧绕组的外施交流试验电压(方均根值)；

U_m——网侧绕组的最高系统电压；

U_{dm}——每个阀桥的最高直流电压；

U_{dc}——阀侧绕组的外施直流试验电压；

U_{pr}——阀侧绕组的极性反转试验电压(直流电压)；

U_{vm}——换流变压器阀侧绕组的最大相间交流工作电压；

N——从直流线路的中性点至与变压器相连的整流桥间所串接的六脉波桥的数量。

“阀侧”和“网侧”表明了换流变压器绕组的外部接线。网侧绕组是指接到交流电网的绕组，而阀侧绕组则指接到变流器的绕组。

6 额定值

6.1 概述

换流变压器的额定参数用额定基波频率下的电流和电压的稳态正弦量来表示。保证的损耗、阻抗和声级均应与额定参数值相对应。

6.2 额定电压

额定电压是相间电压基波分量的方均根值。

6.3 额定电流

额定电流是线电流基波分量的方均根值。

6.4 额定频率

额定频率是换流变压器设计所依据的 50 Hz 或 60 Hz 的基波频率。

6.5 额定容量

额定容量是额定电压与额定电流的乘积，因此，三相额定容量如下：

$$S_R = \sqrt{3} \times U_1 \times I_1$$

7 偏差

7.1 概述

除本部分 7.2 外，偏差应按 GB 1094.1 的规定。

7.2 短路阻抗偏差

主分接下的阻抗允许偏差为±5%。

对分接范围不超过 30%的换流变压器，常用分接范围内的阻抗应不超过主分接时阻抗值的±5%，且在其他分接范围内的阻抗应不超过主分接时阻抗值的±10%。常用分接的范围应由用户与制造单位协商确定。

对分接范围超过 30%的换流变压器，其分接范围内的阻抗偏差应由用户与制造单位在签订合同之前进行协商。

对设计成用于同一目的或能互换的相同或相似的换流变压器，各台变压器在主分接下的阻抗及在整个分接范围内的阻抗变化，均应不超过其平均实测值的±3%。

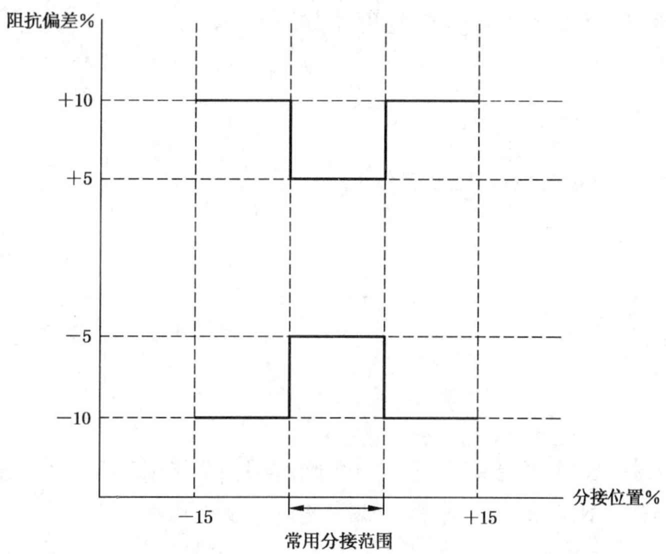

图 1 分接范围不超过 30%的短路阻抗偏差分布图

7.3 保证值

主分接下的阻抗值应予保证。其他分接位置下的阻抗值也应该保证符合用户与制造单位间的协议。

8 损耗

8.1 概述

换流变压器的总损耗应该等于额定运行条件下的空载损耗与负载损耗之和。这些损耗保证值应在GB 1094.1规定的偏差范围之内。

8.2 空载损耗

换流变压器空载损耗和空载电流的测量与常规的交流电力变压器一样，均按GB 1094.1的规定进行。此值应是保证的空载损耗。

注：谐波电压和直流偏磁电流对空载损耗和空载电流有影响。然而，在实际中，由这种影响所产生的差异与换流变压器总损耗相比可以被忽略。

8.3 额定工频条件下的负载损耗

负载损耗按GB 1094.1的规定进行测量。

8.4 运行条件下的负载损耗

流过换流变压器绕组的电流含有一定的谐波，谐波的大小与换流阀的参数有关。运行中的实际负载损耗不能由一次单独的负载损耗测量值推导出。按本部分，确定负载损耗的步骤包括了两次负载损耗的测量、有关损耗分布的一些假设和一个专门的计算方法(见11.3)。

制造单位应根据给定的负载电流的谐波频谱来计算实际运行中的总负载损耗值。谐波频谱应由用户提供。应分别就主分接和极限分接进行计算。此计算出的损耗值可以作为损耗评估的保证基准值。

根据GB/T 18494.1—2001：

——假设涡流损耗和杂散损耗与电流的平方成正比；

——假设绕组涡流损耗与频率的2次方成正比，结构件中的杂散损耗与频率的0.8次方成正比。

涡流损耗和杂散损耗为：

$$\Delta P \propto I^2 \times f^k$$

式中：$k=\begin{cases}2,\text{对于绕组涡流损耗；}\\0.8,\text{对于杂散损耗.}\end{cases}$

根据给定的谐波频谱，运行中的总负载损耗可作如下计算：

$$P_N = I_{LN}^2 R + P_{WE1} \times F_{WE} + P_{SE1} \times F_{SE}$$

式中：

$I_{LN}=\sqrt{\sum_{h=1}^{25} I_h^2}$　(25是计算的最高谐波次数)；

$F_{WE}=\sum_{h=1}^{25} k_h^2 \times h^2$；

$F_{SE}=\sum_{h=1}^{25} k_h^2 \times h^{0.8}$；

且 $k_h=\frac{I_h}{I_1}, h=\frac{f_h}{f_1}$。

对于三绕组换流变压器，在计算绕组涡流损耗和结构件杂散损耗时应考虑绕组的排列；亦可参考GB/T 3859.1—1993、GB/T 3859.2—1993和GB/T 13499—2002。

8.5 热点温度确定

确定热点温度的程序应按GB/T 15164—1994的规定。应注意：使用该程序确定的热点温升可能与正常运行时得到的值不同，这是因为在运行中由谐波电流产生的附加损耗主要集中在绕组的两端，而试验时却分布在整个绕组中。由此，试验中产生的热点温度可能低于换流变压器正常运行时的热点温度。为了补偿这种差异，对于负载电流的指定谐波分量，要计算其涡流损耗附加系数。

9 绝缘水平

9.1 网侧绕组

应按 GB 1094.3 规定线端、绕组和中性点的绝缘水平。

——换流变压器绕组的设备最高电压，U_m；

——额定绝缘水平：额定雷电和操作冲击耐受电压(相对地)；

——与中性点绝缘水平相应的外施交流试验电压。

注：应注意使传递到阀侧绕组上的电压不超过该阀侧绕组所规定的操作冲击水平。

9.2 阀侧绕组

用户应按 GB 1094.3 来规定雷电和操作冲击水平。

注：绝缘水平应如此配合，即它要比实际运行时出现的绝缘电压作用值高出一个适当的裕度。

9.2.1 雷电冲击水平

应规定阀侧绕组每个端子对地及绕组两端之间的雷电冲击水平。

9.2.2 操作冲击水平

应规定阀侧绕组每个端子对地的操作冲击水平。

但是，对于背靠背换流站使用的换流变压器阀侧绕组，由于它们通常是低电压绕组，且不可能承受到由直流系统传来的操作冲击波的作用，因此不必进行本试验。

在对网侧绕组进行操作冲击试验时，阀侧绕组会受到传递的操作冲击波的作用。

9.2.3 外施直流电压耐受水平

试验电压应施加于阀侧绕组的端子上。试验电压应为：

$$U_{dc} = 1.5[(N-0.5)U_{dm} + 0.7\,U_{vm}]$$

应施加正极性电压。

9.2.4 极性反转电压水平

试验电压应施加于阀侧绕组的端子上。试验电压为：

$$U_{pr} = 1.25[(N-0.5)U_{dm} + 0.35\,U_{vm}]$$

有关极性反转试验的说明，见将要制定的《变流变压器　第 3 部分：应用导则》标准。

9.2.5 外施交流电压耐受水平

试验电压应施加于阀侧绕组所有的端子上。试验电压为：

$$U_{ac} = \frac{1.5[(N-0.5)U_{dm} + \sqrt{2}U_{vm}/\sqrt{3}]}{\sqrt{2}} \quad \text{(方均根值)}$$

9.3 带有局部放电测量的感应电压水平

应根据绕组的设备最高电压 U_m，按 GB 1094.3 的规定进行例行的感应电压试验，试验时变压器的接线和励磁应与运行时相同。

10 声级

10.1 概述

换流变压器在现场负载条件下的声功率级不容易获得，且很可能比空载试验时所产生的声功率级大得多，这是由负载电流的谐波分量和与阀相连接的绕组中的直流偏磁电流造成的。

10.2 保证的声功率级

在订货时，应明确保证的声功率级以正弦空载励磁或正弦负载电流励磁为基准。由于此声功率级与现场负载条件下所获得的值不同(见10.3),因此,用户在定合同前,应规定在制造单位空载条件下获得的换流变压器主体和冷却器各自的最大声功率级及其合成的最大声功率级,或者与制造单位共同协商此声功率级。

10.3 现场的声功率级

在制造单位测得的换流变压器声级与在现场测得的声级之间的相互关系尚不能被确立,其差值可能在10 dB(A)至20 dB(A)之间。因此,用户在规定声功率级时应承认此差值。

11 试验

11.1 概述

除11.3至11.7规定的试验外,其他试验和测量应按11.2或GB 1094.1的规定进行。

11.2 试验项目

11.2.1 例行试验

下列试验应在所有的换流变压器上进行,但不必依次遵循下述顺序:

——联结组标号检定(按GB 1094.1);

——电压比测量(按GB 1094.1);

——绕组电阻测量(按GB 1094.1);

——空载损耗和空载电流测量(按GB 1094.1);

——负载损耗和短路阻抗测量(几个主要的分接)(按11.3);

——绝缘油试验(按GB/T 17623—1998);

——操作冲击试验(按11.4.1);

——雷电全波冲击试验(按11.4.2);

——包括局部放电测量和声波探测测量的外施直流电压耐受试验(按11.4.3);

——包括局部放电测量的极性反转试验(按11.4.4);

——外施交流电压耐受试验和局部放电测量(按11.4.5及GB 1094.3);

——感应电压试验和局部放电测量(按11.4.6及GB 1094.3);

——绝缘电阻测量(按GB 1094.1);

——铁心绝缘及其相关绝缘的试验(按GB 1094.1)。

应在上述试验过程的开始、中途和结束时分别抽取供分析用的油样。在试验过程中途的油样抽取,应在用户与制造单位协商一致的一些重要试验项目做完后进行。应先对试验过程开始和试验过程结束时所抽取的油样进行分析。如果油样分析检测结果有差异,则还要对中途抽取的油样进行分析。

11.2.2 型式试验

下列试验应在每种型式的换流变压器中的一台上进行,但不必依次遵循下述所给出的顺序:

——雷电截波冲击试验(按11.4.2);

——温升试验(按11.5);

——声级测定(按11.7);

——冷却设备的声级测定(按11.7)。

11.2.3 特殊试验

如果用户有特殊要求,应进行下列试验,但不必依次遵循下述顺序:

——重复的冲击波形(RSO)测量;

——短路承受能力试验(按GB 1094.5);

——负载损耗和短路阻抗测量(其他分接)(按11.3和GB/T 18494.1—2001);

——零序阻抗测量(按GB 1094.1);

——负载电流试验(按11.6)。

11.2.4 交接试验

用户与制造单位协商的交接试验应在现场进行。交接试验项目至少应包括带有局部放电测量的感应电压试验及外施交流电压耐受试验在内。

11.3 负载损耗测量

11.3.1 概述

应在正弦波电流下进行负载损耗试验。为了推测运行条件下的损耗，要求进行两次损耗测量。一次是在额定频率下进行，另一次是在不低于150 Hz的某一频率下进行。然后根据这些测量结果来进行下述计算：

a) 推算绕组内、外附加损耗的分布值；

b) 推算运行中的负载损耗。

损耗测量方法按GB 1094.1的规定，令额定频率下的电流值等于额定电流值，频率更高时的电流值为10%至50%额定电流值。通过这两种频率下的测量，就有可能把附加损耗分解为两部分，其中一部分与绕组中的涡流损耗 P_{WE} 有关，另一部分与结构件中的杂散损耗 P_{SE} 有关。

注：当绕组电流中的谐波电流大于额定电流的10%时，这两部分损耗之间的比值可以假设为常数。

11.3.2 计算程序

在两次不同频率 f_1 和 f_x 及其对应的电流 I_1 和 I_x 下测得的负载损耗，若以 P_1 和 P_x 表示，则有：

$$P_1 = RI_1^2 + P_{WE1} + P_{SE1}$$

$$P_x = RI_x^2 + \left(\frac{I_x}{I_1}\right)^2 \left(\frac{f_x}{f_1}\right)^2 P_{WE1} + \left(\frac{I_x}{I_1}\right)^2 \left(\frac{f_x}{f_1}\right)^{0.8} P_{SE1}$$

用上述两个等式可对两个附加损耗分量 P_{WE1} 和 P_{SE1} 进行估算。

用第8章中规定的计算规则，可以推算出实际运行时的负载损耗。

总的运行时的损耗等于空载损耗与推算出的运行时的负载损耗之和。

11.4 绝缘试验

绝缘试验的目的是为了确认换流变压器是否按规定的网侧绕组和阀侧绕组的绝缘要求进行设计和制造。绝缘试验应按下述顺序进行。

11.4.1 操作冲击试验

若对网侧绕组规定了操作冲击试验时，应按GB 1094.3，在规定的峰值电压下进行试验。应谨慎地选择试验时的分接位置，以使阀侧绕组上出现的试验电压不超过阀侧绕组的绝缘水平。

当操作冲击试验电压施加于阀侧绕组时，绕组各端子应连接在一起，操作冲击试验电压应施加于绕组与地之间，非被试绕组的端子应接地。本部分不要求在阀侧绕组两端之间进行操作冲击试验。

11.4.2 雷电冲击试验

雷电冲击试验按GB 1094.3的规定。网侧绕组的试验电压应施加于每个端子上，每次试验一个端子。

对于阀侧绕组，有两种可用的方法进行试验。

a) 应在绕组的每个端子施加冲击波，其余端子应直接接地。雷电冲击试验电压为GB 1094.3规定的通过绕组两端的值。

b) 如果规定了绕组对地的绝缘水平与绕组两端的绝缘水平不同，则可以考虑将绕组非被试端子通过一个适当的电阻接地。此电阻的选择应使受冲击的端子上的对地电压值等于规定值时，绕组两端也能得到所需要的试验电压值。本试验应在绕组的每个端子上进行。

当绕组对地和绕组两端的雷电冲击水平相同时，只需做第一种试验。当对换流变压器阀侧绕组进行冲击试验时，所有其他端子都应直接接地。

对于并非所有端子均通过油箱或箱盖引出的绕组，其雷电冲击试验应由用户与制造单位协商确定。

11.4.3 外施直流电压耐受试验

11.4.3.1 变压器试验温度

在外施直流电压耐受试验中，油温应为10℃～30℃。

11.4.3.2 极性

应使用正极性电压。

11.4.3.3 试验程序

非被试端子应直接接地。所有套管端子应在试验开始前至少接地2 h，不允许对换流变压器绝缘结构预先施加较低的电压。试验电压应在1 min内升至规定的水平并保持120 min，此后，电压应在1 min内降低至零。

在整个外施直流电压耐受试验过程中，应进行局部放电量测量。

直流耐压试验结束后，应进行充分的放电。否则，绝缘结构件中可能会有相当多的残余电荷，对以后的局部放电量测量可能会有影响。

注：推荐使用能对局部放电进行探测和定位的仪器，特别是能对换流变压器内部的局部放电和试验线路上的局部放电加以区分的仪器。

11.4.3.4 验收准则

局部放电测量按GB 1094.3—2003附录A的适用部分进行，测量仪器按GB/T 7354—2003的规定。

如果在试验的最后30 min内，记录到不小于2 000 pC的脉冲数不超过30个，且在试验的最后10 min内，记录到不小于2 000 pC的脉冲数不超过10个，则应认为此试验结果通过验收，不需要继续进行局部放电试验。如果此条件未满足，则可以将试验延长30 min。

延长30 min的试验只允许进行一次，当在此30 min内的不小于2 000 pC的脉冲数不超过30个，且在最后10 min内的不小于2 000 pC的脉冲数不超过10个时，则应认为该项试验合格。

局部放电测量是非破坏性的试验。当测量结果与验收准则不符，但没有发生击穿时，不应立即拒绝该试品，而应由用户与制造单位就进一步的措施进行协商。

11.4.4 极性反转试验

11.4.4.1 变压器试验温度

在极性反转试验中，油温应为10℃～30℃。

11.4.4.2 试验程序

非被试端子应直接接地。应采用如图2所示的双极性反转试验。

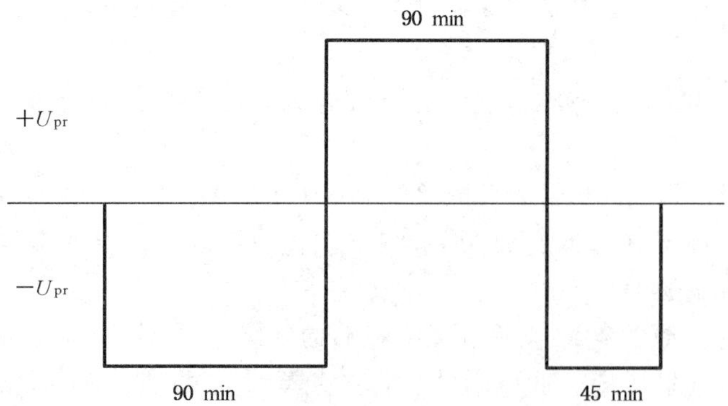

图2 双极性反转试验的电压变化图

所有套管端子应在试验开始前至少接地2 h，不允许对换流变压器绝缘结构预先施加较低的电压。试验应进行两次极性反转。试验的顺序应包括施加负极性电压90 min，然后施加正极性电压90 min，最后再施加负极性电压45 min。每次电压极性反转均应在2 min内完成。应在整个试验过程中监视局部放电水平。

极性反转试验结束后，应进行充分的放电。否则，绝缘结构件中可能会有相当多的残余电荷，对以后的局部放电量测量可能会有影响。

注：推荐使用能对局部放电进行探测和定位的仪器，特别是能对换流变压器内部的局部放电和试验线路上的局部放电加以区分的仪器。

11.4.4.3 验收准则

局部放电测量按 GB 1094.3—2003 附录 A 的适用部分进行，测量仪器按 GB/T 7354—2003 的规定。应在整个极性反转试验过程中测量局部放电量。

如果在每次极性反转后的 30 min 内，记录到不小于 2 000 pC 的脉冲数不超过 30 个，且在每次极性反转的最后 10 min 内，记录到不小于 2 000 pC 的脉冲数不超过 10 个，则应认为此试验结果通过验收。

当电压达到 100%试验值时，极性反转结束。

局部放电测量是非破坏性的试验。当测量结果与验收准则不符，但没有发生击穿时，不应立即拒绝该试品，而应由用户与制造单位就进一步的措施进行协商。

11.4.5 外施交流电压耐受试验

试验应采用 50 Hz 或 60 Hz 的频率。电压应施加在各相应端子连接在一起的每个绕组上，所有非被试端子均应接地。

局部放电测量按 GB 1094.3—2003 附录 A 的适用部分进行，测量仪器按 GB/T 7354—2003 的规定。

试验持续时间为 1 h。

注：推荐使用能对局部放电进行探测和定位的仪器，特别是能对换流变压器内部的局部放电和试验线路上的局部放电加以区分的仪器。

允许的局部放电量最大值应不超过 500 pC。

局部放电测量是非破坏性的试验。当测量结果与验收准则不符，但没有发生击穿时，不应立即拒绝该试品，而应由用户与制造单位就进一步的措施进行协商。具体采取的措施见 GB 1094.3—2003 附录 A 的规定。

11.4.6 感应电压试验

应按 GB 1094.3（包括规定的局部放电量限值）进行短时或长时感应交流电压试验。

在感应电压试验中，要注意用超声探测仪探测到的单个随机高幅值放电脉冲。如果放电量不小于 2 000 pC 的放电脉冲数每分钟超过一次，那么换流变压器应按下述注中的规定进行一次预处理，然后重新进行感应电压试验。

注：在感应电压试验中，使用声波法能检测出可能由直流电荷放电产生的一些随机高幅值（大于 1 000 pC）放电脉冲。即使经过长时间（24 h）的接地，也不可能将换流变压器在直流电压耐受试验中所产生的直流电荷完全放尽。因此，在进行感应电压试验前，建议先对变压器施加额定频率（50 Hz/60 Hz）的 $1.1\times U_m$ 电压（网侧绕组）进行 1 h 励磁的预处理，以充分消除残余的直流电荷。

11.5 温升试验

如果不另行规定，应按 GB 1094.2 来确定温升特性。

对于换流变压器，在确定（通过计算和试验）其油、绕组和其他金属结构件在变压器运行时的温度时，应考虑谐波电流的影响。

试验目的为：

——确定顶层油温升；

——确定绕组温升。

应对 GB 1094.2 所规定的油浸式变压器的试验程序做如下修改。

应按 8.3 和 11.3.2 计算的总损耗来确定稳态条件下的顶层油温升。如果试验设备受到限制，可以将施加的功率损耗降低至不低于规定值的 80%（见 GB 1094.2）。试验终了时，应对本试验所确定的温升进行校正。

顶层油温升确定后，接着用与额定运行条件下的负载损耗等效的 50 Hz/60 Hz 正弦试验电流继续进行试验。这种条件应在绕组中持续 1 h，在此期间应测量油和冷却介质的温度。试验终了时，应测定绕组的温升。

此等效的试验电流应等于：

$$I_{eq}=I_1\left(\frac{I_{LN}^2\times R+F_{WE}\times P_{WE1}+F_{SE}\times P_{SE1}}{I_1^2\times R+P_{WE1}+P_{SE1}}\right)^{0.5}$$

式中：

$F_{WE}=\sum_{h=1}^{25}k_h^2\times h^2$；

$F_{SE}=\sum_{h=1}^{25}k_h^2\times h^{0.8}$。

一般来说，一台三绕组换流变压器有两个具有相同额定容量的阀侧绕组，每个阀侧绕组供给一个换流桥。三相绕组一般为 Yyd 联结。通常应采用表 1 规定的三种程序施加电流。

各个绕组的负载电流应按表 1 计算。

表 1　三绕组换流变压器的试验条件

试验程序	网侧绕组	阀侧绕组 y 接	阀侧绕组 d 接
试验 A	施加负载	施加负载	施加负载
试验 B	施加负载	施加负载	无负载
试验 C	施加负载	无负载	施加负载

上述试验 B 和试验 C 中的网侧绕组电流近似等于试验 A 中网侧绕组电流值的一半。在试验 B 与试验 C 中的负载情况之间，损耗可能不同。对于试验 A、试验 B 和试验 C，均应重复 11.3.2 程序。每种试验情况都应确定附加损耗的估算值。只要谐波电流频谱不同，在计算附加系数 F_{WE} 和 F_{SE} 时就应对其进行考虑。这就使得各种负载情况下的附加系数不同。

应依次施加每个绕组的等效试验电流，并确定绕组的温升。对于一台三绕组换流变压器，如果其两个阀侧绕组具有相同的额定容量，并且各自对网侧绕组的阻抗相同，则只需进行试验 A。

亦可参考 GB 1094.2。关于试验程序，见 GB 1094.2—1996 的 5.2 和 5.6；关于油箱各部位温度监测，见 GB 1094.2—1996 的 B.4；关于测量程序，见 GB 1094.2—1996 的 C.2 和 C.3；关于油中气体分析，见 GB 1094.2—1996 的 C.4。

11.6　负载电流试验

为了验证换流变压器的载流能力，应施加按 8.3 和 11.3.2 计算出的总运行损耗进行负载电流试验。试验持续时间应不少于 12 h。应通过对油中溶解气体的色谱分析来检测可能出现的过热和异常温度。如果进行了温升试验，则负载电流试验可不必进行。

11.7　换流变压器的声级测定

换流变压器的声级测定程序应按 GB/T 1094.10 的规定。

12　高频工作模式

如有要求，应通过低压测量来确定换流变压器的高频工作模式，见 GB 1094.3—2003 附录 B。

13　换流变压器的超铭牌负载

如果未与制造单位协商，换流变压器不允许在超过铭牌规定的额定负载值下运行。

注：换流变压器一般是为特殊设施而设计的，并且要与阀件和其他直流元件的能力相配合。如果换流站运行的工

况高于其额定容量，则需要进行详细的发热研究，以确定所有受影响的终端设备的能力。关于换流变压器在基波和谐波电流下的设计与能力的详细信息应作为研究工作的一部分。

14 套管

14.1 交流套管

套管应按 GB/T 4109 的规定。

14.2 阀侧绕组套管

套管一般应按 GB/T 4109 的规定，或者，在缺乏适合的标准时，应由制造单位与用户就套管的交流和直流试验程序进行协商。

套管应能承受下列试验电压：

——对于外施直流耐受电压试验，试验电压为 1.15 U_{dc}；

——对于极性反转试验，试验电压为 1.15 U_{pr}。

在这些试验中，应将套管安装于能得到与运行中出现的电气作用强度条件相似或相同的结构件上。

15 分接开关

15.1 概述

当要求安装有载分接开关时，应按 GB 10230 提供该开关。

15.2 电流波形

由于带 d 接阀侧绕组的换流变压器的分接开关在运行中的电流变化率，比相应的基波频率正弦电流变化率要高，因此，应谨慎地选择分接开关的额定电流。

ICS 29.180
K 41

中华人民共和国国家标准

GB/T 19212.1—2016
代替 GB 19212.1—2008

变压器、电抗器、电源装置及其组合的安全 第1部分:通用要求和试验

Safety of transformers, reactors, power supply units and combinations thereof—Part 1: General requirements and tests

(IEC 61558-1:2009, Safety of power transformers, power suppies, reactors and similar products—Part 1: General requirements and tests, MOD)

2016-12-13 发布　　2017-03-01 实施

中华人民共和国国家质量监督检验检疫总局
中国国家标准化管理委员会　发布

前　言

GB/T 19212《变压器、电抗器、电源装置及其组合的安全》[1] 目前包括下列部分：

——第1部分：通用要求和试验；

——第2部分：一般用途分离变压器和内装分离变压器的电源的特殊要求和试验；

——第3部分：控制变压器和内装控制变压器的电源的特殊要求和试验；

——第4部分：燃气和燃油燃烧器点火变压器的特殊要求和试验；

——第5部分：隔离变压器和内装隔离变压器的电源装置的特殊要求和试验；

——第6部分：剃须刀用变压器、剃须刀用电源装置及剃须刀供电装置的特殊要求和试验；

——第7部分：安全隔离变压器和内装安全隔离变压器的电源装置的特殊要求和试验；

——第8部分：玩具用变压器和电源的特殊要求和试验；

——第9部分：电铃和电钟变压器及电源装置的特殊要求和试验；

——第10部分：Ⅲ类手提钨丝灯用变压器和电源装置的特殊要求和试验；

——第13部分：恒压变压器的特殊要求；

——第14部分：自耦变压器和内装自耦变压器的电源装置的特殊要求和试验；

——第15部分：调压器和内装调压器的电源装置的特殊要求和试验；

——第16部分：医疗场所供电用隔离变压器的特殊要求；

——第17部分：开关型电源装置和开关型电源装置用变压器的特殊要求和试验；

——第20部分：干扰衰减变压器的特殊要求；

——第21部分：小型电抗器的特殊要求和试验；

——第24部分：建筑工地用变压器的特殊要求。

本部分为GB/T 19212的第1部分。本部分需与GB/T 19212的其他部分配合使用。

本部分按照GB/T 1.1—2009给出的规则起草。

本部分代替GB 19212.1—2008《电力变压器、电源、电抗器和类似产品的安全　第1部分：通用要求和试验》。与GB 19212.1—2008相比，主要技术变化如下：

——标准名称改为《变压器、电抗器、电源装置及其组合的安全　第1部分：通用要求和试验》

——修改了对IP00变压器的试验的一般说明(见5.13)；

——增加了对IP00变压器的标志和其他信息的要求(见8.14)；

——修改了耐故障条件下产生的异常热的规定(见27.2)。

本部分使用重新起草法修改采用IEC 61558-1:2009《电力变压器、电源、电抗器和类似产品的安全　第1部分：通用要求和试验》(英文版)。

为了适应我国国情，本部分在采用IEC 61558-1:2009时，对第2章"规范性引用文件"中的部分引用文件做了具有技术性差异的调整。附录X中给出了这部分被调整的引用文件相互对照一览表。

本部分还做了编辑性修改，将标准名称修改为《变压器、电抗器、电源装置及其组合的安全 第1部分：通用要求和试验》。

请注意本文件的某些内容可能涉及专利。本文件的发布机构不承担识别这些专利的责任。

1) 本系列标准中，有些部分是在《电力变压器、电源、电抗器和类似产品的安全》标题下，有些部分是在《电源电压为1 100 V及以下的变压器、电抗器、电源装置和类似产品的安全》标题下，有些部分是在《变压器、电抗器、电源装置及其组合的安全》标题下，未来发布的本系列标准的标题可能还会修改。

本部分由中国电器工业协会提出。

本部分由全国小型电力变压器、电抗器、电源装置及类似产品标准化技术委员会(SAC/TC 418)归口。

本部分起草单位:沈阳变压器研究院股份有限公司、国家广播电视产品质量监督检验中心、上海市质量监督检验技术研究院、工业和信息化部电子第五研究所赛宝质量安全检测中心、天津光电惠高电子有限公司、工业和信息化部电子工业标准化研究院、中山市保利金电子有限公司、明珠电气有限公司、中国质量认证中心。

本部分主要起草人:林然、张雅芳、俞毅敏、孙建龙、李东波、王晓冬、林俊容、毛启武、张红、冯晓川。

本部分所代替标准的历次版本发布情况为:

——GB 19212.1—2003、GB 19212.1—2008。

引　言

GB/T 19212 的本部分规定了变压器的安全要求。其中，变压器一词，如果适用，包括变压器、电抗器和电源。

在制定本部分期间，尽可能考虑到 GB 16895《建筑物电气装置》的要求，以便使变压器可以按该标准规定的布线规程进行安装。

本部分规定了防止变压器在按制造方说明书规定的正常条件下工作时可能发生电气、机械和着火等危险的国际接受水平。本部分还规定了在实际情况下可能发生的非正常的情况。

符合本部分要求的变压器，如果在检查和试验时，发现有其他特性会损害这些要求所规定的安全水平，则不一定能判定该变压器符合本部分的安全原则。

当变压器所使用的材料或具有的结构形式与本部分中的规定有所不同时，可以按本部分要求的意图进行检查和试验，如果发现实质上是相当的，则可以判定该变压器符合本部分的安全原则。

涉及变压器电磁兼容(EMC)的非安全方面的标准是 GB/T 21419《变压器、电抗器、电源装置及其组合的安全 电磁兼容(EMC)要求》。但是，该标准也包括可以使变压器承受有关安全方面条件的试验。

本部分的目的是规定出一系列被认为能普遍适用于大多数类型变压器的要求和试验、且这些要求和试验又是可被 GB/T 19212 其他部分按需要所引用的。因此，不能认为本部分是一个对任何类型变压器皆适用的规范，它只适用于 GB/T 19212 其他部分所规定的那些特殊类型的变压器。本部分还规定了规范性例行试验。

与本部分结合使用的 GB/T 19212 其他的每个部分包括该部分所规定的变压器的所有必须的要求，并不包括其余部分所规定的内容。对防护等级为 IP00 的变压器和配套用变压器，在同一种结构内有可能具有符合 GB/T 19212 其他不同部分规定的电路(例如，其 SELV 输出电路符合 GB 19212.7 的规定和其 230V 输出电路符合 GB 19212.5 的规定)。但是，如果一个变压器涉及 GB/T 19212 其他各部分时，则要在合理的范围内，针对每一种功能和(或)用途，分别采用 GB/T 19212 的相应部分。如果适用，要考虑一种功能对其他功能的影响。

对于某一个特殊的变压器或某一类型变压器，如果没有相适应的 GB/T 19212 其他各部分时，则可以采用其中最能接近适用的该部分将其要求和试验作为导则。

如果 GB/T 19212 其他部分任何一章中的要求用“GB/T 19212.1 的该章适用”的短语来引用本部分时，则该短语表示本部分该章中的所有要求，除了某些要求明显不适用于该其他部分规定的特殊类型变压器外，均可适用。

GB/T 19212 其他各部分的制定原则如下：

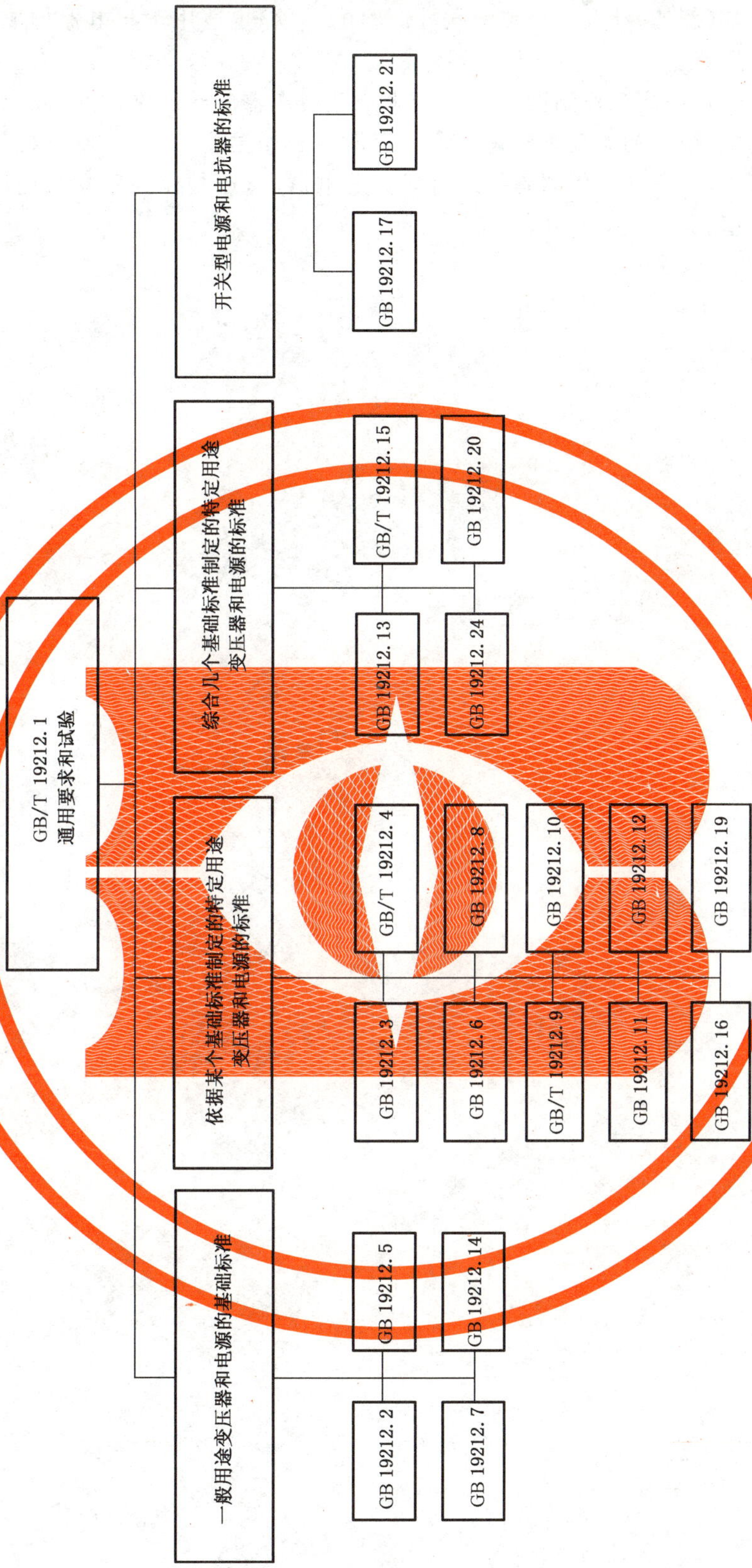

图 0 GB/T 19212的制定原则

本部分的有关条款(例如,涉及绕组热耐久性试验的条款)也适用于与电器构成一个整体部分而不能单独进行试验的变压器。

可以选用绕组的额定最高工作温度(符号 t_w)来规范变压器的热特性,为了确保变压器具有附录 U 所规定的最低寿命期限,绕组的温度不应超过该额定最高工作温度。此外,对于在第 15 章规定的非正常条件下工作的变压器,不论该变压器是装入所配套的电器内,还是作为独立用变压器来使用,均不应超过该规定的温度限值。

变压器、电抗器、电源装置及其组合的安全
第1部分：通用要求和试验

1 范围

GB/T 19212的本部分规定了变压器、电抗器、电源装置及其组合的安全方面的要求，如电气、温度和机械等方面的安全要求。

本部分适用于下列类型的干式变压器、电源（包括开关型电源）和电抗器，其绕组可以是包封式或非包封式。

注1：变压器、电源和开关型电源的区别如下：

——对变压器，没有改变频率。但是，变压器（例如恒压变压器）可以有不超过30 kHz的内部谐振频率；

——对电源，内部工作频率和波形与电源的频率和波形不同，且内部工作频率不超过500 Hz（见定义3.1.19）；

——对开关型电源，内部工作频率和波形与电源的频率和波形不同，且内部工作频率超过500 Hz但不超过100 MHz。

有关GB/T 19212的其他部分可以从本部分的引言中查到。

a) 驻立式或移动式、单相或多相、空气冷却（自冷或风冷）、独立用或配套用的、不构成配电网络一部分的隔离和安全隔离变压器，其具有下列特性：

——额定电源电压不超过交流1 000 V；

——额定电源频率不超过500 Hz；

并且除了GB/T 19212的其他部分另有规定外，符合下列规定的数值：

- 对隔离变压器：

  ——单相变压器额定输出不超过25 kVA，多相变压器不超过40 kVA。

  ——空载输出电压和额定输出电压超过交流50 V且不超过交流500 V，或者按国家布线规程的规定或对某个特殊用途，不超过交流1 000 V。

- 对安全隔离变压器：

  ——单相变压器的额定输出不超过10 kVA，多相变压器不超过16 kVA。

  ——在导体之间或任意一个导体与保护接地之间，空载输出电压和额定输出电压不超过交流50 V。

注2：当安装规程或电器（如电动玩具、电铃、移动式电动工具、手提式灯具）规范要求电路之间为双重绝缘或加强绝缘时，使用隔离变压器或安全隔离变压器。

b) 驻立式或移动式、单相或多相、空气冷却（自冷或风冷）、独立用或配套用的、不构成配电网络一部分的分离变压器、自耦变压器、调压器和小型电抗器，其具有下列特性：

——额定电源电压不超过交流1 000 V；

——额定电源频率不超过500 Hz；

并且除了GB/T 19212其他部分另有规定外，符合下列规定的数值：

- 对既是独立用又是配套用的变压器，空载输出电压和额定输出电压不超过交流15 kV，对独立用的变压器，额定输出电压不小于交流50 V；
- 额定输出不超过下列规定值：

  ——单相变压器，1 kVA；

  ——单相电抗器，2 kvar；

  ——多相变压器，5 kVA；

——多相电抗器，10 kvar。

注 3：当安装规程或电器规范不要求电路之间为双重绝缘或加强绝缘时，使用分离变压器。

注 4：通常，b)类变压器是预定要与设备配套使用，以便针对设备的功能要求提供与电源电压不同的电压。该类变压器的电击防护可以通过所配套设备的其他部件，例如用其壳体来提供或实现。输出电路的零部件可以与输入电路或保护接地相连。

c) 驻立式或移动式、单相或多相、空气冷却(自冷或风冷)、独立用或配套用的、内装一个或多个a)类或 b)类变压器、不构成配电网络一部分的电源和开关型电源，其具有下列特性：

——额定电源电压不超过交流 1 000 V；

——额定电源频率不超过 500 Hz；

——对电源，内部工作频率不超过 500 Hz，对开关型电源，不超过 100 MHz；

并且除了 GB/T 19212 其他部分另有规定外，符合下列规定的数值：

- 对内装隔离变压器的电源和开关型电源：

  ——单相或多相电源或开关型电源的额定输出不超过 1 kVA；

  ——空载输出电压和额定输出电压超过交流 50 V 或无纹波直流 120 V，且不超过 500 V 或无纹波直流 708 V，或者按国家布线规程的规定或对某个特殊用途，不超过交流 1 000 V或无纹波直流 1 415 V。

- 对内装安全隔离变压器的电源和开关型电源：

  ——单相或多相电源和开关型电源的额定输出不超过 1 kVA

  ——在导线之间或任意一条导线与保护接地之间，空载输出电压和额定输出电压不超过交流 50 V 或无纹波直流 120 V。

注 5：当安装规程或电器(如电动玩具、电铃、移动式电动工具、手提式灯具)规范要求电路之间为双重绝缘或加强绝缘时，使用内装隔离和安全隔离变压器的电源和开关型电源。

- 对内装分离变压器、自耦变压器和调压器的电源和开关型电源：

  ——单相或多相电源和开关型电源的额定输出不超过 1 kVA；

  ——对既是独立用又是配套用的变压器，空载输出电压和额定输出电压不超过交流 15 kV，对独立用的变压器，额定输出电压不小于交流 50 V；

注 6：当安装规程或电器规范不要求电路之间为双重绝缘或加强绝缘时，使用内装分离变压器的电源和开关型电源。

d) 本部分也适用于额定输出不超过 1 000 VA、t_w 温度不超过 140 ℃(t_w140)的带 t_w标志的变压器。但是，变压器的 t_w标志是可以任选的。

本部分也适用于内装电子电路的变压器、电源、开关型电源和电抗器。

本部分不适用于预定要与变压器、电源、开关型电源和电抗器的输入和输出端子或输出插座连接的外部电路及其元器件。

注 7：应注意以下情况：

——对预定要用在车辆、船舶或飞机上的变压器，可能需要附加要求(按其他适用的标准、国家规程等)；

——避免外壳和外壳内元器件受诸如霉菌、害虫、白蚁、日辐射和结冰等外界影响的防护措施也应考虑；

——变压器运输、储存和工作的不同条件也应考虑；

——对预定要用于特殊环境，例如用于热带环境的变压器，可以采用符合其他适用标准和国家规程规定的附加要求。

注 8：随着今后变压器技术的发展，可能需要提高频率的上限值，到那时之前，可以将本部分作为导则使用。

2 规范性引用文件

下列文件对于本文件的应用是必不可少的。凡是注日期的引用文件，仅注日期的版本适用于本文件。凡是不注日期的引用文件,其最新版本(包括所有的修改单)适用于本文件。

GB 1002 家用和类似用途单相插头插座 型式、基本参数和尺寸

GB 1094.1 电力变压器 第1部分:总则(GB 1094.1—2013,IEC 60076-1:2011,MOD)

GB 2099.1—2008 家用和类似用途插头插座 第1部分:通用要求(IEC 60884-1:2006,MOD)

GB/T 2423.2—2008 电工电子产品环境试验 第2部分:试验方法 试验B:高温(IEC 60068-2-2:2007,IDT)

GB/T 2423.8 电工电子产品环境试验 第2部分:试验方法 试验Ed:自由跌落(GB/T 2423.8—1995,IEC 60068-2-32:1990,IDT)

GB/T 2423.10 电工电子产品环境试验 第2部分:试验方法 试验Fc:振动(正弦)(GB/T 2423.10—2008,IEC 60068-2-6:1995,IDT)

GB/T 2423.55 电工电子产品环境试验 第2部分:试验方法 试验Eh:锤击试验(GB/T 2423.55—2006,IEC 60068-2-75:1997,IDT)

GB/T 4074.3—2008 绕组线试验方法 第3部分:机械性能(IEC 60851-3:1997,IDT)

GB/T 4074.5—2008 绕组线试验方法 第5部分:电性能(IEC 60851-5:2004,IDT)

GB/T 4074.6—2008 绕组线试验方法 第6部分:热性能(IEC 60851-6:1996,IDT)

GB/T 4207—2012 固体绝缘材料耐电痕化指数和相比电痕化指数的测定方法(IEC 60112:2009,IDT)

GB 4208—2008 外壳防护等级(IP代码)(IEC 60529:2001,IDT)

GB/T 5013(所有部分) 额定电压450/750 V及以下橡皮绝缘电缆[IEC 60245(所有部分),IDT]

GB/T 5023(所有部分) 额定电压450/750 V及以下聚氯乙烯绝缘电缆[IEC 60227(所有部分),IDT]

GB/T 5169.10 电工电子产品着火危险试验 第10部分:灼热丝/热丝基本试验方法 灼热丝装置和通用试验方法(GB/T 5169.10—2006,IEC 60695-2-10:2000,IDT)

GB/T 5169.11—2006 电工电子产品着火危险试验 第11部分:灼热丝/热丝基本试验方法 成品的灼热丝可燃性试验方法(IEC 60695-2-11:2000,IDT)

GB/T 5169.21 电工电子产品着火危险试验 第21部分:非正常热 球压试验(GB/T 5169.21—2006,IEC 60695-10-2:2003,IDT)

GB/T 5465.2—2008 电气设备用图形符号 第2部分:图形符号(IEC 60417-DB:2007[2],IDT)

GB/T 6109(所有部分) 漆包圆绕组线[IEC 60317(所有部分),IDT]

GB 8898—2011 音频、视频及类似电子设备安全要求(IEC 60065:2005,MOD)

GB 9364(所有部分) 小型熔断器[IEC 60127(所有部分),IDT]

GB 9364.3 小型熔断器 第3部分:超小型熔断体(GB 9364.3—1997,IEC 60127-3:1988,IDT)

GB 9816.1—2013 热熔断体 第1部分:要求和应用导则(IEC 60691:2002,MOD)

GB 10963(所有部分) 电气附件 家用及类似场所用过流保护断路器[3][IEC 60898(所有部分),IDT]

GB/T 11021 电气绝缘 耐热性和表示方法(GB/T 11021—2014,IEC 60085:2007,IDT)

GB/T 11026(所有部分) 电气绝缘材料 耐热性[IEC 60216(所有部分),IDT]

GB/T 11918(所有部分) 工业用插头插座和耦合器[IEC 60309(所有部分),MOD]

GB/T 12113—2003 接触电流和保护导体电流的测量方法(IEC 60990:1999,IDT)

---

1) "DB"是指 IEC 在线数据库。

2) GB 10963.2 是按总标题"家用及类似场所用过流保护断路器"来出版的(即在标题中未使用引导要素"电气附件")。

GB 13140.2 家用和类似用途低压电路用的连接器件 第2部分:作为独立单元的带螺纹型夹紧件的连接器件的特殊要求(GB 13140.2—2008,IEC 60998-2-1:2002,IDT)

GB 13140.3 家用和类似用途低压电路用的连接器件 第2部分:作为独立单元的带无螺纹型夹紧件的连接器件的特殊要求(GB 13140.3—2008,IEC 60998-2-2:2002,IDT)

GB/T 13539(所有部分) 低压熔断器(IEC 60269(所有部分),IDT)

GB/T 13539.2 低压熔断器 第2部分:专职人员使用的熔断器的补充要求(主要用于工业的熔断器)—标准化熔断器系统示例A至I(GB/T 13539.2—2008 ,IEC 60269-2:2006,IDT)

GB/T 13539.3 低压熔断器 第3部分:非熟练人员使用的熔断器的补充要求(主要用于家用和类似用途的熔断器)——标准化熔断器系统示例A至F(GB/T 13539.3—2008,IEC 60269-3:2006,IDT)

GB/T 14048.7 低压开关设备和控制设备 第7-1部分:辅助器件 铜导体的接线端子排(GB/T 14048.7—2006,IEC 60947-7-1:2002,MOD)

GB/T 14472 电子设备用固定电容器 第14部分:分规范抑制电源电磁干扰用固定电容器(GB/T 14472—1998,IEC 60384-14:1993,IDT)

GB 14536(所有部分) 家用和类似用途电自动控制器(IEC 60730(所有部分),IDT)

GB 14536.1—2008 家用和类似用途电自动控制器 第1部分:通用要求(IEC 60730-1:2003,IDT)

GB 15092.1—2010 器具开关 第1部分:通用要求(IEC 61058-1:2008,IDT)

GB/T 16842—2008 外壳对人和设备的防护 检验用试具(IEC 61032:1997,IDT)

GB/T 16935.1—2008 低压系统内设备的绝缘配合 第1部分:原理、要求和试验(IEC 60664-1:2007,IDT)

GB/T 16935.3—2005 低压系统内设备的绝缘配合 第3部分:利用涂层、罐封和模压进行防污保护(IEC 60664-3:2003,IDT)

GB/T 17045—2008 电击防护 装置和设备的通用部分(IEC 61140:2001,IDT)

GB 17464 连接器件 电气铜导线 螺纹型和无螺纹型夹紧件的安全要求 适用于0.2 mm^2以上至35 mm^2(包括)导线的夹紧件的通用要求和特殊要求(GB 17464—2012, IEC 60999-1:1999,IDT)

GB 17465(所有部分) 家用和类似用途器具耦合器[IEC 60320(所有部分),IDT]

GB 17465.3 家用和类似用途器具耦合器 第2部分:防护等级高于IPX0的器具耦合器(GB 17465.3—2008,IEC 60320-2-3:2005,IDT)

GB/T 18379—2001 建筑物电气装置的电压区段(IEC 60449:1973,IDT)

GB/T 20631.1—2006 电气用压敏胶粘带 第1部分:一般要求(IEC 60454-1:1992,MOD)

GB/T 20631.2—2006 电气用压敏胶粘带 第2部分:试验方法(IEC 60454-2:1994,IDT)

IEC 60884-2-4 家用和类似用途插头插座 第2部分:安全特低电压(SELV)插头插座的特殊要求(Plugs and socket-outlets for household and similar purposes—Part 2:Particular requirements for plugs and socket-outlets for SELV)

IEC 60906-1 IEC体系的家用和类似用途插头插座 第1部分:16 A 250 V交流插头插座(IEC System of plugs and socket-outlets for household and similar purposes—Part 1:Plugs and socket-outlets 16 A 250 V a.c.)

IEC 60906-3 IEC体系的家用和类似用途插头插座 第3部分:16 A 6 V、12 V、24 V、48 V交流和直流安全特低电压插头插座(IEC System of plugs and socket-outlets for household and similar purposes—Part 3:SELV plugs and socket-outlets, 16 A 6 V,12 V,24 V,48 V,a.c.and d.c.)

ISO 4046-4:2002 纸、纸板、纸浆和相关术语 词汇(Paper,board,pulp and related terms—Vocabulary)

ISO 8820(所有部分) 道路车辆 熔断体(Road vehicles—Fuse-links)

3 术语和定义

下列术语和定义适用于本文件。

对预定要作特定应用的变压器,其进一步的定义在GB/T 19212的其他部分中作出规定。

当使用变压器一词时,该词在适用的情况下包括变压器、电抗器和电源。

除非另有规定,"电压"和"电流"两个词是指交流电压和电流的方均根值,对直流电压和电流,这两个词是指相应的算术平均值。

"无纹波"习惯上是指纹波电压方均根值不大于直流分量的10%。

3.1 变压器

3.1.1

(电力)变压器 (power)transformer

具有两个或多个绕组的静止设备,为了传输电能,在同一频率下,通过电磁感应将一个系统的交流电压和电流转换为另一系统的电压和电流,通常这些电流和电压的值是不同的。

(IEV 421-01-01)

注:频率一词也意味着波形保持相同。

3.1.2

隔离变压器 isolating transformer

输入绕组与输出绕组之间具有保护隔离的变压器。

3.1.3

安全隔离变压器 safety isolating transformer

设计成提供SELV(安全特低电压)或PELV(保护特低电压)的隔离变压器。

3.1.4

分离变压器 separating transformer

输入绕组与输出绕组之间至少用基本绝缘隔离的变压器。

3.1.5

(暂缺)

3.1.6

配套用变压器 associated transformer

设计成给特定的电器或设备或其部件供电的变压器。它可以是一种内装式变压器,也可以是一种专用变压器。

3.1.6.1

内装式变压器 incorporated transformer

设计成装入特定的电器或设备内或装入电器或设备的某个部件内,且由该电器或设备的外壳提供电击防护的配套用变压器。

3.1.6.2

专用变压器 transformer for specific use

固定于电器或设备上或者随电器或设备一起提供的,但不装入该电器或设备内,且其自身带有外壳,能提供电击防护的配套用变压器。

3.1.7

独立用变压器　independent transformer

设计成能向不指定的电器供电，而且无需用任何附加的外壳提供电击防护就可以使用的变压器。

注：这种变压器可以是移动式变压器或驻立式变压器。

3.1.8

（暂缺）

3.1.9

耐短路变压器　short circuit proof transformer

当过载或短路时其温度不会超过规定的温度限值，在过载或短路消除后仍能继续满足本部分的所有要求，且不要求在短路或过载条件下仍能继续工作的变压器。

注：“能继续满足本部分所有要求”不意味着对所有类型的耐短路变压器都能继续工作。

3.1.9.1

非固有耐短路变压器　non-inherently short-circuit proof transformer

装有过载保护装置或装有有意薄弱部件的耐短路变压器，当变压器过载或短路时，过载保护装置或有意薄弱部件能断开输入或输出电路，或者能减小输入电路或输出电路的电流，且在过载或短路消除后仍能继续满足本部分的所有要求。

3.1.9.1.1

带可复位、自复位或可更换保护装置的非固有耐短路变压器　non-inherently short-circuit proof transformer with resettable, self-resetting or replaceable protective device

所装保护装置在复位或更换后能继续工作的耐短路变压器。

注：自复位或非自复位保护装置的例子有熔断器、过载继电器、热熔断器、热熔断体、热断路器和 PTC 电阻器以及自动断开的机械装置。

3.1.9.1.2

带非自复位或不可更换保护装置的非固有耐短路变压器　non-inherently short-circuit proof transformer wih non-self-resetting or non-replaceable protective device

装有非自复位或不可更换保护装置，或装有不可更换有意薄弱部件的耐短路变压器，在过载或短路消除后能继续满足本部分的所有要求，但是在过载或短路消除后不能再继续工作。

3.1.9.2

固有耐短路变压器　inherently short-circuit proof transformer

不装有防止过载或短路的任何保护装置的耐短路变压器。由于结构上的特点，变压器的温度不会超过规定的限值，且在过载或短路消除后，变压器能继续工作并满足本部分的所有要求。

3.1.10

非耐短路变压器　non-short-circuit proof transformer

变压器不装有但却规定在变压器外部要装有保护装置，以防止变压器在过载或短路时温度过高，且在过载或短路消除后，以及如果适用，在保护装置复位或更换后，变压器仍能继续满足本部分的所有要求。

3.1.11

无危害式变压器　fail-safe transformer

装有保护装置或装有有意薄弱部件，当变压器过载或短路时，通过切断其输入电路而使其永远失去功能，但是对使用者和周围环境不造成危害的变压器。在短路或过载消除后，变压器能继续满足本部分的所有要求。

注：“能继续满足本部分的所有要求”不意味着无危害式变压器能继续工作。无危害式变压器在失去其功能后，仍能满足原试验电压值的 35%的介电强度试验（见 15.5）。

3.1.12

移动式变压器　portable transformer

在工作时是移动的变压器，或在接好电源时能轻易地从一个地方移动到另一个地方的变压器，或者是直插式变压器。

3.1.13

嵌入式变压器　flush-type transformer

设计成安装在嵌入式安装盒内的变压器。

3.1.14

固定式变压器　fixed transformer

预定要固定在支撑件上使用(固定位置可以由制造方规定)的变压器。

3.1.15

驻立式变压器　stationary transformer

固定式变压器或者质量超过 18 kg 而且不装搬运把手的一种变压器。

3.1.16

手持式变压器　hand-held transformer

在正常使用时预定要用手握持的移动式变压器。

3.1.17

(暂缺)

3.1.18

干式变压器　dry-type transformer

不含有液体介质的变压器，且其绕组可以是浇注的或包封的。

3.1.19

电源　power supply

装有变压器和电子电路，能将电功率转换成单个或多个功率输出的电子装置。该电子装置也可以将输入电路与输出电路隔离，还可以调节和(或)变换输出电压和电流。这种电子装置可以由具有相同或不同的波形和频率的、包括直流输出在内的一个或多个单元组成，其内部工作频率和波形与电源的频率和波形不同，且内部工作频率不大于 500 Hz。

3.1.20

开关型电源　switch mode power supply

装有变压器和电子电路，能将电功率转换成单个或多个功率输出的电子装置。该电子装置也可以将输入电路与输出电路隔离，还可以调节和(或)变换输出电压和电流。这种电子装置可以由具有相同或不同的波形和频率的、包括直流输出在内的一个或多个单元组成，其内部工作频率和波形与电源的频率和波形不同，且内部工作频率超过 500 Hz，但不超过 100 MHz。

3.1.21

电抗器　reactor

含有一个或多个绕组、其阻抗与频率有关的电气装置。它是按自感原理，利用励磁电流产生的磁场通过导磁铁心或空气来工作的。

注：本定义也包括环形铁心电抗器。

3.2　通用术语

3.2.1

外部软电缆或软线　external flexible cable or cord

由外部接到输出或输入电路用的且按下列连接方法之一固定在变压器上或者与变压器一起装配好

的软电缆或软线：

——X 型连接

使普通的或特殊制备的软电缆或软线能轻易地更换的连接方法；

——Y 型连接

预定只能由制造方、其服务机构或类似的有资格的人员来更换的连接方法；

注：采用 Y 型连接时，可以使用普通的软电缆或软线，也可以使用特殊的电缆或软线。

——Z 型连接

如不打破或毁坏变压器中的某一部分就无法更换软电缆或软线的连接方法。

3.2.2

电源软线　power supply cord

用来给输入电路供电的外部软电缆或软线。

注：电源软线的连接方式有：

——用 X、Y 或 Z 型连接固定在变压器上或与变压器装配在一起，或者

——用器具耦合器与变压器相连。

3.2.3

连接引线　connecting leads

将绕组的端头与变压器的端子相连的引线。

注：连接引线被认为是内部导线。

3.2.4

壳体　body

可触及的导电零部件，轴、手柄、旋钮、把手和类似的零部件，可触及的金属固定螺钉以及贴在可触及绝缘材料表面的金属箔。

3.2.5

可触及的零部件　accessible part

在变压器正确安装后，用标准试验指可以触及到的零部件。

3.2.6

可拆卸零部件　detachable part

无需借助工具就能拆卸的零部件。

3.2.7

不可拆卸零部件　non-detachable part

只有借助工具才能拆卸的零部件。

3.2.8

工具　tool

可以用来拧动螺钉或类似紧固装置的改锥、硬币或其他任何物件。

3.2.9

外壳　enclosure

为防止某些外界影响以及防止沿任何方向的直接接触而为变压器提供防护的部件。

(IEV 826-03-12:1982)

注：外界影响的例子有：机械撞击、腐蚀、霉菌、害虫、日辐射、结冰和潮湿。

3.2.10

中间导电零部件　intermediate conductive part

位于危险的带电零部件之间或壳体与其他危险的带电零部件之间的不可触及的导电零部件。

3.2.11

导电零部件　conductive part

金属零部件和导电程度与金属零部件等效的非金属零部件。

3.2.12

电子元器件　electronic component

基本原理是依靠电子在真空、气体或半导体中的位移来实现导电的元器件。

注：氖指示灯不认为是电子元器件。

3.2.13

电子电路

至少有一个电子元器件的电路。

3.2.14

（暂缺）

3.2.15

电气隔离　electrical separation

用空气和(或)固体绝缘在导电零部件之间进行的隔离。

3.3　工作和保护

3.3.1

全极断开　all pole disconnection

通过单次切换动作将所有的电源导线切断。

注1：保护接地导线不认为是电源导线。

注2：中性导线被认为是电源导线。

注3：国家的布线规程可以要求也可以不要求将中性导线切断。

3.3.2

热断路器　thermal cut-out

在变压器非正常工作时，能自动切断电路或减小电流，以限制变压器或其零部件的温度，且其结构使用户不能改变其整定值的温度敏感装置。

3.3.3

自复位热断路器　self-resetting thermal cut-out

在变压器的有关部位充分冷却或负载断开后，能自动恢复电流的热断路器。

3.3.4

非自复位热断路器　non-self-resetting thermal cut-out

需要手动复位或更换某一零部件才能恢复电流的热断路器。

3.3.5

热熔断体　thermal-link

只能动作一次的热断路器。

3.3.6

过载继电器　overload relay

靠电流动作的开关，当电路中的电流达到预定值时，能使电路断开从而防止电路过载，并在动作后一直处于开断位置。

3.3.7

有意薄弱部件　intentional weak part

除过载保护装置(熔断器、断路器、热断路器……)外，在非正常工作条件下，为防止可能出现损害本部分符合性的情况而预定要断开的部件。这种部件可以是可更换的元器件，例如，电阻器或电容器，也可以是元器件中的不可更换的部分，例如，绕组中不可触及的薄弱点。

3.3.8

工作电压 working voltage

在额定电源电压和在空载或正常工作条件下，不计及瞬态值时，可能出现(局部地出现)在绝缘上的最高的交流方均根值电压或直流电压值。

注 1：在考虑不连在一起的两个绕组之间的绝缘系统时，工作电压被认为是出现在任一绕组上的最高电压。

注 2：在三相系统中，工作电压可能与标称电压不同。

3.3.9

短路电压 short-circuit voltage

在环境温度下，为使被短路的输出绕组中通过的电流等于额定输出电流而施加于输入绕组上的电压。

注：短路电压通常以额定电源电压的百分数来表示。

3.3.10

工作方式 duty-type

在规定持续时间内保持一组或多组不变的负载进行连续的或常规的周期性的工作。

3.3.10.1

连续工作 continuous operation

无时间限制的工作。

3.3.10.2

短时工作循环 short-time duty cycle

从冷态开始按规定的时间工作，两次工作之间的间隔时间足够长，以使变压器能冷却到接近于环境温度。

3.3.10.3

间歇工作循环 intermittent duty cycle

按一系列相同的规定周期来进行的工作。

3.3.11

保护接地导体 PE protective earth conductor PE

为安全目的(例如为电击防护)而提供的导体。

(IEV 195-02-09)

3.4 电路和绕组

3.4.1

输入电路 input circuit

预定要与电源连接的由输入绕组和内部电路组成的电路。

3.4.2

输出电路 output circuit

要与配电电路、电器或其他设备连接的由输出绕组和内部电路组成的电路。

3.4.3

输入绕组 input winding

输入电路的绕组。

3.4.4

输出绕组 output winding

输出电路的绕组。

3.4.5

内部电路　internal circuit

由元器件、接到端子和绕组的互连连接件和连接件组成的电路，但不包括保护接地电路。

3.4.6

绝缘绕组线　insulated winding wire

供绕组用的具有满足附录 K 要求的绝缘的导线。

3.5　额定值

3.5.1

额定电源电压　rated supply voltage

制造方按所规定的变压器工作条件对变压器规定的电源电压(对多相电源为相间电压)。

3.5.2

额定电源电压范围　rated supply voltage range

制造方对变压器规定的电源电压范围，用电源电压范围的上限值和下限值来表示。

3.5.3

额定频率　rated frequency

制造方按所规定的变压器工作条件对变压器规定的频率。

3.5.3.1

额定电源频率　rated supply frequency

制造方对变压器的输入规定的频率。

注：电源频率是指电网的电源频率。

3.5.3.2

内部工作频率　internal operational frequency

制造方对变压器或其他装入电源的元器件的工作频率所规定的最高内部频率。

3.5.4

额定输出电流　rated output current

制造方按所规定的变压器工作条件对变压器在额定电源电压、额定电源频率和额定输出电压、额定功率因数下工作时所规定的输出电流。

3.5.5

额定输出电压　rated output voltage

制造方按所规定的变压器工作条件对变压器在额定电源电压、额定电源频率、额定输出电流和额定功率因数下工作所规定的输出电压(对多相电源为相间电压)。

3.5.6

额定功率因数　rated power factor

制造方按所规定的变压器工作条件对变压器规定的功率因数。

3.5.7

额定输出　rated output

额定输出电压与额定输出电流的乘积，或者对三相变压器，为额定输出电压与额定输出电流乘积的 $\sqrt{3}$ 倍。如果变压器具有多个输出绕组或具有带分接头的输出绕组，则额定输出是指预定要同时施加负载的各输出电路的额定输出电压和额定输出电流乘积的最大的总和。

3.5.8

额定环境温度 t_a rated ambient temperature t_a

在正常使用条件下，变压器可以连续工作的最高环境温度。

注：该额定环境温度值(t_a)不排除变压器可以暂时在不超过(t_a+10)℃的温度下工作。

3.5.9

额定最低环境温度 t_{amin}　rated minimum ambient temperature t_{amin}

在正常使用条件下，变压器可以连续工作的最低环境温度。

3.5.10

t_w

变压器绕组的额定最高工作温度，由制造方按变压器在连续工作时预计可以具有规定工作寿命的最高温度来规定的绕组温度值。

3.6　空载值

3.6.1

空载输入　no-load input

变压器在空载输出下接到额定电源频率的额定电源电压时变压器的输入值。

3.6.2

空载输出电压　no-load output voltage

变压器在空载输出下接到额定电源频率的额定电源电压时的输出电压。

3.7　绝缘

3.7.1

基本绝缘　basic insulation

为防电击提供基本保护而对危险的带电零部件所施加的绝缘。

注1：基本绝缘不一定包括只用于功能目的的绝缘，例如导线的瓷漆层。

注2：改写 GB/T 17045—2008，定义3.10.1。

3.7.2

附加绝缘　supplementary insulation

为了在基本绝缘一旦失效时仍提供电击防护而在基本绝缘之外另外施加的单独绝缘。

注：改写 GB/T 17045—2008，定义3.10.2。

3.7.3

双重绝缘　double insulation

由基本绝缘和附加绝缘构成的绝缘。

注：改写 GB/T 17045—2008，定义3.10.3。

3.7.4

加强绝缘　reinforced insulation

对危险的带电零部件所施加的单一的绝缘结构，其提供电击防护的程度相当于双重绝缘。

注1：“绝缘结构”这一术语并不意味着该绝缘是一块质地均匀的整体结构。它可以由几层不能像附加绝缘或基本绝缘那样单独地进行试验的绝缘层组成。

注2：改写 GB/T 17045—2008，定义3.10.4。

3.7.5

Ⅰ类变压器　class Ⅰ transformer

其电击防护不仅依靠基本绝缘，而且还包括有像提供保护接地端子那样的一些附加安全措施的变压器。这些附加安全措施能使可触及的导电零部件与设施中固定布线的保护接地导线相连，以便一旦基本绝缘失效，可触及的导电零部件不会带电。

注：Ⅰ类变压器可以有带双重绝缘和加强绝缘的零部件。

3.7.6

Ⅱ类变压器　class Ⅱ transformer

其电击防护不仅依靠基本绝缘，而且还采用诸如双重绝缘或加强绝缘的附加安全措施的变压器。这种变压器没有保护接地措施或依靠安装条件的措施。

注1：Ⅱ类变压器可以装有维持保护接地电路连续性的装置，只要这种装置是在变压器内部，而且是与可触及表面按Ⅱ类要求进行绝缘。

注2：在某些情况下，可能需要将"全绝缘的"和"金属外壳封装的"Ⅱ类变压器区分开来。

注3：凡变压器具有一个耐久的和实质上是连续的绝缘材料外壳，而该外壳将所有导电零部件封闭起来，但一些小的导电零部件，例如铭牌、螺钉和铆钉除外。这些小的导电零部件至少是用相当于加强绝缘的绝缘与危险带电零部件隔离。这种变压器就称为全绝缘的Ⅱ类变压器。

注4：凡变压器具有一个实质上是连续的金属外壳，而在该外壳内全部使用双重绝缘，但对因明显无法使用双重绝缘而需要使用加强绝缘的那些零部件除外，这种变压器就称为金属外壳封装的Ⅱ类变压器。

注5：如果全部使用双重绝缘和(或)加强绝缘的变压器具有保护接地端子，则这种变压器被认为属于Ⅰ类结构。

注6：Ⅱ类变压器可以装有功能接地电路。

3.7.7

Ⅲ类变压器　class Ⅲ transformer

其电击防护是依靠SELV供电，且其产生的电压不高于SELV的变压器。

注：上述Ⅰ、Ⅱ或Ⅲ的分类不涉及输入绕组与输出绕组之间的绝缘结构。

3.7.8

电气间隙　clearance

在两个导电零部件之间的空气中的最短距离。

[GB/T 16935.1—2008，定义3.2]

注：为了确定到达可触及的零部件的电气间隙，认为绝缘外壳的可触及表面在标准试验指(见图2)能接触到的地方，就像被金属箔覆盖那样是导电的。

3.7.9

爬电距离　creepage distance

在两个导电零部件之间沿绝缘材料表面(通过空气)的最短距离。

(改写GB/T 16935.1—2008，定义3.3)

注：为了确定从变压器导电零部件到达可触及的零部件的爬电距离，认为绝缘外壳的可触及表面在标准试验指(见图2)能接触到的地方，就像被金属箔覆盖那样是导电的。

3.7.10

污染　pollution

能造成绝缘的介电强度或表面电阻率降低的任何附加的固体、液体、气体或外来物质。

[GB/T 16935.1—2008，定义3.11]

3.7.11

微环境　micro-environment

绝缘的直接环境，特别是影响确定爬电距离或电气间隙尺寸的直接环境。

(改写GB/T 16935.1—2008，定义3.12.2)

注：对绝缘的影响是取决于爬电距离或电气间隙的微环境而不是设备的环境。微环境可能比设备的环境更好，也可能更坏。它包括影响绝缘的各种因素，例如气候和电磁因素，以及生成的污染物等。

3.7.12

污染等级　degrees of pollution

为确定电气间隙和爬电距离而规定的微环境污染等级。

3.7.12.1

污染等级1 P1　pollution degree 1 P1

不存在污染或仅有干燥的非导电性污染的污染等级。这种污染没有影响。

3.7.12.2

污染等级2 P2　pollution degree 2 P2

仅存在非导电性污染的污染等级,但要预计到偶然出现的因凝露引起的暂时导电性污染。

注:具有适当封闭外壳的变压器被认为是达到了污染等级2(P2),不需要采取气密密封。

3.7.12.3

污染等级3 P3　pollution degree 3 P3

出现导电性污染或存在干燥的非导电性污染因可预计到的凝露而变为导电性污染的污染等级。

3.7.13

保护隔离　protective separation

在电路之间用基本保护和附加保护(基本绝缘加附加绝缘或保护屏蔽),或用等效的保护措施(例如加强绝缘)进行的隔离。

注:基于GB/T 17045—2008,定义3.24。

3.7.14

保护屏蔽　protective screening

用插入导电屏蔽层的方法对危险的带电零部件进行的隔离,该导电屏蔽层与外部保护接地导线连接装置相连。

注:基于GB/T 17045—2008,定义3.22。

3.7.15

特低电压　ELV(extra-low voltage)

在导体之间或在任何导体与地之间的电压小于或等于交流50 V或无纹波直流120 V(GB/T 18379的电压区段I)。

3.7.16

安全特低电压　SELV(safety extra low voltage)

采用像安全隔离变压器这样的装置与电网电源隔离的电路的ELV。

注1:在特殊要求中,特别是当允许直接接触带电零部件时,可以规定最高电压低于交流50 V或无纹波直流120 V。

注2:对标称120 V的无纹波直流系统,最大峰值电压不超过140 V,对标称60 V的无纹波直流系统,最大峰值电压不超过70 V。

3.7.17

安全特低电压电路　SELV-circuit

采用保护隔离与其他电路隔离的ELV电路,它既没有供电路接地的装置,也没有供外露导电零部件接地的装置。

3.7.18

保护特低电压电路　PELV-circuit(protective extra low voltage)

采用保护隔离与其他电路隔离的ELV电路,且由于功能方面的原因,该电路可以接地和(或)电路中的外露导电零部件可以接地。

注:当要将电路接地而又不需要SELV时可以使用PELV电路。

3.7.19

功能特低电压电路　FELV-circuit(fuctional extra low voltage)

由于功能方面的原因具有ELV电压但又不满足SELV或PELV要求的ELV电路。

3.7.20

带电零部件　live part

在正常工作时预定要带电的导体或导电零部件，其中包括中性导体在内，但通常不包括 PEN 导体、PEM 导线或 PEL 导线。

[IEV 195-02-19]

注 1：这一概念不一定意味着有电击的危险。

注 2：关于 PEM 和 PEL 的定义，见 IEV 195-02-13 和 195-02-14。

3.7.21

危险的带电零部件　hazardous live part

在某些条件下能造成电击危险的带电零部件。

[IEV 195-06-05]

注：如果电压高，在固体绝缘的表面上可能出现危险的电压。此时，该表面被认为是危险的带电零部件。

(GB/T 17045—2008，定义 3.5)

3.7.22

功能绝缘　functional isulation

在不同电位的零部件之间的绝缘，一般地说，是指仅对变压器的正常功能所必需的绝缘。

注 1：对变压器，正常功能可能对安全有影响。功能绝缘要按本部分的要求来检查，但是在 GB/T 19212 其他部分中可能还有附加要求。

注 2：功能绝缘仅适用于各绕组内的匝间绝缘。

3.8　接触电流和保护接地导体电流

3.8.1

接触电流　touch current

当人体或动物体接触装置或设备的一个或多个可触及的零部件时，通过人体或通过动物体的电流。

[IEV 195-05-21]

3.8.2

保护接地导体电流　protective earth conductor current

在保护导体中流动的电流。

注：该电流对接在同一电路中的 RCD(剩余电流保护装置)的动作可能会有影响。

4　一般要求

4.1　变压器在设计和制造上应保证在按制造方说明书的规定使用、安装和维护时，甚至是在正常工作时可能疏忽的情况下使用时，不会对人员或周围环境产生可预见的危险。

通常要通过完成所有的相关试验来检验是否合格。

4.2　当配套用变压器用于有相关电器或设备标准的电器或设备时，这些配套用变压器可以按其预定配用的该电器或设备中所出现的条件来进行试验。

如果变压器是按其预定配用的电器或设备中所出现的条件来进行试验时，则变压器应符合本部分下列条款：

1、2、3、4、5.1、5.2、5.3、5.4、5.5、5.6、5.7、5.12、7.1、7.2、7.5、7.6、8.2、8.11、14.1(但表 1 中从第一个“外部外壳……”开始的要求除外)、14.2、14.3、15.1(只限于表 3 中第 1 列第 2 行所属的要求)、18.1、18.2、18.3(但表 8a 中第 3 项和第 4 项除外)、18.4、19.1、19.12、20.9、26.1、26.2、26.3、附录 A、C、D、G、L、M、N、P。

其余条款应采用相关产品标准的规定。如果相关产品标准未全部包括其余条款，则应使用本部分相应的未被包括的那些其余条款来代替。

5 试验的一般说明

5.1 按本部分进行的试验是：

——型式试验(8.15 和第 9 章至第 28 章所规定的试验)；

——例行试验(附录 L 所规定的试验)。

每个变压器样品应符合所有相关试验。为了减少试验时间，并且考虑到有些试验可能是破坏性试验，制造方可以提交附加的变压器或变压器零部件，只要它们所采用的材料和设计与原变压器一样，而且其试验结果与原变压器相同。对于表述为"通过检查"是否符合的试验，则其中还应包括一些必要的处理工作。

预定要与不可拆卸的软电缆或软线一起使用的变压器，其试验要在将该软电缆或软线与变压器连接好后进行。

5.2 试验在所提供的样品上进行，且样品的布置是考虑了制造方的安装说明，按正常使用方式安装好。如果不需要做 14.3、15.5、16.4 和 26.2 的试验，则不论样品的额定输出值大小，其样品数均为一个。

如果需要进行 14.3 的试验，则应使用三个附加样品。如果试验需要重复进行，则还需要再加三个样品。

如果需要进行 15.5 的试验，则应使用三个附加样品。这些样品只能用于 15.5 的试验。

如果需要进行 16.4 的试验，则要在四个附加样品上进行试验。

如果需要进行 26.2 的试验，则要在三个附加样品上进行试验。

对要在变压器通行的条件下进行试验的元器件，其样品数为相关标准所要求的样品数。

对系列变压器的试验，见附录 B。

除 14.3 规定的试验外，所有样品均应能承受所有相关的试验。

注 1：对配套用变压器，设备标准可能规定其他的被试样品数。

注 2：如果是不可更换和不可复位的保护装置，则要在特殊准备的样品上检验是否合格。

5.3 除非另有规定，试验按章和条的顺序进行。

5.4 如果环境温度不影响试验结果，则试验时的环境温度一般保持在 20 ℃±5 ℃，否则，如果任何部位达到的温度受温度敏感装置的限制，或者受发生状态改变时温度的影响，则在有疑问的情况下，环境温度要保持在 23 ℃±2 ℃，或对带有 t_a 标志的变压器，要保持在 t_a±2 ℃。

要将变压器或其任意可动零部件置于正常使用时可能出现的最不利的位置下进行试验。

5.5 对于交流电，试验电压基本上是正弦波形的电压，且当无其他规定时，其频率为 50 Hz 或 60 Hz。

5.6 对设计成具有多个额定电源电压、额定电源电压范围或多个额定电源频率的变压器，除非本部分另有规定，要在能对变压器产生最严酷的试验条件的电源电压或电源频率下进行试验。

5.7 要尽可能使用不会明显影响被测值的仪表进行测量，如有必要，应对测量结果进行修正。

5.8 除非另有规定，预定要与外部软电缆或软线一起使用的变压器，试验要在接上软线(见定义 3.2.1)后进行。

5.9 如果Ⅰ类变压器具有不与保护接地端子或保护接地接触件相连的可触及的导电零部件，且其不用接到保护接地端子或保护接地接触件的中间导电零部件与危险的带电零部件隔离，则要检验这种可触及的导电零部件是否符合本部分关于Ⅱ类变压器的相应要求。

5.10 对嵌入式变压器要用由绝缘材料制成的合适的嵌入式安装盒来进行试验。该安装盒放置在图 1 所示的、用厚度为 20 mm 的胶合板制成的外壳内，外壳内壁涂上黑色无光漆，安装盒背面与胶合板外壳后壁之间的距离为 5 mm。

5.11 对无相关电器或设备标准的专用变压器要按一般用途变压器来进行试验，其额定值被认为是所要配套的电器或设备的消耗功率和功率因数。

5.12 （暂缺）

5.13 对不知最终用途的 IP00 变压器进行试验时，不需装上外壳。

对这种变压器，第 9 章的要求不适用。此外，27.2 的试验不用进行，因为最终用途的外壳（例如固定在塑料支撑上的变压器的固定点处）可能会影响试验结果。对故障条件试验（如适用），最终的产品标准适用。

5.14 对已知最终用途的 IP00 变压器，要按制造方说明书进行安装和试验。

5.15 第 18 章和第 26 章中的试验是在海拔 2 000 m 高度下进行的。如果要在超过海拔 2 000 m 高度时进行试验，要采用 GB/T 16935.1—2008 中附录 A 的规定。

6 额定值

不同类型变压器的额定值，见 GB/T 19212 的其他部分，对带 t_w 标志的变压器的额定值，见附录 U。

7 分类

7.1 按电击防护分类：

——Ⅰ类变压器；

——Ⅱ类变压器；

——Ⅲ类变压器。

注：对内装式变压器不进行分类，其电击防护类别是由变压器的装入方式来决定。

7.2 按短路保护或非正常使用保护分类：

——固有耐短路变压器；

——非固有耐短路变压器；

——非耐短路变压器；

——无危害式变压器。

7.3 按 GB 4208 规定的外壳防护等级分类，IP1X 除外。

注：详细信息见附录 Q。

7.4 按移动方式分类：

——驻立式变压器；

——固定式变压器；

——移动式变压器；

——手持式变压器。

7.5 按工作方式分类：

——连续工作；

——短时工作循环；

——间歇工作循环。

7.6 按预定用途分类：

7.6.1 配套用变压器：

——内装式变压器；

——专用变压器。

7.6.2 独立用变压器。

7.7 可任选的分类(仅对带 t_w 标志的变压器),按绕组的额定最高工作温度 t_w 和在规定条件下的预期寿命来分类:

——t_{W5},5 年连续工作;

——t_{w10},10 年连续工作;

——t_{wn},其中 n 为除上述已规定外的工作年限。

7.8 按预定使用场所的环境条件分类:

——正常环境;

——特殊环境(例如,极地环境等)。

8 标志和其他信息

8.1 变压器应标有下列标志:

a) 额定电源电压或额定电源电压范围,V;

对具有多个额定电压值的电压范围,且无需在整个电压范围内调节就能工作的变压器,应标有该电压范围的下限值和上限值,并用短横线分开。

注 1:例如 115 V~230 V:变压器能适用于 115 V~230 V 之间的任何电压值。

对具有不同的额定电压值,且必须在使用前由用户或安装人员调节到某一特定电压值的变压器,应标出这些不同的额定电压值,并用斜线分开。

注 2:例 1:115 V/230 V:变压器只能适用于 115 V 或 230 V(例如,具有选择开关或不同端子组的变压器)。

注 3:例 2:230 V/400 V:变压器只能适用于 230 V 或 400 V,其中 230 V 供单相运行,400 V 供三相运行(例如,带有两种电源端子的变压器)。

b) 额定输出电压,V 或 kV;

对装有整流器的变压器,其整流器后的额定输出电压应用算术平均值来标志,或者其整流器前的输出电压应用方均根值来标志。

注 4:在标志中方均根值是用 r.m.s. 符号与算术平均值进行区别。

c) 额定输出,VA 或 kVA,电抗器,var 或 kvar;

注 5:对装有整流器的变压器,其输出可以用 W 表示,代替 VA 或 kVA。

d) 额定输出电流,A 或 mA,作为额定输出的一种替换标志;

e) 额定电源频率,Hz;

f) 额定功率因数,当 25 VA 以上的变压器的功率因数不等于 1 时;

g) 对交流,用符号或缩写 AC,对直流输出,用符号或缩写 DC;

h) 按 GB/T 19212 其他部分所规定的表示该种变压器的符号;如果 IP00 变压器和配套用变压器在同一结构中具有与 GB/T 19212 其他不同部分相对应的电路(例如,符合 GB 19212.7 的 SELV 输出电路和符合 GB 19212.5 的 230 V 输出电路),则必须使用与其相对应的符号;

i) 制造方或代理商的名称或商标;

j) 产品型号;

k) 按 GB 1094.1 标出联结组标号(对三相变压器,如需要时);

l) Ⅱ类结构的符号,仅对Ⅱ类变压器;

m) Ⅲ类结构的符号,仅对Ⅲ类变压器;

n) IP 防护等级的标志,如果不是 IP00;

o) 额定最高环境温度 t_a,如果不是 25 ℃;

注 6:对 $t_a \leqslant 50$ ℃,建议按 5 ℃为一级给出该 t_a 值,对 $t_a > 50$ ℃,则按 10 ℃为一级给出;

p) 额定最低环境温度 t_{amin},如果低于 10 ℃且使用温度敏感装置;

注 7:建议按 5 ℃为一级给出该 t_{amin} 值。

q) 工作循环,如果有,除非工作时间受到变压器结构上的限制或工作时间与GB/T 19212其他部分规定的工作条件相一致。短时工作循环或间歇工作循环的标志应与正常使用时相对应。对按短时工作循环工作的变压器,其工作时间应用秒(s)或分(min)为单位表示;对按间歇工作循环工作的变压器,其工作时间和停止工作时间应用秒(s)或分(min)为单位表示,且用斜线将其隔开;

r) 绕组额定最高工作温度的规定值(增量用5 ℃的倍数)以及额定预期寿命的标志,只限于带有t_w标志的变压器;

s) 对风冷式变压器,如果风扇不是变压器的一部分,则应标出“AF”,接着标出用m/s为单位表示的空气流速。

t) 另外,制造方应准备好向购买方提供下列信息(用文字或其他形式):

——对额定输出超过1 000 VA的驻立式变压器,用额定电源电压的百分数表示出短路电压;

——变压器的电气功能。

注8:如果变压器具有多个输出绕组,其短路电压应标注各对绕组短路电压值中的最小值。

注9:允许标出一些附加的标志,只要它们不会引起混淆即可。

8.2 对防护等级为IP00的变压器或配套用变压器,可以仅标有制造方或代理商的名称(或商标)和型号(或产品目录号)。然后应在变压器的数据单上或制造方产品说明书上给出其他特性。

注1:制造方或代理商的名称以及型号可以用可追溯的代号来代替。

该信息应使原变压器可以用等效的变压器来更换。

注2:等效是指在电气上、机械上、尺寸上和功能上能够互换。

8.3 如果能将变压器调节到适合不同的额定电源电压,则所需的调节的电压值应能一目了然地识别出。

8.4 具有带分接头的输出绕组或多个输出绕组的变压器应标有:

——每个分接头或每个绕组的额定输出电压,但预定要经常调节输出电压的特殊用途的变压器除外;

——每个分接头或每个绕组的额定输出,如果所有分接头或绕组的额定输出是相同的,则至少应在其中的一个分接头或绕组上做出标志。

对要获得多个不同输出电压值所必需的接线图应清楚地标在变压器上。

8.5 对装有熔断器的非固有耐短路变压器,以及设计成用熔断器来进行保护的非耐短路变压器,应加标出该熔断体的额定电流(单位A或mA),如果适用,在其后面或前面标出按相关标准规定的熔断器时间电流特性的符号。

对装有非熔断器的可更换保护装置的非固有耐短路变压器,以及设计成用非熔断器的保护装置进行保护的非耐短路变压器,应加标出该保护装置的制造方的型号和(或)该保护装置的额定值。

注1:此外,可以使用附录V规定的符号。

注2:装有不可更换保护装置的非固有耐短路变压器无需标出有关该保护装置的附加标志。

标志应包含足够的信息,以确保能正确更换保护装置。

当使用非熔断器的可更换保护装置时,应在随变压器一起提供的使用说明书中或类似的文件中给出有关更换保护装置的相应信息。

8.6 对专供中性导线用的端子应用中性符号来标识。

保护接地端子应用接地符号来标识。

输入或输出绕组的端子应能被明确地识别。

如果绕组的任何一点或端子与框架或铁心相连,则它应用相关的符号标出。

8.7 变压器应标有能清楚地表示变压器接线方式的标志,除非根据变压器的设计已是显而易见的。

8.8 对具有X、Y和Z型连接的变压器,使用说明书应包含下列信息或与其相当的信息:

——对具有专门制备的软线的 X 型连接：

“如果本变压器的外部软电缆或软线损坏，则应用由制造方或其维修代理商提供的专用软线或其组成件来进行更换”；

——对 Y 型连接：

“如果本变压器的外部软电缆或软线损坏，则应由制造方、其维修代理商或有资格的类似人员来进行更换，以免发生危险”；

——对 Z 型连接：

“本变压器的外部软电缆或软线不能更换，如果它们损坏，变压器应报废”。

8.9 仅供户内使用的变压器应标有相关的符号。

8.10 Ⅱ类变压器应标有 GB/T 5465.2—2008 规定的图形符号，该图形符号标在信息源（例如，铭牌）附近，以便能明显地将它们看成是技术信息的一部分，并使它完全不可能与制造方的名称或任何其他标识符号相混淆（见 GB/T 17045—2008 的 7.3.3）。

对具有待安装零部件的Ⅱ类变压器，应随同能使待安装零部件在按制造方安装说明书规定安装后成为Ⅱ类的所有零部件一起交付，而且应标有Ⅱ类符号。此外，如果变压器无需外壳就能安装（例如，安装在配电箱上），则Ⅱ类标志应标在能有效提供Ⅱ类特征标志的零部件上（例如，标在与电源连接的端子的盖板上）。

8.11 当在设备上或使用说明书中使用符号时，这些符号应符合下表规定：

符号或图形符号	说明或名称	标识代号
V[a]	伏	
A[a]	安	
VA 或（var）[a]	伏安（对电抗器用乏）	
W[a]	瓦	
Hz[a]	赫兹	
PRI	输入	
SEC	输出	
⎓	直流电	GB/T 5465.2—2008 中 5031
N	中性	
～	交流电	GB/T 5465.2—2008 中 5032
3～	三相交流电	GB/T 5465.2—2008 中 5032-1
3/N～	带中性线的三相交流电	GB/T 5465.2—2008 中 5032-2
$\cos\varphi$	功率因数	
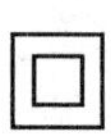	Ⅱ类设备	GB/T 5465.2—2008 中 5172
	Ⅲ类设备	GB/T 5465.2—2008 中 5180
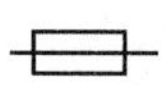	熔断器（加标时间-电流特性符号）	GB/T 5465.2—2008 中 5016
t_a	额定最高环境温度	

表（续）

符号或图形符号	说明或名称	标识代号
	接机壳或接机架(或铁心端子)	GB/T 5465.2—2008 中 5020
	保护接地(接大地)	GB/T 5465.2—2008 中 5019
IPXX	IP 代码[b]	
	接地(接大地或接功能地)	GB/T 5465.2—2008 中 5017
	仅限室内使用	GB/T 5465.2—2008 中 5957
t_{w5} yyy	仅对带 t_w 标志的具有 5 年预期寿命的变压器 yyy=额定最高工作温度	
t_{w10} yyy	仅对带 t_w 标志的具有 10 年预期寿命的变压器 yyy=额定最高工作温度	
t_{wX} yyy	仅对带 t_w 标志的具有 X 年预期寿命的变压器 yyy=额定最高工作温度	

[a] 允许用扩大的倍率或缩小的倍率(例如 kV,mA…)。

[b] 表中 IP 代码所用的 X,在本例中系表示空缺的数字,但是,如果适用,这两个合适的数字应在变压器上标出。如有必要,可以使用 GB 4208 规定的附加字母和补充字母。

8.12　调节装置的不同位置和开关的不同位置应用数字、字母或其他形像化的方式来表示。

如果使用数字来表示不同的位置,则“断”位应用数字 0 来表示,对较大的输出、输入等的位置应用较大的数字来表示。

数字 0 不应用作任何其他的表示。所使用的表示应易于理解,无需用语言、国家标准等知识。

8.13　标志不应标在螺钉上或其他易于拆卸的零部件上。

除下列所述的情况外,变压器在准备使用时,其标志应是明显可见的。

对端子的标志,如需要在盖板打开后辨认,则也应标在明显可见的位置上,该标志应能保证输入端子和输出端子互不发生混淆。

对可互换保护装置的标志应位于该保护装置的安装座旁,且在盖子打开和保护装置取出后,该标志应是明显可见的。

8.14　当有必要对安装或使用给予特别注意时,应在产品目录上、数据单上或使用说明书上提供下列信息:

——对具有非自复位或不可更换保护装置以及不可更换有意薄弱部件的非固有耐短路变压器,应提供关于短路或过载后保护装置不能复位和更换的信息;

——对使保护接地导线电流出现了大于 10 mA 时,且预定要作固定连接的变压器,其保护接地导线电流大小应在使用说明书中清楚地说明,且还应按布线规程的规定给出有关安装的说明;

——对配套用变压器和 IP00 变压器,应给出提示性说明,指出电源可能会出现 10%的过压或欠压和应按此选择变压器的额定输出;

——对额定输出大于 1 000 VA 的驻立式变压器,给出以额定电源电压的百分数表示的短路电压;

——变压器的电气功能；

——当变压器是装入电器内时，应给出考虑在不正常条件下绕组的温度限值，以作为该电器设计用的信息；

——对 t_w 变压器，当所规定的常数 S 不是 4 500 时，给出符号 S 和以千为单位表示的相应的数值(例如，若 S 的数值为 6 000 时，表示为 S6)；

注：S 的优选值是：4 500、5 000、6 000、8 000、1 100 和 16 000。

——对具有多个输出绕组且不将它们设计成供串联和(或)并联连接用的变压器，给出该变压器不应接成串联和(或)并联连接使用的说明。

通过检查来检验是否符合 8.1～8.14 的要求。

对 IP00 变压器，如适用，27.2 的试验不用进行，因为最终用途的外壳可能会影响试验结果。

8.15 标志应是耐久的和易于辨认的。

通过检查，以及用一块沾有水的棉布用手擦拭标志 15 s，然后用一块沾有汽油的棉布再擦拭 15 s 来检验其是否合格。

供本试验用的汽油为脂肪族溶剂乙烷，其最大芳香烃的体积百分比含量为 0.1%，贝壳松丁醇值为 29，初始沸点约为 65 ℃，干涸点约为 69 ℃，密度为 0.68 g/cm^3。

采用模压或蚀刻的标志不承受本试验。

在本部分所列的所有试验完成后，标志应易于辨认，标签应不可能轻易被揭掉，而且不应出现卷边。

9 电击防护

变压器应封装并对防止触及危险的带电零部件提供足够的防护，且应没有因电容器储存电荷而引起的电击危险。

通过检查和 9.1.1、9.1.2 和 9.2 的试验来检验是否合格。

9.1 防止触及危险的带电零部件的防护

9.1.1 危险的带电零部件的确定

如果带电零部件用双重绝缘或加强绝缘与电源隔离，且其在变压器接到额定电源电压时能满足 9.1.1.1或 9.1.1.2 的要求，则该带电零部件不是危险的带电零部件。

9.1.1.1 电压不应大于交流 35 V(峰值)或无纹波直流 60 V。

在任意两个导电零部件之间通过测量来检验是否合格。

9.1.1.2 如果电压大于交流 35 V(峰值)或无纹波直流 60 V，则接触电流不应超过：

——对交流：0.7 mA(峰值)；

——对直流：2.0 mA。

按附录 J 的规定，通过测量接触电流来检验是否合格。

另外，当电容器与带电零部件相连时：

9.1.1.2.1 对储存电压在 60 V～15 kV 时，放电量不应大于 45 μC，或者

9.1.1.2.2 对储存电压大于 15 kV 时，放电能量不应大于 350 mJ。

通过用一个 2 000 Ω 的负载进行测量来检验是否符合 9.1.1.2.1 和 9.1.1.2.2 的要求。

9.1.2 危险的带电零部件的触及

变压器的结构应对防止触及危险的带电零部件提供足够的防护。

Ⅰ类和Ⅱ类变压器的结构和封装应对防止意外接触危险的带电零部件具有足够的防护。

对Ⅰ类变压器，可触及的零部件至少应用基本绝缘与危险的带电零部件隔离。

Ⅱ类变压器的结构和封装应对防止触及基本绝缘以及对防止接触仅用基本绝缘与危险的带电零部件隔离的导电零部件具有足够的防护。只有用双重绝缘或加强绝缘与危险的带电零部件隔离的零部件才是可以触及的。

在拆除可拆卸零部件后，危险的带电零部件不应是可触及的，但下列零部件除外：

——具有灯头大于 B9 和 E10 的灯泡；

——D 型熔断器座。

注 1：IP00 变压器在装入所配套的最终产品后，应符合最终产品的标准。

漆、釉、纸、棉织品、导电零部件上的氧化膜以及密封胶不认为能对防止意外触及危险的带电零部件提供所要求的防护。

注 2：可以依靠自凝固树脂对防止意外触及危险的带电零部件提供要求的保护。

轴、手柄、操作杆、按钮和类似零部件不应是危险的带电零部件。

通过检查以及通过 GB 4208 的相关试验来检验是否合格。

此外，对Ⅱ类变压器的开孔，以及对Ⅰ类变压器中除了接到保护接地端子的导电零部件上的开孔外的其他开孔，要用图 3 所示的试验销来进行试验。

用试验指和试验销时，不用明显的力插入每一个可能的位置处。

用图 2 的试验指时，不用明显的力插入，对变压器每一个可能的位置进行试验，但对通常置于地面使用的，以及质量超过 40 kg 的变压器不要将其倾斜。试验指通过开孔插入到试验指所能允许的任何深度，而且在插入前、插入过程中和插入到任何位置后，均要将试验指转动或改变角度方位。如果开孔不能使试验指进入，则沿试验指笔直方向施加的力要增加到 20 N。如果试验指此时进入孔内，则在将试验指改变角度方位的情况下重复进行试验。

用试验指时，应不可能接触到裸露的危险的带电零部件或者接触到仅用漆、釉、纸、棉织品、氧化膜或密封胶来保护的危险的带电零部件。对Ⅱ类变压器，用试验指时，应不可能接触到仅用基本绝缘与危险的带电零部件隔离的导电零部件。

此外，用试验销时，应不可能接触到裸露的危险的带电零部件。

注 3：本要求不适用于灯头或插座。

注 4：如有疑问时，则用电压不小于 40 V 的电接触指示器与试验销一起使用。

9.1.3 非危险的带电零部件的触及

用双重绝缘或加强绝缘与输入电路隔离的输出电路中的非危险的带电零部件，在下列条件下是可以触及的：

——对空载输出电压不超过交流 35 V(峰值)或无纹波直流 60 V，两个极可以触及；

——对空载输出电压超过交流 35 V(峰值)或无纹波直流 60 V，以及不超过交流 250 V，仅一个极可以触及。

9.2 危险性放电的防护

对带一次电源插头的变压器，在插头拔出后 1 s 进行测量，插头的插销不应是危险的带电体。

对不带一次电源插头的变压器，在断开电源后 5 s 进行测量，供变压器与电源连接用的端子不应是危险的带电体。

注：就本条而言，插头连接器和器具输入插座被认为是电源插头。

通过下列试验来检验是否合格：

如果插销间的标称电容不超过 0.1 μF，则不需进行本试验。

变压器的一次电源开关(如果有)要处于断路位置，除非处于接通位置时是更加不利的情况。

本试验应进行10次，或者要用一种能在电源电压处于最不利的电角度下将电源切断的装置来进行试验。

在切断电源后1 s或5 s时，测量输入端子间或电源引线间或连接电源用的电源插头插销间的电压。

如果电压超过无纹波直流60 V，在保持相同的条件下测得的放电量不应超过45 μC。

10 输入电压设定值的改变

对具有多个额定电源电压的变压器，应做成不用工具就不能改变电压的设定值。

注：如果需要用工具打开盖板才能改变电压的设定值，则认为是满足有关电压设定值要求的一个实例。

对能设定成不同额定电源电压的变压器，应做成当变压器在准备使用时，对该变压器所设定的电压的指示值在变压器上就能辨认。

对装有一种能选择输入连接的装置（例如使用分接头），以便能在对应于电源电压调节范围中间值10％的范围内调节电源电压的用插头连接的变压器，不认为是具有多个电源电压的变压器。

对用插头连接的安全隔离变压器，应只有一个额定电源电压，除非一旦较高的标志电压接到较低电压绕组上，该变压器不会产生超过其适用范围允许限值的输出电压。

通过测量和检查来检验是否合格。

11 负载输出电压和输出电流

11.1 当变压器接到额定电源频率的额定电源电压，并用一个能在额定输出电压和额定功率因数（对交流电流）下产生额定输出的阻抗作负载，其输出电压值与额定值相差不应大于：

a) 对具有一个额定输出电压的固有耐短路变压器的输出电压，10％；

b) 对具有多个额定输出电压的固有耐短路变压器的最高输出电压，10％；

c) 对具有多个额定输出电压的固有耐短路变压器的其他输出电压，15％；

d) 对其他变压器的输出电压，5％。

对装有整流器的变压器，则在上述百分数上再加5％。

将变压器接到额定电源频率的额定电源电压，并用一个能在额定输出电压和额定功率因数下产生额定输出的阻抗作负载，当其达到稳定状态后，通过测量输出电压来检验是否合格。

对装有整流器的变压器，用能测出算术平均值的电压表接到直流电路的端子上测出其输出电压，但特别规定了方均根值(r.m.s.)时除外（见8.1）。

对具有多个额定电源电压的变压器，本要求适用于每一个额定电源电压。

对具有多个输出绕组的变压器，除非另有规定，每个绕组应同时施加负载。

11.2 如果变压器标有额定输出、额定输出电压、额定输出电流和额定功率因数，这些数值应协调一致。

如果未标出变压器的额定输出电流，为了本规范的目的，可以由额定输出和额定输出电压计算出额定输出电流。

通过计算来检验是否合格。

12 空载输出电压

对不同类型的变压器，其空载输出电压限值的相关要求见GB/T 19212其他各部分。

对装有整流器的变压器，如果整流器的输入和输出端子接到端子或端接装置上时，则在整流器的输入和输出端子上测量输出电压。如果整流器的输入端子是用户可触及的，则在整流器的输入端子上进行测量。输出电压是用能测出算术平均值的电压表接到电路的端子上测量，但特别规定了方均根值(r.m.s.)时除外(见 8.1)。

13 短路电压

如果标有短路电压标志，则测出的短路电压与标称值相差不应大于 20%。

将变压器置于环境温度下，通过测量短路电压来检验是否合格。

14 发热

14.1 一般要求

在正常使用时，变压器及其支撑件的温度不应过高。

在下列条件下，当温度达到稳定时测量该温度。

试验和测量在无气流的场所进行，其空间的大小要保证不影响试验的结果。如果变压器标有 t_a 额定值，则试验在 t_a±5 ℃下进行。

注 1：进行发热试验仅考虑 t_a(而不是 t_{amin})。

对移动式变压器，将其置于涂有无光黑漆的胶合板支撑件上。对驻立式变压器，按正常使用的情况将其安装在涂有无光黑漆的胶合板支撑件上。该支撑件厚约 20 mm，其尺寸大小比样品在支撑件上的垂直投影尺寸至少大 200 mm。

对预定要插入固定式插座内的带有整体式插销的变压器，其试验在嵌入式安装插座上进行，该插座是安装在如图 1 所示的涂有无光黑漆的胶合板支撑件上的盒内。

对嵌入式变压器，试验按 5.10 的规定进行。

对外壳防护等级不是 IP00 的变压器，其试验在其外壳内进行。

对外壳防护等级为 IP00 且不知其最终用途的变压器，其试验按 5.13 的规定进行。

注 2：如果变压器外壳防护等级为 IP00，则要测量支撑件的温度，但不考虑表 1 和表 3 给出的温度值。

对带有用特殊制备的软线的 X 型连接用的端子的变压器和带有 Y 型和 Z 型连接用的端子的变压器，应先使连接处承受 5 N 的拉力，然后立即进行发热试验。

变压器接到额定电源电压，并用一个能在额定输出电压以及在额定功率因数(对交流电流)下能产生额定输出的阻抗作负载。在达到稳定时，测量输出电流值。然后将电源电压升高 10%，输出电流调节到与前面的测得值相同。对独立用变压器不调节输出电流。此后，电路无需再作改变。如果空载条件是较为不利的情况，则试验还要在空载条件下重复进行。

配套用变压器要在所配套的电器或其他设备在按相关规范规定的正常使用条件工作时所产生的条件下工作。具有间歇工作循环额定值的变压器应在该间歇工作循环额定值的条件下进行试验，直至达到稳定状态。

各绕组的温度用电阻值变化法测量。

注 3：其中一个方法是，分别测量每个绕组在试验结束时的电阻值。测量是在断电后尽快地开始读取并在每隔一段稍短的间隔时间读取各次电阻测量值，以便能绘制出电阻随时间变化的曲线，从而确定出断电时刻下的电阻值。

绕组的温升值按下列公式计算：

$$\Delta t=\frac{R_2-R_1}{R_1}(X+t_1)-(t_2-t_1)$$

式中：

对铜，$X=234.5$，对铝，$X=225$；

Δt ——高于 t_2 的温升，最高温度等于 $\Delta t+t_2$；

R_1 ——在环境温度 t_1 下，试验开始时的电阻；

R_2 ——当达到稳定状态时，试验结束时的电阻；

t_1 ——试验开始时的环境温度；

t_2 ——试验结束时的环境温度。

试验开始时，各绕组的温度应等于环境温度。

在测量各绕组温度时，先要在离样品有一定距离而不会对温度读数有影响的位置处测量环境温度。试验期间，在该位置处的环境温度变化不应大于 10 ℃。对于标有 t_a 的变压器，试验温度等于 $\Delta t+t_a$。

对具有多个输入或输出绕组，或者具有带分接头的输入或输出绕组的变压器，所得的试验结果要按其中的最高温度值考虑。

其他部分的温度用热电偶测量，热电偶的选择和安放的位置要使其对被测部分的温度影响最小。

测量支撑件表面温度所使用的热电偶要贴在涂有黑色的铜或黄铜制成的小圆片的背面，小圆片的厚度为 1 mm，直径为 15 mm，小圆片与支撑件表面要齐平。

测量电气绝缘（除绕组绝缘外）的温度时，要在该绝缘中的某故障处可能会使危险的带电零部件与可触及金属零部件之间发生接触，或可能会使爬电距离和电气间隙减小到小于第 26 章规定值的该位置的绝缘表面上测量。此外，为了避免着火的危险，热电偶还应置于绝缘材料最热点的位置处进行测量。

试验中，当变压器是在额定环境温度（25 ℃或 t_a）下工作时，其温度不应超过表 1 的规定值。如果试验区域的温度与额定环境温度有差异，在这种情况下，当使用表 1 的限值和确定 27.1 和 27.4 的试验温度时均应考虑到这种差异。

表 1 正常使用时的最高温度值

零部件[a]	温度 ℃
绕组，如果其绝缘系统（例如，骨架以及与绕组接触的任何其他绝缘材料）是：	
——A 级[b]	100
——E 级[b]	115
——B 级[b]	120
——F 级[b]	140
——H 级[b]	165
——其他等级[c]	—
驻立式变压器的外部外壳[d]（用标准试验指能触及到的），如果是：	
——金属	70
——其他材料	80
驻立式变压器的外部外壳[d]（用标准试验指不能触及到的）	85
移动式变压器的外部外壳[d]、手柄和类似零部件：	
——在正常使用时，这些零部件是被连续握持的（例如手持式变压器），如果是：	
● 金属	55
● 其他材料	75
——在正常使用时，这些零部件是不被连续握持的，如果是：	
● 金属	60
● 其他材料	80
供外部导线用的端子和开关的端子	70
内部和外部布线的绝缘[e]：	
——橡胶	65
——聚氯乙烯	70

表 1（续）

零部件[a]	温度 ℃
其劣变可能会影响安全的下列材料零部件[e]：	
——橡胶(除布线的绝缘外)	75
——酚醛	105
——脲醛	85
——浸渍过的纸和纤维	85
——浸渍过的木材	85
——聚氯乙烯(除布线的绝缘外)、聚苯乙烯和类似的热塑性材料	65
——黄漆布	75
支撑件	85
印制电路板：	
——用酚醛、三聚氰胺-甲醛、苯酚-糠醛或聚酯粘合的	105
——用环氧粘合的	140
[a] 如果使用其他材料，他们承受的温度不应超过已确认的这些材料的允许温度。 [b] 材料分级按 GB/T 11021 和 GB/T 11026 的规定。但是，考虑到在这些试验中，温度是平均值而不是最热点温度，因此各温度分级值作了调整。 [c] 如果使用除 GB/T 11021 和 GB/T 11026 规定以外的其他绝缘材料，绝缘系统应承受 14.3 的试验。 [d] 如果任何元器件是变压器外表面的一部分，该元器件的温度不应超过对相应的外部外壳的规定温度值。 [e] 各类橡胶和聚氯乙烯绝缘是指 GB/T 5013 和 GB/T 5023 规定的那些绝缘。	

接触绝缘材料的保护装置中的发热元件，也应测量其温升。

试验后，样品应立即按 18.3 的规定承受介电强度试验(试验电压值见表 8a 规定)，且试验电压仅施加在输入与输出电路之间。

试验中和试验后，电气连接不应出现松动，爬电距离和电气间隙不应减小到小于第 26 章的规定值，密封胶不应熔化，过载保护装置不应动作。

14.2 根据绝缘系统的特点应用 14.1 或 14.3 的规定

下列规定适用于绕组。

14.2.1 如果制造方已说明其绝缘系统的绝缘等级，则所测得的绕组温度不应超过表 1 中规定的相关的温度值(如果说明了 t_a，则要考虑 t_a 值)。

14.2.2 如果制造方未说明其绝缘系统的绝缘等级，则所测得的绕组温度不应超过表 1 中对 A 级绝缘系统规定的温度值(如果说明了 t_a 值，则要考虑 t_a 值)。

14.2.3 如果制造方未说明其绝缘系统的绝缘等级，而所测得的绕组温度超过表 1 中对 A 级绝缘系统规定的温度值(如果说明了 t_a，则要考虑 t_a 值)，则变压器的带电零部件(铁心和绕组)要承受 14.3 的试验。加热箱的温度要在考虑了 t_a 值后，按表 2 的规定选取。在表 2 中所选取的温度是与计算所得的温度值最接近的最高温度值。

14.3 对未说明绝缘系统等级的加速老化试验

当适用时(见 14.2、19.12.3 和 26.3)，变压器的带电零部件(铁心和绕组)要承受下列老化试验，每次循环由加热、振动和受潮处理组成。测量按 14.3.4 的规定进行。

样品数按 5.2 的规定。样品要承受 10 次试验循环。

14.3.1 加热

根据绝缘系统的类型，制造方按表2的规定所提出建议的时间和温度组合，将样品置于加热箱内。在同一时间和温度组合条件下进行10次循环。

加热箱内的温度要保持在±3 ℃的允许偏差内。

表2 每次循环的试验温度和试验时间

试验温度 ℃	对应于绝缘系统温度分级的试验时间 d				
	100 ℃	115 ℃	120 ℃	140 ℃	165 ℃
220					4
210					7
200					14
190				4	
180				7	
170				14	
160			4		
150		4	7		
140		7			
130	4				
120	7				
按GB/T 11021和GB/T 11026规定的相应的分级	A	E	B	F	H

在进行加热试验后，先使样品冷却到环境温度，然后进行振动试验。

14.3.2 振动

按GB/T 2423.10的规定，用带子绕过样品外壳，将样品按其正常使用时的工作位置固定在振动台上。振动方向为垂直方向，严酷度为：

——持续时间：30 min；

——振幅：0.35 mm；

——频率范围：10 Hz，55 Hz，10 Hz；

——扫频速率：约1 oct/min。

14.3.3 受潮处理

样品按17.2的规定承受2 d(48 h)的受潮处理。

14.3.4 测量

在进行循环前和在进行每次完整循环后，要进行下列所有的测量和试验项目：

——空载输入电流或空载输入电流的阻性分量；

空载输入电流或空载输入电流的阻性分量不应大于在初始测量时所测得相应值的30%；

——按18.1和18.2测量绝缘电阻；

——按18.3和18.4进行介电强度试验。但试验电压值要减小到规定值的35%，试验时间加倍；

——下列试验仅适用于额定频率为50 Hz或60 Hz的变压器。

在进行介电强度试验后，对一个输入电路施加至少为1.2倍额定电源电压、频率为2倍额定电源频率的试验电压持续5 min。变压器不接负载。试验时，对多线绕组(如果有)要串联连接。可以使用比2倍额定电源频率更高的试验频率，此时连接试验电压的持续时间(以min为单位)等于10倍额定电源频率除以该试验频率，但不小于2 min。

在进行上述各项试验期间，绕组的匝间、输入与输出电路之间、相邻的输入或输出电路之间、或者绕组与任何导电铁心之间的绝缘均不应出现击穿。

如果在完成所有的10次循环试验后，有一个或多个样品不合格，则认为变压器加速老化试验不合格。

15 短路和过载保护

15.1 概述

变压器不应由于在正常使用时可能出现的短路和过载而变得不安全。

通过检查和下列试验来检验是否合格。本试验应在完成14.1规定的试验后，立即在相同的环境温度和1.1倍额定电源电压下，且不改变变压器的工作位置下进行，或者，对非固有耐短路变压器，在0.9倍～1.1倍额定电源电压范围内的任一电压值下进行。

——对固有耐短路变压器，进行15.2的试验；

——对非固有耐短路变压器，进行15.3的试验；

——对非耐短路变压器，进行15.4的试验；

——对无危害式变压器，进行15.5的试验；

——对装有整流器的变压器，15.2或15.3的试验进行两次，一次是在整流器的输入端子进行短路，另一次是在整流器的输出端子进行短路；

——对具有多个输出绕组或对带有分接头的输出绕组的变压器，所得的试验结果要按其中的最高温度值考虑。在多个输出绕组的情况下，对预定要同时施加负载的所有输出绕组均要施加额定输出负载，然后将选定的一个输出绕组短路。

对15.2、15.3和15.4的试验，当变压器是在其额定环境温度(25 ℃或t_a)下工作时，变压器的温度不应超过表3的规定值。如果试验区域的温度与变压器的额定环境温度有差异，在这种情况下，当使用表3的温度限值时均应考虑到这种差异。

试验期间，变压器不应产生出火焰、融熔金属、达到危险含量的有毒或可燃气体，而且温度不应超过表3的规定值。

在进行所有试验时和试验后，变压器应符合第9章的要求。

试验后，当变压器冷却到接近环境温度时，绝缘系统应承受18.3的介电强度试验。

注：在进行介电强度试验前，不进行17.2的受潮处理。

表3 短路或过载条件下的最高温度

绝缘等级	A	E	B	F	H
固有保护的绕组	最高温度/℃				
15.2	150	165	175	190	210

表 3(续)

绝缘等级	A	E	B	F	H
用保护装置保护的绕组: e) 15.3.2、15.3.3、15.3.4 ——在要求的时间或表 4 给出的时间 T 下[a]	200	215	225	240	260
f) 15.3.1					
——在第一个 1 h 时,峰值	200	215	225	240	260
——在第一个 1 h 后,峰值	175	190	200	215	235
——在第一个 1 h 后,算术平均值[b]	150	165	175	190	210
g) 15.3.5	175	190	200	215	235
外部外壳(用标准试验指能触及到的)	105				
导线的橡胶绝缘	85				
导线的聚氯乙烯绝缘	85				
支撑件(即被变压器覆盖的松木胶合板上的任何区域)	105				

[a] 所考虑的最高温度是在试验时和试验后由于热惯性所达到的最高温度。

[b] 算术平均值按下列规定来确定:

当加到变压器上的电源是在循环接通和断开时,要绘制所考虑的一段试验时间的温度对时间变化的曲线图。算术平均温度值(t_A)按下列公式确定:

$$t_A=(t_{max}+t_{min})/2$$

式中:

t_{max}——各最大值的平均值;

t_{min}——各最小值的平均值。

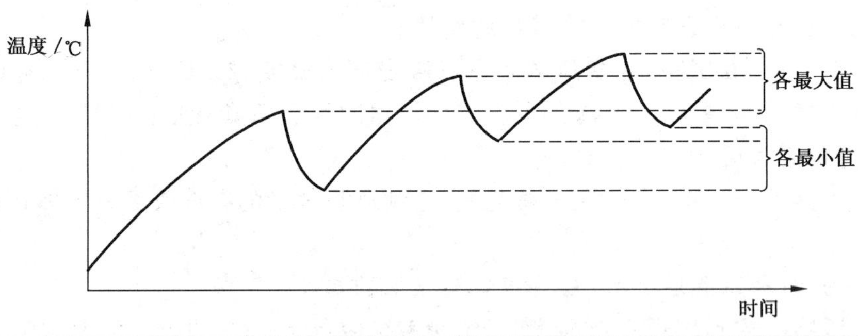

15.2 固有耐短路变压器

对固有耐短路变压器进行试验时,将输出绕组短路,直至达到稳定状态。

15.3 非固有耐短路变压器

对非固有耐短路变压器,按下列规定进行试验:

15.3.1 将输出端子短路。当电源电压为 0.9 倍～1.1 倍额定电源电压之间的任一电压值时,在温度超过表 3 的规定值之前,所装的过载保护装置应动作。

15.3.2 如果用符合 GB/T 13539.2 或 GB/T 13539.3 的熔断器,或者用技术性能相当的熔断器来保护,则对变压器施加负载的时间为 T,施加电流等于标在变压器上的该保护熔断体的额定电流的 k 倍,其

中 k 和 T 为表 4 中的规定值。在试验期间，通过熔断器的电流应保持不变。熔断体要用阻抗可忽略不计的连接导体来代替。

表 4 熔断器的 T 和 k 值

按 gG 保护熔断体额定电流 I_n 标志的电流值 A	T h	k
$I_n \leqslant 4$	1	2.1
$4 < I_n < 16$	1	1.9
$16 \leqslant I_n \leqslant 63$	1	1.6
$63 < I_n \leqslant 160$	2	1.6
$160 < I_n \leqslant 200$	3	1.6
注 1：对由非熟练人员使用的 B 型、gG 圆柱形熔断器(GB/T 13539.3)，以及对由专职人员使用的具有带螺栓连接的熔断体的熔断器(GB/T 13539.2)，当 $I_n < 16$ A 时，k 值为 1.6。		
注 2：对由非熟练人员使用的 D 型熔断器(GB/T 13539.3)，当额定电流为 16 A 时，k 值为 1.9。		

15.3.3 如果用符合 GB 9364 的小型熔断器，或用符合 ISO 8820 的道路车辆用刀型电熔断体，或者用技术性能相当的熔断器来保护，则对变压器施加负载的时间与该熔断器相关标准规格单规定的最长预飞弧时间相对应，施加电流为与该最长预飞弧时间相对应的电流。在试验期间，通过熔断器的电流应保持不变。熔断体要用阻抗可忽略不计的连接导体来代替。

注：技术性能相当的熔断器是指与 GB 9364 和 ISO 8820 规定的熔断器具有相同时间-电流特性的熔断器。

如果用符合 GB 9364 的小型熔断器来保护变压器，则应在 1.5 倍的熔断器额定电流下进行附加的过载试验，直至变压器达到稳定状态。

15.3.4 如果用符合 GB 10963 的断路器，或技术性能相当的断路器来保护，则对变压器施加负载的时间为 GB 10963 所规定的时间，施加电流等于 1.45 倍断路器的额定电流值。试验期间，通过断路器的电流应保持不变。断路器要用阻抗可忽略不计的连接导体来代替。

15.3.5 如果用下列保护装置来保护：

——除符合 GB 9364 或 GB/T 13539 的熔断器以外的，或者除断路器以外的过载保护装置，或

——有意薄弱部件。

则对变压器施加负载的电流等于能引起保护装置动作的最小电流的 0.95 倍电流值，直至变压器达到稳定状态。确定能引起保护装置动作的最小电流的方法是：一开始使变压器在 100%额定输出条件下工作，然后以 2%的增量逐级增加输出电流(每一级要保持达到稳定状态)，直到保护装置动作。

如果保护装置是有意薄弱部件，则要在 2 个新样品上重复上述试验。在第一个样品试验期间，有意薄弱部件应按上述同样的方式和在同样的部位上动作。在第二个样品试验期间，在达到稳定状态时，温度不应超过表 3 的规定值。

15.4 非耐短路变压器

对非耐短路变压器，将制造方规定的相应的保护装置装入相关的输入或输出电路中，按 15.3 的规定进行试验。

对配套用非耐短路变压器，将制造方规定的相应的保护装置装入输入或输出电路中，在正常使用时最不利的条件下和在为其设计配套用变压器的该类型设备或电路的最不利的负载条件下进行试验。最不利的负载条件的实例是：连续工作、短时工作或间歇工作。

15.5 无危害式变压器

15.5.1 三个附加的新样品仅用于下列试验。

在本试验期间，当变压器失效时，应在其输入电路中发生断路。

三个样品中的每一个要按正常使用的方式安放在厚度为20 mm的涂有无光黑漆的胶合板表面上，按14.1的规定使样品发热，直至温度达到稳定。然后，使每一个变压器样品在1.1倍额定输入电压下工作，对在14.1的试验时产生最高温度的输出绕组，一开始施加1.5倍额定输出电流的负载(或者如果不可能施加1.5倍额定输出电流值，则施加最大可得到的输出电流值)，直至达到稳定状态或变压器出现失效(以其中先出现者为准)。

如果变压器出现失效，则该变压器在试验时和试验后应符合15.5.2规定的判断准则。

如果变压器未出现失效，则记下达到稳定状态的时间，然后将所选定的输出绕组短路。试验一直继续到变压器出现失效。在这一部分试验中，每个样品应在不大于达到稳定状态所需要的时间内失效，但不超过5 h。

变压器的失效应是安全的，且在进行试验时和试验后应符合15.5.2规定的判断准则。

15.5.2 在进行15.5.1的试验时的任何时间：

——用标准试验指能触及到的变压器外壳的任何部位处的温度不应超过175 ℃；

——胶合板支撑件任何部位处的温度不应超过125 ℃；

——变压器不应出现火焰、融熔物质、灼热颗粒或绝缘材料的燃烧滴落物。

在进行15.5.1的试验后，且在冷却到环境温度后：

——变压器应承受介电强度试验，该试验的试验电压为第18章表8a规定值的35%。对所有各种变压器，该试验要在输入与壳体之间进行，此外，对安全隔离、隔离和分离变压器，还要在输入与输出之间进行。

——外壳(如果有)上不应出现能使标准试验指(图2)接触到危险的带电零部件的孔洞。如有疑问时，则要用电压不小于40 V的电接触指示器来检查是否接触到危险的带电零部件。

如果变压器不符合本条中任何一项规定，则认为该变压器上述试验不合格。

16 机械强度

16.1 概述

变压器应具有足够的机械强度，其结构应能承受在正常使用时可以预见的粗鲁操作。

对驻立式变压器，通过16.2的试验，以及对移动式变压器，要按适用的情况，通过16.2、16.3和16.4的试验来检验是否合格。

试验后，变压器不应出现不符合本部分要求的损坏。特别是，当按9.1.2的规定进行试验时，危险的带电零部件不应变成可触及。绝缘隔板不应受到损坏，而且手柄、操作杆、旋钮和类似零部件不应在其轴上出现松动。

注1：涂层损坏，不会使爬电距离或电气间隙减小到小于第26章规定值的小凹痕，以及不会对电击防护或防潮造成不利影响的小缺口，均可忽略不计。

注2：正常视力或无放大作用的矫正视力不能看到的裂纹，以及纤维增强模压件和类似零部件的表面裂纹，均可忽略不计。

此外，对16.4的试验，插销在试验时发生弯曲可忽略不计。

16.2 驻立式变压器

将装好盖子和类似零部件的变压器牢固地固定在刚性支撑件上，按GB/T 2423.55中试验Ehb的规定，使其承受弹簧锤产生的三次撞击，撞击能量为0.5 J±0.05 J，撞击要施加在对危险的带电零部件进行保护的外表面上可能是薄弱点的每个部位处，包括手柄、操作杆、开关旋钮和类似零部件，撞击时，使锤头垂直地压住表面。在施加撞击前，将底座和盖子的螺钉用等于表11规定值的三分之二的力矩拧紧。

如果对上述撞击所产生的损坏有疑问时，则不计及该损坏，需在另一个新样品上对同样的部位施加一组共三次的撞击，且其试验应合格。

当 IP00 变压器被装入电器或其他设备内时，其变压器的零部件是不可触及的，故不需进行本试验。

16.3 移动式变压器（装有供插入固定布线插座内的整体式插销的移动式变压器除外）

将移动式变压器（装有供插入固定布线插座内的整体式插销的那些移动式变压器除外）保持在其正常使用时的工作位置，然后使其从 25 mm 高度跌落到置于平坦水泥支承面上的厚度至少为 5 mm 的平坦钢板上。跌落要以每 5 s 不超过 1 次的速率进行 100 次。

跌落高度应是样品在跌落前处于悬吊时，从样品中最接近试验表面的部位处测量。

样品落下的方法应保证它是在落下瞬间遭受干扰最小的情况下从悬吊的位置处自由落下。

如果变压器配备已固定好的外部软电缆或软线，则应将该软电缆或软线的长度截短至 100 mm。

16.4 装有供插入固定布线插座内的整体式插销的移动式变压器

装有供插入固定布线插座内的整体式插销的移动式变压器应具有足够的机械强度。

通过进行试验 a)、b)和 c)来检验是否合格。试验 a)要在 3 个样品上进行，所有 3 个样品均应能承受该试验。试验 b)和 c)应在一个新的样品上进行。

a) 试验要在 GB/T 2423.8 规定的滚桶中进行。如果变压器配备有已固定好的外部软线，则应将该软线的长度截短至 100 mm。每个样品均要单独进行试验。

   滚桶以 5 r/min 的速率旋转，因此每分钟发生 10 次跌落，滚桶试验的跌落次数为：

   ——如果样品质量不超过 250g，50 次；

   ——如果样品质量超过 250g，25 次。

   试验后，样品不应出现本部分意义范围内的损坏，但不要求样品仍能继续工作。

   只要不影响电击防护，允许掉落小碎片。

   不会使爬电距离或电气间隙减小到小于 GB 2099.1—2008 中 27.1 的规定值的插销变形、涂层损坏以及小凹痕均可忽略不计。

b) 在对插销施加 0.4 N·m 的力矩时，先在一个方向上施加力矩 1 min，然后在相反方向上施加力矩 1 min，插销不应出现转动。

注：当插销的转动不损害本部分意义上的安全时，则不需进行本试验。

c) 按表 5 规定的拉力值，依次对每个插销沿插销的纵轴方向平稳地施加拉力 1 min。

将样品放入温度达到 70 ℃±2 ℃的加热箱后 1 h，在加热箱内施加拉力。

表 5 插销上的拉力

等效插头类型的额定值	极数	拉力 N
≤10A，130 V/250 V	2	40
	3	50
>10 A～≤16 A，130 V/250 V	2	50
	3	54
>10 A～≤16 A，440 V	3	54
	>3	70

就本试验而言，保护接地接触件不论多少，均按一个极考虑。

试验后，且在该变压器装置冷却到环境温度后，插销在变压器装置的壳体中的位移不应大于1 mm。

17 防止灰尘、固体异物和潮湿有害进入的防护

17.1 用外壳提供的防护等级(IP 代码)

变压器的外壳应具有与变压器的分类和标在变压器上的 IP 代码相一致的防止灰尘、固体异物和潮湿进入的防护等级，但 IP1X 除外，它应按 IP00 进行标志和试验。

注：IP 代码系统的说明见附录 Q。

通过 17.1.1 规定的相应试验，以及对其他 IP 额定值，通过 GB 4208 规定的相应试验来检验是否合格。

除了 IPX8 外，在进行第二位特征数字的试验前，变压器应在额定输出条件下接通电源，并在额定电压下使变压器达到稳定的工作温度。

试验用水的温度应为 15 ℃±10 ℃。

变压器应按正常使用状态安装好并接好线，如果适用，在输出电路上插上适用的插头。

未配备外部软电缆或软线的变压器要按第 22 章的规定装上外部导线，该导线应是最不利的型号和截面积。

对 17.1.1A～J 的试验，如无其他规定，则对预定要用其壳体与某一表面呈面接触安装的固定式变压器，应将其放置在一块外形尺寸等于变压器投影面的板上来进行试验。

对外壳具有供排水用的排水孔的变压器，安装时应使其最低处的排水孔敞露。但制造方安装说明书另有规定时除外。试验期间通风孔要打开。

按正常使用接好线的移动式变压器应以其正常使用时的最不利的位置来放置。

对密封盖(如果有)，应用其在进行 25.6 规定的试验时所施加的力矩值的三分之二力矩来拧紧。

试验完成后，变压器应承受 18.3 规定的介电强度试验，且经下列检查表明：

a) 在防尘变压器的外壳内没有滑石粉的沉积，如果滑石粉是导电的，就可能会导致绝缘不能满足本部分的要求；
b) 在尘密式变压器的外壳内没有滑石粉的沉积；
c) 在除电压低于交流 15V 或直流 25V 的 SELV 零部件外的带电零部件上，或在可能会对使用人员或周围环境造成危险(例如在可能使爬电距离减小到小于第 26 章规定值)的绝缘上没有水迹；
d) 在防滴水、防淋水、防溅水和防喷水变压器的外壳内不出现会导致损害安全的水的积聚；
e) 在水密式变压器的外壳内没有水或水进入的痕迹；
f) 对防固体异物进入的变压器，相关的试具不能进入变压器外壳内。

17.1.1 具有外壳的变压器的试验

A 防固体异物进入的变压器(IP 代码第一位特征数字为 2)应用 GB 4208—2008 规定的标准试验指和图 3 规定的试验销，按第 9 章和第 26 章的要求来进行试验。

B 防固体异物进入的变压器(IP 代码第一位特征数字为 3 和 4)应用符合 GB/T 16842—2008 试具 C 或试具 D，在每一个可能的部位(密封盖除外)施加表 6 规定的力来进行试验：

表 6 防固体异物进入的变压器试验

	符合 GB/T 16842 的试具	试具金属线直径 mm	施加的力
IP 代码第一位数字为 3	C	$2.5^{+0.05}_{0}$	3 N±10%
IP 代码第一位数字为 4	D	$1^{+0.05}_{0}$	1 N±10%

试具的金属线末端的切割面应与金属线长度方向成 90°夹角且无毛刺。

C 防尘变压器(IP 代码第一位特征数字为 5)在类似于 GB 4208—2008 图 2 所示的防尘箱中进行试验,用气流使防尘试验箱内的滑石粉保持悬浮状态,试验期间,图中所示的真空泵不连接。试验箱内每立方米容积中的滑石粉含量应为 2 kg。所用的滑石粉应经过方孔筛过筛,方孔筛金属丝的标称直径为 50 μm,方孔筛金属丝之间标称自由距离为 75 μm,滑石粉颗粒的尺寸范围应降至 1 μm,同时至少有 50%重量的滑石粉颗粒小于 5 μm。滑石粉的使用不应超过 20 次试验。

试验应按下列规定进行:

a) 将变压器悬吊在防尘试验箱外,使变压器在额定输出条件下工作,直至达到工作温度;
b) 将一直在工作中的变压器放入防尘试验箱内,并使其受到的干扰最小;
c) 将防尘试验箱的箱门关好;
d) 将风扇/鼓风机通电,使滑石粉处于悬浮状态;
e) 经过 1 min 后,在滑石粉仍保持悬浮状态时,将变压器断电并使其冷却 3 h。

注 1:从风扇/鼓风机通电到变压器断电的间隔时间规定为 1 min,是为了确保变压器在开始冷却时,在其周围的滑石粉处于正常悬浮状态,这一点对较小的变压器最为重要。变压器一开始按 a)项的规定工作是为了确保试验箱不致于过热。

注 2:本试验条件的处理与 GB 4208—2008 的第一种类型相对应。

D 尘密式变压器(IP 代码第一位特征数字为 6)按 C 的规定进行试验。

E 滴水变压器(IP 代码第二位特征数字为 1)承受滴水量为 3 mm/min 的人工降雨 10 min,进行人工降雨要使用 GB 4208—2008 图 3 所示的装置,雨水要从变压器顶部上方 200 mm 的高度垂直降落。

F 防滴水变压器(IP 代码第二位特征数字为 2)以倾角达 15°的任何角度倾斜放置,承受滴水量为 3 mm/min 的人工降雨 10 min,进行人工降雨要使用 GB 4208—2008 图 3 所示的装置,水要从变压器顶部上方 200 mm 的高度垂直降落。

G 防淋水变压器(IP 代码第二位特征数字为 3)使用 GB 4208—2008 图 4 所示的淋水装置淋水 10 min。该装置中的半圆形摆管的半径应尽可能小,并能与变压器的尺寸和位置相协调。

摆管上打出的孔眼应保证使淋出的水流指向圆心,淋水装置进水口的水压应约为 80 kPa。

摆管摆动角度应为 120°,即在其垂直面两侧各摆动 60°角,一次完整的摆动(2×120°)所需时间约为 4 s。

变压器应安置在摆管转动轴中心线的上方,使变压器的各端面均受到水喷流的充分覆盖。应使变压器按 GB 4208—2008 的规定,绕其自身的垂直轴线旋转。

在淋水 10 min 后,应切断变压器的电源,以便其自行冷却,但淋水不中断,继续淋水 10 min 。

H 防溅水变压器(IP 代码第二位特征数字为 4)使用 GB 4208—2008 图 4 所示的淋水装置并按 F 的规定,从每个方向溅水 10 min。变压器应安置在摆管转动轴中心线的下方,使变压器的各端面受到水喷流的充分覆盖。

摆管摆动角度应几乎达到 360°,即在其垂直面两侧各摆动 180°角,一次完整的摆动(2×360°)

所需时间约为 12 s。应使变压器按 GB 4208—2008 的规定，围绕其自身的垂直轴线旋转。

被试设备的支撑件应做成网状体，以避免起挡水的作用。在溅水 10 min 后，应切断变压器的电源，以便其自行冷却，但溅水不中断，继续溅水 10 min 。

I 防喷水变压器在其断电后立即承受喷水 15 min，进行喷水要使用带喷嘴的软管从各个方向喷射，喷嘴的形状和尺寸如 GB 4208—2008 图 6 所示，其中尺寸 D′为 6.3 mm。喷嘴离样品距离应为 3 m。水流量率应为 12.5 l/min。

J 防强喷水变压器在其断电后立即承受喷水 3 min，喷水要使用带喷嘴的软管从各个方向喷射，喷嘴的形状和尺寸如 GB 4208—2008 图 6 所示，其中尺寸 D′为 12 mm。喷嘴离样品距离应为 3 m。水流量率应为 100 l/min。

K 水密式变压器(IP 代码第二位特征数字为 7)在其断电后立即浸入水中 30 min，使水高于变压器顶部至少 150 mm，且变压器的最低部分至少承受 1 m 水柱高的压力。应采用变压器正常的固定方法将变压器固定在位。

注：对预定在水下工作的变压器，这种处置是不够严格的。

L 压力水密式变压器(IP 代码第二位特征数字为 8)通过其工作或通过其他适用的方法加热，使变压器外壳的温度超过试验箱内的水温 5 ℃～10 ℃。

然后应切断变压器电源，并承受与额定最大浸水深度相对应的压力 1.3 倍的水压，试验 30 min。

17.2 受潮处理

变压器应能承受其在正常使用时可能出现的潮湿条件。

先经过本条规定的受潮处理，然后立即进行第 18 章的试验来检验是否合格。

对预定要与电源作固定连接的变压器，要在安装好电缆但电缆进线口敞开的情况下进行试验。如果提供有若干个敲落孔，且其位于外壳的不同部位，则将其中产生最不利条件的敲落孔敲开。对预定要与外部软电缆或软线配套使用的变压器，在正确安装好该软线和软线进线口的情况下进行试验。

不用工具就能拆除的电气元器件、盖子和其他零部件要拆除，如有必要，要和主体部分一起进行受潮处理。

进行受潮处理要在潮湿箱内进行，箱内空气相对湿度保持在 91%～95%。箱内凡能放置样品的所有位置处的空气温度保持在 20 ℃～30 ℃之间任何一个方便的温度值 t，其误差在±1 ℃以内。

样品在放入潮湿箱之前，先使样品温度达到 t 与(t +4) ℃之间的某一温度。

样品在箱内保持时间如下：

——对防护等级为 IP20 或防护等级更低的变压器，2 d(48 h)；

——对其他防护等级的变压器，7 d(168 h)。

在大多数情况下，可以先将样品保持在规定的温度下至少 4 h，使样品达到该规定的温度，然后进行受潮处理。

注：在潮湿箱内放置硫酸钠(Na_2SO_4)或硝酸钾(KNO_3)饱和水溶液就能获得 91%～95%的相对湿度，但要求该溶液与潮湿箱内的空气之间的接触表面足够大。为了使潮湿箱内部达到规定的条件，一般需要确保空气不断的循环和使用绝热的试验箱。

在进行受潮处理和第 18 章的试验后，变压器不应出现本部分意义范围内的损坏。

18 绝缘电阻、介电强度和漏电流

18.1 概述

变压器的绝缘电阻、介电强度和漏电流应符合要求。

在进行17.2的试验后，在潮湿箱内或在使样品处在上述规定温度的户内，重新装好可能已被拆除的那些零部件后，立即进行18.2～18.5的试验来检验是否合格。

18.2 绝缘电阻

绝缘电阻不应小于表7的规定值。

绝缘电阻的测量要在施加约500 V的直流电压下并在施加电压1 min后进行测量。

表7 绝缘电阻值

被试绝缘部位	绝缘电阻 MΩ
危险的带电零部件与壳体之间：	
——对基本绝缘	2
——对加强绝缘	7
输入电路与输出电路之间(基本绝缘)	2
输入电路与输出电路之间(双重绝缘或加强绝缘)	5
每一个输入电路与连接在一起的所有其他输入电路之间	2
每一个输出电路与连接在一起的所有其他输出电路之间	2
Ⅱ类变压器的危险的带电零部件与仅用基本绝缘与该危险的带电零部件隔离的导电零部件之间	2
Ⅱ类变压器仅用基本绝缘与危险的带电零部件隔离的导电零部件与壳体之间	5
分别与Ⅱ类变压器绝缘材料外壳的内表面和外表面接触的两个金属箔之间	7

18.3 介电强度试验

在进行18.2的试验后，立即使绝缘承受50 Hz/60 Hz、基本上是正弦波形的介电强度试验电压1 min。介电强度试验电压值及其施加电压的部位见表8a。

在进行试验前，将电阻器、电容器和其他元器件断开。

试验期间，绝缘材料和(或)系统不应出现闪络或击穿，电晕效应和类似现像不予考虑。试验电压施加部位的图例见附录N。

表8a 介电强度试验电压值表

介电强度试验电压的施加部位[a]	工作电压 V[b]				
	<50	150	300	600	1 000
1) 输入电路的带电零部件和输出电路的带电零部件之间(基本绝缘)	250	1 400	2 100	2 500	2 750

表 8a(续)

介电强度试验电压的施加部位[a]	工作电压 V[b]				
	<50	150	300	600	1 000
2) 输入电路的带电零部件和输出电路的带电零部件之间 (双重绝缘或加强绝缘)	500	2 800	4 200	5 000	5 500
3) 下列零部件之间的基本绝缘或附加绝缘: a) 不同极性的带电零部件: ——在同一个绕组内:无需试验(仅功能绝缘); ——除绕组外:试验适用。 b) 带电零部件与壳体,如果壳体预定要与保护接地相连; c) 可触及的导电零部件与插入进线护套、软线护套、固定装置和类似装置内的,其直径和软电缆或软线的直径相同的金属棒(或缠绕在软线上的金属箔); d) 带电零部件与中间导电零部件; e) 中间导电零部件与壳体; f) 每一个输入电路与连接在一起的所有其他输入电路	250	1 400	2 100	2 500	2 750
4) 壳体与带电零部件之间的加强绝缘	500	2 800	4 200	5 000	5 500

[a] 对符合 19.12.3 b)和 26.2.4.1 试验 B 的结构,试验电压要乘以系数 1.25。对符合 26.2.4.2 的结构,试验电压要乘以系数 1.35。

[b] 当工作电压处于中间值时,要在两个相应表列值之间用内插法求出介电强度试验电压值。

试验期间,绝缘材料和(或)系统不应出现闪络或击穿,电晕效应和类似现象不予考虑。试验电压施加部位的图例见附录 N。

所使用的试验方法的细节见 GB/T 17627.1 和 GB/T 17627.2。

试验所用的高压变压器在输出端子短路时,应能提供至少 200 mA 的电流。

应注意,施加在输入与输出电路之间的介电强度试验电压不要使其他绝缘承受到过高的电压。如果制造方说明了在输入与输出电路之间具有双重绝缘系统(例如从输入电路到铁心和从铁心到输出电路),则每一个绝缘要按表 8a 第 3 项规定的介电强度试验电压分别进行试验。该要求同样适用于输入与壳体之间的双重绝缘。

对同时包含有加强绝缘和双重绝缘的Ⅱ类变压器的情况,应注意施加在加强绝缘上的介电强度试验电压不要使基本绝缘或附加绝缘承受过高的电压。

18.4 绕组之间和绕组内部的绝缘

在进行 18.3 的试验后,将某一个输入电路接到电压为 2 倍额定电源电压值、频率为 2 倍额定电源频率的试验电压持续 5 min,变压器不接负载。在试验时,多线绕组(如果有)要将其串联连接。本试验仅适用于额定电源频率小于 500 Hz 的变压器。

可以使用比 2 倍额定电源频率更高的试验频率,此时施加试验电压的持续时间(以 min 为单位)等于 10 倍额定电源频率除以试验频率,但不少于 2 min。

在试验期间,绕组匝间、输入电路与输出电路之间、相邻的输入电路或输出电路之间或者绕组与任何导电铁心之间的绝缘均不应出现击穿。

18.5 接触电流和保护接地导体电流

接触电流和保护接地导体电流要按下列 18.5.1 和 18.5.2 的规定进行测量。

对调压器或具有分接头的变压器应选择最不利的调节值。对具有多个输入或输出绕组的变压器，应选择最不利的绕组组合。

本条所规定的测量方法是假定变压器用于星接法 TN 或 TT 系统，即变压器接在线(L)和中性线(N)之间。对其他系统，见 GB/T 12113—2003 的有关内容。

对多相连接的情况，使用相同的程序，但此时要一相一相地进行测量。对每一相采用相同的限值。

接触电流和保护接地导体电流的测量要在变压器带有第 14 章规定的负载且在稳定状态下进行。

注：为了避免进行过多的试验，建议该测量与第 14 章的发热试验合在一起进行。

18.5.1 接触电流

对用绝缘材料制成的外壳，将尺寸为 10 cm×20 cm 的金属箔贴在外壳的可触及表面上，并在该金属箔处进行测量。对Ⅰ类变压器上的Ⅱ类绝缘的零部件，应同时在两个零部件上测量接触电流。

测量时，应使用图 8 的试验电路。试验电路应包括一个隔离变压器，而且出于安全上的原因，与测量网络连接的“中性”导线应可靠地接地。对Ⅱ类变压器，保护接地导线可以忽略。图 8 中所指的测量网络就是附录 J 的图 J.1 的测量网络。但是，如果所涉及的频率在 30 kHz 以上，则对接触电流的测量除了图 J.1 的测量外，还应包括关于电灼伤效应的测量。对电灼伤效应，未加权的接触电流方均根值是恰当的。未加权的接触电流要由在附录 J 图 J.1 中的 500 Ω 电阻上测得的方均根值电压 U_1 来计算。

端子 A 应依次接到每一个可触及的零部件。

在每次使用端子 A 时，端子 B 应先接地，然后端子 A 再依次接到其他可触及的零部件。

测量：

接触电流的测量要将开关 p 处于两个位置下，且开关 e 和 n 要处于下列组合位置下进行：

——开关 n 和 e 处于通位；

——开关 n 处于断位而开关 e 处于通位；

——开关 n 处于通位而开关 e 处于断位。

在每次使用端子 A 和 B 测量时且在开关 p、e 和 n 的位置的每一种组合下所测得的接触电流应等于或小于表 8b 的规定值。

18.5.2 保护接地导体电流

测量保护接地导体电流时，变压器要按第 14 章的规定进行连接。此外，阻抗可以忽略(小于 0.5 Ω)的电流表要接在变压器的接地端子与保护接地导体之间。

保护接地导体电流不应超过下表的规定值：

表 8b 电流限值

漏电流类型	额定电流	最大限值(方均根值)
接触电流： 装有符合 GB 1002 插头的所有Ⅰ类和Ⅱ类变压器	—	0.5 mA
保护导体电流： ——装有额定电流小于或等于 32 A 的单相或多相插头的Ⅰ类变压器	≤4 A >4 A～≤10 A >10 A	2 mA 0.5 mA/A 5 mA
——预定要作永久性连接的Ⅰ类变压器	≤7 A >7 A～≤20 A >20 A	3.5 mA 0.5 mA/A 10 mA

测量时所要观察的是电流的峰值。用性能良好的示波器就能将峰值转换为真实的方均根值。

注：关于接触电流和保护导体电流测量的进一步说明可以查阅 GB/T 12113—2003 和 GB/T 17045—2008(7.5)。

19 结构

19.1 输入和输出电路应按 GB/T 19212 其他相关部分的规定，在电气上彼此隔离。其结构应使这些电路之间不可能存在任何直接的或间接通过其他导电零部件的连接，但有意采取时除外。

19.2 在变压器结构中不应使用已知是高度可燃的材料，例如赛璐珞。

棉布、丝绸、纸和类似的纤维材料不应作为绝缘材料使用，但经过浸渍处理的除外。

不应使用蜡和类似的材料作为浸渍剂，但其流动性受到适当限制时除外。

通过检查，当对是否是剧烈燃烧的材料有疑问时，还要通过 27.3 中的 550 ℃的灼热丝试验来检验是否合格。

注：如果绝缘材料纤维之间的空隙充分地填满了合适的绝缘覆盖层(即环氧树脂、漆等)，则认为该绝缘材料经过浸渍处理。

木材，即使经过浸渍处理，也不应作为附加绝缘或加强绝缘来使用。

19.3 移动式变压器应是耐短路变压器或无危害式变压器。

通过检查来检验是否合格。

19.4 对Ⅱ类变压器，应采取措施来防止可触及金属零部件与电源线的导管或金属护套相接触。

通过检查来检验是否合格。

19.5 Ⅱ类变压器中作为附加绝缘或加强绝缘用的零部件，如果在变压器检修后重新装配时可能会被遗漏，则应满足下列要求：

——其固定方式应使得不将其严重破坏就不能取出，或者

——在设计上应使它们不能被更换在不正确的位置上，而且如果它们被遗忘，应使变压器无法工作或能明显地看出变压器装配不完整。

通过检查以及通过手动试验来检验是否合格。

注 1：但是，如果用可靠的方法将护套固定在位，则护套可以用来作为内部连线的附加绝缘。

注 2：如果只能用破坏或割开的方法才能将护套取出，或者在两端将护套夹紧，则认为护套是用可靠的方法进行固定的。

注 3：检修包括开关、保护装置和电源软线(当其连接类型允许更换电源软线时)的更换。

注 4：当用漆涂层或用不能承受 19.10 试验的涂层材料作金属外壳内衬时，则认为不满足这些要求。

19.6 Ⅰ类和Ⅱ类变压器的结构应做到，如果在正常使用中，任何导线、螺钉、垫圈、弹簧或类似零部件出现松动或从其位置上脱落时，它们不会使附加绝缘或加强绝缘的爬电距离或电气间隙，或者输入与输出端子之间的距离减小到小于第 26 章规定值的 50%。

通过检查、测量以及手动试验来检验是否合格。

注：就本要求而言：

——预计两个独立的固定装置不会同时出现松动；

——对使用配有锁紧垫圈的螺钉或螺母来紧固的零部件，如果在更换电源软电缆或软线时，或在进行其他检修时不用拆卸这些螺钉或螺母，则认为这类零部件是不易出现松动的；

——对用锡焊连接的导线不认为是符合要求的固定，除非在靠近端接处采用不依靠焊锡的方法，例如，用钩住的方法将导线固定在位；

——对符合 GB 13140.3 的无螺纹端子被认为是对导线提供了符合要求的固定，而不需要再有任何附加措施；

——与端子连接的导线不认为是符合要求的固定，除非在靠近端子处还采取了适当类型的附加固定；在绞合导线的情况下，这种附加固定要夹住绞合导线的绝缘，而不是仅夹住其导线；

——如果在端子螺钉松动时，短硬导线仍能保持在位，则认为该短硬导线是不易从端子上脱开的。

19.7 用电阻器或电容器与可触及的导电零部件连接的导电零部件应用双重绝缘或加强绝缘与危险的带电零部件隔离。

通过对双重绝缘或加强绝缘的所有相关要求和试验来检验是否合格。

19.8 用双重绝缘或加强绝缘隔离的导电零部件，例如带电零部件与壳体，或初级与次级电路，可以桥接(导电桥接)有电阻器或Y2类电容器，只要它们至少由两个单独的元件组成，且其阻抗在变压器的寿命期内不可能发生明显地变化。

如果使用电阻器，则它们应符合GB 8898—2011的14.1的试验要求。如果使用电容器，则它们应符合GB/T 14472的相关要求。

如果将两个电容器串联使用，则应以跨在这两个电容器上的总工作电压来规定每个电容器的工作电压，而且每个电容器的标称电容量值应相同。如果其中的任何一个元件发生短路或开路，则第9章规定的限值不应超过。

另外，如果工作电压不大于250 V，用双重绝缘或加强绝缘隔离的导电零部件(例如带电零部件与壳体，或初级与次级电路)可以桥接有符合GB/T 14472相关要求的单个Y1类电容器。

注：Y1类电容器被认为具有加强绝缘。

通过检查及测量来检验是否合格。

19.9 使输入与输出绕组隔离的绝缘材料，以及用来作为Ⅱ类变压器附加绝缘的天然或合成橡胶零部件应是能耐老化的，或者在结构上或尺寸上应做成是，如果出现任何裂纹，均不会使爬电距离减小到小于第26章的规定值。

通过检查、测量，以及当对橡胶的老化性能有疑问时，要通过下列试验来检验是否合格。

橡胶零部件要在加压的氧气环境中进行老化。样品要自由悬挂在氧气罐内，氧气罐的有效容积至少为样品体积的10倍，氧气罐充入纯度不低于97%的商用氧气，使压力达到$2.1^{+0.07}_{0}$ MPa。

样品在70^{+1}_{0}℃温度的氧气罐内停留4 d(96 h)。然后，立即从氧气罐中取出样品，并在环境温度下放置至少16 h，避免直接光照。

试验后，对样品进行检查，用正常视力或无放大作用的矫正视力进行观察，应无可见的裂纹。

注：如果对除橡胶以外的其他材料有疑问时，则要使用一种替换的方法(见14.3和26.3)。

使用氧气罐时会存在某些危险，因此须小心对待。要采取各种措施，避免因突然氧化引起爆炸危险。

19.10 当采用绝缘涂层来确保防止意外接触危险的带电零部件时，该绝缘涂层应能承受下列试验：

a) 老化试验

带涂层的零部件承受IEC 60068-2-2试验Ba规定的条件，在温度为70 ℃±2 ℃下停留7 d(168 h)。

在进行该处理后，使零部件冷却到环境温度，检查涂层未出现脱离基材的疏松或皱缩。

b) 冲击试验

然后将该零部件置于−10 ℃±2 ℃的温度下处理4 h。当样品仍处在该温度时，用符合GB/T 2423.55规定的能量为0.5 J±0.05 J的弹簧锤，对涂层可能是薄弱处施加一次撞击。

在进行该试验后，涂层不应出现损坏。特别是用正常视力或无放大作用的矫正视力进行观察，无可见的裂纹。

c) 划痕试验

最后，对在正常工作条件下达到最高温度的部位处进行划痕试验。划痕要用淬硬的钢针来进行，钢针的端部呈锥形，顶角为40°，其尖端倒圆，倒圆半径为0.25 mm±0.02 mm。

进行划痕时要如图4所示，沿样品表面以约20 mm/s的速度驱动钢针。对钢针的荷重要使沿钢针轴向施加的作用力为10 N±0.5 N。各条划痕之间至少相隔5 mm，而且划痕离样品的边缘至少有5 mm的距离。

在进行该试验后，涂层不应出现松脱或被刺穿，然后，应承受第18章规定的介电强度试验，试验电压要加在基材与贴在涂层上的金属箔之间。

注：本试验可以在独立的带涂层零部件的样品上进行。

19.11 如果手柄、操作杆、旋钮和类似零部件的轴或紧固件,在绝缘一旦发生击穿时可能会变成带电体,则这些零部件应用绝缘材料制成,或用附加绝缘将这些零部件充分覆盖,或者用附加绝缘将这些零部件与其轴和紧固件隔离。

通过检查,以及如有必要,用对附加绝缘所规定的要求来检验是否合格。

19.12 绕组结构

19.12.1 在所有类型的变压器中应采取措施,以防止:

——输入或输出绕组或它们的线匝发生过分的位移;

——内部连线或外部连接导线发生过分的位移;

——万一导线断裂或连接点松动,以致绕组的一部分或内部连线发生过分的位移。

通过检查以及通过第16章的试验来检验是否合格。

对每个绕组的最后一匝,应防止其发生位移。

注1:防止位移的措施可以是:

——采用强制性方法,例如,采用带子、合适的胶粘剂或机械固定方法将导线固紧;

——或者采用工艺处理技术。

注2:对于保护屏蔽层,为了防止因出现短路匝而引起的涡流损耗,如有必要,在结构布置上要使两个端边不能彼此接触,也不能同时都接触到铁心。

19.12.2 如果使用有齿边的绝缘带作绝缘,则认为各层绝缘带的齿边是重合的。对贯通绝缘距离,如果采用外加一层有齿边的绝缘带和外加一层放置在齿边部位的无齿边绝缘带,则可以使用表13、表C.1和表D.1中的减小值。

注1:M.2.1b)给出示例。

如果使用无端板的骨架(无挡板骨架),则应防止每层端匝发生位移。

注2:例如每一层可衬垫充分伸出每层端匝的绝缘材料,此外:

——绕组可以浸渍热固性或冷固性的浸渍材料,以便充分填充其中的空隙并有效的封固端匝;

——或者可以采用绝缘材料或工艺技术将绕组固定在一起。

通过检查以及通过第16章、第17章和第18章的试验来检验是否合格。

19.12.3 在绝缘系统中提供基本绝缘或加强绝缘的绝缘绕组线应满足下列要求。

a) 如果绕组线上的绝缘在绕制部件中用来提供基本绝缘,而不再另外衬垫绝缘,则:

——绝缘线(例如聚酰亚胺绝缘线或与之相当的绝缘线)应符合附录K;

——一根绝缘绕组线的绝缘应至少由两层绝缘组成;

b) 如果绕组线上的绝缘在绕制部件中用来提供加强绝缘,则:

——绝缘线(例如聚酰亚胺绝缘线或与之相当的绝缘线)应符合附录K;

——一根绝缘绕组线的绝缘应至少由三层绝缘组成;

——绝缘承受18.3的相关的介电强度试验,该试验要在乘以1.25倍的规定电压下进行。

如果绝缘绕组线是绕在:

——金属铁心或铁氧体磁心上,或

——漆包线的上面,或

——漆包线的下面。

则在绝缘线与铁心之间,或在绝缘线与漆包线之间,应提供附加的绝缘,其贯通绝缘距离要符合表13中对附加绝缘规定的贯通绝缘距离。

注:本要求是考虑到施加在绝缘绕组线上的机械应力。

变压器制造方应提供证明,绕组线已承受第K.3章所规定的100%的例行介电强度试验。

爬电距离和电气间隙的要求不适用于绝缘绕组线。

对提供加强绝缘的绕组,不需要表13、表C.1和表D.1的2)c)中的数值。

通过检查零部件以及绝缘线制造方的声明来检验是否合格。

19.13 手柄、操作杆和类似零部件应用可靠的方法固定，使它们不会由于在正常使用时可能出现的发热、振动等而出现松动。

通过检查以及通过第 14 章和第 16 章的试验来检验是否合格。

19.14 提供电击防护的盖板应固紧。其固定至少应用两种独立的方法来实现，其中之一至少是需要使用工具的方法。

通过检查以及通过手动试验来检验是否合格。

注 1：盖板可以伴有诸如凹槽或凸缘的固定方法，成为所要求的固定方法之一。

注 2：可以使用螺钉作为需要使用工具的方法，但是对滚花螺母或螺钉，即使它们有封固措施也不宜使用。

19.15 对装有插销以插入固定式插座内的变压器，不应使这些固定式插座承受到过大的应力。

通过将变压器按正常使用的情况插入符合 GB 1002 的固定式插座来检验是否合格，插座要能围绕穿过插套中心线、位于插座插合面后 8 mm 的水平轴线旋转。

为使插合面保持在垂直面内而必须加到插座上的附加力矩不应超过 0.25 N·m。

19.16 额定输出不超过 200 VA 的移动式变压器应具有 IP20 或更高的防护等级。对具有 IPX0 防护等级的变压器，应在使用说明书中说明，这种变压器仅供户内使用。

额定输出超过 200 VA，但对单相变压器不超过 2.5 kVA，或对多相变压器不超过 6.3 kVA 的移动式变压器，应具有 IPX4 或更高的防护等级。

对单相变压器，额定输出超过 2.5 kVA，或对多相变压器，额定输出超过 6.3 kVA 的移动式变压器，应具有 IP21 或更高的防护等级。

19.17 防护等级从 IPX1 到 IPX6 的变压器应具有有效的排水孔，排水孔直径至少为 5 mm，或面积为 20 mm^2 且其宽度至少为 3 mm。

如果变压器，包括其绕组、铁心和所有无绝缘的带电零部件全部被合适的密封材料所包住，则不需要排水孔。

19.18 对防护等级高于 IPX1 的变压器，如有插头，应装有模压式插头。

19.19 对设计成用软电缆或软线连接的Ⅰ类移动式变压器，应装有不可拆卸的带保护接地导线的软电缆或软线，以及带保护接地插销的插头。

如果Ⅰ类驻立式变压器装有不可拆卸的软电缆或软线，则该软电缆或软线应具有保护接地导线，而插头应具有保护接地插销。

通过检查、测量以及 17.1 的试验来检验是否符合 19.16～19.19 的要求。

19.20 SELV 和 PELV 电路的带电零部件彼此之间以及与其他电路之间应在电气上隔离。在考虑相关工作电压后，应满足下列要求：

——SELV 输出电路与所有非 SELV 和 PELV 电路在电气上应用双重绝缘或加强绝缘隔离；

——SELV 输出电路与其他 SELV 和 PELV 电路在电气上应用基本绝缘隔离。

注 1：该要求不排除 PELV 电路与保护接地相连。

对 SELV 电路要通过 19.20.1 的检查，以及对 PELV 电路要通过 19.20.2 的检查来检验是否合格。

19.20.1 SELV 电路的带电零部件不应与保护接地、带电零部件或构成其他电路部分的保护接地导线相连。

SELV 电路的外露导电零部件不应与下列零部件相连：

——保护接地；或

——保护接地导线或另一个电路的外露导电零部件。

如果标称电压超过交流 25 V 或无纹波直流 60 V，则其绝缘应能承受表 8a 规定的双重绝缘或加强绝缘的试验电压，以提供防止直接接触的保护。

如果标称电压不超过交流 25 V 或无纹波直流 60 V，则防止直接接触的保护一般不需要。但是，在某些外部影响(见 GB/T 19212 其他部分)情况下，这种保护可能还是需要的。

19.20.2 对 PELV 电路，应满足下列要求。

对确保防止直接接触的保护，其绝缘应能承受表 8a 规定的双重绝缘或加强绝缘的试验电压。

注：本要求意味着，即使电压低于交流 25 V 或无纹波直流 60 V，PELV 电路仍必须进行绝缘。但直接与保护接地相连的带电零部件除外。

19.21 对 FELV 电路，应满足下列要求，以确保对防止直接接触和间接接触的保护。

注：例如，当电路中的设备(例如变压器、继电器、遥控开关、接触器)相对于较高电压电路来说，其绝缘不够充分时，可能就要确保这种保护条件。

为提供防止间接接触的保护，应使其绝缘能承受初级电路所要求的最小试验电压。

19.22 Ⅱ类变压器不应装有保护接地装置。

但是，预定构成环形回路用的Ⅱ类变压器，可以装有使不在变压器内部端接的保护接地导线保持电气连续性的内部端子，只要该端子采用Ⅱ类绝缘与可触及的导电零部件进行绝缘即可。

通过检查来检验是否合格。

19.23 Ⅲ类变压器不应装有保护接地装置。

通过检查来检验是否合格。

20 元器件

元器件，例如开关、插头、熔断器、灯座、电容器以及软电缆和软线，应尽可能符合相关国家标准或 IEC 标准。

装在变压器内的或随同变压器一起提供的元器件，应作为变压器的一个组成部分承受本部分的所有试验。

符合相关元器件的国家标准或 IEC 标准不一定能确保符合本部分的要求。

这些元器件一般按相关的标准，按下列规定单独进行试验：

——对标有具体额定值的元器件，要检查确定这些元器件是否能适用于变压器内可能出现的，包括浪涌电流在内的条件。然后再对该元器件按其标志的额定值来进行试验，样品数按相关标准的要求来确定。

——对未标有具体额定值的元器件，要在变压器内可能出现的，包括浪涌电流在内的条件下进行试验，样品数通常按相关标准的要求来确定。

——如果没有相关元器件的国家标准或 IEC 标准，或者如果该元器件未标有额定值，或者如果该元器件未按其标出的额定值来使用，则该元器件要在变压器内出现的条件下进行试验，样品数通常按类似规范的要求来确定。

20.1 对 IPX0 变压器，其电网电源器具耦合器应符合 GB 17465，而对其他变压器，应符合 GB 17465.3 和 GB/T 11918。

20.2 自动控制器应符合 GB 14536 系列标准和 GB/T 19212 其他部分的要求，除非自动控制器是与变压器一起进行试验。

20.3 热熔断体应尽可能符合 GB 9816.1—2013。

20.4 作为变压器组成部分的开关应符合附录 F 的要求。

此外，预定要断开变压器电源的开关，应能全极断开电源，而且在相关各类过电压条件下能提供完全断开。有关全极断开和完全断开的要求不适用于预定要用软电缆或软线和插头与电源连接的变压器，也不适用于所提供的说明书中所说明的应在其固定布线中安装这种断开装置的变压器。

通过检查来检验是否合格。

20.5 输出电路的插座与预定要直接插入就安装规程、电压和频率而言可以用于输入电路的插座的插头之间应无不安全的兼容性。

对 SELV 系统用的插头和插座应符合 IEC 60906-3 和 IEC 60884-2-4 的要求。但是，对额定电流不大于 3 A 和最高电压为交流 24 V 或直流 60 V,以及功率不超过 72 W 的 SELV 系统用的插头和插座允许仅符合下列要求：

——插头应不可能插入其他标准电压系统的插座；

——插座应不可能使其他标准电压系统的插头插入；

——插座不应装有保护接地触头。

注：由于 IEC 60906-3 仅包括 6 V、12 V、24 V 和 48 V 电源电压,因此对中间电源电压的变压器,要能承受最接近的较高的电压。仅对配套用变压器,使用其他插头和插座系统是允许的。

对 PELV 系统用的插头和插座应符合下列要求：

——插头应不可能插入其他标准电压系统的插座；

——插座应不可能使其他标准电压系统的插头插入；

——插座不应装有保护接地触头。

本要求不排除使用装有功能接地触头的插座。

对 FELV 系统用的插头和插座应符合下列要求：

——插头应不可能插入其他标准电压系统的插座;以及

——插座应不可能使其他标准电压系统的插头插入。

通过检查以及手动试验来检验是否合格。

20.6 热断路器、热熔断体、过载继电器、熔断器和其他过载保护装置应具有足够的分断能力。

通过 20.7 和 20.8 的相关试验来检验热断路器的分断能力是否合格。

通过 20.8 的相关试验来检验热熔断体的分断能力是否合格。

熔断器的分断能力应符合相关的熔断器标准。

20.6.1 符合 GB 9364 和 GB/T 13539 的熔断器要能允许连续承受不超过 1.1 倍额定值的负载电流。

20.7 热断路器应符合 20.7.1.1 和 20.7.2、或 20.7.1.2 和 20.7.2 的要求。

20.7.1 按照 GB 14536.1—2008 的要求

20.7.1.1 当作为独立的元器件进行试验时,热断路器应符合 GB 14536.1—2008 相应的要求和试验。

就本部分而言,下列要求和试验适用：

a) 热断路器应属于 1 型或 2 型(见 GB 14536.1—2008 的 6.4)；

b) 热断路器至少应具有微切断(1.C 或 2.C 型)(见 GB 14536.1—2008 的 6.4.3.3 和 6.9.3)或微断开(1.B 或 2.B 型)(见 GB 14536.1—2008 的 6.4.3.2 和 6.9.2)；

c) 带手动复位的热断路器应具有不会阻碍触头打开,以防止故障持续的自动脱扣机构(1.E 或 2.E型)(见 GB 14536.1—2008 的 6.4.3.5)；

d) 自动动作循环次数应为：

——对自复位热断路器,3 000 次循环；

——对不用工具就能手动复位的非自复位热断路器,300 次循环(见 GB 14536.1—2008 的 6.11.10)；

——当变压器断开时能复位的非自复位热断路器,300 次循环(见 GB 14536.1—2008 的 6.11.10)；

——对只能用工具复位的非自复位热断路器,30 次循环(见 GB 14536.1—2008 的 6.11.11)。

e) 热断路器应设计成能承受长期施加在其绝缘零部件上的电气应力,并应按此进行相应的试验(见 GB 14536.1—2008 的 6.14.2)；

f) 热断路器的下列特性应与其在正常工作条件和故障条件(例如输出端子短路)下变压器中的使用情况相适应：

——热断路器的额定值(见 GB 14536.1—2008 的第 5 章)；

——按下列特点对热断路器进行的分类：

1) 电源性质(见 GB 14536.1—2008 的 6.1)；

2) 所控制的负载类型(见 GB 14536.1—2008 的 6.2)；

3） 防止固体异物和灰尘进入的外壳防护等级（见 GB 14536.1—2008 的 6.5.1）；

4） 防止水有害进入的外壳防护等级（见 GB 14536.1—2008 的 6.5.2）；

5） 污染等级（见 GB 14536.1—2008 的 6.5.3）；

6） 热断路器的相比电痕化指数（见 GB 14536.1—2008 的 6.13）；以及

7） 热断路器的最高环境温度限值（见 GB 14536.1—2008 的 6.7）。

20.7.1.2 当作为变压器的组成部分进行试验时，热断路器应：

——至少具有 GB 14536.1—2008 规定的微切断（1.C 或 2.C 型）或微断开（1.B 或 2.B 型）；

——在其老化温度与变压器在环境温度为 35 ℃或 t_a+10 ℃（如果适用）下正常工作时热断路器周围温度相对应的条件下老化 300 h；

——通过建立相关的故障条件，承受 20.7.1.1 对作为独立的元器件进行试验的热断路器所规定的自动动作循环次数。

试验要在 3 个样品上进行；

注：样品为装好热断路器的变压器。

通过检查以及规定的试验来检验是否合格；

试验中，不应出现持续的飞弧，而且不应出现由于其他原因引起的损坏。

试验后，热断路器和变压器不应出现本部分意义上的损坏，特别是，其外壳不应劣变，电气间隙和爬电距离不应减小，以及电气连接和机械固定装置不应松动。

20.7.2 热断路器应具有足够的分断能力

20.7.2.1 将装有非自复位热断路器的变压器接到 1.1 倍额定输入电压，且使输出端子短路，直到热断路器动作。然后断开电源电压，直到变压器冷却到接近室温。然后再次接到电源电压（输出端子一直是短路）。

该动作循环要按下列规定进行：

——对无 t_{amin} 标志的变压器，在室温 25 ℃±10 ℃下，三次；

——对有 t_{amin} 标志的变压器，在最低环境温度 t_{amin} 下，三次。

在循环试验后，变压器接到 1.1 倍额定电源电压，且在输出端子短路下持续 48 h。

20.7.2.2 将装有自复位热断路器的变压器接到 1.1 倍额定输入电压，且使输出端子短路。

该动作循环要按下列规定进行：

——对无 t_{amin} 标志的变压器，在环境温度 25 ℃±10 ℃下，48 h；

——对有 t_{amin} 标志的变压器，在环境温度 25 ℃±10 ℃下，24 h，以及在最低环境温度 t_{amin} 下，24 h。

通过检查以及按给定的顺序进行规定的试验来检验是否合格。

在这些试验期间，不应出现持续飞弧。

试验后，变压器应满足下列要求：

——能承受第 18 章的试验；

——没有出现本部分意义上的损坏，以及

——仍能使用。

20.7.3 对间接加热型 PTC 电阻器，在本部分中被认为是非自复位热断路器。

通过下列试验来检验是否合格：

将变压器接到 1.1 倍额定输入电压 48 h（2 d），且使输出端子短路。

——48 h 后，应使变压器冷却到接近环境温度；本试验应在变压器制造方规定的最高环境温度下重复进行 5 次；

——应重复进行同样的试验循环，但是在 0.9 倍额定输入电压以及在变压器制造方规定的最低环境温度下进行。

在变压器承受负载时的循环部分期间，PTC 电阻器应动作并停留在高阻抗状态，直到将电源切断为止。试验结束时,变压器应承受第 18 章的试验,不应出现损坏,且仍能使用。

20.8 对热熔断体应采用下列两种方法之一来进行试验。

20.8.1 当作为独立的元器件进行试验时,热熔断体应符合 GB 9816.1—2013 的要求和试验。

当热熔断体按 GB 9816.1—2013 进行试验时,下列要求和试验适用:

——电气条件(见 GB 9816.1—2013 的 6.1);

——热条件(见 GB 9816.1—2013 的 6.2);

——热熔断体的额定值[见 GB 9816.1—2013 的第 8 章的 b)];

——密封化合物和浸渍液或清洗剂中的适应性[见 GB 9816.1—2013 的第 8 章的 c)];

热熔断体应适合在正常工作条件、短路以及过载条件下的应用。

按照 GB 9816.1—2013 的试验规范,通过检查和测量来检验是否合格。

20.8.2 当作为变压器的一个组成部分进行试验时:

——应在其老化温度与变压器在环境温度为 35 ℃或 t_a+10 ℃(如果适用)下正常工作时热熔断体周围温度相对应的条件下,老化 300 h;

——应承受引起热熔断体动作的变压器的故障条件。试验中,不应出现持续飞弧和本部分意义上的损坏;以及

——断开点两端应能承受二倍额定电压值,且在等于二倍断开点两端的额定电压值的直流电压下,测得的绝缘电阻至少应为 0.2 MΩ。

试验进行三次,不允许出现不合格。本试验不适用于无危害式变压器。

每次试验后,热熔断体要局部或整体进行更换。

如果热熔断体是不能进行更换的,则试验要在三个新的样品上进行。

通过检查以及通过顺序规定的试验来检验是否合格。

20.9 自复位热保护装置,除非在本部分规定的试验中和试验后动作不会出现机械、电气或其他危险,否则,不应使用。

通过检查来检验是否合格。

20.10 预定要通过焊接操作来复位的热断路器,不应作为过载保护装置用。

通过检查来检验是否合格。

20.11 当接通电源电压时,过载保护装置不应动作。

通过下列试验来检验是否合格。

变压器在空载的情况下,接到等于 1.1 倍额定电源电压的电源。然后接通和切断电压 20 次,大约每隔 10 s 一次,或在能使浪涌电流达到最大的该电源电压波形的某一点下接通和切断该电源电压。

注:如果使用一种能在电源电压最不利的电角度下接通该电源电压的装置,则接通和切断该电源电压可以只进行两次。

电源应确保因浪涌电流引起的电压降低不超过 2%。

21 内部布线

21.1 内部布线和变压器的不同零部件之间的电气接线应进行充分地保护或封闭。

布线通道应平滑,且应无尖角、毛刺、焊渣等,以免导线的绝缘受损。

21.2 对于金属板上穿过绝缘导线的开孔,其孔缘应倒圆,倒圆半径不小于 1.5 mm,或者应在开孔上装上绝缘材料护套。

21.3 无绝缘导线的固定应使其彼此之间以及与外壳之间保持足够的距离。

通过检查来检验是否符合 21.1~21.3 的要求。

21.4 当外部导线与输入或输出端子连接时,不应使内部布线松动。

通过检查以及23.3的试验来检验是否合格。

21.5 对在正常使用时承受的温度超过14.1给出的限值的绝缘导体，应采用耐热的和非吸湿性的绝缘材料。

通过检查，且如有必要，通过附加的试验，即在进行14.1的试验中测定其温度来检验是否合格。

22 电源连接和其他外部软电缆或软线

22.1 本章所涉及的所有电缆、软线和连接装置，其电流和电压额定值应与其所连接的变压器的额定值相适应。

通过检查来检验是否合格。

22.2 对输入和输出导线的布线，应为其提供各自分开的进、出线孔。

供外部布线用的进、出线孔，在设计中应确保软线穿过时，其护层无损伤的危险。

软电缆或软线的进、出线孔应是由绝缘材料制成的或装有用绝缘材料制成的护套，它们在预期的工作条件下，应是实际上不受老化的影响。护套进线孔的形状应能防止软线受到损伤。

供外部导线布线用的护套应可靠地固定，而且应确保护套不可能受到安装护套处的材料引起的损伤。

护套不应用天然橡胶制成，除非它们构成软线保护装置的一部分(见22.9)。

注：这些要求不排除使用可拆装的护套。

通过检查来检验是否合格。

22.3 固定式变压器的设计应确保变压器按正常方法固定在其支承物上后，能连接外部布线中的硬导线或软导线。

对不与固定布线作固定连接的变压器，可以在其输入侧装有器具输入插座。

变压器内部应有足够的布线空间，使导线能易于进入和接线，如果有盖子，在装上盖子时不会使导线或其绝缘受到损伤的危险。

当外部电源导线接到端子上时，该外部电源导线的绝缘应是不可能与不同极的危险的带电零部件，其中包括输出电路的带电零部件相接触。

通过检查以及用与端子额定连接容量相对应的最大截面积的导线，通过安装试验来检验是否合格。

22.4 对装有电源软线的移动式变压器，其软线的长度应符合下列要求：

——对截面积为0.5 mm^2 时，不超过2 m；

——对截面积大于0.5 mm^2 时，可以超过2 m。

通过检查来检验是否合格。

22.5 对防护等级为IPX0的变压器和“仅供户内使用”的、防护等级高于IPX0的变压器，其电源软线应符合下列要求：

——对质量不超过3 kg的变压器，不轻于轻型聚氯乙烯护套软电缆或软线(60227 IEC 52)或普通强度橡套软电缆或软线(60245 IEC 53)；

——对质量超过3 kg的变压器，不轻于普通聚氯乙烯护套软电缆或软线(60227 IEC 53)或普通强度橡套软电缆或软线(60245 IEC 53)。

除“仅供户内使用”的变压器外，对防护等级高于IPX0的变压器，其电源软线应为氯丁橡套软线，而且不应轻于普通氯丁橡套软线(60245 IEC 57)。

22.6 如果变压器是单相移动式变压器，在额定输出时其输入电流不超过16 A，则其电源软线可以是装有符合GB 17465的器具耦合器的电线组件。

22.7 外部软电缆或软线的标称截面积不应小于表9的规定值。

表 9　接软电缆或软线的标称截面积

额定输出时的输入或输出电流 A	标称截面积 mm²
≤3[a]	0.5
>3～≤6	0.75
>6～≤10	1
>10～≤16	1.5
>16～≤25	2.5
>25～≤32	4
>32～≤40	6
>40～≤63	10
注：在日本，不允许标称截面积为 0.5 mm² 的软线作为外部电源软线用。	
[a] 如果在软线或软线保护装置进入变压器的点与到插头进线口之间的软线长度不超过 2 m，则这些软线可作为电源软线用。	

通过检查以及测量来检验是否合格。

22.8　Ⅰ类变压器的每种电源软线中应有一根带绿/黄色的软导线与变压器的保护接地端子相连，如果有插头，还要与插头的保护接地插销相连。

对在额定输出时输入电流不超过 16 A 的单相移动式变压器，其电源软线应装有符合 GB 1002 或 IEC 60906-1 的插头。其他移动式变压器可以装有符合 GB/T 11918 的插头。

通过检查来检验是否合格。

22.9　除 GB/T 19212 其他部分另有规定外，外部软电缆或软线应采用 X、Y 或 Z 型连接接到变压器上。

通过检查，如有必要，还要通过手动试验来检验是否合格。

22.9.1　对 Z 型连接，当将变压器外壳与外部软电缆或软线模压在一起时不应影响软线的绝缘。

通过检查来检验是否合格。

22.9.2　进线孔的外形应在结构及形状上采取措施，或者在进线孔装有进线护套，以确保穿入的外部软电缆或软线的护层不会受到损伤的危险。

导线与外壳之间的绝缘应由导线的绝缘再加上下列的绝缘构成：

——对Ⅰ类变压器，至少为基本绝缘；

——对Ⅱ类变压器，至少为双重绝缘或加强绝缘。

注 1：外部软电缆或软线的护套，如果至少是与符合 GB/T 5023 或 GB/T 5013 的护套相当，则该护套被认为是基本绝缘。

注 2：如果金属外壳的绝缘材料内衬和套管符合相关的要求，则只被认为是附加绝缘。

注 3：用绝缘材料制成的外壳被认为是加强绝缘，在这种情况下，不需要两个单独的绝缘。

通过检查和手动试验来检验是否合格。

22.9.3　进线护套应满足下列要求：

——其形状能避免外部软电缆或软线受损伤；

——被可靠地固定；

——不借助工具就不能拆卸；以及

——不用天然橡胶制成，但如果进线护套是Ⅰ类变压器带特殊软线的 X 型连接、Y 型和 Z 型连接的外部软电缆或软线橡皮护套的一个整体组成部分时除外。

通过检查以及通过手动试验来检验是否合格。

22.9.4 工作时要移动的带软线的变压器，其结构应能防止软线在进入变压器内的入口处产生过份的弯曲。软线保护装置(如果有)应由绝缘材料制成，且应用可靠的方法将其固定。

在具有如图7所示的摆动机构的试验装置上，通过下列试验来检验是否合格。

将包括软线进线口、软线保护装置(如果有)和外部软电缆或软线在内的变压器部分固定在摆动机构上，使得当摆动机构处于摆动行程的中间位置时，进入软线保护装置或进线口处的软线的轴是垂直的且穿过摆轴。对扁形软线，其截面的主轴应与摆轴平行。

对软线的荷重要使所施加的力为：

——对截面积超过0.75 mm^2的软线，10 N；以及

——对其他软线，5 N。

调整摆轴与软线保护装置进入变压器内的入口处之间的距离(即图7所示的距离A)，以使摆动机构在作满行程摆动时，软线与荷重物的横向运动最小。

摆动机构要作90°角(垂直轴两侧各45°)的摆动，对Z型连接，弯曲次数应为20 000次，对其他连接为10 000次。弯曲速率应为60次/分。

注1：一次弯曲是指一次作90°的摆动。

在经过一半次数的弯曲后，软线及其配套零部件要转90°，但所安装的软线是扁形软线时除外。

试验中，导线要承受该被试电路在额定电压下的最大额定电流的负载。

注2：电流不流经保护接地导线。

试验不应出现下列结果：

——导线之间出现短路；

——任何导线中的绞合线的断线率大于10%；

——导线脱离端子；

——软线保护装置出现松脱；

——软线或软线保护装置出现本部分意义上的损伤；

——断裂的绞合线刺穿绝缘从而变成可触及。

注3：导线包括保护接地导线。

注4：如果电流超过所涉及电路的最大额定电流的两倍，则认为软线中的各导线之间发生短路。

22.9.5 对预定要与外部软电缆或软线一起使用的驻立式变压器以及移动式变压器，应装有软线固定装置，避免外部软电缆或软线在变压器内的接线处承受包括扭力在内的拉力，并防止导线绝缘受到磨损。

对X型连接，在移动式变压器中不应使用密封盖作为软线固定装置，除非密封盖具有夹紧装置，能夹紧可能会被用来作为外部软电缆或软线用的所有类型和尺寸规格的电缆或软线。不允许采用例如模压设计、将软线打成一个结或用绳子捆扎软线端部的方法来固定软线。如果能明显看出外部软电缆或软线是如何安装的，则允许采用迷宫或类似的固定方法。

对X型连接，软线固定装置的设计或配置应确保：

——能易于更换软线；

——能明显的看出消除应力和防止扭转所采用的方法；

——能适用于不同类型软线的连接，但将变压器设计成只能安装一种特定类型的软线时除外；

——整个软电缆或软线及其外套(如果有)能被装入软线固定装置内；

——软线固定装置不会损伤软线，且在正常使用中，在压紧或松开软线固定装置时，软线固定装置也不可能受到损伤；以及

——如果软线固定装置的夹紧螺钉是可触及的或者是与可触及的导电零部件接触的，则软线不能接触到该夹紧螺钉。

对带特殊软线的X型连接、以及Y型和Z型连接，其外部软电缆或软线的芯线与可触及的导电零部件之间的绝缘，对Ⅰ类变压器应符合基本绝缘的要求，对Ⅱ类变压器应符合附加绝缘的要求。

该绝缘可由下列材料组成：

——固定在软线固定装置上的单独的绝缘隔板；

——固定在软线上的特殊绝缘衬垫；

——对Ⅰ类变压器，护套软线上的护套。

对带特殊软线的X型连接以及Y型连接，软线固定装置的设计应确保：

——更换软电缆或软线不会影响满足本部分的要求；

——整个软电缆或软电线及其外套(如果有)能被安装在软线固定装置内；

——软线固定装置不会损伤软线，且在正常使用中，在压紧或松开软线固定装置时，软线固定装置不可能受到损伤；以及

——如果软线固定装置的夹紧螺钉是可触及的或者是与可触及的导电零部件接触的，则软线不能接触到该夹紧螺钉。

通过检查以及下列试验来检验是否合格。

对X型连接(带特殊软线的X型连接除外)，变压器应装有一根合适的外部软电缆或软线。其导线应接入端子内，且端子螺钉(如果有)应拧紧到足以防止导线偏离其原来的位置。软线固定装置应按正常方式使用，其夹紧螺钉用等于表11规定力矩的三分之二的力矩拧紧。

首先用能允许的最轻型的、表9规定的最小截面积的软线进行试验，然后再用下一根次重型的、最大规定截面积的软线进行试验，除非变压器被设计成只能安装一种特定类型的软线。

对带特殊软线的X型连接以及Y型和Z型连接，变压器要与安装就位的软线一起进行试验。

当将软线推入变压器内时，软线或变压器内部零部件应不可能会受到损伤。

然后软线应承受25次表10规定的拉力。拉力应沿最不利的方向施加，但不应猛拉，每次持续1 s。

在拉力试验后，软线要立即承受表10规定的力矩持续1 min。

表10 施加到电源线上的拉力和力矩

变压器的质量 kg	拉力 N	力矩 N·m
≤1	30	0.10
>1～≤4	60	0.25
>4	100	0.35

试验中，软线不应受到损伤。

试验后，软线的纵向位移不应大于2 mm，而且导线在接线端子内的移动距离不应大于1 mm，在连接处不应出现明显的变形。

爬电距离和电气间隙不应减小到小于第26章的规定值。

为了测量纵向位移量，试验开始前，在软线上离软线固定装置或其他合适的位置处约20 mm距离的地方做一标记。

试验后，且当软线仍在承受拉力时，测量软线上的标记相对于软线固定装置或其他合适的位置处的位移量。

22.9.6 供电源电缆线或外部软电缆或软线在内部接线用的空间应符合下列要求：

a) 当用于固定布线和 X 型和 Y 型连接时应设计成：

——在装上盖子(如果有)前，能检查导线的连接和位置是否正确；

——确保在装上盖子(如果有)时不会使导线或其绝缘受到损伤的危险；

——对移动式变压器，能防止导线裸露端从接线端子上拉脱时接触到可触及的导电零部件，除非对 X 型和 Y 型连接，软线装有不可能拉脱导线的端接件；

b) 此外，当用于固定布线和 X 型连接时应

——有足够空间使导线易于进入和进行接线；以及

——设计成当需要接触供外部导线用的接线端子时，盖子(如果有)只能借助工具才能取下。

通过检查和手动试验来检验是否合格。

23 外部导线接线端子

23.1 对预定要与固定布线进行固定连接的变压器，以及对除配备具有 Y 型或 Z 型连接的外部软线的变压器外的其他变压器，均应装有用螺钉、螺母或与其相当的连接器件来进行连接的接线端子。

作为变压器一个整体部分的接线端子，在变压器内部通常条件下，应符合 GB 17464 的要求。

其他端子应是：

——分别按 GB 13140.2、GB 13140.3 或 GB/T 14048.7 的规定来检验，以及按其标志来使用，或者

——在变压器内部通常条件下按 GB 17464 的规定来检验。

对具有 X 型连接的变压器，如果导线的位置或其固定不是单独依靠锡焊来保持时，则可以对外部导线采用锡焊的连接方法，除非装有隔板，能确保一旦导线在焊接处断开，不会使危险的带电零部件与其他导电零部件之间的爬电距离和电气间隙减小到小于第 26 章规定值的 50%。

对具有 Y 型连接和 Z 型连接的变压器，可以对外部导线采用锡焊、熔接、压接或类似的连接方法。

对于Ⅱ类变压器，导线的位置或固定不应单独依靠锡焊、压接或熔接来保持其在位，除非装有隔板，能确保一旦导线在锡焊或熔接处断开，或从压接处滑脱，不会使危险的带电零部件与其他导电零部件之间的爬电距离和电气间隙减小到小于第 26 章规定值的 50%。

注：通常，在焊接前先“钩住”被认为是保持软电缆或软线在位的合适的方法，只要导线穿过的孔不过大即可。

23.2 供带特殊软线的 X 型连接以及 Y 型和 Z 型连接用的端子应与其用途相适应。

通过检查以及对连接处施加 5 N 的拉力，然后立即进行 14.1 的试验来检验是否符合 23.1 和 23.2 的要求。

23.3 除具有 Y 型或 Z 型连接的接线端子外，其他接线端子的固定应能确保在拧紧或松开夹紧装置时，接线端子不会松动，内部布线不会承受应力，而且爬电距离和电气间隙不会减小到小于第 26 章的规定值。

23.4 除具有 Y 型和 Z 型连接的接线端子外，其他接线端子的设计应能确保其在金属表面之间具有足够的接触压力来夹紧导线，且不会对导线造成损伤。

通过检查，以及在对与接线端子额定连接容量相对应的最大截面积的导线施加第 25 章规定力矩的三分之二的力矩拧紧和松开 10 次后，通过测量来检验是否符合 23.3 和 23.4 的要求。

注：当用封固胶而不用其他夹紧装置固紧时，不能认为是满足要求的。但是，可以采用自固性树脂来固定在正常使用时不承受扭力的端子。

23.5 对配有连接固定布线用的接线端子和具有 X 型连接的接线端子，安置位置应位于相关的不同极的接线端子和保护接地端子(如果有)的近旁。

通过检查来检验是否合格。

23.6 对接线端子排和类似的装置，如果不借助工具就应是触及不到的，即使其危险的带电零部件是不

可触及的也应如此。

通过检查以及手动试验来检验是否合格。

23.7 对具有X型连接的变压器的接线端子或端接装置，其安置或遮挡应确保在安装导线时，如果绞合导线中的一根导线拉脱，则不应使带电零部件与可触及的导电零部件之间发生意外连接的危险，此外，对Ⅱ类变压器，则不应使带电零部件与仅用附加绝缘与可触及的导电零部件隔离的导电零部件之间发生意外连接的危险。

通过检查以及通过下列试验来检验是否合格。

将一根标称截面积符合第22章规定的软导线从其一端剥去8 mm长的绝缘。使该绞合导线中的一根导线自由悬空，而使其他导线完全插入并夹紧在接线端子内。

将该自由悬空导线按每一个可能的方向弯曲，但不围绕挡板锐弯，也不向后撕裂绝缘。接到带电接线端子上的导线中的该自由悬空导线不应触及到任何可触及的导电零部件。对Ⅱ类变压器，也不应触及到仅用基本绝缘或附加绝缘与可触及的导电零部件隔离的任何导电零部件。接到接地端子上的导线中的该自由悬空的导线不应触及到任何危险的带电零部件。

23.8 不带压板的接线端子，如果电流超过25 A，则至少应装有两个夹紧螺钉。

通过检查来检验是否合格。

23.9 除连接保护接地导线的接线端子螺钉外，接线端子螺钉不应接触到任何可触及的导电零部件。对Ⅱ类变压器，在将该螺钉尽量拧松时，这些螺钉还不应接触到用基本绝缘或附加绝缘与可触及的导电零部件隔离的任何导电零部件。

在进行23.2的试验时，通过检查来检验是否合格。

24 保护接地装置

24.1 对Ⅰ类变压器的可触及的导电零部件，如果在绝缘发生击穿时会变成带电体，则应将其与变压器内部的保护接地端子牢固可靠地连接。

Ⅱ类变压器不应装有将变压器接地的装置，但作功能用途时除外。

通过检查来检验是否合格。

注：如果可触及的导电零部件与危险的带电零部件是用和保护接地端子相连的导电屏蔽层来隔离的，或者，如果它与危险带电零部件是用双重绝缘或加强绝缘来隔离的，则就本要求而言，一旦绝缘发生击穿时，不认为可触及的导电零部件会变成带电体。

24.2 与固定布线连接的保护接地端子以及用X型连接的保护接地端子应符合第23章的要求。保护接地端子的紧固装置应能充分地锁紧，以防发生意外的松动，而且不借助工具就不能将它们松开。

通过检查、手动试验和第23章的试验来检验其是否合格。

注：某些端子，特别是柱型接线端子，可能需要采取特殊措施，例如使用一种不可能在无意中被卸下的具有足够弹性的零件。

24.3 对保护接地端子的所有各部分，应确保其与保护接地导线中的铜或与任何其他金属之间的接触不会引起腐蚀的危险。

如果保护接地端子本体是铝或者铝合金制成的框架或外壳中的一部分时，则应采取预防措施，避免铜与铝或铝合金之间的接触而引起腐蚀的危险。

通过检查来检验其是否合格。

保护接地端子本体，除了它是金属框架或外壳的一部分外，它应是用黄铜或耐腐蚀性能不低于黄铜的其他金属制成。此时，螺钉或螺母也应是黄铜或耐腐蚀性能相同的其他金属制成。

24.4 保护接地端子与需要和其连接的零部件之间的连接应是低电阻性的。

通过下列试验来检验是否合格。

用空载电压不超过 12 V 的交流电源提供试验用电流，其值等于 1.5 倍额定输入电流或 25 A 中的较大者，该电流依次施加在保护接地端子与每一个可触及的导电零部件之间，持续 1 min。

注 1：额定输入电流按额定输出除以额定电源电压，或者对多相变压器，除以 $\sqrt{n}$ 倍额定电源电压来确定，其中 n 为电源的相数。

测量保护接地端子与可触及的导电零部件之间的电压降，并根据电流和该电压降计算出电阻值。

在任何情况下，该电阻值不应超过 0.1 Ω。

如有疑问时，经过 1 min 后继续进行试验，直到达到稳定状态为止。

注 2：注意不要使测量探头的尖端与被测导电零部件之间的接触电阻影响测量结果。

注 3：如果为了试验方便，使用了电源软电缆或软线，则该软电缆或软线的电阻值不计入电阻测量值内。

注 4：IP00 变压器的铁心被认为是不可触及的。

24.5 对具有外部软电缆或软线的Ⅰ类变压器，其接线端子的配置或者软线固定装置与接线端子之间的导线长度应确保一旦软线从软线固定装置中拉脱时，载流导线在接地导线之前先被拉紧。

25 螺钉和连接

25.1 电气连接用或其他连接用的螺纹连接件，应能承受住在正常使用中出现的机械应力。

传递接触压力的螺钉以及可能要由用户拧紧的、且标称直径小于 2.8 mm 的螺钉应拧入金属件内。

螺钉不应用易于蠕变的软金属，例如锌或铝来制成。

绝缘材料制成的螺钉不应用于任何电气连接。

如果原螺钉用金属螺钉来替换会损伤输入和输出电路之间的基本绝缘、附加绝缘或加强绝缘，则该螺钉不应用绝缘材料制成；如果在更换电源软线时，可拆除的原螺钉用金属螺钉来替换会损伤基本绝缘，则该螺钉也不应用绝缘材料制成。

通过检查，以及对传递接触压力或可能要由用户拧紧的螺钉和螺母，通过下列试验来检验是否合格：

将螺钉或螺母拧紧和拧松，其次数为：

——对与绝缘螺纹啮合的螺钉，10 次；

——对螺母和其他螺钉，5 次。

与绝缘材料螺纹啮合的螺钉，每次应完全退出和拧入。

在对接线端子螺钉和螺母进行试验时，要在该端子上装入一根表 9 规定的最大截面的软电缆或软线，并且在每次拧紧前，该软电缆或软线要重新放置到位。

用合适的试验改锥、扳手或键施加如表 11 中相应栏所规定的力矩来进行试验，相应栏应适用于：

a) 无头金属螺钉，如果拧紧后的螺钉不露出孔外 …………………………………………… Ⅰ

b) 其他金属螺钉和螺母 ……………………………………………………………………… Ⅱ

c) 绝缘材料制成的下列螺钉：

——具有六角头，其横截面尺寸超过螺纹外径，或

——带有圆柱头和键座，其键座的横截面尺寸不小于螺纹外径的 0.83 倍，或

——带有一字槽或十字槽的螺钉头，槽的长度超过螺纹外径的 1.5 倍 …………………… Ⅱ

d) 绝缘材料制成的其他螺钉 ………………………………………………………………… Ⅲ

表 11　施加在螺钉和连接件上的力矩

螺钉标称直径 mm	力矩 N·m		
	Ⅰ	Ⅱ	Ⅲ
≤2.8	0.2	0.4	0.4
<2.8～≤3.0	0.25	0.5	0.5
<3.0～≤3.2	0.3	0.6	0.6
<3.2～≤3.6	0.4	0.8	0.6
<3.6～≤4.1	0.7	1.2	0.6
<4.1～≤4.7	0.8	1.8	0.9
<4.7～≤5.3	0.8	2.0	1.0
<5.3～≤6.0	—	2.5	1.25

每次拧松螺钉或螺母时要松动一下导线。

试验中，不应出现会妨碍螺纹连接件随后使用的损伤。

注 1：可能要由用户来拧紧的螺钉或螺母包括了在更换用 X 型连接的电源软线时预定要操作的螺钉。

注 2：试验改锥的锥头形状要与受试的螺钉头相适应，不要猛然用力拧紧螺钉和螺母。

25.2　对与绝缘材料螺纹啮合的螺钉，其啮合长度应至少是 3 mm 加上螺钉标称直径的三分之一，或是 8 mm，取其较小者。

应确保螺钉正确进入螺孔或螺母内。

通过检查，以及通过 25.1 的试验，但施加的力矩应用增加到规定值的 1.2 倍来检验是否合格。

注：如果能防止螺钉歪斜进入(例如，利用被固定的零部件、利用内螺纹上的凹口或使用去掉引导螺纹的螺钉使螺钉进入)，则满足了正确进入的要求。

25.3　电气连接件应设计成不通过绝缘材料(但陶瓷或纯云母除外)来传递接触压力，除非该电气连接件的金属部分有足够的弹性来补偿绝缘材料的任何可能的压缩或变形。

25.4　螺纹成型螺钉(薄金属板螺钉)不应用于连接载流零部件，除非它们与这些载流零部件直接彼此接触夹紧，而且配有适当的锁紧装置。

螺纹切削(自攻)螺钉不应用于连接载流零部件，除非它们能产生完整形状的标准机械螺纹。但是，如果它们可能要由用户或安装人员来操作，则这种螺钉也不应使用，除非螺纹已成型在事先通过锻造操作获得的一段长度的材料上。

对螺纹切削螺钉和螺纹成型螺钉，当被用来提供接地连续性时，应确保在正常使用中不需要干预其连接，而且还应确保每一个连接处至少使用两个螺钉。

通过检查来检验是否符合 25.3 和 25.4 的要求。

25.5　对变压器的不同零部件进行机械连接的螺钉，如果其连接点承载电流，或者构成保护接地电路的一部分，则应将其锁紧以防松动。

对用于载流连接的铆钉，如果其连接点在正常使用中承受扭力，则应将其锁紧以防松动。

通过检查和手动试验来检验是否合格。

注 1：弹簧垫圈和类似的零件可以提供满意的锁紧。

注 2：对铆钉，采用非圆形的钉体或采用适当的棘齿就可以满足要求。

注 3：仅对正常使用时不承受扭力的螺纹连接件采用受热软化的密封胶就能提供满意的锁紧。

25.6　螺纹密封盖应符合下列试验：

在螺纹密封盖上应装上一根圆柱形的金属棒，其直径比封装处内径小，但要等于最接近该内径的毫米整数值。然后应用一个适当的扳手将密封盖拧紧，表 12 规定的力应施加在扳手上距密封盖轴线 250 mm处，持续 1 min。

表 12 密封盖的力矩试验

试验棒的直径 mm	力	
	金属密封盖 N	模压材料密封盖 N
≤14	25	15
>14～≤20	30	20
>20	40	30

试验后，变压器和密封盖不应出现损伤。

26 爬电距离、电气间隙和贯通绝缘距离

26.1 爬电距离、电气间隙和贯通绝缘距离，对组别 Ⅲa 的绝缘材料(见 GB/T 16935.1—2008)不应小于表 13 的规定值。

按 26.2 和 26.3 的规定，通过测量来检验是否合格。

注 1：对组别Ⅰ和组别Ⅱ的材料，见附录 C 和附录 D。

注 2：表 13、表 C.1 和表 D.1 仅适用于频率不大于 30 kHz。

测量爬电距离和电气间隙时，使用与固定布线连接的电源电缆或软线以及 X 型连接的电源电缆或软线，其导线规格为与接线端子额定连接容量相对应的最大规格和最小规格。对带特殊软线的 X 型连接、Y 型或 Z 型连接，使用所供给的电源电缆和软线。

如果使用多层有齿边的绝缘带，就要像多层齿边彼此是重合的那样来确定爬电距离和电气间隙值。

注 3：爬电距离和电气间隙测量方法示例的示意图见附录 A。

注 4：爬电距离和电气间隙测量点示例的示意图见附录 P。

注 5：为确定材料组别所需试验的细节见附录 G。

注 6：表 13、表 C.1 和表 D.1 对基本绝缘考虑Ⅱ类过电压，对双重绝缘或加强绝缘考虑Ⅲ类过电压。

如果印制线路板的失效可能会引起本部分意义上的危险，则印制线路板的爬电距离和电气间隙的数值应与表 13、表 C.1 和表 D.1 中对带电零部件所规定的未减小值相同，但如果印制线路板符合 GB/T 16935.3—2005 的要求时除外。

如果污染产生持续的高导电性，例如由导电尘埃、雨或雪引起的导电性，则相对于污染等级 3 所规定的爬电距离和电气间隙，应将电气间隙至少再增加 1.6 mm，将附录 A 的 X 值增加 4.0 mm。

26.2 爬电距离(cr)和电气间隙(cl)

爬电距离和电气间隙的数值见表 13、表 C.1 和表 D.1。

26.2.1 用粘胶带包扎的绕组

对用粘胶带包扎的绕组，其胶带粘附在线圈骨架的挡板上，爬电路径长度值要沿胶带粘附表面来考虑。如果符合下列要求，减小值是指污染等级 1(P1)的规定值：

——所有绝缘材料均按 GB/T 11021 和 GB/T 11026 的规定分级；

——满足 GB/T 16935.1—2008 中 6.1.2.2.1 的冲击电压绝缘试验；以及

——满足 26.2.3 的试验 A。

不要求电气间隙的数值。

26.2.2 不胶合的绝缘零部件

当使用由不胶合的卡入式分隔壁组成的绝缘隔板，爬电距离和电气间隙的测量要穿过接缝来进行。如果用符合 GB/T 20631.1—2006 和 GB/T 20631.2—2006 的胶带覆盖接缝，为了在生产过程中减少胶带折叠的危险，需要在分割壁的两侧各覆盖一层胶带。

所使用的材料应按 GB/T 11021 和 GB/T 11026 的规定分级。

对污染等级 1(P1)的规定值不适用。

26.2.3 胶合的绝缘零部件

对具有胶合的零部件或粘接在一起的零部件的变压器，不要求穿过接缝的最小爬电距离和电气间隙。仅贯通绝缘距离值适用。在这种情况下，也应满足 GB/T 16935.1—2008 中 6.1.2.2.1 的冲击电压绝缘试验。

所使用的材料应按 GB/T 11021 和 GB/T 11026 的规定分级。

为了检验零部件的胶合或粘接是否良好，要进行下列相应试验：

- 试验 A

需要三个特殊制备的样品，其绕组线用无绝缘的导线来代替，不进行任何浸渍或封装。绕组的结构应确保输入与输出绕组之间的任何部位不可能发生闪络，但被试胶合接缝处除外。

样品应承受下列顺序的温度循环 10 次：

在正常使用时测得的最高绕组温度±2 ℃再加 10 K，但至少 85 ℃下，68 h；

在 25 ℃±2 ℃下，1 h；

在 0 ℃±2 ℃下，2 h；

在 25 ℃±2 ℃下，1 h。

然后，应对三个样品中的两个进行 17.2 的受潮处理(处理 48 h)和 18.3 的相关介电强度试验，但介电强度试验电压值要乘以 1.35。

三个样品中的一个应在热循环中最后一次循环下的最高温度期间终了后，立即进行 18.3 的相关介电强度试验，但介电强度试验电压值要乘以 1.35。

注：施加到胶合零部件的样品上的试验电压要高于正常试验电压，其目的是要确认是否因表面没有胶合好而导致击穿发生。

26.2.4 密封的零部件(例如，采用浸渍或封装)

26.2.4.1 对具有防灰尘和潮气进入的封闭型或密封型零部件，且满足下列试验的变压器，所要求的最小爬电距离可以是污染等级 1(P1)所规定的减小值。在这种情况下，也应满足 GB/T 16935.1—2008 中 6.1.2.2.1 的冲击电压绝缘试验。

不要求电气间隙的数值。

所使用的材料应按 GB/T 11021 和 GB/T 11026 的规定分级。

为了检验零部件封装或浸渍是否良好，要进行下列相应试验：

- 试验 B

为了对封装和浸渍进行试验，应按下列规定使用三个制备好的样品。对使用封装或浸渍的元件，通过对样品进行介电强度试验来检验接缝的可靠性，试验仅直接施加在接缝上。

样品应承受下列顺序的温度循环 10 次：

在正常使用时测得的最高绕组温度±2 ℃再加 10 K，但至少 85 ℃下，68 h；

在 25 ℃±2 ℃下，1 h；

在 0 ℃±2 ℃下，2 h；

在 25 ℃±2 ℃下，1 h。

在每一次热循环试验期间，在绕组之间采用减小值的样品上，施加 50 Hz 或 60 Hz、两倍工作电压值的电压。

然后，应对三个样品中的两个进行 17.2 的受潮处理(处理 48 h)和 18.3 的相关介电强度试验，但介电强度试验电压值要乘以 1.25。

三个样品中的一个应在热循环试验中最后一次循环下的最高温度期间终了后，立即进行 18.3 的相关介电强度试验，但介电强度试验电压值要乘以 1.25。

26.2.4.2 对具有防灰尘和潮气进入的封闭型或密封型的零部件，且满足下列试验的变压器，不要求最小爬电距离和电气间隙。只需用贯通绝缘距离(dti)的数值。在这种情况下，也应满足 GB/T 16935.1—2008 中 6.1.2.2.1 的冲击电压绝缘试验。

为了检验零部件封装或浸渍是否良好，要进行下列相应试验：

- 试验 C

为了对封装和浸渍进行试验，应使用三个样品。对在导电零部件之间的绝缘化合物形成固体绝缘的元件，应对该成品元件进行试验。在绝缘化合物中不应有裂缝或空洞。

样品应承受下列顺序的温度循环 10 次：

在正常使用时测得的最高绕组温度±2 ℃再加 10 K，但至少 85 ℃下，68 h；

在 25 ℃±2 ℃下，1 h；

在 0 ℃±2 ℃下，2 h；

在 25 ℃±2 ℃下，1 h。

在每一次热循环试验期间，在绕组之间采用减小值的样品上，施加 50 Hz 或 60 Hz、二倍工作电压值的电压。

然后，应对三个样品中的二个进行 17.2 的受潮处理(处理 48 h)和 18.3 的相关介电强度试验，但介电强度试验电压值要乘以 1.35。

三个样品中的一个应在热循环试验中最后一次循环下的最高温度期间终了后，立即进行 18.3 的相关介电强度试验，但介电强度试验电压值要乘以 1.35。

26.3 贯通绝缘距离(dti)

对附加绝缘、双重绝缘或加强绝缘所要求的贯通绝缘距离仅在表 13、表 C.1 和表 D.1 的 2b、2c 和 7 中作出规定。

绝缘应满足 GB/T 11021 和 GB/T 11026 规定的材料分级或 14.3 的试验。

注：如果材料满足 14.3 的试验要求，则认为该材料具有足够的机械强度和抗老化的能力。

关于贯通绝缘距离的要求不意味着所规定的距离只应是贯通固体绝缘或薄层绝缘的距离，它可以由固体绝缘或薄层绝缘的厚度加上规定的电气间隙距离构成。

26.3.1 如果是固体绝缘，表中的要求值是标有上角标 d 的数值。如果满足 14.3 的试验要求，则对符合 GB/T 11021 和 GB/T 11026 规定的分级材料，可以使用 0.4 倍的贯通绝缘距离规定值，但对工作电压大于 25 V 的加强绝缘至少为 0.2 mm，附加绝缘至少为 0.1 mm。

26.3.2 如果是由多层薄层绝缘材料构成的绝缘，则该绝缘每一处至少应有下列要求的层数和 dti 值：

——如果各层绝缘是不可分开的(粘结在一起)：

- 要求三层；
- 层叠后的绝缘整体应满足 26.3.3 的卷轴试验(拉力为 150 N)；
- 表 13、表 C.1 和表 D.1 中要求的 dti 值是标有上角标 e 的数值。

——如果各层绝缘是可分开的：

- 要求 2 层；对分开的有齿边的多层绝缘，需要附加一层绝缘(有齿边的绝缘带)再加上被固定住的(例如胶粘的)无齿边的一层绝缘；
- 每一层的绝缘应满足 26.3.3 的卷轴试验(拉力为 50 N)；
- 表 13、表 C.1 和表 D.1 中要求的 dti 值是标有上角标 e 的数值。

——如果各层绝缘是可分开的(另一种供选择的要求)：

- 要求至少三层；对分开的有齿边的多层绝缘，需要附加一层绝缘(有齿边的绝缘带)再加上被固定住的(例如胶粘的)无齿边的一层绝缘；

- 绝缘层数的三分之二应满足 26.3.3 的卷轴试验(拉力为 100 N)；
- 表 13、表 C.1 和表 D.1 中要求的 dti 值是标有上角标 e 的数值。

注：由于认为不同绝缘层的齿边可能会彼此重合，因此使用有齿边的多层绝缘就需要有附加的绝缘层。

对符合 GB/T 11021 和 GB/T 11026 规定的分级材料，如果满足 14.3 的试验，则不需要贯通绝缘距离的要求值。

表 13、附录 C 表 C.1 和附录 D 表 D.1 的第 2)项和第 7)项中的方括号内数值使用方法如下：

——对额定输出大于 100 VA 的变压器，方括号内的数值适用；

——对额定输出等于或大于 25 VA 和小于或等于 100 VA 的变压器，方括号内的数值可以减小到其值的三分之二；

——对额定输出小于 25 VA 的变压器，方括号内的数值可以减小到其值的三分之一。

26.3.3 对卷轴试验，制造方应提供三个独立的薄层绝缘试验样品，样品宽度为 70 mm。

薄层绝缘样品固定在图 6 所示的钢制镀镍或黄铜制成的且表面平滑光洁的卷轴上进行试验。

0.035 mm±0.005 mm 厚的金属箔(铝箔或铜箔)应紧贴在样品表面上并承受 1 N 的拉力。金属箔的固定位置应使得金属箔的边缘离样品的边缘为 20 mm，且当卷轴处在其最终的位置时，金属箔应能覆盖样品伸展的侧面至少 10 mm。

在样品的自由端用适当的夹紧装置将样品固定在位，样品要承受下列规定的拉力：

——对由几层不可分开的绝缘层构成的样品，拉力为 150 N；

——对由分开的绝缘层(有齿边或无齿边)中三分之二层数构成的样品，拉力为 100 N；

——对由单层绝缘层(有齿边或无齿边)构成的样品，拉力为 50 N。

卷轴应缓慢地向前和向后旋转 230°，旋转三次，旋转时不能猛然用力转动。如果旋转过程中样品在夹紧装置处出现破裂，则应重新进行试验。如果有一个或多个样品在任何其他地方出现破裂，则试验不合格。当卷轴处在其最终位置时，应在到达该最终位置后 1 min 内，在卷轴和金属箔之间按 18.3 的规定施加介电强度试验电压 1 min，试验电压值按下列规定：

——对由几层不可分开的绝缘层(至少三层)构成的样品，试验电压至少 5 kV，或按 18.3 中适用的试验电压值乘以 1.35，取其较大者；

——对由至少三层分开的绝缘层中三分之二层数构成的样品，试验电压至少 5 kV，或按 18.3 中适用的试验电压值乘以 1.25，取其较大者；

——对由两层分开的绝缘层中的一层构成的样品，试验电压至少 5 kV，或按 18.3 中适用的试验电压值乘以 1.25，取其较大者；

试验期间不应出现闪络或击穿；电晕效应和类似的现像可忽略不计。

表 13 爬电距离(cr)、电气间隙(cl)和贯通绝缘距离(dti)

材料组别Ⅲa(175≤CTI<400)

单位为毫米

绝缘类型		测量				工作电压[b]/V											
		贯通绕组漆膜[a]		不贯通绕组漆膜		≥25 ≤50		100		150		300		600		1 000	
		P2	P3	P2	P3	cl	cr	cl	cr	cl	cr	cl	cr	cl	cr	cl	cr
1) 输入与输出电路之间的绝缘(基本绝缘)	a) 输入电路带电零部件与输出电路带电零部件之间的爬电距离和电气间隙			×		0.2	1.2	0.5	1.4	1.5	1.6	3.0	3.0	5.5	6.0	8.0	10.0
					×	0.8	1.9	0.8	2.2	1.5	2.5	3.0	4.7	5.5	9.5	8.0	16.0
		×				0.2	1.2	0.2	1.4	0.5	1.6	1.5	3.0	3.0	6.0	5.5	10.0
			×			0.8	1.9	0.8	2.2	0.8	2.5	1.5	4.7	3.0	9.5	5.5	16.0
	—减小值,见 26.2(P1)					—	0.18	—	0.25	—	0.3	—	0.7	—	1.7	—	3.2
	b) 输入或输出电路与接地金属屏蔽层之间的贯通绝缘距离	×	×	×	×	dti		dti		dti		dti		dti		dti	
						无厚度要求											
	c) 输入与输出电路间的贯通绝缘距离	×	×	×	×	无厚度要求											
2) 输入与输出电路之间的绝缘(双重绝缘或加强绝缘)	a) 输入电路带电零部件与输出电路带电零部件之间的爬电距离和电气间隙			×		0.5	1.4	1.5	2.0	3.0	3.0	5.5	6.0	8.0	12.0	14.0	20.0
					×	0.8	2.2	1.5	3.2	3.0	4.7	5.5	9.5	8.0	19.2	14.0	32.0
		×				0.5	1.4	0.5	2.0	1.5	3.0	3.0	6.0	5.5	12.0	8.0	20.0
			×			0.8	2.2	0.8	3.2	1.5	4.7	3.0	9.5	5.5	19.2	8.0	32.0
	—减小值,见 26.2(P1)					—	0.25	—	0.4	—	0.7	—	1.7	—	4.0	—	7.5
	b) 输入或输出电路与接地金属屏蔽层之间的贯通绝缘距离,见 26.3	×	×	×	×	dti		dti		dti		dti		dti		dti	
						0.1[d] [0.05][e]		0.2[d] [0.07][e]		0.25[d] [0.08][e]		0.5[d] [0.16][e]		0.7[d] [0.19][e]		1.0[d] [0.25][e]	
	c) 输入与输出电路之间的贯通绝缘距离,见 26.3	×	×	×	×	0.2[d] [0.1][e]		0.3[d] [0.1][e]		0.5[d] [0.15][e]		1.0[d] [0.3][e]		1.5[d] [0.4][e]		2.0[d] [0.5][e]	
3) 相邻输入电路之间的绝缘或相邻输出电路之间的绝缘[c,g]	爬电距离和电气间隙	×		×		0.2	1.2	0.2	1.4	0.2	1.6	0.5	3.0	1.5	6.0	3.0	10.0
			×		×	0.8	1.9	0.8	2.2	0.8	3.1	0.8	4.7	1.5	9.5	3.0	16.0
	—减小值,见 26.2(P1)					—	0.18	—	0.25	—	0.3	—	0.7	—	1.7	—	3.2

表 13（续）

单位为毫米

	绝缘类型	测量				工作电压[b]/V											
		贯通绕组漆膜[a]		不贯通绕组漆膜		≥25 ≤50		100		150		300		600		1 000	
		P2	P3	P2	P3	cl	cr	cl	cr	cl	cr	cl	cr	cl	cr	cl	cr
4） 连接外部电缆或软线用的接线端子之间的爬电距离和电气间隙，不包括输入电路与输出电路螺纹接线端子之间的爬电距离和电气间隙	a)≤6 A	×	×	×	×	3.0		3.6		4.0		6.0		9.0		12.5	
	b)＞6 A～≤16 A	×	×	×	×	5.0		6.0		7.0		10.0		13.0		16.0	
	c)＞16 A	×	×	×	×	10.0		11.0		12.0		14.0		17.0		20.0	
5） 基本绝缘或附加绝缘[h]	标准所要求的部位以及下列零部件之间的实例：a） 不同极的带电零部件；b） 带电零部件与壳体，如果壳体预定要与保护接地相连；c） 可触及的导电零部件与插入进线护套、固定装置和类似装置内的一根直径和软电缆或软线相同的金属棒（或缠绕在软线上的金属箔）；d） 带电零部件与中间导电零部件；e） 中间导电零部件与壳体；			×		0.2	1.2	0.5	1.4	1.5	1.6	3.0	3.0	5.5	6.0	8.0	10.0
					×	0.8	1.9	0.8	2.2	1.5	2.5	3.0	4.7	5.5	9.5	8.0	16.0
		×				0.2	1.2	0.2	1.4	0.5	1.6	1.5	2.9	3.0	6.0	5.5	10.0
			×			0.8	1.9	0.8	2.2	0.8	2.5	1.5	4.7	3.0	9.5	5.5	16.0
	—减小值，见 26.2（P1）					—	0.18	—	0.25	—	0.3	—	0.7	—	1.7	—	3.2
6） 加强绝缘或双重绝缘	壳体与带电零部件之间或标准所要求的部位（不包括输入与输出绕组之间的绝缘）			×		0.5	1.4	1.5	2.0	3.0	3.0	5.5	6.0	8.0	12.0	14.0	20.0
					×	0.8	2.2	1.5	3.2	3.0	4.7	5.5	9.5	8.0	19.2	14.0	32.0
		×				0.2	1.4	0.5	2.0	1.5	3.0	3.0	6.0	5.5	12.0	8.0	20.0
			×			0.8	2.2	0.8	3.2	1.5	4.7	3.0	9.5	5.5	19.2	8.0	32.0

表 13（续）

单位为毫米

绝缘类型		测量 贯通绕组漆膜[a] P2	贯通绕组漆膜[a] P3	不贯通绕组漆膜 P2	不贯通绕组漆膜 P3	工作电压[b]/V ≥25 ≤50 cl	≥25 ≤50 cr	100 cl	100 cr	150 cl	150 cr	300 cl	300 cr	600 cl	600 cr	1 000 cl	1 000 cr
6) 加强绝缘或双重绝缘	壳体与输出电路的带电零部件之间，如果输出电路采取防止瞬态电压的附加措施	×		×		0.2	1.4	0.2	2.0	0.5	3.0	1.5	6.0	3.0	12.0	5.5	20.0
			×		×	0.8	2.2	0.8	3.2	0.8	4.7	1.5	9.5	3.0	19.2	5.5	32.0
	—减小值，见 26.2(P1)					—	0.25	—	0.4	—	0.7	—	1.7	—	4.0	—	7.5
7) 贯通绝缘距离	a) 基本绝缘[f]	×	×	×	×	无厚度要求											
	b) 附加绝缘[f]					dti		dti		dti		dti		dti		dti	
		×	×	×	×	0.1[d] [0.05][e]		0.15[d] [0.05][e]		0.25[d] [0.08][e]		0.5[d] [0.15][e]		0.75[d] [0.20][e]		1.0[d] [0.25][e]	
	c) 加强绝缘(不包括输入与输出电路之间的绝缘)	×	×	×	×	0.2[d] [0.1][e]		0.3[d] [0.1][e]		0.5[d] [0.15][e]		1.0[d] [0.3][e]		1.5[d] [0.4][e]		2.0[d] [0.5][e]	

注 1：对材料组别Ⅱ见附录 C 和材料组别Ⅰ见附录 D。

注 2：P1＝污染等级 1，P2＝污染等级 2，P3＝污染等级 3。

注 3：当在表中的某一列中用一字线代替数字时，表示无要求值。

注 4：在本表中，电气间隙的最小值适用于海拔达 2 000 m 的空气间隙。

[a] 如果至少有一个绕组采用至少符合 GB/T 6109 中的 1 级绕组线绕制，则采用贯通绕组线漆膜的测量。

[b] 当工作电压处于中间值时，可以在表中两个相应数值之间用内插法求出爬电距离、电气间隙和贯通绝缘距离的数值。当工作电压低于 25 V 时，由于认为表 8a 的电压试验已经足够，因此不要求列出相关的数值。

[c] 这些数值不适用于：

——每个绕组的内部，或者在预定要永久连接在一起的多个绕组的各绕组之间，只要预定要连接在一起的各绕组的端接点处于相同电位值；

——如果绕组仅预定作串联或并联接线(例如输入电压 110 V/220 V)，工作电压不超过 300 V，且绕组线至少符合 GB/T 6109 中的 1 级要求。

[d] 对固体绝缘。

[e] 如果绝缘由薄层材料组成。

[f] 当在输入和输出绕组之间要求双重绝缘时，不论是直接测量还是通过金属零部件测量，贯通绝缘的总厚度应与第 2) c)项中的规定值相同，但对绝缘绕组线除外(见 19.12)。

[g] 对 SELV 电路与相邻的非 SELV 或 PELV 电路之间的绝缘，应用表中第 6)项和第 7)项的数值代替表中第 3)项的数值(按 19.1 的规定)。

[h] 如果该基本绝缘或附加绝缘会受到物理破坏时，则要在电气间隙上增加该绝缘厚度。

27 耐热、耐燃和耐电痕化

对事先按相关国家标准或 IEC 标准的规定已通过试验的元器件，如果这些标准的要求和试验与本部分的要求和试验具有相同的严酷度水平，则下列试验可以省略。

27.1 耐热

用绝缘材料制成的所有变压器零部件应耐热。

下列试验不适用于天然橡胶或合成橡胶制成的零部件，这些零部件应按 19.9 的规定进行试验。此外，下列试验也不适用于陶瓷材料制成的零部件。

用如图 5 所示的装置，按适用的情况，对绝缘材料制成的零部件进行 27.1.1 和 27.1.2 规定的球压试验来检验是否合格。

对电缆以及额定电流不大于 3 A、额定电压不大于交流 24 V 或不大于直流 60 V 和功率不超过 72 W的小型连接器不进行本试验。

试验应在加热箱内，在下列规定的温度下进行。

注：球压试验程序的细节见 GB/T 5169.21。

被试零部件的表面应处于水平位置，用一个直径为 5 mm 的钢球以 20 N 的力压向该被试零部件的表面。

经过 1 h 后，将样品上的钢球取下，然后将样品浸入冷水中，使其在 10 s 内冷却到接近环境温度。测量由钢球造成的压痕的直径，该压痕的直径不应超过 2 mm。

27.1.1 外部可触及的零部件

用绝缘材料制成的外部可触及的零部件应耐热。

通过下列试验来检验是否合格。

试验在 70 ℃±2 ℃下或在 T+15 ℃±2 ℃下，取其较高的温度值进行，其中 T 为在 14.1 的试验时相关零部件的温度。

相关零部件的温度应在最热点处测量，通常出现在外壳的内侧。

注：常数 15 ℃是安全裕度。

27.1.2 内部零部件

固定载流零部件位置用的用绝缘材料制成的内部零部件应耐热。

通过下列试验来检验是否合格。

试验在 125 ℃±2 ℃下或在 T+15 ℃±2 ℃下，取其较高的温度值进行，其中 T 为在 14.1 的试验时相关零部件的温度。

注 1：常数 15 ℃是安全裕度。

注 2：对陶瓷材料零部件、骨架或玻璃不进行试验。

27.2 耐故障条件下产生的异常热

对于防护等级为 IP20 或更高的变压器，在故障条件下，不应成为一个引燃源，绕组间的绝缘不应被击穿，并且，危险的带电零部件不应被触及。

通过 27.2.1 和 27.2.2 的试验来检验是否合格。对于无危害式变压器，由于已在 15.5 中有相关规定，因此不需要对其进行本试验。

为了进行本试验，需要一个或两个附加的特殊制备的样品。绕组的短路或是应事先将制作中的绕通过下列试验来检验是否合格。

用空载电压不超过 12 V 的交流电源提供试验用电流，其值等于 1.5 倍额定输入电流或 25 A 中的较大者，该电流依次施加在保护接地端子与每一个可触及的导电零部件之间，持续 1 min。

注 1：额定输入电流按额定输出除以额定电源电压，或者对多相变压器，除以 $\sqrt{n}$ 倍额定电源电压来确定，其中 n 为电源的相数。

测量保护接地端子与可触及的导电零部件之间的电压降，并根据电流和该电压降计算出电阻值。

在任何情况下，该电阻值不应超过 0.1 Ω。

如有疑问时，经过 1 min 后继续进行试验，直到达到稳定状态为止。

注 2：注意不要使测量探头的尖端与被测导电零部件之间的接触电阻影响测量结果。

注 3：如果为了试验方便，使用了电源软电缆或软线，则该软电缆或软线的电阻值不计入电阻测量值内。

注 4：IP00 变压器的铁心被认为是不可触及的。

24.5 对具有外部软电缆或软线的Ⅰ类变压器，其接线端子的配置或者软线固定装置与接线端子之间的导线长度应确保一旦软线从软线固定装置中拉脱时，载流导线在接地导线之前先被拉紧。

25 螺钉和连接

25.1 电气连接用或其他连接用的螺纹连接件，应能承受住在正常使用中出现的机械应力。

传递接触压力的螺钉以及可能要由用户拧紧的、且标称直径小于 2.8 mm 的螺钉应拧入金属件内。

螺钉不应用易于蠕变的软金属，例如锌或铝来制成。

绝缘材料制成的螺钉不应用于任何电气连接。

如果原螺钉用金属螺钉来替换会损伤输入和输出电路之间的基本绝缘、附加绝缘或加强绝缘，则该螺钉不应用绝缘材料制成；如果在更换电源软线时，可拆除的原螺钉用金属螺钉来替换会损伤基本绝缘，则该螺钉也不应用绝缘材料制成。

通过检查，以及对传递接触压力或可能要由用户拧紧的螺钉和螺母，通过下列试验来检验是否合格：

将螺钉或螺母拧紧和拧松，其次数为：

——对与绝缘螺纹啮合的螺钉，10 次；

——对螺母和其他螺钉，5 次。

与绝缘材料螺纹啮合的螺钉，每次应完全退出和拧入。

在对接线端子螺钉和螺母进行试验时，要在该端子上装入一根表 9 规定的最大截面的软电缆或软线，并且在每次拧紧前，该软电缆或软线要重新放置到位。

用合适的试验改锥、扳手或键施加如表 11 中相应栏所规定的力矩来进行试验，相应栏应适用于：

a） 无头金属螺钉，如果拧紧后的螺钉不露出孔外…………………………………… Ⅰ

b） 其他金属螺钉和螺母 …………………………………………………………………… Ⅱ

c） 绝缘材料制成的下列螺钉：

——具有六角头，其横截面尺寸超过螺纹外径，或

——带有圆柱头和键座，其键座的横截面尺寸不小于螺纹外径的 0.83 倍，或

——带有一字槽或十字槽的螺钉头，槽的长度超过螺纹外径的 1.5 倍 ……………………… Ⅱ

d） 绝缘材料制成的其他螺钉 ……………………………………………………………… Ⅲ

出现的那些条件无重大差异。

样品的任何火焰或灼热应在移开灼热丝后的 30 s 内熄灭。燃烧或熔化滴落物(如果有)不应点燃位于样品下方 200 mm±5 mm 处水平铺开的、符合 ISO 4046-4:2002 中 4.187 规定的单层薄纸。

只用一个样品进行试验。如果对试验结果有疑问时,则试验要在两个附加样品上重复进行,且这两个样品均应通过试验。

27.3.1 外部可触及的零部件

用绝缘材料制成的外部零部件应能耐点燃和阻止火焰蔓延。

通过对外壳和其他外部可触及的零部件进行灼热丝试验来检验是否合格。灼热丝的温度按下列规定:

——对外壳,为 650 ℃;

——对固定载流零部件在位(保持在位),以及固定外部导线端子用的零部件,当在正常工作时载流零部件和接线端子中的电流不超过 0.2 A 时,为 650 ℃;

——对固定载流零部件在位(保持在位),以及固定采用固定连接(例如,焊接)的外部导线端子用的零部件,当正常工作时载流零部件和接线端子中的电流超过 0.2 A 时,为 750 ℃;

——对固定载流零部件在位(保持在位),以及固定不采用固定连接的外部导线端子用的零部件,当正常工作时载流零部件和接线端子中的电流超过 0.2 A 时,为 850 ℃。

对厚度不大于 0.2 mm 的薄层材料不要求进行灼热丝试验。

27.3.2 内部零部件

固定载流零部件位置用的由绝缘材料制成的零部件应能耐点燃和阻止火焰蔓延。

通过对绝缘材料零部件进行灼热丝试验来检验是否合格。灼热丝的温度按下列规定:

——对不固定载流零部件位置用的内部绝缘材料,为 550 ℃;

——对线圈骨架,为 650 ℃;

——对固定载流零部件在位(保持在位),以及固定外部导线端子用的零部件,当正常工作时载流零部件和接线端子中的电流不大于 0.2 A 时,为 650 ℃;

——对固定载流零部件在位(保持在位),以及固定采用固定连接(例如,焊接)的外部导线端子用的零部件,当正常工作时载流零部件和接线端子中的电流大于 0.2 A 时,为 750 ℃;

——对固定载流零部件位在位(保持在位),以及固定不采用固定连接的外部导线端子用的零部件,当正常工作时载流零部件和接线端子中的电流大于 0.2 A 时,为 850 ℃。

对厚度不大于 0.2 mm 的薄层材料不要求进行灼热丝试验。

27.4 耐电痕化

对 IP 等级不是 IPX0 的变压器,如果固定载流零部件位置的绝缘零部件暴露在污染等级 3 的环境中,则这些绝缘零部件的耐电痕化应至少等于材料组别Ⅲa。

对不是陶瓷类的绝缘材料,通过附录 G 的试验来检验是否合格。

在总共 50 滴滴液滴完之前,电极之间不应出现闪络或击穿。

28 防锈

对铁制零部件,如果其锈蚀可能会使变压器变得不安全,则应对锈蚀采取足够的防护。

注 1:本要求适用于铁心的外表面,在这种情况下,采用漆涂层的防护被认为是满足要求的。

通过检查,如有疑问时,通过下列试验来检验是否合格。

将被试零部件浸入三氯乙烷 10 min，清除被试零部件上的全部油脂，然后将被试零部件浸入温度为 20 ℃±5 ℃、10％的氯化铵水溶液 10 min。该被试零部件无需擦干，但要在甩掉任何液滴后，将其放入温度为 20 ℃±5 ℃、空气湿度达到饱和的试验箱内 10 min。

所有零部件在温度为 100 ℃±5 ℃的高温箱内干燥 10 min 后，其表面不应出现锈痕。

注 2：尖锐边缘上的锈迹以及通过擦拭可以去除的任何黄色锈膜可忽略不计。

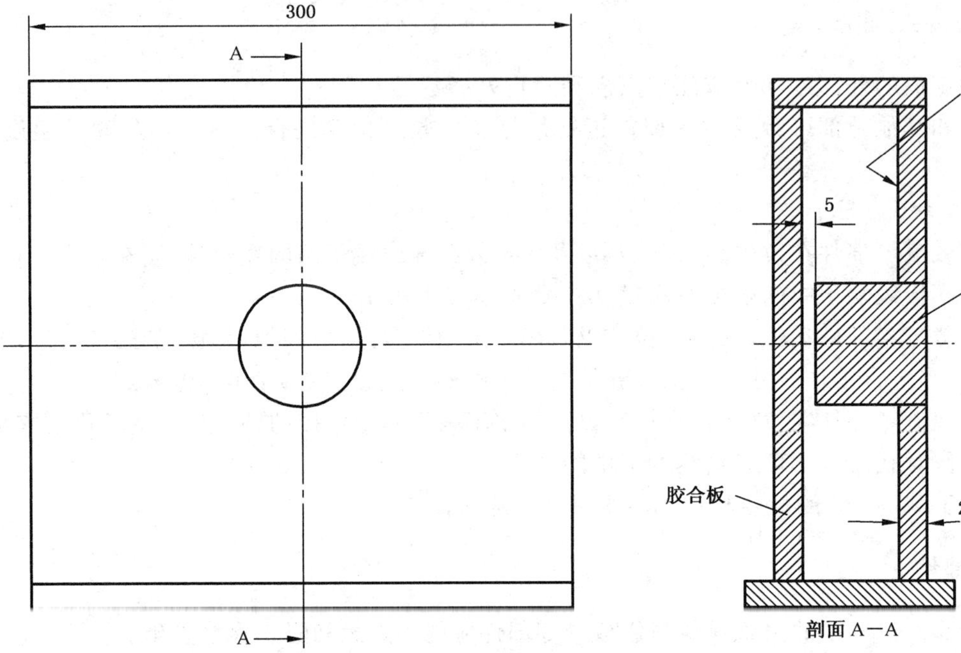

图 1　嵌入式变压器用安装盒(见 5.10)

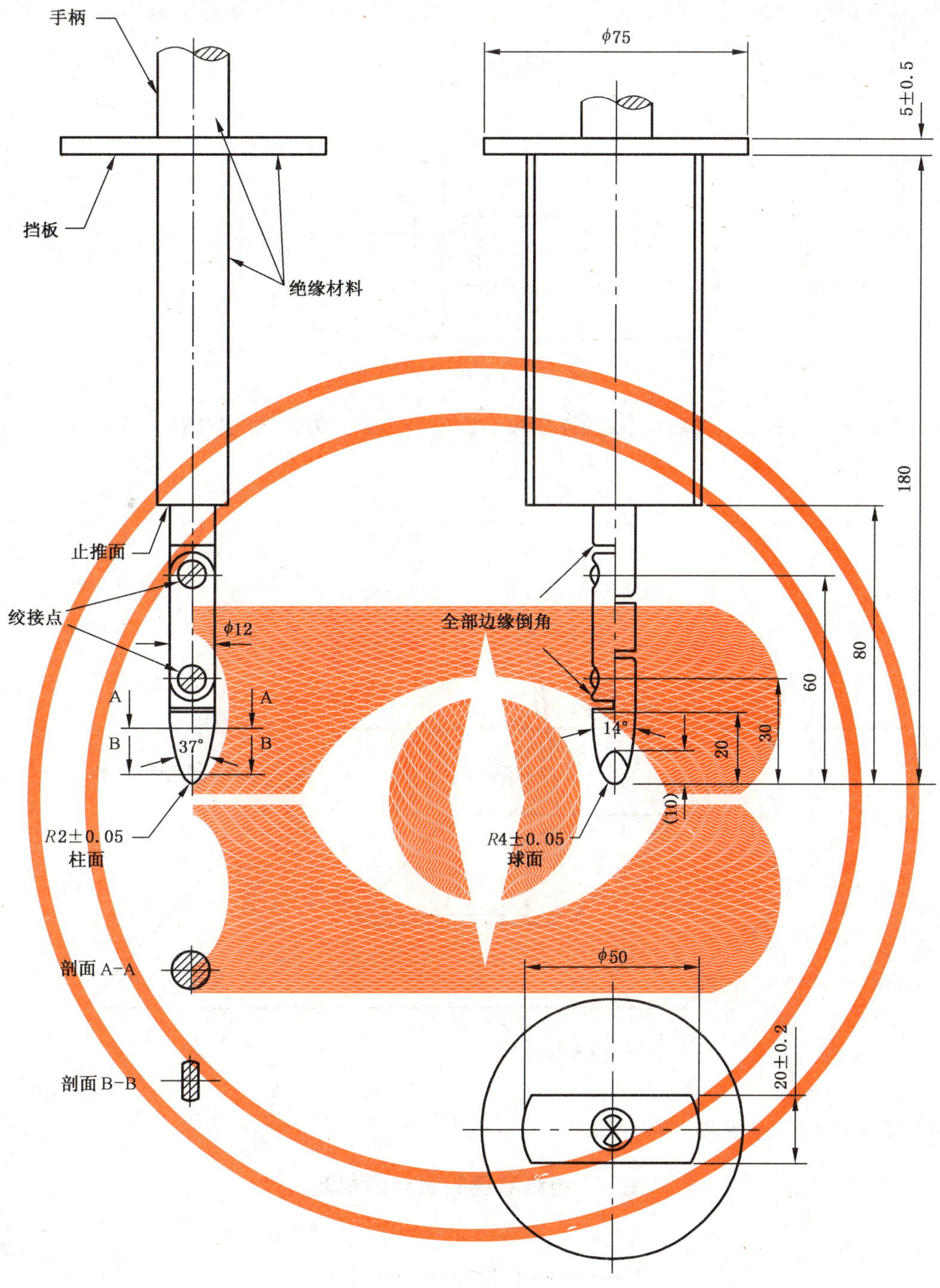

说明：

材料：金属，另有规定者除外。

直线尺寸以毫米为单位

未规定公差的尺寸公差：

角度：$_{-10'}^{0}$

长度尺寸：≤25 mm：$_{-0.05}^{0}$

>25mm：±0.2

两个铰接点应允许能在同一平面内和同一方向上在 $90^{\circ}{}_{0^{\circ}}^{+10^{\circ}}$ 范围内转动。

图 2　标准试验指(见 9.1.2、15.5.2 和 GB/T 16842—2008，试具 B)

单位为毫米

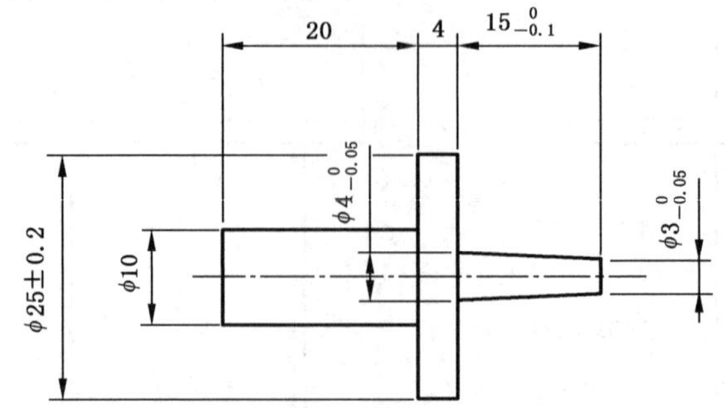

图 3　试验销(见 9.1.2 和 GB/T 16842—2008,试具 13)

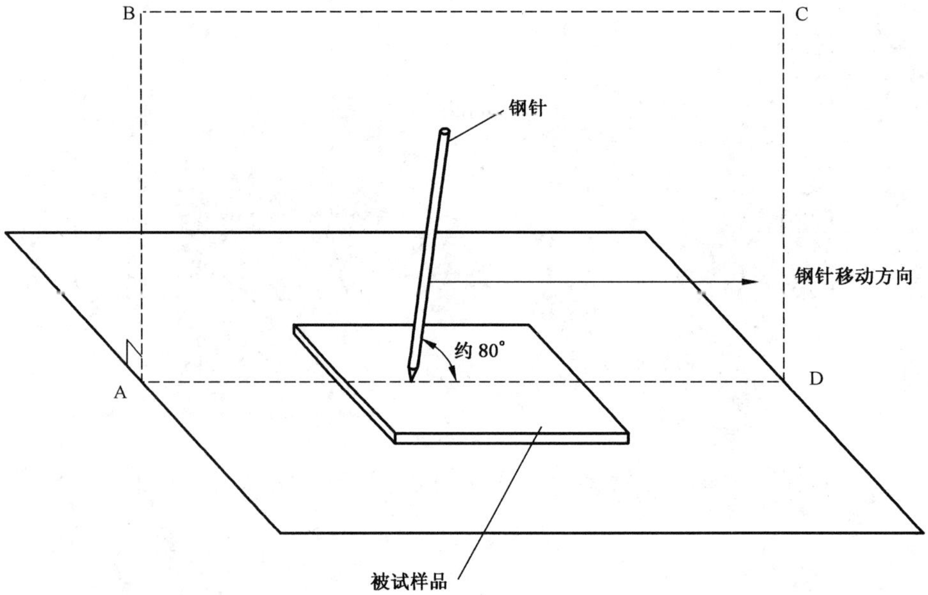

注:钢针位于与被试样品垂直的 ABCD 平面内。

图 4　绝缘涂层的耐划痕试验

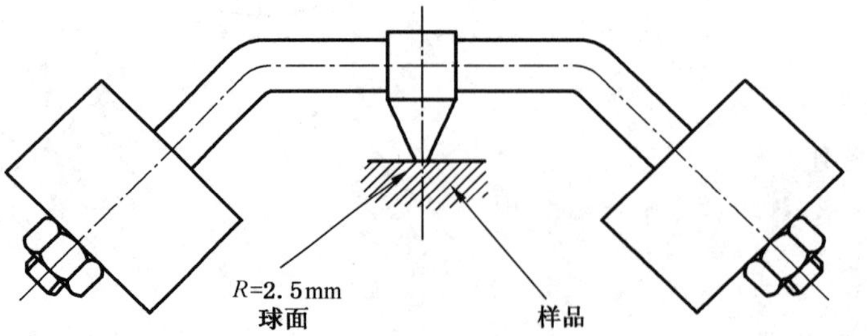

图 5　球压装置(见 27.1)

单位为毫米

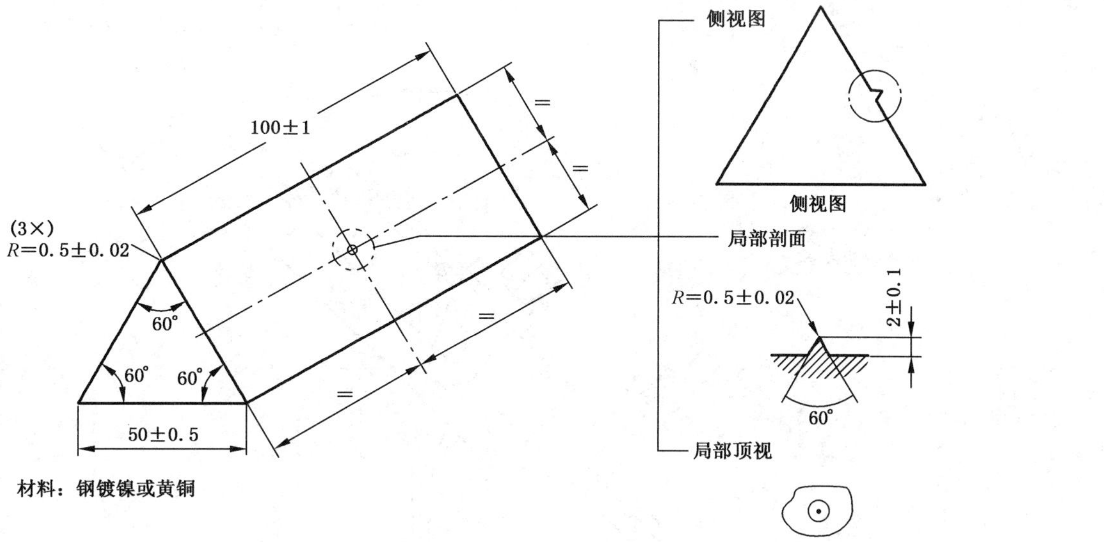

图 6a 卷轴

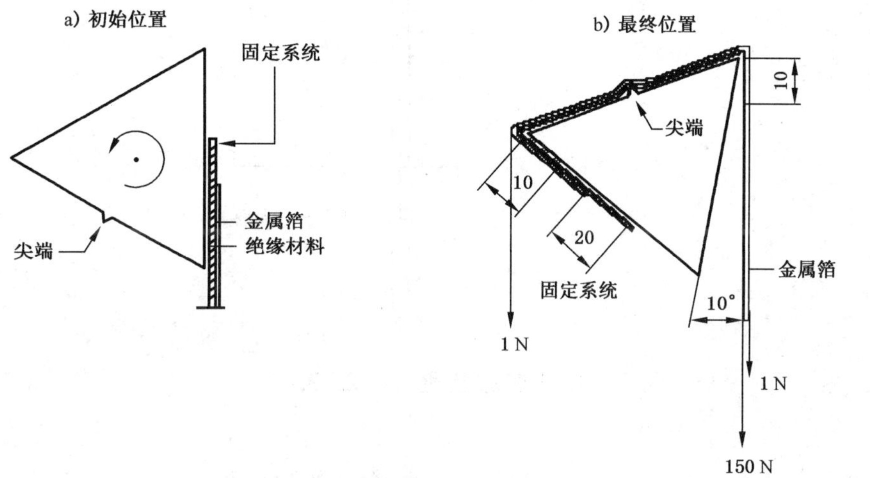

图 6b 卷轴位置

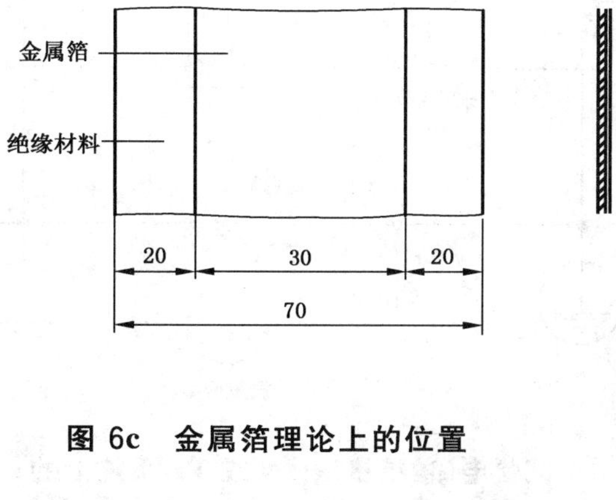

图 6c 金属箔理论上的位置

图 6 检验薄层绝缘材料机械强度的试验装置(见 26.3)

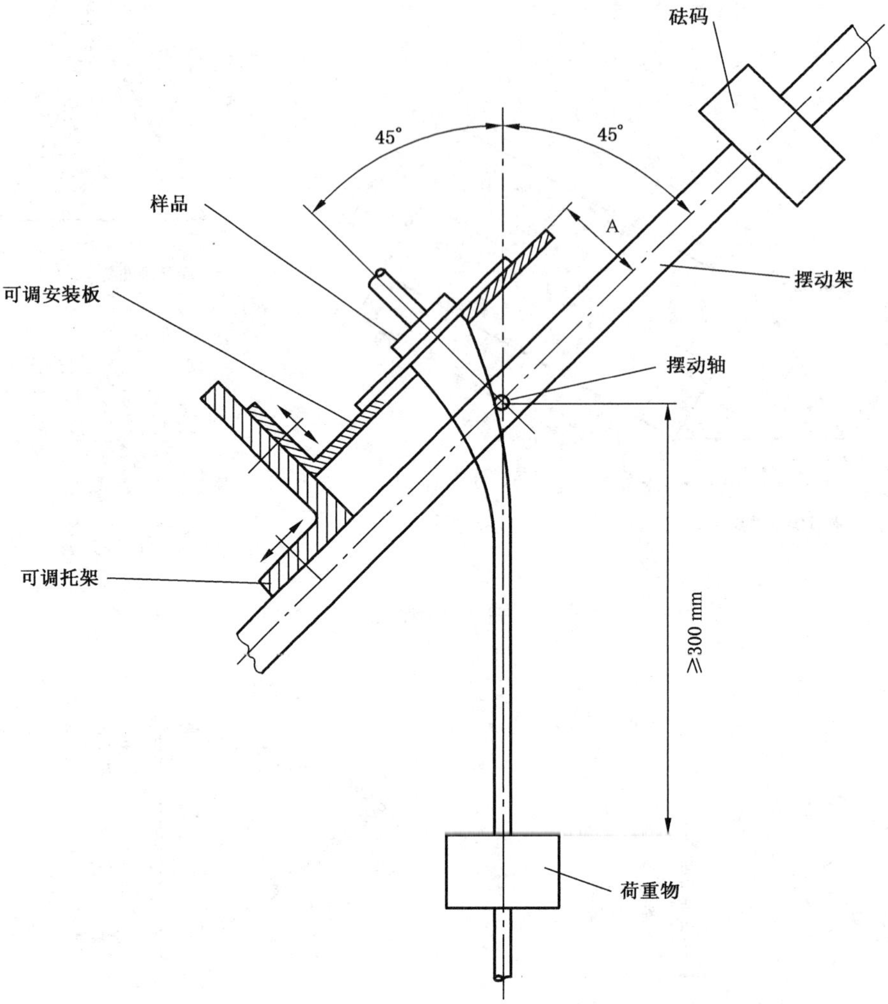

图 7　弯曲试验装置(见 22.9.4)

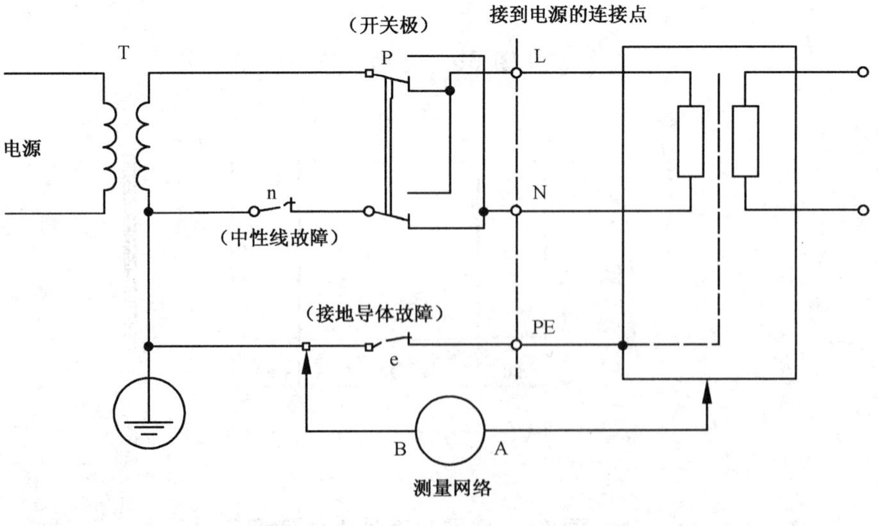

图 8　试验电路:星接法 TN 或 TT 系统上的单相设备

附 录 A
（规范性附录）
爬电距离和电气间隙的测量

例1～例10中规定的沟槽宽度 X 适用于涉及下列污染等级的所有的例子：

污染等级	沟槽的宽度 X 最小值 mm
1	0.25
2	1.0
3	1.5
注：如果涉及的电气间隙小于 3 mm，则沟槽宽度最小可减小到该距离的三分之一。	

测量爬电距离和电气间隙的方法见例1～例10所示。这些例子对在气隙和沟槽之间或在各种绝缘的类型之间没有区别。

需做下列一些假定：

——假定任何凹进处桥接有长度等于规定宽度 X 的且被置于最不利位置上的绝缘连接物(见例3)；

——横跨沟槽的距离等于或大于规定宽度 X 时，爬电距离沿沟槽的轮廓线来测量(见例2)；

——在测量彼此间能处于不同位置的零部件之间的爬电距离和电气间隙时，是在这些零部件处于最不利的位置时进行测量。

例1

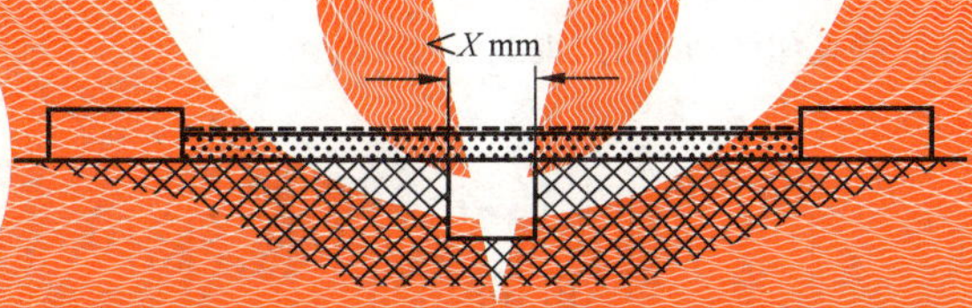

条件：所考虑的路径包含有一条任意深度，宽度小于 X mm，槽壁平行或收敛的沟槽。

规则：如上图所示，直接跨沟槽测量爬电距离和电气间隙。

例2

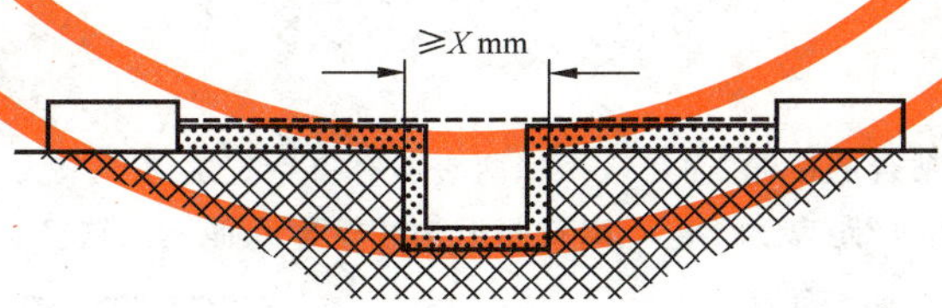

条件：所考虑的路径包含有一条任意深度，宽度等于或大于 X mm，槽壁平行的沟槽。

规则：电气间隙就是"视线"距离。爬电距离的路径就是沿沟槽轮廓线伸展的路径。

例3

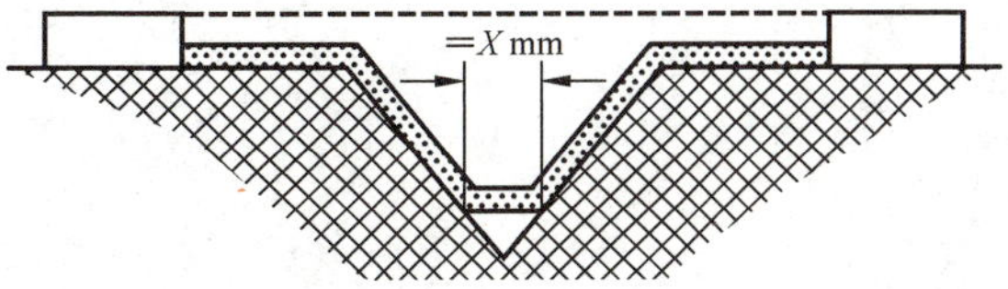

条件:所考虑的路径包含有一条内角小于80°、宽度大于 X mm 的 V 形沟槽。

规则:电气间隙就是"视线"距离。爬电距离的路径就是沿沟槽轮廓线伸展的路径,但沟槽底部用长度为 X mm 的绝缘连接物"短接"。

例 4

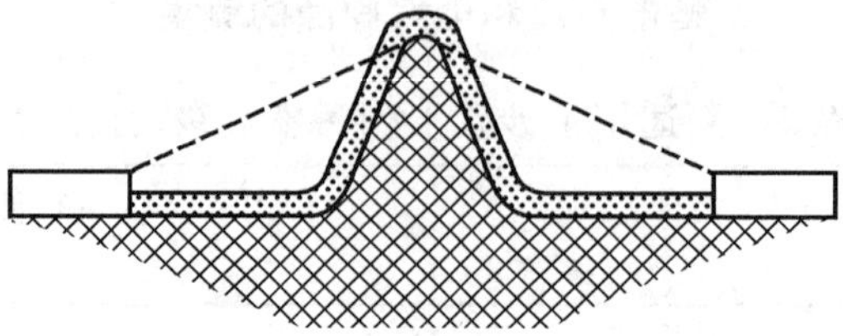

条件:所考虑的路径包含有一根肋。

规则:电气间隙就是越过肋条顶部的最短直达的空间路径。爬电距离的路径就是沿肋条轮廓线伸展的路径。

例 5

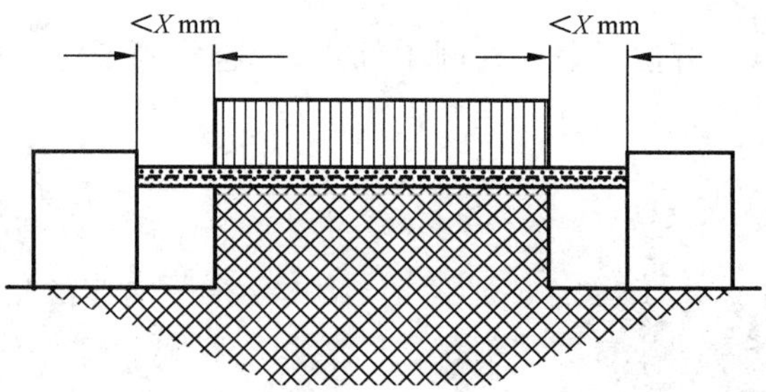

条件:所考虑的路径包含有一条不粘合的接缝,而在该接缝的两头各有一条宽度小于 X mm 的沟槽。

规则:爬电距离和电气间隙的路径就是如图所示的"视线"距离。

例 6

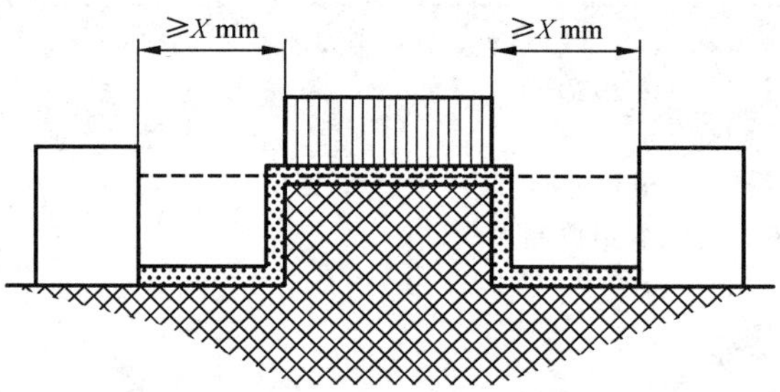

条件:所考虑的路径有一条不粘合的接缝,而在该接缝两头各有一条宽度等于或大于 X mm 的沟槽。

规则:电气间隙的路径就是"视线"距离。爬电距离就是沿沟槽轮廓线伸展的路径。

---------- 电气间隙　　　　爬电距离

例 9

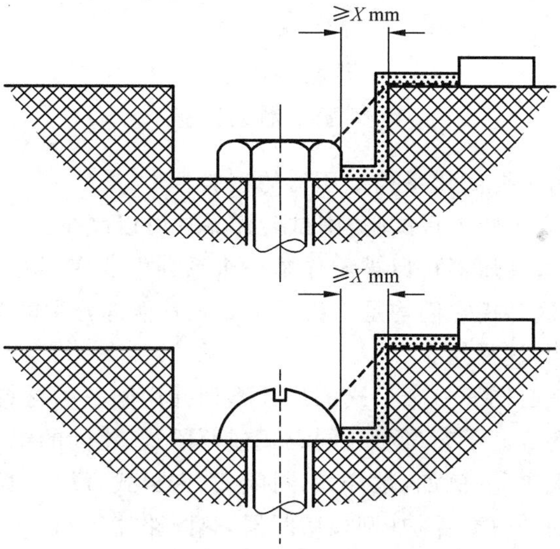

由于螺钉头与凹槽槽壁之间的空隙足够宽，所以必须考虑该空隙。

例 10

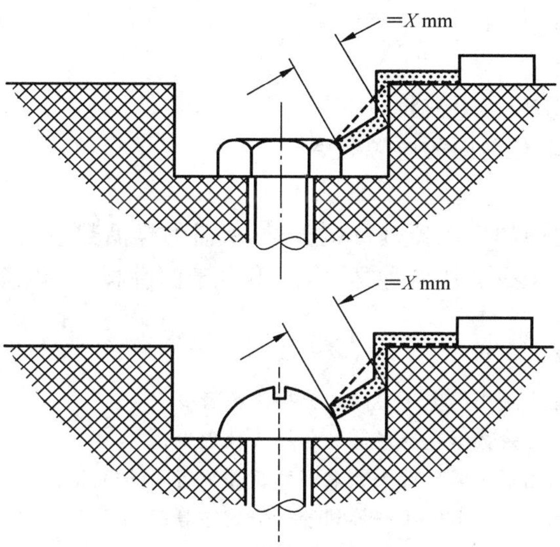

由于螺钉头与凹槽槽壁之间的空隙太窄，所以不必考虑该空隙。

----------- 电气间隙　　　　爬电距离

附 录 B
（规范性附录）
系列变压器的试验

本附录所规定的要求是为了要简化系列变压器的试验。

B.1 如果要对一个系列中的变压器进行试验，则试验样品数可以减少。

如果符合下列条件，则这些变压器可以被看作是一个系列中的变压器：

a） 它们属于同一类型，这是指它们均是 GB/T 19212 其他部分中的某一部分所规定的变压器；

b） 它们具有相同的结构，这是指：

1） 它们的叠片或铁心同属一个型式的尺寸系列并用同一种材料制成；

2） 采用相同类型的绕制工艺（例如，同心式或两段式，相同的绝缘系统）；

3） 采用相同的装配工艺（例如，敞开式，封闭式，密封式，浸渍，封装等）；

4） 采用相同类型的防过载保护（例如熔断器，热断路器等）；

5） 它们具有相同的频率范围。

c） 它们被设计成能适用于相同的最低和最高环境温度。

如果变压器在所有其他方面符合上述规则，则允许下列一些参数有所不同：

1） 输入电压范围；

2） 输出电压范围；

3） 分接头数量和（或）绕组数量；

4） 在所宣称的频率范围内的电源频率；

5） 额定输出。

B.2 对上面规定的一个系列中的变压器进行试验时，所需的样品数应为：

a） 对参数 1），2）和 3）：至少选取两种样品，但不多于四种样品，以便确保它们能代表被试类型中的最不利情况；

注 1：样品要按下列规则选取：

——一种样品为额定输出最小但电压最高和分接头数最少；

——一种样品为额定输出最大但电压最低和分接头数最少；

——一种样品为额定输出最小但分接头数最多和相邻绕组间的电压差别最大；

——一种样品为额定输出中等但电压中等和分接头数中等；

——一种样品为额定输出最大但电压最低和绕组数最多。

当仅选取两种样品时，要采用前两种选择。

b） 对参数 4）：频率范围内电源频率最低的一种样品，如有疑问时，频率范围内电源频率最高的一种样品。

注 2：如果可能，该样品可以是针对参数 1）、2）和 3）所选取的第二种样品。

c） 对参数 5）：至少两种样品，选取额定输出范围的两个限值。

注 3：该样品要按下列规则选取：

——一种样品为额定输出最小且变压器电流值与相应保护装置（如果有）电流值的百分数差值最大；

——一种样品为额定输出最大且变压器电流值与相应保护装置（如果有）电流值的百分数差值最大；

——一种样品为代表绕组和铁心温度最不利的情况；

——一种样品为代表外壳温升最不利的情况。

为了确保在任何情况下均能覆盖最不利的情况，制造方应声明系列中在正常条件下损耗最大的型号，这个型号变压器应被选取作为被试样品之一。

上述条件最少要用两种样品来覆盖。

每一种样品的样品数应符合 5.2 的规定,但对下列试验除外:

——14.3 的试验,就系列试验而言,只需总共三个样品中的两个样品,这两个样品是参数 5)的前两种样品;

——15.5 的试验,就系列试验而言,只需总共三个样品中的两个样品,这两个样品是参数 5)的前两种样品;

——16.4 的试验,就系列试验而言,只需总共三个样品,但要选取最重的型号。

B.3 对每一种叠片或铁心规格的变压器,至少应提供一个样品进行结构间隙检查、机械强度试验等。

B.3 所要求的样品要包括 B.2 所使用的样品。

附 录 C
(规范性附录)
爬电距离(cr)电气间隙(cl)和贯通绝缘距离(dti)材料组别Ⅱ(400≤CTI<600)

表 C.1 爬电距离(cr)电气间隙(cl)和贯通绝缘距离(dti)材料组别Ⅱ(400≤CTI<600)

单位为毫米

	绝缘类型	测量				工作电压[b]/V											
		贯通绕组漆膜[a]		不贯通绕组漆膜		≥25 ≤50		100		150		300		600		1 000	
		P2	P3	P2	P3	cl	cr	cl	cr	cl	cr	cl	cr	cl	cr	cl	cr
1) 输入与输出电路之间的绝缘(基本绝缘)	a) 输入电路带电零部件与输出电路带电零部件之间的爬电距离和电气间隙			×		0.2	0.85	0.5	1.0	1.5	1.5	3.0	3.0	5.5	5.5	8.0	8.0
					×	0.8	1.7	0.8	2.0	1.5	2.2	3.0	4.2	5.5	8.6	8.0	14.0
		×				0.2	0.85	0.2	1.0	0.5	1.1	1.5	2.1	3.0	4.3	5.5	7.1
			×			0.8	1.7	0.8	2.0	0.8	2.2	1.5	4.2	3.0	8.6	5.5	14.0
	减小值,见 26.2(P1)					—	0.18	—	0.25	—	0.3	—	0.7	—	1.7	—	3.2
	b) 输入或输出电路与接地金属屏蔽层之间的贯通绝缘距离	×	×	×	×	dti		dti		dti		dti		dti		dti	
						无厚度要求											
	c) 输入与输出电路之间的贯通绝缘距离	×	×	×	×	无厚度要求											
2) 输入与输出电路之间的绝缘(双重绝缘或加强绝缘)	a) 输入电路带电零部件与输出电路带电零部件之间的爬电距离和电气间隙			×		0.5	1.0	1.5	1.5	3.0	3.0	5.5	5.5	8.0	8.6	14.0	14.0
					×	0.8	2.0	1.5	2.8	3.0	4.2	5.5	8.6	8.0	17.2	14.0	28.0
		×				0.2	1.0	0.5	1.4	1.5	2.0	3.0	4.3	5.5	8.6	8.0	14.0
			×			0.8	2.0	0.8	2.8	1.5	4.2	3.0	8.6	5.5	17.2	8.0	28.0
	减小值,见 26.2(P1)					—	0.25	—	0.4	—	0.7	—	1.7	—	4.0	—	7.5
	b) 输入或输出电路与接地金属屏蔽层之间的贯通绝缘的距离,见 26.3	×	×	×	×	dti		dti		dti		dti		dti		dti	
						0.1[d] [0.05][e]		0.2[d] [0.07][e]		0.25[d] [0.08][e]		0.5[d] [0.16][e]		0.7[d] [0.19][e]		1.0[d] [0.25][e]	
	c) 输入与输出电路之间的贯通绝缘距离,见 26.3	×	×	×	×	0.2[d] [0.1][e]		0.3[d] [0.1][e]		0.5[d] [0.15][e]		1.0[d] [0.3][e]		1.5[d] [0.4][e]		2.0[d] [0.5][e]	
3) 相邻输入电路之间的绝缘或相邻输出电路之间的绝缘[c,g]	爬电距离和电气间隙	×		×		0.2	0.85	0.2	1.0	0.2	1.1	0.5	2.1	1.5	4.3	3.0	7.1
			×		×	0.8	1.7	0.8	2.0	0.8	2.2	0.8	4.2	1.5	8.6	3.0	14.0
	减小值,见 26.2(P1)					—	0.18	—	0.25	—	0.3	—	0.7	—	1.7	—	3.2

表 C.1 （续）

单位为毫米

	绝缘类型	测量				工作电压[b]/V											
		贯通绕组漆膜[a]		不贯通绕组漆膜		≥25 ≤50		100		150		300		600		1 000	
		P2	P3	P2	P3	cl	cr	cl	cr	cl	cr	cl	cr	cl	cr	cl	cr
4） 连接外部电缆或软线用的接线端子之间的爬电距离和电气间隙，不包括输入电路与输出电路螺纹接线端子之间的爬电距离和电气间隙	a） ≤6 A	×	×	×	×	3.0		3.6		4.0		6.0		9.0		12.5	
	b） >6 A～≤16 A	×	×	×	×	5.0		6.0		7.0		10.0		13.0		16.0	
	c） >16 A	×	×	×	×	10.0		11.0		12.0		14.0		17.0		20.0	
5） 基本绝缘或附加绝缘[h]	下列零部件之间： a） 不同极的带电零部件； b） 带电零部件与壳体，如果壳体预定要与保护接地相连； c） 可触及的导电零部件与插入进线护套、固定装置和类似装置内的一根直径和软电缆或软线相同的金属棒（或缠绕在软线上的金属箔）； d） 带电零部件与中间导电零部件； e） 中间导电零部件与壳体；			×		0.2	0.9	0.5	1.0	1.5	1.5	3.0	3.0	5.5	5.5	8.0	8.0
					×	0.8	1.7	0.8	2.0	1.5	2.2	3.0	4.2	5.5	8.6	8.0	14.0
		×				0.2	0.9	0.2	1.0	0.5	1.1	1.5	2.1	3.0	4.3	5.5	7.1
			×			0.8	1.7	0.8	2.0	0.8	2.2	1.5	4.2	3.0	8.6	5.5	14.0
	减小值，见 26.2(P1)					—	0.03	—	0.1	—	0.24	—	0.7	—	1.7	—	3.2
6） 加强绝缘或双重绝缘	壳体与带电零部件之间或标准所要求的部位（不包括输入与输出绕组之间的绝缘）			×		0.5	1.0	1.5	1.5	3.0	3.0	5.5	5.5	8.0	8.6	14.0	14.0
					×	0.8	2.0	1.5	3.0	3.0	4.2	5.5	8.6	8.0	17.2	14.0	28.0
		×				0.2	1.0	0.5	1.5	1.5	2.1	3.0	4.3	5.5	8.6	8.0	14.0
			×			0.8	2.0	0.8	3.0	1.5	4.2	3.0	8.6	5.5	17.2	8.0	28.0

表 C.1 (续)

单位为毫米

	绝缘类型	测量				工作电压[b]/V											
		贯通绕组漆膜[a]		不贯通绕组漆膜		≥25 ≤50		100		150		300		600		1 000	
		P2	P3	P2	P3	cl	cr	cl	cr	cl	cr	cl	cr	cl	cr	cl	cr
6) 加强绝缘或双重绝缘	壳体与输出电路的带电零部件之间,如果输出电路采取防止瞬态电压的附加措施	×		×		0.2	1.0	0.2	1.5	0.5	2.1	1.5	4.3	3.0	8.6	5.5	14.0
			×		×	0.8	2.0	0.8	3.0	0.8	4.2	1.5	8.6	3.0	17.2	5.5	28.0
	减小值,见 26.2(P1)					—	0.25	—	0.4	—	0.7	—	1.7	—	4.0	—	7.5
7) 贯通绝缘距离	a) 基本绝缘[f]	×	×	×	×	无厚度要求											
	b) 附加绝缘[f]					dti		dti		dti		dti		dti		dti	
		×	×	×	×	0.1[d] [0.05][e]		0.15[d] [0.05][e]		0.25[d] [0.08][e]		0.5[d] [0.15][e]		0.75[d] [0.20][e]		1.0[d] [0.25][e]	
	c) 加强绝缘(不包括输入与输出电路之间的绝缘)	×	×	×	×	0.2[d] [0.1][e]		0.3[d] [0.1][e]		0.5[d] [0.15][e]		1.0[d] [0.3][e]		1.5[d] [0.4][e]		2.0[d] [0.5][e]	

注 1:对材料组别Ⅲa 见本部分表 13,对材料组别Ⅰ见附录 D。

注 2:P1=污染等级 1,P2=污染等级 2,P3=污染等级 3。

注 3:当在表中的某一列中用一字线代替数字时,表示无要求值。

注 4:在本表中,电气间隙的最小值适用于海拔达 2 000 m 的空气间隙。

[a] 如果至少有一个绕组采用至少符合 GB/T 6109 中的 1 级绕组线绕制,则采用贯通绕组线漆膜的测量。

[b] 当工作电压处于中间值时,可以在表中两个相应数值之间用内插法求出爬电距离、电气间隙和贯通绝缘距离的数值。当工作电压低于 25 V 时,由于认为表 8a 的电压试验已经足够,因此不要求列出相关的数值。

[c] 这些数值不适用于:

——每个绕组的内部或者在预定要永久连接在一起的多个绕组的各绕组之间,只要预定要连接在一起的各绕组的端接点处于相同的电位值;

——如果绕组仅预定作串联或并联接线(例如输入电压 110 V/220 V),工作电压不超过 300 V,而且绕组线至少符合 GB/T 6109 中的 1 级要求。

[d] 对固体绝缘。

[e] 如果绝缘由薄层材料组成。

[f] 当在输入和输出绕组之间要求双重绝缘时,不论是直接测量还是通过金属零部件测量,贯通绝缘的总厚度应与第 2) c)项中的规定值相同,但对绝缘绕组线除外(见 19.12)。

[g] 对 SELV 电路与相邻的非 SELV 或 PELV 电路之间的绝缘,应用表中第 6)项和第 7)项的数值代替表中第 3)项的数值(按 19.1 的规定)。

[h] 如果该基本绝缘或附加绝缘会受到物理破坏时,则要在电气间隙上增加该绝缘厚度。

附　录　D
（规范性附录）
爬电距离(cr)电气间隙(cl)和贯通绝缘距离(dti)
材料组别Ⅰ(CTI≥600)

表 D.1　爬电距离(cr)电气间隙(cl)和贯通绝缘距离(dti)
材料组别Ⅰ(CTI≥600)

单位为毫米

	绝缘类型	测量				工作电压[b]/V											
		贯通绕组漆膜[a]		不贯通绕组漆膜		≥25 ≤50		100		150		300		600		1 000	
		P2	P3	P2	P3	cl	cr	cl	cr	cl	cr	cl	cr	cl	cr	cl	cr
1)　输入与输出电路之间的绝缘(基本绝缘)	a)　输入电路带电零部件与输出电路带电零部件之间的爬电距离和电气间隙			×		0.2	0.6	0.5	0.7	1.5	1.5	3.0	3.0	5.5	5.5	8.0	8.0
					×	0.8	1.5	0.8	1.8	1.5	2.0	3.0	3.9	5.5	7.7	8.0	12.5
		×				0.2	0.6	0.2	0.7	0.5	0.8	1.5	1.5	3.0	3.0	5.5	5.5
			×			0.8	1.5	0.8	1.8	0.8	2.0	1.5	3.9	3.0	7.7	5	12.5
	减小值,见 26.2(P1)					—	0.18	—	0.25	—	0.3	—	0.7	—	1.7	—	3.2
	b)　输入或输出电路与接地金属屏蔽层之间的贯通绝缘距离	×	×	×	×	dti		dti		dti		dti		dti		dti	
						无厚度要求											
	c)　输入与输出电路之间的贯通绝缘距离	×	×	×	×	无厚度要求											
2)　输入与输出电路之间的绝缘(双重绝缘或加强绝缘)	a)　输入电路带电零部件与输出电路带电零部件之间的爬电距离和电气间隙			×		0.5	0.7	1.5	1.5	3.0	3.0	5.5	5.5	8.0	8.0	14.0	14.0
					×	0.8	1.8	1.5	2.5	3.0	3.9	5.5	7.7	8.0	16.0	14.0	25.0
		×				0.2	0.7	0.5	1.0	1.5	1.5	3.0	3.0	5.5	6.0	8.0	10.0
			×			0.8	1.8	0.8	2.5	1.5	3.9	3.0	7.7	5.5	16.0	8.0	25.0
	减小值,见 26.2(P1)					—	0.25	—	0.4	—	0.7	—	1.7	—	4.0	—	7.5
	b)　输入或输出电路与接地金属屏蔽层之间的贯通绝缘距离,见 26.3	×	×	×	×	dti		dti		dti		dti		dti		dti	
						0.1[d] [0.05][e]		0.2[d] [0.07][e]		0.25[d] [0.08][e]		0.5[d] [0.16][e]		0.7[d] [0.19][e]		1.0[d] [0.25][e]	
	c)　输入与输出电路之间的贯通绝缘距离,见 26.3	×	×	×	×	0.1[d] [0.05][e]		0.2[d] [0.07][e]		0.25[d] [0.08][e]		0.5[d] [0.16][e]		0.7[d] [0.19][e]		1.0[d] [0.25][e]	
3)　相邻输入电路之间的绝缘或相邻输出电路之间的绝缘[c,g]	爬电距离和电气间隙	×		×		0.2	0.6	0.2	0.7	0.2	0.8	0.5	1.5	1.5	3.0	3.0	5.0
			×		×	0.8	1.5	0.8	1.8	0.8	2.0	0.8	3.9	1.5	7.7	3.0	12.5
	减小值,见 26.2(P1)					—	0.18	—	0.25	—	0.3	—	0.7	—	1.7	—	3.2

表 D.1（续）

单位为毫米

	绝缘类型	测量				工作电压[b]/V											
		贯通绕组漆膜[a]		不贯通绕组漆膜		≥25 ≤50		100		150		300		600		1 000	
		P2	P3	P2	P3	cl	cr	cl	cr	cl	cr	cl	cr	cl	cr	cl	cr
4） 连接外部电缆或软线用的接线端子之间的爬电距离和电气间隙，不包括输入电路与输出电路螺纹接线端子之间的爬电距离和电气间隙	a） ≤6 A	×	×	×	×	3.0		3.6		4.0		6.0		9.0		12.5	
	b） >6 A～≤16 A	×	×	×	×	5.0		6.0		7.0		10.0		13.0		16.0	
	c） >16 A	×	×	×	×	10.0		11.0		12.0		14.0		17.0		20.0	
5） 基本绝缘或附加绝缘[h]	下列零部件之间： a） 不同极的带电零部件 b） 带电零部件与壳体，如果壳体预定要与保护接地相连 c） 可触及的导电零部件与插入进线护套、固定装置和类似装置内的一根直径和软电缆或软线相同的金属棒（或缠绕在软线上的金属箔） d） 带电零部件与中间导电零部件 e） 中间导电零部件与壳体			×		0.2	0.6	0.5	0.7	1.5	1.5	3.0	3.0	5.5	5.5	8.0	8.0
					×	0.8	1.5	0.8	1.8	1.5	2.0	3.0	3.9	5.5	7.7	8.0	12.5
		×				0.2	0.6	0.2	0.7	0.5	0.8	1.5	1.5	3.0	3.0	5.5	5.5
			×			0.8	1.5	0.8	1.8	0.8	2.0	1.5	3.9	3.0	7.7	5.5	12.5
	减小值，见 26.2（P1）					—	0.03	—	0.1	—	0.24	—	0.7	—	1.7	—	3.2
6） 加强绝缘或双重绝缘	壳体与带电零部件之间或标准所要求的部位（不包括输入与输出绕组之间的绝缘）			×		0.5	0.7	1.5	1.5	3.0	3.0	5.5	5.5	8.0	8.0	14.0	14.0
					×	0.8	1.8	1.5	2.5	3.0	3.9	5.5	7.7	8.0	16.0	14.0	25.0
		×				0.2	0.7	0.5	1.0	1.5	1.5	3.0	3.0	5.5	6.0	8.0	10.0
			×			0.8	1.8	0.8	2.5	1.5	3.9	3.0	7.7	5.5	16.0	8.0	25.0

表 D.1（续）

单位为毫米

	绝缘类型	测量				工作电压[b]/V											
		贯通绕组漆膜[a]		不贯通绕组漆膜		≥25 ≤50		100		150		300		600		1 000	
		P2	P3	P2	P3	cl	cr	cl	cr	cl	cr	cl	cr	cl	cr	cl	cr
6） 加强绝缘或双重绝缘	壳体与输出电路的带电零部件之间，如果输出电路采取防止瞬态电压的附加措施	×		×		0.2	0.7	0.2	1.0	0.5	1.5	1.5	3.0	3.0	6.0	5.5	10.0
			×		×	0.8	1.8	0.8	2.5	0.5	3.9	1.5	7.7	3.0	16.0	5.5	25.0
	减小值，见 26.2（P1）					—	0.25	—	0.4	—	0.7	—	1.7	—	4.0	—	7.5
7） 贯通绝缘距离	a） 基本绝缘[f]	×	×	×	×	无厚度要求											
	b） 附加绝缘[f]					dti		dti		dti		dti		dti		dti	
		×	×	×	×	0.1[d] [0.05][e]		0.15[d] [0.05][e]		0.25[d] [0.08][e]		0.5[d] [0.15][e]		0.75[d] [0.20][e]		1.0[d] [0.25][e]	
	c） 加强绝缘（不包括输入与输出电路之间的绝缘）	×	×	×	×	0.2[d] [0.1][e]		0.3[d] [0.1][e]		0.5[d] [0.15][e]		1.0[d] [0.3][e]		1.5[d] [0.4][e]		2.0[d] [0.5][e]	

注 1：对材料组别Ⅲa 见本部分表 13，对材料组别Ⅱ见附录 C。

注 2：P1＝污染等级 1，P2＝污染等级 2，P3＝污染等级 3。

注 3：当在表中的某一列中用一字线代替数字时，表示无要求值。

注 4：在本表中，电气间隙的最小值适用于海拔达 2000m 的空气间隙。

[a] 如果至少有一个绕组采用至少符合 GB/T 6109 中的 1 级绕组线绕制，则采用贯通绕组线漆膜的测量。

[b] 当工作电压处于中间值时，可以在表中的两个相应数值之间用内插法求出爬电距离、电气间隙和贯通绝缘距离的数值。当工作电压低于 25 V 时，由于认为表 8a 的电压试验已经足够，因此不要求列出相关的数值。

[c] 这些数值不适用于：

——每个绕组的内部或者在预定要永久连接在一起的多个绕组的各绕组之间，如果预定要连接在一起的各绕组的端接点处于相同的电位值；

——如果绕组仅预定作串联或并联接线（例如输入电压 110 V/220 V），工作电压不超过 300 V，且绕组线至少符合 GB/T 6109 中的 1 级要求，

[d] 对固体绝缘。

[e] 如果绝缘由薄层材料组成。

[f] 当在输入和输出绕组之间要求双重绝缘时，不论是直接测量还是通过金属零部件测量，贯通绝缘的总厚度应与第 2）c）项中的规定值相同，但对绝缘绕组线除外（见 19.12）。

[g] 对 SELV 电路与相邻的非 SELV 或 PELV 电路之间的绝缘，应用表中第 6）项和第 7）项的数值代替表中第 3）项的数值（按 19.1 的规定）。

[h] 如果该基本绝缘或附加绝缘会受到物理破坏时，则要在电气间隙上增加该绝缘厚度。

附 录 E
（规范性附录）
灼热丝试验

灼热丝试验按 GB/T 5169.10 和 GB/T 5169.11 的规定进行。

为了本部分的目的引用 GB/T 5169.11 的有关章条时，下列内容适用。

E.1 严酷等级

GB/T 5169.11—2006 第 6 章“严酷等级”的要求适用，但灼热丝的尖端温度为本部分 27.3 的规定值。

E.2 处理

GB/T 5169.11—2006 第 8 章“处理”的要求适用，但需要进行预处理。

E.3 试验程序

GB/T 5169.11—2006 第 10 章“试验程序”的要求适用，但 10.1 增加下列一段内容：

“如果可能，灼热丝的尖端应施加在平坦的表面上，而不施加在沟槽处、敲落孔、狭窄凹槽或尖锐边缘处。”

附　录　F
（规范性附录）
作为变压器装配部件的手动开关的要求

F.1　概述

对拼合在或附装在变压器上的开关，试验要按 F.2 或 F.3 所述的 GB 15092.1—2010 的规定来进行。

手动机械开关应符合 F.2 或 F.3 的要求。

F.2　作为独立元件进行试验的开关

作为独立元件进行试验的开关应符合 GB 15092.1—2010 的要求和试验，但有如下修改：

——7.1.6.2：开关应适合在该相关污染等级的环境中使用；

——7.1.9.3：关于耐热和耐燃，开关应属于 D 类。

此外，就下列方面而言，符合 GB 15092.1—2010 规定的开关，其特性应与正常工作条件下开关的功能相适应：

a)　第 6 章：开关的额定值；

b)　按下列特征对开关的分类：

——7.1.1：电源种类，

——7.1.2：开关控制的负载类型，

——7.1.3：周围空气温度。

如果开关是使次级电路的输出插座通电或断电，则应按 F.3.2 的规定，考虑表 F.1 所示的输出插座额定输出电流和额定峰值浪涌电流。

通过检查以及按 GB 15092.1—2010 的试验规定，通过测量来检验其是否合格。

F.3　作为变压器的一个组成部分进行试验的开关

作为变压器设备一个组成部分进行试验的开关，在正常工作条件下工作时，应满足 F.3.1、F.3.2 和 F.3.3 的要求。

F.3.1　开关应能承受在正常使用中所出现的电应力、热应力和机械应力而不会出现过度磨损或其他有害影响，且其机构应符合 GB 15092.1—2010 中 13.3 对开关的要求。

按 GB 15092.1—2010 中 13.1 的规定以及通过下列耐久性试验来检验其是否合格：

开关按 GB 15092.1—2010 中 17.1.2 规定的顺序，并在按设备正常工作条件下给出的电和热的条件下承受 10 000 次操作循环，但 GB 15092.1—2010 中 17.2.4 规定的在加快速度和提高电压条件下的试验除外。

在三个样品上进行本试验，不允许出现故障。

F.3.2　如果开关是使次级电路输出插座通电或断电，则要用一个附加的负载接到输出插座上来进行耐久性试验，该附加负载是在考虑了 GB 15092.1—2010 图 10 所示的说明，由 GB 15092.1—2010 图 9 所示的电路组成。

附加负载的额定电流 I 应等于输出插座的标称值(见 8.1d))。附加负载的峰值浪涌电流应达到表

F.1 的规定值。

表 F.1 附加负载的峰值浪涌电流

输出插座的额定电流 I A	峰值浪涌电流 A
$I \leqslant 0.5$	20
$0.5 < I \leqslant 1.0$	50
$I > 1.0$	100

如果输出插座是用电流值来标志的，则要选取该电流值作为插座的额定电流 I。

如果输出插座是用功率值来标志的，则要按该功率值计算出插座的额定电流 I。

试验后，开关应无本部分意义上的损坏。特别是，其外壳不应出现劣变，电气间隙和爬电距离不应减小，由机械固定的电气连接不应出现松动。

通过检查以及分别按给定的顺序进行 F.3.3 和 F.3.4 规定的试验来检验其是否合格。

F.3.3 开关的结构应确保其在正常使用下的温度不致过高。所使用的材料应使开关的性能在设备给出的条件下，不会因正常使用时的操作而受到不良的影响。特别是，触点和端子的材料和设计应保证开关的操作和性能不会因触点和端子的氧化或其他劣变而造成有害的影响。

在正常工作条件下以及按 GB 15092.1—2010 的 16.2.2 d)、i)和 m)的规定，并将输出插座(如果有)的额定电流 I，包括第 F.3 章规定的峰值浪涌电流考虑在内，在处于“通”位时来检验其是否合格。

F.3.4 开关应具有足够的介电强度。

通过下列试验来检验其是否合格：

开关应承受 18.3 规定的介电强度试验，但在介电强度试验前不进行受潮处理，试验电压降低到 18.3规定的相应试验电压值的 75%，但不小于 500 V 方均根值(700 V 峰值)。试验电压施加在下列部位：

——当开关处于“通”位时，在危险的带电零部件与可触及的导电零部件之间，此外，如果是多极开关，则在各极之间。

——当开关处于“断”位时，在每一个触点断开间隙。试验时，与触点断开间隙并联的电阻器和电容器可以断开。

附　录　G
（规范性附录）
电痕化试验

G.1　概述

变压器的电痕化试验应按 GB/T 4207—2012 的规定，按下列说明来进行。

为了本部分的目的，将所使用材料按其相比电痕化指数(CTI)值划分为下列三组：

材料组别Ⅰ 600≤CTI；

材料组别Ⅱ 400≤CTI<600；

材料组别Ⅲa 175≤CTI<400。

材料组别的划分是通过按 GB/T 4207—2012 规定进行的相比电痕化指数试验所得到的相比电痕化指数值来确定的。

本试验在三个独立的样品上或从相关元器件上割取的三片样品上进行，要注意每次试验开始前，电极要干净，其形状及摆放位置正确。如有疑问，在必要时要在新的样品上重复进行试验。

为了本部分的目的，引用 GB/T 4207—2012 的有关章条时，下列内容适用。

G.2　试样

GB/T 4207—2012 第 5 章“试样”的要求适用，但第一段的最后一句不适用。

G.3　试验设备

GB/T 4207—2012 第 7 章“试验设备”的要求适用，但下列内容除外：

——7.1 的注不适用；

——7.3 的注不适用；

——使用 7.3 规定的试验溶液 A。

G.4　试验程序

GB/T 4207—2012 第 8 章“基本试验程序”的要求适用，但下列内容除外：

——对 8.2 的 CTI 试验，第 5 章的注 2 和注 3 也适用；

——8.3 不适用。

附 录 H
(规范性附录)
电子电路

对包含有电子电路的变压器,下列要求要补充到第5章、第15章、第26章。

H.1 试验的一般说明(对第5章的补充)

H.1.1 本部分的各章,在经过本附录和涉及特定变压器的GB/T 19212其他部分的修改后,适用于电子电路。

H.1.2 要避免由于连续试验而引起的应力累积。必要时可以更换元器件或使用附加样品。

注:要通过对相关电路的评估将附加样品数保持在最低限度。

H.2 短路和过载保护(对第15章的补充)

H.2.1 电子电路的设计和应用应确保在某个故障条件下不会使变压器发生有关电击、着火危险或危险的异常工作而变得不安全。

按H.2.3规定的故障条件,对所有电路或电路的零部件进行评定来检验是否合格,除非其符合H.2.2规定的条件。

如果在任一故障条件下,变压器的安全依赖于熔断体的动作,则要进行H.2.4的试验。

在每次试验中和试验后,温度不应超过15.1表3的规定值,而且变压器应符合15.1规定的条件。

如果印制电路板上的导体出现开路,只要下列6个条件能满足,则认为变压器能承受住该特定的试验:

——印制电路板符合FV1的要求;

——断开处导体的每一端,其剥离长度不超过2 mm;

——断开处是出现在如H.2.2所述的小功率电路内,另外断开处的电压不应超过50 V;

——当将断开处的导体桥接好,变压器符合本条规定的要求;

——其他导体松动的长度不大于5 mm;

——出现剥离或松动的任何导体不会使危险的带电零部件与可触及的零部件之间的爬电距离和电气间隙减小到小于第26章的规定值。

注1:除非需要在任何一项试验后更换元器件,否则,只需要在电子电路的最后一项试验后进行18.3的介电强度试验。

注2:通常,对变压器及其电路图进行检查就能显示出必须模拟的故障条件,以便能将试验限制在那些可以预计会得到最不利结果的情况下进行。

H.2.2 对电路或电路中的零部件,如果能同时满足下列两个条件,则H.2.3规定的故障条件a)~f)不适用:

——该电子电路是下列所述的小功率电路;

——变压器的其他零部件中的防止电击、着火危险、机械危险或有危险的异常工作的保护,不是靠电子电路的正常工作来达到。

小功率电路的确定如下(图H.1给出了一个例子):

变压器在额定电压下工作,在被检测点与接到电子电路的电源的极性相反的极之间,接入一个电阻值被调至最大的可变电阻器。

然后将电阻值减小，直至该电阻器消耗的功率达到最大值。在持续 5 s 结束时，距最靠近供电电源的任何一点对该电阻器提供的最大功率不超过 15 W，则该点就称为小功率点。离供电电源比小功率点更远的那部分电路就认为是小功率电路。

注 1：只需要从接到电子电路的电源的一个极来进行测量，最好是出现小功率点最少的那一个极。

在确定小功率点时，建议从靠近电源的点开始。

注 2：可变电阻器消耗的功率要用功率表来测量。

H.2.3 要考虑下列各个故障条件，并且如有必要，一次施加一个故障条件。要考虑随后的故障。

a) 如果不同极性的带电零部件之间的爬电距离和电气间隙小于第 26 章的规定值，则将其短路。

b) 使任一元器件的端子开路。

c) 将电容器短路，除非电容器符合 GB/T 14472 的要求。

d) 除集成电路外，将电子元器件的任意两个端子短路。在光电耦合器的两个电路之间不施加本故障条件。

e) 将集成电路内部开路或短路。此时，要评定变压器可能发生的危险情况，以确保变压器的安全不是靠这种元器件正常工作来维持。

要考虑集成电路所有可能的输出信号所引起的结果。如果可以看出某一输出信号不可能发生，则相关的故障就不必考虑。

注 1：微处理器要按集成电路来进行试验。

注 2：半导体元器件，例如晶闸管和三极管要承受故障条件 b) 和 d)。

f) 此外，将每个小功率电路短路。为此，将小功率点与测量时所选取的电源的那一极相连。

为了模拟故障条件，变压器要在额定电源电压的 0.90 倍～1.1 倍之间的任一电源电压下工作。

当模拟任一故障条件时，试验要持续到稳态建立时止。

在每种情况下，如果变压器内发生电源中断，则试验结束。

如果变压器装有电子电路，且该电子电路的工作是确保变压器符合第 15 章的要求，则要按上述 a)～e) 的规定模拟单个故障，重复进行相关的试验。

如果电路不能用其他方法来评定时，则要将故障条件 e) 施加于包封元器件或类似元器件。

对正温度系数电阻器（PTCs）和负温度系数电阻器（NTCs），如果是在其制造方所规定的范围内使用，则不必将它们短路。

H.2.4 对 H.2.3 中规定的任一故障条件，如果变压器的安全是靠熔断体的动作来保持的，则试验要重复进行，但要用电流表来代替该熔断体。

如有疑问时，在确定电流值时应考虑该熔断体的最大电阻值。

对符合 GB 9364.3 的小型熔断体，下列规定适用：

如果测得的电流不超过熔断体额定电流的 2.1 倍，则认为电路不具有充分的保护，试验要在熔断体短路的情况下进行。

如果测得的电流至少为熔断体额定电流的 2.75 倍，则认为电路具有充分的保护。

如果测得的电流超过熔断体额定电流的 2.1 倍，但未超过额定电流的 2.75 倍，则短路该熔断体，然后按下列规定进行试验：

——对快速动作熔断体，试验持续某个相应的时间，或者 30 min，取时间较短者；

——对延时熔断体，试验持续某个相应的时间，或者 2 min，取时间较短者。

注：对熔断体是否能作为保护装置要根据 GB 9364.3 规定的熔断特性来检验，GB 9364.3 还给出了计算熔断体的最大电阻值时所必需的信息。

对除了符合 GB 9364.3 的那些熔断器以外的熔断器，其试验要按 15.3.2～15.3.5 的规定进行。

H.3 爬电距离、电气间隙和贯通绝缘距离(对第26章的补充)

H.3.1 对仅用基本绝缘来隔离不同极性的带电零部件,如果将这些零部件的爬电距离和电气间隙依次短路能满足第H.2章的要求,则允许这些爬电距离和电气间隙小于第26章的规定值。

如果光电耦合器的每个绝缘被充分密封,并且材料的各层之间没有空气,则光电耦合器内的爬电距离和电气间隙不必测量。

如果在印制电路板上使用涂层来保护微环境或提供基本绝缘,则附录W适用。GB/T 16935.3—2005第4章要求的较小距离适用(类型1保护:P1值;类型2绝缘保护距离)。

对封装变压器的循环试验,见26.2。

H.3.2 对光电耦合器,其处理程序是在温度比在进行第14章或15章的试验时,在光电耦合器表面测得的最高温度高50 K下进行,同时使光电耦合器在这些试验中所出现的最严酷的条件下工作。

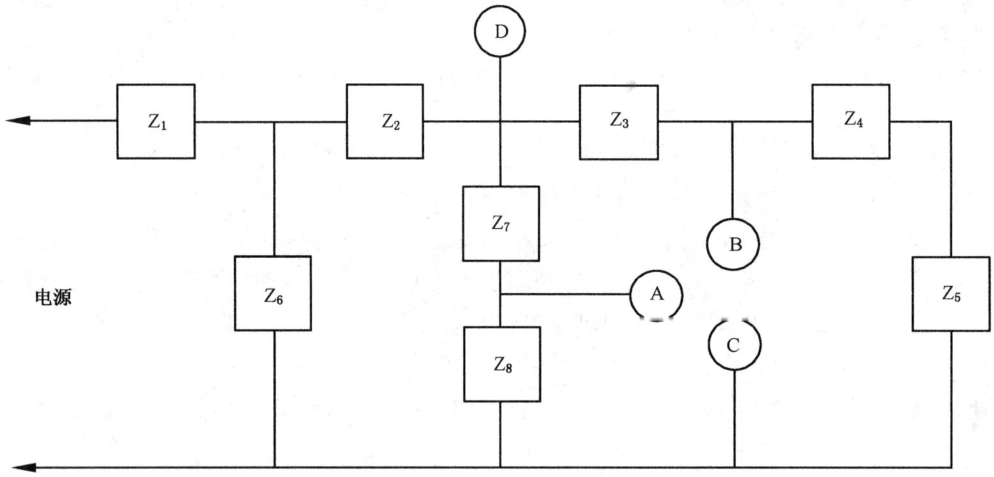

D是向外接负载提供的最大功率超过15 W的离电源最远的点。

A和B是向外接负载提供的最大功率不超过15 W的离电源最近的点。这些点是小功率点。

A点和B点分别对C点短路。

将H.2.3中规定的故障条件a)～e)逐个施加到Z_1,Z_2,Z_3,Z_6和Z_7。

图H.1 具有小功率点的电子电路的例子(见H.2.2)

附 录 I

（暂缺）

附 录 J
（规范性附录）
接触电流测量网络

（引自 GB/T 12113—2003 图 4）

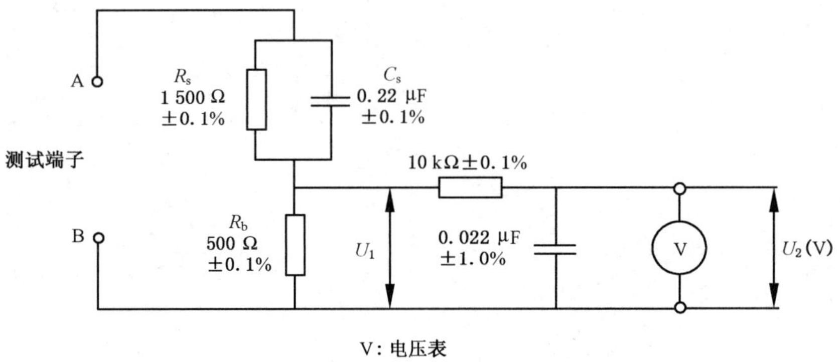

真方均根值读数

不确定度：≤2 %

输入电阻：0.1 MΩ

输入电容：≤200 pF

频率范围：15 Hz～1 MHz

图 J.1 接触电流测量网络

附 录 K
（规范性附录）
用作多层绝缘的绝缘绕组线

本附录规定了聚酰亚胺膜绝缘或用与其性能相当的绝缘材料绝缘的绕组线。它无需附加的衬垫绝缘就可以在绕组绕制件中提供基本绝缘、附加绝缘或加强绝缘。

注：下面给出了聚酰亚胺某些特性的典型值，以供参考。所附的这些数值不是本部分的组成部分。

——介电强度　　180 kV/mm

——介电常数　　3.5

——介质损耗因数　　0.003（在 1 kHz 下）

——绝缘电阻　　10^5 MΩ

——表面电阻率　　10^{16} Ω（相对湿度为 50%）

——弯折耐久性　　10^4 次循环

K.1 绕组线结构

绕组线应用两层或多层绝缘层进行绝缘。如果是用绝缘带呈螺旋缠绕成多层，则应使用抗旋转的绝缘层。搭接宽度应足够，以便在制作绕组绕制件时能确保连续搭接。

应对绝缘带的这些缠绕层予以密封，以消除层与层之间的爬电路径。

K.2 性能试验

绕组线应能通过下列 K.2.1～K.2.5 的五种型式试验。

K.2.1 介电强度

GB/T 4074.5—2008 的试验 13，施加时间与本部分 18.3 规定的持续时间相同，试验电压不小于本部分表 8a 的相应电压值，或者有两层时为 3 kV、有三层时为 5.5 kV，每种情况下均取较大者。

K.2.2 附着性和柔韧性

在额定环境温度下进行 GB/T 4074.3—2008 的试验 8，随后进行 K.2.1 的介电强度试验。

K.2.3 热冲击

GB/T 4074.6—2008 的 3.1 或 3.2 的试验 9，随后进行 K.2.1 的介电强度试验。

K.2.4 弯曲后介电强度的保持

GB/T 4074.5—2008 的 4.1～4.5 的试验 13，随后进行 K.2.1 的介电强度试验。

K.2.5 耐刮

GB/T 4074.3—2008 的试验 11 适用。

K.3 例行试验(生产试验)

绝缘绕组线的制造方应按GB/T 4074.3的规定,对绝缘绕组线进行100 %的介电强度试验,试验电压不小于本部分表8a的相应电压值,或者有两层时为3 kV、有三层时为5.5 kV,每种情况下均取较大者。

附 录 L
（规范性附录）
例行试验（生产试验）

本附录中规定的试验是要就安全方面检查在材料或制造上是否出现了不能允许的变化。这些试验不会使变压器的性能和可靠性受到损害，制造方应在变压器生产完工后，对每个变压器进行这些试验。该项检查用来核查制造方的生产系统是否已对 100 %的产品进行了下列试验。

这些试验应在生产线的温度下进行。

根据制造方所获得的经验，可以进一步进行一些试验，以确保每个变压器都能和已通过本部分试验的样品相一致。

例行试验原则上应在生产末端时进行。但是，如果能够提供证明，在早期阶段进行这些试验也能提供同样的安全水平，则可以采用这种试验程序。

L.1 保护接地连续性试验

对Ⅰ类变压器，在接地端子与为安全原因而必须接地的每一个可触及的导电零部件之间，依次接到能提供至少 10 A 的电流且其空载电压不超过 12 V 的电源。

在本试验过程中，保护接地端子与各相关的可触及的导电零部件之间不应出现连接中断或电流明显减小。

L.2 检验空载输出电压

空载输出电压应符合制造方规定的标称值和允差，此外，不应超过 GB/T 19212 其他部分所要求的最大空载输出电压。

L.3 介电强度试验

在环境温度下，按 18.3 表 8a 的规定进行试验，但不进行 17.2 的受潮试验。

在规定的试验电压下施加 1 s。

试验是在下列零部件之间进行：

a) 输入电路的带电零部件与变压器的可触及的导电零部件之间；

b) 输入电路与输出电路之间。

试验期间不应出现闪络或击穿。

对绝缘水平高的变压器和工作电压高于 1 000 V 的分离变压器可能需要进行附加的试验。

L.4 检验保护装置的安装

如有保护装置，则不应由于其在变压器内的安装不当而妨碍该保护装置的动作。

通过检查来检验其是否合格。

L.5 检查

检查应确认所有需要的和相关的标志均齐全。

附　录　M
（资料性附录）
对 19.1 进行指导用的例子

M.1　绕组骨架

M.1.1　同心式

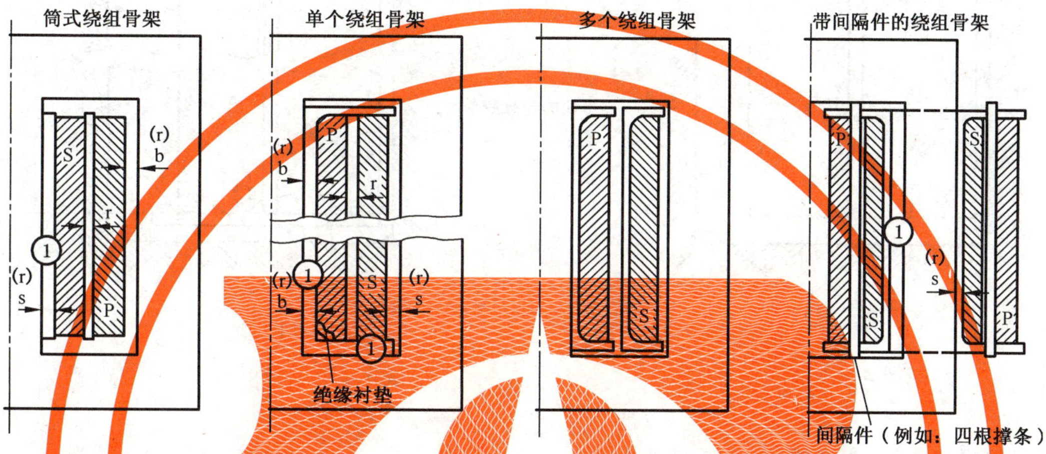

Ⅰ(Ⅱ)类　　Ⅰ(Ⅱ)类　　Ⅰ/Ⅱ类　　Ⅰ(Ⅱ)类

M.1.2　并列式

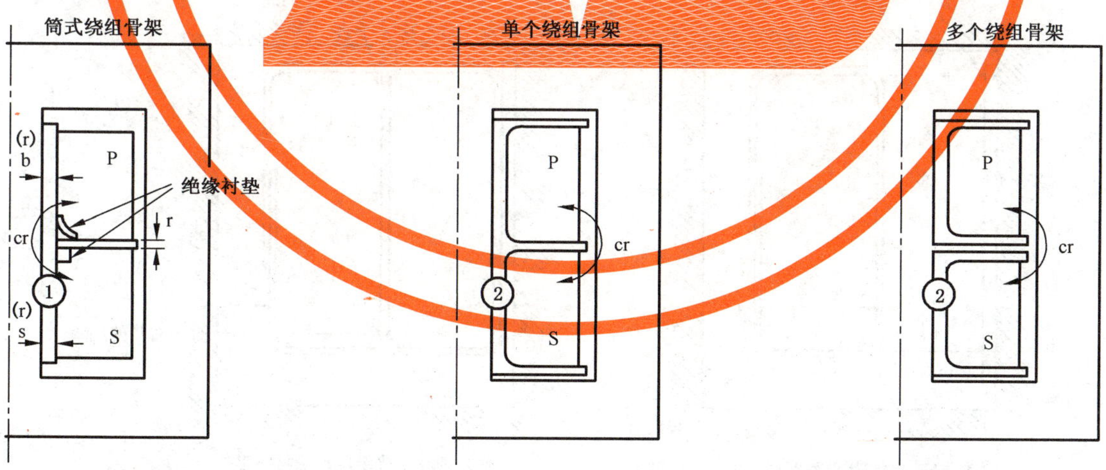

Ⅰ(Ⅱ)类　　Ⅰ/Ⅱ类　　Ⅰ/Ⅱ类

①:具有附加绝缘所需的规定厚度的筒或至少有三层绝缘带的筒（见第 26 章）。

②:具有第 26 章中规定的附加绝缘厚度的成型部分。

M.2 绕组

M.2.1 无屏蔽层

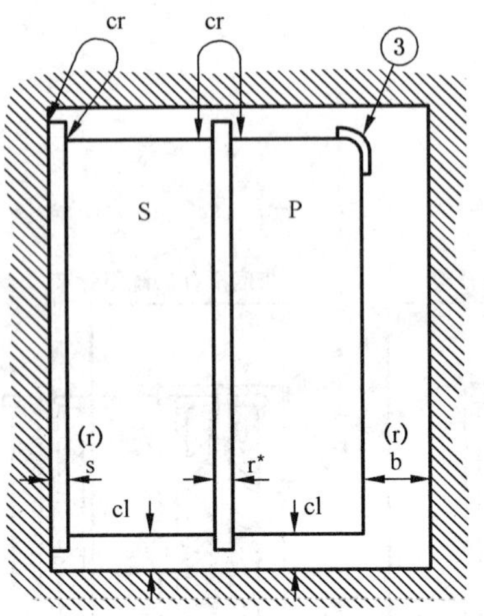

Ⅰ(Ⅱ)类

M.2.1a)

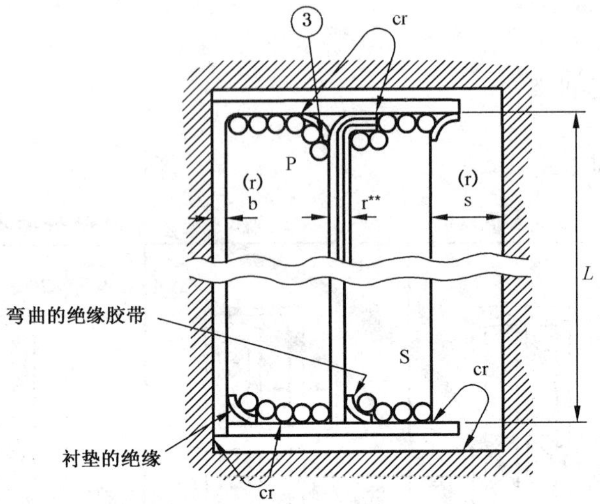

Ⅰ(Ⅱ)类

M.2.1b)

r*:有一层规定厚度的绝缘或至少三层绝缘带。

r**:有一层规定厚度的绝缘加上一层绝缘胶带或一层绝缘衬垫,或至少三层绝缘带加上例如一层绝缘胶带,或至少四层有齿边的绝缘带。

③:防止绕组最后一匝发生位移。例如,采用绝缘胶带或胶粘剂。

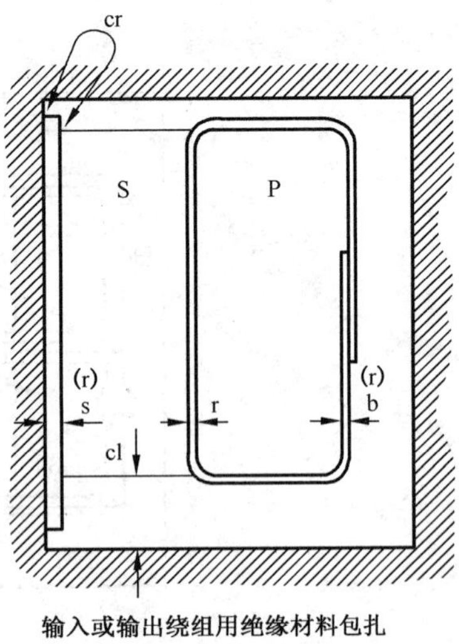

Ⅰ(Ⅱ)类

M.2.1c)

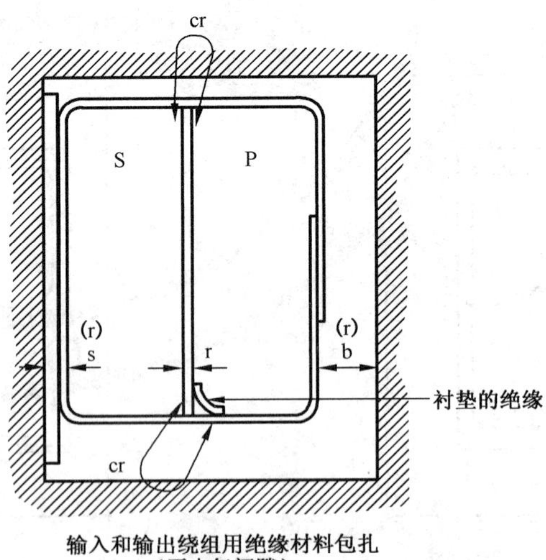

Ⅰ(Ⅱ)类

M.2.1d)

注:对Ⅱ类结构,其缩写符号用括号给出。

M.2.2 有磁蔽层

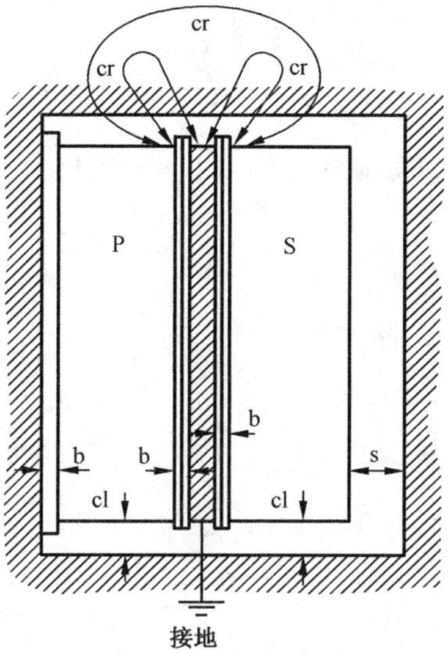

Ⅰ类

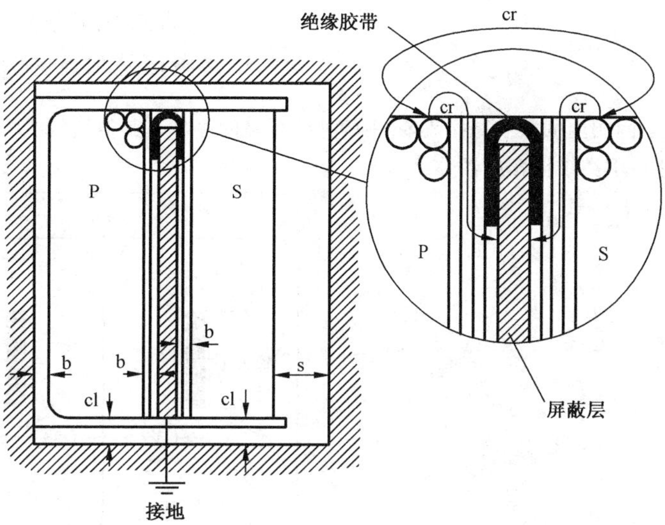

Ⅰ类

对Ⅰ类结构

cr=爬电距离

cl=电气间隙

b=基本绝缘

s=附加绝缘

r=加强绝缘或双重绝缘

P=输入或初级绕组

S=输出或次级绕组

附 录 N
（资料性附录）
试验电压施加点的例子

注：圆圈内的数字是指表 8a 中的某些项目的序号。其他结构或配置方法也可以使用。

例 1：Ⅰ类结构变压器

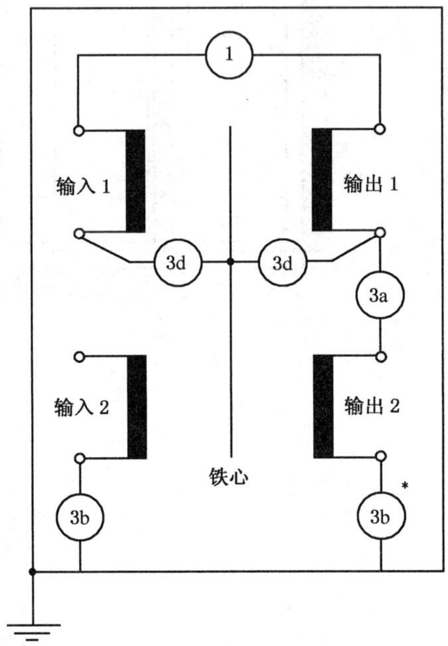

例 2：具有接地金属屏蔽层的Ⅰ类结构变压器

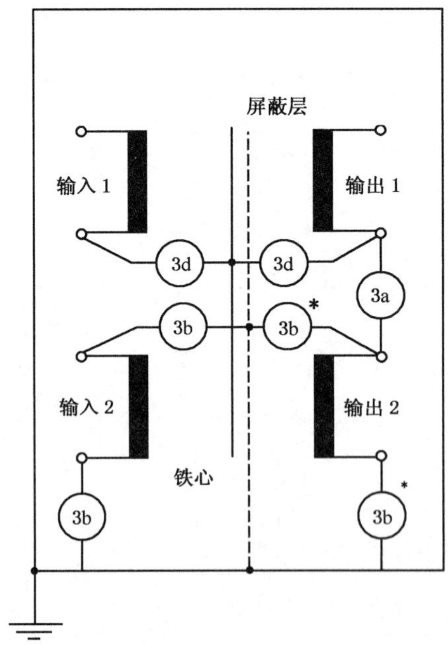

例 3：具有金属外壳的Ⅱ类结构变压器

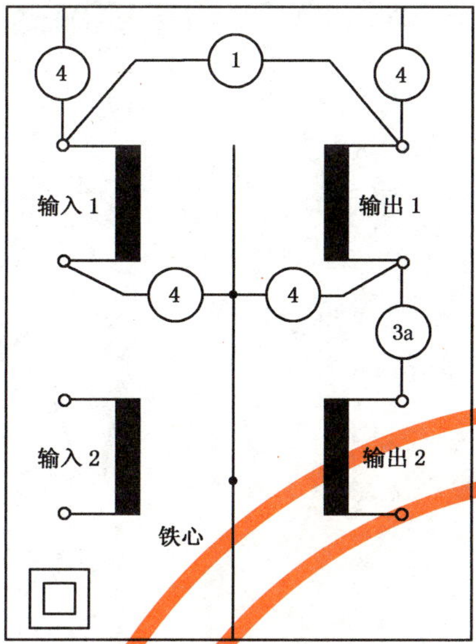

a）铁心与壳体相连

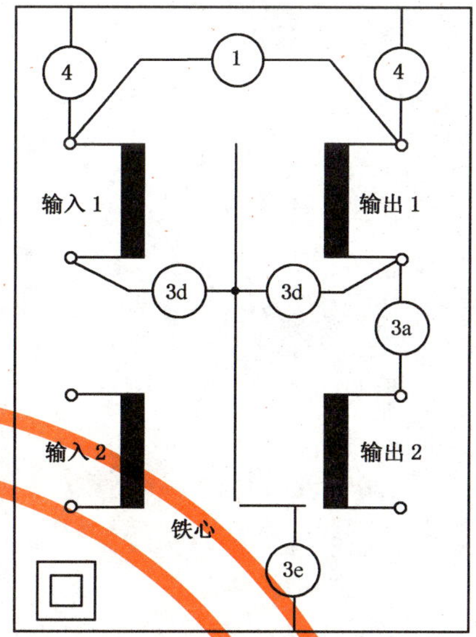

b）铁心不与壳体相连

例 4：具有绝缘材料外壳的Ⅱ类结构变压器

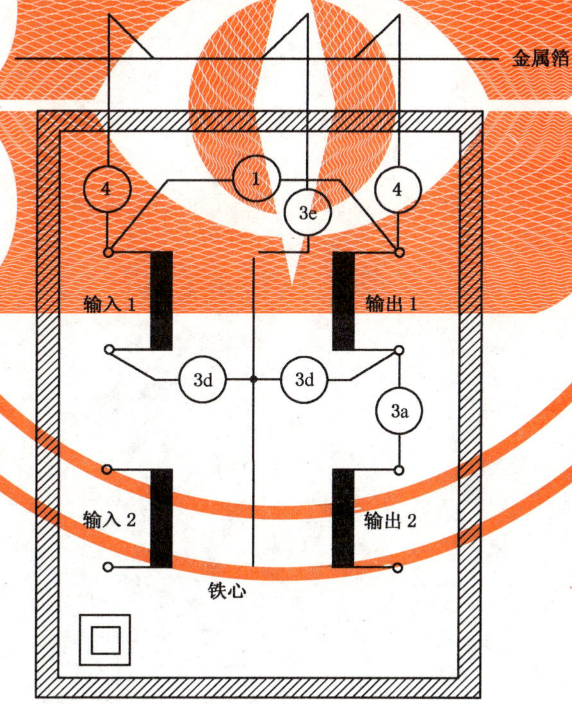

附 录 O

（暂缺）

附　录　P
（资料性附录）
爬电距离和电气间隙测量点的例子

注：圆圈内的数字是指表 13、表 C.1 和表 D.1 中某些项目的序号，其他结构或布置方法也可以使用。

例 1：Ⅰ类结构的变压器

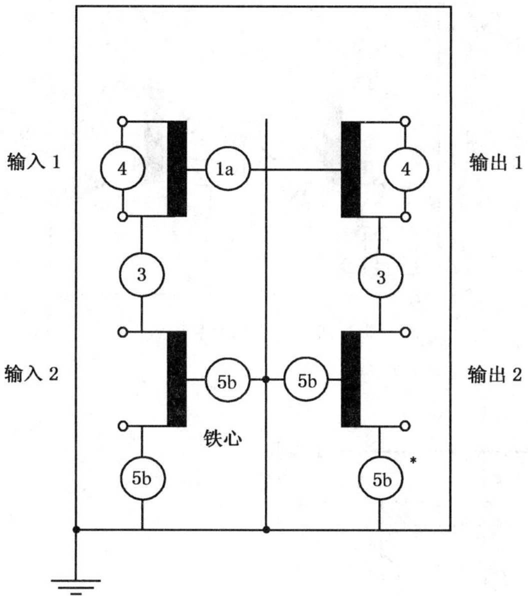

a）铁心与壳体相连

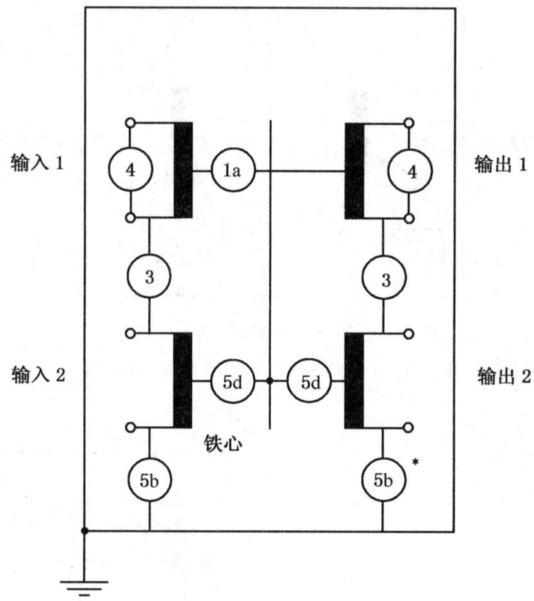

b）铁心不与壳体相连

例 2：具有接地金属屏蔽层的Ⅰ类结构变压器

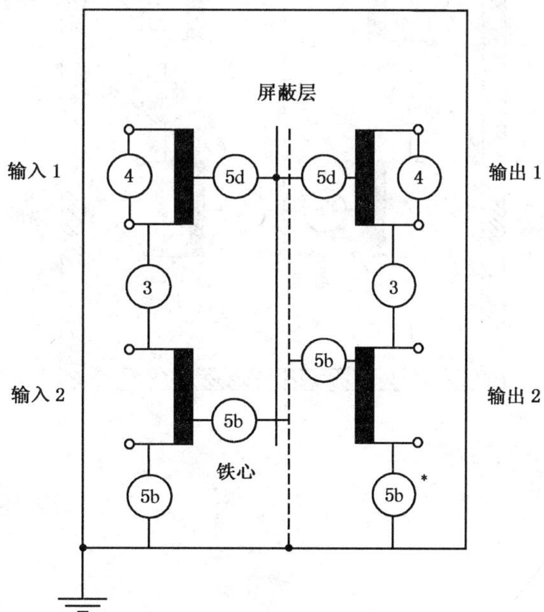

例 3:具有金属外壳的Ⅱ类结构变压器

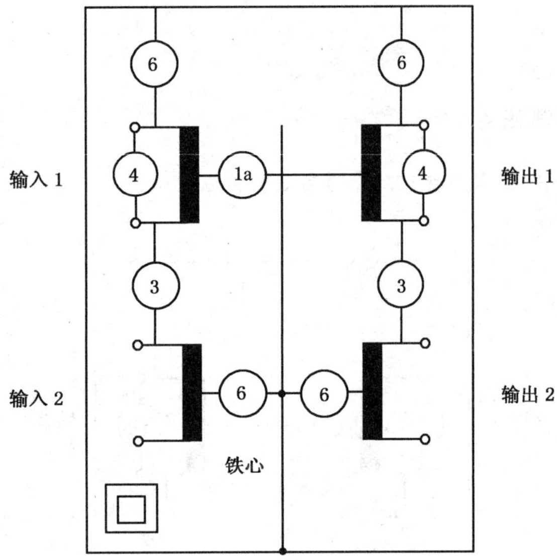

a) 铁心与壳体相连

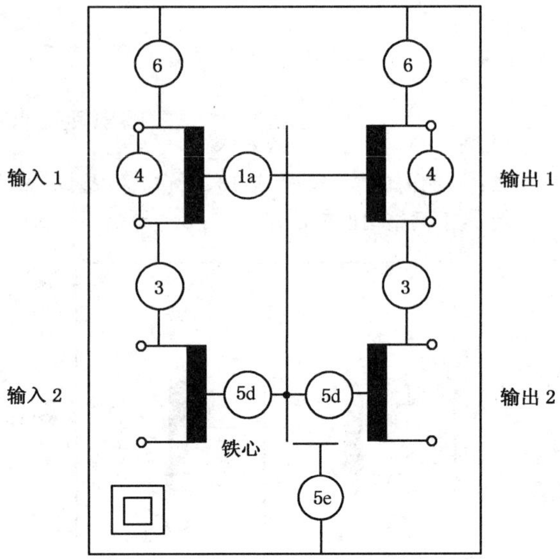

b) 铁心不与壳体相连

例 4:具有绝缘材料外壳的Ⅱ类结构变压器

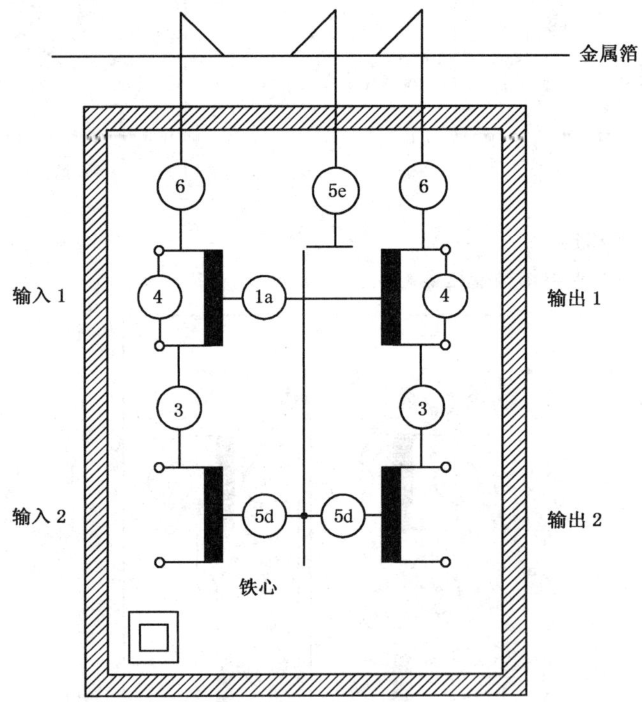

附 录 Q
（资料性附录）
防护等级 IP 代码的说明

下列内容是部分摘录，详细内容见 GB 4208—2008。

Q.1 该分级系统包括的防护类型如下：

a) 防止人体接触或靠近带电零部件，以及防止人体接触外壳内的运动零部件(但光滑转轴或类似零部件除外)的防护；
b) 防止固体异物进入设备的防护。

Q.2 防止外壳内设备进水造成有害影响的防护

表示防护等级的代号由特征字母 IP 和后加两位数字(“特征数字”)组成。其中的两位数字分别表示符合表 Q.1 和表 Q.2 规定的条件。第一位数字代表上述 a)项规定的防护等级，第二位数字代表上述 b)项规定的防护等级。

表 Q.1 第一位特征数字代表的防护等级

第一位特征数字	防护等级	
	简短说明	外壳能“阻隔”的异物的简要说明
0	无防护	无特殊防护措施
1	防止直径大于 50 mm 的固体异物进入	人体的大表面部分，例如手(但对有意进入的情况无防护)。直径超过 50 mm 的固体异物
2	防止直径大于 12.5 mm 的固体异物进入	手指或长度超过 80 mm 的类似异物。直径超过 12.5 mm 的固体异物
3	防止直径大于 2.5 mm 的固体异物进入	直径或厚度大于 2.5 mm 的工具、金属线等。直径超过 2.5 mm的固体异物
4	防止直径大于 1.0 mm 的固体异物进入	厚度大于 1.0 mm 的金属线或金属条。直径超过 1.0 mm 的固体异物
5	防尘	不能完全防止灰尘进入，但灰尘的进入量不会多到影响设备的正常运行
6	尘密	无灰尘进入

表 Q.2 第二位特征数字代表的防护等级

第二位特征数字	防护等级	
	简短说明	外壳提供的防护类型的说明
0	无防护	无特殊防护措施
1	防滴水	滴水(垂直滴落水滴)应无有害影响

表 Q.2（续）

第二位特征数字	防护等级	
	简短说明	外壳提供的防护类型的说明
2	外壳在 15°范围内倾斜时的防滴水	当外壳相对于其正常位置在 15°范围内倾斜时，垂直滴水应无有害影响
3	防淋水	在垂直方向两侧各 60°范围内淋水应无有害影响。 在相对于垂直方向 60°范围内淋水时流下的水应无有害影响
4	防溅水	向外壳任何方向溅水应无有害影响
5	防喷水	使用喷嘴向外壳任何方向喷水应无有害影响
6	防强烈喷水	强烈喷水后外壳进水量应不致达到有害的程度
7	防短时间浸水影响	当在规定的压力和时间的条件下，外壳短时间浸入水中后，进水量应不致达到有害程度
8	防持续浸水影响	设备适用于在制造方规定的条件下持续浸入水中[a]
[a] 通常，这就意味着设备是气密式。但是，对某些类型的设备，可能意味着水能进入，只是进入的程度不会造成有害的影响。		

附 录 R
（规范性附录）
GB/T 16935.1—2008 中 6.1.2.2.1 的应用说明
（见 26.2）

R.1 冲击绝缘试验

——波形：1.2/50 μs；
——每一极性三次冲击；
——相邻两次冲击的间隔时间至少 1 s；
——冲击电压按 GB/T 16935.1—2008 表 F.5 的规定；
——额定冲击电压根据 GB/T 16935.1—2008 表 F.1 的工作电压和过电压类别来确定；
——对双重绝缘或加强绝缘，根据 GB/T 16935.1—2008 中 4.2.3，使用高一级的值（见 GB/T 16935.1—2008 的 5.1.6）。用该值就能在 GB/T 16935.1—2008 表 F.5 中查出适用的冲击电压。

R.2 举例：

工作电压：300 V(r.m.s)，过电压类别Ⅲ
⇒根据 GB/T 16935.1—2008 表 F.1 确定：4 000 V（额定冲击电压）
⇒双重绝缘⇒6 000 V（根据 4.2.3 的额定冲击电压使用高一级的值）
⇒根据 GB/T 16935.1—2008 表 F.5（6 000 V）的规定＝7.385 kV（冲击试验电压）

表 R.1 根据 GB/T 16935.1—2008 中 6.1.2.2.1 确定的冲击试验电压

工作电压 V（交流）	过电压类别Ⅲ		过电压类别Ⅱ	
	双重绝缘或加强绝缘 V（交流）	基本绝缘 V（交流）	双重绝缘或加强绝缘 V（交流）	基本绝缘 V（交流）
50	1 750	910	910	550
100	2 950	1 750	1 750	910
150	4 800	2 950	2 950	1 750
300	7 300	4 800	4 800	2 950
600	9 800	7 300	7 300	4 800
1 000	14 800	9 800	9 800	7 300

当工作电压为中间值时，要在两个相应表列值之间用内插法求出试验电压值。
例如：

交流 230 V	交流 6 130 V	交流 3 940 V	交流 3 940 V	交流 2 390 V

注：过电压类别的定义见 GB/T 16935.1—2008 中 4.3.3.2.1。
一般用途变压器采用过电压类别Ⅲ。
用于家用电器的变压器采用过电压类别Ⅱ。

附 录 S

（暂缺）

附 录 T

（暂缺）

附 录 U
（资料性附录）
可任选的 t_w 标志的变压器

对具有 t_w 标志的变压器还要采用下列要求。

根据实验数据，t_w 试验仅适用于额定输出不大于 1 000 VA 的变压器。同样，最高 t_w 温度限于 140 ℃。

为了检验额定最高工作温度 t_w，本部分规定了一种周期为 30 d 的耐久性试验，以作为标准的试验方法。在有 t_w 标志的其他标准中可能使用其他试验周期。

在 t_w 试验时，本部分允许使用除 4 500 以外的常数 S 。如果没有提出不同的要求，则变压器的耐久性试验要根据 U.5.2 规定的常数 S，取值为 4 500。如果所规定试验中的任何一个试验能证明使用其他值是正确的，则制造方可以要求使用其他值。

带 t_w 标志的变压器的绕组应具有足够的热耐久性。

通过采用对不同条款所作出的变更内容，并进行所规定的试验来检验其是否合格。

U.1 试验的一般说明（对第 5 章的补充）

在 5.2 中加入如下的第三段和第四段：

对带 t_w 标志的变压器，型式试验要在八个供作型式试验用的变压器组成的　组样品上进行。其中七个变压器供作耐久性试验用，余下的一个变压器供作所有其他项目试验用。关于符合性试验的条件，见 14.4。

t_w 试验按第 U.5 章规定的条件进行。一般地说，每种类型的变压器均要进行所有试验，或者在涉及类似的变压器的范围时，则在该范围中的每一个额定输出的变压器均要进行所有试验，或者在与制造方协商一致时，从该范围中选取有代表性的变压器进行所有试验。当将相同结构但其性能不同的变压器一起提出进行批准时，或者当制造方或其他权威机构提供的试验报告为检测试验站所接受时，则允许将 14.4 中所规定的进行耐久性试验的样品数减少，允许常数 S 值不等于 5.2 规定的 4500 而改用其他值，甚至还允许不进行这些试验。

对目前的 5.2 第八段修改如下："除 14.3 和 14.4…"。

U.2 发热（对第 14 章的补充）

将第 14 章的标题变更为"发热和耐久性。"

在 14.1 第一句中增加如下一句短语：

"…，而且绕组应具有足够的热耐久性。"

对 14.1 第二段修改如下：

"当不应超过表 1 的温度时，通过 14.2 的试验来检验其是否合格。当适用时，通过 14.3 或 14.4 的试验来检验绕组的热耐久性。此外，下列条件适用于不带 t_w 标志的变压器的绕组。符合 14.4 要求的绕组材料被认为是达到所属的等级的材料。"

在 14.1 第十段的末尾增加如下句子：

为了确定带 t_w 标志的绕组的平均温度，不应增加其试验电压值。

在表 1 中插入如下新的第一个缩进排字的内容：

零部件	温度 ℃
——带有 t_w 标志	t_w

加入如下新添的 14.4：

14.4 热耐久性

带有 t_w 标志的变压器的绕组应具有足够的热耐久性。

通过下列试验来检验其是否合格。

变压器绕组要承受第 U.5 章规定的热耐久性试验。试验要在七个已按 11.1 规定进行了测量的新变压器上进行。这些变压器不应用来进行下一步的试验。

本试验也可以适用于作为电器中的一个组成部分但不能单独试验的变压器，从而使这样的作为组成部分的变压器也能用 t_w 值标出。

温度条件的调节应确保试验的目标时间符合制造方规定的时间。如果制造方未给出规定的时间，则试验时间应为 30 d。

试验后，当变压器已恢复到室温时，这些变压器应满足下列要求：

a) 输出电压值与试验前的测得值相比，其变化不应大于 11.1 中相关类型变压器所规定的百分数。

注：本试验是要确定变压器装置中任何不良的变化。

b) 对安全隔离变压器、隔离变压器和分离变压器的输入与输出绕组之间，以及对所有各种变压器的绕组与变压器外壳或壳体之间的绝缘电阻，在直流 500 V 下的测量值，不应小于 1 MΩ。

c) 变压器应承受介电强度试验，试验电压为第 18 章表 8a 规定值的 35 %。试验电压施加部位应与上述 b)项的规定相同。

如果七个变压器中至少有六个满足这些要求，则认为试验结果满足要求。如果有两个以上的变压器未能通过试验，则认为试验不合格。

如果有两个变压器不合格，则要另用七个变压器重复进行试验，不允许该七个变压器不合格。

U.3 短路和过载保护(对第 15 章的补充)

在表 3 的右边增加如下新的一栏：

绝缘等级		t_w
保持现有的内容不变		见表 U.1

增加如下的新表 U.1：

表 U.1 承受耐久性试验时间 30 d 和预期寿命为 10 y 的变压器在 110 %额定电压下及在短路和过载条件下绕组最高温度的例子

常数 S	最高温度 ℃					
	S4.5	S5	S6	S8	S11	S16
对 t_w=90	171	161	147	131	119	110
95	178	168	154	138	125	115
100	186	176	161	144	131	121
105	194	183	168	150	137	126
110	201	190	175	156	143	132
115	209	198	181	163	149	137
120	217	205	188	169	154	143
125	224	212	195	175	160	149
130	232	220	202	182	166	154
135	240	227	209	188	172	160
140	248	235	216	195	178	166
除变压器另有指出外，温度限值要采用 S4.5 栏的列出值。 预期寿命为 5 y 的最高温度要用 U.5.1 中的公式(U.2)来计算。						

U.4 系列变压器的试验(对附录 B 的修改)

将附录 B 变更如下：

B.1

用如下内容代替原 c)项的第一行：

c) 它们被设计成能适用于相同的最高和最低环境温度，以及如果适用，对带有相同的 t_w标志。

B.2

增加如下新的 d)项：

d) 对带有 t_w标志的变压器，上述参数适用，同时加上一条规定，即用作进行热耐久性试验的样品应是系列中具有最大电流密度(即每平方毫米铜导体面积的最大电流)的型号。

U.5 绕组热耐久性试验的一般要求和信息

U.5.1 热耐久性试验

试验在合适的高温箱中进行。

变压器的电气运行应与正常使用时相类似，如果变压器有不应承受试验的电容器、元器件或其他附属的零部件，则应将它们的接线断开，并在高温箱外再次接通电路。对不影响绕组工作条件的其他元器件可以拆除。

装有保护装置的变压器应在将保护装置短路的情况下进行绕组热耐久性试验。

注 1：有时，例如型式试验时，如果对不应承受试验但需要将保护装置短路和将电容器、元器件或其他附属零部件断开时，建议制造方提供已将这些零部件短路或拆除的特殊变压器，如果适用，将任何必需的附加连接引到变压器的外面。

通常，为了获得正常工作条件，变压器要在额定输出条件下进行试验。

变压器的外壳，如果是金属材料，则要接地。负载装置始终置于高温箱外。

将七个变压器置于高温箱内，且额定电压施加在每一条电路上。

然后，调节高温箱的恒温控制器，使高温箱内的温度值能使每个变压器的最热绕组的温度近似等于表 U.2 给出的目标温度值。

表 U.2　承受耐久性试验时间 30 d 和预期寿命为 10 y 的变压器的理论试验温度

常数 S	理论试验温度 t ℃					
	S4.5	S5	S6	S8	S11	S16
对 t_w＝ 90	163	155	142	128	117	108
95	171	162	149	134	123	113
100	178	169	156	140	128	119
105	185	176	162	146	134	125
110	193	183	169	152	140	130
115	200	190	175	159	146	136
120	207	197	182	165	152	141
125	215	204	189	171	157	147
130	222	211	196	177	163	152
135	230	219	202	184	169	158
140	238	226	209	190	175	163
除变压器另有指出外，理论试验温度要采用 S4.5 栏的列出值。当使用不等于 S4.5 的常数时，应按照 U5.2 进行调整。 预期寿命为 5 y 的理论试验温度要用本条中的公式(U.2)来计算。						

4 h 后，用“电阻值变化”法确定绕组的实际温度，如有必要，重新调节高温箱的恒温控制器，使绕组的实际温度尽可能大致接近目标温度。此后，每天读取高温箱内的空气温度，以确保恒温控制器维持在正确值±2 ℃的范围内。

24 h 后，再次测量绕组温度，并按公式(U.2)确定任何变压器的最终试验时间。图 U.1 表示出用图解法确定最终试验时间的方法。被试变压器的任何一个最热绕组的实际温度与理论值的允许差值应保证能使最终试验时间至少等于、但不大于二倍目标试验时间。

注 2：对用“电阻值变化”法测量绕组温度，可以采用式(U.1)来计算：

$$t_2=\frac{R_2}{R_1}(234.5+t_1)-234.5 \qquad \cdots\cdots(\text{U.1})$$

式中：

t_1 ——初始温度，单位为摄氏度(℃)；

t_2 ——最终温度，单位为摄氏度(℃)；

R_1——温度 t_1时的电阻；

R_2——温度 t_2时的电阻。

常数 234.5 适用于铜绕组，对铝绕组，该常数应为 225。

在第 24 h 时所进行的测量完毕后，不必试图保持绕组温度恒定。只需用恒温控制器来稳定绕组的环境空气温度。

每个变压器的试验时间要从变压器与电源接通的时间开始算起。当一个变压器试验结束时，要将该变压器的电源断开，但不必从高温箱内取出，该变压器要等到所有其余变压器的试验也完成后才能取出。

注 3：表 U.2 给出的理论试验温度是与额定最高工作温度 t_w 下具有 10 y 连续工作的工作寿命相对应。

变压器的理论试验温度和目标试验时间用式(U.2)计算(见图 U.1)：

$$\log L = \log L_0 + S\left(\frac{1}{T} - \frac{1}{T_w}\right) \qquad \text{(U.2)}$$

式中：

L ——目标耐久性试验时间(30)，单位为天(d)；

L_0 ——3 652 d(10 y)；

T ——理论试验温度(t + 273)K；

T_w ——额定最高工作温度(t_w+ 273)K；

S ——常数，与变压器的设计和所使用的材料有关。如果没有提出不同的要求，则 S 要取 4 500，但如果能用相关试验予以证实，则制造方可以要求使用其他的数值。

因此，耐久性试验就能在比较高的绕组温度下，用远比 10 y 或比所选定的预期寿命短得多的时间来进行。

U.5.2 t_w试验中常数 S 不等于 4 500 时的使用

U.5.2.1 本附录规定的试验是要使制造方能证实其所要求的非 4 500 的 S 值。

用于稳定耐久性试验的理论试验温度要根据 U.5.1 中的式(U.2)来计算。

如果没有提出不同的要求，则应取 4 500，但如果能用下列程序 a)和 b)得到证实，则制造方可以要求使用表 U.2 中的任何一个值。

如果对某个特定变压器使用不等于 4 500 的常数，已根据程序 a)和 b)得到证实，则该常数可以用于该变压器和其他使用同一结构和同一材料的变压器的耐久性试验中。

U.5.2.2 程序 a)

制造方提供的关于变压器设计用寿命与绕组温度关系的试验数据，要由足够多的且不少于 30 个样品来得出。

根据这些数据，计算出 T 与 $\log L$ 关系的回归线以及与该回归线相关联的 95%置信度线。

然后通过横坐标上的 10 d 和 120 d 分别与上、下 95%置信度线相交的点画出一条直线。见图 U.2 典型的图形。

如果此直线斜率的倒数值大于或等于要求的 S 值，则证明了该要求的 S 值处在 95%置信度限值的范围内。对于不合格判椐，见程序 b)。

注 1：10 d 和 120 d 的点代表在应用置信度线时所需的最小间隔时间。如果能覆盖类似的或更大的间隔时间，则可以使用其他的点。

注 2：对有关技术的信息和在置信度限值下计算回归线的方法均在 GB/T 11026 中给出。

U.5.2.3 程序 b)

试验部门应对制造方提供的要求补做耐久性试验的 14 个新变压器进行试验。试验时，将这 14 个新变压器随机分成两组(每组七个)。制造方应说明所要求的 S 值和要求变压器达到 10 d 标称平均寿命的试验温度 T_1，以及在由式(U.2)变换所得的式(U.3)中代入 T_1和要求的 S 值后计算出与变压器标称平均寿命至少 120 d 相对应的试验温度 T_2值。

$$\frac{1}{T_2} = \frac{1}{T_1} + \frac{1}{S}\lg\frac{120}{10} \text{ 或 } \frac{1}{T_2} = \frac{1}{T_1} + \frac{1.079}{S} \qquad \text{(U.3)}$$

式中：

T_1——10 d 下的理论试验温度，单位为开(K)；

T_2——120 d 下的理论试验温度，单位为开(K)；

S ——要求的常数。

然后，用 U.5.1 的基本方法，分别在理论温度 T_1(试验 1)和 T_2(试验 2)下对两组(每组七个)变压器进行耐久性试验。

如果电流值与试验开始后 24 h 所测得的初始值相差大于 15 %，则试验要在较低的温度下重新进行。试验时间要用 U.5.1 中的式(U.2)计算出。如果在高温箱中工作时出现下列情况，则认为变压器已经失效。

a) 变压器变成开路；

b) 绝缘发生击穿，它是用额定电流为试验开始后 24 h 所测得的初始供电电流的 150 %～200 % 的快速动作熔断器的动作来指示。

试验 1 的试验持续时间应等于或大于 10 d，因此试验 1 要一直继续试验到所有变压器均已失效，并根据 T_1温度下各个寿命期的对数平均值，计算出平均寿命 L_1。再根据该平均寿命 L_1，借助式(U.2)的另一种形式[式(U.4)]，计算出 T_2温度下对应的平均寿命 L_2：

$$L_2 = L_1 \exp\left[\frac{S}{\log e}\frac{1}{T_2} - \frac{1}{T_1}\right] \qquad \cdots\cdots\cdots\cdots(\text{U}.4)$$

式中：

L_1——平均寿命；

L_2——对应的平均寿命(对应 T_2 的平均寿命)，单位为开(K)；

T_1——对应 10 d 的理论试验温度，单位为开(K)；

T_2——对应 120 d 的理论试验温度；

S ——要求的常数。

注 1：要注意确保一个或多个变压器失效后不会影响其余在试变压器的温度。

试验 2 要一直继续试验到 T_2温度下的平均寿命超过 L_2的时间 。这个结果意味着样品的常数 S 至少已等于要求的常数 S 。如果试验 2 的所有样品在平均寿命达到 L_2之前均已失效，则样品所要求的常数 S 未得到证实。

试验寿命应按实际的温度规范到使用要求的常数 S 的理论温度。

注 2：通常不需要将试验 2 一直继续试验到所有变压器失效。计算需要的试验时间是简单的，但是每当出现一个失效就需要重新计算。

如果变压器含有温度敏感材料，则标称变压器寿命 10 d 也许是不合适的。此时，制造方可以采用较长的寿命，只要该较长寿命小于相应耐久性试验时间 30 d 即可。在这种情况下，较长的标称变压器寿命应至少是 10 倍较短标称变压器寿命(例如，15/150 d，18/180 d 等)。

这些曲线只是供参考用，图解了使用常数 S 为 4 500 的式(U.2)(见附录 U.1)。

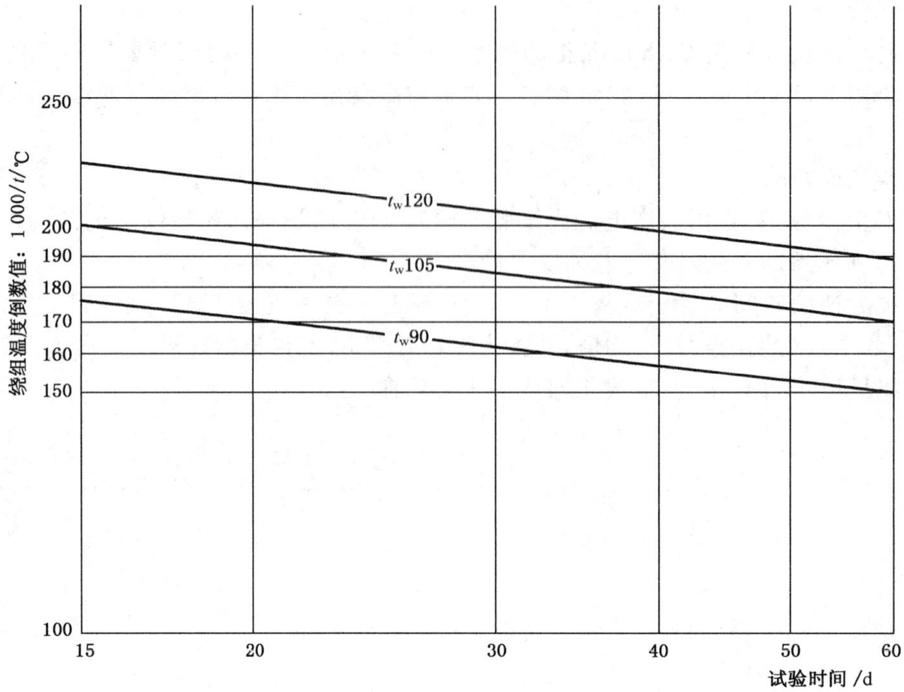

图 U.1　绕组温度与耐久性试验时间的关系

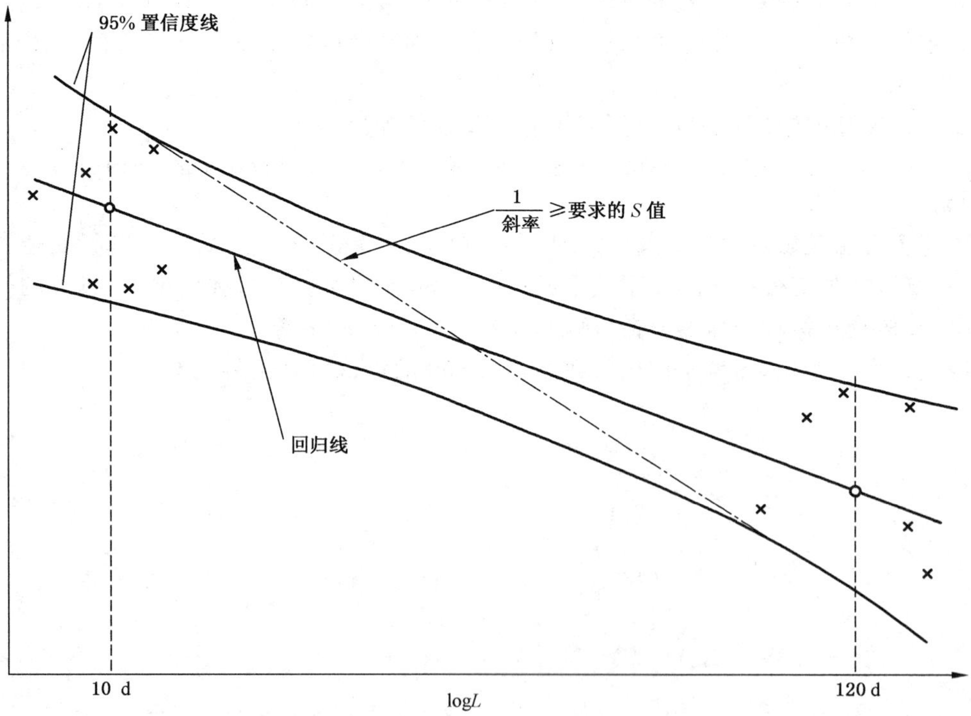

图 U.2　要求的 S 值的评定

附　录　V
（资料性附录）
用于热断路器的符号

V.1　引言

本附录的目的是向设备制造方和最终用户提供有关在热断路器动作后使变压器重新恢复工作的方法方面的信息。

当要用这些符号时，它们将作为信息供参考使用。今后，当这些符号被熟悉并得到承认后，将会使它们成为强制性采用的符号。

V.2　当使用这些符号时，应将它们标在变压器上。这些符号既适用于独立用变压器，也适用于配套用变压器。

下列图形可以使用。

注：θ 是用来表示该装置是由温度来使其动作的符号。

V.2.1　非自复位热断路器（见 3.3.4）

V.2.1.1　手动复位

V.2.1.2　断电复位

V.2.1.3　热熔断体（见 3.3.5）

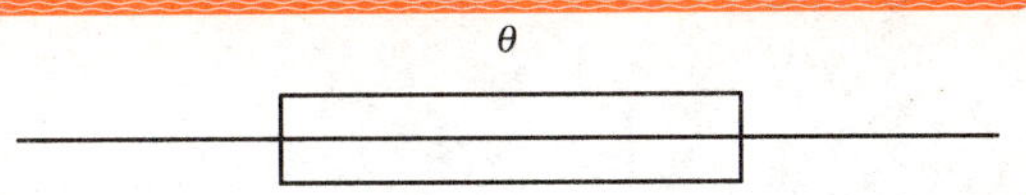

V.2.2　自复位热断路器（见 3.3.3）

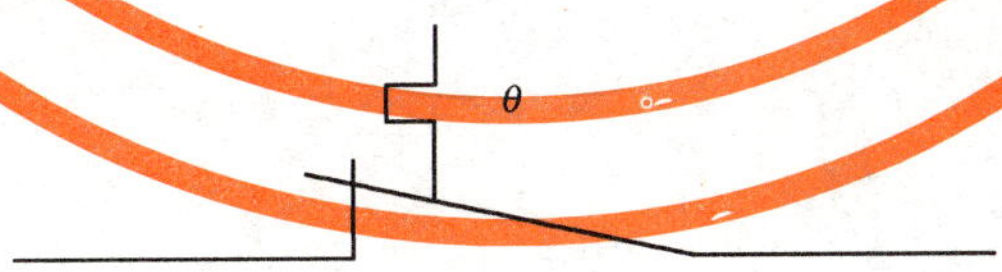

附　录　W
（规范性附录）
带涂层的印制电路板

印制电路板保护涂层的试验要按 GB/T 16935.3 以及下列修改内容来进行。

W.1　概述

GB/T 16935.3—2005 中 5.1 适用，但是，当使用生产的样品时，要试验三块印制电路板样品。

W.2　低温

GB/T 16935.3—2005 中 5.7.1 的试验要在 −25 ℃下进行。

W.3　温度快速变化

在 GB/T 16935.3—2005 中 5.7.3 的要求规定为严酷等级 1。

W.4　附加试验

GB/T 16935.3—2005 中 5.9 的要求不适用。

附 录 X
（资料性附录）
本部分与 IEC 61558-1:2009 中具有技术性差异的规范性引用文件

表 X.1 中给出了本部分与 IEC 61558-1:2009 中具有技术性差异的规范性引用文件对照情况。

表 X.1 本部分与 IEC 61558-1:2009 中具有技术性差异的规范性引用文件对照情况

本部分中的规范性引用文件	IEC 61558-1:2009 中的规范性引用文件	差异情况
GB 1002	IEC 60083	两者间无一致性对应关系（这两项标准间无技术性差异，IEC 标准包括的范围更广）
GB 2099.1—2008	IEC 60884-1:2002	国标采用了 IEC 60884-1:2006 新版本
GB/T 2423.2—2008	IEC 60068-2-2:1974	国标采用了 IEC 60068-2-2:2007 新版本
GB/T 4074.5—2008	IEC 60851-5:1996	国标采用了 IEC 60851-5:2004 新版本
GB/T 4207—2012	IEC 60112:2003	国标采用了 IEC 60112:2009 新版本
GB 4208—2008	IEC 60529:1989	国标采用了 IEC 60529:2001 新版本
GB/T 5465.2—2008	IEC 60417-DB:2002	国标采用了 IEC 60417-DB:2007 新版本
GB 8898—2011	IEC 60065:2001	国标采用了 IEC 60065:2005 新版本
GB 9364（所有部分） GB 9364.3	IEC 60127-3	增加对 GB 9364（所有部分）的引用
GB/T 11021—2014	IEC 60085:1984	国标采用了 IEC 60085:2007 新版本
GB/T 12113—2003	IEC 60990:1990	国标采用了 IEC 60990:1999 新版本
GB 14536.1—2008	IEC 60730-1:1999	国标采用了 IEC 60730-1:2003 新版本
GB 15092.1—2010	IEC 61058-1:2000	国标采用了 IEC 61058-1:2008 新版本
GB/T 16935.1—2008	IEC 60664-1:1992	国标采用了 IEC 60664-1:2007 新版本

参 考 文 献

[1] GB 16895 建筑物电气装置(IEC 60364)

[2] GB/T 17627.1—1998 低压电气设备的高电压试验技术 第1部分:定义和试验要求(IEC 61180-1:1992)

[3] GB/T 17627.2—1998 低压电气设备的高电压试验技术 第2部分:测量系统和试验设备(IEC 61180-2:1994)

[4] GB/T 21419 变压器、电抗器、电源装置及其组合的安全 电磁兼容(EMC)要求(IEC 62041)

[5] IEC 60038:1983 IEC stantard voltages

[6] IEC 60050-195:1998 International Electrotechnical Vocabulary(IEV)—Part 195:Earthing and protetion against electric shock

[7] IEC 60050-421:1990 International Electrotechnical Vocabulary(IEV)—Chapter 421:Power transformers and reactors

[8] IEC 60050-826:1982 International Electrotechnical Vocabulary(IEV)—Part 826:Electrical installation of buildings

[9] IEC 60051(all parts) Direct acting indicating analogue electrical measuring instruments and their accessories

[10] IEC 60364-4-41:2001 Electrical installations of building—Part 4-41:Protection for safety-Protection against electrical shock

[11] IEC 60584-1:1995 Thermocouples—Part 1:Reference tables

[12] IEC 60738-1:1998 Thermistors—Directly heated positive step-function temperature coefficient—Part 1:General requirements

[13] IEC 60998-1:2002 Connecting devices for low voltage circuits for household and similar purposes—Part 1:General requirements

[14] IEC 61000-3-2:2000 Electromagnetic compatibility(EMC)—Part 3-2:Limits for harmonic current emissions (equipment input current ≤16 A per phase)

[15] IEC 61000-3-3:1994 Electromagnetic compatibility(EMC)—Part 3-3:Limits—Section 3:Limition of voltage fluctuations and flicker in low-voltage power supply systems for equipment with rated current ≤16 A

[16] IEC 62401:2003 Power transformers, power supply units, reactors and similar products—EMC requirements

[17] CISPR 11:2003 Industrial, scientific and medical (ISM) radio-frequency equipment—Electromagnetic distuibance charecteristics—Limits and methods of measurement

[18] CISPR 14 (all parts) Electromagnetic compatibility—Requirements for household appliances, electric tools and similar apparatus

[19] ISO 3:1973 Preferred numbers—Series of preferred numbers

[20] IEEE 101:1987 IEEE guide for the statistical analysis of thermal life test data

ICS 27.010
F 01

中华人民共和国国家标准

GB 20052—2013
代替 GB 20052—2006

三相配电变压器能效限定值及能效等级

Minimum allowable values of energy efficiency and energy efficiency grades for three-phase distribution transformers

2013-06-09 发布 2013-10-01 实施

中华人民共和国国家质量监督检验检疫总局
中国国家标准化管理委员会 发布

前　言

本标准4.3为强制性的，其余为推荐性的。

本标准按照GB/T 1.1—2009给出的规则起草。

本标准代替GB 20052—2006《三相配电变压器能效限定值及节能评价值》，与GB 20052—2006相比，除编辑性修改外主要技术变化如下：

——增加了能效等级内容；

——提高了变压器能效限定值；

——删除了对“目标能效限定值”的规定。

本标准由国家发展和改革委员会资源节约和环境保护司、工业和信息化部节能与综合利用司提出。

本标准由全国能源基础与管理标准化技术委员会(SAC/TC 20)归口。

本标准起草单位：中国标准化研究院、中国电力科学研究院、江苏华鹏变压器有限公司、广东海鸿变压器有限公司、国网电力科学研究院、深圳供电规划设计院有限公司、国际铜业协会(中国)、中国电器工业协会、沈阳变压器研究院股份有限公司、国家中低压输配电设备质量监督检验中心、上海置信电气非晶有限公司、顺特电气设备有限公司、吴江市变压器厂有限公司、辽宁省电力有限公司、广东电网公司电力科学研究院、保定天威集团特变电气有限公司、天津市特变电工变压器有限公司、新华都特种电气股份有限公司。

本标准主要起草人：赵跃进、韩沛根、曹彬、许凯旋、彭妍妍、张淑珍、蒋浩、赵凯、张亮、章忠国、林志力、金雅明、刘燕、林灿华、周志强、徐林峰、翟克俊、赵峰、赵文忠、李锡强、张凌宇、吴珊、贺婷婷、胡梦婷。

本标准历次版本发布情况为：

——GB 20052—2006。

三相配电变压器能效限定值及能效等级

1 范围

本标准规定了三相配电变压器的能效等级、能效限定值、节能评价值和试验方法。

本标准适用于三相 10 kV 电压等级、无励磁调压、额定容量 30 kVA～1 600 kVA 的油浸式配电变压器和额定容量 30 kVA～2 500 kVA 的干式配电变压器。

本标准不适用于充气式变压器。

2 规范性引用文件

下列文件对于本文件的应用是必不可少的。凡是注日期的引用文件，仅注日期的版本适用于本文件。凡是不注日期的引用文件，其最新版本（包括所有的修改单）适用于本文件。

GB 1094.1 电力变压器 第 1 部分：总则

GB 1094.11 电力变压器 第 11 部分：干式变压器

GB/T 2900.15 电工术语 变压器、互感器、调压器和电抗器

GB/T 6451 油浸式电力变压器技术参数和要求

GB/T 10228 干式电力变压器技术参数和要求

GB/T 22072 干式非晶合金铁心配电变压器技术参数和要求

GB/T 25446 油浸式非晶合金铁心配电变压器技术参数和要求

GB/T 25438 三相油浸式立体卷铁心配电变压器技术参数和要求

3 术语和定义

GB 1094.1、GB 1094.11 和 GB/T 2900.15 及其他相关标准界定的以及下列术语和定义适用于本文件。

3.1

配电变压器能效限定值 minimum allowable value of energy efficiency for distribution transformer

在规定测试条件下，配电变压器空载损耗和负载损耗的允许最高限值。

3.2

配电变压器节能评价值 evaluating value of energy conservation for distribution transformer

在规定测试条件下，评价节能配电变压器空载损耗和负载损耗的最高值。

4 技术要求

4.1 基本要求

配电变压器其他技术参数和技术要求应符合 GB 1094.1、GB/T 6451，油浸式非晶合金铁心变压器还应符合 GB/T 25446，立体卷铁心配电变压器还应符合 GB/T 25438。干式配电变压器其他技术参数

和技术要求应符合 GB 1094.11、GB/T 10228，干式非晶合金铁心变压器还应符合 GB/T 22072。

4.2 配电变压器能效等级

配电变压器能效等级分为 3 级，其中 1 级损耗最低。各级油浸式配电变压器空载损耗和负载损耗值均应不高于表 1 的规定。各级干式配电变压器空载损耗值和负载损耗值均应不高于表 2 的规定。

4.3 配电变压器能效限定值

油浸式配电变压器的空载损耗值和负载损耗值均应不高于表 1 中 3 级的规定。干式配电变压器的空载损耗值和负载损耗值均应不高于表 2 中 3 级的规定。

表 1 油浸式配电变压器能效等级

<table>
<tr><th rowspan="4">额定容量/kV·A</th><th colspan="6">1 级</th><th colspan="4">2 级</th><th colspan="3">3 级</th><th rowspan="4">短路阻抗/%</th></tr>
<tr><th colspan="3">电工钢带</th><th colspan="3">非晶合金</th><th colspan="2" rowspan="2">空载损耗/W</th><th colspan="2" rowspan="2">负载损耗/W</th><th rowspan="3">空载损耗/W</th><th colspan="2" rowspan="2">负载损耗/W</th></tr>
<tr><th rowspan="2">空载损耗/W</th><th colspan="2">负载损耗/W</th><th rowspan="2">空载损耗/W</th><th colspan="2">负载损耗/W</th></tr>
<tr><th>Dyn11/Yzn11</th><th>Yyn0</th><th>Dyn11/Yzn11</th><th>Yyn0</th><th>电工钢带</th><th>非晶合金</th><th>Dyn11/Yzn11</th><th>Yyn0</th><th>Dyn11/Yzn11</th><th>Yyn0</th></tr>
<tr><td>30</td><td>80</td><td>505</td><td>480</td><td>33</td><td>565</td><td>540</td><td>80</td><td>33</td><td>630</td><td>600</td><td>100</td><td>630</td><td>600</td><td rowspan="12">4.0</td></tr>
<tr><td>50</td><td>100</td><td>730</td><td>695</td><td>43</td><td>820</td><td>785</td><td>100</td><td>43</td><td>910</td><td>870</td><td>130</td><td>910</td><td>870</td></tr>
<tr><td>63</td><td>110</td><td>870</td><td>830</td><td>50</td><td>980</td><td>935</td><td>110</td><td>50</td><td>1 090</td><td>1 040</td><td>150</td><td>1 090</td><td>1 040</td></tr>
<tr><td>80</td><td>130</td><td>1 050</td><td>1 000</td><td>60</td><td>1 180</td><td>1 125</td><td>130</td><td>60</td><td>1 310</td><td>1 250</td><td>180</td><td>1 310</td><td>1 250</td></tr>
<tr><td>100</td><td>150</td><td>1 265</td><td>1 200</td><td>75</td><td>1 420</td><td>1 350</td><td>150</td><td>75</td><td>1 580</td><td>1 500</td><td>200</td><td>1 580</td><td>1 500</td></tr>
<tr><td>125</td><td>170</td><td>1 510</td><td>1 440</td><td>85</td><td>1 700</td><td>1 620</td><td>170</td><td>85</td><td>1 890</td><td>1 800</td><td>240</td><td>1 890</td><td>1 800</td></tr>
<tr><td>160</td><td>200</td><td>1 850</td><td>1 760</td><td>100</td><td>2 080</td><td>1 980</td><td>200</td><td>100</td><td>2 310</td><td>2 200</td><td>280</td><td>2 310</td><td>2 200</td></tr>
<tr><td>200</td><td>240</td><td>2 185</td><td>2 080</td><td>120</td><td>2 455</td><td>2 340</td><td>240</td><td>120</td><td>2 730</td><td>2 600</td><td>340</td><td>2 730</td><td>2 600</td></tr>
<tr><td>250</td><td>290</td><td>2 560</td><td>2 440</td><td>140</td><td>2 880</td><td>2 745</td><td>290</td><td>140</td><td>3 200</td><td>3 050</td><td>400</td><td>3 200</td><td>3 050</td></tr>
<tr><td>315</td><td>340</td><td>3 065</td><td>2 920</td><td>170</td><td>3 445</td><td>3 285</td><td>340</td><td>170</td><td>3 830</td><td>3 650</td><td>480</td><td>3 830</td><td>3 650</td></tr>
<tr><td>400</td><td>410</td><td>3 615</td><td>3 440</td><td>200</td><td>4 070</td><td>3 870</td><td>410</td><td>200</td><td>4 520</td><td>4 300</td><td>570</td><td>4 520</td><td>4 300</td></tr>
<tr><td>500</td><td>480</td><td>4 330</td><td>4 120</td><td>240</td><td>4 870</td><td>4 635</td><td>480</td><td>240</td><td>5 410</td><td>5 150</td><td>680</td><td>5 410</td><td>5 150</td></tr>
<tr><td>630</td><td>570</td><td colspan="2">4 960</td><td>320</td><td colspan="2">5 580</td><td>570</td><td>320</td><td colspan="2">6 200</td><td>810</td><td colspan="2">6 200</td><td rowspan="5">4.5</td></tr>
<tr><td>800</td><td>700</td><td colspan="2">6 000</td><td>380</td><td colspan="2">6 750</td><td>700</td><td>380</td><td colspan="2">7 500</td><td>980</td><td colspan="2">7 500</td></tr>
<tr><td>1 000</td><td>830</td><td colspan="2">8 240</td><td>450</td><td colspan="2">9 270</td><td>830</td><td>450</td><td colspan="2">10 300</td><td>1 150</td><td colspan="2">10 300</td></tr>
<tr><td>1 250</td><td>970</td><td colspan="2">9 600</td><td>530</td><td colspan="2">10 800</td><td>970</td><td>530</td><td colspan="2">12 000</td><td>1 360</td><td colspan="2">12 000</td></tr>
<tr><td>1 600</td><td>1 170</td><td colspan="2">11 600</td><td>630</td><td colspan="2">13 050</td><td>1 170</td><td>630</td><td colspan="2">14 500</td><td>1 640</td><td colspan="2">14 500</td></tr>
</table>

表 2　干式配电变压器能效等级

额定容量/kV·A	1 级								2 级					3 级				短路阻抗/%
	电工钢带				非晶合金				空载损耗/W		负载损耗/W			空载损耗/W	负载损耗/W			
	空载损耗/W	负载损耗/W			空载损耗/W	负载损耗/W												
		B(100 ℃)	F(120 ℃)	H(145 ℃)		B(100 ℃)	F(120 ℃)	H(145 ℃)	电工钢带	非晶合金	B(100 ℃)	F(120 ℃)	H(145 ℃)		B(100 ℃)	F(120 ℃)	H(145 ℃)	
30	135	605	640	685	70	635	675	720	150	70	670	710	760	190	670	710	760	
50	195	845	900	965	90	895	950	1 015	215	90	940	1 000	1 070	270	940	1 000	1 070	
80	265	1 160	1 240	1 330	120	1 225	1 310	1 405	295	120	1 290	1 380	1 480	370	1 290	1 380	1 480	
100	290	1 330	1 415	1 520	130	1 405	1 490	1 605	320	130	1 480	1 570	1 690	400	1 480	1 570	1 690	
125	340	1 565	1 665	1 780	150	1 655	1 760	1 880	375	150	1 740	1 850	1 980	470	1 740	1 850	1 980	
160	385	1 800	1 915	2 050	170	1 900	2 025	2 165	430	170	2 000	2 130	2 280	540	2 000	2 130	2 280	
200	445	2 135	2 275	2 440	200	2 250	2 405	2 575	495	200	2 370	2 530	2 710	620	2 370	2 530	2 710	4.0
250	515	2 330	2 485	2 665	230	2 460	2 620	2 810	575	230	2 590	2 760	2 960	720	2 590	2 760	2 960	
315	635	2 945	3 125	3 355	280	3 105	3 295	3 545	705	280	3 270	3 470	3 730	880	3 270	3 470	3 730	
400	705	3 375	3 590	3 850	310	3 560	3 790	4 065	785	310	3 750	3 990	4 280	980	3 750	3 990	4 280	
500	835	4 130	4 390	4 705	360	4 360	4 635	4 970	930	360	4 590	4 880	5 230	1 160	4 590	4 880	5 230	
630	965	4 975	5 290	5 660	420	5 255	5 585	5 975	1 070	420	5 530	5 880	6 290	1 340	5 530	5 880	6 290	
630	935	5 050	5 365	5 760	410	5 330	5 660	6 080	1 040	410	5 610	5 960	6 400	1 300	5 610	5 960	6 400	
800	1 095	5 895	6 265	6 715	480	6 220	6 610	7 085	1 215	480	6 550	6 960	7 460	1 520	6 550	6 960	7 460	
1 000	1 275	6 885	7 315	7 885	550	7 265	7 725	8 320	1 415	550	7 650	8 130	8 760	1 770	7 650	8 130	8 760	6.0
1 250	1 505	8 190	8 720	9 335	650	8 645	9 205	9 850	1 670	650	9 100	9 690	10 370	2 090	9 100	9 690	10 370	
1 600	1 765	9 945	10 555	11 320	760	10 495	11 145	11 950	1 960	760	11 050	11 730	12 580	2 450	11 050	11 730	12 580	

表 2（续）

额定容量/kV·A	1级								2级					3级				短路阻抗/%
	电工钢带				非晶合金				空载损耗/W		负载损耗/W			空载损耗/W	负载损耗/W			
	空载损耗/W	负载损耗/W			空载损耗/W	负载损耗/W			电工钢带	非晶合金	B(100 ℃)	F(120 ℃)	H(145 ℃)		B(100 ℃)	F(120 ℃)	H(145 ℃)	
		B(100 ℃)	F(120 ℃)	H(145 ℃)		B(100 ℃)	F(120 ℃)	H(145 ℃)										
2 000	2 195	12 240	13 005	14 005	1 000	12 920	13 725	14 780	2 440	1 000	13 600	14 450	15 560	3 050	13 600	14 450	15 560	6.0
2 500	2 590	14 535	15 455	16 605	1 200	15 340	16 310	17 525	2 880	1 200	16 150	17 170	18 450	3 600	16 150	17 170	18 450	

4.4 配电变压器节能评价值

油浸式配电变压器的空载损耗和负载损耗值均应不高于表1中2级的规定。干式配电变压器的空载损耗和负载损耗值均应不高于表2中2级的规定。

5 试验方法

配电变压器的空载损耗和负载损耗应按GB 1094.1、GB 1094.11的要求进行测试。

ICS 29.180
K 41

中华人民共和国国家标准

GB/T 20836—2007

高压直流输电用油浸式平波电抗器

Oil-immersed smoothing reactors for HVDC applications

2007-01-16 发布 2007-08-01 实施

中华人民共和国国家质量监督检验检疫总局
中国国家标准化管理委员会 发布

前　　言

本标准的编写格式按照 GB/T 1.1—2000《标准化工作导则　第1部分:标准的结构和编写规则》。

本标准由中国电器工业协会提出并归口。

本标准起草单位:西安西电变压器有限责任公司、沈阳变压器研究所、特变电工沈阳变压器集团有限公司、中国南方电网有限责任公司、武汉高压研究所、中国电力科学研究院、湖北省电力试验研究院、贵州电力试验研究院、机械工业北京电工技术经济研究所。

本标准的主要起草人:宓传龙、章忠国、汪德华、王健、孙树波、饶宏、付锡年、李光范、胡惠然、杨积久、郭丽平、陈荣。

本标准为首次发布。

引　言

GB/T 20836—2007 是机械工业北京电工技术经济研究所总承担的国家科技部 2003 年度科技基础条件平台工作重点项目“直流输变电系统核心技术与基础标准研究”（项目编号为 2003DIA7J034）支持研究制定的标准。

高压直流输电在我国电网建设中，对于长距离送电和大区联网有着非常广阔的发展前景，是目前作为解决高电压、大容量、长距离送电和异步联网的重要手段。“直流输变电系统核心技术与基础标准研究”及其滚动项目“高压直流输电系统及设备关键技术标准研究”（项目编号为 2004DEA70820），是根据我国直流输电工程实际需要和高压直流输电技术发展趋势开展的。项目在引进技术的消化吸收、国内直流输电工程建设经验和设备自主研制的基础上，研究制定高压直流输电设备国家标准体系。内容包括基础标准、主设备标准和控制保护设备标准。项目已完成或正在制定的共 19 项国家标准：

——《高压直流系统特性　第 1 部分：稳态》（已报批）

——《高压直流系统特性　第 2 部分：故障与操作》（已报批）

——《高压直流系统特性　第 3 部分：动态》（已报批）

——《高压直流换流站绝缘配合程序》（已报批）

——《高压直流换流站损耗的确定》（已报批）

——《输配电系统的电力电子技术静止无功补偿器用晶闸管阀的试验》（已报批）

——《高压直流输电用电控晶闸管的一般要求》（正在制定中）

——GB/T 18494.2—2007 《变流变压器　第 2 部分：高压直流输电用换流变压器》

——GB/T 20838—2007 《高压直流输电用油浸式换流变压器技术参数和要求》

——GB/T 20836—2007 《高压直流输电用油浸式平波电抗器》

——GB/T 20837—2007 《高压直流输电用油浸式平波电抗器技术参数和要求》

——《高压直流输电用并联电容器及交流滤波电容器》（已报批）

——《高压直流输电用直流滤波电容器》（已报批）

——《高压直流换流站无间隙金属氧化物避雷器导则》（已报批）

——《高压直流输电系统控制与保护设备》（已报批）

——《高压直流换流站噪音》（正在制定中）

——《高压直流套管技术性能和试验方法》（正在制定中）

——《高压直流输电用光控晶闸管的一般要求》（正在制定中）

——《直流系统研究和设备成套导则》（正在制定中）

高压直流输电用油浸式平波电抗器

1 范围

本标准适用于磁化特性为线性或非线性的高压直流输电用油浸式平波电抗器(以下简称平波电抗器)。

本标准不适用于：

——工业用平波电抗器；

——干式平波电抗器。

2 规范性引用文件

下列文件中的条款通过本标准的引用而成为本标准的条款。凡是注日期的引用文件，其随后所有的修改单(不包括勘误的内容)或修订版均不适用于本标准，然而，鼓励根据本标准达成协议的各方研究是否可使用这些文件的最新版本。凡是不注日期的引用文件，其最新版本适用于本标准。

GB 1094.1 电力变压器 第1部分：总则(GB 1094.1—1996,eqv IEC 60076-1:1993)

GB 1094.2 电力变压器 第2部分：温升(GB 1094.2—1996,eqv IEC 60076-2:1993)

GB 1094.3 电力变压器 第3部分：绝缘水平、绝缘试验和外绝缘的空气间隙(GB 1094.3—2003,IEC 60076-3:2000,MOD)

GB/T 1094.10 电力变压器 第10部分：声级测定(GB 1094.10—2003,IEC 60076-10:2001,MOD)

GB/T 2900.15—1997 电工术语 变压器、互感器、调压器和电抗器(neq IEC 60050-421:1990、IEC 60050-321:1986)

GB/T 7354—2003 局部放电测量(IEC 60270:2000,IDT)

GB/T 10229—1988 电抗器(eqv IEC 60289:1987)

GB/T 17623—1998 绝缘油中溶解气体组分含量的气相色谱测定法(neq IEC 60567:1992)

IEC 62199:2004 直流系统用套管

3 术语和定义

除下列术语和定义外，GB/T 2900.15—1997 中的术语和定义亦适用于本标准。此外，在GB 1094.1和GB/T 10229—1988 中还分别规定了一些更专门的有关电抗器和平波电抗器方面的补充术语和定义。其中有些术语和定义，已对 GB/T 2900.15—1997 中早先规定的同一名称的术语和定义做了一些修改，对此，应优先采用 GB 1094.1 和 GB/T 10229—1988 中所规定的术语和定义。

3.1

额定直流电压 rated d.c. voltage

U_{dr}

平波电抗器所连接系统的直流电压规定值。

3.2

最高连续直流电压 highest continous d.c. voltage

U_{dm}

平波电抗器所连接系统的最高连续直流电压规定值。

3.3

额定直流电流　rated d.c. current

I_{dr}

平波电抗器能够持续流通的直流电流规定值。

注：不包括任何交流电流分量。

3.4

额定谐波电流　rated harmonic current

除直流电流外，规定频率谐波电流的稳态方均根值。

3.5

额定增量电感　rated incremental inductance

L_{inc}

在规定频率谐波电流和额定直流电流下的增量电感规定值。

4　使用条件

4.1　概述

本标准中的平波电抗器应符合GB 1094.1中所规定的使用条件，但其中明显不适用于平波电抗器或本标准中另有规定时除外。

4.2　温度

如果平波电抗器的任何部件（如：套管）伸入阀厅内，则除规定产品安装位置正常的环境温度外，还应规定阀厅内的最高温度。

4.3　负载电流

流过平波电抗器的电流主要是直流电流，同时还含有各次谐波电流。在询价或订货时，用户应向制造单位提供直流电流和各次谐波电流的大小，且应在签订合同时对此予以确认。

4.4　功率流向

除另有规定，通过平波电抗器的负载电流应能适应直流系统直流功率输送的方向。

5　符号及名称

本标准中各种变量的符号及名称如下：

I_d——对应负载条件下的连续直流电流；

I_{dr}——额定直流电流；

I_m——与平波电抗器总损耗（在运行中）对应的等效直流电流；

I_T——与绕组损耗（在运行中）对应的等效直流电流；

I_h——h次谐波的电流；

L_{inc}——额定增量电感；

h——谐波次数；

P_c——总损耗；

P_{dc}——直流损耗；

k_{eh}——h次谐波电流下的涡流损耗系数；

k_{hh}——h次谐波电流下的磁滞损耗系数；

ρ_m——铁心损耗；

P_h——谐波损耗；

R——包括内部引线在内的绕组直流电阻；

R_h——h次谐波频率下的绕组电阻；

U_{ac}——绕组的外施交流试验电压(方均根值);
U_{dc}——绕组的外施直流试验电压;
U_{dm}——最高连续直流电压;
U_{dr}——额定直流电压;
U_{pr}——绕组的极性反转试验电压(直流电压)。

6 额定值

6.1 概述

平波电抗器的额定直流电流、最高连续直流电压、额定谐波电流、额定增量电感和平波电抗器的磁化特性均应由用户规定。平波电抗器的损耗、声级和振动的保证值均应与这些参数值相对应。

6.2 额定直流电压

额定直流电压值由用户予以规定。

6.3 最高连续直流电压

最高连续直流电压值由用户予以规定,它不应低于运行中施加在电抗器绕组与地之间的最高直流电压。

6.4 额定直流电流

额定直流电流值由用户予以规定。

6.5 额定谐波电流

各频率值及相应频率下的电流值均应由用户予以规定。

注:不同的运行状况将产生不同的谐波电流,所有这些谐波电流均应予以考虑,并确定其中之一作为额定谐波电流。

6.6 额定增量电感

额定增量电感的具体值由用户规定。

6.7 平波电抗器的线性度

若用户没有特殊说明,平波电抗器在额定直流电流及以下时应为线性。

必要时,用户可规定一个或多个高于额定直流电流值下的较小的增量电感值。此时,在所有规定直流电流下的增量电感最大值等于额定增量电感值加上正偏差。

7 允许偏差

除本标准规定的允许偏差外,其他允许偏差应按 GB 1094.1 的规定。

7.1 增量电感值允许偏差

额定增量电感值的允许偏差为+15%~0。其他增量电感值的允许偏差由用户与制造单位协商确定。

7.2 损耗允许偏差

按本标准第 8 章计算的平波电抗器总损耗值,不得超过损耗规定值的+10%。

8 损耗

平波电抗器的总损耗包括直流损耗、谐波损耗及铁心损耗(如果有),损耗的计算公式如下:

$$P_c = P_{dc} + P_h + P_m$$

式中:

$P_{dc} = I_d^2 R$

谐波损耗 P_h 可按下式计算:

$$P_h = \sum_{h=2}^{48} I_h^2 R_h \quad (48\text{ 是计算的最高谐波次数})$$

铁心损耗 P_m 可按以下的经验公式计算：

$$P_m = 0.125 \times P_{dc} \times \sum_{h=2}^{48}(k_{hh} + k_{eh})$$

式中：

$k_{hh} = \frac{I_h}{I_{dr}} \times h$ $(2 \leqslant h \leqslant 48)$

$k_{eh} = \left(\frac{I_h}{I_{dr}}\right)^2 \times h^{0.5}$ $(10 < h \leqslant 48)$

$k_{eh} = \left(\frac{I_h}{I_{dr}}\right)^2 \times h$ $(2 < h \leqslant 10)$

$k_{eh} = \left(\frac{I_h}{I_{dr}}\right)^2 \times 4$ $(h = 2)$

上述铁心损耗 P_m 的计算公式主要适用于带气隙铁心结构的平波电抗器，并且是整个铁心的总损耗。对于其他结构的平波电抗器的铁心损耗（如果有），经制造单位与用户协商，可采用其他的计算方法。

9 绝缘水平

平波电抗器的绝缘水平相应于所连接的直流系统的绝缘水平，具体由用户规定。

9.1 雷电冲击水平

应规定绕组每个端子对地及两个端子之间的雷电冲击耐受电压。

9.2 操作冲击水平

应规定绕组每个端子对地及两个端子之间的操作冲击耐受电压。

9.3 外施直流电压耐受水平

外施直流电压耐受水平应为：

$$U_{dc} = 1.5\, U_{dm}$$

9.4 极性反转电压水平

极性反转电压水平应为：

$$U_{pr} = 1.25\, U_{dm}$$

此电压应施加于连接在一起的绕组两个端子与地之间。

9.5 外施交流电压耐受水平

外施交流电压耐受水平应为：

$$U_{ac} = \frac{1.5}{\sqrt{2}} U_{dm}$$

此电压应施加于连接在一起的绕组两个端子与地之间。

10 声级

10.1 概述

由于制造单位无法模拟平波电抗器运行中的实际电流进行声级测定，因此用户应与制造单位共同协商声级确定的方法。

10.2 保证的声功率级

保证的声功率级应以订货时规定的额定直流电流为基准。由于此声功率级与现场条件下所获得的值不同（见 10.3），因此，用户在定合同前，应与制造单位共同协商此声功率级及试验方法。

10.3 现场的声功率级

在制造单位测得的平波电抗器声级与在现场测得的声级之间的相关性尚不能确立，其差值可能在10 dB(A)至20 dB(A)之间。

11 振动

11.1 概述

由于制造单位无法模拟平波电抗器运行中的实际电流进行振动测量，因此，如果规定需进行振动测量，则经制造单位与用户协商后，可在安装现场进行此项试验。

11.2 保证的振动水平

保证的振动水平应以订货时规定的额定直流电流和额定谐波电流为基准。测量的结果用振动波主波峰的高度来表示。

11.3 现场的振动水平

在安装现场做试验之前，需就以下各项取得一致意见：

a) 当额定直流电流工况与最高连续运行电流工况不一致时，应明确进行试验的工况；

b) 测量位置和测量方法（一般是在油箱的四个侧面并取足够的测量点求得平均值）。

12 试验

12.1 概述

有关例行试验、型式试验和特殊试验的一般要求按 GB 1094.1—1996 中 10.1 的规定。

12.2 试验项目

12.2.1 例行试验

下列试验应在所有的平波电抗器上进行，但不必依次遵循下述顺序：

——绕组直流电阻测量（按 GB 1094.1）；

——增量电感测量（按 12.3）；

——绝缘油试验（按 GB/T 17623—1998）；

——操作冲击试验（按 12.5.1）；

——雷电全波冲击试验（按 12.5.2）；

——包括局部放电测量和声波探测测量的外施直流电压耐受试验（按 12.5.3）；

——包括局部放电测量的极性反转试验（按 12.5.4）；

——外施交流电压耐受试验和局部放电测量（按 12.5.5）；

——绝缘电阻测量（按 GB 1094.1）；

——铁心绝缘（如果有）及其相关绝缘的试验（按 GB 1094.1）；

——绕组的绝缘介质损耗因数（tan δ）和电容量测量；

——油箱压力与真空试验；

——辅助回路绝缘试验。

应在上述试验过程的开始、中途和结束时分别抽取供分析用的油样。在试验过程中途的油样抽取，应在用户与制造单位协商一致的一些重要试验项目做完后进行。应先对试验过程开始和试验过程结束时所抽取的油样进行分析。如果油样分析检测结果有差异，则还要对中途抽取的油样进行分析。

12.2.2 型式试验

型式试验应在每种型式的平波电抗器中的一台上进行，但不必依次遵循下述顺序：

——雷电截波冲击试验（按 12.5.2）；

——温升试验（按 12.6）。

12.2.3 特殊试验

用户在定合同前，应与制造单位共同协商、选择下列试验项目中需做的试验项目及试验方法，但不必依次遵循下述顺序：

——负载电流试验(按 12.7)；

——声级测定(按 12.8)；

——冷却设备的声级测定(按 12.8)；

——振动测量；

——高频阻抗测量(按 12.9)；

——损耗测量(按 12.4)；

——冷却设备吸取功率测量。

12.3 增量电感测量

增量电感测量按 GB/T 10229—1988 的规定进行，也可采用其他方法测量，但应在签订合同时由用户与制造单位协商确定。

12.4 损耗测量

由于制造单位无法模拟平波电抗器运行中的实际电流进行损耗测量，因此允许采用等效计算的方法，损耗计算方法按第 8 章的规定，但等效计算的方法需经用户与制造单位共同认可。

12.5 绝缘试验

绝缘试验的目的是为了确认平波电抗器是否按规定的绕组绝缘要求进行设计和制造。绝缘试验应按下述顺序进行。

12.5.1 操作冲击试验

操作冲击试验按 GB 1094.3 的规定。

当操作冲击试验电压施加于绕组时，绕组的两个端子应连接在一起，操作冲击试验电压应施加于绕组与地之间。本标准不要求在绕组两端之间进行操作冲击试验。

12.5.2 雷电冲击试验

雷电冲击试验按 GB 1094.3 的规定。试验方法如下：

——应依次对绕组的每个端子施加冲击波，另一端子直接接地。雷电冲击试验电压为GB 1094.3 规定的通过绕组两端的值。

——如果规定了绕组对地的绝缘水平与绕组两端的绝缘水平不同，则雷电冲击试验方法需经用户与制造单位协商一致。可以考虑将绕组非被试端子通过一个适当的电阻接地。此电阻的选择应使受冲击的端子上出现所要求的对地电压值的同时，绕组两端也能得到所需要的试验电压值。本试验应在绕组的每个端子上进行。

对于绕组对地和绕组两端具有相同的雷电冲击水平的绕组，只需做第一种试验。

12.5.3 外施直流电压耐受试验

12.5.3.1 平波电抗器的试验温度

在外施直流电压耐受试验中，油温应为 10℃～30℃。试验时应将绕组的两个端子连接在一起，试验电压应施加于绕组与地之间，并为正极性。

12.5.3.2 试验程序

所有套管端子应在试验开始前至少接地 2 h，不允许对平波电抗器的绝缘结构预先施加较低的电压。试验电压应在 1 min 内升至规定的水平并保持 120 min，此后，电压应在 1 min 内降低至零。

在整个外施直流电压耐受试验过程中，应进行局部放电量测量。

直流耐压试验结束后，应进行充分的放电。否则，绝缘结构件中可能有相当多的残余电荷，对以后的局部放电测量可能会有影响。

注：推荐使用能对局部放电进行探测和定位的仪器，特别是能对平波电抗器内部的局部放电和试验线路上的局部

放电加以区分的仪器。

12.5.3.3 **验收准则**

局部放电测量按 GB 1094.3—2003 附录 A 的适用部分进行，测量仪器按 GB/T 7354—2003 的规定。

如果在试验的最后 30 min 内，记录到不小于 2 000 pC 的脉冲数不超过 30 个，且在试验的最后 10 min 内，记录到不小于 2 000 pC 的脉冲数不超过 10 个，则应认为此试验结果通过验收，不需要继续进行局部放电试验。如果此条件未满足，则可以将试验延长 30 min。

延长 30 min 的试验只允许进行一次，当在此 30 min 内不小于 2 000 pC 的脉冲数不超过 30 个，且在最后 10 min 内不小于 2 000 pC 的脉冲数不超过 10 个，则应认为该项试验合格。

局部放电测量是非破坏性的试验。当测量结果与验收准则不符，但没有发生击穿时，不应立即拒收被试产品，而应由用户与制造单位就进一步采取的措施进行协商。

12.5.4 **极性反转试验**

12.5.4.1 **平波电抗器试验温度**

在极性反转试验中，油温应为 10℃～30℃。试验电压应施加在连接在一起的两个端子与地之间。

12.5.4.2 **试验程序**

应采用如图 1 所示的双极性反转试验。

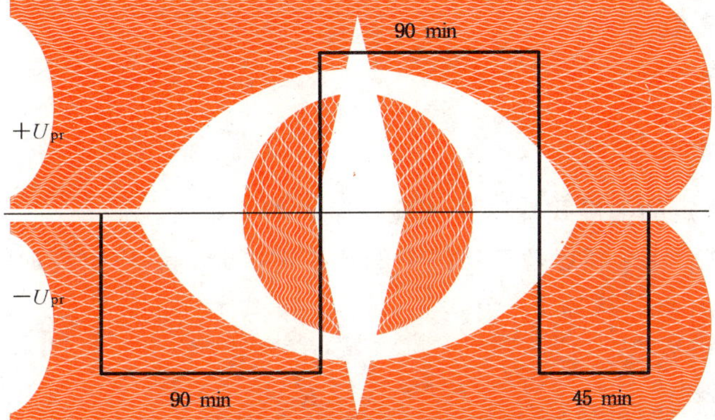

图 1 双极性反转试验的电压变化图

所有套管端子应在试验开始前至少接地 2 h，不允许对平波电抗器的绝缘结构预先施加较低的电压。试验应进行两次极性反转。试验的顺序应包括施加负极性直流电压 90 min，然后施加正极性直流电压 90 min，最后再施加负极性直流电压 45 min。每次电压极性反转均应在 2 min 内完成。当电压达到 100％试验值时，极性反转结束。

在整个外施直流电压耐受试验过程中，应进行局部放电量测量。

极性反转试验结束后，应进行充分的放电。否则，绝缘结构件中可能有相当多的残余电荷，对以后的局部放电测量可能会有影响。

注：推荐使用能对局部放电进行探测和定位的仪器，特别是能对平波电抗器内部的局部放电和试验线路上的局部放电加以区分的仪器。

12.5.4.3 **验收准则**

局部放电测量应按 GB 1094.3—2003 附录 A 的适用部分进行，测量仪器按 GB/T 7354—2003 的规定。

如果在每次极性反转后的 30 min 内，记录到不小于 2 000 pC 的脉冲数不超过 30 个，且在每次极性反转的最后 10 min 内，记录到不小于 2 000 pC 的脉冲数不超过 10 个，则应认为此试验结果通过验收，不需要再进行极性反转试验。因为在直流电压变化期间出现的某些放电现象均属正常，故在试验开始后的第一个 5 min 期间、极性反转期间及随后的第一个 5 min 期间所记录的局部放电量应忽略不计。不过，在此期间应测量和记录 500 pC 及以上的放电脉冲，以供参考。

局部放电测量是非破坏性的试验。当测量结果与验收准则不符,但没有发生击穿时,不应立即拒收被试产品,而应由用户与制造单位就进一步采取的措施进行协商。

12.5.5 外施交流电压耐受试验

试验应采用 50 Hz 或 60 Hz 的频率。试验时绕组的两个端子应连接在一起,试验电压应施加于绕组与地之间,试验时间为 1 h。

局部放电测量按 GB 1094.3—2003 附录 A 的适用部分进行,测量仪器按 GB/T 7354—2003 的规定。

注:推荐使用能对局部放电进行探测和定位的仪器,特别是能对平波电抗器内部的局部放电和试验线路上的局部放电加以区分的仪器。

允许的局部放电量最大值应不超过 500 pC。

局部放电测量是非破坏性的试验。当测量结果与验收准则不符,但没有发生击穿时,不应立即拒绝该试品,而应由用户与制造单位就进一步的措施进行协商。具体采取的措施见 GB 1094.3—2003 附录 A 的规定。

12.6 温升试验

如果不另行规定,应按 GB 1094.2 来确定温升特性。

对于平波电抗器,在确定(通过计算和试验)其油、绕组和其他金属结构件在平波电抗器运行时的温度时,应考虑谐波电流的影响。

试验的目的为:

——确定顶层油温升;

——确定绕组温升。

应对 GB 1094.2 所规定的油浸式变压器试验程序做如下修改。

应按第 8 章计算的总损耗来确定稳态条件下的顶层油温升。试验中施加的直流电流等于平波电抗器的等效直流电流 I_m,其计算公式如下:

$$I_m = \sqrt{\frac{P_c}{R}}$$

如果试验设备受到限制,可以将施加的功率损耗降低至不低于规定值的 80%(见 GB 1094.2)。试验终了时,应对本试验所确定的温升值进行校正。

顶层油温升确定后,接着用与额定运行条件下绕组损耗等效的直流电流继续进行试验。这种条件应在绕组中持续 1 h,在此期间应测量油和冷却介质的温度。试验终了时,应测定绕组的温升。

与额定运行条件下绕组损耗等效的直流电流 I_T 的计算公式如下:

$$I_T = \sqrt{\frac{P_{dc} + P_h}{R}}$$

亦可参考 GB 1094.2。关于试验的程序,见 GB 1094.2—1996 的 5.2 和 5.6;关于油箱各部位温度监测,见 GB 1094.2—1996 的 B.4;关于测量程序,见 GB 1094.2—1996 的 C.2 和 C.3;关于油中气体分析,见 GB 1094.2—1996 的 C.4。

12.7 负载电流试验

为了验证平波电抗器的载流能力,应施加按第 8 章计算出的总运行损耗进行负载电流试验。试验持续时间应不少于 12 h。应通过对油中溶解气体的色谱分析来检测可能出现的过热和异常温度。如果进行了温升试验,则负载电流试验可不必进行。

12.8 平波电抗器的声级测定

平波电抗器的声级测定程序按 GB/T 1094.10 的规定。

12.9 高频阻抗测量

如有要求,应通过低压测量来确定平波电抗器的高频阻抗。试验按 GB/T 10229—1988 的规定。

13 平波电抗器的超铭牌负载

如果未与制造单位协商，平波电抗器不允许在超过铭牌规定的额定负载值下运行。

注：平波电抗器一般是为特殊设施而设计的，如果换流站运行的工况高于其额定容量，则需要进行详细的发热研究，以确定所有受影响的终端设备的能力。

14 套管

套管一般应按 IEC 62199:2004 的规定，或者，在缺乏适合的标准时，应由制造单位与用户就直流套管的试验程序进行协商。

套管应能承受下列试验电压：

——对于外施直流耐受电压试验，试验电压为 1.15 U_{dc}；

——对于极性反转试验，试验电压为 1.15 U_{pr}。

在这些试验中，应将套管安装于能得到与运行中出现的电气作用强度条件相似或相同的结构件上。

15 铭牌

每台电抗器均应设有铭牌。铭牌的材料应不受气候影响，并应固定在明显可见的位置。铭牌上所标志的项目内容应清晰、牢固（可采用蚀刻、雕刻、打印或光化学处理等方式）。下述项目应标志在铭牌上。

——电抗器型号及名称；

——标准代号；

——制造单位名称（包括国名）；

——出厂序号；

——制造日期；

——绝缘水平；

——最高连续直流电压；

——额定直流电流；

——额定增量电感；

——冷却方式；

——顶层油温升和绕组平均温升限值；

——总质量；

——运输质量；

——绝缘油质量；

——联接图。

ICS 29.180
K 41

中华人民共和国国家标准

GB/T 20837—2007

高压直流输电用油浸式平波电抗器技术参数和要求

Specification and technical requirements of oil-immersed smoothing reactors for HVDC applications

2007-01-16 发布　　　　2007-08-01 实施

中华人民共和国国家质量监督检验检疫总局
中国国家标准化管理委员会　发布

前　　言

本标准需与 GB/T 10229《电抗器》和 GB/T 20836《高压直流输电用油浸式平波电抗器》配套使用。

本标准的编写格式按照 GB/T 1.1—2000《标准化工作导则　第1部分:标准的结构和编写规则》。

本标准的附录 A 和附录 B 均为资料性附录。

本标准由中国电器工业协会提出并归口。

本标准起草单位:西安西电变压器有限责任公司、沈阳变压器研究所、特变电工沈阳变压器集团有限公司、中国南方电网有限责任公司、武汉高压研究所、中国电力科学研究院、湖北省电力试验研究院、贵州电力试验研究院、机械工业北京电工技术经济研究所。

本标准的主要起草人:汪德华、宓传龙、章忠国、王健、孙树波、饶宏、付锡年、李光范、胡惠然、杨积久、韩晓东。

本标准为首次发布。

引　言

GB/T 20837—2007 是机械工业北京电工技术经济研究所总承担的国家科技部 2003 年度科技基础条件平台工作重点项目“直流输变电系统核心技术与基础标准研究”(项目编号为 2003DIA7J034)支持研究制定的标准。

高压直流输电在我国电网建设中,对于长距离送电和大区联网有着非常广阔的发展前景,是目前作为解决高电压、大容量、长距离送电和异步联网的重要手段。“直流输变电系统核心技术与基础标准研究”及其滚动项目“高压直流输电系统及设备关键技术标准研究”(项目编号为 2004DEA70820),是根据我国直流输电工程实际需要和高压直流输电技术发展趋势开展的。项目在引进技术的消化吸收、国内直流输电工程建设经验和设备自主研制的基础上,研究制定高压直流输电设备国家标准体系。内容包括基础标准、主设备标准和控制保护设备标准。项目已完成或正在制定的共 19 项国家标准:

——《高压直流系统特性　第 1 部分:稳态》(已报批)
——《高压直流系统特性　第 2 部分:故障与操作》(已报批)
——《高压直流系统特性　第 3 部分:动态》(已报批)
——《高压直流换流站绝缘配合程序》(已报批)
——《高压直流换流站损耗的确定》(已报批)
——《输配电系统的电力电子技术静止无功补偿器用晶闸管阀的试验》(已报批)
《高压直流输电用电控晶匣管的　般要求》(工在制定中)
——GB/T 18494.2—2007　《变流变压器　第 2 部分:高压直流输电用换流变压器》
——GB/T 20838—2007　《高压直流输电用油浸式换流变压器技术参数和要求》
——GB/T 20836—2007　《高压直流输电用油浸式平波电抗器》
——GB/T 20837—2007　《高压直流输电用油浸式平波电抗器技术参数和要求》
——《高压直流输电用并联电容器及交流滤波电容器》(已报批)
——《高压直流输电用直流滤波电容器》(已报批)
——《高压直流换流站无间隙金属氧化物避雷器导则》(已报批)
——《高压直流输电系统控制与保护设备》(已报批)
——《高压直流换流站噪音》(正在制定中)
——《高压直流套管技术性能和试验方法》(正在制定中)
——《高压直流输电用光控晶闸管的一般要求》(正在制定中)
——《直流系统研究和设备成套导则》(正在制定中)

高压直流输电用油浸式平波电抗器技术参数和要求

1 范围

本标准规定了±500 kV 级及以下直流输电用油浸式平波电抗器(以下简称电抗器)的性能参数、技术要求、测试项目、标志、包装、运输和贮存,并在附录A中给出了一些具体产品的有关性能参数实例。

本标准适用于±500 kV 级及以下直流输电用单相油浸式平波电抗器。

2 规范性引用文件

下列文件中的条款通过本标准的引用而成为本标准的条款。凡是注日期的引用文件,其随后所有的修改单(不包括勘误的内容)或修订版均不适用于本标准,然而,鼓励根据本标准达成协议的各方研究是否可使用这些文件的最新版本。凡是不注日期的引用文件,其最新版本适用于本标准。

GB 1094.1 电力变压器 第1部分:总则(GB 1094.1—1996,eqv IEC 60076-1:1993)

GB 1094.2 电力变压器 第2部分:温升(GB 1094.2—1996,eqv IEC 60076-2:1993)

GB 1094.3 电力变压器 第3部分:绝缘水平、绝缘试验和外绝缘空气间隙(GB 1094.3—2003,IEC 60076-3:2000,MOD)

GB/T 1094.10 电力变压器 第10部分:声级测定(GB/T 1094.10—2003,IEC 60076-10:2001,MOD)

GB/T 10229—1988 电抗器(eqv IEC 60289:1987)

GB/T 20836—2007 高压直流输电用油浸式平波电抗器

IEC 60296:2003 电工流体 变压器和开关用的未使用过的矿物绝缘油

3 性能参数

3.1 基本参数

在电抗器询价和订货时,供、需双方需就下列性能参数进行协商,并应在订货合同中予以明确。

a) 额定直流电压;

b) 最高连续直流电压;

c) 额定直流电流;

d) 各次谐波电流;

e) 额定增量电感;

f) 额定直流电流下的损耗。

3.2 声级水平

电抗器在额定直流电流和给定谐波电流下的声级水平(声压级)应不大于80 dB(A)。

3.3 保证的振动水平

电抗器在额定直流电流和给定谐波电流下的最大振动水平(振幅)应不超过200 μm(峰—峰)。

3.4 温升限值

电抗器的温升限值应符合表1的规定。

表 1 温升限值

部　　位	温升限值 K
顶层油	55
绕组平均(电阻法)	60
铁心	75
油箱及结构件	80
注：考虑谐波电流的影响，用等效试验电流进行温升试验。	

3.5 增量电感

电抗器在额定直流电流(或用户规定的直流电流)及以下时应为线性，且其增量电感等于额定增量电感。在额定直流电流(或用户规定的直流电流)以上时的增量电感应满足用户的要求。

4 绝缘水平

电抗器的绝缘水平按 GB/T 20836—2007 的规定来确定或计算。附录 B 中给出了一台具体产品的外施直流电压、极性反转电压和外施交流电压的计算实例。

5 技术要求

5.1 基本要求

按本标准生产的电抗器应符合 GB 1094.1、GB 1094.2、GB 1094.3、GB/T 10229—1988 及 GB/T 20836—2007的规定。

5.2 安全保护装置

5.2.1 电抗器应装有气体继电器，其接点容量不小于 66 VA(交流 220 V 或 110 V)，直流有感负载时，不小于 15 W。

积聚在气体继电器内的气体数量达到 250 mL～300 mL 或油流速度在整定范围内时，应分别接通相应的接点。气体继电器的安装位置及其结构应能观察到分解气体的数量和颜色，且应便于在地面取气体。

电抗器油箱的联管和油管的设计应采取措施，使气体易于汇集在气体继电器内。

5.2.2 电抗器应装有导流式压力释放装置，当内部压力达到所安装的压力释放装置的启动压力时，压力释放装置应可靠释放压力。至少应在电抗器油箱长轴两端，各设置一个压力释放装置。

5.2.3 如果用户需要，电抗器可以配置在线监测装置。

5.2.4 电抗器应有供给信号测量和保护装置辅助回路用的接线箱。

5.3 油保护装置

5.3.1 电抗器均应装有储油柜，其结构应便于清理内部。储油柜的一端应装有油位计，储油柜的容积应保证在最高环境温度及允许过载状态下油不溢出，在最低环境温度未投入运行时，观察油位计应有油位指示。

5.3.2 储油柜应有注油、放油、放气和排污装置。

5.3.3 电抗器应采取防油老化措施，以确保电抗器内部的油不与大气相接触，如：在储油柜内部加装胶囊、隔膜或采用金属波纹密封式储油柜等。

5.4 油温测量装置

5.4.1 电抗器应装有供玻璃温度计用的管座。所有设置在油箱顶盖的管座应伸入油内不少于 110 mm。

5.4.2 电抗器须装设户外式信号温度计，信号接点容量在交流电压220 V时，不低于50 VA，直流有感负载时，不低于15 W。温度计的引线应用支架固定。信号温度计的安装位置应便于观察。

5.4.3 电抗器应装有远距离测温用的测温元件。

5.4.4 当电抗器采用集中冷却结构时，应在靠油箱进出油口总管路处装测油温用的玻璃温度计管座。

5.5 强油冷却系统及控制箱

5.5.1 根据冷却方式供给全套风冷却装置或水冷却装置，但不供给水路装置(如水泵、水箱、管路和阀门等)。

5.5.2 对于强油风冷或强油水冷的电抗器，须供给冷却系统控制箱。强油循环装置的控制线路应满足下列要求：

——电抗器在运行中，其冷却系统应按负载和温度情况自动逐台投入或切除相应数量的冷却器；

——当切除故障冷却器时，备用冷却器自动投入运行；

——当冷却系统电源发生故障或电压降低时，应自动投入备用电源；

——当投入备用电源、备用冷却器、切除冷却器和电动机损坏时，均应发出信号。

5.5.3 强油风冷或强油水冷的油泵电动机及风扇电动机应当分别有过载、短路和断相保护。

5.5.4 强油风冷及强油水冷却器的动力电源电压应为三相交流380 V，控制电源电压为交流220 V。

5.5.5 强油风冷及强油水冷电抗器，当冷却系统发生故障切除全部冷却器时，在额定负载下允许运行20 min。当油面温度尚未达到75℃时，允许上升到75℃，但切除冷却器后的最长运行时间不得超过1 h。

5.6 电抗器油箱及其附件的技术要求

5.6.1 电抗器一般不供给小车，其箱底应留有与基础安装的固定孔，若用户特殊要求，其箱底支架焊装位置应符合轨距的要求。轨距：纵向为1 435 mm，横向为1 435 mm、2 000 mm(2×2 000 mm、3×2 000 mm)。

5.6.2 电抗器油箱的下部应装有油样活门，底部应装有排油装置。

5.6.3 电抗器油箱应承受真空度为133 Pa和正压力为98 kPa的机械强度试验，不得有损伤和不允许的永久变形。

5.6.4 电抗器油箱的下部应装有供千斤顶顶起电抗器的装置。

5.6.5 安装平面至油箱顶部的高度在3 m及以上时，应在油箱上安有梯子，其位置应便于观察气体继电器。

5.6.6 电抗器油箱结构型式可以为钟罩式或桶式。

5.6.7 套管的安装位置应便于接线，且其带电部分的空气间隙，应满足GB 1094.3的要求。

5.6.8 电抗器结构应便于拆卸和更换套管。

5.6.9 电抗器铁心和夹件应分别通过套管引出并可靠接地，接地处应有明显的接地符号“⏚”或“接地”字样。其他较大金属结构零件均应可靠接地。

5.6.10 电抗器不装设套管式电流互感器。

5.6.11 电抗器油箱的上部应装有滤油用阀门，下部应装有事故放油阀。

5.6.12 电抗器所有组件应符合相应的标准要求。

5.6.13 电抗器所使用的变压器油应符合IEC 60296的要求。各制造单位应按各自的技术规范对油中颗粒度进行控制。

5.6.14 电抗器整体应具有承受真空度133 Pa的能力。

5.6.15 在电抗器试验前，需将电抗器至少静放72 h后再进行高电压试验。

6 测试项目及要求

每台电抗器在出厂前均应做例行试验；型式试验和特殊试验项目由用户和制造单位协商确定。

例行试验、型式试验和特殊试验的一般要求按 GB 1094.1、GB 1094.2、GB 1094.3、GB/T 1094.10、GB/T 10229—1988 及 GB/T 20836—2007 等标准的有关规定。

电抗器除应符合 GB/T 20836—2007 规定的测试项目外，还应符合下列要求。

6.1 应提供电抗器绝缘电阻吸收比(R_{60}/R_{15})和极化指数($R_{10\ \mathrm{min}}/R_{1\ \mathrm{min}}$)的实测值，测试通常应在 10℃～40℃温度下进行。电抗器介质损耗因数($\tan\delta$)在 20℃～25℃时一般应不大于 0.005。

6.2 电抗器本体及储油柜应能承受在最高油面上施加 30 kPa 静压力的油密封试验，其试验时间持续 24 h，不得有渗漏及损伤。

6.3 温升试验前、后，应取油样进行气相色谱分析试验，油中应不含乙炔，其他烃类气体应无明显变化。

6.4 电抗器全部试验完成后，如有必要，应对充油套管取油样进行试验，油中应无乙炔。

7 标志、包装、运输和贮存

7.1 电抗器须具有承受其总质量的起吊装置。电抗器器身、油箱、储油柜或冷却器应有起吊装置。

7.2 电抗器的结构应在经过正常的铁路、公路及水路运输后，内部结构相互位置不变，紧固件不松动。电抗器的组件、部件(如套管、冷却器、事故放油阀和储油柜等)结构布置位置应不妨碍吊装、运输及运输中紧固定位。

7.3 电抗器可带油或充气进行运输。充气运输时，必须充干燥的氮气或干燥的空气(露点低于 －40℃)。运输前应进行密封试验，以确保在充以 20 kPa～30 kPa 压力时密封良好。电抗器主体到达现场后，油箱内的气体压力应保持正压，并有压力表进行监视。电抗器在运输和贮存期间应保持正压，并有压力表进行监视。

7.4 电抗器在运输中应装三维冲撞记录仪。

7.5 电抗器应能承受运输冲撞加速度 30 m/s^2(水平)。

7.6 电抗器组件、部件(如套管、储油柜、阀门及冷却器等)在运输中，直至安装前，不应损坏和受潮。

7.7 成套拆卸的组件和零件(如气体继电器、套管、温度计及紧固件等)的包装，应保证经过运输、贮存直至安装前不损坏和不受潮。

7.8 成套拆卸的大组件(如储油柜等)运输时可不装箱，但应保证不受损伤，在整个运输与贮存过程中不得进水和受潮。

附　录　A
（资料性附录）
电抗器的有关性能参数实例

A.1　带气隙铁心的平波电抗器性能参数实例

带气隙铁心的平波电抗器性能参数实例见表A.1。

表A.1　带气隙铁心的平波电抗器性能参数

直流电压等级 kV	额定直流电流 A	额定增量电感 mH	额定直流电流下的直流损耗(75℃) kW	额定直流电流下的声压级 dB(A)	额定直流电流下的振动水平 μm
500	3 000	290	475	≤80	≤200
		300	475	≤80	≤200
注：额定增量电感以额定直流电流为基准值。					

A.2　空心、带磁屏蔽的平波电抗器性能参数实例

空心、带磁屏蔽的平波电抗器性能参数实例见表A.2。

表A.2　空心、带磁屏蔽的平波电抗器性能参数

直流电压等级 kV	额定直流电流 A	额定增量电感 mH	额定直流电流下的直流损耗(75℃) kW	额定直流电流下的声压级 dB(A)	额定直流电流下的振动水平 μm
500	3 000	270	530	≤80	≤200
注：额定增量电感以额定直流电流为基准值。					

附 录 B
（资料性附录）
外施直流电压、极性反转电压和外施交流电压的计算实例

B.1 电抗器基本参数

最高连续直流电压：$U_{dm}=515\ kV$

B.2 外施直流电压

$U_{dc}=1.5\times U_{dm}=1.5\times 515=773\ kV$

B.3 极性反转电压

$U_{pr}=1.25\times U_{dm}=1.25\times 515=644\ kV$

B.4 外施交流电压

$$U_{ac}=\frac{1.5}{\sqrt{2}}\times U_{dm}=\frac{1.5}{\sqrt{2}}\times 515=547\ kV$$

ICS 29.180
K 41

中华人民共和国国家标准

GB/T 20838—2007

高压直流输电用油浸式换流变压器技术参数和要求

Specification and technical requirements of oil-immersed convertor transformers for HVDC applications

2007-01-16 发布 2007-08-01 实施

中华人民共和国国家质量监督检验检疫总局
中国国家标准化管理委员会 发布

前　　言

本标准需与GB 1094.1、GB 1094.2、GB 1094.3、GB 1094.5和GB/T 18494.2配套使用。

本标准的编写格式按照GB/T 1.1—2000《标准化工作导则　第1部分:标准的结构和编写规则》。

本标准的附录A和附录B为资料性附录,附录C为规范性附录。

本标准由中国电器工业协会提出并归口。

本标准起草单位:特变电工沈阳变压器集团有限公司、沈阳变压器研究所、西安西电变压器有限责任公司、中国南方电网有限责任公司、武汉高压研究所、中国电力科学研究院、湖北省电力试验研究院、贵州电力试验研究院、机械工业北京电工技术经济研究所。

本标准的主要起草人:王健、孙树波、章忠国、宓传龙、汪德华、饶宏、付锡年、李光范、胡惠然、杨积久、帅远明。

本标准为首次发布。

引 言

GB/T 20838—2007是机械工业北京电工技术经济研究所总承担的国家科技部2003年度科技基础条件平台工作重点项目“直流输变电系统核心技术与基础标准研究”(项目编号为2003DIA7J034)支持研究制定的标准。

高压直流输电在我国电网建设中,对于长距离送电和大区联网有着非常广阔的发展前景,是目前作为解决高电压、大容量、长距离送电和异步联网的重要手段。“直流输变电系统核心技术与基础标准研究”及其滚动项目“高压直流输电系统及设备关键技术标准研究”(项目编号为2004DEA70820),是根据我国直流输电工程实际需要和高压直流输电技术发展趋势开展的。项目在引进技术的消化吸收、国内直流输电工程建设经验和设备自主研制的基础上,研究制定高压直流输电设备国家标准体系。内容包括基础标准、主设备标准和控制保护设备标准。项目已完成或正在制定的共19项国家标准:

——《高压直流系统特性　第1部分:稳态》(已报批)

——《高压直流系统特性　第2部分:故障与操作》(已报批)

——《高压直流系统特性　第3部分:动态》(已报批)

——《高压直流换流站绝缘配合程序》(已报批)

——《高压直流换流站损耗的确定》(已报批)

——《输配电系统的电力电子技术静止无功补偿器用晶闸管阀的试验》(已报批)

——《高压直流输电用电控晶闸管的一般要求》(正在制定中)

——GB/T 18494.2—2007《变流变压器　第2部分:高压直流输电用换流变压器》

——GB/T 20838—2007《高压直流输电用油浸式换流变压器技术参数和要求》

——GB/T 20836—2007《高压直流输电用油浸式平波电抗器》

——GB/T 20837—2007《高压直流输电用油浸式平波电抗器技术参数和要求》

——《高压直流输电用并联电容器及交流滤波电容器》(已报批)

——《高压直流输电用直流滤波电容器》(已报批)

——《高压直流换流站无间隙金属氧化物避雷器导则》(已报批)

——《高压直流输电系统控制与保护设备》(已报批)

——《高压直流换流站噪音》(正在制定中)

——《高压直流套管技术性能和试验方法》(正在制定中)

——《高压直流输电用光控晶闸管的一般要求》(正在制定中)

——《直流系统研究和设备成套导则》(正在制定中)

高压直流输电用油浸式换流变压器技术参数和要求

1 范围

本标准规定了±500 kV 级及以下直流输电用油浸式换流变压器(以下简称变压器)的性能参数、技术要求、测试项目、标志、包装、运输和贮存,并在附录 A 中给出了一些具体产品的有关性能参数实例。

本标准适用于±500 kV 级及以下直流输电用单相油浸式换流变压器。

2 规范性引用文件

下列文件中的条款通过本标准的引用而成为本标准的条款。凡是注日期的引用文件,其随后所有的修改单(不包括勘误的内容)或修订版均不适用于本标准,然而,鼓励根据本标准达成协议的各方研究是否可使用这些文件的最新版本。凡是不注日期的引用文件,其最新版本适用于本标准。

GB 1094.1 电力变压器 第 1 部分:总则(GB 1094.1—1996,eqv IEC 60076-1:1993)

GB 1094.2 电力变压器 第 2 部分:温升(GB 1094.2—1996,eqv IEC 60076-2:1993)

GB 1094.3 电力变压器 第 3 部分:绝缘水平、绝缘试验和外绝缘空气间隙(GB 1094.3—2003,IEC 60076-3:2000,MOD)

GB 1094.5 电力变压器 第 5 部分:承受短路的能力(GB 1094.5—2003,IEC 60076-5:2000,MOD)

GB/T 18494.2—2007 变流变压器 第 2 部分:高压直流输电用换流变压器(IEC 61378-2:2001,MOD)

IEC 60296:2003 电工流体 变压器和开关用的未使用过的矿物绝缘油

3 12 脉动换流系统用变压器接线原理示意图

12 脉动换流系统用变压器接线原理示意图见图 1 所示。

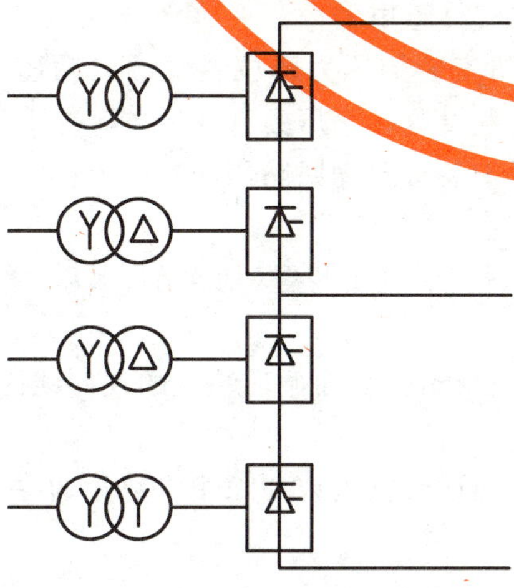

a) 双绕组变压器

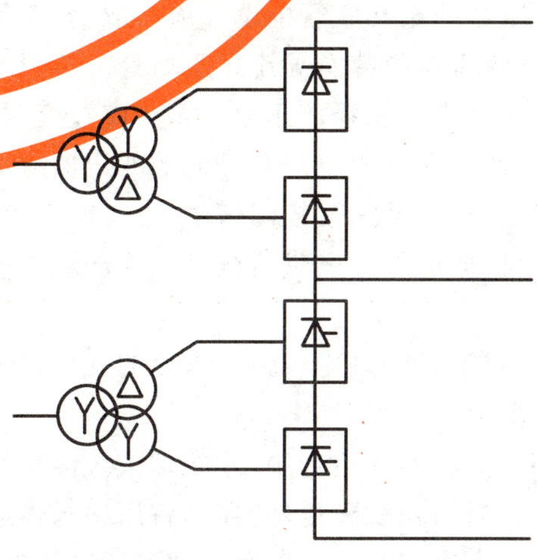

b) 三绕组变压器

图 1 12 脉动换流系统用变压器接线原理示意图

4 性能参数

在变压器询价和订货时，供、需双方需就下列性能参数进行协商，并应在订货合同中予以明确。

a) 额定容量；

b) 网侧绕组额定电压；

c) 网侧绕组额定电压分接范围；

d) 阀侧绕组额定电压；

e) 绕组联结组标号；

f) 空载损耗；

g) 负载损耗；

h) 空载电流；

i) 短路阻抗；

j) 声级水平；

k) 容量分配(仅适用于三绕组变压器)。

5 绝缘水平

变压器的绝缘水平按 GB/T 18494.2—2007 的规定来确定或计算。附录 B 中给出了一台具体产品阀侧绕组的外施直流电压、极性反转电压和外施交流电压的计算实例。

6 技术要求

6.1 基本要求

按本标准制造的变压器应符合 GB 1094.1、GB 1094.2、GB 1094.3、GB 1094.5 及 GB/T 18494.2—2007 的规定。

6.2 安全保护装置

6.2.1 变压器应装有气体继电器，其接点容量不小于 66 VA(交流 220 V 或 110 V)，直流有感负载时，不小于 15 W。

积聚在气体继电器内的气体数量达到 250 mL～300 mL 或油速在整定范围内时，应分别接通相应的接点。气体继电器的安装位置及其结构应能观察到分解气体的数量和颜色，且应便于在地面取气体。

变压器油箱和联管的设计应采取措施，使气体易于汇集在气体继电器内。

6.2.2 变压器应装有导流式压力释放装置，当内部压力达到所安装的压力释放装置的启动压力时，压力释放装置应可靠释放压力。至少应在变压器油箱长轴两端，各设置一个压力释放装置。

6.2.3 带有套管式电流互感器的变压器应供给信号测量和保护装置辅助回路用的接线箱。

6.3 强油冷却系统及控制箱

6.3.1 根据冷却方式供给全套风冷却装置或水冷却装置，但不供给水路装置(如水泵、水箱、管路和阀门等)。

6.3.2 对于强油风冷或强油水冷的变压器，须供给冷却系统控制箱。强油循环装置的控制线路应满足下列要求：

——变压器在运行中，其冷却系统应按负载和温度情况自动逐台投入或切除相应数量的冷却器；

——当切除故障冷却器时，备用冷却器应自动投入运行；

——当冷却系统电源发生故障或电压降低时，应自动投入备用电源；

——当投入备用电源、备用冷却器、切除冷却器或电动机损坏时，均应发出信号。

6.3.3 强油风冷或强油水冷的油泵电动机及风扇电动机应当分别有过载、短路和断相保护。

6.3.4 强油风冷或强油水冷却器的动力电源电压应为三相交流 380 V，控制电源电压为交流 220 V。

6.3.5 强油风冷及强油水冷变压器，当冷却系统发生故障切除全部冷却器时，在额定负载下允许运行 20 min。当油面温度尚未达到 75℃时，允许上升到 75℃，但切除冷却器后的最长运行时间不得超过 1 h。

6.4 油保护装置

6.4.1 变压器均应装有储油柜，其结构应便于清理内部。储油柜的一端应装有油位计，储油柜的容积应保证在最高环境温度及允许过载状态下油不溢出，在最低环境温度未投入运行时，观察油位计应有油位指示。

6.4.2 储油柜应有注油、放油、放气和排污装置。

6.4.3 变压器应采取防油老化措施，以确保变压器油不与大气相接触，如：在储油柜内部加装胶囊、隔膜或采用金属波纹密封式储油柜等。

6.5 油温测量装置

6.5.1 变压器应装有供玻璃温度计用的管座。所有设置在油箱顶盖的管座应伸入油内不少于 110 mm。

6.5.2 变压器须装设户外式信号温度计，对于强油循环的变压器应设两个。信号接点容量在交流电压 220 V 时，不低于 50 VA，直流有感负载时，不低于 15 W。温度计的引线应用支架固定。信号温度计的安装位置应便于观察。

6.5.3 变压器应装有远距离测温用的测温元件，对于强油循环的变压器应装有两个远距离测温元件。且应放于油箱长轴的两端。

6.5.4 当变压器采用集中冷却结构时，应在靠油箱进出油口总管路处装测油温用的玻璃温度计管座。

6.6 变压器油箱及其附件的技术要求

6.6.1 变压器一般不供给小车，其箱底应留有与基础安装的固定孔，若用户特殊要求，其箱底支架焊装位置应符合轨距的要求。轨距：纵向为 1 435 mm，横向为 1 435 mm、2 000 mm(2×2 000 mm、3×2 000 mm)。

6.6.2 应在油箱的中部和下部分别装有统一口径的油样活门。变压器油箱底部应装有排油装置。

6.6.3 变压器油箱应承受真空度为 67 Pa 和正压力为 98 kPa 的机械强度试验，不得有损伤和不允许的永久变形。

6.6.4 变压器在油箱下部应有供千斤顶顶起变压器的装置。

6.6.5 安装平面至油箱顶部的高度在 3 m 及以上时，应在油箱上安有梯子，其位置应便于观察气体继电器。

6.6.6 变压器油箱结构型式可以为钟罩式或桶式。

6.6.7 套管的安装位置应便于接线，且其带电部分的空气间隙，应满足 GB 1094.3 的要求。

6.6.8 变压器结构应便于拆卸和更换套管，并应便于连同冷却器一起将套管推入阀厅。

6.6.9 变压器铁心和夹件应分别通过套管引出并可靠接地，接地处应有明显的接地符号“⏚”或“接地”字样。其他较大金属结构零件均应可靠接地。

6.6.10 按下述规定供给套管式电流互感器：网、阀侧线端，每相装一只测量级和两只保护级；中性点装一只保护级。

6.6.11 变压器油箱上部应装有滤油用阀门，下部应装有事故放油阀。

6.6.12 变压器所有组件应符合相应的标准要求。

6.6.13 所使用的变压器油应符合 IEC 60296 的要求。各制造单位应按各自的技术规范对油中颗粒度进行控制。

6.6.14 变压器整体应具有承受真空度 67 Pa 的能力。

6.6.15 在变压器试验前，需将变压器至少静放 72 h 后再进行高电压试验。

7 测试项目

变压器除符合 GB 1094.1、GB/T 18494.2—2007 所规定的试验项目外，还应符合下列要求。

7.1 有载分接开关试验合格后，应将有载分接开关装入变压器中，对分接开关油室进行密封试验，不能有渗漏。

7.2 变压器本体及储油柜应能承受在最高油面上施加 30 kPa 静压力的油密封试验，试验时间持续 24 h，不得有渗漏及损伤。

7.3 温升试验前、后，应取油样进行气相色谱分析试验，油中应不含乙炔，其他烃类气体应无明显变化。

7.4 变压器全部试验完成后，如有必要，应对充油套管取油样进行试验，油中应无乙炔。

7.5 应提供变压器吸收比（R_{60}/R_{15}）和极化指数（$R_{10\ \mathrm{min}}/R_{1\ \mathrm{min}}$）的实测值，测试通常应在 10℃～40℃温度下进行。

7.6 变压器介质损耗因数（$\tan\delta$），在 20℃～25℃时一般应不大于 0.005。

7.7 经使用部门与制造单位协商可进行下列试验（详见附录 C）。

a) 长时间空载试验；

b) 油流静电试验；

c) 转动油泵时的局部放电测量。

7.8 声级测定

如试验条件允许，需进行空载噪声、负载噪声、谐波噪声、偏磁噪声的测量。

8 标志、包装、运输和贮存

8.1 变压器须具有承受其总质量的起吊装置。变压器器身、油箱、储油柜或冷却器应有起吊装置。

8.2 变压器的结构应在经过正常的铁路、公路及水路运输后，内部结构相互位置不变，紧固件不松动。变压器的组件、部件（如套管、冷却器、事故放油阀和储油柜等）结构布置位置应不妨碍吊装、运输及运输中紧固定位。

8.3 变压器通常为带油进行运输。如受运输条件限制时，可不带油运输，但须充干燥的氮气或干燥的空气（露点低于－40℃）。运输前应进行密封试验，以确保在充以 20 kPa～30 kPa 压力时密封良好。变压器主体到达现场后，油箱内的气体压力应保持正压，并有压力表进行监视。变压器在运输和贮存期间应保持正压，并有压力表进行监视。

8.4 变压器在运输中应装三维冲撞记录仪。

8.5 变压器应能承受运输冲撞加速度 30 m/s^2（水平）。

8.6 变压器组件、部件（如套管、储油柜、闸阀及冷却器等）在运输中，不应损坏和受潮。

8.7 成套拆卸的组件和零件（如气体继电器、套管、温度计及紧固件等）的包装，应保证经过运输、贮存直至安装前不损坏和不受潮。

8.8 成套拆卸的大组件（如储油柜等）运输时可不装箱，但应保证不受损伤，在整个运输与贮存过程中不得进水和受潮。

附　录　A
（资料性附录）
变压器的有关性能参数实例

单相双绕组变压器的有关性能参数实例见表 A.1。

表 A.1　单相双绕组变压器的有关性能参数

额定容量 MVA	电压组合			联结组标号	空载损耗 kW	负载损耗 kW	空载电流 %	短路阻抗 %	声压级 dB(A)
	网侧绕组额定电压 kV	网侧绕组分接范围 %	阀侧绕组额定电压 kV						
297	$525/\sqrt{3}$	$+16\times1.25$ -6×1.25	210	Ii0	147	665	0.15	16	≤75
297	$525/\sqrt{3}$		$210/\sqrt{3}$	Ii0	164	670	0.15	16	≤75
282	$525/\sqrt{3}$	$+16\times1.25$ -6×1.25	199	Ii0	127	620	0.15	15.2	≤75
282	$525/\sqrt{3}$		$199/\sqrt{3}$	Ii0	149	620	0.15	15.2	≤75

注 1：短路阻抗是以额定容量为基准值的基波短路阻抗。

注 2：空载损耗未考虑直流偏磁的影响。

注 3：负载损耗为基波损耗，未考虑谐波电流的影响。如果考虑谐波电流的影响，则谐波损耗按 GB/T 18494.2—2007 的规定计算。

注 4：负载损耗和短路阻抗的参考温度均为 75℃。

注 5：声压级以正弦空载励磁和正弦负载电流励磁为基准。

附 录 B
（资料性附录）
阀侧绕组的外施直流电压、极性反转电压和外施交流电压的计算实例

B.1 变压器基本参数

额定容量：278 MVA（单相双绕组、联结成 Yy 三相组）

网侧绕组额定电压：$525/\sqrt{3}{}^{+22.5\%}_{-7.5\%}$ kV

阀侧绕组额定电压：$196.5/\sqrt{3}$ kV

阀侧绕组的最大相间交流工作电压：$U_{vm}=204$ kV

从直流线路的中性点至与变压器相连的整流桥间所串接的六脉动桥的数量：$N=2$

每个阀桥的最高直流电压：$U_{dm}=257.5$ kV

B.2 外施直流电压

$$\begin{aligned}U_{dc}&=1.5\times[(N-0.5)\times U_{dm}+0.7\times U_{vm}]\\&=1.5\times[(2-0.5)\times 257.5+0.7\times 204]=793\text{ kV}\end{aligned}$$

B.3 极性反转电压

$$\begin{aligned}U_{pr}&=1.25\times[(N-0.5)\times U_{dm}+0.35\times U_{vm}]\\&=1.25\times[(2-0.5)\times 257.5+0.35\times 204]=572\text{ kV}\end{aligned}$$

B.4 外施交流电压

$$\begin{aligned}U_{ac}&=\frac{1.5\times[(N-0.5)\times U_{dm}+\sqrt{2}\times U_{vm}/\sqrt{3}\,]}{\sqrt{2}}\\&=\frac{1.5\times[(2-0.5)\times 257.5+\sqrt{2}\times 204/\sqrt{3}\,]}{\sqrt{2}}=586\text{ kV}\end{aligned}$$

附 录 C
（规范性附录）
使用部门与制造单位协商的试验

C.1 长时间空载试验

施加 1.1 倍额定电压，开启正常运行时的全部油泵，运行 12 h。试验前、后，油中应无乙炔，总烃含量应无明显变化，并且应无明显的局部放电的声、电信号。

C.2 油流带电试验

断开电源，开启所有油泵历时 4 h 后，测量各绕组端子及铁心对地的泄漏电流，直到电流达到稳定值。试验中应无放电信号。

C.3 转动油泵时的局部放电测量

启动全部运行的油泵运行 4 h，期间连续测量中性点、铁心对地的泄漏电流，并监视有无放电信号。然后在不停油泵的情况下做局部放电试验（施加试验电压，使网侧绕组线端电压为 $1.5U_m/\sqrt{3}$，并维持 60 min，期间连续观察测量局部放电量）与油泵不转动时的试验相比，内部放电量应无明显变化，同时油中应无乙炔。

ICS 29.180
K 41

中华人民共和国国家标准

GB/T 21419—2013/IEC 62041:2010
代替 GB/T 21419—2008

变压器、电抗器、电源装置及其组合的安全 电磁兼容(EMC)要求

Safety of transformers, reactors, power supply units and combinations thereof—EMC requirements

(IEC 62041:2010, IDT)

2013-07-19 发布　　　　2013-12-02 实施

中华人民共和国国家质量监督检验检疫总局
中国国家标准化管理委员会 发布

前　言

本标准按照 GB/T 1.1—2009 给出的规则起草。

本标准代替 GB/T 21419—2008《电力变压器、电源装置、电抗器和类似产品　电磁兼容(EMC)要求》。本标准与 GB/T 21419—2008 相比,主要技术变化如下:

——标准名称改为《变压器、电抗器、电源装置及其组合的安全　电磁兼容(EMC)要求》;

——修改了频率的范围(见第 1 章);

——修改了术语“1 类环境”和“2 类环境”的定义(见 3.1 和 3.2);

——增加了“受试设备”、“端口”、“外壳端口”、“电缆端口”、“信号端口”、“电源端口”、“公共电网”、“长距离线路”、“低电压”的术语和定义(见 3.3～3.11);

——增加了端口的实例(见图 1);

——修改了抗扰度试验的规定(见 5.1);

——修改了发射的工作电压(见 5.2.1.1);

——增加了信号端口和直流电源端口的传导射频骚扰试验要求(见 5.2.2.3)。

本标准使用翻译法等同采用 IEC 62041:2010《变压器、电抗器、电源装置及其组合的安全　电磁兼容(EMC)要求》。

与本标准中规范性引用的国际文件有一致性对应关系的我国文件见附录 A。

请注意本文件的某些内容可能涉及专利。本文件的发布机构不承担识别这些专利的责任。

本标准由中国电器工业协会提出。

本标准由全国小型电力变压器、电抗器、电源装置及类似产品标准化技术委员会(SAC/TC 418)归口。

本标准起草单位:沈阳变压器研究院股份有限公司、工业和信息化部电子第五研究所、上海市质量监督检验技术研究院、国家广播电视产品质量监督检验中心、深圳电气科学研究所、明珠电气有限公司、保定天威保变电气股份有限公司、天津光电惠高电子有限公司。

本标准主要起草人:林然、肖猛、俞毅敏、吴晓、肖敏英、毛启武、王一凤、李东波、张红。

本标准所代替标准的历次版本发布情况为:

——GB/T 21419—2008。

变压器、电抗器、电源装置及其组合的安全　电磁兼容(EMC)要求

1　范围

本标准规定了频率范围为0 Hz～400 GHz的发射与抗扰度的电磁兼容要求。没有规定限值的频段无需进行测试。

本标准适用于GB 19212系列标准所包括的变压器、电抗器、电源装置及其组合。

对于做成随同电器或电气设备一起供给的或者与电器或电气设备配套使用的变压器、电抗器、电源装置及其组合,应满足适用于该电器或电气设备的相关EMC标准要求。但是对于这些配套用变压器、电抗器、电源装置及其组合,在其装入电器或电气设备之前的单独试验,本标准可作为导则使用。

本标准仅涉及性能。变压器、电抗器及电源装置的其他运行情况(例如,为了试验目的,在电路中模拟故障或由于电磁现象对功能安全性的影响,或对暴露在电磁场中人的评估)不在本标准中考虑。

注:本标准中的EUT(受试设备),是指变压器、电抗器、电源装置及其组合(如果适用)。

本标准不适用于:

——IEC 62040系列标准所包括的不间断电源装置(UPS);

——IEC 61204-3所包括的电源装置(即IEC 60950-1、IEC 61010-1、IEC 60601、IEC 60065和IEC 62368-1所包括的设备中使用的直流—直流变换器、直流电力和配电设备以及电源装置);

——IEC 61347-1所包括的与产品一起使用或用于产品内的电源和变换器。

2　规范性引用文件

下列文件对于本文件的应用是必不可少的。凡是注日期的引用文件,仅注日期的版本适用于本文件。凡是不注日期的引用文件,其最新版本(包括所有的修改单)适用于本文件。

IEC 61000-3-2　电磁兼容(EMC)　第3-2部分:限值　谐波电流发射限值(设备每相输入电流≤16 A)(Electromagnetic compatibility(EMC)—Part 3-2:Limits—Limits for harmonic current emissions (equipment input current≤16 A per phase))

IEC 61000-3-3　电磁兼容(EMC)　第3-3部分:限值　对每相额定电流≤16 A且无条件接入的设备在公用低压供电系统中产生的电压变化、电压波动和闪烁的限制(Electromagnetic compatibility (EMC)—Part 3-3:Limits—Limitation of voltage changes,voltage fluctuations and flicker in public low-voltage supply systems,for equipment with rated current≤16 A per phase and not subject to conditional connection)

IEC 61000-3-11　电磁兼容(EMC)　第3-11部分:限值　对额定电流≤75 A且条件接入的设备在公用低压供电系统中产生的电压变化、电压波动和闪烁的限制　(Electromagnetic compatibility(EMC)—Part 3-11:Limits—Limitation of voltage changes,voltage fluctuations and flicker in public low-voltage supply systems—Equipment with rated current≤75 A and subject to conditional connection)

IEC 61000-3-12　电磁兼容(EMC)　第3-12部分:限值　对每相输入电流>16 A并且≤75 A的设备接入公用低压系统中产生的谐波电流限值(Electromagnetic compatibility(EMC)—Part 3-12:Limits—Limits for harmonic currents produced by equipment connected to public low-voltage systems with input current >16 A and ≤75 A per phase)

IEC 61000-4-2 电磁兼容(EMC) 第4-2部分:试验和测量技术 静电放电抗扰度试验(Electromagnetic compatibility (EMC)—Part 4-2: Testing and measurement techniques—Electrostatic discharge immunity test)

IEC 61000-4-3 电磁兼容(EMC) 第4-3部分:试验和测量技术 射频电磁场辐射抗扰度试验(Electromagnetic compatibility(EMC)—Part 4-3:Testing and measurement techniques—Radiated,radio-frequency,electromagnetic field immunity test)

IEC 61000-4-4 电磁兼容(EMC) 第4-4部分:试验和测量技术 电快速瞬变脉冲群抗扰度试验(Electromagnetic compatibility(EMC)—Part 4-4: Testing and measurement techniques—Electrical fast transient/burst immunity test)

IEC 61000-4-5 电磁兼容(EMC) 第4-5部分:试验和测量技术 浪涌(冲击)抗扰度试验(Electromagnetic compatibility(EMC)—Part 4-5: Testing and measurement techniques—Surge immunity test)

IEC 61000-4-6 电磁兼容(EMC) 第4-6部分:试验和测量技术 射频场感应的传导骚扰抗扰度(Electromagnetic compatibility(EMC)—Part 4-6:Testing and measurement techniques—Immunity to conducted disturbances,induced by radio-frequency fields)

IEC 61000-4-11 电磁兼容(EMC) 第4-11部分:试验和测量技术 电压暂降、短时中断和电压变化的抗扰度试验(Electromagnetic compatibility(EMC)—Part 4-11:Testing and measurement techniques—Voltage dips,short interruptions and voltage variations immunity test)

IEC 61000-6-3 电磁兼容(EMC) 第6-3部分:通用标准 居住、商业和轻工业环境中的发射标准(Electromagnetic compatibility(EMC)—Part 6-3:Generic standards—Emission standard for residential,commercial and light-industrial environments)

IEC 61000-6-4 电磁兼容(EMC) 第6-4部分:通用标准 工业环境中的发射标准(Electromagnetic compatibility(EMC)—Part 6-4:Generic standards—Emission standard for industrial environments)

IEC 61558(所有部分) 电力变压器、电源装置、电抗器和类似产品的安全(Safety of power transformers,power supplies,reactors and similar products)

IEC CISPR 14-1 家用电器、电动工具和类似器具的电磁兼容要求 第1部分:发射(Electromagnetic compatibility—Requirements for household appliances,electric tools and similar apparatus—Part 1:Emission)

IEC CISPR 16-1-2:2003 无线电骚扰和抗扰度测量设备和测量方法规范 第1-2部分:无线电骚扰和抗扰度测量设备 辅助设备 传导骚扰(Specification for radio disturbance and immunity measuring apparatus and methods—Part 1-2: Radio disturbance and immunity measuring apparatus—Ancillary equipment—Conducted disturbances)

IEC CISPR 16-2-1:2008 无线电骚扰和抗扰度测量设备和测量方法规范 第2-1部分:无线电骚扰和抗扰度测量方法 传导骚扰测量(Specification for radio disturbance and immunity measuring apparatus and methods—Part 2-1:Methods of measurement of disturbances and immunity—Conducted disturbance measurements)

IEC CISPR 16-2-3 无线电骚扰和抗扰度测量设备和测量方法规范 第2-3部分:无线电骚扰和抗扰度测量方法 辐射骚扰测量(Specification for radio disturbance and immunity measuring apparatus and methods—Part 2-3: Methods of measurement of disturbances and immunity—Radiated disturbance measurements)

IEC CISPR 22 信息技术设备的无线电骚扰限值和测量方法(Information technology equipment—Radio disturbance characteristics—Limits and methods of measurement)

3 术语和定义

下列术语和定义适用于本文件。

3.1

1 类环境　environment 1

居住、商业或轻工业场所，包括户内和户外。

注 1：凡是直接从公用电网以低压供电的场所均可以看作是居住、商业或轻工业场所。

注 2：下面给出的场所(尽管不全面)对环境做了一些说明，它们包括：

——居住场所，例如住宅、公寓、旅馆等；

——零售网点，例如商店、超市等；

——商务场所，例如办公室、银行等；

——公共娱乐场所，例如影剧院，城市酒吧、舞厅、餐馆等；

——户外场所，例如加油站、停车场、娱乐和运动中心等；

——轻工业场所，例如车间、实验室和维修中心等。

3.2

2 类环境　environment 2

工业环境，包括户内和户外。

注：工业场所连接到由高压或中压变压器供电的专门用于为制造厂或者类似工厂的设备供电的电力网，并且具有以下一个或多个特征：

——装有工业、科学、医疗(ISM)设备(定义见 CISPR 11)；

——大容量感性或容性负载的频繁切换；

——大电流及其伴随的强磁场。

3.3

受试设备　equipment under test

EUT

是指变压器、电抗器、电源装置及其组合(如果适用)。

3.4

端口　port

指定 EUT 与外部电磁环境的特定接口(见图 1)。

注：在一些情况下，不同的端口可能被合并在一起。

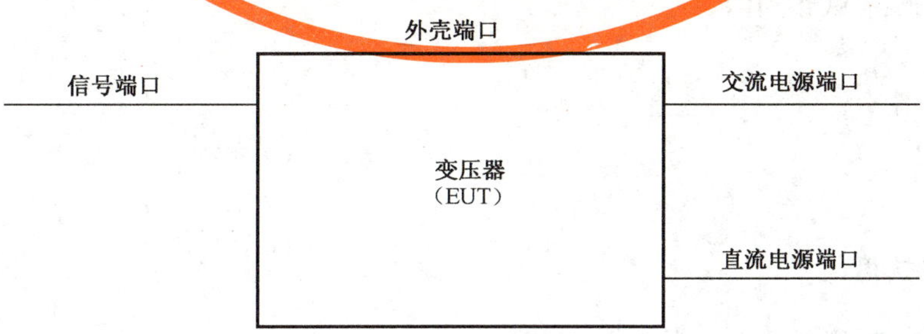

图 1　端口的实例

3.5

外壳端口　enclosure port

电磁场辐射穿过或侵入通过的 EUT 的物理界面。

3.6

电缆端口 cable port

导线或电缆连接到 EUT 的端口。

注：例如信号和电源端口。

3.7

信号端口 signal port

传输信号的导线或电缆连接到 EUT 的端口。

注：例如模拟输入、输出和控制线、数据总线、通讯网络等。

3.8

电源端口 power port

传送 EUT 运行所需电源的导线或电缆连接到 EUT 的端口。

3.9

公共电网 public mains network

所有类型用户均可接入、由供电和/或分配部门组织运行的以提供电能为目的的供电线路。

3.10

长距离线路 long distance lines

在建筑物内长度超过 30 m，或离开建筑物(包括户外安装线路)连接到信号端口的线路。

3.11

低电压 low voltage

具有低于按照惯例采用的限值的电压。

[IEC 60050-151:2001，定义 151-15-03]

4 分类

根据所配套的元器件和电子线路，将 EUT 分为如下几类：

——0 类：带或者不带无源保护元器件但不带电子电路的 EUT；

——1 类：带无源元器件但不带电子电路的 EUT；

——2 类：带电子电路的 EUT。

注 1：无源保护元器件实例：熔断器、热熔断器、热断路器、断路器、正温度系数热敏电阻、负温度系数热敏电阻和电阻器。

注 2：无源元器件实例：电容器、电感器、二极管、发光二极管、继电器、压敏电阻等。

注 3：电子电路实例：有源半导体。

5 试验规定

5.1 抗扰度

5.1.1 对骚扰的抗扰度

EUT 对其周围电磁骚扰应具有足够的抗扰度。

0 类 EUT 对正常电磁骚扰不敏感，因此，无需试验，即可认为符合抗扰度要求。

1 类 EUT 应符合下列要求：

——静电放电；

注 1：某些无源元器件，如小电容器(例如，Y 类)、二极管、发光二极管或继电器可能对静电放电敏感。

——电快速瞬变脉冲群；

注 2：某些无源元器件，如小电容器（例如，Y类）、二极管、发光二极管或继电器可能对电快速瞬变敏感。

——浪涌（冲击）。

注 3：某些无源元器件，如小电容器（例如，Y类）、二极管、发光二极管或继电器可能对浪涌（冲击）敏感。

各端口上的技术要求见 5.1.2.2～5.1.2.7。

2 类 EUT 应符合下列要求：

——静电放电；

——电快速瞬变脉冲群；

——浪涌（冲击）；

——射频场感应的传导骚扰；

——射频电磁场的辐射；

——电压暂降和短时中断。

5.1.2.2～5.1.2.7 给出了各端口上的技术要求。

EUT 相关的端口应根据适用的条款承受所要求的试验。试验应在现存的相关端口进行。

试验应在额定频率、额定电压及空载条件下进行，但第 5 章中 EMC 通用标准另有规定除外。如果 EUT 不预定在空载条件下运行，则对于某些试验，可能需要接入负载以引起骚扰。此时，试验报告中应对负载进行说明。

试验应连续进行。试验的顺序是任意的。

根据特定变压器的电气特性和特殊应用可以确定其中的一些试验是必要的，此时，应在试验报告中阐述部分试验没有进行的原因。

试验的说明、试验发生器、试验方法及试验配置按照第 5 章有关的通用 EMC 标准规定。

试验是按照制造单位文件进行的，这些文件包括了 EMC 试验中或试验后受试设备的功能描述及性能判据说明，这些应由制造单位提供并按下列准则纳入试验报告内。当无这些文件时，应将所需的各种导线、所用导线的截面大小、类型和长度写入试验报告内。

性能判据 A：EUT 在试验中和试验后，应象预定的使用那样连续运行。当 EUT 按预定使用时，其性能降低或功能损失，不允许比制造单位所规定的性能水平还要低。性能水平可以用许可的性能损失来代替。如果制造单位未规定出最低的性能水平或许可的性能损失，则它可由产品说明书和文件以及由用户按该 EUT 预定的使用合理地推导出来。

性能判据 B：试验后的 EUT，应象预定的使用那样连续运行。当 EUT 按预定使用时，其性能降低或功能损失，不允许比制造单位所规定的性能水平还要低。性能水平可以用许可的性能损失来代替。然而，在试验过程中允许其性能有所降低。不允许其实际运行状态或存储数据发生变化。如果制造单位未规定出最低的性能水平或许可的性能损失，则它可由产品说明书和文件以及由用户按该 EUT 预定的使用合理地推导出来。

性能判据 C：允许出现暂时的功能损失，只要此功能能自行恢复或借助控制操作来恢复。

如果由于承受了本标准所规定的试验，变压器变得危险或不安全（例如，由于绝缘发生击穿），则认为该 EUT 未通过这些试验。

5.1.2 试验等级

5.1.2.1 总则

本标准规定的试验等级与典型的 1 类和 2 类环境条件相对应。但当最终产品用于特殊条件时，应采用基础标准中有关数值并在试验报告中予以阐述。

5.1.2.2 静电放电

本试验按 IEC 61000-4-2 进行，试验等级在表 1 中给出。

除了金属零部件做接触放电试验外，其余只要求空气放电试验。

每个选定试验点应各进行 10 次正极性和 10 次负极性脉冲放电。每个连续单次放电的时间间隔为 1 s。

表 1 静电放电——外壳试验等级

特征	1 类环境		2 类环境	
	试验值/kV	等级	试验值/kV	等级
空气放电	8	3	8	3
接触放电	4	2	4	2

受试装置应符合性能判据 B。

5.1.2.3 射频电磁场的辐射

本试验按 IEC 61000-4-3 进行，试验等级在表 2 中给出。

表 2 辐射射频电磁场——外壳试验等级

特征	1 类环境		2 类环境	
	试验值	等级	试验值	等级
频率范围 试验水平 调制	80 MHz～1 000 MHz 3 V/m(未调制) 1 kHz,80% AM,正弦波	2	80 MHz～1 000 MHz 10 V/m(未调制) 1 kHz,80% AM,正弦波	3
频率范围 试验水平 调制	1.4 GHz～2.0 GHz 3 V/m(未调制) 1 kHz,80% AM,正弦波	2	1.4 GHz～2.0 GHz 3 V/m(未调制) 1 kHz,80% AM,正弦波	2
频率范围 试验水平 调制	2.0 GHz～2.7 GHz 1 V/m(未调制) 1 kHz,80% AM,正弦波	1	2.0 GHz～2.7 GHz 1 V/m(未调制) 1 kHz,80% AM,正弦波	1

在 80 MHz～1 000 MHz 频率范围内，本试验是连续进行的。对于试验频率高于 1 000 MHz 的试验应与客户协商进行。

受试装置应符合性能判据 A。

5.1.2.4 电快速瞬变脉冲群

本试验按 IEC 61000-4-4 进行，试验等级在表 3～表 5 中给出。受试装置应符合性能判据 B。

电快速瞬变是分别在正极性和负极性下施加的，每一极性持续时间不小于 1 min。

表 3　电快速瞬变脉冲群——信号端口试验等级

特征	1 类环境			2 类环境		
	试验值		等级	试验值		等级
EUT 类别[a]	1	2	2	1	2	3
试验水平[b]	0.5 kV	0.5 kV		1.0 kV	1.0 kV	
上升时间/保持时间	5/50 ns	5/50 ns		5/50 ns	5/50 ns	
重复频率	5 kHz	100 kHz		5 kHz	100 kHz	

[a] 根据 5.1.1，对于 0 类 EUT 无试验要求。
[b] 开路试验电压。

为了进行本试验，要采用容性耦合夹。仅适用于制造单位使用说明书中规定的连接电缆总长度可超过 3 m 的端口。

注 1：5 kHz 重复频率是传统的用法，但是 100 kHz 更接近实际。

表 4　电快速瞬变脉冲群——输入和输出直流电源端口试验等级

特征	1 类环境			2 类环境		
	试验值		等级	试验值		等级
EUT 类别[a]	1	2	2	1	2	3
试验水平[b]	0.5 kV	0.5 kV		1.0 kV	1.0 kV	
上升时间/保持时间	5/50 ns	5/50 ns		5/50 ns	5/50 ns	
重复频率	5 kHz	100 kHz		5 kHz	100 kHz	

[a] 根据 5.1.1，对于 0 类 EUT 无试验要求。
[b] 开路试验电压。

不适合预定连接到必须从 EUT 拆卸或断开来充电的蓄电池和可再充电设备的输入端口。当带有直流电源输入端口的 EUT 预定要与交流-直流转换器一同使用时，应在由制造单位指定的交流-直流电源转接器的交流电源输入上进行试验。如果制造单位没有此规定，应使用典型的交流-直流电源转接器进行试验。本试验适用于预定要永久连接在长度超过 3 m 的电缆的直流电源输入端口。

注 2：5 kHz 重复频率是传统的用法，但是 100 kHz 更接近实际。

表 5　电快速瞬变脉冲群——输入和输出交流电源端口试验等级

特征	1 类环境			2 类环境		
	试验值		等级	试验值		等级
EUT 类别[a]	1	2	2	1	2	3
试验水平[b]	1.0 kV	1.0 kV		2.0 kV	2.0 kV	
上升时间/保持时间	5/50 ns	5/50 ns		5/50 ns	5/50 ns	
重复频率	5 kHz	100 kHz		5 kHz	100 kHz	

[a] 根据 5.1.1，对于 0 类 EUT 无试验要求。
[b] 开路试验电压。

注 3：5 kHz 重复频率是传统的用法，但是 100 kHz 更接近实际。

5.1.2.5 射频场感应的传导骚扰

本试验按 IEC 61000-4-6 进行。试验值和等级在表 6 中给出。受试装置应符合性能判据 A。

表 6 射频场感应的传导骚扰——信号端口[a]、直流和交流电源输入和输出端口试验等级

特征	1 类环境		2 类环境	
	试验值	等级	试验值	等级
频率范围 试验水平 调制	0.15 MHz～80 MHz 3 V(r.m.s)（未调制） 1 kHz，80% AM，正弦波	2	0.15 MHz～80 MHz 10 V(r.m.s)（未调制）[b] 1 kHz，80% AM，正弦波	3
试验水平也可以定义为流经 150 Ω 负载的等效电流。 [a] 仅适用于制造单位使用说明书中规定的连接电缆总长度可超过 3 m 的端口。 [b] 对于 ITU 广播频率波段 47 MHz～68 MHz，试验水平应是 3 V。				

5.1.2.6 浪涌（冲击）

本试验按 IEC 61000-4-5 进行。试验值和等级在表 7～表 9 中给出。受试装置应符合性能判据 B。

表 7 浪涌（冲击）——信号端口试验等级

特征	1 类环境		2 类环境	
	试验值	等级	试验值	等级
波形 线-地间试验水平	无要求	—	1.2/50 μs 1 kV（开路试验电压）	2

仅适用于制造单位使用说明书中规定的连接电缆总长度可超过 30 m 的端口。
由于 CDN 的影响而导致 EUT 不能正常工作，则不要求试验。
在信号端口应施加 5 次正极性和 5 次负极性脉冲（总共 10 次脉冲）。

表 8 浪涌（冲击）——输入和输出直流电源端口试验等级

特征	1 类环境		2 类环境	
	试验值	等级	试验值	等级
波形	1.2/50 μs	—	1.2/50 μs	—
线-线间试验水平	0.5 kV（开路试验电压）	1	0.5 kV（开路试验电压）	1
线-地间试验水平	0.5 kV（开路试验电压）	1	0.5 kV（开路试验电压）	1

不适合预定要连接到必须从 EUT 拆卸或断开来充电的蓄电池和可再充电设备的输入端口。带有直流电源输入端口预定要与交流-直流转换器一同使用的 EUT 应在由制造单位指定的交流-直流电源转接器的交流电源输入上进行试验。如果制造单位没有规定，使用典型的交流-直流电源转接器进行试验。不预定要连接到直流配电网络的直流端口视为信号端口。

在输入和输出直流电源端口应施加 5 次正极性和 5 次负极性脉冲（总共 10 次脉冲）。

表 9 浪涌(冲击)——输入和输出交流电源端口试验等级

特征	1 类环境		2 类环境	
	试验值	等级	试验值	等级
波形	1.2/50 μs	—	1.2/50 μs	—
线-线间试验水平	1 kV(开路试验电压)	2	1 kV(开路试验电压)	2
线-地间试验水平	2 kV(开路试验电压)	3	2 kV(开路试验电压)	3

交流电压波过零及峰值处应各施加 5 次正极性和 5 次负极性脉冲(总共 30 次脉冲)。

5.1.2.7 电压暂降和短时中断

本试验按 IEC 61000-4-11 进行。试验值在表 10 和表 11 中给出。

表 10 电压暂降——输入交流电源端口试验等级

特征	1 类环境		2 类环境	
	试验值	性能判据	试验值	性能判据
剩余电压/%	0	B	0	B[a]
周期	0.5	—	1	—
剩余电压/%	0	B	40	C[a]
周期	1	—	10(50 Hz),12(60 Hz)	—
剩余电压/%	70	C	70	C[a]
周期	25(50 Hz),30(60 Hz)	—	25(50 Hz),30(60 Hz)	—
在交流电压波过零时电压改变。 [a] 对于电子电源变换器,允许保护装置工作。				

表 11 电压短时中断——输入交流电源端口试验等级

特征	1 类环境		2 类环境	
	试验值	性能判据	试验值	性能判据
剩余电压/%	0	C	0	C[a]
周期	250(50 Hz),300(60 Hz)	—	250(50 Hz),300(60 Hz)	—
在交流电压波过零时电压改变。 [a] 对于电子电源变换器,允许保护装置工作。				

5.2 发射

EUT 不应产生干扰周围环境的骚扰。

5.2.1 分类

5.2.1.1 当 0 类 EUT 的工作电压不超过 700 V 时,它不会产生明显的电磁干扰,从而认为不需要试验,即可认为它符合发射要求。

当0类EUT的工作电压超过700 V时,认为它会产生相当高的电磁干扰,因而需要进行5.2.2.3和5.2.2.4所列的下述试验:

——传导射频骚扰(参见表12~表14,如果适用);

——辐射射频骚扰(参见表15)。

注:700 V是需要考虑局部放电影响的电压。

表12 传导射频骚扰——信号端口(电信/网络端口)试验等级

频率范围 MHz	1类环境限值	基础标准	2类环境限值	基础标准
0.15~0.5	84 dB(μV)~74 dB(μV)准峰值 74 dB(μV)~64 dB(μV)平均值 40 dB(μA)~30 dB(μA)准峰值 30 dB(μA)~20 dB(μA)平均值	IEC/CISPR 22	97 dB(μV)~87 dB(μV)准峰值 84 dB(μV)~74 dB(μV)平均值 53 dB(μA)~43 dB(μA)准峰值 40 dB(μA)~30 dB(μA)平均值	IEC/CISPR 22
0.5~30	74 dB(μV)准峰值 64 dB(μV)平均值 30 dB(μA)准峰值 20 dB(μA)平均值	IEC/CISPR 22	87 dB(μV)准峰值 74 dB(μV)平均值 43 dB(μA)准峰值 30 dB(μA)平均值	IEC/CISPR 22

适用性注:

1) 在过渡频率处,采用较低的限值。

2) 在0.15 MHz~0.5 MHz范围内,限值随频率的对数呈线性减小。

3) 电流和电压的骚扰限值是在使用了规定阻抗的阻抗稳定网络(ISN)条件下导出的,该阻抗稳定网络对于受试的电信端口呈现150 Ω的共模(不对称)阻抗[转换因子为:20 lg150=44(dB)]。

表13 传导射频骚扰——直流电源端口试验等级

频率范围 MHz	1类环境限值	基础标准	2类环境限值	基础标准
0.15~0.5	79 dB(μV)准峰值 66 dB(μV)平均值	IEC/CISPR 16-2-1,7.4.1 IEC/CISPR 16-1-2,4.3	无要求	—
0.5~30	73 dB(μV)准峰值 60 dB(μV)平均值			

适用性注:

1) 在过渡频率处,采用较低的限值。

2) 只适用于端口要连接到:

——一个本地的直流电源网络;或

——通过一根长度超过30 m的连接电缆的一个远程本地蓄电池。

表 14 传导射频骚扰——低电压交流电源端口试验等级

频率范围 MHz	1 类环境限值	基础标准	2 类环境限值	基础标准
0.15～0.5	66 dB(μV)～56 dB(μV)准峰值 56 dB(μV)～46 dB(μV)平均值	IEC/CISPR 16-1-2,7.4.1	79 dB(μV)准峰值 66 dB(μV)平均值	IEC/CISPR 16-1-2,7.4.1
0.5～5	56 dB(μV)准峰值 46 dB(μV)平均值	IEC/CISPR 16-1-2,4.3	73 dB(μV)准峰值 60 dB(μV)平均值	IEC/CISPR 16-1-2,4.3
5～30	60 dB(μV)准峰值 50 dB(μV)平均值			
0.15～30	见基础标准,4.2	IEC/CISPR 14-1		

适用性注:

1) 在过渡频率处,采用较低的限值。

2) 在 0.15 MHz～0.5 MHz 范围内,限值随频率的对数呈线性减小。

3) 每分钟产生少于 5 次的脉冲噪声(喀哒声)的情形可不予以考虑。限值适用于每分钟产生喀哒声超过 30 次的情形。对于每分钟产生喀哒声在 5～30 次,允许将限值放宽到 20 lg30/N dB(N 是每分钟喀哒声次数)。独立的喀哒声判定可以参照 IEC/CISPR 14-1。

表 15 辐射射频骚扰——外壳端口试验等级

频率范围 MHz	1 类环境限值	基础标准	2 类环境限值	基础标准
30～230	在 10 m 处 30 dB(μV/m)准峰值	IEC/CISPR 16-2-3	在 10 m 处 40 dB(μV/m)准峰值	IEC/CISPR 16-2-3
230～1 000	在 10 m 处 37 dB(μV/m)准峰值		在 10 m 处 47 dB(μV/m)准峰值	

适用性注:

1) 如果内部发射源的工作频率低于 9 kHz,则测量只需进行到 230 MHz。

2) 在过渡频率处,采用较低的限值。

3) 测试应在开阔场或半电波暗室内进行(可在 3 m 处测量,使用的限值可增加 10 dB)。

5.2.1.2 当 1 类 EUT 的工作电压不超过 700 V 时,它应符合 5.2.2.2 和 5.2.2.3 所列的下述试验要求:

——谐波和闪烁(参见表 16);

——传导射频骚扰(参见表 12～表 14,如果适用)。

当 1 类 EUT 的工作电压超过 700 V 时,它应符合 5.2.2.4 所列的下述试验要求:

——辐射射频骚扰(参见表 15)。

注:700 V 是需要考虑局部放电影响的电压。

5.2.1.3 2 类 EUT 应符合 5.2.2.2、5.2.2.3 和 5.2.2.4 所列的下述试验要求:

——谐波和闪烁(参见表 16);

——传导射频骚扰(参见表 12～表 14,如果适用);

——辐射射频骚扰(参见表 15)。

试验应在额定频率的额定电压及输出功率因数为 1 的满负载条件下进行。但当通用 EMC 标准已对本标准第 5 章所述的试验或制造单位在其技术规范中另有规定时除外。

5.2.2 试验等级

5.2.2.1 总则

试验和试验等级按下列通用 IEC 标准进行：

——对于 1 类环境按 IEC 61000-6-3；

——对于 2 类环境按 IEC 61000-6-4。

应满足 IEC 标准中给出的技术要求。

5.2.2.2 谐波和闪烁

见表 16。

表 16 谐波和闪烁——低电压交流电源端口试验等级

频率范围/kHz	1 类环境限值	基础标准	2 类环境限值	基础标准
0～2	在基础标准中给出	IEC 61000-3-2 IEC 61000-3-3 IEC 61000-3-11 IEC 61000-3-12	无要求	—
适用性注：如果此变压器包含在 IEC 61000-3-11 的范围中，则可以使用该标准代替 IEC 61000-3-3。				

5.2.2.3 传导射频骚扰

见表 12～表 14。

5.2.2.4 辐射射频骚扰

见表 15。

6 环境规定

除了工作电压不超过 700 V 的 0 类 EUT 外，制造单位应对所有用于 1 类或 2 类环境条件的 EUT，在产品说明书中阐明其所适用的环境条件。此信息可分别在抗扰度和发射项目中阐明。

对于仅允许用于 2 类环境的 EUT，制造单位应在产品说明书中提出警告，即该变压器在 1 类环境中使用时，将会引起射频干扰。此时，应采取必要的减缓措施以衰减骚扰。

注：从抗干扰角度看，2 类环境所要求的严酷水平比 1 类环境严格。如从发射角度看，则 1 类环境所要求的严酷水平比 2 类环境严格。

附 录 A
（资料性附录）
与规范性引用的国际标准有一致性对应关系的我国标准

GB 4343.1—2009 家用电器、电动工具和类似器具的电磁兼容要求 第1部分：发射（IEC/CISPR 14-1:2005,IDT）

GB/T 6113.203—2008 无线电骚扰和抗扰度测量设备和测量方法规范 第2-3部分：无线电骚扰和抗扰度测量方法 辐射骚扰测量（IEC/CISPR 16-2-3:2003,IDT）

GB 9254—2008 信息技术设备的无线电骚扰限值和测量方法（IEC/CISPR 22:2006,IDT）

GB 17625.1—2003 电磁兼容 限值 谐波电流发射限值（设备每相输入电流≤16 A）（IEC 61000-3-2:2001,IDT）

GB 17625.2—2007 电磁兼容 限值 对每相额定电流≤16 A且无条件接入的设备在公用低压供电系统中产生的电压变化、电压波动和闪烁的限制（IEC 61000-3-3:2005,IDT）

GB/T 17626.2—2006 电磁兼容 试验和测量技术 静电放电抗扰度试验（IEC 61000-4-2:2001,IDT）

GB/T 17626.3—2006 电磁兼容 试验和测量技术 射频电磁场辐射抗扰度试验（IEC 61000-4-3:2002,IDT）

GB/T 17626.4—2008 电磁兼容 试验和测量技术 电快速瞬变脉冲群抗扰度试验（IEC 61000-4-4:2004,IDT）

GB/T 17626.5—2008 电磁兼容 试验和测量技术 浪涌（冲击）抗扰度试验（IEC 61000-4-5:2005,IDT）

GB/T 17626.6—2008 电磁兼容 试验和测量技术 射频场感应的传导骚扰抗扰度（IEC 61000-4-6:2006,IDT）

GB/T 17626.11—2008 电磁兼容 试验和测量技术 电压暂降、短时中断和电压变化的抗扰度试验（IEC 61000-4-11:2004,IDT）

GB 17799.3—2001 电磁兼容 通用标准 居住、商业和轻工业环境中的发射标准（IEC 61000-6-3:1996,IDT）

GB 17799.4—2001 电磁兼容 通用标准 工业环境中的发射标准（IEC 61000-6-4:1997,IDT）

GB 19212（所有部分） 电力变压器、电源装置、电抗器和类似产品的安全[IEC 61558(all parts)]

参 考 文 献

[1] IEC 60050-151:2001 International electrotechnical vocabulary—Part 151:Electrical and magnetic devices

[2] IEC 60065 Audio,video and similar electronic apparatus—Safety requirements

[3] IEC 60601-1 Medical electrical equipment—Part 1:General requirements for basic safety and essential performance

[4] IEC 60950-1 Information technology equipment—Security—Part 1:General requirements

[5] IEC 61010-1 Safety requirements for electrical equipment for measurement,control,and laboratory use—Part 1:General requirements

[6] IEC 61204-3 Low-voltage power supplies,d. c. output—Part 3:Electromagnetic compatibility (EMC)

[7] IEC 61347-1 Lamp controlgear—Part 1:General and safety requirements

[8] IEC 62040-2 Uninterruptible power systems(UPS)—Part 2:Electromagnetic compatibility (EMC) requirements

[9] IEC CISPR 11 Industrial,scientific and medical equipment—Radio-frequency disturbance characteristics—Limits and methods of measurement

ICS 29.180
K 41

中华人民共和国国家标准

GB/T 22072—2018
代替 GB/T 22072—2008

干式非晶合金铁心配电变压器技术参数和要求

Specifications and technical requirements for dry-type amorphous alloy core distribution transformers

2018-12-28 发布　　2019-07-01 实施

国家市场监督管理总局
中国国家标准化管理委员会　发布

前　言

本标准按照 GB/T 1.1—2009 给出的规则起草。

本标准代替 GB/T 22072—2008《干式非晶合金铁心配电变压器技术参数和要求》，与 GB/T 22072—2008 相比主要技术变化如下：

——对规范性引用文件进行了修改(见第 2 章)；

——对 10 kV 电压等级产品的空载电流和声级水平进行了调整(见 4.1 和 5.3，2008 年版的第 4 章和 5.11)；

——增加了 20 kV 和 35 kV 电压等级产品的性能参数及声级水平(见 4.2、4.3 和 5.3)。

本标准由中国电器工业协会提出。

本标准由全国变压器标准化技术委员会(SAC/TC 44)归口。

本标准起草单位：沈阳变压器研究院股份有限公司、上海沪光变压器有限公司、上海置信电气股份有限公司、机械工业北京电工技术经济研究所、广州中车骏发电气有限公司、国家电网公司华东分部、中国电力科学研究院有限公司、上海申通地铁集团有限公司技术中心、海鸿电气有限公司、特变电工湖南电气有限公司、山东电力设备有限公司、海南金盘智能科技股份有限公司、山东东辰节能电力设备有限公司、特变电工股份有限公司新疆变压器厂、浙江江山变压器股份有限公司、顺特电气设备有限公司、明珠电气股份有限公司、吴江变压器有限公司。

本标准主要起草人：章忠国、张显忠、龙晔、沙建国、凌健、郭振岩、樊建平、姜益民、付超、王晓保、梁庆宁、王士宝、赵永志、李辉、张春芳、房玉杰、姜振军、李霞、蔡定国、林灿华。

本标准所代替标准的历次版本发布情况为：

——GB/T 22072—2008。

干式非晶合金铁心配电变压器
技术参数和要求

1 范围

本标准规定了干式非晶合金铁心配电变压器的术语和定义、性能参数、技术要求、检验规则及方法、标志、包装、运输和贮存。

本标准适用于系统标称电压为 6 kV、10 kV、20 kV 及 35 kV 级，额定频率为 50 Hz，额定容量为 30 kVA～2 500 kVA，户内使用的三相干式非晶合金铁心无励磁调压配电变压器(以下简称“变压器”)。

其他额定容量的产品可参考使用本标准。

本标准不适用于充气式变压器。

2 规范性引用文件

下列文件对于本文件的应用是必不可少的。凡是注日期的引用文件，仅注日期的版本适用于本文件。凡是不注日期的引用文件，其最新版本(包括所有的修改单)适用于本文件。

GB/T 191 包装储运图示标志

GB/T 1094.1 电力变压器 第 1 部分：总则

GB/T 1094.10 电力变压器 第 10 部分：声级测定

GB/T 1094.11 电力变压器 第 11 部分：干式变压器

GB/T 1094.12 电力变压器 第 12 部分：干式电力变压器负载导则

GB/T 2828.1 计数抽样检验程序 第 1 部分：按接收质量限(AQL)检索的逐批检验抽样计划

GB/T 2900.95 电工术语 变压器、调压器和电抗器

GB/T 5273 高压电器端子尺寸标准化

GB/T 5465.2 电气设备用图形符号 第 2 部分：图形符号

JB/T 501 电力变压器试验导则

3 术语和定义

GB/T 1094.1、GB/T 1094.11 和 GB/T 2900.95 界定的以及下列术语和定义适用于本文件。

3.1

非晶合金 amorphous alloy

以铁、硅、硼、碳、钴等元素为原料，用急速冷却等特殊工艺使内部原子呈现无序化排列的合金。

3.2

非晶合金铁心 amorphous alloy core

用具有软磁特性的非晶合金带材制成的变压器铁心。

3.3

干式非晶合金铁心配电变压器 dry-type amorphous alloy core distribution transformer

以非晶合金铁心为导磁材料的干式配电变压器。

4 性能参数

4.1 6 kV、10 kV 级无励磁调压配电变压器(自冷)的额定容量、电压组合、联结组标号、空载损耗、负载损耗、空载电流及短路阻抗应符合表 1 的规定。

表 1 6 kV、10 kV 级无励磁调压配电变压器(自冷)性能参数

<table>
<tr><th rowspan="2">额定容量
kVA</th><th colspan="3">电压组合</th><th rowspan="2">联结组标号</th><th rowspan="2">空载损耗
kW</th><th colspan="3">不同绝缘耐热等级的负载损耗
kW</th><th rowspan="2">空载电流
%</th><th rowspan="2">短路阻抗
%</th></tr>
<tr><th>高压
kV</th><th>高压分接范围
%</th><th>低压
kV</th><th>130 级(B)
(100 ℃)</th><th>155 级(F)
(120 ℃)</th><th>180 级(H)
(145 ℃)</th></tr>
<tr><td>30</td><td rowspan="22">6
6.3
6.6
10
10.5
11</td><td rowspan="6">±2.5
±5</td><td rowspan="22">0.4</td><td rowspan="22">Dyn11</td><td>0.070</td><td>0.670</td><td>0.710</td><td>0.760</td><td>0.60</td><td rowspan="12">4.0</td></tr>
<tr><td>50</td><td>0.090</td><td>0.940</td><td>1.00</td><td>1.07</td><td>0.50</td></tr>
<tr><td>80</td><td>0.120</td><td>1.29</td><td>1.38</td><td>1.48</td><td>0.50</td></tr>
<tr><td>100</td><td>0.130</td><td>1.48</td><td>1.57</td><td>1.69</td><td>0.50</td></tr>
<tr><td>125</td><td>0.150</td><td>1.74</td><td>1.85</td><td>1.98</td><td>0.40</td></tr>
<tr><td>160</td><td>0.170</td><td>2.00</td><td>2.13</td><td>2.28</td><td>0.40</td></tr>
<tr><td>200</td><td rowspan="16">±2×2.5
±5</td><td>0.200</td><td>2.37</td><td>2.53</td><td>2.71</td><td>0.40</td></tr>
<tr><td>250</td><td>0.230</td><td>2.59</td><td>2.76</td><td>2.96</td><td>0.40</td></tr>
<tr><td>315</td><td>0.280</td><td>3.27</td><td>3.47</td><td>3.73</td><td>0.30</td></tr>
<tr><td>400</td><td>0.310</td><td>3.75</td><td>3.99</td><td>4.28</td><td>0.30</td></tr>
<tr><td>500</td><td>0.360</td><td>4.59</td><td>4.88</td><td>5.23</td><td>0.30</td></tr>
<tr><td>630</td><td>0.420</td><td>5.53</td><td>5.88</td><td>6.29</td><td>0.30</td></tr>
<tr><td>630</td><td>0.410</td><td>5.61</td><td>5.96</td><td>6.40</td><td>0.30</td><td rowspan="7">6.0</td></tr>
<tr><td>800</td><td>0.480</td><td>6.55</td><td>6.96</td><td>7.46</td><td>0.30</td></tr>
<tr><td>1 000</td><td>0.550</td><td>7.65</td><td>8.13</td><td>8.76</td><td>0.20</td></tr>
<tr><td>1 250</td><td>0.650</td><td>9.10</td><td>9.69</td><td>10.3</td><td>0.20</td></tr>
<tr><td>1 600</td><td>0.760</td><td>11.0</td><td>11.7</td><td>12.5</td><td>0.20</td></tr>
<tr><td>2 000</td><td>1.00</td><td>13.6</td><td>14.4</td><td>15.5</td><td>0.20</td></tr>
<tr><td>2 500</td><td>1.20</td><td>16.1</td><td>17.1</td><td>18.4</td><td>0.20</td></tr>
<tr><td>1 600</td><td>0.760</td><td>12.2</td><td>12.9</td><td>13.9</td><td>0.20</td><td rowspan="3">8.0</td></tr>
<tr><td>2 000</td><td>1.00</td><td>15.0</td><td>15.9</td><td>17.1</td><td>0.20</td></tr>
<tr><td>2 500</td><td>1.20</td><td>17.7</td><td>18.8</td><td>20.2</td><td>0.20</td></tr>
<tr><td colspan="11">注 1：表中所列的负载损耗为不同绝缘耐热等级在括号内参考温度(见 GB/T 1094.11 的规定)下的值，表中未包括的其他绝缘耐热等级的负载损耗可根据各自的参考温度，以“155 级(F)”绝缘耐热等级的数据作参考进行相应的折算。
注 2：当采用其他联结组标号或其他分接范围时，具体要求可由制造方与用户协商确定。</td></tr>
</table>

4.2 20 kV 级无励磁调压配电变压器(自冷)的额定容量、电压组合、联结组标号、空载损耗、负载损耗、空载电流及短路阻抗应符合表 2 的规定。

表 2 20 kV 级无励磁调压配电变压器(自冷)性能参数

<table>
<tr><th rowspan="3">额定容量
kVA</th><th colspan="3">电压组合</th><th rowspan="3">联结组标号</th><th rowspan="3">空载损耗
kW</th><th colspan="3">不同绝缘耐热等级的负载损耗
kW</th><th rowspan="3">空载电流
%</th><th rowspan="3">短路阻抗
%</th></tr>
<tr><th rowspan="2">高压
kV</th><th rowspan="2">高压分接范围
%</th><th rowspan="2">低压
kV</th><th>130 级(B)</th><th>155 级(F)</th><th>180 级(H)</th></tr>
<tr><th>(100 ℃)</th><th>(120 ℃)</th><th>(145 ℃)</th></tr>
<tr><td>50</td><td rowspan="18">20
22
24</td><td rowspan="3">±2.5
±5</td><td rowspan="18">0.4</td><td rowspan="18">Dyn11</td><td>0.110</td><td>1.16</td><td>1.23</td><td>1.31</td><td>0.70</td><td rowspan="15">6.0</td></tr>
<tr><td>100</td><td>0.170</td><td>1.87</td><td>1.99</td><td>2.13</td><td>0.70</td></tr>
<tr><td>160</td><td>0.210</td><td>2.33</td><td>2.47</td><td>2.64</td><td>0.60</td></tr>
<tr><td>200</td><td rowspan="15">±2×2.5
±5</td><td>0.230</td><td>2.77</td><td>2.94</td><td>3.14</td><td>0.60</td></tr>
<tr><td>250</td><td>0.260</td><td>3.22</td><td>3.42</td><td>3.66</td><td>0.50</td></tr>
<tr><td>315</td><td>0.300</td><td>3.85</td><td>4.08</td><td>4.36</td><td>0.50</td></tr>
<tr><td>400</td><td>0.360</td><td>4.56</td><td>4.84</td><td>5.18</td><td>0.50</td></tr>
<tr><td>500</td><td>0.410</td><td>5.46</td><td>5.79</td><td>6.19</td><td>0.50</td></tr>
<tr><td>630</td><td>0.480</td><td>6.45</td><td>6.84</td><td>7.32</td><td>0.50</td></tr>
<tr><td>800</td><td>0.550</td><td>7.79</td><td>8.26</td><td>8.84</td><td>0.40</td></tr>
<tr><td>1 000</td><td>0.640</td><td>9.22</td><td>9.78</td><td>10.4</td><td>0.40</td></tr>
<tr><td>1 250</td><td>0.740</td><td>10.8</td><td>11.5</td><td>12.3</td><td>0.40</td></tr>
<tr><td>1 600</td><td>0.860</td><td>13.0</td><td>13.8</td><td>14.8</td><td>0.30</td></tr>
<tr><td>2 000</td><td>1.06</td><td>15.4</td><td>16.3</td><td>17.5</td><td>0.30</td></tr>
<tr><td>2 500</td><td>1.29</td><td>18.2</td><td>19.3</td><td>20.7</td><td>0.30</td></tr>
<tr><td>1 600</td><td>0.860</td><td>14.3</td><td>15.2</td><td>16.3</td><td>0.30</td><td rowspan="3">8.0</td></tr>
<tr><td>2 000</td><td>1.06</td><td>16.8</td><td>17.8</td><td>19.1</td><td>0.30</td></tr>
<tr><td>2 500</td><td>1.29</td><td>20.0</td><td>21.2</td><td>22.7</td><td>0.30</td></tr>
<tr><td colspan="11">注 1：表中所列的负载损耗为不同绝缘耐热等级在括号内参考温度(见 GB/T 1094.11 的规定)下的值，表中未包括的其他绝缘耐热等级的负载损耗可根据各自的参考温度，以“155 级(F)”绝缘耐热等级的数据作参考进行相应的折算。
注 2：当采用其他联结组标号或其他分接范围时，具体要求可由制造方与用户协商确定。</td></tr>
</table>

4.3 35 kV 级无励磁调压配电变压器(自冷)的额定容量、电压组合、联结组标号、空载损耗、负载损耗、空载电流及短路阻抗应符合表 3 的规定。

表 3　35 kV 级无励磁调压配电变压器(自冷)性能参数

<table>
<tr><th rowspan="2">额定
容量
kVA</th><th colspan="3">电压组合</th><th rowspan="2">联结组
标号</th><th rowspan="2">空载
损耗
kW</th><th colspan="3">不同绝缘耐热等级的负载损耗
kW</th><th rowspan="2">空载
电流
%</th><th rowspan="2">短路
阻抗
%</th></tr>
<tr><th>高压
kV</th><th>高压
分接范围
%</th><th>低压
kV</th><th>130 级(B)
(100 ℃)</th><th>155 级(F)
(120 ℃)</th><th>180 级(H)
(145 ℃)</th></tr>
<tr><td>50</td><td rowspan="18">33
35
36
37
38.5</td><td rowspan="3">±2.5
±5</td><td rowspan="18">0.4</td><td rowspan="18">Dyn11</td><td>0.150</td><td>1.34</td><td>1.42</td><td>1.52</td><td>0.90</td><td rowspan="15">6.0</td></tr>
<tr><td>100</td><td>0.200</td><td>1.97</td><td>2.09</td><td>2.23</td><td>0.90</td></tr>
<tr><td>160</td><td>0.240</td><td>2.65</td><td>2.81</td><td>3.00</td><td>0.80</td></tr>
<tr><td>200</td><td rowspan="15">±2×2.5
±5</td><td>0.280</td><td>3.13</td><td>3.32</td><td>3.55</td><td>0.80</td></tr>
<tr><td>250</td><td>0.310</td><td>3.58</td><td>3.80</td><td>4.06</td><td>0.70</td></tr>
<tr><td>315</td><td>0.370</td><td>4.25</td><td>4.51</td><td>4.82</td><td>0.70</td></tr>
<tr><td>400</td><td>0.430</td><td>5.10</td><td>5.41</td><td>5.79</td><td>0.60</td></tr>
<tr><td>500</td><td>0.500</td><td>6.27</td><td>6.65</td><td>7.11</td><td>0.60</td></tr>
<tr><td>630</td><td>0.580</td><td>7.25</td><td>7.69</td><td>8.23</td><td>0.60</td></tr>
<tr><td>800</td><td>0.680</td><td>8.60</td><td>9.12</td><td>9.76</td><td>0.50</td></tr>
<tr><td>1 000</td><td>0.750</td><td>9.86</td><td>10.4</td><td>11.1</td><td>0.50</td></tr>
<tr><td>1 250</td><td>0.880</td><td>12.0</td><td>12.7</td><td>13.6</td><td>0.50</td></tr>
<tr><td>1 600</td><td>1.00</td><td>14.6</td><td>15.4</td><td>16.5</td><td>0.40</td></tr>
<tr><td>2 000</td><td>1.25</td><td>17.2</td><td>18.2</td><td>19.5</td><td>0.40</td></tr>
<tr><td>2 500</td><td>1.48</td><td>20.6</td><td>21.8</td><td>23.3</td><td>0.40</td></tr>
<tr><td>1 600</td><td>1.00</td><td>16.0</td><td>17.0</td><td>18.2</td><td>0.40</td><td rowspan="3">8.0</td></tr>
<tr><td>2 000</td><td>1.25</td><td>19.0</td><td>20.1</td><td>21.5</td><td>0.40</td></tr>
<tr><td>2 500</td><td>1.48</td><td>22.7</td><td>24.0</td><td>25.7</td><td>0.40</td></tr>
<tr><td colspan="11">注 1：表中所列的负载损耗为不同绝缘耐热等级在括号内参考温度(见 GB/T 1094.11 的规定)下的值，表中未包括的其他绝缘耐热等级的负载损耗可根据各自的参考温度，以“155 级(F)”绝缘耐热等级的数据作参考进行相应的折算。
注 2：当采用其他联结组标号或其他分接范围时，具体要求可由制造方与用户协商确定。</td></tr>
</table>

5　技术要求

5.1　按本标准制造的变压器应符合 GB/T 1094.11 和 GB/T 1094.12 的规定。

5.2　变压器组、部件的设计、制造及检验等应符合相关标准的要求。

5.3　绕组直流电阻不平衡率应满足：相为不大于 4%，线为不大于 2%。如果由于线材及引线结构等原因而使绕组直流电阻不平衡率超过上述值时，除应在例行试验记录中记录实测值外，尚应写明引起这一偏差的原因。使用单位应与同温度下的例行试验实测值进行比较，其偏差应不大于 2%。

绕组直流电阻不平衡率应以三相实测最大值减最小值作分子，三相实测平均值作分母计算。

对所有引出的相应端子间的电阻值均应进行测量比较。

5.4 6 kV、10 kV 级无励磁调压配电变压器(自冷)的声级水平应符合表 4 的规定。20 kV、35 kV 级无励磁调压配电变压器(自冷)的声级水平应符合表 5 的规定。

5.5 变压器的绝缘电阻值由制造方与用户在订货时协商确定。

5.6 变压器的接地装置应有防锈层及明显的接地标志。

5.7 变压器一次和二次引线的接线端子应符合 GB/T 5273 的规定。

5.8 变压器防止直接接触的保护标志应符合 GB/T 5465.2 的规定。

5.9 变压器的铁心和金属件应有防腐蚀的保护层。

5.10 变压器应装有底脚,其上应设有安装用的定位孔,孔中心距(横向尺寸)为 300 mm、400 mm、550 mm、660 mm、820 mm 及 1 070 mm;如使用单位要求装有滚轮时,轮中心距(横向尺寸)为 550 mm、660 mm、820 mm 及 1 070 mm。如对纵向尺寸有要求时,也可按横向尺寸数值选取。

表 4 6 kV、10 kV 级无励磁调压配电变压器(自冷)声功率级限值

额定容量 kVA	声功率级 dB(A)
30	60
50	
80	62
100	
125	63
160	
200	64
250	
315	66
400	
500	67
630	68
800	69
1 000	
1 250	71
1 600	72
2 000	74
2 500	75

注 1:声功率级是由声压级或声强级的实测值按 GB/T 1094.10 的规定换算得出的。

注 2:特殊条件下的声级水平可由制造方与用户协商确定。

表 5　20 kV、35 kV 级无励磁调压配电变压器(自冷)声功率级限值

<table>
<tr><th>额定容量
kVA</th><th>声功率级
dB(A)</th></tr>
<tr><td>50</td><td>62</td></tr>
<tr><td>100</td><td>64</td></tr>
<tr><td>160</td><td>65</td></tr>
<tr><td>200</td><td rowspan="2">66</td></tr>
<tr><td>250</td></tr>
<tr><td>315</td><td rowspan="2">68</td></tr>
<tr><td>400</td></tr>
<tr><td>500</td><td>69</td></tr>
<tr><td>630</td><td>71</td></tr>
<tr><td>800</td><td rowspan="2">73</td></tr>
<tr><td>1 000</td></tr>
<tr><td>1 250</td><td rowspan="2">75</td></tr>
<tr><td>1 600</td></tr>
<tr><td>2 000</td><td rowspan="2">77</td></tr>
<tr><td>2 500</td></tr>
<tr><td colspan="2">注 1：声功率级是由声压级或声强级的实测值按 GB/T 1094.10 的规定换算得出的。
注 2：特殊条件下的声级水平可由制造方与用户协商确定。</td></tr>
</table>

5.11　变压器应具有承受整体总质量的起吊装置。

5.12　根据用户要求，可在变压器上装设监测其运行温度的装置。

5.13　变压器在短路电流冲击前、后的空载损耗增量应不超过 15%。

6　检验规则及方法

6.1　变压器的试验包括例行试验、型式试验和特殊试验，具体见 GB/T 1094.11。此外，6.2～6.4 所列的试验为补充的例行试验。

6.2　应对变压器进行绕组直流电阻不平衡率测量，试验方法按 JB/T 501 的规定。测量结果应满足 5.3 的要求。

6.3　变压器出厂前应对其进行绝缘电阻测量，并提供绝缘电阻实测值(包括测量时的温度及相对湿度)，试验方法按 JB/T 501 的规定。

6.4　变压器出厂前应抽样进行声级测定，抽样方法由制造方与用户按照 GB/T 2828.1 的规定协商确定，声级测定方法应符合 GB/T 1094.10 的要求。

7　标志、包装、运输和贮存

7.1　变压器各绕组应有相应的接线端子标志，所有标志应牢固且耐腐蚀。

7.2 变压器包装箱外壁的文字与标志应耐受风吹日晒，不应因雨水冲刷而模糊不清，其内容应包括：

a) 制造单位名称；

b) 收货单位名称及地址；

c) 产品名称及型号；

d) 毛质量和变压器总质量；

e) 包装箱外形尺寸；

f) 包装箱储运指示标志(其中“向上”“防湿”“小心轻放”“由此吊起”等应符合 GB/T 191 的规定)。

7.3 随变压器装箱的文件应包括：

a) 装箱单；

b) 铭牌标志图；

c) 外形尺寸图；

d) 产品合格证书(包括例行试验数据)；

e) 产品使用说明书。

7.4 变压器在运输和贮存期间应防止受潮。

ICS 29.130.10
K 43

中华人民共和国国家标准

GB/T 22382—2017
代替 GB/T 22382—2008

额定电压72.5 kV及以上气体绝缘金属封闭开关设备与电力变压器之间的直接连接

Direct connection between power transformers and gas-insulated metal-enclosed switchgear for rated voltages of 72.5 kV and above

(IEC 62271-211:2014,High-voltage switchgear and controlgear—Part 211:Direct connection between power transformers and gas-insulated metal-enclosed switchgear for rated voltages above 52 kV,MOD)

2017-07-12 发布　　　　2018-02-01 实施

中华人民共和国国家质量监督检验检疫总局
中国国家标准化管理委员会　发布

前　言

本标准按照 GB/T 1.1—2009 给出的规则起草。

本标准代替 GB/T 22382—2008《额定电压 72.5 kV 及以上气体绝缘金属封闭开关设备与电力变压器之间的直接连接》，与 GB/T 22382—2008 相比，主要技术变化如下：

——范围中增加了“三相直接连接”和“变压器”；

——术语和定义增加了“绝缘连接”和“普氏密度”；

——额定值中增加了“额定频率 f_r”、“额定热短时电流 I_{th}”、“额定动稳定电流 I_d”和“额定持续时间 t_{th}”；

——设计和结构中增加了“气体和真空密封”和“水平和垂直位移”；

——设计和结构中“标准尺寸和特殊要求”更改为“标准尺寸和公差”；

——型式试验中增加了“三相外壳变压器连接的绝缘试验”和“气体密封试验”；

——增加了“产品对环境的影响”一章；

——表 1 中增加了“额定电压 800 kV”作用在套管法兰和变压器上的力矩和力的相关参数；

——表 2 中增加了“额定雷电冲击耐受电压(峰值)800 kV”标准尺寸的相关参数。

本标准使用重新起草法修改采用 IEC 62271-211:2014《高压开关设备和控制设备　第 211 部分：额定电压 52 kV 以上气体绝缘金属封闭开关设备与电力变压器之间的直接连接》。

本标准与 IEC 62271-211:2014 的技术性差异及其原因如下：

——关于规范性引用文件，本标准做了具有技术性差异的调整，以适应我国的技术条件，调整的情况集中反映在 1.2“规范性引用文件”中，具体调整如下：

- 用修改采用国际标准的 GB/T 1094 代替了 IEC 60076(见 6.1、A.1)；
- 用等同采用国际标准的 GB/T 2900.8—2009 代替了 IEC 60050-471:2007(见 3.1/3.2)；
- 用修改采用国际标准的 GB/T 4109—2008 代替了 IEC 60137 Ed.6.0(见第 4 章、5.4、5.5、第 9 章)；
- 用修改采用国际标准的 GB/T 7674—2008 代替了 IEC 62271-203(见 4.3、4.5、5.2、5.3)；
- 用修改采用国际标准的 GB/T 11022—2011 代替了 IEC 62271-1:2007(见第 2 章、第 3 章、第 4 章、第 6 章、第 7 章、第 10 章、第 11 章、第 12 章)；
- 用修改采用国际标准的 GB 13540—2009 代替了 IEC 62271-2:2003(见 5.4)；

——根据我国电网实际情况，删除了 IEC 62271-211:2014 中的额定频率 60 Hz 的有关内容(见 1.1)；

——删除了与我国电网无关的额定电压值，按照 GB/T 11022—2011 中所列的电压给出。但是对 1 100 kV的这种连接装置，由于相关要求目前尚不明确，故本标准中这部分内容暂时空缺(见 4.2)；

——将 IEC 62271-211:2014 的第 5 章中“非线性电阻的数值和特性应由开关设备制造商确定”删去，因为它不能由开关设备制造商单方面确定；

——将 IEC 62271-211:2014 图 2 中的尺寸、形位公差、基准的注法按我国机械制图标准作了修改。并且，为保证密封性能，将该图中的密封面的表面粗糙度由 $Ra\ \overset{6.3}{\bigtriangledown}\!\!/$ 改为 $\overset{3.2\max}{\bigtriangledown}\!\!/$；

——基于 IEC 62271-211:2014 的图 2 的表的内容，根据我国相关标准，对该表中的额定雷电冲击耐受电压(峰值)具体明确如下：额定电压 72.5 kV 时为 325 kV、380 kV；额定电压 126 kV 时为 550 kV；额定电压 252 kV 时为 1 050 kV；额定电压 363 kV 时为 1 175 kV；额定电压

550 kV时为1 550 kV；额定电压800 kV时为2 100 kV。并将该表中的尺寸按我国机械制图标准的注法作了修改。

与IEC 62271-211：2014相比，本标准做了下列编辑性修改：

——将IEC 62271-211：2014标题中的额定电压由“52 kV以上”改为“72.5kV及以上”；

——将IEC 62271-211：2014的5.1“供应方界限”移至本标准的附录A中；

——将IEC 62271-211：2014的第8章“标准尺寸和公差”移至本标准的5.8中；

——将IEC 62271-211：2014的图1拆分成本标准的图1和表A.1，图2、图3和图4拆分成本标准的图2、图3和图4和表2、表3和表4。

请注意本文件的某些内容可能涉及专利。本文件的发布机构不承担识别这些专利的责任。

本标准由中国电器工业协会提出。

本标准由全国高压开关设备标准化技术委员会(SAC/TC 65)归口。

本标准起草单位：新东北电气集团高压开关有限公司、西安高压电器研究院有限责任公司、西安西电开关电气有限公司、西安西电高压开关有限责任公司、机械工业高压电器设备质量检测中心、特变电工沈阳电气技术研究院有限公司、北京北开电气股份有限公司、特变电工中发上海高压开关有限公司、ABB(中国)有限公司、日升集团有限公司、厦门ABB高压开关有限公司、浙江开关厂有限公司、浙江时通电气制造有限公司、平高集团有限公司、山东泰开高压开关有限公司、益和电气集团股份有限公司、上海思源高压开关有限公司。

本标准主要起草人：吴文海、张勐、田恩文、陈国顺、张实、孟迪、戴通令、元复兴、张晋波、李强、侯平印、王传川、南振乐、杨英杰、张姝、尹弘彦、孙荣春、王松、樊建荣、林爱民、高二平、周庆清、叶树新、阎关星、王向克、汪建成、孔祥冲、袁志兵。

本标准所代替标准的历次版本发布情况为：

——GB/T 22382—2008。

额定电压 72.5 kV 及以上气体绝缘金属封闭开关设备与电力变压器之间的直接连接

1 概述

1.1 范围

本标准规定了额定电压 72.5 kV 及以上、额定频率为 50 Hz 的气体绝缘金属封闭开关设备与电力变压器之间的直接连接的使用条件、额定值、设计和结构、试验、随询问单、标书和订单提供的资料、运输、储存、安装、运行和维护规则、产品对环境的影响、供应方的界限等。

本标准适用于额定电压 72.5 kV 及以上的气体绝缘金属封闭开关设备(GIS)和电力变压器间的单相和三相直接连接,目的是确立变压器连接的电气和机械的互换性以及供应方界限。

直接连接的一端浸在变压器油或绝缘气体中,另一端浸在开关设备的绝缘气体中。

变压器可分为单相封闭布置的单相变压器、带有三个变压器套管的三个单相封闭布置或三相封闭布置的三相变压器。

本标准满足 GB/T 7674—2008 气体绝缘金属封闭开关设备、GB 1094 系列电力变压器以及 GB/T 4109完全浸入式套管的要求。

为了便于本标准的使用,术语"开关设备"系指"气体绝缘金属封闭开关设备"。

1.2 规范性引用文件

下列文件对于本文件的应用是必不可少的。凡是注日期的引用文件,仅注日期的版本适用于本文件。凡是不注日期的引用文件,其最新版本(包括所有的修改单)适用于本文件。

GB/T 1094(所有部分) 电力变压器[IEC 60076(所有部分)]

GB/T 2900.8—2009 电工术语 绝缘子(IEC 60050-471:2007,IDT)

GB/T 4109—2008 交流电压高于 1 000 V 的绝缘套管(IEC 60137 Ed.6.0,MOD)

GB/T 7674—2008 额定电压 72.5 kV 及以上气体绝缘金属封闭开关设备(IEC 62271-203:2003,MOD)

GB/T 11022—2011 高压开关设备和控制设备标准的共用技术要求(IEC 62271-1:2007,MOD)

GB/T 13540—2009 高压开关设备和控制设备的抗震要求(IEC 62271-2:2003,MOD)

IEC 61936-1:2007 交流电压高于 1 000 V 的电力装置 第1部分:通用规则(Power installations exceeding 1kV a.c.—Part1:Common rules)

2 正常和特殊使用条件

GB/T 11022—2011 的第 2 章适用。

3 术语和定义

GB/T 2900.8—2009 和 GB/T 11022—2011 界定的以及下列术语和定义适用于本文件。为了便于使用,以下重复列出了某些术语和定义。

3.1

套管　bushing

可以使一根导体穿过变压器箱体并使导体与变压器箱体绝缘的装置。与箱体连接的装置(法兰或固定装置)属于套管的零部件。

注：改写 GB/T 2900.8—2009 的定义 471-02-01。

3.2

完全浸入式套管　completely immersed bushing

两端均浸在周围空气以外的绝缘介质(例如油或气体)中的套管。

注：改写 GB/T 2900.8—2009 的定义 471-02-04。

3.3

气体绝缘开关设备的外壳　gas-insulated switchgear enclosure

气体绝缘金属封闭开关设备的部件,它保持处于规定条件下的绝缘气体以安全地维持要求的绝缘水平,保护设备免受外部影响并对人员提供安全防护。

[GB/T 7674—2008,定义 3.103]

3.4

主回路末端　main circuit end terminal(见图 1 中的序号 1)

形成连接界面部分的气体绝缘金属封闭开关设备的主回路的部件。

3.5

与变压器连接的外壳　transformer connection enclosure(见图 1 中的序号 6)

容纳装在电力变压器上的完全浸入式套管的一端和主回路末端的气体绝缘金属封闭开关设备的部件。

3.6

最高运行气体压力　maximum operating gas pressure

在最高周围空气温度下,开关设备-电力变压器连接装置承载其额定电流运行时,浸入式套管一端的气体绝缘介质的最高压力。

3.7

外壳的设计压力　design pressure of the enclosure

用来确定外壳设计的相对压力。

注 1：它至少应等于在规定的最严酷使用条件下绝缘气体所能达到的最高温度时外壳内部的最高压力。

注 2：改写 GB/T 7674—2008 的定义 3.113。

3.8

绝缘用的额定充入压力 p_{re}(或密度 ρ_{re})　rated filling pressure p_{re} for insulation(or density ρ_{re})

在投运前充入总装的绝缘压力(Pa),折算到+20 ℃和 101.3 kPa 标准大气条件下,可以用相对压力或绝对压力表示。

注：改写 GB/T 11022—2011 的定义 3.6.5.1。

3.9

绝缘用的最低功能压力 p_{me}(或密度 ρ_{me})　minimum functional pressure p_{me} for insulation(or density ρ_{me})

用 Pa 表示的用于绝缘的压力(或密度),大于或等于此压力时开关设备和电力变压器连接保持其额定特性,折算到+20 ℃、101.3 kPa 的标准大气条件下,可以用相对压力或绝对压力表示。

注：改写 GB/T 11022—2011 的定义 3.6.5.5。

3.10

绝缘连接　insulated junction

使变压器与开关设备绝缘的所有部件,包括但不限于绝缘法兰。

3.11

普氏密度　proctor density

与土壤的含水量及给定夯实强度有关的土壤的湿度-密度关系。

4　额定值

4.1　概述

开关设备与电力变压器直接连接的额定值组成如下：

a)　额定电压(U_r)；
b)　额定绝缘水平；
c)　额定频率(f_r)；
d)　额定电流(I_r)和温升；
e)　额定短时耐受电流(I_k)和额定热短时电流(I_{th})；
f)　额定峰值耐受电流(I_p)和额定动稳定电流(I_d)；
g)　额定短路持续时间(t_k)和额定持续时间(t_{th})；
h)　绝缘用气体的额定充入压力(p_{re})；

4.2　额定电压(U_r)

额定电压应为开关设备的额定电压，并从下列标准值(kV)中选择：

72.5，126，252，363，550，800，1 100。

4.3　额定绝缘水平

与变压器连接的外壳的GIS部件的额定绝缘水平应符合GB 7674—2008的4.3。变压器套管的额定绝缘水平应符合GB/T 4109—2008的4.9。

注：根据相关标准，变压器可以按另外的绝缘水平值进行试验。

直接连接的额定绝缘水平至少要满足GB 7674—2008的要求。

4.4　额定频率(f_r)

GB/T 11022—2011的4.4适用。

4.5　额定电流(I_r)和温升

图2与表2中规定的连接界面的尺寸允许额定电流的最大值为3 150 A。GB/T 4109—2008的4.2已列入这个最大值。该连接界面如图1中的序号3和序号4。

为保证互换性，连接界面的接触表面应该镀银或镀铜，或为裸铜。

对于额定电流，开关设备和电力变压器间的连接应设计成与变压器连接的外壳和连接界面的温度不超过GB/T 7674—2008的4.5中给定的值。

4.6　额定短时耐受电流(I_k)和额定热短时电流(I_{th})

与变压器连接的GIS部件的额定短时耐受电流应符合GB/T 11022—2011的4.6；套管的额定热短时电流应符合GB/T 4109—2008的4.3。

推荐GIS的额定短时耐受电流和套管的额定热短时电流使用相同值。

4.7　额定峰值耐受电流(I_p)和额定动稳定电流(I_d)

与变压器连接的GIS部件的额定峰值耐受电流应符合GB/T 11022—2011的4.7；套管的额定动稳

定电流应符合 GB/T 4109—2008 的 4.4。

推荐 GIS 的额定峰值耐受电流和套管的额定动稳定电流使用相同值。

4.8 额定短路持续时间(t_k)和额定持续时间(t_{th})

与变压器连接的 GIS 部件的额定短路电流持续时间应符合 GB/T 11022—2011 的 4.8;套管的额定持续时间应符合 GB/T 4109—2008 的 4.3。

推荐 GIS 的额定短路电流持续时间和套管的额定持续时间使用相同值。

4.9 绝缘用气体的额定充入压力(p_{re})

绝缘用气体的额定充入压力 p_{re}应由开关设备制造商规定。

如果使用 SF_6 作为绝缘气体,则用于确定变压器套管绝缘设计的供绝缘用的最低功能压力 p_{me},对于 72.5 kV～800 kV 整个范围内不应高于 0.25 MPa(20 ℃,表压)。

对于更高的额定雷电冲击耐受电压(BIL),最低功能压力可提高。

如果使用另一种不同于 SF_6 的气体或混合气体,所选的最低功能压力应具有相同的绝缘强度,且最低功能压力应低于最高运行压力和外壳设计压力。

5 设计和结构

5.1 概述

气体绝缘金属封闭开关设备和电力变压器之间典型的直接连接见图 1。

5.2 压力耐受要求

用于确定套管机械强度的最高运行气体压力应至少为 0.75 MPa(20 ℃,表压)。

与变压器连接的外壳和所有承压连接部件应满足 GB/T 7674—2008 的 5.103 的要求,其设计压力由开关设备制造商按 GB/T 7674—2008 的 5.103.2 确定。

与变压器连接的外壳的设计压力应低于用来确定套管机械强度的最高运行气体压力。

5.3 气体和真空密封

GB/T 7674—2008 的 5.15 适用于下列情况。

在最高运行气体压力下,套管应阻止绝缘介质(如气体)扩散到变压器内。

套管应阻止绝缘介质(如气体或油)进入 GIS。

当与变压器连接的外壳抽真空时,作为充气过程的一部分,套管应能耐受真空条件;当变压器抽真空时,作为充气或充油过程的一部分,套管也应能耐受真空条件。

在使用气体绝缘变压器的情况下,变压器气体隔室应与开关设备完全分隔并独立控制。

5.4 作用在连接界面上的机械力

在连接界面处(图 1 的序号 3 和序号 4)作用于套管的正常负荷由 GB/T 4109—2008 的表 1 中等级Ⅰ给出(见悬臂运行负荷);无论径向或轴向作用于连接界面上,最小正常负荷不应小于 2 kN。

GB/T 4109—2008 的表 1 给出了套管安装成与垂线夹角≤30°的值。

如果连接界面需要更高的正常负荷,应从 GB/T 4109—2008 的表 1 中等级Ⅱ(重负荷)选择。

对于如短路电流或地震的异常负荷,应采用 GB/T 4109—2008 的表 1 悬臂试验负荷中的等级Ⅱ。

针对地震要求,有必要进行地震计算以确定机械加强位置,见 GB/T 13540—2009 。

开关制造商应保证不会超出规定的额定负荷，或者与套管制造商就套管可以耐受更高的负荷达成共识。

考虑到在套管两端相与地间以及三相共箱的相间出现的最大短路负荷，变压器制造商有责任选择合适的套管。

在 GIS 与变压器有不同耐受电流的情况下，可采用更高的耐受电流。

5.5 作用在套管法兰上的机械力

除了要承受 5.2 中规定的最高运行气体压力外，与变压器连接的外壳相连的套管法兰在运行中还要承受下列负荷：

——不由开关设备本身的支撑结构承受的开关设备的重量部分；

——如果适用，不由开关设备本身的支撑结构承受的风力负荷部分；

——由变压器箱体的温度变化产生的膨胀或收缩应力。

考虑到出现的最低环境温度(例如变压器停止运行)和运行中变压器箱体出现的最高平均温度(例如一般 90 ℃，参考温度为 20 ℃)，对变压器箱体这些热应力的准确估算应基于变压器箱体材料的热膨胀系数。变压器材料低碳钢的热膨胀系数为 12×10^{-6}/K。假定变压器每天进行一次膨胀和收缩循环。

注 1：假定开关设备和变压器未连接，不考虑排放变压器油或抽空变压器箱体所产生的高度或位置的变化。

其他的膨胀和收缩循环需由用户提供给 GIS 制造商。

这些负荷同时作用时，在套管法兰的中心处产生：

——弯矩 M_0；

——剪切力 F_t；

——拉力或压力 F_a。

运行时，套管和变压器应该能够承受表 1 中规定的 M_0、F_t 和 F_a 值，并且开关设备制造商应保证不超过这些值。

异常负荷(如短路、安装或地震)应是表 1 中正常负荷的 2 倍。

注 2：按表 1 中给出的由开关设备外壳施加在变压器套管法兰上的力，远大于由按照 GB/T 4109—2008、具有相同额定值的户外浸入式套管施加的这些力。无论在开关设备或变压器侧有无补偿元件，这些力取决于开关设备的布置。

注 3：正常负荷与异常负荷的比率应与 GB/T 4109—2008 表 1 中悬臂运行负荷与悬臂试验负荷的比率的相关要求一致。

表 1 作用在套管法兰和变压器上的力矩和力

额定电压 U_r kV	弯矩 M_0 kN·m	剪切力 F_t kN	拉力或压力 F_a kN
72.5	5	7	4
126	10	10	5
252	20	14	7
363～550	40	20	10
800	40	20	10
注：额定电压 1 100 kV 的数据正在考虑中。			

针对地震要求，有必要进行地震计算以确定机械加强位置，见 GB/T 13540—2009。

5.6 水平和垂直位移

通过合适的土建设计可避免变压器和开关设备基础间的相对位移。

在直接连接的设计中，应考虑到运行期间变压器和开关设备基础间出现最大 5 mm 的相对垂直沉降。

变压器和开关设备基础下的地基应夯实到 100%的普氏密度，目的是满足变压器和开关设备基础间最大 5 mm 的垂直沉降的要求。

本标准中不包括由地震活动引起的不同基础的相对位移。考虑到基础相对转动和倾斜仅在地震期间发生，所以二者也不在本标准范围内。

注：如果把充油后未连接开关设备的变压器安装在基础上并静置两周，则能避免变压器基础相对于开关设备的大部分垂直沉降。

5.7 振动

励磁的变压器内部产生的振动通过变压器的油和箱壁传递给刚性固定在该箱壁上的套管和开关设备。开关设备制造商和变压器制造商应就这些振动达成共识。

注：变压器会在多倍电网频率下产生振动。

5.8 标准尺寸和公差

5.8.1 油变压器与开关设备间的单相直接连接

与单相变压器连接的外壳、主回路末端、套管末端和套管法兰的标准尺寸见图 2 与表 2。

5.8.2 油变压器与开关设备间的三相直接连接

考虑到三个如图 2 所示的单相套管，油变压器与开关设备间三相直接连接的最小尺寸由最小相间距离取 d_8 和最小相对地距离取 $d_3/2$ 确定。

5.8.3 气体绝缘变压器和开关设备间的连接

如果采用气体绝缘变压器，电力变压器与气体绝缘金属封闭开关设备间直接连接的细节尺寸可以在开关设备制造商和变压器制造商间协商。该连接可使用隔板而不是套管。

注：目前，气体绝缘变压器与开关设备间的直接连接经验不足。

5.8.4 变压器公差

在准备运行的变压器及套管安装后，图 3、图 4、表 3 和表 4 所示的公差为允许的参考公差。

5.8.5 基础上变压器的安装

应为直接连接的变压器提供用于提升的合适千斤顶以及为基础上的变压器提供用于固定的合适角度；允许使用工具进行水平和垂直移动以满足与开关设备连接的需要。

应注意，当直接与开关设备连接时，基础上变压器的安装不受限于图 3、图 4、表 3 和表 4 中的允许公差。

安装在轨道上的变压器通常不参照此要求。

在安装期间，为了满足变压器水平移动的要求并且不干涉室内或室外安装过程，最好在土建中应用锚固螺栓以及有加强筋的固定框架。

6 型式试验

6.1 概述

变压器、套管和开关设备的试验应分别按 GB/T 1094 系列、GB/T 4109—2008 和 GB/T 7674—

2008 进行，并作下列补充。

6.2 绝缘试验

6.2.1 套管的绝缘试验

套管的绝缘试验应在充以 4.9 中规定的最低功能压力绝缘气体的外壳中进行。

如果屏蔽罩是套管设计的必备部件，则试验期间它应安装在运行位置。

如果套管制造商要求，为了方便试验，直径为 d_2(见图 2 和表 2)的圆筒形延伸件可以连接在裸露的末端顶部。

套管末端应被接地的金属圆筒包围，圆筒的直径应不超过 d_3(见图 2 和表 2)。金属圆筒的最小长度应参照 l_4(见图 2 和表 2)。

为了使单个套管在三相封闭系统内(例如安装在公共平台上)使用，应通过计算证明其绝缘耐受能力不低于单相系统。也要考虑相间和相对地的电场。

6.2.2 单相外壳变压器连接的绝缘试验

与变压器连接的外壳和主回路末端可以在没有套管但有直径等于 d_2(见图 2 和表 2)的试验用圆柱形延伸件的情况下经受绝缘试验。

绝缘试验应在 4.9 中规定的最低功能压力 p_{me}下进行。

6.2.3 三相外壳变压器连接的绝缘试验

如果计算出三相布置比单相布置有更高的电场，应修改设计或对该结构进行型式试验。计算以及型式试验结果只要符合要求都应是有效的。

6.3 悬臂负荷耐受试验

为了验证符合 5.4 的规定，套管应按 GB/T 4109—2008 的 8.9 表 1 中规定的悬臂试验负荷进行试验，但最小试验负荷为 4 kN。

为了验证表 1 中规定的耐受弯矩，应按如下进行附加试验。

套管应按试验要求安装，但内部不充气体。套管应垂直安装，使其变压器侧法兰刚性地固定到合适装置上。在环境温度下，用来连接到开关设备的浸入气体的套管末端应按正常运行状态安装在箱体中。箱体应充入 0.75 MPa(20 ℃，表压)的合适介质，并且试验负荷应施加于箱体上，以便在开关设备侧套管的法兰处产生等于表 1 中 M_0 两倍的弯矩、并保持 1 min。施加的剪切力应达到两倍 F_t。

接收准则应按 GB/T 4109—2008 的 8.9.3 执行。

6.4 气体密封试验

气体密封试验按 GB/T 11022—2011 的 6.8 进行。

注：不要求对整个直接连接的外壳和变压器套管进行试验。例如在典型法兰连接上的密封试验可作为型式试验。如果用于套管和开关设备间连接的密封系统与开关设备中所用的一致，就不要求额外的型式试验。

7 出厂试验

7.1 概述

套管和开关设备的试验应分别按 GB/T 4109—2008 和 GB/T 7674—2008 进行，并作下列补充。

7.2 套管的外部压力试验

该试验应在气体密封试验之前进行。在环境温度下，浸入气体的套管一端应按正常运行状态安装在箱体中。箱体应充入1.15 MPa(20 ℃，表压)的气体或液体(由供应方选择)、并保持1 min。

如果没有机械损伤(如变形、破裂)，则认为套管通过了试验。

7.3 密封试验

根据相关产品标准，设备应进行出厂密封试验。因为部件的装配最终要在现场进行，所以直接连接的密封试验只能在现场完成并只与套管密封面到相邻两隔室有关。

气体填充隔室的出厂试验应按GB/T 11022—2011的7.5.3进行。

8 选用导则

本标准不适用。

9 随询问单、标书和订单提供的资料

参考GB/T 7674—2008的第9章和GB/T 4109—2008的第5章。另外，用户应指明变压器箱体和接地的开关设备外壳之间是否需要绝缘连接。

对于其他的变压器套管参考轴垂直方向的尺寸公差，参考图3、图4、表3和表4。

套管制造商应额外提供一份包括三相布置的最小相间距离和最小相对地距离的数据表单。

10 运输、储存、安装、运行和维护规则

GB/T 11022—2011的第10章适用。

安装后，套管残余的潮湿物对SF_6气体湿度的影响不要超过GB/T 11022—2011的5.2的要求。

11 安全性

GB/T 11022—2011的第11章适用。

12 产品对环境的影响

GB/T 11022—2011的第12章适用。

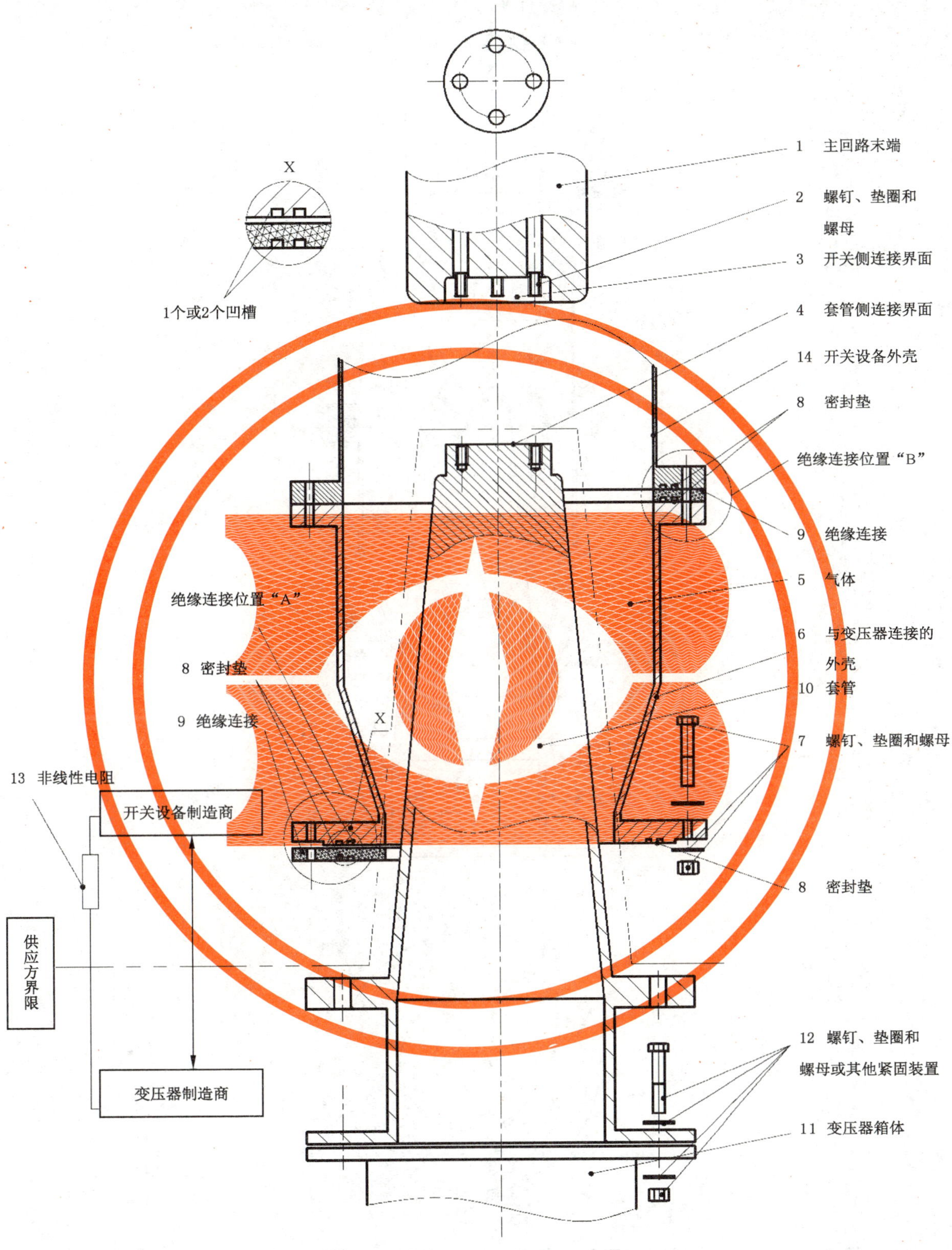

图 1 气体绝缘金属封闭开关设备和电力变压器之间典型的直接连接

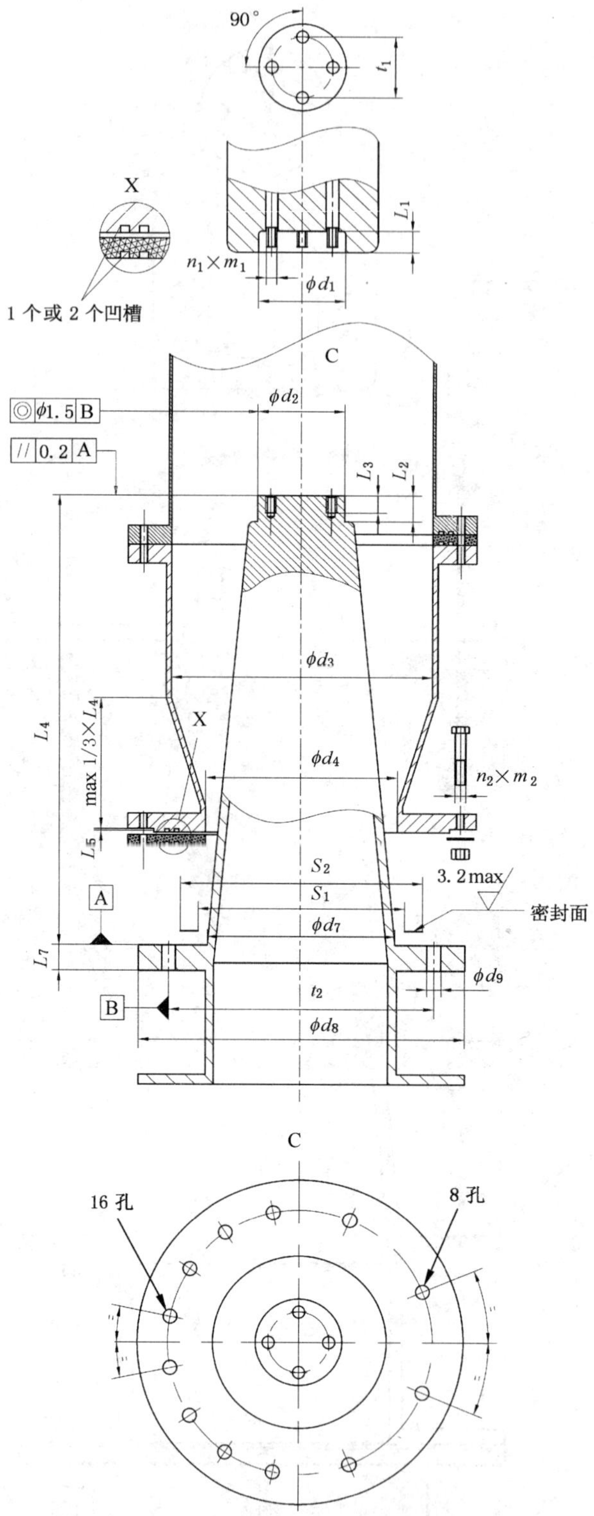

图 2　气体绝缘金属封闭开关设备和电力变压器之间典型的直接连接的标准尺寸

表 2 标准尺寸

尺寸单位为毫米

<table>
<tr><td>额定电压(有效值)/kV</td><td>72.5</td><td>126</td><td>252</td><td>363</td><td>550</td><td>800</td></tr>
<tr><td rowspan="2">额定雷电冲击耐受电压(峰值)/ kV</td><td>325</td><td rowspan="2">550</td><td rowspan="2">1 050</td><td rowspan="2">1 175</td><td rowspan="2">1 550</td><td rowspan="2">2 100</td></tr>
<tr><td>380</td></tr>
<tr><td>d_1</td><td>$\phi100^{+0.5}_{0}$</td><td>$\phi100^{+0.5}_{0}$</td><td>$\phi140^{+0.5}_{0}$</td><td colspan="2">$\phi140^{+0.5}_{0}$</td><td>$\phi100^{+0.5}_{0}$</td></tr>
<tr><td>d_2</td><td>$\phi99^{0}_{-0.5}$</td><td>$\phi99^{0}_{-0.5}$</td><td>$\phi139^{0}_{-0.5}$</td><td colspan="2">$\phi139^{0}_{-0.5}$</td><td>$\phi96^{0}_{-0.5}$</td></tr>
<tr><td>t_1</td><td>$\phi70\pm0.3$</td><td>$\phi70\pm0.3$</td><td>$\phi110\pm0.3$</td><td colspan="2">$\phi110\pm0.3$</td><td>$\phi50\pm0.3$</td></tr>
<tr><td>$n_1\times m_1$[a]</td><td>4×M12</td><td>4×M12</td><td>4×M12</td><td colspan="2">4×M12</td><td>4×M12</td></tr>
<tr><td>$L_{3(最小)}$</td><td>20</td><td>20</td><td>25</td><td colspan="2">25</td><td>20</td></tr>
<tr><td>$L_{1(最大)}$</td><td>25</td><td>25</td><td>25</td><td colspan="2">25</td><td>24</td></tr>
<tr><td>$L_{2(最小)}$</td><td>30</td><td>30</td><td>30</td><td colspan="2">30</td><td>26</td></tr>
<tr><td>$d_{3(最小)}$</td><td>$\phi250$</td><td>$\phi300$</td><td>$\phi450$</td><td colspan="2">$\phi540$</td><td>$\phi936$</td></tr>
<tr><td>$d_{7(最大)}$</td><td>$\phi196$</td><td>$\phi215$</td><td>$\phi440$</td><td colspan="2">$\phi500$</td><td>$\phi530$</td></tr>
<tr><td>d_4</td><td>$\phi200^{+3}_{0}$</td><td>$\phi220^{+3}_{0}$</td><td>$\phi450^{+5}_{0}$</td><td colspan="2">$\phi540^{+5}_{0}$</td><td>$\phi590^{+5}_{0}$</td></tr>
<tr><td>L_4</td><td>330±1</td><td>520±1</td><td>770±2</td><td colspan="2">1 050±2</td><td>1 793±3</td></tr>
<tr><td>$S_{1(最大)}$</td><td>$\phi200$</td><td>$\phi220$</td><td>$\phi450$</td><td colspan="2">$\phi540$</td><td>$\phi580$</td></tr>
<tr><td>$S_{2(最小)}$</td><td>$\phi260$</td><td>$\phi280$</td><td>$\phi510$</td><td colspan="2">$\phi600$</td><td>$\phi670$</td></tr>
<tr><td>L_5[b]</td><td>0~3</td><td>0~3</td><td>0~3</td><td colspan="2">0~3</td><td>3.3</td></tr>
<tr><td>$n_2\times m_2$[a]</td><td>8×M12</td><td>8×M12</td><td>16×M12</td><td colspan="2">16×M16</td><td>16×M24</td></tr>
<tr><td>t_2</td><td>$\phi285$</td><td>$\phi305$</td><td>$\phi535$</td><td colspan="2">$\phi640$</td><td>$\phi711$</td></tr>
<tr><td>$d_{8(最小)}$</td><td>$\phi315$</td><td>$\phi335$</td><td>$\phi565$</td><td colspan="2">$\phi690$</td><td>$\phi780$</td></tr>
<tr><td>d_9</td><td>$\phi16$</td><td>$\phi16$</td><td>$\phi16$</td><td colspan="2">$\phi20$</td><td>$\phi32$</td></tr>
<tr><td>$L_{7(最大)}$</td><td>25</td><td>30</td><td>40</td><td colspan="2">45</td><td>30</td></tr>
<tr><td colspan="7">注：额定电压 1 100 kV 的数据正在考虑中。</td></tr>
<tr><td colspan="7">[a] 固定孔的方位应参照视图 C。
[b] 根据开关设备制造商的惯例，可提供或不提供深至 3 mm 的凹座。</td></tr>
</table>

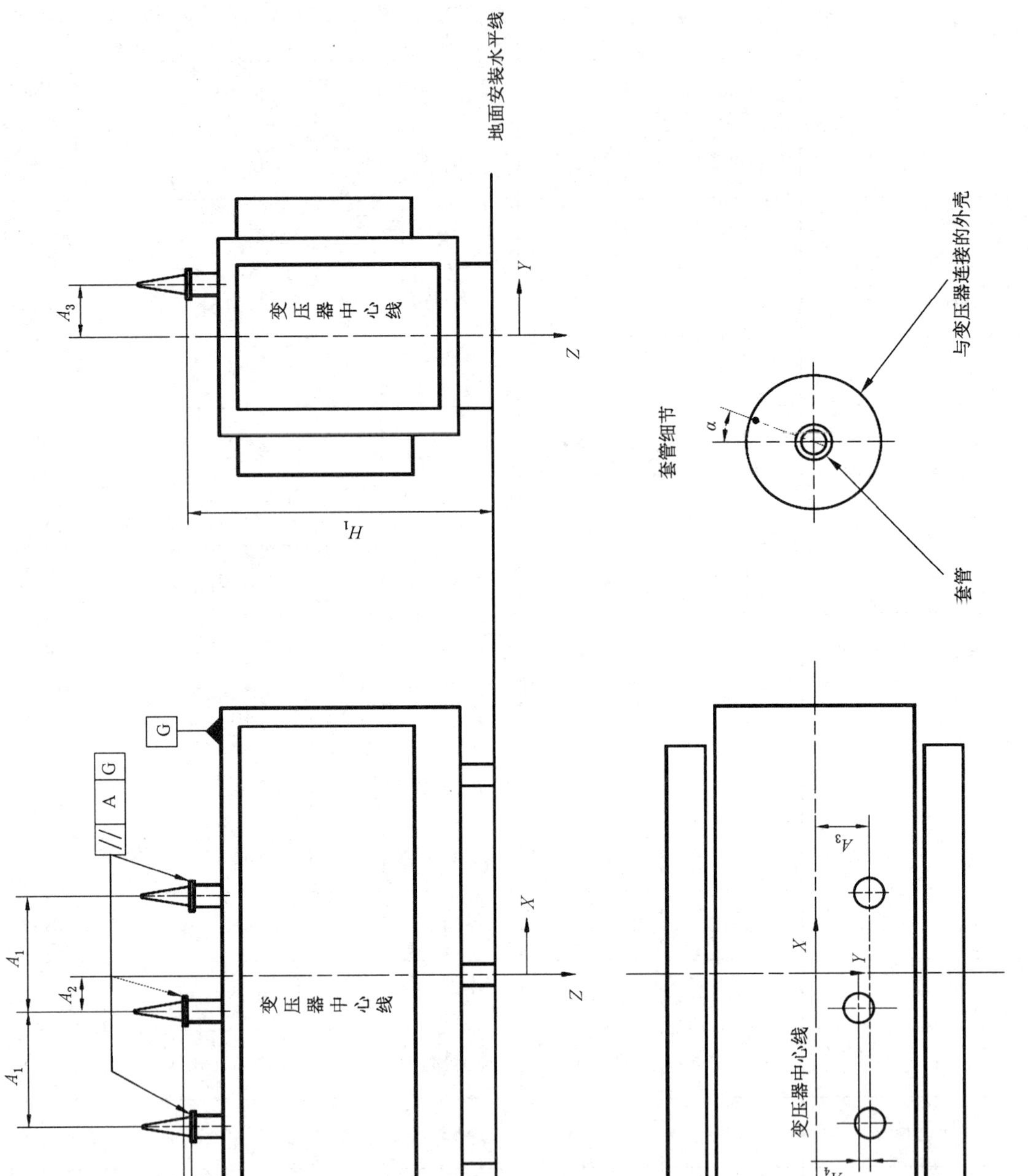

图 3　三相电力变压器与单相气体绝缘金属封闭开关设备的典型直接连接的变压器公差

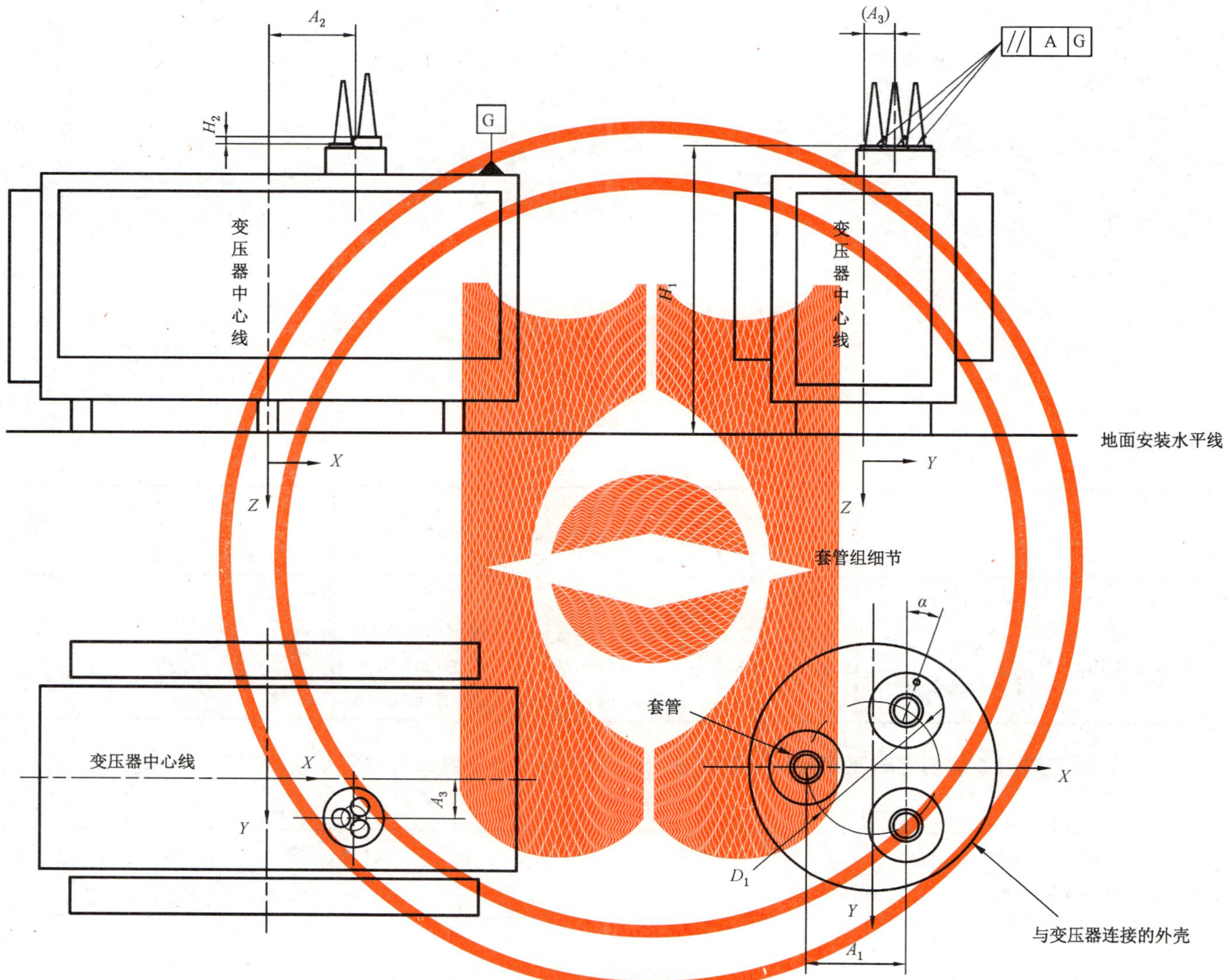

图 4 三相电力变压器与三相气体绝缘金属封闭开关设备的典型直接连接的变压器公差

表 3　三相电力变压器与单相气体绝缘金属封闭开关设备的典型直接连接的变压器公差

尺寸单位为毫米

项目	套管法兰的平行度 A	变压器套管相间中心距离 A_1	变压器与套管组的中心线在 X 方向距离 A_2	变压器与套管组的中心线在 Y 方向距离 A_3	不同套管的中心线在 Y 方向距离 A_4	套管法兰高度 H_1	套管间的垂直距离 H_2	孔周偏移 α°
公差	±4	±6	±2	±5	±4	±4($H_1 \leqslant$4 000) ±8($H_1>$4 000)	±2($H_1 \leqslant$4 000) ±4($H_1>$4 000)	±0.1

表 4　三相电力变压器与三相气体绝缘金属封闭开关设备的典型直接连接的变压器公差

尺寸单位为毫米

项目	套管法兰的平行度 A	变压器套管相间中心距离 A_1	变压器与套管组的中心线在 X 方向距离 A_2	变压器与套管组的中心线在 Y 方向距离 A_3	套管法兰高度 H_1	套管间的垂直距离 H_2	套管中心距直径 D_1	孔周偏移 α°
公差	±1	±1	±2	±5	±4($H_1 \leqslant$4 000) ±8($H_1>$4 000)	±1	±1	±0.1

附 录 A
（规范性附录）
供应方界限

典型的直接连接见图 1。

开关设备制造商和变压器制造商供应的界限应按照图 1 和表 A.1。

为了使开关设备和变压器之间的环流最小，开关设备制造商应根据 IEC 61936-1：2007 提供开关设备不同相外壳之间的搭接连接。在正常运行过程中，变压器应能承载额定持续电流。如果流经单相变压器连接外壳的预期环流高于 250 A，有必要在 GIS 和变压器之间进行绝缘连接，见图 1 的序号 9。将绝缘连接应用于三相和单相电力变压器的直接连接，参照 GB 1094 系列。

注 1： 变压器箱体无需承载大的、未定义的持续环流。实际经验表明，GIS 和变压器之间连接界面的外壳在没有额外的保护措施下可以承载高达 1 250 A 的负荷电流。这是由于开关设备的搭接连接承载了约 80％的负荷电流，该连接更适宜安装在与变压器连接的开关设备外壳的末端。因此，在变压器外壳上，约有 20％的负荷电流（最高 250 A）可产生持续环流。可通过计算确定搭接连接处和通过变压器外壳的电流。

注 2： 用户向变压器制造商阐明由其确定流经变压器的最大可接受电流，如果可能避免使用绝缘连接。

为了实现对 GIS 和变压器故障的识别并使保护方案正确实施，变压器箱体和邻近且接地的开关设备外壳间需要绝缘连接。

绝缘连接应设计成能耐受工频电压 5 kV（有效值）、1 min 的绝缘水平。

为了限制开合装置运行时可能产生的特快波前瞬态地电位升高，非线性电阻可以与绝缘连接并联。

依据本标准，绝缘连接有两个不同的位置（见图 1）可供选择。

a) 位置“A”在与变压器连接的外壳的法兰（图 1 的序号 6）和套管法兰（图 1 的序号 10）之间；或者

b) 位置“B”在与变压器连接的外壳（图 1 的序号 6）和邻近开关设备外壳（图 1 的序号 14）之间。

如果需要绝缘连接，应参照第 5 章的标准尺寸。

根据 GB/T 7674—2008 和 IEC 61936-1：2007，开关设备制造商提供的开关设备单相外壳间的搭接连接不依赖于绝缘连接。

无论单相、两相或三相变压器，其单相封闭直接连接装置间都需要提供搭接连接。对于三相变压器，其三相封闭直接连接装置间不需要提供搭接连接。

在没有绝缘连接的情况下，搭接连接应设计成使其承载电流不超过流经变压器箱体允许的环流值。

如果没有绝缘连接，搭接连接应安装在靠近套管的与变压器连接的外壳的末端，如图 1 中的位置 A。

如果有绝缘连接，假设在图 1 中位置 A，搭接连接应安装在靠近套管的与变压器连接的外壳的末端。

假设在图 1 中的位置 B，搭接连接应安装在靠近套管的开关设备外壳的末端。

变压器和套管应能承受开关设备产生的特快速瞬态电压。

如果采用绝缘连接，其应能承受开关设备产生的相同的特快速瞬态电压。

注 3： 该绝缘连接可选用绝缘隔板。

表 A.1　供应方的界限(参见图 1)

图形说明	序号	制造商	
		开关设备	变压器
主回路末端	1	×	
螺钉、垫圈和螺母	2	×	
开关侧连接界面	3	×	
套管侧连接界面	4		×
气体	5	×	
与变压器连接的外壳	6	×	
螺钉、垫圈和螺母	7	×	
密封垫	8	×	
绝缘连接	9	×(按需)	
套管	10		×
变压器箱体	11		×
螺钉、垫圈和螺母或其他紧固装置	12		×
非线性电阻	13	×(按需)	
开关设备外壳	14	×	
注：×表示供应方应供应的。			

ICS 29.180
K 41

中华人民共和国国家标准

GB/T 23755—2009

三相组合式电力变压器

Three-phase site-combined power transformers

2009-05-06 发布　　2009-11-01 实施

中华人民共和国国家质量监督检验检疫总局
中国国家标准化管理委员会　发布

前　言

本标准以目前国内变压器行业的三相组合式电力变压器的生产技术水平为依据而制定。

本标准由中国电器工业协会提出。

本标准由全国变压器标准化技术委员会(SAC/TC 44)归口。

本标准起草单位:沈阳变压器研究所、云南变压器电气股份有限公司、特变电工沈阳变压器集团有限公司、国网武汉高压研究院、保定天威保变电气股份有限公司、西安西电变压器有限责任公司、云南电力试验研究院(集团)有限公司、特变电工衡阳变压器有限公司、昆明电器科学研究所、中国电力科学研究院、济南变压器集团股份有限公司。

本标准主要起草人:赵坤、孙军、安振、任晓红、李洪秀、张晓宇、王景林、陈东风、廖学理、李鹏、吴则禹。

本标准为首次发布。

三相组合式电力变压器

1 范围

本标准规定了额定容量为63 000 kVA及以上、电压等级为110 kV、220 kV和500 kV、额定频率为50 Hz的三相组合式变压器的术语和定义、使用条件、产品型号、基本参数、技术要求、铭牌、允许偏差、试验项目及方法、标志、起吊、安装、运输和贮存等。

本标准适用于运输条件受限制的变电站或发电厂使用的油浸式电力变压器。

2 规范性引用文件

下列文件中的条款通过本标准的引用而成为本标准的条款。凡是注日期的引用文件，其随后所有的修改单(不包括勘误的内容)或修订版均不适用于本标准，然而，鼓励根据本标准达成协议的各方研究是否可使用这些文件的最新版本。凡是不注日期的引用文件，其最新版本适用于本标准。

GB 1094.1—1996 电力变压器 第1部分：总则(eqv IEC 60076-1:1993)

GB 1094.2 电力变压器 第2部分：温升(GB 1094.2—1996，eqv IEC 60076-2:1993)

GB 1094.3 电力变压器 第3部分：绝缘水平、绝缘试验和外绝缘空气间隙(GB 1094.3—2003，IEC 60076-3:2000，MOD)

GB 1094.5 电力变压器 第5部分：承受短路的能力(GB 1094.5—2008，IEC 60076-5:2006，MOD)

GB/T 1094.7 电力变压器 第7部分：油浸式电力变压器负载导则(GB/T 1094.7—2008，IEC 60076-7:2005，MOD)

GB/T 1094.10 电力变压器 第10部分：声级测定(GB/T 1094.10—2003，IEC 60076-10:2001，MOD)

GB/T 2900.15 电工术语 变压器、互感器、调压器和电抗器(GB/T 2900.15—1997，neq IEC 60050-421:1990、IEC 60050-321:1986)

GB/T 6451 油浸式电力变压器技术参数和要求

GB/T 14597 电工产品不同海拔的气候环境条件

JB/T 501 电力变压器试验导则

JB/T 3837 变压器类产品型号编制方法

JB/T 10088 6 kV～500 kV级电力变压器声级

3 术语和定义

GB 1094.1和GB/T 2900.15中确立的及下列术语和定义适用于本标准。

3.1

三相组合式变压器 three-phase site-combined transformer

由三个独立单元的单相变压器通过相间管道来连接引线和疏通油路，在现场重新组合安装在同一个基础上的三相变压器。

3.2

相间管道 phase-to-phase pipe

连接三个独立变压器单元的管道。

注：相间管道的作用是使三个单元的油路相互连通，保持油压平衡，并提供三个单元电气连接引线的内部连接通道。

4 使用条件

4.1 环境条件

三相组合式变压器不同海拔的气候环境条件参见表1。

表1 不同海拔的气候环境条件参数

序号	环境参数		海拔/m					
			0	1 000	2 000	3 000	4 000	5 000
1	气压/kPa	年平均	101.3	90.0	79.5	70.1	61.7	54.0
		最低	97.0	87.2	77.5	68.0	60.0	52.5
2	空气温度/℃	最高	45、40	45、40	35	30	25	20
		最高日平均	35、30	35、30	25	20	15	10
		年平均	20	20	15	10	5	0
		最低	+5、−5、−15、−25、−40、−45					
	最大日温差/K		15、25、30					
3	相对湿度/%	最湿月月平均最大（月平均最高气温/℃）	95、90（25）	95、90（25）	90（20）	90（15）	90（10）	90（5）
		最干月月平均最小（月平均最高气温/℃）	20（15）	20（15）	15（15）	15（10）	15（5）	15（0）
4	绝对湿度/g/m^3	年平均	11.0	7.6	5.3	3.7	2.7	1.7
		年平均最小值	3.7	3.2	2.7	2.2	1.7	1.3
5	最大太阳直接辐射强度/（W/m^2）		1 000	1 000	1 060	1 120	1 180	1 250
6	最大风速/（m/s）		25、30、35、40					
7	最大降水量（连续10 min）/mm		15、30					
8	土壤最高温度（深度1 m）/℃		30	25	20	20	15	15

注1：表中的内容来源于GB/T 14597。

注2：预定安装在一定海拔的变压器，其环境条件值可由供需双方参照本标准协商确定。

4.2 其他使用条件

其他使用条件按GB 1094.1的规定。

5 产品型号

三相组合式变压器的产品型号除损耗水平代号外，应符合JB/T 3837的规定。

三相组合式变压器的产品型号示例如下：

示例：一台三相、油浸式、风冷、强迫油循环、三绕组、有载调压、铜导线、额定容量为180 000 kVA、电压等级为220 kV的高原地区用三相组合式变压器的产品型号为：

SFPSZ-H-180000/220 GY

6 基本参数

6.1 性能参数

6.1.1 110 kV级三相组合式变压器的额定容量、电压组合、分接范围、联结组标号、空载损耗、负载损耗、空载电流及短路阻抗应符合表 2～表 6 的规定。

注 1：对于多绕组变压器，表中所给出的损耗值适用于 GB 1094.1—1996 第 9 章中定义的第一对绕组。

注 2：表 2～表 6 适用于高压绕组为分级绝缘的变压器（中性点端子的额定绝缘水平为：额定外施耐受电压方均根值 140 kV，额定雷电冲击耐受电压峰值 325 kV）。

注 3：表 2～表 6 中的损耗值相当于 GB/T 6451 中“9”型产品的水平。在此基础上损耗降低水平由制造方与用户协商确定。

表 2　63 000 kVA～180 000 kVA 双绕组无励磁调压三相组合式变压器

额定容量 kVA	电压组合及分接范围		联结组 标号	空载 损耗 kW	负载 损耗 kW	空载 电流 %	短路 阻抗 %
	高压 kV	低压 kV					
63 000	110±2×2.5% 121±2×2.5%	6.3 6.6 10.5 11	YNd11	57	234	0.53	10.5
75 000		13.8 15.75 18 20		65	278	0.46	12～14
90 000				75	320	0.42	
120 000				94	397	0.37	
150 000				110	472	0.33	
180 000				124	532	0.28	

注 1：－5%分接位置为最大电流分接。

注 2：对于升压变压器，宜采用无分接结构。如运行有要求，可设置分接头。

表 3　63 000 kVA～180 000 kVA 三绕组无励磁调压三相组合式变压器

额定容量 kVA	电压组合及分接范围			联结组 标号	空载 损耗 kW	负载 损耗 kW	空载 电流 %	短路阻抗 %	
	高压 kV	中压 kV	低压 kV					升压	降压
63 000	110±2×2.5% 121±2×2.5%	35 37 38.5	6.3 6.6 10.5 11	YNyn0d11	70	270	0.66	高—中 17.5～18.5 高—低 10.5 中—低 6.5	高—中 10.5 高—低 17.5～18.5 中—低 6.5
90 000					92	353	0.62		
120 000					114	438	0.62		
150 000					136	517	0.54		
180 000					156	594	0.54		

注 1：高、中、低压绕组容量分配为(100/100/100)%。

注 2：根据用户需要，中压可选用不同于表中的电压值或设分接头。

注 3：－5%分接位置为最大电流分接。

注 4：对于升压变压器，宜采用无分接结构。如运行有要求，可设置分接头。

表 4　63 000 kVA～180 000 kVA 双绕组有载调压三相组合式变压器

额定容量 kVA	电压组合及分接范围		联结组 标号	空载 损耗 kW	负载 损耗 kW	空载 电流 %	短路 阻抗 %
	高压 kV	低压 kV					
63 000	110±8×1.25%	6.3 6.6 10.5 11	YNd11	65	234	0.57	10.5
90 000				84	306	0.55	
120 000				106	380	0.55	
150 000				124	449	0.50	
180 000				144	515	0.50	

注 1：有载调压变压器，暂提供降压结构产品。

注 2：根据用户与制造方协商，可提供其他电压组合的产品。

注 3：－10%分接位置为最大电流分接。

表 5　63 000 kVA～180 000 kVA 三绕组有载调压三相组合式变压器

额定容量 kVA	电压组合及分接范围			联结组 标号	空载 损耗 kW	负载 损耗 kW	空载 电流 %	短路 阻抗 %
	高压 kV	中压 kV	低压 kV					
63 000	110±8×1.25%	35 37 38.5	6.3 6.6 10.5 11	YNyn0d11	76	270	0.74	高—中 10.5 高—低 17.5～18.5 中—低 6.5
75 000					84	308	0.72	
90 000					99	353	0.66	
120 000					123	438	0.66	
150 000					145	517	0.66	
180 000					166	593	0.55	

注 1：有载调压变压器，暂提供降压结构产品。

注 2：高、中、低绕组容量分配为(100/100/100)%。

注 3：－10%分接位置为最大电流分接。

注 4：根据用户需要，中压可选不同于表中的电压值或设分接头。

表 6　63 000 kVA～180 000 kVA 双绕组低压为 35 kV 无励磁调压三相组合式变压器

额定容量 kVA	电压组合及分接范围		联结组 标号	空载损耗 kW	负载损耗 kW	空载电流 %	短路 阻抗 %
	高压 kV	低压 kV					
63 000	110±2×2.5% 121±2×2.5%	35 37 38.5	YNd11	61	245	0.55	10.5
75 000				68	291	0.50	
90 000				79	335	0.44	
120 000				98	417	0.44	
150 000				116	496	0.33	
180 000				130	559	0.28	

注 1：－5%分接位置为最大电流分接。

注 2：对于升压变压器，宜采用无分接结构。如运行有要求，可设置分接头。

6.1.2 220 kV 级三相组合式变压器的额定容量、电压组合、分接范围、联结组标号、空载损耗、负载损耗、空载电流及短路阻抗应符合表 7～表 13 的规定。

注 1：对于多绕组变压器，表中所给出的损耗值适用于 GB 1094.1—1996 第 9 章中定义的第一对绕组。

注 2：表 10 和表 13 的高压绕组中性点为直接接地，其余表中高压绕组中性点为不直接接地。

注 3：表 7～表 13 中的损耗值相当于 GB/T 6451 中"9"型产品的水平。在此基础上损耗降低水平由制造方与用户协商确定。

表 7 63 000 kVA～420 000 kVA 双绕组无励磁调压三相组合式变压器

<table>
<tr><th rowspan="2">额定容量
kVA</th><th colspan="2">电压组合及分接范围</th><th rowspan="2">联结组
标号</th><th rowspan="2">空载损耗
kW</th><th rowspan="2">负载损耗
kW</th><th rowspan="2">空载电流
%</th><th rowspan="2">短路阻抗
%</th></tr>
<tr><th>高压
kV</th><th>低压
kV</th></tr>
<tr><td>63 000</td><td rowspan="14">220±2×2.5%
242±2×2.5%</td><td>6.3
6.6
10.5
11</td><td rowspan="14">YNd11</td><td>61</td><td>220</td><td>0.68</td><td rowspan="14">12～14</td></tr>
<tr><td>75 000</td><td rowspan="3">10.5
11
13.8</td><td>71</td><td>250</td><td>0.63</td></tr>
<tr><td>90 000</td><td>81</td><td>288</td><td>0.58</td></tr>
<tr><td>120 000</td><td>99</td><td>345</td><td>0.58</td></tr>
<tr><td>150 000</td><td rowspan="4">11
13.8
15.75
18
20</td><td>118</td><td>405</td><td>0.53</td></tr>
<tr><td>160 000</td><td>123</td><td>425</td><td>0.52</td></tr>
<tr><td>180 000</td><td>134</td><td>459</td><td>0.48</td></tr>
<tr><td>240 000</td><td>168</td><td>567</td><td>0.44</td></tr>
<tr><td>300 000</td><td rowspan="5">15.75
18
20</td><td>199</td><td>675</td><td>0.40</td></tr>
<tr><td>360 000</td><td>228</td><td>774</td><td>0.40</td></tr>
<tr><td>370 000</td><td>232</td><td>790</td><td>0.40</td></tr>
<tr><td>400 000</td><td>246</td><td>837</td><td>0.37</td></tr>
<tr><td>420 000</td><td>254</td><td>868</td><td>0.37</td></tr>
<tr><td colspan="8">注 1：根据要求也可提供额定容量小于 63 000 kVA 的变压器及其他电压组合的变压器。
注 2：根据要求也可提供低压为 35 kV 或 38.5 kV 的变压器。
注 3：优先选用无分接结构。如运行有要求，可设置分接头。</td></tr>
</table>

表 8　63 000 kVA～360 000 kVA 三绕组无励磁调压三相组合式变压器

<table>
<tr><th rowspan="3">额定容量
kVA</th><th colspan="3">电压组合及分接范围</th><th rowspan="3">联结组
标号</th><th rowspan="3">空载
损耗
kW</th><th rowspan="3">负载
损耗
kW</th><th rowspan="3">空载
电流
%</th><th colspan="2" rowspan="1">短路阻抗
%</th></tr>
<tr><th rowspan="2">高压
kV</th><th rowspan="2">中压
kV</th><th rowspan="2">低压
kV</th><th rowspan="2">升压</th><th rowspan="2">降压</th></tr>
<tr></tr>
<tr><td>63 000</td><td rowspan="8">220±2×2.5%
242±2×2.5%</td><td rowspan="8">69
115
121</td><td>6.3
6.6
10.5
11
35
37
38.5</td><td rowspan="8">YNyn0d11</td><td>69</td><td>261</td><td>0.59</td><td rowspan="8">高—中
22～24
高—低
12～14
中—低
7～9</td><td rowspan="8">高—中
12～14
高—低
22～24
中—低
7～9</td></tr>
<tr><td>90 000</td><td rowspan="2">10.5
11
13.8
35
37
38.5</td><td>90</td><td>351</td><td>0.52</td></tr>
<tr><td>120 000</td><td>111</td><td>432</td><td>0.52</td></tr>
<tr><td>150 000</td><td rowspan="5">11
13.8
15.75
35
37
38.5</td><td>131</td><td>513</td><td>0.44</td></tr>
<tr><td>180 000</td><td>149</td><td>585</td><td>0.44</td></tr>
<tr><td>240 000</td><td>185</td><td>720</td><td>0.37</td></tr>
<tr><td>300 000</td><td>218</td><td>850</td><td>0.37</td></tr>
<tr><td>360 000</td><td>250</td><td>976</td><td>0.32</td></tr>
<tr><td colspan="10">注 1：表中负载损耗的容量分配为(100/100/100)%。升压结构的容量分配可为(100/50/100)%,降压结构的容量分配可为(100/100/50)% 或(100/50/100)%。
注 2：根据要求也可提供额定容量小于 63 000 kVA 的变压器及其他电压组合的变压器。
注 3：优先选用无分接结构。如运行有要求,可设置分接头。</td></tr>
</table>

表 9　63 000 kVA～240 000 kVA 低压为 66 kV 级双绕组无励磁调压三相组合式变压器

<table>
<tr><th rowspan="2">额定容量
kVA</th><th colspan="2">电压组合及分接范围</th><th rowspan="2">联结组
标号</th><th rowspan="2">空载
损耗
kW</th><th rowspan="2">负载
损耗
kW</th><th rowspan="2">空载
电流
%</th><th rowspan="2">短路
阻抗
%</th></tr>
<tr><th>高压
kV</th><th>低压
kV</th></tr>
<tr><td>63 000</td><td rowspan="6">220±2×2.5%</td><td rowspan="6">63
66
69</td><td rowspan="6">YNd11</td><td>66</td><td>247</td><td>0.86</td><td rowspan="6">12～14</td></tr>
<tr><td>90 000</td><td>87</td><td>323</td><td>0.79</td></tr>
<tr><td>120 000</td><td>107</td><td>387</td><td>0.79</td></tr>
<tr><td>150 000</td><td>128</td><td>453</td><td>0.71</td></tr>
<tr><td>180 000</td><td>145</td><td>513</td><td>0.71</td></tr>
<tr><td>240 000</td><td>180</td><td>635</td><td>0.64</td></tr>
<tr><td colspan="8">注 1：根据需要也可提供额定容量小于 63 000 kVA 的变压器及其他电压组合的变压器。
注 2：优先选用无分接结构。如运行有要求,可设置分接头。</td></tr>
</table>

表 10 63 000 kVA～240 000 kVA 三绕组无励磁调压自耦三相组合式变压器

额定容量 kVA	电压组合及分接范围			联结组标号	升压组合			降压组合			短路阻抗 %	
	高压 kV	中压 kV	低压 kV		空载损耗 kW	负载损耗 kW	空载电流 %	空载损耗 kW	负载损耗 kW	空载电流 %	升压	降压
63 000	220±2×2.5% 242±2×2.5%	115 121	6.6 10.5 11 35 37 38.5	YNa0d11	42	201	0.53	38	171	0.45	高—中 12～14 高—低 8～12 中—低 14～18	高—中 8～10 高—低 28～34 中—低 18～24
90 000					53	276	0.45	48	234	0.38		
120 000			10.5 11 13.8 15.75 18 35 37 38.5		65	340	0.45	59	288	0.38		
150 000					77	405	0.38	69	342	0.35		
180 000					88	463	0.38	80	387	0.35		
240 000					104	595	0.35	94	504	0.26		

注 1：升压结构的容量分配为(100/50/100)%，降压结构的容量分配为(100/100/50)%。

注 2：表中短路阻抗为 100%额定容量时的数值。

注 3：优先选用无分接结构。如运行有要求，可设置分接头。

表 11 63 000 kVA～180 000 kVA 双绕组有载调压三相组合式变压器

额定容量 kVA	电压组合及分接范围		联结组标号	空载损耗 kW	负载损耗 kW	空载电流 %	短路阻抗 %
	高压 kV	低压 kV					
63 000	220±8×1.25%	6.3 6.6 10.5 11 35 37 38.5	YNd11	66	220	0.59	12～14
90 000		10.5 11 35 37 38.5		84	288	0.52	
120 000				104	346	0.52	
150 000				122	405	0.44	
180 000				142	468	0.44	
120 000		66 69		107	355	0.52	
150 000				126	415	0.44	
180 000				147	475	0.44	

表 12　63 000 kVA～360 000 kVA 三绕组有载调压三相组合式变压器

<table>
<tr><th rowspan="2">额定容量
kVA</th><th colspan="3">电压组合及分接范围</th><th rowspan="2">联结组
标号</th><th rowspan="2">空载
损耗
kW</th><th rowspan="2">负载
损耗
kW</th><th rowspan="2">空载
电流
%</th><th rowspan="2">短路
阻抗
%</th><th rowspan="2">容量
分配
%</th></tr>
<tr><th>高压
kV</th><th>中压
kV</th><th>低压
kV</th></tr>
<tr><td>63 000</td><td rowspan="8">220±8×1.25%</td><td rowspan="8">69
115
121</td><td>6.3
6.6
10.5
11
35
37
38.5</td><td rowspan="8">YNyn0d11</td><td>74</td><td>261</td><td>0.66</td><td rowspan="8">高—中
12～14
高—低
22～24
中—低
7～9</td><td rowspan="8">100/100/100
100/50/100
100/100/50</td></tr>
<tr><td>90 000</td><td rowspan="7">10.5
11
35
37
38.5</td><td>97</td><td>351</td><td>0.59</td></tr>
<tr><td>120 000</td><td>121</td><td>432</td><td>0.59</td></tr>
<tr><td>150 000</td><td>142</td><td>513</td><td>0.52</td></tr>
<tr><td>180 000</td><td>164</td><td>630</td><td>0.52</td></tr>
<tr><td>240 000</td><td>203</td><td>780</td><td>0.47</td></tr>
<tr><td>300 000</td><td>242</td><td>925</td><td>0.47</td></tr>
<tr><td>360 000</td><td>278</td><td>1 060</td><td>0.42</td></tr>
<tr><td colspan="10">注 1：表中所列数据适用于降压结构产品，根据需要也可提供升压结构产品。
注 2：表中负载损耗的容量分配为(100/100/100)%。
注 3：不推荐采用低压为 6.3 kV、6.6 kV、10.5 kV、11 kV 的产品。</td></tr>
</table>

表 13　63 000 kVA～240 000 kVA 三绕组有载调压自耦三相组合式变压器

<table>
<tr><th rowspan="2">额定容量
kVA</th><th colspan="3">电压组合及分接范围</th><th rowspan="2">联结组
标号</th><th rowspan="2">空载
损耗
kW</th><th rowspan="2">负载
损耗
kW</th><th rowspan="2">空载
电流
%</th><th rowspan="2">短路
阻抗
%</th><th rowspan="2">容量
分配
%</th></tr>
<tr><th>高压
kV</th><th>中压
kV</th><th>低压
kV</th></tr>
<tr><td>63 000</td><td rowspan="6">220±8×1.25%</td><td rowspan="6">115
121</td><td rowspan="3">6.3
6.6
10.5
11
35
37
38.5</td><td rowspan="6">YNa0d11</td><td>45</td><td>189</td><td>0.52</td><td rowspan="6">高—中
8～10
高—低
28～34
中—低
18～24</td><td rowspan="6">100/100/50</td></tr>
<tr><td>90 000</td><td>54</td><td>247</td><td>0.44</td></tr>
<tr><td>120 000</td><td>67</td><td>308</td><td>0.44</td></tr>
<tr><td>150 000</td><td rowspan="3">10.5
11
35
37
38.5</td><td>80</td><td>365</td><td>0.37</td></tr>
<tr><td>180 000</td><td>89</td><td>419</td><td>0.37</td></tr>
<tr><td>240 000</td><td>109</td><td>540</td><td>0.32</td></tr>
<tr><td colspan="10">注 1：表中所列数据为降压结构产品。
注 2：不推荐采用低压为 6.3 kV、6.6 kV、10.5 kV、11 kV 的产品。</td></tr>
</table>

6.1.3 500 kV 级三相组合式变压器的额定容量、电压组合、分接范围、联结组标号、空载损耗、负载损耗、空载电流及短路阻抗应符合表 14 的规定。

表 14 360 000 kVA～810 000 kVA 双绕组无励磁调压三相组合式变压器

<table>
<tr><th rowspan="2">额定容量
kVA</th><th colspan="2">电压组合</th><th rowspan="2">联结组
标号</th><th rowspan="2">空载
损耗
kW</th><th rowspan="2">负载
损耗
kW</th><th rowspan="2">空载
电流
%</th><th rowspan="2">短路
阻抗
%</th></tr>
<tr><th>高压
kV</th><th>低压
kV</th></tr>
<tr><td>360 000</td><td rowspan="6">500
525
550</td><td rowspan="6">15.75
18
20
24</td><td rowspan="6">YNd11</td><td>249</td><td>950</td><td>0.25</td><td rowspan="6">14</td></tr>
<tr><td>480 000</td><td>330</td><td>1 120</td><td>0.25</td></tr>
<tr><td>600 000</td><td>405</td><td>1 410</td><td>0.2</td></tr>
<tr><td>720 000</td><td>465</td><td>1 620</td><td>0.2</td></tr>
<tr><td>780 000</td><td>495</td><td>1 710</td><td>0.2</td></tr>
<tr><td>810 000</td><td>510</td><td>1 770</td><td>0.2</td></tr>
<tr><td colspan="8">注 1：优先选用无分接结构。如运行有要求，可设置分接头。
注 2：根据使用单位的特殊要求，高压 550 kV 和 525 kV 可选 −2×2.5%分接；高压 500 kV 可选 ±1×2.5%或 −2×2.5% 分接。</td></tr>
</table>

6.1.4 在分接级数和级电压不变的情况下，允许增加负分接级数，减少正分接级数，或增加正分接级数，减少负分接级数，如 110^{+1}_{-3}×2.5%、110^{+3}_{-1}×2.5%；220^{+1}_{-3}×2.5%、220^{+3}_{-1}×2.5%等。

6.2 额定绝缘水平及外绝缘空气间隙

三相组合式变压器的额定绝缘水平及外绝缘空气间隙按 GB 1094.3 的规定。

6.3 温升限值

三相组合式变压器的温升限值按 GB 1094.2 的规定。

6.4 声级水平

三相组合式变压器的声级水平应符合 JB/T 10088 的规定，声级测定方法按 GB/T 1094.10。

注：根据组合变压器的结构特点，有的产品由于油箱表面积增大过多，声功率级可能会相应增加，此时的声级水平可由制造方与用户协商确定。

7 技术要求

7.1 基本要求

7.1.1 除本标准另有规定外，按本标准制造的三相组合式变压器均应符合 GB 1094.1、GB 1094.2、GB 1094.3、GB 1094.5 和 GB/T 1094.7 的规定。

7.1.2 三相组合式变压器其他组、部件的设计、制造及检验等应符合相关标准及法规的要求。

7.2 结构要求

7.2.1 三相组合式变压器应按三个单元分相制造，出厂前应将三个单元组合在一起进行试验，运输时三个单元应分开运输。

7.2.2 各单元在结构上应确保容易组合和拆分。

7.2.3 三个单元进行组合时，应能可靠地组合成一个整体。

7.2.4 三个单元应通过相间管道进行内部三相电气连接。

7.2.5 三个单元可共用一套冷却系统和油保护系统。

7.2.6 三相组合式变压器在使用和操作上应与三相整体变压器完全一致。

7.2.7 三相组合式变压器应在每个单元上装设油温测量装置。

7.2.8　三相组合式变压器可采用一个三相分接开关,也可采用三个单相分接开关。如果采用三个单相有载分接开关,须保证三相同步调压。

7.3　其他要求

对三相组合式变压器的其他要求按 GB/T 6451 的规定。

8　铭牌

组合式变压器的铭牌按 GB 1094.1 的规定。当组合式变压器在海拔 1 000 m 及以上的地区运行时,应在铭牌上标志海拔值。

9　允许偏差

三相组合式变压器的允许偏差按 GB 1094.1 的规定。

10　试验项目及方法

三相组合式变压器的试验项目按 GB 1094.1 和 GB/T 6451 的规定。

三相组合式变压器的试验方法按 JB/T 501 的规定。

注 1：三相组合式变压器应按三相变压器进行试验。

注 2：三相组合式变压器由于结构原因,绕组直流电阻不平衡率可能会超过 GB/T 6451 的规定,具体数值由制造方与用户协商。

11　标志、起吊、安装、运输和贮存

11.1　标志

11.1.1　三相组合式变压器应有接线端子、起吊及运输标志,标志内容应符合相关标准规定。

11.1.2　三相组合式变压器的套管排列顺序一般如图 1～图 5 所示。

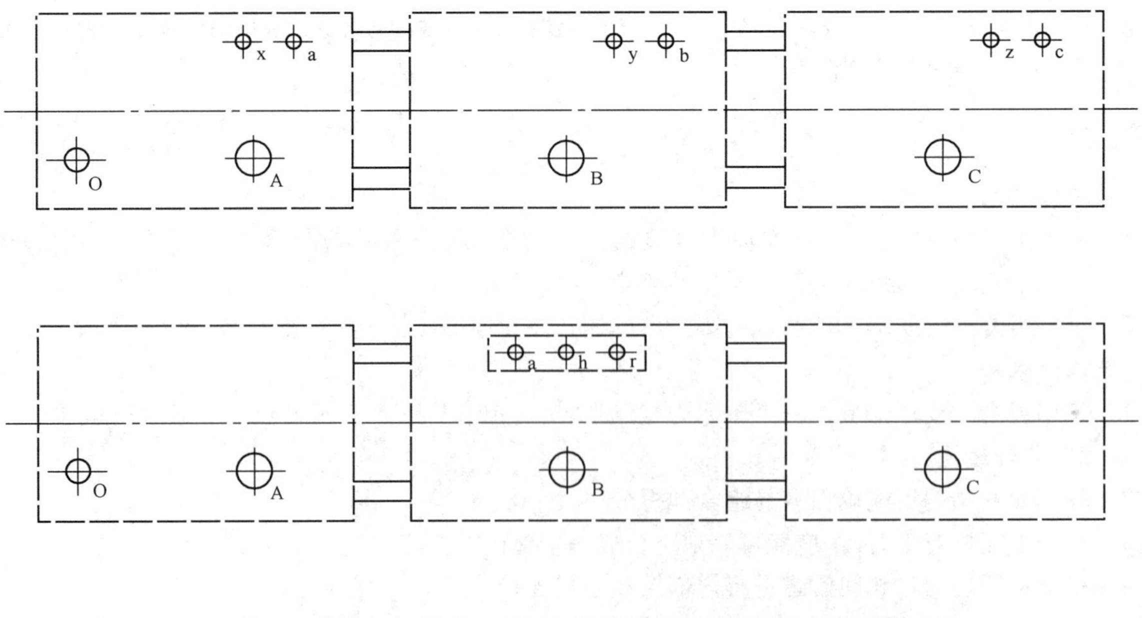

图 1　联结组标号为 YNd11 的双绕组三相组合式变压器

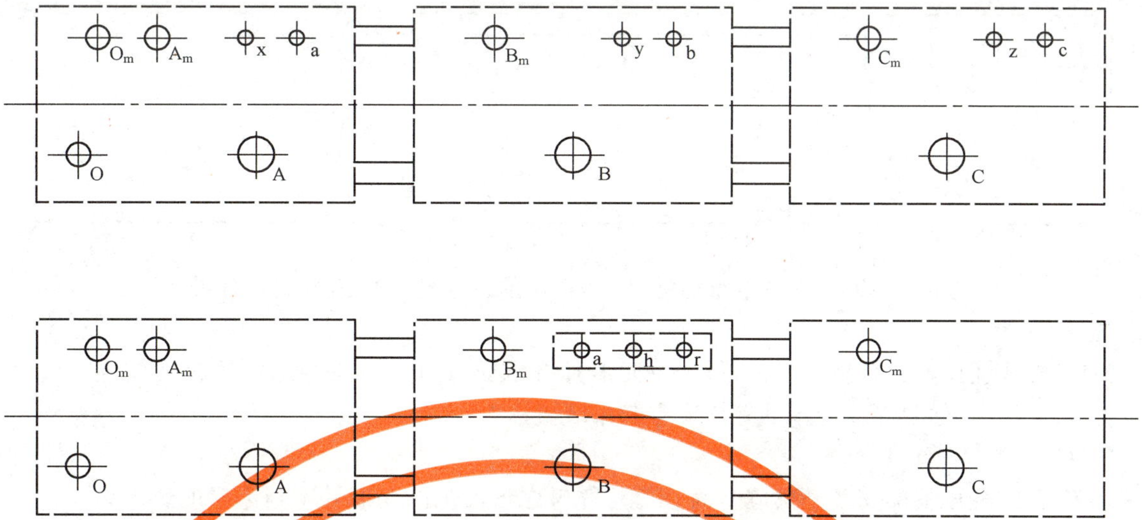

图 2　联结组标号为 YNyn0d11 的三绕组三相组合式变压器

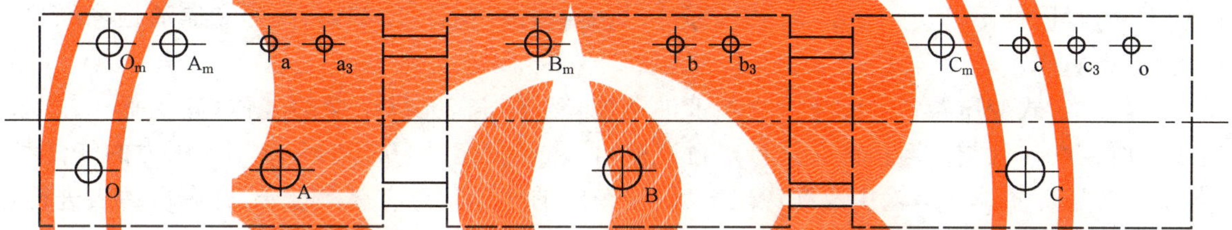

图 3　联结组标号为 YNyn0yn0＋d 带稳定绕组的三绕组三相组合式变压器

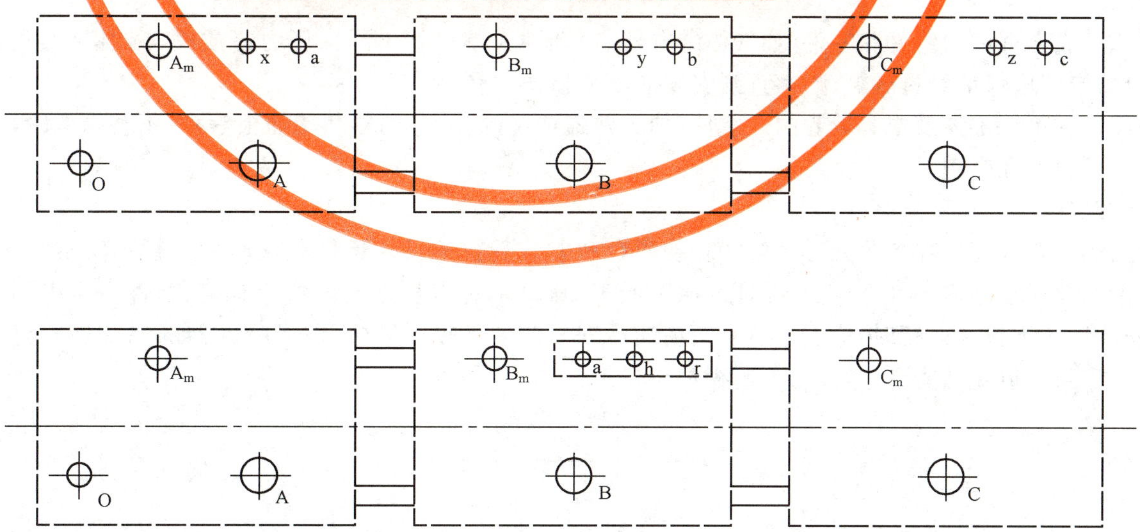

图 4　联结组标号为 YNa0d11 的三绕组自耦三相组合式变压器

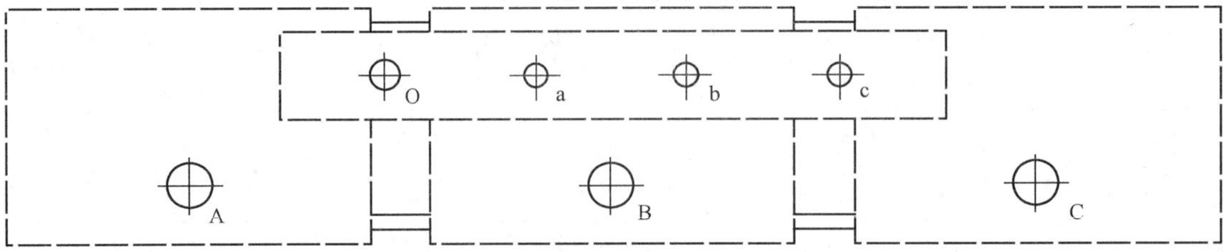

图 5　500 kV 联结组标号为 YNd11 的双绕组三相组合式变压器

11.2　起吊

三相组合式变压器需分单元吊装，每个单元需具有承受该单元变压器总重的起吊装置。各单元的器身、油箱、储油柜、散热器或冷却器等均应有起吊装置。

11.3　安装

三相组合式变压器的安装基础应坚固、平整，并考虑地面沉降变形等不利因素的影响。

三相组合式变压器各单元在组合时应严格按制造方提供的布置图样及安装使用说明书的要求进行组合。

11.4　运输

11.4.1　三相组合式变压器为分单元运输。各单元内部结构应在经过正常的铁路、公路和水路运输后相互位置不变，紧固件不松动。变压器的组、部件（如套管、散热器或冷却器、阀门和储油柜等）的结构及布置位置，应不妨碍吊装、运输及运输中紧固定位。

11.4.2　三相组合式变压器各单元通常为不带油运输，运输时需充以干燥的气体（露点低于－40 ℃），并明确标志所充气体种类。运输前应进行密封试验，以确保在充以 20 kPa～30 kPa 压力的气体时密封良好，各单元变压器主体在运输中及到达现场后，油箱内的气体压力应保持正压，并有压力表进行监视。若运输条件允许，也可带油运输。

11.4.3　运输中应装三维冲撞记录仪。

11.4.4　三相组合式变压器各单元应能承受的运输冲击加速度为水平方向 30 m/s^2（在运输中监测）。

11.4.5　运输时应保护变压器的所有组、部件（如储油柜、套管、阀门及散热器或冷却器等）不得损伤和受潮。

11.4.6　成套拆卸的组件和零件（如气体继电器、速动油压继电器、套管、压力释放阀、测温装置及紧固件等）的包装应保证经过运输、贮存直到安装前不得损伤和受潮。

11.4.7　各单元主体及成套拆卸的大组件（如散热器或冷却器、净油器和储油柜等）可不装箱运输，但要保证不得损伤和受潮。

11.5　贮存

三相组合式变压器各单元分为暂不安装贮存和安装后暂不投入运行贮存两种。暂不安装时，须每天监视各单元油箱内的气体压力，保证气压不低于 10 kPa，并保护好变压器所有组、部件不得损伤和受潮；安装后暂不投入运行时，应在进行真空注油后安装储油柜吸湿器（不需要吸湿器的储油柜应将所有法兰口密封），以免器身受潮，并每天监视油位。

ICS 27.010
F 01

中华人民共和国国家标准

GB 24790—2009

电力变压器能效限定值及能效等级

Minimum allowable values of energy efficiency and the energy efficiency grades for power transformers

2009-12-15 发布 2010-07-01 实施

中华人民共和国国家质量监督检验检疫总局
中国国家标准化管理委员会 发布

前　　言

本标准的4.3和4.4为强制性的,其余为推荐性的。

本标准由全国能源基础与管理标准化技术委员会提出。

本标准由全国能源基础与管理标准化技术委员会归口。

本标准起草单位:中国标准化研究院、特变电工沈阳变压器集团有限公司、保定天威保变电气股份有限公司、国际铜业协会(中国)、特变电工股份有限公司新疆变压器厂、国网电力科学研究院、顺特电气有限公司、北京华泰变压器有限公司、烟台东源变压器有限公司。

本标准主要起草人:赵跃进、车力、刘东升、张凌宇、孟杰、易吉良、郭慧浩、孔非凡、王百升。

电力变压器能效限定值及能效等级

1 范围

本标准规定了电力变压器的能效限定值、目标能效限定值、节能评价值、能效等级和试验方法。

本标准适用于额定频率为 50 Hz、电压等级为 35 kV～220 kV、额定容量为 3 150 kV·A 及以上的三相油浸式电力变压器。

本标准不适用于干式变压器、高阻抗变压器和充气式变压器。

2 规范性引用文件

下列文件中的条款通过本标准的引用而成为本标准的条款。凡是注日期的引用文件，其随后所有的修改单(不包括勘误的内容)或修订版均不适用于本标准，然而，鼓励根据本标准达成协议的各方研究是否可使用这些文件的最新版本。凡是不注日期的引用文件，其最新版本适用于本标准。

GB 1094.1　电力变压器　第 1 部分：总则

GB/T 2900.15　电工术语　变压器、互感器、调压器和电抗器

GB /T 6451　油浸式电力变压器技术参数和要求

3 术语和定义

GB/T 2900.15 和 GB 1094.1 中确立的以及下列术语和定义适用于本标准。

3.1

电力变压器能效限定值　minimum allowable values of energy efficiency for power transformer

在规定测试条件下，电力变压器空载损耗和负载损耗允许的最高限值。

3.2

电力变压器目标能效限定值　target minimum allowable values of energy efficiency for power transformer

在规定测试条件下，在本标准规定的年限后，将实施的电力变压器空载损耗和负载损耗允许的最高限值。

注：该值实施后将替代本标准中原电力变压器能效限定值。

3.3

电力变压器节能评价值　evaluating values of energy conservation for power transformer

在规定测试条件下，节能电力变压器空载损耗和负载损耗的最高值。

4 技术要求

4.1 基本要求

电力变压器的技术要求应符合 GB 1094.1 的规定。油浸式电力变压器其他技术参数和技术要求应符合 GB/T 6451 的规定。

4.2 电力变压器的能效等级

电力变压器能效等级分为 3 级，其中 1 级能效最高，损耗最低。各电压等级电力变压器空载损耗和负载损耗限值均应不高于表 1～表 13 的规定。

4.3 电力变压器能效限定值

电力变压器的空载损耗和负载损耗限值均应不高于表1～表13中3级的规定。

4.4 电力变压器目标能效限定值(T)

电力变压器的空载损耗和负载损耗限值均应不高于表1～表13中T栏的规定，并应在本标准实施之日起4年后开始实施。

4.5 电力变压器节能评价值

电力变压器的空载损耗和负载损耗限值均应不高于表1～表13中2级的规定。

5 试验方法

油浸式变压器的空载损耗和负载损耗应按GB 1094.1中的要求进行测试。

表1 35 kV油浸式三相双绕组无励磁调压电力变压器能效等级

额定容量 kV·A	空载损耗 kW				负载损耗(75 ℃) kW				短路阻抗 %
	3级	T	2级	1级	3级	T	2级	1级	
3 150	4.3	3.7	3.3	3.0	26.5	25.0	24.5	24.3	7.0
4 000	5.1	4.4	3.9	3.6	31.4	29.6	29.0	28.8	
5 000	6.1	5.3	4.6	4.3	36.0	33.9	33.3	33.0	
6 300	7.4	6.4	5.6	5.2	40.3	37.9	37.2	36.8	7.5
8 000	10.1	8.8	7.7	7.1	44.2	41.6	40.8	40.4	
10 000	12.2	10.6	9.3	8.6	52.0	49.0	48.1	47.6	
12 500	14.1	12.3	10.7	10.0	61.8	58.2	57.1	56.6	8.0
16 000	17.1	14.8	12.9	12.0	75.6	71.1	69.8	69.2	
20 000	20.2	17.5	15.3	14.2	91.3	85.9	84.3	83.5	
25 000	23.9	20.7	18.1	16.8	107.9	101.6	99.7	98.8	
31 500	28.3	24.6	21.5	19.9	129.5	121.9	119.7	118.5	

表2 35 kV油浸式三相双绕组有载调压电力变压器能效等级

额定容量 kV·A	空载损耗 kW				负载损耗(75 ℃) kW				短路阻抗 %
	3级	T	2级	1级	3级	T	2级	1级	
3 150	4.6	4.0	3.5	3.2	28.4	26.7	26.2	26.0	7.0
4 000	5.5	4.7	4.1	3.8	33.5	31.5	30.9	30.7	
5 000	6.5	5.7	5.0	4.6	39.3	37.0	36.3	35.9	
6 300	7.9	6.9	6.0	5.6	42.2	39.7	39.0	38.6	7.5
8 000	11.1	9.6	8.4	7.8	46.6	43.9	43.1	42.7	
10 000	13.0	11.3	9.9	9.2	55.2	51.9	51.0	50.5	
12 500	15.4	13.3	11.6	10.8	65.3	61.4	60.3	59.7	8.0
16 000	18.5	16.0	14.0	13.0	80.7	76.0	74.6	73.9	
20 000	21.8	18.9	16.5	15.4	95.0	89.4	87.8	87.0	

表 3　66 kV 油浸式三相双绕组无励磁调压电力变压器能效等级

额定容量 kV・A	空载损耗 kW				负载损耗(75 ℃) kW				短路阻抗 %
	3 级	T	2 级	1 级	3 级	T	2 级	1 级	
3 150	5.7	5.0	4.4	4.1	26.5	25.0	24.5	24.3	8.0
4 000	6.8	5.9	5.1	4.8	31.4	29.6	29.0	28.8	
5 000	8.1	7.0	6.1	5.7	35.4	33.3	32.7	32.4	
6 300	10.3	9.0	7.8	7.3	39.3	37.0	36.3	35.9	9.0
8 000	12.6	10.9	9.5	8.9	46.6	43.9	43.0	42.6	
10 000	14.8	12.9	11.2	10.4	55.0	51.7	50.8	50.3	
12 500	17.5	15.2	13.3	12.3	65.2	61.4	60.3	59.7	
16 000	21.1	18.3	16.0	14.8	80.2	75.5	74.1	73.4	
20 000	24.7	21.4	18.7	17.4	97.2	91.5	89.8	88.9	
25 000	29.2	25.3	22.1	20.5	114.8	108.1	106.1	105.1	
31 500	34.5	30.0	26.2	24.3	138.4	130.2	127.8	126.6	
40 000	41.3	35.8	31.2	29.0	162.3	152.8	150.0	148.6	
50 000	49.3	42.8	37.3	34.7	201.1	189.3	185.8	184.1	
63 000	58.3	50.6	44.1	41.0	242.3	228.1	223.9	221.8	

表 4　66 kV 油浸式三相双绕组有载调压电力变压器能效等级

额定容量 kV・A	空载损耗 kW				负载损耗(75 ℃) kW				短路阻抗 %
	3 级	T	2 级	1 级	3 级	T	2 级	1 级	
6 300	11.2	9.8	8.5	7.9	39.3	37.0	36.3	35.9	9.0
8 000	13.5	11.7	10.2	9.5	46.6	43.9	43.0	42.6	
10 000	15.9	13.8	12.1	11.2	55.0	51.7	50.8	50.3	
12 500	18.9	16.4	14.3	13.3	65.2	61.4	60.3	59.7	
16 000	22.7	19.7	17.2	15.9	80.2	75.5	74.1	73.4	
20 000	26.9	23.4	20.4	18.9	97.2	91.5	89.8	88.9	
25 000	31.8	27.6	24.1	22.4	114.8	108.1	106.1	105.1	
31 500	37.8	32.8	28.6	26.6	138.4	130.2	127.8	126.5	
40 000	45.2	39.2	34.2	31.8	162.3	152.8	150.0	148.6	
50 000	53.3	46.3	40.4	37.5	201.1	189.3	185.8	184.1	
63 000	63.0	54.7	47.7	44.3	242.3	228.1	223.9	221.8	

表 5　110 kV 油浸式三相双绕组无励磁调压电力变压器能效等级

额定容量 kV·A	空载损耗 kW				负载损耗(75 ℃) kW				短路阻抗 %
	3 级	T	2 级	1 级	3 级	T	2 级	1 级	
6 300	10.5	9.1	7.9	7.4	39.3	37.0	36.3	35.9	10.5
8 000	12.6	10.9	9.5	8.9	49.1	46.2	45.4	44.9	
10 000	14.8	12.9	11.2	10.4	57.8	54.4	53.4	52.9	
12 500	17.5	15.2	13.3	12.3	68.7	64.7	63.5	62.9	
16 000	21.1	18.3	16.0	14.8	84.0	79.0	77.6	76.8	
20 000	24.7	21.4	18.7	17.4	101.4	95.5	93.7	92.8	
25 000	29.2	25.3	22.1	20.5	120.0	112.9	110.8	109.8	
31 500	34.5	30.0	26.2	24.3	145.0	136.5	134.0	132.7	
40 000	41.3	35.8	31.2	29.0	170.1	160.1	157.1	155.6	
50 000	49.3	42.8	37.3	34.7	211.5	199.1	195.4	193.6	
63 000	58.3	50.6	44.1	41.0	255.1	240.1	235.7	233.5	
75 000	66.1	57.4	50.1	46.5	303.1	285.3	280.0	277.3	12～14
90 000	76.2	66.1	57.7	53.6	348.8	328.4	322.3	319.2	
120 000	95.0	82.5	71.9	66.8	432.8	407.4	399.8	396.0	
150 000	112.3	97.4	85.0	78.9	514.5	484.3	475.3	470.9	
180 000	126.0	109.4	95.4	88.6	580.0	545.9	535.8	530.7	

表 6　110 kV 油浸式三相双绕组低压为 35kV 无励磁调压电力变压器能效等级

额定容量 kV·A	空载损耗 kW				负载损耗(75 ℃) kW				短路阻抗 %
	3 级	T	2 级	1 级	3 级	T	2 级	1 级	
6 300	11.2	9.8	8.5	7.9	42.5	40.1	39.4	39.0	10.5
8 000	13.5	11.7	10.2	9.5	51.3	48.3	47.4	47.0	
10 000	15.7	13.6	11.9	11.1	60.0	56.5	55.5	55.0	
12 500	18.4	16.0	13.9	13.0	72.0	67.8	66.5	65.9	
16 000	22.0	19.0	16.7	15.5	88.3	83.2	81.7	80.9	
20 000	26.0	22.6	19.8	18.3	107.9	101.7	99.8	98.8	
25 000	30.7	26.7	23.2	21.6	126.5	119.1	116.8	115.7	
31 500	36.3	31.6	27.5	25.6	152.6	143.7	141.0	139.7	
40 000	43.2	37.5	32.8	30.4	178.8	168.3	165.2	163.6	
50 000	51.8	45.0	39.3	36.4	222.4	209.3	205.5	203.5	
63 000	61.2	53.1	46.4	43.0	267.1	251.5	246.8	244.5	

表 7　110 kV 油浸式三相三绕组无励磁调压变压器能效等级

额定容量 kV·A	空载损耗 kW				负载损耗(75 ℃) kW				短路阻抗 %	
	3 级	T	2 级	1 级	3 级	T	2 级	1 级	升压	降压
6 300	12.6	10.9	9.5	8.9	51.3	48.3	47.4	46.9	高—中 17.5～18.5 高—低 10.5 中—低 6.5	高—中 10.5 高—低 17.5～18.5 中—低 6.5
8 000	15.0	13.0	11.3	10.5	61.1	57.5	56.4	55.9		
10 000	17.7	15.4	13.4	12.5	72.0	67.8	66.5	65.9		
12 500	20.6	17.9	15.6	14.5	85.1	80.1	78.6	77.8		
16 000	25.1	21.8	19.0	17.7	103.6	97.5	95.7	94.8		
20 000	29.6	25.7	22.4	20.8	122.1	114.9	112.8	111.8		
25 000	34.5	30.0	26.2	24.3	145.0	136.5	134.0	132.7		
31 500	41.3	35.8	31.2	29.0	171.2	161.1	158.1	156.6		
40 000	48.9	42.4	37.0	34.4	206.0	193.9	190.4	188.6		
50 000	58.3	50.6	44.1	41.0	245.3	230.9	226.6	224.5		
63 000	69.0	59.9	52.3	48.5	294.3	277.1	271.9	269.4		

表 8　110 kV 油浸式三相双绕组有载调压电力变压器能效等级

额定容量 kV·A	空载损耗 kW				负载损耗(75 ℃) kW				短路阻抗 %
	3 级	T	2 级	1 级	3 级	T	2 级	1 级	
6 300	11.2	9.8	8.5	7.9	39.3	37.0	36.3	35.9	10.5
8 000	13.5	11.7	10.2	9.5	49.1	46.2	45.4	44.9	
10 000	15.9	13.8	12.1	11.2	57.8	54.4	53.4	52.9	
12 500	18.9	16.4	14.3	13.3	68.7	64.7	63.5	62.9	
16 000	22.7	19.7	17.2	15.9	84.0	79.0	77.6	76.8	
20 000	26.9	23.4	20.4	18.9	101.4	95.5	93.7	92.8	
25 000	31.8	27.6	24.1	22.4	120.0	112.9	110.8	109.8	
31 500	37.9	32.9	28.7	26.7	145.0	136.5	134.0	132.7	
40 000	45.3	39.3	34.3	31.9	170.1	160.1	157.1	155.6	
50 000	53.6	46.5	40.6	37.7	211.5	199.1	195.4	193.6	
63 000	63.7	55.2	48.2	44.8	255.1	240.1	235.7	233.5	

表 9 110 kV 油浸式三相三绕组有载调压电力变压器能效等级

额定容量 kV·A	空载损耗 kW				负载损耗(75 ℃) kW				短路阻抗 %
	3 级	T	2 级	1 级	3 级	T	2 级	1 级	
6 300	13.5	11.7	10.2	9.5	51.3	48.3	47.4	46.9	高—中 10.5 高—低 17.5～18.5 中—低 6.5
8 000	16.2	14.0	12.2	11.4	61.1	57.5	56.4	55.9	
10 000	19.2	16.7	14.5	13.5	72.0	67.8	66.5	65.9	
12 500	22.7	19.7	17.2	15.9	85.1	80.1	78.6	77.8	
16 000	27.1	23.6	20.6	19.1	103.6	97.5	95.7	94.8	
20 000	32.1	27.8	24.3	22.6	122.1	114.9	112.8	111.8	
25 000	37.9	32.9	28.7	26.7	145.0	136.5	134.0	132.7	
31 500	45.1	39.1	34.1	31.7	171.2	161.1	158.1	156.6	
40 000	54.0	46.9	40.9	38.0	206.0	193.9	190.4	188.6	
50 000	63.8	55.3	48.3	44.8	245.3	230.9	226.6	224.5	
63 000	75.9	65.8	57.4	53.3	294.3	277.1	271.9	269.4	

表 10 220 kV 油浸式三相双绕组无励磁调压电力变压器能效等级

额定容量 kV·A	空载损耗 kW				负载损耗(75 ℃) kW				短路阻抗 %
	3 级	T	2 级	1 级	3 级	T	2 级	1 级	
31 500	39.2	34.1	29.7	27.6	147.2	138.5	136.0	134.7	12～14
40 000	46.0	39.9	34.8	32.3	171.2	161.1	158.1	156.6	
50 000	54.9	47.7	41.6	38.6	206.0	194.0	190.4	188.6	
63 000	65.0	56.4	49.2	45.7	239.8	225.8	221.6	219.5	
75 000	75.1	65.2	56.9	52.8	272.5	256.5	251.8	249.4	
90 000	86.3	74.9	65.3	60.7	314.0	295.5	290.1	287.3	
120 000	105.3	91.4	79.7	74.1	376.1	354.0	347.5	344.2	
150 000	125.5	108.9	95.0	88.2	441.5	415.6	407.9	404.0	
160 000	131.1	113.8	99.3	92.2	463.3	436.1	428.0	424.0	
180 000	143.4	124.5	108.6	100.8	500.3	471.0	462.2	457.9	
240 000	179.2	155.6	135.7	126.0	618.1	581.8	571.0	565.6	
300 000	211.7	183.7	160.3	148.9	735.8	692.6	679.8	673.4	
360 000	243.1	211.0	184.1	170.9	843.7	794.2	779.5	772.1	
370 000	247.6	214.8	187.4	174.1	861.1	810.6	795.6	788.1	
400 000	262.1	227.5	198.5	184.3	912.4	858.8	842.9	834.9	
420 000	271.1	235.3	205.3	190.6	946.2	890.6	874.1	865.9	

表 11　220 kV 油浸式三相三绕组无励磁调压电力变压器能效等级

额定容量 kV·A	空载损耗 kW				负载损耗(75 ℃) kW				短路阻抗 %	
	3 级	T	2 级	1 级	3 级	T	2 级	1 级	升压	降压
31 500	44.8	38.9	34.0	31.5	176.6	166.2	163.2	161.6	高—中 22～24 高—低 12～14 中—低 7～9	高—中 12～14 高—低 22～24 中—低 7～9
40 000	53.8	46.7	40.7	37.8	206.0	193.9	190.4	188.6		
50 000	62.8	54.5	47.5	44.1	245.3	230.9	226.6	224.5		
63 000	74.0	64.2	56.0	52.0	284.5	267.8	262.9	260.4		
90 000	96.4	83.6	73.0	67.8	382.6	360.2	353.5	350.2		
120 000	118.8	103.1	89.9	83.5	470.9	443.3	435.1	431.0		
150 000	140.0	121.5	106.0	98.5	559.2	526.4	516.6	511.8		
180 000	159.1	138.1	120.5	111.9	637.7	600.2	589.1	583.6		
240 000	197.2	171.1	149.3	138.6	784.8	738.8	725.1	718.2		
300 000	233.0	202.2	176.4	163.8	926.5	872.1	856.0	847.9		

表 12　220 kV 油浸式三相双绕组有载调压电力变压器能效等级

额定容量 kV·A	空载损耗 kW				负载损耗(75 ℃) kW				短路阻抗 %
	3 级	T	2 级	1 级	3 级	T	2 级	1 级	
31 500	42.6	37.0	32.3	30.0	147.2	138.5	136.0	134.7	12～14
40 000	50.4	43.8	38.2	35.5	171.2	161.1	158.1	156.6	
50 000	60.5	52.5	45.8	42.6	206.0	193.9	190.4	188.6	
63 000	70.6	61.3	53.5	49.6	239.8	225.8	221.6	219.5	
90 000	89.6	77.8	67.9	63.0	314.0	295.5	290.1	287.3	
120 000	110.9	96.3	84.0	78.0	377.2	355.0	348.5	345.2	
150 000	130.0	112.8	98.4	91.4	441.5	415.6	407.9	404.0	
180 000	151.2	131.3	114.5	106.3	510.2	480.2	471.3	466.9	
120 000 低压66、69 kV	114.3	99.2	86.5	387.0	397.6	364.3	357.5	354.2	
150 000	134.4	116.7	101.8	452.4	464.8	425.8	417.9	414.0	
180 000	156.8	136.1	118.8	517.8	532.0	487.4	478.4	473.8	

表 13　220 kV 油浸式三相三绕组有载调压电力变压器能效等级

额定容量 kV·A	空载损耗 kW				负载损耗(75 ℃) kW				短路阻抗 %
	3 级	T	2 级	1 级	3 级	T	2 级	1 级	
31 500	49.3	42.8	37.3	34.7	176.6	166.2	163.2	161.6	高—中 12～14 高—低 22～24 中—低 7～9
40 000	58.3	50.6	44.1	41.0	206.0	193.9	190.4	188.6	
50 000	67.2	58.4	50.9	47.3	245.3	230.9	226.6	224.5	
63 000	78.4	68.1	59.4	55.2	284.5	267.8	262.9	260.4	
90 000	103.1	89.5	78.1	72.5	382.6	360.2	353.5	350.2	
120 000	128.8	111.8	97.6	90.6	470.9	443.3	435.1	431.0	
150 000	151.2	131.3	114.5	106.3	559.2	526.4	516.6	511.8	
180 000	174.8	151.7	132.3	122.9	686.7	646.4	634.4	628.5	
240 000	216.2	187.6	163.7	152.0	850.2	800.3	785.5	778.1	